“十二五”普通高等教育本科国家级规划教材

图像工程 下册
图像理解（第5版）

Image Engineering（III）

Image Understanding

(Fifth Edition)

章毓晋　编著

清華大学出版社
北京

内容简介

本书为《图像工程》第5版的下册，主要介绍图像工程的第三层次——图像理解的基本概念、基本原理、典型方法、实用技术以及国际上有关研究的新成果。

本书第1章是绪论，介绍图像理解基础并概述全书。图像理解的主要内容分别在4个单元中介绍。第1单元（包含第2～5章）介绍图像采集表达技术；其中第2章介绍摄像机成像模型和标定技术，第3章介绍压缩感知理论及其在成像中的应用，第4章介绍采集含深度信息图像的方法，第5章介绍各种表达3-D景物的技术。第2单元（包含第6～9章）介绍景物重建技术，其中第6章介绍双目立体视觉方法，第7章介绍多目立体视觉方法，第8章介绍基于多幅图像恢复景物的技术，第9章介绍基于单幅图像恢复景物的技术。第3单元（包含第10～12章）介绍场景解释技术，其中第10章介绍知识表达和推理方法，第11章介绍目标和符号匹配技术，第12章介绍场景分析和语义解释的内容。第4单元（包含第13～16章）介绍4个研究方向的示例，其中第13章介绍同时定位和制图的原理，第14章介绍多传感器图像信息融合方法，第15章介绍基于内容的图像和视频检索技术，第16章介绍时空行为理解的内容。书中的附录A介绍了有关视觉和视知觉的知识，与各章都相关。

本书可作为高等院校信号与信息处理、通信与信息系统、电子与通信工程、模式识别与智能系统、计算机视觉等本科和研究生专业基础课或专业课教材，也可供信息与通信工程、电子科学与技术、计算机科学与技术、测控技术与仪器、机器人自动化、生物医学工程、光学、电子医疗设备研制、遥感、测绘和军事侦察等领域的科技工作者参考。

图书在版编目(CIP)数据

图像工程.下册，图像理解/章毓晋编著.—5版.—北京：清华大学出版社，2024.5
ISBN 978-7-302-65654-8

Ⅰ.①图… Ⅱ.①章… Ⅲ.①计算机应用-图像处理 Ⅳ.①TP391.41

中国国家版本馆CIP数据核字(2024)第048181号

责任编辑： 文　怡
封面设计： 王昭红
责任校对： 李建庄
责任印制： 宋　林

出版发行： 清华大学出版社
网　　址： https://www.tup.com.cn，https://www.wqxuetang.com
地　　址： 北京清华大学学研大厦A座　**邮　　编：** 100084
社 总 机： 010-83470000　**邮　　购：** 010-62786544
投稿与读者服务： 010-62776969，c-service@tup.tsinghua.edu.cn
质量反馈： 010-62772015，zhiliang@tup.tsinghua.edu.cn
课件下载： https://www.tup.com.cn，010-83470236
印 装 者： 三河市龙大印装有限公司
经　　销： 全国新华书店
开　　本： 185mm×260mm　**印　　张：** 30.25　**字　　数：** 800千字
版　　次： 1999年3月第1版　2024年5月第5版　**印　　次：** 2024年5月第1次印刷
印　　数： 1～1500
定　　价： 109.00元

产品编号：103182-01

FOREWORD 第5版 前言

这是《图像工程》第 5 版，全套书仍分 3 册，分别为《图像工程（上册）——图像处理》、《图像工程（中册）——图像分析》和《图像工程（下册）——图像理解》。它们全面介绍图像工程的基础概念、基本原理、典型方法、实用技术以及国际上相关内容研究的新成果。

《图像工程》第 4 版也分 3 册，名称相同。上、中、下册均于 2018 年出版，《图像工程》第 4 版的 3 册合订本也在 2018 年出版。第 4 版至今已重印 22 次，总计印刷 2 万多册。另有电子版。

《图像工程》第 3 版也分 3 册，名称相同。上、中、下册均于 2012 年出版，2013 年出版了《图像工程》第 3 版的 3 册合订本。第 3 版共重印 13 次，总计印刷 3 万多册。

《图像工程》第 2 版也分 3 册，名称相同。上、中、下册分别于 2006 年、2005 年和 2007 年出版，2007 年还出版了《图像工程》第 2 版的 3 册合订本。第 2 版共重印 18 次，总计印刷近 7 万册。

《图像工程》第 1 版也分 3 册，名称分别为《图像工程（上册）——图像处理和分析》、《图像工程（下册）——图像理解和计算机视觉》和《图像工程（附册）——教学参考及习题解答》。这三册分别于 1999 年、2000 年和 2002 年出版。第 1 版共重印 27 次，总计印刷约 11 万册。

《图像工程》的多次重印表明作者一直倡导的，为了对各种图像技术进行综合研究、集成应用而建立的整体框架——图像工程——作为一门系统地研究各种图像理论、技术和应用的新的交叉学科得到了广泛的认可，相关教材也在教学中得到大量使用。同时，随着研究的深入和技术的发展，编写新版的工作也逐渐提上议事日程。

第 5 版的编写开始于 2022 年，是年暑假静心构思了全套书的整体框架。其后，根据框架陆续收集了一些最新的相关书籍和文献（包括印刷版和电子版），仔细进行了阅读并做了笔记。这为新版的编写打下了一个坚实的基础。其间，还结合以往课堂教学和学生反馈，对一些具体内容（包括习题）进行了整理和调整。第 5 版内容具有一定的深度和广度，希望读者通过本套书的学习，能够独立和全面地了解该领域的基本理论、技术、应用和发展。

第 5 版在编写方针上，仍如前 4 版那样力求突出理论性、实用性、系统性、实时性；在内容叙述上，力求理论概念严谨，论证简明扼要。第 5 版在内容方面，基本保留了第 4 版中有代表性的经典内容，同时考虑到图像技术的飞速发展，认真选取了近年的一些最新研究成果和得到广泛使用的典型技术进行充实。这些新内容既参考了许多有关文献，也结合了作者的一些研究工作和成果以及这些年来的教学教案。除每册书均增加了一章全新内容外，还各增加了多个节和小节，使全书内容更加完整。总体来说，第 5 版的内容覆盖面更广，介绍更全面、细致，整体篇幅比第 4 版增加约 20%。第 5 版的内容根据技术发展进行了很多更新，21 世纪 20 年代以来的参考文献约为总数的 20%。

第 5 版在具体结构和章节安排方面仍然保留了上一版的特点：

第一，各册书均从第 2 章就开始介绍正式内容，更快进入主题。先修或预备内容分别安排在需要先修部分的同一章前部，从教学角度来说，更加实用，也突出了主线内容。

第二，除第1章绪论外，各册书的正式内容仍都结合成4个主题相关的单元（并画在封面上），每个单元都有具体说明，帮助选择学习。全书有较强的系统性和结构性，也有利于复习考核。

第三，各章中的习题均只有少部分给出了解答，使教师可以更灵活地选择布置。更多的习题和其余的习题解答将会放在出版社网站上，便于补充、改进，网址为 https://www.tup.com.cn。

第四，各册书后均仍有主题索引（并给出了英文），这样既方便在书中查找有关内容，又方便在网上查找有关文献和解释。

第5版仍保留了第4版开始的举措，即可以扫描书中（黑白印刷的）图片旁的二维码，调出存放在出版社网站上对应的彩色图片，以获得更好的观察效果和更多的信息。

第5版还新增加了微课形式（对各章内容结合 ppt 进行讲解）及多选测试题（包括提示和解答），可扫描书中相应位置处的二维码获得。

从1996年开始编写《图像工程》第1版以来至今已20多年。其间，作者与许多读者（包括教师、学生、自学者等）有过各种形式的讨论和交流，除了与一些同行面谈外，许多人打来电话或发来电子邮件。这些讨论和交流给作者提供了许多宝贵的意见和建议，在编写这5版书中都起到了不可或缺的作用，特别是在解释和描述的详略方面都结合读者反馈意见进行了调整，从而更加容易理解和学习。值得指出的是，书中还汇集了多年来不少听课学生的贡献，许多例题和练习题是在历届学生作业和课堂讨论的基础上提炼出来的，一些图片还直接由学生帮助制作，在选材上也从学生的反馈中受到许多启发。借此机会向他们一并表示衷心的感谢。

书中有相当多的内容基于作者和他人共同研究的成果，特别是历年加入图像工程研究室的成员（按姓名拼音排）：学生（本科生、硕士生、博士生）安浩田、敖腾隆、边辉、卜莎莎、蔡伟、陈达勤、陈权崎、陈挺、陈伟、陈正华、程正东、崔崟、达内什瓦（DANESHVAR Elaheh）、戴声扬、段菲、方慕园、冯上平、傅卓、高永英、葛菁华、侯乐天、胡浩基、黄祥耀、黄翔宇、黄小明、黄英、贾波、贾超、贾慧星、姜帆、李佳童、李娟、李乐、李孟栖、李品一、李勍、李睿、李硕、李闻天、李相贤（LEE Sang Hyun）、李小鹏、李雪、梁含悦、刘宝弟、刘晨阳、刘峰、刘锴、刘青棣、刘惟锦、刘晓旻、刘忠伟、陆海斌、陆志云、罗惠韬、罗沄、明祐愍（MING YouMin）、朴寅奎（PARK In Kyu）、钱宇飞、秦暄、秦垠峰、阮孟贵（NGUYEN Manh Quy）、赛义（BAGHERI Saeid）、沈斌、谭华春、汤达、王树徽、王宇雄、王志国、王志明、王钟绪、温宇豪、文熙安（VINCENT Tristan）、吴高洪、吴纬、夏尔雷（PAULUS Charley）、向振、徐丹、徐枫、徐洁、徐培、徐寅、许翔宇、薛菲、薛景浩、严严、杨劲波、杨翔英、杨忠良、姚玉荣、游钱皓喆、于信男、鱼荣珍（EO Young Jin）、俞天利、袁静、贠亮、张宁、赵雪梅、郑胤、周丹、朱施展、朱小青、朱云峰，博士后高立志、王怀颖，以及进修教师和科研人员陈洪波、崔京守（CHOI Jeong Swu）、郭红伟、石俊生、杨卫平、曾萍萍、张贵仓等。各版书中采用的图表除作者本人制作的外，也包括他们在研究工作中收集和实验得到的。该书应该说是多人合作成果的体现。

最后，感谢妻子何芸、女儿章荷铭在各方面的理解和支持！

章毓晋

2023年暑假于书房

通信：北京清华大学电子工程系，100084

电邮：zhang-yj@tsinghua.edu.cn

主页：https://oa.ee.tsinghua.edu.cn/～zhangyujin/

下册书概况和使用建议

本书为《图像工程》第5版的下册，主要介绍图像工程的第三层次——图像理解的基本概念、基本原理、典型方法、实用技术以及国际上有关研究的新成果。

本书第1章是绪论，介绍图像理解基础并概述全书。图像理解的主要内容分别在4个单元中介绍。第1单元（包含第2～5章）介绍图像采集表达技术；其中第2章介绍摄像机成像模型和标定技术，第3章介绍压缩感知理论及其在成像中的应用，第4章介绍采集含深度信息图像的方法，第5章介绍各种表达3-D景物的技术。第2单元（包含第6～9章）介绍景物重建技术，其中第6章介绍双目立体视觉方法，第7章介绍多目立体视觉方法，第8章介绍基于多幅图像恢复景物的技术，第9章介绍基于单幅图像恢复景物的技术。第3单元（包含第10～12章）介绍场景解释技术，其中第10章介绍知识表达和推理方法，第11章介绍目标和符号匹配技术，第12章介绍场景分析和语义解释的内容。第4单元（包含第13～16章）介绍4个研究方向的示例，其中第13章介绍同时定位和制图的原理，第14章介绍多传感器图像信息融合方法，第15章介绍基于内容的图像和视频检索技术，第16章介绍时空行为理解的内容。书中的附录A介绍了有关视觉和视知觉的知识，与各章都相关。

本书包括16章正文，1个附录，以及“部分思考题和练习题解答”、“主题索引”和“参考文献”。在这20个一级标题下共有123个二级标题（节），再下还有238个三级标题（小节）。全书折合文字（包括图片、绘图、表格、公式等）70多万。本书共有编了号的图417个（包括图片324幅）、表格71个、公式957个。为便于教学和理解，本书共给出各类例题100个。为便于检查教学和学习效果，各章后均有12个思考题和练习题，全书共有192个，对其中的32个（每章2个）提供了参考答案（更多的思考题和练习题解答将考虑另行提供）。另外，书后统一列出了直接引用和提供参考的760多篇文献的目录。最后，书末还给出了约1000个主题索引（及英译）。

本书各章主要内容和可讲授长度基本平衡，根据学生的基础和背景，每章可用3～4个课堂学时讲授，另外可能还需要平均2～3个课外学时练习和复习。本书电子教案可在清华大学出版社网站 https://www.tup.com.cn 或作者主页 http://oa.ee.tsinghua.edu.cn/～zhangyujin/ 下载。

本书每章均配有微课视频（在每章开头扫码即可下载并观看）和“随堂测试”（在每章末尾扫码即可下载并使用）。“总结和复习”（每章末尾）、“部分思考题和练习题答案”（全书末尾）和“参考文献”（全书末尾）均已电子化，扫码即可下载。

CONTENTS 目录

注：加*号的部分均已电子化，可扫描二维码下载并使用。

第3单元 场景解释

第 4 单元　研究示例

第1章

教学视频

绪　论

本书为《图像工程》整套书的下册，是提高和总结的一册。

本章对全书内容要点和布局结构进行概括介绍，各节将安排如下。

1.1 节对图像工程的发展情况加以回顾和概述，并列举两个相关文献综述的统计数据，展示图像工程的发展情况。

1.2 节概括介绍图像理解的研究内容和在图像工程中的位置，讨论图像理解与计算机视觉，以及其他相关学科的联系和区别，并介绍图像理解的应用领域。

1.3 节全面介绍对图像理解起重要基础作用的马尔视觉计算理论的各个要点及对马尔理论框架的改进，并对马尔重建理论的不足进行讨论，既帮助总体把握整个领域，也促进开展进一步的深入研究。另外，还结合认知心理的发展进行了探讨分析。

1.4 节介绍近年推动图像技术快速发展的深度学习方法的概况，除列出卷积神经网络的基本概念外，还讨论了深度学习的核心技术及其与图像理解的联系。

1.5 节概括介绍本书的主要内容、框架结构、编写特点及先修知识要求。

1.1　图像工程的发展

先对图像工程的发展情况给出概述（更多细节可参见上册和中册）。

1.1.1　基本概念和定义概括

图像是用各种观测系统以不同形式和手段观测客观世界而获得的，可以直接或间接作用于人眼，进而产生视知觉的实体[章 1996a]。人的视觉系统是具有这种能力的典型系统。视觉是人类观察世界、认知世界的重要功能手段。人类从外界获得的信息约有 75%来自视觉系统，这说明视觉信息量巨大，也表明人类对视觉信息的利用率较高。正因为如此，人们还制造了许多利用各种辐射对客观场景成像的系统，以利用视觉信息观察世界。图像是表达视觉信息的一种物理形式。对场景采集数字图像的最终结果常是某种能量的样本阵列，所以常用矩阵或数组表示，其中每个元素的坐标对应场景点的位置，而元素的值对应场景点的某个物理量。

人们用各种技术方式和手段对图像进行加工，以获得需要的信息。从广义角度可将**图像技术**看作各种图像加工技术的总称。它覆盖利用计算机和其他电子设备进行和完成的一系列工作，例如图像的采集、获取、编码、存储和传输，图像的合成和产生，图像的显示、绘制和输出，图像的变换、增强、恢复（复原）、修补和重建，图像的分割，各种特征的提取和测量，目标的检测、定位、表达和描述，序列图像的校正和配准，图像数据库的建立、索引、查询和抽取，图像的分类、表示和识别，3-D 景物的重建复原，图像模型的建立，图像信息的融合，图像知识的利用和匹配，图像和场景的解释和理解，以及基于以上内容的推理、学习、判断、决策和行为规划（如何推断出应实现的目标及构造实现目标的操作序列）等。另外，图像技术还包括为实现上述功能而进行的硬件和系统设计及制作等方面的技术。上述许多具体技术已在上册和中册中进行了介绍。

对图像技术的综合研究和集成应用可在**图像工程**这个整体框架下进行[章 1996a]。众所周知，工程是指将自然科学的原理应用于工业部门而形成的各学科的总称。图像工程学科则是利用数学、光学等基础科学的原理，结合电子技术、计算机技术及在图像应用中积累的技术经验而发展起来的一门对整个图像领域进行研究应用的新学科。事实上，图像技术多年来的发展和积累为图像工程学科的建立打下了坚实基础，而各类图像应用也对图像工程学科的建立提出了迫切需求[章 2000c]、[章 2002c]、[章 2009c]、[Zhang 2009f]、[Zhang 2015g]、[Zhang 2018b]、[Zhang 2018c]。

图像工程的内容非常丰富，应用也非常广泛，根据抽象程度、研究方法、操作对象和数据量等的不同可分为 3 个层次：图像处理、图像分析和图像理解，如图 1.1.1 所示。**图像处理**是比较低层的操作，它主要是在图像的像素级进行处理，处理的数据量非常大。**图像分析**则处于中层，分割和特征提取将原来以像素描述的图像转变为简洁的非图形式描述。**图像理解**主要是高层操作，基本上根据较抽象的描述进行解析、判断、决策（符号运算），其处理过程和方法与人类的思维推理有许多类似之处。随着抽象程度的提高，数据量逐渐减少。具体来说，原始图像数据经过一系列处理过程，逐步转化为组织性和功能性更强的信息。在此过程中，语义信息不断引入，操作对象也逐步发生变化。另外，高层操作对低层操作具有指导作用，能提高低层操作的效能，完成复杂的任务。

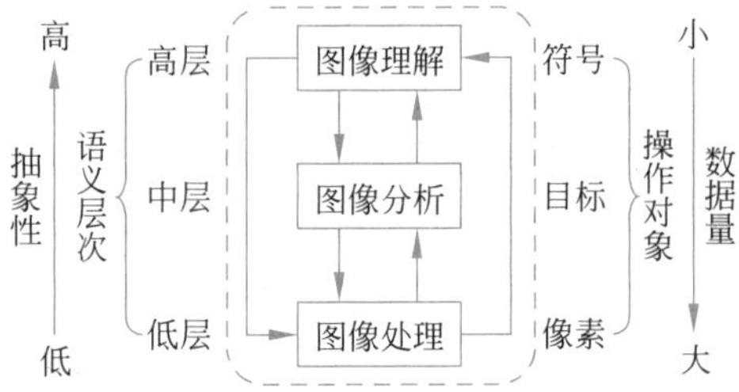

图 1.1.1　图像工程的 3 个层次示意图

概括地说，图像工程是既有联系又有区别的图像处理、图像分析及图像理解这三者的有机结合，同时包括其在工程中的应用。从概念上讲，图像工程既能较好地兼容并蓄许多相近学科，也更强调图像技术的应用，所以可选用图像工程概括整个图像领域的研究和应用，也使图像处理、图像分析及图像理解三者的关系更紧密。

图像工程是一门系统地研究各种图像理论、技术和应用的新的交叉学科。从其研究方法看，其与数学、物理学、生物学、生理学（特别是神经生理学）、心理学、电子学、计算机科学等许多学科可以相互借鉴；从其研究范围看，其与模式识别、计算机视觉、计算机图形学等多个专业互相交叉。另外，图像工程的研究进展与人工智能、神经网络、遗传算法、模糊逻辑等理论和技术都有密切联系，其发展应用与生物医学、材料、遥感、通信、交通管理、军事侦察、文档处理和工业自动化等许多领域也是不可分割的。

图像工程是全面系统地研究图像理论方法，阐述图像技术原理，推广图像技术应用及总结生产实践经验的新学科。结合本册书的内容和重点，图像工程的主要构成可用图 1.1.2 所示的整体框架表示，其中虚线框内为图像工程的基本模块。需要运用各种图像技术，帮助人们从场景中获得信息。首先，利用各种方式从场景中获得图像。其次，对图像进行低层处理，主要是为改善图像的视觉效果或在保持视觉效果的基础上减少图像的数据量，处理的结果主要是方便用户观看。再次，对图像进行中层分析，主要是对图像中感兴趣的目标进行检测、提取和测量，分析的目标是为用户提供描述图像目标特点和性质的数据。最后，对图像进行高层理解，即通过对图像中各目标的性质及其之间相互关系的研究，了解把握图像内容并解释原来的客观场景。理解的目标是为用户提供客观世界的信息，以指导和规划行动。从低层到高层应用的图像技术都得到了人工智能、神经网络、遗传算法、模糊逻辑、图像代数、机器学习、深度学习等新理论、新工具、新技术的有力支持。为完成这些工作,还要采取合适的控制策略。

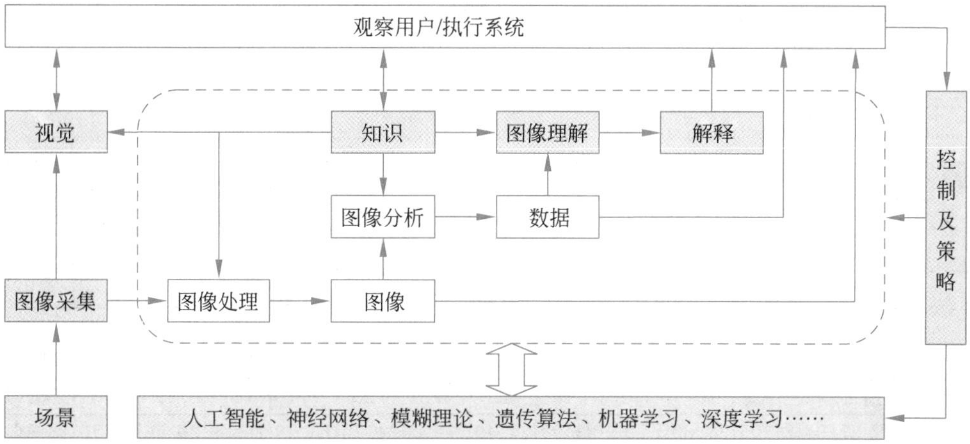

图 1.1.2　图像工程整体框架

上册对低层图像处理的基本原理和技术进行了详细介绍,中册对中层图像分析的基本原理和技术进行了详细介绍,本册书内容主要涉及高层图像理解的基本原理和技术,包括(在处理和分析基础上)对 3-D 客观场景信息的获取和表达、景物的重建、场景的解释等,以及上述过程中的相关知识及应用,为完成这些工作采用的控制和策略等。对高层理解的研究现已成为图像技术研究发展的一个重点方向,对不同层次图像技术的综合应用推动了图像事业的快速发展。

1.1.2　图像工程发展情况回顾

一个领域的研究发展可借助相关文献发表情况进行统计分析,因为发表的文献是研究成果的一种体现。

20 世纪最后约 30 年内,曾有一个由 30 篇论文组成的关于图像技术的综述系列(共引用了 34 293 篇文献)[Zhang 2002a]、[章 2018b]。该综述系列已于 2000 年由作者结束[Rosenfeld 2000]。限于历史等原因,该综述系列对文献的选取和分类标准不尽一致,体现在以下方面。

(1) 有些文献选自 40 多种期刊,有些文献选自 10 多个会议。

(2) 有些文献根据覆盖内容分类,有些文献根据所用具体技术分类。

(3) 不同类别覆盖的内容有所重合。

(4) 有些年(早期)考虑了图像处理方面的主题,而 1986 年后几乎不再涉及图像编码等主题。

1996 年起,笔者开始了一个新的关于图像工程的综述系列,现已持续了 28 年(见[章 1996a]、[章 1996b]、[章 1997a]、[章 1998]、[章 1999a]、[章 2000a]、[章 2001a]、[章 2002a]、[章 2003a]、[章 2004a]、[章 2005]、[章 2006]、[章 2007a]、[章 2008]、[章 2009a]、[章 2010]、[章 2011a]、[章 2012a]、[章 2013a]、[章 2014]、[章 2015a]、[章 2016a]、[章 2017a]、[章 2018a]、[章 2019]、[章 2020a]、[章 2021a]、[章 2022]、[章 2023])。与已结束的综述系列不同,该综述系列不仅对选取的文献进行了分类,还对它们进行了统计、比较和分析,所以除有助于文献检索外,还有助于确定图像工程的研究方向,并进一步制定科研工作的决策。

该综述系列还在继续进行中,下面先对这 28 年的情况进行概括。综述从 15 种有关图像工程的重要中文期刊(共 3429 期)上发表的 73 879 篇学术研究和技术应用文献中选取了

18 443 篇图像工程领域的文献。每年的文献总数、选取总数和选取率可如表 1.1.1 所示。文献选取率反映了图像工程在各期刊覆盖的专业领域中的相对重要性。28 年来,选取率稳步上升,几乎翻番。这是图像工程方面的研究成果和投稿数量历年增加的结果,也是图像工程学科蓬勃发展的明证。

表 1.1.1 图像工程综述系列 28 个年度的文献统计情况

文献年度	1995	1996	1997	1998	1999	2000	2001	2002	2003	2004	2005	2006	2007	2008
文献总数(篇)	997	1205	1438	1477	2048	2117	2297	2426	2341	2473	2734	3013	3312	3359
选取总数(篇)	147	212	280	306	388	464	481	545	577	632	656	711	895	915
选取率(%)	14.74	17.59	19.47	20.72	18.95	21.92	20.94	22.46	24.65	25.60	23.99	23.60	27.02	27.24
文献年度	2009	2010	2011	2012	2013	2014	2015	2016	2017	2018	2019	2020	2021	2022
文献总数(篇)	3604	3251	3214	3083	2986	3103	2975	2938	2932	2863	2854	2785	2958	3096
选取总数(篇)	1008	782	797	792	716	822	723	728	771	747	761	813	833	908
选取率(%)	27.97	24.05	24.80	25.69	23.98	26.49	24.30	24.78	26.30	26.09	26.66	29.19	28.16	29.33

为更容易、直观地反映多年来的发展变化情况,图 1.1.3 绘出了 28 年来选取的文献总数、选取总数和选取率的曲线,其中横轴代表年度,左边竖轴代表文献数量(文献总数或选取总数),右边竖轴代表文献选取率。

彩图

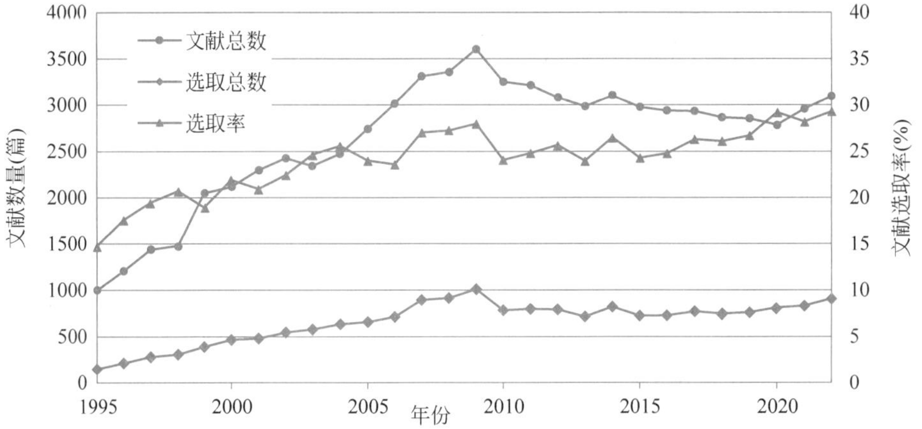

图 1.1.3 28 年来图像工程文献选取曲线

综述系列对选取的图像工程文献根据其主要内容分别归入了图像处理、图像分析、图像理解、技术应用和综述 5 个大类,进一步分为 23 个专业小类(如表 1.1.2 所示)。

表 1.1.2 文献分类表

大 类	名 称	小 类	名称和主要内容
A	图像处理	A1	图像获取(各种成像方式方法、图像采集、表达及存储、摄像机校准等)
		A2	图像重建(基于投影等重建图像、间接成像等)
		A3	图像增强和恢复(变换、滤波、复原、修补、置换、校正、视觉质量评价等)
		A4	图像/视频压缩编码(算法研究、相关国际标准实现改进等)
		A5	图像信息安全(数字水印、信息隐藏、图像认证取证等)
		A6	图像多分辨率处理(超分辨率重建、图像分解和插值、分辨率转换等)
B	图像分析	B1	图像分割和基元检测(边缘、角点、控制点、感兴趣点等)
		B2	目标表达、描述、测量(二值图像形态分析等)
		B3	目标特性提取分析(颜色、纹理、形状、空间、结构、运动、显著性、属性等)
		B4	目标检测和识别(目标 2-D 定位、追踪、提取、鉴别和分类等)
		B5	人体生物特征提取和验证(人体、人脸和器官的检测、定位与识别等)

续表

大　类	名　称	小　类	名称和主要内容
C	图像理解	C1	图像匹配和融合(序列、立体图的配准、镶嵌等)
		C2	场景恢复(3-D景物建模、重构或重建、表达、描述等)
		C3	图像感知和解释(语义描述、场景模型、机器学习、认知推理等)
		C4	基于内容的图像/视频检索(相应的标注、语义描述、场景分类等)
		C5	时空技术(高维运动分析、3-D姿态检测、时空跟踪、举止判断和行为理解等)
D	技术应用	D1	硬件、系统设备和快速/并行算法
		D2	通信、视频传输播放(电视、网络、广播等)
		D3	文档、文本(文字、数字、符号等)
		D4	生物、医学(生理、卫生、健康等)
		D5	遥感、雷达、声呐、测绘等
		D6	其他应用领域(没有直接/明确包含在以上各小类中的技术应用)
E	综述评论	E1	跨大类综述(同时覆盖图像处理/分析/理解,或涉及综合新技术)

上述23个小类2022年的文献数量如图1.1.4所示[章2023]。相对图像处理和图像分析中各小类的文献数量来说,图像理解中各小类的文献数量较少(仅C1和C4两个小类还可类比)。由此可见,对图像理解的研究还需加强,图像理解领域的研究还大有可为。

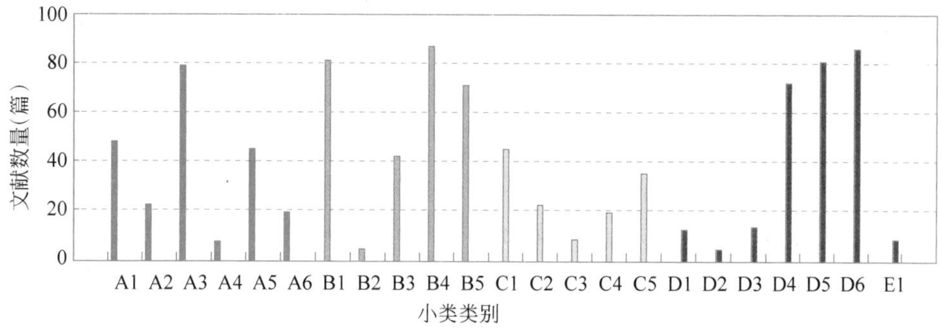

图1.1.4　对2022年23个小类文献数量的统计结果

1.2　图像理解及相关学科

图像理解与其他学科有密切的联系和相关的内容,下面分别进行概括性讨论。

1.2.1　图像理解

图像工程包括由低到高的3个层次,图像理解作为图像工程的高层,其重点是在图像分析的基础上结合人工智能和认知理论,进一步研究图像中各目标的性质及其之间的相互联系,理解图像内容的含义并解释对应的客观场景,从而指导和规划行动。如果说图像分析主要是以观察者为中心研究客观世界(主要研究可观察到的事物),那么图像理解在一定程度上是以客观世界为中心,借助知识、经验等把握整个客观世界(包括没有直接观察到的事物)。

图像理解关注的是如何根据图像给出场景描述和判断,需要借助计算机构建系统,帮助解释图像的含义,从而利用图像信息解释客观世界;需要确定为完成某项任务,应通过图像采集从客观世界获取哪些信息,通过图像处理和分析从图像中提取哪些信息,以及利用哪些信息继续加工以获得需要的决策;需要研究理解能力的数学模型,并通过对数学模型的程序化实现理解能力的计算机模拟。

限于目前的计算机能力和图像理解技术水平，上述许多任务还无法完全自动实现。多数情况下，系统完成较低层的工作，用户完成剩下的较高层的工作，如图 1.2.1 所示。

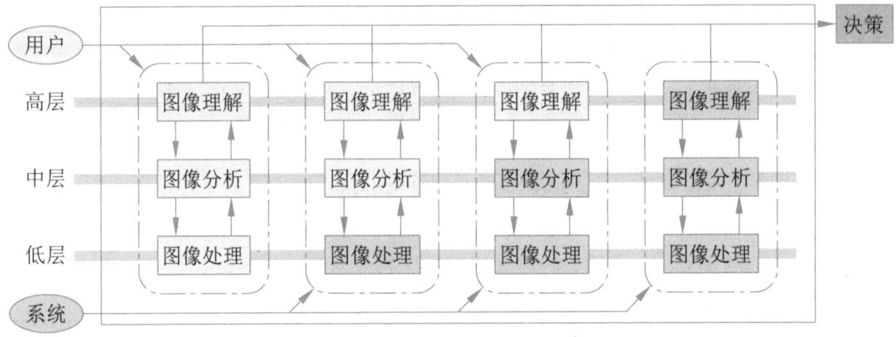

图 1.2.1 系统和用户覆盖不同的层次

图像理解是要帮助用户通过图像认识客观世界。如果完全没有系统，用户就必须执行所有层的工作。如果系统只有低层处理能力，用户就需要在系统处理的基础上完成中层和高层的工作。如果系统有了低层和中层处理能力，那么用户只需要在系统处理的基础上完成高层工作就可以了。而如果系统有了所有层的处理能力，用户就可容易地做出决策。目前研究和发展的瓶颈主要是在高层。

1.2.2 计算机视觉

可将**人类视觉**的过程看作一个复杂的从感觉（感受到的是对 3-D 世界之 2-D 投影得到的图像）到知觉（由 2-D 图像认知 3-D 世界的内容和含义）的过程[孔 2002]。从狭义上讲，视觉的最终目的是对场景做出对观察者有意义的解释和描述；从广义上讲，还包括基于这些解释和描述并根据周围环境和观察者的意愿制定行为规划。**计算机视觉**是指利用计算机实现人的视觉功能，希望根据感知到的图像对实际目标和场景做出有意义的判断[Shapiro 2001]。这实际上也是图像理解的目标。

1. 研究方法

对于计算机视觉的研究，目前主要采用两类方法。

（1）仿生学的方法：仿生学方法的本质是**模仿化**，即参照人类视觉系统的结构原理，建立相应的处理模块或制作具有视觉能力的设备，实现类似的功能（人类视觉系统的一些特性见附录 A）。这里涉及 3 个相关问题[Sonka 2008]：①经验主义的问题——What is? 需要确定如何设计现有的视觉系统；②标准化的问题——What should be? 需要确定自然或理想的视觉系统应满足的期望特性；③理论的问题——What could be? 需要确定智能视觉系统的机制。

（2）工程的方法：工程方法的本质是**模拟化**，即从分析人类视觉过程的功能着手，不刻意模拟人类视觉系统内部结构，仅考虑系统的输入和输出，并采用现有的可行技术手段实现需要的系统功能。这是本书主要讨论的方法，将在后续各章节中详细介绍。

2. 工程实现方式

根据信息的流动方向和先验知识的数量，采用工程方法实现人的视觉功能，主要包括两种方式。

（1）由底向上重建：需要基于一幅图像或一组图像重构目标的 3-D 形状，既可以使用亮度图像，也可以使用深度图像。马尔的**视觉计算理论**（见 1.3.1 小节）是一种典型的方法，它是严格由底向上的，且对目标的先验知识要求较少。

（2）由上向下识别：也称**基于模型的视觉**，是指将关于目标的先验知识用目标的模型表示，其中 3-D 模型更为重要。例如，在基于 CAD 模型的识别中，由于模型中嵌入了约束，可使很多情况下的不确定视觉问题有解。

实际应用中，两种方式常根据具体工作结合使用，在后续章节中也有体现。

3. 研究目标

计算机视觉包括两个主要研究目标，它们互相联系补充。第一个研究目标是建成计算机视觉系统，完成各种视觉任务。换句话说，使计算机借助各种视觉传感器（如 CCD、CMOS 摄像器件等）获取场景的图像，从而感知和恢复 3-D 环境中景物的几何性质、姿态结构、运动情况、相互位置等，并对客观场景进行识别、描述、解释，进而做出判断和决策。这里主要研究的是技术机理。目前此方面的研究集中在各种专用系统的建设，完成各种实际场合提出的专门视觉任务，从长远来说则要建成更通用的系统[Jain 1997]。第二个研究目标是将该研究作为探索人脑视觉工作机理的手段，进一步加深对人脑视觉的掌握和理解（如计算神经科学），期望反哺计算机视觉。这里主要研究的是生物学机理。长期以来，学界已从生理、心理、神经、认知等方面对人脑视觉系统进行了大量研究，但还远没有揭开视觉过程的全部奥秘，对视觉机理的研究和了解还远落后于对视觉信息处理的研究和掌握。需要指出，对人脑视觉的充分理解也将促进计算机视觉的深入研究[Finkel 1994]，借助对人类视觉系统具有的强大理解能力的研究，可帮助人们开发新的图像理解和计算机视觉算法。本书主要针对第一个研究目标展开。

4. 图像理解与计算机视觉的关系

图像理解与计算机视觉密切相关。图像是表达视觉信息的一种物理形式，图像理解必须借助计算机，基于对图像的处理和分析进行。计算机视觉作为一门学科，与许多以图像为主要研究对象的学科（特别是图像处理、图像分析、图像理解）有着非常密切的联系和不同程度的交叉。计算机视觉主要强调利用计算机实现人的视觉功能，这中间实际上需要用到图像工程 3 个层次的许多技术，虽然目前的研究内容主要与图像理解相结合。

图像理解与计算机视觉之间的密切联系从对计算机视觉的定义也可看出[Sonka 2008]：计算机视觉的中心问题是从一个单目或多个单目的、移动或静止的观察者获取到的一个运动或静止的目标或场景的一幅或序列图像中，理解这个目标或场景及其 3-D 性质。这个定义与对图像理解的定义基本匹配。理解任务的复杂度与具体应用相关，假如先验知识较少，如在人对完全自然的视觉认知中，理解是相当复杂的；但如在对环境和目标进行限定、约束的多数情况下，由于可能的解释是有限的，理解可以相对简单。

在建立图像/视觉信息系统，利用计算机协助人类完成各种视觉任务方面，图像理解和计算机视觉都需要运用射影几何学、概率论与随机过程、人工智能等方面的理论。例如，它们都要借助两类智能活动：①感知，如感知场景中可见部分的距离、朝向、形状、运动速度、相互关系等；②思维，如根据场景结构分析景物的行为，推断场景的发展变化，决定和规划主体行动等。其中，感知与**视感觉**密切相关，而思维则与**视知觉**密切相关（可见 A.1 节）。

计算机视觉最初被作为一个人工智能问题研究，因此也有人称其为图像理解[Shah 2002]。事实上，图像理解和计算机视觉两个名词也常混合使用。从本质上讲，两者互相联系，很多情况下其内容有交叉重合，在概念上或实用中并没有绝对的界限。在许多场合和情况下，它们虽各有侧重，但常常互为补充，所以将其看作专业和/或背景不同的人习惯使用的不同术语更为恰当，本书也不去刻意区分它们。

1.2.3 其他相关学科

图像理解与计算机科学有密切联系(作为图像理解基础的图像处理和图像分析也与计算机科学有密切联系)。除了计算机视觉,其他与计算机相关的学科,如机器视觉/机器人视觉、模式识别、人工智能、计算机图形学等,都对图像理解的发展起到并将继续起到重要的影响和作用。

机器视觉或**机器人视觉**与计算机视觉有着千丝万缕的联系,很多情况下它们都作为同义词使用。具体地说,一般认为计算机视觉更侧重场景分析和图像解释理论和算法,而机器视觉或机器人视觉则更关注图像的获取、系统的构造和算法的实现,与图像工程的技术应用密切相关[章 2009c]。

模式包括的范围较广,图像是模式的一种。识别是指从客观事实中自动建立符号描述或进行逻辑推理的数学和技术,因而人们将**模式识别**定义为对客观世界中景物和过程进行分类、描述的学科[Bishop 2006]。目前,对图像模式的识别主要集中在对图像中感兴趣内容(目标)的分类、鉴别、表达和描述,与图像分析有相当大的交集。图像理解中也使用了很多模式识别的概念和方法,但视觉信息有其特殊性和复杂性,传统的模式识别(竞争学习模型)并不能包括全部图像理解的内容。

人类智能主要指人类理解世界、判断事物、学习环境、规划行为、推理思维、解决问题等的能力。**人工智能**则指由人类利用计算机模拟、执行或再生某些与人类智能有关功能的能力和技术[Nilsson 1980]、[Winston 1984]、[Dean 1995]。视觉功能是人类智能的一种体现,所以图像理解和计算机视觉与人工智能密切相关。图像理解的研究中应用了许多人工智能技术,反过来,也可将图像理解看作人工智能的一个重要应用领域,需借助人工智能的理论研究成果和系统实现。

机器学习是指计算机系统通过自我**学习**达到自我改进的过程。它主要研究计算机如何模拟或实现人类的学习行为以获取新的知识或技能,或重新组织已有的知识结构,使之不断改善自身的性能。机器学习的一个主要研究方向是自动学习,以识别复杂模式并基于数据进行智能决策。近年来受到广泛关注的**深度学习**是机器学习中的一个分支或一种特定类型(1.4 节给出进一步介绍)。它试图模仿人脑的工作机制,建立进行学习的神经网络以分析、识别和解释图像等数据。通过组合低层特征形成更抽象的高层表达属性类别或特征,以发现数据的分布式特征表示。这与人类在学习中先掌握简单概念,再用其表示更抽象的语义比较类似。

计算机图形学研究如何从给定的描述生成"图像",与计算机视觉也有密切关系。一般将计算机图形学称为计算机视觉的逆问题,因为计算机视觉从 2-D 图像中提取 3-D 信息,而计算机图形学则使用 3-D 模型生成 2-D 可视场景。实际上,计算机图形学很多时候与图像分析联系更多。可将某些图形看作图像分析结果的可视化,而计算机真实感景物的生成又可看作图像分析的逆过程[章 1996b]。另外,图形学技术在视觉系统的人机交互和建模等过程中也发挥着较大作用。两相结合的一个研究热点——**基于图像的绘制**就是一个典型的例子[章 2002b]。需要注意,与图像理解和计算机视觉存在许多不确定性相比,计算机图形学处理的多是确定性问题,是通过数学途径可以解决的问题。在许多实际应用中,人们更关注图形生成的速度和精度,即实现实时性和逼真度之间的平衡。

从更广泛的领域看,图像理解要用工程方法解决生物问题,实现生物固有的功能,所以与生物学、生理学、心理学、神经学等学科也存在互相学习互为依赖的关系。近年图像理解研究者与视觉心理生理研究者紧密合作,已取得了一系列研究成果。图像理解属于工程应用科学,与电子学、集成电路设计、通信工程等密不可分。一方面,图像理解的研究充分利用了这些学科的成果;另一方面,图像理解的应用也极大地推动了这些学科的深入研究和发展。

1.2.4 图像理解的应用领域

近年来,图像理解已在许多领域得到广泛应用,下面是一些典型的例子。

(1) 工业视觉,如工业检测、工业探伤、自动生产流水线、邮政自动化、计算机辅助外科手术、显微医学操作,以及各种危险场合工作的机器人等。将图像和视觉技术用于生产自动化,可提高生产速度,保证产品质量,还可避免人疲劳、注意力不集中等带来的误判。

(2) 人机交互,如人脸识别、智能代理等,使计算机借助人的手势动作(手语)、嘴唇动作(唇读)、躯干运动(步态)、表情测定等了解人的愿望要求而执行指令,既符合人类的交互习惯,也可增强交互便利性和临场感等。

(3) 视觉导航,如巡航导弹制导、无人驾驶飞机飞行、自动行驶车辆、移动机器人、精确制导及智能交通的各个方面,既可避免人的参与及由此带来的危险,也可提高精度和速度。

(4) 虚拟现实,如飞机驾驶员训练、医学手术模拟、场景建模、战场环境表示等,可帮助人们超越生理极限,产生身临其境的感觉,提高工作效率。

(5) 图像自动解释,包括对放射图像、显微图像、遥感多波段图像、合成孔径雷达图像、航天航测图像等的自动判读理解。由于近年来技术的发展,图像的种类和数量飞速增长,图像的自动理解已成为解决信息膨胀问题的重要手段。

(6) 对人类视觉系统和机理、人脑心理和生理进行辅助研究等。

另外,值得指出的是,2003 年机器人世界杯比赛期间,人们提出了一个大胆的目标:到 2050 年,将组建一支完全独立的**类人机器人足球运动队**,而且它将能按照**世界足球联盟**(FIFA)的比赛规则战胜当时的(人类)世界杯冠军队(见 www.robocup.org)。这个计划所需的时间(约 50 年)可与历史上从莱特兄弟制造出第一架飞机到阿波罗将人送到月亮上并安全返回,以及从发明数字计算机到制造出击败人类国际象棋冠军的“深蓝”所需的时间相比拟。

现在已经过去了约 20 年的时间,基于目前的研究和技术水平,实现这个目标还是很困难的。虽然有人认为类人机器人时代已经来临,人们已在实验室中制成了仿人的采用无源被动行走原理工作的机器人(如“康奈尔”和“丹尼斯”);靠人工肺的气流驱动人工声带发声的机器人(如“说话者”);借助橡胶触觉传感器感触外界的机器人(如“多莫”);在许多游戏中赢得了比赛的机器人(如国际象棋中的“深蓝”,围棋中的“阿尔法围棋”);还有近期能与人进行自然语言对话的 ChatGPT 等。但要让机器人模仿人类的视感觉,特别是视知觉进行工作还是非常有挑战性的。不过制订并执行这样一个长期的计划是很重要的。

实现这个目标的意义决不(仅仅)是为图像理解和计算机视觉技术提供又一个娱乐或体育的应用领域。为实现这个目标,人们必须更深入地理解“图像理解”,对图像理解技术进行更前沿的研究,使图像理解系统具有更多更高的性能,将图像理解技术应用于更广泛的领域。

1.3 图像理解理论框架

有关图像理解和计算机视觉的研究早期并没有全面的理论框架,20 世纪 70 年代,关于目标识别和场景理解的研究基本上都是先检测线状边缘,再将其组合起来形成更复杂的结构。但是实际基元检测很困难且不稳定,所以理解系统只能输入简单的线和角点,组成所谓的“积木世界”。

1.3.1 马尔视觉计算理论

马尔于1982年出版的《视觉》(*vision*)一书[Marr 1982]总结了其与同事基于人类视觉相关研究的一系列成果,提出了**视觉计算理论**,勾画出一个理解视觉信息的框架。该框架既全面又精练,是使视觉信息理解的研究变得严密,并将视觉研究从描述水平提高到数理科学水平的关键。马尔的理论指出,要先理解视觉的目的,再理解其中的细节。这适用于各种信息处理任务[Edelman 1999]。该理论的要点如下[Marr 1982]。

1. 视觉是一个复杂的信息加工过程

马尔认为,视觉是一个远比人的想象更为复杂的信息加工任务和过程,而且其难度常不为人们正视。一个主要原因是,利用计算机理解图像很难,但对于人而言这常常是轻而易举的。

为了理解视觉这个复杂的过程,首先要解决两个问题。一个是视觉信息的表达问题;另一个是视觉信息的加工问题。这里的表达是指一种能将某些实体或某几类信息表示清楚的形式化系统(如阿拉伯数制、二进制数制),以及说明该系统如何工作的若干规则。表达中某些信息是突出或明确的,另一些信息则是隐藏或模糊的。表达对其后信息加工的难度有较大影响。至于视觉信息加工,则是通过对信息的不断处理、分析、理解,将不同表达形式进行转换,逐步抽象以达到目的。要完成视觉任务,需要在若干不同层次和方面进行。

近期的生物学研究表明:生物在感知外部世界时,视觉系统可分为两个皮层视觉子系统,即两条视觉通路,分别为what通路和where通路。其中,what通路传输的信息与外部世界的目标对象相关,而where通路用于传输对象的空间信息。结合注意机制,what信息可用于驱动自底向上的注意,形成感知并进行目标识别;where信息可用于驱动自顶向下的注意,处理空间信息。这个研究结果与马尔的观点是一致的,因为按照马尔的计算理论,视觉过程是一种信息处理过程,其主要目的是从图像中发现存在于外部世界的目标及目标所在的空间位置。

2. 视觉信息加工的三个要素

完整地理解和解释视觉信息,需要同时把握三个要素,即计算理论、算法实现和硬件实现。

首先,一个任务要用计算机完成,它应该是可被计算的。这就是可计算性问题,需要借助计算理论回答。一般对于某个特定的问题,如果存在一个程序,且这个程序对于给定的输入都能在有限步骤内给出输出,这个问题就是可计算的。可计算理论的研究对象有3个,即判定问题、可计算函数及计算复杂性。判定问题主要是判定方程是否有解。可计算函数主要讨论一个函数是否可计算,例如可用图灵机等数学模型判定一个函数是否属于可计算函数。计算复杂性主要讨论**NP完全问题**,一般考虑是否存在时间和空间复杂度都是多项式的有效算法(可将所有能用多项式时间算法求解的问题组成的类别称为P类,P⊆NP,而NP完全问题则是NP类中最困难的问题,不过NP完全并不意味着没有办法解决,对于一些问题可求得满足特定应用的近似解)。

视觉信息理解的最高层次是抽象的计算理论。对视觉是否可用现代计算机计算的问题至今尚无明确解答。视觉是一个感觉加知觉的过程。对于人类视觉功能的机理,无论是从微观的解剖知识,还是从客观的视觉心理知识来说,人类都掌握得还不够多,所以对视觉可计算性的讨论目前还比较有限,主要集中在以现有计算机具备的数字和符号加工能力完成的某些具体视觉任务。目前视觉可计算性常指计算机给定输入条件下,能否得到人类视觉可获得的类似结果。这里计算目标是明确的,输入给定后输出要求也可以确定,所以重点是从输入到输出转换中的信息理解步骤。例如给定景物的一幅图像(输入),计算目标是获得对景物的解释(输出)。视觉计算理论主要包括两方面研究内容:①计算什么及为什么要计算;②提出一定的约束条件，以便唯一地确定最终的运算结果。

其次，现今计算机运算的对象为离散的数字或符号，计算机的存储容量也有一定的限制，因而有了计算理论，还必须考虑算法的实现，为此需要为加工操作的实体选择一种合适的表达。一方面要选择加工的输入和输出表达；另一方面要确定实现表达转换的算法。表达和算法是互相制约的，其中需要注意三点：①一般情况下可以有许多可选的表达；②算法的确定常取决于所选的表达；③给定一种表达，可有多种完成任务的算法。从这点来看，所选的表达与操作的方法有密切联系。一般将用于加工的指令和规则称为算法。

最后，有了表达和算法，物理上如何实现算法也是必须考虑的。特别是随着对实时性要求的不断提高，专用硬件实现的问题常常被提出。注意，算法的确定常依赖于物理上实现算法的硬件特点，而同一算法可由不同的技术途径实现。

将上述讨论归纳后可得到表 1.3.1。

表 1.3.1　视觉信息加工三要素的含义

要　素	名　称	含义和所解决的问题
1	计算理论	什么是计算目标，为什么要这样计算
2	表达和算法	如何实现计算理论，什么是输入输出表达，用什么算法实现表达间的转换
3	硬件实现	如何在物理上实现表达和算法，计算结构的具体细节是什么

上述 3 个要素之间有一定的逻辑因果联系，但无绝对的依赖关系。事实上，对于每个要素均有多种不同的选择方案。许多情况下，解释每个要素涉及的问题与其他两个要素基本无关（各要素相对独立），或者说可通过其中一个或两个要素解释某些视觉现象。上述 3 个要素也有人称之为视觉信息加工的 3 个层次，并指出不同的问题需要在不同层次进行解释。三者之间的关系常用图 1.3.1 表示（实际上看成两个层次更恰当），其中箭头正向表示带有指导的含义，反过来则有作为基础的含义。注意，一旦有了计算理论，表达和算法与硬件实现之间是互相影响的。

3. 视觉信息的三级内部表达

根据视觉可计算性的定义，视觉信息加工过程可分解为多个由一种表达到另一种表达的转换步骤。表达是视觉信息加工的关键，一个进行计算机视觉信息理解研究的基本理论框架主要由视觉加工建立、维持并予以解释的可见世界的三级表达结构组成。对于多数哲学家来说，视觉表达的本质是什么，它们如何与感知联系，如何支持行动，都可以有不同的解释。不过，他们一致认为，这些问题的解答都与“**表达**”这个概念有关[Edelman 1999]。

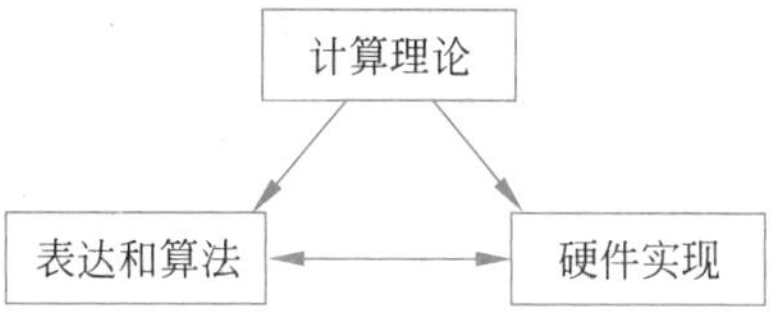

图 1.3.1　视觉信息加工三要素的联系

1）基素表达

基素表达（也称原始草图）是一种 2-D 表达，它是图像特征的集合，描述了景物表面属性发生变化的轮廓部分。基素表达提供了图像中各景物轮廓的信息，是对 3-D 目标一种素描形式的表达。这种表达方式可以从人类的视觉过程中得到证明，人观察场景时总是先注意其中变化剧烈的部分，所以基素表达应是人类视觉过程的一个阶段。

注意，只使用基素表达并不能保证得到对场景的唯一解释。以图 1.3.2 所示的**奈克立方体**为例[Marr 1982]，如果观察者将注意力集中于图 1.3.2(a)右上方的三线相交处，则可将其解释为图 1.3.2(b)，即认为成像的立方体如图 1.3.2(c)所示；而如果将注意力集中于图 1.3.2(a)左下方的三线相交处，则可将其解释为图 1.3.2(d)，即认为成像的立方体如图 1.3.2(e)所示。这是因为虽然图 1.3.2(a)给人以（一部分）3-D 目标（立方体）的线索，但当人借助经验知识试图从中恢复 3-D 深度时，由于所采用的综合方法不同，可得出两种不同的解释。一种是将图 1.3.2(a)右上方三线相交处看作距离自己最近的点，而另一种则是将图 1.3.2(a)左下方三线相交处看作距离自己最近的点，从而推出两种不同的结果。这种对同一立方体的两种不同解释常称为**奈克错觉**(更多分析见附录 A)。

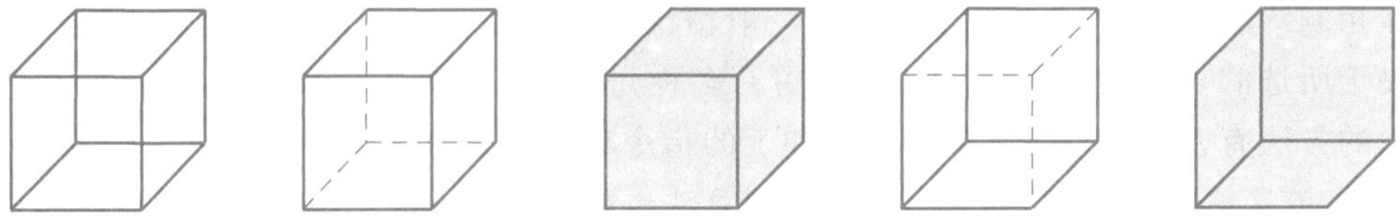

图 1.3.2　奈克错觉示例

顺便指出，奈克错觉也可借助**视点反转**解释[Davies 2005]。人观察立方体时会间断地将中间两个顶点分别看作距离自己最近的点，心理学上称之为**感知逆转**。奈克错觉表明，大脑会对场景做出不同的假设，甚至基于不完全的证据做出决策。导致感知逆转的图形被称为**可反转图形**，或**多稳态图形**。基素表达提供的场景信息过于抽象简单，导致歧义的产生。

2) 2.5-D 表达

2.5-D 表达完全是为了适应计算机的运算功能而提出的(参见 1.3.4 小节讨论)。它根据一定的采样密度将目标按**正交投影**的原则分解，这样景物可见表面被分解为许多有一定大小和几何形状的面元，每个面元都有自己的取向。用一根根法线代表其所在面元的取向并组成针状图(将矢量用箭头表示)，就构成 2.5-D 表达图(也称针图)，在这类图中各法线的取向以观察者为中心。获取 2.5-D 表达图的具体步骤为：①将景物可见表面正交投影分解为单元表面集合；②用法线代表单元表面的取向；③将各法线画出，叠加于景物轮廓内的可见表面上。图 1.3.3 给出了一个示例。

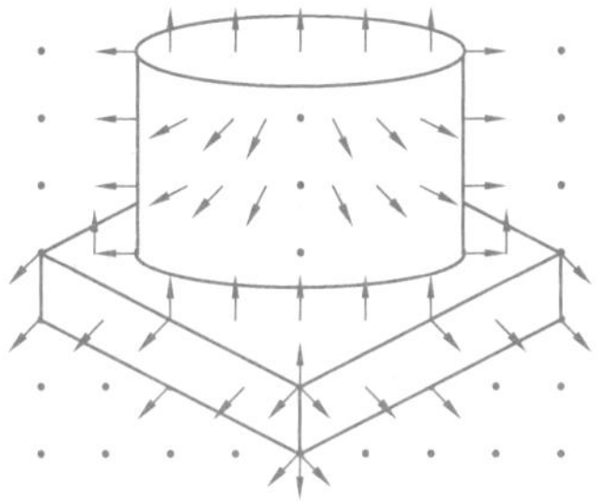

图 1.3.3　2.5-D 表达示例

2.5-D 图实际上是一种本征图像(见 4.1.2 小节)，因为它表示景物表面面元的朝向，从而给出了表面形状的信息。它的特点是既表达了一部分景物轮廓的信息(这与基素表达类似)，又表达了以观察者为中心可观察到的景物表面的取向信息。

表面朝向是一种本征特性，深度也是一种本征特性，可将 2.5-D 图转化为(相对)深度图。给定 $z(x,y)$对 x 和 y 的偏导数 p 和 q，理论上可通过在平面上沿任意曲线积分恢复 $z(x,y)$，即

$$z(x,y)=z(x_0,y_0)+\int_{(x_0,y_0)}^{(x,y)}(p\,\mathrm{d}x+q\,\mathrm{d}y) \tag{1.3.1}$$

但在实际中，p 和 q 是从有噪声图像中算出的，所以上述积分与路径有关。这会导致沿封闭通路积分的结果不为零。不过由于 p 和 q 已知，这样已有的信息实际上比所需的更多，所以可用最小均方的方法搜索与表面梯度吻合度最高的表面。

为最小化吻合误差可选择优化满足下式的 $z(x,y)$：

$$\iint_Q[(z_x-p)^2+(z_y-q)^2]\mathrm{d}x\,\mathrm{d}y \tag{1.3.2}$$

其中，Q 代表图像的定义域，p 和 q 是对梯度的估计，而 z_x 和 z_y 为吻合度最高的表面的方向偏导。这实际上又是一个变分计算问题。所需最小化的积分形式为

$$\iint F(z,z_x,z_y)\mathrm{d}x\,\mathrm{d}y \tag{1.3.3}$$

其欧拉方程为

$$F_z - \frac{\partial}{\partial x}F_{z_x} - \frac{\partial}{\partial y}F_{z_y} = 0 \tag{1.3.4}$$

由 $F=(z_x-p)^2+(z_y-q)^2$ 可得

$$\frac{\partial}{\partial x}(z_x - p) + \frac{\partial}{\partial y}(z_y - q) = \nabla^2 z - (p_x + q_y) = 0 \tag{1.3.5}$$

式(1.3.5)的形式与直觉是相符的，因为它表明期望表面的拉普拉斯值一定等于给定数据的拉普拉斯估计 p_x+q_y。可以证明式(1.3.3)所示的积分，其自然边界条件是

$$F_{z_x}\frac{\mathrm{d}y}{\mathrm{d}s} - F_{z_y}\frac{\mathrm{d}x}{\mathrm{d}s} = 0 \tag{1.3.6}$$

其中，s 为沿边界的曲线长度，这样可得到

$$(z_x - p)\frac{\mathrm{d}y}{\mathrm{d}s} = (z_y - q)\frac{\mathrm{d}x}{\mathrm{d}s} \tag{1.3.7}$$

或

$$(z_x, z_y)\cdot\left(\frac{\mathrm{d}y}{\mathrm{d}s}, -\frac{\mathrm{d}x}{\mathrm{d}s}\right)^{\mathrm{T}} = (p, q)\cdot\left(\frac{\mathrm{d}y}{\mathrm{d}s}, -\frac{\mathrm{d}x}{\mathrm{d}s}\right)^{\mathrm{T}} \tag{1.3.8}$$

其中，$(\mathrm{d}y/\mathrm{d}s, -\mathrm{d}x/\mathrm{d}s)^{\mathrm{T}}$ 为点 s 的法线矢量。式(1.3.8)表明，所期望表面的法向导数与通过给定数据得到的法向导数的估计一致。

将 2-D 基素表达与 2.5-D 表达相结合可获得观察者所能看到的(可见的)景物轮廓以内目标的 3-D 信息(包括边界、深度、反射特性等)。这种表达与人理解的 3-D 景物是一致的。

3) 3-D 表达

3-D 表达是以景物为中心(也包括景物不可见部分)的表达形式。它在以景物为中心的坐标系中描述 3-D 景物的形状及其空间组织，基本的 3-D 实体表达方式见 5.5 节。

现在回过来看视觉可计算性问题。从计算机或信息加工的角度看，视觉可计算性问题可分为几个步骤，步骤之间是某种表达形式，而每个步骤都运用将前后两种表达形式联系起来的计算/加工方法(如图 1.3.4 所示)。

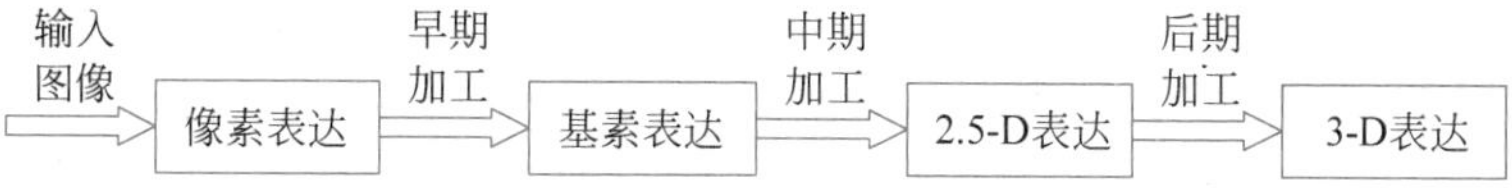

图 1.3.4　马尔框架的三级表达分解

根据上述三级表达观点，视觉可计算性要解决的问题是：如何从原始图的像素表达出发，通过基素表达图和 2.5-D 表达图，最后得到 3-D 表达图。总结后如表 1.3.2 所示。

表 1.3.2　视觉可计算性问题的表达框架

名　称	目　的	基　元
图像	表达场景的亮度或景物的照度	像素(值)
基素图	表达图像中亮度变化位置、景物轮廓的几何分布和组织结构	零交叉点、端点、角点、拐点、边缘段、边界等
2.5-D 图	在以观察者为中心的坐标系中，表达景物可见表面的取向、深度、轮廓等性质	局部表面朝向("针"基元)、表面朝向不连续点、深度、深度上不连续点等
3-D 图	在以景物为中心的坐标系中，用体元或面元集合描述形状和形状的空间组织形式	3-D 模型，以轴线为骨架，将体元或面元附在轴线上

4. 视觉信息理解按功能模块形式组织

可将视觉信息系统看作由一组相对独立的功能模块组成，这种思想不仅有计算方面进化论和认识论的论据支持，而且某些功能模块已能通过实验的方法分离出来。

另外，心理学研究表明，人通过使用多种线索或多种线索的结合获取各种本征视觉信息。这启示视觉信息系统应该包括许多模块，每个模块获取某一特定的视觉线索，进行一定的加工，完成要求的任务，从而根据环境用不同的权系数结合不同的模块，最终完成视觉信息理解任务。根据这个观点，复杂的处理可通过一些简单的独立功能模块完成，从而可以简化研究方法，降低具体实现难度。从工程角度来讲这点也很重要。

5. 计算理论形式化表示必须考虑约束条件

在图像采集获取过程中，原始场景中的信息会发生以下多种变化。

(1) 当 3-D 的场景被投影为 2-D 图像时，丢失了景物深度和不可见部分的信息。

(2) 图像总是从特定视角获取的，同一景物不同视角的图像会不同，另外景物互相遮挡或各部分相互遮挡也会丢失信息。

(3) 成像投影使照明、景物几何形状和表面反射特性、摄像机特性、光源与景物和摄像机之间的空间关系等都会被综合为单一的图像灰度值，很难区分。

(4) 在成像过程中会不可避免地引入噪声和畸变。

对于一个问题来说，如果它的解是：①存在的；②唯一的；③连续地依赖于初始数据的，则它是适定的。如不满足上述某一条或几条，就是不适定(欠定)的。由于上述各种原始场景中信息发生变化的原因，使将视觉问题作为光学成像过程的逆问题求解的方法成为不适定问题(病态问题)，求解很困难。为解决这个问题，需要根据外部客观世界的一般特性找出有关问题的约束条件，并将其变为精密的假设，从而得出确凿、经得起考验的结论。约束条件一般是借助先验知识获得的，利用约束条件可改变病态问题，因为给计算问题加上约束条件可使其含义明确，进而获得解决。

1.3.2　对马尔理论框架的改进

马尔的视觉计算理论是对视觉研究第一个影响较大的理论。该理论积极推动了这一领域的研究，对图像理解和计算机视觉研究的发展起到了重要作用。

马尔的理论也有其不足之处，其中包括 4 个有关整体框架(如图 1.3.4 所示)的问题。

(1) 框架的输入是被动的，输入什么图像，系统就加工什么图像。

(2) 框架的加工目的不变，总是恢复场景中景物的位置和形状等。

(3) 框架缺乏或未足够重视高层知识的指导作用。

(4) 整个框架的信息加工过程基本自下而上，单向流动，缺乏反馈。

针对上述问题，近年来人们提出了一系列改进思路，对图 1.3.4 的框架进行改进并融入新的模块，得到图 1.3.5 的框架。

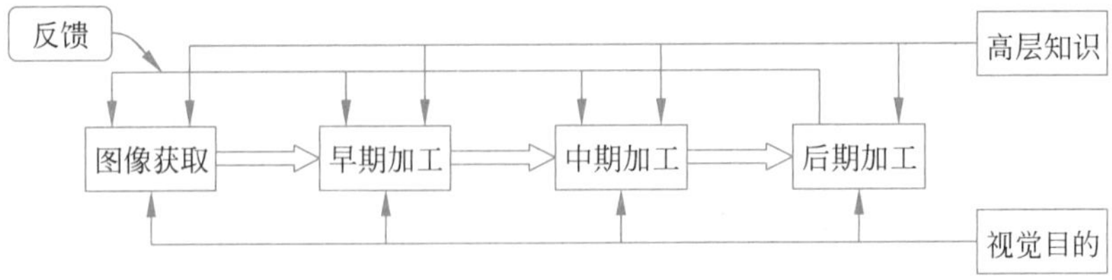

图 1.3.5　改进的马尔框架

下面结合图 1.3.5 具体讨论对图 1.3.4 框架 4 方面的改进。

(1) 人类视觉具有主动性，例如根据需要改变视线或视角以帮助观察和认知。**主动视觉**是指视觉系统可以根据已有的分析结果和视觉任务的当前要求，决定摄像机的运动，以从合适的位置和视角获取相应的图像。人类的视觉又具有选择性，可以注目凝视（以较高分辨率观察感兴趣区域），也可以对场景中某些部分视而不见。**选择性视觉**是指视觉系统可以根据已有的分析结果和视觉任务的当前要求，决定摄像机的注意点，以获取相应的图像。考虑到这些因素，在改进框架中增加了图像获取模块，在框架中将其与其他模块一起考虑。该模块要根据视觉目的选择图像采集方式。有关主动性和选择性的详细讨论可见 1.3.4 小节。

上述主动视觉和选择性视觉也可看作主动视觉的两种形式[Davies 2005]：①移动摄像机，聚焦当前环境中感兴趣的特定目标；②关注图像中一个特定区域并动态地与之交互以获得解释。尽管这两种主动视觉的形式看起来相似，但第一种形式中，主动性主要体现在摄像机的观察上；而第二种形式中，主动性主要体现在加工层次和策略上。虽然两种形式中都有交互，即视觉都有主动性，但移动摄像机是全部记录和存储完整场景，因而是代价较高的过程，而且得到的整体解释并不一定全被使用。而仅收集场景中当前最有用的部分，缩小其范围并增强其质量，以获取有用的解释，模仿了人类解释场景的过程。

(2) 人类的视觉可以根据不同的目的进行调整。**有目的视觉**指视觉系统根据视觉目的进行决策，例如是完整地恢复场景中景物的位置和形状等信息，还是仅检测场景中是否存在某景物。它可能对视觉问题给出较简单的解。这里的关键问题是确定任务的目的，因此在改进框架中增加了视觉目的框[Aloimonos 1992]，可根据理解任务的不同目的确定是进行定性分析还是定量分析（实际中，相当多的场合只需定性分析结果，并不需要复杂度高的定量分析结果），但目前定性分析尚缺乏完备的数学工具。有目的视觉的动机是仅将需要部分的信息明确化。例如，自主车的避免碰撞就不需要精确的形状描述，一些定性分析结果就足够了。这种思路尚缺乏坚实的理论基础，但已为生物视觉系统的研究提供了许多实例。

与有目的视觉密切相关的**定性视觉**寻求对目标或场景的定性描述。它的动机是不表达对定性（非几何）任务或决策不需要的几何信息。定性信息的优点是对各种不需要的变换（如稍微变化一点视角）或噪声比定量信息更不敏感。定性或不变性可以允许在不同的复杂层次方便地解释观察到的事件。

(3) 人类有能力在仅从图像中获取部分信息的情况下完全解决视觉问题，因为可隐含地使用各种知识。例如，借助 CAD 设计资料获取景物形状信息（使用景物模型库）后，可帮助解决基于单幅图恢复景物形状的难题。利用高层知识可解决低层信息不足的问题，所以在改进框架中增加了高层知识框[Huang 1993]。

(4) 人类视觉中前后顺序的加工之间具有交互作用，尽管目前对这种交互作用的机理了解得还不够充分，但高层知识和后期结果的反馈信息对早期加工的重要作用已得到广泛认可。从这个角度出发，在改进框架中增加了反馈控制流向。

1.3.3 关于马尔重建理论的讨论

马尔的理论强调对场景的重建，并将重建作为理解场景的基础。

1. 重建理论的问题

根据马尔的理论，不同视觉任务/工作的共同核心概念是表达，共同的加工目标是根据视觉刺激恢复场景并将其结合融入表达。如果视觉系统能恢复场景特性，如景物表面的反射性质、景物运动的方向和速度、景物的表面结构等，就需要能帮助进行各种恢复工作的表达。在这一理论下，不同的工作应具有相同的概念核心、理解过程和数据结构。

马尔在其理论中展示了人如何能从各种线索中提取从内部构建视觉世界的表达。如果将构建这个统一的表达看作视觉信息加工和决策的最终目标，则可将视觉看作一个由刺激开始，顺序获取和积累的重建过程。这种对场景先重建后解释的思路可以简化视觉任务，但与人的视觉功能并不完全吻合。事实上，重建和解释并不总是串行的，需要根据视觉目的进行调整。

上述假设也受到过挑战。如与马尔同时代的一些人对把视觉过程作为一个分层单通路的数据加工过程提出了疑义。其中一个有意义的贡献是，对精神物理学和神经心理学的长期持续研究结果表明，单通路的假设站不住脚。在马尔写《视觉》一书时，对灵长类高层视觉信息的心理学研究成果还不多，对高层视觉区域进行解剖和功能组织的知识也很少。随着新数据的不断获得，对整个视觉过程的认识不断深入，人们发现视觉过程越来越不像仅一个单通路的加工过程[Edelman 1999]。

从根本上说，一个对客观场景的正确表达应该对任何视觉工作都适用。如果不是这样，视觉世界本身（内部表达的一种外部显示）就不能支持视觉行为。虽然如此，进一步的研究揭示了**基于重建的表达**对于理解视觉，从（以下）多方面讲都是一种较差的解释，或者说存在一系列的问题[Edelman 1999]。

首先来看重建对识别或分类的含义。若视觉世界可在内部构建，则视觉系统就不是必要的了。事实上，采集一幅图像，建立一个 3-D 模型，甚至给出一个重要刺激特征的位置列表，都不能保证识别或分类。在所有可能对场景进行解释的方法中，包含重建的方法兜的圈子最大，因为重建对解释并没有直接贡献。

其次，仅靠原始图像进行重建实现表达在实际中也很难实现。从计算机视觉的角度看，要基于原始图像恢复场景表达是非常困难的；而现在生物视觉中已有许多发现支持其他表达理论。

最后，从概念上说，重建理论也有问题。问题的来源与理论上重建可以应用于任何表达工作有关。暂不考虑重建是否能够具体实现的问题，人们可能会先问，寻找一个普遍统一的表达是否值得。因为最好的表达应该是最适合工作的表达，所以一个普遍统一的表达并不一定是必要的。事实上，根据信息加工理论，为给定计算问题选择恰当正确表达的重要性是不言而喻的。这个重要性马尔自己也指出过。

2. 不需要重建的表达

近年来一些研究和实验表明，对场景的解释并不一定要建立在对场景的 3-D 恢复（重建）上，更确切地说，并不一定要建立在对场景的完整 3-D 重建上。

通过重建实现表达存在一系列问题，其他形式的表达方法也得到了研究和关注。例如，有一种表达最早是由 Locke 在《人类理解论》（*An Essay Concerning Human Understanding*）一书中提出的，现在一般称为**"精神表达语义"**[Edelman 1999]。Locke 建议用自然的可预测的方式进行表达。根据这个观点，一个足够可靠的特征检测器就构成了视觉世界中某种特征存在性的基元表达。对整个目标和场景的表达可以随后根据这些基元（如果基元足够多）构建。

在自然计算理论中，特征层次的原始概念是在从青蛙视网膜中发现"昆虫检测器"的影响下发展起来的。近期计算机视觉和计算神经科学研究结果表明，对原来特征层次表达假设的修改可以作为重建学说的一种替代。目前的特征检测与传统的特征检测具有两方面不同：一是一组特征检测器可以具有远大于其中任一个检测器的表达能力；二是许多理论研究者认识到，"符号"并不是将特征组合起来的唯一元素。

以空间分辨率的表达为例。典型情况下，观察者可以观看到距离相近的左右两条直线段（它们之间偏移的距离可能比中央凹里光子接收器间的距离还小）。早期的假设是在大脑皮层处理的某个阶段，视觉输入以亚像素的精度得到重建，这样就可能获得场景中比像素还小的距离。重建学说的支持者并不认为可以用特征检测器构建视觉，马尔认为“世界是如此复杂，以致用特征检测器不可能进行分析”。现在这种观点受到了挑战。以空间分辨率的表达为例，一组覆盖观察区域的模式可以包含所有确定偏移所需的信息，不需要进行重建。

再举一个例子，考虑对**相关运动**的感知。在猴子的中部皮层区域发现了具有与某个特定方向相关运动一致的接收细胞，可认为这些细胞的联合运动表达了**视场**(FOV)的运动。要说明这一点，人们注意到给定一个中部皮层区域和在视场中确定运动是同步发生的。对细胞的人工模拟可产生与真实运动的刺激类似的行为响应，结果是细胞反映了运动事件，但视觉运动很难被中部皮层区域的运动重建。这说明不需要重建就可确定运动。

上面的讨论表明对马尔理论需要进行新的思考。对一个工作的计算层次描述确定了其输入和输出表达。对于一个低层工作，如双眼视觉，输入和输出都很明确。一个具有立体视觉的系统需要接收同一场景中的两幅不同图像，还需要产生一个明确表示深度信息的表达。但是，即使在这样的工作中，重建也并不是必需的。在立体观测中，定性的信息，如观察表面的深度次序就很有用且相对容易计算，而且接近人类视觉系统的实际。

在高层次的工作中，对表达的选择更不明确。一个识别系统必须能够接受需识别的目标或场景的图像，但是所需识别的表达应该是什么样？仅仅存储和比较目标或场景的原始图像是不够的。如同许多研究者指出的，景物呈现的情况与观察者的观察方向、景物受到的照明，以及其他目标的存在和分布有关。当然，景物呈现的情况与其自身的形状也有关。人们能仅从一个目标的表观恢复其几何性质并用作其表达吗？先前的研究表明这是不可行的。

综上所述，一方面完全的重建由于多种原因并不令人满意，另一方面仅用原始图像表达目标也是不可靠的。不过，这些显而易见的方法的缺点并不表明基于表达概念的整个理论框架都是错误的，但这些缺点表明需要进一步考察这个表达概念后面的基本假设。

1.3.4 新理论框架的研究

限于历史等因素，马尔没有研究如何用数学方法严格描述视觉信息问题，他虽然较充分地研究了早期视觉，但基本没有论及视觉知识的表达、使用和基于视觉知识的识别等。近年来有许多建立新理论框架的尝试，例如，Grossberg 宣称建立了一种新的视觉理论——**表观动态几何学**[Grossberg 1987]。他指出，感知到的表面形状是分布在多个空间尺度上多种处理动作的总结果，因此实际中所谓的 2.5-D 图是不存在的，这向马尔的理论提出了挑战。另一种新的视觉理论是网络-符号模型[Kuvich 2004]。在这种模型框架下，并不需要精确计算景物的 3-D 模型，而是将图像转化为一个与知识模型类似的可理解的关系格式。这与人类视觉系统有类似之处。事实上，用几何操作对自然图像进行加工是很困难的，人脑是通过构建可视场景的关系网络-符号结构，并用不同的线索建立景物表面相对于观察者的相对次序及各目标之间的相互关系的。在网络-符号模型中，不是根据视场而是根据推导出来的结构进行目标识别，这种识别不受局部变化和目标外观的影响。

下面介绍另外两种比较有代表性的工作。

1. 基于知识的理论框架

基于知识的理论框架是围绕**感知特征群集**的研究展开的[Goldberg 1987]、[Lowe 1987]、[Lowe 1988]。该理论框架的生理学基础来源于心理学的研究结果。该理论框架认为，人类视觉过程只是一个识别过程，与重建无关。为识别 3-D 目标，可以用人类的感知描述目标，在知识引导下通过 2-D 图像直接完成，而无须通过视觉输入自底向上地进行 3-D 重建。

从 2-D 图像理解 3-D 场景的过程可分为如下 3 个步骤(如图 1.3.6 所示)。

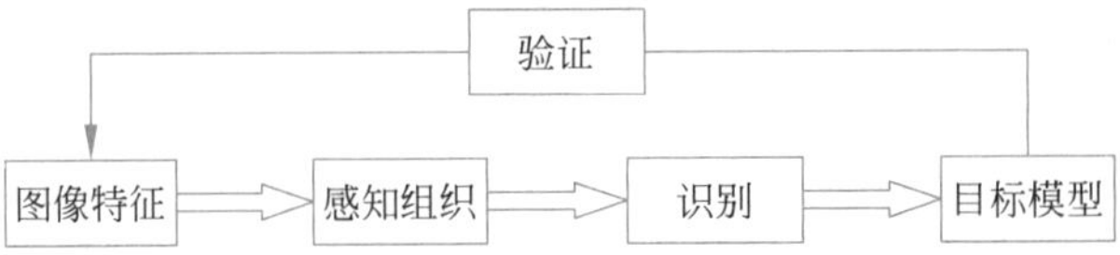

图 1.3.6　基于知识的理论框架

（1）利用对感知组织的处理过程，从图像特征中提取那些相对于观察方向在大范围内保持不变的分组和结构。

（2）借助图像特征构建模型，在这个过程中采用概率排队方法减小搜索空间。

（3）通过求解未知的观察点和模型参数寻找空间对应关系，使 3-D 模型的投影直接与图像特征相匹配。

以上整个过程中都无须对 3-D 目标表面进行测量（无须重建），对有关表面的信息都是利用感知原理推算出来的。该理论框架对遮挡和不完全数据的处理稳定性较高。该理论框架引入了反馈，强调高层知识对视觉的指导作用。但实践表明，在判断景物尺寸大小、估计景物距离等场合，仅进行识别是不够的，必须进行 3-D 重建。事实上，3-D 重建仍然有着广泛的应用，比如在虚拟人计划中，通过对一系列切片的 3-D 重建可得到许多人体信息；再如对组织切片进行 3-D 重建，可得到细胞的 3-D 分布，对于细胞定位具有良好的辅助效果。

2. 主动视觉理论框架

主动视觉理论框架主要是根据人类视觉（或更一般的生物视觉）的主动性提出的。人类视觉存在两种特殊的机制。

（1）选择性注意机制

人眼看到的并非全是人关心的，有用的视觉信息通常只分布于一定的空间范围和时间段内，所以人类视觉也不是对场景中的所有部分一视同仁，而是根据需要有选择地对其中一部分予以特别的关注，对其他部分只是一般地观察甚至视而不见。根据**选择性注意机制**的这个特点，可以在采集图像时进行多方位和多分辨率的采样，并选择或保留与特定任务相关的信息。

（2）注视控制机制

人能调节眼球，使人可以根据需要在不同时刻"注视"环境中的不同位置，以获取有用的信息，这就是**注视控制**。据此可通过调节摄像机参数使其始终能够获取适用于特定任务的视觉信息。注视控制可分为**注视锁定**和**注视转移**。前者是一个定位过程，如目标跟踪；后者类似于眼球的转动，根据特定任务的需要控制下一步的注视点。

根据人类视觉机制提出的主动视觉理论框架如图 1.3.7 所示。

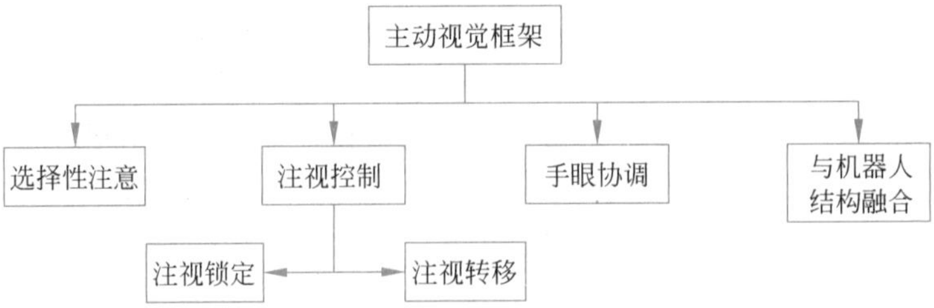

图 1.3.7　主动视觉理论框架

主动视觉理论框架强调：视觉系统应该坚持**任务导向**和**目的导向**，同时视觉系统应该具有主动感知能力。主动视觉系统可以根据已有的分析结果和视觉任务的当前要求，通过主动控制摄像机参数的机制控制摄像机的运动，并协调加工任务和外界信号的关系。这些参数包括摄像机的位置、取向、焦距、光圈等。另外，主动视觉还融入了"注意"能力。通过改变摄像机参数或通过摄像后的数据处理，控制“注意点”，实现对空间、时间、分辨率等方面有选择的感知。

与基于知识的理论框架类似，主动视觉理论框架也比较重视知识，认为知识属于指导视觉活动的高级能力，在完成视觉任务时应利用这些能力。但是目前的主动视觉理论框架中缺乏反馈。这种无反馈的结构一方面不符合生物视觉系统；另一方面经常导致结果精度差、受噪声影响大、计算复杂性高的问题，同时缺乏对应用和环境的自适应性。

1.3.5 从心理认知出发的讨论

图像理解要根据图像解释场景，也就是要通过感受视觉刺激信号把握场景的客观信息。从心理学角度看，这就是对客观世界的认知。

认知科学是心理学、语言学、神经科学、计算机科学、人类学、哲学和人工智能等学科交叉合作的结果，其目标在于探索人类认知和智能的本质与机制。其中，心理学是认知科学的核心学科。

心理学对认知本质和过程的研究至今主要包括 3 种理论：传统认知主义、联结主义和具身认知。

1. 传统认知主义

传统认知主义认为，认知过程是基于人们先天或后天获得的理性规则，以形式化的方式对大脑接收的信息进行处理和操作。认知功能独立于包括大脑在内的身体，而身体仅为刺激的感受器和行为的效应器。根据这个观点，认知是“离身的”(disembodied)心智(mind)。而离身的心智表现在人脑上，就是人的智能；表现在电脑上，就是人工智能。

传统认知主义理解客观世界的基本出发点是“认知是可计算的”，或者说“认知的本质就是计算”。依据这种观点，人脑认知过程类似于计算机的符号加工过程，都属于对信息的处理、操纵和加工。尽管两者的结构和动因可能不同，但功能是类似的，即都是一种“计算”。如果把大脑比作计算机的硬件，那么认知就是运行在这个“硬件”上的“软件”或“程序”，而软件或程序从功能上独立于硬件，也可以与硬件分离。马尔视觉计算理论本质上是基于传统认知主义的，认为视觉过程是借助人为设定的规则(软件)在计算机(硬件)上进行的计算。

基于符号加工认知心理学的基本思想可推导出如下 3 个基本假设[叶 2017]。

(1) 大脑的思维过程类似于计算机的信息处理过程。两者的流程一致，均包括输入、编码、存储、提取和输出等。

(2) 认知过程加工的是抽象的符号。符号表征了外界信息，但并非外在世界本身，这种安排的优点是保证认知过程的简洁和效率。

(3) 认知过程与大脑生理结构的关系犹如计算机软件与硬件的关系。这一假设的直接结果是，认知被视为可脱离具体大脑，并运行在任何有计算功能的物质上。另外，认知虽然运行在大脑中，但是大脑的生理结构不对认知产生影响，认知既可运行在人脑中，也可运行在电脑中。

2. 联结主义

联结主义认为，人脑是由天文数字量级的神经元相互联结而构成的复杂信息加工系统，其中依据的规则是靠神经元的并行分布式加工和非线性特征学习来的。联结主义的提出是为了解决传统认知主义无法反映认知过程的灵活性，在理论和实践两方面都陷入困境的问题[叶 2017]。

联结主义并不接受符号加工模式在计算机和人脑之间所进行的类比。它主张建构“人工神经网络”，体现大脑神经元的并行分布式加工和非线性特征。这样研究目标从计算机模拟转向了人工神经网络构建，试图找寻认知是如何在复杂的联结和并行分布加工中得以涌现(emergence)的。然而，无论联结主义的研究风格与符号加工模式多么迥异，两者在“认知的本质就是计算”方面是相同的，认知在功能上的独立性、离身性仍然与马尔视觉计算理论的认知基础（认知可计算）类似。

联结主义的理论强调神经网络的整体活动，认为认知过程是信息在神经网络中并行分布加工的结果。联结主义强调个别认知单元的相互联结，即简单加工单元之间的互动。认知心理学的符号加工模式强调“认知过程类似于计算机的符号运算”；而联结主义模式强调“认知过程与大脑神经元的网状互动”，认知过程在结构和功能上与大脑的活动类似。

尽管联结主义在一定程度上解决了符号加工模式难以解决的问题，促进了认知心理学的发展，但正如其后的心理学家指出的那样，联结主义并没有突破符号加工模式的束缚，两者在认知论和方法论方面存在共同的特征和局限[Osbeck 2009]。

3. 具身认知

具身认知的理论认为，认知不能与身体分开，在很大程度上是依赖并发端于身体的。人的认知与人体的构造、神经的结构、感官和运动系统的活动方式等密切相关。这些因素决定了人的思维风格和认识世界的方式。具身认知的理论认为，认知是身体的认知，从而赋予了身体在认知塑造中的一种枢轴作用和决定性意义，在认知的解释中提高了身体及其活动的重要性。

具身认知的理论本质上与马尔视觉计算理论有很大区别。具身认知理论认为，认知并非计算机软件那样的抽象符号运算，“认知过程根植于身体，是知觉和行动过程中身体与世界互动塑造出来的”[Alban 2013]。“通过使用‘具身的’(embodied)这一术语，我们想强调两点：首先，认知依赖于有着各种运动能力的身体所导致的不同种类的经验；其次，各种感觉运动的能力本身又根植于一种更具包容性的生物、心理和文化背景中。通过使用‘动作’(action)，我们想要再次强调，在一个鲜活的认知中，感觉和运动过程、知觉与动作从本质上讲是不可分离的”[Varela 1991]。具身的性质和特性包括：①身体参与认知；②知觉是为了行动；③意义源于身体；④不同身体造就不同思维方式[叶 2017]。

顺便指出，有人将认知科学的发展分为两个阶段：第一个阶段以认知的符号加工和联结主义的并行加工为主要研究策略，称为“第一代认知科学”；第二个阶段将认知放到实际生活中加以考察，认为“实际的认知情形首先是：一个活的身体在实时(real time)环境中的活动”[李 2006]，因此提出了具身认知的概念，强调情境性、具身性、动力性是第二代认知科学的首要特征。这也导致**具身智能**（也称**具身人工智能**）概念的提出，其核心就是实现具身认知的智能体。事实上，人工智能的三种学派（符号主义、连接主义和行为主义）均与心理学的三种理论密切关联。

最后指出，随着认知科学对**计算主义**（认知在本质上是一种计算过程）、**表征主义**（外部信息通过感官转换为表征客观世界的抽象语义符号，认知计算根据一定的规则对这些符号进行加工）、**功能主义**（认知机制可以按其功能进行描述，重要的是功能的组织和实现，而功能依赖的具体能力则可以忽略）都提出了挑战，对基于它们的马尔视觉计算理论的挑战将进入一个新的阶段。

1.4 深度学习简介

深度学习可以看作一种能使计算机系统从经验和数据中得到提高的技术。它通过组合使用简单的事物概念及其表达表示复杂的事物概念及其表达，以解决表达学习中的核心问题。它使用多层非线性处理单元，级联进行特征提取和转换，实现了多层次的特征表示与概念抽象的学习[古 2017]。深度学习从认知角度是基于联结主义的。不过完整的深度学习理论框架还在不断建立和完善中。目前,对于深度神经网络如何运作、为什么产生高性能表现,还缺乏有力、完整的理论解释。

1.4.1 图像理解中的深度学习

图像理解是借助计算机自动实现对客观场景影像含义的解释。但是计算机难以直接理解原始传感器输入数据的含义。例如,以像素集合表示图像时,将像素集合直接映射为目标类别的过程和函数都非常复杂,深度学习试图将所需的复杂映射分解为一系列嵌套的简单映射(每个映射通过一个层描述和实现)。对应输入像素的层称为**可见层**,包含可见的变量。接下来包括一系列从图像中提取越来越多抽象概念和特征的**隐藏层**,它们的值不在数据中直接给出。深度学习模型需要确定哪些概念有利于解释输入数据之间的关系。例如,给定像素集合,第一个隐藏层通过比较相邻像素的亮度差别确定图像中的边缘;借助边缘,第二个隐藏层通过搜索获得边界和轮廓的集合;利用对轮廓和角点的描述,第三个隐藏层通过检测轮廓和角点的特定集合确定图像中的目标区域。最后借助对图像中目标区域及其关系的分析,识别出目标类别及特性,送入**输出层**。

图 1.4.1 给出了图像理解中传统计算流程、机器学习流程和深度学习流程的对比。

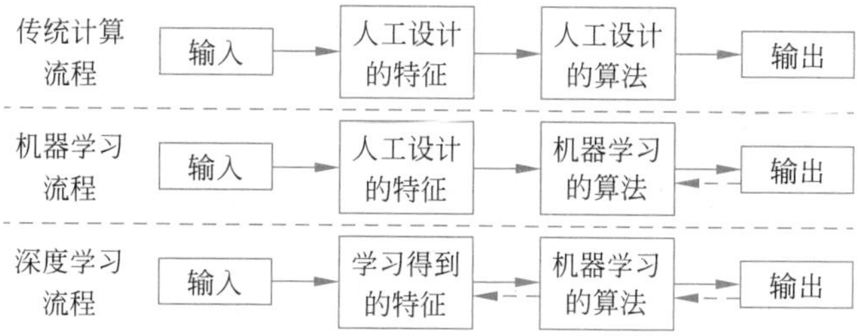

图 1.4.1 各种类型的图像理解流程

深度学习仍属于机器学习范畴,但深度学习方法与一般机器学习方法相比,减少了一般机器学习方式下对人工设计特征的要求,并且基于大数据展现出明显的效果优势。深度学习相较于一般机器学习方法具有更为通用、需要的先验知识与标注数据更少等特点。

1.4.2 卷积神经网络的基本概念

当前主流的深度学习方法是基于**神经网络**(NN)的,而神经网络有能力直接从训练数据中学习模式特征,不需要设计特征和提取特征,可以容易地实现端到端的训练。神经网络的研究已有很长的历史。1989 年,**多层感知机**(MLP,见中册 16.4.1 小节)的万能逼近定理得到了证明,深度学习的基本模型之一——**卷积神经网络**(CNN)也被用于手写体数字识别。深度学习的概念于 2006 年被正式提出,并引发了深层神经网络技术的广泛研究和应用。

1. 卷积神经网络的基本结构

卷积神经网络是在传统人工神经网络基础上发展起来的,它与 BP 神经网络有很多相似之处,主要的输入区别是 BP 人工神经网络为 1-D 矢量,而卷积神经网络为 2-D 矩阵。卷积神经网络由多层结构组成,主要包括输入层、卷积层、池化层、输出层、全连接层、批归一化层等。另外,卷积神经网络还用到激活函数(激励函数)、代价函数等。

图 1.4.2 给出了典型卷积神经网络部分基本结构的示意。

卷积神经网络与一般的全连接神经网络(**多层感知机**)有 4 个相同点。

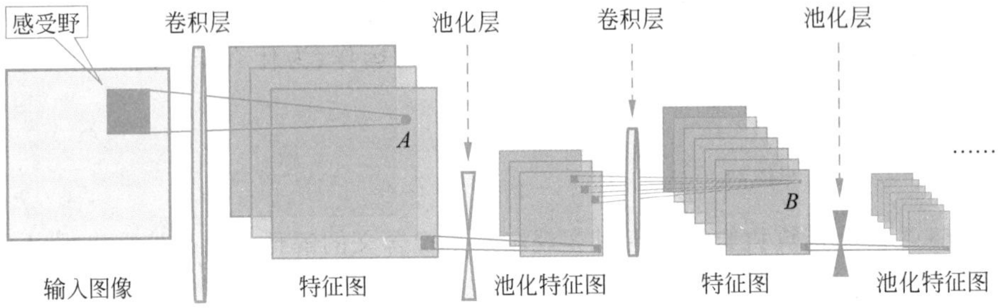

图 1.4.2 典型卷积神经网络部分基本结构示意

（1）都构建乘积的和。

（2）都叠加一个偏置（见下）。

（3）都使结果经过一个激活函数（见下）。

（4）都将激活函数值作为下一层的单个输入。

卷积神经网络与一般的全连接神经网络有 4 个不同点。

（1）卷积神经网络的输入是 2-D 图像，全连接神经网络的输入是 1-D 矢量。

（2）卷积神经网络可从原始的图像数据中直接学习 2-D 特征，而全连接神经网络不能。

（3）在全连接神经网络中，某一层中所有神经元的输出直接提供给下一层的每个神经元，而卷积神经网络先借助卷积将上一层神经元的输出按空间邻域结合为单个值后，再提供给下一层的每个神经元。

（4）在卷积神经网络中，输入下一层的 2-D 图像先经过亚采样，以减少对平移的敏感度。

下面对卷积层、池化层、激活函数和代价函数进行更详细的解释。

2. 卷积层

卷积层主要实现卷积操作，卷积神经网络因卷积操作而得名。在图像中的任一个位置，将该位置的卷积值（乘积的和）加上一个**偏置**值，再将它们的和通过**激活函数**转化为单个值。这个值被作为该位置下一层的输入。如果对输入图像的所有位置都进行如上操作，就得到一组 2-D 值，称为**特征图**（因为卷积就是要提取特征）。不同的卷积层有不同数量的卷积核，卷积核实际是一个数值矩阵，常用的卷积核大小为 1×1、3×3、5×5、7×7 等。每个卷积核都有一个常量偏置，矩阵中的所有元素加上偏置组成该卷积层的权重，权重参与网络的迭代更新。

卷积操作中的两个重要概念是局部感受野和权重共享（也称参数分享）。局部感受野的大小是卷积核卷积操作时的作用范围，每次卷积操作只需关注该范围内的信息。权值共享是指在卷积操作中每个卷积核的值是不变的，只有每次迭代的权重会更新。换句话说，相同的权重和单个偏置用于生成对应输入图像感受野中所有位置的特征图的值。这样在图像的所有位置都可检测到相同的特征。每个卷积核只提取某一种特征，所以不同卷积核的值是不同的。

3. 池化层

卷积和激活后的操作是池化，**池化层**主要实现下采样降维操作，所以也称下采样层或亚采样层。池化层的设计基于有关哺乳动物视觉皮层的模型。该模型认为，视觉皮层包括简单细胞和复杂细胞两种细胞。简单细胞执行特征提取，而复杂细胞将这些特征结合（合并）为更有意义的整体。池化层一般没有权重更新。

池化的作用包括降低数据体的空间尺寸（降低空间分辨率以取得平移不变性），减少网络中参数的数量和待处理的数据量，从而降低计算资源的开销，并有效控制过拟合。可将**池化特征图**看作亚采样的结果（每个特征图都有一个对应的池化特征图）。换句话说，池化特征图是减少了空间分辨率的特征图。池化先将特征图分解为一组小区域（邻域），再将该邻域内的所有元素以单个值替换，这称为**池化邻域**，此处可假设池化邻域是邻接的（不重叠）。

计算池化值的方法有多种，统称为**池化方法**。常用的池化方法如下。

（1）**平均池化**：也称均值池化，选取每个邻域中所有值的平均值。

（2）**最大池化**：也称最大值池化，选取每个邻域中所有值的最大值。

（3）**二范数池化**：选取每个邻域中所有值的平方和的平方根值。

（4）**随机值池化**：根据每个邻域中满足某些给定准则的对应值进行选取。

4. 激活函数

激活函数也称激励函数，其作用是选择性地对神经元节点进行特征激活或抑制。它能对有用的目标特征进行增强激活，对无用的背景特征进行抑制减弱，从而使卷积神经网络解决非线性问题。若网络模型中不使用非线性激活函数，网络模型就变成了线性表达，网络表达能力不强。所以，需要使用非线性激活函数，使网络模型具有特征空间的非线性映射能力。

激活函数必须具备一些基本的特性：①单调性：单调的激活函数保证单层网络模型具有凸函数性能；②可微性：确保可以使用误差梯度对模型权重进行微调更新。常用的激活函数如下。

（1）**Sigmoid 函数**，也称 S 型生长函数，如图 1.4.3(a)所示。

$$h(z)=\frac{1}{1+\mathrm{e}^{-z}} \tag{1.4.1}$$

其导数为

$$h'(z)=\frac{\partial h(z)}{\partial z}=h(z)[1-h(z)] \tag{1.4.2}$$

（2）双曲正切函数，如图 1.4.3(b)所示：

$$h(z)=\tanh(z)=\frac{1-\mathrm{e}^{-2z}}{1+\mathrm{e}^{-2z}} \tag{1.4.3}$$

其导数为

$$h'(z)=1-[h(z)]^2 \tag{1.4.4}$$

双曲正切函数与 Sigmoid 函数的形状类似，但双曲正切函数关于函数轴是对称的。

（3）矫正函数，如图 1.4.3(c)所示：

$$h(z)=\max(0,z) \tag{1.4.5}$$

矫正函数的得名是因其使用的单元称为**矫正线性单元**（ReLU），所以对应的激活函数常称 **ReLU 激活函数**。它的导数为

$$h'(z)=\begin{cases}1 & z>0\\ 0 & z\leqslant 0\end{cases} \tag{1.4.6}$$

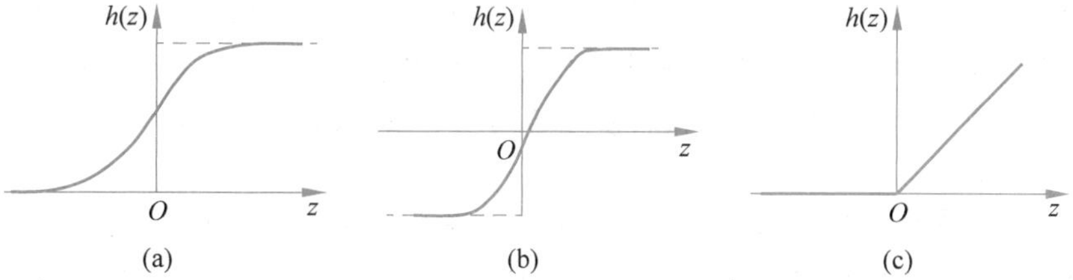

图 1.4.3　常用的 3 种激活函数

5. 损失函数

损失函数也称代价函数。在机器学习任务中，所有算法都有一个目标函数，算法是要对这

个目标函数进行优化，优化目标函数的方向是取其最大值或最小值，当目标函数在约束条件下最小化时就是**损失函数**。在卷积神经网络中损失函数用于驱动网络训练，使网络权重得到更新。

卷积神经网络模型训练中最常用的损失函数是 Soft max loss 函数，Soft max loss 函数是 Soft max 的交叉熵损失函数。Soft max 是一种常用的分类器，其表达式为

$$h(\boldsymbol{x}_i)=\frac{\exp(\boldsymbol{w}_i^{\mathrm{T}}\boldsymbol{x}_i)}{\sum_{j}^{n}\exp(\boldsymbol{w}_j^{\mathrm{T}}\boldsymbol{x}_i)} \tag{1.4.7}$$

其中，$\boldsymbol{x}_i$ 表示输入特征；$\boldsymbol{w}_i$ 表示对应权重。Soft max loss 函数可表示为

$$L_s=-\sum_{i=1}^{m}\log h(\boldsymbol{x}_i)=-\sum_{i=1}^{m}\log\frac{\exp(\boldsymbol{w}_i^{\mathrm{T}}\boldsymbol{x}_i)}{\sum_{j}^{n}\exp(\boldsymbol{w}_j^{\mathrm{T}}\boldsymbol{x}_i)} \tag{1.4.8}$$

1.4.3 深度学习核心技术

深度学习的核心技术主要包括强化学习、迁移学习、数据增强、超参数优化、网络设计等。

(1) **强化学习**

基于强化学习的模型设计包含模型生成单元和模型验证单元。模型生成单元首先按照一定的随机初始化策略生成一系列子网络，使用子网络在指标数据集上训练之后，将验证的正确率作为收益反馈到生成单元，生成单元根据模型效果更新设计策略并进行新一轮尝试。自动化的设计包含卷积、池化、残差、组卷积等操作，可以微观设计卷积网络的重复子结构，也可以宏观设计网络的全局架构。搜索空间包含大量不同结构的神经网络。将具有决策能力的强化学习与深度神经网络相结合，即可通过端到端的学习方式实现感知、决策或感知决策一体化。

(2) **迁移学习**

迁移学习是指借助相关的辅助任务优化当前目标任务的一种技术，适用于目标任务标注数据量较少的场景。一般先利用训练样本丰富的源任务训练好源模型，再利用迁移学习技术帮助优化目标任务的模型效果或加速训练。迁移学习包括 4 种常见的方法。①基于模型结构：深度神经网络体现出分层次的特点。以图像为例，靠近输入的底层特征表示颜色、纹理等更底层通用的信息，而靠近输出的高层特征表示景物、语义等高层次信息。在少量样本条件下，为提升泛化能力，迁移学习往往固定通用特征，只优化与任务相关的高层特征。②基于样本：基本的思路是在源任务中找到与目标任务样本比较接近的子集，增大这些数据的权重，从而改变源任务的样本分布，使其更接近目标任务。③改进正则化：与一般的从头训练相比，迁移学习中由于目标任务和源任务有一定的关联，可以改进权重分布的先验假设，即设计更合理的正则化项。④引入适配器：由于深度网络参数数量巨大，直接利用有限的目标数据训练容易过拟合。基于迁移学习中目标任务和源任务高度相关的特点，可以固定较大的原始网络，而引入参数较少的适配器进行针对性训练，使原始网络可以适用于新任务。

(3) **数据增强**

深度学习需要大量有标记的训练数据，但在实际任务中，一般训练数据集容量都是有限的。数据增强是解决小数据量的有效手段。数据增强通过变换或合成等操作，产生与训练数据集相似的新数据集，既可用于扩充训练数据集，提高模型泛化能力，也可通过引入噪声数据，提升模型的鲁棒性。常见的数据增强方法主要包括 3 种，传统的数据增强方法（如翻转、旋转、缩放、平移、随机裁剪、添加噪声等）、近年提出的简单有效的数据增强方法（如抠图、混合、样本

配对、随机擦除等)及自动数据增强方法(基于强化学习的数据增强方法)等。

(4) **超参数优化**

深度学习模型的设计需要进行数据预处理、特征选取、模型设计、模型训练与超参数调节等工作。超参数在深度学习中发挥着重要作用。手工调参需要机器学习的经验和技巧。自动化深度学习进行的超参数优化可有效替代人工调参。其基本思路是建立验证集损失函数和超参数的关系,并将该函数对超参数求导,从而利用梯度下降方法对超参数进行优化。然而,超参数的导数计算非常复杂,时间和空间复杂度较高,无法应用于主流大规模深度模型。目前的研究重点在于寻找简化和近似的计算方法,从而将此技术应用于主流深度模型。

(5) **网络设计**

网络设计是深度学习中的一项核心能力。各种全新的网络结构不断提出,典型的网络示例如表 1.4.1 所示(按字母顺序排序)。

表 1.4.1 典型的网络示例

网络	简介
长短期记忆(LSTM)	一种时间循环神经网络,能实现对记忆的长时间保留
循环神经网络(RNN)	具有树状阶层结构且网络节点按其连接顺序对输入信息进行循环的动态神经网络
多层感知机(MLP)	一种前馈模型,将输入的多个数据集映射到单一的输出数据集
胶囊网络(CapsNet)	在经典卷积神经网络的卷积层和全连接层之间增加了多层胶囊层
卷积神经网络(CNN)	一类包含卷积计算且具有深度结构的前馈神经网络
孪生神经网络(SNN)	由两个结构相同且权重共享的神经网络拼接而成的耦合构架
全卷积网络(FCN)	由经典卷积神经网络后接续实现上采样的反卷积网络构成
生成对抗网络(GAN)	基于捕捉样本数据分布的生成模型和判别输入是真实数据还是生成样本的判别模型而构成的人工神经网络
深度残差网络(ResNet)	通过引入恒等映射连接(跳跃连接)对卷积神经网络进行的改进
深度置信网络	一种由受限玻尔兹曼机堆叠而成的概率生成模型
图卷积网络(GCN)	对图数据进行卷积操作的人工神经网络
循环神经网络(RNN)	将经典卷积神经网络中的隐藏层替换为自身闭环连接的隐藏层
自编码器	由转换原始输入数据的编码器和还原原始输入数据的解码器组成的人工神经网络

这个列表内容还在不断扩充中。

1.4.4 深度学习的应用

近年来,深度学习在许多方面逐渐取代了传统的统计学习,成为图像理解的主流框架和方法。深度学习算法陆续在图像分类、视频分类、目标检测、目标跟踪、语义分割、深度估计、图像/视频生成等任务中取得优异成果。

1. 图像分类

图像分类的目标是将一幅图像划分到既定的类别。图像分类中的一些经典模型也成为检测、分割等其他任务的骨干网络。从 AlexNet 到 VGG、GoogleNet,再到 ResNet、DenseNet 等。神经网络模型层数越来越多,从几层到上千层。

2. 视频分类

较早提出且有效的深度学习方法是**双流卷积网络**,其融合了表观特征和运动特征。双流卷积网络是基于 2-D 卷积核的。近年来,很多学者通过扩展 2-D 卷积核到 3-D,或者 2-D 和 3-D 相结合,提出了许多 3-D 卷积网络以实现视频分类,包括 I3D、C3D、P3D 等。针对视频动作检测，又提出了**边界敏感网络**(BSN)、**注意力聚类网络**、**广义紧凑非局部网络**等。

3. 目标检测

目标检测是对图像中的目标进行识别，并为各个目标确定边界和添加标签。常用的基于深度学习的方法主要有 One-Stage 方法和 Two-Stage 方法。Two-Stage 方法以图像分类为基础，即先确定目标潜在的候选区域，然后通过分类方法进行识别。典型的 Two-Stage 方法为 R-CNN 系列。从 R-CNN 到 Fast R-CNN、R-FCN 和 Faster R-CNN，检测效率不断提高。One-Stage 方法基于回归方法，能实现完整单次训练共享特征，且能在保证一定准确率的前提下，极大提升速度。比较重要的方法包括 YOLO 系列和 SSD 系列，以及近期的**深度监督目标检测器**(DSOD)方法、**感受野模块**(RFB)网络等。

4. 目标跟踪

目标跟踪是在特定场景跟踪一个或多个特定感兴趣的目标。多目标跟踪是对视频图像中的多个感兴趣目标轨迹进行跟踪，并通过时域关联提取其运动轨迹信息。目标跟踪方法可分为两类：**生成式方法**和**判别式方法**。生成式方法主要运用**生成模型**描述目标的表观特征，之后通过搜索候选目标最小化重构误差。判别式方法通过训练分类器区分目标和背景，因而也称作**检测跟踪**方法，其性能更为稳定，逐渐成为目标跟踪领域的主要研究方法。近年来比较流行的方法包括基于**孪生网络**的一系列跟踪方法。

5. 语义分割

语义分割需要标注出图像中每个像素点的语义类别。典型的深度学习方法是使用**全卷积神经网络**(FCN)。FCN 模型输入一幅图像后直接在输出端得到每个像素所属的类别，从而实现端到端的图像语义分割。进一步的改进包括 **U 形网络**(U-Net)、**空洞卷积**、DeepLab 系列、**金字塔场景解析网络**(PSPNet)等。

6. 深度估计

基于单目进行深度估计的方法通常将单一视角的图像数据作为输入，直接预测图像中每个像素对应的深度值。深度学习在单目深度估计中的基线是 CNN。为克服单目深度估计通常需要大量的深度标注数据，而这类数据采集成本较高的困难，提出了**单视图双目匹配**(SVSM)模型，仅用少量的深度标注数据即可取得良好的效果。

7. 图像/视频生成

图像/视频生成更接近计算机图形学技术，输入是图像的抽象属性，而输出是与属性对应的图像分布。随着深度学习的发展，图像/视频的自动生成、数据库的扩充、图像信息的补全等都受到了关注。目前比较流行的两种深度生成模型是**变分自编码器**(VAE)和**生成式对抗网络**(GAN)。作为一种无监督深度学习方法，GAN 通过两个神经网络相互博弈的方式进行学习，能在一定程度上缓解数据稀疏问题。基于 GAN 可实现从需要准备成对数据的 Pix2Pix，到仅需要不成对数据的 CycleGAN，再到可跨多域的 StarGAN，逐步贴近实践应用(如 AI 主播等)。

1.5 内容框架和特点

本书主要介绍图像理解的基本概念、基础理论和实用技术。通过综合使用这些理论和技术可构建各种图像理解系统，探索解决实际图像应用问题。另外，通过对图像工程高层次内容的介绍，还可帮助读者在利用图像工程低层和中层技术得到结果的基础上获得更多信息，将各层次技术相结合，融会贯通。

1. 整体框架和各章概述

全书主要包含 16 章正文和 1 个附录。相比上一版[章 2018b]，基本保持了全书的框架和特色[章 2018d]，但增加了 1 章并增加了一些新的节，而且还对许多节和小节(包括文献及介绍)进行了更新，也对原有内容(包括思考题和练习题)进行了补充和扩展，使用者可根据教学要求、学生基础、学时数量等酌情选择。

本书第 1 章是对图像理解基础知识和整个图像理解框架的概括介绍。其中包括：对图像工程发展情况的回顾；图像理解与计算机视觉的关系，以及与相关学科联系和区别的分析；马尔视觉计算理论，对马尔理论框架的改进，对马尔重建理论的分析，以及从认知心理学出发的讨论。最后结合对图像理解概况的评论，介绍本书的范围、主要内容及整体安排。

本书主要内容分为 4 个单元，如图 1.5.1 所示，每个单元包括内容密切相关的 3～4 章。

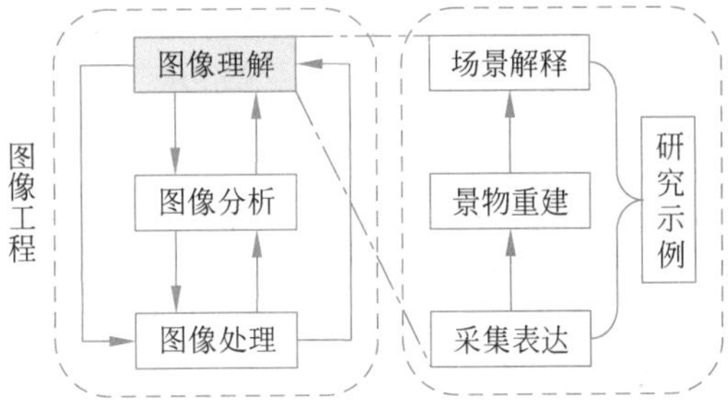

图 1.5.1 图像理解主要内容单元

第 1 单元为"采集表达"，其中第 2 章介绍摄像机成像的相关内容，包括对视觉过程的概述、对亮度成像的分析，重点讨论从基本到通用的摄像机成像模型和各种摄像机标定方案，还增加了在线摄像机外参数标定、自标定和结构光主动视觉系统标定的内容。第 3 章介绍一种新的信号采样和处理理论——压缩感知理论，包括 3 个主要组成部分(稀疏表达、测量编码和重构算法)及其在成像应用方面的典型示例。第 4 章介绍采集含有深度信息图像的一些方法，包括多种双目成像模式，直接采集深度图像的设备和手段，显微镜 3-D 分层成像技术，还增加了借助多摄像机成像的典型方法。第 5 章介绍对实际 3-D 景物进行表达的典型方法，包括对 3-D 表面表达的方法、3-D 等值面的构造和表达方法、对 2-D 并行轮廓进行插值以获取 3-D 表面的方法及直接对 3-D 实体进行表达的方法。

第 2 单元为"景物重建"，其中第 6 章介绍双目立体视觉，包括立体视觉各模块的功能，基于区域的双目立体匹配和基于特征的双目立体匹配技术，还增加了基于深度学习的双目立体匹配方法，仍介绍了一种对视差图误差进行检测与校正的方法。第 7 章介绍多目立体视觉，包括水平多目立体匹配，正交三目立体匹配和通用的多目立体匹配方案，以及一种亚像素级视差计算方法。第 8 章主要介绍利用单目多幅图像进行景物恢复的两大类方法，即基于光度立体学的方法(增加了光度立体学进展和基于 GAN 的光度立体标定内容)和基于光流场从运动求取结构的方法，还增加了由分割轮廓恢复形状的内容。第 9 章介绍利用单目单幅图像进行景物恢复的 4 类方法，包括从影调变化恢复景物形状的方法，从表面纹理恢复表面朝向的方法，根据成像焦距确定深度的方法和根据景物上三对应点的透视投影估计景物位姿的方法，还增加了混合表面透视投影下基于影调恢复形状的内容。

第 3 单元为"场景解释"，其中第 10 章介绍知识表达和推理的内容，包括场景知识和过程知识，知识表达的类型和模块，以及逻辑系统、语义网和产生式系统 3 种知识表达方案。第 11 章介绍不同层次的匹配技术，包括比较具体的目标匹配和动态模式匹配方法，比较抽象的关系匹配方法，利用图同构进行匹配的方法和借助线条图标记实现景物模型匹配的方法，还增加了对多模态图像匹配技术的讨论。第 12 章介绍有关场景分析和语义解释的一些技术,包括基本的模糊推理方法,利用遗传算法对图像进行语义分割和语义推理判断的方法,对场景目标进行概念层次标记的方法,以及几种典型的场景分类模型,还增加了遥感图像判读及混合增强视觉认知的内容。

第 4 单元为"研究示例",其中第 13 章的同时定位和制图(SLAM)是新增的,分别介绍了激光 SLAM 和视觉 SLAM 的原理和典型实现算法,并对群体机器人和群体 SLAM 的联系及 SLAM 的一些新动向进行了讨论。第 14 章介绍多传感器图像信息融合,包括图像融合的主要步骤、层次,像素级融合的基本方法和效果,以及特征级和决策级融合的几种典型方法,还增加了对多源遥感图像融合技术和数据库的介绍。第 15 章介绍基于内容的图像和视频检索,包括基于颜色、纹理、形状等视觉特征及其综合的静态图像检索和基于运动特征的视频检索,对视频节目进行分析和建立索引的方案,以及语义层次的分类检索,还增加了基于深度学习的跨模态检索内容,并对图像检索中的各种哈希方法进行了分析。第 16 章介绍对时空行为进行理解的内容,包括时空技术和时空兴趣点的概念,对动态轨迹进行学习和分析的方法,对动作进行分类和识别的方法,以及对更高层和复杂活动和行为的建模方法,还增加了基于关节点并使用多种神经网络的行为识别及对异常事件检测的内容。

附录 A 介绍视觉和视知觉方面的基本概念和知识。先讨论了视觉的重要特性,接着结合视感觉依次对形状知觉、空间知觉和运动知觉进行介绍,还增加了对生物视觉与立体视觉关联的讨论。这些人脑视觉系统基于生理学、心理学、认知学的成果对研究图像理解的方法也有参考和借鉴作用。

2. 编写特点

本书各单元自成体系,集合了相关内容,并有概况介绍,适合分阶段学习和复习。与上一版相比,各章样式仍比较规范,但长度没有刻意保持相同。每章开始除了整体内容介绍外,均有对各节的概述,以把握全章脉络。考虑到学习者基础和课程学时的不同,部分内容(包括一些扩展内容)是以示例的形式给出的,可根据需要选择。为帮助理解和进行复习,每章最后均有"总结和复习"一节,其中给出了各节小结和参考文献介绍,以及思考题和练习题(部分题给出了解答,有些概念也借此进行介绍)。附录内容与一章正文基本相当,形式也类似,只是没有"总结和复习"一节,但也可以按章进行课程教学。

书中引用的 700 多篇参考文献列于书的最后。这些参考文献大体可分为两大类。一类是与本书介绍的内容有直接联系的素材文献,读者可从中查到相关定义的出处、对相关公式的推导及相关示例的解释等。这些参考文献一般均标注在正文中相应的位置,读者可以查阅这些参考文献以找到更多的细节。另一类则是为了帮助读者进一步深入学习或研究而提供的参考文献,大都出现在各章末的"总结和复习"中。如果使用者希望扩大视野或解决科研中的具体问题,则可以查阅这些文献。"总结和复习"中均对这些参考文献简单指明了涉及的内容,以帮助读者有的放矢地进行查阅。

各章末的思考题和练习题形式多样,其中有些是对概念的辨析,有些涉及公式推导,有些需要进行计算,还有些是编程实践,读者可在学习完一章后根据需要和情况进行选做。本书末给出了对其中少部分题目(主要是涉及计算的题目)的解答,供学习参考。

本书最后提供了 1000 多个主题/术语索引(文中术语用黑体表示),并有对应的英文全称(正文中一般只有缩写)。

3. 先修基础

从学习图像工程的角度来说,以下 3 方面的基础知识比较重要。

(1) 数学：首先值得指出的是线性代数和矩阵理论，因为图像可表示为点阵，需借助矩阵表达解释各种加工运算过程；另外，统计学、概率论和随机建模的知识也很有用。

(2) 计算机科学：计算机视觉要用计算机完成视觉任务，所以对计算机软件技术的掌握，对计算机结构体系的理解，以及对计算机编程方法的应用都非常重要。

(3) 电子学：一方面采集图像的摄像机和采集视频的摄像机都是电子器件，要想快速对图像进行加工，需要使用一定的电子设备；另一方面，信号处理是图像处理的直接基础。

本书涉及图像工程的高层内容，还需要具有图像处理（可参见上册）和图像分析（可参见中册）的基础知识。

总结和复习　　随堂测试

第1单元

采集表达

本单元包括 4 章,分别为

第 2 章　摄像机成像和标定

第 3 章　压缩感知与成像

第 4 章　深度信息采集

第 5 章　3-D 景物表达

对图像的理解主要是从数字图像出发,依靠计算机帮助观察和认识世界。这里要做的第一步是采集能反映场景内容和本质的图像。图像应是对客观场景的反映,随着技术的发展,现在已有许多方法和方式获取客观场景信息。因此,图像的种类很多,常见的有彩色图像、多光谱图像、雷达图像、微波图像、紫外图像、红外图像、X 光图像、MRI 图像、CT 图像等。

采集图像需要一定的采集设备,即将客观场景转化为可用计算机加工的图像的设备,也称为成像设备。常用的对可见光成像的装置/器件包括基于 CCD 的摄像机、基于 CMOS 的摄像机及基于电荷注射器件(CID)的摄像机等。另外,对于许多特殊的图像,还有各种特定的采集装置。

第 2 章分析使用摄像机采集图像的各个子过程。图像反映了空间位置上景物的性质(特别是有关光辐射的性质),该章结合光度学介绍了亮度成像(亮度转化为照度,并进一步转化为图像灰度)的模型。图像是将客观世界借助空间投影而得到的。该章由简到繁介绍了使用摄像机成像的各种几何模型及各种坐标系统,空间成像就是借助这些模型在不同坐标系统中进行转换得到的。该章还讨论了对摄像机进行标定以准确建立所采集图像与客观场景密切对应联系的方法,包括内外参数的标定、在线摄像机外参数标定、摄像机自标定和结构光主动视觉系统的标定。

第 3 章介绍压缩感知理论,它将信号采样和压缩结合进行,提高了信号采集和信息处理的能力,近年来在图像成像方面得到了广泛应用。该章讨论了压缩感知的 3 个主要部分:稀疏表达、测量编码和重构算法,还对相关的稀疏编码与字典学习进行了对比分析。最后,列举了压缩感知理论在图像成像方面的典型应用示例。

第 4 章讨论对场景中深度信息的采集。要进行图像理解,就要全面把握场景自身的各种信息。由于一般的投影成像只能得到反映场景与摄像机光轴正交平面的 2-D 图像,所以采集含有立体信息,特别是沿摄像机光轴深度信息的图像非常关键。该章介绍了深度信息采集的各种方式，包括直接获取深度信息的方法，如飞行时间法（飞点测距法）、结构光法、莫尔（Moiré）条纹法等；借助各种双目成像模型和模式利用立体视觉方式获取深度信息的方法（包括近期一些使用多摄像机的特殊构型），以及使用共聚焦显微镜逐层进行的3-D成像法。

第5章集中地讨论了3-D景物的表达方法。客观世界在空间上是3-D的，所以需要针对3-D空间景物的3-D表达方法。另外，客观世界中存在多种3-D结构，它们可能对应不同的抽象层次。各种不同层次的3-D结构需要使用不同的方法表达。该章一方面介绍了几种典型的3-D表面和3-D实体的表达方法；另一方面讨论了如何基于立体数据构造3-D等值面以表达3-D景物表面，以及从并行2-D轮廓插值构建3-D表面的具体方法。

第2章

摄像机成像和标定

教学视频

图像采集是获取客观世界信息的重要手段，也是各种图像技术的基础。因为图像是各种图像技术的操作对象，而图像采集是指获取图像（成像）的技术和过程。图像理解强调对图像的解释，而图像认知可宽泛地看作成像的逆问题，成像研究如何由景物产生图像，而图像认知则试图使用图像恢复对景物的描述。所以，对图像进行认知首先需要构建合适的成像模型。

人类视觉过程包括“视”和“觉”两部分，其中“视”的部分对应图像采集过程。常用的成像设备主要包括照相机/摄像机（相当于人类视觉系统的眼睛），以下统一用摄像机代表各种成像设备。为使采集的图像准确反映客观世界中的空间信息，需要对摄像机进行标定，以解决从图像中获取景物准确位置的问题。同时，为使采集的图像准确反映客观世界中景物的属性，还需了解图像亮度与景物光学性质和成像系统特性的联系。

根据上述讨论，本章各节将安排如下。

2.1 节对人类视觉过程中的子过程（包括光学过程、化学过程和神经处理过程）进行介绍。

2.2 节先讨论光度学的基本概念，再介绍一个基本的亮度成像模型，最后结合光源亮度和景物照度进行讨论。

2.3 节由简到繁、由特殊到一般地介绍几种摄像机空间成像模型（包括近似投影模式），并在对各种透镜畸变进行分析后，给出一个比较完整的通用摄像机成像模型。

2.4 节讨论摄像机标定的原理、方法分类、程序和参数（外参数和内参数），给出一种常用的标定程序及其步骤，并讨论对其的改进。

2.5 节介绍一种借助摄像机与高精度地图相匹配，在线进行摄像机外参数标定的方法。

2.6 节介绍一种不使用标定物，借助主动视觉技术进行摄像机自标定的方法。

2.7 节介绍一种对主要由摄像机和投影仪组成的结构光主动视觉系统进行标定的方法。

2.1 视觉过程

视觉是人类的重要功能。视觉过程是由多个步骤组成的复杂过程。概括地说，视觉过程由光学过程、化学过程和神经处理过程 3 个顺序的过程构成。

1. 光学过程

眼睛是人类视觉系统的重要组成部分，是实现光学过程的物理基础。眼睛是一个复杂的器官，但从成像的角度可将眼睛与摄像机进行简单比较。眼睛本身是一个平均直径约为 20mm 的球体。球体前端具有**晶状体**，对应摄像机的镜头，而晶状体前的**瞳孔**对应摄像机的光圈。球体内壁有一层**视网膜**，它是含有光感受器和神经组织网络的薄膜，对应摄像机的感光面。

图 2.1.1 给出了人眼水平横截面示意图，可将其看作一个光学系统的光路图。

当眼睛聚焦在前方景物上时，外部射入眼睛的光会在视网膜上成像。晶状体的屈光能力可由晶状体周围睫状体纤维内的压力控制改变，当屈光能力从最小变到最大时，晶状体聚焦中

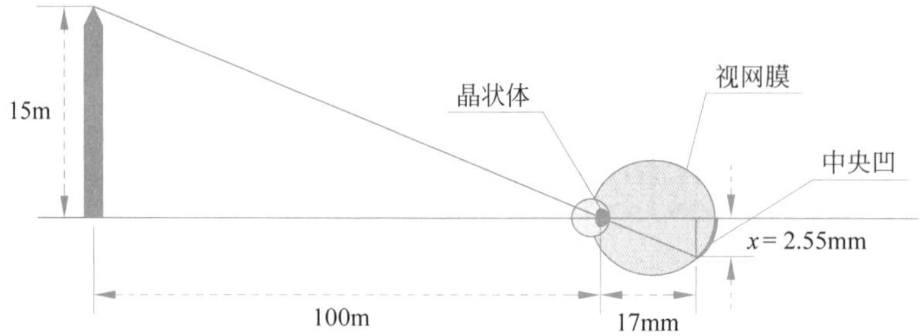

图 2.1.1 人眼水平横截面示意图

心与视网膜的距离可从约 17mm 变到约 14mm。当眼睛聚焦在一个 3m 以外的景物上时晶状体具有最弱的屈光能力，而当眼睛聚焦在一个较近的景物上时晶状体具有最强的屈光能力。据此可计算景物在视网膜上的成像尺寸。例如图 2.1.1 中，观察者看到一个相距 100m、高 15m 的柱状景物。如果用 x 代表以 mm 为单位的视网膜上的成像尺寸，根据图中的几何关系，$15/100=x/17$，所以 $x=2.55$mm。由上可见，光学过程基本确定了成像的尺寸。

2. 化学过程

视网膜表面分布着一个个光接收细胞（光感光单元），它们可接收光的能量并形成视觉图案。光接收细胞包括两类：**锥细胞**和**柱细胞**。每只眼内有 6 000 000～7 000 000 个锥细胞。锥细胞又可分为 3 种，其对入射的辐射有不同的频谱响应曲线，所以产生敏锐的颜色感受。人类能借助这些细胞区分细节，主要是因为每个细胞连接各自的神经末梢。锥细胞视觉也称**适亮视觉**。每只眼内有 75 000 000～150 000 000 个柱细胞，比锥细胞多得多。不过，柱细胞分布面积大但分辨率较低，因为多个柱细胞连接同一个神经末梢。柱细胞仅在较暗的光线下工作，并对低照度敏感。柱细胞主要提供视野的整体视像，因为只有一种柱细胞，所以不产生颜色感受。例如，在日光下（由锥细胞感受到的）鲜艳的彩色景物会在月光下变得无色，就是因为月光下只有柱细胞在工作。柱细胞视觉也称**适暗视觉**。

视网膜中心也称**中央凹**，是眼睛内对光感受最敏锐的区域。锥细胞在中央凹部分的密度较高。为方便解释可将中央凹看作一个 1.5mm×1.5mm 的方形传感器矩阵。锥细胞在此区域的密度约为 150 000 个/mm^2，所以近似地估计，中央凹中的锥细胞数约为 337 000 个。单从原始分辨能力看，一个目前看来分辨率较低的 CCD 图像采集阵就可将这么多光电感受元件集中在一个不超过 7mm×7mm 的接收阵中。由此可见，眼睛的分辨能力可由目前的电子成像传感器达到，但这并不表明人类视觉系统的所有能力都能通过电子器件实现。

锥细胞和柱细胞均由色素分子组成，其中含有可吸收光的**视紫红质**。这种物质吸收光后通过化学反应分解为另外两种物质。一旦化学反应发生，分子就不再吸收光。反过来，如果不再有光通过视网膜，化学反应就反过来进行，分子可重新工作（这个过程常需要几十分钟）。当光通量增加时，受到照射的视网膜细胞数量也增加，分解视紫红质的化学反应增强，从而使产生的神经元信号变得更强。从这个角度看，可将视网膜看作一个化学实验室，将光学图像通过化学反应转换为其他形式的信息。视网膜各处产生的信号强度反映场景中对应位置的光强度。由此可见，化学过程基本确定了成像的亮度或颜色。

3. 神经处理过程

神经处理过程是在大脑神经系统中进行的转换过程。借助**突触**，每个视网膜接收单元都与一个神经元相连。每个神经元借助其他突触再与其他神经元连接，从而构成**光神经网络**。光神经网络进一步与大脑中的侧区域连接，并接到大脑中的**纹状皮层**，对光刺激产生的响应进行一系列处理，最终形成关于场景的表象，从而将对光的感觉转化为对景物的知觉。

以上 3 个顺序的过程构成了完整的视觉过程，其整体流图如图 2.1.2 所示。

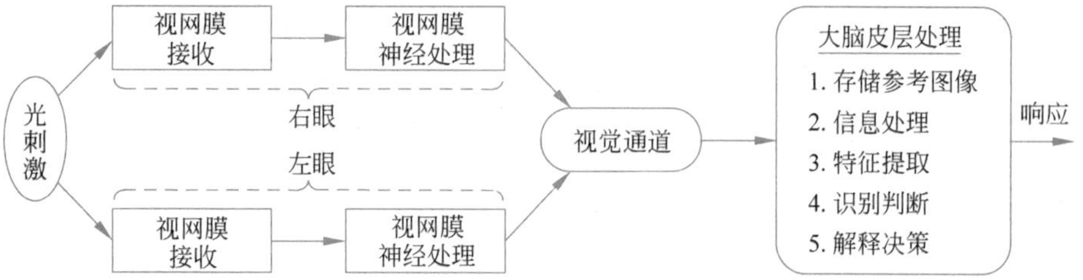

图 2.1.2　视觉过程流图

综上所述，视觉过程先从光源发光开始。光的模式通过场景中的景物反射进入作为视觉感受器官的左右眼，并同时作用于视网膜，引起视感觉。视网膜是含有光感受器和神经组织网络的薄膜。光刺激在视网膜上经神经处理产生的神经冲动沿视神经纤维传出眼睛，通过视觉通道传到大脑皮层进行处理并最终引起视知觉，或者说在大脑中对光刺激产生响应——形成关于场景的表象。大脑皮层的处理要完成一系列工作，从图像存储直至根据图像做出响应和决策。如果说视感觉主要是从分子的角度理解对光反应的基本性质（如亮度、颜色），视知觉则主要论述从客观世界接收视觉刺激后如何反应及反应采用的方式。两者结合构成完整的视觉（可参见附录 A）。

2.2　亮度成像模型

可将图像看作亮度在平面上的一种分布，这种分布与成像的 3-D 客观世界的性质有关。亮度成像的过程是先将光源的亮度转化为景物的照度，再将景物的照度转化为图像的灰度。它们之间的关系可借助光度学的概念描述。

2.2.1　光度学和光源

光是一种电磁辐射，而研究各种电磁辐射强弱和度量的学科称为**辐射度学**，可将**光度学**看作辐射度学的一个特殊分支。光度学主要研究可见光的强弱和度量。

1. 电磁辐射频谱

电磁辐射的频谱如图 2.2.1 所示，从 γ 射线到无线电波覆盖较大的波长范围（约 10^{13}）。其中，光学谱段一般是指从波长 10nm 左右的远紫外光到波长 0.1cm 的远红外光的范围。波长小于 10nm 的是伽马射线、X 射线，波长大于 0.1cm 的则属于微波和无线电波。在光学谱段内，又可按照波长分为远紫外光、近紫外光、可见光、近红外光、中红外光、远红外光和极远红外光。可见光谱段，即辐射能对人眼产生目视刺激而形成光亮感的谱段，波长范围一般为 0.38～0.76μm。对人眼产生的总目视刺激进行度量是光度学的研究范畴。

辐射度量学中一个最基本的量是**辐射通量**，或辐射功率、辐射量，单位为 W（瓦）。在光度学中，使用**光通量**表示光辐射的功率或光辐射量，其单位为 lm（流明）。需要指出，对光通量的量度常需将光辐射量用反映人眼光谱响应的特性进行加权，以得到对眼睛有效的数量。对光的度量是用具有“标准人眼”视觉响应的探测器对辐射能的度量。事实上，除了应考虑对光辐射能量客观物理量的度量外，还应考虑人眼视觉机理的生理和感觉印象等心理因素。

2. 点光源和扩展光源

当光源的线度足够小，或者距离观察者足够远，以致眼睛无法分辨其形状时，称为**点光源**。将点光源 Q 沿某个方向 r 的**发光强度** $\boldsymbol{I}$ 定义为沿此方向单位立体角内发出的光通量，如

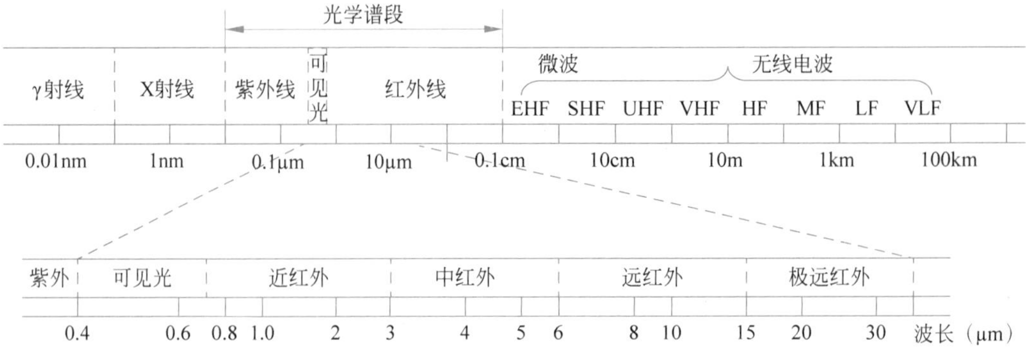

图 2.2.1　电磁辐射频谱(E：极，S：超，U：特，V：甚，H：高，M：中，L：低，F：频率)

图 2.2.2(a)所示。其中**立体角**是从一个点(称为立体角的顶点)出发，通过一条闭合曲线上所有点的射线围成的空间部分，所以立体角表示由顶点看向闭合曲线的视角。具体可取一立体角在以其顶点为球心的球面上截出的部分面积与球面半径的平方之比，作为对该立体角的度量。立体角的单位为球面度，记为 sr。一个球面度对应球面截取面积等于以球半径为边长的正方形面积时的立体角。

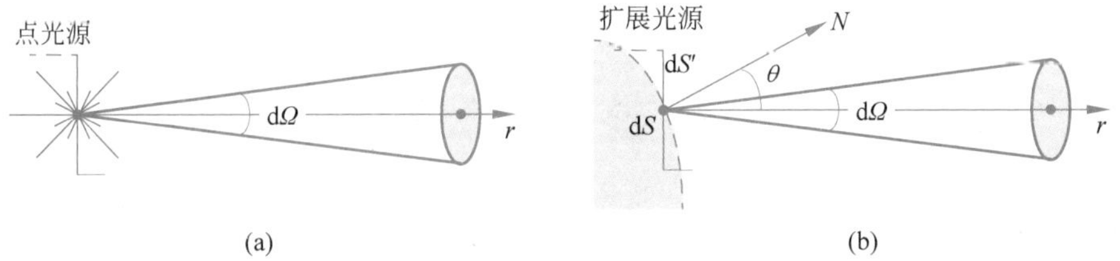

图 2.2.2　点光源和扩展光源

根据图 2.2.2(a)，若以 r 为轴，取立体角元 $\mathrm{d}\Omega$，设 $\mathrm{d}\Omega$ 内的光通量为 $\mathrm{d}\Phi$，则点光源在沿 r 方向的发光强度为

$$I=\frac{\mathrm{d}\Phi}{\mathrm{d}\Omega} \tag{2.2.1}$$

发光强度的单位为 cd(坎[德拉])，1cd＝1lm/sr。坎德拉是波长为 555μm 的单色辐射在给定方向上辐射强度为 1/683W/sr 时发光强度的 SI 单位。

实际光源总有一定的发光面积，可称为**扩展光源**。扩展光源表面的每块面元 $\mathrm{d}S$ 沿某个方向 r 有一定的发光强度 $\mathrm{d}I$，如图 2.2.2(b)所示。扩展光源沿 r 方向的总发光强度为各个面元沿 r 方向的发光强度之和。

例 2.2.1　标准光源 D50 和 D65

D50 和 D65 都是 CIE 制定的日光**标准光源**。**D50** 模拟自然(直射)阳光的光谱，等效色温约为 5000°K。D50 是用于观看反射图像(如纸质印刷品)的推荐光源。在实践中，D50 照明通常用荧光灯实现，荧光灯使用多种磷光体近似指定的光谱。**D65** 模拟北半球阴天条件下观测到的平均(间接)日光，等效色温约为 6500°K。D65 也被用作显示屏等发射设备的参考白色。

□

2.2.2　从亮度到照度

在对景物成像时，会将光源的亮度转化为对景物的照度，使景物成为成像的光源。

1. 亮度和照度

在图 2.2.2(b)中，设 r 与面元 $\mathrm{d}S$ 的法线 N 的夹角为 θ，当迎着 r 的方向观察时，其投影

面积 $dS'=dS\cos\theta$。面元 dS 沿 r 方向的(光度学)**亮度** $\boldsymbol{B}$ 定义为在 r 方向上单位投影面积的发光强度,或者说 B 是在 r 方向上单位投影面积在单位立体角内发出的光通量(也常用**辐射亮度**表示光源亮度,对应发射功率):

$$B \equiv \frac{dI}{dS'} \equiv \frac{dI}{dS\cos\theta} \equiv \frac{d\Phi}{d\Omega\, dS\cos\theta} \tag{2.2.2}$$

亮度的单位为 cd/m^2(坎[德拉]每平方米)。

被光线照射的表面上的**照度**定义为照射在单位面积上的光通量(从辐射学角度也称**辐照度**,是单位面积的入射功率)。设面元 dS 上的光通量为 $d\Phi$,则此面元上的照度 E 为

$$E = \frac{d\Phi}{dS} \tag{2.2.3}$$

照度的单位为 lx(勒[克斯],或 lux),$1lx=1lm/m^2$。

例 2.2.2 常见光源亮度和实际景物照度示例

为建立数值概念,表 2.2.1 给出了常见光源和景物的亮度数值及其所处的视觉分区[Aumont 1994]。其中的危险视觉区指亮度值对人眼有伤害;在**适亮视觉区**对应的亮度下,人眼中的锥细胞会对光辐射产生响应,使人感知到各种颜色;在**适暗视觉区**对应的亮度下,人眼中只有柱细胞对光辐射产生响应,人不会产生颜色感受。

表 2.2.1 常见光源和景物的亮度数值及其视觉分区(以 cd/m^2 为单位)

亮度数值	视觉分区	示例	亮度数值	视觉分区	示例
10^{10}	危险视觉区	通过大气看到的太阳	10		阅读颜色字体
10^9		电弧光	1		
10^8			10^{-1}		
10^7			10^{-2}	适暗视觉区	月光下的白纸
10^6	适亮视觉区	钨丝白炽灯的灯丝	10^{-3}		
10^5		影院屏幕	10^{-4}		没有月亮的夜空
10^4		阳光下的白纸	10^{-5}		
10^3		月光/蜡烛的火焰	10^{-6}		绝对感知阈值
10^2		可阅读的打印纸			

表 2.2.2 给出了实际情况下景物的照度数值示例。

表 2.2.2 实际情况下景物的照度数值示例(以 lx 为单位)

实际情况	照度
无月夜的天光照在地面上	约 3×10^{-4}
接近天顶的满月照在地面上	约 0.2
办公室工作必需的照度	20~100
晴朗夏日采光良好的室内	100~500
夏天太阳不直接照到的露天地面上	10^3~10^4

□

2. 对亮度和照度的讨论

亮度与照度既有一定的联系,也有明显的区别。照度是对具有一定强度的光源照射场景的辐射量的量度,亮度则是在有照度基础上对观察者感受到的光强的量度。在真空中,沿辐射直线方向的亮度是常数。照度值受从光源到景物表面距离的影响,亮度则与景物表面到观察者的距离无关。一般对于实际景物讨论其受到的照度,对于光源则讨论其发出的亮度。当对实际景物成像时常将景物自身看作光源。

成像时要区分像亮度和像照度。像亮度与光源上每个面元发出的总光通量有多少进入观察器有关，可表示为

$$L' = k\left(\frac{n'}{n}\right)^2 \times L \tag{2.2.4}$$

其中，L'为像亮度，L 为物亮度，n'和 n 分别为像空间和物空间的折射率，k 为透射率。当 $n'=n$ 时，如果忽略光的损失（$k \approx 1$），则像亮度近似等于物亮度，并与物像之间的相对位置及成像系统的放大率无关。

像照度决定了使成像物（如底片）感光的总光通量。当光点距光轴很近时，有

$$E = \frac{k\pi L u_o^2}{V^2} \tag{2.2.5}$$

其中，k 和 L 同上，u_o 为入射孔径角，V 为横向放大率。在像距远大于焦距的情况下，像照度与横向放大率的平方成反比，如投影仪会使像在放大的同时变暗。在物距远大于焦距的情况下，像照度基本保持不变，如用摄像机拍摄远近不同的目标时，只要物亮度相同，感光面的感光程度是一样的（未考虑大气衰减因素）。

例 2.2.3 摄像机的脉冲响应

摄像机的脉冲响应通常模型化为

$$h(x,y,t) = \begin{cases} \dfrac{1}{T_x T_y T_e}, & |x| < \dfrac{T_x}{2}, |y| < \dfrac{T_y}{2}, t \in (0, T_e) \\ 0, & \text{其他} \end{cases} \tag{2.2.6}$$

其中，T_x 和 T_y 分别为摄像机光圈的水平和垂直尺寸，T_e 为曝光时间。

脉冲响应 $h(x,y,t)$的**连续空间傅里叶变换**（CSFT）为

$$H(f_x, f_y, f_t) = \frac{\sin(\pi f_x T_x)}{\pi f_x T_x} \frac{\sin(\pi f_y T_y)}{\pi f_y T_y} \frac{\sin(\pi f_t T_e)}{\pi f_t T_e} \exp(-\mathrm{j}\pi f_t T_e) \tag{2.2.7}$$

假设使用上述摄像机拍摄一个屏幕，其上有一个各边的宽度为 W 且与摄像机成像平面平行运动（速度为 v_x）的立方体。此时投影在摄像机成像平面上的图像可表示为

$$f(x,y,t) = \begin{cases} 1, & -W/2 + v_x t < x < W/2 + v_x t, -W/2 < y < W/2 \\ 0, & \text{其他} \end{cases} \tag{2.2.8}$$

假设 $W \gg T_x$，$W \gg T_y$，则投影图像的连续空间傅里叶变换（CSFT）为

$$F(f_x, f_y, f_t) = W^2 \frac{\sin(\pi f_x W)}{\pi f_x W} \frac{\sin(\pi f_y W)}{\pi f_y W} \delta(f_t + f_x v_x) \tag{2.2.9}$$

所摄取信号的连续空间傅里叶变换（CSFT）为

$$\begin{aligned} F_e(f_x, f_y, f_t) &= F(f_x, f_y, f_t) H(f_x, f_y, f_t) \\ &= W^2 \frac{\sin(\pi f_x W)}{\pi f_x W} \frac{\sin(\pi f_y W)}{\pi f_y W} \frac{\sin(\pi f_x T_x)}{\pi f_x T_x} \frac{\sin(\pi f_y T_y)}{\pi f_y T_y} \frac{\sin(\pi f_t T_e)}{\pi f_t T_e} \\ &\quad \exp(\mathrm{j}\pi f_x v_x T_e) \delta(f_t + f_x v_x) \end{aligned} \tag{2.2.10}$$

感觉摄取的立方体图像是一个水平运动的模糊方块。 □

3. 均匀照度

实际景物及其表面都有一定的尺寸。当使用不同的光源时，景物上不同位置的照度可能不同。为在景物表面获得均匀的照度区域，需要采取一定的措施安放光源。

先考虑使用单个点光源的情况。如图 2.2.3 所示，光源在景物上高 h 处，水平偏移为 a，

与景物实际距离为 d，入射角为 i（表面法线方向 $\boldsymbol{n}$ 与光源方向 $\boldsymbol{s}$ 间的夹角）。

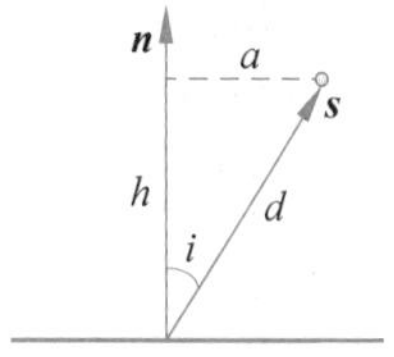

图 2.2.3 单个点光源照明的几何关系

考虑到辐射随距离的平方衰减，则景物上一点的照度为（k 为常数因子）

$$E = k\frac{\cos i}{d^2} = \frac{kh}{d^3} \tag{2.2.11}$$

式(2.2.11)表明，单个点光源的照明导致景物表面产生非均匀的照度区域。如果对称地设置两个点光源，则可能在其连线上获得比较均匀的照度。参见图 2.2.4，其中图 2.2.4(a)表示对称地设置两个点光源；图 2.2.4(b)中实曲线表示两个光源各自产生的强度曲线，虚线表示联合的强度值；图 2.2.4(c)表示将两个光源稍微拉远而得到的强度曲线。图 2.2.4(b)对应消除二阶项后只剩四阶或更高阶项的情况。图 2.2.4(c)代表将两个光源间距适当加大，但仍在强度波动允许的范围内，从而使可用的（比较均匀）照度范围尽可能大。

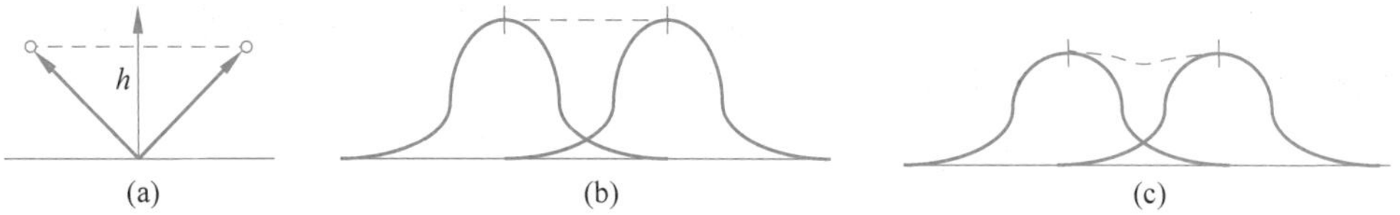

图 2.2.4 对称设置两个点光源照明的几何关系

若将图 2.2.4 中的点光源换成条状光源（条与纸面平行），则获得均匀照度的区域为细长矩形，如图 2.2.5(a)所示。如果实际中需要长宽比为 1 的照度区域，而不是细长的照度区域，则可采用图 2.2.5(b)所示的由 4 个条状光源两两平行且互相正交的布置，得到的均匀照度区域为正方形。图 2.2.5(c)所示为用圆环形光源得到的圆形均匀照度区域。

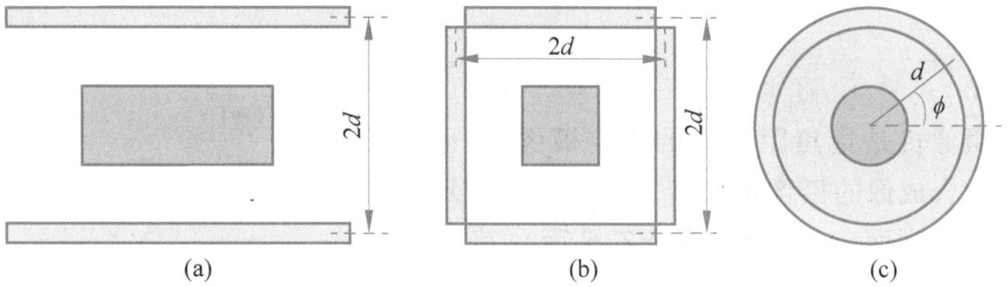

图 2.2.5 获得均匀照度区域的光源分布示例

2.3 空间成像模型

图像采集借助摄像机将 3-D 客观世界的场景**透视投影**到 2-D 图像平面上。这个投影从空间上可用成像变换（也称几何透视变换或透视变换）描述。**成像变换**涉及不同空间坐标系统之间的变换。考虑图像采集的最终结果是得到可输入计算机的数字图像，在对 3-D 空间景物成像时涉及的坐标系统主要包括以下几种。

(1) 世界坐标系统。**世界坐标系统**也称真实或现实世界坐标系统 XYZ，表示客观世界的绝对坐标（也称客观坐标系统）。一般的 3-D 场景都是用此坐标系统表示的。

(2) 摄像机坐标系统。**摄像机坐标系统**是以摄像机为中心制定的坐标系统 xyz，一般取摄像机的光学轴为 z 轴。

(3) 像平面坐标系统。**像平面坐标系统**是摄像机内成像平面上的坐标系统 $x'y'$。一般取像平面与摄像机坐标系统的 xy 平面平行，且 x 轴与 x'轴，y 轴与 y'轴分别重合，使像平面原点位于摄像机的光学轴上。

(4) 计算机图像坐标系统。**计算机图像坐标系统**是计算机内部表达图像所用的坐标系统 MN。图像最终存放至计算机的存储器，所以要将像平面的投影坐标转换到计算机图像坐标系统中。

根据以上坐标系统的相互关系，可得到不同的（摄像机）成像模型。下面从特殊到一般进行介绍。

2.3.1 基本摄像机模型

先考虑最基本和最简单的情况，即世界坐标系统与摄像机坐标系统重合且摄像机坐标系统与像平面坐标系统也重合的情况（先不考虑计算机图像坐标系统）。

1. 成像模型图

图 2.3.1 给出了一个成像过程的几何透视变换成像模型示意图，其中摄像机坐标系统 xyz 中的图像平面与 xy 平面重合，而光学轴（过镜头中心）沿 z 轴正向向外。这时图像平面的中心处于原点，镜头中心的坐标为 $(0,0,\lambda)$，λ 代表镜头的焦距。

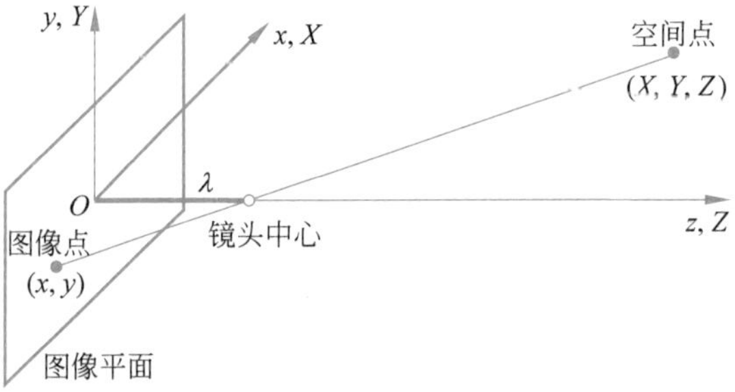

图 2.3.1 几何透视变换成像模型示意图

例 2.3.1 归一化摄像机

归一化摄像机是指焦距为 1 的特定摄像机，也指一种简化的重合成像的摄像机模型。图 2.3.2 所示为该模型中的一个剖面（X 为常数的 YZ 平面），其中，x 轴和 X 轴都由纸内向外，y 轴和 Y 轴都由上向下，Z 轴由左向右。图像对应世界坐标系中点 $\boldsymbol{W}=[X \quad Y \quad Z]^{\mathrm{T}}$ 的 y 坐标为 Y/Z（x 坐标为 X/Z）。由图可见，对于较远（Z 较大）的目标，其投影更靠近图像的中心（y 较小）。

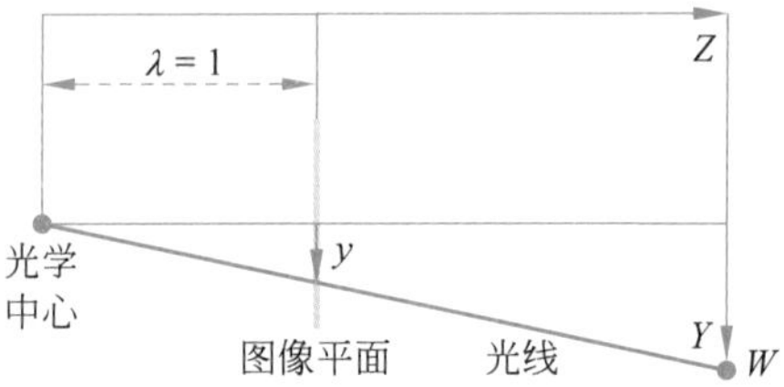

图 2.3.2 归一化摄像机模型中的剖面 □

2. 透视变换

透视变换建立了空间点坐标 (X,Y,Z) 与图像点坐标 (x,y) 之间的几何关系。在以下讨论中假设 $Z>\lambda$，即所有客观场景中感兴趣的点都在镜头前面。根据图 2.3.1，借助相似三角形的关系可方便地得到下面两式：

$$\frac{x}{\lambda}=\frac{-X}{Z-\lambda}=\frac{X}{\lambda-Z} \tag{2.3.1}$$

$$\frac{y}{\lambda}=\frac{-Y}{Z-\lambda}=\frac{Y}{\lambda-Z} \tag{2.3.2}$$

其中，X 和 Y 前的负号代表图像点反转了。由以上两式可得 3-D 点透视投影后的图像平面坐标：

$$x=\frac{\lambda X}{\lambda-Z} \tag{2.3.3}$$

$$y=\frac{\lambda Y}{\lambda-Z} \tag{2.3.4}$$

上述透视变换将 3-D 空间中(除了沿投影方向)的线段投影为图像平面的线段。如果 3-D 空间中互相平行的线段也平行于投影平面,则这些线段投影后仍然平行。3-D 空间的矩形投影到图像平面后可能为任意四边形,由 4 个顶点确定。因此,常有人将透视变换称为**4-点映射**。

透视变换是**投影变换**的一种特例。另外,上册 7.1 节介绍的各种仿射变换也是投影变换的特例。投影变换矩阵是非奇异的,可将 3 个共线点映射为 3 个共线点。投影变换也称**共线性**或**单应性**。平面场景通过针孔摄像机进行的投影与 2-D 单应性有关,可用于矫正平面场景的图像(如建筑的正面),使之相当于平行视角观察(见 4.2.2 小节)。另外,用两个针孔摄像机对一个 3-D 场景采集得到的共享单个投影中心的两幅图像(平面或非平面的)也具有 2-D 单应性,可用于将一系列照片拼为一幅全景图。

例 2.3.2　摄像机焦距参数

实践中使用的摄像机焦距并不总是等于 1,且图像平面使用像素(而不是物理距离)表示位置。考虑两个因素,参照图 2.3.2,图像平面坐标与世界坐标的联系是(S 为尺度因子):

$$x=\frac{SX}{Z} \tag{2.3.5}$$

$$y=\frac{SY}{Z} \tag{2.3.6}$$

注意,焦距的改变和传感器中光子接收单元间距的变化都会影响图像平面坐标点与世界坐标点的联系。如图 2.3.3(a)和图 2.3.3(b)所示,当焦距减为一半时,成像尺寸(如 y)也减为一半。不过视场随焦距的减小而增加。又如图 2.3.3(c)和图 2.3.3(d)所示,以像素为单位确定的成像尺寸随传感器单元间距的增加而减小。当传感器密度(对应个数)减为一半时,成像像素数也减为一半。综合而言,焦距和传感器密度都以相同的方式改变场景到像素的映射关系。

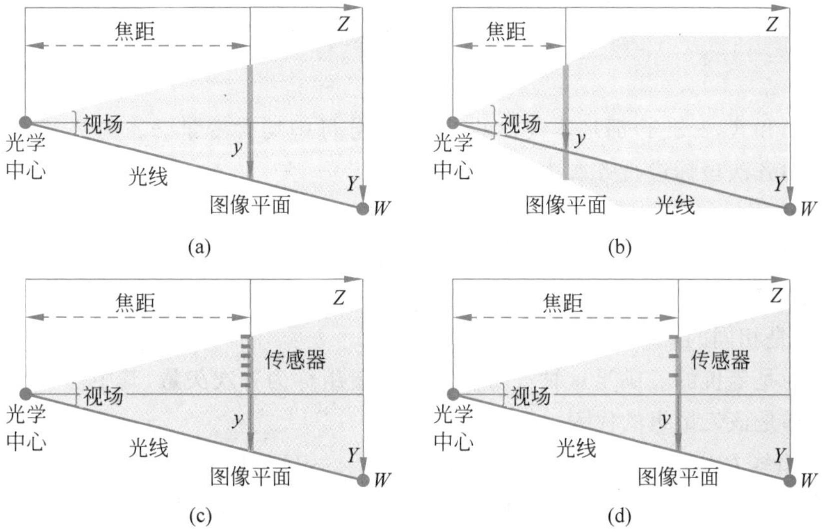

图 2.3.3　焦距和传感器中光子接收单元间距变化的效果

□

例 2.3.3　远心成像和超心成像

在标准光学成像系统中,光束一般是会聚的,如图 2.3.4(a)所示。这对光学测量有明显的不利影响。如果目标的位置变化，则其像在目标接近镜头时会变大，而在远离镜头时会变小。因为目标的深度并不能直接从图像中得到，所以除非将目标置于已知位置，否则测量误差是不可避免的。解决这个问题的一种方法是使用远心镜头拍摄被测景物目标。

如果将光圈的位置移到平行光的会聚点(F_2)，就可得到**远心成像**系统，如图 2.3.4(b)所示。此时，主射线（通过光圈中心的光线）在目标空间与光轴平行，目标位置的微小变化不会改变目标图像的尺寸。当然，目标离聚焦位置越远，目标图像模糊得越厉害。不过，这种情况下模糊圆盘的中心位置并不改变。远心成像的缺点是远心镜头的直径至少要达到待成像目标的尺寸。因此，对大尺寸目标远心成像的代价就较高。

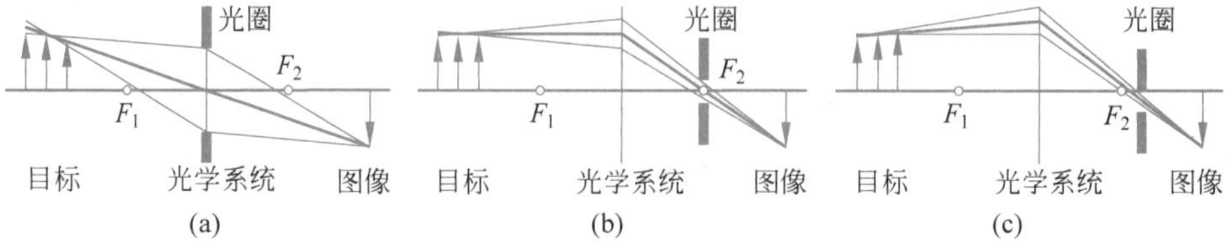

图 2.3.4 移动光圈位置能改变光学系统的性质

如果将光圈移至比平行光的会聚点更接近图像平面，如图 2.3.4(c)所示，主射线成为目标空间的会聚线。与标准成像[图 2.3.4(a)]相反，此时远的目标看起来更大，这种成像技术称为**超心成像**。其特点之一是可看到与光轴平行的表面。图 2.3.5 所示为一个沿光轴的薄壁圆柱体通过 3 种成像方式成像的图解。标准成像可看到截面和内壁，远心成像仅可看到截面，而超心成像可看到截面和外壁[Jähne 2004]。

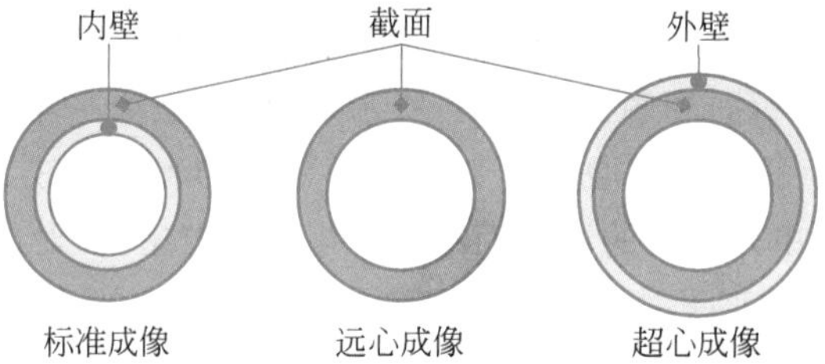

图 2.3.5 3 种成像方式的对比 □

3. 齐次坐标

式(2.3.3)和式(2.3.4)都是非线性的，因为其分母中均含变量 Z。为将其表示为线性矩阵形式，可借助齐次坐标进行齐次表达。

例 2.3.4 直线和点的齐次表达

平面上的直线可用方程 $ax+by+c=0$ 表示。不同的 a、b、c 对应不同的直线，所以一条直线也可用矢量 $\boldsymbol{l}=[a\quad b\quad c]^{\mathrm{T}}$ 表示。因为直线 $ax+by+c=0$ 与直线 $(ka)x+(kb)y+kc=0$ 当 k 不为 0 时是相同的，所以当 k 不为 0 时，矢量 $[a\quad b\quad c]^{\mathrm{T}}$ 与矢量 $k[a\quad b\quad c]^{\mathrm{T}}$ 表示同一条直线，可认为是等价的。满足这种等价关系的矢量组称为**齐次矢量**，其中任一个特定的矢量 $[a\quad b\quad c]^{\mathrm{T}}$ 都是该矢量组的代表。

对于一条直线 $\boldsymbol{l}=[a\quad b\quad c]^{\mathrm{T}}$，当且仅当 $ax+by+c=0$ 时，点 $\boldsymbol{p}=[x\quad y]^{\mathrm{T}}$ 位于这条直线上。可用对应点的矢量 $[x\quad y\quad 1]^{\mathrm{T}}$ 和对应直线的矢量 $[a\quad b\quad c]^{\mathrm{T}}$ 的内积表示，即 $[x\quad y\quad 1]^{\mathrm{T}}\cdot[a\quad b\quad c]^{\mathrm{T}}=[x\quad y\quad 1]^{\mathrm{T}}\cdot\boldsymbol{l}=0$。这里 2-D 点矢量 $[x\quad y]^{\mathrm{T}}$ 用一个增加了值为 1 的最后一项的 3-D 矢量表示。对任意非零的常数 k 和直线 $\boldsymbol{l}$，当且仅当 $[x\quad y\quad 1]^{\mathrm{T}}\cdot\boldsymbol{l}=0$ 时，有 $[kx\quad ky\quad k]^{\mathrm{T}}\cdot\boldsymbol{l}=0$。因此，可认为矢量组 $[kx\quad ky\quad k]^{\mathrm{T}}$（由 k 变化得到）也是点矢量 $[x\quad y]^{\mathrm{T}}$ 的表达。如同直线一样，点也可用齐次矢量表示。 □

对应笛卡儿空间中点(X,Y,Z)的**齐次坐标**定义为$[kX,kY,kZ,k]$，其中k为任意非零常数。很明显，从齐次坐标变换回笛卡儿坐标，可用第4个坐标量去除前3个坐标量。这样，笛卡儿世界坐标系统中的3-D空间点可用矢量形式表示为

$$\boldsymbol{W}=[X \quad Y \quad Z]^{\mathrm{T}} \tag{2.3.7}$$

其对应的齐次坐标可表示为

$$\boldsymbol{W}_{\mathrm{h}}=[kX \quad kY \quad kZ \quad k]^{\mathrm{T}} \tag{2.3.8}$$

如果定义透视变换矩阵为

$$\boldsymbol{P}=\begin{bmatrix}1 & 0 & 0 & 0\\ 0 & 1 & 0 & 0\\ 0 & 0 & 1 & 0\\ 0 & 0 & -1/\lambda & 1\end{bmatrix} \tag{2.3.9}$$

其与$\boldsymbol{W}_{\mathrm{h}}$的乘积$\boldsymbol{PW}_{\mathrm{h}}$给出一个记为$\boldsymbol{c}_{\mathrm{h}}$的矢量：

$$\boldsymbol{c}_{\mathrm{h}}=\boldsymbol{PW}_{\mathrm{h}}=\begin{bmatrix}1 & 0 & 0 & 0\\ 0 & 1 & 0 & 0\\ 0 & 0 & 1 & 0\\ 0 & 0 & -1/\lambda & 1\end{bmatrix}\begin{bmatrix}kX\\ kY\\ kZ\\ k\end{bmatrix}=\begin{bmatrix}kX\\ kY\\ kZ\\ -kZ/\lambda+k\end{bmatrix} \tag{2.3.10}$$

$\boldsymbol{c}_{\mathrm{h}}$中的元素是齐次形式的摄像机坐标，这些坐标可用$\boldsymbol{c}_{\mathrm{h}}$的第4项分别去除前3项，转换为笛卡儿形式。所以，摄像机坐标系统中任一点的笛卡儿坐标可表示为矢量形式：

$$\boldsymbol{c}=[x \quad y \quad z]^{\mathrm{T}}=\begin{bmatrix}\dfrac{\lambda X}{\lambda-Z} & \dfrac{\lambda Y}{\lambda-Z} & \dfrac{\lambda Z}{\lambda-Z}\end{bmatrix}^{\mathrm{T}} \tag{2.3.11}$$

其中，$\boldsymbol{c}$的前两项是3-D空间点(X,Y,Z)投影到图像平面后的坐标(x,y)。

4. 逆透视变换

逆透视变换是指根据2-D图像坐标确定3-D客观景物的坐标，或者说将一个图像点反过来映射回3-D空间。利用矩阵运算规则，由式(2.3.10)可得

$$\boldsymbol{W}_{\mathrm{h}}=\boldsymbol{P}^{-1}\boldsymbol{c}_{\mathrm{h}} \tag{2.3.12}$$

其中，逆透视变换矩阵$\boldsymbol{P}^{-1}$为

$$\boldsymbol{P}^{-1}=\begin{bmatrix}1 & 0 & 0 & 0\\ 0 & 1 & 0 & 0\\ 0 & 0 & 1 & 0\\ 0 & 0 & 1/\lambda & 1\end{bmatrix} \tag{2.3.13}$$

利用上述逆透视变换矩阵可由2-D图像坐标点确定对应的3-D客观景物点的坐标吗？设一个图像点的坐标为$(x',y',0)$，其中位于z位置的0仅表示图像平面位于$z=0$处。该点可用齐次矢量形式表示为

$$\boldsymbol{c}_{\mathrm{h}}=[kx' \quad ky' \quad 0 \quad k]^{\mathrm{T}} \tag{2.3.14}$$

代入式(2.3.12)，得到齐次世界坐标矢量：

$$\boldsymbol{W}_{\mathrm{h}}=[kx' \quad ky' \quad 0 \quad k]^{\mathrm{T}} \tag{2.3.15}$$

相应的笛卡儿坐标系统中的世界坐标矢量为

$$\boldsymbol{W}=[X \quad Y \quad Z]^{\mathrm{T}}=[x' \quad y' \quad 0]^{\mathrm{T}} \tag{2.3.16}$$

式(2.3.16)表明，由图像点(x',y')并不能唯一确定3-D空间点的Z坐标(因为其对任一点都给出$Z=0$)。问题是由3-D客观场景映射到图像平面这个多对一的变换产生的。图像点(x',y')

现在对应于过点$(x',y',0)$和$(0,0,\lambda)$的直线上所有共线3-D空间点的集合(参见图2.3.1中图像点与空间点之间的连线)。在世界坐标系统中,由式(2.3.3)和式(2.3.4)可反解出X和Y:

$$X=\frac{x'}{\lambda}(\lambda-Z) \tag{2.3.17}$$

$$Y=\frac{y'}{\lambda}(\lambda-Z) \tag{2.3.18}$$

以上两式表明,除非对映射到图像点的3-D空间点具有先验知识(如已知其Z坐标),否则无法将一个3-D空间点的坐标从其图像中完全恢复。或者说,要利用逆透视变换将3-D空间点从其图像中恢复,至少需要给出该点的一个世界坐标。

2.3.2 近似投影模式

透视投影是一种精确的投影模式,但也是一种非线性映射,所以计算和分析比较复杂。为简化计算,在物距远大于景物本身尺度时可利用近似投影模式。

1. 正交投影

正交投影也称正投影,是最简单的一种线性近似。在正交投影中不考虑3-D空间点的Z坐标(丢失了物距信息),相当于沿摄像机光轴方向将3-D空间的点直接/垂直地映射到图像平面。图2.3.6所示为将一个棒状景物分别按正交投影和透视投影方式投影到Y轴(对应图2.3.1中的YZ剖面)的情况。

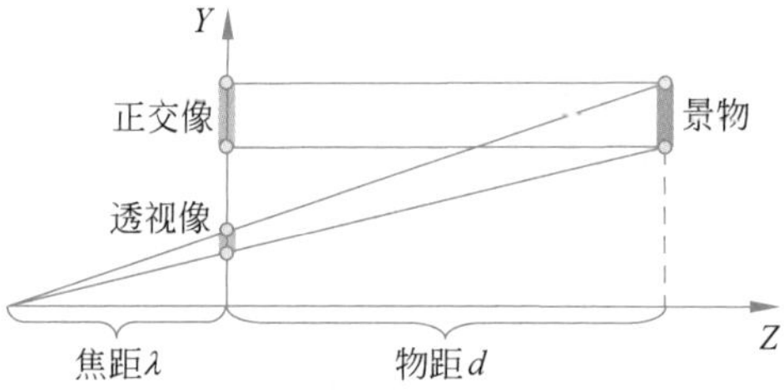

图2.3.6 正交投影和透视投影对比示意图

正交投影的结果表示景物截面的真正尺度,而透视投影的结果与物距d有关。可将正交投影看作焦距λ为无穷时的透视投影,所以其投影变换矩阵可写为

$$\boldsymbol{P}=\begin{bmatrix}1&0&0&0\\0&1&0&0\\0&0&1&0\\0&0&0&1\end{bmatrix} \tag{2.3.19}$$

2. 弱透视投影

弱透视投影(WPP)是对透视投影的一种近似。它是当观察一个特定景物且景物自身的深度范围ΔZ远小于该景物在场景中的深度Z时的特殊情况。此时,景物自身各点的深度可用其质心的深度Z_0近似。这种情况下,可将图像看作正投影的结果,其中深度信息被除去,还使用了尺度因子,调整景物以给出观察到的尺寸。所以,弱透视投影包括如下两个步骤。

(1) 将景物正交投影到与像平面平行的景物质心所在的平面。

(2) 将第(1)步的结果透视投影到像平面。

第(2)步的透视投影可借助图像平面内的等比例缩放实现(所以弱透视投影也称**缩放正投影**)。设**透视缩放系数**为S,则

$$S=\lambda/d \tag{2.3.20}$$

即焦距与物距之比。若考虑S,则弱透视投影变换矩阵可写为

$$
\boldsymbol{P}=\begin{bmatrix} S & 0 & 0 & 0 \\ 0 & S & 0 & 0 \\ 0 & 0 & 1 & 0 \\ 0 & 0 & 0 & 1 \end{bmatrix} \tag{2.3.21}
$$

弱透视投影中的正交投影除不考虑 3-D 空间点的 Z 坐标外，还改变了景物各点在投影平面中的相对位置(对应尺寸的变化)，会对距离摄像机光轴较大的景物点产生较大影响(可以证明，此时图像误差是景物误差的一阶无穷小)。一般当 $Z_0>10|\Delta Z|$时使用弱透视投影。

3. 平行透视投影

平行透视投影(也称类透视投影)是一种介于正交投影和透视投影之间的投影方式[Dean 1995]。平行透视投影成像示意图如图 2.3.7 所示。图中世界坐标系统与摄像机坐标系统重合，摄像机焦距为 λ，像平面与 Z 轴垂直相交于点$(0,0,\lambda)$，点 C 为景物集合的质心，在 Z 方向与原点的距离为 d。

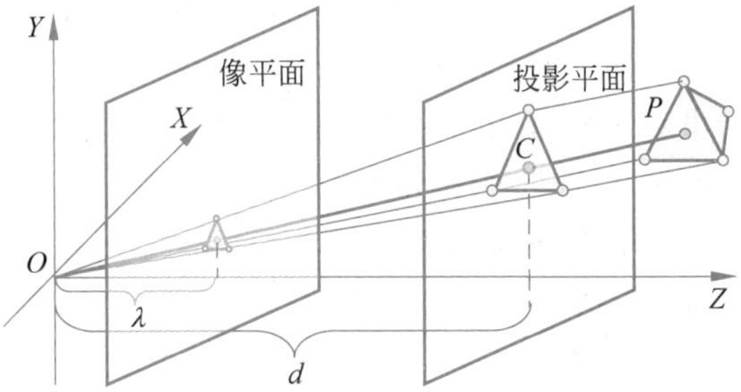

图 2.3.7 平行透视投影成像示意图

给定一个位于 $Z=d$ 且平行于像平面的投影平面，平行透视投影的过程分为以下两步。

(1) 给定一个特定景物 P(景物集合中的一个)，先将其平行投影到与像平面平行的投影平面，此时各投影线平行于直线 OC(不一定与投影平面垂直)。

(2) 将投影平面上的投影结果透视投影到像平面，由于投影平面与像平面平行，所以像平面上的投影相比投影平面上的投影缩小为 λ/d(同弱透视投影)。

第(1)步考虑了远景和位姿的影响(保留了景物各点在投影平面中的相对位置)，而第(2)步考虑了距离和其他位置的影响(可以证明，此时图像误差是景物误差的二阶无穷小)，所以平行透视投影比弱透视投影更接近透视投影。

4. 各种近似模式与透视投影的对比

透视投影还有一种误差更小的线性近似，称为**正透视**。正透视将平行透视投影的第(1)步改为将景物平行投影到与光心和质心连线垂直、经过质心的投影平面，第(2)步同平行透视投影。正透视相对来说比较复杂。

透视投影与其两种近似模式(弱透视投影和平行透视投影)的联系如图 2.3.8 所示。平行透视投影的结果比弱透视投影的结果更接近透视投影的结果。其间的差异与焦距成反比，与物距成正比。

正交投影、弱透视投影和平行透视投影都具有相同形式的投影矩阵，其具有 8 个自由度。具有这种投影矩阵的摄像机称为**仿射摄像机**。仿射摄像机的两个重要性质(透视投影都不具备)如下。

(1) 保平行性：3-D 空间的平行线投影到 2-D 空间后仍然平行。

(2) 保质心性：3-D 点集的质心投影为 2-D 点集的质心。

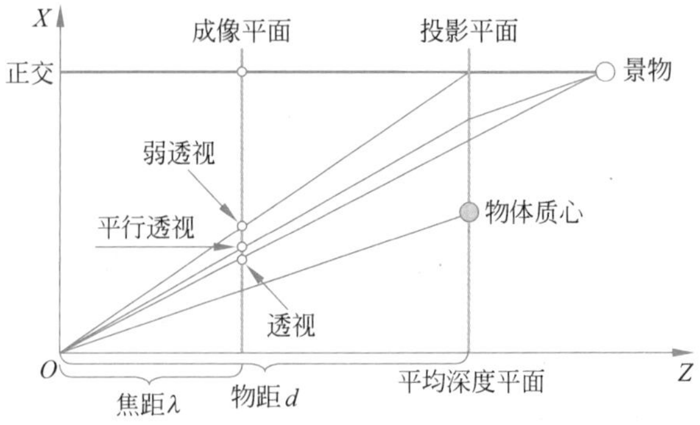

图 2.3.8　透视投影与弱透视投影和平行透视投影的联系

2.3.3　一般摄像机模型

进一步考虑摄像机坐标系统与世界坐标系统不重合，但摄像机坐标系统与像平面坐标系统重合时的情况（先不考虑计算机图像坐标系统）。图 2.3.9 给出了此时成像的几何模型示意图。像平面中心（原点）与世界坐标系统的位置偏差记为矢量 $\boldsymbol{D}$，其分量分别为 D_x、D_y、D_z。假设摄像机分别以 γ 角（x 与 X 轴间的夹角）**水平扫视**和以 α 角（z 与 Z 轴间的夹角）**垂直倾斜**。如果取 XY 平面为地球的赤道面，Z 轴指向地球北极，则**扫视角**对应经度而**倾斜角**对应纬度。

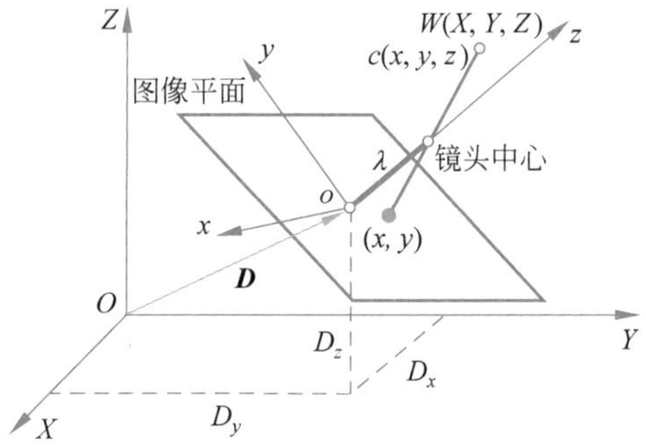

图 2.3.9　摄像机坐标系统与世界坐标系统不重合时的投影成像几何模型示意图

上述模型可通过以下三个顺序步骤由世界坐标系统与摄像机坐标系统重合时的基本摄像机模型转换而来：①将像平面原点按矢量 $\boldsymbol{D}$ 移出世界坐标系统的原点；②以某个扫视角 γ（绕 z 轴）扫视 x 轴；③以某个倾斜角 α 将 z 轴倾斜（绕 x 轴旋转）。

摄像机相对于世界坐标系统运动等价于世界坐标系统相对于摄像机逆运动。具体来说可对每个世界坐标系统中的点分别进行以上几何关系转换采用的 3 个步骤。平移世界坐标系统的原点到像平面原点可用下列变换矩阵完成：

$$\boldsymbol{T}=\begin{bmatrix}1 & 0 & 0 & -D_x\\0 & 1 & 0 & -D_y\\0 & 0 & 1 & -D_z\\0 & 0 & 0 & 1\end{bmatrix}\tag{2.3.22}$$

换句话说，位于坐标（D_x，D_y，D_z）的齐次坐标点 $\boldsymbol{D}_\mathrm{h}$ 经过变换 $\boldsymbol{T}\boldsymbol{D}_\mathrm{h}$ 后，位于变换后新坐标系统的原点。

进一步考虑如何将两个坐标系统的坐标轴重合的问题。需要使摄像机绕坐标轴旋转。设摄像机绕一个坐标轴顺时针旋转（从旋转轴正向朝原点观察）的角度为正。绕 z 轴旋转的角称为扫视角 γ，其为 x 与 X 轴的夹角，相应的旋转矩阵为

$$\boldsymbol{R}_\gamma=\begin{bmatrix}\cos\gamma & \sin\gamma & 0 & 0\\-\sin\gamma & \cos\gamma & 0 & 0\\0 & 0 & 1 & 0\\0 & 0 & 0 & 1\end{bmatrix}\tag{2.3.23}$$

没有旋转($\gamma=0°$)的位置对应 x 与 X 轴平行。绕 x 轴旋转的角称为倾斜角 α,其为 z 与 Z 轴的夹角,相应的旋转矩阵为

$$\boldsymbol{R}_\alpha=\begin{bmatrix}1 & 0 & 0 & 0\\ 0 & \cos\alpha & \sin\alpha & 0\\ 0 & -\sin\alpha & \cos\alpha & 0\\ 0 & 0 & 0 & 1\end{bmatrix} \tag{2.3.24}$$

没有倾斜($\alpha=0°$)的位置对应 z 与 Z 轴平行。

分别完成以上两个旋转的变换矩阵可级联成一个矩阵:

$$\boldsymbol{R}=\boldsymbol{R}_\alpha\boldsymbol{R}_\gamma=\begin{bmatrix}\cos\gamma & \sin\gamma & 0 & 0\\ -\sin\gamma\cos\alpha & \cos\alpha\cos\gamma & \sin\alpha & 0\\ \sin\alpha\sin\gamma & -\sin\alpha\cos\gamma & \cos\alpha & 0\\ 0 & 0 & 0 & 1\end{bmatrix} \tag{2.3.25}$$

$\boldsymbol{R}$ 代表摄像机空间旋转产生的影响。使用 $\boldsymbol{R}$ 可使摄像机坐标系统与世界坐标系统的对应坐标轴朝向相同。

同时考虑为重合世界坐标系统与摄像机坐标系统而进行的平移和旋转变换,则与式(2.3.10)对应的透视投影变换具有如下齐次表达:

$$\boldsymbol{c}_\mathrm{h}=\boldsymbol{PRTW}_\mathrm{h} \tag{2.3.26}$$

展开式(2.3.26)并转为笛卡儿坐标,得到世界坐标系统中点(X,Y,Z)在像平面中的坐标:

$$x=\lambda\frac{(X-D_x)\cos\gamma+(Y-D_y)\sin\gamma}{-(X-D_x)\sin\alpha\sin\gamma+(Y-D_y)\sin\alpha\cos\gamma-(Z-D_z)\cos\alpha+\lambda} \tag{2.3.27}$$

$$y=\lambda\frac{-(X-D_x)\sin\gamma\cos\alpha+(Y-D_y)\cos\alpha\cos\gamma+(Z-D_z)\sin\alpha}{-(X-D_x)\sin\alpha\sin\gamma+(Y-D_y)\sin\alpha\cos\gamma-(Z-D_z)\cos\alpha+\lambda} \tag{2.3.28}$$

例 2.3.5 像平面坐标计算示例

将一台摄像机按如图 2.3.10 的位置安置以观察场景,设摄像机中心位置为(0,0,1),焦距为 0.05m,扫视角为 135°,倾斜角为 135°,现需确定此时图中空间点 $W(1,1,0)$的像平面坐标。

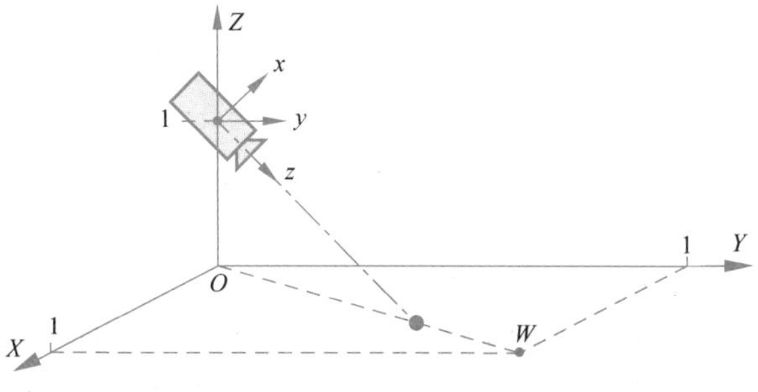

图 2.3.10 摄像机观察 3-D 场景示意图

下面借助图 2.3.11 讨论将摄像机由图 2.3.1 的正常位姿[以图 2.3.11(a)表示]移动到图 2.3.10 的位姿所需的步骤。第一步将摄像机移出原点,结果如图 2.3.11(b)所示。注意此步骤后世界坐标系统只被用作角度的参考,所有旋转都是绕新(摄像机)坐标轴进行的。第二步是将摄像机绕 z 轴旋转扫视,如图 2.3.11(c)所示,其中 z 轴的指向为由纸内向外。注意,摄像机绕 z 轴逆时针旋转,所以 γ 为正。第三步是将摄像机绕 x 轴旋转并相对 z 轴倾斜,如图 2.3.11(d)所示,其中 x 轴的指向为从纸内向外。摄像机绕 x 轴也是逆时针旋转,所以 α 为

正。在图 2.3.11(c)和图 2.3.11(d)中，用虚线表示世界坐标轴，以强调其只用于建立角 α 和角 γ 的原始参考。

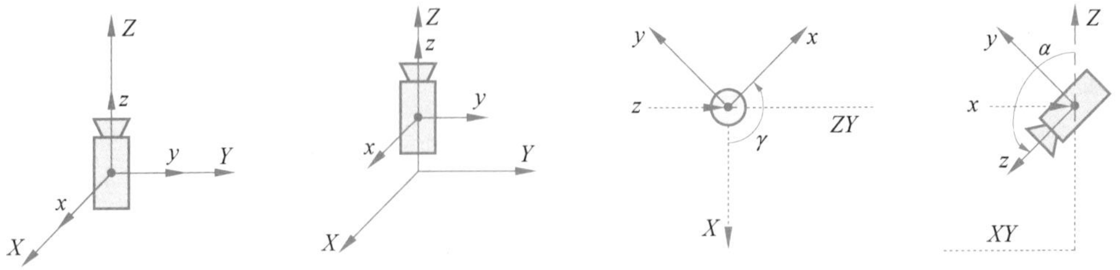

图 2.3.11　摄像机位姿的转换过程

将前面给出的各参数值代入式(2.3.27)和式(2.3.28)，得到 $W(1,1,0)$点的图像坐标 $x=0\text{m}$，$y=-0.008\,837\,488\text{m}$。□

2.3.4　透镜畸变

前面的讨论借助针孔成像模型描述摄像机的投影成像过程。基于当前的透镜加工技术及摄像机制造装配技术，真实的光学系统并不是精确地按照理想化的小孔成像原理工作的，而是存在**透镜畸变**。透镜畸变是一种光学畸变。受畸变因素影响，3-D 空间点投影到 2-D 像平面上的真实位置与无畸变的理想像点位置会产生偏差(产生了失真)。这种偏差在接近透镜边缘的区域常常更为明显。尤其是使用广角镜头时，在像平面远离中心处往往产生较大的畸变。

1. 畸变类型

常见的基本畸变类型主要包括两种：**径向畸变**和**切向畸变**，如图 2.3.12 所示，其中 d_r 表示径向畸变导致的偏差，而 d_t 表示切向畸变导致的偏差。其他畸变多为两种基本畸变的组合，最典型的组合畸变包括**偏心畸变**(**离心畸变**)和**薄棱镜畸变**。

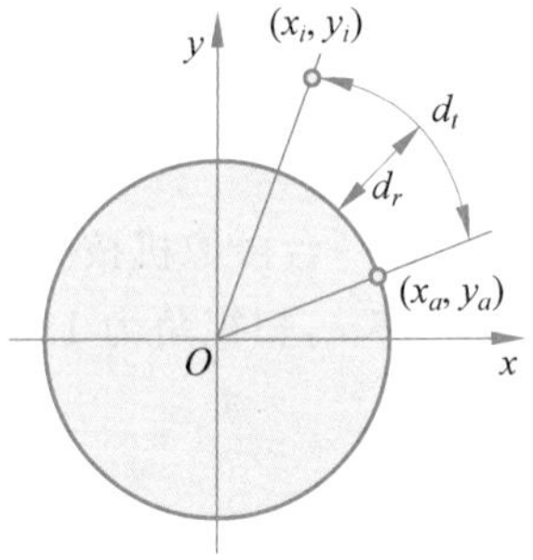

图 2.3.12　径向畸变和切向畸变示意

由于畸变因素影响，将 3-D 空间点投影到 2-D 像平面时，实际得到的坐标(x_a, y_a)与无畸变的理想坐标(x_i, y_i)之间的关系可表示为

$$x_a = x_i + d_x \tag{2.3.29}$$

$$y_a = y_i + d_y \tag{2.3.30}$$

其中，d_x 和 d_y 分别为 x 和 y 方向上的总非线性畸变偏差值。

2. 径向畸变

径向畸变主要由镜头形状的不规则(表面曲率误差)引起，导致的偏差一般关于摄像机镜头的主光轴对称，且沿镜头半径方向在远离光轴处更明显。一般称正向的径向畸变为**枕形畸变**，称负向的径向畸变为**桶形畸变**，如图 2.3.13 所示。其数学模型为

$$d_{xr} = x_i(k_1 r^2 + k_2 r^4 + \cdots) \tag{2.3.31}$$

$$d_{yr} = y_i(k_1 r^2 + k_2 r^4 + \cdots) \tag{2.3.32}$$

其中，$r=(x_i^2+y_i^2)^{1/2}$ 为像点到图像中心的距离，k_1、k_2 等为径向畸变系数。

3. 切向畸变

切向畸变主要由透镜片组的光心不共线引起，导致实际图像点在图像平面上发生切向移动。切向畸变在空间内有一定的朝向，所以在一定方向上有畸变最大轴，在与该方向垂直的方向上有畸变最小轴，如图 2.3.14 所示，其中实线代表没有畸变的情况，虚线代表切向畸变导致

的结果。一般切向畸变的影响较小，单独建模计算的情况较少，有时会借助偏心畸变的模型。

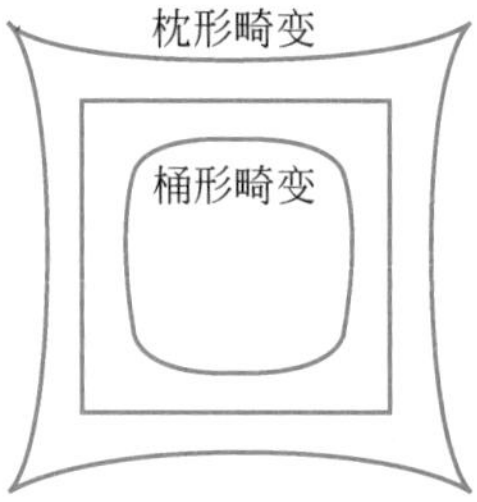

图 2.3.13　枕形畸变和桶形畸变示意

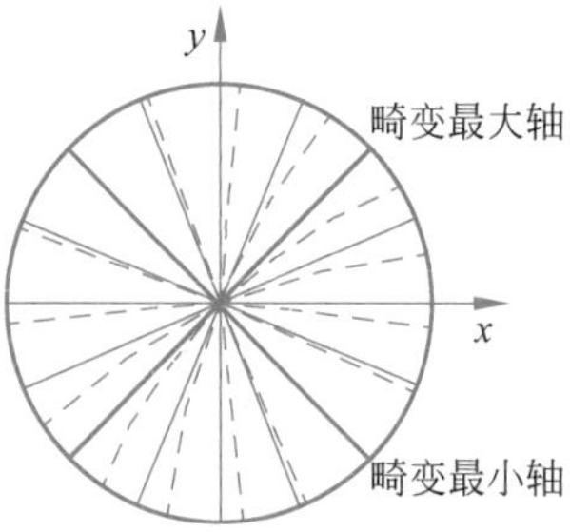

图 2.3.14　切向畸变示意

4. 偏心畸变

偏心畸变是光学系统光心与几何中心不一致造成的，即镜头器件的光学中心（镜头表面曲率中心）未严格共线。其数学模型为

$$d_{xe}=l_1(2x_i^2+r^2)+2l_2x_iy_i+\cdots \tag{2.3.33}$$

$$d_{ye}=2l_1x_iy_i+l_2(2y_i^2+r^2)+\cdots \tag{2.3.34}$$

其中，$r=(x_i^2+y_i^2)^{1/2}$ 为像点到图像中心的距离，l_1、l_2 为偏心畸变系数。

5. 薄棱镜畸变

薄棱镜畸变是镜头设计及装配不当导致的。这类畸变相当于在光学系统中附加了一个薄棱镜，不仅会引起径向失真，还会引起切向失真。其数学模型为

$$d_{xp}=m_1(x_i^2+y_i^2)+\cdots \tag{2.3.35}$$

$$d_{yp}=m_2(x_i^2+y_i^2)+\cdots \tag{2.3.36}$$

其中，m_1、m_2 为薄棱镜畸变系数。

综合考虑径向畸变、偏心畸变和薄棱镜畸变的总畸变偏差 d_x、d_y 为

$$d_x=d_{xr}+d_{xe}+d_{xp} \tag{2.3.37}$$

$$d_y=d_{yr}+d_{ye}+d_{yp} \tag{2.3.38}$$

如果忽略高于 3 阶的项，并设 $n_1=l_1+m_1$、$n_2=l_2+m_2$、$n_3=2l_1$、$n_4=2l_2$，则

$$d_x=k_1xr^2+(n_1+n_3)x^2+n_4xy+n_1y^2 \tag{2.3.39}$$

$$d_y=k_1yr^2+n_2x^2+n_3xy+(n_2+n_4)y^2 \tag{2.3.40}$$

2.3.5　通用成像模型

下面讨论通用摄像机成像模型，比 2.3.3 小节的一般摄像机模型多考虑两个因素。一个是除了考虑世界坐标系统、摄像机坐标系统及像平面坐标系统不重合外，还考虑计算机中使用的图像坐标单位是存储器中离散像素的数量，所以还需对像平面上的坐标进行取整转换（设像平面上仍用连续坐标）。另一个是考虑摄像机镜头的畸变（失真），所以在像平面上的成像位置会与无失真公式算出的透射投影结果有偏移。由于切向畸变一般比径向畸变小很多，所以仅考虑径向畸变（2.4.4 小节考虑了切向畸变），即用式（2.3.31）和式（2.3.32）计算畸变。如果还要考虑偏心畸变和薄棱镜畸变，则可用式（2.3.37）和式（2.3.38）计算。

图 2.3.15 给出全部考虑这些因素的通用成像模型（非线性模型）示意图。

从客观场景到数字图像的成像变换由以下 4 个步骤组成（如图 2.3.16 所示）[Tsai 1987]。

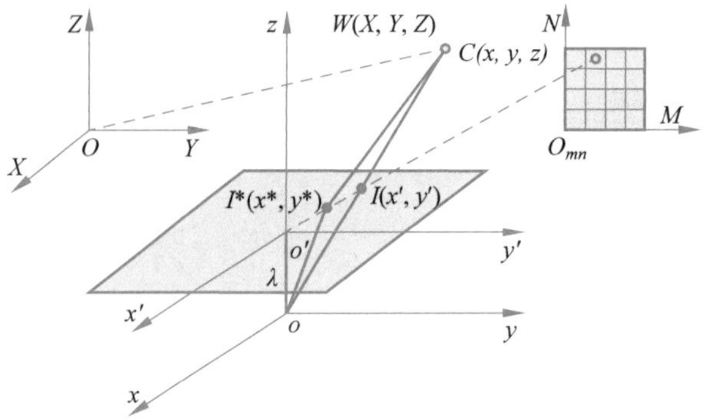

图 2.3.15 通用成像模型示意图

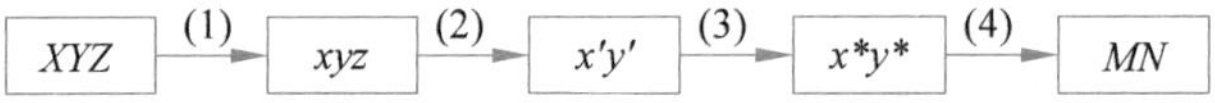

图 2.3.16 从客观场景到数字图像的成像变换步骤

(1) 从世界坐标(X,Y,Z)到摄像机 3-D 坐标(x,y,z)的变换，考虑刚体的情况，变换可表示为

$$\begin{bmatrix} x \\ y \\ z \end{bmatrix} = \boldsymbol{R} \begin{bmatrix} X \\ Y \\ Z \end{bmatrix} + \boldsymbol{T} \tag{2.3.41}$$

其中，$\boldsymbol{R}$ 和 $\boldsymbol{T}$ 分别为 3×3 旋转矩阵(实际上是两个坐标系统的 3 组对应坐标轴之间夹角的函数)和 1×3 平移矢量：

$$\boldsymbol{R} = \begin{bmatrix} r_1 & r_2 & r_3 \\ r_4 & r_5 & r_6 \\ r_7 & r_8 & r_9 \end{bmatrix} \tag{2.3.42}$$

$$\boldsymbol{T} = \begin{bmatrix} T_x & T_y & T_z \end{bmatrix}^{\mathrm{T}} \tag{2.3.43}$$

(2) 从摄像机 3-D 坐标(x,y,z)到无失真像平面坐标(x',y')的变换为

$$x' = \lambda \frac{x}{z} \tag{2.3.44}$$

$$y' = \lambda \frac{y}{z} \tag{2.3.45}$$

(3) 从无失真的像平面坐标(x',y')到受镜头径向失真(畸变)影响而偏移的实际像平面坐标(x^*,y^*)的变换为

$$x^* = x' - d_x \tag{2.3.46}$$

$$y^* = y' - d_y \tag{2.3.47}$$

其中，d_x 和 d_y 代表镜头畸变导致的(非线性)径向失真。如果仅取式(2.3.31)和式(2.3.32)的二阶项(r 的高次项可忽略)，并取 $k=k_1$，则

$$d_x = x^*(k_1 r^2 + k_2 r^4 + \cdots) \approx x^* k r^2 \tag{2.3.48}$$

$$d_y = y^*(k_1 r^2 + k_2 r^4 + \cdots) \approx y^* k r^2 \tag{2.3.49}$$

(4) 实际像平面坐标(x^*,y^*)到计算机图像坐标(M,N)的变换为

$$M = \mu \frac{x^* M_x}{S_x L_x} + O_m \tag{2.3.50}$$

$$N=\frac{y^{*}}{S_{y}}+O_{n} \tag{2.3.51}$$

其中，M 和 N 分别为计算机存储器中像素的行数和列数（计算机坐标）；O_m 和 O_n 为计算机存储器中心像素的行数和列数；S_x 为沿 x 方向（扫描线方向）两相邻传感器中心间的距离；S_y 为沿 y 方向两相邻传感器中心间的距离；L_x 为 X 方向传感器元素的个数；M_x 为计算机在一行内的采样数（像素个数）。式(2.3.50)中的 μ 为取决于摄像机的不确定性图像尺度因子。当使用CCD时，图像是逐行扫描的。沿 y'方向相邻像素间的距离就是相邻CCD感光点间的距离，但沿 x'方向由于存在图像获取硬件和摄像机扫描硬件之间的时间差或摄像机扫描本身时间具有不精确性，而引入某些不确定性因素。这些不确定性因素可通过不确定性图像尺度因子描述。

将上述后3个步骤结合，可得到将计算机图像坐标(M,N)与摄像机系统中目标点3-D坐标(x,y,z)相联系的方程：

$$\lambda\frac{x}{z}=x'=x^{*}+d_{x}=x^{*}(1+kr^{2})=\frac{(M-O_{m})S_{x}L_{x}}{\mu M_{x}}(1+kr^{2}) \tag{2.3.52}$$

$$\lambda\frac{y}{z}=y'=y^{*}+d_{y}=y^{*}(1+kr^{2})=(N-O_{n})S_{y}(1+kr^{2}) \tag{2.3.53}$$

综合式(2.3.41)、式(2.3.42)和式(2.3.43)，并代入式(2.3.52)和式(2.3.53)，最终得到

$$M=\lambda\frac{r_{1}X+r_{2}Y+r_{3}Z+T_{x}}{r_{7}X+r_{8}Y+r_{9}Z+T_{z}}\frac{\mu M_{x}}{(1+kr^{2})S_{x}L_{x}}+O_{m} \tag{2.3.54}$$

$$N=\lambda\frac{r_{4}X+r_{5}Y+r_{6}Z+T_{y}}{r_{7}X+r_{8}Y+r_{9}Z+T_{z}}\frac{1}{(1+kr^{2})S_{x}}+O_{n} \tag{2.3.55}$$

虽然在推导式(2.3.54)和式(2.3.55)时仅考虑了径向畸变，但两式的形式实际上对各种畸变都适用。换句话说，只要根据畸变的类型选择相应的计算公式，上述4个变换步骤都适用。

2.4　摄像机标定

摄像机标定是将摄像机的坐标系统与世界坐标系统对齐。成像模型建立了根据给定现实世界点 $W(X,Y,Z)$ 计算其像平面坐标(x',y')或计算机图像坐标(M,N)的表达式。为利用这些表达式从图像中获取客观场景的信息，需先确定式(2.3.52)和式(2.3.53)中的各参数（摄像机参数）。尽管这些参数可通过直接测量摄像机得到，但将摄像机作为测量装置进行确定通常更方便。为此需要先选定一组基准点（其在对应坐标系中的坐标已知），借助这些已知点获取摄像机参数的计算过程常称**摄像机标定**（也称摄像机定标、校准或校正）。

2.4.1　标定方法分类

摄像机标定方法较多，按照不同的准则/依据有不同的分类方法。例如，根据摄像机模型特点，可分为线性方法和非线性方法；根据是否需要标定物，可分为传统摄像机标定方法、摄像机自标定方法和基于主动视觉的标定方法（也有人将后两种方法合为一类）；在使用标定物时，根据标定物维数的不同，可分为使用2-D平面靶标的方法和使用3-D立体靶标的方法；根据求解参数的结果，可分为显式标定方法和隐式标定方法；根据摄像机内部参数是否可变，分为可变内部参数标定的方法和不可变内部参数的标定方法；根据摄像机的运动方式，可分为

限定运动方式的方法和非限定运动方式的标定方法；根据视觉系统所用的摄像机数量，可分为单摄像机（单目视觉）标定方法和多摄像机标定方法。标定方法分类表如表 2.4.1 所示，其中列举了分类准则、类别和典型方法。

表 2.4.1　标定方法分类表

<table>
<tr><th>分类准则</th><th>类　别</th><th>典型方法</th></tr>
<tr><td rowspan="2">摄像机模型特点</td><td>线性方法</td><td>两级标定法</td></tr>
<tr><td>非线性方法</td><td>LM 优化方法
牛顿·拉夫森（Newton Raphson，NR）优化方法
对参数进行标定的非线性优化方法
假定只存在径向畸变的方法</td></tr>
<tr><td rowspan="3">是否需要标定物</td><td>传统摄像机标定方法</td><td>利用最优化算法的方法
利用摄像机变换矩阵的方法
考虑畸变补偿的两步法
采用摄像机成像模型的双平面方法
可标定几何参数的直接线性变换（DLT）方法
利用径向标定约束（RAC）的方法</td></tr>
<tr><td>摄像机自标定方法</td><td>直接求解 Kruppa 方程（见 2.6 节）的方法
分层逐步的方法
利用绝对二次曲线的方法
基于二次曲面的方法</td></tr>
<tr><td>基于主动视觉的标定方法</td><td>基于两组三正交运动的线性方法
基于四组和五组平面正交运动的方法
基于平面单应性矩阵的正交运动方法
基于外极点的正交运动方法</td></tr>
<tr><td rowspan="2">标定物维数</td><td>使用 2-D 平面靶标的方法</td><td>使用黑白相间棋盘标定靶（取网格交点为标定点）
使用网格状排列圆点（取圆点中心为标定点）</td></tr>
<tr><td>使用 3-D 立体靶标的方法</td><td>使用尺寸和形状已知的 3-D 目标</td></tr>
<tr><td rowspan="2">求解参数的结果</td><td>显式标定方法</td><td>考虑具有直接物理意义的标定参数（如畸变参数）</td></tr>
<tr><td>隐式标定方法</td><td>直接线性变换（DLT）的方法，可标定几何参数</td></tr>
<tr><td rowspan="2">摄像机内部参数是否可变</td><td>可变内部参数的标定方法</td><td>在标定过程中，摄像机的光学参数（如焦距）可变的方法</td></tr>
<tr><td>不可变内部参数的标定方法</td><td>在标定过程中，摄像机的光学参数不可变的方法</td></tr>
<tr><td rowspan="2">摄像机的运动方式</td><td>限定运动方式的方法</td><td>针对摄像机只存在纯旋转运动的方法
针对摄像机存在正交平移运动的方法</td></tr>
<tr><td>非限定运动方式的方法</td><td>允许摄像机在标定中存在各种运动的方法</td></tr>
<tr><td rowspan="2">视觉系统所用的摄像机数量</td><td>单摄像机（单目视觉）标定方法</td><td>仅能对单台摄像机进行标定的方法</td></tr>
<tr><td>多摄像机标定方法</td><td>对多台摄像机采用 1-D 标定物（具有 3 个及以上距离已知的共线点），并使用最大似然准则对线性算法进行精化的方法</td></tr>
</table>

表 2.4.1 中，非线性方法一般较复杂、速度慢，还需要良好的初值，且非线性搜索无法保证参数收敛到全局最优解。隐式方法以转换矩阵元素为标定参数，以转换矩阵表示 3-D 空间点与 2-D 平面像点之间的对应关系，因参数本身不具有明确的物理意义，所以也称隐参数方法。由于隐参数方法只需求解线性方程，故当精度要求不高时，此方法效率较高。直接线性方法（DLT）以线性模型为对象，用一个 3×4 矩阵表示 3-D 空间点与 2-D 平面像点的对应关系，忽略了中间的成像过程（或者说综合考虑过程中的因素）。多摄像机标定方法中最常见的是双摄像机标定方法，与单摄像机标定相比，双摄像机标定不仅要确定每台摄像机的内外参数，还要

通过标定测量两台摄像机的相对位置和方向。

2.4.2 标定程序和参数

摄像机标定要根据一定的程序对不同参数依次进行。

1. 标定原理和程序

先考虑一般摄像机模型，参考式(2.3.26)，设 $\boldsymbol{A}=\boldsymbol{PRT}$，则有 $\boldsymbol{c}_{\mathrm{h}}=\boldsymbol{AW}_{\mathrm{h}}$，其中 $\boldsymbol{A}$ 中包括摄像机平移、旋转和投影的参数。如果在齐次表达中设 $k=1$，可得

$$\begin{bmatrix} c_{\mathrm{h1}} \\ c_{\mathrm{h2}} \\ c_{\mathrm{h3}} \\ c_{\mathrm{h4}} \end{bmatrix} = \begin{bmatrix} a_{11} & a_{12} & a_{13} & a_{14} \\ a_{21} & a_{22} & a_{23} & a_{24} \\ a_{31} & a_{32} & a_{31} & a_{34} \\ a_{41} & a_{42} & a_{43} & a_{44} \end{bmatrix} \begin{bmatrix} X \\ Y \\ Z \\ 1 \end{bmatrix} \tag{2.4.1}$$

基于前面的讨论，笛卡儿坐标形式的摄像机坐标(仅考虑像平面坐标)为

$$x=c_{\mathrm{h1}}/c_{\mathrm{h4}} \tag{2.4.2}$$

$$y=c_{\mathrm{h2}}/c_{\mathrm{h4}} \tag{2.4.3}$$

将以上两式代入式(2.4.1)并展开矩阵积得到

$$\begin{cases} xc_{\mathrm{h4}}=a_{11}X+a_{12}Y+a_{13}Z+a_{14} \\ yc_{\mathrm{h4}}=a_{21}X+a_{22}Y+a_{23}Z+a_{24} \\ c_{\mathrm{h4}}=a_{41}X+a_{42}Y+a_{43}Z+a_{44} \end{cases} \tag{2.4.4}$$

其中，c_{h3} 的展开式因其与 z 相关而略去。

将 c_{h4} 代入式(2.4.4)中的前两个方程，可得到共包含 12 个未知系数的两个方程：

$$(a_{11}-a_{41}x)X+(a_{12}-a_{42}x)Y+(a_{13}-a_{43}x)Z+(a_{14}-a_{44}x)=0 \tag{2.4.5}$$

$$(a_{21}-a_{41}y)X+(a_{22}-a_{42}y)Y+(a_{23}-a_{43}y)Z+(a_{24}-a_{44}y)=0 \tag{2.4.6}$$

标定程序包括：①获得 $M\geqslant 6$ 个具有已知世界坐标(X_i,Y_i,Z_i)，$i=1,2,\cdots,M$ 的空间点(实际应用中常取 25 个以上的点，再借助最小二乘法拟合减小误差)；②用摄像机在给定位置拍摄这些点，得到其对应的像平面坐标(x_i,y_i)，$i=1,2,\cdots,M$；③将这些坐标值代入式(2.4.5)和式(2.4.6)，解出未知系数。

为实现上述标定程序，需获得具有对应关系的空间点和图像点。为精准地确定这些点，常需利用标定靶，其上有固定的标记点(参考点)图案。最常用的标定靶上有一系列规则排列的正方形图案(类似国际象棋棋盘)，可将正方形的顶点作为标定的参考点。如果采用共平面参考点标定的算法，则标定靶对应一个平面；如果采用非共平面参考点标定的算法，则标定靶一般对应两个正交的平面。

2. 标定参数和步骤

如果考虑通用成像模型，则从客观场景到数字图像的成像变换共包括 4 个步骤，如图 2.4.1 所示(对照图 2.3.16)，每步都包含需标定的不同参数，具体如下。

第 1 步：需标定的参数是旋转矩阵 $\boldsymbol{R}$ 和平移矢量 $\boldsymbol{T}$。

第 2 步：需标定的参数是焦距 λ。

第 3 步：需标定的参数是镜头径向失真系数 k。

第 4 步：需标定的参数是不确定性图像尺度因子 μ。

图 2.4.1 中需标定的摄像机参数可分为摄像机自身参数(如焦距、镜头径向失真系数、不确定性图像尺度因子)和摄像机姿态参数(如摄像机位置和方向，或平移、**扫视角**和**倾斜角**)。

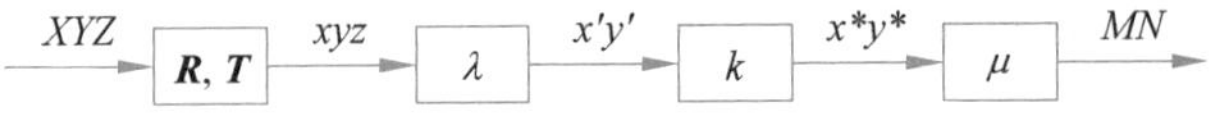

图 2.4.1　从客观场景到数字图像的成像变换的 4 个步骤和需标定的参数

一般称后者为外部参数(位于摄像机外部)，称前者为内部参数(位于摄像机内部)。区分外部参数和内部参数的主要意义是：当用一台摄像机在不同位置和方向获取多幅图像时，摄像机的外部参数可能是不同的，但内部参数不变，所以移动摄像机后只需重新标定外部参数，无须再标定内部参数。

1）外部参数

图 2.4.1 中第 1 步是从 3-D 世界坐标系统变换到其中心在摄像机光学中心的 3-D 坐标系统，需要标定 $\boldsymbol{R}$ 和 $\boldsymbol{T}$。式(2.3.30)中的矩阵 $\boldsymbol{R}$ 共包括 9 个元素，实际上只有 3 个自由度，可借助刚体转动的 3 个**欧拉角**表示。如图 2.4.2 所示(视线逆 X 轴)，其中 XY 平面和 xy 平面的交线 AB 称为节线，AB 与 x 轴的夹角 θ 是第一个欧拉角，称为**自转角**(也称**偏转角**)，这是绕 z 轴旋转的角；AB 与 X 轴的夹角 ψ 是第二个欧拉角，称为进动角(也称**倾斜角**)，这是绕 Z 轴旋转的角；Z 与 z 轴的夹角 ϕ 是第三个欧拉角，称为章动角(也称**俯仰角**)，这是绕节线旋转的角。

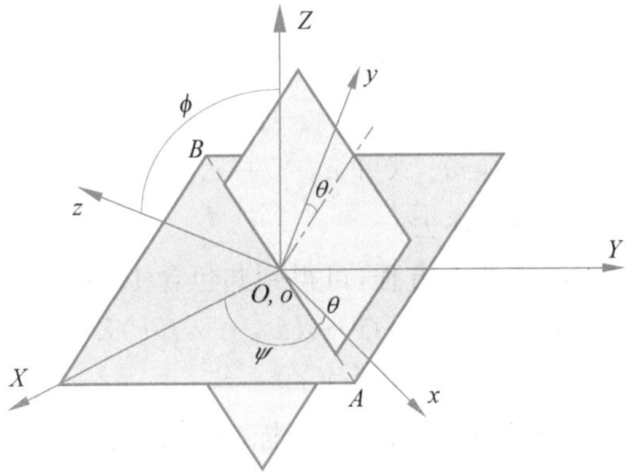

图 2.4.2　欧拉角示意图

利用欧拉角可将旋转矩阵表示为 θ、ϕ 和 ψ 的函数：

$$\boldsymbol{R}=\begin{bmatrix} \cos\psi\cos\theta & \sin\psi\cos\theta & -\sin\theta \\ -\sin\psi\cos\phi+\cos\psi\sin\theta\sin\phi & \cos\psi\cos\phi+\sin\psi\sin\theta\sin\phi & \cos\theta\sin\phi \\ \sin\psi\sin\phi+\cos\psi\sin\theta\cos\phi & -\cos\psi\sin\phi+\sin\psi\sin\theta\cos\phi & \cos\theta\cos\phi \end{bmatrix} \tag{2.4.7}$$

共有 6 个独立的外部参数，即 $\boldsymbol{R}$ 中的 3 个欧拉角 θ、ϕ、ψ 和 $\boldsymbol{T}$ 中的 3 个元素 T_x、T_y、T_z。

2）内部参数

图 2.4.1 中的后三步是将摄像机坐标系统中的 3-D 坐标变换为计算机图像坐标系统中的 2-D 坐标，共需标定 5 个内部参数：焦距 λ、镜头失真系数 k、不确定性图像尺度因子 μ、图像平面原点的计算机图像坐标 O_m 和 O_n。

例 2.4.1　摄像机标定中的内外参数

另一种描述摄像机标定中内外参数的方式如下。将一个完整的摄像机标定变换矩阵 $\boldsymbol{C}$ 分解为内部参数矩阵 $\boldsymbol{C}_\mathrm{i}$ 和外部参数矩阵 $\boldsymbol{C}_\mathrm{e}$ 的乘积：

$$\boldsymbol{C}=\boldsymbol{C}_\mathrm{i}\boldsymbol{C}_\mathrm{e} \tag{2.4.8}$$

在通用情况下 $\boldsymbol{C}_\mathrm{i}$ 为 4×4 的矩阵，但一般可简化为 3×3 的矩阵：

$$\boldsymbol{C}_{\mathrm{i}}=\begin{bmatrix}S_x & J_x & T_x\\ J_y & S_y & T_y\\ 0 & 0 & 1/\lambda\end{bmatrix} \tag{2.4.9}$$

其中，S_x 和 S_y 分别为沿 X 和 Y 轴的缩放系数，J_x 和 J_y 分别为沿 X 和 Y 轴的剪切（偏斜）系数（源自实际摄像机光轴的非严格正交性，反映在图像上就是像素的行和列，没有形成严格的 $90°$），T_x 和 T_y 分别为沿 X 和 Y 轴的平移系数（将摄像机的投影中心移至合适的位置），λ 为镜头的焦距。

$\boldsymbol{C}_{\mathrm{e}}$ 的通用形式也是 4×4 的矩阵，可写为

$$\boldsymbol{C}_{\mathrm{e}}=\begin{bmatrix}\boldsymbol{R}_1 & \boldsymbol{R}_1\boldsymbol{T}\\ \boldsymbol{R}_2 & \boldsymbol{R}_2\boldsymbol{T}\\ \boldsymbol{R}_3 & \boldsymbol{R}_3\boldsymbol{T}\\ \boldsymbol{0} & 1\end{bmatrix} \tag{2.4.10}$$

其中，$\boldsymbol{R}_1$、$\boldsymbol{R}_2$、$\boldsymbol{R}_3$ 分别为 3×3 旋转矩阵（只有 3 个自由度）的 3 行矢量，而 $\boldsymbol{T}$ 为 3-D 的平移矢量。

由上可见，$\boldsymbol{C}_{\mathrm{i}}$ 含 6 个内部参数，$\boldsymbol{C}_{\mathrm{e}}$ 含 6 个外部参数。但两个矩阵都含旋转参数，所以可将内部矩阵的旋转参数归入外部矩阵。因为旋转是缩放和剪切的组合（参见上册 2.1.2 小节），从内部矩阵中除去旋转，J_x 和 J_y 就相同了（$J_x=J_y=J$），所以内部矩阵中只有 5 个参数，即 S_x、S_y、J、T_x 和 T_y。这样共有 11 个标定参数，与其他方法一致。在特殊情况下，如果摄像机很精确，则 $J=0$，且 $S_x=S_y$，此时内部参数只有 3 个。进一步，如果将摄像机对齐，则 $T_x=T_y=0$。只剩 1 个内部参数，即 $S=S_x=S_y$，或 $S\lambda$。□

2.4.3　两级标定法

根据前面的讨论，可采用两级（先外部参数，后内部参数）标定法对摄像机进行标定［Tsai 1987］。该方法已广泛应用于工业视觉系统，对 3-D 测量的精度最高可达 1/4000。标定可分两种情况。如果 μ 已知，标定时只需使用一幅含有一组共面基准点的图像。此时第 1 步计算 $\boldsymbol{R}$、T_x 与 T_y，第 2 步计算 λ、k 和 T_z。因为 k 为镜头的径向失真系数，所以计算 $\boldsymbol{R}$ 时可不考虑 k。同样，计算 T_x 和 T_y 时也可不考虑 k，但计算 T_z 时需考虑 k（T_z 对图像的影响与 k 的影响类似），所以放在第 2 步。另外，如果 μ 未知，标定时需用一幅含有一组不共面基准点的图像。此时第 1 步计算 $\boldsymbol{R}$、T_x、T_y 及 μ，第 2 步仍是计算 λ、k 和 T_z。

下面讨论具体标定方法。先计算一组参数 $s_i(i=1,2,3,4,5)$，或 $\boldsymbol{s}=[s_1\quad s_2\quad s_3\quad s_4\quad s_5]^{\mathrm{T}}$，借助这组参数再进一步算出摄像机的外部参数。设给定 M 个（$M\geqslant5$）已知世界坐标（X_i，Y_i，Z_i）及其对应像平面坐标（x_i，y_i）的点，$i=1,2,\cdots,M$，则可构建矩阵 $\boldsymbol{A}$，其中行 $\boldsymbol{a}_i$ 可表示为

$$\boldsymbol{a}_i=[y_iX_i\quad y_iY_i\quad -x_iX_i\quad -x_iY_i\quad y_i] \tag{2.4.11}$$

再设 s_i 与旋转参数 r_1、r_2、r_4、r_5 和平移参数 T_x、T_y 有如下联系：

$$\boldsymbol{s}=[r_1/T_y\quad r_2/T_y\quad r_4/T_y\quad r_5/T_y\quad T_x/T_y]^{\mathrm{T}} \tag{2.4.12}$$

设矢量 $\boldsymbol{u}=[x_1\quad x_2\quad \cdots\quad x_M]^{\mathrm{T}}$，则由线性方程组

$$\boldsymbol{As}=\boldsymbol{u} \tag{2.4.13}$$

可解出 $\boldsymbol{s}$。再根据下列步骤计算各个旋转和平移参数：

(1) 设 $S=s_1^2+s_2^2+s_3^2+s_4^2$，计算

$$T_y^2=\begin{cases}\dfrac{S-[S^2-4(s_1s_4-s_2s_3)^2]^{1/2}}{2(s_1s_4-s_2s_3)^2} & (s_1s_4-s_2s_3)\neq 0\\ \dfrac{1}{s_1^2+s_2^2} & s_1^2+s_2^2\neq 0\\ \dfrac{1}{s_3^2+s_4^2} & s_3^2+s_4^2\neq 0\end{cases}\tag{2.4.14}$$

(2) 设 $T_y=(T_y^2)^{1/2}$,即取正的平方根,计算

$$r_1=s_1T_y,\quad r_2=s_2T_y,\quad r_4=s_3T_y,\quad r_5=s_4T_y,\quad T_x=s_5T_y\tag{2.4.15}$$

(3) 选一个世界坐标为(X,Y,Z)的空间点,要求其像平面坐标(x,y)距图像中心较远,计算

$$p_X=r_1X+r_2Y+T_x\tag{2.4.16}$$

$$p_Y=r_4X+r_5Y+T_y\tag{2.4.17}$$

相当于将求得的旋转参数应用于点(X,Y,Z)的 X 和 Y。如果 p_X 与 x 的符号一致,且 p_Y 与 y 的符号一致,则说明 T_y 符号正确,否则对 T_y 取负。

(4) 计算其他旋转参数

$$r_3=(1-r_1^2-r_2^2)^{1/2},\quad r_6=(1-r_4^2-r_5^2)^{1/2},\quad r_7=\frac{1-r_1^2-r_2r_4}{r_3},\quad r_8=\frac{1-r_2r_4-r_5^2}{r_6},$$

$$r_9=(1-r_3r_7-r_6r_8)^{1/2}\tag{2.4.18}$$

注意:如果 $r_1r_4+r_2r_5$ 的符号为正,则 r_6 取负,而 r_7 与 r_8 的符号要在计算完焦距 λ 后调整。

(5) 建立另一组线性方程,计算焦距 λ 和 z 方向的平移参数 T_z。先构建矩阵 $\boldsymbol{B}$,其中行 $\boldsymbol{b}_i$ 可表示为

$$\boldsymbol{b}_i=\lfloor r_4X_i+r_5Y_i+T_y\quad -y_i\rfloor\tag{2.4.19}$$

其中,$\lfloor\cdot\rfloor$表示向下取整(见中册 1.3.1 小节)。

设矢量$\boldsymbol{v}$ 的行 v_i 可表示为

$$v_i=(r_7X_i+r_8Y_i)y_i\tag{2.4.20}$$

则由线性方程组

$$\boldsymbol{Bt}=\boldsymbol{v}\tag{2.4.21}$$

可解出 $\boldsymbol{t}=[\lambda\quad T_z]^{\mathrm{T}}$。注意得到的仅是对 $\boldsymbol{t}$ 的估计。

(6) 如果 $\lambda<0$,要使用右手坐标系统,需对 r_3、r_6、r_7、r_8、λ 和 T_z 取负。

(7) 利用对 $\boldsymbol{t}$ 的估计计算镜头的径向失真 k,并改进 λ 和 T_z 的取值。使用式(2.3.46)到式(2.3.49)的失真模型。利用包含失真的透视投影方程,可得到如下非线性方程:

$$\left\{y_i(1+kr^2)=\lambda\frac{r_4X_i+r_5Y_i+r_6Z_i+T_y}{r_7X_i+r_8Y_i+r_9Z_i+T_z}\right\}\quad i=1,2,\cdots,M\tag{2.4.22}$$

用非线性回归方法求解上述方程,即可得到 k、λ 和 T_z 的值。

例 2.4.2　摄像机外部参数的标定示例

表 2.4.2 给出了 5 个世界坐标及其对应的像平面坐标已知的基准点的数据。

表 2.4.2　5 个基准点的数据

#	X_i	Y_i	Z_i	x_i	y_i
1	0.00	5.00	0.00	−0.58	0.00
2	10.00	7.50	0.00	1.73	1.00

续表

#	X_i	Y_i	Z_i	x_i	y_i
3	10.00	5.00	0.00	1.73	0.00
4	5.00	10.00	0.00	0.00	1.00
5	5.00	0.00	0.00	0.00	−1.00

由表 2.4.2 的数据和式(2.4.11),可得矩阵 $\boldsymbol{A}$ 和矢量 $\boldsymbol{u}$:

$$\boldsymbol{A}=\begin{bmatrix} 0.00 & 0.00 & 0.00 & 2.89 & 0.00 \\ 10.00 & 7.50 & -17.32 & -12.99 & 1.00 \\ 0.00 & 0.00 & -17.32 & -8.66 & 0.00 \\ 5.00 & 10.00 & 0.00 & 0.00 & 1.00 \\ -5.00 & 0.00 & 0.00 & 0.00 & -1.00 \end{bmatrix}$$

$$\boldsymbol{u}=[-0.58 \quad 1.73 \quad 1.73 \quad 0.00 \quad 0.00]^{\mathrm{T}}$$

解式(2.4.13)得

$$\boldsymbol{s}=[-0.17 \quad 0.00 \quad 0.00 \quad -0.20 \quad 0.87]^{\mathrm{T}}$$

其他计算步骤分别为

(1) 因为 $S=s_1^2+s_2^2+s_3^2+s_4^2=0.07$,所以,由式(2.4.14)可得 $T_y^2=\{S-[S^2-4(s_1s_4-s_2s_3)^2]^{1/2}\}/\{2(s_1s_4-s_2s_3)^2\}=25$。

(2) 取 $T_y=5$,分别计算得到 $r_1=s_1T_y=-0.87$,$r_2=s_2T_y=0$,$r_4=s_3T_y=0$,$r_5=s_4T_y=-1.00$,$T_x=s_5T_y=4.33$。

(3) 选取与图像中心距离最远的世界坐标点,即点(10.0,7.5,0.0),其像平面坐标为(1.73,1.00),计算得到 $p_X=r_1X+r_2Y+T_x=-4.33$,$p_Y=r_4X+r_5Y+T_y=-2.50$。由于 p_X、p_Y 的符号与 x、y 的符号不一致,对 T_y 取负,回到步骤(2),得到 $r_1=s_1T_y=0.87$,$r_2=s_2T_y=0$,$r_4=s_3T_y=0$,$r_5=s_4T_y=1.00$,$T_x=s_5T_y=-4.33$。

(4) 继续计算其他参数,得到 $r_3=(1-r_1^2-r_2^2)^{1/2}=0.00$,$r_6=(1-r_4^2-r_5^2)^{1/2}=0.00$,$r_7=(1-r_1^2-r_2r_4)/r_3=0.50$,$r_8=(1-r_2r_4-r_5^2)/r_6=0.00$,$r_9=(1-r_3r_7-r_6r_8)^{1/2}=0.87$。因为 $r_1r_4+r_2r_5=0$,不为正,所以 r_6 无须取负。

(5) 建立第 2 组线性方程,由式(2.4.19)和式(2.4.20)得到矩阵 $\boldsymbol{B}$ 和矢量 $\boldsymbol{v}$:

$$\boldsymbol{B}=\begin{bmatrix} 0.00 & 2.50 & 0.00 & 5.00 & -5.00 \\ 0.00 & -1.00 & 0.00 & -1.00 & 1.00 \end{bmatrix}^{\mathrm{T}}$$

$$\boldsymbol{v}=[0.00 \quad 5.00 \quad 0.00 \quad 2.50 \quad -2.50]^{\mathrm{T}}$$

解线性方程组式(2.4.21),得 $\boldsymbol{t}=[\lambda \quad T_z]^{\mathrm{T}}=[-1.0 \quad -7.5]^{\mathrm{T}}$。

(6) 由于 λ 为负,表明不是右手坐标系统。为反转 Z 坐标轴,需对 r_3、r_6、r_7、r_8、λ 和 T_z 取负,最后得到 $\lambda=1$,及

$$\boldsymbol{R}=\begin{bmatrix} 0.87 & 0.00 & -0.50 \\ 0.00 & 1.00 & 0.00 \\ -0.50 & 0.00 & 0.87 \end{bmatrix}$$

$$\boldsymbol{T}=[-4.33 \quad -5.00 \quad 7.50]^{\mathrm{T}}$$

(7) 该例没有考虑镜头的径向失真 k,所以上述结果即为最终结果。 □

2.4.4 精度提升

上述两级标定法仅考虑了摄像机镜头的径向畸变,如果在此基础上考虑镜头的偏心畸变

(也在一定程度上考虑切向畸变),则可能进一步提高摄像机标定的精度。

根据式(2.3.37)和式(2.3.38),考虑径向畸变和偏心畸变的总畸变偏差 d_x、d_y 为

$$d_x = d_{xr} + d_{xe} \tag{2.4.23}$$

$$d_y = d_{yr} + d_{ye} \tag{2.4.24}$$

对径向畸变考虑到4阶项,对偏心畸变考虑到2阶项,则有

$$d_x = x_i(k_1 r^2 + k_2 r^4) + l_1(3x_i^2 + y_i^2) + 2l_2 x_i y_i \tag{2.4.25}$$

$$d_y = y_i(k_1 r^2 + k_2 r^4) + 2l_1 x_i y_i + l_2(x_i^2 + 3y_i^2) \tag{2.4.26}$$

对摄像机的标定可分如下两步进行。

(1) 设镜头畸变系数 k_1、k_2、l_1、l_2 的初始值均为0,计算 $\boldsymbol{R}$、$\boldsymbol{T}$、λ 的值。

参照式(2.3.44)和式(2.3.45),并参考对式(2.4.22)的推导,可得

$$x = \lambda \frac{X}{Z} = \lambda \frac{r_1 X + r_2 Y + r_3 Z + T_x}{r_7 X + r_8 Y + r_9 Z + T_z} \tag{2.4.27}$$

$$y = \lambda \frac{Y}{Z} = \lambda \frac{r_4 X + r_5 Y + r_6 Z + T_y}{r_7 X + r_8 Y + r_9 Z + T_z} \tag{2.4.28}$$

由式(2.4.27)和式(2.4.28)得到

$$\frac{x}{y} = \frac{r_1 X + r_2 Y + r_3 Z + T_x}{r_4 X + r_5 Y + r_6 Z + T_y} \tag{2.4.29}$$

式(2.4.29)对所有基准点成立,即利用每个基准点的3-D世界坐标和2-D图像坐标都可建立方程。式(2.4.29)中有8个未知数,所以如果有8个基准点,就可构建8个方程组成的方程组,进而计算 r_1、r_2、r_3、r_4、r_5、r_6、T_x、T_y 的值。因为 $\boldsymbol{R}$ 为正交矩阵,所以根据其正交性可求出 r_7、r_8、r_9 的值。将值代入式(2.4.27)和式(2.4.28),再任取两个基准点的3-D世界坐标和2-D图像坐标,就可算出 T_z 和 λ 的值。

(2) 计算镜头畸变系数 k_1、k_2、l_1、l_2 的值。

由式(2.3.29)和式(2.3.30)及式(2.4.23)~式(2.4.26),可得

$$\lambda \frac{X}{Z} = x = x_i + x_i(k_1 r^2 + k_2 r^4) + l_1(3x_i^2 + y_i^2) + 2l_2 x_i y_i \tag{2.4.30}$$

$$\lambda \frac{Y}{Z} = y = y_i + y_i(k_1 r^2 + k_2 r^4) + 2l_1 x_i y_i + l_2(x_i^2 + 3y_i^2) \tag{2.4.31}$$

借助已得到的 $\boldsymbol{R}$ 和 $\boldsymbol{T}$,可利用式(2.4.29)求出 (X, Y, Z),再代入式(2.4.30)和式(2.4.31),得到

$$\lambda \frac{X_j}{Z_j} = x_{ij} + x_{ij}(k_1 r^2 + k_2 r^4) + l_1(3x_{ij}^2 + y_{ij}^2) + 2l_2 x_{ij} y_{ij} \tag{2.4.32}$$

$$\lambda \frac{Y_j}{Z_j} = y_{ij} + y_{ij}(k_1 r^2 + k_2 r^4) + 2l_1 x_{ij} y_{ij} + l_2(x_{ij}^2 + 3y_{ij}^2) \tag{2.4.33}$$

其中,$j=1,2,\cdots,N$,N 为基准点个数。用 $2N$ 个线性方程,通过最小二乘法求解,即可求得4个畸变系数 k_1、k_2、l_1、l_2 的值。

2.5 在线摄像机外参数标定方法

在**先进驾驶辅助系统**(ADAS)或自动驾驶领域中,需要利用车载摄像机检测和识别道路标志或标牌,探测和跟踪车辆周围的景物。摄像机内外参数对这些工作的精度影响较大。其

中，对摄像机内参数的标定除了传统的基于标定物的方法(参见 2.4.1 小节)外，还可根据环境中的特征静止原则，先建立相同场景中不同视角多帧图像的像平面特征点之间的约束关系，再根据该约束关系且不依赖特定标定物实时进行摄像机内参数标定[Civera 2009]。

标定摄像机的外参数要确定摄像机与车辆间的坐标系关系。一般做法是建立高精度标定场进行辅助标定。高精度标定场配备了位姿追踪设备及特定标定物，利用机器人手眼标定法[Daniilidis 1999]确定摄像机外参数。手眼标定法在外参数的求解过程中需要明确标定物与摄像机之间的空间位姿关系，根据标定物的维度可分为 3-D、2-D 及 1-D 等标定方法[Zhang 2004b]。不过这类方法通常依赖于满足特定点、线或面等约束的地面标志，主要适用于离线标定。另外，由于维修及结构形变等原因，摄像机的外参数可能在车辆的生命周期内发生显著变化，如何在线进行外参数标定和调整也很重要。

针对这些问题，[廖 2021]提出了一种在不使用精密、昂贵标定场的情况下，借助摄像机与高精度地图匹配在线进行实时摄像机外参数标定的方法。

该方法的基本思路是：首先利用深度学习技术对图像中的**车道线**进行检测，通过假设一个初始的外参数矩阵 $\boldsymbol{T}$，并根据该矩阵将世界坐标系 XYZ 下的车道线点 $\boldsymbol{P}_w$ 投影到摄像机坐标系 xyz 中，得到 3-D 像点 $\boldsymbol{P}_c$，从而与地图进行匹配。其次通过合理设计误差函数 L 评价 $\boldsymbol{P}_c$ 与摄像机检测到的车道线点 $\boldsymbol{P}_c$ 的投影误差 $L(\boldsymbol{T}_{cv})$，采用**聚束调整**(BA)最小化车道线曲线与像平面重投影误差的思想[Triggs 1999]求解外参数矩阵 $\boldsymbol{T}_{cv}$。$\boldsymbol{T}_{cv}$ 确定了摄像机坐标系 xyz 与车辆坐标系 $x'y'z'$ 之间的坐标系变换。$\boldsymbol{T}_{cv}$ 由旋转矩阵 $\boldsymbol{R}$ 和平移矢量 $\boldsymbol{T}$ 构成，$\boldsymbol{R}$ 的 3 个自由度可由 3 个(旋转)**欧拉角**表示(参见 2.4.2 小节)。考虑到车载摄像机需要检测 200m 范围内的行人、车辆等障碍物，其检测精度约为 1m，假定摄像机的水平视场角约为 57°，则对摄像机外参数精度的要求为旋转角约 0.2°，平移约 0.2m。

2.5.1 车道线检测与数据筛选

设摄像机采集的图像平面上车道线点的坐标为(x', y')，则根据小孔成像模型得到

$$z_c \begin{bmatrix} x' \\ y' \\ 1 \end{bmatrix} = \boldsymbol{MP}_c = \boldsymbol{MT}_{cv}\boldsymbol{T}_{vw}\boldsymbol{P}_w \tag{2.5.1}$$

其中，z_c 为车道线点 $\boldsymbol{P}_c$ 到摄像机的距离，$\boldsymbol{M}$ 为摄像机内参数矩阵，$\boldsymbol{T}_{vw}$ 为世界坐标系 XYZ 与车辆坐标系 $x'y'z'$ 之间的坐标变换矩阵，表明车辆的位姿。

车道线检测可借助基于网络结构 U-Net++的深度学习方法进行[Zhou 2018]。获得像平面内的车道线特征后，无法通过像平面内的 2-D 特征直接恢复 3-D 世界坐标系位置，所以需要将车道线真值投影至像平面，并在像平面内设置损失函数，进行优化。

为防止过度优化并提升计算效率，需对检测出的特征进行筛选。车道线通常由曲线和直线构成，实际曲率都较小。车辆正常行驶时，多数情况下车道线对于平移 T_x 无法提供有用信息，需要选择车辆转向的场景进行标定。由此可将车载摄像机采集的视频根据下述规则分为**无用帧**、**数据帧**及**关键帧**。

(1) 当帧图像中检出的车道线像素个数小于一定阈值时，将帧图像划为无用帧，以避免车辆通过路口或交通拥堵时图像内无明显车道线。

(2) 距离上一关键帧的车辆行驶距离及车辆偏航角度均小于一定阈值时，将帧图像划为无用帧，以避免重复采集车道线信息。

(3) 在不满足规则(1)和(2)且车辆与车道线真值(地图数据)的夹角大于一定阈值时，将

帧图像划为关键帧。

(4) 将其他情形采集的帧图像划为数据帧。

由于无用帧中不包含车道线信息，或仅包含已统计过的车道线信息，因此优化损失函数时可不予考虑，以减少数据量。

在实际行驶中，因为车辆多数时段平行于车道线，所以收集的关键帧数量少于数据帧。如上所述，数据帧中的车道线对于平移 T_x 无法提供有用信息，所以不区分关键帧与数据帧，可能对其他外参数过度优化。为此可设定阈值，如果收集的关键帧数量较少，则仅对 T_x 以外的参数进行优化；如果收集的关键帧数量足够多，才对所有外参数进行优化。

2.5.2 优化重投影误差

定义车道线观测点及地图参考点的**重投影误差**为损失，则损失函数可表示为

$$L(\boldsymbol{T}_{cv}) = \int \left\| \frac{\boldsymbol{M}\boldsymbol{T}_{cv}\boldsymbol{T}_{vw}\boldsymbol{P}_w}{z_c} - [x', y', 1]^{\mathrm{T}} \right\| \mathrm{d}\boldsymbol{P}_w \tag{2.5.2}$$

其中，$\boldsymbol{P}_w$ 为高精度地图中车道线在世界坐标系中的位置，$\boldsymbol{T}_{vw}$ 可通过全球定位系统(GPS)等获得。确定了 $\boldsymbol{T}_{cv}$ 即可确定损失函数。将车辆行驶过程中遍历车道时不同位姿下的损失结合，即可将摄像机外参数标定问题化为最小化损失的优化问题：

$$\hat{\boldsymbol{T}}_{cv} = \mathrm{argmin}[L(\boldsymbol{T}_{cv})] \tag{2.5.3}$$

实际中，车道线沿车辆行驶方向并没有明显的纹理特征，因此不能建立 $\boldsymbol{P}_w$ 与$(x', y', 1)^{\mathrm{T}}$ 之间的一对一映射以求解式(2.5.3)。为此，将式(2.5.2)中点到点的误差转化为点集到点集的误差：

$$L(\boldsymbol{T}_{cv}) = \int \left\| \frac{\boldsymbol{M}\boldsymbol{T}_{cv}\boldsymbol{T}_{vw}\boldsymbol{P}_w}{z_c} - [x', y', 1]^{\mathrm{T}} \right\| \mathrm{d}t \tag{2.5.4}$$

式(2.5.3)即可通过数值解法估计求解。

设像平面内检测出的车道线点的位置为(x'_i, y'_i)，法线方向为 ϕ，则可将式(2.5.4)转化为

$$L = \sum_i^n [k_1 \| (x'_i - x_n^w, y'_i - y_n^w) \| + \| \phi_i - \phi_n^w \|] \tag{2.5.5}$$

其中，(x_n^w, y_n^w)为地图中车道线在像平面内的投影。法线方向的计算可参见[Zhou 2018]。

综上所述，重投影误差计算过程包括如下步骤。

(1) 基于摄像机外参数矩阵 $\boldsymbol{T}_{cv}$ 及车辆位姿矩阵 $\boldsymbol{T}_{vw}$ 将地图中的车道线点集(距离车辆200m 范围内)投影到摄像机坐标系中。

(2) 根据摄像机内参数矩阵将已进行坐标系变换的点集投影到像平面中。

(3) 计算已投影地图上的车道线点集及检测出的车道线点集的法线方向。

(4) 通过匹配确定地图上的车道线点及检测出的车道线点之间的关联。

(5) 根据式(2.5.5)确定重投影误差(可采用简单的最速下降法)。

2.6 自标定方法

摄像机**自标定**方法出现于 20 世纪 90 年代初。摄像机自标定可不借助精度较高的标定物，而由从图像序列中获得的几何约束关系计算实时、在线的摄像机模型参数，对于需要经常移动的摄像机尤为适用。由于所有的自标定方法只与摄像机内参数有关，所以自标定方法比传统标定方法更灵活。但目前已有的自标定方法精度相对不高，鲁棒性也不强。

基本的自标定方法的思路为：首先通过绝对二次曲线建立关于摄像机内参数矩阵的约束方程(称为 Kruppa 方程)；其次求解 Kruppa 方程，确定矩阵 $\boldsymbol{C}$($\boldsymbol{C}=\boldsymbol{K}^{\mathrm{T}}\boldsymbol{K}^{-1}$，$\boldsymbol{K}$ 为内参数矩阵)；最后通过 Cholesky 分解得到矩阵 $\boldsymbol{K}$。

自标定方法可借助主动视觉技术实现。不过也有研究者将基于主动视觉技术的标定方法单独列为一类。主动视觉系统是指该系统能控制摄像机，在运动中获得多幅图像，再利用摄像机的运动轨迹及获得的图像之间的对应关系标定摄像机。基于主动视觉标定的方法一般适用于摄像机在世界坐标系中运动参数已知的情况，通常能线性求解且获得的结果具有较高的鲁棒性。

在实际应用中，基于主动视觉标定的方法一般需将摄像机安装在可精确控制的平台上，并主动控制平台进行特殊运动以获得多幅图像，进而利用图像之间的对应关系和摄像机运动参数确定摄像机参数。不过，如果摄像机运动参数未知或处于摄像机运动无法控制的场合，则不宜使用该方法。另外，该方法所需的运动平台精度较高，成本也较高。

下面详细介绍一种典型的自标定方法(基于主动视觉标定的方法)。如图 2.6.1 所示，摄像机光心从 o_1 平移到 o_2，所成两幅图像分别为 I_1 和 I_2(其坐标原点分别为 o_1' 和 o_2')。空间一点 P 在 I_1 上成像于 p_1' 点，在 I_2 上成像于 p_2' 点，p_1' 和 p_2' 构成对应点。如果根据 p_2' 点在 I_2 上的坐标值在 I_1 上标出一点 p_2^*，则称 p_2^* 和 p_1' 之间的连线为 I_1 上对应点的连线。可以证明，当摄像机做纯平移运动时，所有空间点在 I_1 上对应点的连线都交于同一点 e，而且 $\overline{o_1e}$ 为摄像机的运动方向(e 在 o_1 与 o_2 的连线上，o_1o_2 为平移运动轨迹)。

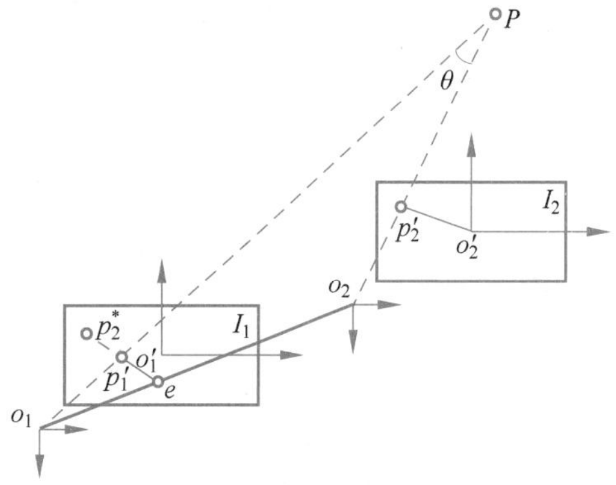

图 2.6.1 摄像机平移成像之间的几何关系

根据对图 2.6.1 的分析可知，通过确定对应点连线的交点，可获得摄像机坐标系统下摄像机平移运动的方向。通过在标定中控制摄像机分别沿 3 个方向进行平移运动，并在每次运动前后利用对应点连线计算相应的交点 $e_i(i=1,2,3)$，可获得 3 次平移运动的方向 $\overline{o_1e}$。

参考式(2.3.50)和式(2.3.51)，考虑不确定性图像尺度因子 μ 为 1 的理想情况，并取每个水平方向的传感器在每 1 行中采样 1 个像素，则式(2.3.50)和式(2.3.51)可写为

$$M=\frac{x'}{S_x}+O_m \tag{2.6.1}$$

$$N=\frac{y'}{S_y}+O_n \tag{2.6.2}$$

式(2.6.1)和式(2.6.2)建立了以物理单位(如 mm)表示的图像平面坐标系统 $x'y'$ 与以像素为单位的计算机图像坐标系统 MN 的转化关系。图 2.6.1 中交点 $e_i(i=1,2,3)$ 在 I_1 上的坐标分别为(x_i,y_i)，由式(2.6.1)和式(2.6.2)可知，e_i 在摄像机坐标系统下的坐标为

$$\boldsymbol{e}_i=[(x_i-O_m)S_x \quad (y_i-O_n)S_y \quad \lambda]^{\mathrm{T}} \tag{2.6.3}$$

如果平移摄像机 3 次，并使 3 次的运动方向正交，即可得到 $\boldsymbol{e}_i^{\mathrm{T}}\boldsymbol{e}_j=0(i\neq j)$，进而得到

$$(x_1-O_m)(x_2-O_m)S_x^2+(y_1-O_n)(y_2-O_n)S_y^2+\lambda^2=0 \tag{2.6.4}$$

$$(x_1-O_m)(x_3-O_m)S_x^2+(y_1-O_n)(y_3-O_n)S_y^2+\lambda^2=0 \tag{2.6.5}$$

$$(x_2-O_m)(x_3-O_m)S_x^2+(y_2-O_n)(y_3-O_n)S_y^2+\lambda^2=0 \tag{2.6.6}$$

将式(2.6.4)、式(2.6.5)和式(2.6.6)进一步改写为

$$(x_1-O_m)(x_2-O_m)+(y_1-O_n)(y_2-O_n)\left(\frac{S_y}{S_x}\right)^2+\left(\frac{\lambda}{S_x}\right)^2=0 \tag{2.6.7}$$

$$(x_1-O_m)(x_3-O_m)+(y_1-O_n)(y_3-O_n)\left(\frac{S_y}{S_x}\right)^2+\left(\frac{\lambda}{S_x}\right)^2=0 \tag{2.6.8}$$

$$(x_2-O_m)(x_3-O_m)+(y_2-O_n)(y_3-O_n)\left(\frac{S_y}{S_x}\right)^2+\left(\frac{\lambda}{S_x}\right)^2=0 \tag{2.6.9}$$

定义两个中间变量:

$$Q_1=\left(\frac{S_y}{S_x}\right)^2 \tag{2.6.10}$$

$$Q_2=\left(\frac{\lambda}{S_x}\right)^2 \tag{2.6.11}$$

则式(2.6.7)、式(2.6.8)和式(2.6.9)就转化为包含 O_m、O_n、Q_1、Q_2 4 个未知量的 3 个方程。这些方程是非线性的,如果用式(2.6.7)分别减去式(2.6.8)和式(2.6.9),则得到两个线性方程:

$$x_1(x_2-x_3)=(x_2-x_3)O_m+(y_2-y_3)O_nQ_1-y_1(y_2-y_3)Q_1 \tag{2.6.12}$$

$$x_2(x_1-x_3)=(x_1-x_3)O_m+(y_1-y_3)O_nQ_1-y_2(y_1-y_3)Q_1 \tag{2.6.13}$$

将式(2.6.12)和式(2.6.13)中的 O_nQ_1 用中间变量 Q_3 表示:

$$Q_3=O_nQ_1 \tag{2.6.14}$$

则式(2.6.12)和式(2.6.13)成为包含 O_m、Q_1、Q_3 共 3 个未知量的 2 个线性方程。由于 2 个方程包含 3 个未知量,所以式(2.6.12)和式(2.6.13)的解一般不唯一。为获得唯一解,可将摄像机沿另外 3 个正交方向进行 3 次平移运动,获得另外 3 个交点 $e_i(i=4,5,6)$。如果这 3 次平移运动与之前 3 次平移运动方向不同,又可得到类似式(2.6.12)和式(2.6.13)的 2 个方程。这样共得到 4 个方程,可取其中任意 3 个方程或采用最小二乘法从 4 个方程中解出 O_m、Q_1、Q_3。再由式(2.6.14)求得 O_n,将 O_m、O_n、Q_1 代入式(2.6.9),求得 Q_2。因此,通过控制摄像机进行两组三正交的平移运动,即可获得摄像机的所有内部参数。

2.7 结构光主动视觉系统的标定

结构光主动视觉系统主要由摄像机和投影仪组成,系统的 3-D 重建精度主要取决于其标定。摄像机标定方法较多,通常通过**标定板**和特征点实现。**投影仪**通常被视为具有反向光路的摄像机。**投影仪标定**的最大困难是获得特征点的世界坐标。一种常见的解决方案是将投影图案投影到用于标定摄像机的标定板上,并根据标定板上的已知特征点和标定摄像机参数矩阵获得投影点的世界坐标。这种方法需预先标定摄像机,因此**摄像机标定误差**会叠加到**投影仪标定误差**中,导致投影仪标定误差增大。另一种常见方法是先将编码的结构光投影到包含多个特征点的标定板上,再使用相位技术获得投影平面上特征点的坐标。这种方法无须预先标定摄像机,但需多次投影正弦光栅,所以采集的图像总数相对较大。

下面介绍一种基于彩色同心圆阵列的主动视觉系统标定方法[李 2021d]。投影仪将彩色同心圆图案投影到同心圆阵列绘制的标定板上,并通过颜色通道滤波从捕获的图像中分离投影的同心圆和标定板同心圆。通过同心圆投影满足的几何约束计算图像上圆心的像素坐标,建立标定平面、投影平面和摄像机成像平面之间的单应关系,实现系统标定。该方法可通过收

集至少3幅图像实现标定。

2.7.1 投影模型和标定

投影仪的投影过程与摄像机的成像过程具有相同的原理，但方向相反，因此反向针孔摄像机模型可用作投影仪的数学模型。这里涉及投影仪坐标系与投影平面坐标系之间的转换（暂不考虑计算机中的坐标系）。世界坐标系仍用 XYZ 表示。投影仪坐标系是以投影仪为中心的坐标系 xyz，通常将投影仪的光轴作为 z 轴。投影平面坐标系是投影仪投影（成像）平面上的坐标系 $x'y'$。

为简单起见，将世界坐标系 XYZ 与投影仪坐标系 xyz 的对应轴重合（且投影仪光学中心位于原点），并将投影仪坐标系的 xy 平面与投影仪的投影平面重合，使投影平面的原点位于投影仪的光轴上，投影仪坐标系的 z 轴垂直于投影平面并指向投影平面，如图2.7.1所示。其中，空间点(X,Y,Z)通过投影仪的光学中心投影到投影平面的投影点(x,y)，其连接线为空间投影射线。

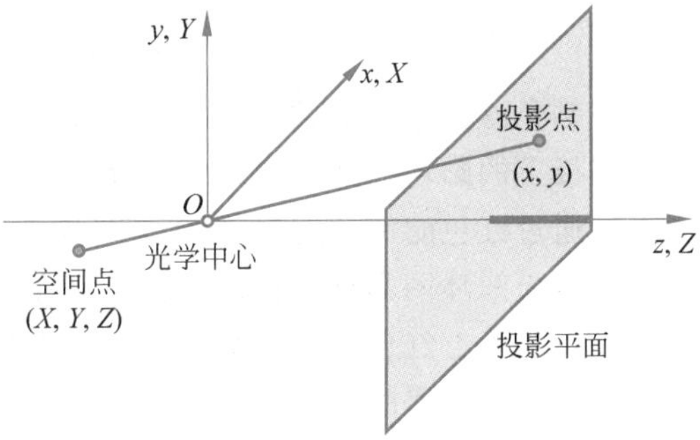

图2.7.1 投影仪投影的基本模型

标定中坐标系的转换思想如下。首先，使用投影仪将标定图案投影到标定板[使用世界坐标系 $\boldsymbol{W}=(X,Y,Z)$]，其次，使用摄像机[使用摄像机坐标系 $\boldsymbol{c}=(x,y,z)$]获取投影图像，并分离标定板图案和投影图案。通过匹配图案上的特征点，使用**直接线性变换**（DLT）算法[Hartley 2004]计算标定板和摄像机成像平面之间的**单应性矩阵** $\boldsymbol{H}_{wc}$，以及摄像机成像平面与投影仪投影平面之间的单应性矩阵 $\boldsymbol{H}_{cp}$[使用投影仪坐标系 $\boldsymbol{p}=(x',y')$]。两个单应性矩阵都是表示两平面之间2-D投影变换的3×3非奇异矩阵。

在获得 $\boldsymbol{H}_{wc}$ 和 $\boldsymbol{H}_{cp}$ 后，可获得标定板平面上的虚拟点 $\boldsymbol{I}=[1 \quad p_i \quad 0]^{\mathrm{T}}$ 和 $\boldsymbol{J}=[1 \quad -p_i \quad 0]^{\mathrm{T}}$，($p_i$ 代表第 i 个点的 y 坐标)，即摄像机成像平面上的像素坐标 $\boldsymbol{I}'_c$ 和 $\boldsymbol{J}'_c$，以及投影仪投影平面上的像素坐标 $\boldsymbol{I}'_p$ 和 $\boldsymbol{J}'_p$：

$$\boldsymbol{I}'_c=\boldsymbol{H}_{wc}\boldsymbol{I} \quad \boldsymbol{J}'_c=\boldsymbol{H}_{cp}\boldsymbol{J} \tag{2.7.1}$$

$$\boldsymbol{I}'_p=\boldsymbol{H}_{cp}\boldsymbol{I}'_c \quad \boldsymbol{J}'_p=\boldsymbol{H}_{cp}\boldsymbol{J}'_c \tag{2.7.2}$$

首先，通过改变标定板的位置和方向获得摄像机和投影仪上不同平面中至少3组($i=1,2,3$)虚拟点的像素坐标，即图像 S_c 和 S_p。其次，对 S_c 和 S_p 进行 Cholesky 分解，分别获得摄像机和投影仪的内部参数矩阵 $\boldsymbol{K}_c$ 和 $\boldsymbol{K}_p$。最后，使用 $\boldsymbol{K}_c$、$\boldsymbol{K}_p$、$\boldsymbol{H}_{wc}$ 和 $\boldsymbol{H}_{cp}$，即可获得摄像机和投影仪的外部参数矩阵。

2.7.2 图案分离

先使用投影仪将新图案投影到已绘制图案的标定板上，再使用摄像机采集投影的标定板图像。此时，图像中的两个图案重叠，需要分离。可考虑使用两种不同颜色的图案，借助颜色滤波分离两种图案。

具体来说，可使用白色背景上具有品红色同心圆阵列（7×9同心圆）的标定板，并通过投影仪将具有黄色背景的蓝绿色同心圆阵列（7×9同心圆）投影到标定板上。当用投影仪将图案投影到标定板 I_b 上时，标定板图案和投影图案重叠，如图2.7.2(a)所示，其中仅绘制两组同心圆图案中的一对作为示例。图案重叠的区域将改变颜色，其中品红色圆环和黄色背景的交叉点变为红色，品红色圆环与蓝绿色圆环的交叉点变为蓝色，标定板的白色背景与投影图案的交叉点变为投影图案的颜色。此时先借助单应性矩阵 $\boldsymbol{H}_{wc}$ 将其转换为摄像机图像 I_c，如图 2.7.2(b)所示，再借助单应性矩阵 $\boldsymbol{H}_{cp}$ 将其转换为投影仪图像 I_p，如图 2.7.2(c)所示。

彩图

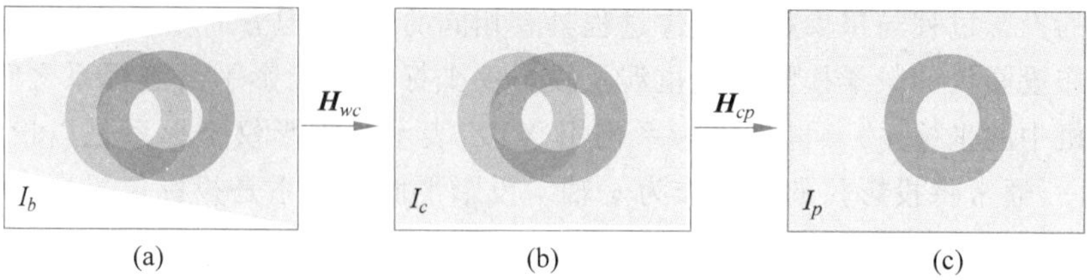

图 2.7.2 从重叠的标定板图案和投影图案中提取投影图案

在颜色滤波过程中，图像分别通过绿色、红色和蓝色滤波通道。通过绿色滤波通道后，由于标定板上的圆环图案不含绿色成分，因此呈现黑色，而其他区域呈现白色，可以分离标定板图案。通过红色滤波通道后，投影圆环图案显示黑色，因为其中不含红色成分，而黄色背景部分和标定板圆环图案显示接近白色。通过蓝色滤波通道后，由于投影到标定板上的黄色背景区域和标定板上红色圆环图案不含蓝色成分，它们接近黑色；而投影的蓝绿色圆环图案接近白色。由于各图案的色差相对较大，因此可容易地分离重叠的图案。以分离的同心环的中心为特征点并获取其图像坐标，即可计算单应性矩阵 $\boldsymbol{H}_{wc}$ 和单应性矩阵 $\boldsymbol{H}_{cp}$。

2.7.3 计算单应性矩阵

为计算标定板与投影仪投影平面和摄像机成像平面之间的单应性矩阵，需计算同心圆在标定板上的中心及投影到标定板上同心圆中心的图像坐标。假设空间中一个平面上有一对同心圆 $\boldsymbol{C}_1$ 和 $\boldsymbol{C}_2$，圆心为 O。平面上任意点 $\boldsymbol{p}$ 相对于圆 $\boldsymbol{C}_1$ 的极线 $\boldsymbol{l}$ 的矢量形式为 $\boldsymbol{l}=\boldsymbol{C}_1\boldsymbol{p}$，而该极线 $\boldsymbol{l}$ 相对于圆 $\boldsymbol{C}_2$ 的极点为 $\boldsymbol{q}=\boldsymbol{C}_2^{-1}\boldsymbol{l}$。点 $\boldsymbol{p}$ 可位于圆 $\boldsymbol{C}_1$ 的圆周上[如图 2.7.3(a)所示]、圆周外[如图 2.7.3(b)所示]，或圆周内[如图 2.7.3(c)所示]。这 3 种情况下，根据圆锥曲线极点线与极线间的约束关系，连接点 $\boldsymbol{p}$ 和点 $\boldsymbol{q}$ 的线均穿过中心 O。

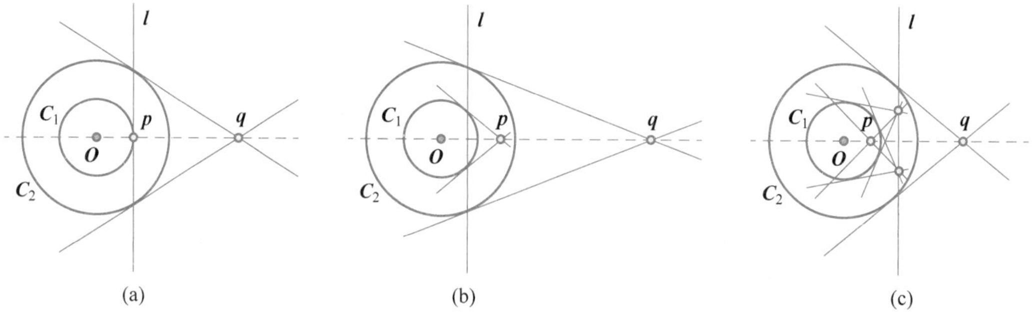

图 2.7.3 同心圆极线与极点之间的约束

投影变换将处于平面 S 上中心为 O 的同心圆 $\boldsymbol{C}_1$ 和 $\boldsymbol{C}_2$ 映射到摄像机成像平面 S_c 上，S_c 上与圆心 O 对应的点为 O_c，且 S_c 上与同心圆 $\boldsymbol{C}_1$ 和 $\boldsymbol{C}_2$ 对应的圆锥曲线分别为 $\boldsymbol{G}_1$ 和 $\boldsymbol{G}_2$。若平面 S_c 上任一点 $\boldsymbol{p}_i$ 相对于 $\boldsymbol{G}_1$ 的极线为 $\boldsymbol{l}_i'$，而 $\boldsymbol{l}_i'$ 相对于 $\boldsymbol{G}_2$ 的极点为 $\boldsymbol{q}_i$，则根据共线关系及极线与极点关系的投影不变性，可知 $\boldsymbol{p}_i$ 和 $\boldsymbol{q}_i$ 之间的连接线经过 O_c。若将 $\boldsymbol{p}_i$ 和 $\boldsymbol{q}_i$ 之间的联系记为 $\boldsymbol{m}_i$，则

$$\boldsymbol{m}_i=[m_{i1} \quad m_{i2} \quad m_{i3}]^{\mathrm{T}}=\boldsymbol{q}_i\times\boldsymbol{G}_2^{-1}\boldsymbol{G}_1\boldsymbol{p}_i \tag{2.7.3}$$

若中心投影点的归一化齐次坐标为 $\boldsymbol{u}=(u,v,1)^{\mathrm{T}}$，则从中心投影点到直线 $\boldsymbol{m}_i$ 的距离 d_i

可写为

$$d_i^2 = \frac{(\boldsymbol{m}_i \cdot \boldsymbol{u})^2}{m_{i1}^2 + m_{i2}^2 + m_{i3}^2} \tag{2.7.4}$$

可在圆锥曲线 $\boldsymbol{G}_1$ 上取任意 n 个点，并使用 Levenberg-Marquardt 算法搜索以下代价函数：

$$f(u,v) = \sum_{i=1}^{n} d_i^2 \tag{2.7.5}$$

$f(u,v)$的局部最小点即为圆心的最佳投影位置。

为自动提取和匹配同心圆图像，可先使用坎尼算子（中册 2.2.4 小节）检测亚像素边缘，再提取圆边界并拟合二次圆锥曲线。在每幅图像检测到的大量圆锥截面中，使用同心圆的秩约束，找到来自相同同心圆的圆锥对[Kim 2005]。考虑两个圆锥截面 $\boldsymbol{G}_1$ 和 $\boldsymbol{G}_2$，其广义特征值分别为 λ_1、λ_2 和 λ_3。若 $\lambda_1=\lambda_2=\lambda_3$，则 $\boldsymbol{G}_1$ 和 $\boldsymbol{G}_2$ 为相同的圆锥截面；若 $\lambda_1=\lambda_2\neq\lambda_3$，则 $\boldsymbol{G}_1$ 和 $\boldsymbol{G}_2$ 为一对同心圆的投影；若 $\lambda_1\neq\lambda_2\neq\lambda_3$，则 $\boldsymbol{G}_1$ 和 $\boldsymbol{G}_2$ 来自不同的同心圆。

在对圆锥截面配对后，还需将标定板上的同心圆与图像中的曲线对进行匹配，可根据交叉比不变性（中册 16.2 节）对同心圆进行自动匹配。如图 2.7.4(a)所示，设置同心圆直径所在的直线与同心圆在 4 个点（$\boldsymbol{p}_1$、$\boldsymbol{p}_2$、$\boldsymbol{p}_3$ 和 $\boldsymbol{p}_4$）处相交，并在投影变换后将其映射到 $\boldsymbol{p}_1'$、$\boldsymbol{p}_2'$、$\boldsymbol{p}_3'$ 和 $\boldsymbol{p}_4'$[如图 2.7.4(b)所示]。根据交叉比的不变性，可获得以下关系（其中 $|\boldsymbol{p}_i\boldsymbol{p}_j|$ 表示从点 $\boldsymbol{p}_i$ 到点 $\boldsymbol{p}_j$ 的距离）：

$$C(\boldsymbol{p}_1,\boldsymbol{p}_2,\boldsymbol{p}_3,\boldsymbol{p}_4) = \frac{|\boldsymbol{p}_1\boldsymbol{p}_2||\boldsymbol{p}_3\boldsymbol{p}_4|}{|\boldsymbol{p}_1\boldsymbol{p}_3||\boldsymbol{p}_2\boldsymbol{p}_4|} = \frac{|\boldsymbol{p}_1'\boldsymbol{p}_2'||\boldsymbol{p}_3'\boldsymbol{p}_4'|}{|\boldsymbol{p}_1'\boldsymbol{p}_3'||\boldsymbol{p}_2'\boldsymbol{p}_4'|} = C(\boldsymbol{p}_1',\boldsymbol{p}_2',\boldsymbol{p}_3',\boldsymbol{p}_4') \tag{2.7.6}$$

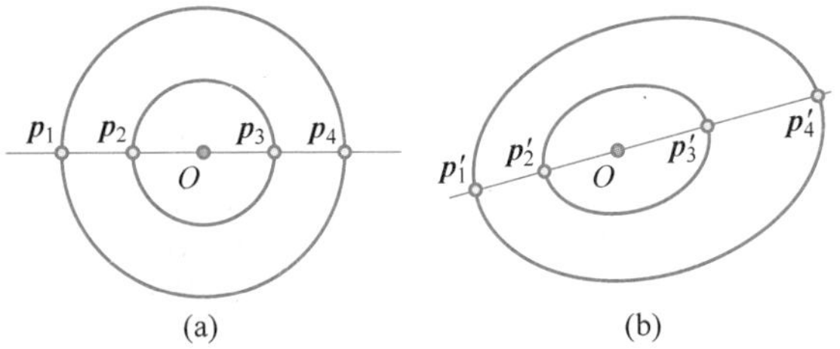

图 2.7.4 使用交叉比约束匹配圆和曲线

对于具有不同半径比的同心圆，直径所在的直线与同心圆的 4 个交点形成的交点比不同，因此半径比可用于识别同心圆。在设计标定板图案和投影图案时，可根据不同同心圆的位置设置不同的半径比，以唯一识别图案中的不同同心圆。实践中，可仅对部分同心圆设置不同的半径比，并在获得相应的单应性矩阵之后，借助单应性矩阵获得其他同心圆的位置和圆心的投影点。

2.7.4 计算标定参数

确定单应性矩阵 $\boldsymbol{H}_{wc}$ 和单应性矩阵 $\boldsymbol{H}_{cp}$ 之后，即可计算摄像机和投影仪的内部和外部参数。首先，标定板平面和摄像机成像平面之间的单应性矩阵 $\boldsymbol{H}_{wc}$，可表示为

$$\boldsymbol{O}_i' \sim \boldsymbol{H}_{wc}\boldsymbol{O}_i \tag{2.7.7}$$

其中，$\boldsymbol{O}_i=[x_i, y_i, 1]^{\mathrm{T}}$ 是标定板坐标系中标定板上同心圆中心的坐标，$\boldsymbol{O}_i'=[u_i \quad v_i \quad 1]^{\mathrm{T}}$ 是 $\boldsymbol{O}_i$ 投影点的图像坐标。$\boldsymbol{H}_{wc}$ 可借助 4 个或更多标定板上同心圆中心的图像坐标并使用 DLT 算法计算。

类似上述过程，也可计算投影仪投影平面与摄像机成像平面之间的单应性矩阵 $\boldsymbol{H}_{wc}$。借

助式(2.7.1)和式(2.7.2),可进一步计算摄像机和投影仪的内部参数矩阵 $\boldsymbol{K}_c$ 和 $\boldsymbol{K}_p$。

此外,还需计算摄像机和投影仪的外部参数矩阵。将标定板平面设置为与世界坐标系的 X_wY_w 平面重合,世界坐标系中点 $\boldsymbol{X}$ 的齐次坐标为 $\boldsymbol{X}_w=[x_w \quad y_w \quad 0 \quad 1]^{\mathrm{T}}$,其在摄像机上的图像点 $\boldsymbol{x}_c=[u_c \quad v_c \quad 1]^{\mathrm{T}}$ 满足(其中,~代表等价,$\boldsymbol{R}_p$ 和 $\boldsymbol{T}_p$ 分别为标定板平面相对世界坐标系的旋转矩阵和平移矢量):

$$\boldsymbol{x}_c \sim \boldsymbol{K}_c[\boldsymbol{R}_c \mid \boldsymbol{T}_c]\boldsymbol{X}_w \tag{2.7.8}$$

将与点 $\boldsymbol{X}_w=[x_w \quad y_w \quad 0 \quad 1]^{\mathrm{T}}$ 对应的2-D坐标平面表示为 $\boldsymbol{x}_w=[x_w \quad y_w \quad 1]^{\mathrm{T}}$,并分别使用 $\boldsymbol{r}_{c1}$ 和 $\boldsymbol{r}_{c2}$ 表示 $\boldsymbol{R}_c$ 的前两列,则有 $\boldsymbol{K}_c[\boldsymbol{R}_c \mid \boldsymbol{T}_c]\boldsymbol{X}_w=\boldsymbol{K}_c[\boldsymbol{r}_{c1} \quad \boldsymbol{r}_{c2} \quad \boldsymbol{T}_c]\boldsymbol{X}_w$,将其代入式(2.7.8),得到

$$\boldsymbol{x}_c \sim \boldsymbol{K}_c[\boldsymbol{r}_{c1} \quad \boldsymbol{r}_{c2} \quad \boldsymbol{T}_c]\boldsymbol{X}_w \tag{2.7.9}$$

如果 $\boldsymbol{r}_{c1}$、$\boldsymbol{r}_{c2}$ 与 $\boldsymbol{T}_c$ 不共面,即标定板的平面不通过摄像机的光学中心,则标定板平面和摄像机图像平面之间存在单应性矩阵 $\boldsymbol{H}_{wc}$,可从式(2.7.9)中得知

$$\boldsymbol{H}_w \sim \boldsymbol{K}_c[\boldsymbol{r}_{c1} \quad \boldsymbol{r}_{c2} \quad \boldsymbol{T}_c] \tag{2.7.10}$$

由式(2.7.10)可得 $\boldsymbol{r}_{c1}$、$\boldsymbol{r}_{c2}$ 和 $\boldsymbol{T}_c$。因为 $\boldsymbol{R}_c$ 为单位正交矩阵,所以

$$\boldsymbol{r}_{c3}=\boldsymbol{r}_{c1} \times \boldsymbol{r}_{c2} \tag{2.7.11}$$

与上述过程类似,由于标定板平面和投影仪投影平面之间也满足对应关系,因此可获得投影仪坐标系相对于世界坐标系的旋转矩阵 $\boldsymbol{R}_p$ 和平移矢量 $\boldsymbol{T}_p$。摄像机坐标系和投影仪坐标系之间的旋转矩阵 $\boldsymbol{R}$ 和平移矢量 $\boldsymbol{T}$ 可分别表示为 $\boldsymbol{R}=\boldsymbol{R}_c^{-1}\boldsymbol{R}_p$ 和 $\boldsymbol{T}=\boldsymbol{R}_c^{-1}(\boldsymbol{T}_p-\boldsymbol{T}_c)$。

总结和复习　　　随堂测试

第3章

教学视频

压缩感知与成像

2006 年，Donoho 和 Candès 等提出了一种新颖的信号采样和处理理论，即**压缩感知**(CS)理论[Donoho 2006]、[Candès 2006]。该理论将信号采样和压缩结合进行，提高了信号采集和信息处理能力，突破了奈奎斯特-香农采样定理的瓶颈，大大缓解了数据采集、存储、传输和分析的压力。

压缩感知理论指出，当信号在某个变换域中可压缩或稀疏时，通过采集少量信号的非自适应线性投影值，建立数学重构模型并利用重构算法求解，可以较精确地重构原信号。简单地说，稀疏的或具有稀疏表达的有限维数的信号可利用远少于奈奎斯特-香农采样数量的线性、非自适应测量值无失真地重建出来。

压缩感知的理论框架和研究内容主要涉及稀疏表达、测量编码和解码重构 3 方面：用于稀疏表达(表示)的稀疏编码、用于测量编码的测量矩阵及用于重建信号的重构算法。其中，稀疏表达是压缩感知理论的先验/先决条件。测量编码是压缩感知硬件实现的关键，但并非直接测量信号本身，而是经过测量矩阵将信号投影到低维空间，并保持信号原本的结构信息。解码重构是压缩感知理论的核心，指利用尽量少的测量值，快速、鲁棒、精确地重构原信号。

根据上述讨论，本章各节将安排如下。

3.1 节介绍压缩感知的整体流程，并引出 3 个关键处理步骤。另外，还对压缩感知与奈奎斯特-香农采样在流程和特性方面进行了对比。

3.2 节介绍对信号的稀疏表达，将信号变换到一个新的基或框架下，当其非零系数的个数远少于原始信号的项数时，即可实现压缩感知。

3.3 节讨论测量编码模型，不仅介绍针对本身稀疏信号的测量模型，还介绍具有普适性的测量模型。另外，对测量矩阵应满足的两个特性进行分析。

3.4 节介绍基本的重构模型，分析无噪声和有噪声时重构稀疏信号的原理，并列举几种典型的重构算法，包括基于深度学习的重构算法。

3.5 节讨论曾与压缩感知并行发展、密切相关又互相影响的稀疏编码与字典学习问题。稀疏编码与信号的稀疏表达对应，而字典学习的目标是实现对信号的稀疏表达。

3.6 节列举两个压缩感知在成像应用方面的典型示例：一个是单像素相机的设计；另一个是利用压缩感知的磁共振成像。

3.1　压缩感知概述

压缩感知的整体流程框图如图 3.1.1 所示，其中第一行的 3 个方框分别代表压缩感知的 3 个关键处理步骤(每个方框的左边为输入，右边为输出)，第二行的 3 个方框分别指示实现压缩感知要完成的 3 项工作(分别对应 3 个关键处理步骤)。

对压缩感知的 3 个关键处理步骤进一步说明如下。

(1) **稀疏表达**。判断信号是否具有稀疏性是实现压缩感知的前提。事实上，真正稀疏的自然信号很少。某个信号稀疏严格地说是指该信号可通过稀疏信号近似表达。主要工作是找

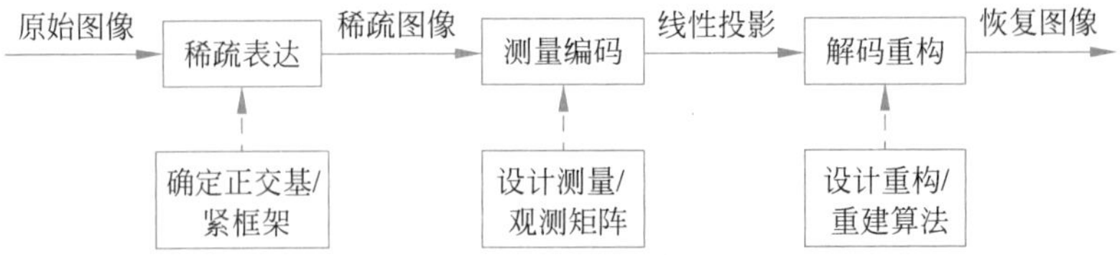

图 3.1.1　压缩感知的整体流程框图

到对信号可压缩的某个正交基或紧框架(见下)，从而实现对信号的稀疏表达。从数学角度看，是指构建稀疏变换矩阵，实现对多维数据进行线性分解的表达方法。

(2) **测量编码**。对信号采用与稀疏变换矩阵不相关(与稀疏变换的基不相关且平稳)的线性投影进行稀疏测量/观测，从而获得感知测量值。对感知测量值的表达常称为编码，所以统称测量编码。进行稀疏变换的测量矩阵是压缩感知理论成功实现的关键。对观测矩阵的设计不仅关系到压缩和采样过程的快慢，而且要保证对稀疏矢量降维时重要信息不受破坏，从而提高恢复信号的准确性。

(3) **解码重构**。这是压缩感知模型求解的保证，也是压缩感知的核心部分。其含义是运用压缩测量的低维数据(感知测量值)精确重构高维原始信号。主要工作是设计快速重构算法，从数量较少的线性观测中恢复信号。重构算法的性能决定了恢复信号的质量。

例 3.1.1　压缩感知采样与奈奎斯特-香农采样的对比

从信号处理的角度看，压缩感知采样与奈奎斯特-香农采样有很多区别。图 3.1.2 为其基本流程对比，左边为香农采样的流程，高速采样后进行压缩以减少数据量，在需要原始图像时对压缩结果进行解压；右边为压缩感知采样的流程，借助稀疏变换实现低速采样，利用观测矩阵实现投影降维，在需要原始信息时进行图像重构。

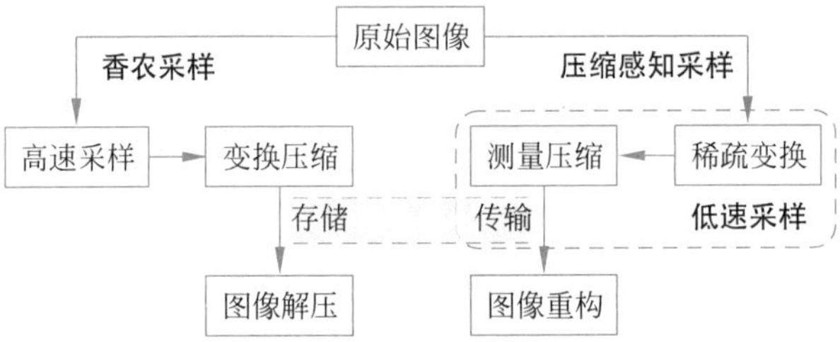

图 3.1.2　压缩感知采样与奈奎斯特-香农采样的流程对比

表 3.1.1 列出压缩感知与奈奎斯特-香农采样在 5 个特性方面的对比情况。

表 3.1.1　压缩感知采样与奈奎斯特-香农采样的特性对比

特　　性	奈奎斯特-香农采样	压缩感知采样
必要条件	信号带宽有限：才可能无损恢复	信号具有稀疏性/可压缩性：才可能实现恢复
采样方式	直接采样：通过 sinc 函数直接与目标信号进行内积以获取采样	非直接采样：通过采样/测量矩阵与目标信号相乘间接地获取采样/测量值
采样特点	均匀采样：用目标信号中最高频率两倍以上的采样率对目标信号进行等间隔采样	非均匀采样：用随机非均匀的采样方式借助非相关测量矩阵对目标信号进行采样/测量
采样个数	信号频率决定采样个数：采样率至少为目标信号中最高频率的两倍，以实现无失真采样	稀疏性决定采样个数：如果目标信号中仅有少数非零信号，则只需较少的采样/测量个数以恢复原始信号
从采样恢复信号	所采即所得：只需用 sinc 函数插值即可直接重建原始信号	需要重建步骤：因没有直接对目标信号采样，所以需要(如利用基于 L_1 范数最小化的步骤)进行信号恢复

□

3.2 稀疏表达

对信号的稀疏表达是实现压缩感知的先决条件。需要指出的是，虽然自然信号都有一定的稀疏性，但真正稀疏，能直接满足压缩感知要求的信号很少。一般认为某个信号稀疏，是指这个信号可以通过稀疏信号近似地表达。下面具体讨论。

先复习、介绍和讨论一些预备知识。

1. 矢量空间

下列讨论中将有限域中的离散信号看作分布在 N-D 欧氏空间中的矢量，将此空间记为 $\mathbb{R}^N$。在 $\mathbb{R}^N$ 中，范数是一个重要的描述概念。矢量 $\boldsymbol{x}$ 的范数 $L_p(p \geqslant 1)$ 可定义如下：

$$\|\boldsymbol{x}\|_p = \begin{cases} \left(\sum_{i=1}^{N} |x_i|^p\right)^{1/p} & p \in [1,\infty) \\ \max |x_i| & p = \infty \end{cases} \quad i=1,2,\cdots,N \tag{3.2.1}$$

其中，$|S|$ 表示集合 S 的基数，即集合 S 中元素的个数。

常用的范数包括 L_1、L_2 和 L_∞，其特性分别如图 3.2.1(a)、图 3.2.1(b)、图 3.2.1(c)所示(可对比上册图 3.1.5)。在 $p<1$ 的情况下，式(3.2.1)中定义的范数已无法满足三角不等式，所以其本质上为**拟范数**。拟范数对应的 $\mathbb{R}^2$ 中的单位圆不再是凸集。例如，拟范数 $L_{1/2}$ 对应的 $\mathbb{R}^2$ 中的单位圆 $\{\boldsymbol{x}: \|\boldsymbol{x}\|_{1/2}=1\}$ 如图 3.2.1(d)所示。又如，拟范数 L_0 对应的 $\mathbb{R}^2$ 中的单位圆 $\{\boldsymbol{x}: \|\boldsymbol{x}\|_0=1\}$ 如图 3.2.1(e)所示。拟范数 $\|\boldsymbol{x}\|_0 = |\mathrm{supp}(\boldsymbol{x})|$，其中 $\mathrm{supp}(\boldsymbol{x}) = \{i: x_i \neq 0\}$ 表示 $\boldsymbol{x}$ 的支撑集。

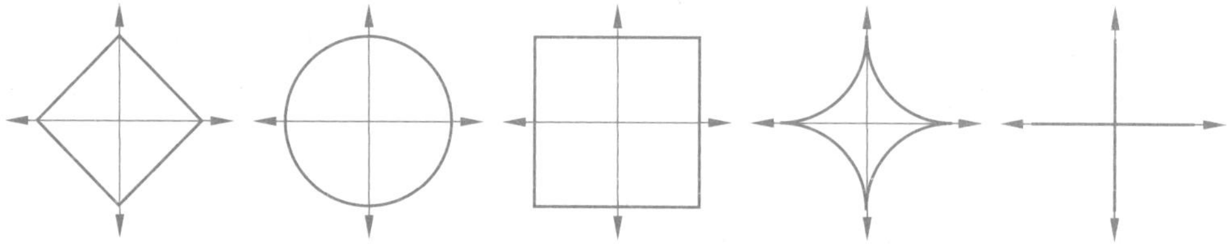

图 3.2.1 不同范数在 $\mathbb{R}^2$ 中的单位圆

例 3.2.1 不同范数在描述逼近误差时的不同表现

范数可用于描述信号的强度或误差的大小。假设已知一个信号 $\boldsymbol{x} \in \mathbb{R}^2$，希望用 1-D 仿射空间 A 中的点逼近它。若采用 L_p 范数衡量这种逼近误差，则任务是找到 $\boldsymbol{x}' \in A$，使 $\|\boldsymbol{x}-\boldsymbol{x}'\|_p$ 最小。对参数 p 的选择很关键，不同的 p 值将使逼近误差呈现不同的特性表现。为了找出 A 中最接近 $\boldsymbol{x}$ 的点，可以想象一个以 $\boldsymbol{x}$ 为中心的 L_p 球不断膨胀，碰到 A 的点即为 L_p 条件下最接近 $\boldsymbol{x}$ 的点 $\boldsymbol{x}'$。如图 3.2.2 所示，图 3.2.2(a)对应 L_1 范数，图 3.2.2(b)对应 L_2 范数，图 3.2.2(c)对应 L_∞ 范数，图 3.2.2(d)对应 $L_{1/2}$ 拟范数，图 3.2.2(e)对应 L_0 拟范数。

由图 3.2.2 可见，当 p 较大时，误差被均匀地扩散到 2-D 空间中(与 $\boldsymbol{x}$ 不在同一水平或垂直轴上)；当 p 较小时，误差的衡量方式将有很大概率使选择的 $\boldsymbol{x}'$ 与 $\boldsymbol{x}$ 位于同一水平或垂直轴上，即非对称地将误差缩小到 1-D 空间中(减少了一个维度)，从而促进稀疏特性产生。 □

2. 基和框架

考虑矢量集 $\boldsymbol{\Psi} = \{\boldsymbol{\varphi}_i\}$，$i=1,2,\cdots,N$，如果其中的矢量可以生成矢量空间 $V=\mathbb{R}^N$，且矢量

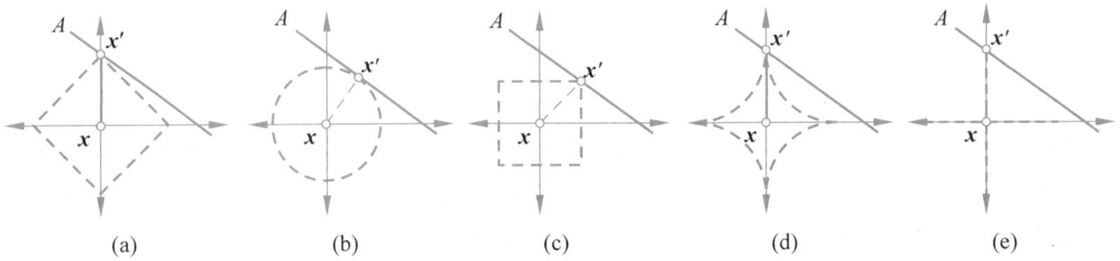

图 3.2.2　5 种 p 值的 L_p 描述逼近误差时的不同表现

$\boldsymbol{\psi}_i$ 之间是非线性相关的，则 $\boldsymbol{\Psi}$ 可称为有限维矢量空间 V 中的基。换句话说，矢量空间 V 中的任一矢量都可通过 $\boldsymbol{\Psi}$ 中矢量的线性组合唯一地表达，且线性表达的系数可通过使用信号和该矢量空间中基的内积表示。

表示矢量集的符号也可用于表示矩阵，如 $\boldsymbol{\Psi}$ 可表示由列矢量 $\boldsymbol{\psi}_i$ 构成的矩阵，其大小为 $N\times N$。标准正交集是一种特殊的基，定义为：矢量集 $\boldsymbol{\Psi}=\{\boldsymbol{\psi}_i\}$，其中所有矢量之间是正交的且每个基的范数都为单位 1，即 $\boldsymbol{\Psi}^{\mathrm{T}}\boldsymbol{\Psi}=\boldsymbol{I}$，$\boldsymbol{I}$ 表示 $N\times N$ 的单位矩阵。此时，对于该矢量空间中的任意矢量 $\boldsymbol{x}$，可以容易地计算出该标准正交集表示下的系数 $\boldsymbol{a}$，即 $\boldsymbol{a}=\boldsymbol{\Psi}^{\mathrm{T}}\boldsymbol{x}$。

将基的概念推广到可能线性相关的矢量集，就形成了列**框架**，即矢量集 $\boldsymbol{\Psi}=\{\boldsymbol{\psi}_i\}_{i=1}^{N}$，且 $\boldsymbol{\psi}_i\in\mathbb{R}^d$，其中 $d<N$，相当于矩阵 $\boldsymbol{\Psi}\in\mathbb{R}^{d\times N}$，对于所有矢量 $\boldsymbol{x}\in\mathbb{R}^d$ 满足

$$L\|\boldsymbol{x}\|_2^2\leqslant\|\boldsymbol{\Psi}^{\mathrm{T}}\boldsymbol{x}\|_2^2\leqslant R\|\boldsymbol{x}\|_2^2 \tag{3.2.2}$$

其中，$0<L\leqslant R<\infty$。

注意，$L>0$ 表示矩阵 $\boldsymbol{\Psi}$ 中的行矢量一定是线性独立的。当 L 为使不等式成立的最大值，R 为使不等式成立的最小值时，则将其称为无框架界。如果 $L=R$，则称此框架为紧框架。如果 $\boldsymbol{\Psi}$ 为有限维矩阵，则 L 和 R 分别对应 $\boldsymbol{\Psi}\boldsymbol{\Psi}^{\mathrm{T}}$ 的最小特征值和最大特征值。由于框架具有一定的冗余性，所以其可为目标数据提供更丰富的表达，即针对一个目标信号矢量 $\boldsymbol{x}$，存在无数个系数矢量 $\boldsymbol{a}$，使 $\boldsymbol{x}=\boldsymbol{\Psi}\boldsymbol{a}$。

3. 稀疏性表达

为了更精练地表达信号，可以将信号变换到新的基或框架下，当非零系数的个数远少于原始信号的项数时，可以将这些非零系数称为原始信号的稀疏性表达。

在压缩感知的理论体系中，稀疏信号模型可以确保高倍的压缩率。只要预先确认目标信号在已知基或框架下具有稀疏性表达，就可无失真地重建原始信号。在稀疏性表达中，常将基或框架称为**字典**或**过完备字典**，而将其中的矢量元素称为**原子**。

从数学角度看，当信号 $\boldsymbol{x}$ 中最多有 K 个非零值时，称信号 $\boldsymbol{x}$ 是 K 稀疏的，即 $\|\boldsymbol{x}\|_0\leqslant K$，可采用 $\Sigma_K=\{\boldsymbol{x}:\|\boldsymbol{x}\|_0\leqslant K\}$ 表示所有 K 稀疏信号的集合。另外，对于一些本身并不稀疏但在一些基矩阵 $\boldsymbol{\Psi}$ 中具有稀疏性表达的信号，只要 $\boldsymbol{x}=\boldsymbol{\Psi}\boldsymbol{a}$，其中 $\|\boldsymbol{a}\|_0\leqslant K$，则仍可将这些信号看作 K 稀疏的。

3.3 测量矩阵及特性

下面先比较传统方法和压缩感知方法是如何获取信号的，再讨论测量矩阵应具有的特性，最后分析如何构建需要的测量矩阵。

3.3.1 采样/测量模型

根据传统的奈奎斯特-香农采样模型，对于一个只包含 K 个非零值的信号 $\boldsymbol{x}\in\mathbb{R}^N$，需采集

N 个值,才能保证完全保持 $\boldsymbol{x}$ 中的信息。具体采样过程可用采样矩阵$\boldsymbol{\Phi}$ 与信号矢量 $\boldsymbol{x}$ 的乘积表示,即

$$\boldsymbol{y}=\boldsymbol{\Phi x} \tag{3.3.1}$$

采样过程可用图 3.3.1 表示。此时采样矩阵对应对角单位矩阵,将原始信号逐一映射到采样值矢量 $\boldsymbol{y}$。需要注意,此时在 $K \ll N$ 的情况下,仍需使用 N 个采样值,必然带来较大的浪费。

压缩感知采样并不对原始信号逐一进行,而是通过一个测量矩阵$\boldsymbol{\Phi}$ 获取对 $\boldsymbol{x}$ 的 M 个线性观测/测量。此过程仍可用式(3.3.1)的形式表示,但其中$\boldsymbol{\Phi}$ 为固定的 $M \times N$ 矩阵,采样所得的测量值 $\boldsymbol{y} \in \mathbb{R}^M$。先假设信号 $\boldsymbol{x}$ 本身是稀疏的,则此时的测量模型如图 3.3.2 所示,其中$\boldsymbol{\Phi}$ 对应降维投影操作,即把$\mathbb{R}^N$ 映射到$\mathbb{R}^M$ 中。一般有 $K<M \ll N$,即矩阵$\boldsymbol{\Phi}$ 的列数远多于行数。

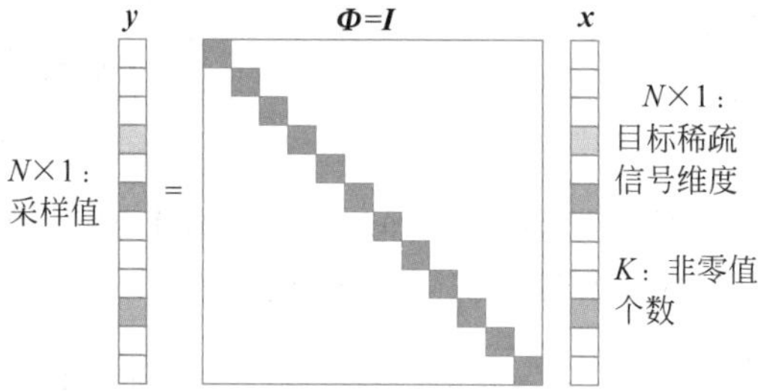

图 3.3.1　奈奎斯特-香农采样模型

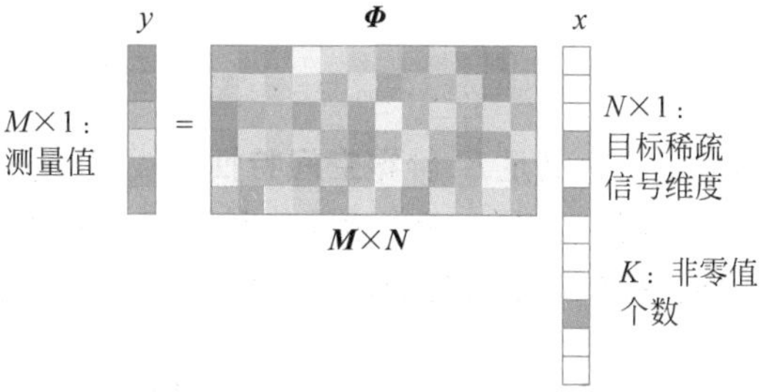

图 3.3.2　针对本身稀疏信号的测量模型

由前面对稀疏表达的讨论可知,对于本身并不稀疏的信号,可将其变换到新的基或框架下,使其表现出稀疏特性(可理解为通过变换挖掘出了信号的稀疏性),从而仍可构建压缩感知框架下的测量模型。换句话说,如果 $\boldsymbol{x}$ 本身不是稀疏信号,但在变换域$\boldsymbol{\Psi}$ 中体现出稀疏性,即 $\boldsymbol{x}=\boldsymbol{\Psi z}$,则可将$\boldsymbol{\Phi}$ 与$\boldsymbol{\Psi}$ 合并,而测量过程仍用式(3.3.1)的形式表示。不过这种推广的、具有普适性的测量模型用图 3.3.3 表示更为清晰。前面针对本身稀疏信号的测量模型对应$\boldsymbol{\Psi}=\boldsymbol{I}$ 的情况。

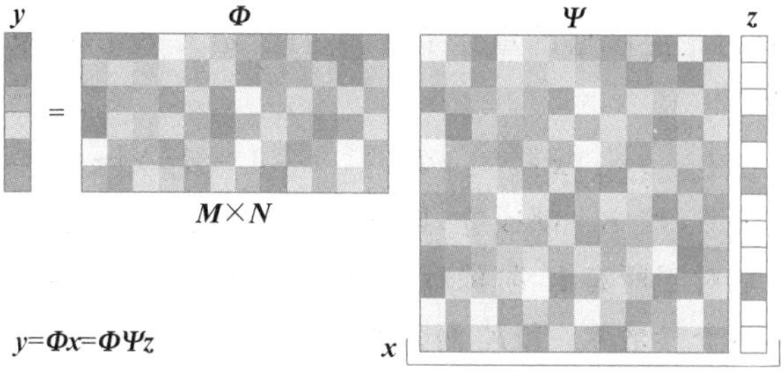

图 3.3.3　具有普适性的测量模型

3.3.2　测量矩阵特性

实现压缩感知,测量矩阵应满足一定的特性[李 2015]。

1. 零空间及其特性

对于一个矩阵$\boldsymbol{\Phi}: \mathbb{R}^N \rightarrow \mathbb{R}^M$,其零空间$\mathcal{N}(\boldsymbol{\Phi})$可定义为

$$\mathcal{N}(\boldsymbol{\Phi})=\{\boldsymbol{z}: \boldsymbol{\Phi z}=0\} \tag{3.3.2}$$

对于任意稀疏信号 $\boldsymbol{x}$,若希望基于测量值 $\boldsymbol{y}=\boldsymbol{\Phi x}$ 无失真地重建该稀疏信号 $\boldsymbol{x}$,则对于任意两个矢量 $\boldsymbol{x}$、$\boldsymbol{x}' \in \Sigma_K=\{\boldsymbol{z}: \|\boldsymbol{z}\|_0 \leqslant K\}$,一定有$\boldsymbol{\Phi x}=\boldsymbol{\Phi x}'$,否则基于测量值 $\boldsymbol{y}$ 无法区别 $\boldsymbol{x}$ 和

x'。假设$\boldsymbol{\Phi x}=\boldsymbol{\Phi x}'$，则$\boldsymbol{\Phi}(\boldsymbol{x}-\boldsymbol{x}')=0$，其中$\boldsymbol{x}-\boldsymbol{x}'=\boldsymbol{h}\in\Sigma_{2K}$。由此可见，用矩阵$\boldsymbol{\Phi}$可唯一表达$\boldsymbol{x}$的充分必要条件是：$\boldsymbol{\Phi}$的零空间$\mathcal{N}(\boldsymbol{\Phi})$中不含$\Sigma_{2K}$中的任何元素，即$\mathcal{N}(\boldsymbol{\Phi})$与$\Sigma_{2K}$的交集为空集。

当要处理的是近似稀疏信号（含有少数明显的非零元素，其他元素则非常接近零，自然图像经小波变换后的系数就是这种信号）时，需要对测量矩阵$\boldsymbol{\Phi}$的零空间引入更严格的条件，以确保$\mathcal{N}(\boldsymbol{\Phi})$中不包含稀疏的矢量，也不包含可压缩的近似稀疏的矢量。

假设$S\subset\{1,2,\cdots,N\}$是一个索引集的子集，$S^C=\{1,2,\cdots,N\}\backslash S$是其相应的补集，则矢量$\boldsymbol{x}_S$表示长度为$N$的矢量，且该矢量中所有下标属于集合$S^C$的元素都被设为0。类似地，矩阵$\boldsymbol{\Phi}_S$表示长度为$M\times N$的矢量，且其所有下标属于集合$S^C$的列矢量都被设为零矢量。若存在一个常数$C>0$，使下式对所有$\boldsymbol{h}\in\mathcal{N}(\boldsymbol{\Phi})$和所有$|S|\leqslant K$的$S$都成立：

$$\|\boldsymbol{h}_S\|\leqslant C\frac{\|\boldsymbol{h}_{S^C}\|_1}{\sqrt{K}} \tag{3.3.3}$$

则称矩阵$\boldsymbol{\Phi}$满足K阶**零空间特性**。

现用$A:\mathbb{R}^M\rightarrow\mathbb{R}^N$表示一种基于信号稀疏性的重建算法，即基于$M$个测量值重建$N$个原始目标信号的算法，且$M\ll N$。对于所有的$\boldsymbol{x}$，可要求该算法确保下式成立：

$$\|A(\boldsymbol{\Phi x})-\boldsymbol{x}\|_2\leqslant C\frac{\sigma_K(\boldsymbol{x})_p}{\sqrt{K}}\quad p=1 \tag{3.3.4}$$

其中，$\sigma_K(\boldsymbol{x})_p=\min\|\boldsymbol{x}-\boldsymbol{x}'\|_p$，表示去除矢量$\boldsymbol{x}$的$K$个幅值最大元素后的$p$范数，即若$S$表示$\boldsymbol{x}$的$K$个最大元素的下标集合，则$\sigma_K(\boldsymbol{x})_p=\|\boldsymbol{x}_{S^C}\|_p$。

式(3.3.4)可保证该重建算法能正确重建出所有可能的含K个非零元素的信号，同时也能使利用重建的稀疏信号近似逼近非稀疏信号有一定的鲁棒性，所以称为具有普适性的重建条件。另外，可以证明，如果$(\boldsymbol{\Phi},A)$满足式(3.3.4)，则矩阵$\boldsymbol{\Phi}$满足$2K$阶零空间特性。

2. 约束等距特性

零空间特性是确保重建的必要条件，但推导时并没有考虑噪声的影响。当测量值有噪声或量化引入误差时，需要讨论更严格的重建条件。为此，定义K阶**约束等距特性**(RIP)如下。

若存在$\delta_K\in(0,1)$，使

$$(1-\delta_K)\|\boldsymbol{x}\|_2^2\leqslant\|\boldsymbol{\Phi x}\|_2^2\leqslant(1+\delta_K)\|\boldsymbol{x}\|_2^2 \tag{3.3.5}$$

对于所有$\boldsymbol{x}\in\Sigma_K\{\boldsymbol{x}:\|\boldsymbol{x}\|_0\leqslant K\}$都成立，则称矩阵$\boldsymbol{\Phi}$满足$K$阶约束等距特性，$\delta_K$称为矩阵$\boldsymbol{\Phi}$的约束等距常数（$\delta_K$是对于所有$K$阶稀疏矢量$\boldsymbol{x}$均满足上式的最小常数）。

矩阵的RIP是针对两个参数δ_K和K而言的。若某一个矩阵满足RIP，则对特定的δ_K和K，式(3.3.5)对任意$\boldsymbol{x}\in\Sigma_K$均成立。若矩阵$\boldsymbol{\Phi}$满足$2K$阶约束等距特性，则可将式(3.3.5)解释为：任意一对K阶稀疏的矢量经过矩阵$\boldsymbol{\Phi}$的线性变换后，其间的欧氏距离几乎保持不变，即测量矩阵近似地保持两个K阶稀疏矢量间的欧氏距离，这一特性对克服噪声起到重要作用。同时表明K阶稀疏的矢量不在测量矩阵的零空间中，如果在其中，信号就无法重建了。约束等距特性也可表示为：从测量矩阵中随机选取$2K$列，构成的子集只能“近似正交”。因为子集的行列长度不同，所以不可能真正正交。

假设利用测量矩阵$\boldsymbol{\Phi}$获取1-D的K阶稀疏矢量$\boldsymbol{x}$的线性测量值$\boldsymbol{y}$，当$\delta_{2K}<1$时，即可基于测量矢量$\boldsymbol{y}=\boldsymbol{\Phi x}$重建出原始$K$阶稀疏矢量，重建出的$K$阶稀疏矢量是满足方程$\boldsymbol{y}=\boldsymbol{\Phi x}$的唯一稀疏解，即非零元素个数最少。所以，若要重建出独一无二的K阶稀疏矢量，必须确保$\delta_{2K}<1$，同时约束等距常数δ_K不能为0，如果$\delta_{2K}=0$，则说明测量矩阵$\boldsymbol{\Phi}$为标准正交矩阵，但

这是不可能的，因为测量矩阵的列数远大于行数。

约束等距特性指出：所求解的精度和稀疏度取决于测量矩阵或约束等距常数。但是，某测量矩阵是否满足这个特性，无法通过计算的方式判断，因为这是一个NP难题。

若一个矩阵满足约束等距特性(RIP)，则其一定满足零空间特性，即约束等距特性比零空间特性更为严格。

如何构建满足RIP的测量矩阵呢？固定地构建满足 K 阶RIP且尺寸为 $M\times N$ 的测量矩阵是可能的，但要求 M 相对较大。如果在构建过程中引入随机性，可降低测量个数的要求。通过随机方法构建的测量矩阵也称通用测量矩阵。可以证明，对由亚高斯随机分布产生的测量矩阵测得的矢量范数高度集中于原始信号的均值，所以服从亚高斯随机分布的矩阵满足RIP。使用这样得到的测量矩阵即可实现利用最少采样个数完成采样的目的。

3.4 解码重构

压缩感知中的编码重构(也称重建)的目标是基于较少的线性观测值重建出稀疏的目标信号。重构是模型求解的保证。下面先讨论重构的原理，再介绍典型的重构算法。

3.4.1 重构原理

下面先介绍一种直观的重构模型，借此讨论重构的原理，并分析无噪声稀疏信号重构问题和有噪声稀疏信号重构问题。

1. 基本重构模型

假设矢量 $\boldsymbol{x}\in\mathbb{R}^N$ 是一个长度为 N 的稀疏信号，测量矩阵 $\boldsymbol{\Phi}:\mathbb{R}^N\rightarrow\mathbb{R}^M$ 已知，现基于较少数量的测量值 $\boldsymbol{y}\in\mathbb{R}^M(M<N)$，重构原始目标信号 $\boldsymbol{x}$。

最直接的重构方法可描述为

$$\begin{aligned}&\min\|\boldsymbol{x}\|_0,\quad \text{s.t.}\quad \boldsymbol{y}=\boldsymbol{\Phi}\boldsymbol{x}\text{，测量值无噪声的情况}\\&\min\|\boldsymbol{x}\|_0,\quad \text{s.t.}\quad \|\boldsymbol{\Phi}\boldsymbol{x}-\boldsymbol{y}\|_2\leqslant\varepsilon\text{，测量值存在少量有界噪声的情况}\end{aligned}\tag{3.4.1}$$

若原始目标信号在某个正交变换域或稀疏字典 $\boldsymbol{\Psi}$ 中体现出稀疏特性，即 $\boldsymbol{x}=\boldsymbol{\Psi}\boldsymbol{z}$，其中 $\|\boldsymbol{z}\|_0\leqslant K$，则可将式(3.4.1)改写为

$$\begin{aligned}&\min\|\boldsymbol{z}\|_0,\quad \text{s.t.}\quad \boldsymbol{y}=\boldsymbol{\Phi\Psi}\boldsymbol{x}\text{，测量值无噪声的情况}\\&\min\|\boldsymbol{z}\|_0,\quad \text{s.t.}\quad \|\boldsymbol{\Phi\Psi}\boldsymbol{x}-\boldsymbol{y}\|_2\leqslant\varepsilon\text{，测量值存在少量有界噪声的情况}\end{aligned}\tag{3.4.2}$$

可见，设 $\boldsymbol{\Theta}=\boldsymbol{\Phi\Psi}$，则本质上式(3.4.1)与式(3.4.2)是等价的。下面仅考虑 $\boldsymbol{\Psi}=\boldsymbol{I}$ 的情况。

求解式(3.4.1)或式(3.4.2)是一个组合优化问题，所以是一个NP难题，可采用凸的 L_1 范数近似非凸的 L_0 范数，将组合优化问题转化为凸优化问题。换句话说，通过近似可将一个无法求解的问题转化为一个可通过现代优化理论求解的问题，在统计学中也称Lasso。

当测量值无噪声时，得到如下**基本追踪**表达式：

$$\min\|\boldsymbol{x}\|_1,\quad \text{s.t.}\quad \boldsymbol{y}=\boldsymbol{\Phi}\boldsymbol{x}\tag{3.4.3}$$

当测量值存在少量有界噪声时，得到如下**基本追踪去噪**方法的表达式：

$$\min\|\boldsymbol{x}\|_1,\quad \text{s.t.}\quad \|\boldsymbol{\Phi}\boldsymbol{x}-\boldsymbol{y}\|_2\leqslant\varepsilon\tag{3.4.4}$$

2. 无噪声稀疏信号重构

考虑一个更通用的无噪声稀疏信号重构问题：

$$\boldsymbol{x}'=\underset{\boldsymbol{x}}{\operatorname{argmin}}\|\boldsymbol{x}\|_1,\quad \text{s.t.}\quad \boldsymbol{x}\in B(\boldsymbol{y})\tag{3.4.5}$$

其中，$B(\boldsymbol{y})$确保$\boldsymbol{x}'$与测量值$\boldsymbol{y}$保持一致。$B(\boldsymbol{y})$可有多种选择，对应式(3.4.3)，$B(\boldsymbol{y})$为$\{\boldsymbol{x}: \boldsymbol{\Phi x}=\boldsymbol{y}\}$。

例如，假设测量矩阵$\boldsymbol{\Phi}$满足$2K$阶约束等距特性，且$\delta_{2K}<\sqrt{2}-1$。已知$\boldsymbol{x}, \boldsymbol{x}' \in \mathbb{R}^N$，并定义$\boldsymbol{h}=\boldsymbol{x}'-\boldsymbol{x}$；设$S$表示矢量$\boldsymbol{x}$中$K$个幅值最大元素的下标集合，$T$表示矢量$\boldsymbol{h}_{S^c}$中$K$个幅值最大元素的下标集合，$R=S\cup T$。如果$\|\boldsymbol{x}'\|_1 \leqslant \|\boldsymbol{x}\|_1$，则可以证明

$$\|\boldsymbol{h}\|_2 \leqslant C_0 \frac{\sigma_K(\boldsymbol{x})_1}{\sqrt{K}} + C_1 \frac{|\langle \boldsymbol{\Phi h}_R, \boldsymbol{\Phi h}\rangle|}{\|\boldsymbol{h}_R\|_2} \tag{3.4.6}$$

其中，$\sigma_K(\boldsymbol{x})_1=\|\boldsymbol{x}_S^C\|_1=\|\boldsymbol{x}-\boldsymbol{x}_S\|_1$，$C_0$和$C_1$都是仅依赖于$\delta_{2K}$的常数。

式(3.4.6)为式(3.4.5)中L_1范数最小化方法产生的误差建立了界限，其中的前提条件是测量矩阵$\boldsymbol{\Phi}$满足$2K$阶约束等距特性。针对具体的$B(\boldsymbol{y})$构建出特殊的界限条件，需考虑$\boldsymbol{x}' \in B(\boldsymbol{y})$是如何影响$|\langle \boldsymbol{\Phi h}_S, \boldsymbol{\Phi h}\rangle|$的。

以没有测量噪声的情况为例。可以证明，当$\boldsymbol{x} \in \Sigma_K=\{\boldsymbol{x}: \|\boldsymbol{x}\|_0 \leqslant K\}$时，如果$\boldsymbol{\Phi}$满足约束等距特性，则只要$O(K\ln(N/K))$个采样值就可无失真地重建任意包含$K$个非零元素的目标信号$\boldsymbol{x}$，而无须考虑$K$个非零元素如何分布。

3. 有噪声稀疏信号重构

考虑一个通用的存在噪声污染的稀疏信号重构问题：

$$\boldsymbol{x}'=\underset{\boldsymbol{x}}{\operatorname{argmin}}\|\boldsymbol{x}\|_1, \quad \text{s. t. } \boldsymbol{x} \in B(\boldsymbol{y}) \tag{3.4.7}$$

其中，$B(\boldsymbol{y})$确保$\boldsymbol{x}'$与测量值$\boldsymbol{y}$保持一致。$B(\boldsymbol{y})$可有多种选择，下面考虑两种情况。

1）有界噪声污染信号的重构

若被污染信号的噪声是有界的，则假设测量矩阵$\boldsymbol{\Phi}$满足$2K$阶约束等距特性，且$\delta_{2K}<\sqrt{2}-1$。假设$\boldsymbol{y}=\boldsymbol{\Phi x}+\boldsymbol{e}$，其中$\boldsymbol{e}$是测量过程产生的误差。由于噪声是有界的，即$\|\boldsymbol{e}\|_2 \leqslant \varepsilon$（$\varepsilon$为噪声界），则当$B(\boldsymbol{y})=\{\boldsymbol{x}: \|\boldsymbol{y}-\boldsymbol{\Phi x}\|_2 \leqslant \varepsilon\}$时，可证明式(3.4.7)的解$\boldsymbol{x}'$满足

$$\|\boldsymbol{h}\|_2=\|\boldsymbol{x}'-\boldsymbol{x}\|_2 \leqslant C_0 \frac{\sigma_K(\boldsymbol{x})_1}{\sqrt{K}} + C_1 \varepsilon \tag{3.4.8}$$

其中，C_0和C_1都为仅依赖于δ_{2K}的常数。

2）高斯噪声污染信号的重构

假设$\boldsymbol{y}=\boldsymbol{\Phi x}+\boldsymbol{e}$，噪声$\boldsymbol{e} \in \mathbb{R}^M$的各分量来自均值为零、方差为$\sigma^2$的高斯分布，即满足标准正态分布$N(0, \sigma^2 \boldsymbol{I})$，则可推出总存在正实数$k$，对于任何$\varepsilon>0$有下式成立：

$$P(\|\boldsymbol{e}\|_2 \geqslant (1+\varepsilon)\sqrt{M}\sigma) \leqslant \exp(-k\varepsilon^2 M) \tag{3.4.9}$$

将式(3.4.9)与式(3.4.8)结合，并令$\varepsilon=1$，可以推出当$B(\boldsymbol{y})=\{\boldsymbol{z}: \|\boldsymbol{\Phi z}-\boldsymbol{y}\|_2 \leqslant 2\sigma\sqrt{M}\}$时，式(3.4.7)的解$\boldsymbol{x}'$以至少$1-\exp(-kM)$的概率满足

$$\|\boldsymbol{h}\|_2=\|\boldsymbol{x}'-\boldsymbol{x}\|_2 \leqslant 8 \frac{\sqrt{1+\delta_{2K}}}{1-(1+\sqrt{2})\delta_{2K}} \sqrt{M}\sigma \tag{3.4.10}$$

两种情况下的重构都是有界的，表明压缩感知确实可应用于实际。

3.4.2 测量矩阵的校准

在讨论具体重构算法前，还要分析一个问题。如果测量矩阵本身存在噪声，还要考虑测量矩阵的校准问题。

回到式(3.4.3)和式(3.4.4)，测量矩阵可能并不是确切已知的，它可能通过模型描述，但并不是实际中的测量矩阵；或者有些情况下测量矩阵被校准后，随着客观工作条件的变化，测量矩阵的物理条件也可能漂移。为解决以上问题，常用以下4种方案。

(1) 忽略这些问题，但这可能明显影响重建精度。

(2) 简单地将非精确测量矩阵带来的影响当作噪声：假设实际的非精确测量矩阵为$\boldsymbol{\Phi}'$，则观测值$\boldsymbol{y}=\boldsymbol{\Phi}'\boldsymbol{x}+\boldsymbol{\varepsilon}$，将压缩感知的重建问题转换为求解下列问题：

$$\boldsymbol{y}=\boldsymbol{\Phi x}+\boldsymbol{\varepsilon}+\boldsymbol{\eta} \tag{3.4.11}$$

其中，$\boldsymbol{\eta}$表示测量矩阵不精确产生的误差。实际中很难获得$\boldsymbol{\eta}$的统计特性，所以求解式(3.4.11)有一定的难度。

(3) 监督校准：利用已知的训练稀疏信号$x_1,x_2,\cdots,x_l,\cdots,x_L$和相应的测量值$y_l=\Phi'_l x_l+\varepsilon_l$，将所有矢量排列起来组成矩阵的形式，有

$$\boldsymbol{Y}=\boldsymbol{\Phi}'\boldsymbol{X}+\boldsymbol{E} \tag{3.4.12}$$

其中，需要基于已知的训练信号和测量值校准测量矩阵：

$$\boldsymbol{\Phi}':=\underset{\boldsymbol{\Phi}'}{\operatorname{argmin}}\|\boldsymbol{Y}-\boldsymbol{\Phi}'\boldsymbol{X}\|_{\mathrm{F}}^{2} \tag{3.4.13}$$

即要优化$\boldsymbol{\Phi}'$，使$\|\boldsymbol{Y}-\boldsymbol{\Phi}'\boldsymbol{X}\|$最小。

这种方案在能够获得稀疏信号的情况下可以使用，但在无法获得训练稀疏信号的情况下则无法使用。如果可假设待校准的测量矩阵来自某些矩阵族也是有用的。例如，有时已知或假设未知的测量矩阵$\boldsymbol{\Phi}$在已知的字典中是稀疏的，即$\Phi\approx\Sigma_j a_j\Phi_j$，且$\|\boldsymbol{a}\|_0$很小，其中$\boldsymbol{a}=[a_1\quad\cdots\quad a_j\quad\cdots]$。监督校准问题就可转化为下列凸优化问题：

$$\min\|\boldsymbol{a}\|_1\quad \text{s. t.}\quad \|\boldsymbol{Y}-\Sigma_j a_j\Phi_j\boldsymbol{X}\|_{\mathrm{F}}^{2}\leqslant\varepsilon \tag{3.4.14}$$

(4) 非监督校准：针对少数未知信号(需要保证具有稀疏的特性)，利用其各自有限的、基于压缩感知模型的采样值，开展盲校准，即无须采用已知训练信号校准测量矩阵，或训练的目标稀疏信号是未知的。具体是将未知的训练信号矢量$\boldsymbol{x}_1,\boldsymbol{x}_2,\cdots,\boldsymbol{x}_l$表述为矩阵$\boldsymbol{X}$，基于已知精确的测量矩阵$\boldsymbol{\Phi}_0$和多组观测矢量$\boldsymbol{y}_1,\boldsymbol{y}_2,\cdots,\boldsymbol{y}_l$形成的矩阵$\boldsymbol{Y}$，通过一定的方法确定增益矩阵$\boldsymbol{D}$和$\boldsymbol{X}$，即解决下列问题：

$$\min_{\boldsymbol{D},\boldsymbol{X}}\|\boldsymbol{X}\|_1\quad \text{s. t.}\quad \boldsymbol{Y}=\boldsymbol{D\Phi}_0\boldsymbol{X} \tag{3.4.15}$$

不过，求解式(3.4.15)可能导致出现无意义的解。如果对矩阵$\boldsymbol{D}$和$\boldsymbol{X}$没有限制，那么只要将矩阵$\boldsymbol{D}$设为无穷大、使矩阵$\boldsymbol{X}$趋于零，即可满足式(3.4.15)，但这样的解没有实际意义。

可用一种描述方法重新表述这个问题，以提供一个凸集公式。将$\boldsymbol{Y}=\boldsymbol{D\Phi}_0\boldsymbol{X}$表述为$\Delta\boldsymbol{Y}=\boldsymbol{\Phi}_0\boldsymbol{X}$，其中，$\boldsymbol{\Delta}=\boldsymbol{D}^{-1}=\mathrm{diag}(\delta_i)$，$\mathrm{diag}(\delta_i)$是将所有$\delta_i$排列在对角线上形成的对角矩阵。为避免前述无意义解$\boldsymbol{\Delta}=\boldsymbol{X}=\boldsymbol{0}$，引入凸集归一化约束条件$\mathrm{tr}(\boldsymbol{\Delta})=\Sigma_i\delta_i=M$，其中$\mathrm{tr}(\cdot)$表示矩阵的迹，即$\boldsymbol{D}=\mathrm{diag}(d_i)$，$\Sigma_i d_i^{-1}=M$。这个约束条件也可替换为$\delta_i=1$等其他形式。由于可对$\boldsymbol{\Delta}$引入任意约束，$\boldsymbol{\Delta}$和$\boldsymbol{D}$本质上存在比例关系。以非监督方式校准测量矩阵的方法可表示为

$$(\boldsymbol{X}',\boldsymbol{\Delta}')=\operatorname{argmin}\|\boldsymbol{X}\|_1\quad \text{s. t.}\quad \Delta\boldsymbol{Y}=\boldsymbol{\Phi}_0\boldsymbol{X},\quad \mathrm{tr}(\boldsymbol{\Delta})=M \tag{3.4.16}$$

3.4.3 典型重构算法

有效的图像重构算法是压缩感知的关键技术之一。因为不同的应用对重构有不同的要求，所以重构算法和模型的设计多种多样。目前存在许多重构算法，其在运算时间、重构精度和稳定性等方面各有特点。

1. 重构要考虑的因素

设计稀疏信号重构算法需要考虑多方面因素。

(1) 先验信息：如何充分发掘图像的先验信息从而构造有效的约束条件是图像重构的关键。目前常用的先验信息主要包括信号稀疏信息及图像全变分值信息。信号稀疏性体现在原始图像信号在某固定变换域或稀疏基(如离散余弦变换基、小波基等)上的投影系数稀疏，全变分值则考虑了图像相邻像素之间的相关性。

(2) 测量值数量：要求基于尽可能少的测量，稳定地重构出包含 K 个非零值的原始稀疏信号。

(3) 抗噪声鲁棒性：要求测量值包含噪声或测量系统本身具有系统噪声时，重构算法也要稳定地重构出原始稀疏信号。

(4) 重构速度：要求在占用较少计算资源的情况下，重构算法能高效地实现稀疏信号的重构。

(5) 稳定性：采用 L_1 范数最小化可以确保重建的稳定性，具体需要考虑相同的重建条件。

考虑上述部分或全部因素而得到的多数重建算法可分为 4 大类：凸优化算法、贪婪算法、组合算法和贝叶斯算法。下面分别针对每大类介绍一两个典型算法。

2. 凸优化算法

这类算法也称最优化逼近方法，其基本思路是用凸函数代替 L_0 范数，并在$\mathbb{R}^N$ 空间的凸集中优化关于未知变量 $\boldsymbol{x}$ 的凸目标函数 $J(\boldsymbol{x})$。这类算法重构精度高，需要的测量数据较少，约为 $O(K\log(N/K))$；但计算速度慢，计算复杂度约为 $O(N^3)$。

假设 $J(\boldsymbol{x})$是一个能促进稀疏性(当目标信号 $\boldsymbol{x}$ 很稀疏时，$J(\boldsymbol{x})$的值很小)且凸的代价函数。当测量值无噪声时，基于测量值 $\boldsymbol{y}=\boldsymbol{\Phi x}$ 要重建信号 $\boldsymbol{x}$，可解下列方程：

$$\min\{J(\boldsymbol{x})\}, \quad \text{s.t.} \quad \boldsymbol{y}=\boldsymbol{\Phi x} \tag{3.4.17}$$

而当测量值有噪声时，可解下列方程：

$$\min\{J(\boldsymbol{x})\}, \quad \text{s.t.} \quad H(\boldsymbol{\Phi x},\boldsymbol{y})\leqslant \varepsilon \tag{3.4.18}$$

其中，H 是对$\boldsymbol{\Phi x}$ 和 $\boldsymbol{y}$ 之间矢量距离进行惩罚的代价函数。

式(3.4.18)也可改写为没有约束条件的形式：

$$\min\{J(\boldsymbol{x})+\lambda H(\boldsymbol{\Phi x},\boldsymbol{y})\} \tag{3.4.19}$$

其中，λ 是一个惩罚因子，它可以通过**试错法**或**交叉验证法**选取。常用的 J 和 H 为 $J(\boldsymbol{x})=\|\boldsymbol{x}\|_1$，即为稀疏信号 $\boldsymbol{x}$ 的 L_1 范数；$H(\boldsymbol{\Phi x},\boldsymbol{y})=0.5\times\|\boldsymbol{\Phi x}-\boldsymbol{y}\|_2^2$，即为实际测量值 $\boldsymbol{y}$ 与理论测量值$\boldsymbol{\Phi x}$ 之间误差的 L_2 范数。在统计学中，在 $\|\boldsymbol{x}\|_1\leqslant\delta$ 的条件下最小化 $H(\boldsymbol{\Phi x},\boldsymbol{y})$，被称为 Lasso 问题。

(1) 总变分重构法

从广义角度看，$J(\cdot)$作为一个正则项也可以是其他复杂函数。例如，如果目标信号是阶梯函数，又在已知变换域$\boldsymbol{\Psi}$ 中体现出稀疏性，则可以有如下混合正则项：

$$J(\boldsymbol{x})=\text{TV}(\boldsymbol{x})+\lambda\|\boldsymbol{\Psi x}\|_1 \tag{3.4.20}$$

其中，TV($\boldsymbol{x}$)是目标信号的总变分(所以得名)：

$$\text{TV}(\boldsymbol{x})=\sum_{i=0}^{N}|x_{i+1}-x_i| \tag{3.4.21}$$

可见，针对阶梯函数类型(或有丰富边缘)的信号 $\boldsymbol{x}$，总变分 TV($\boldsymbol{x}$)将凸显出稀疏性。

(2) 收缩循环迭代法

如果考虑式(3.4.19)中 H 为二次型(凸函数且可导),则常使用**收缩循环迭代法**,也称**软阈值法**求解。该方法原是一种经典的基于小波变换域的图像去噪声方法,其中的收缩运算符定义为

$$\text{shrink}(t,a)=\begin{cases}t-a, & t>a\\ 0, & -a\leqslant t\leqslant a\\ t+a, & t<-a\end{cases} \tag{3.4.22}$$

用收缩循环迭代法也可解决式(3.4.19)的问题,基本方法可写为定点迭代的方式:对于 $i=1,2,\cdots,N$,可将目标信号 $\boldsymbol{x}$ 的第 i 个分量的第 $k+1$ 次迭代步骤写为

$$\boldsymbol{x}_i^{k+1}=\text{shrink}\left[\boldsymbol{x}_i^k-\tau\frac{\partial H(\boldsymbol{x}_i^k)}{\partial \boldsymbol{x}_i^k},\mu\tau\right] \tag{3.4.23}$$

其中,$\tau>0$ 是梯度下降法的步长,可随着 k 而变化;μ 可根据噪声大小和经验选取,μ 越大表明允许 x_i^{k+1} 和 x_i^k 之间的距离越大。

针对有噪声污染测量值的重构问题,选取凸优化代价函数 $H(\boldsymbol{\Phi x},\boldsymbol{y})$ 的常规方法是采用残差的 L_2 范数:

$$H(\boldsymbol{\Phi x},\boldsymbol{y})=\frac{1}{2}\|\boldsymbol{y}-\boldsymbol{\Phi x}\|_2^2 \qquad \frac{\partial \boldsymbol{H}}{\partial \boldsymbol{x}}=\boldsymbol{\Phi}^{\mathrm{T}}(\boldsymbol{\Phi x}-\boldsymbol{y}) \tag{3.4.24}$$

针对这种特殊的惩罚函数,式(3.4.23)可简化为

$$\boldsymbol{x}_i^{k+1}=\text{shrink}[\boldsymbol{x}_i^k-\tau\boldsymbol{\Phi}^{\mathrm{T}}(\boldsymbol{\Phi x}_i^k-\boldsymbol{y}),\mu\tau] \tag{3.4.25}$$

3. 贪婪算法

从本质上说,稀疏信号重构是基于线性测量值 $\boldsymbol{y}$ 重构出最具稀疏性的目标信号 $\boldsymbol{x}$,即重建出具有最少非零个数的目标信号 $\boldsymbol{x}$。换句话说,是求解下式:

$$\min\left\{|I|:\boldsymbol{y}=\sum_{i\in I}\boldsymbol{\phi}_i x_i\right\} \tag{3.4.26}$$

其中,$I\subseteq\{1,2,\cdots,N\}$,表示一个索引集(对应支撑集);$\boldsymbol{\phi}_i$ 表示矩阵$\boldsymbol{\Phi}$ 的第 i 列。式(3.4.26)可借助经典的稀疏逼近方法,通过逐步选择矩阵$\boldsymbol{\Phi}$ 的列逼近 $\boldsymbol{y}$,进而逐步确定索引集 I。

这类算法的复杂度大多是由寻找到正确索引集需要的迭代次数决定的,计算速度一般较快,但需要的测量数据多且重构精度较低。

(1) 匹配追踪算法

匹配追踪(MP)算法是一种基于迭代的贪婪算法。匹配追踪将信号看作由基/字典中的元素通过线性组合而成。在压缩感知的稀疏重构中,字典就是采样矩阵$\boldsymbol{\Phi}\in\mathbb{R}^{M\times N}$,其每一列表示一种原型信号(也称原子信号)的元素。重构可描述为:给定一个信号 $\boldsymbol{y}$,寻求通过基/字典中元素的稀疏性组合描述信号 $\boldsymbol{y}$。

匹配追踪算法主要围绕原始观测信号 $\boldsymbol{y}$ 与线性组合的残差 $\boldsymbol{r}\in\mathbb{R}^M$ 展开,残差主要描述未被解释的测量值。每次迭代从字典中选取一个与残余分量差相关性最大的列:

$$\lambda_k=\underset{k}{\operatorname{argmin}}\left\{\frac{\langle \boldsymbol{r}_{k-1},\boldsymbol{\phi}_\lambda\rangle\boldsymbol{\phi}_\lambda}{\|\boldsymbol{\phi}_\lambda\|^2}\right\} \tag{3.4.27}$$

其中,$\boldsymbol{\phi}_\lambda$ 表示矩阵$\boldsymbol{\Phi}$ 的第 λ 列。一旦这列被选中,就获得了一个更逼近原始信号的结果。因为一个新的系数 λ_k 加入到对原始信号逼近的索引集中。

再进行如下更新:

$$\boldsymbol{r}_k=\boldsymbol{r}_{k-1}-\frac{\langle \boldsymbol{r}_{k-1},\boldsymbol{\phi}_{\lambda_k}\rangle\boldsymbol{\phi}_{\lambda_k}}{\|\boldsymbol{\phi}_{\lambda_k}\|^2}$$

$$x^k = x^{k-1} + \langle r_{k-1}, \phi_{\lambda_k} \rangle \tag{3.4.28}$$

经过多次迭代，残差变得越来越小，直到残差的范数小于某个预定的阈值，算法停止。

上述算法存在两个缺点：一方面，不能保证重建误差足够小；另一方面，常需要较大的循环量才能逼近原始信号。因为如果将残差对已选择的元素进行垂直投影是非正交的，则每次迭代的结果只是次优而不是最优，所以收敛需要很多次迭代。

(2) 正交匹配追踪算法

在**正交匹配追踪**(OMP)算法中，每次循环都要将残差 $\boldsymbol{r}$ 投影到与所有选定列线性展开的正交子空间中，而不是用残差减去与其最大相关的字典中的矢量。由于残差 $\boldsymbol{r}$ 总是与已选取的列正交，所以相同的列在 OMP 中不会被选中两次，因而其最大循环次数会明显减少。

假设 $\boldsymbol{\Phi}_k$ 表示矩阵 $\boldsymbol{\Phi}$ 在第 k 个步骤中选出的子矩阵(第 k 列的选取过程与 MP 相同)，则

$$\boldsymbol{x}_k = \underset{x}{\operatorname{argmin}} \| \boldsymbol{y} - \boldsymbol{\Phi}_k \boldsymbol{x} \| \quad \boldsymbol{r}_k = \boldsymbol{y} - \boldsymbol{\Phi}_k \boldsymbol{x}_k \tag{3.4.29}$$

可以证明，如果原始待测量信号是稀疏的，同时测量矩阵中每个元素都是从服从亚高斯分布的变量中随机选取的，则基于线性混叠的有限个测量值，可通过 OMP 以极大的概率重建出原始的稀疏信号。此算法最多需要 K 次循环即可收敛，其中 K 为原始信号中的非零个数。该算法可保证每次迭代的最优性，从而减少迭代次数。但其每次迭代仅选取一个元素更新已选的元素集合，迭代的次数与稀疏度 K 或采样个数 M 密切相关。另外，每次迭代还需额外的正交化运算，随着 K 或 M 的增加，运算时间也会大幅增加。OMP 的运算复杂度为 $O(MNK)$。

(3) 分段正交匹配追踪算法

分段正交匹配追踪(StOMP)是对 OMP 的一种改进。与 OMP 每次循环仅从字典中选取一个元素不同，StOMP 每次选取一个元素集合，该集合的特点是残余分量与字典列的相关性均大于一定的阈值，而后残余分量将更新字典的列集合。StOMP 的运算复杂度为 $O(MN\ln N)$，远低于 OMP。

(4) 子空间追踪算法

子空间追踪(SP)算法也是对 OMP 的一种改进。它能在无噪声和有噪声时分别进行精确的信号重建和逼近的信号重建。对于任意测量矩阵，只要其满足约束等距特性，SP 就能从无噪声的测量矢量中精确地重建原始信号。

在压缩感知信号重建算法中，最重要的是确定测量矢量 $\boldsymbol{y}$ 位于哪个子空间，以及这些子空间由测量矩阵中哪 K 个列矢量生成。一旦确定了正确的子空间位置，通过应用子空间的伪逆运算即可计算出信号的非零系数。SP 的重要特点是寻找生成正确子空间的 K 个列矢量。该算法包含测量矩阵中的 K 个列矢量的列表，对子空间的最初估计是测量矩阵中与实际信号 $\boldsymbol{y}$ 的 K 个最大相关的列。为了修正对子空间的最初估计，SP 会检测包含 K 个列矢量的子集，检测这个子空间能否较好地重建信号。假如重建信号与实际信号之间的残差未达到算法的要求，则需要更新这个列表。该算法会通过保留可靠的、丢弃不可靠的候选值，同时加入相同数量的新候选值更新子空间。更新的原则是新的子空间重建信号残差小于更新前的子空间重建信号残差。该算法在一定条件下能确保重建，并能确保下一个迭代循环找到更好的子空间。

4. 组合算法

组合算法的基本思想是先对信号进行高度结构化采样(线性投影)，再借助组/群测试快速获得信号的支撑集，实现精确重构。可将重构问题表述为：已知长度为 N 的矢量 $\boldsymbol{x}$ 中包含 K 个非零元素($x_i \neq 0$)，但其位置分布未知，要求设计一种测试方法，通过最少的测试次数确定

非零元素所在的位置。最简单实用的方法是将测试表示为一个二进制矩阵 $\boldsymbol{\Phi}$，其元素 $\phi_{i,j}=1$ 表示在第 j 次测试中，第 i 个元素被选用。如果输出信号与输入信号为线性关系，则重构目标稀疏矢量 $\boldsymbol{x}$ 的问题可转化为标准的压缩感知稀疏重构问题。组合算法需要的测量次数较少，运算速度高，但是一般测量矩阵复杂，且不易确定测量矩阵的约束条件，为构建新的测量矩阵带来了困难。

下面介绍两种简单的组合算法，均要求测量值无噪声干扰。

(1) 计数-最小略图法

计数-最小略图法仅考虑非负信号。设 H 表示所有离散值函数 $h:\{1,2,\cdots,N\}\to\{1,2,\cdots,m\}$ 的集合，且为有限集合，其大小为 m^N。H 中每个函数 h 可通过一个大小为 $m\times N$ 的二进制矩阵 $\boldsymbol{\Phi}(h)$ 表示，其中每一列都是一个二进制矢量，仅在 $j=h(i)$ 位置为 1。为构建完整的采样矩阵 $\boldsymbol{\Phi}$，可根据均匀分布从 H 中独立选取 d 个函数 $h_1,h_2,\cdots,h_d$，将其二进制矩阵垂直堆叠为尺寸为 $M\times N$ 的矩阵，该矩阵即为 $\boldsymbol{\Phi}$，且每列均有 d 个 1，其中 $M=md$。

针对已知任意信号 $\boldsymbol{x}$，可获得线性测量值 $\boldsymbol{y}=\boldsymbol{\Phi x}$。根据下列两个特性，很容易得到对测量值的直观认识。首先，作为测量值矢量的 $\boldsymbol{y}$ 很容易借助母二进制函数 $h_1,h_2,\cdots,h_d$ 得到分组的形式；其次，测量值矢量 $\boldsymbol{y}$ 的第 i 个系数与母函数 h 有关，即

$$y_i=\sum_{j:h(j)=i}x_j \tag{3.4.30}$$

换句话说，对于一个固定的信号系数 j，每个测量值 y_i 都有函数 h 将 x_j 以汇总的形式映射到相同的 i 上。信号重构的目标是从汇总后的观察值 y_i 中，恢复出原始信号值 x_j。

当原始信号为正数时，计数-最小略图法非常有用。已知测量值 $\boldsymbol{y}$ 和采样矩阵 $\boldsymbol{\Phi}$，重建目标信号的第 j 个系数 x'_j，可由下式实现：

$$x'_j=\min_l y_i: h_l(j)=i \tag{3.4.31}$$

直观地说，这意味着重建目标信号的第 j 个系数 x'_j 可通过从所有可能有 x_j 介入而形成的测量值中找出幅值最小的观测值(作为 x'_j)得到。该方法的特点是简单、高效。

(2) 计数-中值略图法

计数-中值略图法在目标信号可能为负数时适用。不是取幅值最小的观测值作为 x'_j，而是取中值。因为对于一个普通信号，其他 $\boldsymbol{x}$ 对 $\boldsymbol{y}$ 的影响可能是正的，也可能是负的，而中值最可能是原始信号的值。已知测量值 $\boldsymbol{y}$ 和采样矩阵 $\boldsymbol{\Phi}$，重建目标信号的第 j 个系数 x'_j，可由下式实现：

$$x'_j=\operatorname*{median}_l y_i: h_l(j)=i \tag{3.4.32}$$

5. 贝叶斯算法

前述各种方法都认为信号是确定的或属于某个已知集合，即在已知信号模型的前提下讨论重构。贝叶斯压缩感知的基本思想是在未知信号模型的基础上考虑非确定性因素，即考虑概率分布已知的稀疏信号，从随机测量中重构符合此概率分布的信号。该类算法考虑了信号之间的时间相关性，所以对于具有较强时间相关性的信号，可提供比其他重构算法更高的重构精度。不过，由于在贝叶斯信号建模框架下没有确切的“无失真”或“重建误差”的概念，所以下面介绍的各种算法与前述算法不同，并不能基于一定数量的测量值无失真地重建原始目标信号。

(1) 相关向量机

相关向量机(RVM)是一种贝叶斯学习方法。它能产生稀疏的分类结果，其机理是从许多待选的基函数中选择少数几个，将其线性组合作为分类函数实现分类。从压缩感知的角度出

发，可将其视为一种确定稀疏信号中分量的方法，这种信号为某些基函数提供了不同的权重，而这些基函数就是测量矩阵$\boldsymbol{\Phi}$ 中的列向量。

相关向量机使用了几个层次的先验概率模型。首先，假设 $\boldsymbol{x}$ 的每个分量都独立并服从均值为零而方差待定的高斯分布，即

$$p(x_i \mid \alpha_i)=N(x_i \mid 0,\alpha_i^{-1}) \tag{3.4.33}$$

其中，$N(x|m,\sigma^2)$表示随机变量 x 服从均值为 m、方差为 σ^2 的高斯分布。进一步

$$p(\boldsymbol{x} \mid \boldsymbol{\alpha})=\prod_{i=1}^{N} N(x_i \mid 0,\alpha_i^{-1}) \tag{3.4.34}$$

其中，$\boldsymbol{\alpha}=[\alpha_1,\alpha_2,\cdots,\alpha_N]$。再假设高斯分布中方差的逆（也就是$\boldsymbol{\alpha}$）也独立并服从参数为 a、b 的**伽马分布**

$$p(\boldsymbol{\alpha} \mid a,b)=\prod_{i=1}^{N} \mathrm{Gamma}(\alpha_i \mid a,b) \tag{3.4.35}$$

其中，$\mathrm{Gamma}(\alpha_i \mid a,b)=\alpha_i^{a-1}\mathrm{e}^{-a_i b}\Gamma(a)^{-1}b^a$，且 $\Gamma(a)=\int_0^{\infty} t^{a-1}\mathrm{e}^{-t}\mathrm{d}t$。

可见，使用方差的逆可以控制赋予某个分量的权重。通过贝叶斯推理，可得在给定参数 a 和 b 的条件下，$\boldsymbol{x}$ 的边缘分布是**未标准化学生氏分布**，即

$$p(x_i \mid a,b)=\int p(x_i \mid \alpha_i)p(\alpha_i \mid a,b)\mathrm{d}\alpha_i=\frac{b^a\Gamma\left(a+\frac{1}{2}\right)}{\sqrt{2\pi}\,\Gamma(a)}\left[b+\frac{x_i^2}{2}\right]^{-\left(a+\frac{1}{2}\right)} \tag{3.4.36}$$

未标准化学生氏分布由通过拉伸和平移服从标准化学生氏分布的随机变量得来。**标准化学生氏分布**为

$$p(t \mid v)=\frac{\Gamma\left(\frac{v+1}{2}\right)}{\sqrt{v\pi}\,\Gamma\left(\frac{v}{2}\right)}\left[1+\frac{t^2}{2}\right]^{-\left(\frac{v+1}{2}\right)} \tag{3.4.37}$$

随机变量 $r=\mu+st$ 的分布就是未标准化学生氏分布：

$$p(t \mid v,\mu,s)=\frac{\Gamma\left(\frac{v+1}{2}\right)}{s\sqrt{v\pi}\,\Gamma\left(\frac{v}{2}\right)}\left[1+\frac{(r-\mu)^2}{vs^2}\right]^{-\left(\frac{v+1}{2}\right)} \tag{3.4.38}$$

可以看到，$\boldsymbol{x}$ 的边缘分布是参数 $\mu=0$、$v=2a$ 和 $s=\sqrt{b/a}$ 的未标准化学生氏分布。学生氏分布可以促进稀疏性产生。如果假定误差服从均值为零、方差为 σ^2 的高斯分布，即

$$\boldsymbol{y}=\boldsymbol{\Phi x}+\varepsilon \quad \varepsilon \sim N(0,\sigma^2) \tag{3.4.39}$$

则给定测量值 $\boldsymbol{y}$，即可通过贝叶斯推理结合各种迭代算法，获得 $\boldsymbol{x}$ 的后验概率分布。

（2）贝叶斯压缩感知

可从相关向量机(RVM)模型出发考虑**贝叶斯压缩感知**(BCS)。对于给定观测值 $\boldsymbol{y}$，可通过将 $\boldsymbol{y}$ 在给定 $\boldsymbol{x}$ 的概率分布时对 $\boldsymbol{x}$ 积分，直接求出其**边缘对数似然率**，进而使用 **EM 算法**（见 12.5.2 小节）求解各参数。由式(3.4.39)可得

$$p(\boldsymbol{y} \mid \boldsymbol{x},\boldsymbol{\alpha},\sigma^2)=N(\boldsymbol{y}-\boldsymbol{\Phi x},\sigma^2\boldsymbol{I}) \tag{3.4.40}$$

其中，$\boldsymbol{I}$ 为大小合适（这里是 $M\times N$）的单位矩阵。借助贝叶斯推理，可得

$$p(\boldsymbol{y} \mid \boldsymbol{\alpha},\sigma^2)=\int p(\boldsymbol{y} \mid \boldsymbol{x},\sigma^2)p(\boldsymbol{x} \mid \boldsymbol{\alpha})\mathrm{d}\boldsymbol{x}$$

$$=(2\pi)^{-N/2}\left|\sigma^2\boldsymbol{I}+\boldsymbol{\Phi}\boldsymbol{A}^{-1}\boldsymbol{\Phi}^{\mathrm{T}}\right|^{-1/2}\exp\left[-\frac{1}{2}\boldsymbol{y}^{\mathrm{T}}(\sigma^2\boldsymbol{I}+\boldsymbol{\Phi}\boldsymbol{A}^{-1}\boldsymbol{\Phi}^{\mathrm{T}})^{-1}\boldsymbol{y}\right] \tag{3.4.41}$$

其中，$\boldsymbol{A}$ 为对角矩阵，其对角线上的元素由 $\boldsymbol{\alpha}$ 组成。

在此过程中，需要对一个 $N\times N$ 的矩阵求逆，所以算法复杂度为 $O(N^2)$。采用**快速边缘似然率最大化**的方法可将复杂度降至 $O(NM^2)$。它是一种渐进式模型构造法，可将基函数顺序地加入或删除，所以能极大地利用信号的稀疏性。

贝叶斯压缩感知通过逐步迭代的方法逼近待重构稀疏信号的支撑集，其优点之一是可对所估计信号的每个分量提供一个置信区间以帮助了解和判定该估计是否准确。例如，置信区间太大表明这个估计可能不够可靠。理想情况下希望得到一个估计值且其置信区间较小。

3.4.4　基于深度学习的重构算法

近年来，提出了许多基于深度学习技术的重构算法。

1. 深度网络化的重构算法

3.4.3 小节介绍了多种典型的重构算法。有些重构算法已被深度网络化，即用深度网络实现。下面是两种典型的被深度网络化的重构算法。

(1) **交替方向乘子法**(ADMM)

ADMM 重构算法可用于求解凸优化问题，通过引入增广拉格朗日函数，对问题进行分解，以实现交替优化[Lee 2016]。对 ADMM 重构算法的深度网络化结果称为 ADMM-Net [Yang 2016]，其根据从 ADMM 重构算法的迭代过程中导出的数据流图，构建包含重构层、卷积层、非线性变换层和乘数更新层的神经网络，有效地应用于核磁共振图像重构。

(2) **迭代软阈值算法**(ISTA)

ISTA 迭代软阈值算法是一种借助梯度下降的思想，在迭代中通过软阈值操作更新、求解最优解的算法[Beck 2009]。对 ISTA 重构算法的深度网络化结果包括 ISTA-Net、ISTA-Net+、ISTA-Net++。ISTA-Net 将传统压缩感知迭代算法展开为多层神经网络[Zhang 2017a]。ISTA-Net+引入跳跃连接，图像更加稀疏化，有助于训练更深层次的网络[Zhang 2018a]。ISTA-Net++更适合需要灵活处理单一模块的多个压缩感知比率的情况[You 2021]。

2. 深度神经网络端到端的学习

还有些重构算法直接利用深度神经网络实现了端到端的学习，如表 3.4.1 所示[李 2022a]。

表 3.4.1　端到端学习的网络模型

网络模型	典型示例	结构特点	参考文献
基于全连接网络	**堆叠去噪自编码器**(SDA)	线性测量重构包括 3 层降噪自编码器，非线性测量重构包括 4 层降噪自编码器	[You 2015]
基于卷积神经网络	ReconNet	使用多层卷积神经网络进行重构，在降低参数数量的同时增强网络模型的表达能力	[Kulkarni 2016]
基于残差网络	DR^2-Net	由全连接网络生成初始重构图像，然后通过残差网络进一步提升重构质量并降低时间复杂度	[Yao 2019]
	CSNet	用深度残差卷积神经网络对图像进行采样与重建	[Shi 2019b]
基于生成对抗网络	DAGAN	生成器基于 U-Net，包括 8 个卷积层和 8 个去卷积层；鉴别器包括 11 个卷积层	[Yang 2018]

3.5 稀疏编码与字典学习

稀疏编码与字典学习的结合曾与压缩感知并行发展,密切相关又互相影响。稀疏编码源自观察:某类信号多是由少数基本原子的加权组合构成,对应信号的稀疏表达。字典学习的目标是估计给定目标信号的原子信号及其权重,从而实现对目标信号的稀疏表达。

可采用数学模型描述字典学习。为简化计算仅考虑实数信号。设 $\boldsymbol{y}_i \in \mathbb{R}^L$ 是一个维度为 L 的矢量,用于表示 N 个信号中的第 i 个;$\boldsymbol{A}=[a_1,\cdots,a_M]\in \mathbb{R}^{L\times N}$ 表示原子信号矩阵,其中第 i 列是维度为 L 的原子信号;$\boldsymbol{w}_i \in \mathbb{R}^M$ 为维度为 M 的矢量,用于表示构成矢量 $\boldsymbol{y}_i$ 的原子信号的权重矢量。根据前面的假设,有

$$\boldsymbol{y}_i=\boldsymbol{A}\boldsymbol{w}_i^{\mathrm{T}}+\boldsymbol{\varepsilon}_i \quad \|\boldsymbol{w}_i\|_0 \leqslant K \quad i=1,2,\cdots,N \tag{3.5.1}$$

其中,$\boldsymbol{\varepsilon}_i \in \mathbb{R}^L$ 是来自某个概率分布的未知误差;$|\boldsymbol{x}|_0$ 为矢量 $\boldsymbol{x}$ 的 L_0 范数,K 是大于零的正整数。

式(3.5.1)表达了多个重要信息。

(1) 信号是原子矢量的线性组合,这里使用了线性模型。线性模型的优点是简单、容易理解和操作,缺点是不易描述非线性数据。不过这里并没有对信号所在的空间进行限制,所以如果要引入非线性成分,可先将信号转换到某个特征空间,再使用线性模型。

(2) 非确定性由误差项$\boldsymbol{\varepsilon}_i$ 体现。这里并未假设误差来自何种概率分布,虽然常用的是高斯分布。如果希望原子信号是非相关的,且假设误差分布是均值为零、方差为单位矩阵的多维高斯分布,即可得到 PCA(参见中册 A.6.2 小节)模型。

(3) 原子信号的权重矢量 $\boldsymbol{w}_i$ 是 K 稀疏的,这由 $\|\boldsymbol{w}_i\|_0 \leqslant K$ 表达,表明感兴趣的信号是由原子信号构成的。需要指出,稀疏性假设在字典学习中并非不可或缺。例如,盲源分离的典型方法,如独立成分分析和**因素分析**(FA)都是没有稀疏性假设的线性模型,也可被归到字典学习的范畴。

可将式(3.5.1)表达为矩阵形式:

$$\boldsymbol{Y}=\boldsymbol{A}\boldsymbol{W}+\boldsymbol{E} \quad \|\boldsymbol{w}_i\|_0 \leqslant K \quad i=1,2,\cdots,N \tag{3.5.2}$$

其中,$\boldsymbol{Y}=[\boldsymbol{y}_1 \quad \boldsymbol{y}_2 \quad \cdots \quad \boldsymbol{y}_N]$,$\boldsymbol{W}=[\boldsymbol{w}_1 \quad \boldsymbol{w}_2 \quad \cdots \quad \boldsymbol{w}_N]$,$\boldsymbol{E}=[\boldsymbol{\varepsilon}_1 \quad \boldsymbol{\varepsilon}_2 \quad \cdots \quad \boldsymbol{\varepsilon}_N]$。字典学习的目的是从数据矩阵 $\boldsymbol{Y}$ 中学习,即求解 $\boldsymbol{A}$ 和 $\boldsymbol{W}$。

压缩感知的出发点是已知待测信号稀疏,需设计测量矩阵以得到测量值,再从测量值中推出待测信号。所以,在压缩感知的框架中已知测量矩阵和测量值,未知参数只有一个,即待测信号,且待测信号只有一个样本。但在字典学习中,仅已知多个观测信号,而未知参数却有两个,即原子信号矩阵 $\boldsymbol{A}$ 及权重矩阵 $\boldsymbol{W}$,并需要考虑多个样本。可见,字典学习更困难,求解也更复杂。

3.5.1 字典学习与矩阵分解

先忽略稀疏性假设,集中讨论字典学习。如果忽略误差,式(3.5.2)可简化为

$$\boldsymbol{Y} \approx \boldsymbol{A}\boldsymbol{W} \tag{3.5.3}$$

其中,已知量为 $\boldsymbol{Y}$,即众多信号的观察值,需要计算 $\boldsymbol{A}$ 和 $\boldsymbol{W}$。所以,式(3.5.3)是一个矩阵乘式分解的问题。例如,可以利用**奇异值分解**(SVD)将 $\boldsymbol{Y}$ 写为

$$\boldsymbol{Y}=\boldsymbol{U}\boldsymbol{D}\boldsymbol{V}^{\mathrm{T}} \tag{3.5.4}$$

其中，$\boldsymbol{U}\in\mathbb{R}^{L\times L}$ 是一个包含正交单位列矢量的矩阵，即($i,j=1,2,\cdots,L$)

$$\boldsymbol{u}_i^{\mathrm{T}}\boldsymbol{u}_j=\begin{cases}1, & i=j\\ 0, & i\neq j\end{cases} \tag{3.5.5}$$

其中，$\boldsymbol{u}_i$ 是矩阵 $\boldsymbol{U}$ 的第 i 列。

$\boldsymbol{D}\in\mathbb{R}^{L\times N}$ 是一个非主对角线上的元素为零、主对角线的元素全部或部分大于零的矩阵，称为矩阵 $\boldsymbol{Y}$ 的奇异值矩阵。因为绝大多数情况下维数 L 不等于 N，所以矩阵 $\boldsymbol{D}$ 不一定为方阵。在这种情况下，取 $\boldsymbol{D}$ 左上角开始的最大子方阵的对角线为其主对角线。因此，$\boldsymbol{D}$ 中第 i 行第 j 列元素

$$\begin{cases}d_{ij}\geqslant 0, & i=j\\ d_{ij}=0, & i\neq j\end{cases} \tag{3.5.6}$$

d_{ii} 为矩阵 $\boldsymbol{Y}$ 的第 i 个奇异值，且如果 $i>j$，则有 $d_{ii}\geqslant d_{jj}$，即主对角线上的奇异值按降序排列。

$\boldsymbol{Y}\in\mathbb{R}^{N\times N}$ 与 $\boldsymbol{U}$ 一样，是一个包含正交单位列矢量的矩阵。

将矩阵 $\boldsymbol{Y}$ 的秩记为 $R(\boldsymbol{Y})$，则 $R(\boldsymbol{Y})\leqslant\min\{L,N\}$。在 SVD 分解中，如果已知 $\boldsymbol{U}$ 和 $\boldsymbol{V}$ 都是满秩矩阵，则由 $R(\boldsymbol{Y})=R(\boldsymbol{UDV}^{\mathrm{T}})$ 可知，奇异值矩阵 $\boldsymbol{D}$ 中的非零奇异值的个数对应矩阵 $\boldsymbol{Y}$ 的秩。设 $R(\boldsymbol{Y})=T$，可以截掉 SVD 分解中各矩阵冗余的列，得到较简洁的 SVD 分解矩阵，即 $\boldsymbol{U}\in\mathbb{R}^{L\times T}$，$\boldsymbol{D}\in\mathbb{R}^{T\times T}$，且 $\boldsymbol{V}\in\mathbb{R}^{N\times T}$，这通常称为**瘦 SVD**。

比较式(3.5.3)和式(3.5.4)可见，如果令 $\boldsymbol{A}=\boldsymbol{U}$，$\boldsymbol{W}=\boldsymbol{VD}^{\mathrm{T}}$，则可得到式(3.5.3)字典学习问题的一个解。但实际上式(3.5.3)中为约等号，说明存在误差。而式(3.5.4)的 SVD 解没有考虑误差，所以不符合实际情况。解决的方法是保留若干重要的奇异值，将不重要的奇异值设为零。从而得到**截断 SVD**(tSVD)。

矩阵的秩决定了非零奇异值的个数。重写式(3.5.4)如下：

$$\boldsymbol{Y}=\sum_{i=1}^{N}d_i\boldsymbol{u}_i\boldsymbol{v}_i^{\mathrm{T}} \tag{3.5.7}$$

其中，d_i 是矩阵 $\boldsymbol{Y}$ 的第 i 个奇异值，且依次从大到小排列(当 $i>j$ 时，$d_i\geqslant d_j$)。tSVD 保留几个最大的奇异值(设保留了 T 个)，舍弃其余的奇异值以逼近矩阵 $\boldsymbol{Y}$：

$$\boldsymbol{Y}'=\sum_{i=1}^{T}d_i\boldsymbol{u}_i\boldsymbol{v}_i^{\mathrm{T}} \tag{3.5.8}$$

所以，$\boldsymbol{Y}'$ 只是一个估计值，其与原来矩阵之间的残差 $\boldsymbol{R}=\boldsymbol{Y}-\boldsymbol{Y}'$ 为

$$\boldsymbol{R}=\sum_{i=T+1}^{N}d_i\boldsymbol{u}_i\boldsymbol{v}_i^{\mathrm{T}} \tag{3.5.9}$$

所以采用 tSVD 方法的字典学习方案可显式地表示误差，$\boldsymbol{A}=[\boldsymbol{u}_1\quad\cdots\quad\boldsymbol{u}_N]$，$\boldsymbol{W}=[d_1\boldsymbol{v}_1\quad\cdots\quad d_T\boldsymbol{v}_T]$。为确定式(3.5.9)的残差在原始信号矩阵 $\boldsymbol{Y}$ 中所占的比例，可借助矩阵的范数。**F 范数**是矩阵所有元素的平方和，所以

$$\|\boldsymbol{R}\|_{\mathrm{F}}^2=\sum_{i=T+1}^{N}d_i^2 \tag{3.5.10}$$

$$\|\boldsymbol{Y}\|_{\mathrm{F}}^2=\sum_{i=1}^{N}d_i^2 \tag{3.5.11}$$

残差在原始信号矩阵 $\boldsymbol{Y}$ 中所占的比例为

$$\frac{\|\boldsymbol{R}\|_F^2}{\|\boldsymbol{Y}\|_F^2}=\sum_{i=T+1}^{N}d_i^2\Big/\sum_{i=1}^{N}d_i^2 \tag{3.5.12}$$

可见，F 范数衡量下的残差与原始信号之间的比例差别完全取决于原始信号奇异值平方的分布，以及使用多少个(T)最大奇异值重建信号。

为确定 T，可根据 SVD 与 PCA 之间的关系，即 SVD 的 $\boldsymbol{U}$ 矩阵对应 PCA 中的主分量，$\boldsymbol{DV}^{\mathrm{T}}$ 就是数据在主分量上的投影值。可看出，式(3.5.8)的 tSVD 逼近实际上要选取若干主分量重构信号。所以，可以利用 PCA 中确定主分量个数的方法确定 tSVD 中的 T(保留的最大奇异值的个数)。

3.5.2 非负矩阵分解

tSVD 的优化形式可用下式表示(第一行是待优化目标，其下两行是限定条件)：

$$\begin{aligned}&\min_{\boldsymbol{A}\in\mathbf{R}^{L\times M},\boldsymbol{W}\in\mathbf{R}^{M\times N}}\|\boldsymbol{E}\|_F^2\\&\text{s.t. }\boldsymbol{Y}=\boldsymbol{AW}+\boldsymbol{E}\\&\boldsymbol{A}^{\mathrm{T}}\boldsymbol{A}=\boldsymbol{I}_M\end{aligned} \tag{3.5.13}$$

其中，$\boldsymbol{I}_M$ 是 $M\times M$ 的单位矩阵。

式(3.5.13)取数据矩阵 $\boldsymbol{Y}$ 的 SVD 分解在 $\boldsymbol{U}$ 矩阵中与 T 个最大奇异值相关的列作为原子信号矩阵 $\boldsymbol{A}$，并要求 $\boldsymbol{A}$ 正交。

式(3.5.13)存在两个问题。首先，tSVD 是其一个解，但由于没有限制 $\boldsymbol{W}$ 的形式，所以式(3.5.13)可能有无穷多个解。事实上，任何解的酉变换都是合法解，即如果假设 $\boldsymbol{A}^*$ 和 $\boldsymbol{W}^*$ 是一组解，$\boldsymbol{H}$ 是一个 $M\times M$ 的酉矩阵($\boldsymbol{H}^{\mathrm{T}}\boldsymbol{H}=\boldsymbol{HH}^{\mathrm{T}}=\boldsymbol{I}_M$)，则 $\boldsymbol{A}^*\boldsymbol{H}$ 和 $\boldsymbol{W}^*\boldsymbol{H}$ 也是式(3.5.13)的解。其次，这里对字典信号必须正交的要求过于苛刻。

由式(3.5.13)可见，如果要去掉原子信号必须正交的限制，只要去掉第 3 行即可。但这可能导致解的空间太大及平凡解的产生。所以需要对 $\boldsymbol{A}$ 或 $\boldsymbol{W}$ 或两者同时进行适当限制。用于限定解空间的规则应满足两个条件：一个是限定规则本身应具有物理意义；另一个是限定后优化问题应可解，或者说其近似解可在有限时间内计算出来。

字典学习的本质是矩阵分解。**非负矩阵分解**(NMF)是一种非线性的维数约减手段，可满足上述两个条件。实际信号具有物理意义，所以是非负的，生成这些信号的原子信号也应非负，权重矩阵要帮助构成信号，所以也应非负。NMF 的限定条件是原子信号和权重矩阵必须都为非负。NMF 的优化形式类似于式(3.5.13)，可写为

$$\begin{aligned}&\min_{\boldsymbol{A}\in\mathbf{R}^{L\times M},\boldsymbol{W}\in\mathbf{R}^{M\times N}}\|\boldsymbol{E}\|_F^2\\&\text{s.t. }\boldsymbol{Y}=\boldsymbol{AW}+\boldsymbol{E}\\&\boldsymbol{A}\geqslant 0\\&\boldsymbol{W}\geqslant 0\end{aligned} \tag{3.5.14}$$

考虑到优化目标的多样性，还可写为更具普适性的形式：

$$\begin{aligned}&\min_{\boldsymbol{A}\in\mathbf{R}^{L\times M},\boldsymbol{W}\in\mathbf{R}^{M\times N}}d(\boldsymbol{Y},\boldsymbol{AW})\\&\text{s.t. }\boldsymbol{Y}=\boldsymbol{AW}+\boldsymbol{E}\\&\boldsymbol{A}\geqslant 0\\&\boldsymbol{W}\geqslant 0\end{aligned} \tag{3.5.15}$$

其中，$d(\boldsymbol{P},\boldsymbol{Q})$是表示矩阵 $\boldsymbol{P}$ 和 $\boldsymbol{Q}$ 非相似度的函数。设

$$d(\boldsymbol{P},\boldsymbol{Q})=\|\boldsymbol{P}-\boldsymbol{Q}\|_F^2 \tag{3.5.16}$$

则式(3.5.15)可化为式(3.5.14)的形式。

NMF 的解空间一般偏大，常常增加一些限制条件以进一步缩小解空间。例如，可加入权重矩阵的稀疏性条件以实现稀疏非负矩阵分解：

$$\begin{aligned}&\min_{\boldsymbol{A}\in\mathbf{R}^{L\times M},\boldsymbol{W}\in\mathbf{R}^{M\times N}} d(\boldsymbol{Y},\boldsymbol{AW})\\ &\text{s.t. } \boldsymbol{Y}=\boldsymbol{AW}+\boldsymbol{E}\\ &\quad\ \ \boldsymbol{A}\geqslant 0\\ &\quad\ \ \boldsymbol{W}\geqslant 0\\ &\quad\ \ \|\boldsymbol{W}\|_0\leqslant K\end{aligned} \tag{3.5.17}$$

另外，对流形上的非负矩阵分解，可以有

$$\begin{aligned}&\min_{\boldsymbol{A}\in\mathbf{R}^{D\times M},\boldsymbol{W}\in\mathbf{R}^{M\times N}} d(\boldsymbol{Y},\boldsymbol{AW})\\ &\text{s.t. } \boldsymbol{Y}=\boldsymbol{AW}+\boldsymbol{E}\\ &\quad\ \ \boldsymbol{A}\geqslant 0\\ &\quad\ \ \boldsymbol{W}\geqslant 0\\ &\quad\ \ \boldsymbol{a}_i\in S\quad i=1,2,\cdots,S\end{aligned} \tag{3.5.18}$$

其中，S 表示一个具有特定结构的流形。

3.5.3 端元提取

端元提取也是一种字典学习方法，其两个限制条件为：①权重矩阵非负；②权重矩阵每一列的和必须为 1，即

$$\boldsymbol{y}_i=\boldsymbol{A}\boldsymbol{w}_i+\boldsymbol{\varepsilon}\quad \boldsymbol{w}_i\geqslant 0\quad \boldsymbol{w}_i^{\mathrm{T}}\boldsymbol{L}=1 \tag{3.5.19}$$

其中，$\boldsymbol{L}$ 为一个长度合适的全为 1 的列矢量。将式(3.5.19)写为矩阵形式：

$$\boldsymbol{Y}=\boldsymbol{AW}+\boldsymbol{E}\quad \boldsymbol{W}\geqslant 0\quad \boldsymbol{W}^{\mathrm{T}}\boldsymbol{L}=\boldsymbol{L} \tag{3.5.20}$$

一种典型的端元提取优化方法是**迭代约束端元化**(ICE)：

$$\begin{aligned}&\min_{\boldsymbol{A}\in\mathbf{R}^{L\times M},\boldsymbol{W}\in\mathbf{R}^{M\times N}} \|\boldsymbol{E}\|_F^2+\lambda\sum_{i\neq j}\|\boldsymbol{a}_i-\boldsymbol{a}_j\|_2^2\\ &\text{s.t. } \boldsymbol{Y}=\boldsymbol{AW}+\boldsymbol{E}\\ &\quad\ \ \boldsymbol{W}\geqslant 0\\ &\quad\ \ \boldsymbol{W}^{\mathrm{T}}\boldsymbol{L}=\boldsymbol{L}\end{aligned} \tag{3.5.21}$$

其中，$\boldsymbol{A}$ 为端元矩阵，其第 i 列 $\boldsymbol{a}_i$ 为第 i 个端元，求和项表示两两不同端元之间的距离和，λ 为正则参数，用于权衡数据重建误差与距离和。

ICE 的模型和优化问题与非负矩阵分解没有本质区别，但优化过程不同。ICE 采用类似于坐标交替下降迭代的优化方法。在某一个迭代步骤 t 中，固定一个未知量，如 $\boldsymbol{W}^t$，求解另一个未知量，如 $\boldsymbol{A}^{t+1}$；得到 $\boldsymbol{A}^{t+1}$ 后再固定 $\boldsymbol{A}^{t+1}$，求解 $\boldsymbol{W}^{t+1}$。循环迭代即可得到最终解。

具体将 ICE 的优化问题简化为

$$\begin{aligned}&\min_{\boldsymbol{A}\in\mathbf{R}^{L\times M},\boldsymbol{W}\in\mathbf{R}^{M\times N}} \|\boldsymbol{Y}-\boldsymbol{AW}\|_F^2+\lambda\operatorname{tr}(\boldsymbol{AHA}^{\mathrm{T}})\\ &\text{s.t. } \boldsymbol{W}\geqslant 0\\ &\quad\ \ \boldsymbol{W}^{\mathrm{T}}\boldsymbol{L}=\boldsymbol{L}\end{aligned} \tag{3.5.22}$$

将 $\boldsymbol{E}=\boldsymbol{Y}-\boldsymbol{AW}$ 代入式(3.5.22)，并使用($\boldsymbol{H}=1-\boldsymbol{L}^{\mathrm{T}}\boldsymbol{L}/\boldsymbol{M}$)：

$$\sum_{i \neq j} \| \boldsymbol{a}_i - \boldsymbol{a}_j \|_2^2 = \operatorname{tr}(\boldsymbol{AHA}^{\mathrm{T}}) \tag{3.5.23}$$

另外定义

$$J(\boldsymbol{A}, \boldsymbol{W}) = \| \boldsymbol{Y} - \boldsymbol{AW} \|_2^2 + \lambda \operatorname{tr}(\boldsymbol{A}^{\mathrm{T}} \boldsymbol{HA}) \tag{3.5.24}$$

如果第 t 步迭代已得到 $\boldsymbol{A}^t$ 和 $\boldsymbol{W}^t$,则 $\boldsymbol{W}^{t+1}$ 可由(固定 $\boldsymbol{A}$)下式求解得到:

$$\begin{gathered} \boldsymbol{W}^{t+1} = \underset{\boldsymbol{W}}{\operatorname{argmin}} J(\boldsymbol{A}^t, \boldsymbol{W}) \\ \text{s. t. } \boldsymbol{W} \geqslant 0 \\ \boldsymbol{W}^{\mathrm{T}} \boldsymbol{L} = \boldsymbol{L} \end{gathered} \tag{3.5.25}$$

式(3.5.25)是一个带线性限制条件的**二次规划**(QP)问题,有标准的算法。接下来,固定 $\boldsymbol{W}$ 以得到下一步的原子信号矩阵 $\boldsymbol{A}$:

$$\boldsymbol{A}^{t+1} = \underset{\boldsymbol{A}}{\operatorname{argmin}} J(\boldsymbol{A}, \boldsymbol{W}^{t+1}) \tag{3.5.26}$$

式(3.5.26)也是一个二次规划问题,且无约束条件,所以有直接的解析解:

$$\boldsymbol{A}^{t+1} = \boldsymbol{Y}(\boldsymbol{W}^{t+2})^{\mathrm{T}} [\boldsymbol{W}^{t+1}(\boldsymbol{W}^{t+1})^{\mathrm{T}} + \lambda \boldsymbol{H}]^{-1} \tag{3.5.27}$$

一般情况下,矩阵 $\boldsymbol{W}^{t+1}(\boldsymbol{W}^{t+1})^{\mathrm{T}} + \lambda \boldsymbol{H}$ 是可逆的,因为 $\boldsymbol{H}$ 的秩为 $M-1$。只有在某些情况下(如 $\boldsymbol{W}^{t+1}$ 为全零矩阵时)才会出现 $\boldsymbol{W}^{t+1}(\boldsymbol{W}^{t+1})^{\mathrm{T}} + \lambda \boldsymbol{H}$ 不可逆。即便在这种情况下,也可引入一个小的扰动,即 $\boldsymbol{W}^{t+1}(\boldsymbol{W}^{t+1})^{\mathrm{T}} + \lambda \boldsymbol{H} + \varepsilon \boldsymbol{I}$($\varepsilon \geqslant 0$,但接近 0)取代原矩阵 $\boldsymbol{W}^{t+1}(\boldsymbol{W}^{t+1})^{\mathrm{T}} + \lambda \boldsymbol{H}$,以确保其可逆。所以,从一个最初的原子矩阵 $\boldsymbol{A}^0$ 出发,通过上述迭代过程,可得到一组局部最优解。但该优化算法也存在类似非负矩阵分解优化算法的问题,ICE 的优化目标同样是非凸性的,所以上述算法虽然可以保证收敛,但可能只收敛到局部最优解,并不能确保全局最优。另外,解还依赖于初始值,不同的初始值可能导致不同的解。

类似于对非负矩阵分解的改进[参见式(3.5.17)],也可对式(3.5.21)进行相应的变形,以克服 ICE 的缺点或引入 ICE 中没有的性质。例如,可得到**稀疏迭代约束端元化**(SPICE):

$$\begin{gathered} \min_{\boldsymbol{A} \in \mathbf{R}^{L \times M}, \boldsymbol{W} \in \mathbf{R}^{M \times N}} \| \boldsymbol{E} \|_{\mathrm{F}}^2 + \lambda_1 \sum_{i \neq j} \| \boldsymbol{a}_i - \boldsymbol{a}_j \|_2^2 + \lambda_2 \| \boldsymbol{W} \|_1 \\ \text{s. t. } \boldsymbol{Y} = \boldsymbol{AW} + \boldsymbol{E} \\ \boldsymbol{W} = \boldsymbol{AW} \\ \boldsymbol{W}^{\mathrm{T}} \boldsymbol{L} = \boldsymbol{L} \end{gathered} \tag{3.5.28}$$

其中引入的是权重矩阵的稀疏性先验条件。

3.5.4 稀疏编码

稀疏编码是寻找数据的一种字典表达方式,要使每个数据都可表示为少数原子信号的线性组合。直观地说,就是在字典学习中对权重矩阵引入稀疏性约束条件。在稀疏编码中权重矩阵称为稀疏表达矩阵,借助前面的优化问题表示方法,稀疏编码的模型和优化目标可写为

$$\begin{gathered} \min_{\boldsymbol{A} \in \mathbf{R}^{L \times M}, \boldsymbol{W} \in \mathbf{R}^{M \times N}} \| \boldsymbol{E} \|_p \\ \text{s. t. } \boldsymbol{Y} = \boldsymbol{AW} + \boldsymbol{E} \\ \| \boldsymbol{w}_i \|_0 \leqslant K \quad i = 1, 2, \cdots, N \end{gathered} \tag{3.5.29}$$

式(3.5.29)表达的含义是找到用于表示数据 $\boldsymbol{Y}$ 的字典,确保使用该字典的数据的重建系数在一定误差允许范围内是 K 稀疏的。式(3.5.29)与压缩感知的经典优化问题有相似之处,但有两点不同:一是压缩感知中的讨论针对信号的感知与重建;二是压缩感知中的采样矩阵 $\boldsymbol{\Phi}$ 对应稀疏编码中的矩阵 $\boldsymbol{A}$,且 $\boldsymbol{\Phi}$ 已知,但在稀疏编码中矩阵 $\boldsymbol{A}$ 也是需要求解的目标之一。

可见,稀疏编码对优化问题求解的复杂度远超压缩感知。

1. 最优方向法

最优方向法(MOD)解决的是式(3.5.29)的问题并实现以下稍许不同的目标:

$$\min_{\boldsymbol{A}\in\mathbb{R}^{L\times M},\boldsymbol{W}\in\mathbb{R}^{M\times N}} \|\boldsymbol{W}\|_0$$
$$\text{s.t. } \boldsymbol{Y}=\boldsymbol{A}\boldsymbol{W}+\boldsymbol{E}$$
$$\|\boldsymbol{e}_i\|_2\leqslant\varepsilon \quad i=1,2,\cdots,N \tag{3.5.30}$$

其中,$\|\boldsymbol{W}\|_0$ 是矩阵 $\boldsymbol{W}$ 的 L_0 范数,即矩阵 $\boldsymbol{W}$ 中非零元素的个数。

最优方向法的本质是交替优化原子信号矩阵和权重矩阵,主要包括两个步骤。

(1) 稀疏编码阶段:对于 $i=1,2,\cdots,N$,使用匹配追踪算法以获取

$$\boldsymbol{w}_i=\underset{\boldsymbol{A}}{\operatorname{argmin}}\|\boldsymbol{y}_i-\boldsymbol{A}^{t-1}\boldsymbol{w}\|_2^2 \quad \text{s.t. } \|\boldsymbol{w}\|_0\leqslant K \tag{3.5.31}$$

(2) 字典更新阶段:使用下列公式更新原子信号矩阵:

$$\boldsymbol{A}^t=\underset{\boldsymbol{A}}{\operatorname{argmin}}\|\boldsymbol{Y}-\boldsymbol{A}\boldsymbol{W}^t\|_F^2=\boldsymbol{Y}\boldsymbol{W}^t[\boldsymbol{W}^t(\boldsymbol{W}^t)^{\mathrm{T}}]^{-1} \tag{3.5.32}$$

2. 核奇异值分解

在 MOD 中,字典更新通过对权重矩阵进行简单的伪逆计算实现,使一些原子信号混入其他原子信号中并产生影响,从而导致整个算法收敛过程较慢。**核奇异值分解**(K-SVD)为消除原子信号之间的互相干扰而提出。它的基本思想是逐个考查原子信号对数据拟合的贡献,并逐个更新原子信号。

考虑第 j 个原子信号 $\boldsymbol{a}_j$,令 S_j 为包含原子信号 $\boldsymbol{a}_j$ 中数据的索引集合,即

$$S_j=\{i\mid 1\leqslant i\leqslant M,w_{ji}\neq 0\} \tag{3.5.33}$$

w_{ji} 为权重矩阵 $\boldsymbol{W}$ 的第 j 行第 i 列元素。因为 $\boldsymbol{W}$ 是稀疏的,所以并不是每个原子信号都对观测数据有贡献,或者说并不是每个数据都包含所有原子信号,最多只有 K 个原子信号具有非零的权重系数。先来计算残差矩阵:

$$\boldsymbol{E}_j=\boldsymbol{Y}-\sum_{l\neq j}\boldsymbol{a}_l\boldsymbol{w}_l^{\mathrm{T}} \tag{3.5.34}$$

上式计算的是除 $\boldsymbol{a}_j$ 外其他原子信号的拟合残差。引入记号 $\boldsymbol{E}_j^S$ 以表示矩阵 $\boldsymbol{E}_j$ 的列子矩阵,即由 $\boldsymbol{E}_j$ 中属于 S 的列组成的矩阵。对 $\boldsymbol{a}_j$ 和 $\boldsymbol{w}_j$ 的更新由下式求解得到:

$$(\boldsymbol{a}_j,\boldsymbol{w}_j)=\underset{\boldsymbol{a},\boldsymbol{w}}{\operatorname{argmin}}\|\boldsymbol{E}_j^S-\boldsymbol{a}\boldsymbol{w}^{\mathrm{T}}\|_F^2 \tag{3.5.35}$$

式(3.5.35)仍是一个矩阵分解问题,但比原始的矩阵分解问题简单得多,因为该式中的 $\boldsymbol{a}$ 和 $\boldsymbol{w}$ 都是矢量,而非矩阵。所以,可用经典的矩阵分解求解。在 K-SVD 中使用对矩阵 $\boldsymbol{E}_j^S$ 的秩为 1 的 SVD 分解,即 tSVD

$$\boldsymbol{E}_j^S\approx\boldsymbol{u}\lambda\boldsymbol{v}^{\mathrm{T}} \tag{3.5.36}$$

可见,$\boldsymbol{u}$ 和 $\lambda\boldsymbol{v}$ 分别为 $\boldsymbol{a}$ 和 $\boldsymbol{w}$ 的解。如果 $K=1$ 且限定权重矩阵的值只能取 1 或 0,那么原始问题简化为标准的 K 均值聚类问题。类似于在每个 K 均值的迭代步骤中都计算 K 个子集(类),这种带前述限制条件的 K-SVD 的每个迭代步骤也是寻找 K 个子矩阵(对应 K 个子集)。其两个主要迭代步骤如下。

(1) 稀疏编码阶段:对于 $i=1,2,\cdots,N$,使用匹配追踪算法以获取

$$\boldsymbol{w}_i=\underset{\boldsymbol{A}}{\operatorname{argmin}}\|\boldsymbol{y}_i-\boldsymbol{A}^{t-1}\boldsymbol{w}\|_2^2 \quad \text{s.t. } \|\boldsymbol{w}\|_0\leqslant K \tag{3.5.37}$$

的近似解,得到 $\boldsymbol{W}^t$。

(2) 字典更新阶段:使用下面的公式依次更新原子信号矩阵 $\boldsymbol{A}$ 的第 j 个原子信号 $\boldsymbol{a}_j$($j=$

1,2,…,M)。

先计算残差矩阵：

$$\boldsymbol{E}_j = \boldsymbol{Y} - \sum_{l \neq j} \boldsymbol{a}_l \boldsymbol{w}_l^{\mathrm{T}} \tag{3.5.38}$$

而矩阵 $\boldsymbol{E}_j^S$ 的秩为 1 的 tSVD 分解为

$$\boldsymbol{E}_j^S \approx \boldsymbol{u} \lambda \boldsymbol{v}^{\mathrm{T}} \tag{3.5.39}$$

其中，$\boldsymbol{a}_j = \boldsymbol{u}$，且权重矢量 $\boldsymbol{w}_j = \lambda \boldsymbol{v}$。

可见，稀疏编码与聚类分析较为相似，且与子空间分析（也称子空间学习）密切相关。

3.6 压缩感知的成像应用

压缩感知已得到许多实际应用，下面仅举两个成像方面的例子。

3.6.1 单像素相机

单像素相机的设计是一个使压缩感知得到广泛关注的重要事件。它成像灵活，光电转换效率高，大大减少了对高复杂度、高代价光探测器的要求。其成像流程如图 3.6.1 所示。

图 3.6.1 单像素相机成像流程

利用光学透镜将场景中得到光源照射的目标投影到**数字微镜器**(DMD)上。这是一种借助大量微小镜片反射入射光而实现光调制的器件。微镜阵列中的每个单元都可借助电压信号控制以分别进行正负 12°的机械翻转，对入射光分别进行对称角度的反射或完全吸收而不输出。这样就构成了一个由 1 和 0 组成的随机测量矩阵。以对称角度反射出来的光被光敏二极管（目前常用的快速、敏感、低价、高效的单像素传感器，低光照时也可使用血崩二极管）接收，其输出电压随反射光强度变化。对该电压量化后可给出一个测量值 y_i，其中每次 DMD 的随机测量模式对应测量矩阵中的一行 $\boldsymbol{\phi}_i$，此时如果将输入图像看作一个矢量 $\boldsymbol{x}$，则该次测量的结果 $y_i = \boldsymbol{\phi}_i \boldsymbol{x}$。将此投影操作重复 M 次，则通过 M 次随机配置 DMD 上每个微镜的翻转角度，可获得 M 个测量结果，得到 $\boldsymbol{y} = \boldsymbol{\Phi x}$。根据总变分重构法（可用 DSP 实现），就可用远小于原始场景图像像素数的 M 个测量值重构图像（其分辨率与微镜阵列的分辨率相同）。这相当于在图像采集过程中实现对图像数据的压缩。

例 3.6.1 单像素相机成像效果

目前单像素相机成像的效果与普通 CCD 相机成像的效果还有一定的距离。图 3.6.2 给出了一组示例。图 3.6.2(a)是对一张黑纸上的白色字母 R 的成像效果，像素个数为 256×256；图 3.6.2(b)是用单像素相机成像的一种效果，此时 M 为像素个数的 16%（进行了 11 000 次测量）；图 3.6.2(c)是用单像素相机成像的另一种效果，此时 M 为像素个数的 2%（进行了 1300 次测量）。

由图 3.6.2 可见，虽然测量数量有所减少，但质量还不能比较。另外，机械翻转微镜需要一定的时间，所以获得足够多测量数量的成像时间较长（以分钟为单位）。事实上，在可见光范围内，用单像素相机成像的成本比一般 CCD 相机或 CMOS 相机高。由于可见光谱与硅材料的光电响应区域一致，所以 CCD 或 CMOS 器件的集成度高且价格低。但在其他光谱范围，例如红外谱段，单像素相机比较有优势。由于红外谱段的探测器件较昂贵，单像素相机可与其竞争。

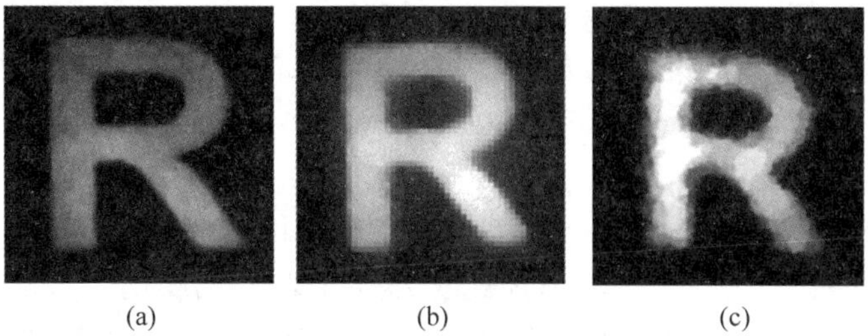

图 3.6.2 单像素相机成像效果示例

单像素相机成像的基础是**计算鬼成像理论**[Shapiro 2008]。根据计算鬼成像理论，在鬼成像过程中，自由传播的参考光束的测量信号无须来自真实物理光束，且无须探测器探测，可通过计算获得；而景物的透射光束信号用一个桶探测器（没有空间分辨率）接收；两路信号进行相关运算即可获得景物透光率的空间分布，即获得图像。如果采用多个不同位置的单像素相机同时成像，并借助**从影调恢复形状**的技术（参见第 9 章），就可实现单像素 3-D 成像[Sun 2013]。进一步，[Edgar 2015]提出了单像素动态成像技术，并获得了可见光和红外视频图像。通过考虑环境电磁辐射因素，依据景物信息在空域与频域的傅里叶变换关系，[陈 2021b]推导了单色单像素频谱重构成像理论，提出了实现单像素彩色成像的 3 种方案。

3.6.2 压缩感知磁共振成像

磁共振成像是一种借助扫描并进行投影重建获取图像的方法（参见上册第 9 章），在医学中得到广泛应用。磁共振成像可获取人体内部的信息，且对人体无损伤，但其中的扫描过程导致图像采集需要大量时间，不仅增加了患者的不适感，而且患者的生理运动造成的运动伪影也会给临床诊断带来较大的负面影响。因此，缩短成像时间、提高成像效率和减少图像伪影受到广泛关注。

利用压缩感知的磁共振成像的基本思路如下：先对图像采用离散傅里叶标准正交基进行稀疏表达，再对得到的 K 空间数据进行随机欠采样，最后通过非线性重构算法重建图像。整个流程如图 3.6.3 所示。

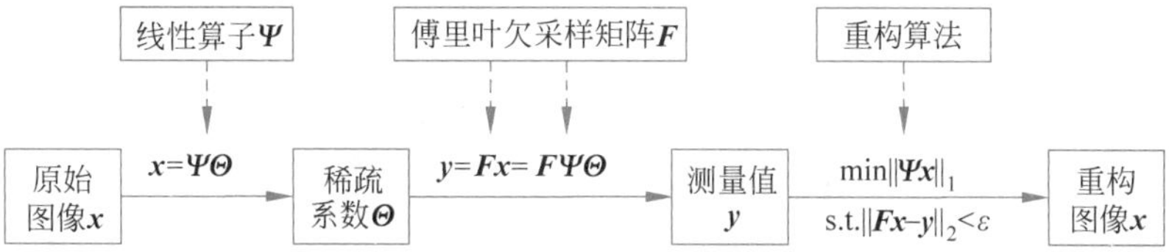

图 3.6.3 压缩感知磁共振成像流程

具体描述如下。

（1）考虑一幅 N-D 图像 $\boldsymbol{x}$ 在 $\boldsymbol{\Psi}=\{\boldsymbol{\Psi}_1,\boldsymbol{\Psi}_2,\cdots,\boldsymbol{\Psi}_N\}$ 下具有稀疏性，则

$$\boldsymbol{x}=\sum_{i=1}^{K}\theta_i\boldsymbol{\Psi}_N=\boldsymbol{\Psi\Theta} \tag{3.6.1}$$

其中，$\boldsymbol{\Theta}=[\theta_1\quad\theta_2\quad\cdots\quad\theta_N]^{\mathrm{T}}(K\ll N)$ 代表 $\boldsymbol{x}$ 在稀疏变换 $\boldsymbol{\Psi}$ 中的非零系数。

（2）借助 $\boldsymbol{F}\in\mathbb{R}^{M\times N}(M\ll N)$ 将图像 $\boldsymbol{x}$ 投影到低维空间，得到 M 维的测量值 $\boldsymbol{y}\in\mathbb{R}^{M}$：

$$\boldsymbol{y}=\boldsymbol{Fx}=\boldsymbol{F\Psi\Theta} \tag{3.6.2}$$

其中，$\boldsymbol{F}$ 为傅里叶变换欠采样矩阵。

（3）图像 $\boldsymbol{x}$ 可由 K 空间的测量值 $\boldsymbol{y}$ 通过求解约束优化问题精确重构：

$$\min \|\boldsymbol{\Psi} \boldsymbol{x}\|_1 \quad \text{s.t.}\ \|\boldsymbol{F}\boldsymbol{x} - \boldsymbol{y}\|_2 < \varepsilon \tag{3.6.3}$$

式(3.6.3)表示在用不等式约束 K 空间数据一致性条件下(ε 代表测量值重构的保真度)通过稀疏变换 $\boldsymbol{\Psi}$ 对 $\boldsymbol{x}$ 进行稀疏表达。

例 3.6.2 压缩感知磁共振成像效果

图 3.6.4 给出了压缩感知磁共振成像效果示例。图像为用纵向松弛时间 T_1 加权的脑图像,每幅图像的分辨率为 384×324,含有加性复数高斯噪声,信噪比为 25dB。其中,左边 3 幅图是采用基于压缩感知的总变分重构法得到的结果,右边 3 幅图是采用基于压缩感知的凸优化重构法(使用了加权 L_1 范数)得到的结果。每 3 幅图中,从左向右,测量次数分别为原始像素数的 1/4、1/6 和 1/8(都对应欠采样)。换句话说,成像的加速倍率(反比于测量次数)分别为 4、6 和 8。

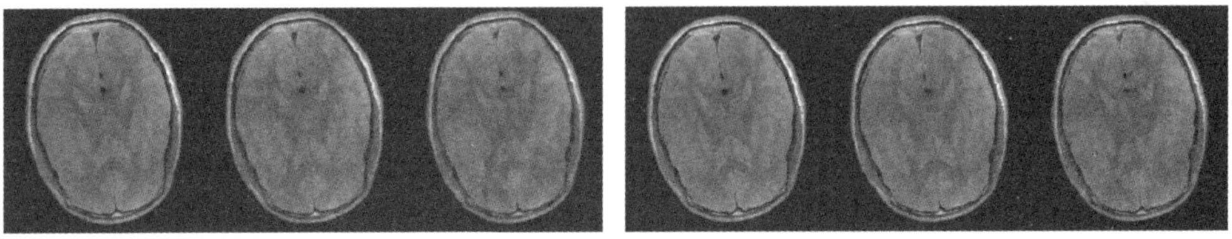

图 3.6.4 压缩感知磁共振成像效果示例

由图 3.6.4 可见,当加速倍率为 6 和 8 时,利用总变分重构法得到的结果中解剖结构比较模糊且存在较多块状伪影;利用凸优化重构法得到的结果有所改善,但上述问题仍然存在。 □

在利用压缩感知的磁共振成像中,扫描仪器采集的并不是原始图像像素,而是由全局傅里叶变换得到的频域图像,每个频域像素都是时域像素的线性组合,即频域图像包含了原始图像的所有信息。因此,保留部分重要的采集数据并不会导致原始图像信息缺失。然后,通过仅利用 K 空间的部分数据就可成功重构出原始图像。如此,不但能加快成像速度,而且能极大减少扫描时间并提高患者的舒适度。

总结和复习　　随堂测试

第4章

教学视频

深度信息采集

常见成像方式获得的是源自 3-D 物理空间的 2-D 图像，其中与摄像机光轴垂直的平面上的信息被保留在图像中，但沿摄像机光轴方向的深度（距离）信息丢失了。而图像理解常需要获得客观世界的 3-D 信息或更高维的全面信息。

获得（或恢复）深度信息的方法有多种，包括参照人类双目视觉系统观察世界的立体视觉技术，利用特定设备和装置直接获取距离信息的方法，借助移动聚焦平面逐层获取 3-D 信息的手段等。另外，同一类方法可采用不同的设备和配置，以及有特色的技术。

根据上述讨论，本章各节将安排如下。

4.1 节对一般高维（>2-D）图像的种类和深度成像方式给予概括介绍和分析。

4.2 节介绍双目立体成像的模式，包括双目横向模式、双目横向会聚模式和双目轴向模式。

4.3 节介绍若干种直接采集深度图像的装置和方法，以及一种深度图和灰度图同时采集的方法。

4.4 节分别讨论利用普通显微镜和共聚焦显微镜进行景物 3-D 分层成像的技术。

4.5 节介绍一种使用 5 个摄像机构成等基线多摄像机组，实现立体成像的技术。

4.6 节介绍一种仅使用单个摄像机，但使用 5 面镜子构成虚拟摄像机组，实现立体成像的技术。

4.1 高维图像和成像方式

客观世界是高维的，相应采集的图像也可以是高维的。相比最基本的 2-D 静止灰度图像 $f(x,y)$，一般化的图像应是具有 5 个变量的矢量函数 $\boldsymbol{f}(x,y,z,t,\lambda)$，其中 $\boldsymbol{f}$ 代表图像反映的客观性质，x、y、z 为空间变量，t 为时间变量，λ 为频谱变量（波长），参见上册 1.1.1 小节。本节先概括介绍高维图像的种类及相应的图像采集方式。

4.1.1 高维图像种类

随着电子技术和计算机技术的进步，许多图像采集方式和设备得到应用，使图像从 $f(x,y)$ 不断向 $\boldsymbol{f}(x,y,z,t,\lambda)$ 扩展。下面给出典型的示例。

(1) 将 $f(x,y)$ 看作反映景物平面辐射的图像：如果能将景物沿采集（深度）方向分为多片，并对每片成像，结合起来即可获得景物完整的 3-D 信息（包括景物内部），也就是采集到了 3-D 图像 $f(x,y,z)$。例如，CT 和 MRI 等成像方式，都是通过移动成像面实现逐层扫描而获得 3-D 图像 $f(x,y,z)$。

(2) 将 $f(x,y)$ 看作在某个给定时刻获取的静止图像：将图像采集的过程看作一个瞬时的过程，沿着时间轴连续采集多幅图像，就可获得一段时间内的完整信息（包括动态信息）。视频（及其他序列采集的图像）给出的就是另一类 3-D 图像 $f(x,y,t)$。

(3) 将 $f(x,y)$ 看作仅对某个波长的辐射（或者对某个波段辐射的平均值）响应而得到的图像：事实上，利用不同的波长辐射可获得反映场景不同性质（对应景物表面对不同波长 λ 的反射和吸收特性）的图像。同时利用各种波长辐射在相同时空采集的图像集合，能全面反映场景的频谱信息，其中的每幅图像都可以是 3-D 图像 $f(x,y,\lambda)$ 或 4-D 图像 $f(x,y,t,\lambda)$。典型的例子如多光谱图像，每幅图像对应不同的波段，但都对应同样的时空。

(4) 将 $f(x,y)$ 看作仅考虑了给定空间位置某一种性质而采集的图像：实际中，空间某一位置的场景可具有多种性质，或者说图像在点 (x,y) 处可同时有多个值，此时可用矢量 $\boldsymbol{f}$ 表示。彩色图像可看作每个图像点同时具有红、绿、蓝 3 个值的图像，$\boldsymbol{f}(x,y)=[f_r(x,y), f_g(x,y), f_b(x,y)]$。另外，上面提到的利用各种波长辐射在同样时空得到的图像集合，也可看作矢量图像 $\boldsymbol{f}(x,y)=[f_{\lambda 1}(x,y), f_{\lambda 2}(x,y),\cdots]$ 或 $\boldsymbol{f}(x,y)=[f_{t1\lambda 1}(x,y), f_{t1\lambda 2}(x,y),\cdots, f_{t2\lambda 1}(x,y), f_{t2\lambda 2}(x,y),\cdots]$。

(5) 将 $f(x,y)$ 看作将 3-D 场景向 2-D 平面进行投影而采集的图像：这个过程中，丢失了深度（或距离）信息（有信息损失）。结合对同一场景不同视点采集的多幅图像（采用双目或多目的方法，见第 6 章和第 7 章），即可获得该场景的完整信息（包括深度信息）。图像性质为深度的图像称为**深度图**或**深度图像**，即 $z=f(x,y)$。由深度图像可进一步获得 3-D 图像 $f(x,y,z)$。

将上述各种对图像 $f(x,y)$ 的扩展方法结合起来，即可得到各种高维的 $\boldsymbol{f}(x,y,z,t,\lambda)$。

4.1.2 本征图像和非本征图像

图像是对客观场景的一种描述形式，根据其描述场景的性质可分为**本征图像**和非本征图像两大类[Ballard 1982]。图像是由观察者或采集器获取的场景的影像。场景中的景物具有与观察者和采集器本身性质无关的自身特性。例如，场景中各景物的表面反射率、透明度、表面指向、运动速度，以及各景物间的相对距离和空间方位等。这些特性称为（场景的）**本征特性**，表示这些本征特性物理量的图像称为本征图像。本征图像的种类很多，每个本征图像可以仅表示场景的单种本征特性，不掺杂其他特性的影响。如果能求得本征图像，对正确解释图像代表的景物非常有用。例如，深度图像是一种常用的本征图像，其中每个像素值都代表该像素表示的景物点与摄像机的距离（深度也称景物的高程），这些像素值实际上直接反映了景物可见表面的形状（本征性质）。又如上册 15.2 节中介绍了图像运动矢量场的表达方法。如果将运动矢量的值直接转化为幅度值，得到的就是表示景物运动速度的本征图像。

非本征图像表示的物理量不仅与场景有关，而且与观察者/采集器的性质或图像采集的条件或周围环境等有关。非本征图像的一个典型代表是常见的强度图（亮度图或照度图），一般表示为灰度图像。强度图是反映观察处接受辐射强度的图，其强度值常是辐射源的强度、辐射方式方位、景物表面的反射性质、采集器的位置及性能等多因素综合的结果（进一步讨论可见第 9 章）。

例 **4.1.1** 深度图像与灰度图像的区别

考虑图 4.1.1 中目标物体上的一个剖面，针对该剖面采集得到的深度图像和灰度图像进行比较有如下两个特点。

(1) 深度图像对应目标同一外平面的像素值按一定的变化率变化（该平面相对于图像平面倾斜），该值随目标形状和朝向变化，但与外部光照条件无关；灰度图像中对应的像素值既取决于表面的照度（既与目标形状和朝向有关，还与外部光照条件有关），也取决于表面的反射系数。

（2）深度图像中的边界线有两种：一种是目标与背景间的（距离）阶跃边缘；另一种是物体内部各区域相交处的屋脊状边缘（对应极值，深度还是连续的）。灰度图像中两处均为阶跃边缘。□

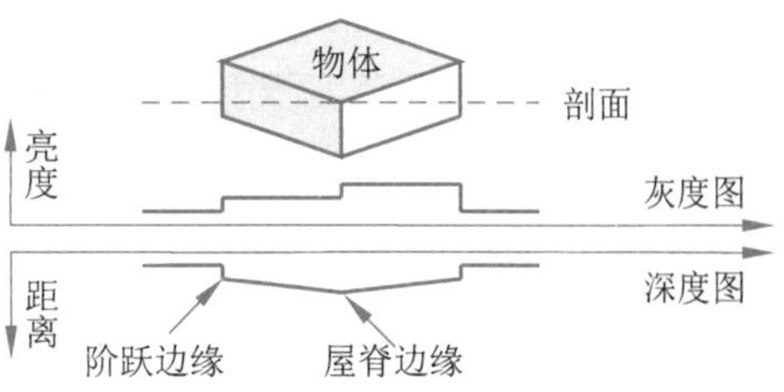

图 4.1.1　深度图像与灰度图像的区别　□

解决许多图像理解问题需要借助非本征图像恢复本征特性，即获得本征图像，从而进一步解释场景。为从非本征图像恢复场景的本征结构，常需要用到各种图像（预）处理手段。例如在灰度图像的成像过程中，许多有关场景的物理信息混合集成在像素灰度中，所以成像过程可看作退化变换。但这些有关场景的物理信息混在灰度图像中后并没有完全丢失，利用各种预处理技术（如滤波、边缘检测、距离变换等）可借助图像中的冗余信息消除成像过程中的退化（对成像物理过程的变换求“逆”），从而将图像变换为反映场景空间性质的本征图像。

从图像采集的角度看，为获得本征图像有两类方法：一类是先采集含有本征信息的非本征图像，再通过图像技术恢复本征特性；另一类是直接采集本征图像。以获得深度图像为例，可以采集含有立体信息的灰度图像，再从中获取深度信息（见 4.2 节、4.5 节和 4.6 节）；也可用特定设备直接采集深度图像（见 4.3 节和 4.4 节）。对于前一类方法，要考虑使用特定的图像采集方式（成像方式）和图像技术；而对于后一类方法，要使用特定的图像采集设备（成像装置）。

4.1.3　深度成像方式

许多图像理解问题可借助深度图像解决，因为深度图像给出了景物完整的 3-D 空间信息。深度成像的方式很多，主要由光源、采集器和景物 3 者的相互位置和运动情况决定。最基本的成像方式是单目成像，即用一个采集器在一个固定位置对场景取一幅像。虽然如 2.3.1 小节中讨论的那样，此时有关景物的深度信息没有直接反映在图像中，但这些信息隐含在成像的几何畸变、明暗度（阴影）、纹理、表面轮廓等因素之中（第 8 章和第 9 章将介绍如何从这种图像中恢复深度信息）。如果用两个采集器各在一个位置对同一场景取像（也可用一个采集器在两个位置先后对同一场景取像或用一个采集器借助光学成像系统获得两个像）就是双目成像（见 4.2 节和第 6 章）。此时两幅像间产生的视差（类似人眼）可用于求取采集器与景物的距离。如果用两个以上的采集器在不同位置对同一场景取像（也可用一个采集器在多个位置先后对同一场景取像或用一个采集器借助光学成像系统获得多个像）就是多目成像（见 4.5 节、4.6 节和第 7 章）。单目、双目或多目方法除可获得静止图像外，也可通过连续拍摄获得序列图像。单目成像与双目成像相比采集简单，但从中获取深度信息比较复杂。反之，双目成像提高了采集复杂度，但降低了获取深度信息的复杂性。

以上讨论中，几种成像方式中光源都是固定的。如果将采集器相对于景物固定，而将光源绕景物移动，这种成像方式就称为光移成像（也称立体光度成像）。由于同一景物表面在不同光照情况下亮度不同，所以由光移像可求得景物的表面朝向（但并不能得到绝对的深度信息，具体见 8.2 节）。如果保持光源固定而使采集器运动以跟踪场景或使采集器和景物同时运动，就构成主动视觉成像（参照人类视觉的主动性，即人会根据观察的需要移动身体或头部以改变视角并有选择地对部分景物特别关注），其中后一种又称主动视觉自运动成像。另外，如果用可控的光源照射景物，通过采集到的投影模式解释景物的表面形状，就是结构光成像方式（见 4.3.2 小节）。在这种方式中可以固定光源和采集器而转动景物，也可以固定景物而绕着景物转动光源和采集器。

常用成像方式的特点概括在表 4.1.1 中。

表 4.1.1 常用成像方式的特点

成像方式	光源	采集器	景物
单目成像	固定	固定	固定
双目(立体)成像	固定	两个位置	固定
多目(立体)成像	固定	多个位置	固定
视频/序列成像	固定/运动	固定/运动	运动/固定
光移(光度立体)成像	移动	固定	固定
主动视觉成像	固定	运动	固定
主动视觉(自运动)成像	固定	运动	运动
结构光成像	固定/转动	固定/转动	转动/固定

4.2 双目成像模式

双目成像可获得同一场景的两幅视点不同的图像(类似人眼),可将**双目成像模型**看作两个单目成像模型组合而成。实际成像时,既可用两个单目系统同时采集实现,也可用一个单目系统先后在两个位姿采集实现(一般设被摄物和光源没有运动变化)。

根据两台摄像机相对位姿的不同,双目成像包括多种模式,下面介绍几种典型的情况。

4.2.1 双目横向模式

图 4.2.1 给出了**双目横向模式**成像示意图。两个镜头的焦距均为 λ,其中心间的连线称为系统的基线 B。两个摄像机坐标系统的各个对应轴是完全平行(X 轴重合)的,两个像平面均与世界坐标系统的 XY 平面平行。一个 3-D 空间点 W 的 Z 坐标对于两个摄像机坐标系统都是相同的。

1. 视差和深度

由图 4.2.1 可知,同一个 3-D 空间点分别对应两个像平面坐标点,两点的位置差称为**视差**。下面借助图 4.2.2[两个镜头连线所在平面(XZ 平面)的示意图]讨论双目横向模式中视差与深度(物距)之间的关系。其中,世界坐标系统与第一个摄像机坐标系统重合,与第二个摄像机坐标系统仅在 X 轴方向有一个平移量 B。

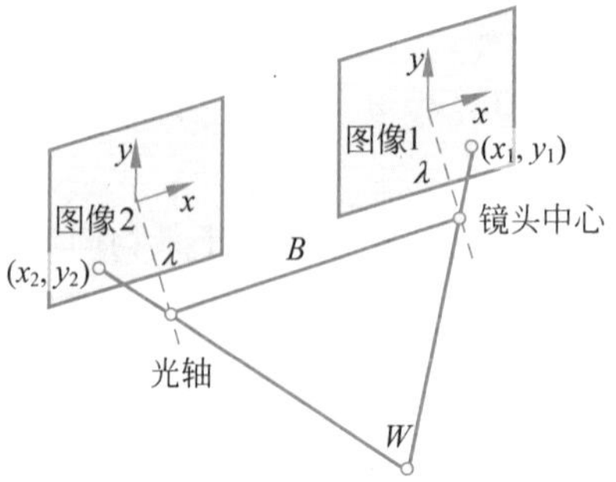

图 4.2.1 双目横向模式成像示意图

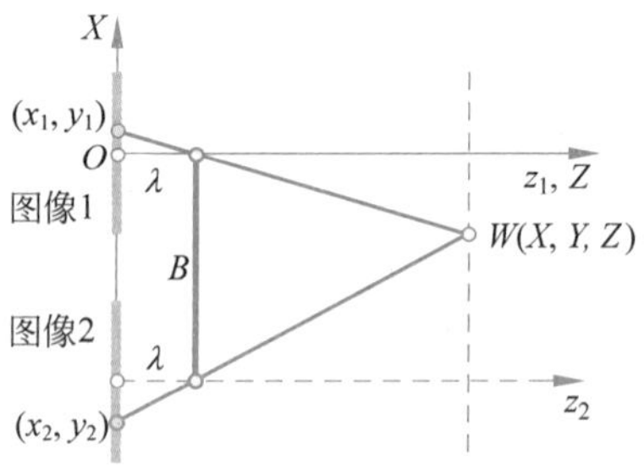

图 4.2.2 平行双目成像中的视差

考虑 3-D 空间点 W 的坐标 X 与在第一个像平面上投影点坐标 x_1 之间的几何关系,可得

$$\frac{|X|}{Z-\lambda}=\frac{x_1}{\lambda} \tag{4.2.1}$$

再考虑 3-D 空间点 W 的坐标 X 与在第二个像平面上投影点坐标 x_2 之间的几何关系，可得

$$\frac{B-|X|}{Z-\lambda}=\frac{|x_2|-B}{\lambda} \tag{4.2.2}$$

两式联立，消去 X，得到视差：

$$d=x_1+|x_2|-B=\frac{\lambda B}{Z-\lambda} \tag{4.2.3}$$

从中解得

$$Z=\lambda\left(1+\frac{B}{d}\right) \tag{4.2.4}$$

式(4.2.4)将景物与像平面的距离 Z(3-D 信息中的深度)与视差 d 直接联系起来。反过来也表明视差的大小与深度有关，即视差中包含了 3-D 景物的空间信息。根据式(4.2.4)，已知基线和焦距时，确定视差 d 后计算 W 点的 Z 坐标比较简单。另外，W 点的 Z 坐标确定后，其 X 和 Y 坐标可用(x_1,y_1)或(x_2,y_2)参照式(4.2.1)和式(4.2.2)求得。

例 4.2.1　运动摄像机

如果使用一个单目系统先后在多个位置采集一系列图像，则同一个 3-D 空间点分别对应不同像平面上的坐标点而产生视差。可将摄像机的运动轨迹看作基线，取两幅或多幅图像并匹配其中的特征，有可能获得深度信息。这种方式也称**运动立体**。其中一个难点是系列图像中的目标几乎是从相同的视角拍摄的，所以等效基线很短。

当摄像机运动时，目标点横向移动的距离不仅依赖于 X，也依赖于 Y。为简化问题，可使用目标点到摄像机光轴的径向距离 $R(R^2=X^2+Y^2)$表示。

参见图 4.2.3(其中右图是左图的一个剖面)，两幅图像中像点的径向距离分别为

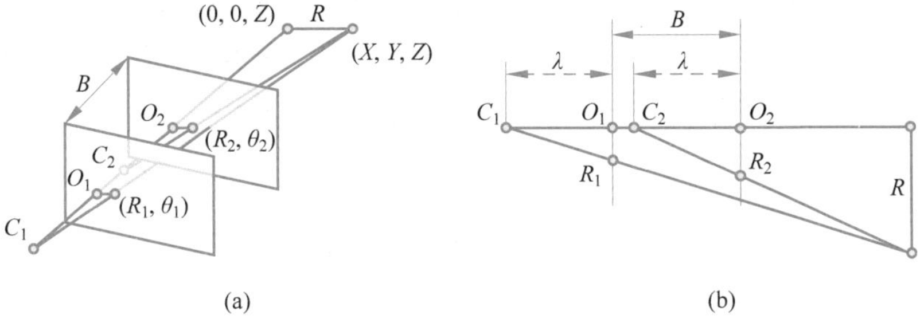

图 4.2.3　从摄像机运动计算视差

$$R_1=R\lambda/Z_1 \tag{4.2.5}$$

$$R_2=R\lambda/Z_2 \tag{4.2.6}$$

视差为

$$d=R_2-R_1=R\lambda\left(\frac{1}{Z_2}-\frac{1}{Z_1}\right) \tag{4.2.7}$$

设基线 $B=Z_1-Z_2$，并设 $B\ll Z_1$，$B\ll Z_2$，则可得(取 $Z^2=Z_1Z_2$)

$$d=\frac{RB\lambda}{Z^2} \tag{4.2.8}$$

设 $R_0\approx(R_1+R_2)/2$，借助 $R/Z=R_0/\lambda$，得到

$$d=\frac{BR_0}{Z} \tag{4.2.9}$$

最终推出目标点的深度为

$$Z = \frac{BR_0}{d} = \frac{BR_0}{(R_2 - R_1)} \tag{4.2.10}$$

可将式(4.2.9)与式(4.2.3)进行比较，式(4.2.9)中视差依赖于图像点与摄像机光轴间的(平均)径向距离 R_0，但式(4.2.3)中视差独立于径向距离。如果将式(4.2.10)与式(4.2.4)进行比较，可见式(4.2.10)无法给出光轴上目标点的深度信息；而对于其他目标点，式(4.2.10)中深度信息的准确性依赖于径向距离。□

再看一下测距精度。由式(4.2.4)可知，深度信息与视差相联系，而视差又与成像坐标有关。设 x_1 产生了偏差 e，即 $x_{1e}=x_1+e$，则有 $d_{1e}=x_1+e+|x_2|-B=d+e$，距离偏差为

$$\Delta Z = Z - Z_{1e} = \lambda\left(1+\frac{B}{d}\right) - \lambda\left(1+\frac{B}{d_{1e}}\right) = \frac{\lambda Be}{d(d+e)} \tag{4.2.11}$$

将式(4.2.3)代入式(4.2.11)，得到

$$\Delta Z = \frac{e(Z-\lambda)^2}{\lambda B + e(Z-\lambda)} \approx \frac{eZ^2}{\lambda B + eZ} \tag{4.2.12}$$

最后考虑一般情况下 $Z \gg \lambda$ 时的简化。由式(4.2.12)可见，测距精度与摄像机焦距、摄像机间的基线长度和物距都有关。焦距越长，基线越长，精度越高；物距越大，精度越低。

例 4.2.2 相对深度的测量误差

式(4.2.4)给出了绝对深度与视差的关系表达。借助微分可知，深度变化与视差变化的关系为

$$\Delta Z/\Delta d = -B\lambda/d^2 \tag{4.2.13}$$

两边同乘以 $1/Z$，则

$$(1/Z)\Delta Z/\Delta d = -1/d = -Z/B\lambda \tag{4.2.14}$$

所以

$$|\Delta Z/Z| = |\Delta d| \times (Z/B\lambda) = (\Delta d/d) \times (d/\lambda) \times (Z/B) \tag{4.2.15}$$

如果视差与视差变化均以像素为单位测量，则场景中关于相对深度的测量误差：①正比于像素尺寸；②正比于深度 Z；③反比于摄像机间的基线长度 B。

另外，由式(4.2.14)还可得到

$$\Delta Z/Z = -\Delta d/d \tag{4.2.16}$$

可见，相对深度的测量误差与相对视差的测量误差在数值上相等。□

例 4.2.3 两台摄像机的测量误差

假设用两台摄像机观察一个具有局部半径 r 的圆形截面的圆柱形目标，如图 4.2.4 所示。两台摄像机视线的交点与圆形截面边界点之间有一定的距离，这就是误差 e。现考虑误差 e 的计算公式。

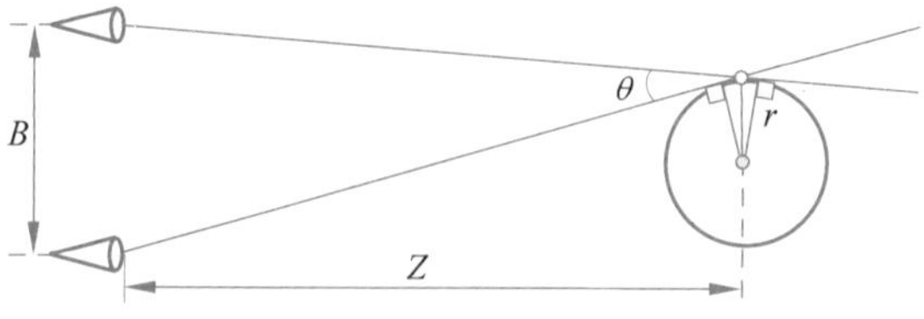

图 4.2.4 计算测量误差的几何结构示意

为简化计算，假设边界点在连接两台摄像机投影中心的正交平分线处。简化后的几何结构如图 4.2.5 左图所示，误差的细节图如图 4.2.5 右图所示。

由图 4.2.5 可得

$$e = r\sec(\theta/2) - r$$

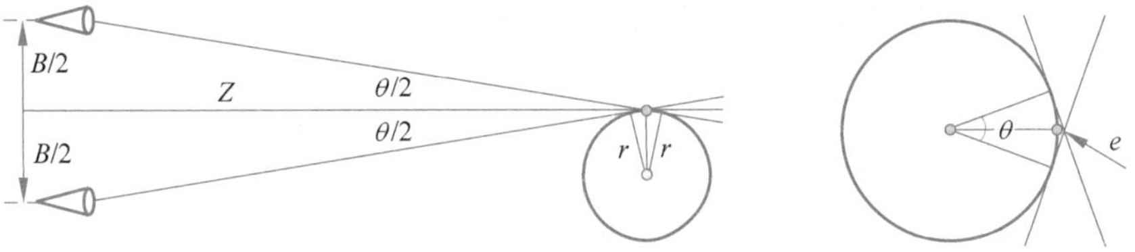

图 4.2.5　简化后计算测量误差的几何结构示意

$$\tan(\theta/2)=B/2Z$$

将 θ 替换掉，可得

$$e=r[1+(B/2Z)^2]^{1/2}-r\approx rB^2/8Z^2$$

即计算误差 e 的公式，可见误差正比于 r 和 Z^{-2}。□

2. 角度扫描成像

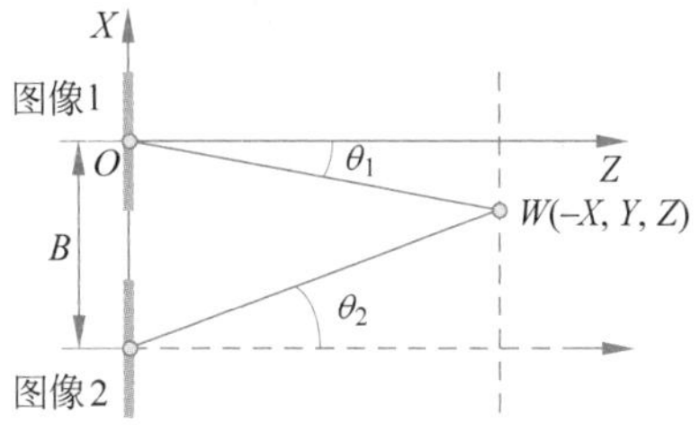

图 4.2.6　角度扫描摄像机进行立体镜成像示意

在上述双目横向模式成像中，为确定 3-D 空间点的信息，需要该点处于两个摄像机的公共视场内。如果使两台摄像机（绕 Y 轴）旋转，就可增加公共视场并采集全景图像。可称为用**角度扫描摄像机**进行**立体镜成像**，即**双目角度扫描模式**，其中成像点的坐标由摄像机的**方位角**和**仰角**确定。在图 4.2.6 中，分别给出方位角（对应绕 Y 轴的扫视运动）θ_1 和 θ_2，仰角 ϕ 是 XZ 平面与两个光心与点 W 所确定平面的夹角[参见式(4.2.21)]。

一般借助镜头的方位角表示物像之间的空间距离。利用如图 4.2.6 所示的坐标系，有

$$\tan\theta_1=\frac{|X|}{Z} \tag{4.2.17}$$

$$\tan\theta_2=\frac{B-|X|}{Z} \tag{4.2.18}$$

联立消去 X，得到 W 点的 Z 坐标为

$$Z=\frac{B}{\tan\theta_1+\tan\theta_2} \tag{4.2.19}$$

式(4.2.19)实际上将目标与像平面之间的距离 Z（3-D 信息中的深度）与两个方位角的正切直接联系了起来。对比式(4.2.19)和式(4.2.4)可知，式(4.2.19)中视差和焦距的影响都隐含在方位角中。根据空间点 W 的 Z 坐标，还可得到其 X 和 Y 坐标为

$$X=Z\tan\theta_1 \tag{4.2.20}$$

$$Y=Z\tan\phi \tag{4.2.21}$$

4.2.2　双目会聚横向模式

为获得更大的**视场**重合，可将两台摄像机并排放置但使两光轴会聚。可将这种**双目会聚横向模式**看作双目横向模式的推广（此时双目间的**聚散度**不为零）。

1. 视差和深度

仅考虑图 4.2.7 所示的情况，它是由图 4.2.2 中的两个单目系统围绕各自中心相向旋转得到的。图 4.2.7 给出两个镜头连线所在的平面（XZ 平面）。两个镜头中心间的距离（基线）为 B。两个光轴在 XZ 平面相交于 $(0,0,Z)$ 点，交角为 2θ。现在来看已知两个像平面坐标点 (x_1,y_1) 和 (x_2,y_2)，如何求取 3-D 空间点 W 的坐标 (X,Y,Z)。

由两个世界坐标轴及摄像机光轴围成的三角形可知

$$Z=\frac{B}{2}\frac{\cos\theta}{\sin\theta}+\lambda\cos\theta \tag{4.2.22}$$

现从 W 点分别向两台摄像机光轴作垂线,因为两条垂线与 X 轴的夹角都为 θ,所以根据相似三角形的关系可得

$$\frac{|x_1|}{\lambda}=\frac{X\cos\theta}{r-X\sin\theta} \tag{4.2.23}$$

$$\frac{|x_2|}{\lambda}=\frac{X\cos\theta}{r+X\sin\theta} \tag{4.2.24}$$

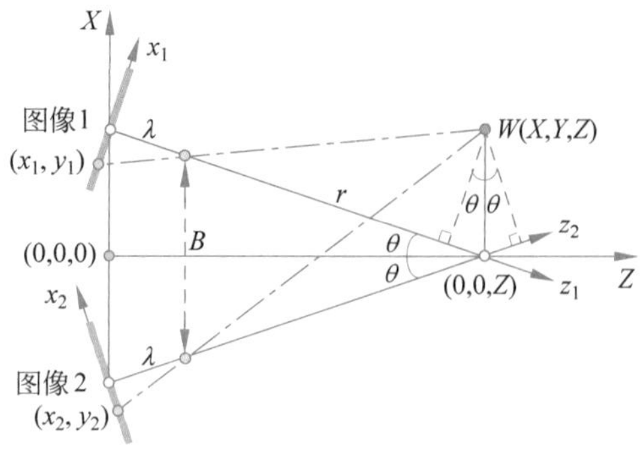

图 4.2.7 会聚双目成像中的视差示意

其中,r 为从(任一)镜头中心到两个光轴会聚点的距离。

将式(4.2.23)和式(4.2.24)联立,消去 r 和 X 得到(参照图 4.2.7)

$$\lambda\cos\theta=\frac{2|x_1||x_2|\sin\theta}{|x_1|-|x_2|}=\frac{2|x_1||x_2|\sin\theta}{d} \tag{4.2.25}$$

将式(4.2.25)代入式(4.2.22),可得

$$Z=\frac{B}{2}\frac{\cos\theta}{\sin\theta}=\frac{2|x_1||x_2|\sin\theta}{d} \tag{4.2.26}$$

式(4.2.26)与式(4.2.4)一样,也将目标和像平面的距离 Z 与视差 d 直接联系起来。另外,由图 4.2.7 可得

$$r=\frac{B}{2\sin\theta} \tag{4.2.27}$$

代入式(4.2.23)或式(4.2.24),可得点 W 的 X 坐标:

$$|X|=\frac{B}{2\sin\theta}\frac{|x_1|}{\lambda\cos\theta+|x_1|\sin\theta}=\frac{B}{2\sin\theta}\frac{|x_2|}{\lambda\cos\theta-|x_2|\sin\theta} \tag{4.2.28}$$

2. 图像矫正

可将双目会聚的情况转换为双目平行的情况。**图像矫正**是将由光轴会聚的摄像机获得的图像进行几何变换,得到由光轴平行的摄像机获得的图像的过程[Goshtasby 2005]。考虑图 4.2.8 中矫正前后的图像,从目标点 W 来的光线矫正前后分别与左图像交于 (x,y) 和 (X,Y)。矫正前图像上的各个点都可连到镜头中心并延伸与矫正后的图像相交,所以对于矫正前图像上的各个点,可以确定其矫正后图像上的对应点。矫正前后点的坐标由投影变换相联系($a_1 \sim a_8$ 为投影变换矩阵的系数):

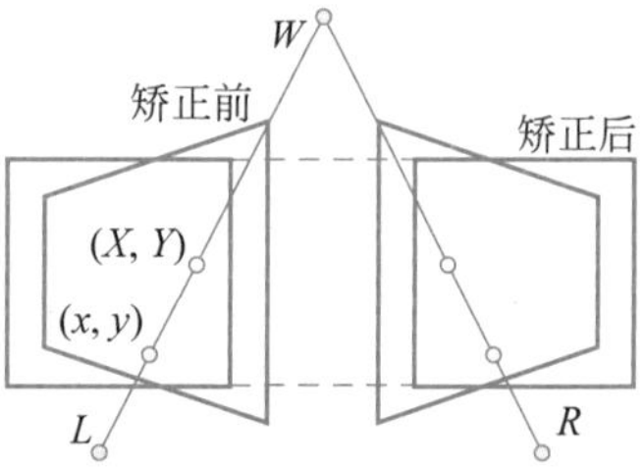

图 4.2.8 利用投影变换矫正用光轴会聚的两台摄像机获得的图像

$$x=\frac{a_1X+a_2Y+a_3}{a_4X+a_5Y+1} \tag{4.2.29}$$

$$y=\frac{a_6X+a_7Y+a_8}{a_4X+a_5Y+1} \tag{4.2.30}$$

以上两式中的 8 个系数可借助矫正前后图像上 4 组对应点确定(参见上册 7.2.1 小节)。可考虑借助水平极线(由基线和场景中一点构成的平面与成像平面的交线,见 6.2.2 小节)进

行，为此需要在矫正前的图像中选择两条极线，并将其映射到矫正后图像中的两条水平线，如图 4.2.9 所示。对应关系为

$$X_1 = x_1 \quad X_2 = x_2 \quad X_3 = x_3 \quad X_4 = x_4 \tag{4.2.31}$$

$$Y_1 = Y_2 = \frac{y_1 + y_2}{2} \quad Y_3 = Y_4 = \frac{y_3 + y_4}{2} \tag{4.2.32}$$

上述对应关系能保持图像矫正前后的宽度，但在垂直方向上(为将非水平的极线映射为水平的极线)会产生尺度变化。为获得矫正的图像，对矫正后图像上的每个点(X,Y)通过式(4.2.29)和式(4.2.30)在矫正前的图像上找到对应的点(x,y)。而且要将点(x,y)处的灰度赋给点(X,Y)。

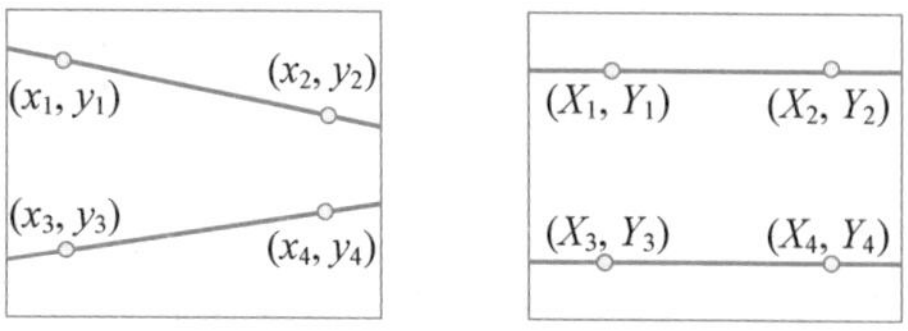

图 4.2.9　矫正前后图像示意

对右图像重复进行上述过程。为保证矫正后的左图像和右图像上的对应极线代表相同的扫描线，需要将矫正前图像上的对应极线映射到矫正后图像的同一条扫描线上，所以在矫正左图像和右图像时都要使用式(4.2.32)中的 Y 坐标。

4.2.3　双目轴向模式

使用双目横向模式或双目会聚横向模式，都要根据三角形法计算。为保证深度计算的精度，基线不能太短。但是，当使用较长的基线时，视场不重合带来的问题比较严重。此时可考虑采用**双目轴向模式**，也称**双目纵向模式**，即两台摄像机沿光轴线依次排列。可将这种情况看作摄像机沿光轴方向运动，在比第 1 幅图像更接近被摄物处采集第 2 幅图像，如图 4.2.10 所示，其中仅显示了 XZ 平面(Y 轴由纸内向外)。获取第 1 幅图像和第 2 幅图像两台摄像机坐标系统的原点只在 Z 方向相差 B，B 也是两台摄像机光心间的距离(基线)。

根据图 4.2.10 中的几何关系，有

$$\frac{X}{Z - \lambda} = \frac{|x_1|}{\lambda} \tag{4.2.33}$$

$$\frac{X}{Z - \lambda - B} = \frac{|x_2|}{\lambda} \tag{4.2.34}$$

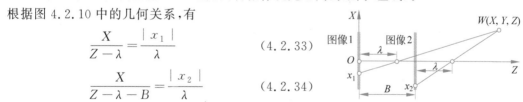

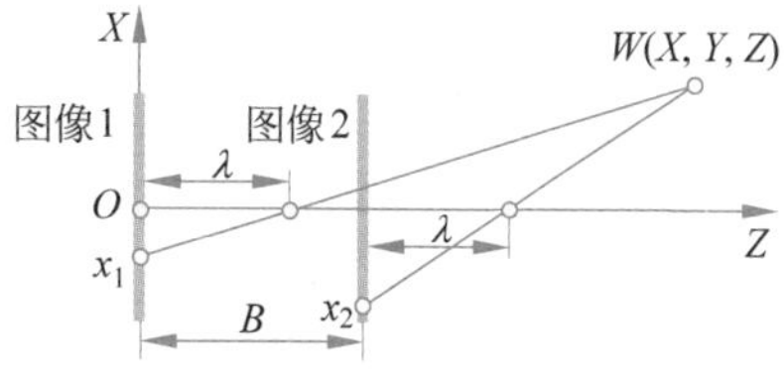

图 4.2.10　双目轴向模式成像示意

联立式(4.2.33)和式(4.2.34)，可得(仅考虑 X，对 Y 类似)

$$X = \frac{B}{\lambda} \frac{|x_1||x_2|}{|x_2| - |x_1|} = \frac{B}{\lambda} \frac{|x_1||x_2|}{d} \tag{4.2.35}$$

$$Z = \lambda + \frac{B|x_2|}{|x_2| - |x_1|} = \lambda + \frac{B|x_2|}{d} \tag{4.2.36}$$

双目轴向模式与双目横向模式相比，两台摄像机的公共视场也就是前一台摄像机(图 4.2.10 中获取第 2 幅图像的那台摄像机)的视场，所以公共视场的边界很容易确定，且可以基本排除由于遮挡造成的 3-D 空间点仅被一台摄像机采集的问题。不过，由于此时双目基本上以同一角度观察景物，加长基线对深度计算精度的优势不能完全体现。另外，视差及深度计算的精度均与 3-D 空间点距摄像机光轴的距离(如式(4.2.36)中深度 Z 与 $|x_2|$，即 3-D 空间点的投影与光轴的距离)有关，这与双目横向模式不同。

例 4.2.4　相对高度的测量

可通过飞机携带的摄像机在空中对目标拍摄两幅图像获得地物的相对高度。在图 4.2.11 中，W 代表摄像机移动的距离，H 为摄像机高度，h 为两个测量点 A、B 之间的相对高度差，

(d_1-d_2)对应两幅图像中 A、B 之间的视差。在 d_1、d_2 远小于 W 且 h 远小于 H 的情况下，可如下简化计算 h：

$$h=\frac{H}{W}(d_1-d_2) \tag{4.2.37}$$

若不满足上述条件，则图像中的 x、y 坐标需要进行如下校正：

$$x'=x\,\frac{H-h}{H} \tag{4.2.38}$$

$$y'=y\,\frac{H-h}{H} \tag{4.2.39}$$

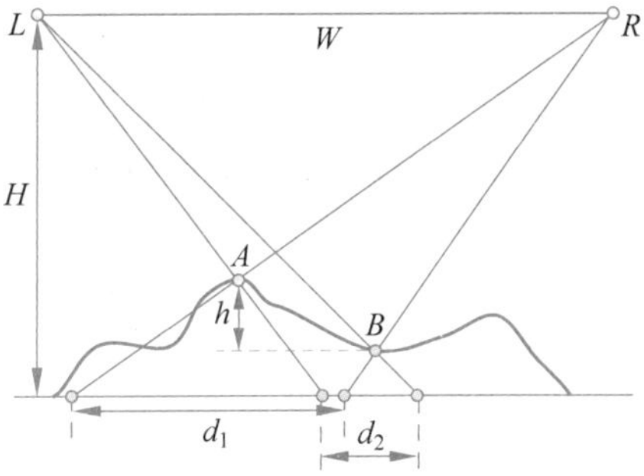

图 4.2.11 用立体视觉测量相对高度示意

当目标距离较近时，可以转动目标获得两幅图像。图 4.2.12(a)给出了示意图，其中 δ 代表给定的旋转角度。此时两个目标点 A、B 之间的水平距离在两幅图像中不同，分别为 d_1 和 d_2，如图 4.2.12(b)所示。连接角 θ 和高度差 h 分别为

$$\theta=\arctan\left(\frac{\cos\delta-d_2/d_1}{\sin\delta}\right) \tag{4.2.40}$$

$$h=|h_1-h_2|=\left|\frac{d_1\cos\delta-d_2}{\sin\delta}-\frac{d_1-d_2\cos\delta}{\sin\delta}\right|=(d_1+d_2)\frac{1-\cos\delta}{\sin\delta} \tag{4.2.41}$$

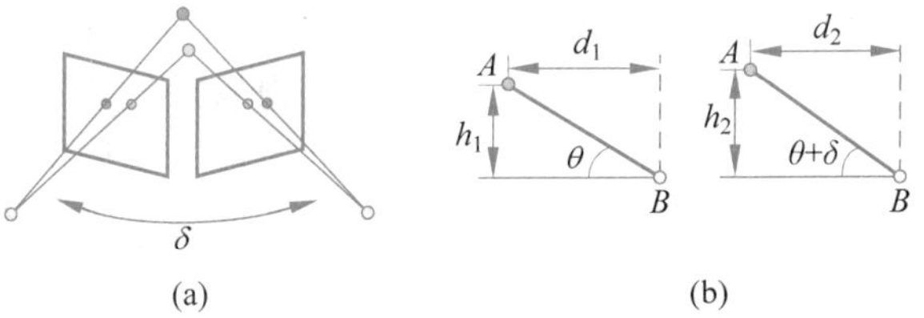

图 4.2.12 转动目标获得两幅图像以测量相对高度示意

□

4.3 深度图像直接采集

由深度图像可方便地得到景物的几何形状和空间关系。借助特殊设备可直接采集深度图像，常用的方法有飞行时间法（飞点测距法）、结构光法、莫尔（Moiré）条纹法、全息干涉测量法等，还有几何光学聚焦法、激光雷达法（包括扫描成像和非扫描成像）、Fresnel 衍射技术等。常用的深度图像采集方法可能达到的测距精度和最大工作距离如表 4.3.1 所示。

表 4.3.1 常用的深度图像采集方法比较

特性	飞行时间法	结构光法	莫尔条纹法	全息干涉法
可能达到的测距精度	0.1mm	1.0μm	1.0μm	0.1μm
最大工作距离	100km	100m	10m	100μm

4.3.1 飞行时间法

采用雷达测距的原理，测量光波从光源发出并经被测物反射回到传感器所需的时间，就可获得距离信息。一般光源和传感器安置在相同的位置，传播时间 t 与被测距离 d 的关系为

$$d=\frac{1}{2}ct \tag{4.3.1}$$

其中，c 为光速(3×10^8m/s)。

基于**飞行时间**的深度图像获取方法是一种典型的利用测量光波传播时间获得距离信息的方法。因为一般使用点光源，所以也称飞点法。为获得 2-D 图像，需要将光束进行 2-D 扫描或使被测景物进行 2-D 运动。这种方法测距的关键是精确地测量时间，因为光速为 3×10^8m/s，所以如果要求空间距离分辨率为 0.001m(能够区分空间中相距 0.001m 的两个点或两条线)，则时间分辨率需达到 66×10^{-13}s。

采用飞行时间法获取距离信息的具体技术包括以下几种。

1. 脉冲时间间隔测量法

这种方法采用脉冲间隔测量时间，具体通过测量脉冲波的时间差实现，其基本原理框图如图 4.3.1 所示。脉冲激光源发射的特定频率激光经光学透镜和光束扫描系统射向前方，接触景物后反射，反射光被另一光学透镜接收，并经光电转换后进入时差测量模块。该模块同时接收脉冲激光源直接发来的激光，并测量发射脉冲和接收脉冲的时间差。根据时间差，利用式(4.3.1)即可算出被测距离。注意，激光的起始脉冲和回波脉冲在工作距离范围内不能重叠。

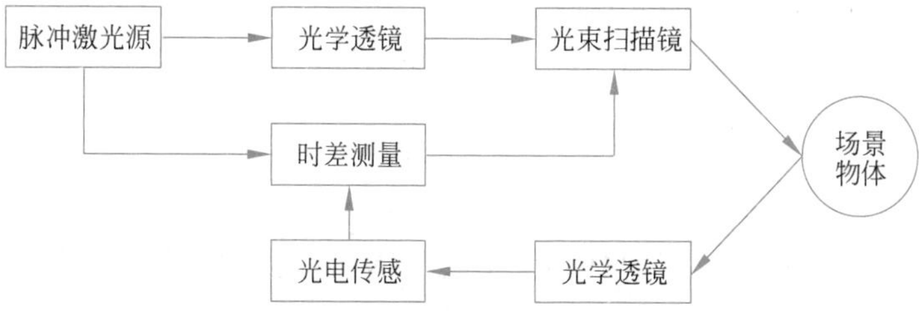

图 4.3.1 脉冲时间间隔测量法的基本原理框图

利用上述原理，将脉冲激光源换为超声波也可进行测距。超声波不仅可在自然光照下工作，也可在水中工作。因为声波的传播速度较慢，所以对时间测量的精度要求相对较低；但由于此时介质对声的吸收一般较大，所以对接收器的灵敏度要求较高。另外，由于声波的发散程度较大，所以无法得到较高分辨率的距离信息。

2. 幅度调制的相位测量法

测量时间差也可借助测量相位差进行。一种典型方法的基本原理框图如图 4.3.2 所示。对连续激光源发射的激光以一定频率的光强进行幅度调制，并将其分两路发出。一路经光学扫描镜射向前方，接触景物后反射，反射光经过光学透镜后通过滤波取出相位；另一路进入相位差测量模块与反射光比较相位。因为相位以 2π 为周期，测得的相位差范围为 $0\sim2\pi$，所以深度测量值 d 为

$$d=\frac{1}{2}\left\{\frac{c}{2\pi f_{\text{mod}}}\theta+k\frac{c}{f_{\text{mod}}}\right\}=\frac{1}{2}\left\{\frac{r}{2\pi}\theta+kr\right\} \tag{4.3.2}$$

其中，c 为光速，f_{mod} 为调制频率，θ 为相位差(单位为弧度)，k 为整数。

如果对测量深度范围加以限制(限定 k 的取值)，就可克服深度测量值的多义性。式(4.3.2)中引入的 r 称为测量尺度，r 越小，对距离测量的精度越高。为获得较小的 r，应采用较高的调制频率 f_{mod}。

3. 频率调制的相干测量法

对于连续激光源发射的激光可用一定频率的线性波形进行频率调制。设激光频率为 F，调制波频率为 f_{mod}，调制后的激光频率在 $F\pm\Delta F/2$ 之间呈线性周期变化(其中 ΔF 为激光频率受调制后的频率变化)。将调制激光的一部分作为参考光，另一部分投向被测物，接触景物后反射，再被接收器接收。两个光信号相干产生拍频信号 f_{B}，它等于激光频率变化的斜率与

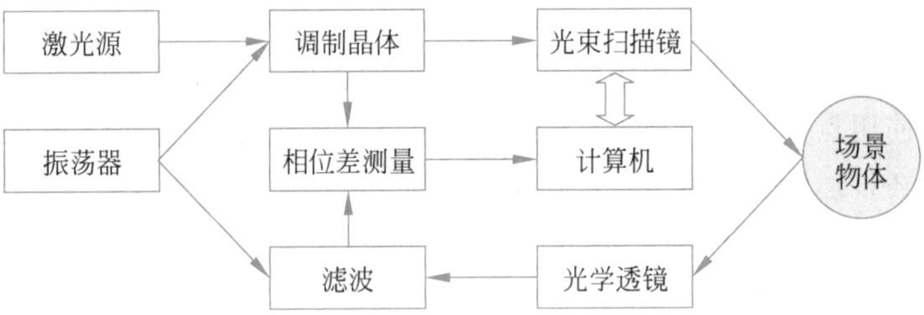

图 4.3.2　幅度调制的相位测量法的基本原理框图

传播时间的乘积：

$$f_{\mathrm{B}}=\frac{\Delta F}{1/(2f_{\mathrm{mod}})}t \tag{4.3.3}$$

将式(4.3.1)代入式(4.3.3)并求解 d，得到

$$d=\frac{c}{4f_{\mathrm{mod}}\Delta F}f_{\mathrm{B}} \tag{4.3.4}$$

再由发出光波和返回光波的相位变化

$$\Delta\theta=2\pi\Delta Ft=4\pi\Delta Fd/c \tag{4.3.5}$$

得到

$$d=\frac{c}{2\Delta F}\left(\frac{\Delta\theta}{2\pi}\right) \tag{4.3.6}$$

比较式(4.3.4)和式(4.3.6)，得到相干条纹数 N（也是调制频率半周期中的拍频信号过零数）：

$$N=\frac{\Delta\theta}{2\pi}=\frac{f_{\mathrm{B}}}{2f_{\mathrm{mod}}} \tag{4.3.7}$$

可通过标定，即根据准确的参考距离 d_{ref} 和测得的参考相干条纹数 N_{ref}，利用下式计算实际距离（通过对实际相干条纹数进行计数）：

$$d=\frac{d_{\mathrm{ref}}}{N_{\mathrm{ref}}}N \tag{4.3.8}$$

4.3.2　结构光法

结构光法是一类常用的主动传感、直接获取深度图像的方法，其基本思想是利用照明中的几何信息帮助提取景物的几何信息。结构光测距成像系统主要由摄像机和光源两部分构成，它们与观察目标三者排成一个三角形。光源产生一系列点或线激光照射到目标表面，由对光敏感的摄像机将照亮部分记录下来，再通过三角计算获得深度信息，所以也称主动三角测距法。结构光法测距精度可达微米级，而可测量的深度场范围可达精度的几百到几万倍。

利用结构光成像的具体方法很多，包括光条法、栅格法、圆形光条法、交叉线法、厚光条法、空间编码模板法、彩色编码条法、密度比例法等。由于其所用投射光束的几何结构不同，所以摄像机的拍摄方式和深度距离的计算方法也不同，但共同点是都利用了摄像机与光源之间的几何结构关系。

在基本的光条法中，使用单个光平面依次照射景物各部分，使景物上出现一个光条，且仅使此光条部分可被摄像机检测到。每次照射得到一个 2-D 实体（光平面）图，再通过计算摄像机视线与光平面的交点，就可得到光条上可见图像点对应空间点的第三维（距离）信息。

1. 结构光成像

利用**结构光成像**时，摄像机和光源要先标定好。图 4.3.3 所示为一个结构光成像的几何关系示意图，给出镜头所在的与光源垂直的 XZ 平面（Y 轴由纸内向外，光源是沿 Y 轴的条）。通过窄缝发射的激光从世界坐标系统原点 O 照射到空间点 W（在目标表面）产生线状投影，摄像机光轴与激光束相交，这样摄像机可采集线状投影，从而获取目标表面点 W 处的距离信息。

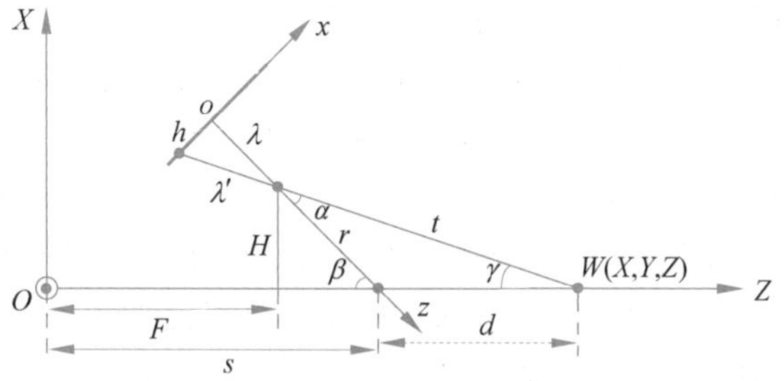

图 4.3.3　结构光成像的几何关系示意

在图 4.3.3 中，F 和 H 确定了镜头中心在世界坐标系中的位置，α 为光轴与投影线的夹角，β 为 z 轴与 Z 轴间的夹角，γ 为投影线与 Z 轴间的夹角，λ 为摄像机焦距，h 为成像高度（像偏离摄像机光轴的距离），r 为镜头中心到 z 轴与 Z 轴交点的距离。由图可见，光源与目标的距离 Z 为 s 与 d 之和，其中，s 由系统决定，d 可由下式求得：

$$d = r\frac{\sin\alpha}{\sin\gamma} = \frac{r\times\sin\alpha}{\cos\alpha\sin\beta - \sin\alpha\cos\beta} = \frac{r\times\tan\alpha}{\sin\beta(1-\tan\alpha\cot\beta)} \tag{4.3.9}$$

将 $\tan\alpha = h/\lambda$ 代入，可将 Z 表示为

$$Z = s + d = s + \frac{r\times\csc\beta\times h/\lambda}{1-\cot\beta\times h/\lambda} \tag{4.3.10}$$

式(4.3.10)将 Z 与 h 联系起来（其余全为系统参数），提供了根据成像高度求目标距离的线索。由此可见，成像高度中包含了 3-D 的深度信息，或者说深度是成像高度的函数。

2. 成像宽度

结构光成像不仅能给出空间点的距离 Z，也能给出沿 Y 方向的目标厚度。可借助从摄像机底部向上观察到的顶视平面分析成像宽度，如图 4.3.4 所示。

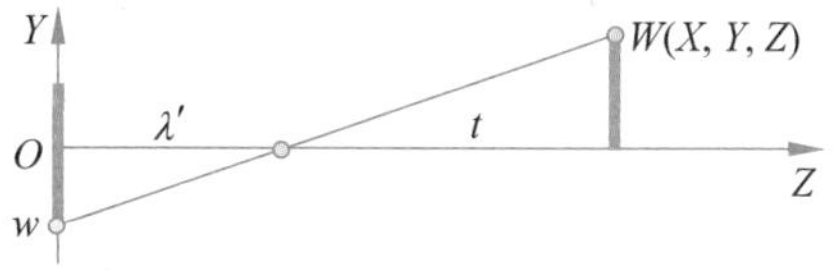

图 4.3.4　结构光成像的顶视示意

图 4.3.4 给出了由 Y 轴和镜头中心确定的平面示意图，其中 w 为成像宽度：

$$w = \lambda'\frac{Y}{t} \tag{4.3.11}$$

其中，t 为镜头中心到 W 点在 Z 轴垂直投影的距离（参见图 4.3.3）：

$$t = \sqrt{(Z-F)^2 + H^2} \tag{4.3.12}$$

而 λ' 为沿 z 轴从镜头中心到成像平面的距离（参见图 4.3.3）：

$$\lambda' = \sqrt{h^2 + \lambda^2} \tag{4.3.13}$$

将式(4.3.12)和式(4.3.13)代入式(4.3.11)，得到

$$Y = \frac{wt}{\lambda'} = w\sqrt{\frac{(Z-F)^2 + H^2}{h^2 + \lambda^2}} \tag{4.3.14}$$

将目标厚度坐标 Y 与成像高度、系统参数和物距联系了起来。

4.3.3　莫尔等高条纹法

当两个光栅呈一定倾角且有重叠时可形成莫尔条纹。用一定方法获得的**莫尔等高条纹**的

分布可包含景物表面的距离信息。

1. 基本原理

利用投影光将光栅投影到景物的表面时，表面的起伏会改变投影像的分布。如果将这种变形的投影像由景物表面反射后再经过另一个光栅，则可获得莫尔等高条纹。根据光信号的传递原理，可将莫尔等高条纹描述为光信号经过二次空间调制的结果。如果两个光栅均为线性正弦透视光栅，且定义光栅周期变化的参量为 l，则观察到的输出光信号为

$$f(l)=f_1\{1+m_1\cos[w_1 l+\theta_1(l)]\}\times f_2\{1+m_2\cos[w_2 l+\theta_2(l)]\} \quad (4.3.15)$$

其中，f_i 为光强，m_i 为调制系数，θ_i 为随景物表面起伏变化而导致的相位变化，w_i 为光栅周期决定的空间频率。式(4.3.15)右边第一项对应光信号经过的第一个光栅的调制函数，右边第二项对应光信号经过的第二个光栅的调制函数。

式(4.3.15)的输出信号 $f(l)$ 中有 4 个空间频率的周期变量，分别为 w_1、w_2、w_1+w_2、w_1-w_2。由于探测器的接收过程对空间频率起到低通滤波作用，所以莫尔条纹的光强可表示为

$$T(l)=f_1 f_2[1+m_1 m_2\cos(w_1-w_2)l+\theta_1(l)-\theta_2(l)] \quad (4.3.16)$$

如果两个光栅的周期相同，则有

$$T(l)=f_1 f_2[1+\theta_1(l)-\theta_2(l)] \quad (4.3.17)$$

可见，景物表面的距离信息直接反映在莫尔条纹的相位变化中。

2. 基本方法

图 4.3.5 给出了莫尔条纹法测距示意图。光源与视点相距 D，其与光栅 G 的距离相同，均为 H。光栅为黑白交替(周期为 R)的透射式线条光栅。按图中的坐标系，光栅面在 XOY 平面；被测高度沿 Z 轴，用 Z 坐标表示。

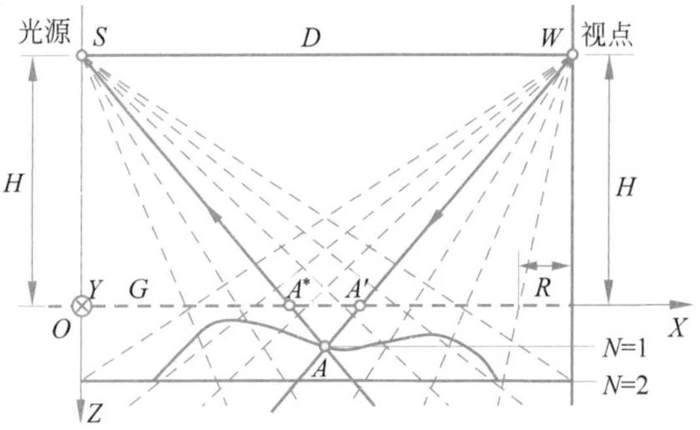

图 4.3.5　莫尔条纹法测距示意

考虑被测面上坐标为(x,y)的一点 A，光源通过光栅对 A 点的照度是光源强度与光栅在 A^* 点透射率的乘积。该点的光强分布为

$$T_1(x,y)=C_1\left[\frac{1}{2}+\frac{2}{\pi}\sum_{n=1}^{\infty}\frac{1}{n}\sin\left(\frac{2\pi n}{R}\frac{xH}{z+H}\right)\right] \quad (4.3.18)$$

其中，n 为奇数，C_1 为与强度有关的常量。T 再次通过光栅 G 后相当于在点 A' 处又经过一次透射调制，A' 处的光强分布为

$$T_2(x,y)=C_2\left[\frac{1}{2}+\frac{2}{\pi}\sum_{m=1}^{\infty}\frac{1}{m}\sin\left(\frac{2\pi m}{R}\frac{xH+Dz}{z+H}\right)\right] \quad (4.3.19)$$

其中，m 为奇数，C_2 为与强度有关的常量。最后视点接收的光强是两个分布的乘积：

$$T(x,y)=T_1(x,y)T_2(x,y) \quad (4.3.20)$$

将式(4.3.20)用多项式展开，经过接收系统的低通滤波，可得到一个只含变量 z 的部分和[刘

1998]：

$$T(z)=B+S\sum_{n=1}^{\infty}\left(\frac{1}{n}\right)^2\cos\left(\frac{2\pi n}{R}\frac{Dz}{z+H}\right) \tag{4.3.21}$$

其中，n 为奇数，B 为莫尔条纹的背景强度，S 为条纹的对比度。式(4.3.21)给出了莫尔等高条纹的数学描述。一般只取 $n=1$ 的基频项，即可近似描述莫尔条纹的分布情况，此时式(4.3.21)可简化为

$$T(z)=B+S\cos\left(\frac{2\pi}{R}\frac{Dz}{z+H}\right) \tag{4.3.22}$$

由式(4.3.22)可知：

(1) 亮条纹位于相位项等于 2π 整数倍处，即

$$Z_N=\frac{NRH}{D-NR} \quad N\in\mathbb{I} \tag{4.3.23}$$

(2) 任意两亮条纹间的高度差不等，所以不能用条纹数确定高度，只能计算相邻两亮条纹间的高度差。

(3) 若能得到相位项 θ 的分布，则可得到被测物表面的高度分布：

$$Z=\frac{RH\theta}{2\pi D-R\theta} \tag{4.3.24}$$

3. 改进方法

上述基本方法需要用到与被测物尺寸相当的光栅，给使用和制造带来不便。一种改进方法是将光栅装在光源的投影系统中，利用光学系统的放大能力获得大光栅效果。具体来说是将两个光栅分别安置在接近光源和视点的位置，光源通过光源光栅将光束透射出去，而在视点光栅后成像。实际中利用上述投影原理的测距示意图如图 4.3.6 所示。其中使用了两套参数相同的成像系统，其光轴平行，并以相同的成像距离分别对两个间距相同的光栅进行几何成像，且使两个光栅的投影像重合。

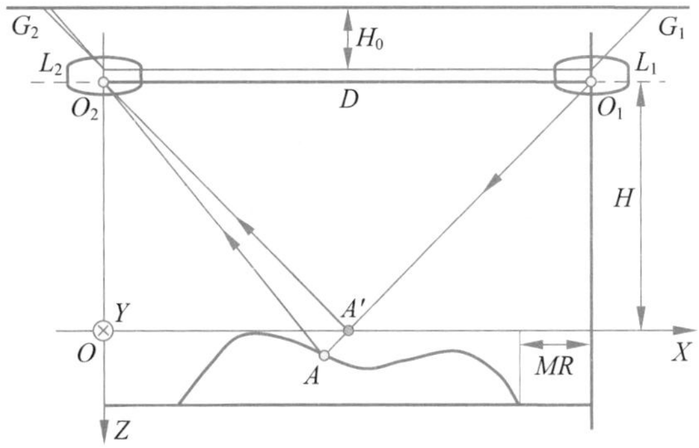

图 4.3.6　利用投影原理的莫尔条纹法测距示意

若在光栅 G_2 后观察莫尔条纹，用 G_1 做投影光栅，则投影系统 L_1 的投射中心 O_1 和接收系统 L_2 的会聚中心 O_2 分别等效于基本方法中的光源点 S 和视点 W。只要用 MR 取代式(4.3.22)和式(4.3.24)中的 R($M=H/H_0$ 为两光路的成像放大率)，就可如上描述莫尔条纹的分布，并计算出被测物表面的高度分布情况。

实际应用中，投影系统 L_1 前的光栅可以省掉，而用计算机软件实现其功能，此时包含被测物表面深度信息的投影光栅图像直接被摄像机接收。

由式(4.3.24)可知，如果得到相位项 θ 的分布，就能得到被测物表面高度 Z 的分布。而相位的分布可利用多幅有一定相移的莫尔图像获得。这种方法常被简称为相移法。以 3 幅图

像为例,获得第一幅图像后,将投影光栅水平运动 $R/3$ 距离以获取第二幅图像,再将投影光栅水平运动 $R/3$ 距离以获取第三幅图像。参照式(4.3.22),3 幅图像可表示为

$$\begin{cases} T_1(z) = A'' + C''\cos\theta \\ T_2(z) = A'' + C''\cos(\theta + 2\pi/3) \\ T_3(z) = A'' + C''\cos(\theta + 4\pi/3) \end{cases} \tag{4.3.25}$$

联立解得

$$\theta = \arctan\left[\frac{\sqrt{3}(T_3 - T_2)}{2T_1 - (T_2 + T_3)}\right] \tag{4.3.26}$$

即可逐点计算出 θ。

4.3.4 深度和亮度图像同时采集

有的成像系统可以同时获取场景中的深度信息和亮度信息,如激光 **LiDAR**,其示意图如图 4.3.7 所示[Shapiro 2001]。由安放在可以**仰俯**运动和**水平扫视**运动平台上的装置发射和接收幅度调制的激光波(参见 4.3.1 小节),对于 3-D 景物表面上的每个点,比较发射到该点和从该点接收的波以获取信息。该点的空间坐标 X、Y 与平台的仰俯和水平运动有关,深度 Z 则与相位差密切相关;而该点对给定波长激光的反射特性可借助波的幅度差确定。这样 LiDAR 就可同时获得两幅配准后的图像,一幅为深度图像,另一幅为亮度图像。注意深度图像的深度范围与激光波的调制周期有关,设调制的周期为 λ,则每隔 $\lambda/2$ 又会算得相同的深度,所以需对深度测量范围进行限制。LiDAR 的工作方式与雷达相似,都可测量传感器与场景中特定点的距离,只是雷达反射电磁波。

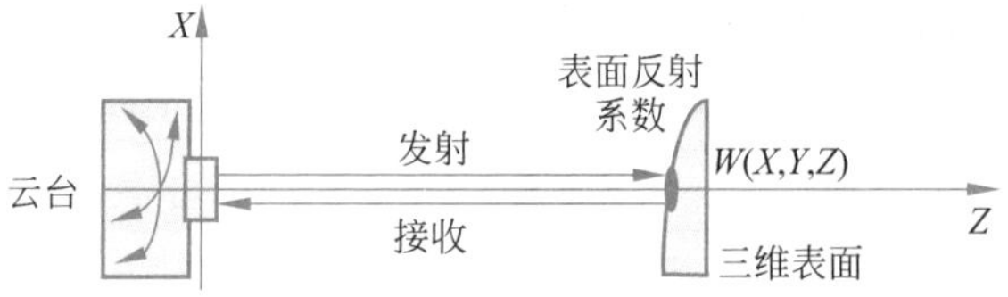

图 4.3.7 深度和亮度图像的同时采集

与 CCD 采集设备相比,由于要对每个 3-D 表面点计算相位,因此 LiDAR 的采集速度较慢。另外,由于对机械装置的要求较高(需要导引激光束),所以 LiDAR 的成本也较高。但在采矿机器人或探测太阳系其他部分的机器人上使用 LiDAR 是值得的[Shapiro 2001]。

4.4 显微镜 3-D 分层成像

假设用摄像机每次能获取一定距离外平面的图像,那么使摄像机垂直于平面运动并连续采集图像,即可获得一组包含整个 3-D 空间信息的图像。显微镜 3-D 分层成像就是一个典型的例子。

4.4.1 景深和焦距

实际使用的光学系统只能对一定距离内的目标清晰成像,换句话说,当光学系统聚焦在某个距离时,只能给出此距离附近一定范围内景物的清晰图像。此距离范围称为**景深**。对于特定的应用,常需确定一个可保证一定清晰度的距离范围,也就是确定一定的景深。

图 4.4.1 给出了薄透镜成像时景深的示意图。由图可见,当目标与镜头的距离 d_o 增加时,

图像与镜头的距离 d_i 会减小，对应的图像平面会接近镜头（偏移的距离也称透镜轴向球形像差）。一个目标点的图像会扩散为一个半径为 r 的模糊圆盘（这是透镜横向球形像差造成的结果）。

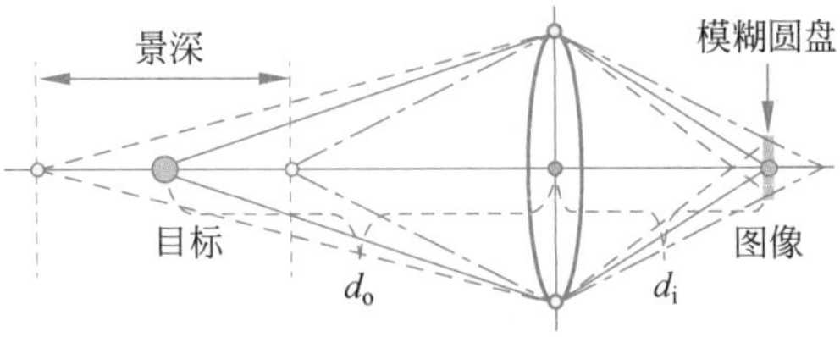

图 4.4.1　薄透镜成像时景深的示意

若用 λ 代表镜头焦距，则薄透镜成像公式为

$$\frac{1}{\lambda}=\frac{1}{d_o}+\frac{1}{d_i} \tag{4.4.1}$$

若用 Z 代表目标与正确聚焦位置的距离差（景深），z 代表模糊圆盘位置与正确聚焦位置的距离差，d_o' 和 d_i' 分别代表没有正确聚焦时目标和图像与镜头的实际距离，则对于未正确聚焦的目标：

$$d_o'=d_o+Z \tag{4.4.2}$$

$$d_i'=d_i-z \tag{4.4.3}$$

联立以上两式并对 Z 和 z 进行一阶泰勒级数展开（设 $Z\ll d_o$ 和 $z\ll d_i$），得到

$$z=\frac{d_i^2}{d_o^2}Z \tag{4.4.4}$$

引入 f-因数（焦距 λ 与光圈直径 D 的比）：

$$n_f=\frac{\lambda}{D} \tag{4.4.5}$$

利用 $2r\approx(D/d_i)z$ 的关系，由式(4.4.1)可得景深 Z 作为 r（也称可允许的不清晰半径）的函数：

$$Z\approx\frac{2n_f d_o(d_o-\lambda)}{\lambda^2}r=\frac{2n_f d_o^2}{\lambda d_i}r \tag{4.4.6}$$

由式(4.4.6)可知，景深 Z 与镜头的 f-因数成正比，而 $n_f\to\infty$ 的极限对应具有无穷景深的小孔摄像机。

下面讨论实际应用中特殊的景深情况。

1）目标距离较远，$d_o\gg\lambda$

对应一般拍照时的情况，目标尺寸比图像尺寸大很多，此时 $\lambda\approx d_i$，景深为

$$Z\approx 2n_f r\frac{d_o^2}{\lambda^2} \tag{4.4.7}$$

景深与焦距的平方成反比。结果是小的焦距导致大的景深（尽管此时图像的尺寸小）。望远镜头和大图像尺寸摄像机比广角镜头和小图像尺寸摄像机的景深小得多。典型的高分辨率CCD摄像机的像元尺寸约为 $10\mu\text{m}\times10\mu\text{m}$，因此可允许的不清晰半径 r 为 $5\mu\text{m}$。设有一个 f-因数为2、焦距为15mm的镜头，则当目标距离1.5m时它的景深为±0.2m。

2）目标-图像尺寸比为1∶1，$d_o\approx d_i\approx 2\lambda$

对应复制时的情况，目标和图像尺寸相同，景深为

$$Z\approx 4n_f r \tag{4.4.8}$$

此时景深不依赖于焦距，且与可允许的不清晰半径 r 有相同的量级。仍考虑前面 r 为 5μm、f-因数为 2 的情况，此时景深只有 40μm，即可清晰成像的目标范围很小。

3）目标距离较近，镜头焦距也较小，$d_o \approx \lambda$ 和 $d_i \gg \lambda$

对应显微成像时的情况，目标尺寸比图像尺寸小很多，尽管此时目标被放大了很多，但景深更小了，可写为

$$Z \approx 2n_f r \frac{d_o}{d_i} \tag{4.4.9}$$

当放大倍数为 50，即 $d_i/d_o = 50$ 且 $n_f = 1$ 时，得到的景深较小，只有 0.2μm。

4.4.2 显微镜 3-D 成像

显微镜在观察生物的微小解剖结构和组织学等方面发挥着重要作用。一般为 3-D 标本，如果用普通的光学显微镜观察，会发现如下现象。

(1) 仅聚焦平面的结构清晰可见。

(2) 聚焦平面附近的结构虽然可见，但模糊。

(3) 离聚焦平面较远的结构不可见，但仍对采集的图像有贡献。

根据已介绍的有关景深的内容，上述现象很容易解释。显微成像时，目标尺寸比图像尺寸小很多，所以景深较小，导致稍偏离聚焦平面的结构都很模糊。可见，景深较小的问题将影响有一定厚度样本的分析。实践中，常采取将厚的样本用刀切割为许多薄的切片并对各个切片分别观察研究的方法，但这又带来两个新问题。

(1) 如果切割后将切片分别放置，它们之间的配准（对应）关系会丢失。

(2) 作为一个机械过程，薄切片切割时会受到拉伸、蜷缩、折叠、撕扯等的影响而产生各种几何变形[Zhang 1991a]。

为解决上述问题，可采用光学切片方法（既不会产生配准问题，也不会产生变形问题）。图 4.4.2 给出用显微镜对厚度为 T 的样本进行成像的光学图[Castleman 1996]，其中设 3-D 世界坐标系统（摄像机坐标系统与其重合）的原点在样本的左端，Z 轴与显微镜的光轴重合。设镜头到像平面的距离 d_i 是固定的，焦平面位于 $Z = z_\lambda$ 处，与镜头的距离为 d_λ。

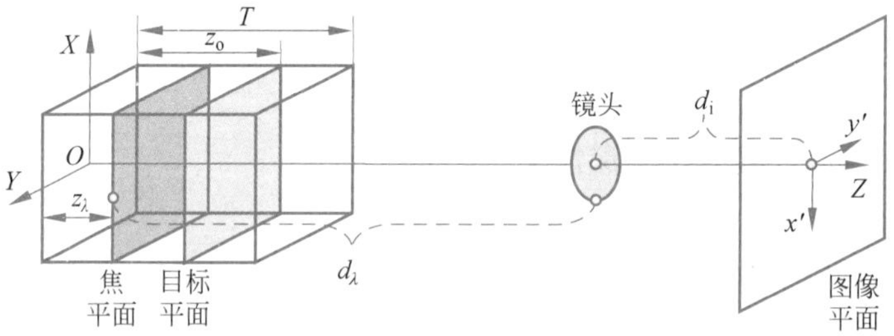

图 4.4.2 厚样本成像

根据透镜成像公式(4.4.1)，可由镜头的焦距 λ 计算 d_λ：

$$d_\lambda = \frac{\lambda d_i}{d_i - \lambda} \tag{4.4.10}$$

另外，可由下式计算镜头的放大倍数：

$$M = \frac{d_i}{d_\lambda} \tag{4.4.11}$$

借助 M，可得

$$\lambda=\frac{d_{\mathrm{i}}}{M+1}=\frac{M}{M+1}d_{\lambda} \tag{4.4.12}$$

$$d_{\lambda}=\frac{d_{\mathrm{i}}}{M}=\frac{M+1}{M}\lambda \tag{4.4.13}$$

根据图 4.4.2，样本中一点(x,y,z)成像时的坐标可写为(x,y,z_{λ})，而成像后在像平面的坐标为(x',y')。考虑将像平面的图像反投影到焦平面，则镜头的放大倍数要反过来，平面坐标也要转 180°。为推导焦平面 z_{λ} 上的图像 $f(x,y)$与样本函数 $p(x,y,z)$的关系，可仅考虑样本在 $Z=z_{\mathrm{o}}$ 处密度不为零的情况，此时有

$$p(x,y,z)=p_{\mathrm{o}}(x,y)\delta(z-z_{\mathrm{o}}) \tag{4.4.14}$$

对应目标离焦平面的距离为 $z_{\mathrm{o}}-z_{\lambda}$ 时的 2-D 成像情况。未聚焦的镜头仍为线性系统，所以可由卷积关系得到

$$f(x,y,z_{\lambda})=p_{\mathrm{o}}(x,y,z_{\mathrm{o}})\otimes h(x,y,z_{\mathrm{o}}-z_{\lambda}) \tag{4.4.15}$$

其中，h 为光学系统的**点扩散函数**(PSF)，与焦平面的偏离量为 $z_{\mathrm{o}}-z_{\lambda}$。

将 3-D 样本模型化为沿 Z 轴以 Δz 为间隔叠起的 N 个目标平面($N=T/\Delta z$)，即 $\sum_{i=1}^{N}p(x,y,i\Delta z)\Delta z$，在 z_{λ} 上得到的目标图像是各个平面图像的和：

$$f(x,y,z_{\lambda})=\sum_{i=1}^{N}p(x,y,i\Delta z)\otimes h(x,y,z_{\lambda}-i\Delta z)\Delta z \tag{4.4.16}$$

将求和转为积分($\Delta z\to 0$)，得到

$$f(x,y,z_{\lambda})=\int_{0}^{T}p(x,y,z)\otimes h(x,y,z_{\lambda}-z)\mathrm{d}z \tag{4.4.17}$$

设样本函数在视场外为零，在 $0\leqslant z\leqslant T$ 外也为零，则可得

$$f(x,y,z_{\lambda})=\int_{-\infty}^{\infty}\int_{-\infty}^{\infty}\int_{-\infty}^{\infty}p(x,y,z)\otimes h(x-x',y-y',z_{\lambda}-z)\mathrm{d}x'\mathrm{d}y'\mathrm{d}z \tag{4.4.18}$$

由式(4.4.18)可知，对厚样本用显微镜成像就是用样本函数与光学系统的点扩散函数进行 3-D 卷积。借助这个结论，可用如下方法近似消除光学切割图像带来的模糊(还可参见上册第 6 章)。

给定一系列在不同焦平面处 z_{λ} 采集的图像，可利用反卷积恢复 $p(x,y,z)$。将式(4.4.18)变换到频域，得到

$$F(u,v,w)=P(u,v,w)H(u,v,w) \tag{4.4.19}$$

样本函数的频谱为

$$P(u,v,w)=F(u,v,w)H'(u,v,w)=\frac{F(u,v,w)}{H(u,v,w)} \tag{4.4.20}$$

其中，$H'(u,v,w)$为 3-D **光学转移函数**(OTF)的倒数。再将其变换回空域，得到

$$p(X,Y,Z)=f(X,Y,Z)\otimes h'(X,Y,Z)=\int_{-\infty}^{\infty}f(X,Y,z')\otimes h'(X,Y,Z-z')\mathrm{d}z' \tag{4.4.21}$$

其中，z'为哑元。

将 z 轴用 Δz 为间隔离散化，设 $Z=j\Delta z$，$z'=i\Delta z$，$\mathrm{d}z'=\Delta z$，可将式(4.4.21)改写为

$$p(x,y,j\Delta z)=\sum_{i=-\infty}^{\infty}f(x,y,i\Delta z)\otimes h'(x,y,j\Delta z-i\Delta z)\Delta z \tag{4.4.22}$$

将焦平面移出样本时($i<0$ 或 $i>N$)，其对图像信息内容的贡献会变得相当差，可用下面的有

限和逼近式(4.4.22):

$$p(x,y,j\Delta z)=\sum_{i=-K}^{N+K} f(x,y,i\Delta z)\otimes h'(x,y,j\Delta z-i\Delta z)\Delta z \qquad (4.4.23)$$

其中,K 为正数。根据式(4.4.23),恢复目标平面成为求 2-D 卷积的有限和。

用 3-D 逆卷积恢复样本函数时会遇到 3 个计算方面的问题。

(1) 计算 3-D 的 PSF 频谱比较复杂。

(2) 需要计算 $H'(u,v,w)$的 3-D 反变换。

(3) 当 $N+2K$ 较大时,式(4.4.23)的计算量也会相当大。

4.4.3 共聚焦显微镜 3-D 成像

尽管移动普通显微镜的焦平面可以获得 3-D 图像,但普通显微镜并不是理想的 3-D 传感器。理想情况下,3-D 图像中的每个采样应代表景物空间中对应位置上某个物理量的测量结果。由于所有物理上可实现的设备分辨率都有限,每个采样值实际上代表某个体积中该物理量的加权平均。加权函数一般称为点扩散函数。如果点扩散函数离开原点后向各方向都衰减得非常快,可得到一个有限的加权体积,只有具有如此点扩散函数的设备,才被称为真正的 3-D 传感器。

事实上,当观察一个普通显微镜点扩散函数的傅里叶变换(也称光学转移函数)时,可以发现频谱并不是处处有值,即在频谱的某些区域并没有频率传输,结果是仅在这些区域有频率分量的目标(如其表面法向与光轴的夹角小于一半孔径角的目标,仅有的例外是直流分量)不会被成像。另外,这些目标对成像的贡献与其到镜头的距离无关。这样仅用普通的显微镜不可能获得真正的 3-D 图像。

要使光学转移函数不总为零(特别是在 Z 方向),可以考虑改变图像的成像方式及点扩散函数。方法之一是使用共聚焦激光扫描显微镜[Brakenhoff 1979]。**共聚焦激光扫描显微镜**是一种可以采集真正 3-D 图像的装置[Jähne 1997]。其基本原理是每次仅照明聚焦平面,从而仅获得聚焦平面处的图像。为实现这一点,可用激光束对显微镜的光学聚焦平面进行扫描,在聚焦平面上每次仅照明一个点。

共聚焦激光扫描显微镜成像示意图如图 4.4.3 所示。激光源发射的光线通过二分镜的反射到达样本,样本上的反射光又经二分镜透射指向检测器。其中,聚焦正确的反射光(实线)经焦平面反射后可通过检测针孔被检测器检测到,而未落到焦平面的散焦光线(虚线)则以与焦平面距离的平方成比例地扩散,且多不能通过检测针孔,导致检测器对散焦光线的检测量较小。由点扩散函数确定的加权 3-D 图像是有限的。换句话说,仅有接近焦平面的一个薄层能接收到较强的照明。在这个薄层之外,样本上的照度将会随焦平面距离的平方而衰减。这样来自焦平面之外的反射量会大大减少,而非聚焦景物造成的失真也会得到较强的抑制。

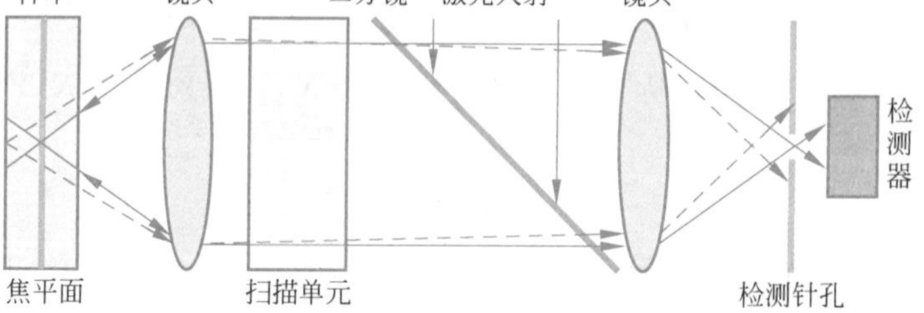

图 4.4.3 共聚焦激光扫描显微镜成像示意

由上可见,由于同样的光学镜头既用于成像,也用于照明,共聚焦显微镜的总点扩散函数是照明分布和(成像)检测分布的乘积。在理想(针孔无限小)的共聚焦情况下,照明分布和检测分布相同,共聚焦显微镜的总点扩散函数是普通显微镜点扩散函数的平方。在傅里叶变换域,对应光学转移函数与其自身的卷积。

在共聚焦激光扫描显微镜中,通过引入检测针孔可有效抑制不在焦平面的散焦问题。或者说,焦平面之外未聚焦景物对成像的贡献会得到较强的抑制,成像失真也会下降。但是,能够获得完全不失真的成像吗?可从两方面考虑这个问题,或用下面两种方式讨论共聚焦激光扫描显微镜对目标的无失真重建能力[Jähne 2004]。

(1) 设想样本在沿光轴(Z 方向,深度)方向有一个周期的结构,在普通的显微镜成像中,由于所有深度上的辐射亮度都相同,此结构不会被显示。而在共聚焦激光扫描显微镜成像中,由于照度会沿深度方向迅速衰减(随与聚焦平面距离的平方而减少),所以只要波长不是太短,沿深度方向仍可观察到周期性变化。

(2) 也可借助点扩散函数 PSF 解释这个问题。共聚焦激光扫描显微镜的点扩散函数是空间密度分布函数与光学成像点扩散函数的乘积。由于两个函数都随深度的平方而衰减,共聚焦激光扫描显微镜的点扩散函数将随深度的 4 次方而衰减。这样的快速衰减有助于对 PSF 进行更准确的定位并导致沿深度方向产生非零的光学转移函数 OTF。

例 4.4.1　共聚焦激光扫描显微镜与普通显微镜对比示例

考虑对一个金字塔状的正方锥样本成像。用普通显微镜成像时仅聚焦面附近可得到比较尖锐的图像,聚焦在正方锥基底时采集到的图像如图 4.4.4(a)所示,越向金字塔顶端靠近,边缘变得越模糊。在使用共聚焦激光扫描显微镜成像时,每次只对很窄的高度范围成像,图 4.4.4(b)所示为离基底 2.5μm 的一层成像情况。现用每层 6.5μm 进行深度扫描,再将各层结果叠加,得到如图 4.4.4(c)所示的图像,整个深度范围都得到了清晰的结果,许多用普通显微镜看不到的细节现在都可观察到。

(a)　(b)　(c)

图 4.4.4　共聚焦激光扫描显微镜与普通显微镜的对比

□

4.5　等基线多摄像机组

多目成像的方式有多种(具体计算可见第 7 章),例如[Wu 2022]提供了多眼立体视觉测量系统的源代码及部分照片和视频。下面简要介绍**等基线多摄像机组**(EBMCS),其中共使用了 5 台摄像机[Kaczmarek 2017]。

4.5.1　图像采集

等基线多摄像机组将 5 台摄像机排列成与拍摄平面平行的十字,如图 4.5.1 所示。其中,C_0 为中心摄像机,C_1 为右摄像机,C_2 为顶摄像机,C_3 为左摄像机,C_4 为底摄像机。

由图 4.5.1 可见,中心摄像机四周的 4 台摄像机分别与中心摄像机构成 4 对**双目横向模**

式的立体摄像机,其基线是等长的,所以被称为等基线多摄像机组。

从对图像加工的角度看,C_0 和 C_1 采集的是一对水平双目的立体图像。为方便,也可将每对图像看作用水平双目模式得到的图像,这就需要进行一定的转换:对 C_0 和 C_2 采集的一对立体图像逆时针旋转 90°,对 C_0 和 C_4 采集的一对立体图像顺时针旋转 90°,对 C_0 和 C_3 采集的一对立体图像进行镜像翻转。转换后,相当于把 4 对立体图像相对于中心摄像机采集的图像进行了标定,在计算视差图时其结果就可进行结合比较了。

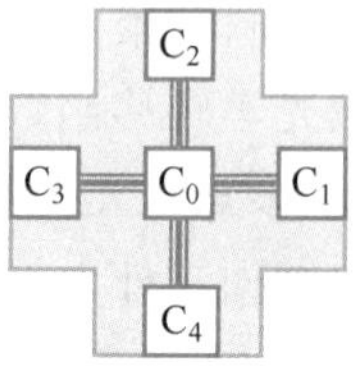

图 4.5.1 等基线多摄像机组空间位置示意

对摄像机的(几何)标定和对采集图像的矫正使用了一系列具有 11×8 个黑白相间正方形(大小为 24mm×24mm)的棋盘图像,可利用其在水平方向的 10 行角点和垂直方向的 7 列角点。该系列图像由 10 组构成,每组包含来自 5 台摄像机的 5 幅图像。对标定参数的计算可参见[Zhang 2000],对矫正的算法可参见[Hartley 1999]。

由于使用了多台摄像机,除了进行几何标定外,还对来自 EBMCS 的图像进行了颜色标定。因为使用的视差图是灰度图,所以颜色标定实际上是对像素点强度的标定。下式给出用于调整强度的三角滤波器的表达式:

$$\hat{f} = f + k\left(1 - \frac{|M - f|}{M}\right) \tag{4.5.1}$$

其中,f 为标定前的强度,$\hat{f}$ 为标定后的强度,k 为针对图像中的特征点选择的强度修正因子,M 为图像灰度范围的中间值。通常灰度范围为 0~256,可取 $M \geqslant 128$。

对从 5 台摄像机采集的图像得到的视差图也进行图像变换。视差图是从经过标定、矫正(以及旋转和镜面反射等变换)而修改的图像中获得的。因此,每个视差图的点对应变换之后的中心图像的点。然而,不同立体摄像机中的变换参数是不同的。因此,中心图像需根据使用的立体摄像机进行相应的修改。需要合并视差图以获得更高质量的地图,所以要求其引用相同的图像进行统一。视差图的统一通过对其执行与获取这些视差图的图像上执行的变换相反的变换获得。所有产生的视差图中的点对应标定和矫正之前输入中心图像的点。

4.5.2 图像合并方法

每对摄像机可获得一幅视差图,EBMCS 可提供 4 幅视差图。下一步是将这 4 幅视差图结合为一幅单一的视差图。可采用两种不同的方法结合:**算术平均合并方法**(AMMM)和**例外去除合并方法**(EEMM)。

不管使用哪种方法,结果视差图中各坐标点的视差值都取决于合并前各视差图中位于相同坐标点的视差值。但是,由于景物的某些部分在图像采集时可能受到遮挡而使某个或某几个视差图中相应位置的视差值无法计算,所以最终结果视差图中某些位置的合并视差值数量可能低于 EBMCS 中包含的摄像机对的数量。如果用 N 表示 EBMCS 中摄像机对的数量,用 M_x 表示合并前视差图中位于坐标 $\boldsymbol{x}$ 处且合并后视差图中仍位于坐标 $\boldsymbol{x}$ 处的点数量,则 $M_x \leqslant N$。最终结果视差图中位于坐标 $\boldsymbol{x}$ 处的视差值为

$$D_f(\boldsymbol{x}) = \frac{\sum\limits_{1 \leqslant i \leqslant M_x} D_i(\boldsymbol{x})}{M_{\boldsymbol{x}}} \tag{4.5.2}$$

其中,D_i 表示索引为 i 的合并前视差图中的视差值。

在不同的合并前，视差图中位于相同坐标的视差值之间可能存在显著差异。AMMM 不排除任何值而仅对其进行平均。但是，如果存在显著差异，则表明合并前至少有一个视差图中包含不正确的视差值。为消除潜在的错误差异，可使用 EEMM。

设进行 EEMM 合并后的视差值用 $E(\boldsymbol{x})$表示，$E(\boldsymbol{x})$取决于合并前视差图 i 中坐标 $\boldsymbol{x}$ 处的每个视差值 $D_i(\boldsymbol{x})$。如果一个合并前视差图中不包含坐标 $\boldsymbol{x}$ 的视差值，则 $E(\boldsymbol{x})$的值等于 0。包含坐标 $\boldsymbol{x}$ 的视差值合并前视差图的数量不同，函数 $E(\boldsymbol{x})$的计算方式也不同。

如果只有一个索引为 i 的合并前视差图包含视差值 $D_i(\boldsymbol{x})$，则 $E(\boldsymbol{x})$的值等于 $D_i(\boldsymbol{x})$。当坐标 $\boldsymbol{x}$ 处具有视差的合并前视差图的数量等于 2 时，可用 EEMM 计算这些视差值之间的差异。差异值等于$|D_i(\boldsymbol{x})-D_j(\boldsymbol{x})|$，其中 i 和 j 是所考虑的合并前视差图的索引。

EEMM 指定了一个最大可接受的差异值，记为 T。大于 T 的差异值表明该差异值不确定。因此，EEMM 声明视差值未确定且 $E(\boldsymbol{x})$的值等于 0。如果视差值之间的差异不大于 T，则 $E(\boldsymbol{x})$等于视差值 $D_i(\boldsymbol{x})$和 $D_j(\boldsymbol{x})$的算术平均值：

$$E(\boldsymbol{x})=\begin{cases}\dfrac{D_i(\boldsymbol{x})+D_j(\boldsymbol{x})}{2}, & |D_i(\boldsymbol{x})-D_j(\boldsymbol{x})|\leqslant T\\ 0, & |D_i(\boldsymbol{x})-D_j(\boldsymbol{x})|>T\end{cases}\tag{4.5.3}$$

在合并来自不同合并前视差图的 3 个视差值 $D_i(\boldsymbol{x})$、$D_j(\boldsymbol{x})$和 $D_k(\boldsymbol{x})$的情况下，需要计算每两个视差值之间的差异值，再由差异值计算 $E(\boldsymbol{x})$。由于共有 3 个差异值需要进行判断，所以将最大可接受差异的条件设置得更严格(此时最大可接受的差异值 $S=T/2$)。对 $E(\boldsymbol{x})$的计算分为如下 4 种情况：

$$E(\boldsymbol{x})=\begin{cases}\dfrac{\sum\limits_{l\in i,j,k}D_l(\boldsymbol{x})}{3} & (|D_i(\boldsymbol{x})-D_j(\boldsymbol{x})|\leqslant S,\ |D_i(\boldsymbol{x})-D_k(\boldsymbol{x})|\leqslant S,\ |D_j(\boldsymbol{x})-D_k(\boldsymbol{x})|\leqslant S)\\ D_i(\boldsymbol{x}) & (|D_i(\boldsymbol{x})-D_j(\boldsymbol{x})|\leqslant S,\ |D_i(\boldsymbol{x})-D_k(\boldsymbol{x})|\leqslant S,\ |D_j(\boldsymbol{x})-D_k(\boldsymbol{x})|>S)\\ \dfrac{D_i(\boldsymbol{x})+D_j(\boldsymbol{x})}{2} & (|D_i(\boldsymbol{x})-D_j(\boldsymbol{x})|\leqslant S,\ |D_i(\boldsymbol{x})-D_k(\boldsymbol{x})|>S,\ |D_j(\boldsymbol{x})-D_k(\boldsymbol{x})|>S)\\ 0 & (|D_i(\boldsymbol{x})-D_j(\boldsymbol{x})|>S,\ |D_i(\boldsymbol{x})-D_k(\boldsymbol{x})|>S,\ |D_j(\boldsymbol{x})-D_k(\boldsymbol{x})|>S)\end{cases}\tag{4.5.4}$$

由式(4.5.4)可见，当 3 个差异值都不大于 S 时，合并后视差图的结果视差值 $E(\boldsymbol{x})$等于所有合并前视差值的算术平均值。当有 1 个差异值大于 S 时，结果视差值 $E(\boldsymbol{x})$等于其他两个条件中满足最大可接受差异值的那个视差值。当有 2 个差异值大于 S 时，结果视差值 $E(\boldsymbol{x})$等于满足最大可接受差异值的那个条件中的两个视差值的算术平均值。当 3 个差异值都大于 S 时，结果视差值 $E(\boldsymbol{x})$为未定。

EEMM 中的最后一种情况发生在 4 个合并前视差图 i、j、k、l 在坐标 $\boldsymbol{x}$ 处都有视差值时。这种情况下，合并方法首先对来自不同合并前视差图的视差值进行排序，其次去除两个极值(最大值和最小值)。最后，根据两个剩余的视差值计算算术平均值，取该平均值为合并方法的结果：

$$E(\boldsymbol{x})=\frac{D_j(\boldsymbol{x})+D_k(\boldsymbol{x})}{2}\quad\{D_i(\boldsymbol{x})\leqslant D_j(\boldsymbol{x})\leqslant D_k(\boldsymbol{x})\leqslant D_l(\boldsymbol{x})\}\tag{4.5.5}$$

4.6　单摄像机多镜反射折射系统

为实现立体成像，需要使用双目或多目，即需要使用双摄像机或多台摄像机(具体计算参见第 6 章和第 7 章）。如果仅有单台摄像机，就要移动摄像机进行拍摄，以获得两幅或多幅不同视角（相同视场）的图像。

下面介绍一种单摄像机全向多立体折反射系统[Chen 2020a]。该系统是一种具有垂直和水平基线结构的**单摄像机多镜反射折射系统**，其空间结构紧凑，可使用多个中心或非中心的立体图像采集器对来实现数据采集。为使 3-D 重建过程通用并适应各种类型的系统配置，采用一种灵活的标定和重建算法。该算法将系统近似为多台中央子摄像机，并以球形表示进行立体匹配并优化多个立体图像对的重建结果。虽然该系统主要用于生成 3-D 点云数据，但其设计思想对其他数据采集和匹配也有启发。

4.6.1 总体系统结构

单摄像机多镜反射折射系统总体系统结构如图 4.6.1 所示。它由 1 台摄像机和 5 面镜子组成，水平与垂直布局相结合。焦点为 O_1 的顶镜为主镜，其余为副镜/子镜。4 面副镜对称地置于垂直于主镜和摄像机光轴的平面内，如图 4.6.1(a)的俯视图（沿摄像机光轴方向，鸟瞰图）所示。通过将主镜和副镜分层布置，结合垂直和水平结构的优点，以紧凑的方式实现更长的基线。摄像机可一次拍摄 5 面镜子的反射图像，构成 4 个立体图像对。以 O_1-XYZ 为参考系，考虑如图 4.6.1(b)和图 4.6.1(c)的（侧视）XZ 平面，副镜 O_2 的相对位置可用 $\boldsymbol{P}=[B_X \quad 0 \quad -B_Z]^{\mathrm{T}}$ 表示，其中 B_X 和 B_Z 分别为系统的水平和垂直基线。其他副镜的相对位置也可根据对称性得到。

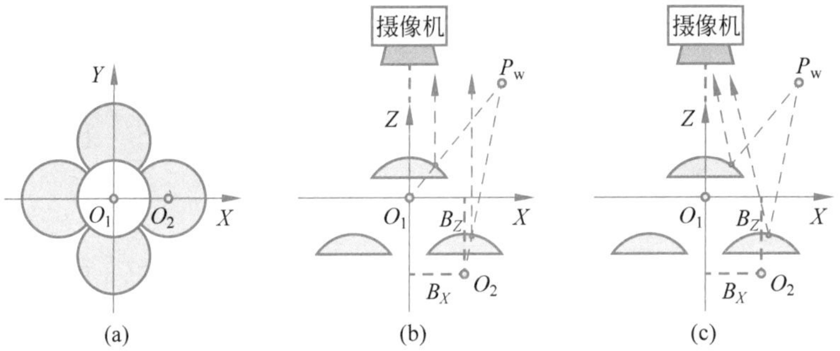

图 4.6.1 单摄像机多镜反射折射系统总体系统结构

该系统设计包括以下 3 方面特点。

(1) 主镜和 4 面副镜组成包含 4 个双目立体对的系统。实际应用中，由于系统中的潜在遮挡，可能无法使所有镜子都捕捉到需要的景物。然而，此设计可使场景中的每个目标至少可被两个立体对图像捕捉到，为通过融合立体实现更高的重建精度提供了可能。

(2) 与一般纯水平[Caron 2009]或纯垂直[Lui 2010]基线布局相比，主镜与副镜之间的特殊布局以紧凑的方式实现了更长的立体基线。

(3) 反光镜和摄像头选型灵活。与只能使用有限的摄像机和镜子类型组合的传统中央折反射系统不同，该系统可通过中心或非中心配置构建。如图 4.6.1(b)所示，指向 5 个抛物面镜的正交摄像机可视为 5 台不同的中心摄像机。如图 4.6.1(c)所示，指向多个抛物线、双曲线或球面镜的透视摄像机可构成多台非中心摄像机。通过有效的系统建模，可统一和简化 3-D 重建过程。

4.6.2 成像和标定模型

多目立体视觉系统可由不同类型的摄像机和镜子配置而成。为使 3-D 重建过程统一并适用于所有类型的配置，需要一个通用的成像和标定模型。考虑将每个镜子及其对应的子图像视为一台虚拟子摄像机，则可将整个系统视为多台**虚拟摄像机**的组合。一旦标定了每台虚拟摄像机，就可通过联合标定整个阵列进一步优化参数。

1. 虚拟子摄像机模型

为增强系统通用性，采用**广义统一模型**（GUM）描述每台虚拟子摄像机的成像过程[Xiang 2013]。该模型不仅适用于中央摄像机，还适用于许多非中央系统。下面仅讨论有关投影的内容。

在 GUM 中，可将投影过程描述如下。

（1）对于任意空间点 $\boldsymbol{P}_\mathrm{w}$，首先可通过刚体变换将其转换为单位球面上的点 $\boldsymbol{P}_\mathrm{s}=[x_\mathrm{s}\quad y_\mathrm{s}\quad z_\mathrm{s}]^\mathrm{T}$，再对球心进行中心投影。

（2）考虑单位球体内的第二投影中心 $\boldsymbol{C}_\mathrm{p}(-q_1,-q_2,-q_3)^\mathrm{T}$，将 $\boldsymbol{P}_\mathrm{s}$ 投影到归一化平面上，得到点 $\boldsymbol{P}_\mathrm{t}$。系统的非中心特性可通过偏心的投影中心 $\boldsymbol{C}_\mathrm{p}$ 得到较好的补偿：

$$\boldsymbol{P}_\mathrm{t}=\left(\frac{x_\mathrm{s}+q_1}{z_\mathrm{s}+q_3},\frac{y_\mathrm{s}+q_2}{z_\mathrm{s}+q_3},1\right)^\mathrm{T} \tag{4.6.1}$$

（3）考虑到真实摄像机的失真，将径向失真以 $\boldsymbol{P}_\mathrm{t}$ 为单位进行补偿。

（4）应用广义透视投影，得到像素点[Zhang 2000]：

$$\boldsymbol{p}=\boldsymbol{K}\boldsymbol{P}_\mathrm{t}=\begin{bmatrix} g_1 & g_1\alpha & u_0 \\ 0 & g_2 & v_0 \\ 0 & 0 & 1 \end{bmatrix}\boldsymbol{P}_\mathrm{t} \tag{4.6.2}$$

其中，$\boldsymbol{K}$ 为广义透视投影的内参矩阵，g_1 和 g_2 为焦点长度，α 为偏斜因子，(u_0,v_0) 为主点坐标。

通过使用一系列棋盘格的标定图像，可独立计算每个子摄像机的内参数和外参数。

2. 多镜位置的联合标定

在虚拟摄像机阵列的概念中，每个镜子及其在像素平面中所占的区域都被视为一台虚拟子摄像机。将镜子参数集成到虚拟子摄像机中，再将镜子之间的相对位置转化为虚拟子摄像机之间的刚体变换。每台子摄像机独立标定后，需要联合优化子摄像机的相对位置，以提高子摄像机之间的一致性。

设 c_1 为主摄像机的参考坐标。$c_i(i=2,3,4,5)$ 相对于 c_1 的刚体变换可用 $\boldsymbol{T}_{(c_i-c_1)}$ 表示：

$$\boldsymbol{T}_{(c_i-c_1)}=\begin{bmatrix} \boldsymbol{R}_{3\times 3} & \boldsymbol{t}_{3\times 3} \\ \boldsymbol{0} & \boldsymbol{1} \end{bmatrix} \quad i=2,3,4,5 \tag{4.6.3}$$

其中，$\boldsymbol{R}_{3\times 3}$ 为旋转矩阵，$\boldsymbol{t}_{3\times 1}$ 为平移矢量。

给定世界坐标系中的每个 3-D 点 $\boldsymbol{P}_{\mathrm{w},ij}$ 及其对应的主摄像机中的成像像素 $\boldsymbol{p}_{1,ij}$，以及第 i 台摄像机中的 $\boldsymbol{p}_{i,ij}$，计算重投影误差的步骤如下。

（1）利用 $\boldsymbol{T}_{\mathrm{w}-c_1}$ 将世界点 $\boldsymbol{P}_{\mathrm{w},ij}$ 变换到 c_1 坐标系中的 $\boldsymbol{P}_{c_1,ij}$：

$$\boldsymbol{P}_{c_1,ij}=(\boldsymbol{P}_{\mathrm{w}_1,ij})^{-1}\boldsymbol{P}_{\mathrm{w}_1,ij} \tag{4.6.4}$$

（2）利用矩阵 $\boldsymbol{T}_{(c_i-c_1)}$ 将 $\boldsymbol{P}_{c_1,ij}$ 转换为 $\boldsymbol{P}_{c_i,ij}$：

$$\boldsymbol{P}_{c_i,ij}=(\boldsymbol{T}_{(c_i-c_1)})^{-1}\boldsymbol{P}_{c_1,ij} \tag{4.6.5}$$

（3）利用第 i 台子摄像机的内参数矩阵 $\boldsymbol{K}_i$ 将 $\boldsymbol{P}_{c_i,ij}$ 转换为重投影像素坐标 $\boldsymbol{p}_{i',ij}$：

$$\boldsymbol{p}_{i'_1,ij}=\boldsymbol{K}_i\boldsymbol{P}_{c_i,ij} \tag{4.6.6}$$

（4）计算重投影误差 e：

$$e = \| \boldsymbol{p}_{i_1', ij} - \boldsymbol{p}_{i, ij} \|^2 \tag{4.6.7}$$

若函数 G 表示由 $\boldsymbol{P}_{\mathrm{w}, ij}$ 获得 $\boldsymbol{p}_{i_1', ij}$ 的整个过程,则可通过最小化式(4.6.7)所示的重投影误差计算最优刚体变换 $\boldsymbol{T}_{(c_i - c_1)}$:

$$\underset{\boldsymbol{T}_{(c_i - c_1)}}{\operatorname{argmin}} \sum_{i,j} \| G(\boldsymbol{K}_i, \boldsymbol{T}_{\mathrm{w}, c_1}, \boldsymbol{T}_{(c_i - c_1)}, \boldsymbol{P}_{\mathrm{w}, ij}) - \boldsymbol{p}_{i, ij} \|^2 \tag{4.6.8}$$

由于每台虚拟摄像机都按前面虚拟子摄像机的模型描述进行了标定,所以已获得 G 中参数的初始值。此时可使用非线性优化算法(如 Levenberg-Marquardt 算法)求解式(4.6.8)。

总结和复习　　随堂测试

第5章

教学视频

3-D景物表达

中册第 6 章讨论了对图像中分割出的 2-D 区域的各种表达方法。实际的客观景物是 3-D 的，对其进行表达可直接采用 3-D 方法。这里需要指出，从 2-D 空间到 3-D 空间的变化不仅是量的丰富，还有质的飞跃（如在 2-D 空间中，区域是由线封闭而成的，而在 3-D 空间中，仅仅有线并不能包围体积），对视觉信息的表达和加工在理论和方法上都提出了新的要求。

客观世界中存在多种 3-D 结构，还可能对应不同的抽象层次。因此，需要使用不同的方法表达各种不同层次的 3-D 结构，以满足不同应用中后续加工的要求。

根据上述讨论，本章各节将安排如下。

5.1 节介绍曲线和曲面的一些局部特征，它们在 3-D 目标表面的表达中起着重要的基础作用。

5.2 节讨论 3-D 表面的表达方法，它们是对 3-D 目标进行表达的常用方法。

5.3 节给出在用体素表达 3-D 目标的情况下，对其等值表面进行构造的两种算法。

5.4 节介绍从 3-D 目标的并行轮廓出发，通过插值，借助网格面元集合表达目标表面、实现表面拼接的技术。

5.5 节介绍直接对 3-D 实体（包括表面和内部）进行表达的方法。

5.1 曲线和曲面的局部特征

曲线和曲面是构成 3-D 实体的重要组件，也是观察实体时最先观察到的部分。为表达和描述曲线和曲面，需要研究其局部特征[Forsyth 2003]。微分几何是研究曲线和曲面局部特征的重要工具，下面讨论几个基本的概念。

5.1.1 曲线局部特征

对平面曲线和空间曲线分别进行讨论。

1. 平面曲线特殊点的分类

先考虑平面上的曲线。如图 5.1.1 所示，设一条曲线 C 通过空间一个点 P。通过点 P 且与曲线 C 相切的直线 T 称为曲线 C 在点 P 的切线（切线是割线的极限）。与点 P 的切线 T 相垂直且通过点 P 的直线 N，称为曲线 C 在点 P 的法线。

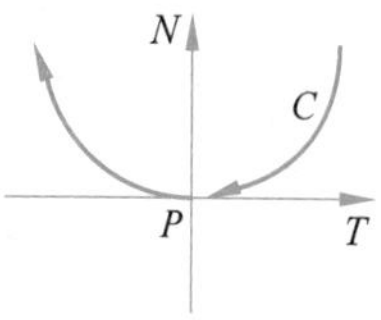

图 5.1.1　曲线在由切线和法线定义的坐标系中

设点 P 为原点，沿切线 T 的方向和法线 N 的方向为坐标轴的方向，则可构建一个局部坐标系统，以研究曲线在点 P 附近的性质。如图 5.1.2 所示，考虑第一象限中的一个点 Q 沿曲线 C 向 P 点移动，当它到达 P 点后继续运动，则它的下一个位置会有 4 种可能，分别位于一、二、三、四象限，依次如图 5.1.2(a)～图 5.1.2(d)所示。这 4 种情况对应 4 种不同的曲线 C，或者说描述了曲线 C 在

点 P 附近的 4 种变化。

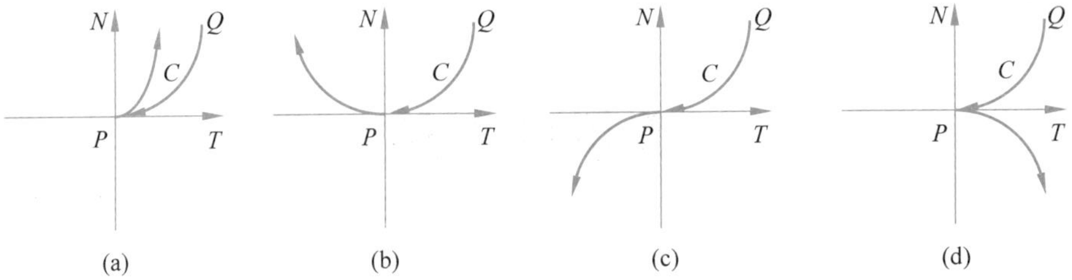

图 5.1.2 4 种曲线变化情况

曲线上的点 Q 通过 P 点后如果到达第二象限，则称点 P 为一个规则点，而在其他 3 种情况下，都称点 P 为**奇异点**。奇异点还可进一步细分：点 Q 通过 P 点后如果到达第三象限，则称点 P 为**拐点**；点 Q 通过 P 点后如果到达第四象限或第一象限，则称点 P 为第一类或第二类**尖点**。

过点 P 的切线 T 是对曲线 C 在点 P 的最佳线性近似。如果能在点 P 建立圆周近似，就可定义曲线 C 在点 P 的曲率。曲率是沿曲线切线方向对变化速率的测度，它比切线或斜率能更好地表达曲线的特性。曲线 C 在点 P 的曲率可借助曲线上的另一点 Q 沿曲线向点 P 逼近计算。首先，考虑曲线 C 在点 P 的法线 N 和曲线 C 在点 Q 的法线 M，两条法线有一个交点 S，当点 Q 沿曲线向点 P 逼近时，交点 S 会沿点 P 的法线 N 到达极限位置 O，它就是曲线 C 在点 P 的曲率中心。当点 Q 与点 P 间的距离随点 Q 沿曲线向点 P 逼近而趋于零时，法线 N 与法线 M 的夹角也会趋于零，上述夹角与距离的比值会趋于极限 K，K 就是曲线 C 在点 P 的曲率。K 在数值上等于 O 与 P 距离 r 的倒数，称 r 为曲率半径，而以 O 为圆心、以 r 为半径的圆称为点 P 的曲率圆。

2. 高斯图

可借助**高斯图**描述曲线 C。如图 5.1.3 所示，选定一个方向，使点 P 沿该方向遍历曲线 C 并依次将曲线 C 上的各点 P 与单位圆周上的各点 Q 对应。为此要使过点 P 的单位法线矢量与从单位圆心出发的终点为 Q 的矢量对应。这个从曲线向单位圆周映射的结果就是与曲线对应的高斯图。

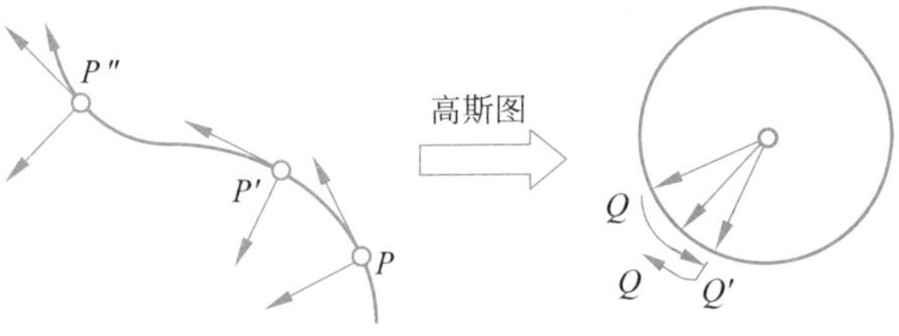

图 5.1.3 平面曲线的高斯图

前面讨论曲率时，借助了曲线上一点 Q 沿曲线向另一点 P 逼近的过程。因为曲线可被映射到高斯图，所以逼近过程也体现在高斯图中。当点 P' 逼近点 P 时，点 P' 对应高斯图上的点 Q' 也逼近点 P 对应高斯图上的点 Q。点 P' 和点 P 处的法线 N' 和 N 间的夹角对应单位圆周上连接 Q' 和 Q 的弧长。曲率就是高斯图上对应弧长度和曲线长度的比值在两者趋于零时的极限。

现在考虑一个点沿曲线的运动及其高斯图上对应点的运动。在规则点和拐点处，该点沿曲线 C 的遍历方向不变；但在两类尖点处，该点沿曲线 C 的遍历方向会发生反转变化（参见图 5.1.2）。其高斯图上的点沿单位圆的遍历方向在规则点和第一类尖点处不发生变化，而在拐点和第二类尖点处发生反转变化(参见图 5.1.3)。将两者结合,根据一个点沿曲线 C 的遍历方向及其高斯图上对应点沿单位圆运动时的方向变化,可对 4 类曲线点进行分类,如表 5.1.1 所示。

表 5.1.1　曲线点分类表

分　类	点沿曲线遍历方向不变	点沿曲线遍历方向反转变化
高斯图上点沿单位圆运动方向不变	规则点	第 1 类尖点
高斯图上点沿单位圆运动方向反转变化	拐点	第 2 类尖点

在对曲线 C 选出一个方向后,曲线 C 上任意一点的曲率可定义为一个符号。例如,可令凸点的曲率为正,即该点的曲率中心与该点法线矢量的顶点将处于曲线 C 的同一侧。同理,凹点的曲率为负,即该点的曲率中心与该点法线矢量的顶点将处于曲线 C 的两侧,拐点的曲率符号将改变,如果曲线的方向反转,曲率的符号也将反转。

3. 空间曲线

空间曲线的情况常比平面内曲线的情况复杂得多。例如,空间曲线 C 上一点 P 可有无穷多的直线与该点的切线垂直,它们共同组成空间曲线在该点的法平面。又如,空间曲线 C 上一点的邻域点并不一定处于同一平面,但确实存在一个唯一的平面与这些点最贴近,该平面称为**密切平面**,其包含点 P 及趋于 P 的曲线点。通过点 P 并与法平面和密切平面都垂直的平面称为**校正平面**。由法平面 N、密切平面 T 和校正平面 R 可建立以点 P 为中心(原点)的坐标系统,称为移动三面体或 Férnet 框架,如图 5.1.4 所示。其中,坐标系的 3 个轴分别对应切线矢量 $\boldsymbol{t}$、主法线(法平面和密切平面的交线)矢量 $\boldsymbol{n}$ 和**副法线**(法平面和校正平面的交线)矢量 $\boldsymbol{b}$,曲线 C 在 P 点的曲率中心为 O。

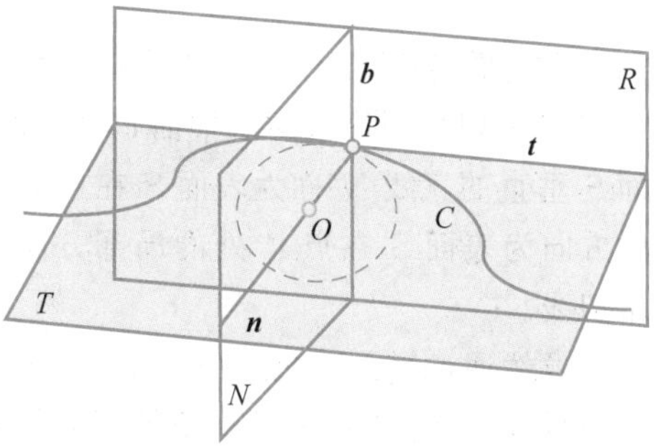

图 5.1.4　空间曲线的局部几何

空间曲线与平面曲线也有类似的地方。例如,可将平面曲线中高斯图的概念推广到空间曲线,不过此时表示切线、主法线和副法线的矢量端点处于一个单位圆球(**高斯球**)体上。空间曲线与平面曲线还有不同的地方。例如,不可能将空间曲线定义为一个有意义的符号。一般来说,空间曲线不存在拐点,其曲率在各个位置都是正的。

下面考虑密切平面上沿空间曲线变化的速率(可看作对曲率的推广)。设曲线 C 上有两个相邻的点 P 和 P',计算与其对应的两个密切平面之间的夹角(或对应两个副法线之间的夹角),并除以其间距。当 P' 趋于 P 时,上述夹角和距离都趋于 0,而其比值存在一极限,该极限称为曲线 C 在点 P 的**挠率**。曲线 C 上两个相邻点 P 与 P' 之间的弧长 s 可以设为有向的。点 P 的切线矢量 $\boldsymbol{t}$ 为单位速率 $\mathrm{d}P/\mathrm{d}s$(定义为 P' 趋于 P 且两者间的距离趋于 0 时,矢量 $\Delta\overrightarrow{PP'}/\Delta s$ 的极限)。如果 s 反向,则 $\boldsymbol{t}$ 也反向。进一步,加速度 $\mathrm{d}^2\boldsymbol{P}/\mathrm{d}s^2$ 与曲率 K 和主法线 $\boldsymbol{n}$ 之间存在如下关系:

$$\frac{\mathrm{d}^2}{\mathrm{d}s^2}\boldsymbol{P}=\frac{\mathrm{d}}{\mathrm{d}s}\boldsymbol{t}=K\boldsymbol{n} \tag{5.1.1}$$

注意,曲率 K 是加速度的幅度,K 和主法线矢量 $\boldsymbol{n}$ 都与曲线方向无关。副法线矢量可定义为 $\boldsymbol{b}=\boldsymbol{t}\times\boldsymbol{n}$。与 $\boldsymbol{t}$ 类似,$\boldsymbol{b}$ 依赖于曲线的方向。可以证明:

$$\frac{\mathrm{d}}{\mathrm{d}s}\boldsymbol{n}=-K\boldsymbol{t}+\tau\boldsymbol{b} \tag{5.1.2}$$

$$\frac{\mathrm{d}}{\mathrm{d}s}\boldsymbol{b}=\tau\boldsymbol{n} \tag{5.1.3}$$

其中，τ 为曲线在点 P 的挠率。

与曲率不同，对于一般空间曲线而言，挠率可以为正、为负或为零。其符号取决于曲线的遍历方向，并具有几何意义：一般来说，曲线会以一个非零的挠率通过密切平面的每一点。当挠率为正时，曲线出现在密切平面的正面（副法线那面）；当挠率为负时，曲线出现在密切平面的反面；当挠率为零时，则为平面曲线。

5.1.2 曲面局部特征

景物的表面可以是平面，也可以是曲面，可将平面看作曲面的特例。下列讨论的均为一般性曲面。

1. 表面法截线

先考虑表面 S 上一点 P 附近的性质。可以证明，对于通过点 P 且处于表面 S 上的曲线 C，其所有切线均位于同一平面 U 上，平面 U 是过表面 S 上点 P 的切平面。通过点 P 且与表面 S 垂直的直线 N 称为表面 S 在点 P 处的法线，如图 5.1.5 所示。可以取点 P 处法线矢量的方向为表面 S 在点 P 处的局部方向。可见，表面上的每一点有唯一的法线，但可以有无数条切线。

虽然通过表面 S 的点 P 处的法线只有一条，但包含该法线的平面（同时包含一条切线）有无数个（可将任一包含法线的平面绕法线旋转得到）。这些平面与表面 S 的交线构成一个单参数平面曲线族，称为**法截线**族。图 5.1.5 还给出了一条与曲线 C 的切线对应的法截线 C_t（完全位于表面 S 中，但可以与曲线 C 不同）。

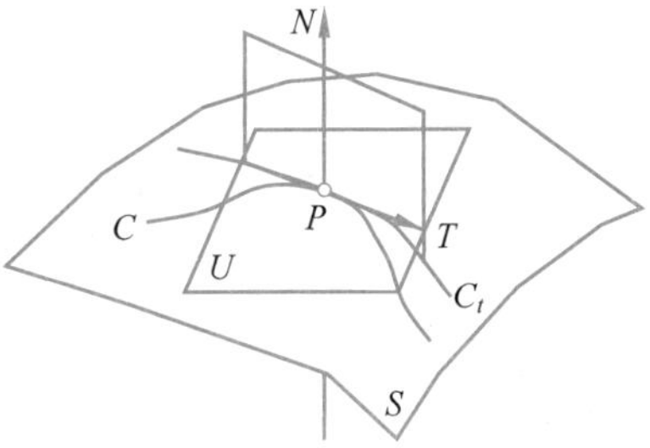

图 5.1.5 表面一点的法线 N、切线 T、切面 U 和法截线 C_t

一般情况下，表面 S 的法截线在点 P 处是规则的，有时也会为拐点。法截线在点 P 处的曲率称为表面 S 在点 P 处相应切线方向上的法曲率。如果法截线与指向内部的表面法线位于切平面的同一侧，称法曲率为正；如果分处两侧，则称法曲率为负。如果点 P 为对应法截线的拐点，那么表面 S 在点 P 处相应切线方向上的法曲率为零。

2. 表面主法曲率

由于可能有无穷条曲线通过表面上的同一点，所以不能直接将前面平面曲线的曲率定义推广至表面。不过对于每个表面，其上至少可确定一个具有最大曲率 K_1 的方向，还可确定一个具有最小曲率 K_2 的方向（对于比较平坦的表面，可能有多个最大曲率和最小曲率的方向，此时可任选）。换句话说，法截线在表面上点 P 处的法曲率会在绕法线的某个方向上取得最大值 K_1，也会在某个方向上取得最小值 K_2。一般将这两个方向称为表面 S 在点 P 处的**主方向**，可以证明其是互相正交的（除非法曲率在所有方向都取同一值，此时对应平面）。图 5.1.6 给出了一个示例，T_1 和 T_2 代表两个主方向。

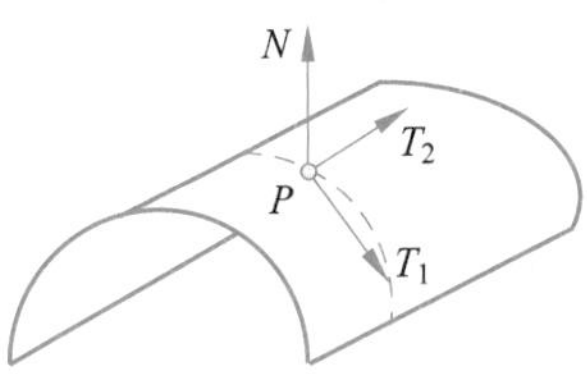

图 5.1.6 主曲率方向

可根据表面 S 在点 P 处邻域中两个主法曲率符号的异同判断该邻域的 3 种不同形状。如果两个主法曲率的符号相同，则点 P 处邻域的表面是椭圆形的，不跨越切平面。当曲率的符号为正时，点 P 处是凸的；当曲率的符号为负时，点 P 处是凹的。如果两个主法曲率的符号相反，则点 P 处邻域的表面是双曲形的，表面 S 呈局部马鞍形并沿两条曲线通过切平面。对应的法截线在点 P 处有一个拐点。它们的切线位于表面 S 在点 P 处的渐近方向，这些方向被主方向隔开。椭圆形的点和双曲形的点在表面上组成块状区域，这些区域一般被抛物形的点组成的曲线隔开，在这些曲线上，两个主曲率之一为零。与此相应的主方向也是渐近方向，表面与其切平面相交处沿该方向有一个尖点。

类似于定义平面曲线的高斯图，也可定义表面的高斯图，此时一般称**高斯球**（更多讨论见5.2.2小节）。高斯球是将表面上的每个点映射到单位法线矢量与单位球的交点上得到的。对于平面曲线，高斯球在规则点附近是一一对应的，但在奇异点附近其遍历方向会改变。类似地，对于表面的椭圆点和双曲点，高斯球也是一一对应的；而对于表面的抛物点，任何小邻域都包含具有平行法线的点，所以高斯球会有折叠[Forsyth 2003]。

3. 平均曲率和高斯曲率

将前面介绍的主法曲率 K_1 与 K_2 结合，可构成平均曲率 H 和高斯曲率 G[Lohmann 1998]：

$$H=(K_1+K_2)/2=\mathrm{tr}(K)/2 \tag{5.1.4}$$

$$G=K_1K_2=\det(K) \tag{5.1.5}$$

平均曲率确定表面是否局部凸（平均曲率为负）或凹（平均曲率为正）。如果表面局部是椭圆类型的，则高斯曲率为正；如果表面局部是双曲线类型的，则高斯曲率为负。

结合对高斯曲率和平均曲率的符号分析，可获得对表面的分类描述，也称地形性描述，如表5.1.2所示（这些描述也可用于深度图像分割，常称表面分割）。

表5.1.2　高斯曲率 G 和均值曲率 H 确定的8种表面类型

	$H<0$	$H=0$	$H>0$
$G<0$	鞍脊	最小/迷向	鞍谷
$G=0$	山脊/脊面	平面	山谷/谷面
$G>0$	峰/顶面		凹坑

用数学语言表示[刘 1998]，峰点的梯度为零，且所有的二次方向导数均为负值。坑点的梯度也为零，但所有的二次方向导数均为正值。脊可以分为脊点和脊线。脊点也是一种峰点，但其与孤立的峰点不同，只在某个方向的二次方向导数为负值。相邻的脊点连接构成脊线，脊线可以是水平的直线，也可以是曲线（包括不水平的直线）。沿水平脊线方向的梯度为零，且二次方向导数也为零，而与脊线相交方向的二次方向导数为负。沿与弯曲脊线相交的方向必有负的二次导数，而且在该方向的一次导数必为零。谷也称沟，其与孤立的坑点不同，只在某些方向二次导数为正值（将对脊线描述中二次方向导数为负改为二次方向导数为正，就得到对谷线的描述）。鞍点的梯度为零，其两个二次方向导数的极值（在某个方向有局部最大值，在与之垂直的方向有局部最小值）必有不同的符号。鞍脊和鞍谷分别对应两个极值取不同符号的情况。

例5.1.1　8种表面类型示例

由表5.1.2可知，高斯曲率和均值曲率可确定8种不同类型的表面。图5.1.7分别给出了这8种表面类型的示例。

图5.1.7中示例图的位置排列与表5.1.2中的名称排列相同，其中，图5.1.7(a)对应鞍脊，图5.1.7(b)对应最小/迷向，图5.1.7(c)对应鞍谷，图5.1.7(d)对应山脊/脊面，图5.1.7(e)对应平面，图5.1.7(f)对应山谷/谷面，图5.1.7(g)对应峰/顶面，图5.1.7(h)对应凹坑。

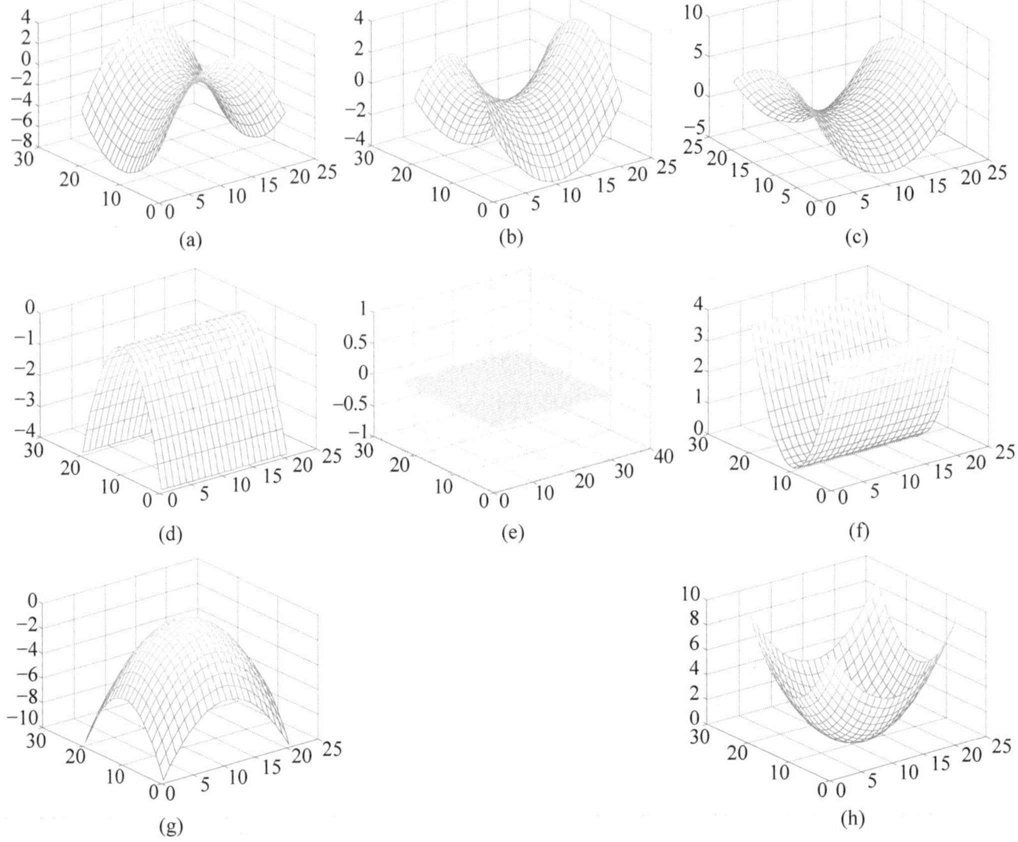

彩图

图 5.1.7　8种表面类型的示例

5.2　3-D 表面表达

当人们观察 3-D 场景时，首先观察到的是景物的外表面。一般情况下，外表面是由一组曲面构成的。为表达 3-D 景物的外表面并描述其形状，可利用景物的外轮廓线或外轮廓面。如果给定外轮廓线，也可通过插值或"贴面"方法进一步获得外轮廓面。这里主要使用**表面模型**。

5.2.1　参数表达

参数表达是通用的解析表达。

1. 曲线的参数表达

景物外轮廓线是表达景物形状的重要线索。例如，常用的**线框**表达法就是借助一组外轮廓线表达 3-D 景物的一种近似方法。有些景物的外轮廓线可直接从图像中得到。例如利用结构光法采集深度图像时，可以得到光平面与景物外表面相交各点的 3-D 坐标。如果将同一平面上的点用光滑曲线连接并依次显示这一系列曲线，即可表示景物表面的形状。有些景物的外轮廓线需要根据图像计算。例如为了观察生物体标本的内部，要将标本切成一系列切片，对每个切片采集一幅图像。通过对每幅图像的分割可获得每片标本的边界，也就是生物体横切面的轮廓线[Zhang 1991a]。如果要恢复原标本的 3-D 形状，还需将这些轮廓线校正对齐并结合起来。

景物外轮廓线一般情况下为 3-D 曲线，常用参数样条表示，写成矩阵形式（用 t 表示沿曲

线从某点开始的归一化长度)为

$$\boldsymbol{P}(t)=[x(t)\quad y(t)\quad z(t)]^{\mathrm{T}}\quad 0\leqslant t\leqslant 1 \tag{5.2.1}$$

曲线上的任一点都由 3 个参数 t 的函数描述,曲线从 $t=0$ 开始,在 $t=1$ 结束。为了表示通用的曲线,使参数样条的一阶和二阶导数连续,$\boldsymbol{P}(t)$的阶数至少为 3。三次多项式曲线可写为

$$\boldsymbol{P}(t)=\boldsymbol{a}t^3+\boldsymbol{b}t^2+\boldsymbol{c}t+\boldsymbol{d} \tag{5.2.2}$$

其中

$$\boldsymbol{a}=[a_x\quad a_y\quad a_z]^{\mathrm{T}} \tag{5.2.3}$$

$$\boldsymbol{b}=[b_x\quad b_y\quad b_z]^{\mathrm{T}} \tag{5.2.4}$$

$$\boldsymbol{c}=[c_x\quad c_y\quad c_z]^{\mathrm{T}} \tag{5.2.5}$$

$$\boldsymbol{d}=[d_x\quad d_y\quad d_z]^{\mathrm{T}} \tag{5.2.6}$$

而三次样条曲线可表示为

$$x(t)=a_xt^3+b_xt^2+c_xt+d_x \tag{5.2.7}$$

$$y(t)=a_yt^3+b_yt^2+c_yt+d_y \tag{5.2.8}$$

$$z(t)=a_zt^3+b_zt^2+c_zt+d_z \tag{5.2.9}$$

三次多项式可表示通过具有特定切线点的曲线,也是表示非平面曲线的最低阶多项式。

另外,一条 3-D 曲线可隐式地表示为满足下式的点(x,y,z)的集合:

$$f(x,y,z)=0 \tag{5.2.10}$$

2. 曲面的参数表达

景物的外表面也是表达景物形状的重要线索。景物外表面可用**多边形片**的集合表示,每个多边形片可表示为

$$\boldsymbol{P}(u,v)=[x(u,v)\quad y(u,v)\quad z(u,v)]^{\mathrm{T}}\quad 0\leqslant u,v\leqslant 1 \tag{5.2.11}$$

如果计算 $\boldsymbol{P}(u,v)$沿两个方向的一阶导数,可得到 $\boldsymbol{P}_u(u,v)$和 $\boldsymbol{P}_v(u,v)$,其都在通过表面点$(x,y,z)=\boldsymbol{P}(u,v)$的切平面上,该点的法线矢量 $\boldsymbol{N}$ 可由 $\boldsymbol{P}_u(u,v)$和 $\boldsymbol{P}_v(u,v)$计算得到:

$$\boldsymbol{N}(\boldsymbol{P})=\frac{\boldsymbol{P}_u\times\boldsymbol{P}_v}{|\boldsymbol{P}_u\times\boldsymbol{P}_v|} \tag{5.2.12}$$

一个 3-D 表面也可隐式地表示为满足下式的点(x,y,z)的集合:

$$f(x,y,z)=0 \tag{5.2.13}$$

例如,一个中心为(x_0,y_0,z_0)的半径为 r 的球可表示为

$$f(x,y,z)=(x-x_0)^2+(y-y_0)^2+(z-z_0)^2-r^2=0 \tag{5.2.14}$$

3-D 表面的一种显式表达形式为

$$z=f(x,y) \tag{5.2.15}$$

表面面元可用不同阶的双变量多项式表示。最简单的**双线性**面元(任何平行于坐标轴的截面都是直线)可表示为

$$z=a_0+a_1x+a_2y \tag{5.2.16}$$

而曲面可用高阶多项式表达。例如,**双二次**面元

$$z=a_0+a_1x+a_2y+a_3x^2+a_4xy+a_5y^2 \tag{5.2.17}$$

和**双三次**面元

$$z=a_0+a_1x+a_2y+a_3x^2+a_4xy+a_5y^2+a_6x^3+a_7x^2y+a_8xy^2+a_9y^3 \tag{5.2.18}$$

另外,借助面元的概念,可将对表面的表达转换为对曲线的表达。设每个面元由 4 条曲线

包围和界定，那么确定各面元的 4 条曲线，也可完成对整个表面的表达。

5.2.2 表面朝向表达

通过表达 3-D 景物各表面的朝向可勾勒景物的外观形状，而要表达表面的朝向，可借助表面的法线。

1. 扩展高斯图

扩展高斯图是表达 3-D 目标的一种模型，其具有近似和抽象两个特点。一个目标的扩展高斯图给出目标表面法线的分布，从而给出表面各点的朝向。如果目标是凸多锥体，则目标和其扩展高斯图是一对一的，但一个扩展高斯图可能对应无穷多个凹形目标[Shirai 1987]。

计算扩展高斯图，可借助高斯球的概念。**高斯球**是一个单位球，给定 3-D 目标[图 5.2.1(a)]表面的一个点，将该点对应到球面上具有相同表面法线的点，就可得到高斯球[图 5.2.1(b)]。换句话说，将目标表面点的朝向矢量尾端放在球中心，矢量的顶端与球面在一个特定点相交，这个交点可用于标记原目标表面点的朝向。球面上交点在球上的位置可用两个变量(有两个自由度)表示，例如极角和方位角或者经度和纬度。如果在高斯球上各点都放置与对应表面面积数值相等的质量，就可得到扩展高斯图[图 5.2.1(c)]。

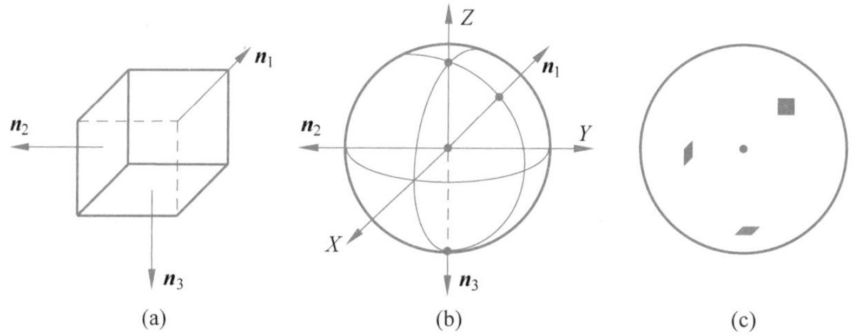

图 5.2.1 高斯球和扩展高斯图

考虑目标为凸多面体的情况，其各表面均为平面。该凸多面体可完全由其各表面的面积和朝向确定。利用各表面平面的朝向(法线矢量的方向)，可得到凸多面体的高斯球，因为凸多面体不同表面上的点不会有相同的表面法线矢量，所以其高斯球上每个点对应一个特定的表面朝向。这样得到的扩展高斯图具有如下特性：扩展高斯图上的总质量在数值上与多面体表面区域面积的总和相等；如果多面体是闭合的，则从任何相对的方向投影都可得到相同的区域。

上述方法可推广至光滑的曲面。定义高斯球上一个区域 δS 与目标上对应区域 δO 的比值在 δO 趋于零时的极限为**高斯曲率** G，即

$$G=\lim_{\delta O\to 0}\frac{\delta S}{\delta O}=\frac{\mathrm{d}S}{\mathrm{d}O} \tag{5.2.19}$$

如果对目标上一个区域 O 进行积分，则得到**积分曲率**

$$\iint_O G\mathrm{d}O=\iint_S \mathrm{d}S=S \tag{5.2.20}$$

其中，S 是高斯球上的对应区域。上式可允许处理法线不连续的表面。

如果对高斯球上一个区域 S 进行积分，则得到

$$\iint_S \frac{1}{G}\mathrm{d}S=\iint_O \mathrm{d}O=O \tag{5.2.21}$$

其中，O 是目标上的对应区域。

式(5.2.21)表明可用高斯曲率的倒数定义扩展高斯图，具体是将目标表面上一点高斯曲率的倒数映射到单位球上的对应点。如果用 u 和 v 表示目标表面上点的系数，用 p 和 q 表示高斯球上点的系数，则扩展高斯图定义为

$$G_e(p,q)=\frac{1}{G(u,v)} \tag{5.2.22}$$

上述映射对凸形景物是唯一的。如果目标不是凸体，则可能出现下面 3 种情况[Horn 1986]。

(1) 某些点的高斯曲率会变为负数。

(2) 目标上的多个点会对球上同一点有贡献。

(3) 目标的某些部分会被其他部分遮掩。

例 5.2.1 扩展高斯图计算示例

给定一个半径为 R 的圆球，其扩展高斯图 $G_e(p,q)=R^2$，如果从球的中心观察区域 δO，则观察立体角 $w=\delta O/R^2$，而高斯球上区域的面积 $\delta S=w$。

2. 球心投影和球极投影

景物的表面朝向有两个自由度。为指定面元的朝向，可使用梯度，也可使用单位法线，其中表面法线所指的方向可用前面的高斯球表达。高斯球本身具有曲面形状的外表面，一般可将其投影到一个平面以得到梯度空间，如图 5.2.2(a)所示。

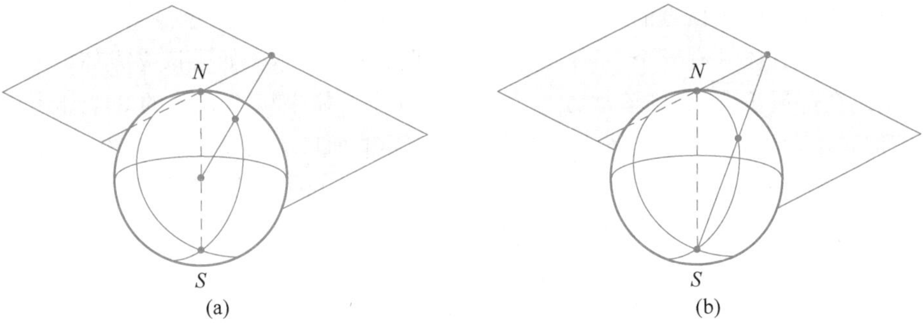

图 5.2.2 球心投影和球极投影

考虑通过球且平行于 Z 轴的轴，可将球的中心作为投影的中心，将北半球上的点投影到与北极相切的平面上，称为**球心投影**。可以证明梯度为(p,q)的点在此平面上的位置为$(-p,-q)$。利用此平面定义梯度空间有一个缺点，即为避免混淆只能将一个半球面投影到此平面。

球心投影是方位投影的一种特殊情况，投影结果等效于从一个球心发出的光束透过球面照射在与球面相切的平面上所成的像。球心投影除了具有方位投影的一般性质外，其最大特性是能保持直线特征的几何属性，即 3-D 空间中的直线经过球心投影后仍然为直线。借助这一特性，[岳 2017]设计了一种利用球心投影纠正成像形变并计算点云在目标区域的投影坐标初值，以实现点云与全景影像配准的方法。

很多情况下，只关心观察者可看到的表面，这正对应北半球上的点。但也有其他情况，例如对于一个由背面照明的场景，指向光源的方向需要由南半球的点表示。这样就遇到梯度空间的一个难题，即对应高斯球表面的赤道上的点会投影到梯度空间的无穷远处。

解决以上问题的一种方法是利用**立体图投影**(也称**球极投影**)。投影的目的地仍是与北极相切的平面，但投影的中心是南极[图 5.2.2(b)]。这样除南极点外，所有球面上的点都可唯

一地映射到平面上，赤道的投影将是一个半径为球直径的圆周。如果设球极投影中的坐标为 s 和 t，则可以证明

$$s=\frac{2p}{1+\sqrt{1+p^2+q^2}}\quad t=\frac{2q}{1+\sqrt{1+p^2+q^2}} \tag{5.2.23}$$

反过来有

$$p=\frac{4s}{4-s^2-t^2}\quad q=\frac{4t}{4-s^2-t^2} \tag{5.2.24}$$

另外，球极投影是高斯球上的一个保角投影，即球面上的角投影到平面上仍是相同的角。球极投影的缺点是有些公式比在球心投影中更复杂。有关球极投影的定义、性质及应用的更多讨论可见[刘 2001]、[郑 2003]。

5.3 等值面的构造和表达

3-D 图像中的基本单元是**体素**，如果一个 3-D 目标的轮廓体素具有确定的灰度值，那么这些体素点将构成一个等值表面，即该目标与其他目标或背景的交界面。下面介绍两种对等值面进行构造和表达的算法[Lohmann 1998]，并对其进行比较。

5.3.1 行进立方体算法

考虑由 8 个体素构成顶点的立方体，如图 5.3.1(a)所示，其中黑色体素表示前景，白色体素表示背景。该立方体具有 6 个（上下左右前后）邻接的立方体。如果该立方体的 8 个体素全部属于前景或全部属于背景，则该立方体为内部立方体。如果该立方体的 8 个体素中有的属于前景，有的属于背景，则该立方体为边界立方体。等值面应在边界立方体中（穿过边界立方体）。如图 5.3.1(a)所示的立方体，等值面可以是图 5.3.1(b)中的阴影矩形。

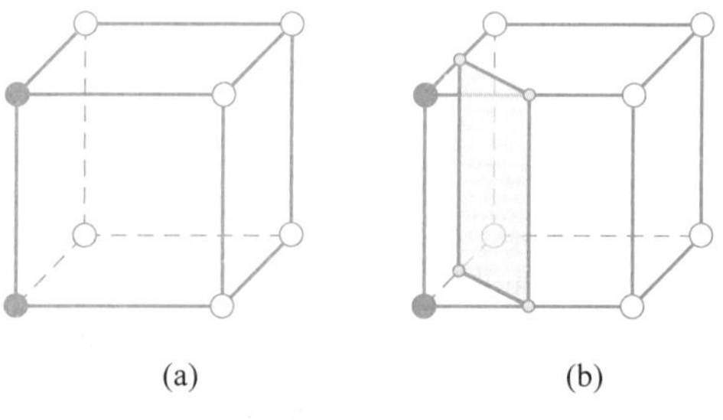

图 5.3.1 由 8 个体素构成顶点的立方体与目标表面相交

行进立方体（MC）算法（也称**移动立方体**算法）是确定等值面的一种基本方法[Lorensen 1987]。该算法先检查图像中各个立方体，再确定与目标表面相交的边界立方体，同时确定其交面。根据目标表面与立方体相交的情况，处于立方体内部的目标表面部分一般情况下是一个曲面，但可用**多边形片**近似。这样的片很容易被分解为一系列三角形，而三角形又很容易进一步组成目标表面的三角形网。

算法逐次检查每个体素，从一个立方体行进到其相邻的立方体。理论上讲，立方体的每个顶点体素均可能为黑色体素或白色体素，所以对于每个立方体，可能有 $2^8=256$ 种不同的黑白体素布局/构型。不过，如果考虑立方体的对称性，则只有 22 种不同的黑白体素布局。在 22 种不同的布局中，又有 8 种是其他布局形式的反转（黑色体素转变为白色体素或白色体素转变为黑色体素）。这样，只剩下 14 种不同的黑白体素布局，即只有 14 种不同的目标表面片，如图 5.3.2 所示（其中第一图代表目标表面与立方体不相交的情况）。

可将这些情况列入一个查找表，每当检查一个立方体时，只需从查找表中搜索以确定对应的多边形表面片。算法执行如下：先从左上角开始整幅扫描 3-D 图像中的第 1 层，到达右下角；再从第 2 层的左上角开始整幅扫描，依次进行，直到最后一层图像的右下角。每扫描一个

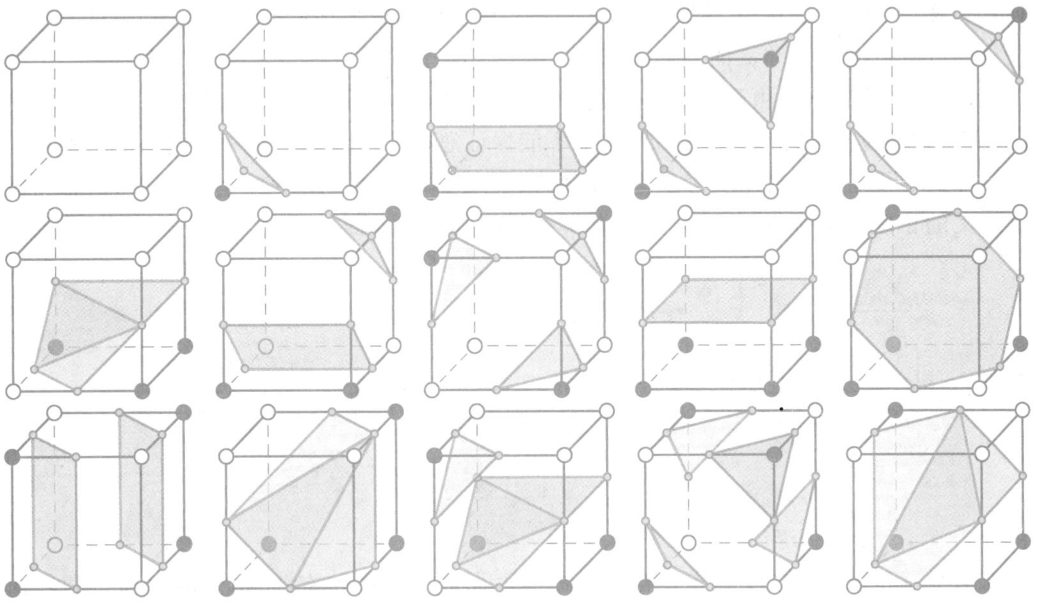

图 5.3.2 行进立方体布局

前景体素，就去检查该体素所属的由 8 个体素构成顶点的立方体。只要目标表面与立方体相交，就属于图 5.3.2 中后 14 种布局情况之一，可利用上面的查找表，找出各个对应的多边形表面片并进一步分解为一系列三角形。实际应用中常将 256 种布局情况全部列入查找表，以避免采用耗时更长的对称性和反转性验证。

虽然上述黑白体素的分布情况不同，容易区分，但有些情况下，仅从黑白体素的分布并不能确切地获得与立方体相交的目标表面在立方体内的部分。事实上，图 5.3.2 的后 14 种布局情况中，第 3、6、7、10、12 和 13 共 6 种布局（对角顶点多为同色体素）均对应不止一种表面分布，或者说存在（确定平面的）歧义性。图 5.3.3 给出了一对典型的例子，其对应同一布局（第 10 种布局），但目标表面分布存在两种可能。

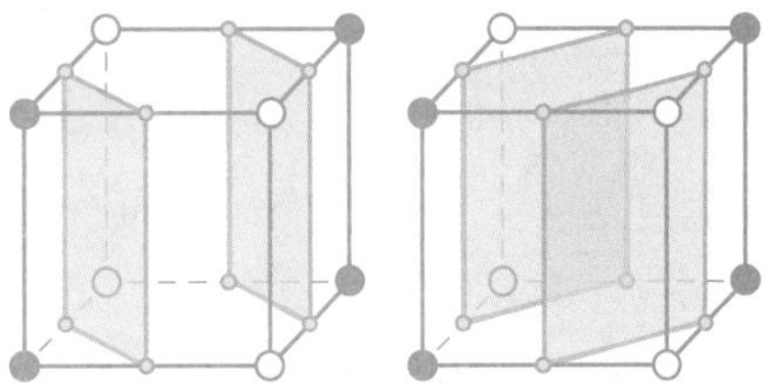

图 5.3.3 有歧义的行进立方体布局示例

解决上述歧义问题的一种方法是对基本布局中的有歧义的布局，通过添加其互补布局进行扩展。可将图 5.3.3 右图看作左图的互补布局。其他 5 种对有歧义布局扩展的互补布局如图 5.3.4 所示（其中前 3 图中的多边形片都已三角剖分）。实际应用中，可对其分别建立一个子查找表。每个子查找表包含两种三角剖分方式。此外，还需存储一个表以记录三角剖分方式的相容性。

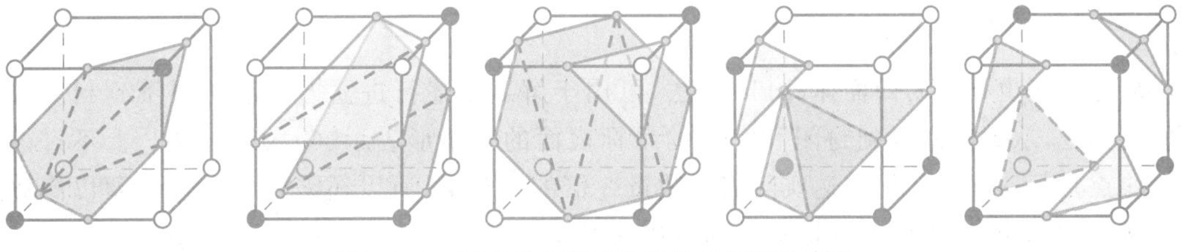

图 5.3.4 对有歧义布局添加的 5 种互补布局

另外，还有两种方法均将布局对应为拓扑流形，一种称为**面平均值**法，计算歧义面上 4 个顶点值的平均值，通过比较该平均值与事先确定的阈值的大小选择一种可能的拓扑流形；另一种称为**梯度一致性试探法**,借助歧义面上 4 个角点的梯度平均估算歧义面中心点的梯度,并根据该梯度的方向确定歧义面的拓扑流形。

除上述歧义问题外,由于行进立方体算法对每个立方体分别检验,未考虑整体目标的拓扑情况,所以即便没有采用有歧义的布局,也不能保证总能得到封闭的目标表面。一个采用行进立方体算法但没有得到封闭目标表面的示例如图 5.3.5 所示。图中两个初始的布局都得到了没有歧义的正确分解,但将其组合并没有得到封闭的目标表面。

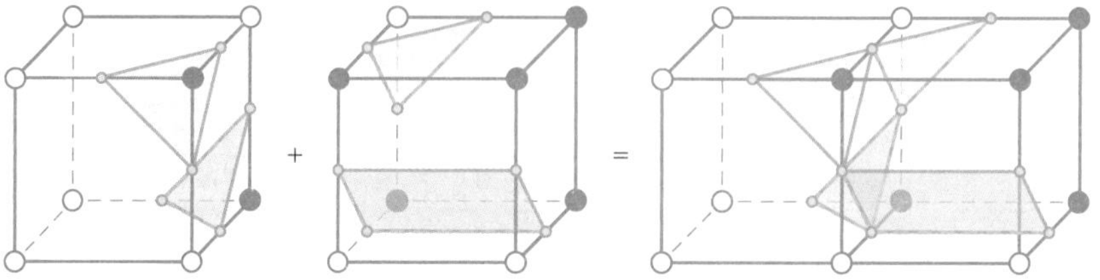

图 5.3.5 采用行进立方体算法没有得到封闭的目标表面

例 5.3.1 三角形面元的不同组合

用两个三角形连接 4 个顶点并构成目标的表面部分有两种方法,得到的表面积和表面朝向都不相同。例如图 5.3.6 中,对于同样处于正方形上的 4 个顶点(其中数字指示该点相对基准面的高度),图 5.3.6(a)和图 5.3.6(b)分别给出两种方式。按图 5.3.6(a)方式得到的表面积为 13.66,而按图 5.3.6(b)方式得到的表面积为 14.14。两者之间存在约 3.5%的差别。

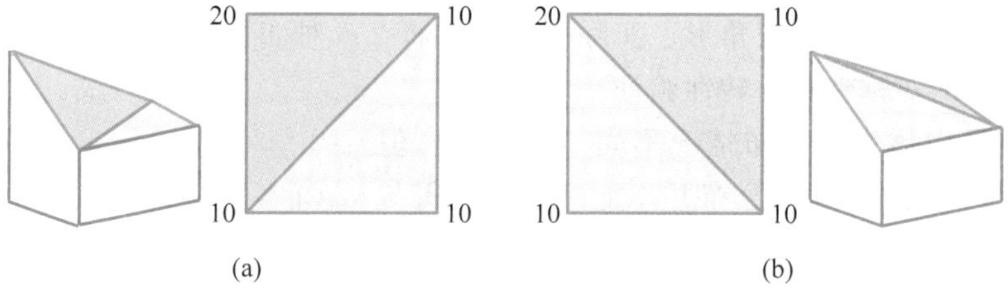

图 5.3.6 两种三角形面元的组合

□

行进立方体算法需要遍历目标的全部体素,逐次检查每个体素以确定等值面。对于实际景物,其全部体素中包含等值面的只是一小部分,所以遍历全部体素会浪费大量时间。为此,可采取另一种无须遍历的策略[刘 2019],先确定包含等值面的种子体素,再利用区域生长技术,直接选出与选定的种子体素相邻的、包含等值面的体素。实验结果表明,采用这种方法所需检查的体素数量只有原方法的 1/400,整个算法的耗时减少了一半多。考虑到实际景物具有的连通性,[范 2019]采取了类似的策略,区别只是在确定种子体素后,利用中值法结合对等值面的追踪近似实现。实验结果表明,采用这种方法生成的三角面片个数少了近一半;在目视效果没有明显差异的情况下,耗时也减少了近一半。

5.3.2 覆盖算法

覆盖算法也称**移动四面体**(MT)算法,可用于解决上述行进立方体算法得不到封闭目标表面的问题,从而保证得到封闭和完整的目标表面的三角形表示[Guéziec 1994]。不过该算法的缺点是其一般会产生多达实际需要数量 3 倍的三角形,所以还需要后处理步骤以简化多边形网格,从而将三角形的数量减少到可接受程度。

在此算法中,每次考虑的也是如图 5.3.1(a)所示的具有 8 个体素的立方体。算法第一步将体素网格分解为立方体集合,每个立方体都有 6 个(上下左右前后)邻接的立方体。算法第二步将每个立方体分解为 5 个四面体,如图 5.3.7 所示。其中左边的 4 个四面体有两组长度相同的边缘(各 3 个),而第 5 个四面体具有 4 个相同尺寸的面(图 5.3.7 最右)。可将属于四面体的体素看作在目标内部,而不属于四面体的体素看作在目标外部。

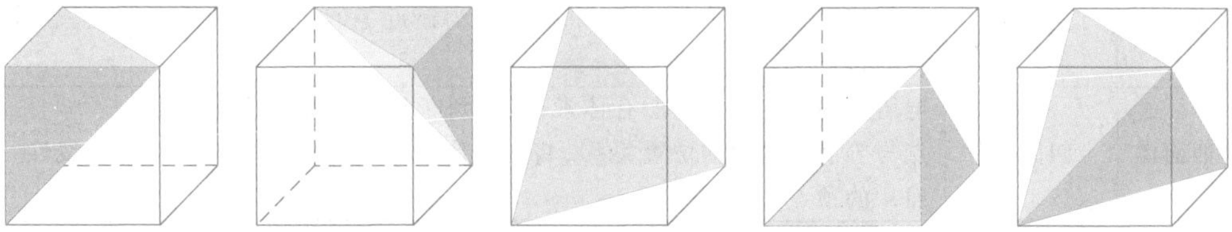

图 5.3.7 每个立方体分解为 5 个四面体

立方体的四面体分解有两种方案,如图 5.3.8 所示。其中,左图和右图的两种方案分别称为奇方案和偶方案。对体素网格的分解是按奇偶相间进行的,就像国际象棋棋盘那样黑白交替,保证相邻立方体中的四面体可以互相匹配,以便得到协调一致的表面。

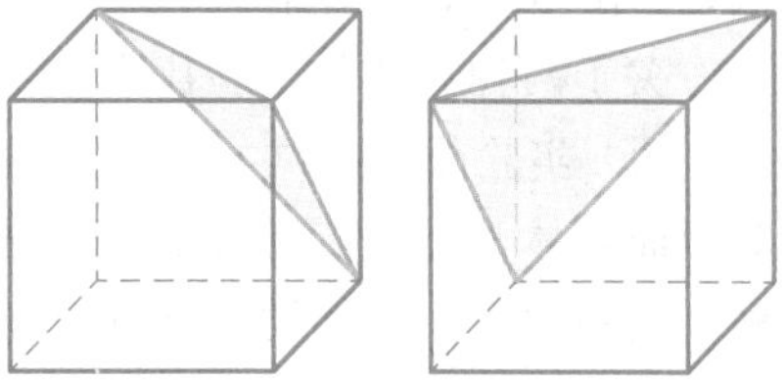

图 5.3.8 将立方体分解为四面体的两种方案

算法的第三步是确定目标表面是否与四面体相交。注意每个四面体都包含 4 个体素。对于一个四面体来说,如果其 4 个体素都在目标内部或任一个体素都不在目标内部,那么目标表面与该四面体不相交,在后续处理中就无须考虑了。

算法的下一步是估计在与目标表面相交的四面体中,目标表面与四面体各面(多边形)相交的边界。对每对边界两端的顶点可进行线性插值,通过逼近获得在连接每对顶点的边上的交点。如果使用 4 个顶点进行双线性插值,可能得到更好的效果。对于 6-邻接的体素,双线性插值与线性插值等价。对于对角边缘,设 4 个顶点的灰度值分别为 a、b、c、d,得到的插值结果为

$$I(u)=(a-b-c+d)u^2+(-2a+b+c)u+a \tag{5.3.1}$$

其中,参数 u 沿对角线从 0 变到 1。通过计算 u_0 值,并使 $I(u_0)=0$,即可计算出交点。

可根据交点确定表面拼接后的顶点,如图 5.3.9 所示,共分 3 种情况。其中,拼接表面的朝向用箭头表示。朝向有助于区分每个拼接表面的内部和外部。根据约定,当从外部观察时,朝向是逆时针的。为使目标的拓扑稳定,在整个表面网格中都要遵守上面的约定。

图 5.3.9 表面相交的 3 种情况

5.3.3 两种算法比较

移动立方体算法与移动四面体算法都是在 3-D 标量场数据可视化、隐函数曲面显示、3-D 曲面重建等应用中提取等值面的常用方法。两种算法的比较如表 5.3.1 所示。

表 5.3.1 两种算法比较

算 法	体素单元	主要操作步骤	离散逼近
移动立方体	立方体	遍历立方体网格中的所有体素，依次判断每个体素的 8 个顶点与等值面之间的位置关系；将交点作为逼近等值面的三角形面片的顶点	三线性
移动四面体	四面体	遍历四面体网格中的所有体素，依次判断每个四面体的 4 个顶点与等值面之间的位置关系；将交点作为逼近等值面的三角形面片的顶点	线性

两种算法在构建等值面时都会产生一定的偏差。偏差的主要来源有两个：三线性或线性假设；在体素单元内用三角形面片逼近等值面。

关于两种算法的实验比较如下[王 2014b]。

(1) 实验分别测试了 4 种等值面提取算法：MC^A、MC^L、MT^A、MT^L，其中，上标“A”表示等值面与体素边交点通过数值方法精确计算得到，上标“L”表示交点通过线性插值得到。两种算法的输入体网格类型不同，下面仅考虑四面体网格中的采样点数目与立方体网格大致相同的情况。

(2) 实验分别使用豪斯道夫距离、平均偏差和偏差均方差描述所提取等值面与真实等值面之间的最大偏离程度、平均偏离程度及偏差波动幅度。

(3) 实验分别使用 5 种具有不同次数的代数曲面。下面仅给出其中 3 种曲面结果的比较。3 种曲面分别是：①球面(2 次)：$x^2+y^2+z^2=4$；②圆环面(4 次)：$(x^2+y^2+z^2+R^2-r^2)^2-4R^2(x^2+y^2)$；③心形表面(6 次)：$(2x^2+2y^2+z^2-1)^3-0.1x^2z^3-y^2z^3=0$。

对 4 种等值面提取算法借助 3 种不同次数的代数曲面进行实验，得到的平均偏差和偏差均方差结果如图 5.3.10 和图 5.3.11 所示。

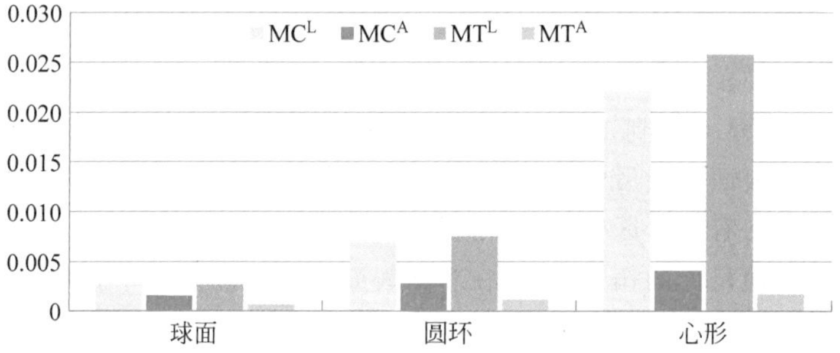

图 5.3.10 等值面的平均偏差

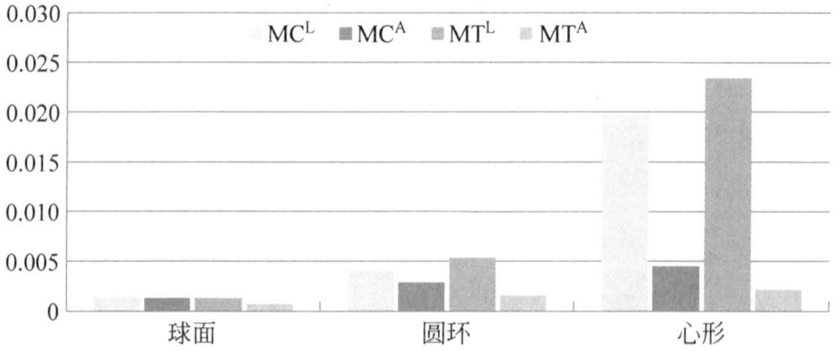

图 5.3.11 等值面的偏差均方差

由图 5.3.10 和图 5.3.11 可看出：

(1) 基于数值求根计算交点的算法的平均偏差均小于基于线性插值计算交点的算法。

(2) MT^A 算法的平均偏差总是最小。

(3) 由高次曲面得到的平均偏差总大于由低次曲面得到的平均偏差。

5.4 从并行轮廓插值 3-D 表面

对于 3-D 目标表面，一类常用的边界表达方法是利用多边形网格(mesh)。这里多边形由顶点、边缘和表面组成，每个网格可看作一个面元。给定一组立体数据，获得上述多边形网格并用面元集合表达目标表面的过程称为**表面拼接**。5.3 节的两种方法是对任意 3-D 网格进行表面拼接的一般方法，本节考虑一种特殊的情况。

1. 轮廓内插和拼接

许多 3-D 成像方式(如 CT、MRI 等)都是先逐层获得 2-D 图像，再叠加得到 3-D 图像。如果从每幅 2-D 图像中检测出目标的轮廓，根据这一系列并行轮廓就可重建 3-D 目标表面。根据并行轮廓插值 3-D 表面时，每个轮廓都是 2-D 的，它是轮廓内(部分)与轮廓外(部分)的边界；而 3-D 表面实际上是 3-D 实体内外(部分)的边界。这是一个从 2-D 边界到 3-D 边界的过程。填充 2-D 轮廓并堆叠，就可得到 3-D 实体。这是一个从 2-D 区域到 3-D 体积的过程。

实际上，3-D 打印很好地诠释了这种 3-D 表达方式。3-D 打印流程如图 5.4.1 所示，主要通过计算机 CAD 软件对拟打印目标进行 3-D 建模，再将 3-D 模型划分为逐层的截面和切片，由计算机控制打印机逐层(2-D)打印，最后打印出 3-D 目标[孙 2022]。

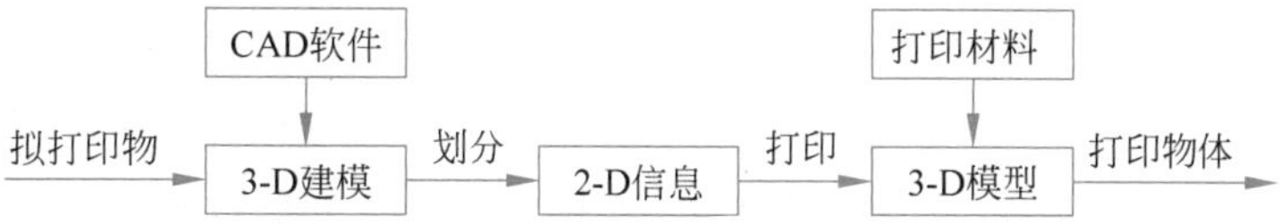

图 5.4.1 3-D 打印流程

根据并行轮廓插值 3-D 表面的一种常用方法是用(三角形)面元进行轮廓间的内插。实际常以多边形的形式给出轮廓线，以节省表达数据量(见中册 6.1.5 小节)。此时要解决的问题可描述为用一系列三角形平面拼接成相邻两个多边形之间的表面。如果一个三角形有一个顶点位于一个多边形上，则剩下的两个顶点要位于另一个多边形上，反之亦然。主要工作包括两步。第 1 步是如何从相邻的两个多边形上确定一个初始顶点对，这两个顶点的连线构成三角形的一条边。第 2 步是如何在已知一个顶点对的基础上选取下一个相邻的顶点[Shirai 1987]，以构成完整的三角形。不断重复第 2 步，即可将构造三角形的工作继续下去，从而组成封闭的轮廓(常称为**线框**)。此过程也称轮廓拼接。

先看第 1 步。直观地说，相邻两个多边形上对应的初始顶点应在各自的多边形上有一定的相似性，即在各自的多边形上具有相似的特征。可考虑的特征包括顶点的几何位置、连接相邻顶点边的方向、两相邻边的夹角及从重心到边缘点的方向等。当多边形重心到边缘点的距离较大时，从重心到边缘点的方向将是一个比较稳定的特征。如图 5.4.2 所示，设从一个多边形边缘点 P_i 到该多边形重心的矢量为 $\boldsymbol{U}_i$，从另一个多边形边缘点 Q_j 到该多边形重心的矢量为 $\boldsymbol{V}_j$，那么

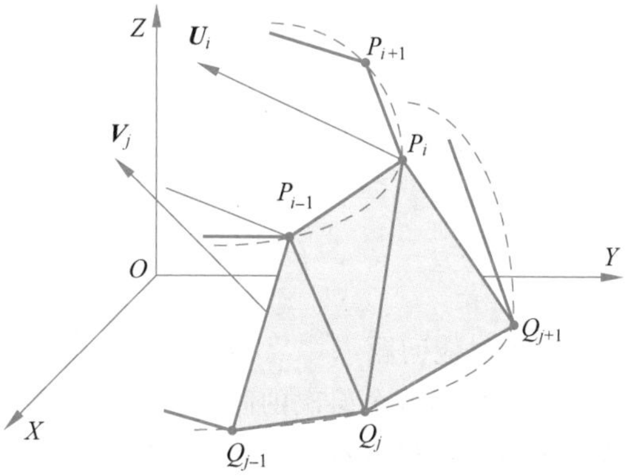

图 5.4.2 由轮廓线到轮廓面中顶点的选取

初始顶点对可根据使矢量 $\boldsymbol{U}_i$ 和 $\boldsymbol{V}_j$ 内积最大的原则确定。内积最大是指两个矢量尽可能平行且边缘点到重心的距离尽量大的情况。如果两个多边形相似,那么选择最远的顶点对即可。

再看第2步。选定了第一对顶点后,再选取一个顶点,即可组成第一个三角形。选择规则有多种,例如可根据三角形的面积、与下一对顶点的距离、与重心连线的取向等。如果基于与下一对顶点的距离,可选取具有最短距离的顶点对。但有时仅基于一种规则是不够的,特别是当顶点的水平位置不同时。

下面用图5.4.3介绍一种用于第2步顶点选取的方法,它是将图5.4.2的轮廓线向 XY 平面投影得到的。设当前的顶点对为 P_i 和 Q_j,P_i 的 X 轴坐标小于 Q_j 的 X 轴坐标,$\overline{P_{i+1}Q_j}$ 可能比 $\overline{P_iQ_{j+1}}$ 短。然而由于 $\overline{P_iP_{i+1}}$ 与 $\overline{Q_{j-1}Q_j}$ 的方向相差很多,从表面连续的角度考虑,还是应倾向于选取 Q_{j+1} 作为下一个三角形的顶点。具体来说还要考虑方向差。设 $\overline{P_iP_{i+1}}$ 与 $\overline{Q_{j-1}Q_j}$ 的方向差为 A_i,$\overline{P_{i-1}P_i}$ 与 $\overline{Q_jQ_{j+1}}$ 的方向差为 B_j,那么当 $\overline{P_{i+1}Q_j} < \overline{P_iQ_{j+1}}$ 时对下一顶点的选取规则如下(T 表示一个预先确定的阈值)。

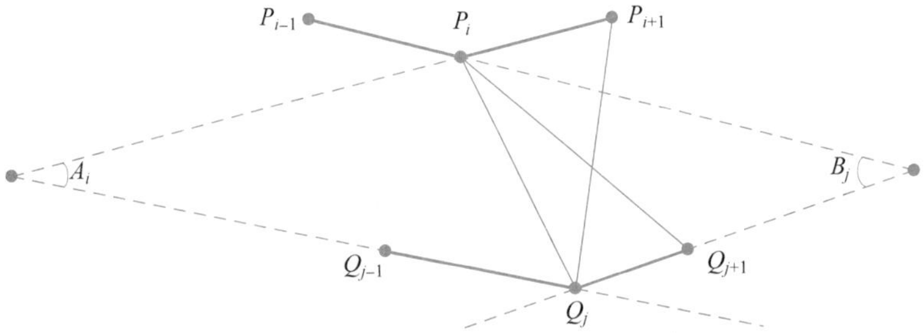

图5.4.3 将图5.4.2的轮廓线向 XY 平面投影的结果

(1) 如果 $\cos A_i > T$,表明 A_i 较小,$\overline{P_iP_{i+1}}$ 与 $\overline{Q_{j-1}Q_j}$ 更接近平行,此时下一个顶点应选 P_{i+1}。

(2) 如果 $\cos A_i \leqslant T$,且 $\cos B_i > T$,则表明 B_j 较小,$\overline{P_{i-1}P_i}$ 与 $\overline{Q_jQ_{j+1}}$ 更接近平行,此时下一个顶点应选 Q_{j+1}。

(3) 如果上述两个条件均不满足,即 $\cos A_i \leqslant T$,且 $\cos B_i \leqslant T$,则仍考虑距离因素,下一个顶点应选 P_{i+1}。

2. 可能遇到的问题

可将上述对轮廓进行插值以获取表面的方法看作从矢量表达的平面轮廓中提取表面拼接的网格。这项工作比从具有体素数据结构的栅格图像中提取表面网格困难得多。由平面轮廓建立3-D表面常遇到3种问题,可借助图5.4.4解释。

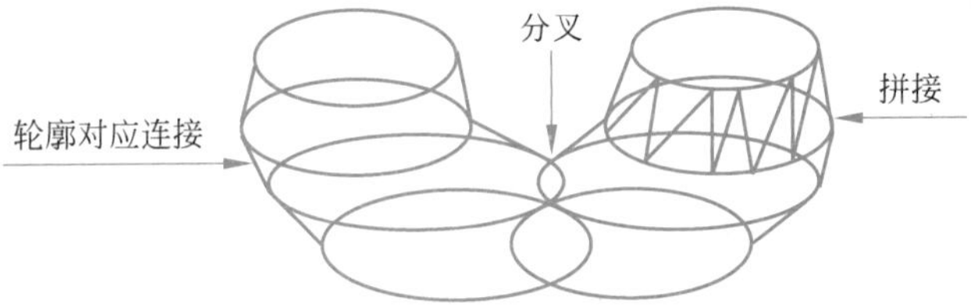

图5.4.4 由平面轮廓建立3-D表面常遇到的3种问题

(1) 对应问题

对应包括两个层次的问题。如果两个平面中都只有一个轮廓,那么对应问题仅涉及在相邻平面轮廓中确定对应关系和对应点。当平面之间的距离较小时,轮廓之间形状的差别也会较小,容易找到轮廓点间的匹配。但当平面之间的距离较大,且轮廓形状比较复杂时,则很难确定对应性。如果两个平面中都有不止一个轮廓，问题将更复杂。若需确定不同平面中的对应轮廓，不仅要考虑轮廓的局部特征，还要考虑轮廓的全局特征（有些方法将在第11章讨论）。由于约束不足，目前缺乏可靠的解决对应问题的全自动方法，某些场合还是需要人工干预。

（2）拼接问题

拼接是用三角形网格建立覆盖相邻平面的两个对应轮廓间的表面，其基本思路是根据某种准则产生一组优化的三角面片，将目标表面近似地表达出来。这里采用的准则根据要求而定，例如表面面积最小、总体积最大、轮廓点间连线最短、轮廓点间连线与轮廓重心间连线平行等。尽管准则很多，但中心问题都是优化问题。另外，拼接在一般意义上讲还可用曲面拟合对应轮廓间的表面（上述使用三角形平面的方法是一种特例），此时常使用参数曲面的表达方式，可获得较高阶的连续性（见5.2.1小节）。

（3）分支或分叉问题

当一个轮廓从一个平面到相邻平面而分成两个或多个轮廓时会出现**分支**或**分叉**问题。一般情况下，分叉发生时的轮廓对应关系并不能仅由分叉处的局部信息确定，常需利用轮廓整体的几何信息和拓扑关系。解决这一问题的常用方法是利用如下的Delaunay三角剖分方法，由一组给定的输入顶点产生三角形网格[Lohmann 1998]。

除以上问题外，如果要在三角形网格或多边形网格的基础上通过选用参数曲面拟合获得光滑的表面，还要解决曲面拟合问题。可将网格点作为控制点进行。

3. 德劳内三角剖分和邻域沃罗诺伊图

1934年，苏联数学家德劳内（Delaunay）指出：对于平面域上 N 个点组成的点集合，存在且仅存在一种三角剖分，即**德劳内三角剖分**，使所有三角形的最小内角之和为最大。德劳内三角剖分可使得到的每个三角形尽可能接近等边三角形，不过该定义并不完备。

根据德劳内三角剖分的定义，可导出其满足的下列两条准则（构造三角剖分算法的基础）。

（1）共圆准则：任意三角形的外接圆将不包含其他任何数据点，此准则也常被称为空圆盘性质。

（2）最大最小角准则：对任意相邻的两个三角形构成的四边形来说，德劳内三角剖分要求按该四边形的一条对角线分成的两个三角形中6个内角中的最小值将大于另一条对角线分成的两个三角形中6个内角中的最小值。此准则使德劳内三角剖分尽可能避免产生狭长、具有尖锐内角的病态三角形。

沃罗诺伊（Voronoi）图和德劳内三角形互为对偶。一个像素的沃罗诺伊邻域提供该像素的一个直观的近似定义。一个给定像素的沃罗诺伊邻域对应一个与该像素最接近的欧氏平面区域，即一个有限独立点的集合 $P=\{p_1,p_2,\cdots,p_n\}$，其中 $n\geqslant 2$。

下面先来定义沃罗诺伊区域和直属沃罗诺伊图[Kropatsch 2001]。

利用欧氏距离

$$d(p,q)=\sqrt{(p_x-q_x)^2+(p_y-q_y)^2} \tag{5.4.1}$$

可将点 p_i 的沃罗诺伊邻域定义为

$$V(p_i)=\{p\in\mathbb{R}^2 \mid \forall i\neq j: d(p,p_i)\leqslant d(p,p_j)\} \tag{5.4.2}$$

包含邻域的边界 $B_V(p_i)$，该边界包含满足下式的等距离的点：

$$B_V(p_i)=\{p\in\mathbb{R}^2 \mid \exists i\neq j: d(p,p_i)\leqslant d(p,p_j)\} \tag{5.4.3}$$

所有点的沃罗诺伊邻域的集合为

$$W(P)=\{V(p_1),V(p_2),\cdots,V(p_n)\} \tag{5.4.4}$$

称为点集 P 的**直属沃罗诺伊图**，简称沃罗诺伊图。沃罗诺伊图中的边表示边界 $B_{\mathrm{V}}(p_i)$ 的线段，图中的顶点为线段相交的点。

德劳内图的顶点都是 P 中的点。当且仅当 $V(p_i)$ 和 $V(p_j)$ 在沃罗诺伊图中相邻时，p_i、p_j 两点构成德劳内图的一条边。

构建沃罗诺伊图时，可先从最简单的情况，即只有两个不同的平面点 p_1 和 p_2 开始，如图 5.4.5(a)所示。式(5.4.2)表明，p_1 的沃罗诺伊邻域 $V(p_1)$ 包含所有或者离 p_1（比 p_2）更近的点，或者与两点等距离的点。由图 5.4.6(a)可见，所有与 p_1、p_2 两点等距离的点都正好落在 p_1 到 p_2 线段的垂直二分线 b_{12} 上。根据式(5.4.3)和垂直二分线的定义，p_1 的沃罗诺伊邻域的轮廓 $B_{\mathrm{V}}(p_1)$ 就是 b_{12}。所有在由 b_{12} 限定的包含 p_1 的半平面上的点离 p_1（比 p_2）更近，它们将组成 p_1 的沃罗诺伊邻域 $V(p_1)$。

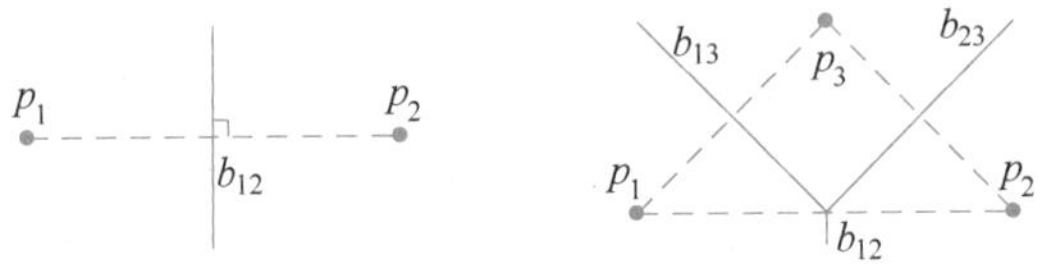

(a) (b)

图 5.4.5　构建沃罗诺伊图的垂直二分线方法

如果构建沃罗诺伊图时加上第 3 个点 p_3，就可构建一个三角形 Δ_{123}，如图 5.4.5(b)所示。再次对三角形的每条边作垂直二分线，就可构建 $n=3$ 的沃罗诺伊图。

图 5.4.6 为沃罗诺伊图和德劳内三角形的对偶性示例。其中图 5.4.6(a)是一些平面点的沃罗诺伊图，图 5.4.6(b)是其对偶，即德劳内三角形，图 5.4.6(c)给出了两者之间的联系。

彩图

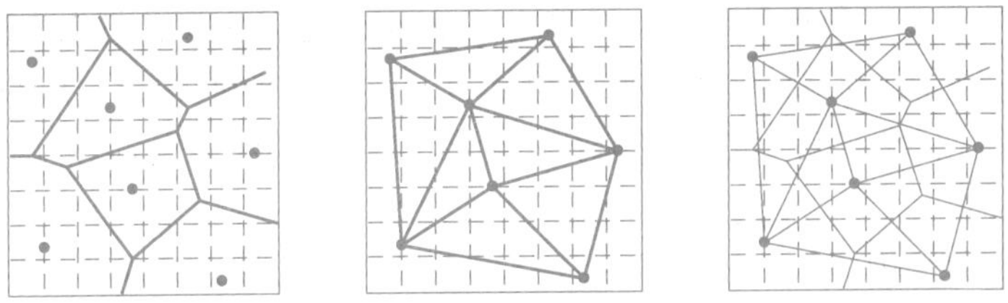

(a) (b) (c)

图 5.4.6　沃罗诺伊图和德劳内三角形的对偶性示例

基于构建沃罗诺伊图的式(5.4.1)～式(5.4.4)，可进一步构建**区域沃罗诺伊图**。

一个图像单元 i_j 的区域沃罗诺伊图可定义为

$$V_{\mathrm{a}}(i_j)=\{p\in\mathbb{R}^2 \mid \forall j\neq k: d_{\mathrm{a}}(p,i_j)\leqslant d_{\mathrm{a}}(p,i_k)\} \tag{5.4.5}$$

其中，图像单元 i_j 与点 p 间的距离为

$$d_{\mathrm{a}}(p,i_j)=\min_{q\in i_j} d(p,q) \tag{5.4.6}$$

上式给出点 p 与图像单元 i_j 中任意点 p 间的最小欧氏距离。一个图像单元的沃罗诺伊邻域是一个点集，从该点集到 i_j 的距离小于或等于其他任意图像单元到 i_j 的距离。类似于沃罗诺伊图，区域沃罗诺伊图的边界 $B_{\mathrm{V_a}}(i_j)$ 可由下式给出：

$$B_{\mathrm{V_a}}(i_j)=\{p\in\mathbb{R}^2 \mid \exists j\neq k: d_{\mathrm{a}}(p,i_j)=d_{\mathrm{a}}(p,i_k)\} \tag{5.4.7}$$

该边界包含与两个或多个图像单元等距离的点（并不与其中某一个图像单元更近）。在沃罗诺伊图中，两个邻接的沃罗诺伊邻域的共同边界总是线或线段；而在区域沃罗诺伊图中，边界总是曲线。

一幅图像的区域沃罗诺伊图 W_{a} 是所有图像单元的区域沃罗诺伊图的集合，即

$$W_a(P)=\{V_a(i_1),V_a(i_2),\cdots,V_a(i_n)\} \tag{5.4.8}$$

沃罗诺伊图是计算几何学中一种重要的数据结构。生成沃罗诺伊图的方法较多，常用沃罗诺伊图生成方法分类如表 5.4.1 所示[王 2022b]。

表 5.4.1 常用沃罗诺伊图生成方法分类

类别	优缺点	分类	特点	具体方法	参考文献
矢量法	精度高，仅适合离散空间点要素的图，对包含线、面全要素的图生成较为困难	直接法	直接生成要素	分治法	[Shamos 1977]
				并行法	[屠 2015]
				增量法	[司 2020]
		间接法	先生成其对偶——德劳内三角网	可靠高效法	[Held 2001]
				质心法	[王 2021c]
				自适应法	[吴 2022]
栅格法	精度高的时间效率较低，时间复杂度低的精度较低	基于均匀栅格结构	基于距离变换	距离变换法	[Chen 1999]
				确定归属法	[王 2003]
				栅格扫描法	[Shih 2004]
				扩张法	[Guo 2011]
		基于层次栅格结构	利用层次数据结构，空间复杂度较小	层次法	[Liang 1998]
				细分法	[寿 2013]

5.5 3-D 实体表达

对于真实世界中的绝大部分目标来说，尽管通常只能看到表面，但实际上它们都是 3-D 的**实体**。这些实体可根据具体应用情况采用多种方法表达。这里主要使用**体积模型**。

5.5.1 基本表达方案

3-D 实体的表达方案较多，下面对几种最基本和常用的表达方案进行简单介绍。

1. 空间占有数组

与中册 6.2.2 小节介绍的表达 2-D 区域的空间占有数组类似，人们常用 3-D 的**空间占有数组**表示 3-D 目标。具体来说，对于图像 $f(x,y,z)$ 中任一点 (x,y,z)，如果其在给定实体内，则取 $f(x,y,z)$ 为 1，否则为 0。所有 $f(x,y,z)$ 为 1 的点组成的集合就代表了要表达的目标。示例如图 5.5.1 所示，图像体素与数组元素是一一对应的。

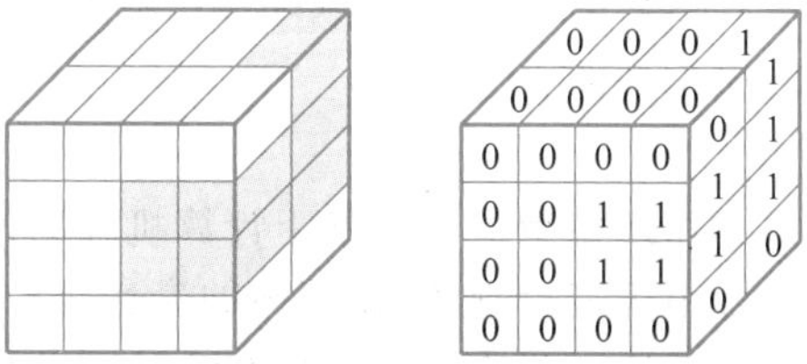

图 5.5.1 空间占有数组表达 3-D 目标示例

因为 3-D 数组的尺寸是图像分辨率的立方，所以空间占有数组法只有在图像分辨率较低（且目标形状不规则）时才有效和实用。3-D 数组表达目标的优点是容易从中获得通过目标的各个截层，从而显示目标内部的信息。

2. 单元分解

单元分解是指将目标逐步分解，直至分解为可统一表达的单元，从而进行表达的方法。可将前述的空间占有数组表达法看作单元分解的一种特例，其单元就是体素。在一般的单元分解中，分解具有不同的形式；单元还可能具有复杂的形状，但仍具有**准不连接性**，即不同的单元不共享体积。对分解后 3-D 实体单元的唯一组合操作是**粘接**。

八叉树法是一种常用的单元分解法，其结构如图 5.5.2 所示。

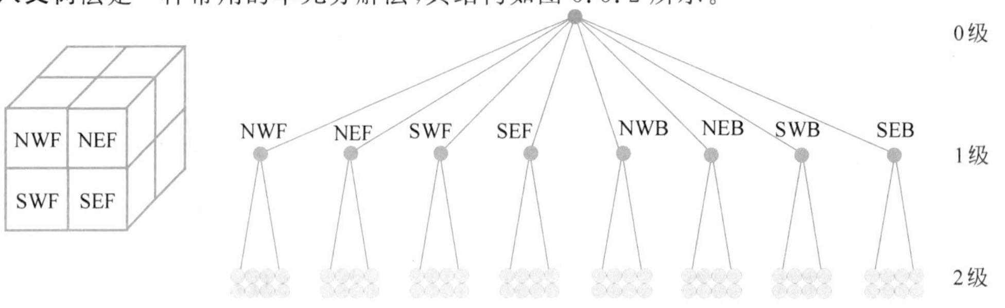

图 5.5.2　八叉树结构

八叉树是 2-D 图像中的四叉树（见中册 6.2.3 小节）在 3-D 图像中的直接推广，可由递归的体积分解产生。八叉树表达法将目标在图像中的位置转化为分层结构树中的位置。由类似对四叉树的证明，可知对于 n 级的八叉树，其节点总数 N 最多为（实际应用中一般要小于这个数）：

$$N = \sum_{k=0}^{n} 8^k = \frac{8^{n+1} - 1}{7} \approx \frac{8}{7} 8^n \tag{5.5.1}$$

单元分解的基本原理适用于各种形式的基元。一个典型的例子是表面分解，其中可将 3-D 结构外观看作各个可见表面的组合。表面分解用代表各个面元、边缘（面元的交）和顶点（边缘的交）的结点及代表这些基本单元联系的指针集合表示目标表面。图 5.5.3 给出了三棱锥体的表面分解示例，3 种单元分别用 3 种符号表示，指针用连线表示。

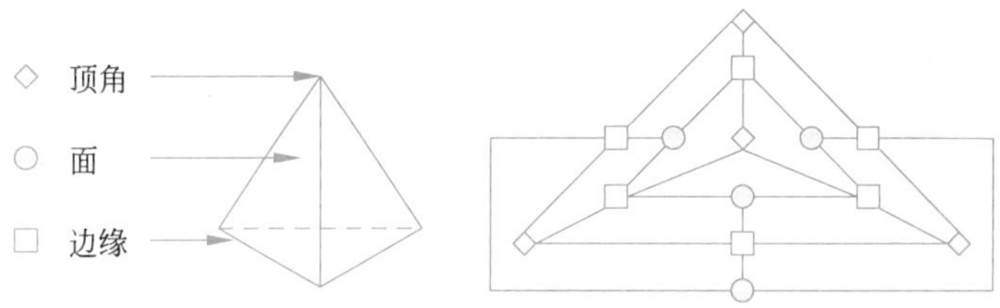

图 5.5.3　三棱锥体的表面分解示例

表面分解的结果是所有（基本）表面的集合，这些表面也可用**区域邻接图**（RAG，参见中册 7.3.4 小节）表示。区域邻接图只考虑表面及其邻接关系（隐含顶角和边缘两种单元），所以比图 5.5.3 的表达简单。

3. 几何模型法

几何模型法常在基于**计算机辅助设计**（CAD）模型的系统中使用。它也称**刚体模型**法，因为可用于表示刚体（非刚体的表达目前仍是一个具有挑战性的问题，尚无统一的方法）。刚体模型系统可分为两类：在边界表达系统中，刚体用其各个边界面的并集表示；在**结构刚体几何**表达系统中，通过一组集合操作将刚体表示为另一些简单刚体的组合。最低级（最简单）的是基元体，一般可用解析函数 $F(x, y, z)$ 表达，并限定在 $F(x, y, z) \geqslant 0$ 定义的封闭半空间交集区域之内。

例 5.5.1　边界表达和结构表达示例

图 5.5.4(a) 给出了一个两个几何体组合成的目标，图 5.5.4(b) 给出了该目标边界表达的示例，图 5.5.4(c) 给出了该目标结构表达的示例。

5.5.2　广义圆柱体表达

许多实际的 3-D 目标可用 2-D 集合沿某条 3-D 曲线运动形成。一般情况下，该集合在运

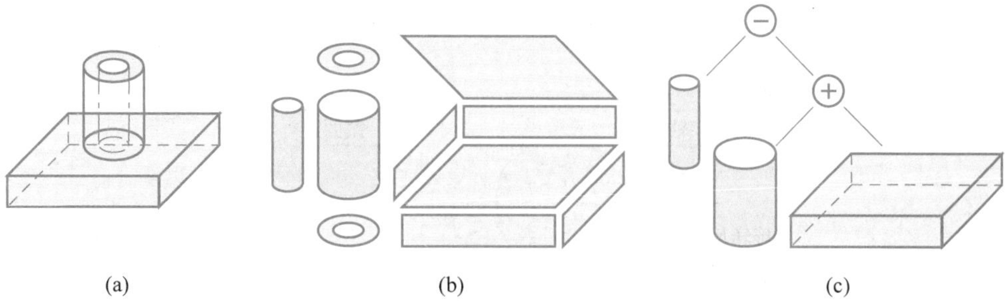

图 5.5.4 边界表达和结构表达示例 □

动中还可能出现参数变化。基于这种方式的刚体表达法通常称为**广义圆柱体**法，也称广义圆锥法。这是因为其中的基元体常为任意尺寸的圆柱或圆锥体，也可以是任意尺寸的长方体或球体(圆柱或圆锥体的变形)等。

广义圆柱体法通常用一个带有一定轴线和一定截面(广义)圆柱体的组合表达 3-D 目标。换句话说，它包括两个基本的单元：一根穿轴线和一个沿穿轴线移动的具有一定形状的截面，如图 5.5.5(a)所示。将多个基元组合，可以逐级表示目标从高到低的不同细节，图 5.5.5(b)给出了一个示例(其中每个圆柱体用长方形表示)。

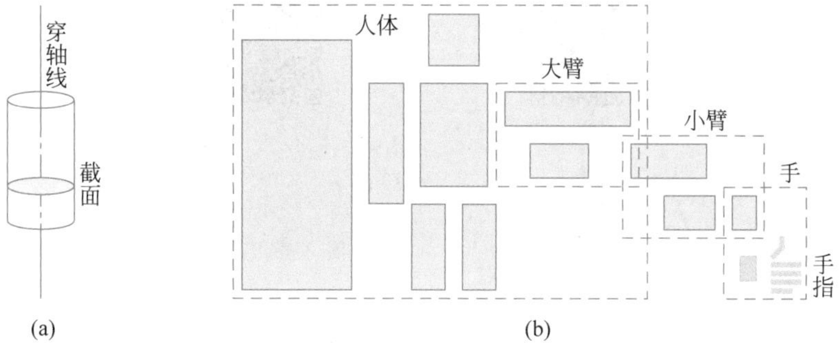

图 5.5.5 广义圆柱体法示例

如果将基元作为变量，即改变穿轴线和移动截面，可得到一系列广义圆柱体的变形。事实上穿轴线可分为以下两类。

(1) 穿轴线是一条直线。

(2) 穿轴线是一条曲线(可以封闭)。

移动截面的变化类型或形式较多，主要分为以下三类。

(1) 截面的边界可以是直线或曲线。

(2) 截面可以旋转对称或不对称、反射对称或不对称，仅旋转或仅反射对称。

(3) 截面移动时其形状可以变化或不变化，如果变化，可以变大、变小、先大后小、先小后大等。

图 5.5.6 给出了广义圆柱体的一些变形的情况。将这些变形作为**体基元**进行组合，可表达复杂的 3-D 目标。理论上讲，任意一个 3-D 目标都存在无穷多个穿轴线和截面对。

将基本的 3-D 广义圆柱体投影到 2-D 图像会产生两种不同的结果，即**条带**和椭圆。条带是沿圆柱体长度方向投影的结果，而椭圆是对圆柱体截面投影的结果。如果考虑各种广义圆柱体的变形，则可能产生任意的结果，表达任意形状的实体。

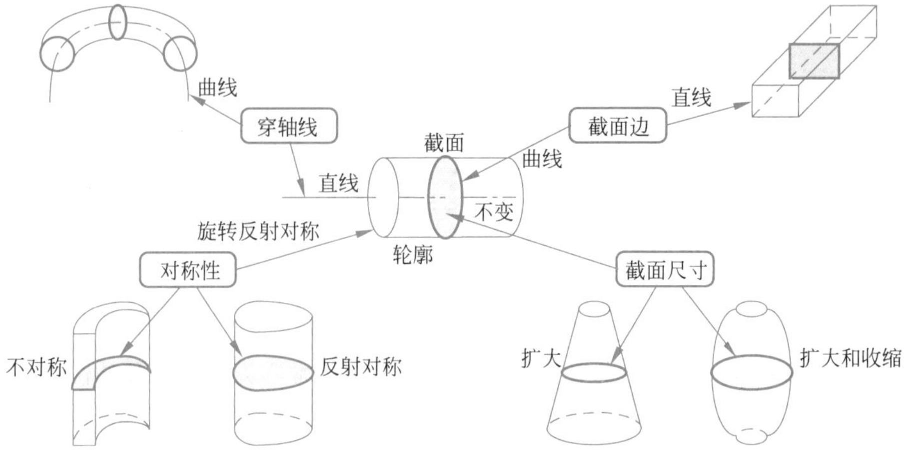

图 5.5.6 广义圆柱体的变形

总结和复习　　随堂测试

第2单元

景物重建

本单元包括 4 章,分别为

第 6 章　双目立体视觉

第 7 章　多目立体视觉

第 8 章　单目多图像景物恢复

第 9 章　单目单图像景物恢复

图像理解是在对图像处理和分析的基础上,进一步把握场景的内容。图像理解可分为两个层次。第一个层次是由图像恢复场景,即借助 2-D 图像重建 3-D 场景。具体地说,是借助景物的图像了解场景中景物的形状、姿态、表面特性(反射率、透明度)、运动(速度)和分布(景物间的相对距离、方位)等本征特性,这将在本单元给予介绍。第二个层次是通过学习、推理、与模型的匹配等掌握场景的高层语义含义,这将在下一个单元进行讨论。

图像理解第一个层次的关键是 3-D 重建,尽管根据现代的观点,3-D 重建在完成所有图像理解任务中并不一定都是必需的。例如在一些特定的应用中,比 3-D 重建层次较低的结果也常常够用。但是,3-D 重建的结果对图像理解的作用还是得到了广泛认可。客观世界在空间上是 3-D 的,所以从 2-D 图像中恢复 3-D 空间信息是由图像认识世界的重要步骤。

第 6 章介绍双目立体视觉技术。立体视觉是解决 3-D 重建的一种重要方法。受人类视觉系统的启发,可采用双目立体视觉技术。该章概括介绍了立体视觉的各个功能模块,对基于区域灰度相关的立体匹配技术和基于特征的立体匹配技术都进行了详细介绍,还讨论了基于深度学习的方法。另外,还介绍了一种检测立体匹配获得视差图中的误差并进行校正的算法。

第 7 章在第 6 章的基础上继续讨论立体视觉。借助电子器件和计算机,可将双目立体视觉技术拓展到多目立体视觉技术,以解决双目立体视觉技术难以解决的问题。该章分析了从简到繁的多类型的多目立体视觉技术,还借助多目立体匹配的分析思路,介绍了一种计算亚像素级视差精度的自适应算法,以获得更高的距离测量精度。

第 8 章先介绍单目景物恢复的思路,再主要介绍使用单目多幅图像进行景物恢复的技术。从 3-D 场景投影到 2-D 图像的角度看,基于图像进行 3-D 重建的过程就是景物恢复的过程。从更一般的角度说,恢复景物就是恢复景物的本征特性。在景物的各种本征特性中,3-D 目标的形状是最基本和最重要的。一方面,目标的许多其他特征(如表面法线、景物边界等)都可由形状推出;另一方面,人们一般先用形状定义目标,在此基础上再利用目标的其他特征进一步描述目标。各种从形状恢复景物的方法常被冠以“从 X 恢复形状”的名称，这里考虑 X 代表照度变化、景物运动、目标剪影的 3 种情况。

第 9 章介绍使用单目单幅图像进行景物恢复的技术，仍可称为“从 X 恢复形状”，其中 X 代表影调分布、纹理变化、焦距与景深 3 种情况，还考虑了根据 3 点透视估计位姿。这些技术多需要借助相关先验知识或附加约束条件，有些技术只能在某些特殊情况下使用。这些方法的优点是只需采集单幅图像，但仅从单幅图像中获取的信息常常不足，还需挖掘具体应用中的一些特定信息。

第6章

教学视频

双目立体视觉

立体视觉主要研究如何借助(多图像)成像技术从(多幅)图像中获取场景景物的距离(深度)信息,其开创性工作早在 20 世纪 60 年代中期就已开始[Roberts 1965]。**立体视觉**从两个或多个视点观察同一场景,采集不同视角下的一组图像,然后通过三角测量原理获得不同图像中对应像素间的**视差**(同一个 3-D 点投影到两幅 2-D 图像上时两个对应点在图像上的位置差),从中获得深度信息,进而计算场景中目标的形状及其空间位置关系等。立体视觉的工作过程与人类视觉系统的感知过程有许多类似之处,事实上,人类视觉系统是一个天然的立体视觉系统。

利用电子设备和计算机的人工立体视觉可借助双目图像、三目图像及多目图像实现,本章仅考虑双目立体视觉(多目立体视觉将在第 7 章讨论)。这里的重点和难点是根据双目图像上景物的对应关系通过匹配确定视差。

根据上述讨论,本章各节将安排如下。

6.1 节对立体视觉的各功能模块进行概括介绍。

6.2 节分析和讨论基于区域灰度相关的双目立体匹配的原理和常用技术。

6.3 节介绍基于特征的双目立体匹配的基本步骤和方法,并对近年来两种常用的特征点进行详细分析和讨论。

6.4 节概括讨论基于深度学习的立体匹配方法和立体匹配网络,并介绍一种基于特征级联 CNN 的立体匹配方法。

6.5 节介绍一种检测立体匹配获得视差图中的误差并进行校正的算法。

6.1 立体视觉模块

一个完整的立体视觉系统包括多个功能模块,完成立体视觉任务主要需进行 6 项工作。

1. 摄像机标定

摄像机标定已在 2.4 节进行了介绍,其目的是根据有效的成像模型确定摄像机的内外参数,以便正确建立空间坐标系中物点与其在图像平面上像点之间的对应关系。立体视觉中常使用多台摄像机,此时对每台摄像机都要分别进行标定。由 2-D 图像坐标推导 3-D 信息时,如果摄像机是固定的,只需一次标定即可。如果摄像机是运动的,则可能需要多次标定。

2. 图像采集

图像采集涉及空间坐标和图像属性两方面问题,如第 2 章中介绍的。第 4 章专门针对立体图像的获取进行了介绍,包括立体视觉中常用的双目成像方式。近年来也常采用多目成像方式,获取多目图像的摄像机可分布于直线、平面上,或立体中,有关情况在第 7 章介绍。

3. 特征提取

立体视觉借助不同观察点对同一景物的视差获取 3-D 信息(特别是深度信息)。如何判定同一景物在不同图像中的对应关系是关键的一步。解决该问题的方法之一是选择合适的图像特征以进行多图像间的匹配（见 6.2 节和 6.3 节）。**特征**是一个泛指的概念，代表对像素或像素集合的抽象表达和描述（可参见中册第 6 章和第 7 章）。目前尚缺乏获取图像特征的普遍适用理论，常用的匹配特征按尺度从小到大主要包括点状特征、线状特征、面状（区域）特征和体状（立体）特征等。一方面，大尺度特征含有较丰富的信息，所需数目较少，易于快速匹配；但其提取与描述相对复杂，定位精度较低。另一方面，小尺度特征本身的定位精度高，表达描述简单；但其数目较多，而所含信息量较少，因而匹配时需采用较强的约束准则和相应的匹配策略。

4. 立体匹配

立体匹配是指根据对所选特征的计算建立特征间的对应关系，从而建立同一空间点在不同图像中像点之间的联系，并由此得到相应的视差图像。立体匹配是立体视觉中最重要、最困难的步骤。例如，利用式(4.2.4)、式(4.2.10)或式(4.2.19)计算距离 Z，最难的问题是在同一场景的不同图像中发现对应点，即解决如何从两幅图中找到景物对应点的问题。如果对应点用亮度定义，则由于双眼观察位置不同，事实上对应点在两幅图像上的亮度可能不同。如果对应点用几何形状定义，则景物的几何形状本身就是需求取的。相对来说，采用双目轴向模式比双目横向模式受此问题的影响小一些，这是因为原点(0,0)、(x_1, y_1)和(x_2, y_2)3 个点全排成一条直线，而且点(x_1, y_1)和点(x_2, y_2)都在点(0,0)的同一侧，比较容易搜索。

另外，当空间 3-D 场景被投影为 2-D 图像时，不仅同一景物在不同视点下的图像可能有不同的表观，而且场景中的诸多变化因素（如光照条件、噪声干扰、景物几何形状和畸变、表面物理特性及摄像机特性等）都被综合到单一的图像灰度值中。仅由这一灰度值确定以上诸多因素是十分困难的，至今这个问题尚未得到较好解决。6.2 节和 6.3 节分别介绍基于区域灰度相关和基于特征对应的匹配方法。

5. 3-D 信息恢复

通过立体匹配得到视差图像后，便可进一步计算深度图像，并恢复场景中的 3-D 信息（也称 3-D 重建）。影响距离测量精度的因素主要包括数字量化效应、摄像机标定误差、特征检测与匹配定位精度等。一般来讲，距离测量精度与匹配定位精度及摄像机基线（不同摄像机位置间连线）的长度成正比。增大基线长度可改善深度测量精度，但同时会增大对应图像间的差异，景物被遮挡的可能性更大，从而增加匹配的困难程度。因此，为设计一个精确的立体视觉系统，必须综合考虑各方面因素，保证各环节都具有较高的精度（见第 7 章讨论）。

顺便指出，精度是 3-D 信息恢复的一个重要指标，但也有些模型试图避开这个问题。例如网络-符号模型并不需要精确地重建或计算 3-D 模型，只需将图像转化为与知识模型类似的可理解的关系格式[Kuvich 2004]。这样 3-D 信息恢复不再有精度限制。利用网络-符号模型，不再需要根据视场而是根据推导出的结构进行目标识别，受目标外观和局部变化的影响较小。

6. 后处理

经过以上各步骤得到的 3-D 信息常因各种原因而不完整或存在一定的误差，需要进一步的后处理。常用的后处理主要包括以下 3 类。

(1) 深度插值

立体视觉的主要目的是恢复景物可视表面的完整信息，由于特征常常是离散的，所以基于特征的立体匹配算法只能直接恢复图像中特征点处的视差值。因此后处理时要追加一个视差表面内插重建的步骤，即对离散数据进行插值以得到非特征点处的视差值。插值的方法很多，如最近邻插值、双线性插值、样条插值等（见上册 7.2.2 小节）。另外，还有基于模型的内插重建算法[Maitre 1992]。内插过程中主要关注的问题是如何有效地保护景物表面的不连续信息。

(2) 误差校正

立体匹配在受几何畸变和噪声干扰等因素影响的图像间进行。另外,图像中周期性模式、光滑区域的存在,以及遮挡效应、约束原则的不严格等原因都会在视差图中产生误差。因此对误差的检测和校正也是重要的后处理内容。常需根据误差产生的具体原因和方式选择合适的技术和手段。6.5 节将介绍一种误差校正的算法。

(3) 精度改善

视差的计算和深度信息的恢复是其后各项工作的基础,因此对视差计算的精度在特定应用中常有较高的要求。为进一步提高精度,可在获得立体视觉通常的像素级视差后进一步提高精度,以达到亚像素级视差精度(见 7.4 节)。

6.2 基于区域的双目立体匹配

确定双目图像中对应点的关系是获得深度图像的关键步骤。下列讨论仅以**双目横向模式**为例,如果考虑各种模式中独特的几何关系,双目横向模式获得的结果也可推广至其他模式。

确定对应点之间的关系可采用点点对应匹配的方法。但直接用单点灰度搜索会受到图像中许多点具有相同灰度及图像噪声等因素影响。目前实用的技术主要分为两大类,即灰度相关和特征匹配。前一类是基于区域的方法,即考虑每个需匹配点的邻域性质。后一类是基于特征点的方法,即选取图像中具有唯一或特殊性质的点作为匹配点,选取的特征主要是图像中的拐点和角点坐标、边缘线段、目标的轮廓等。上述两种方法分别类似于图像分割时基于区域和基于边缘的方法。本节先介绍基于区域的方法,基于特征点的方法将在 6.3 节介绍。

6.2.1 模板匹配

基于区域的方法需考虑点的邻域性质,而邻域常借助**模板**(也称子图像或窗)确定。当给定左图像中一个点,需要在右图像中搜索与其对应的点时,可提取以左图像中点为中心的邻域作为模板,将其在右图像上平移并计算与各位置的相关性,根据相关值确定是否匹配。如果匹配,则认为右图像中匹配位置的中心点与左图像中的那个点构成对应点对。这里可取相关值最大处为匹配位置,也可先给定一个阈值,将相关值大于阈值的点提取出来,再根据其他因素从中选择。

上述匹配方法一般称为**模板匹配**,其本质是用一幅较小的图像(模板)与一幅较大图像中的一部分(子图像)进行匹配。根据匹配结果确定大图像中是否存在小图像,若存在,则进一步确定小图像在大图像中的位置。模板匹配中的模板常是正方形的,也可以是矩形或其他形状的。现考虑确定尺寸为 $J \times K$ 的模板图像 $w(x,y)$ 与 $M \times N$ 的大图像 $f(x,y)$ 的匹配位置,设 $J \leqslant M, K \leqslant N$。在最简单的情况下,$f(x,y)$ 与 $w(x,y)$ 之间的相关函数可写为

$$c(s,t)=\sum_{x}\sum_{y} f(x,y)w(x-s,y-t) \tag{6.2.1}$$

其中,$s=0,1,2,\cdots,M-1$; $t=0,1,2,\cdots,N-1$。

式(6.2.1)中的求和是对 $f(x,y)$ 和 $w(x,y)$ 重叠的图像区域进行的。图 6.2.1 给出了相关计算的示意图,其中假设 $f(x,y)$ 的原点位于左上角,$w(x,y)$ 的原点位于其中心。对于任何 $f(x,y)$ 中给定的位置 (s,t),根据式(6.2.1)可算得 $c(s,t)$ 的一个特定值。当 s 和 t 变化时,$w(x,y)$ 在图像区域中移动并给出函数 $c(s,t)$ 的所有值。$c(s,t)$ 的最大值表明与 $w(x,y)$ 最佳匹配的位置。注意,对于接近 $f(x,y)$ 边缘的 s 和 t 值,模板匹配精确度会受图像边界的

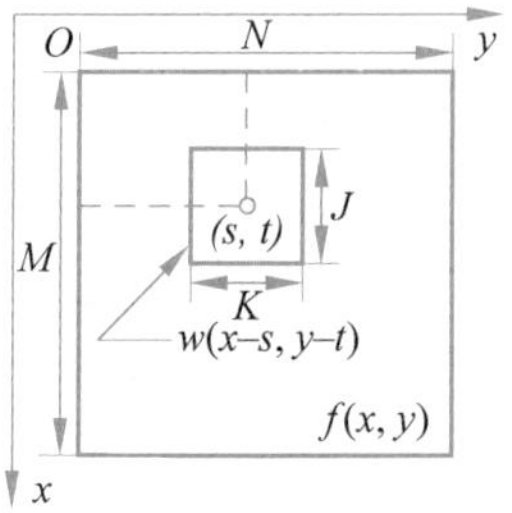

图 6.2.1　模板匹配相关计算示意

影响(参见上册 3.2 节)，其误差正比于 $w(x,y)$ 的尺寸。

除了根据最大相关准则确定匹配位置外，还可使用最小均方误差函数：

$$M_{\mathrm{me}}(s,t)=\frac{1}{MN}\sum_{x}\sum_{y}[f(x,y)w(x-s,y-t)]^2 \tag{6.2.2}$$

在 VLSI 硬件中，平方运算较难实现，可用绝对值代替平方值，得到最小平均差值函数：

$$M_{\mathrm{ad}}(s,t)=\frac{1}{MN}\sum_{x}\sum_{y}\mid f(x,y)w(x-s,y-t)\mid \tag{6.2.3}$$

式(6.2.1)定义的相关函数有一个缺点，即对 $f(x,y)$ 和 $w(x,y)$ 幅度值的变化比较敏感，例如当 $f(x,y)$ 的值加倍时，$c(s,t)$ 的值也会加倍。为解决这一问题，可定义如下相关系数：

$$C(s,t)=\frac{\sum_{x}\sum_{y}[f(x,y)-\bar{f}(x,y)][w(x-s,y-t)-\bar{w}]}{\sqrt{\sum_{x}\sum_{y}[f(x,y)-\bar{f}(x,y)]^2[w(x-s,y-t)-\bar{w}]^2}} \tag{6.2.4}$$

其中，$s=0,1,2,\cdots,M-1$；$t=0,1,2,\cdots,N-1$，$\bar{w}$ 为 w 的均值(只需计算一次)，$\bar{f}(x,y)$ 代表 $f(x,y)$ 中与 w 当前位置对应区域的均值。

式(6.2.4)中的求和是对 $f(x,y)$ 和 $w(x,y)$ 的共同坐标进行的。因为相关系数已尺度变换到区间[−1,1]内，所以其值的变化与 $f(x,y)$ 和 $w(x,y)$ 的幅度变化无关。

还有一种方法是计算模板和子图像之间的灰度差，建立满足**平均平方差**(MSD)的两组像素之间的对应关系。此方法的优点是匹配结果不易受模板灰度检测精度和密度的影响，因而可得到较高的定位精度和密集的视差表面[Kanade 1996]。这类方法的缺点是依赖图像灰度的统计特性，所以对景物表面结构及光照反射等较为敏感，因此在空间景物表面缺乏足够纹理细节、成像失真度较大(如基线长度过大)的场合存在一定困难。理论上讲，匹配中还可采用一些灰度的导出量，但实验表明，在使用灰度、灰度微分大小和方向、灰度拉普拉斯值及灰度曲率作为匹配参数进行的匹配比较中，利用灰度本身取得的效果是最好的[Lew 1994]。

模板匹配作为一种基本的匹配技术(其他典型匹配技术见第 11 章)在许多方面得到了应用，尤其是在图像仅有平移时。上面利用对相关系数的计算，可将相关函数归一化，克服幅度变化带来的问题。但要对图像尺寸和旋转进行归一化是比较困难的。对尺寸的归一化需要进行空间尺度变换，而这个过程需要大量计算。对旋转进行归一化更困难。如果 $f(x,y)$ 旋转角度可知，则只要将 $w(x,y)$ 也旋转相同角度，使之与 $f(x,y)$ 对齐即可。但在 $f(x,y)$ 旋转角度未知的情况下，要寻找最佳匹配，需要将 $w(x,y)$ 以所有可能的角度旋转。实际中这种穷举方法是行不通的，因而在任意旋转或对旋转没有约束的情况下很少直接使用区域相关的方法。

用代表匹配基元的模板进行图像匹配的方法要解决计算量随基元数量指数增加的问题。如果图像中的基元数量为 n，而模板中的基元数量为 m，则模板与图像基元之间存在 $O(n^m)$ 个可能的对应关系，这里组合数为 $C(n,m)$，或 C_m^n。

为减少模板匹配的计算量，一方面可利用先验知识(如立体匹配时的极线约束，见 6.2.2 小节)减少需匹配的位置；另一方面可利用在相邻匹配位置模板覆盖范围有相当大重合这一特点，减少重新计算相关值的次数[章 2002b]。另外，也可通过 FFT(参见上册 4.2.3 小节)在频域中计算相关值，所以可基于频域变换进行匹配（见 11.1.2 小节）。如果 f 与 w 的尺寸相同，则频域计算会比直接空域计算效率更高。实际上，w 一般远小于 f。有人曾估计，如果 w 中的非零项少于 132（约相当于一个 13×13 的子图像），则直接用式（6.2.1）在空域中计算比用 FFT 在频域中计算效率要高。当然这个数字与所用计算机和编程算法都有关。此外，式（6.2.4）中相关系数的计算在频域中很难实现，所以一般直接在空域中进行。

顺便指出，广义哈夫变换（中册 4.2 节）也可看作一种改进的模板匹配方法（空间匹配滤波器），其计算量也小于模板匹配。

例 6.2.1　利用几何哈希法的模板匹配

为实现高效的模板匹配，也可使用**几何哈希法**。其基础是 3 个点可以定义一个 2-D 平面。即如果选择 3 个不共线的点 P_1、P_2、P_3，就可用这 3 个点的线性组合表示任意一个点：

$$Q=P_1+s(P_2-P_1)+t(P_3-P_1) \tag{6.2.5}$$

式（6.2.5）在仿射变换下不会变化，即 (s,t) 的数值只与 3 个不共线的点有关，而与仿射变换本身无关。这样可将 (s,t) 的值看作点 Q 的仿射坐标。此特性对线段也适用：3 条不平行的线段可用于定义一个仿射基准。

几何哈希法要构建一个哈希表，以帮助匹配算法快速确定一个模板在图像中的潜在位置。哈希表构建过程如下：对模板中任意 3 个不共线的点（基准点组），计算其他点的仿射坐标 (s,t)，用作哈希表的索引。对于每个点，哈希表保留对当前基准点组的指标（序号）。如果要在图像中搜索多个模板，需要保留更多的模板索引。

为搜索一个模板，可在图像中随机选择一个基准点组，并计算其他点的仿射坐标 (s,t)。将此坐标作为哈希表的索引，可获得基准点组的指标。这样就得到对图像中此基准点组的一个投票。如果随机选出的点与模板上的基准点组不对应，就无须接受投票。反之，如果随机选出的点与模板上的基准点组对应，就接受投票。如果许多投票得到了接受，就表明图像中可能存在这个模板，且可得到基准点组的指标。因为所选的基准点组可能匹配不正确，所以算法需要迭代以增加找到正确匹配的概率。事实上，只需找到一个正确的基准点组就可以确定匹配的模板。所以，如果在图像中找到了 N 个模板点中的 k 个，则在 m 次尝试中至少 1 次正确选择基准点组的概率为

$$p=1-[1-(k/N)^3]^m \tag{6.2.6}$$

若图像中出现模板中点的数量与图像中点的数量的比值 k/N 为 0.2，而希望模板匹配的可能性为 99%（$p=0.99$），则需要尝试的次数 m 为 574 次。□

6.2.2　立体匹配

利用模板匹配的原理，可借助区域灰度的相似性以搜索左右两幅图像的对应点。具体来说，在立体图像对中，先选定左图像中以某个像素为中心的一个窗口，以该窗口的灰度分布构建模板，再用该模板在右图像中进行搜索，找到最匹配的窗口位置，则此时匹配窗口中心的像素与左图像的拟匹配像素对应。

在上述搜索过程中，如果对模板在右图像中的位置没有任何先验知识或任何限定，则搜索范围可能覆盖整幅右图像。对左图像中的每个像素进行如此搜索较为费时。为减少搜索范围，可考虑利用一些约束条件，如以下 3 种约束[Forsyth 2012]。

（1）兼容性约束。**兼容性约束**是指给定亮度的点只能匹配相同亮度的点，即两图中源于同一类物理性质的特征才能匹配，也称**光度兼容性约束**。

（2）唯一性约束。**唯一性约束**是指一幅图中的单个特征点只能与另一幅图中的单个特征

点匹配。

(3) 连续性约束。**连续性约束**是指匹配点附近的视差变化在整幅图中除遮挡区域或间断区域外的大部分点都是光滑(渐变)的，也称**视差光滑性约束**。

在讨论立体匹配时，除以上 3 种约束外，还可考虑下面介绍的极线约束和 6.3.4 小节介绍的顺序性约束。

1. 极线约束

极线约束有助于搜索过程中减小搜索范围，加快搜索进程。

先借助图 6.2.2 的双目横向会聚模式图介绍**极点**和**极线**两个重要概念。也常称为外极点和外极线或对极点和对极线。在图 6.2.2 中，坐标原点为左目光心，X 轴连接左右两目光心，Z 轴指向观察方向，左右两目间距为 B(也常称系统基线)，左右两个像平面的光轴都在 XZ 平面内，交角为 θ。现考虑左右两个像平面的联系。O_1 和 O_2 分别为左右像平面的光心，其间的连线称光心线，光心线与左右像平面的交点 e_1、e_2 分别称左右像平面的极点(极点坐标分别用 $\boldsymbol{e}_1$、$\boldsymbol{e}_2$ 表示)。光心线与空间点 W 位于同一个平面，这个平面称为**极平面**，极平面与左右像平面的交线 L_1 和 L_2 分别称为空间点 W 在左右像平面上投影点的极线。极线限定了双目图像对应点的位置，与空间点 W 在左像平面上投影点 p_1(坐标为 $\boldsymbol{p}_1$)对应的右像平面投影点 p_2(坐标为 $\boldsymbol{p}_2$)必在极线 L_2 上。反之，与空间点 W 在右像平面上投影点对应的左像平面投影点必在极线 L_1 上。

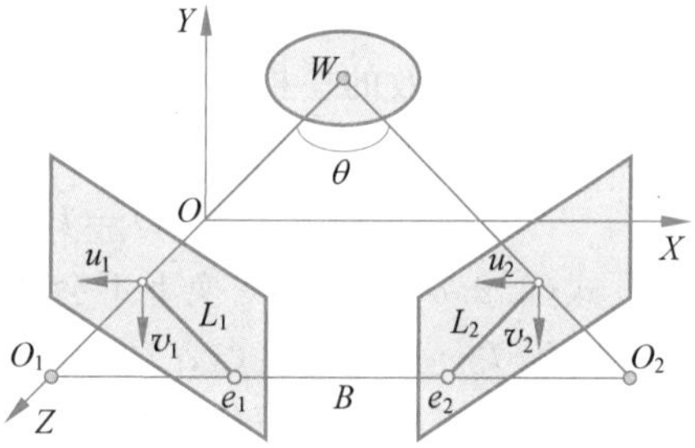

图 6.2.2　极点和极线示意图

例 6.2.2　极点与极线的对应

立体视觉系统中存在两套光学系统，如图 6.2.3 所示。考虑成像平面 1 上的一组点(p_1，p_2，…)，每个点与 3-D 空间的一条光线对应。每条光线都在成像平面 2 上投影出一条线(L_1，L_2，…)。因为所有光线都汇聚到第一台摄像机的光学中心，所以这些线在成像平面 2 上一定交于一点，此点为第一台摄像机的光学中心在第二台摄像机中的图像，称为极点。类似地，第二台摄像机的光学中心在第一台摄像机中的图像也是一个极点。这些投影线就是极线。

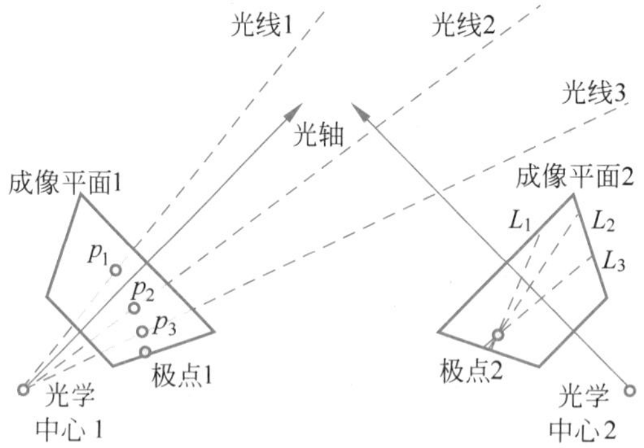

图 6.2.3　极点与极线的对应

□

例 6.2.3　极线模式

极点并不一定总处于观察到的图像中，因为极线可能在视场外相交。两种常见的情况如图 6.2.4 所示。首先，在双目横向模式中，两台摄像机的朝向一样，光轴之间有一定的距离，且成像平面坐标轴平行，那么极线就会构成平行图案，其交点(极点)将在无穷远处，如图 6.2.4(a)所示。其次，在双目纵向模式中，两台摄像机的光轴位于同一条线上，且成像平面坐标轴平行，那么极点分别处于对应图像中间，极线就会构成放射图案，如图 6.2.4(b)所示。这两种情况都表明，极线模式提供了摄像机之间的相对位置和朝向信息。

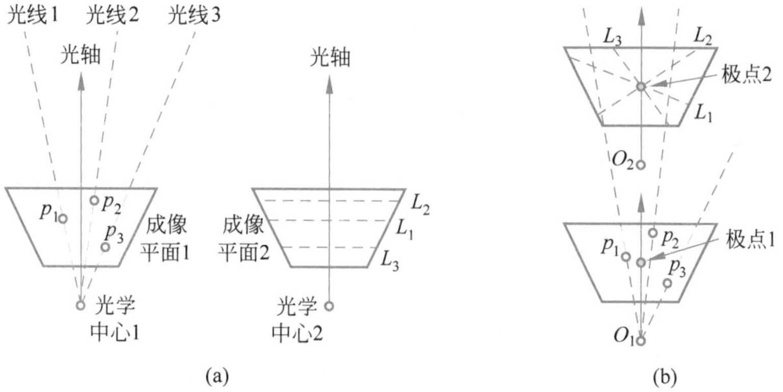

图 6.2.4 极线模式两种常见情况示例 □

极线限定了双目图像上对应点的位置，与空间点 W 在左像平面上投影点对应的右像平面投影点必在极线 L_2 上；反之，与空间点 W 在右像平面上投影点对应的左像平面的投影点必在极线 L_1 上，这就是**极线约束**。

在双目视觉中，当采用理想的平行光轴模型(各摄像机视线平行)时，极线与图像扫描线是重合的，这时的立体视觉系统称为平行立体视觉系统。在平行立体视觉系统中，也可借助极线约束减少立体匹配的搜索范围。理想情况下，利用极线约束可将对整幅图的搜索变为对图像某一行的搜索。但需要指出，极线约束仅是一种局部约束条件，对于一个空间点来说，其在极线上的投影点可能不止一个。

例 6.2.4 极线约束图示

如图 6.2.5 所示，用一台(左边)摄像机观测空间点 W，其成像点 p_1 应在该摄像机光学中心与点 W 的连线上。但所有该线上的点都会成像在点 p_1 处，所以并不能由点 p_1 完全确定特定点 W 的位置/距离。现用第二台(右边)摄像机观测同一空间点 W，其成像点 p_2 也应在该摄像机光学中心与点 W 的连线上。所有该线上的点 W 都投影到成像平面 2 的一条直线上，该直线称为**极线**。

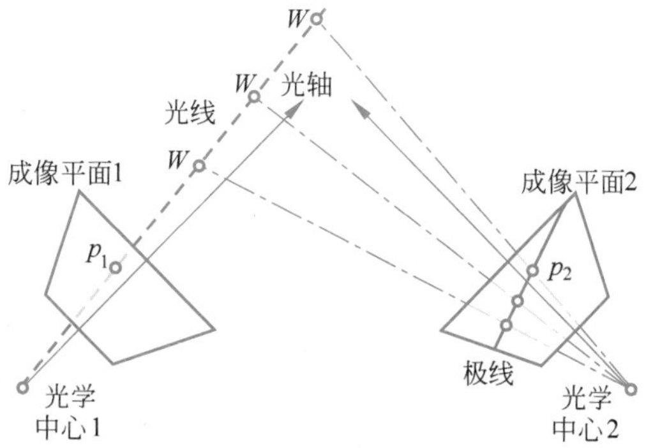

图 6.2.5 极线约束图示 □

由图 6.2.5 中的几何关系可知，对成像平面 1 上的任意点 p_1，成像平面 2 与其对应的所有点都(约束)在同一条直线上，这就是前面所说的极线约束。

2. 本质矩阵和基本矩阵

空间点 W 在两幅图像上投影坐标点之间的联系可用有 5 个自由度的**本质矩阵**(也称**本征**

矩阵）$\boldsymbol{E}$ 描述[Davies 2005]，$\boldsymbol{E}$ 可被分解为一个正交旋转矩阵 $\boldsymbol{R}$ 后接一个平移矩阵 $\boldsymbol{T}$（$\boldsymbol{E}=\boldsymbol{RT}$）。如果左图像中的投影点坐标用 $\boldsymbol{p}_1$ 表示，右图像中的投影点坐标用 $\boldsymbol{p}_2$ 表示，则有

$$\boldsymbol{p}_2^{\mathrm{T}}\boldsymbol{E}\boldsymbol{p}_1=0 \tag{6.2.7}$$

在对应图像上通过 $\boldsymbol{p}_1$ 和 $\boldsymbol{p}_2$ 的极线分别满足 $\boldsymbol{L}_2=\boldsymbol{E}\boldsymbol{p}_1$ 和 $\boldsymbol{L}_1=\boldsymbol{E}^{\mathrm{T}}\boldsymbol{p}_2$，而在对应图像上通过 $\boldsymbol{p}_1$ 和 $\boldsymbol{p}_2$ 的极点分别满足 $\boldsymbol{E}\boldsymbol{e}_1=0$ 和 $\boldsymbol{E}^{\mathrm{T}}\boldsymbol{e}_2=0$。

例 6.2.5　本质矩阵的推导

本质矩阵指示了同一空间点 W（坐标为 $\boldsymbol{W}$）在两幅图像上投影点的坐标之间的联系。在图 6.2.6 中，设可观察到点 W 在图像上的投影位置为 p_1 和 p_2，另外已知两台摄像机之间的旋转矩阵 $\boldsymbol{R}$ 和平移矩阵 $\boldsymbol{T}$，那么可得到 3 个 3-D 矢量 $\boldsymbol{O}_1\boldsymbol{O}_2$、$\boldsymbol{O}_1\boldsymbol{W}$ 和 $\boldsymbol{O}_2\boldsymbol{W}$，且 3 个 3-D 矢量肯定是共面的。因为在数学上，3 个 3-D 矢量 $\boldsymbol{a}$、$\boldsymbol{b}$、$\boldsymbol{c}$ 共面的准则可写为 $\boldsymbol{a}\cdot(\boldsymbol{b}\times\boldsymbol{c})=0$，所以可根据这一准则推导本质矩阵。

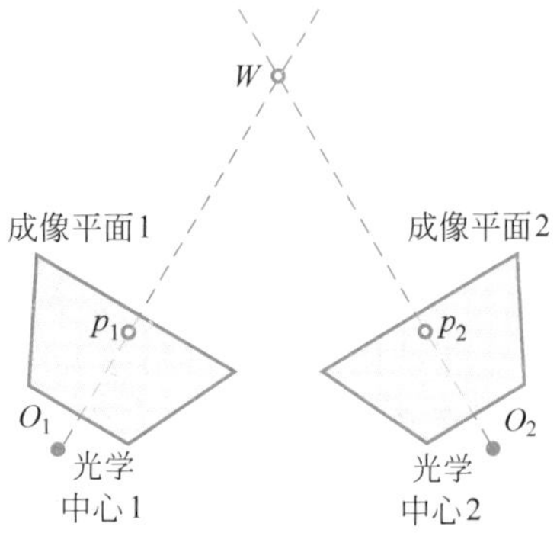

图 6.2.6　本质矩阵的推导

由第 2 台摄像机的透视关系可知：矢量 $\boldsymbol{O}_1\boldsymbol{W}\propto\boldsymbol{R}\boldsymbol{p}_1$，矢量 $\boldsymbol{O}_1\boldsymbol{O}_2\propto\boldsymbol{T}$，且矢量 $\boldsymbol{O}_2\boldsymbol{W}=\boldsymbol{p}_2$。将这些关系与共平面条件结合，即得到需要的结果：

$$\boldsymbol{p}_2^{\mathrm{T}}(\boldsymbol{T}\times\boldsymbol{R}\boldsymbol{p}_1)=\boldsymbol{p}_2^{\mathrm{T}}\boldsymbol{E}\boldsymbol{p}_1=0 \tag{6.2.8}$$

在对应图像上通过点 p_1 和 p_2 的极线分别满足 $\boldsymbol{L}_2=\boldsymbol{E}\boldsymbol{p}_1$ 和 $\boldsymbol{L}_1=\boldsymbol{E}^{\mathrm{T}}\boldsymbol{p}_2$，而在对应图像上通过点 p_1 和 p_2 的极点 e_1 和 e_2 分别满足 $\boldsymbol{E}\boldsymbol{e}_1=0$ 和 $\boldsymbol{E}^{\mathrm{T}}\boldsymbol{e}_2=0$。□

上述讨论中假设 $\boldsymbol{p}_1$ 和 $\boldsymbol{p}_2$ 是摄像机校正后的像素坐标。如果摄像机未校正，则需要使用原始的像素坐标 $\boldsymbol{q}_1$ 和 $\boldsymbol{q}_2$。设摄像机的内参数矩阵为 $\boldsymbol{G}_1$ 和 $\boldsymbol{G}_2$，则

$$\boldsymbol{p}_1=\boldsymbol{G}_1^{-1}\boldsymbol{q}_1 \tag{6.2.9}$$

$$\boldsymbol{p}_2=\boldsymbol{G}_2^{-1}\boldsymbol{q}_2 \tag{6.2.10}$$

将以上两式代入式(6.2.7)，得到 $\boldsymbol{q}_2^{\mathrm{T}}(\boldsymbol{G}_2^{-1})^{\mathrm{T}}\boldsymbol{E}\boldsymbol{G}_1^{-1}\boldsymbol{q}_1=0$，并可写为

$$\boldsymbol{q}_2^{\mathrm{T}}\boldsymbol{F}\boldsymbol{q}_1=0 \tag{6.2.11}$$

其中

$$\boldsymbol{F}=(\boldsymbol{G}_2^{-1})^{\mathrm{T}}\boldsymbol{E}\boldsymbol{G}_1^{-1} \tag{6.2.12}$$

称为**基本矩阵**（也称**基础矩阵**），因为其包含所有用于摄像机校正的信息。基本矩阵有 7 个自由度（每个极点需要 2 个参数，另加上 3 个参数，从而将 3 条极线从一幅图像映射到另一幅图像，因为两个 1-D 投影空间中的投影变换具有 3 个自由度），本质矩阵有 5 个自由度，所以基本矩阵比本质矩阵多 2 个自由参数，但对比式(6.2.7)和式(6.2.11)可见，这两个矩阵的作用或功能类似。

本质矩阵和基本矩阵都与摄像机的内外参数有关。如果给定摄像机的内外参数，则根据极线约束可知，对成像平面 1 上的任意点，只需在成像平面 2 上进行 1-D 搜索，确定其对应点的位置。对应性约束是摄像机内外参数的函数，给定内参数就可借助观察到的对应点模式确定外参数，进而建立两台摄像机之间的几何关系。

3. 匹配中的影响因素

在实际利用区域匹配的方法时，还需要考虑和解决一些具体问题。

(1) 由于拍摄场景时景物自身形状或景物互相遮挡的原因，被左边摄像机拍摄到的景物不一定全能被右边摄像机拍摄到，所以用左图像确定的某些模板不一定能在右图像中找到完

全匹配的位置。此时常需根据其他匹配位置的匹配结果进行插值，以得到这些无法匹配点的数据。

（2）用模板图像的模式表达单个像素的特性时，其前提是不同模板图像具有不同的模式，这样匹配时才有区分性，即可反映不同像素的特点。但有时图像中存在一些平滑区域，在这些区域得到的模板图像具有相同或相近的模式，匹配时就会产生不确定性，并导致误匹配。为解决这个问题，有时需要将一些随机的纹理投影到这些表面上，将平滑区域转化为纹理区域，从而获得具有不同模式的模板图像，消除不确定性。

例 6.2.6　双目立体匹配受图像光滑区域影响实例

图 6.2.7 给出了一个当沿双目基线方向存在灰度平滑区域时立体匹配产生误差的实例。其中图 6.2.7(a)和图 6.2.7(b)分别为一对立体图的左图和右图。图 6.2.7(c)为利用双目立体匹配获得的视差图（为清晰起见，仅保留了景物匹配的结果），图中深色代表距离较远（较大深度），浅色代表距离较近（较小深度）。图 6.2.7(d)是与图 6.2.7(c)对应的 3-D 立体图（等高图）显示。对照各图可知：由于场景中一些位置（如塔楼、房屋等建筑的水平屋檐）的灰度值的水平走向大体相近，所以当沿极线方向对其进行搜索匹配时，很难确定对应点，产生了许多误匹配造成的误差，反映在图 6.2.7(c)中就是一些与周围不协调的白色区域或黑色区域，而反映在图 6.2.7(d)中就是一些尖锐的毛刺。

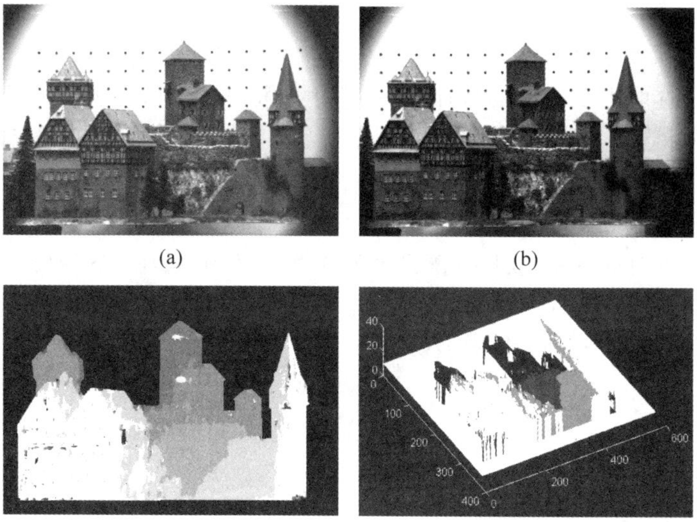

(c)　　(d)

图 6.2.7　双目立体匹配受图像光滑区域影响实例

□

4. 光学特性计算

利用双目图像的灰度信息还能进一步计算景物表面的某些光学特性（参见 8.2 节）。对于表面的反射特性要注意两个因素：一是表面粗糙性带来的散射；二是表面致密性带来的镜面反射。两个因素按如下方式结合：设 $\boldsymbol{N}$ 为表面面元法线方向的单位向量，$\boldsymbol{S}$ 为点光源方向的单位向量，$\boldsymbol{V}$ 为观察者视线方向的单位向量，在面元上得到的反射亮度 $I(x,y)$ 为合成反射率 $\rho(x,y)$ 与合成反射量 $R[\boldsymbol{N}(x,y)]$ 的乘积（参见 2.2 节的成像模型），即

$$I(x,y)=\rho(x,y)R[\boldsymbol{N}(x,y)] \tag{6.2.13}$$

其中，

$$R[\boldsymbol{N}(x,y)]=(1-\alpha)\boldsymbol{N}\cdot\boldsymbol{S}+\alpha(\boldsymbol{N}\cdot\boldsymbol{H})^{k} \tag{6.2.14}$$

其中，ρ、α、k 为有关表面光学特性的系数，可根据图像数据算得。

式(6.2.14)中等号右边第一项考虑的是散射效应,不因视线角度而异;第二项考虑的是镜面反射效应。设 $\boldsymbol{H}$ 为镜面反射角方向的单位向量:

$$\boldsymbol{H}=\frac{\boldsymbol{S}+\boldsymbol{V}}{\sqrt{2[1+(\boldsymbol{S}\cdot\boldsymbol{V})]}} \tag{6.2.15}$$

式(6.2.14)中等号右边第二项通过向量 $\boldsymbol{H}$ 反映视线向量 $\boldsymbol{V}$ 的变化。在图 6.2.2 采用的坐标系统中:

$$V'=\{0,0,-1\}\quad V''=\{-\sin\theta,0,\cos\theta\} \tag{6.2.16}$$

6.3 基于特征的双目立体匹配

基于区域匹配方法的缺点是依赖于图像灰度的统计特性,所以对景物表面结构及光照反射等较为敏感,因此在空间景物表面缺乏足够纹理细节(如例 6.2.6 中沿极线方向时)、成像失真度较大(如基线长度过大)的场合存在一定困难。考虑到实际图像的特点,可先确定图像中显著的**特征点**(也称控制点、关键点或匹配点),再借助这些特征点进行匹配。特征点匹配时对环境照明的变化不太敏感,性能较为稳定。

6.3.1 基本步骤

特征点匹配的主要步骤如下。

(1) 在图像中选取用于匹配的特征点,最常用的特征点是图像中的一些特殊点,如边缘点、角点、拐点、地标点等。6.3.2 小节和 6.3.3 小节将介绍两种近年来应用较多的典型特征点。

(2) 匹配立体图像对中的特征点对(见本小节和 6.3.4 小节,还可参考第 11 章)。

(3) 计算匹配点对的视差,获取匹配点处的深度(类似前面基于区域的方法)。

(4) 对上述步骤获得的稀疏深度值结果(由于特征点是离散的,所以匹配后不能直接得到密集的视差场)进行插值以获得稠密的深度图。

1. 利用边缘点的匹配

对于一幅图像 $f(x,y)$,通过计算边缘点获得 4 个方向的特征点图像:

$$t(x,y)=\max\{H,V,L,R\} \tag{6.3.1}$$

其中,H、V、L、R 均借助灰度梯度计算

$$H=[f(x,y)-f(x-1,y)]^2+[f(x,y)-f(x+1,y)]^2 \tag{6.3.2}$$

$$V=[f(x,y)-f(x,y-1)]^2+[f(x,y)-f(x,y+1)]^2 \tag{6.3.3}$$

$$L=[f(x,y)-f(x-1,y+1)]^2+[f(x,y)-f(x+1,y-1)]^2 \tag{6.3.4}$$

$$R=[f(x,y)-f(x+1,y+1)]^2+[f(x,y)-f(x-1,y-1)]^2 \tag{6.3.5}$$

再将 $t(x,y)$ 划分为互不重叠的小区域 W,从每个小区域中选取计算值最大的点作为特征点。

考虑对左图像和右图像构成的图像对进行匹配。对于左图像上的每个特征点,可将其在右图像中所有可能的匹配点组成一个可能匹配点集。这样左图像上的每个特征点都可得到一个标号集,其中的标号 l 或是左图像特征点与其可能匹配点的视差,或是代表无匹配点的特殊标号。对于每个可能的匹配点,计算下式以设定初始匹配概率 $P^{(0)}(l)$:

$$A(l)=\sum_{(x,y)\in W}[f_{\mathrm{L}}(x,y)-f_{\mathrm{R}}(x+l_x,y+l_y)]^2 \tag{6.3.6}$$

其中,$l=(l_x,l_y)$ 为可能的视差。$A(l)$ 代表两个区域之间的灰度拟合度,与初始匹配概率

$P^{(0)}(l)$成反比。换句话说，$P^{(0)}(l)$与可能匹配点邻域的相似度有关。据此可借助松弛迭代法，给可能匹配点邻域中视差相距较近的点以正增量，而给可能匹配点邻域中视差相距较远的点以负增量，从而对 $P^{(0)}(l)$进行迭代更新。随着迭代的进行，正确匹配点的迭代匹配概率 $P^{(k)}(l)$逐渐增大，而其他点的匹配概率 $P^{(k)}(l)$逐渐减小。经过一定次数的迭代后，将匹配概率 $P^{(k)}(l)$最大的点确定为匹配点。

2. 利用零交叉点的匹配

特征点匹配时，也可选用**零交叉模式**获得匹配基元[Kim 1987]。利用(高斯函数的)拉普拉斯算子(见中册 2.2.4 小节)进行卷积，可得到零交叉点。考虑零交叉点的连通性，可确定 16 种不同的零交叉模式，如图 6.3.1 中阴影所示。

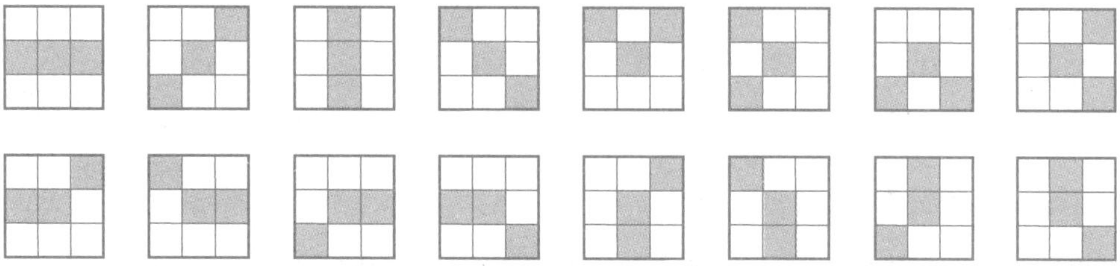

图 6.3.1　16 种零交叉模式图示

对于左图像中的每种零交叉模式，将其在右图像中所有可能的匹配点组成一个可能匹配点集。在进行立体匹配时，可借助水平极线约束，将左图像中所有非水平的零交叉模式组成一个点集，赋予其中每个点一个标号集并确定一个初始匹配概率。利用边缘点匹配的类似方法，通过松弛迭代也可得到最终的匹配点。

3. 特征点深度

下面借助图 6.3.2(将图 6.2.2 中的极线去除，为方便描述再将基线移到 X 轴上得到的，其中各字母的含义同图 6.2.2)解释特征点间的对应关系。

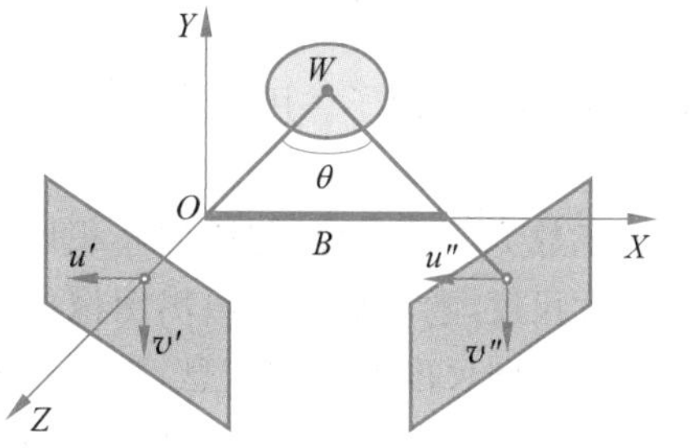

图 6.3.2　双目视觉坐标系统示意图

3-D 空间坐标中的一个特征点 $W(x, y, -z)$通过**正交投影**后在左右图上分别为

$$(u', v') = (x, y) \tag{6.3.7}$$

$$(u'', v'') = [(x - B)\cos\theta - z\sin\theta, y] \tag{6.3.8}$$

对 u''的计算是按先平移、再旋转的坐标变换进行的。式(6.3.8)也可借助图 6.3.3(平行于图 6.3.2 中 XZ 平面的一个示意图)进行推导：

$$u'' = \overline{OS} = \overline{ST} - \overline{TO} = (\overline{QE} + \overline{ET})\sin\theta - \frac{B - x}{\cos\theta} \tag{6.3.9}$$

因 W 在 $-Z$ 轴上，所以有

$$u'' = -z\sin\theta + (B - x)\tan\theta\sin\theta - \frac{B - x}{\cos\theta} = (x - B)\cos\theta - z\sin\theta \tag{6.3.10}$$

如果已经由 u'确定了 u''(已建立了特征点之间的匹配)，则由式(6.3.8)可反解出投影到 u'和 u''的特征点深度

$$-z = u''\csc\theta + (B - u')\cot\theta \tag{6.3.11}$$

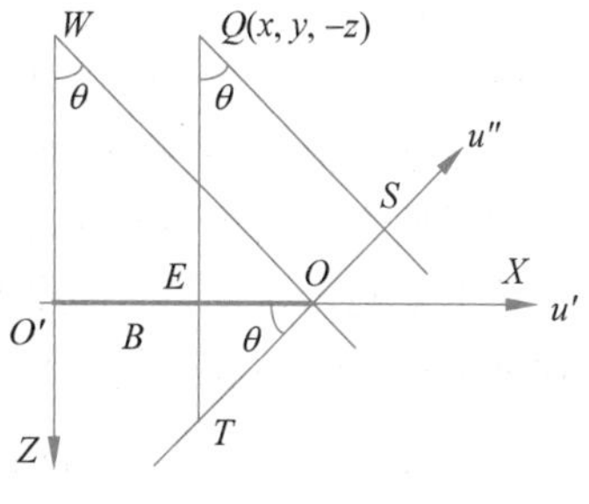

图 6.3.3　计算双目立体匹配视差的坐标安排

4. 稀疏匹配点

由上述讨论可见，特征点只是景物上的一些特定点，互

相之间常有一定间隔。仅由稀疏的匹配点并不能直接得到稠密的视差场，因而可能无法精确地恢复景物外形。例如，图 6.3.4(a)给出了空间共面的 4 个点（与另一空间平面的距离相等）。这些点是通过视差计算得到的稀疏匹配点，设这些点位于景物的外表面，但过这 4 个点的曲面有无穷多个，图 6.3.4(b)、图 6.3.4(c)、图 6.3.4(d)给出了几个可能的示例。可见，仅由稀疏的匹配点不能唯一地恢复景物外形，还要结合其他条件或对稀疏匹配点进行插值，才能获得区域匹配那样的密集视差图。

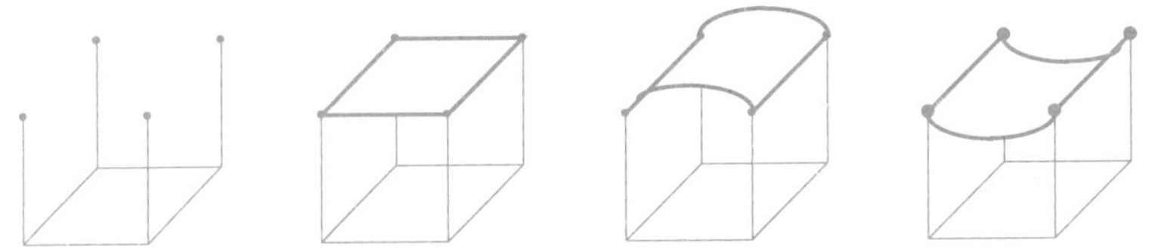

图 6.3.4　仅由稀疏的匹配点不能唯一地恢复景物外形

6.3.2　尺度不变特征变换

可将**尺度不变特征变换**(SIFT)看作一种检测图像**显著特征**的方法[Nixon 2008]。它不仅能在图像中确定具有显著特征的点位置，还能给出该点的描述矢量。也称 SIFT 算子或 SIFT 描述符，是一种局部描述符，其中包含 3 类信息：位置、尺度和方向。

SIFT 的基本思路如下。先获得图像的多尺度表达（参见上册 16.1 节），可采用高斯卷积核（唯一线性核）与图像进行卷积。高斯卷积核是尺度可变的高斯函数：

$$G(x,y,\sigma)=\frac{1}{2\pi\sigma^2}\exp\left[-\frac{x^2+y^2}{2\sigma^2}\right] \tag{6.3.12}$$

其中，σ 为尺度因子。用高斯卷积核与图像卷积后的图像多尺度表达为

$$L(x,y,\sigma)=G(x,y,\sigma)\otimes f(x,y) \tag{6.3.13}$$

高斯函数为低通函数，与图像卷积后会使图像变平滑。尺度因子的大小与平滑程度相关，σ 大对应大尺度，卷积后主要给出图像的概貌；σ 小对应小尺度，卷积后保留了图像的细节。为充分利用不同尺度的图像信息，用一系列尺度因子不同的高斯卷积核与图像卷积构建高斯金字塔。一般设高斯金字塔相邻两层之间的尺度因子系数为 k，如果第一层的尺度因子为 σ，则第二层的尺度因子为 $k\sigma$，第三层的尺度因子为 $k^2\sigma$，以此类推。

SIFT 接着在图像的多尺度表达中搜索**显著特征点**，为此利用**高斯差**(DoG)算子。DoG 是用两个不同尺度的高斯核卷积结果的差，近似于**高斯-拉普拉斯**(LoG)算子。如果用 h 和 k 代表不同的尺度因子系数，则 DoG 金字塔可表示为

$$D(x,y,\sigma)=[G(x,y,k\sigma)-G(x,y,h\sigma)]\otimes f(x,y)=L(x,y,k\sigma)-L(x,y,h\sigma) \tag{6.3.14}$$

图像的 DoG 金字塔多尺度表达空间是一个 3-D 空间（图像平面及尺度轴）。为在这一 3-D 空间中搜索极值，需要将空间一点的值与其 26 个邻域体素（参见中册 4.4.1 小节）的值进行比较。这样搜索的结果可确定显著特征点的位置和所在尺度。

接下来利用显著特征点邻域中像素的梯度分布确定每个点的方向参数。在图像中(x,y)处梯度的模（幅度）和方向分别为（各 L 所用尺度为各个显著特征点所在尺度）

$$m(x,y)=\sqrt{[L(x+1,y)-L(x-1,y)]^2+[L(x,y+1)-L(x,y-1)]^2} \tag{6.3.15}$$

$$\theta(x,y)=\arctan\left[\frac{L(x,y+1)-L(x,y-1)}{L(x+1,y)-L(x-1,y)}\right] \tag{6.3.16}$$

获得每个点的方向后，可结合邻域里像素的方向得到显著特征点的方向。如图 6.3.5 所示，在确定了显著特征点的位置和所在尺度的基础上，先取以显著特征点为中心的 16×16 窗口，如图 6.3.5(a)所示。将窗口分为 16 个 4×4 的组，如图 6.3.5(b)所示。在各组内计算每个像素的梯度，得到组内像素的梯度，如图 6.3.5(c)所示(箭头方向指示梯度方向，箭头长短与梯度大小成比例)。用 8 方向(间隔 45°)直方图统计各组内像素的梯度方向，取峰值方向为该组的梯度方向，如图 6.3.5(d)所示。这样每个组可得到一个 8-D 的方向矢量，拼接得到一个 16×8=128D 的矢量。将这个矢量归一化，最后作为每个显著特征点的描述矢量，即 SIFT 描述符。实际应用中，SIFT 描述符的覆盖区域可方可圆，也称**显著片**。

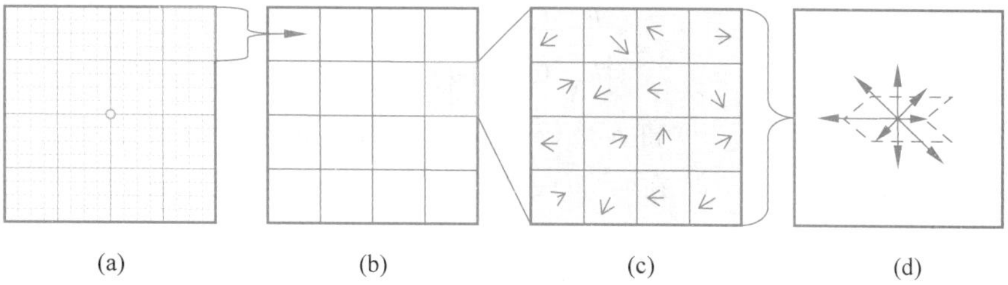

图 6.3.5　SIFT 描述矢量计算步骤

综上所述，SIFT 描述符的特征计算主要包括以下步骤。

(1) 在拉普拉斯-高斯(LoG)尺度空间中进行多尺度极值检测。

(2) 通过拟合连续模型确定显著特征点的精确位置。

(3) 借助周围像素的梯度方向确定显著特征点处的朝向。

(4) 通过对局部梯度直方图进行归一化构成特征描述符。

SIFT 描述符对图像的尺度缩放、旋转和光照变化具有不变性，对仿射变换、视角变化、局部形状失真、噪声干扰等也有一定的稳定性。因为在获取 SIFT 描述符的过程中借助对梯度方向的计算和调整消除了旋转的影响，借助矢量归一化消除了光照变化的影响，利用邻域中像素方向信息的组合增强了鲁棒性。另外，SIFT 描述符的自身信息量丰富，独特性较强(相对于仅含位置和极值信息的边缘点或角点，SIFT 描述符含 128-D 的描述矢量)。也是由于其独特性或特殊性，在一幅图像中往往能确定大量的显著片，以供不同应用选择。当然，由于其描述矢量维数高，SIFT 描述符的计算量也较大。对 SIFT 的改进较多，包括用 PCA 代替梯度直方图(有效降维)、限制直方图各方向的幅度(有些非线性光照变化主要对幅值有影响)等。

例 6.3.1　SIFT 显著片检测结果示例

借助 SIFT 可在图像尺度空间中确定大量(一般对于一幅 256×384 的图像，可获得上百个)覆盖图像的不随图像平移、旋转和放缩而变化的局部区域，它们受噪声和干扰的影响较小。

图 6.3.6 给出了 SIFT 显著片检测的两个结果，左边是一幅船舶图像，右边是一幅海滩图像，对于所有检测出来的 SIFT 显著片，均用覆盖在图像上的圆(这里用了圆形的显著片)表示。

图 6.3.6　SIFT 显著片检测结果示例

6.3.3 加速鲁棒性特征

可将**加速鲁棒性特征**（SURF）看作一种检测图像**显著特征点**的方法，基本思路是对 SIFT 加速，所以除具有 SIFT 方法稳定的特点外，还降低了计算复杂度，具有良好的检测和匹配实时性。

1. 基于海森矩阵确定感兴趣点

SURF 算法通过计算图像的二阶**海森矩阵**的行列式确定感兴趣点的位置和尺度信息。图像 $f(x,y)$ 在位置 (x,y) 和尺度 σ 的海森矩阵定义如下：

$$H[x,y,\sigma]=\begin{bmatrix} h_{xx}(x,y,\sigma) & h_{xy}(x,y,\sigma) \\ h_{xy}(x,y,\sigma) & h_{yy}(x,y,\sigma) \end{bmatrix} \tag{6.3.17}$$

其中，$h_{xx}(x,y,\sigma)$、$h_{xy}(x,y,\sigma)$ 和 $h_{yy}(x,y,\sigma)$ 分别为高斯二阶微分 $[\partial^2 G(\sigma)]/\partial x^2$、$[\partial^2 G(\sigma)]/\partial x \partial y$ 和 $[\partial^2 G(\sigma)]/\partial y^2$ 在 (x,y) 处与图像 $f(x,y)$ 卷积的结果。

海森矩阵的行列式为

$$\det(H)=\frac{\partial^2 f}{\partial x^2}\frac{\partial^2 f}{\partial y^2}-\frac{\partial^2 f}{\partial xy}\frac{\partial^2 f}{\partial xy} \tag{6.3.18}$$

其在尺度空间和图像空间的最大值点称为**感兴趣点**。海森矩阵行列式的值是海森矩阵的特征值，可根据行列式在图像点取值的正负判断该点是否为极值点。

高斯滤波器在尺度空间的分析中是最优的，但实际中离散化和量化后会在图像发生 45°角奇数倍的旋转时丢失重复性（因为模板是方形的，各向异性）。例如，图 6.3.7(a)和图 6.3.7(b)分别为沿 X 方向及沿 X 和 Y 中分线方向离散化且量化后的高斯二阶偏微分响应，存在较大区别。

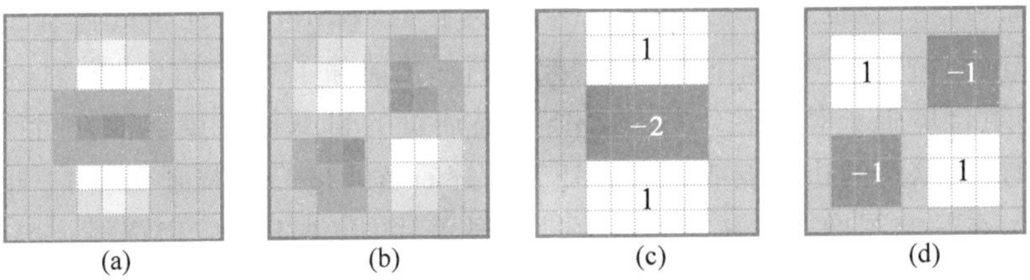

图 6.3.7 高斯二阶偏微分响应及其近似（浅色代表正值，深色代表负值，中间灰度代表 0）

实际应用中，可使用盒滤波器近似海森矩阵，从而借助积分图像（参见中册 12.2.3 小节）获得更快的计算速度（且与滤波器尺寸无关）。例如，图 6.3.7(c)和图 6.3.7(d)分别为对图 6.3.7(a)和图 6.3.7(b)的高斯二阶偏微分响应的近似，其中的 9×9 盒滤波器是对尺度为 1.2 的高斯滤波器的近似，也代表了计算响应的最低尺度（最高空间分辨率）。将对 $h_{xx}(x,y,\sigma)$、$h_{xy}(x,y,\sigma)$ 和 $h_{yy}(x,y,\sigma)$ 的近似值分别记为 A_{xx}、A_{xy} 和 A_{yy}，则近似海森矩阵的行列式为

$$\det(H_A)=A_{xx}A_{yy}-(wA_{xy})^2 \tag{6.3.19}$$

其中，w 是平衡滤波器响应的相对权重（对未采用高斯卷积核而使用了其近似的补偿），用于保持高斯核与近似高斯核之间的能量，可计算如下：

$$w=\frac{\|h_{xy}(1.2)\|_F\|A_{yy}(9)\|_F}{\|h_{yy}(1.2)\|_F\|A_{xy}(9)\|_F}=0.912\approx 0.9 \tag{6.3.20}$$

其中，$\|\cdot\|_F$ 代表 Frobenius 范数。

从理论上说，权重依赖于尺度，但实际中可保持恒定值，因为其变化对结果影响不大。进

一步，滤波器响应要对尺寸归一化，以保证对任何滤波器尺寸都有常数值的 Frobenius 范数。实验表明，近似计算的性能与离散化和量化后高斯滤波器的性能相当。

2. 尺度空间表达

对感兴趣点的检测需要在不同的尺度上进行。尺度空间一般用金字塔结构表示(参见上册 16.2 节)。但由于使用了盒滤波器和积分图像，无须将相同的滤波器用于金字塔各层，可将不同尺寸的盒滤波器直接用于原始图像(计算速度相同)。这样可通过对滤波器(高斯核)进行上采样而不用迭代地减少图像尺寸。将前面 9×9 盒滤波器的输出作为初始尺度层，接下来各个尺度层可通过对图像使用越来越大的模板滤波获得。由于不对图像进行下采样，保留了高频信息，所以不会发生**混叠效应**。

尺度空间被分为若干组，每个组代表将同一幅输入图像与尺寸增加的滤波器进行卷积而得到的一系列滤波响应图。组之间为加倍关系，如表 6.3.1 所示。

表 6.3.1 尺度空间分组情况

组	1					2					…
间隔	1	2	3	4	…	1	2	3	4	…	…
盒滤波器边长	9	15	21	27	…	15	27	39	51	…	…
σ=边长×1.2/9	1.2	2	2.8	3.6	…	2	3.6	5.2	6.8	…	…

将每个组都分为常数个尺度层。由于积分图像的离散本质，两个相邻尺度间的最小尺度差依赖于在二阶偏微分的对应方向上正或负的波瓣的长度 l_0(此长度为滤波器尺寸的 1/3)。对于 9×9 的滤波器，$l_0=3$。对于两个相邻的层，其任一个方向的尺寸至少要增加两个像素以保证最后尺寸为奇数(这样滤波器有一个中心像素)，导致模板(边)尺寸共增加 6 像素。对尺度空间的构建从使用 9×9 盒滤波器开始，接着使用尺寸为 15×15、21×21、27×27 的滤波器。图 6.3.8(a)和图 6.3.8(b)分别给出两个相邻尺度层(9×9 和 15×15)之间的滤波器 A_{yy} 和 A_{xy}，黑色波瓣的长度只可增加偶数个像素。注意对于与 l_0 不同的方向，如对于垂直滤波器中心带的宽度，放缩模板会引入舍入误差。不过，由于误差远小于 l_0，所以这种近似是可接受的。

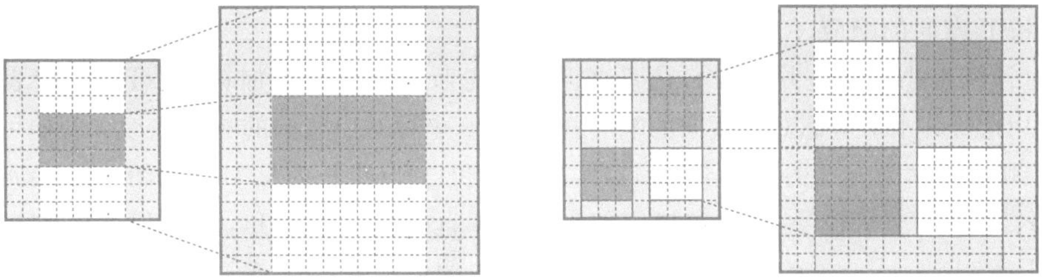

(a) (b)

图 6.3.8 两个相邻尺度层(9×9 和 15×15)之间的滤波器

对于其他组有相同考虑。对于每个新组，滤波器尺寸的增加是成倍的。同时，用于提取感兴趣点的采样间隔对于每个新组都是成倍增加的，以减少计算时间，而在准确度方面的损失与传统方法对图像亚采样是可比的。用于第 2 组的滤波器尺寸为 15、27、39、51。用于第 3 组的滤波器尺寸为 27、51、75、99。如果原始图像的尺寸仍然比对应的滤波器尺寸大，则可进行第 4 组的计算，使用尺寸为 51、99、147、195 的滤波器。图 6.3.9 给出了所用滤波器的全貌，各组互相重叠以保证平滑地覆盖所有可能的尺度。在典型的尺度空间分析中，每组检测到的感兴趣点的数量减少得非常快。

尺度的大幅变化，尤其是组间第 1 个滤波器之间的变化(从 9 到 15 的变化是 1.7)，使尺

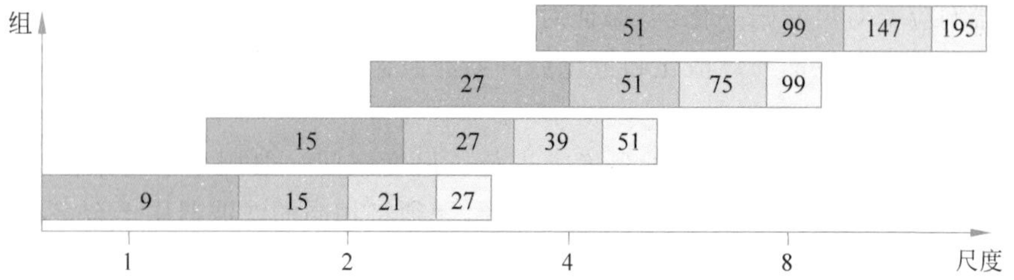

图 6.3.9 不同组中滤波器边长的图示（对数水平轴）

度的采样相当粗糙。为此也可使用具有较细采样尺度的尺度空间。先将图像 2 倍放缩，再用尺寸为 15 的滤波器开始第 1 组。接下来的滤波器尺寸依次为 21、27、33、39。再开始第 2 组，其尺寸以 21 个像素为步长增加。后面的组以此类推。如此前两个滤波器之间的尺度变化只有 1.4(21/15)。此时通过二次插值可检测到的最小尺度为 $\sigma=(1.2\times18/9)/2=1.2$。

由于 Frobenius 范数对任何尺寸的滤波器都保持常数，可认为已经在尺度上归一化了，无须再对滤波器的响应进行加权。

3. 感兴趣点的描述和匹配

SURF 描述符描述在感兴趣点邻域中亮度的分布，类似于用 SIFT 提取出的梯度信息。区别是 SURF 基于一阶哈尔小波在 X 和 Y 方向的响应而不是梯度，可充分利用积分图像以提高计算速度；且描述符长度只有 64，可在减少特征计算和匹配时间的同时提高鲁棒性。

借助 SURF 描述符进行匹配包括 3 个步骤：①确定一个围绕感兴趣点的朝向；②构建一个与所选朝向对齐的方形区域并从中提取 SURF 描述；③匹配两个区域间的描述特征。

(1) 确定朝向

为保证图像的旋转不变性，要对感兴趣点确定一个朝向。首先在围绕感兴趣点的半径为 6σ 的圆形邻域中计算沿 X 和 Y 方向的哈尔小波的响应，σ 为感兴趣点被检测到的尺度。采样步长依赖于尺度并定为 σ。为与其他部分保持一致，取小波的尺寸也依赖于尺度并定为 4σ 的边长。可再次利用积分图以快速滤波。根据哈尔小波模板的特点，任何尺度都只需 6 次操作计算 X 和 Y 方向的响应。

一旦计算出小波响应并用中心在感兴趣点的高斯分布进行了加权，就可将响应表示为坐标空间中的点，其水平坐标对应横向的响应强度，垂直坐标对应竖向的响应强度。朝向可通过计算在一个弧度尺寸为 $\pi/3$ 的扇形滑动窗口中的响应和得到(步长为 $\pi/18$)，如图 6.3.10 所示。

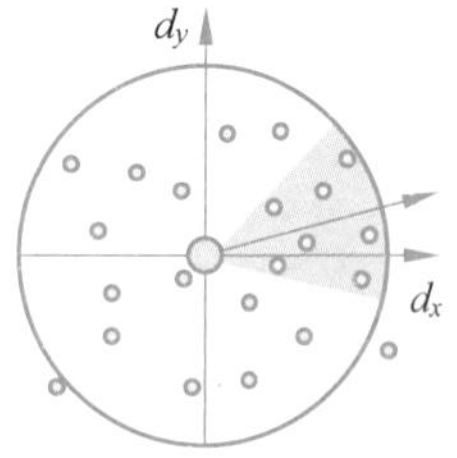

图 6.3.10 确定朝向示意

对窗口中的水平和垂直响应分别求和，两个和可构成一个局部的朝向矢量。所有窗口中的最长矢量定义了感兴趣点的朝向。滑动窗口的尺寸是需要仔细选择的参数，小尺寸主要体现单个优势的梯度，而大尺寸趋向于在矢量中产生不明显的最大值。

(2) 基于哈尔小波响应和的描述符

为提取描述符，第 1 步是构建围绕感兴趣点的方形区域，使其具有如上确定出的朝向(以保证旋转不变性)。窗的尺寸为 20σ。这些方形区域被规则地分裂为更小的 $4\times4=16$ 个子区域，以保留重要的空间信息。对于每个子区域，在规则的 5×5 网格内计算哈尔小波响应。为简便起见，用 d_x 代表沿水平方向的哈尔小波(参见上册 11.4.1 小节)响应，用 d_y 代表沿垂直方向的哈尔小波响应。这里的“水平”和“垂直”是相对于所选的感兴趣点来说的，如图 6.3.11 所示。

接下来，对小波响应 d_x 和 d_y 分别求和；为了利用有关亮度变化的极化信息，对小波响应 d_x 和 d_y 的绝对值 $|d_x|$ 和 $|d_y|$ 也分别求和。这样每个子区域可得到一个 4-D 的描述矢量

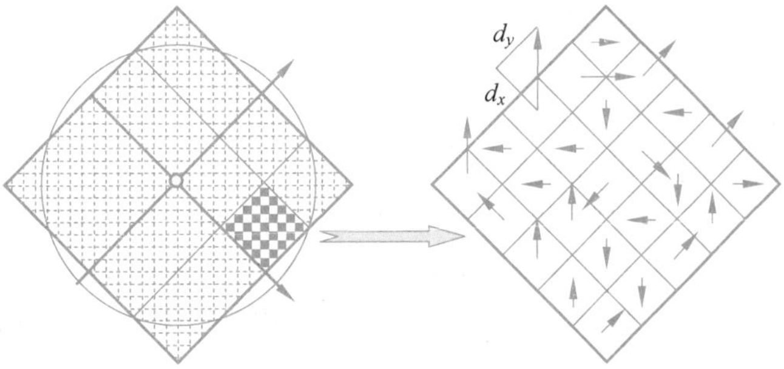

图 6.3.11　围绕感兴趣点的方形区域

$\mathbf{V}$,$\mathbf{V}=(\Sigma d_x,\Sigma d_y,\Sigma|d_x|,\Sigma|d_y|)$。对于所有的 16 个子区域,将描述矢量连起来,就得到一个长度为 64-D 的描述矢量。这样得到的小波响应对照明的变化不敏感。而对反差(标量)的不变性是通过将描述符转化为单位矢量得到的。

图 6.3.12 是对 3 种不同亮度模式及从对应子区域中获得的描述符的示意。左边为均匀模式,描述符的各个分量都较小;中间为沿 X 方向的交替模式,仅 $\Sigma|d_x|$ 大,其余都小;右边为亮度沿水平方向逐渐增加的模式,Σd_x 和 $\Sigma|d_x|$ 的值都大。可见,不同的亮度模式,描述符存在明显的区别。可以想象,如果将这 3 个局部亮度模式结合起来,可得到一个特定的描述符。

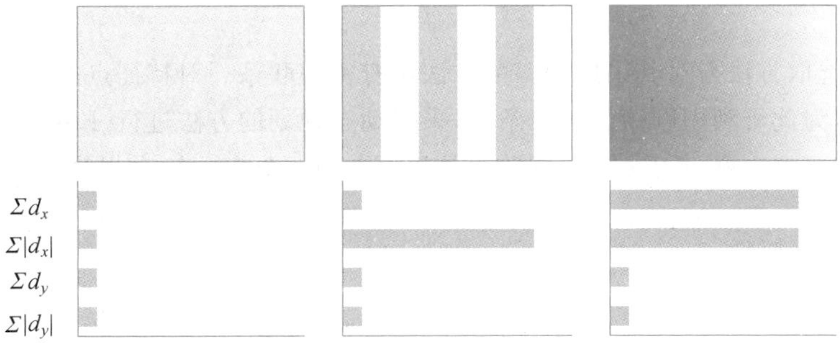

图 6.3.12　不同的亮度模式及其描述符

SURF 的原理在某种程度上与 SIFT 的原理有类似之处,都是基于梯度信息的空间分布。但实际中 SURF 的性能常优于 SIFT。原因是 SURF 集合了子区域中的所有梯度信息,而 SIFT 仅依赖于各独立梯度的朝向。此差别使 SURF 更加抗噪声,示例如图 6.3.13 所示。在无噪声时,SIFT 只有一个梯度指向;而在有噪声时(边缘不再光滑),SIFT 除主要梯度朝向不变外,在其他方向也有一定的梯度分量。但 SURF 的响应在两种情况下基本一致(噪声被平滑了)。

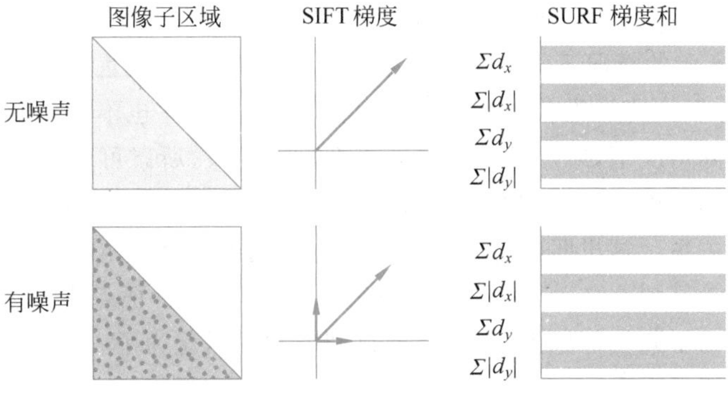

图 6.3.13　SIFT 与 SURF 的对比

对采样点数和子区域个数的评价实验表明,按 4×4 划分的方形子区域能得到最优结果。

进一步的细分将导致鲁棒性变差并大量增加匹配时间。另外,使用 3×3 的子区域获得的短描述符(SURF-36,即 3×3=9 个子区域,每个子区域 4 个响应)会使性能略有降低(与其他描述符相比还可接受),但计算要快得多。

另外,SURF 描述符还有一种变形,即 SURF-128。其也使用前面的求和,但将这些值分得更细。对 d_x 与 $|d_x|$ 的求和按照/根据 $d_y<0$ 和 $d_y \geqslant 0$ 分开。类似地,对 d_y 与 $|d_y|$ 的求和也按照/根据 $d_x<0$ 和 $d_x \geqslant 0$ 分开计算。这样特征的数量翻了倍,描述符的鲁棒性和可靠性也有所提高。不过,虽然描述符本身计算起来较快,但匹配时仍会因维数高而大幅增加计算量。

(3) 快速索引以匹配

为了匹配时能快速索引,可以考虑感兴趣点的拉普拉斯值(海森矩阵的秩)的符号。一般情况下,感兴趣点是在**斑块**类结构中检测处理的。借助拉普拉斯值的符号可区分暗背景中的亮斑块与亮背景中的暗斑块。这并不需要额外的计算,因为拉普拉斯值的符号已在检测步骤计算过了。在匹配步骤,只需比较拉普拉斯值的符号即可。借助此信息可在不降低描述符性能的前提下加快匹配速度。

SURF 算法的优点包括不受图像旋转和尺度变化的影响、抗模糊;而缺点包括受视点变化和照明变化的影响较大。

6.3.4 动态规划匹配

特征点的选取方法与对其采用的匹配方法常有密切联系。对特征点的匹配需建立特征点间的对应关系,为此可利用顺序性约束条件,采用动态规划的方法进行[Forsyth 2003]。

以图 6.3.14(a)为例,考虑被观察景物可见表面上的 3 个特征点,将其顺序命名为 A、B、C。

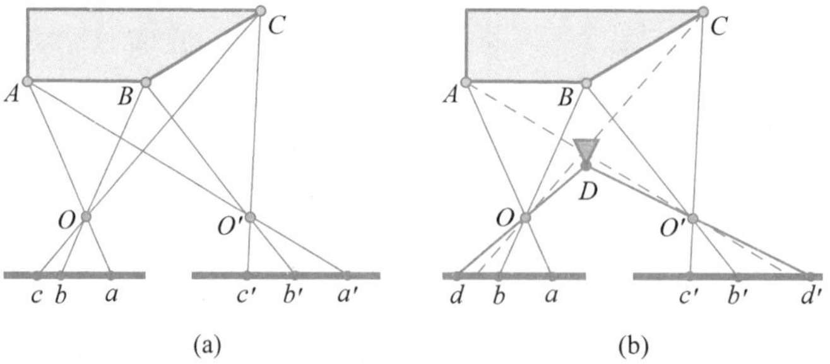

图 6.3.14 顺序性约束

其与在两幅成像图像上投影的顺序(沿极线)正好相反,见 c、b、a 和 c'、b'、a'。两个顺序相反的规律称为顺序性约束。顺序性约束是一种理想的情况,实际场景中并不能保证总成立。例如在图 6.3.14(b)所示的情况下,一个小的景物 D 横在后面的大景物前,遮挡了大景物的一部分,使原来的 c 点和 a'点在图像上看不到,图像上投影的顺序也不满足顺序性约束。

不过在多数实际情况下,顺序性约束是一个合理的约束,所以可用于设计基于动态规划的立体匹配算法。下列讨论中设已在两条极线上确定了多个特征点(如图 6.3.14 所示),需要建立它们之间的对应关系。这里匹配各个特征点对的问题可转化为匹配同一极线上相邻特征点之间间隔的问题。参见图 6.3.15(a)的示例,其中给出了两个特征点序列,将它们排列在两个灰度剖面上。尽管由于遮挡等原因,有些特征点间的间隔退化为了一个点,但顺序性约束确定的特征点顺序仍保留了下来。

根据图 6.3.15(a),可将匹配各个特征点对的问题描述为在特征点对应结点的**图**上搜索最优路径的问题,图表达中结点之间的弧就可以给出间隔之间的匹配路径。在图 6.3.15(a)

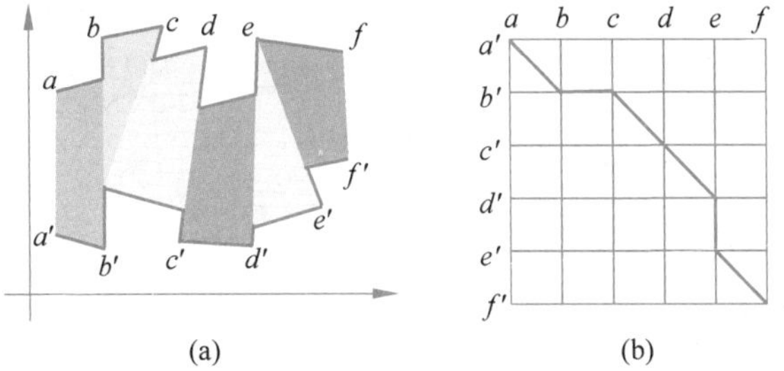

图 6.3.15 基于动态规划的匹配

中，上下两个轮廓线分别对应两个极线，两个轮廓间的四边形对应特征点间的间隔（零长度间隔导致四边形退化为三角形）。由动态规划确定的匹配关系也体现在图 6.3.15(b)中，每段斜线对应一个四边形间隔，而垂直或水平线对应退化后的三角形。

该算法的复杂度正比于两条极线上特征点个数的乘积。

6.4 基于深度学习的立体匹配

随着深度学习技术的发展，其在立体匹配方面也得到了广泛应用。与传统的基于人工特征的匹配算法不同，基于深度学习的立体匹配算法通过卷积、池化和全连接等操作对图像进行非线性变换，可提取更多图像特征进行匹配代价计算。与人工特征相比，深度学习可获得更多上下文信息，更多地利用图像的全局信息，并通过预训练获得模型参数以提高算法的鲁棒性。同时，使用 GPU 加速技术也可获得更快的处理速度，满足许多应用领域的实时性要求[Li 2022a]。

6.4.1 方法分类

表 6.4.1 给出了基于深度学习的双目立体匹配方法的分类表[尹 2022]。

表 6.4.1 基于深度学习的双目立体匹配方法的分类

类别	原理特点	子类	匹配实现方法
非端到端方法	利用深度神经网络取代传统立体匹配方法中的某一步骤	代价计算	用学习的特征替换手工设计的特征，然后使用相似性度量得到代价体
		代价聚合	采用学习的方式优化半全局立体匹配（SGM）代价聚合步骤中人工设计的惩罚项，从而提升聚合效果
		视差优化	采用多阶段策略或引入残差信息优化视差计算步骤以得到初始视差图
端到端方法	将左右视图作为输入，利用深度神经网络直接学习原始数据到期望输出的映射，直接输出视差图	3-D 匹配体积	采用接近传统密集回归问题（如语义分割、光流估计等）的神经网络模型，利用具有级联视差优化效果的 2-D 编码器-解码器处理 3-D 匹配体积
		4-D 匹配体积	采用专为立体匹配设计的网络，不再对特征进行降维操作，使匹配体积能保留更多的图像几何和上下文信息，利用 3-D 卷积组成的正则化模块处理 4-D 匹配体积

表 6.4.1 中的 2-D 编码器-解码器由一系列堆叠的 2-D CNN 组成，并带有跳跃连接，加入残差信息以提高视差预测效果，如图 6.4.1 所示。

表 6.4.1 中的 3-D 正则化模块之间利用 3-D 卷积直接处理 4-D 匹配体积（精度高但计算量大），如图 6.4.2 所示。

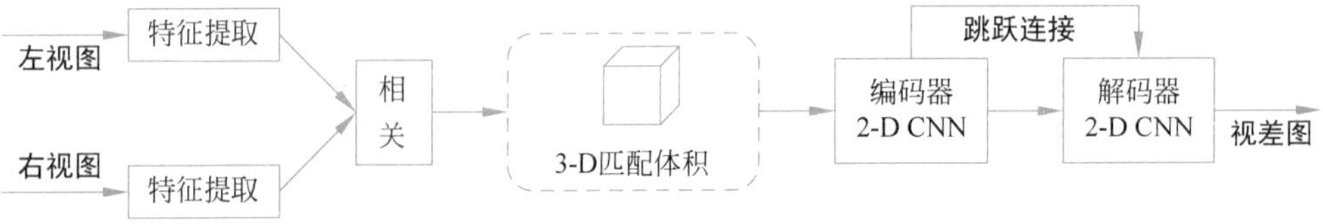

图 6.4.1 2-D 编码器-解码器处理 3-D 匹配体积

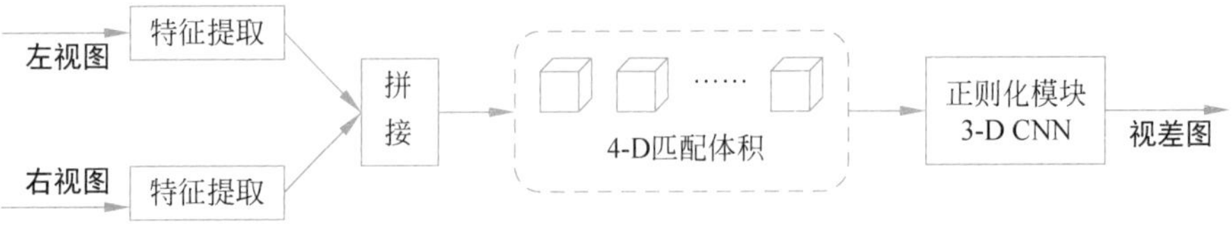

图 6.4.2 3-D 正则化模块处理 4-D 匹配体积

6.4.2 立体匹配网络

目前,用于立体匹配的图像网络主要包括图像金字塔网络、孪生网络和生成对抗网络[陈 2020]。

1. 使用图像金字塔网络的方法

在**卷积层**和全连接层之间设置空间金字塔**池化层**,能将不同大小的图像特征转换为固定长度的表示[He 2015],避免卷积的重复计算,并确保输入图像大小的一致性。

表 6.4.2 列出了使用**图像金字塔网络**的一些典型方法及其特点、原理和效果。

表 6.4.2 使用图像金字塔网络的典型方法及其特点、原理和效果

方法来源	特点和原理	效 果
[Žbontar 2015]	使用卷积神经网络提取图像特征进行代价计算	用深度学习特征取代了人工特征
[Chang 2018]	在特征提取中引入金字塔池化模块,采用多尺度分析和 3D-CNN 结构	解决了梯度消失和梯度爆炸问题,适用于弱纹理、遮挡、光线不均匀等情况
[Guo 2019b]	构建分组代价计算	通过替换 3-D 卷积层提高了计算效率
[Zhang 2019a]	设计半全局聚合层和局部引导聚合层	通过替换 3-D 卷积层提高了计算效率

2. 使用孪生网络的方法

孪生网络的基本结构如图 6.4.3 所示[Bromley 1993]。先利用两个权值共享**卷积神经网络**(CNN),将待匹配的两幅输入图像转换为两个特征矢量,再根据两个特征矢量之间的 L_1 距离确定两幅图像的相似性。

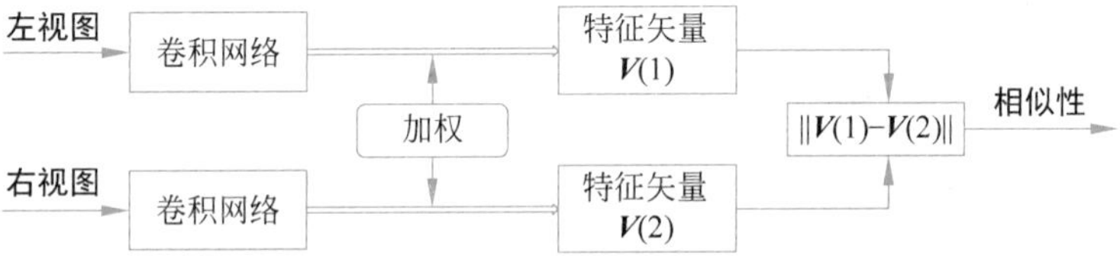

图 6.4.3 孪生网络的基本结构

现行方法对孪生网络的基本结构进行了一些改进。表 6.4.3 列出了这些改进的特点、原理及效果。

表 6.4.3 对使用孪生网络方法改进的特点、原理及效果

方法来源	特点和原理	效 果
[Zagoruyko 2015]	使用 ReLU 函数和小卷积核加深卷积层	匹配精度得到提高
[Khamis 2018]	提取特征时,先在低分辨率代价卷积中计算视差图,再使用层次细化网络引入高频细节	以颜色输入为导向,生成高质量边界

续表

方法来源	特点和原理	效　果
[Liu 2019a]	使用金字塔池化以连接两个子网络。第一个子网络由孪生网络和 3D 卷积网络组成，可生成低精度的视差图；第二个子网络是一个全卷积网络，可将低精度的视差图恢复至原始分辨率	获得多尺度特征
[Guo 2019a]	在低分辨率视差图上处理深度不连续性，在视差细化阶段恢复至原始分辨率	深度间断处的连续性得到了改善

3. 使用生成对抗网络的方法

生成对抗网络(GAN)由生成模型和判别模型组成。生成模型学习样本特征以使生成的图像与原始图像相似，而判别模型用于区分“生成”图像和真实图像[Luo 2017]。这个过程迭代地运行，直到最终判别结果达到纳什均衡，即真假概念均为 0.5。

使用 GAN 的基本方法得到了一些改进。它们的特点、原理及效果如表 6.4.4 所示。

表 6.4.4　使用 GAN 基本方法的改进方法的特点、原理及效果

方法来源	特点和原理	效　果
[Pilzer 2018]	使用基于双目视觉的 GAN 框架，包括两个生成子网络和一个判别网络。在对抗学习中，两个生成子网络分别用于训练和重建视差图。通过相互制约和监督，可生成两个不同视角的视差图，将其融合后输出最终数据	在不均匀的光照条件下运行良好
[Matias 2019]	使用生成模型处理遮挡区域	恢复良好的视差效果
[Lore 2018]	生成对抗模型使用深度卷积获得具有相邻帧的多个深度图	改善了深度图中遮挡区域的视觉效果
[Liang 2019]	使用左右摄像头的两幅图像生成一幅全新的图像，用于改善视差图匹配不佳的部分	改善视差图中光照较差的区域

6.4.3　基于特征级联 CNN 的匹配

为了提高在复杂环境、光照变化、弱纹理等困难场景下视差估计的准确性和鲁棒性，[吴 2021b]提出了一种基于**特征级联卷积神经网络**的双目立体匹配方法。

用于双目匹配的特征级联 CNN 流程框图如图 6.4.4 所示。它将图像块作为输入，克服在弱纹理区域中仅依赖单个灰度信息会产生错误匹配的问题。对于特征提取，使用卷积(Conv)和 ReLU 函数(Conv+ReLU)的级联(图 6.4.4 中的梯形框)以生成初始特征图。使用全卷积密集块模块(见下)增强高频信息，并产生特征张量。对特征张量的尺寸进行调整，然后通过全连接(FC)和 ReLU 函数(FC+ReLU)的堆叠层对特征张量进行分类和重组。最后，使用 **Sigmoid 函数**预测相似度。网络模型的性能可通过**二值交叉熵**(BCE)损失函数值进行评估。

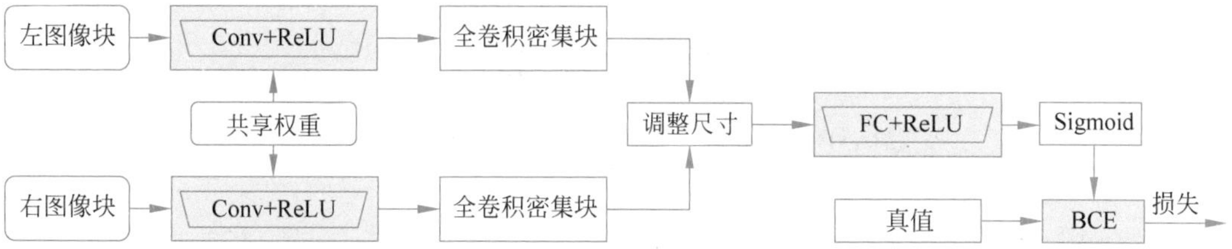

图 6.4.4　用于双目匹配的特征级联 CNN 流程框图

用于特征重用的**全卷积密集块**的具体结构如图 6.4.5 所示。与标准的 CNN 模型相比，密集连接机制以前馈方式迭代地连接所有先前层的特征图[Huang 2017]，其输出是 4 个连续操作的结果。这 4 个操作分别为批量归一化(BN)、线性校正函数(ReLU)、卷积(Conv)和具有一定随机损失率的丢弃(dropout)。将浅层提取的特征图通过“跳过连接”(skip connection)

机制级联到后续子层，补偿深度卷积丢失的局部特征信息。使用密集连接的方法构建立体匹配模型，可有效降低网络模型的空间复杂度，增强图像纹理细节。

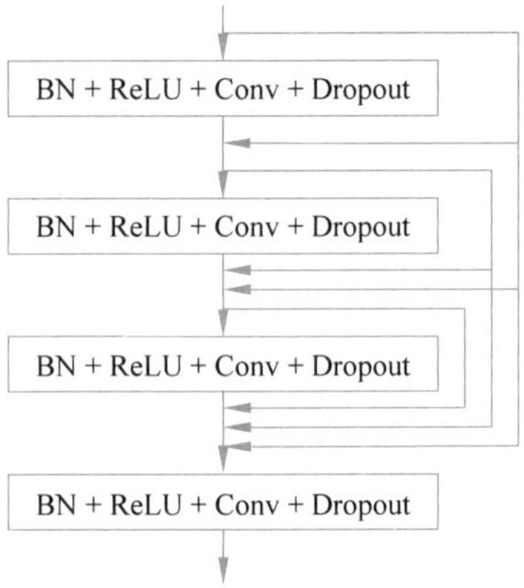

图 6.4.5　全卷积密集块的具体结构

6.5　视差图误差检测与校正

在实际应用中，周期性模式、光滑区域的存在，以及遮挡效应、约束原则的不严格性等原因会导致视差图出现误差。视差图是后续 3-D 重建等工作的基础，因此在视差图基础上进行误差检测和校正处理非常重要。

下面介绍一种通用快速的视差图误差检测与校正算法[贾 2000a]。该算法的特点首先是能直接对视差图进行处理，而与产生该视差图的具体立体匹配算法独立。可作为一种通用的视差图后处理方法附加在各种立体匹配算法之后，而无须对原有的立体匹配算法进行修改。其次，这种方法的计算量只与误匹配像素点的数量成正比，因此计算量较小。

1. 误差检测

借助前面讨论的顺序性约束，先来定义顺序匹配约束的概念。假设 $f_L(x,y)$与 $f_R(x,y)$是一对（水平）图像，O_L、O_R 分别是其成像中心。设 P、Q 是空间中不重合的两点，P_L、Q_L 是 P、Q 在 $f_L(x,y)$上的投影，P_R、Q_R 是 P、Q 在 $f_R(x,y)$上的投影，如图 6.5.1 所示（参见 4.2 节关于双目成像的讨论）。

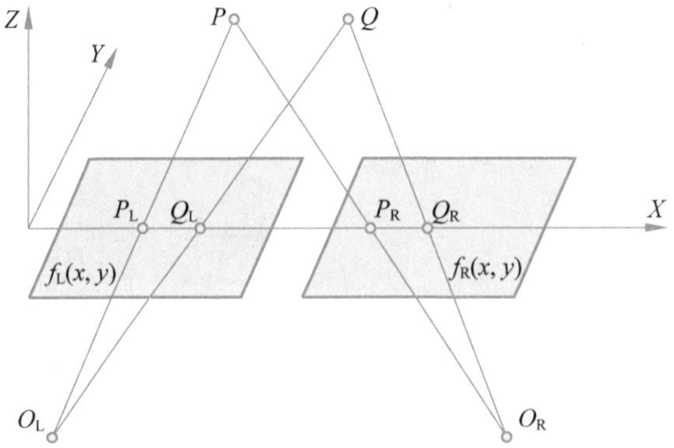

图 6.5.1　定义顺序匹配约束的示意图

设 $X(\cdot)$表示像素点的 X 坐标，则由图 6.4.1 可知在正确匹配时，若 $X(P)<X(Q)$，则应有 $X(P_L)\leqslant X(Q_L)$，$X(P_R)\leqslant X(Q_R)$；而如果 $X(P)>X(Q)$，则应有 $X(P_L)\geqslant X(Q_L)$，

$X(P_R) \geqslant X(Q_R)$。所以，若下列条件成立（⇒表示隐含）：

$$
\begin{aligned}
X(P_L) \leqslant X(Q_L) &\Rightarrow X(P_R) < X(Q_R) \\
X(P_L) \geqslant X(Q_L) &\Rightarrow X(P_R) > X(Q_R)
\end{aligned}
\tag{6.5.1}
$$

则称 P_R、Q_R 满足顺序匹配约束，否则称发生了交叉。由图 6.4.1 可见，顺序匹配约束对点 P 和 Q 的 Z 坐标有一定的限制，在实际应用中比较容易确定。

根据顺序匹配约束的概念可以检测匹配交叉区域。设 $P_R=f_R(i,j)$ 和 $Q_R=f_R(k,j)$ 为 $f_R(x,y)$ 中第 j 行的任意两像素，则其在 $f_L(x,y)$ 中的匹配点可分别记为 $P_L=f_L(i+d(i,j),j)$ 和 $Q_L=f_L(k+d(k,j),j)$。定义 $C(P_R,Q_R)$ 为 P_R 和 Q_R 间的交叉标号，如果式(6.4.1)成立，则记为 $C(P_R,Q_R)=0$；否则，记为 $C(P_R,Q_R)=1$。定义对应像素点 P_R 的**交叉数** N_c 为

$$
N_c(i,j)=\sum_{k=0}^{N-1} C(P_R,Q_R) \quad k \neq i \tag{6.5.2}
$$

其中，N 为第 j 行的像素数。

2. 误差校正

如果将交叉数不为零的区域称为交叉区域，则对交叉区域中的误匹配可借助下述算法校正。假设 $\{f_R(i,j) \mid i \subseteq [p,q]\}$ 是对应 P_R 的交叉区域，则该区域所有像素点的**总交叉数** N_{tc} 为

$$
N_{tc}(i,j)=\sum_{k=0}^{q} N_c(i,j) \tag{6.5.3}
$$

对交叉区域中误匹配点进行校正包括下列步骤。

(1) 找出具有最大交叉数的像素 $f_R(l,j)$，其中

$$
l=\max_{i \subseteq [p,q]}[N_c(i,j)] \tag{6.5.4}
$$

(2) 确定匹配点 $f_R(k,j)$ 的新搜索范围 $\{f_L(i,j) \mid i \subseteq [s,t]\}$，其中

$$
\begin{cases}
s=p-1+d(p-1,j) \\
t=q+1+d(q+1,j)
\end{cases}
\tag{6.5.5}
$$

(3) 从该搜索范围中找到能减小总交叉数 N_{tc} 的新匹配点（如可用最大灰度相关匹配技术）。

(4) 用新的匹配点校正 $d(k,j)$，消除对应当前最大交叉数像素的误匹配。

上述步骤可迭代进行，校正完成一个误匹配像素后，再继续对剩下的误差像素进行校正。校正完成 $d(k,j)$ 后，先通过式(6.5.2)重新求出交叉区域中的 $N_c(i,j)$，进而计算 N_{tc}，再依上述迭代进行下一轮校正处理，直到 $N_{tc}=0$ 为止。因为校正原则是使 $N_{tc}=0$，所以可称之为**零交叉校正算法**。经过校正后，可得到符合顺序匹配约束的视差图。

例 6.5.1　匹配误差检测和消除示例

设图像 j 行中区间[153,163]的计算视差如表 6.5.1 所示，区间内各匹配点的分布情况如图 6.5.2 所示。根据 $f_L(x,y)$ 与 $f_R(x,y)$ 的对应关系可知，区间[160,162]中的匹配点是误匹配点。根据式(6.5.2)计算交叉数可得到表 6.5.2。

表 6.5.1　交叉区间的视差

i	153	154	155	156	157	158	159	160	161	162	163
$d(i,j)$	28	28	28	27	28	27	27	21	21	21	27

表 6.5.2　区间[153,163]中的水平交叉数

i	153	154	155	156	157	158	159	160	161	162	163
N_c	0	1	2	2	3	3	3	6	5	3	0

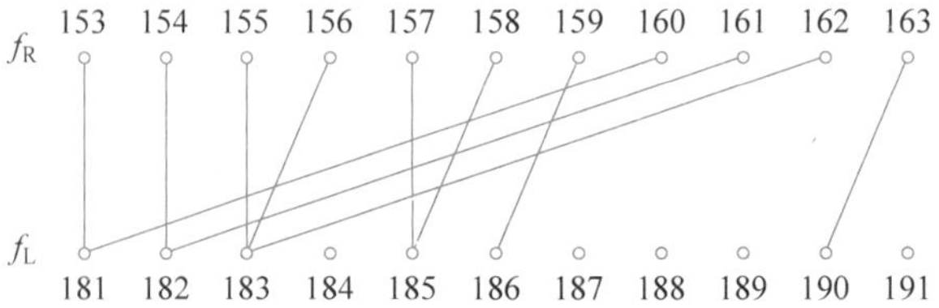

图 6.5.2 交叉区间校正前的匹配点分布图

由表 6.5.2 可知，$[f_R(154,j), f_R(162,j)]$是交叉区间。由式(6.5.3)可求出 $N_{tc}=28$；再由式(6.5.4)可知，此时具有最大交叉数的像素为 $f_R(160,j)$；接着根据式(6.5.5)确定新匹配点 $f_R(160,j)$的搜索范围为$\{f_L(i,j) \mid i \subseteq [181,190]\}$。根据最大灰度相关匹配技术从该搜索范围中找到对应 $f_R(160,j)$且能减小 N_{tc} 的新匹配点 $f_L(187,j)$，将对应 $f_R(160,j)$的视差值 $d(160,j)$校正为 $d(160,j)=X[f_L(187,j)]-X[f_R(160,j)]=27$。再依上述迭代方法进行下一轮校正，直到整个区间的 $N_{tc}=0$ 为止。交叉区间校正后的匹配点分布如图 6.5.3 所示。由图 6.5.3 可看出，区间[160,162]中原有的误匹配点都被消除了。

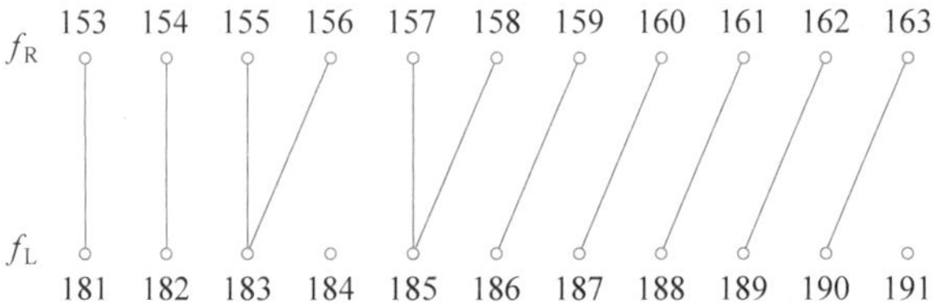

图 6.5.3 交叉区间校正后的匹配点分布图 □

需要指出，上述算法只能消除交叉区间中的误匹配点。由于顺序匹配约束只对交叉区间进行处理，因而无法检测交叉数为零的区间中的误匹配点，也不能对其进行校正。

例 6.5.2 匹配误差检测和消除实例

选用图 6.2.7 中的图像进行匹配[贾 2000a]。图 6.5.4(a)为原始图中的一部分，图 6.5.4(b)为用双目视觉得到的视差图，图 6.5.4(c)为进一步用校正算法处理后的结果。比较图 6.5.4(b)和图 6.5.4(c)可知，原来视差图中有许多误匹配点（过白、过黑区域），而处理后，相当一部分误匹配点被消除，视差图质量得到了明显改善。

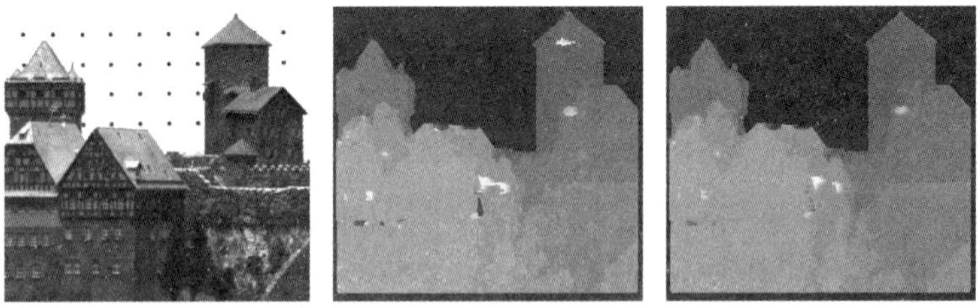

(a) (b) (c)

图 6.5.4 误差消除实例 □

总结和复习　　随堂测试

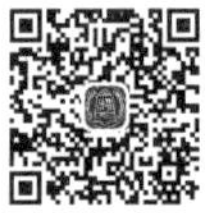

第7章

教学视频

多目立体视觉

第 6 章介绍的双目立体视觉技术直接参考了人类视觉系统的结构。实际中，当使用摄像机进行图像采集时，还可使用多台摄像机(或将一台摄像机先后置于多个位置)的系统获取同一场景的更多不同图像并进一步获得深度信息。这种技术称为多目立体视觉技术。使用多目的方法比使用双目的方法复杂，但也有一定的优点，包括降低双目立体视觉技术中图像匹配的不确定性，消除景物表面光滑区域引起的误匹配，以及减少景物表面周期性模式造成的误匹配。

本章在第 6 章介绍的双目立体视觉技术的基础上，讨论将其基本原理扩展到多种多目立体视觉技术，解决双目技术存在的各种问题的方法。这种扩展包括一方面将摄像机和/或拍摄位置从两个增加到多个，另一方面从一线并排到各种空间构型(正交、十字、3-D 等)。还可参见 4.5 节和 4.6 节的内容。

根据上述讨论，本章各节将安排如下。

7.1 节介绍水平多目立体匹配的基本框架，以及在多目基础上借助引进倒距离后减少周期性模式造成误匹配的原理。

7.2 节介绍正交三目立体匹配的方法，通过沿水平方向和垂直方向同时匹配消除图像光滑区域引起的误匹配。

7.3 节将单方向多目与正交三目技术相结合，讨论更一般的正交多目立体视觉技术。

7.4 节借助多目立体匹配中的分析思路，介绍一种根据局部图像强度变化模式和局部视差变化模式调节匹配窗口，以获得亚像素级视差精度的自适应算法。

7.1 水平多目立体匹配

根据 4.2.1 小节的讨论可知，在双目横向模式的立体视觉中，两幅图像中的视差 d 与两台摄像机间的基线 B 有如下关系(λ 代表焦距)：

$$d = B\frac{\lambda}{|\lambda - Z|} \approx B\frac{\lambda}{Z} \tag{7.1.1}$$

其中最后一步是考虑一般情况下 $Z \gg \lambda$ 时的简化。

由式(7.1.1)可知，对于给定的景物距离 Z，视差 d 与基线长度 B 成正比。基线长度 B 越大，对距离的计算越准确。但基线长度过长带来的问题是要对较大的视差范围进行搜索以寻求匹配点，这不仅增加了计算量，而且图像具有周期性重复特征时，误匹配的概率也会增加(见下)。

解决上述问题的一种方法是采用由粗到细的控制策略[Grimson 1985]，先采用较低分辨率进行匹配以减少误匹配，再利用其结果限定在较高分辨率时的匹配搜索范围，进行较准确的视差测量。不过采用较低分辨率并不一定总能消除误匹配，尤其是在较大的场景范围内有重复模式出现的情况下。

7.1.1 水平多目图像

下面介绍一种利用多目图像解决上述问题并提高视差测量准确性的方法[Okutomi 1993]。与普通利用双目图像的方法相比,该方法利用一组沿(水平)基线方向的图像序列进行立体匹配,从而有效解决了周期性重复特征引起的误匹配现象。这种方法的基本思想是通过计算多对图像间**平方差的和**(SSD)减少总体的误匹配[Matthies 1989]。假设摄像机沿垂直于光轴的水平线移动(也可使用多台摄像机),在点 $P_0, P_1, P_2, \cdots, P_M$ 处采集一系列图像 $f_i(x,y), i=0,1,\cdots,M$(如图 7.1.1 所示),从而得到一系列图像对,它们的基线长分别为 $B_1, B_2, \cdots, B_M$。

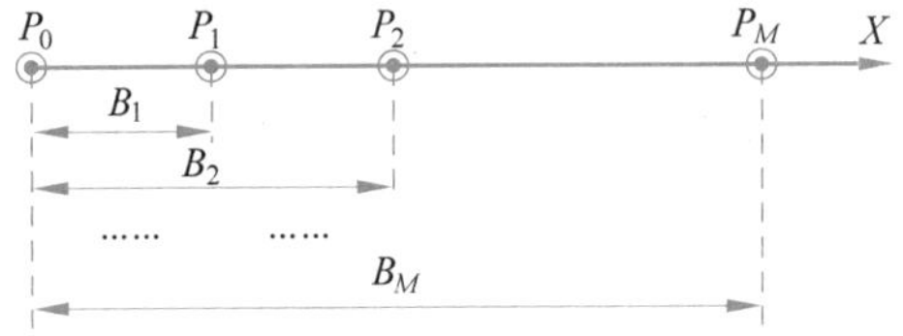

图 7.1.1 水平多目图像采集位置示意图

根据图 7.1.1,在点 P_0 处采集的图像与在点 P_i 处采集的图像之间存在视差:

$$d_i = B_i \frac{\lambda}{Z} \quad i=1,2,\cdots,M \tag{7.1.2}$$

因为仅考虑水平方向,可将图像函数 $f(x,y)$ 用 $f(x)$ 简化表示,则在各位置得到的图像为

$$f_i(x) = f[x-d_i] + n_i(x) \tag{7.1.3}$$

其中,认为噪声 $n_i(x)$ 的分布满足均值为 0、方差为 σ_n^2 的高斯分布,即 $n_i(x) \sim N(0, \sigma_n^2)$。

在 $f_0(x)$ 中,位置 x 的 SSD 值为(W 为匹配窗口):

$$S_d(x; \hat{d}_i) = \sum_{j \in W} [f_0(x+j) - f_i(x+\hat{d}_i+j)]^2 \tag{7.1.4}$$

其中,$\hat{d}_i$ 是位置 x 的视差估计值。由于 SSD 为随机变量,可计算其期望值作为全局评价函数(设 N_W 为匹配窗中的像素数):

$$\begin{aligned} E[S_d(x; \hat{d}_i)] &= E\left\{\sum_{j \in W} [f(x+j) - f(x+\hat{d}_i-d_i+j) + n_0(x+j) - n_i(x+\hat{d}_i+j)]^2\right\} \\ &= \sum_{j \in W} [f(x+j) - f(x+\hat{d}_i-d_i+j)]^2 + 2N_W\sigma_n^2 \end{aligned} \tag{7.1.5}$$

上式表明,当 $d_i = \hat{d}_i$ 时,$S_d(x; \hat{d}_i)$ 取得极小值。如果图像在 x 和 $x+p$ 处($p \neq 0$)具有相同的灰度模式,即

$$f(x+j) = f(x+p+j) \quad j \in W \tag{7.1.6}$$

则根据式(7.1.5)可得

$$E[S_d(x; \hat{d}_i)] = E[S_d(x; \hat{d}_i+p)] = 2N_W\sigma_n^2 \tag{7.1.7}$$

这表明 SSD 的期望值在 x 和 $x+p$ 两个位置都可能取得极值,即存在不确定性问题,从而产生误差(误匹配)。在 $x+p$ 处产生误匹配的情况对所有图像对都可能发生(误匹配位置与基线长度和数量无关),此时即便使用多目图像,也不能避免误差。

7.1.2 倒距离

现引入**倒距离**(或称深度倒数)的概念,通过搜索正确的倒距离搜索正确的视差。倒距离 t 满足

$$t=\frac{1}{Z} \tag{7.1.8}$$

根据式(7.1.1)有

$$t_i=\frac{d_i}{B_i\lambda} \tag{7.1.9}$$

$$\hat{t}_i=\frac{\hat{d}_i}{B_i\lambda} \tag{7.1.10}$$

其中，t_i 和 $\hat{t}_i$ 分别为真实的和估计的倒距离。

将式(7.1.10)代入式(7.1.4)，则对应 t 的 SSD 为

$$S_t(x;\hat{t}_i)=\sum_{j\in W}[f_0(x+j)-f_i(x+B_i\lambda\hat{t}_i+j)]^2 \tag{7.1.11}$$

其期望值为

$$E[S_i(x;\hat{t}_i)]=\sum_{j\in W}\{f(x+j)-f[x+B_i\lambda(\hat{t}_i-t_i)+j]\}^2+2N_w\sigma_n^2 \tag{7.1.12}$$

对对应 M 个倒距离的 SSD 进行求和，得到 SSSD(sum of SSD)，可表示为

$$S_{t(1,2,\cdots,M)}^{(S)}(x;\hat{t})=\sum_{i=1}^{M}S_t(x;\hat{t}_i) \tag{7.1.13}$$

新度量函数的期望值为

$$\begin{aligned}E[S_{t(1,2,\cdots,M)}^{(S)}(x;\hat{t})]&=\sum_{i=1}^{M}S_t(x;\hat{t})\\&=\sum_{i=1}^{M}\sum_{j\in W}\{f(x+j)-f[x+B_i\lambda(\hat{t}_i-t_i)+j]\}^2+2N_w\sigma_n^2\end{aligned} \tag{7.1.14}$$

再考虑前述图像在 x 和 $x+p$ 处有相同模式的问题[参见式(7.1.6)]，此时

$$E[S_t(x;t_i)]=E[S_t(x;t_i+p/B_i\lambda)]=2N_w\sigma_n^2 \tag{7.1.15}$$

需要注意，不确定性问题依然存在，因为在倒距离为 $t_p=t_i+p/(B_i\lambda)$ 处仍有极小值。但是 t_p 由两项组成，随 B_i 的变化，虽然 t_p 会变化，但 t_i 不变。换句话说，每台摄像机获得的视差均与倒距离成正比，但对不同的摄像机获得的视差又各不相同。这是在 SSSD 中使用倒距离时的一个重要性质，可避免周期模式引起的不确定性问题。具体可选用不同的基线，使各对图像间平方差之和的极小值处于不同的位置。以使用两条基线 B_1、$B_2(B_1\neq B_2)$ 为例，根据式(7.1.14)有

$$\begin{aligned}E[S_{t(12)}^{(S)}(x;\hat{t})]=&\sum_{j\in W}\{f(x+j)-f[x+B_1\lambda(\hat{t}_1-t_1)+j]\}^2+\\&\sum_{j\in W}\{f(x+j)-f[x+B_2\lambda(\hat{t}_2-t_2)+j]\}^2+4N_w\sigma_n^2\end{aligned} \tag{7.1.16}$$

可以证明，当 $t\neq\hat{t}$ 时，有[Okutomi 1993]

$$E[S_{t(12)}^{(S)}(x;\hat{t})]>4N_w\sigma_n^2=E[S_{t(12)}^{(S)}(x;t)] \tag{7.1.17}$$

即在正确的匹配位置 t，会有一个真正的最小值 $S_{t(12)}^{(S)}(x;t)$。可见，使用两条长度不同的基线，借助新度量函数能解决重复模式导致的不确定性问题。

例 7.1.1　新度量函数的效果

图 7.1.2 给出了新旧度量函数的比较示例[Okutomi 1993]。考虑图 7.1.2(a)给出的 $f(x)$ 曲线，其表达式

$$f(x,y)=\begin{cases}2+\cos(x\pi/4), & -4<x<12\\ 1, & x\leqslant -1, x\geqslant 12\end{cases}$$

设对应基线 B_1 的 $d_1=5$，$\sigma_n^2=0.2$，窗口尺寸为 5。图 7.1.2(b)画出了 $E[S_{d1}(x;d)]$的曲线，在 $d_1=5$ 和 $d_1=13$ 处都有极小值，所以存在不确定性问题。匹配点的选择与噪声、搜索范围或区间、搜索策略均有关。现在假设利用具有较长基线 B_2 的一对图，新基线长度是旧基线长度的 1.5 倍，这时 $E[S_{d2}(x;d)]$的曲线如图 7.1.2(c)所示，在 $d_2=7$ 和 $d_2=15$ 处都有极小值，仍然存在不确定性问题，而且两个极小值之间的距离不变。

如果利用倒距离的 SSD，则在基线长度分别为 B_1 和 B_2 时，$E[S_{t1}(x;t)]$和 $E[S_{t2}(x;t)]$的曲线分别如图 7.1.2(d)、图 7.1.2(e)所示。由图可见，两条曲线仍各有两个极小值，$E[S_{t1}(x;t)]$的极小值在 $t_1=5$ 和 $t_1=13$ 处，而 $E[S_{t2}(x;t)]$的极小值在 $t_2=5$ 和 $t_2=10$ 处。这表明如果仅使用倒距离，匹配的不确定问题仍可能存在。但可以注意到，此时两条曲线在正确匹配位置($t=5$)的极小值没有变化，而在假匹配位置的极小值随基线长度的变化而发生了变化，$E[S_{t2}(x;t)]$的极小值变到了 $t_2=10$ 处。所以将两个倒距离的 SSD 函数相加，得到倒距离的 SSSD 后，其期望值曲线 $E[S_{t(12)}^{(S)}(x;t)]$如图 7.1.2(f)所示。由图可见，正确匹配位置的极小值由于重叠原因比假匹配位置的极小值更小(两者之间的差值随重叠图像数量的增加而增加)，或者说，只在正确匹配位置有全局最小值，从而解决了不确定性问题。

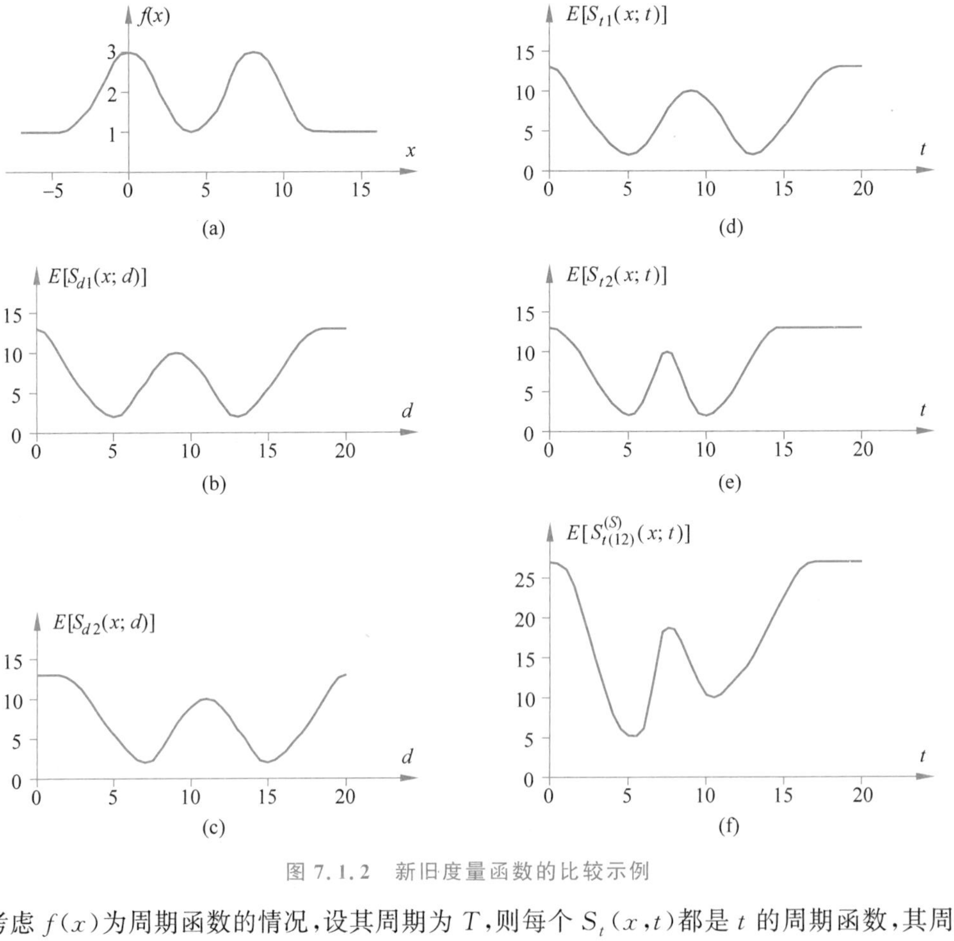

图 7.1.2 新旧度量函数的比较示例

□

考虑 $f(x)$为周期函数的情况，设其周期为 T，则每个 $S_t(x,t)$都是 t 的周期函数，其周期为 $T/B_i\lambda$。这表明每隔一个 $T/B_i\lambda$ 区段有一个极小值。当使用两个基线时，得到的 $S_{t(12)}^{(s)}(x;t)$仍

然是 t 的周期函数，但其周期 T_{12} 会增加为

$$T_{12}=\mathrm{LCM}\left(\frac{T}{B_1\lambda},\frac{T}{B_2\lambda}\right) \tag{7.1.18}$$

LCM 代表**最小公倍数**，可见 T_{12} 不会比 T_1 或 T_2 小。通过进一步选择合适的基线 B_1 和 B_2，可能实现在匹配搜索区间仅有一个极小值。

7.2　正交三目立体匹配

多目（多摄像机）的安置不一定限定在同一行或同一列。先考虑将三目分别安置在互相正交的两个方向的情况。

7.2.1　基本原理

由 6.2.2 小节的例 6.2.6 可知，双目视觉在处理平行于极线方向（水平扫描线方向）的匹配时，常会因灰度**光滑区域**没有明显的特征而产生误匹配。此时匹配窗口中的灰度值会在一定范围内取相同值，因而无法确定匹配位置。这种由灰度光滑区域造成的误匹配问题在利用双目立体匹配中不可避免。而 7.1 节介绍的平行基线多目立体匹配也不能消除这种原因造成的误匹配（虽然其可消除周期性模式造成的误匹配）。在实际应用中，一般水平方向比较光滑的区域在垂直方向可能具有明显的灰度差异；换句话说，垂直方向并不光滑。这启示人们可利用垂直方向的图像对进行垂直搜索以解决在这些区域采用水平方向匹配易产生的误匹配问题。当然，对于垂直方向的光滑区域，仅利用垂直方向的图像对也可能产生误匹配问题，此时需要借助水平方向的图像对进行水平匹配。

1. 消除光滑区域误匹配

由于图像中水平光滑区域和垂直光滑区域都可能出现，所以需要同时采集水平图像对和垂直图像对。在最简单的情况下，可在平面上布置两对正交的采集位置，如图 7.2.1 所示。左图像 L 和右图像 R 组成水平立体图像对，其基线为 B_h，左图像 L 和顶图像 T 组成垂直立体图像对，其基线为 B_v。这两个图像对构成一组正交三目图像。

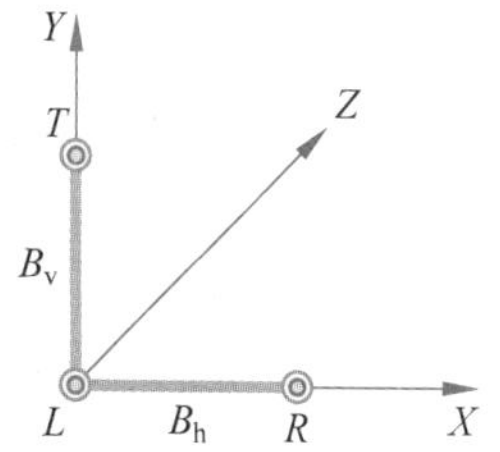

图 7.2.1　正交三目图像的拍摄位置

采用正交三目图像进行立体视觉匹配的特点可参照 7.1 节的方法进行分析。设 3 个采集位置获得的图像分别表示为［因为是正交采集，图像用 $f(x,y)$ 表示］

$$\begin{cases} f_\mathrm{L}(x,y)=f(x,y)+n_\mathrm{L}(x,y) \\ f_\mathrm{R}(x,y)=f(x-d_\mathrm{h},y)+n_\mathrm{R}(x,y) \\ f_\mathrm{T}(x,y)=f(x,y-d_\mathrm{v})+n_\mathrm{T}(x,y) \end{cases} \tag{7.2.1}$$

其中，d_h 和 d_v 分别为水平和垂直视差［参见式(7.1.3)］。以下讨论中设 $d_\mathrm{h}=d_\mathrm{v}=d$，此时对应水平方向和垂直方向的 SSD 分别为

$$\begin{aligned} \mathrm{S_h}(x,y;\hat{d}) &= \sum_{j,k\in W}[f_\mathrm{L}(x+j,y+k)-f_\mathrm{R}(x+\hat{d}+j,y+k)]^2 \\ \mathrm{S_v}(x,y;\hat{d}) &= \sum_{j,k\in W}[f_\mathrm{L}(x+j,y+k)-f_\mathrm{R}(x+j,y+\hat{d}+k)]^2 \end{aligned} \tag{7.2.2}$$

将两式相加得到正交视差度量函数 $O^{(\mathrm{S})}(x,y;\hat{d})$：

$$O^{(\mathrm{S})}(x,y;\hat{d})=\mathrm{S_h}(x,y;\hat{d})+\mathrm{S_v}(x,y;\hat{d}) \tag{7.2.3}$$

考虑 $O^{(S)}(x,y;\hat{d})$ 的期望值

$$E[O^{(S)}(x,y;\hat{d})]=\sum_{j,k\in W}[f(x+j,y+k)-f(x+\hat{d}-d+j,y+k)]^2+\sum_{j,k\in W}[f(x+j,y+k)-f(x+j,y+\hat{d}-d+k)]^2+4N_w\sigma_n^2 \tag{7.2.4}$$

其中，N_w 代表匹配窗口 W 中的像素个数。由式(7.2.4)可知，当 $\hat{d}=d$ 时，有

$$E[O^{(S)}(x,y;d)]=4N_w\sigma_n^2 \tag{7.2.5}$$

可见，在正确视差值处，$E[O^{(S)}(x,y;\hat{d})]$ 取得了极小值。由上述讨论可见，此时为消除单方向的重复模式，并不需要使用倒距离。

例 7.2.1　利用正交三目立体匹配消除单方向光滑区域误匹配的示例

利用正交三目立体匹配消除单方向光滑区域误匹配的示例如图 7.2.2 所示，其中图 7.2.2(a)～图 7.2.2(c)依次为一组带有水平和垂直方向光滑区域的正方锥体图像的左图像、右图像和顶图像，图 7.2.2(d)为仅用水平双目图像立体匹配得到的视差图，图 7.2.2(e)为仅用垂直双目图像立体匹配得到的视差图，图 7.2.2(f)为用正交三目图像立体匹配得到的视差图，图 7.2.2(g)到图 7.2.2(i)分别为对应图 7.2.2(d)～图 7.2.2(f)的 3-D 立体（透视）图。在用水平双目图像得到的视差图中，水平光滑区域产生了明显的误匹配（水平黑色条带）；在用垂直双目图像得到的视差图中，垂直光滑区域产生了明显的误匹配（垂直黑色条带）；而在用正交三目图像得到的视差图中，消除了各种单方向光滑区域引起的误匹配。各区域视差计算结果都正确，且在各 3-D 立体（透视）图中看得非常清楚。

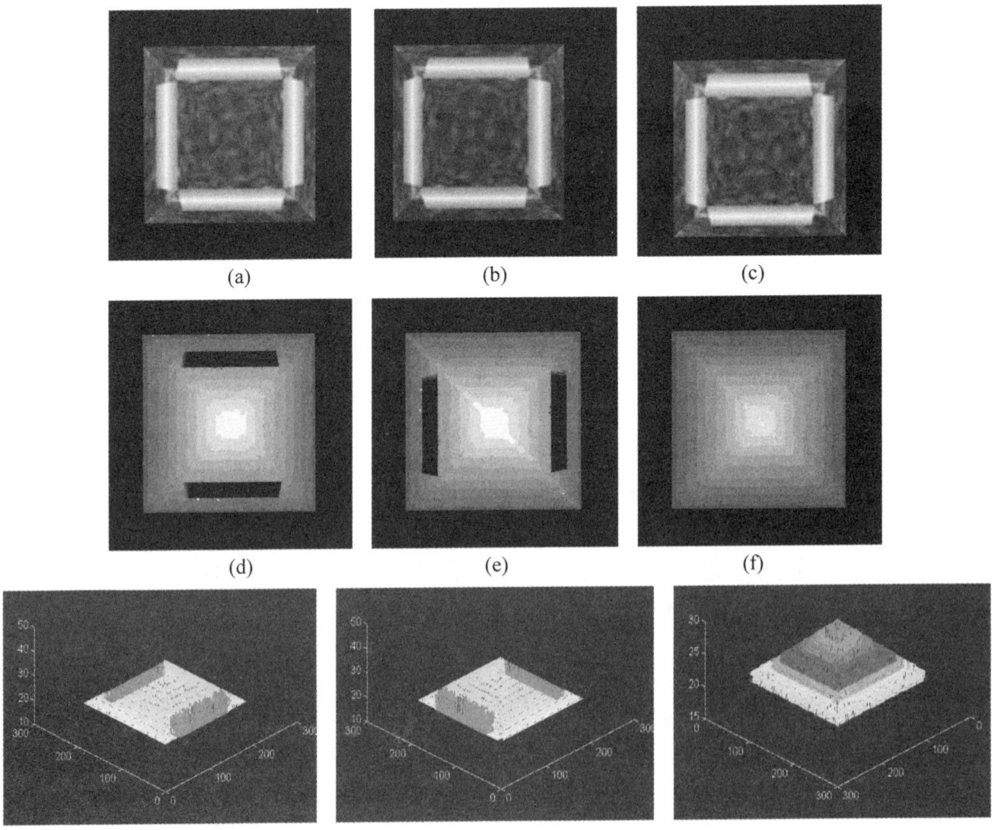

图 7.2.2　利用正交三目立体匹配消除单方向光滑区域误匹配的示例 □

2. 减少周期性模式误匹配

正交三目立体匹配方法不仅能减少光滑区域造成的误匹配,也能减少**周期性模式**造成的误匹配。下面以景物在水平和垂直两个方向都有周期性重复模式为例进行分析。假设 $f(x,y)$ 为周期函数,其水平和垂直周期分别为 T_x 和 T_y,即

$$f(x+j,y+k)=f(x+j+T_x,y+k+T_y) \quad T_x \neq 0,\quad T_y \neq 0 \tag{7.2.6}$$

其中,$T_x \neq 0$,$T_y \neq 0$,且均为常数。利用式(7.2.2)～式(7.2.5)可推导出

$$E[S_\mathrm{h}(x,y;\hat{d})]=E[S_\mathrm{h}(x,y;\hat{d}+T_x)] \tag{7.2.7}$$

$$E[S_\mathrm{v}(x,y;\hat{d})]=E[S_\mathrm{v}(x,y;\hat{d}+T_y)] \tag{7.2.8}$$

$$\begin{aligned} E[O^{(S)}(x,y;\hat{d})] &= E[S_\mathrm{h}(x,y;\hat{d}+T_x)+S_\mathrm{v}(x,y;\hat{d}+T_y)] \\ &= E[O^{(S)}(x,y;\hat{d}+T_{xy})] \end{aligned} \tag{7.2.9}$$

$$T_{xy}=\mathrm{LCM}(T_x,T_y) \tag{7.2.10}$$

由式(7.2.10)可知,若 $T_x \neq T_y$,则 $O^{(S)}(x,y;d)$ 的期望周期 T_{xy} 一般要比 $S_\mathrm{h}(x,y;d)$ 的期望周期 T_x 和 $S_\mathrm{v}(x,y;d)$ 的期望周期 T_y 都大。

进一步考虑为匹配而进行视差搜索的范围。设 $d \in [d_{\min},d_{\max}]$,则 $E[S_\mathrm{h}(x,y;d)]$、$E[S_\mathrm{v}(x,y;d)]$ 和 $E[O^{(S)}(x,y;d)]$ 中出现极小值的次数 N_v、N_h、N 分别为

$$N_\mathrm{h}=\frac{d_{\max}-d_{\min}}{T_x}$$

$$N_\mathrm{v}=\frac{d_{\max}-d_{\min}}{T_y}$$

$$N=\frac{d_{\max}-d_{\min}}{\mathrm{LCM}(T_x,T_y)} \tag{7.2.11}$$

由式(7.2.10)和式(7.2.11)可知

$$N \leqslant \min(N_\mathrm{h},N_\mathrm{v}) \tag{7.2.12}$$

这说明,当用 $O^{(S)}(x,y;d)$ 替代 $S_\mathrm{h}(x,y;d)$ 和 $S_\mathrm{v}(x,y;d)$ 作为相似性度量函数时,在相同的视差搜索范围内,$E[O^{(S)}(x,y;d)]$ 出现极小值的次数比 $E[S_\mathrm{h}(x,y;d)]$ 和 $E[S_\mathrm{v}(x,y;d)]$ 都少,也就是说,误匹配的概率降低了。在实际应用中,可设法限定视差搜索范围,进一步避免误匹配。

例 7.2.2 利用正交三目立体匹配消除周期性模式误匹配的示例

图 7.2.3 给出了利用正交三目立体匹配消除周期性模式误匹配的示例,其中图 7.2.3(a)～图 7.2.3(c)分别为一组带有周期性重复纹理(水平与垂直方向的周期比为 2∶3)的正方形棱台图像的左图像、右图像和顶图像,图 7.2.3(d)为仅用水平双目图像立体匹配得到的视差图,图 7.2.3(e)为仅用垂直双目图像立体匹配得到的视差图,图 7.2.3(f)为用正交三目图像立体匹配得到的视差图,图 7.2.3(g)～图 7.2.3(i)分别为对应图 7.2.3(d)～图 7.2.3(f)的 3-D 立体(透视)图。由于周期性模式的影响,图 7.2.3(d)和图 7.2.3(e)中有许多误匹配;而用正交三目图像得到的视差图中,绝大多数误匹配都被消除了。正交三目立体匹配的效果在各 3-D 立体(透视)图中也看得很清楚。

在三目视觉中,为尽可能减少歧义性,保证特征定位的准确性,需要生成两条极线。这两条极线在至少一个图像空间中要尽可能正交,这将唯一确定所有的匹配特征。第 3 台摄像机的投影中心不应与另外两台摄像机的投影中心处于同一条线上,否则极线将会共线。一旦一

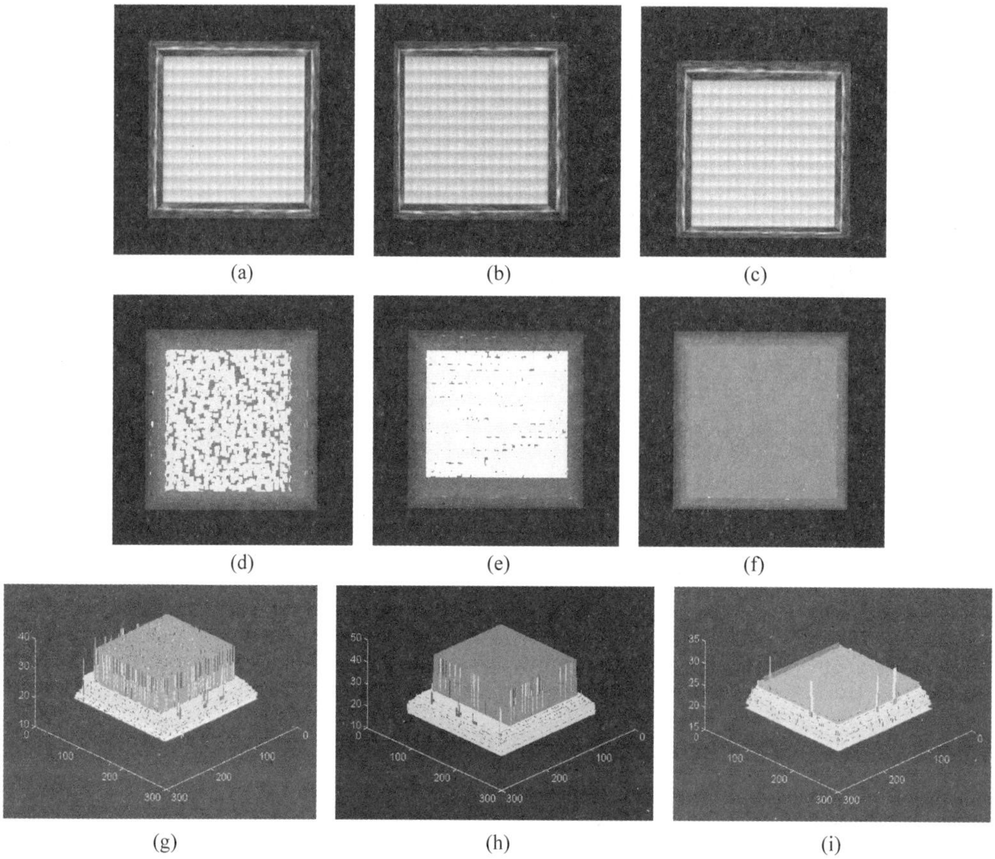

图 7.2.3 利用正交三目立体匹配消除周期性模式误匹配的示例 □

个特征被唯一地定义，使用更多的摄像机并不能减少歧义的影响。但是，使用更多的摄像机可能产生进一步的佐证数据，且借助平均手段可进一步减小定位误差，还可能提升 3-D 深度感知的准确性并增大感知范围。

7.2.2 基于梯度分类的正交匹配

正交三目立体匹配方法能减少多种误差，目前已有多种实现方法。一种正交三目立体匹配方法[Ohta 1986]的主要步骤为：先利用以边缘点为匹配特征的相关匹配算法（见 6.3.1 小节）分别通过水平图像对、垂直图像对得到两幅相互独立的完整视差图，再根据一定的融合准则，并使用松弛技术将两幅视差图合成为一幅视差图。这种方法需运用动态规划算法、融合准则、松弛技术等进行复杂的合成运算，所以计算量较大，实现复杂。下面介绍一种基于梯度分类的快速正交立体匹配方法。

1. 算法流程

这种方法的基本思想是先比较图像各区域沿水平和垂直两个方向的平滑程度，在水平方向更光滑的区域采用垂直图像对进行匹配，在垂直方向更光滑的区域采用水平图像对进行匹配，无须分别计算两幅完整的视差图，而且两部分区域视差的合成非常简单。至于一个区域是水平方向更光滑，还是垂直方向更光滑，可借助计算该区域的梯度方向确定。算法的流程框图如图 7.2.4 所示，主要由下述 4 个具体步骤组成。

（1）通过计算 $f_L(x,y)$ 的梯度获取 $f_L(x,y)$ 中各点的梯度方向信息。

（2）根据 $f_L(x,y)$ 中各点的梯度方向信息，利用分类判决准则将 $f_L(x,y)$ 划分为两部

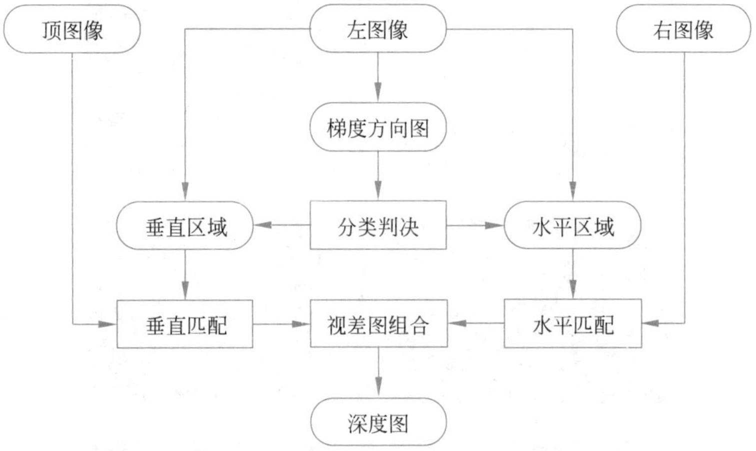

图 7.2.4　基于梯度分类的快速正交立体匹配算法流程框图

分：梯度方向更接近水平方向的水平区域和梯度方向更接近垂直方向的垂直区域。

(3) 在梯度方向更接近水平方向的区域用水平图像对进行匹配计算视差，在梯度方向更接近垂直方向的区域用垂直图像对进行匹配计算视差。

(4) 将所得两部分视差值合并为一幅完整的视差图，进而得到深度图。

在计算梯度图时，考虑到仅需比较梯度方向更接近水平还是垂直方向，所以可使用下列运算复杂度较低的简单方法。对于 $f_L(x,y)$ 中的任意像素 (x,y)，选取其水平和垂直梯度值 G_h 和 G_v

$$G_h(x,y)=\sum_{i=1}^{W/2}\sum_{j=y-W/2}^{y+W/2}\left|f_L(x-i,j)-f_L(x+i,j)\right| \tag{7.2.13}$$

$$G_v(x,y)=\sum_{j=1}^{W/2}\sum_{i=x-W/2}^{x+W/2}\left|f_L(x,y-j)-f_L(x,y+j)\right| \tag{7.2.14}$$

根据以上算得的梯度值，运用如下分类判决准则：对于 $f_L(x,y)$ 中任意一个像素，若 $G_h>G_v$，则将该像素划归水平区域，借助水平图像对进行搜索匹配；若 $G_h<G_v$，则将该像素划归垂直区域，借助垂直图像对进行搜索匹配。

例 7.2.3　利用正交三目立体匹配消除图像光滑区域影响的示例

利用上述基于梯度分类的正交三目立体匹配消除例 6.2.6 中图像光滑区域影响的示例如图 7.2.5 所示。图 7.2.5(a)为与图 6.2.7(a)的左图像和图 6.2.7(b)的右图像对应的顶图像。图 7.2.5(b)为左图像的梯度图像(白色代表大梯度值，黑色代表可忽略的小梯度值)，仅在大梯度值位置计算梯度方向。图 7.2.5(c)和图 7.2.5(d)分别为接近水平方向的梯度图和接近垂直方向的梯度图(浅色对应较大梯度值，深色对应较小梯度值)。图 7.2.5(e)和图 7.2.5(f)分别为用水平图像对和垂直图像对进行匹配得到的视差图(浅色对应较大视差值，深色对应较小视差值)，图 7.2.5(g)为综合图 7.2.5(e)和图 7.2.5(f)得到的完整视差图，图 7.2.5(h)为与图 7.2.5(g)对应的 3-D 立体(透视)图。将图 7.2.5(g)和图 7.2.5(h)分别与图 6.2.7(c)和图 7.2.5(d)比较，可见利用正交三目立体匹配可大大减少光滑区域导致的误匹配区域。

2. 关于模板尺寸的讨论

在上述方法中，既要使用梯度**模板**计算梯度方向信息，又要使用匹配(搜索)模板计算灰度区域的相关。这里梯度模板的尺寸和匹配(搜索)模板的尺寸都对匹配性能有较大影响[Jia 1998]。梯度模板尺寸的影响可以图 7.2.6 为例说明，图中分别给出以 A、B、C 为顶点和以

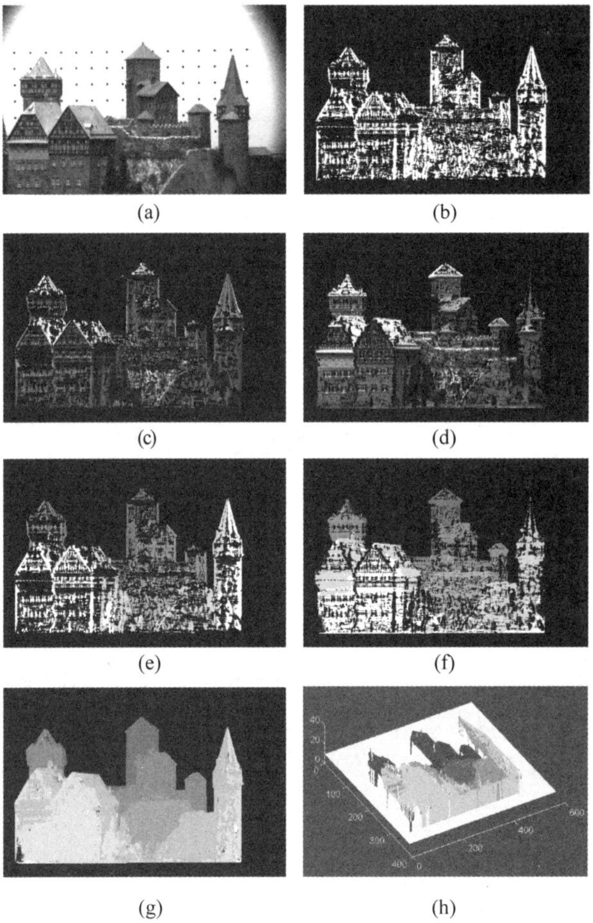

图 7.2.5　利用基于梯度分类的正交三目立体匹配消除图像光滑区域影响的示例 □

B、C、E、D 为顶点的两个具有不同灰度的区域。假设待匹配点 P 位于水平边缘线段 BC 附近,若梯度模板选得过小[如图 7.2.6(a)中的矩形,没有覆盖边缘 BC 上的点],则由于 $G_h \approx G_v$,难以区分水平区域和垂直区域,对 P 点将用水平图像对进行匹配,这样由于水平方向比较光滑,可能造成误匹配。若梯度模板选得足够大[如图 7.2.6(b)中的矩形,覆盖了边缘 BC 上的点],这样必有 $G_h < G_v$,则对 P 点将用垂直图像对进行匹配,可以避免误匹配。但需注意,模板过大除带来运算量大的问题,还可能覆盖多个不同边缘,导致方向确定错误。

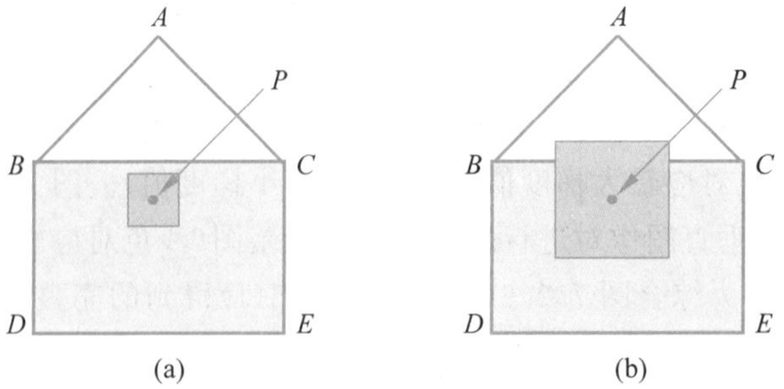

图 7.2.6　梯度模板尺寸的影响示意图

匹配(搜索)模板的尺寸对性能也有较大影响。匹配模板大,能够包容足够大的用于匹配的强度变化,减少误匹配,但可能产生较大的匹配模糊。其中又可分两种情况。

(1) 在光滑区域的边界处匹配时[如图 7.2.7(a)的情况]:若模板较小,只覆盖光滑区域,则匹配计算具有随机性;若模板较大,覆盖了两个区域,则可确定合适的匹配图像对并得到正确的匹配。

(2) 在两个纹理区域相邻的边界处匹配时[如图 7.2.7(b)的情况]：由于模板总包含在纹理区域内，不管模板大小，都能得到正确的匹配。

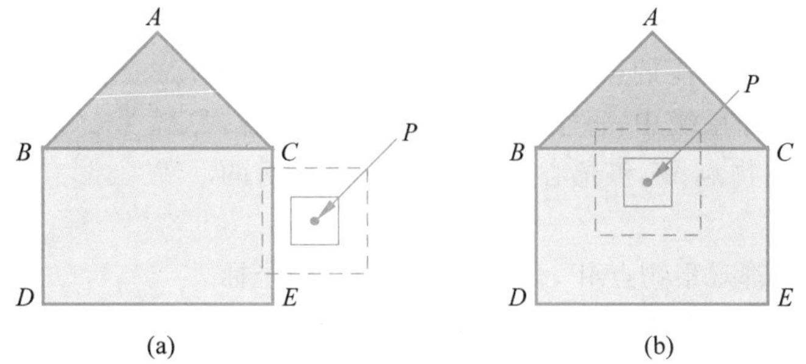

图 7.2.7　匹配模板的影响示意图

3. 正交三目视差图校正

6.5 节介绍的对视差图中误差进行检测和校正的算法对由正交三目立体视觉得到的视差图也适用。其中关于顺序匹配约束的定义既可用于水平图像对，也可经相应的调整用于垂直图像对。正交三目时对视差图进行误差检测与校正的基本算法框图如图 7.2.8 所示。涉及的图像包括左图像 $f_L(x,y)$、右图像 $f_R(x,y)$、顶图像 $f_T(x,y)$和视差图 $d(x,y)$。先借助水平方向的顺序匹配约束进行校正，得到沿水平方向校正完成的视差图 $d_X(x,y)$，再借助垂直方向的顺序匹配约束进行校正，最后得到满足全局(包括沿水平 X 方向和沿垂直 Y 方向)顺序匹配约束的新视差图 $d_{XY}(x,y)$。

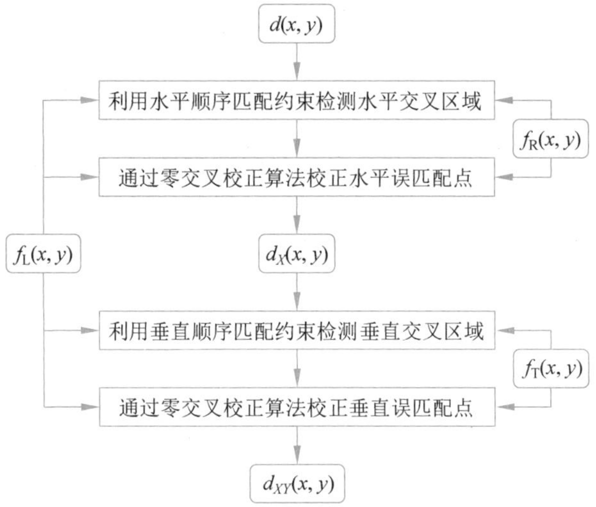

图 7.2.8　正交三目时对视差图进行误差检测与校正的基本算法框图

7.3　多目立体匹配

7.2 节介绍的正交三目立体匹配是多目立体匹配的一种特殊情况。在更一般的情况下，可以不止用三目，且各目连线可以不正交。下面讨论两种比正交三目匹配更一般的情况。

7.3.1　任意排列三目立体匹配

在三目立体成像系统中，三台摄像机可以构成直线或直角三角形以外的其他任意形式的排列。图 7.3.1 给出了任意排列三目立体成像系统的示意图，其中 C_1、C_2 和 C_3 分别为 3 个像平面的光心，这 3 个光心能确定一个**三焦平面**。参见 6.2.2 小节对极线约束的介绍，可知给定物点 W（一般情况下并不位于三焦平面上），它与任两个光心点确定一个极平面。该平面与对应光心像平面的交线即为极线。极线 L_{ij} 代表图像 i 中与图像 j 对应的极线。匹配总是在极线上进行的。在三目立体成像系统中，每个像平面上有两条极线，两条极线的交点也是物点 W 和光心连线与对应像平面的交点。

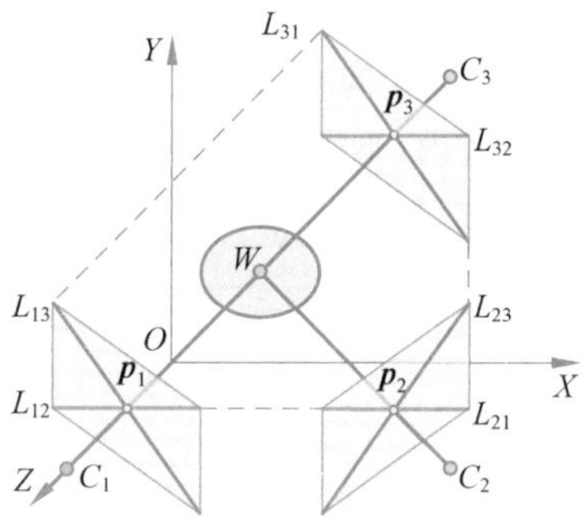

图 7.3.1　任意排列三目立体成像系统示意

如果 3 台摄像机都观察物点 W，得到的 3 个像点的坐标分别为 $\boldsymbol{p}_1$、$\boldsymbol{p}_2$、$\boldsymbol{p}_3$。每对摄像机能确定一个极线约束，如果用 $\boldsymbol{E}_{ij}$ 代表图像 i 与图像 j 间的**本质矩阵**，则有

$$\boldsymbol{p}_1^{\mathrm{T}}\boldsymbol{E}_{12}\boldsymbol{p}_2=0 \tag{7.3.1}$$

$$\boldsymbol{p}_2^{\mathrm{T}}\boldsymbol{E}_{23}\boldsymbol{p}_3=0 \tag{7.3.2}$$

$$\boldsymbol{p}_3^{\mathrm{T}}\boldsymbol{E}_{31}\boldsymbol{p}_1=0 \tag{7.3.3}$$

如果用 $\boldsymbol{e}_{ij}$ 代表图像 i 与图像 j 的极点坐标，因 $\boldsymbol{e}_{31}^{\mathrm{T}}\boldsymbol{E}_{12}\boldsymbol{e}_{32}=\boldsymbol{e}_{12}^{\mathrm{T}}\boldsymbol{E}_{23}\boldsymbol{e}_{13}=\boldsymbol{e}_{23}^{\mathrm{T}}\boldsymbol{E}_{31}\boldsymbol{e}_{21}=0$，所以上述 3 个方程不独立。不过上述任意两个方程都是独立的，所以当本质矩阵已知时，用任意两个像点的坐标都可预测出第 3 个像点的坐标。

增加第 3 台摄像机可消除许多仅用双目图像匹配导致的不确定性。虽然 7.2 节介绍的方法中均直接利用两个图像对同时进行匹配，但大多数三目立体匹配算法中，常先利用两幅图像建立对应关系，再用第 3 幅图像验证，即用第 3 幅图像检查前两幅图像的匹配情况[Forsyth 2003]。

一种典型的方法如图 7.3.2 所示，考虑用 3 台摄像机对含有 A、B、C、D 4 个点的场景成像。在图 7.3.2 中，标有 1～6 的 6 个点代表对前两幅图像（光心分别为 O_1 和 O_2）中 4 个点不正确的重建位置。以标有 1 的点为例，它是将 a_2 和 b_1 误匹配得到的结果。当将由前两幅图像重建的 3-D 空间点 1 投影到第 3 幅图像时，可发现误匹配问题，它既不与 a_3 重合，也不与 b_3 重合，所以可判断为不正确的重建位置。

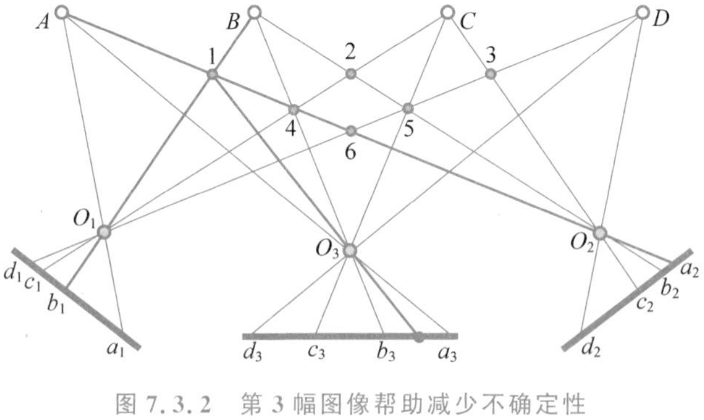

图 7.3.2　第 3 幅图像帮助减少不确定性

上述方法先重建与前两幅图像中匹配点对应的 3-D 空间点，再将其投影到第 3 幅图像。如果在第 3 幅图像中如上得到的投影点附近没有与此相容的点，那么此匹配很可能为错误匹配。实际应用中，并不需要显式地进行重建和再投影。如果摄像机已经标定（甚至仅仅弱标定[Forsyth 2003]），又已知一个 3-D 空间点在第 1 幅图像和第 2 幅图像中的两个像点，那么对相应的极线取交集，即可预测该 3-D 空间点在第 3 幅图像中的位置。

下面介绍几种简单的匹配方法。

1. 基于极线的三目匹配

这种方法借助沿极线的搜索消除歧义并实现匹配[Goshtasby 2005]。参见图 7.3.3,用 L_j^i 代表图像 i 中的第 j 条极线。如果已知 L_1^1 和 L_1^2 是由图像 1 和图像 2 得到的对应极线,则为发现图像 1 中点 a 在图像 2 中的对应点,只需要沿 L_1^2 搜索边缘。设沿着 L_1^2 找到两个可能的点 b 和 c,但不知应选哪个。设在图像 2 中通过点 b 和 c 的极线分别为 L_2^2 和 L_3^2,在图像 3 中通过点 b 和 c 的极线分别为 L_2^3 和 L_3^3。现在考虑由图像 1 和图像 3 构成的立体图像对,如果 L_1^1 和 L_1^3 是对应的极线且沿 L_1^3 仅有一个点 d 位于 L_1^3 和 L_2^3 的交线上,就可得到图像 1 中的点 a 与图像 2 中的点 b 互相对应的结论,因为其都对应图像 3 中的点 d。由第 3 幅图像提供的约束避免了点 b 和点 c 都可能对应点 a 的问题。

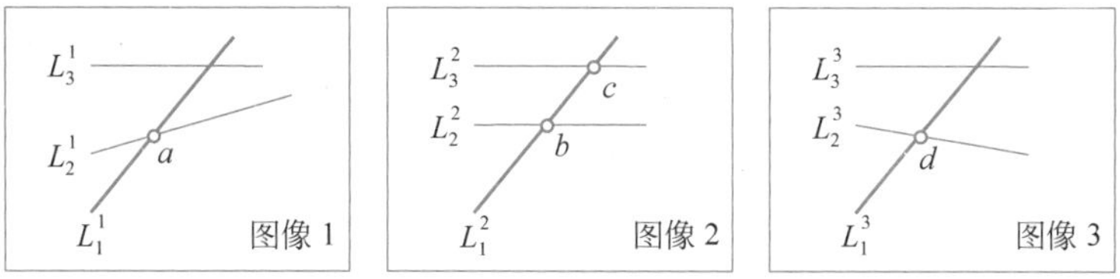

图 7.3.3 基于极线的三目匹配示意

2. 基于边缘线段的三目匹配

这种方法利用已检测出的边缘线段实现三目立体匹配[Ayache 1987]。先检测图像中的边缘线段,再定义一个**线段邻接图**,图中的结点代表边缘线段,而结点之间的弧表示对应的边缘线段是邻接的。对于每条边缘线段,可用其长度和方向、中点位置等局部几何特征表达。如此获得 3 幅图像的线段邻接图 G_1、G_2 和 G_3 后,可按如下步骤进行匹配(参见图 7.3.4)。

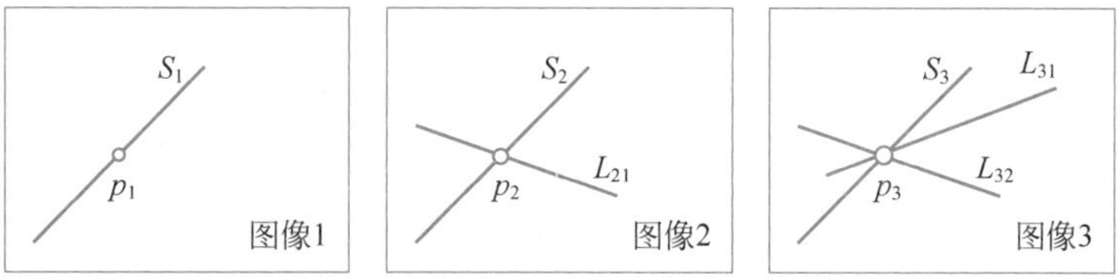

图 7.3.4 基于边缘线段的三目匹配步骤

(1) 对于 G_1 中的某条线段 S_1,计算 S_1 的中点 p_1 在图像 2 中的极线 L_{21},p_1 在图像 2 中的对应点 p_2 将在极线 L_{21} 上。

(2) 考虑 G_2 中与极线 L_{21} 相交的线段 S_2,设 L_{21} 与 S_2 的交点为 p_2;对于每条线段 S_2,比较其与线段 S_1 的长度和方向,如果差值小于给定的阈值,则认为它们可能匹配。

(3) 对于每条可能匹配的线段,进一步计算其在图像 3 中的极线 L_{32},设其与 p_1 在图像 3 中的极线 L_{31} 的交点为 p_3;在 p_3 附近搜索与线段 S_1 和 S_2 长度和方向的差值小于给定阈值的线段 S_3,如能找到,则 S_1、S_2 和 S_3 组成一组匹配线段。

对图中的所有线段执行以上步骤,最终得到所有匹配线段,实现图像的匹配。

3. 基于曲线的三目匹配

在前面基于边缘线段的匹配中,隐含地认为对拟匹配景物的轮廓用多边形来近似。如果景物由多面体构成,则这种轮廓表达很紧凑;但对于许多自然景物,随着轮廓复杂程度的增加,用于表达它们的多边形边数可能成倍增加,才能保证逼近的精度。另外,由于视角的变化,两幅图像中对应的多边形并不能保证其顶点位于对应的极线上。在这种情况下需要更多的计算,如使用改进的极线约束[Faugeras 1993]。

要解决上述问题，可基于曲线进行匹配（对景物的局部轮廓用高于一阶的多项式逼近）。参见图7.3.5，假设已在图像1中检测出一条曲线 T_1^1（上标 i 指示图像，下标指示序号，即图像 i 中的第 j 条曲线），它是景物表面一条3-D曲线的图像，下一步要在图像2中搜索与其对应的曲线。可任选 T_1^1 上一点 p_1^1（该点的单位切线矢量为 $\boldsymbol{t}_1^1$，曲率为 k_1^1），考虑图像2中的极线 L_{21}（图像2中与图像1对应的极线）。设这条极线在图像2中与曲线族 T_j^i 相交。这里图中取 $j=2$，即极线 L_{21} 与曲线 T_2^1 和 T_2^2 交于点 p_1^2 和 p_2^2（这两点的单位切线矢量分别为 $\boldsymbol{t}_1^2$ 和 $\boldsymbol{t}_2^2$，曲率分别为 k_1^2 和 k_2^2）。接下来图像3中要考虑与点 p_1^1 所在极线 L_{31} 相交的来自图像2的极线。图中取 $j=2$，即考虑极线 L_{31} 及对应点 p_1^2 和 p_2^2 的极线 $L_{32,1}$ 和 $L_{32,2}$（下标逗号后数字表示序号）。这两条极线分别与极线 L_{31} 交于点 p_1^3 和 p_2^3。

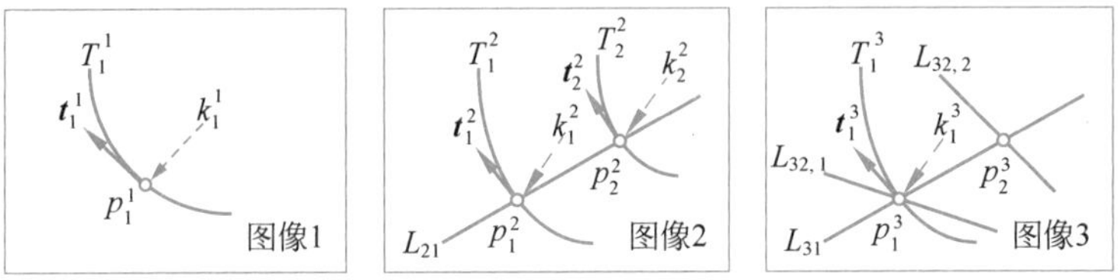

图 7.3.5 基于曲线的三目匹配

若点 p_1^1 和 p_1^2 是对应的，则理论上在曲线 T_1^3 上还可找到一个其切线单位矢量和曲率可从该两点的切线单位矢量和曲率算得的点 p_1^3。若找不到，则可能因为：①没有很接近 p_1^3 的点；②有通过点 p_1^3 的曲线，但其切线单位矢量与预期不符；③有通过点 p_1^3 的曲线，且其切线单位矢量与预期相符，但其曲率与预期不符。任一种情况都表明点 p_1^1 与 p_1^2 不是对应的。

一般情况下，对于每对点 p_1^1 和 p_j^2，都在图像3中计算对应点 p_1^1 的极线 L_{31} 与对应点 p_j^2 的极线 $L_{32,j}$ 的交点 p_j^3，以及点 p_j^3 处的单位切线矢量 $\boldsymbol{t}_j^3$ 和曲率 k_j^3。对于每个交点 p_j^3，都搜索最接近的曲线 T_j^3，并根据下面3个逐渐强化（increase in stringency）的条件判断执行：如果曲线 T_j^3 与点 p_j^3 的距离超过一定的阈值，取消它们之间的对应关系；否则，计算点 p_j^3 处的单位切线矢量 $\boldsymbol{t}_j^3$，如果其与由点 p_1^1 和 p_j^2 计算出的单位切线矢量的差别超过一定的阈值，则取消它们之间的对应关系；否则，计算点 p_j^3 处的曲率 k_j^3，如果其与由点 p_1^1 和 p_j^2 计算出的曲率的差别超过一定的阈值，则取消它们之间的对应关系。

经过上述过滤，对图像1中的点 p_1^1 仅在图像2中保留一个可能的对应点 p_j^2，并进一步在点 p_j^2 和 p_j^3 的邻域中搜索最接近的曲线 T_j^2 和 T_j^3。上述过程对图像1中所有选出的点进行，最终结果是在曲线 T_j^1、T_j^2 和 T_j^3 上确定一系列的对应点 p_j^1、p_j^2 和 p_j^3。

7.3.2 正交多目立体匹配

在7.1节中已指出，用单方向的多目图像代替单方向的双目图像可消除单方向周期模式的影响。在7.2.1小节中又指出，用正交三目图像代替单方向的双目图像（或多目图像）可消除光滑区域的影响。两者结合可构成正交多目图像序列，利用正交多目立体匹配同时消除上述两种影响的效果会更好[Jia 2000a]。正交多目图像序列的拍摄位置示意如图7.3.6所示。使摄像机沿着水平线上各点 L、R_1、R_2、…… 及垂直线上各点 L、T_1、T_2、……拍摄，就可获得正交基线的立体图像系列。对于正交多目图像的分析可通过将7.1节单方向多目图像分析的方法与7.2.1小节正交三目图像分析的方法及结果结合得到。

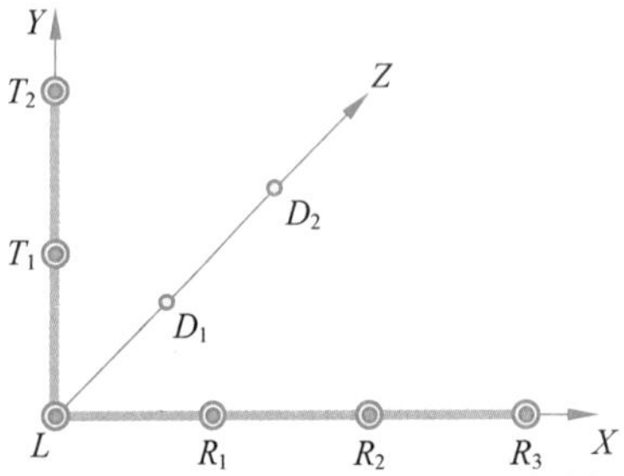

图 7.3.6 正交多目图像序列的拍摄位置示意

例 7.3.1　利用正交多目立体匹配的真实图像测试实验

图 7.3.7(a)为采用正交多目图像[除包括图 6.2.7(a)、图 6.2.7(b)和图 7.2.5(a)外，还在沿图 7.3.6 水平线和垂直线上各增加了一幅图像]得到的视差计算结果，图 7.3.7(b)为对应的 3-D 立体(透视)图。与图 7.2.5 相比，效果更好(误匹配点更少)。

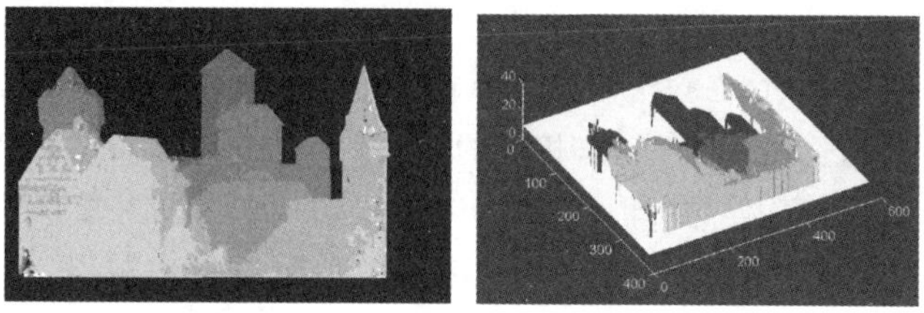

(a)　(b)

图 7.3.7　正交多目立体匹配的结果

□

理论上说，不仅是在水平和垂直方向，在深度方向(沿 Z 轴方向)也可采集多幅图像(如图 7.3.6 中沿 Z 轴在 D_1、D_2 两个位置进行采集)。但实践表明，深度方向图像对恢复场景 3-D 信息的贡献相对不明显。

另外，各种多目立体匹配的情况也可看作本节的推广。例如，四目立体匹配的示意如图 7.3.8 所示。图 7.3.8(a)是对景物点 W 的投影成像示意，其在 4 幅图像上的成像点分别为 p_1、p_2、p_3、p_4。它们是 4 条射线 R_1、R_2、R_3、R_4 分别与 4 个像平面的交点。图 7.3.8(b)则是对过景物点 W 的一条直线 L 的投影成像示意，该直线在 4 幅图像上的成像结果分别为 4 条直线 l_1、l_2、l_3、l_4，这 4 条直线分别位于 4 个平面 Q_1、Q_2、Q_3、Q_4 上。从几何上讲，通过 C_1 和 p_1 的射线一定穿过平面 Q_2、Q_3、Q_4 的交点。从代数上讲，给出**四焦张量**和任意 3 条通过 3 个像点的直线，就可推出第 4 个像点的位置[Forsyth 2003]。

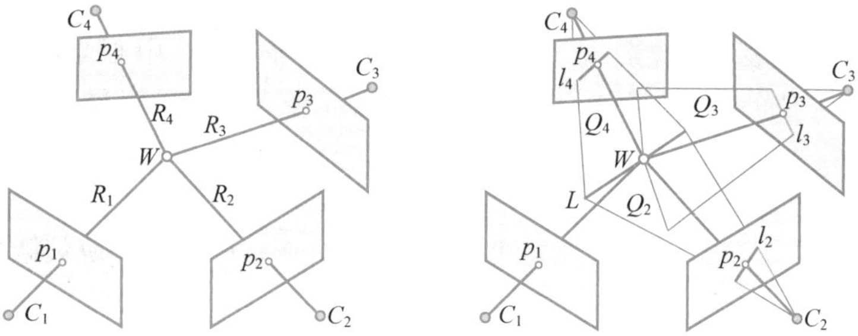

(a)　(b)

图 7.3.8　四目立体匹配示意

7.4　亚像素级视差

在有些实际应用中，利用一般立体匹配方法得到的像素级视差结果常常不能满足某些测量的精度要求。为此，可在已获得像素级视差精度的基础上进一步改善，以获得**亚像素**级的视差精度，并求得更高的距离测量精度。下面介绍一种根据局部图像强度变化模式和局部视差变化模式调节匹配窗口的自适应算法，有助于获得亚像素级的视差精度[Kanade 1994]。

7.4.1　统计分布模型

先考虑双目立体匹配时，图像强度的一阶偏微分和视差的统计分布模型[Okutomi

1992]。假设图像对 $f_L(x,y)$ 和 $f_R(x,y)$ 为来自同一个基本强度函数 $f(x,y)$ 的左右两幅图像,$f_L(x,y)$ 和 $f_R(x,y)$ 之间的正确视差函数为 $d_r(x,y)$,则

$$f_R(x,y)=f_L[x+d_r(x,y),y]+n_L(x,y) \tag{7.4.1}$$

其中,$n_L(x,y)$ 为满足 $N(0,\sigma_n^2)$ 的高斯白噪声。

假设将两个匹配窗口 W_L 和 W_R 分别放置在左右两幅图像的正确对应位置上,即 W_R 放置在右图 $f_R(x,y)$ 的像素(0,0)处,W_L 放置在左图 $f_L(x,y)$ 的像素 $[d_r(0,0),0]$ 处。设 $f_R(u,v)$ 表示 W_R 内 (u,v) 处的强度值,相应的 $f_L[u+d_r(0,0),0]$ 表示 W_L 内对应处的强度值。如果匹配窗口内视差值为常数,即 $d_r(u,v)=d_r(0,0)$,则除去图像噪声的影响后,$f_R(u,v)$ 与 $f_L[u+d_r(0,0),v]$ 是相等的。但通常情况下,匹配窗口内的 $d_r(u,v)$ 为变量。可将 $f_L[u+d_r(u,v),v]$ 在 $d_r(0,0)$ 处展开为一阶泰勒级数形式:

$$f_L[u+d_r(u,v),v]\approx f_L[u+d_r(0,0),v]+ \\ [d_r(u,v)-d_r(0,0)]\frac{\partial}{\partial u}f_L[u+d_r(0,0),v]+n_L(u,v) \tag{7.4.2}$$

将式(7.4.2)代入式(7.4.1),可得

$$f_R(x,y)-f_L[u+d_r(u,v),v]\approx[d_r(u,v)-d_r(0,0)]\frac{\partial}{\partial u}f_L[u+d_r(0,0),v]+n_L(u,v) \tag{7.4.3}$$

首先假定匹配窗口内像素 (u,v) 处的视差 $d_r(u,v)$ 服从如下统计分布模型(~代表满足分布)[Kanade 1991]:

$$d_r(u,v)-d_r(0,0)\sim N(0,k_d\sqrt{u^2+v^2}) \tag{7.4.4}$$

其中,k_d 为代表视差变化程度的常量。

式(7.4.4)的模型表明:像素 (u,v) 处的视差期望值等于窗口中心像素(0,0)处的视差期望值,但是其视差差值的方差却随二者间距离的增大而增大。这可解释为与匹配窗口对应的表面在统计意义上是局部平坦且平行于成像平面的。需要指出,随着匹配窗口尺寸的增大,该假设的不确定性也随之增大。

进一步假定图像 $f_L(x,y)$ 匹配窗口内像素 (u,v) 处图像强度的一阶偏微分服从如下统计模型:

$$\frac{\partial}{\partial u}f_L(u,v)\sim N(0,k_f) \tag{7.4.5}$$

其中,k_f 为表示左图窗口内图像强度局部方向波动程度的常量(见下)。

式(7.4.5)的模型表明:窗口内像素 (u,v) 处的图像强度期望值等于窗口中心像素(0,0)处的图像强度期望值。该假设的不确定性随像素 (u,v) 和像素(0,0)之间距离的增大而增大。

基于以上两个统计模型,以及图像强度一阶偏微分与视差两者间分布相互统计独立的假设,可证明立体图像对之间图像强度差值的统计分布

$$n_S(u,v)=f_R(u,v)-f_L[u+d_r(0,0),v] \tag{7.4.6}$$

可近似为一个高斯白噪声分布[Kanade 1991],即

$$n_S(u,v)\sim N(0,2\sigma_n^2+k_rk_d\sqrt{u^2+v^2}) \tag{7.4.7}$$

其中

$$k_r=E\left\{\left[\frac{\partial}{\partial u}f_L[u+d_r(0,0),v]\right]^2\right\} \tag{7.4.8}$$

由式(7.4.7)和式(7.4.8)可知：匹配窗口内 $f_L(x,y)$ 的一阶偏微分以视差 $d_r(u,v)$ 的波动将与图像噪声 $n_L(u,v)$ 一起构成复合噪声 $n_S(u,v)$。该复合噪声服从零均值的高斯分布，其方差由两部分构成：一部分是常量 $2\sigma_n^2$，来自图像噪声；另一部分是正比于 $\sqrt{u^2+v^2}$ 的变量，来自匹配窗口内的局部不确定性。换句话说，当利用匹配窗口中心像素的周围像素帮助匹配时，也可能增加计算视差时的误差。该不确定性可用能量与中心像素和周围像素间距离成正比的附加噪声描述：匹配窗口内视差为常数时($k_d=0$)，该附加噪声为零；匹配窗口内视差波动越剧烈，周围像素的贡献越不确定。

7.4.2 亚像素级视差计算

假设 $d_0(x,y)$ 为正确视差 $d_r(x,y)$ 的初始估计，将 $f_L[u+d_r(0,0),v]$ 在 $u+d_0(x,y)$ 处进行一阶泰勒级数展开，得到

$$f_L[u+d_r(0,0),v]=f_L[u+d_0(0,0),y]+\Delta d\frac{\partial}{\partial u}f_L[u+d_r(0,0),v] \quad (7.4.9)$$

将式(7.4.9)代入式(7.4.6)，可得

$$n_S(u,v)=f_R(u,v)-f_L[u+d_0(0,0),y]-\Delta d\frac{\partial}{\partial u}f_L[u+d_r(0,0),v] \quad (7.4.10)$$

其中，$\Delta d=d_r(0,0)-d_0(0,0)$ 是需要估计的视差修正量。可证明 Δd 的条件概率密度服从高斯概率分布，所以可进行如下计算。

(1) 先用任意像素级立体匹配算法求得视差初值。

(2) 对于每个待估计亚像素级视差的像素点，选择具有最小不确定性的视差估计窗口并计算视差修正量。

(3) 当视差修正量的计算达到收敛或达到预定迭代次数时停止。

与前面将双目立体匹配算法推广到正交三目立体匹配算法的过程类似，也可将前述亚像素级算法推广到正交三目立体匹配时的情况[Jia 2000b]。此时视差初值的计算方法仍与双目时相同，但为了确定视差估计窗口需先确定匹配方向。为此可根据像素点邻域中的水平、垂直强度变化模式相应地选择匹配方向，并根据局部视差变化模式自适应地确定匹配窗口。在确定匹配窗口后，对视差修正量的计算也与双目时相同。正交三目时亚像素级视差计算的流程图如图 7.4.1 所示。与双目时的情况相比，主要增加了对匹配方向的选择，可参照 7.2.2 小节的方法进行。

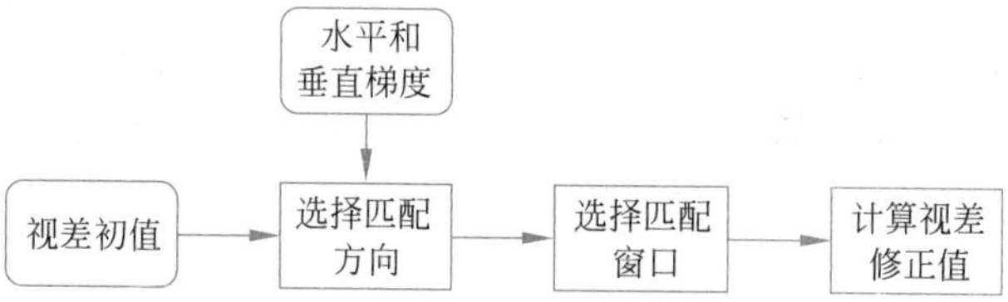

图 7.4.1 正交三目时亚像素级视差计算的流程图

例 7.4.1 亚像素级视差计算示例

图 7.4.2 给出了一组亚像素级视差计算结果示例。图 7.4.2(a)～图 7.4.2(c)分别为对一个正方锥体获得的一组正交三目图像的左、右、顶图，为方便匹配，在锥体的表面贴了一层纹理。图 7.4.2(d)为利用正交三目立体匹配得到的像素级视差图，图 7.4.2(e)为利用双目亚像素级算法得到的亚像素级视差图，图 7.4.2(f)为利用正交三目亚像素级算法得到的亚像素级视差图。图 7.4.2(g)～图 7.4.2(i)是对应图 7.4.2(d)～图 7.4.2(f)的 3-D 立体(透视)图。

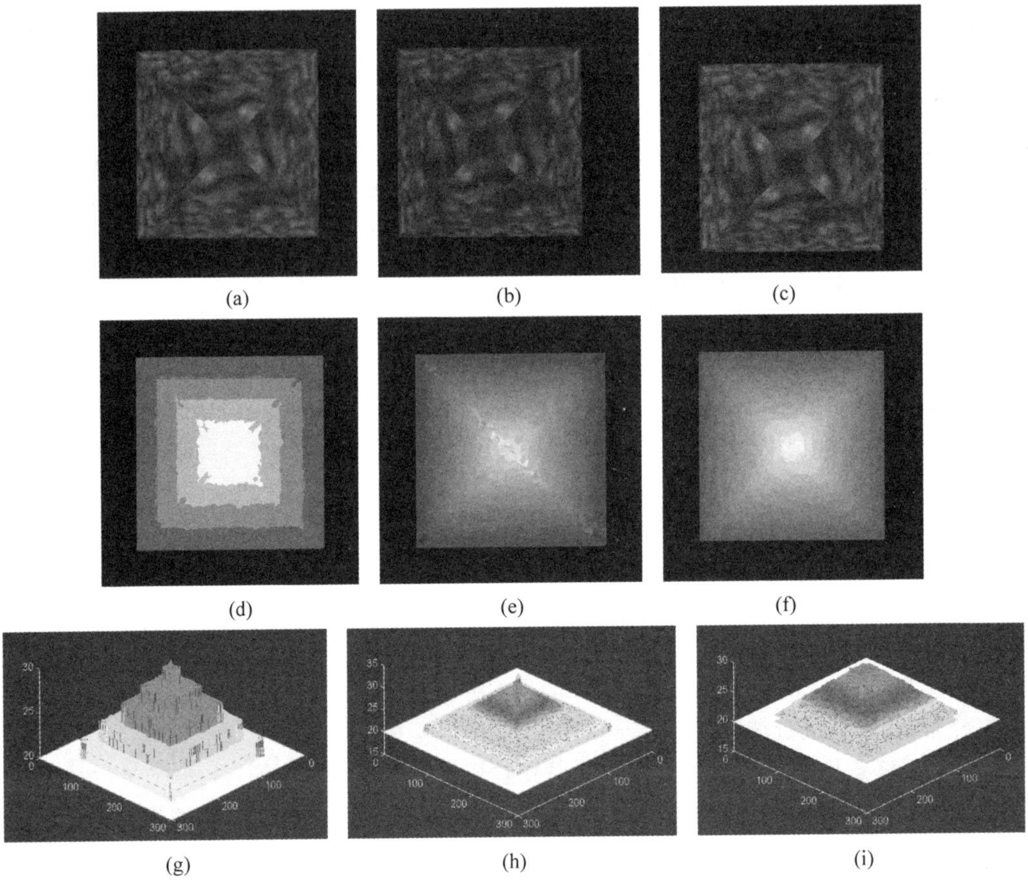

图 7.4.2　亚像素级视差计算结果示例

由图 7.4.2 可见，用双目和正交三目亚像素级算法得到的亚像素级视差图的精度都高于像素级视差图的精度，图 7.4.2(d)和图 7.4.2(g)表明正方锥体成了一系列正方台的叠加。但是比较图 7.4.2(e)和图 7.4.2(f)发现，双目亚像素级算法在提高视差精度的同时产生了新的误匹配区域[图 7.4.2(e)中从左上角到右下角的过白区域]，而用正交三目亚像素级算法得到的视差图却未出现这种问题。□

例 7.4.2　视差计算与体积测量

亚像素级视差计算在许多应用中可提供比像素级视差计算更精确的结果，得到的视差图可能提供更准确的目标测量结果。设例 7.4.1 中锥体的正方形底面边长为 2.4m，锥体高度为 1.2m，其真实体积和由不同立体匹配算法得到的视差图计算出来的锥体体积列在表 7.4.1 中。由表可知，视差计算的精度对测量的精度影响较大。

表 7.4.1　不同算法对锥体体积的计算结果

	真　实　值	像　素　级	亚像素级(双目)	亚像素级(正交三目)
绝对体积/m^3	2.304	3.874	2.834	2.467
相对误差	—	68%	23%	7%

□

例 7.4.3　亚像素级视差计算实例

图 7.4.3 给出了一组亚像素级视差计算实例，使用的原始图像仍然是图 6.2.3(a)、图 6.2.3(b)和图 7.2.5(a)。图 7.4.3(a)是用正交三目立体匹配算法得到的像素级视差图

(因为分辨率低，存在方块效应)，图 7.4.3(b)是以图 7.4.3(a)为视差初值，利用双目亚像素级视差算法得到的亚像素级视差图，图 7.4.3(c)是以图 7.4.3(a)为视差初值，利用正交三目亚像素级视差算法得到的亚像素级视差图，比图 7.4.3(b)的误匹配点少。

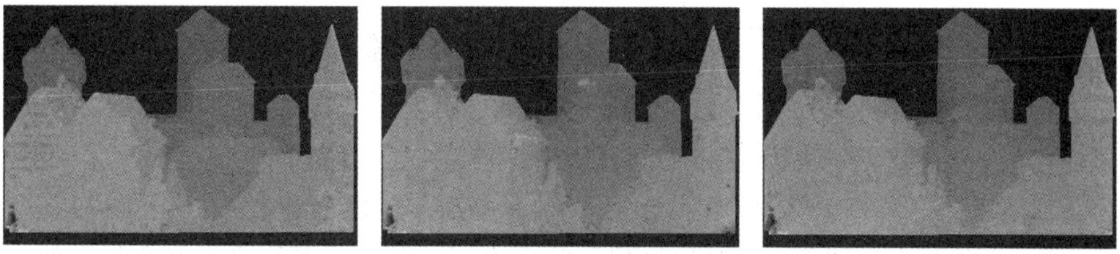

(a)　(b)　(c)

图 7.4.3　亚像素级视差计算实例

□

总结和复习　　随堂测试

第8章

教学视频

单目多图像景物恢复

第 6 章和第 7 章介绍的立体视觉方法是根据摄像机在不同位置获得的多幅图像以恢复景物的深度,可看作将多幅图像之间的冗余信息转化为深度信息。获取含有冗余信息的多幅图像也可利用在同一位置采集变化的景物图像得到。这些图像可用一台(固定)摄像机得到,所以也称单目方法(立体视觉的方法都是基于多目多幅图像的方法)。基于获得的(单目)多幅图像可确定景物的表面朝向,而由景物的表面朝向可直接得到景物各部分之间的相对深度,实际中也可进一步得到景物的绝对深度。

本章介绍基于单目多幅图像对景物进行恢复的基本思路和方法。实际中,基于单目单幅图像也可能对景物进行恢复(需借用一些其他信息或知识),将在第 9 章介绍。

根据上述讨论,本章各节将安排如下。

8.1 节对单目景物恢复方法给予概括介绍,并建立本章与第 9 章的联系。

8.2 节介绍利用一系列视角相同但光照不同的图像确定景物表面朝向(从而获得景物各部分间相对深度)的光度立体法。

8.3 节进一步讨论近期光度立体法的新进展,包括光源标定、非朗伯表面、彩色光度立体法和 3D 重建 4 方面。

8.4 节介绍一种基于生成对抗网络的光度立体法标定方法。

8.5 节讨论通过检测和计算运动景物的光流场获取景物表面朝向和结构的原理和技术。

8.6 节介绍一种采用剪影分割技术实现由目标剪影恢复其形状的单目视频景物恢复方法。

8.1 单目景物恢复

立体视觉方法是一种恢复景物深度信息的重要方法。其优点是几何关系非常明确,缺点是需要确定双目或多目图像中的对应点,这是一个很困难的问题,特别是在照明不一致或有阴影时。另外,采用立体视觉方法需要使景物上的若干点同时出现在需要确定对应点的所有图像中。实际中受视线遮挡的影响,并不能保证不同摄像机的视场相同,导致对应点检测困难并影响匹配。此时如果缩短基线长度,可能减小遮挡的影响,但对应点的匹配精度会下降。

为避免复杂的对应点匹配问题,也常采用基于单目图像(仅使用位置固定的单台摄像机,但可拍摄单幅或多幅图像)中的各种 3-D 线索恢复景物的方法[Pizlo 1992]。由于将 3-D 世界投影到 2-D 图像时有一个维度丢失,所以恢复景物的关键是恢复丢失的那个维度。

值得指出,在从 3-D 景物获取 2-D 图像的过程中,一些有用信息确实由于投影丢失了,但也有一些信息转换形式保留了下来(或者说在 2-D 图像中还有景物的 3-D 线索)。例如在成像过程中,原来景物的有关形状的信息会在成像时转换为图像中与原景物形状对应的明暗影调信息(或者说在光照确定的情况下,图像中的亮度变化与景物形状有关),因此根据图像的影调可设法恢复景物的表面形状,称为**从影调恢复形状**或**由影调恢复形状**。又如在透视投影下,有关景物形状的信息会保留在景物表面纹理的变化中(景物表面的不同朝向会导致不同的表面纹理变化),因此通过对纹理变化的分析可确定景物表面不同的取向,进而设法恢复其表面形状,称为**从纹理恢复形状**或**由纹理恢复形状**。如果景物在图像采集过程中产生运动,则在由多幅图像组成的图像序列中会产生光流,光流的大小和方向随景物表面的朝向而不同,因而可用于确定运动景物的3-D结构,称为**从运动恢复形状**或**由运动恢复形状**。如果成像中变换光源位置可得到不同光照条件下的多幅图像,同一景物表面的图像亮度随景物形状而不同,因而可用于确定3-D景物的形状。这时的多幅图像不是对应不同的视点,而是对应不同的光照,称为**从光照恢复形状**或**由光照恢复形状**。

上面列举的4个景物恢复例子中,前两种情况仅需采集单幅图像,将在第9章介绍;后两种情况均需采集多幅图像,将在本章后面介绍。除了这4种较常用和通用的景物恢复方法外,还将选择几个比较特殊的技术进行介绍。对于这些技术,根据其需求采集多幅或单幅图像分别放在本章或第9章中进行讨论。

8.2 光度立体法

光度立体法也称**光度学体视**,是一种借助一系列在相同观察视角但不同光照条件下采集的图像恢复景物表面朝向的方法。光度立体法常用于照明条件比较容易控制或确定的环境中。

8.2.1 景物亮度和图像亮度

光源发光并射到景物上,导致景物产生一定的亮度。在对景物成像时,景物亮度会转换为图像亮度。景物亮度和图像亮度是两个既有联系又有区别的概念。成像时,前者与**辐射亮度**或**亮度(辉度)**有关,而后者与**辐照度**或**照度**有关。具体来说,前者对应景物(看作光源)表面射出的光通量,它是光源表面单位面积在单位立体角内发出的功率,物理单位为$W \cdot m^{-2} \cdot S_r^{-1}$;后者对应照射到景物表面的光通量,它是射到景物表面单位面积的功率,物理单位为$W \cdot m^{-2}$。在光学成像时,景物在(成像系统的)图像平面成像,所以景物亮度对应景物表面射出的光通量,而图像亮度则对应图像平面得到的光通量。

3-D景物成像后得到的图像亮度取决于许多因素,例如,一个理想的漫射表面受到点光源照射时反射的光强度与入射光强度、表面光反射系数和光入射角(视线与入射线间的夹角)的余弦都成正比。在更一般的情况下,图像亮度受景物本身的形状、空间的姿态、表面反射特性、景物与图像采集系统的相对朝向和位置、采集装置的敏感度及光源的辐射强度和分布等的影响,并不代表场景的本征特性。

1. 景物亮度与图像亮度的关系

现在讨论一个点光源的辐射亮度(景物亮度)与图像上对应点的照度(图像亮度)之间的关系[Horn 1986]。如图8.2.1所示,一个直径为d的镜头放在距图像平面λ处(λ为镜头焦距)。设景物表面某块面元的面积为δO,而对应图像像元的面积为δI。景物面元到镜头中心的光线与光学轴的夹角为α,与景物表面面元法线$\boldsymbol{N}$的夹角为θ。景物沿光轴离开镜头的距离为z(设由镜头指向图像的方向为正向,图中记为$-z$)。

从镜头中心观察到的图像像元的面积为$\delta I \times \cos\alpha$,而图像像元与镜头中心的实际距离为$\lambda/\cos\alpha$,所以图像像元所对的**立体角**(见2.2.1小节)为$\delta I \times \cos\alpha/(\lambda/\cos\alpha)^2$;类似可知,从镜头中心观察到的景物面元所对的立体角为$\delta O \times \cos\theta/(z/\cos\alpha)^2$。由两个立体角相等可得到

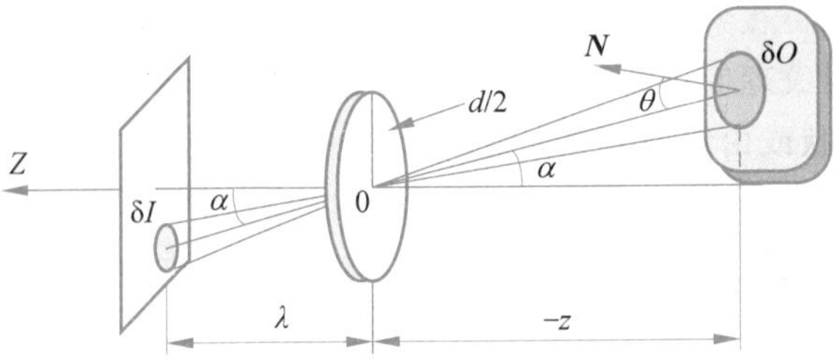

图 8.2.1　景物表面面元与对应的图像像元

$$\frac{\delta O}{\delta I}=\frac{\cos\alpha}{\cos\theta}\left(\frac{z}{\lambda}\right)^2 \tag{8.2.1}$$

再判断景物表面射出的光有多少穿越镜头。因为镜头面积为 $\pi(d/2)^2$，所以由图 8.2.1 可知，从景物面元观察到的镜头所对的立体角为

$$\Omega=\frac{\pi d^2}{4}\cos\alpha\,\frac{1}{(z/\cos\alpha)^2}=\frac{\pi}{4}\left(\frac{d}{z}\right)^2\cos^3\alpha \tag{8.2.2}$$

光从景物表面面元 δO 射出并穿越镜头的功率为

$$\delta P=L\times\delta O\times\Omega\times\cos\theta=L\times\delta O\times\frac{\pi}{4}\left(\frac{d}{z}\right)^2\cos^3\alpha\cos\theta \tag{8.2.3}$$

其中，L 为景物表面朝镜头方向的景物亮度。由于从景物其他区域射来的光线不会到达图像面元 δI，所以该面元得到的照度为

$$E=\frac{\delta P}{\delta I}=L\times\frac{\delta O}{\delta I}\times\frac{\pi}{4}\left(\frac{d}{z}\right)^2\cos^3\alpha\cos\theta \tag{8.2.4}$$

将式(8.2.1)代入式(8.2.4)，最终得到

$$E=L\times\frac{\pi}{4}\left(\frac{d}{\lambda}\right)^2\cos^4\alpha \tag{8.2.5}$$

由式(8.2.5)可知，测量得到的面元照度 E 与所感兴趣的景物亮度 L 及镜头面积成正比，与镜头焦距的平方成反比。摄像机运动产生的照度变化体现在夹角 α 上。

2. 双向反射分布函数

当对观测景物成像时，景物亮度 L 不仅与入射到景物表面的光通量和入射光被反射的比例有关，还与光反射的几何因素有关，即与光照方向和视线方向有关。图 8.2.2 所示的坐标系统中，$\boldsymbol{N}$ 为表面面元的法线，OR 为任一参考线，一条光线 $\boldsymbol{I}$ 的方向可用该光线与面元法线间的夹角 θ（称为极角）和该光线在景物表面的正投影与参考线之间的夹角 ϕ（称为方位角）表示。

借助此坐标系统可用(θ_i,ϕ_i)表示入射到景物表面光线的方向，并用(θ_e,ϕ_e)表示反射到观察者视线的方向，如图 8.2.3 所示。

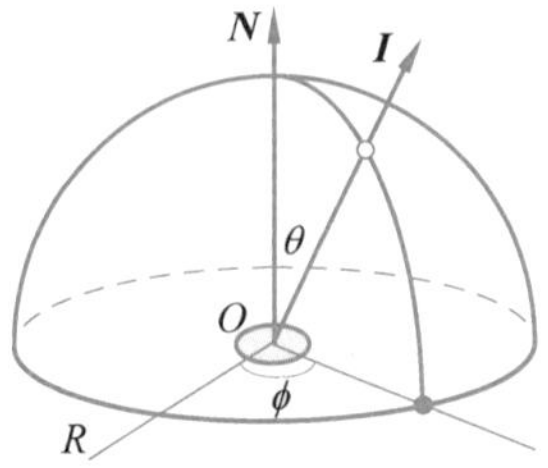

图 8.2.2　指示光线方向的极角 θ 和方位角 ϕ

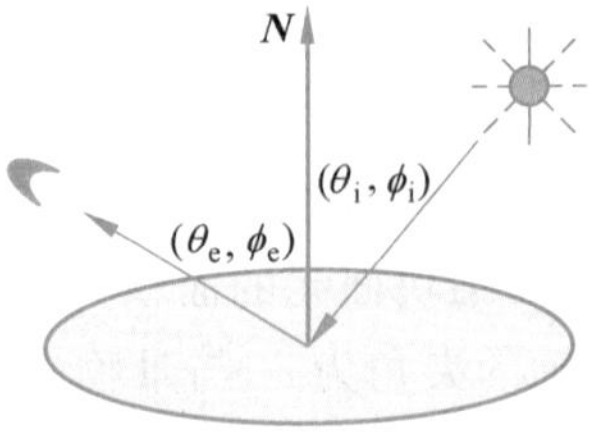

图 8.2.3　双向反射分布函数示意

现在可定义对理解表面反射非常重要的**双向反射分布函数**(BRDF)，以下将其记为 $f(\theta_i,\phi_i;\theta_e,\phi_e)$，表示当光线沿方向$(\theta_i,\phi_i)$入射到景物表面而观察者在方向$(\theta_e,\phi_e)$观察到的表面

亮度情况。双向反射分布函数的单位是立体角的倒数(Sr^{-1}),其取值为零到无穷大(此时任意小的入射都会导致观察到辐射)。注意 $f(\theta_i,\phi_i;\ \theta_e,\phi_e)=f(\theta_e,\phi_e;\ \theta_i,\phi_i)$,即双向反射分布函数关于入射和反射方向对称。设沿$(\theta_i,\phi_i)$方向入射到景物表面,使景物得到的照度为 $\delta E(\theta_i,\phi_i)$,由$(\theta_e,\phi_e)$方向观察到的反射(发射)亮度为 $\delta L(\theta_e,\phi_e)$,双向反射分布函数就是亮度与照度的比值,即

$$f(\theta_i,\phi_i;\ \theta_e,\phi_e)=\frac{\delta L(\theta_e,\phi_e)}{\delta E(\theta_i,\phi_i)} \tag{8.2.6}$$

进一步考虑扩展光源(参见 2.2.1 小节)的情况。在图 8.2.4 中,天空(可看作半径为 1 的半球面)中一个无穷小的面元沿极角的宽度为 $\delta\theta_i$,沿方位角的宽度为 $\delta\phi_i$。与此面元对应的立体角 $\delta\omega=\sin\theta_i\delta\theta_i\delta\phi_i$(其中 $\sin\theta_i$ 考虑了折合后的球面半径)。设 $E_o(\theta_i,\phi_i)$为沿(θ_i,ϕ_i)方向单位立体角的照度,则面元的照度为 $E_o(\theta_i,\phi_i)\sin\theta_i\delta\theta_i\delta\phi_i$,而整个表面接受的照度为

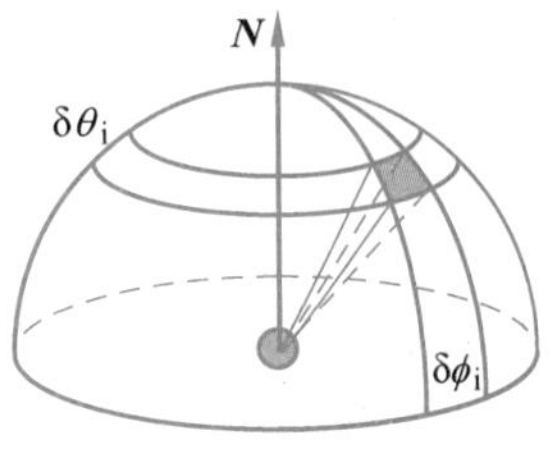

图 8.2.4 在扩展光源情况下求解表面亮度的示意图

$$E=\int_{-\pi}^{\pi}\int_{0}^{\pi/2}E_o(\theta_i,\phi_i)\sin\theta_i\cos\theta_i\mathrm{d}\theta_i\mathrm{d}\phi_i \tag{8.2.7}$$

其中,$\cos\theta_i$ 考虑了表面沿(θ_i,ϕ_i)方向投影的影响(投影到与法线垂直的平面上)。

为得到整个表面的亮度,需要将双向反射分布函数与面元照度的乘积在光可能射入的半球面上加起来(积分),借助式(8.2.6),有

$$L(\theta_e,\phi_e)=\int_{-\pi}^{\pi}\int_{0}^{\pi/2}f(\theta_i,\phi_i;\ \theta_e,\phi_e)E_o(\theta_i,\phi_i)\sin\theta_i\cos\theta_i\mathrm{d}\theta_i\mathrm{d}\phi_i \tag{8.2.8}$$

以上结果是一个双变量(θ_e 和 ϕ_e)函数,两个变量指示了射向观察者光线的方向。

需要指出,双向反射分布函数(BRDF)是互易的,也就是说,由于光传输的物理特性,方向(θ_i,ϕ_i)和方向(θ_e,ϕ_e)的角色可以互换,得到的结果相同(也称**亥姆霍兹互易性**)。

例 8.2.1 常见入射和观测方式

常见的光入射和观测方式包括图 8.2.5 所示的 4 种基本形式,其中 θ 表示入射角,ϕ 表示方位角。它们是漫入射 d_i 和定向(θ_i,ϕ_i)入射以及漫反射 d_e 和定向(θ_e,ϕ_e)观测的两两组合。其反射比依次为漫入射-漫反射 $\rho(d_i;\ d_e)$、定向入射-漫反射 $\rho(\theta_i,\phi_i;\ d_e)$、漫入射-定向观测 $\rho(d_i;\ \theta_e,\phi_e)$和定向入射-定向观测 $\rho(\theta_i,\phi_i;\ \theta_e,\phi_e)$。

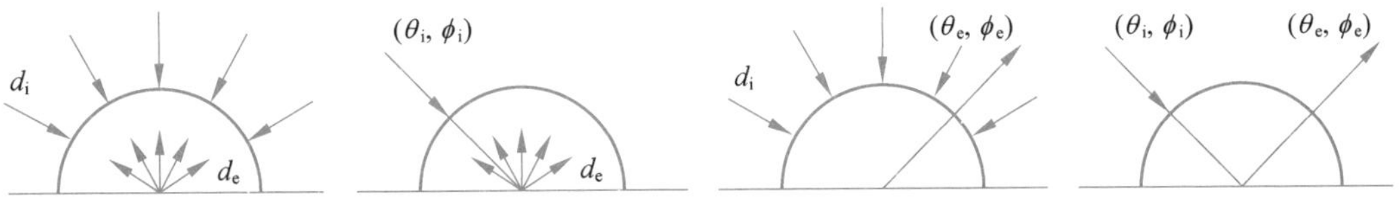

图 8.2.5 4 种基本的光入射和观测方式 □

8.2.2 表面反射特性和亮度

双向反射分布函数指示了表面的反射特性,不同表面具有不同的反射特点。下面仅考虑两种极端情况:理想散射表面和理想镜面反射表面。

理想散射表面也称**朗伯表面**或**漫反射表面**,从所有方向观察它都同样亮(与观察视线与表面法线之间的夹角无关),并完全不吸收地反射所有入射光。由此可知,理想散射表面的 $f(\theta_i,\phi_i;\ \theta_e,\phi_e)$为常数(不依赖于角度),此常数可按照下式计算。一个表面在所有方向上的亮度积分应与该表面得到的总照度相等,即

$$\int_{-\pi}^{\pi}\int_{0}^{\pi/2} f(\theta_i,\phi_i;\ \theta_e,\phi_e)E(\theta_i,\phi_i)\cos\theta_i\sin\theta_e\cos\theta_e\mathrm{d}\theta_e\mathrm{d}\phi_e = E(\theta_i,\phi_i)\cos\theta_i \tag{8.2.9}$$

其中两边均乘以 $\cos\theta_i$ 以转换到 $\boldsymbol{N}$ 方向上。由上式可解出理想散射表面的 BRDF 为

$$f(\theta_i,\phi_i;\ \theta_e,\phi_e) = 1/\pi \tag{8.2.10}$$

由上可知，理想散射表面亮度 L 与照度 E 的关系为

$$L = E/\pi \tag{8.2.11}$$

例 8.2.2　朗伯表面的法线

实际常见的磨砂表面会发散地反射光线，理想情况下的磨砂表面模型就是朗伯模型。朗伯表面的反射性仅依赖于入射角 i，反射性随 i 的变化量为 $\cos i$。对于给定的反射光强度 I，可知入射角满足 $\cos i = C\times I$，C 为常数，即常数反射系数(albedo)。因此，i 也为常数。由此可得到结论：表面法线处于围绕入射光线方向的方向圆锥上，该圆锥的半角为 i，圆锥的轴指向照明的点源，即圆锥以入射光方向为中心。

在两条线上相交的两个方向圆锥可定义两个空间方向，如图 8.2.6 所示。所以，要使表面法线完全没有歧义，还需要第 3 个圆锥。当使用 3 个光源时，各表面法线一定与 3 个圆锥中的每一个有共同的顶点：两个圆锥有两条交线，而第 3 个处于常规位置的圆锥会将范围减少到单条线，从而对表面法线的方向给出唯一的解释和估计。注意，如果有些点隐藏在后面，没有被某个光源的光线射到，则仍会有歧义。事实上，3 个光源不能处于同一条直线上，应相对于表面分开，且互相之间不遮挡。

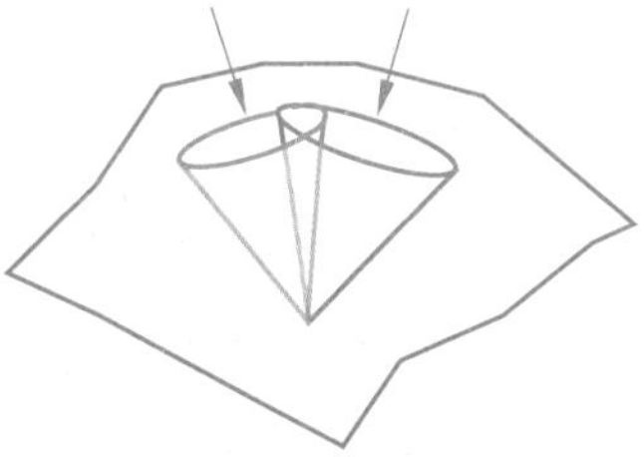

图 8.2.6　在两条线上相交的两个方向圆锥

如果表面的绝对反射系数 R 未知，则需要第 4 个圆锥。使用 4 个光源能确定一个未知或非理想特性表面的朝向。但这种情况并不总是必要的。例如 3 条光线互相正交时，相对于各个轴的夹角的余弦之和一定为 1，这说明只有两个角度是独立的。所以，用 3 组数据就可确定 R 及两个独立的角度，即得到完全的解。实际应用中使用 4 个光源能确定任何不一致的解释，这种不一致可能来自存在高光反射元素的情况。□

理想镜面反射表面像镜面一样全反射(如景物上的高亮区是景物局部对光源进行镜面反射的结果，所以也称高光反射)，反射的光波长仅取决于光源，与反射面的颜色无关。与理想散射表面不同，一个理想镜面反射表面可将所有从 (θ_i,ϕ_i) 方向射入的光全部反射到 (θ_e,ϕ_e) 方向，此时入射角与反射角相等，如图 8.2.7 所示。理想镜面反射表面的 BRDF 将正比于(比例系数为 k)脉冲 $\delta(\theta_e-\theta_i)$ 与 $\delta(\phi_e-\phi_i-\pi)$ 的乘积。

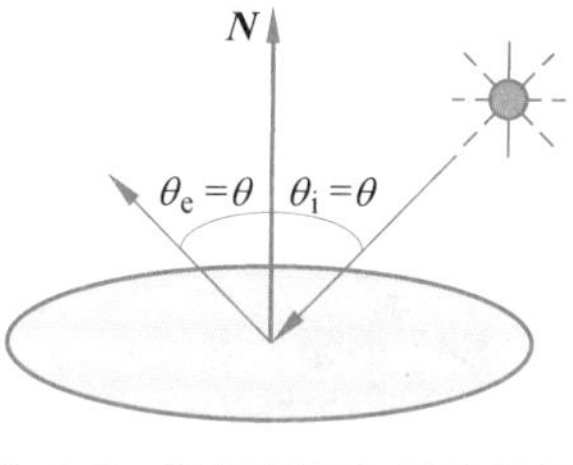

图 8.2.7　理想镜面反射表面示意

为求比例系数 k，对表面所有方向的亮度求积分，其应与表面得到的总照度相等，即

$$\int_{-\pi}^{\pi}\int_{0}^{\pi/2} k\delta(\theta_e-\theta_i)\delta(\phi_e-\phi_i-\pi)\sin\theta_e\cos\theta_e\mathrm{d}\theta_e\mathrm{d}\phi_e = k\sin\theta_i\cos\theta_i = 1 \tag{8.2.12}$$

可解出理想镜面反射表面的 BRDF 为

$$f(\theta_i,\phi_i;\ \theta_e,\phi_e) = \frac{\delta(\theta_e-\theta_i)\delta(\phi_e-\phi_i-\pi)}{\sin\theta_i\cos\theta_i} \tag{8.2.13}$$

当光源为扩展光源时，将上式代入式(8.2.8)，可得理想镜面反射表面的亮度为

$$L(\theta_e,\phi_e)=\int_{-\pi}^{\pi}\int_{0}^{\pi/2}\frac{\delta(\theta_e-\theta_i)\delta(\phi_e-\phi_i-\pi)}{\sin\theta_i\cos\theta_i}E(\theta_i,\phi_i)\sin\theta_i\cos\theta_i\mathrm{d}\theta_i\mathrm{d}\phi_i=E(\theta_e,\phi_e-\pi) \tag{8.2.14}$$

即极角未变,但方位角旋转了 180°。

实际应用中理想散射表面和理想镜面反射表面都较少见,许多表面既具有理想散射表面的性质,又具有理想镜面反射表面的性质(更多讨论可见 8.3.2 小节)。换句话说,实际表面的 BRDF 是式(8.2.10)与式(8.2.13)的加权和。

8.2.3 景物表面朝向

景物表面的朝向是对该表面的一个重要描述。一个光滑表面上的每个点都有一个对应的切面,可用这个切面的朝向表示表面在该点的朝向。而表面的法线矢量,即与切面垂直的(单位)矢量可以指示切面的朝向。如果借用高斯球坐标系统(见 5.2.2 小节),并将这个法线矢量的尾端置于球的中心,那么矢量的顶端将与球面相交于一个特定点,这个相交点可用于标记表面朝向。法线矢量有两个自由度,所以交点在球面上的位置可用两个变量表示,例如使用极角和方位角,或者使用经度和纬度。

上述变量的选定与坐标系统的设置有关。一般为方便起见,常将坐标系统的一个轴与成像系统的光轴重合,并将系统原点置于镜头的中心,而使另外两个轴与图像平面平行。在右手系统中,可使 Z 轴指向图像,如图 8.2.8 所示。这样景物表面可用与镜头平面(即与像平面平行)正交的距离 $-z$ 描述。

将表面法线矢量用 z 及 z 对 x、y 的偏导数表示。表面法线与表面切面上的所有线垂直,所以求切面上任意两条不平行直线的外(叉)积,即可得到表面法线,可参见图 8.2.9。

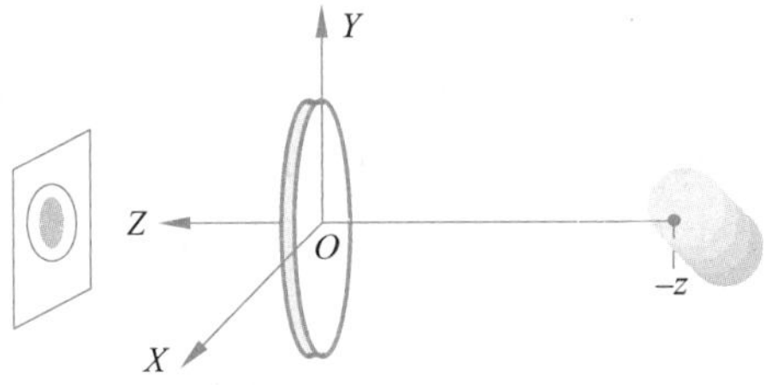

图 8.2.8 用与镜头平面正交的距离描述表面

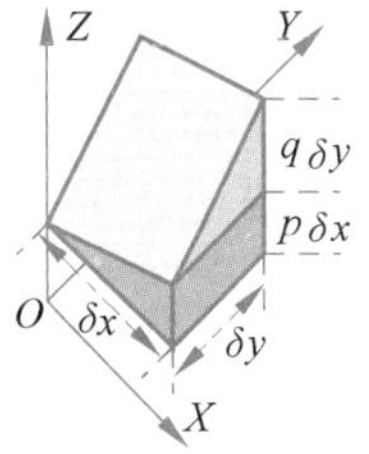

图 8.2.9 用偏微分参数化表面朝向

如果从一个给定点 (x,y) 沿 X 轴方向取一个小的步长 δx,根据泰勒展开式可知,沿 Z 轴方向的变化为 $\delta z=\delta x\times\partial z/\partial x+e$,其中 e 包括高阶项。以下分别用 p、q 代表 z 对 x、y 的偏导,一般也将 (p,q) 称为表面梯度。这样沿 X 轴方向的矢量为 $[\delta x\quad 0\quad p\delta x]^{\mathrm{T}}$,则平行于矢量 $\boldsymbol{r}_x=[1\quad 0\quad p]^{\mathrm{T}}$ 的直线过切面的 (x,y) 处。类似地,平行于矢量 $\boldsymbol{r}_y=[0\quad 1\quad q]^{\mathrm{T}}$ 的直线也过切面的 (x,y) 处。表面法线可通过求这两条直线的外积得到。最后确定是使法线指向观察者,还是离开观察者。如果指向观察者(取反向),则有

$$\boldsymbol{N}=\boldsymbol{r}_x\times\boldsymbol{r}_y=[1\quad 0\quad p]^{\mathrm{T}}\times[0\quad 1\quad q]^{\mathrm{T}}=[-p\quad -q\quad 1]^{\mathrm{T}} \tag{8.2.15}$$

表面法线上的单位矢量为

$$\hat{\boldsymbol{N}}=\frac{\boldsymbol{N}}{|\boldsymbol{N}|}=\frac{[-p\quad -q\quad 1]^{\mathrm{T}}}{\sqrt{1+p^2+q^2}} \tag{8.2.16}$$

下面计算景物表面法线与镜头方向的夹角 θ_e。设景物相当接近光轴,则从景物到镜头的单位观察矢量 $\hat{\boldsymbol{V}}$ 可认为是 $[0\quad 0\quad 1]^{\mathrm{T}}$,所以由两个单位矢量的点积运算结果可得到

$$\hat{\boldsymbol{N}} \cdot \hat{\boldsymbol{V}} = \cos\theta_e = \frac{1}{\sqrt{1+p^2+q^2}} \tag{8.2.17}$$

当光源与景物之间的距离比景物本身的线度大很多时,光源方向可仅用一个固定的矢量指示,与该矢量对应的表面朝向与光源射出的光线是正交的。如果景物表面的法线可用 $[-p_s \quad -q_s \quad 1]^T$ 表示,则当光源和观察者都位于景物同一侧时,光源光线的方向可用梯度 (p_s, q_s) 指示。

8.2.4 反射图和亮度约束方程

现在考虑将像素灰度(图像亮度)与像素梯度(表面朝向)联系起来。

1. 反射图

设点光源照射一个朗伯表面,照度为 E,根据式(8.2.10),其亮度为

$$L = \frac{1}{\pi} E \cos\theta_i \quad \theta_i \geqslant 0 \tag{8.2.18}$$

其中,θ_i 为表面法线矢量 $[-p \quad -q \quad 1]^T$ 与指向光源矢量 $[-p_s \quad -q_s \quad 1]^T$ 间的夹角。注意,由于亮度不能为负,所以有 $0 \leqslant \theta_i \leqslant \pi/2$。求两个单位矢量的内积可得

$$\cos\theta_i = \frac{1+p_s p + q_s q}{\sqrt{1+p^2+q^2}\sqrt{1+p_s^2+q_s^2}} \tag{8.2.19}$$

代入式(8.2.18),可得到景物亮度与表面朝向的关系。将得到的关系函数记为 $R(p,q)$,并将其作为梯度 (p,q) 的函数以等值线形式画出而得到的图称为**反射图**。一般将 PQ 平面称为**梯度空间**,其中每一点 (p,q) 对应一个特定的表面朝向。处于原点的点代表所有垂直于观察方向的平面。反射图取决于目标表面材料的性质和光源的位置,或者说反射图中综合了表面反射特性和光源分布的信息。

图像照度正比于若干常数,包括焦距 λ 平方的倒数和光源的固定亮度。实际中常将反射图归一化以便统一描述。对于由一个远距离点光源照明的朗伯面,有

$$R(p,q) = \frac{1+p_s p + q_s q}{\sqrt{1+p^2+q^2}\sqrt{1+p_s^2+q_s^2}} \tag{8.2.20}$$

由上式可知,景物亮度与表面朝向的关系可由反射图获得。对于朗伯表面来说,等值线是嵌套的圆锥曲线,因为,由 $R(p,q)=c$ 可得 $(1+p_s p+q_s q)^2 = c^2(1+p^2+q^2)(1+p_s^2+q_s^2)$。$R(p,q)$ 的最大值在 $(p,q)=(p_s,q_s)$ 处取得。

例 8.2.3　朗伯表面反射图示例

图 8.2.10 给出了 3 个朗伯表面反射图的示例,其中图 8.2.10(a)为 $p_s=0, q_s=0$ 时的情况(嵌套的同心圆);图 8.2.10(b)为 $p_s \neq 0, q_s=0$ 时的情况(椭圆或双曲线);图 8.2.10(c)为 $p_s \neq 0, q_s \neq 0$ 时的情况(双曲线)。

现在考虑另一种极端情况,称为**各向同性辐射表面**。如果一个景物表面可向各方向均匀辐射(物理上并不可实现),则当倾斜地观察时会觉得它比较亮。因为倾斜减少了可见的表面积,而由假设可知,辐射本身并未变化,所以单位面积的辐射量会较大。此时表面的亮度取决于辐射角余弦的倒数。考虑到景物表面在光源方向上的投影,可知亮度正比于 $\cos\theta_i / \cos\theta_e$。因为 $\cos\theta_e = 1/(1+p^2+q^2)^{1/2}$,所以有

$$R(p,q) = \frac{1+p_s p + q_s q}{\sqrt{1+p_s^2+q_s^2}} \tag{8.2.21}$$

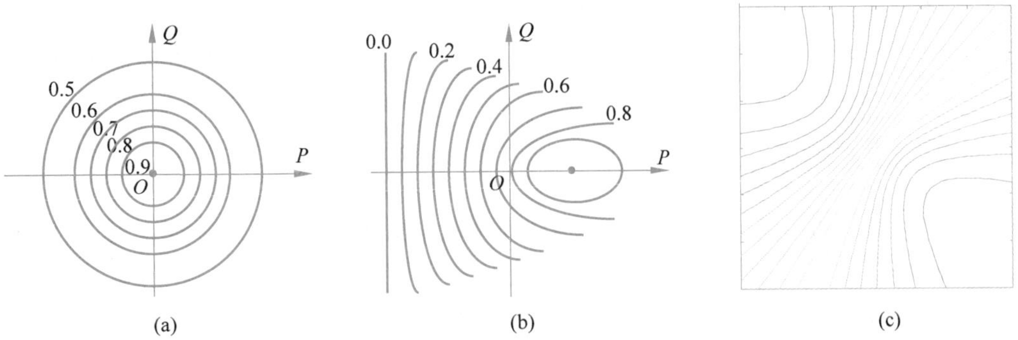

图 8.2.10　朗伯表面反射图示例 □

等值线变为了平行直线，因为由 $R(p,q)=c$ 可得 $(1+p_s p+q_s q)=c(1+p_s^2+q_s^2)^{1/2}$。这些直线与方向 (p_s,q_s) 正交。

例 8.2.4　各向同性辐射表面反射图示例

图 8.2.11 为各向同性辐射表面反射图的示例，设 $p_s/q_s=1/2$，则等值线（直线）的斜率为 2。

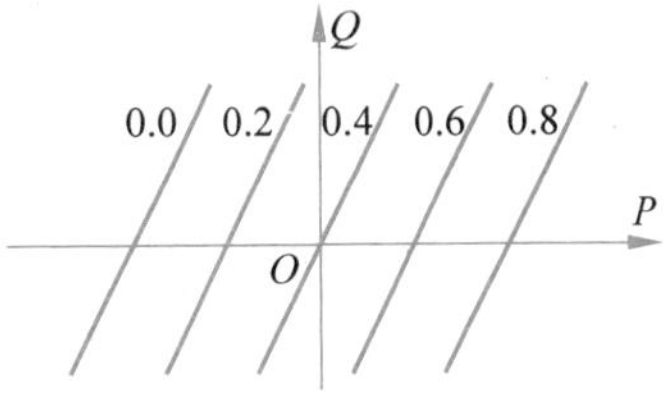

图 8.2.11　各向同性辐射表面反射图示例 □

2. 亮度约束方程

反射图表示表面亮度与表面朝向之间的依赖关系。图像上点的照度 $E(x,y)$ 正比于景物表面对应点的亮度。设该点的表面梯度为 (p,q)，则该点的亮度可记为 $R(p,q)$。如果通过归一化将比例系数定为单位值，可得

$$E(x,y)=R(p,q) \tag{8.2.22}$$

称为**图像亮度约束方程**，表明图像中 (x,y) 处像素的灰度 $I(x,y)$ 取决于该像素由 (p,q) 表达的反射特性 $R(p,q)$。图像亮度约束方程将图像平面 XY 中任一位置 (x,y) 的亮度与用某一梯度空间 PQ 表达的采样单元的取向 (p,q) 联系在了一起。图像亮度约束方程在由图像恢复目标表面形状中起着重要作用。

设一个朗伯表面的球体被一个点光源照亮，且观察者也处于点源位置。因为有 $\theta_e=\theta_i$ 和 $(p_s,q_s)=(0,0)$，所以由式(8.2.20)，亮度与梯度的关系为

$$R(p,q)=\frac{1}{\sqrt{1+p^2+q^2}} \tag{8.2.23}$$

如果此球体的中心在光轴上，则其表面方程为

$$z=z_0+\sqrt{r^2-(x^2+y^2)} \quad x^2+y^2\leqslant r^2 \tag{8.2.24}$$

其中，r 为球的半径；$-z_0$ 为球中心与镜头间的距离（如图 8.2.12 所示）。

根据 $p=-x/(z-z_0)$ 和 $q=-y/(z-z_0)$，可得 $(1+p^2+q^2)^{1/2}=r/(z-z_0)$，最后得到

$$E(x,y)=R(p,q)=\sqrt{1-\frac{x^2+y^2}{r^2}} \tag{8.2.25}$$

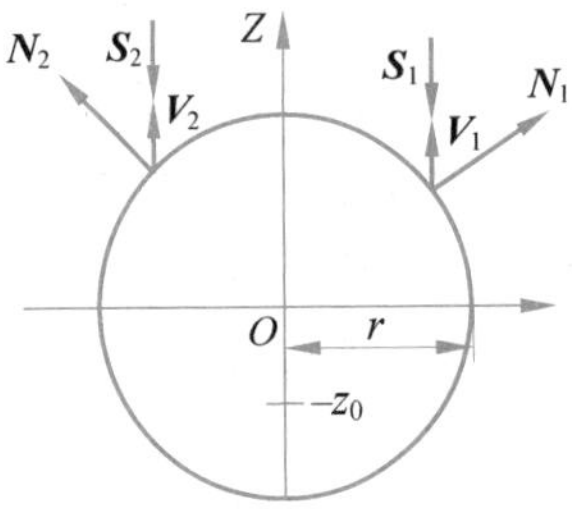

图 8.2.12　球面亮度随位置的变化

由上式可见，亮度由图像中心的最大值逐渐减到图像边缘的零值。考虑图 8.2.12 中标出的光源方向 $\boldsymbol{S}$、视线方向 $\boldsymbol{V}$ 和表面方向 $\boldsymbol{N}$，也可得到相同结论。当人观察到这种阴影变化时，认为图像是由圆形或球形景物成像得到的。但如果球的表面各

部分具有不同的反射特性，得到的图像和产生的感觉都会不同。例如，当反射图由式(8.2.21)表示且$(p_s,q_s)=(0,0)$时，可得到一个亮度均匀的圆盘。对习惯于观察具有朗伯表面反射特性的人来说，这个球面看起来显得比较平坦。

8.2.5 光度立体法求解

对于一幅给定的图像，人们常常希望恢复原来成像景物的形状。从 p 和 q 确定的表面朝向到反射图 $R(p,q)$ 确定的亮度间的对应关系是唯一的，反过来却不一定。实际中常有无穷个表面朝向对应相同的亮度，在反射图上这些对应相同亮度的朝向是由等值线连接的。有些情况下，可利用亮度最大或最小的特殊点帮助确定表面朝向。根据式(8.2.20)，对于一个朗伯表面来说，只有当$(p,q)=(p_s,q_s)$ 时，才有 $R(p,q)=1$，所以此时给定了表面亮度，就可唯一地确定表面朝向。但一般情况下，表面亮度与表面朝向的对应关系并不是唯一的，因为每个空间位置亮度只有一个自由度（亮度值），而朝向有两个自由度（两个梯度值）。

这样看来，为恢复表面朝向需要引入新的信息。要确定两个未知数 p 和 q 需要两个方程，利用不同光线下（如图 8.2.13 所示）采集的两幅图，每个图像点可产生两个方程：

$$R_1(p,q)=E_1$$

$$R_2(p,q)=E_2 \tag{8.2.26}$$

若这些方程是线性独立的，则对 p、q 有唯一的解。若这些方程不是线性的，则 p、q 无解，或者有多个解。表面亮度与表面朝向对应不唯一是一个病态问题，采集两幅图像相当于通过增加设备的办法提供附加条件以解决病态问题。

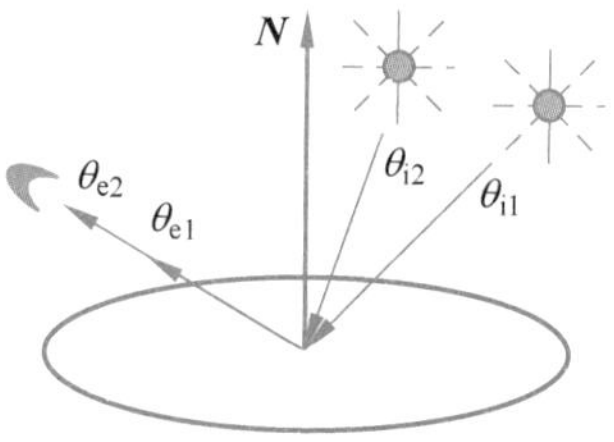

图 8.2.13　光度立体法中照明情况的变化

例 8.2.5　光度立体法求解计算

设

$$R_1(p,q)=\sqrt{\frac{1+p_1p+q_1q}{r_1}} \quad R_2(p,q)=\sqrt{\frac{1+p_2p+q_2q}{r_2}}$$

其中

$$r_1=1+p_1^2+q_1^2 \quad r_2=1+p_2^2+q_2^2$$

则只要 $p_1/q_1 \neq p_2/q_2$，由上面各式可得

$$p=\frac{(E_1^2r_1-1)q_2-(E_2^2r_2-1)q_1}{p_1q_2-p_2q_1} \quad q=\frac{(E_2^2r_2-1)p_1-(E_1^2r_1-1)p_2}{p_1q_2-p_2q_1}$$

由上可见，若给定两幅不同光照条件下采集的对应图像，则成像景物上各点的表面朝向都可得到唯一解。 □

例 8.2.6　光度立体法求解实例

图 8.2.14(a)和图 8.2.14(b)为两幅不同光照条件下（同一光源处于两个不同位置）对同一个球体采集得到的对应图像。图 8.2.14(c)为用上述方法计算出表面朝向后将各点的朝向矢量画出的结果，可见接近球中心的朝向近似垂直于纸面，而接近球边缘的朝向近似平行于纸面。注意，在光线照射不到的地方或仅一幅图有光照的地方，表面朝向无法确定。

实际情况中常使用 3 个不同的照明光源，不仅可使方程线性化，更重要的是可提高精确度并增加可求解的表面朝向范围。另外，新增加的第 3 幅图像还有助于恢复表面反射系数。

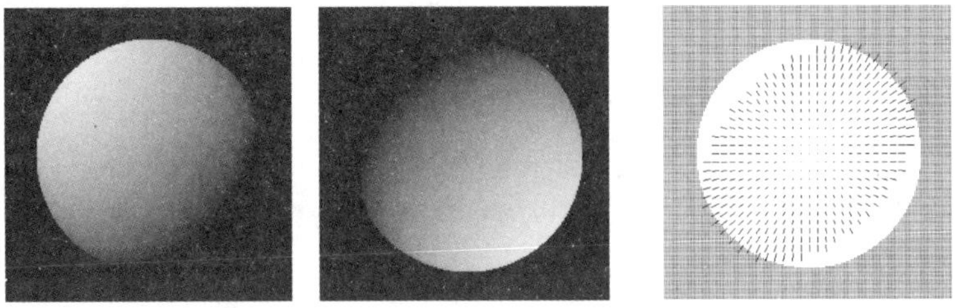

(a) (b) (c)

图 8.2.14 用光度立体法计算表面朝向 □

表面反射性质常可用两个因子(系数)的乘积描述,一个是几何项,代表对光反射角的依赖;另一个是入射光被表面反射的比例,称为反射系数。

一般情况下,景物表面各部分的反射特性是不一致的。在最简单的情况下,亮度仅是反射系数与某些朝向函数的乘积。反射系数的取值介于 0 和 1 之间。设有一个类似朗伯表面的表面(从各方向看有相同亮度但并不反射所有入射光),其亮度可表示为 $\rho\cos\theta_i$,ρ 为表面反射系数(可能随表面位置而变化)。为了恢复反射系数和梯度(p,q)需要 3 类信息,这些信息可通过测量 3 幅图像得到。

先引入 3 个光源方向上的单位矢量:

$$\boldsymbol{S}_j=\frac{[-p_j \quad -q_j \quad 1]^{\mathrm{T}}}{\sqrt{1+p_j^2+q_j^2}} \quad j=1,2,3 \tag{8.2.27}$$

则照度为

$$E_j=\rho(\boldsymbol{S}_j \cdot \boldsymbol{N}) \quad j=1,2,3 \tag{8.2.28}$$

其中

$$\boldsymbol{N}=\frac{[-p \quad -q \quad 1]^{\mathrm{T}}}{\sqrt{1+p^2+q^2}} \tag{8.2.29}$$

为表面法线的单位矢量。对于单位矢量 $\boldsymbol{N}$ 和 ρ 可得到 3 个方程:

$$E_1=\rho(\boldsymbol{S}_1 \cdot \boldsymbol{N}) \quad E_2=\rho(\boldsymbol{S}_2 \cdot \boldsymbol{N}) \quad E_3=\rho(\boldsymbol{S}_3 \cdot \boldsymbol{N}) \tag{8.2.30}$$

将这些方程结合可得

$$\boldsymbol{E}=\rho(\boldsymbol{S} \cdot \boldsymbol{N}) \tag{8.2.31}$$

其中,矩阵 $\boldsymbol{S}$ 的行就是光源方向矢量 $\boldsymbol{S}_1$、$\boldsymbol{S}_2$、$\boldsymbol{S}_3$,而矢量 $\boldsymbol{E}$ 的元素就是 3 个亮度测量值。

设 $\boldsymbol{S}$ 为非奇异矩阵,由式(8.2.31)出发可得

$$\rho\boldsymbol{N}=\boldsymbol{S}^{-1} \cdot \boldsymbol{E}=\frac{1}{[\boldsymbol{S}_1 \cdot (\boldsymbol{S}_2 \times \boldsymbol{S}_3)]}[E_1(\boldsymbol{S}_2 \times \boldsymbol{S}_3)+E_2(\boldsymbol{S}_3 \times \boldsymbol{S}_1)+E_3(\boldsymbol{S}_1 \times \boldsymbol{S}_2)] \tag{8.2.32}$$

表面法线的方向是常数与 3 个矢量线性组合的乘积,每个矢量都与两个光源的方向垂直。如果将各个矢量与第 3 个光源使用时得到的亮度相乘,就可通过确定矢量的值确定唯一的反射系数。

例 8.2.7 用 3 幅图像恢复反射系数

将一个光源分别放在空间 3 个位置(-3.4,-0.8,-1.0)、(0.0,0.0,-1.0)、(-4.7,-3.9,-1.0),采集到 3 幅图像。根据亮度约束方程可得 3 组方程,从而计算表面朝向和反射系数 ρ。图 8.2.15(a)给出了 3 组反射特性曲线。由图 8.2.15(b)可知:当反射系数 $\rho=0.8$ 时,3 条反射特性曲线交于一点 $p=-0.1,q=-0.1$;而其他情况下,不会有交点。

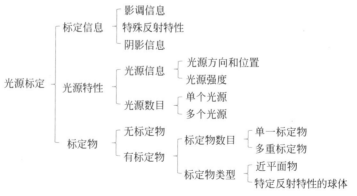

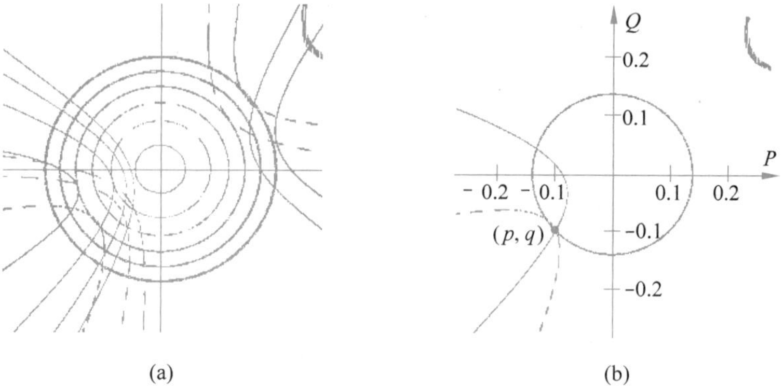

图 8.2.15　用 3 幅图像恢复反射系数

8.3　光度立体法进展

光度立体法一直在发展中，下面介绍涉及光源标定问题、非朗伯表面问题、彩色光度立体法问题和 3-D 重建问题的概况回顾[邓 2021]。

8.3.1　光源标定

光源是实现光度立体法的重要装置。光源有多种，简单的光源分类如图 8.3.1 所示。光源可分为无穷点光源和近场光源两类。光度立体法的前提是假设入射光为平行光，现实往往难以制造出很大面积的平行光，所以通常将很远处（一般取光源与景物的距离 10 倍于景物尺度）点光源（近似无穷点光源）发出的光近似地看作平行光。近场光源由于光源过近，难以将光线看作平行光。理想的光源是点光源，但实用中，光源有一定尺度，不能看作点光源，而称为扩展光源。扩展光源根据其形状可分为线状光源和面状光源。

- 光源
  - 近场光源
    - 近点光源
    - 扩展光源
      - 线状光源
      - 面状光源
  - 无穷点光源

图 8.3.1　光源分类图

光源标定是指放置标定物等辅助景物用于估计光源的信息，包括光源的方向和强度等。光源信息的准确性极大地影响光度立体法的性能和效果。光源标定的方法很多，图 8.3.2 给出了光源标定方法分类图。

- 光源标定
  - 标定信息
    - 影调信息
    - 特殊反射特性
    - 阴影信息
  - 光源特性
    - 光源信息
      - 光源方向和位置
      - 光源强度
    - 光源数目
      - 单个光源
      - 多个光源
  - 标定物
    - 无标定物
    - 有标定物
      - 标定物数目
        - 单一标定物
        - 多重标定物
      - 标定物类型
        - 近平面物
        - 特定反射特性的球体

图 8.3.2　光源标定方法分类图

从标定使用的信息看，常使用景物表面的影调信息、阴影信息或反射特性信息（也可结合使用 3 种信息）。从光源特性的角度看，可以区分光源信息（光源强度、方向和位置）与光源数量（单个或多个）。标定物的使用是利用不同标定物的反射特性获取更精确的光源信息。常用的标定物包括正方体、差分球、中空透明玻璃球、镜面等。

光源标定方法取决于光源的类别。例如,近场光源会导致光照分布不均匀,此时可利用带有朗伯反射特性的白纸作为标定物,补偿不同光源的强度分布[Xie 2010]。

需要指出,对光源的标定通常需要选择特殊的标定物并进行单独的标定实验,这给光度立体法的应用增加了难度,也限制了光度立体法的应用。如何简化或省略这一步骤而实现光源自标定是一个十分有价值的研究主题[Shi 2010]。近期的一项研究可参见[Abzal 2020]。

8.3.2 非朗伯表面反射模型

8.2.2 小节讨论的理想散射表面和理想镜面反射表面在实际应用中很少见,实际景物表面常具有不同的反射特性,一般称为**非朗伯表面**。

针对非朗伯表面建立的基本反射模型如下。

(1) Phong 反射模型。**Phong 反射模型**[Phong 1998]将光照简单地分为以下光分量:漫反射、镜面反射和环境光,不同材质景物表面各分量的比重不同。改进的 **Blinn-Phong 反射模型**[Tozza 2016]在高光分量上采用半角向量与法向量的数量积替代 Phong 反射模型中观察向量与反射向量的积。

(2) Torrance-Sparrow 反射模型。Torrance-Sparrow 反射模型[Torrance 1967]是从辐射度学和微表面理论推导出的粗糙表面的高光反射模型。

(3) Cook-Torrance 反射模型。Cook-Torrance 反射模型[Cook 1982]综合考虑了 Torrance-Sparrow 反射模型和 Blinn-Phong 反射模型,用于渲染高光和金属质感。该模型在计算机图形学领域得到了广泛应用。

(4) Ward 反射模型。**Ward 反射模型**[Ward 1992]是一种各向异性(椭圆形)反射率数学模型,使用高斯分布描述镜面反射成分,包含 4 个具有物理含义的参数(具体可见 9.3.1 小节)。

非朗伯表面模型的影响之一是产生高光和阴影信息。高光在光源标定时为有用信息,在重建时则为噪声。高光和阴影会影响 3-D 重建的效果,甚至导致重建错误,所以需要采取各种手段将其分离并除去。使用图像中包含的额外信息(如重影现象)也有助于消除高光影响[Shih 2015]。

8.3.3 彩色光度立体法

彩色光度立体法也称**多光谱光度立体法**(其实是其一个特例),指直接将彩色图像作为输入的光度立体法。经典光度立体法的输入是灰度图像。现在使用摄像机获得的图像多是彩色的,如果将其转为灰度图像,可能损失一些信息,利用彩色光度立体法可避免这一问题。另外,由于彩色空间的信息比灰度空间的信息丰富,对高光点或异常点的处理多了一些选择。例如,有人基于双色反射模型,假定景物反射率由漫反射分量和高光分量组成,利用四光源彩色光度立体法,在存在高光和阴影的情况下,可检出景物高光,同时计算出景物表面的法向[Barsky 2003]。

借助彩色光度立体法,还可用采集到的彩色图像的 3 个通道替换原始的 3 幅灰度图像,进而通过一幅彩色图像实现表面重建。此方法可避免分时带来的位置变动的影响,实现快速 3-D 重建,甚至实时 3-D 重建。另外,将卷积神经网络用于多光谱光度立体法的研究可见[Lu 2018]。

8.3.4 3-D 重建方法

典型 3-D 重建方法的概况如表 8.3.1 所示,包括原理、优点和缺点[邓 2021]。

表 8.3.1 典型 3-D 重建方法的概况

方 法	原 理	优 点	缺 点
路径积分法[Horn 1990]	根据格林公式对梯度进行直接积分	容易实现，速度快	有误差累积，受数据误差和噪声影响较大
最小二乘法	通过最小化函数牺牲局部信息，搜索最佳拟合曲面	较好的整体优化效果	丢失局部信息，数据量较大时计算量大
傅里叶基函数法[Frankot 1988]	用基函数逼近梯度数据，获取最佳逼近曲面	全局效果较好，计算效率高	推导复杂，难以应用于其他基函数
泊松方程法[Simchony 1990]	将最小化函数的泛函问题转换为求解泊松方程问题	可基于傅里叶基函数，也可拓展到正弦和余弦函数	需要根据不同的边界条件确定使用何种基函数进行投影
变分法[吕 2010]	基于全局思路使用迭代方法求解泊松方程	迭代过程简单，可解决整体畸变问题	计算时间长，有误差累积
金字塔法[陈 2005]	基于高度空间迭代过程得到子表面，不断缩小采样间隔，最后拼接整个表面	保证全局形状优化，有一定的抗噪性	局部细节信息丢失，需要迭代修正
代数法	通过修正梯度场的旋度值误差，用泊松方程重建	不依赖于积分路径，可抑制局部误差累积	局部细节表面的重建有一定偏差
奇异值分解法[Belhumeur 1999]	通过奇异值分解得到一个与真实法向量相差一个变换矩阵的向量	不需要对光源进行标定	计算效率较低，产生通用浅浮雕问题

随着深度学习技术的高速发展，在光度立体法领域也有了许多探索。深度学习方法具有自主学习的性质，可摆脱光度立体法对光源模型和反射模型的苛刻假设。例如，将全卷积网络应用于非朗伯表面，可不要求训练数据和测试数据的光源信息一致[Chen 2018]；利用有监督的深度学习技术，可增强对非朗伯表面阴影的抑制能力及反射率模型的灵活性[Wang 2020c]。另外，卷积神经网络可用于学习非凸景物表面图像与法向之间的关系[Ikehata 2018]。还有专门的**深度光度立体视觉网络**(DPSN)，可在已知光源方向的前提下学习反射率和法向之间的映射关系[Santo 2020]。

8.4 基于 GAN 的光度立体法标定

基于深度学习的方法近年也被引入光度立体法的标定。这些方法不需要构造复杂的反射率模型，而是直接学习从给定方向的反射率观测结果到法向信息的映射。

传统的光度立体法大多假设一个简化的反射率模型（如理想的朗伯模型或镜面模型），然而在现实世界中，景物大多具有非朗伯表面（漫反射与镜面反射组合而成），而且任一种特定的简易模型也仅对一小部分材料有效。同时，光源信息的标定也是一个复杂而烦琐的过程。解决这个问题需要未标定的光度立体法[Papadhimitri 2014]，即仅需通过固定视点下的多幅图像直接计算图像中的法向信息。

下面介绍一种借助多尺度聚合的**生成对抗网络**(GAN)，实现未标定的光度立体法，获取景物法向信息的技术[任 2022]。

8.4.1 网络结构

多尺度聚合的生成对抗网络结构框图如图 8.4.1 所示。整个网络主要由两大部分构成：

生成器(包括多尺度聚合网络和微调模块)和判别器。多尺度聚合网络的作用是从任意数量的输入图像中学习法向信息之间的映射,先利用**多尺度聚合**使局部特征与全局特征更好地融合,再通过最大池化层对多个输入特征进行聚合,最后经过 L_2 归一化层得到法向信息。这样生成的法向信息图比基于全卷积算法生成的图更准确。微调模块包括 4 个残差块、1 个全卷积层和 1 个归一化层,其作用是对粗精准度的法向图进行微调以生成更高精度的结果图,从而获得更精确的法向信息。判别器的输入为生成器生成的法向信息图与真实的法向信息图,输出为生成的法向信息图为真实法向信息图的概率(先计算经过多个卷积层提取输入特征后得到的评测值,再求其均值)。

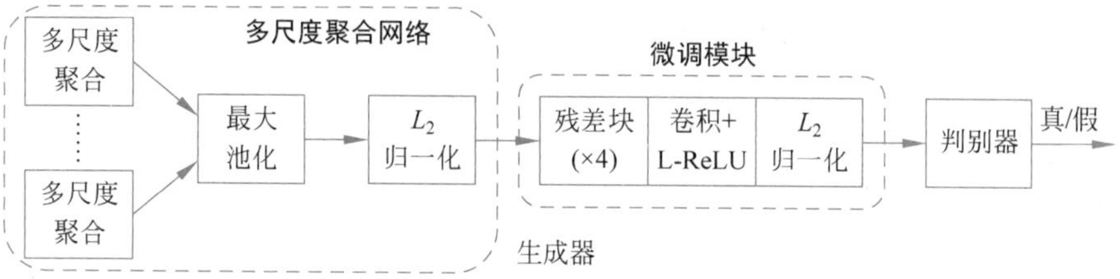

图 8.4.1 生成对抗网络结构框图

多尺度聚合网络基于 U-Net 网络,利用卷积神经网络的属性(如平移不变性和参数共享)。网络由多个相同的模块组成,每个模块包含多个卷积层和反卷积层,如图 8.4.2 所示。图 8.4.2 中浅色光滑块代表卷积层(包括 3×3 卷积后接 Leaky ReLU),卷积层之间的多边形⊠代表平均池化层,深色粗糙块代表反卷积层(包括 4×4 反卷积),卷积层和反卷积层之间的⊗代表残差计算。

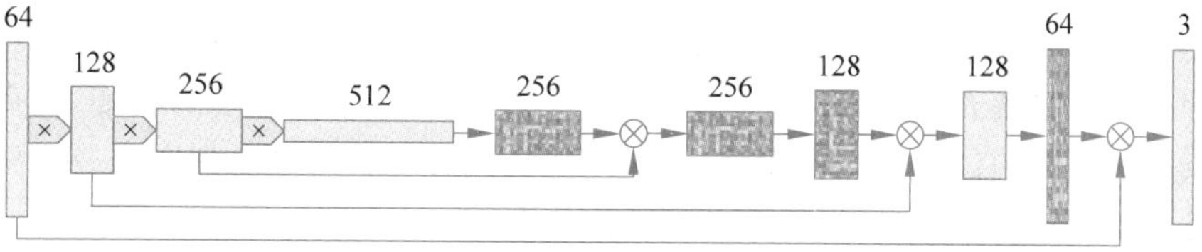

彩图

图 8.4.2 多尺度聚合网络模块流程图

输入图像先经过 4 个卷积核大小为 3×3、步长为 1 的卷积层,每次卷积后经过 Leaky ReLU 激活层并进行正则化处理,再通过步长为 2 的平均池化层,达到下采样目的。另一部分由 3 个反卷积层与卷积层组成,通过卷积核大小为 4×4、步长为 2 的反卷积层,再与对应下采样部分的特征图进行特征融合,送入卷积层。最后将得到的结果进行最大池化与归一化处理,得到最终结果。

在网络结构设计中采用了如下技术。

(1) 采用跳跃连接以达到多尺度特征聚合:对于每幅图像中的特征,采用多尺度特征聚合可实现局部与全局特征更好地融合,从而在每幅图中观测到更全面的信息。

(2) 利用最大池化方法对多种特征进行聚合:光度立体法具有多个输入,最大池化可以自然地从不同光线方向捕捉图像中的强特征,而且训练过程中可轻松忽略非激活特性,使网络具有更强的鲁棒性。

(3) 将池化后的特征进行 L_2 归一化处理:可得到粗粒度的法向信息图。

(4) 多尺度聚合模块和微调模块中采用残差结构:采用跳跃连接的方式解决梯度消失问题[He 2016]。

8.4.2 损失函数

生成器模型的**损失函数** L_G 由两部分组成,即法向量的余弦相似度损失 L_{normal} 和对抗损

失 L_{gen}：

$$L_{\text{G}} = k_1 L_{\text{normal}} + k_2 L_{\text{gen}} \tag{8.4.1}$$

可取 $k_1=1, k_2=0.01$。

网络先生成一个较粗糙的法向图 $N'=M(\boldsymbol{x})$，再通过细化模块 $R()$对粗糙的结果进行进一步细化，以生成更高精度的法向图 $N''=R[M(\boldsymbol{x})]$，最后将法向图 N''送入判别器网络。给定大小为 $H\times W$ 的图像，法向量的余弦相似度损失 L_{normal} 可定义为

$$L_{\text{normal}} = \frac{1}{HW}\sum_{x,y}(1 - N_{x,y} \cdot N'_{x,y}) + \frac{1}{HW}\sum_{x,y}(1 - N_{x,y} \cdot N''_{x,y}) \tag{8.4.2}$$

其中，$N_{x,y}$ 表示点(x,y)处的真实法向信息，如果真实的法向信息与预测的法向信息相差很小，则 $N_{x,y}$ 与 $N'_{x,y}$ 的点乘值接近 1，L_{normal} 值会很小，反之亦然。对式(8.4.2)右边第 2 项的分析类似。

生成器对抗损失 L_{gen} 定义如下：

$$L_{\text{gen}} = -\min_{\text{G}} E_{\boldsymbol{x}\sim p_{\text{g}}}[D(\boldsymbol{x})] \tag{8.4.3}$$

判别器损失函数为

$$L_{\text{D}} = \min_{\text{D}}\{E_{\boldsymbol{x}\sim p_{\text{g}}}[D(\boldsymbol{x})] - E_{N\sim p_{\text{r}}}[D(N)]\} \tag{8.4.4}$$

其中，$\boldsymbol{x}\sim p_{\text{g}}$ 表示输入数据 $\boldsymbol{x}$ 符合 p_{g} 分布，$N\sim p_{\text{r}}$ 表示真实法向信息 N 符合 p_{r} 分布。

8.5 从运动求取结构

4.2.1 小节介绍了利用运动摄像机获取场景深度信息的方法。前面介绍的光度立体法通过移动光源揭示景物各表面的朝向。事实上，如果固定光源，改变景物的位姿，也可能展现不同的景物表面。景物的位姿变化可通过景物的运动实现，所以利用序列图像或视频对其中的景物运动进行检测，也能揭示景物各部分的结构关系。

对运动的检测可基于图像亮度随时间的变化而进行。需要注意，虽然摄像机的运动或景物的运动都会导致视频中各图像帧之间的亮度变化，但视频图像中照明条件的改变也会导致图像亮度随时间变化。一般用光流（矢量）表示图像亮度随时间的变化（见中册 12.2.2 小节），但有时与场景中的实际运动是有差别的。

8.5.1 光流和运动场

运动可用运动场描述，运动场由图像中每个点的运动（速度）矢量构成。当目标在摄像机前运动或摄像机在一个固定的环境中运动时，都可能获得对应的图像变化，这些变化可用于恢复（获得）摄像机与目标之间的相对运动，以及景物中多个目标之间的相互关系。

例 8.5.1 运动场的计算

运动场为图像中的每个点赋予一个运动矢量。设在某个特定的时刻，图像中一点 P_{i} 对应目标表面的某个点 P_{o}（如图 8.5.1 所示），利用投影方程可将这两个点联系在一起。设目标点 P_{o} 相对于摄像机的运动速度为 $\mathbf{V}_{\text{o}}$，则运动会导致对应的图像点 P_{i} 产生速度为 $\mathbf{V}_{\text{i}}$ 的运动。$\mathbf{V}_{\text{o}}$ 和 $\mathbf{V}_{\text{i}}$ 分别为

$$\mathbf{V}_{\text{o}} = \frac{\mathrm{d}\boldsymbol{r}_{\text{o}}}{\mathrm{d}t} \quad \mathbf{V}_{\text{i}} = \frac{\mathrm{d}\boldsymbol{r}_{\text{i}}}{\mathrm{d}t} \tag{8.5.1}$$

其中，$\boldsymbol{r}_{\text{o}}$ 与 $\boldsymbol{r}_{\text{i}}$ 的关系如下：

$$\frac{1}{\lambda}\boldsymbol{r}_{\mathrm{i}}=\frac{1}{\boldsymbol{r}_{\mathrm{o}}\cdot z}\boldsymbol{r}_{\mathrm{o}} \tag{8.5.2}$$

其中，λ 为镜头焦距，z 为镜头中心到目标的距离。对上式求导可得赋给每个像素点的速度矢量，这些速度矢量构成运动场。

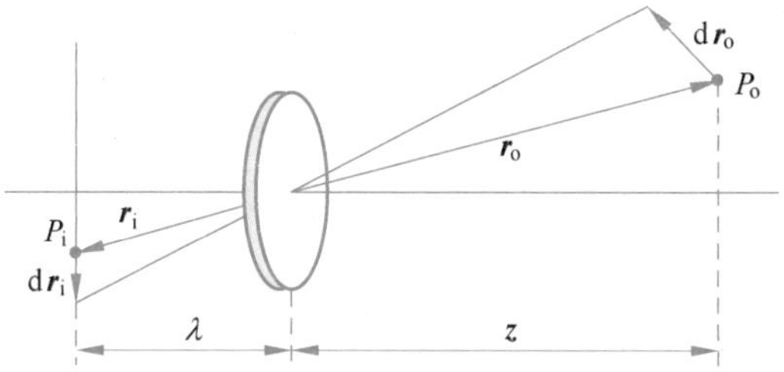

图 8.5.1 用投影方程联系的物点与像点

□

视觉心理学认为，人与被观察景物之间发生相对运动时，被观察景物表面带光学特征部位的移动为人提供了运动及结构的信息。当摄像机与景物目标之间产生相对运动时观察到的亮度模式运动称为**光流**或**图像流**，或者说景物带光学特征部位的移动投影到视网膜平面(图像平面)就形成了光流。光流表达了图像的变化，包含了目标运动的信息，可用于确定观察者相对目标的运动情况。光流包括 3 个要素：①运动(速度场)，这是光流形成的必要条件；②带光学特性的部位(如有灰度的像素点)，它能携带信息；③成像投影(从景物到图像平面)，所以光流能被观察到。

光流与运动场有密切关系，但又不完全对应。景物中的目标运动导致图像中的亮度模式运动，而亮度模式的可见运动产生光流。理想情况下光流与运动场相对应，但实际中也有不对应的时候。换句话说，运动产生光流，因而有光流一定存在运动，但有运动未必有光流。

例 8.5.2 光流与运动场的区别示例

首先考虑光源固定情况下一个具有均匀反射特性的圆球在摄像机前旋转，如图 8.5.2(a) 所示。这时球面图像各处有亮度的空间变化，但这个空间变化并不随球表面的转动而改变，所以图像并不随时间发生(灰度)变化。在这种情况下，尽管运动场不为零，但光流到处为零。其次考虑固定的圆球受运动光源照射的情况，如图 8.5.2(b)所示。图像中各处的灰度将随光源运动而产生由于光照条件改变导致的变化。在这种情况下，尽管光流不为零，但圆球的运动场到处为零。这种运动也称表观运动(光流是亮度模式的表观运动)。以上两种情况都可看作光学错觉。

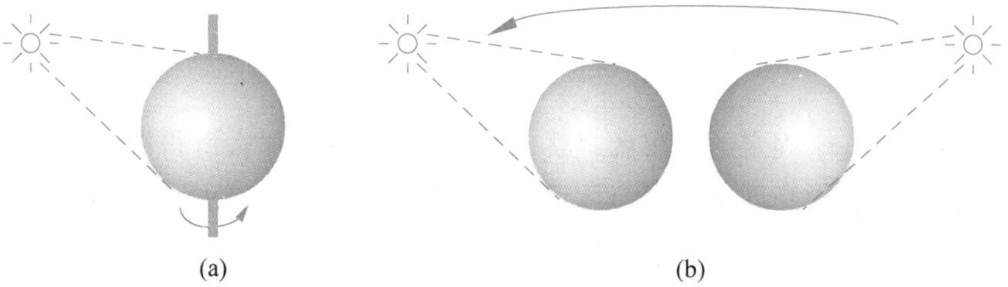

图 8.5.2 光流并不等价于运动场

□

由上例可见，光流并不等价于运动场。不过绝大多数情况下，光流与运动场有一定的对应关系，所以许多情况下可根据光流与运动场的对应关系由图像变化估计相对运动。但需要注意，其中也存在确定不同图像间对应点的问题。

例 8.5.3 图像间对应点的确定问题

参见图 8.5.3，其中各封闭曲线代表等亮度曲线。考虑在时刻 t 有一个图像点 P 具有亮

度 E，如图 8.5.3(a)所示。在 $t+\delta t$ 时，P 对应哪个图像点呢？换句话说，解决这个问题需要明确亮度模式是如何变化的。一般 P 附近有许多点具有相同的亮度 E。如果亮度在此区域连续变化，那么 P 应该在一个等亮度的曲线 C 上。当 $t+\delta t$ 时，会有一些亮度相同的等亮度曲线 C' 位于原来 C 的附近，如图 8.5.3(b)所示。然而很难确切地说出 C' 上的哪个点 P' 对应原来 C 上的 P 点，因为两条等亮度曲线 C 与 C' 的形状可能完全不同。所以尽管可以确定曲线 C 与曲线 C' 对应，但无法确定点 P 与点 P' 对应。

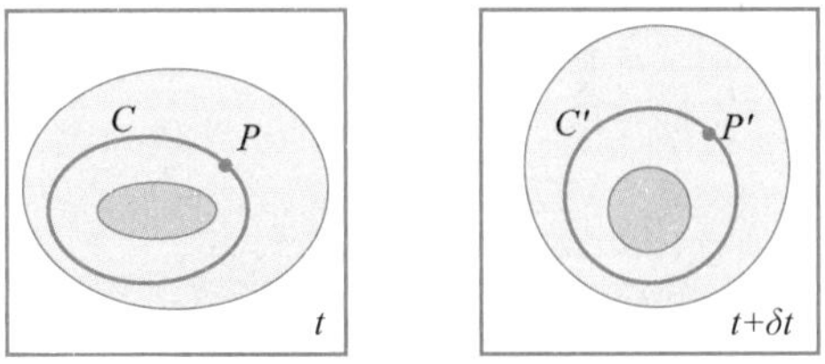

图 8.5.3　两幅不同时刻图像中的对应点问题

□

可见，仅依靠变化图像中的局部信息并不能唯一地确定光流。进一步再考虑例 8.5.2，如图像中有一块亮度均匀不随时间变化的区域，那么它最可能产生的光流是到处为零，但实际上可赋给均匀区域任意的矢量移动模式。

光流可以表达图像中的变化，光流中既包含被观察景物运动的信息，也包含与其有关的景物结构信息。通过对光流的分析可实现确定景物 3-D 结构及观察者与运动景物之间相对运动的目的。运动分析可借助光流描述图像变化并推算景物结构和运动，其中第 1 步是以 2-D 光流（或相应参考点的速度）表达图像中的变化，第 2 步是根据光流计算结果推算运动景物的 3-D 结构和各部分相对观察者的运动。

8.5.2　光流方程求解

可将光流看作带有灰度的像素点在图像平面上运动而产生的瞬时速度场，据此可建立基本的光流约束方程，也称**光流方程**（见中册 12.2.2 小节）或**图像流方程**。设 $f(x,y,t)$ 为 t 时刻图像点 (x,y) 的灰度，$u(x,y)$ 和 $v(x,y)$ 表示图像点 (x,y) 的水平和垂直移动速度，则光流方程可表示为

$$f_x u + f_y v + f_t = 0 \tag{8.5.3}$$

其中，f_x、f_y 和 f_t 分别表示图像中像素灰度沿 X、Y 和 T 方向的梯度，可从图像中测得。

式(8.5.3)也可借助矢量点乘写为

$$(f_x, f_y) \cdot (u, v) = -f_t \tag{8.5.4}$$

式(8.5.4)表明，如果一个固定的观察者观察一个活动的景物，那么所得图像上某一点灰度的（一阶）时间变化率为景物亮度变化率与该点运动速度的乘积。由式(8.5.4)可知，光流在亮度梯度 $(f_x, f_y)^{\mathrm{T}}$ 方向上的分量为 $f_t/(f_x^2 + f_y^2)^{1/2}$，但此时还无法确定与上述方向垂直方向（等亮度线方向）上的光流分量。此问题是观察或匹配所用的区域较小造成的，所以也称**孔径问题**，可参见 A.5 节或中册 12.3.3 小节。

1. 光流计算：刚体运动

光流的计算是对光流方程求解，即根据图像点灰度值的梯度求光流分量。光流方程限制了 3 个方向梯度与光流分量的关系，由式(8.5.3)可看出，这是一个关于速度分量 u 与 v 的线性约束方程。如果以速度分量为轴建立一个速度空间（其坐标系如图 8.5.4 所示），则满足约束方程式(8.5.3)的 u、v 值都在一条直线上。由图 8.5.4 可得

$$u_0=-\frac{f_t}{f_x}\quad v_0=-\frac{f_t}{f_y}\quad \theta=\arctan\left(\frac{f_x}{f_y}\right) \tag{8.5.5}$$

注意该直线上各点均为光流方程的解。换句话说，仅一个光流方程并不足以唯一地确定 u、v 两个量。事实上，仅用一个方程求解两个变量是一个病态问题，必须附加其他约束条件才能求解。

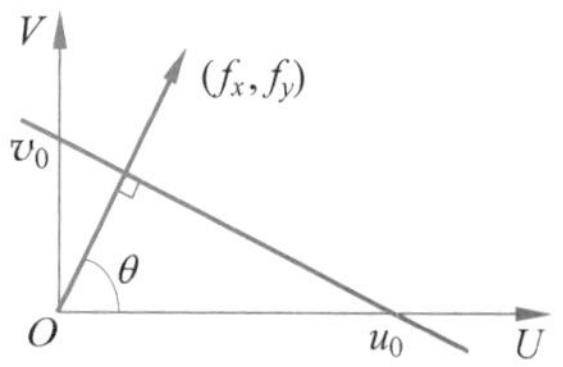

图 8.5.4 满足光流约束方程的 u、v 值在一条直线上

许多情况下，可将研究目标看作无变形刚体，其上各相邻点具有相同的光流运动速度，可利用此条件求解光流方程。根据目标上相邻点具有相同光流运动速度的条件可知，光流速度的空间变化率为零，即

$$(\nabla u)^2=\left(\frac{\partial u}{\partial x}+\frac{\partial u}{\partial y}\right)^2=0 \tag{8.5.6}$$

$$(\nabla v)^2=\left(\frac{\partial v}{\partial x}+\frac{\partial v}{\partial y}\right)^2=0 \tag{8.5.7}$$

可将两个条件与光流方程结合，通过解最小化问题计算光流。设

$$\varepsilon(x,y)=\sum_x\sum_y\{(f_xu+f_yv+f_t)2+\lambda^2[(\nabla u)^2+(\nabla v)^2]\} \tag{8.5.8}$$

其中，λ 的取值要考虑图中的噪声情况。如果噪声较强，说明图像数据本身的置信度较低，需要更多地依赖光流约束，所以 λ 需取较大值；反之，λ 需取较小值。

为使式(8.5.8)中的总误差最小，可将 ε 对 u 和 v 分别求导并取导数为零，得到

$$f_x^2u+f_xf_yv=-\lambda^2\nabla u-f_xf_t \tag{8.5.9}$$

$$f_y^2v+f_xf_yu=-\lambda^2\nabla v-f_yf_t \tag{8.5.10}$$

以上两式也称欧拉(Euler)方程。设 $\bar{u}$ 和 $\bar{v}$ 分别表示 u 邻域和 v 邻域中的均值(可用图像局部平滑算子计算得到)，并设 $\nabla u=u-\bar{u}$，$\nabla v=v-\bar{v}$，则式(8.5.9)和式(8.5.10)可变为

$$(f_x^2+\lambda^2)u+f_xf_yv=\lambda^2\bar{u}-f_xf_t \tag{8.5.11}$$

$$(f_y^2+\lambda^2)v+f_xf_yu=\lambda^2\bar{v}-f_yf_t \tag{8.5.12}$$

由以上两式可得

$$u=\bar{u}-\frac{f_x[f_x\bar{u}+f_y\bar{v}+f_t]}{\lambda^2+f_x^2+f_y^2} \tag{8.5.13}$$

$$v=\bar{v}-\frac{f_y[f_x\bar{u}+f_y\bar{v}+f_t]}{\lambda^2+f_x^2+f_y^2} \tag{8.5.14}$$

式(8.5.13)和式(8.5.14)是用迭代方法求解 $u(x,y)$ 和 $v(x,y)$ 的基础。实际中常用如下松弛迭代方程进行求解：

$$u^{(n+1)}=\bar{u}^{(n)}-\frac{f_x[f_x\bar{u}^{(n)}+f_y\bar{v}^{(n)}+f_t]}{\lambda^2+f_x^2+f_y^2} \tag{8.5.15}$$

$$v^{(n+1)}=\bar{v}^{(n)}-\frac{f_y[f_x\bar{u}^{(n)}+f_y\bar{v}^{(n)}+f_t]}{\lambda^2+f_x^2+f_y^2} \tag{8.5.16}$$

可取 $u^{(0)}=0$，$v^{(0)}=0$(过原点直线)。以上两式有一个简单的几何解释，即一个新(u,v)点的迭代值是该点邻域中的平均值减去一个调节量，此调节量处于亮度梯度的方向，参见图 8.5.5。所以，迭代的过程是将直线沿亮度梯度运动的过程，该直线总与亮度梯度的方向

垂直。解式(8.5.15)和式(8.5.16)的流程图可参照图 9.2.10 得到。

例 8.5.4 光流检测实例

图 8.5.6 给出了光流检测的实例。图 8.5.6(a)为一个足球的图像，图 8.5.6(b)和图 8.5.6(c)分别为将图 8.5.6(a)绕垂直轴旋转和绕视线顺时针旋转得到的图像，图 8.5.6(d)和图 8.5.6(e)分别为两种旋转情况下检测到的光流。

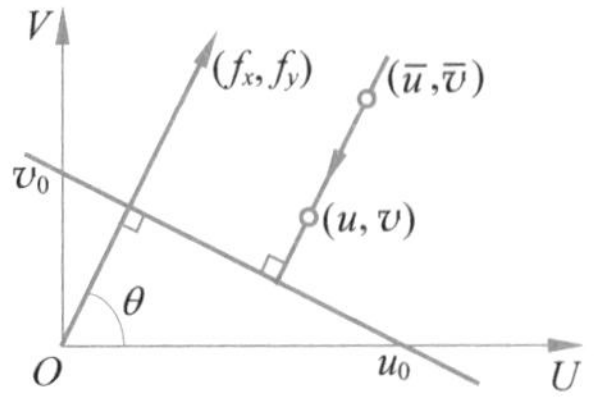

图 8.5.5 用迭代法求解光流的几何解释

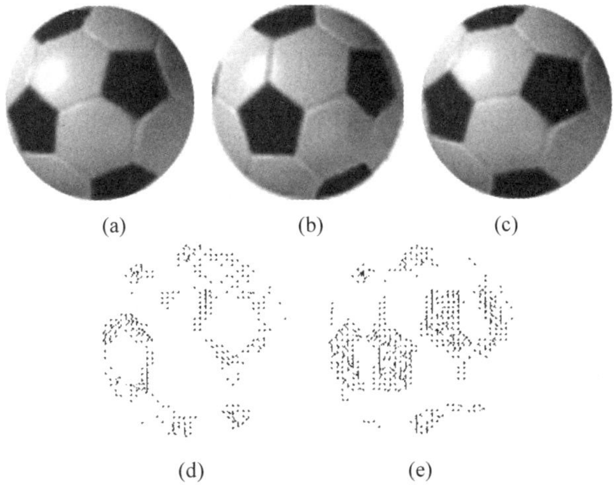

图 8.5.6 光流检测实例

由上面得到的光流图可以看出，在足球表面的黑白块交界处光流值较大，因为这些地方灰度变化比较剧烈；而在黑白块的内部，光流值很小或为 0，因为足球运动时，这些点的灰度基本没有变化(类似于有运动无光流)。不过由于足球表面并非完全平滑，所以在有些足球表面的黑白块的内部对应处也有一定的光流。 □

2. 光流计算：平滑运动

对前面的式(8.5.9)和式(8.5.10)进一步分析发现，亮度梯度完全为零的区域中的光流实际上无法确定，而在亮度梯度变化较快的区域光流计算的误差可能较大。另一种常用的光流求解方法是考虑图像大部分地方运动场的变化一般缓慢稳定这个平滑条件。这时可考虑最小化一个与平滑相偏离的测度，常用的测度是对光流速度的梯度幅度平方的积分：

$$e_s = \iint [(u_x^2 + u_y^2) + (v_x^2 + v_y^2)] \mathrm{d}x \mathrm{d}y \tag{8.5.17}$$

另外，还可考虑最小化光流约束方程的误差：

$$e_c = \iint [f_x u + f_y v + f_t]^2 \mathrm{d}x \mathrm{d}y \tag{8.5.18}$$

所以合起来需要最小化 $e_s + \lambda e_c$，其中 λ 为加权量。如果亮度测量精确，则 λ 应取大点；反之，如果图像噪声大，则 λ 应取小点。

3. 光流计算：灰度突变

在目标相互重叠的边缘处光流会有间断，要将上述光流检测方法从一个区域推广至另一个区域，就要确定间断的地方。这带来了一个与先有鸡还是先有蛋类似的问题。如果光流估计准确，就容易发现光流快速变化的地方，从而将图像分成不同的区域；反之，如果能将图像分为不同的区域，就可得到对光流的准确估计。解决这个矛盾的方法是将区域分割融入光流的迭代求解过程中。具体就是每次迭代后都寻找光流快速变化的地方，并在这些地方做标记，以避免下次迭代时得到的光滑解穿越这些间断。实际应用中，一般先将阈值取得很高以免过早过细地划分图像，再随着对光流的估计逐步降低阈值。

更一般地讲，光流约束方程不仅适用于灰度连续区域，而且适用于灰度存在突变的区域。换句话说，光流约束方程适用的一个条件是图像中可以存在（有限个突变性的）不连续区域，但在不连续区域周围的变化应该是均匀的。

参见图 8.5.7(a)，XY 为图像平面，I 为灰度轴，景物以速度(u,v)沿 X 方向运动。在 t_0 时，点 P_0 处的灰度为 I_0，点 P_d 处的灰度为 I_d；在 $t_0+\mathrm{d}t$ 时，P_0 处的灰度移到 P_d 处形成光流。这样 P_0 和 P_d 之间存在灰度突变，灰度梯度为$\nabla f=(f_x,f_y)$。现在来看图 8.5.7(b)，如果从路径看灰度变化，因为 P_d 处的灰度是 P_0 处的灰度加上 P_0 与 P_d 间的灰度差，所以有

$$I_d=\int_{P_0}^{P_d}\nabla f\cdot \mathrm{d}\boldsymbol{l}+I_0 \tag{8.5.19}$$

如果从时间过程看灰度变化，因为观察者在 P_d 看到灰度由 I_d 变为 I_0，所以有

$$I_0=\int_{t_0}^{t_0+\mathrm{d}t}f_t\,\mathrm{d}t+I_d \tag{8.5.20}$$

由于这两种情况下灰度的变化是相同的，所以将式(8.5.19)和式(8.5.20)联合可解出

$$\int_{P_0}^{P_d}\nabla f\cdot \mathrm{d}\boldsymbol{l}=-\int_{t_0}^{t_0+\mathrm{d}t}f_t\,\mathrm{d}t \tag{8.5.21}$$

将 $\mathrm{d}\boldsymbol{l}=[u\quad v]^{\mathrm{T}}\mathrm{d}t$ 代入，并考虑到线积分限与时间积分限两者应对应，可得（光流方程）：

$$f_xu+f_yv+f_t=0 \tag{8.5.22}$$

说明此时仍可用前面无间断的方法求解。

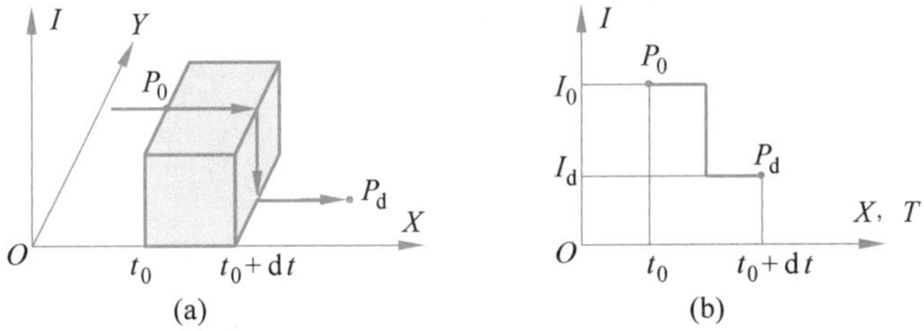

图 8.5.7　灰度突变时的情况

可以证明，光流约束方程在一定条件下同样适用于背景和目标间过渡造成的速度场不连续的情况，条件是图像要有足够的采样密度。例如，为从纹理图像序列得到应有的信息，空间的采样率应小于图像纹理的尺度。时间上的采样率也应比速度场变化的尺度小，甚至小很多，使位移量比图像纹理的尺度小。光流约束方程适用的另一个条件是图像平面中每个点上的灰度变化应完全由图像中特定模式的运动引起，不应包括反射性质变化带来的影响。此条件也可表述为：在不同时刻图像中一个模式位置的变化产生光流速度场，但该模式本身没有变化。

4. 光流计算：基于高阶梯度

前面对光流方程式(8.5.3)的求解仅利用了图像灰度的一阶梯度。有观点认为，光流约束方程本身已包含对光流场的平滑性约束，所以为解光流约束方程，需要考虑图像本身在灰度上的连续性（考虑图像灰度的高阶梯度）以对灰度场进行约束。

对光流约束方程中的各项在(x,y,t)处用泰勒级数展开，取二阶得到

$$f_x=\frac{\partial f(x+\mathrm{d}x,y+\mathrm{d}y,t)}{\partial x}=\frac{\partial f(x,y,t)}{\partial x}+\frac{\partial^2 f(x,y,t)}{\partial x^2}\mathrm{d}x+\frac{\partial^2 f(x,y,t)}{\partial x\partial y}\mathrm{d}y \tag{8.5.23}$$

$$f_y = \frac{\partial f(x+\mathrm{d}x, y+\mathrm{d}y, t)}{\partial y} = \frac{\partial f(x,y,t)}{\partial y} + \frac{\partial^2 f(x,y,t)}{\partial y \partial x}\mathrm{d}x + \frac{\partial^2 f(x,y,t)}{\partial y^2}\mathrm{d}y \tag{8.5.24}$$

$$f_t = \frac{\partial f(x+\mathrm{d}x, y+\mathrm{d}y, t)}{\partial t} = \frac{\partial f(x,y,t)}{\partial t} + \frac{\partial^2 f(x,y,t)}{\partial t \partial x}\mathrm{d}x + \frac{\partial^2 f(x,y,t)}{\partial t \partial y}\mathrm{d}y \tag{8.5.25}$$

$$u(x+\mathrm{d}x, y+\mathrm{d}y, t) = u(x,y,t) + u_x(x,y,t)\mathrm{d}x + u_y(x,y,t)\mathrm{d}y \tag{8.5.26}$$

$$v(x+\mathrm{d}x, y+\mathrm{d}y, t) = v(x,y,t) + v_x(x,y,t)\mathrm{d}x + v_y(x,y,t)\mathrm{d}y \tag{8.5.27}$$

将上面5式代入光流约束方程,得到

$$\begin{aligned}&(f_x u + f_y v + f_t) + (f_{xx} u + f_{yy} v + f_x u_x + f_y v_x + f_{tx})\mathrm{d}x + \\ &(f_{xy} u + f_{yy} v + f_x u_y + f_y v_y + f_{ty})\mathrm{d}y + (f_{xx} u_x + f_{yx} v_x)\mathrm{d}x^2 + \\ &(f_{xy} u_x + f_{xx} u_y + f_{yy} v_x + f_{xy} v_y)\mathrm{d}x\mathrm{d}y + (f_{xy} u_y + f_{yy} v_y)\mathrm{d}y^2 = 0\end{aligned} \tag{8.5.28}$$

因为各项是独立的,所以可分别得到6个方程,即

$$f_x u + f_y v + f_t = 0 \tag{8.5.29}$$

$$f_{xx} u + f_{yy} v + f_x u_x + f_y v_x + f_{tx} = 0 \tag{8.5.30}$$

$$f_{xy} u + f_{yy} v + f_x u_y + f_y v_y + f_{ty} = 0 \tag{8.5.31}$$

$$f_{xx} u_x + f_{yx} v_x = 0 \tag{8.5.32}$$

$$f_{xy} u_x + f_{xx} u_y + f_{yy} v_x + f_{yy} v_y + f_{xy} v_y = 0 \tag{8.5.33}$$

$$f_{xx} u_y + f_{yy} v_y = 0 \tag{8.5.34}$$

直接求解上述6个二阶梯度方程比较复杂,借助光流场的空间变化率为零的条件[参见前面获得式(8.5.6)和式(8.5.7)时的讨论],可假定 u_x、u_y、v_x、v_y 近似为零,则上述6个方程只剩下3个,即

$$f_x u + f_y v + f_t = 0 \tag{8.5.35}$$

$$f_{xx} u + f_{yy} v + f_{tx} = 0 \tag{8.5.36}$$

$$f_{xy} u + f_{yy} v + f_{ty} = 0 \tag{8.5.37}$$

由3个方程解2个未知数,可使用最小二乘法。

借助梯度求解光流约束方程时,假设图像是可微的,即目标在帧图像之间的运动足够小(小于1像素/帧),如过大,则前述假设不成立,无法精确求解光流约束方程。此时可采取的方法之一是降低图像的分辨率,这相当于对图像进行了低通滤波,起到了减小光流速度变化幅度的效果。

8.5.3 光流与表面取向

光流包含景物的结构信息,所以可从景物表面运动的光流解得表面的取向。客观世界中的每个点和景物表面的取向都可用一个以观察者为中心的正交坐标系 XYZ 表示。考虑一个单目的观察者位于坐标原点,设该观察者具有一个球形的视网膜,客观世界被投影到一个单位图像球上。图像球有一个由经度 ϕ 和纬度 θ 组成的坐标系。客观世界的点可用两个图像球坐标加一个与原点的距离 r 表示,如图8.5.8所示。

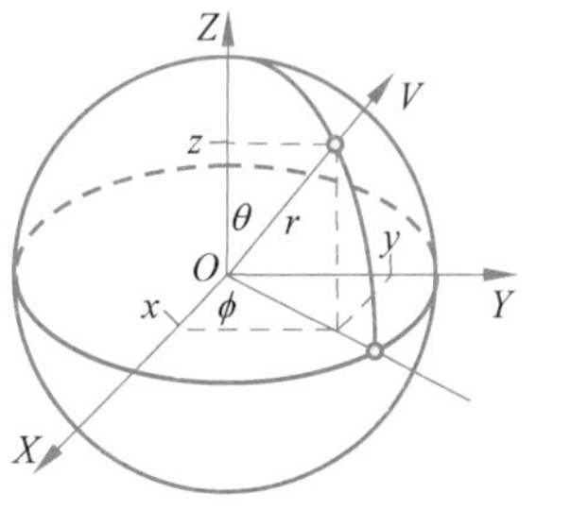

图8.5.8 球面坐标与直角坐标

从球面坐标到直角坐标、从直角坐标到球面坐标的变换分别为

$$x = r\sin\theta\cos\phi \tag{8.5.38}$$

$$y = r\sin\theta\sin\phi \tag{8.5.39}$$

$$z = r\cos\theta \tag{8.5.40}$$

和

$$r = \sqrt{x^2 + y^2 + z^2} \tag{8.5.41}$$

$$\theta = \arccos(z/r) \tag{8.5.42}$$

$$\phi = \arccos(y/x) \tag{8.5.43}$$

借助坐标转换，一个任意运动点的光流可由下式确定。设$(u,v,w)=(\mathrm{d}x/\mathrm{d}t,\mathrm{d}y/\mathrm{d}t,\mathrm{d}z/\mathrm{d}t)$为该点在 XYZ 坐标系中的速度，则$(\delta,\varepsilon)=(\mathrm{d}\phi/\mathrm{d}t,\mathrm{d}\theta/\mathrm{d}t)$为该点在图像球坐标系中沿 ϕ 和 θ 方向的角速度：

$$\delta = \frac{v\cos\phi - u\sin\phi}{r\sin\theta} \tag{8.5.44}$$

$$\varepsilon = \frac{(ur\sin\theta\cos\phi + vr\sin\theta\sin\phi + wr\cos\theta)\cos\theta - rw}{r^2\sin\theta} \tag{8.5.45}$$

以上两式是在 ϕ 和 θ 方向上光流的一般表达式。下面考虑简单情况下的光流计算。假设景物静止，而观察者以速度 S 沿 Z 轴（正向）运动。这时 $u=0,v=0,w=-S$，代入式(8.5.44)和式(8.5.45)可得

$$\delta = 0 \tag{8.5.46}$$

$$\varepsilon = S\sin\theta/r \tag{8.5.47}$$

它们构成了简化的光流方程，是求解表面朝向（和检测边缘）的基础。根据对光流方程的解就可判断光流场中各点是否为边界点、表面点或空间点。其中，在边界点和表面点两种情况下还可确定边界的种类和表面的朝向[Ballard 1982]。

这里仅介绍如何借助光流求解表面朝向。先看图 8.5.9(a)，设 R 为景物表面给定面元上的一点，一个焦点在 O 处的单目观察者沿着视线 OR 观察该面元。设面元的法线矢量为 $\boldsymbol{N}$，可以将 $\boldsymbol{N}$ 分解到两个互相垂直的方向上，一个位于 ZR 平面中，与 OR 的夹角为 σ[如图 8.5.9(b)所示]，另一个位于与 ZR 平面垂直的平面（与 XY 平面平行）中，与 OR' 的夹角为 τ[如图 8.5.9(c)所示，其中 Z 轴由纸内指向纸外]。在图 8.5.9(b)中，ϕ 为常数；而在图 8.5.9(c)中，θ 为常数。在图 8.5.9(b)中，ZOR 平面构成沿视线的“深度剖面”；而在图 8.5.9(c)中，“深度剖面”与 XY 平面平行。

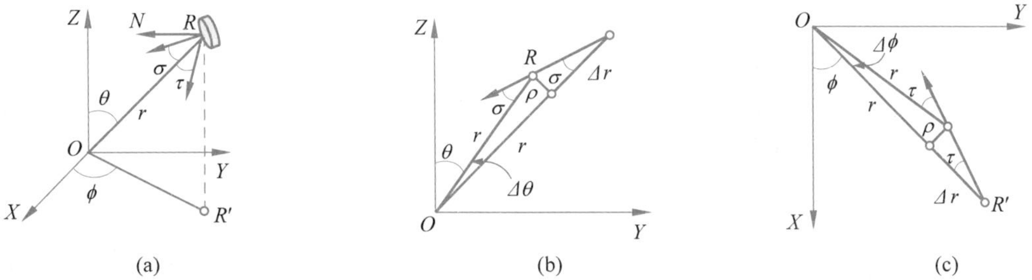

图 8.5.9 求解表面朝向示意图

现在讨论如何确定 σ 和 τ。先考虑 ZR 平面中的 σ，参见图 8.5.9(b)。如果给矢角 θ 一个小的增量 $\Delta\theta$，则矢径长度 r 的变化为 Δr。过 R 作辅助线 ρ，可见一方面有 $\rho/r=\tan(\Delta\theta)\approx\Delta\theta$，另一方面有 $\rho/\Delta r=\tan\sigma$，联立消去 ρ，可得

$$r\Delta\theta = \Delta r\tan\sigma \tag{8.5.48}$$

再考虑与 RZ 平面垂直平面中的 τ，参见图 8.5.9(c)。如果给矢角 ϕ 一个小的增量 $\Delta\phi$，则矢径长度 r 的变化为 Δr。现作辅助线 ρ，可见一方面有 $\rho/r=\tan\Delta\phi\approx\Delta\phi$，另一方面有 $\rho/\Delta r=\tan\tau$。联立消去 ρ，可得

$$r\Delta\phi=\Delta r\tan\tau \tag{8.5.49}$$

进一步，分别对式(8.5.48)和式(8.5.49)取极限，可得

$$\cot\sigma=\left[\frac{1}{r}\right]\frac{\partial r}{\partial\theta} \tag{8.5.50}$$

$$\cot\tau=\left[\frac{1}{r}\right]\frac{\partial r}{\partial\phi} \tag{8.5.51}$$

其中，r 可通过式(8.5.41)确定。因为 ε 既是 ϕ 的函数，也是 θ 的函数，所以可将式(8.5.47)改写为

$$r=\frac{S\sin\theta}{\varepsilon(\phi,\theta)} \tag{8.5.52}$$

分别对 ϕ 和 θ 求偏导：

$$\frac{\partial r}{\partial\phi}=S\sin\theta\,\frac{-1}{\varepsilon^2}\,\frac{\partial\varepsilon}{\partial\phi} \tag{8.5.53}$$

$$\frac{\partial r}{\partial\theta}=S\left(\frac{\cos\theta}{\varepsilon}-\frac{\sin\theta}{\varepsilon^2}\,\frac{\partial\varepsilon}{\partial\theta}\right) \tag{8.5.54}$$

注意，由 σ 和 τ 确定的表面朝向与观察者的运动速度 S 无关。将式(8.5.52)～式(8.5.54)代入式(8.5.50)和式(8.5.51)，得到求取 σ 和 τ 的公式：

$$\sigma=\operatorname{arccot}\left[\cot\theta-\frac{\partial(\ln\varepsilon)}{\partial\theta}\right] \tag{8.5.55}$$

$$\tau=\operatorname{arccot}\left[-\frac{\partial(\ln\varepsilon)}{\partial\phi}\right] \tag{8.5.56}$$

8.5.4 光流与相对深度

利用光流对运动进行分析，还可求得摄像机和目标之间在世界坐标系统中沿 X、Y、Z 轴方向的互速度 u、v、w。如果 $t_0=0$ 时一个目标点的坐标为(X_0,Y_0,Z_0)，设光学系统的焦距为 1 且目标运动速度为常数，则在时间 t 该点的图像坐标为(参见中册 12.2.2 小节)

$$(x,y)=\left(\frac{X_0+ut}{Z_0+wt},\frac{Y_0+vt}{Z_0+wt}\right) \tag{8.5.57}$$

由于上式中有 Z 坐标，所以非直接地包含了摄像机与运动目标之间的距离信息，可借助光流确定[Sonka 2008]。设 $D(t)$ 为一个点与**扩展焦点**(FOE)的 2-D 图像距离(参见中册 12.2.2 小节)，$V(t)$ 为其速度 $\mathrm{d}D/\mathrm{d}t$。这些量与光流参数的关系为

$$\frac{D(t)}{V(t)}=\frac{Z(t)}{w(t)} \tag{8.5.58}$$

式(8.5.58)是确定运动目标间距离的基础。设运动是朝向摄像机的，比例 Z/w 给出了一个以速度 w 匀速运动的目标穿过图像平面的时间。基于以速度 w 沿 Z 轴运动的图像中任意一点距离的知识，可计算该图像上其他以相同速度 w 运动的任意点的距离：

$$Z'(t)=\frac{Z(t)V(t)D'(t)}{D(t)V'(t)} \tag{8.5.59}$$

其中，$Z(t)$ 为已知距离，$Z'(t)$ 为未知距离。

使用式(8.5.59)，世界坐标 X 和 Y 与图像坐标 x 和 y 间的关系可用观测位置和速度表示：

$$X(t)=\frac{x(t)w(t)D(t)}{V(t)} \quad Y(t)=\frac{y(t)w(t)D(t)}{V(t)} \quad Z(t)=\frac{w(t)D(t)}{V(t)} \tag{8.5.60}$$

8.6　从分割剪影恢复形状

从剪影恢复形状(SfS)也称**由剪影恢复形状**，是捕获和重建动态目标的有效方法。它包括从视觉观察中提取目标的剪影(也称侧影)，并将光线从相机中心投射到目标剪影产生的 3-D 圆锥与投影中心相交。相交的体积称为**视觉外壳**(类似于点集合的凸包)。

下面介绍一种借助分割技术对传统基于体素的从剪影恢复形状方法的扩展，即从分割剪影恢复形状的方法。这种方法允许单独对目标(这里是人体)部件进行 3-D 重建，从而提供对目标形状(尤其是人体凹陷部分)的估计结果[Krajnik 2022]。

所用图像序列是借助 34 台彩色摄像机采集的。在人体周围的矩形位置上均匀布置 15 根柱子，每个柱子上装有两台摄像机，其高度为 0.5～3m。人体正面有 4 根柱子，背面有 5 根柱子，左右两边各有 3 根柱子。在围成的矩形区域上方 3.5m 处还有 4 台摄像机。

所采用的从分割剪影恢复形状的流程图如图 8.6.1 所示。主要包括两大模块：上方点线围绕的部分用于估计传统的视觉外壳，在选定体积中创建体素网格空间，并通过体素中心在体积边界上的投影(剪影)估计重建的体素；下方虚线围绕的部分用于分割剪影图像中的人体，对各部分进行重建，并将这些部分的结果合并。

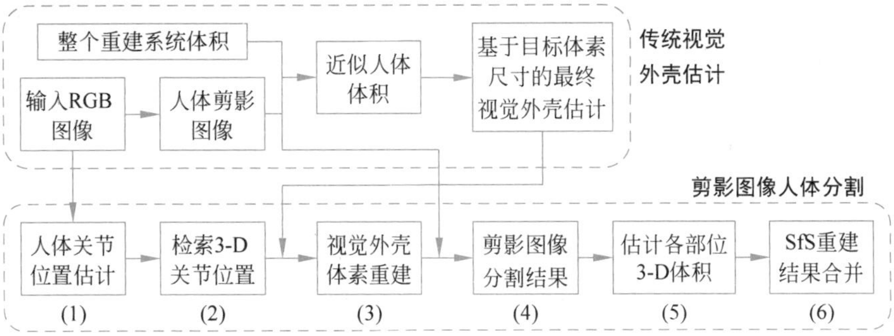

图 8.6.1　从分割剪影恢复形状的流程图

图 8.6.1 中下方虚线围绕的各编号方框代表的含义如下。

(1) 使用基于 CNN 的人体姿势预训练模型在 2-D 彩色图像上估计人体关节位置。

(2) 通过将从每台摄像机中心的 3-D 位置引导的光线投射到每个关节并计算最佳交点，检测 3-D 关节位置。

(3) 对人体粗略 3-D 视觉外壳体素重建的分割。

(4) 通过将分割点投影到剪影上分割剪影图像。

(5) 估计每个身体部位的 3-D 体积。

(6) 将每个身体部位的 SfS 重建结果合并为一个**从分割剪影恢复形状**或**由分割剪影恢复形状**(sSfS)身体模型。

对图 8.6.1 的概括说明如下。

传统的视觉外壳估计根据整个重建系统的体积和从 RGB 图像中抽取的人体剪影[Lu 2021]估计人体的围盒(对应人体的体积)，从而给出体素表达的视觉外壳。

从分割剪影恢复形状采用从粗到精的 sSfS 方法，分别重建选定的身体部位，并合并这些部位的结果，最终输出。这里仍采用传统的视觉外壳估计算法。为此需要对剪影图像进行 2-D 人体分割，可采用的方法很多。例如，基于图像姿势估计的 CNN 身体分割[Lin 2021，Li 2022b]。为分割剪影图像上的身体部位，使用由受试者 RGB 图像上人体姿势 CNN [Xiao 2018]获得的人体关节的估计位置。

下面介绍一种将 3-D 人体分割映射到 2-D 剪影的方法。先通过光线投射从每个对应的 2-D 关节位置找到每个近似 3-D 关节位置，并将其作为所有 3-D 射线的最近点。这样就可估计出关节在系统中摄像机 3-D 空间中的位置，如图 8.6.1(2)所示。其次，通过将每个体素指定给最近的骨骼(定义为两个关节之间的片段)，使用 3-D 关节分割重建的视觉外壳，获得对视觉外壳的体素重建(该步骤也可通过其他人体 3-D 分割方法[Jertec 2019]、[Ueshima 2021]实现)。再次，将每个部位的视觉外壳体素投影到剪影图像上，以获得身体各部位剪影图像的分割结果。在剪影图像中身体各部位被分割后，根据传统的 SfS 算法对每个身体部位进行重建，使用相同的体素投票阈值，估计出各部位的 3-D 体积。最后，合并身体部位的单个体素模型，形成最终的 SfS 重建结果。

根据剪影分割的结果，可分别对每个分割出的身体部位进行重建。这种方法有助于找到剪影估计中的错误，并跳过检测效果不佳的身体部位图像。为识别错误部位，定义剪影的不确定像素比(强度值在[1,254]范围内的像素)为

$$F=\frac{M}{N} \tag{8.6.1}$$

其中，M 为强度值在[1,254]范围内的像素个数，N 为强度值为 255 的部位投影图像中像素的个数。通过对每个剪影部位图像应用一个简单的 F_t 阈值，只获得身体剪影的高质量部位并进行重建，从而提高最终视觉外壳的质量。

总结和复习　　　随堂测试

第9章

教学视频

单目单图像景物恢复

第 8 章介绍的景物恢复方法基于单目多幅图像中的冗余信息。本章介绍基于单目单幅图像的方法。根据 2.3 节的介绍和讨论，要使用单目单幅图像进行景物恢复实际上是一个病态问题。当将 3-D 景物投影到 2-D 图像上时，深度信息丢失了。不过从人类视觉系统的实践看，尤其是从空间知觉(参见附录 A)的能力看，很多情况下图像中仍保留了许多深度线索，所以在有一定约束或先验知识的条件下从中进行景物恢复是有可能的。

从单目单图像进行景物恢复已提出很多方法，有的方法比较通用(有一定的推广性)，有的方法则需要满足特定的条件。

根据上述讨论，本章各节将安排如下。

9.1 节对基于深度学习技术的单目单幅图像景物恢复的方法按照有监督学习、无监督学习和半监督学习进行了分类概述。

9.2 节讨论从影调恢复形状的基本原理，介绍如何根据景物表面亮度的空间变化产生的图像影调重构景物表面的形状。

9.3 节进一步分析近期从影调恢复形状的新进展，特别是在混合(漫反射和镜面反射)表面情况下采用透视投影的技术。

9.4 节介绍 3 种根据景物表面纹理元素投影后的变化(失真)恢复表面朝向的技术原理。

9.5 节描述为聚焦不同距离的景物而导致的焦距变化与景物深度之间的关系，借此根据对景物清晰成像的焦距确定对应景物的距离。

9.6 节介绍一种在 3-D 景物模型和摄像机焦距已知的条件下，利用一幅图像上 3 个点的坐标计算 3-D 景物几何形状和位姿的方法。

9.1 单幅图像深度估计

在基于深度学习的方法中，单幅图像深度估计任务可描述为：利用一个包含大量 2-D 灰度/彩色图像和深度图像对的数据集训练一个映射模型。训练完成后，所得模型可以接收输入的单幅图像，输出其对应的深度图像。其中，深度图像中每个像素的值表示输入图像在对应位置处的深度。如果存在有标签数据集，则采取有监督学习的方法。如果不存在有标签数据集，则需采取无监督学习的方法。如果只有很小的有标签数据集，则采取半监督学习的方法。

9.1.1 有监督学习方法

由于存在与输入图像对应的真实深度图像，可将有监督单幅图像深度估计看作单像素回归问题。即对于输入图像中的每个像素需要预测图像中对应像素处的深度值，因而模型输出深度图像中的每个像素都可为模型的训练提供监督信息。

利用卷积神经网络(CNN)可自动提取单幅彩色(RGB)图像的特征信息并进行深度估计，如[Xu 2018a]。最早提出使用卷积神经网络解决深度估计问题的网络架构包括**全局粗尺度网**

络和**局部细尺度网络**[Eigen 2014]，后续研究对其进行了改进。例如，[秦 2022]进行了如下改进以减少网络参数量并保留图像细节信息，提高深度估计的精度。

(1) 基于**分组卷积**(GConv)的思想提出**相关联分组卷积**(RGConv)，使不同分组的通道信息可以关联，还保留了分组卷积参数数量少的优点。

(2) 基于RGConv对残差网络(ResNet)进行了改进，构建了相关联的残差模块。具体是用RGConv替换ResNet中的1×1卷积，用GConv替换ResNet中的3×3卷积。

(3) 采用编-解码结构搭建网络：编码部分采用RG-ResNet残差结构堆叠进行特征提取，解码结构采用上采样，逐步恢复图像的细节特征和空间分辨率。

参照[江 2022]的综述，归纳出的有监督学习方法的分类介绍如表9.1.1所示。

表9.1.1 有监督学习方法的分类

类别	方法描述	特点
优化网络模型	网络结构一直在不断改进，从AlexNet、VGG-16、VGG-19到**深度残差网络**(ResNet)、**全卷积网络**(FCN)、**空洞空间池化金字塔**(ASPP)、**循环神经网络**(RNN)、**长短期记忆**(LSTM)模块、**元学习**模块、**蒸馏网络**、**Transformer**，以及**孪生网络**、**胶囊网络**等	改进精度
引入辅助信息	引入与场景相关的感知信息(如空间中目标的运动信息、互相之间的几何关系、不同目标包含的语义信息等)作为辅助以引导模型；进一步综合使用多种场景感知信息(如结合深度估计、语义分割等不同子任务)；引入其他信息(如摄像机镜头孔径信息、深度光学信息等)	改进精度
改进损失函数	损失函数体现了网络模型的优化目标。可采用L_2损失函数、**逆Huber损失**函数、**分层嵌入损失**函数。另外，使用**排序损失**，从估计一个点的绝对深度到估计两个点的相对深度	改进精度
转化使用分类方法	通过将深度值离散化，可将回归问题转化为分类问题。对深度分类问题，可使用深度残差网络。进一步借助深度数据的有序性，可将深度分类问题归结为**有序回归**问题	改进速度
使用条件随机场技术	实际景物上单点的深度值与其邻域点深度值多具有连续性，所以可借助条件随机场技术对深度进行改进(refine)。如将辅助信息引入条件随机场模型。还可使用相似模型，如位移场、随机森林	改进精度
使用生成式对抗网络	将单像素回归问题整合转化为生成问题，就可借助GAN的生成能力完成深度估计问题。使用GAN还可实现从生成数据到真实数据的域迁移，以保证训练出模型的泛化能力	改进精度
使用部分深度信息	实际应用中，某些设备可获得部分场景的真实深度值，此时可考虑利用神经网络将这些已知信息引入对其他部分的深度估计，获得更精确的结果。还可对已知深度部分和需确定深度部分分别提取特征，结合起来进行深度估计。另外，也可将深度的概率密度作为先验信息，额外的真实深度值作为似然，对深度进行最大先验估计	改进精度

为优化网络模型，除了改进网络结构，还可结合不同的网络。例如，[李 2022b]将金字塔分割注意力网络[Zhan 2022]与边界引导和场景聚合网络[Xue 2021]结合，提出了一种基于金字塔分割注意力网络的单目深度估计方法，以提高对深度梯度变化剧烈的边缘的估计精度，减少对深度最大区域可能的估计错误。其中，使用Mish激活函数替换了原来的ReLU激活函数。

Mish激活函数定义为[Misra 2022]

$$h(z)=z\times\tanh[s(z)] \tag{9.1.1}$$

其中，$s(z)=\ln(1+e^z)$是一个Softplus激活函数(Softplus函数可看作ReLU函数的平滑版本)。Mish激活函数的特性如下。

(1) 无上界：可避免训练过程中饱和导致的梯度消失。

(2) 有下界：可取到负值(而不是 ReLU 函数的硬零边界)，而负值可保证信息的流动。

(3) 非单调性：很小的负值有助于稳定网络的梯度流。

(4) 平滑性：点点光滑，使梯度下降的效果优于 ReLU 函数，具有良好的泛化能力。

9.1.2 无监督学习方法

无监督方法训练时，需要根据数据自身结构特点，借助几何关系，将无标签数据转化为有标签数据，再类似有监督方法对模型进行训练。

参照[江 2022]的综述，归纳出的无监督学习方法的分类介绍如表 9.1.2 所示。

表 9.1.2 无监督学习方法的分类

类 别	方法描述	特 点
使用图像对	利用双目立体图像对，先根据相互间的几何关系(可由双目基线长度和相机焦距获得)计算视差(并算出深度)，再根据左视图深度与右视图重建新左视图，利用原左视图与新左视图之间的误差，引导深度估计网络的训练[Garge 2016]	训练方法
使用视频	根据相邻帧间的几何投影关系建立约束。虽然还需要相机内参系数，但相机的外参系数(空间转换系数，取决于相机姿态)可借助相邻多帧运动平均值计算。最后仍使用原始视图与新视图之间的误差，引导深度估计网络的训练	训练方法
基于掩模	使用视频的方法要求目标在相邻帧中有变化，如目标相对相机的位置不改变，则出现视差为零、深度值为无穷的错误。掩模技术的目的就是滤除这些奇异点	改进方法
基于视觉里程计	**视觉里程计**(参见第 13 章 ORB-SLAM 系列算法、SVO 算法等)可通过视觉获取相机姿态，可使用视觉里程计替换相机姿态网络，还可将视觉里程计与深度估计进行联合训练，对深度增加约束对两者结果都有改进作用	改进方法
引入辅助信息	类似于监督学习，可将各种与场景相关的感知信息及其他信息引入深度估计并综合利用。还可扩展姿态估计网络，预测内参系数	改进方法
使用生成式对抗网络	类似于监督学习，深度估计在无监督学习中也可视作图像生成问题。但因为此时没有真实深度值，所以生成器既要包括深度估计网络，还要包括姿态估计网络，使用它们的共同结果通过视图重建生成图像	改进方法
面向实时与轻量级应用	主要考虑构建规模较小、实时性较好的深度估计模型，以满足对计算速度、规模量级有一定限制或要求的应用场合	改进方法

9.1.3 半监督学习方法

利用少量带有真实标签与大量不带有真实标签的数据训练模型，以得到比仅用无标签数据训练的深度估计能力更强的模型。可将其看作介于监督学习(获取真实标签成本过高)与无监督学习(缺乏强有力监督信号)两种方法间的一种平衡。

参照[江 2022]的综述，归纳出的半监督学习方法的分类介绍如表 9.1.3 所示。

表 9.1.3 半监督学习方法的分类

类 别	方法描述	特 点
使用图像对	在无监督学习框架中引入从传感器得到的稀疏深度图作为监督信号[Garge 2017]。或将属于无监督学习的 Deep3D 模型用于生成与输入左视图对应的右视图，再将左右视图送入属于有监督学习的神经网络 Dispnet	训练方法

续表

类　别	方法描述	特　点
使用视频	将真实深度图作为监督信息引入无监督学习框架（如修改损失函数），通过使用更强大的监督信号进行训练，以获得更准确的深度估计模型	训练方法
使用生成式对抗网络	将没有对应真实深度值的 RGB 图像输入生成器并给出对应的预测深度图，将原有的真实深度图与预测深度图输入深度鉴别器，再将真实深度图与对应的 RGB 图像共同输入图像，对鉴别器进行鉴别	改进方法
引入语义信息	使用多任务框架将真实标签的语义信息引入不带标签的深度估计模型，借助语义分割模型提高估计精度，并借助语义分割模型区分动态与静态目标，减少动态目标对深度估计的影响	改进方法

9.2 从影调恢复形状

场景中景物受光线照射时，由于表面各部分的朝向不同会显得亮度不同，这种亮度的空间变化（明暗变化）在成像后表现为图像上的不同**影调**（有称明暗的，还有称阴影的，但这与11.6.1小节的阴影含义不同）。根据影调的分布和变化可获得景物的形状信息，称为**从影调恢复形状**（SFS）或**由影调恢复形状**（SFS）。

9.2.1 影调与形状

先讨论图像影调与场景中景物表面形状的关系，再介绍如何表达朝向的变化。

1. 影调和朝向

影调对应将3-D景物投影到2-D图像平面而形成的不同亮度（用灰度表示）层次。这些层次的变化分布取决于4个因素：①景物（正对观察者）可见表面的几何形状（表面法线方向）；②光源的入射强度（能量）和方向；③观察者相对景物的方位和距离（视线）；④景物表面的反射特性。这4个因素的作用情况可借助图9.2.1介绍，其中景物用面元 S 代表，面元的法向量 $\boldsymbol{N}$ 指示面元的朝向，它与景物局部几何形状有关；光源的入射强度和方向用矢量 $\boldsymbol{I}$ 表示；观察者相对景物的方位和距离借助视线矢量 $\boldsymbol{V}$ 指示；景物表面反射特性 ρ 取决于面元的表面材料，一般情况下它是面元空间位置的函数。

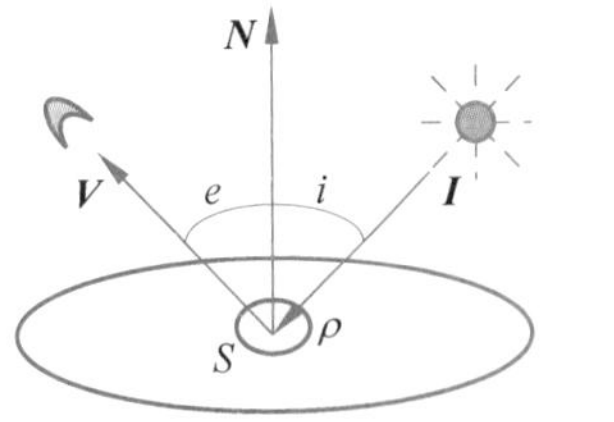

图 9.2.1　影响图像灰度变化的4个因素

根据图9.2.1，如3-D景物面元 S 上入射光强度为 I，反射系数 ρ 为常数，则沿 $\boldsymbol{N}$ 的反射强度为

$$E(x,y)=I(x,y)\rho\cos i \tag{9.2.1}$$

如果光源来自观察者背后且为平行光线，则 $\cos i=\cos e$。设视线与成像的 XY 平面垂直相交，再设景物具有朗伯散射表面，即表面反射强度不因观察位置变化而变化，则观察到的光线强度可写为

$$E(x,y)=I(x,y)\rho\cos e \tag{9.2.2}$$

为建立表面朝向与图像亮度的关系，将梯度坐标 PQ 同样布置在 XY 平面上，设法线指向离开观察者的方向，则根据 $\boldsymbol{N}=[p\quad q\quad -1]^{\mathrm{T}}$，$\boldsymbol{V}=[0\quad 0\quad -1]^{\mathrm{T}}$，可求得

$$\cos e=\cos i=\frac{[p\quad q\quad -1]^{\mathrm{T}}\cdot[0\quad 0\quad -1]^{\mathrm{T}}}{|[p\quad q\quad -1]^{\mathrm{T}}|\cdot|[0\quad 0\quad -1]^{\mathrm{T}}|}=\frac{1}{\sqrt{p^2+q^2+1}} \tag{9.2.3}$$

将式(9.2.3)代入式(9.2.1)，则观察到的图像灰度为

$$E(x,y)=I(x,y)\rho\frac{1}{\sqrt{p^2+q^2+1}} \tag{9.2.4}$$

现在考虑光线不是以 $i=e$ 角度入射的一般情况。设入射穿过面元的光线向量 $\boldsymbol{I}$ 为 $[p_i \quad q_i \quad -1]^{\mathrm{T}}$，因为 $\cos i$ 为 $\boldsymbol{N}$ 和 $\boldsymbol{I}$ 的夹角余弦，所以有

$$\cos i=\frac{[p \quad q \quad -1]^{\mathrm{T}}\cdot[0 \quad 0 \quad -1]^{\mathrm{T}}}{|[p \quad q \quad -1]^{\mathrm{T}}|\cdot|[0 \quad 0 \quad -1]^{\mathrm{T}}|}=\frac{pp_i+qq_i+1}{\sqrt{p^2+q^2+1}\sqrt{p_i^2+q_i^2+1}} \tag{9.2.5}$$

将式(9.2.5)代入式(9.2.1)，则任意角度入射时观察到的图像灰度为

$$E(x,y)=I(x,y)\rho=\frac{pp_i+qq_i+1}{\sqrt{p^2+q^2+1}\sqrt{p_i^2+q_i^2+1}} \tag{9.2.6}$$

上式也可写为更抽象的一般形式

$$E(x,y)=R(p,q) \tag{9.2.7}$$

即与式(8.2.22)相同的**图像亮度约束方程**。

2. 梯度空间法

现在考虑面元朝向变化导致的图像灰度变化。一个 3-D 表面可表示为 $z=f(x,y)$，其上的面元法线可表示为 $\boldsymbol{N}=[p \quad q \quad -1]^{\mathrm{T}}$。可见 3-D 空间表面从其取向看只是 2-D 梯度空间的一个点 $G(p,q)$，如图 9.2.2 所示。使用**梯度空间**方法研究 3-D 表面可起到降维(到 2-D)作用，但梯度空间的表达并未确定 3-D 表面在 3-D 坐标中的位置。换句话说，梯度空间中的一个点代表了所有朝向相同的面元，但这些面元的空间位置可各不相同。

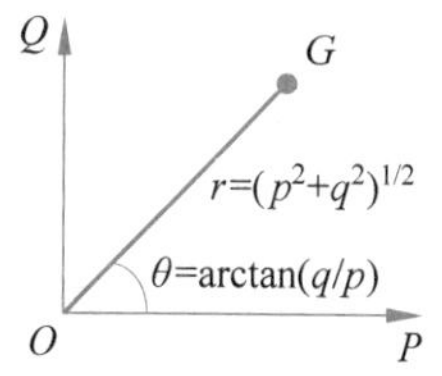

图 9.2.2　3-D 空间表面在 2-D 梯度空间中的表达

借助梯度空间法可分析和解释平面相交形成的结构。

例 9.2.1　判断平面相交形成的凸结构或凹结构

多个平面相交可形成凸结构或凹结构。为判断其是凸结构还是凹结构，可借助梯度信息。先看两个平面 S_1 和 S_2 相交形成交线 l 的情况，如图 9.2.3 所示(其中梯度坐标 PQ 与空间坐标 XY 重合)。G_1 和 G_2 分别代表两平面法线对应的梯度空间点，其连线与 l 的投影 l' 垂直。

若同一个面的 S 和 G 同号(处在 l 的投影 l' 的同一侧)，则表明两个面形成凸结构，如图 9.2.4(a)所示。如果同一个面的 S 和 G 异号，则表明两个面形成凹结构，如图 9.2.4(b)所示。

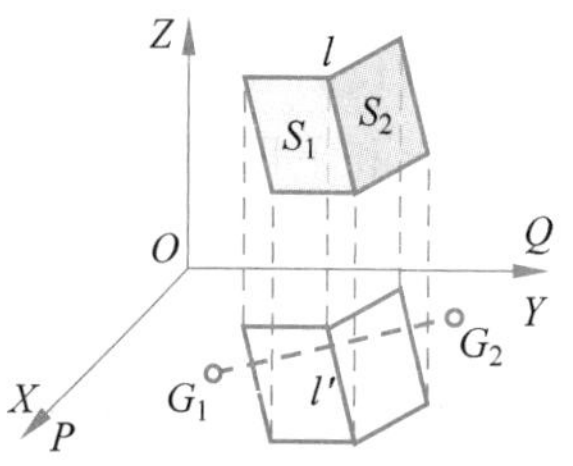

图 9.2.3　两个空间平面相交的示例

进一步考虑 3 个平面 A、B、C 相交，其两两交线分别为 l_1、l_2、l_3 的情况，如图 9.2.5(a)所示。如果各交线两边的面与对应梯度点同号(各面顺时针依次为 $AABBCC$)，则表明 3 个面形成凸结构，如图 9.2.5(b)所示。如果各交线两边的面与对应梯度点不同号(各面顺时针依次为 $CBACBA$)，则表明 3 个面形成凹结构，

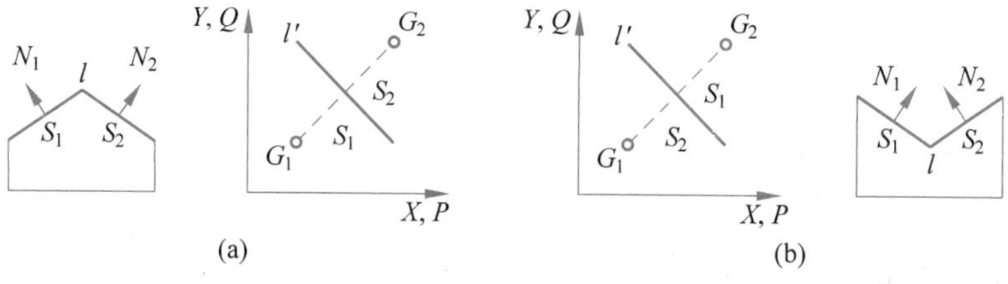

图 9.2.4　两个空间平面形成凸结构和凹结构

如图 9.2.5(c)所示。

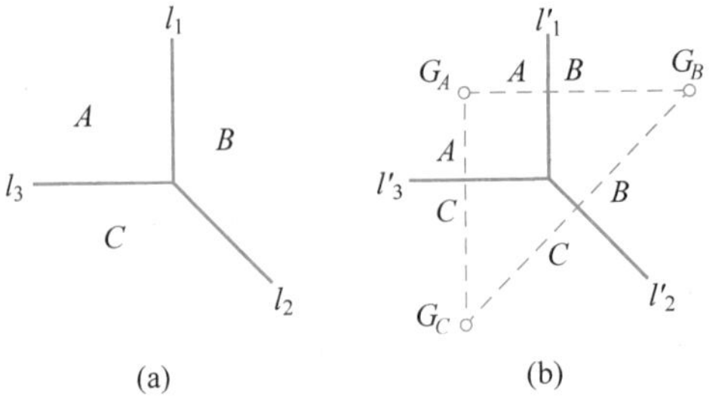

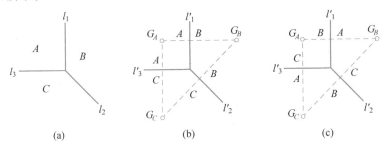

图 9.2.5　3 个空间平面相交的两种情况

回到式(9.2.4),将其改写为

$$p^2+q^2=\left[\frac{I(x,y)\rho}{E(x,y)}\right]^2-1=\frac{1}{K^2}-1 \tag{9.2.8}$$

其中,K 代表观察者观察到的相对反射强度。式(9.2.8)对应 PQ 平面上一系列同心圆的方程,每个圆代表观察到的同灰度面元的取向轨迹。当 $i=e$ 时,反射图由同心圆构成。对于 $i\neq e$ 的一般情况,反射图由一系列椭圆和双曲线构成。

例 9.2.2　反射图应用示例

假设观察者可看到 3 个平面 A、B、C,形成如图 9.2.6(a)所示的平面交角,但实际倾斜程度未知。利用反射图,可确定 3 个平面相互之间的夹角。设 $\boldsymbol{I}$ 与 $\boldsymbol{V}$ 同向,得到(由图像可测得相对反射强度)$K_A=0.707$,$K_B=0.807$,$K_C=0.577$。根据两个面的 $G(p,q)$间连线垂直于两个面的交线这一特点,可得如图 9.2.6(b)所示的三角形(3 个平面的朝向满足的条件)。现要在如图 9.2.6(c)所示的反射图上找到 G_A、G_B、G_C。将各 K 值代入式(9.2.8),得到如下两组解:

$$\begin{cases}(p_A,q_A)=(0.707,0.707)\\(p_B,q_B)=(-0.189,0.707)\\(p_C,q_C)=(0.707,1.225)\end{cases}\qquad\begin{cases}(p'_A,q'_A)=(1,0)\\(p'_B,q'_B)=(-0.732,0)\\(p'_C,q'_C)=(1,1)\end{cases}$$

第一组解对应图 9.2.6(c)中的小三角形,第二组解对应图 9.2.6(c)中的大三角形。两组解均满足相应反射强度的条件,所以 3 个平面的朝向有两种可能的组合情况,分别对应 3 条交线间交点凸起和下凹两种结构。

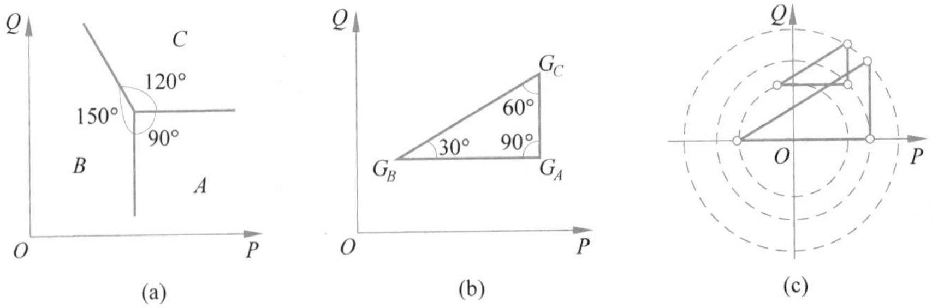

图 9.2.6　反射图应用示例

9.2.2　亮度方程求解

由于图像亮度约束方程将像素的灰度与朝向联系了起来,所以可考虑根据图像中(x,y)处像素的灰度 $I(x,y)$求该处的取向(p,q)。但是在图像上对一个单独点亮度的测量只能提供一个约束，而表面的朝向有两个自由度。换句话说，设图像中的目标可见表面由 N 个像素组成，每个像素有一个灰度值 $I(x,y)$，求解式(9.2.7)就是求该像素位置上的(p,q)值。根据图像亮度方程，N 个像素只能组成 N 个方程，但未知量却有 $2N$ 个，即对于每个灰度值有两个梯度值要解，所以这是一个病态问题，无法得到唯一解。一般需通过增加附加约束条件以建立附加方程解决这个病态问题。换句话说，如果没有附加信息，仅由图像亮度方程不能恢复表面朝向。

考虑附加信息的简单方法是利用单目图像中的约束，其中包括唯一性、连续性（表面、形状）、相容性（对称、极线）等。实际应用中，影响亮度的因素较多，所以只有在环境高度受控的情况下，才有可能从影调较好地恢复景物的形状。

实际应用中，人们常常只观察一幅平面画面就可估计出其中人脸上各器官的形状。这表明图中含有足够的信息或人们在观察时根据经验知识隐含地引入了附加假设。事实上，许多实际景物表面是光滑的，或者说在深度上是连续的，进一步的偏微分也是连续的。更一般的情况是目标具有分片连续的表面，只是边缘处不光滑。以上信息提供了较强的约束，表面上相邻两块面元的朝向有一定的联系，合起来应能给出一个连续平滑的表面。由此可见，可借助宏观平滑约束的方法提供附加信息以求解**图像亮度约束方程**。下面由简到繁地介绍其中的 3 种情况。

1. 线性情况

先考虑线性反射这种特殊情况，设

$$R(p,q)=f(ap+bq) \tag{9.2.9}$$

其中，a、b 为常数，此时反射图如图 9.2.7 所示，图中梯度空间的等值线为平行线。

式(9.2.9)中的 f 是一个严格单调函数（如图 9.2.8 所示），其反函数 f^{-1} 存在。由图像亮度方程可知

$$s=ap+bq=f^{-1}[E(x,y)] \tag{9.2.10}$$

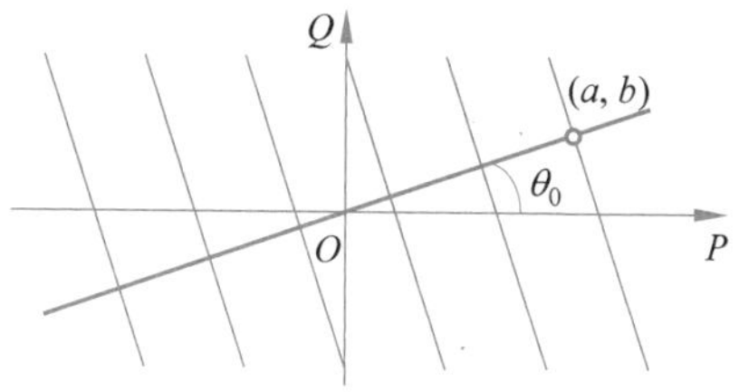

图 9.2.7 梯度元素线性组合的反射图

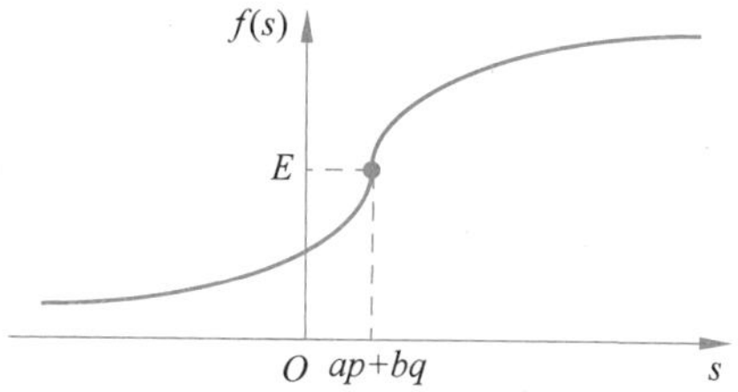

图 9.2.8 由 $E(x,y)$ 可恢复 $s=ap+bq$

注意，不能仅通过对图像灰度的测量确定某个特殊图像点的梯度(p,q)，但可得到一个约束梯度可能取值的方程。对于一个与 X 轴夹角为 θ 的表面，其斜率为

$$m(\theta)=p\cos\theta+q\sin\theta \tag{9.2.11}$$

现选一个特定的方向 θ_0（如图 9.2.7 所示），$\tan\theta_0=b/a$，即

$$\cos\theta_0=\frac{a}{\sqrt{a^2+b^2}} \quad \sin\theta_0=\frac{b}{\sqrt{a^2+b^2}} \tag{9.2.12}$$

此方向上的斜率为

$$m(\theta_0)=\frac{ap+bq}{\sqrt{a^2+b^2}}=\frac{1}{\sqrt{a^2+b^2}}f^{-1}[E(x,y)] \tag{9.2.13}$$

从一个特定的图像点开始先取一个小步长 δs，此时 z 的变化为 $\delta z=m\delta s$，即

$$\frac{\mathrm{d}z}{\mathrm{d}s} = \frac{1}{\sqrt{a^2+b^2}} f^{-1}[E(x,y)] \tag{9.2.14}$$

其中，x、y 均为关于 s 的线性函数

$$x(s) = x_0 + s\cos\theta \quad y(s) = y_0 + s\sin\theta \tag{9.2.15}$$

先求表面上一点(x_0, y_0, z_0)处的解，前面的微分方程对 z 积分得到

$$z(s) = z_0 + \frac{1}{\sqrt{a^2+b^2}} \int_0^s f^{-1}[E(x,y)]\mathrm{d}s \tag{9.2.16}$$

按这种方式可得沿如上所给方向直线（如图 9.2.9 中的平行直线之一）的一个表面剖线。当反射图是梯度元素线性组合的函数时，表面剖线为平行直线。只要给定初始的高度 $z_0(t)$，沿着这些线进行积分就可恢复表面。当然实际中积分要用数值算法计算。

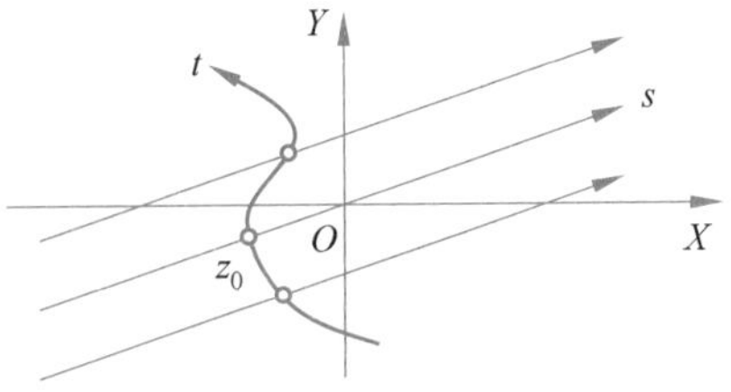

图 9.2.9　根据平行的表面剖线恢复表面

注意，如果想得到绝对距离，就要已知某个点的 z_0 值，不过绝对距离未知也可恢复（表面）形状（只需相对距离）。另外，仅由积分常数 z_0 也不能确定绝对距离，因为 z_0 本身并不影响影调，只有深度的变化影响影调。

2. 旋转对称情况

现在考虑更通用的情况。如果光源的分布对于观察者来说是旋转对称的，那么反射图也是旋转对称的。例如，当观察者从下向上观看半球形的天空时，得到的反射图是旋转对称的；再如当点光源与观察者处于相同位置时，得到的反射图也是旋转对称的。在这些情况下，有

$$R(p,q) = f(p^2+q^2) \tag{9.2.17}$$

假设函数 f 是严格单调、可导的，且反函数为 f^{-1}，则根据图像亮度方程：

$$p^2+q^2 = f^{-1}[E(x,y)] \tag{9.2.18}$$

若表面最速上升方向与 x 轴的夹角为 θ_s，其中 $\tan\theta_s = p/q$，则有

$$\cos\theta_s = \frac{p}{\sqrt{p^2+q^2}} \quad \sin\theta_s = \frac{q}{\sqrt{p^2+q^2}} \tag{9.2.19}$$

根据式(9.2.11)，在最速上升方向的斜率为

$$m(\theta_s) = \sqrt{p^2+q^2} = \sqrt{f^{-1}[E(x,y)]} \tag{9.2.20}$$

在这种情况下，如果已知表面的亮度，就可知道其斜率，只是还不知最速上升的方向，即不知 p、q 的值。现设最速上升的方向由(p,q)给出，如果在最速上升方向上取一个长度为 δs 的小步长，则由此导致的 x 和 y 变化应为

$$\delta x = \frac{p}{\sqrt{p^2+q^2}}\delta s \quad \delta y = \frac{q}{\sqrt{p^2+q^2}}\delta s \tag{9.2.21}$$

而 z 的变化为

$$\delta z = m\delta s = \sqrt{p^2+q^2}\,\delta s = \sqrt{f^{-1}[E(x,y)]}\,\delta s \tag{9.2.22}$$

为简化这些方程，可取步长为$\sqrt{p^2+q^2}\,\delta s$，于是得到

$$\delta x = p\delta s \quad \delta y = q\delta s \quad \delta z = (p^2+q^2)\delta s = \{f^{-1}[E(x,y)]\}\delta s \tag{9.2.23}$$

另外，一个水平表面在图像上表现为一个均匀亮度的区域，所以只有曲面的亮度梯度不为零。为确定亮度梯度，可将图像亮度方程对 x 和 y 求导。令 u、v 和 w 分别为 z 对 x、y 的二阶偏导数，即

$$u=\frac{\partial^2 z}{\partial x^2}\quad \frac{\partial^2 z}{\partial x\partial y}=v=\frac{\partial^2 z}{\partial y\partial x}\quad w=\frac{\partial^2 z}{\partial y^2} \tag{9.2.24}$$

则根据导数的链规则可得

$$E_x=2(pu+qv)f'\quad E_y=2(pv+qw)f' \tag{9.2.25}$$

其中，$f'(r)$是 $f(r)$对其唯一变量 r 的导数。

现在确定在图像平面取步长($\delta x,\delta y$)带来的 δp、δq 的变化。通过对 p、q 求微分，可得

$$\delta p=u\delta x+v\delta y\quad \delta q=v\delta x+w\delta y \tag{9.2.26}$$

根据式(9.2.23)可得

$$\delta p=(pu+qv)\delta s\quad \delta q=(pv+qw)\delta s \tag{9.2.27}$$

或再由式(9.2.25)可得

$$\delta p=\frac{E_x}{2f'}\delta s\quad \delta q=\frac{E_y}{2f'}\delta s \tag{9.2.28}$$

在 $\delta s\to 0$ 的极限情况下，可得到如下一组 5 个微分方程(微分都是对 s 进行的)：

$$\dot{x}=p\quad \dot{y}=q\quad \dot{z}=p^2+q^2\quad \dot{p}=\frac{E_x}{2f'}\quad \dot{q}=\frac{E_y}{2f'} \tag{9.2.29}$$

如果给定初始值，上述 5 个常微分方程可用数值法解出，得到一条在目标表面的曲线。这样得到的曲线称为特征曲线，这里正好是最速上升曲线，与等高线点点垂直。注意，当 $R(p,q)$为 p、q 的线性函数时，特征曲线平行于景物表面。

另外，如将式(9.2.29)中 $\dot{x}=p$ 和 $\dot{y}=q$ 对 s 再次微分，可得到另一组方程：

$$\ddot{x}=\frac{E_x}{2f'}\quad \ddot{y}=\frac{E_y}{2f'}\quad z=f^{-1}[E(x,y)] \tag{9.2.30}$$

由于 E_x 和 E_y 都是对图像亮度的测量，所以上述方程均需用数值解法求解。

3. 平滑约束的一般情况

一般情况下，景物表面是比较光滑的(虽然各景物或其部件之间有不连续处)，可将此平滑条件作为附加约束条件。如认为(在景物轮廓内)景物表面是光滑的，则以下两式成立：

$$(\nabla p)^2=\left(\frac{\partial p}{\partial x}+\frac{\partial p}{\partial y}\right)^2=0 \tag{9.2.31}$$

$$(\nabla q)^2=\left(\frac{\partial q}{\partial x}+\frac{\partial q}{\partial y}\right)^2=0 \tag{9.2.32}$$

将其与亮度约束方程结合，可将求解表面朝向问题转化为最小化如下总误差的问题：

$$\varepsilon(x,y)=\sum_x\sum_y\{[E(x,y)-R(p,q)]^2+\lambda[(\nabla p)^2+(\nabla q)^2]\} \tag{9.2.33}$$

上式可看作：求取景物表面面元的朝向分布，使灰度总体误差与平滑度总体误差之加权和最小(参见 8.3.2 小节)。设 $\bar{p}$、$\bar{q}$ 分别表示 p 邻域和 q 邻域中的均值，将 ε 分别对 p、q 求导并取导数为零，再将$\nabla p=p-\bar{p}$ 和$\nabla q=q-\bar{q}$ 代入，得到

$$p(x,y)=\bar{p}(x,y)+\frac{1}{\lambda}[E(x,y)-R(p,q)]\frac{\partial R}{\partial p} \tag{9.2.34}$$

$$q(x,y)=\bar{q}(x,y)+\frac{1}{\lambda}[E(x,y)-R(p,q)]\frac{\partial R}{\partial q} \tag{9.2.35}$$

迭代求解以上两式的公式如下(迭代初始值可用边界点值)：

$$p^{(n+1)}=\bar{p}^{(n)}+\frac{1}{\lambda}[E(x,y)-R(p^{(n)},q^{(n)})]\frac{\partial R^{(n)}}{\partial p} \tag{9.2.36}$$

$$q^{(n+1)}=\bar{q}^{(n)}+\frac{1}{\lambda}[E(x,y)-R(p^{(n)},q^{(n)})]\frac{\partial R^{(n)}}{\partial q} \tag{9.2.37}$$

注意景物轮廓内外不平滑，有跳变。

例 9.2.3　求解亮度约束方程的流程图

求解式(9.2.36)和式(9.2.37)的流程图如图 9.2.10 所示，其基本框架也可用于求解光流方程的松弛迭代式(8.3.15)和式(8.3.16)。

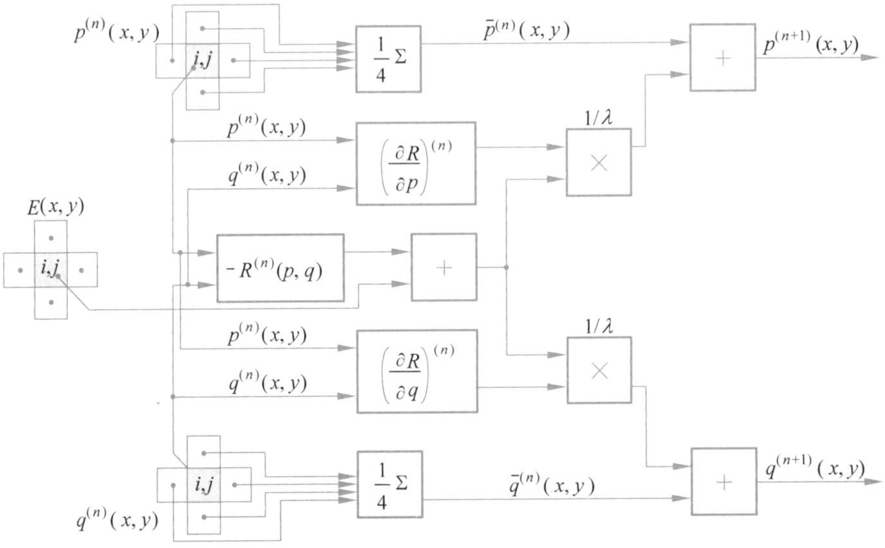

图 9.2.10　求解亮度约束方程的流程图 □

例 9.2.4　由影调恢复形状实例

图 9.2.11 给出了两组由影调恢复形状的实例。图 9.2.11(a)为一幅圆球的图像，图 9.2.11(b)为利用影调信息由图 9.2.11(a)得到的圆球表面朝向(针)图；图 9.2.11(c)为另一幅圆球的图像，图 9.2.11(d)为利用影调信息由图 9.2.11(c)得到的表面朝向(针)图。图 9.2.11(a)和图 9.2.11(b)中光源方向与视线方向比较接近，所以对于整个可见表面基本上可确定各点的朝向。图 9.2.11(c)和图 9.2.11(d)中光源方向与视线方向夹角较大，所以对光线照射不到的可见表面无法确定其朝向。

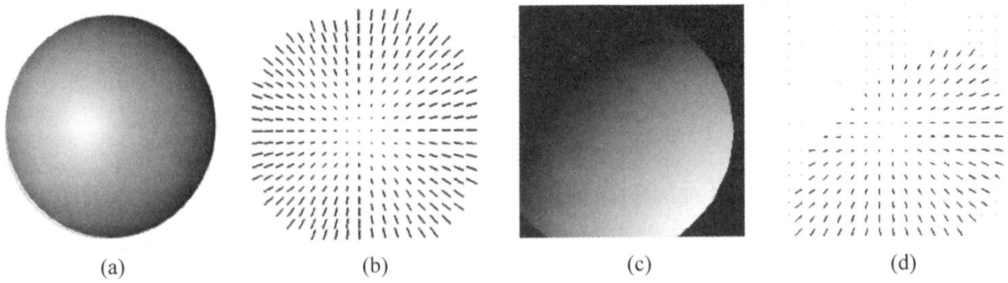

图 9.2.11　由影调恢复形状实例 □

9.3　混合表面透视投影下的 SFS

早期提出的由影调恢复形状(SFS)的方法使用了一些假设，如光源位于无限远处、摄像机遵循正交投影模型、景物表面的反射特性服从理想的漫反射等，以简化成像模型。这些假设条件降低了 SFS 方法的复杂度，但也可能在实际应用中产生较大的重建误差。例如，实际景物表面很少为理想的漫反射表面，往往混合了镜面反射的因素。又如，当摄像机与景物表面的距离较近时，投影方式更接近于透视，会导致较大的重建误差。

9.3.1 改进的 Ward 反射模型

考虑到实际景物表面多为漫反射和镜面反射混合的表面，Ward 提出了一种反射模型[Ward 1992]，使用高斯模型描述表面反射中的镜面成分。Ward 使用**双向反射分布函数**(BRDF，见 8.2.1 小节)表达此模型：

$$f(\theta_i,\phi_i;\theta_e,\phi_e)=\frac{b_l}{\pi}+\frac{b_m}{4\pi\sigma^2}\frac{1}{\sqrt{(\cos\theta_i\cos\theta_e)}}\exp\left(\frac{-\tan^2\gamma}{\sigma^2}\right) \tag{9.3.1}$$

其中，b_l 和 b_m 分别为漫反射系数和镜面反射系数，σ 为表面粗糙度系数，γ 为光源与摄像机之间夹角平分线方向的向量$(\boldsymbol{L}+\boldsymbol{V})/\|\boldsymbol{L}+\boldsymbol{V}\|$与表面法向量之间的夹角(其中，$\boldsymbol{L}$ 为光线方向的向量，$\boldsymbol{V}$ 为视线方向的向量)。

Ward 反射模型是 **Phong 反射模型**(见 8.3.2 小节)一种具体的物理实现。Ward 反射模型实际上是漫反射和镜面反射的一种线性组合，其中漫反射部分仍然使用朗伯模型。对于实际的漫反射表面，使用朗伯模型计算景物表面的辐射亮度不够精确，一种更精确的反射模型被提出[Oren 1995]。在此模型中，景物表面可看作由许多"V"形槽构成，且"V"形槽中两个微平面的斜率相同但方向相对。将表面粗糙度定义为微平面方向的概率分布函数。利用高斯概率分布函数，可得到计算漫反射表面辐射亮度的公式为

$$f_V(\theta_i,\phi_i;\theta_e,\phi_e)=\frac{b_l}{\pi}\cos\theta_i\{A+B\max[0,\cos(\phi_e-\phi_i)]\sin\alpha\sin\beta\} \tag{9.3.2}$$

其中，$A=1-0.5\sigma^2/(\sigma^2+0.33)$，$B=0.45\sigma^2/(\sigma^2+0.09)$，$\alpha=\max(\theta_i,\theta_e)$，$\beta=\min(\theta_i,\theta_e)$。

用式(9.3.2)替换式(9.3.1)中的漫反射项(等号右边第 1 项)，可得到一种改进的 Ward 反射模型：

$$f'(\theta_i,\phi_i;\theta_e,\phi_e)=\frac{b_l}{\pi}\cos\theta_i\{A+B\max[0,\cos(\phi_e-\phi_i)]\sin\alpha\sin\beta\}+\frac{b_m}{4\pi\sigma^2}\frac{1}{\sqrt{(\cos\theta_i\cos\theta_e)}}\exp\left(\frac{-\tan2\delta}{\sigma^2}\right) \tag{9.3.3}$$

改进的 Ward 模型可更有效地描述既含漫反射又含镜面反射的混合表面[王 2011a]。

9.3.2 透视投影下的图像亮度约束方程

考虑如图 9.3.1 所示的摄像机与景物表面距离较近时的透视投影情况。摄像机的光轴与 Z 轴重合，摄像机的光心位于投影中心，摄像机的焦距为 λ。设像平面 xy 位于 $Z=-\lambda$，此时 $\theta_i=\theta_e=\alpha=\beta$，$\phi_i=\phi_e$，式(9.3.3)变为

$$f'_p(\theta_i,\phi_i;\theta_e,\phi_e)=\frac{b_l}{\pi}(A\cos\theta_i+B\sin^2\theta_i)+\frac{b_m}{4\pi\sigma^2}\exp\left(\frac{-\tan^2\theta_i}{\sigma^2}\right) \tag{9.3.4}$$

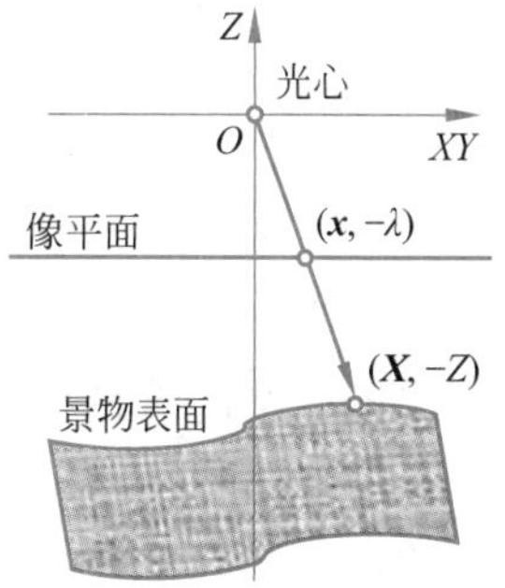

图 9.3.1 光源位于光心的透视投影

设图像中的景物表面形状可用函数 $T: Q\to\mathbb{R}^3$ 表示：

$$T(\boldsymbol{x})=\frac{z(x)}{\lambda}\begin{bmatrix}x\\-\lambda\end{bmatrix} \tag{9.3.5}$$

$$\boldsymbol{x}=\begin{bmatrix}x\\y\end{bmatrix}\in Q \tag{9.3.6}$$

其中,$z(\boldsymbol{x}) \equiv -Z(\boldsymbol{X}) \geqslant 0$ 表示景物表面上点沿光轴方向的深度信息;Q 为定义在实数集合 $\mathbb{R}^3$ 上的一个开集,表示图像的大小。

景物表面上任一点 P 处的法向量 $\boldsymbol{n}(\boldsymbol{x})$ 为

$$\boldsymbol{n}(\boldsymbol{x}) = \begin{bmatrix} \lambda \nabla z(\boldsymbol{x}) \\ z(\boldsymbol{x}) + x \cdot \nabla z(\boldsymbol{x}) \end{bmatrix} \tag{9.3.7}$$

其中,$\nabla z(\boldsymbol{x})$ 为 $z(\boldsymbol{x})$ 的梯度。过 P 点的光线投射方向上的向量为

$$\boldsymbol{L}(\boldsymbol{x}) = \frac{1}{\sqrt{\|\boldsymbol{x}\|^2 + \lambda^2}} \begin{bmatrix} -\boldsymbol{x} \\ \lambda \end{bmatrix} \tag{9.3.8}$$

因为 θ_i 为 $\boldsymbol{n}(\boldsymbol{x})$ 与 $\boldsymbol{L}(\boldsymbol{x})$ 之间的夹角,设 $v(\boldsymbol{x}) = \ln z(\boldsymbol{x})$,则有

$$\begin{aligned} \theta_i &= \arccos\left[\frac{\boldsymbol{n}^{\mathrm{T}}(\boldsymbol{x})}{\|\boldsymbol{n}(\boldsymbol{x})\|} \boldsymbol{L}(\boldsymbol{x})\right] \\ &= \arccos\left[\frac{Q(\boldsymbol{x})}{\sqrt{\lambda^2 \|\nabla v(\boldsymbol{x})\|^2 + [1 + \boldsymbol{x} \cdot \nabla v(\boldsymbol{x})]^2}}\right] \end{aligned} \tag{9.3.9}$$

其中,$Q(\boldsymbol{x}) = \lambda / \sqrt{\|\boldsymbol{x}\|^2 + \lambda^2}$。将式(9.3.9)代入式(9.3.4),得到透视投影下的**图像亮度约束方程**:

$$E(\boldsymbol{x}) = \frac{b_1}{\pi}\left(A \frac{Q(\boldsymbol{x})}{\sqrt{F(\boldsymbol{x}, \nabla v)}} + B \frac{F(\boldsymbol{x}, \nabla v) - Q^2(\boldsymbol{x})}{F(\boldsymbol{x}, \nabla v)}\right) + \frac{b_m}{4\pi\sigma^2} \exp\left(\frac{-1}{\sigma^2} \frac{F(\boldsymbol{x}, \nabla v) - Q^2(\boldsymbol{x})}{Q^2(\boldsymbol{x})}\right) \tag{9.3.10}$$

其中,$F(\boldsymbol{x}, \nabla v) = \lambda^2 \|\nabla v(\boldsymbol{x})\|^2 + [1 + \boldsymbol{x} \cdot \nabla v(\boldsymbol{x})]^2$,$\nabla v$ 为 $\nabla v(\boldsymbol{x}) = [p, q]^{\mathrm{T}}$ 的简写。式(9.3.10)为一阶偏微分方程,相应的哈密顿(Hamiltonian)函数为

$$\begin{aligned} H(\boldsymbol{x}, \nabla v) = E(\boldsymbol{x}) \sqrt{F(\boldsymbol{x}, \nabla v)} - \frac{b_1}{\pi}\left(AQ(\boldsymbol{x}) + B \frac{F(\boldsymbol{x}, \nabla v) - Q^2(\boldsymbol{x})}{\sqrt{F(\boldsymbol{x}, \nabla v)}}\right) + \\ \frac{b_m}{4\pi\sigma^2} \sqrt{F(\boldsymbol{x}, \nabla v)} \exp\left(\frac{-1}{\sigma^2} \frac{F(\boldsymbol{x}, \nabla v) - Q^2(\boldsymbol{x})}{Q^2(\boldsymbol{x})}\right) \end{aligned} \tag{9.3.11}$$

考虑狄利克雷(Dirichlet)边界条件,式(9.3.11)可写为静态哈密顿-雅可比(Hamilton-Jacobi)方程:

$$\begin{cases} H(\boldsymbol{x}, p, q) = 0 & \forall \boldsymbol{x} \in Q \\ v(\boldsymbol{x}) = \omega(\boldsymbol{x}) & \forall \boldsymbol{x} \in \partial Q \end{cases} \tag{9.3.12}$$

其中,$\omega(\boldsymbol{x})$ 为定义在 ∂Q 上的实值连续函数。

9.3.3 图像亮度约束方程求解

求解式(9.3.11)的一种直接方法是先将其转化为时变问题:

$$\begin{cases} v_t + H(\boldsymbol{x}, p, q) = 0 & \forall \boldsymbol{x} \in Q \\ v(\boldsymbol{x}, t) = \omega(\boldsymbol{x}) & \forall \boldsymbol{x} \in \partial Q \\ v(\boldsymbol{x}, 0) = v^0(\boldsymbol{x}) \end{cases} \tag{9.3.13}$$

再使用**不动点迭代扫描**(也称**定点迭代扫描**)法[Zhao 2005]和 2-D 中心哈密顿函数[Shu 2007]进行求解。

考虑 $m \times n$ 图像 Q 中的网格点 $\boldsymbol{x}_{i,j} = (ih, jw)$,其中 $i = 1, 2, \cdots, m$,$j = 1, 2, \cdots, n$,(h, w) 定义了数值算法中离散网格的尺寸。现求解未知函数 $v(\boldsymbol{x})$ 的离散近似解 $v_{i,j} = v(\boldsymbol{x}_{i,j})$。

应用前向欧拉公式对式(9.3.13)进行时域展开,得到

$$v_{i,j}^{n+1}=v_{i,j}^{n}-\Delta t\hat{H}(p_{i,j}^{-},p_{i,j}^{+};q_{i,j}^{-},q_{i,j}^{+}) \tag{9.3.14}$$

其中,$\Delta t=\gamma\{1/[(\sigma_x/h)+(\sigma_y/w)]\}$,$\gamma$ 为 CFL 系数;σ_x 和 σ_y 为人工粘性因子,满足

$$\sigma_x=\max_{p,q}\left(\left|\frac{\partial H(p,q)}{\partial p}\right|\right) \tag{9.3.15}$$

$$\sigma_y=\max_{p,q}\left(\left|\frac{\partial H(p,q)}{\partial q}\right|\right) \tag{9.3.16}$$

$\hat{H}$ 为数值哈密顿函数,使用 2-D 中心哈密顿函数:

$$\hat{H}(p^-,p^+;q^-,q^+)=\frac{1}{4}[H(p^-,q^-)+H(p^+,q^-)+H(p^-,q^+)+H(p^+,q^+)]-\frac{1}{2}[\sigma_x(p^+-p^-)+\sigma_y(q^+-q^-)] \tag{9.3.17}$$

其中,p^-、p^+ 和 q^-、q^+ 分别代表 p 和 q 的后向、前向差分:

$$p_{i,j}^{-}=(v_{i,j}-v_{i-1,j})/h \tag{9.3.18}$$

$$p_{i,j}^{+}=(v_{i+1,j}-v_{i,j})/h \tag{9.3.19}$$

$$q_{i,j}^{-}=(v_{i,j}-v_{i,j-1})/w \tag{9.3.20}$$

$$q_{i,j}^{+}=(v_{i,j+1}-v_{i,j})/w \tag{9.3.21}$$

将式(9.3.15)~式(9.3.21)代入式(9.3.14),得到最终的迭代式:

$$\begin{aligned}v_{i,j}^{\text{new}}=v_{i,j}^{\text{old}}-\gamma\left[\frac{1}{(\sigma_x/h)+(\sigma_y/w)}\right]\times\Bigg\{\frac{1}{4}\Bigg[&H\left(\frac{v_{i,j}-v_{i-1,j}}{h},\frac{v_{i,j}-v_{i,j-1}}{w}\right)+\\ &H\left(\frac{v_{i+1,j}-v_{i,j}}{h},\frac{v_{i,j}-v_{i,j-1}}{w}\right)+H\left(\frac{v_{i,j}-v_{i-1,j}}{h},\frac{v_{i,j+1}-v_{i,j}}{w}\right)+\\ &H\left(\frac{v_{i+1,j}-v_{i,j}}{h},\frac{v_{i,j+1}-v_{i,j}}{w}\right)\Bigg]-\sigma_x\left(\frac{v_{i+1,j}-2v_{i,j}+v_{i-1,j}}{2h}\right)-\\ &\sigma_y\left(\frac{v_{i,j+1}-2v_{i,j}+v_{i,j-1}}{2w}\right)\Bigg\}\end{aligned} \tag{9.3.22}$$

求解算法流程和步骤可总结如下[Zhao 2005]。

(1) 初始化:设定边界点(∂Q)的值为真实高度值,即 $v_{i,j}^{0}=\omega(\boldsymbol{x}_{i,j})$,这些点的值在迭代过程中保持不变。为图像区域点($Q$)赋一个较大的值,即 $v_{i,j}^{0}=M$,M 应大于所有高度值的最大值,这些点的值将在迭代过程中得到更新。

(2) 交替方向扫描:在第 $k+1$ 步,使用迭代式(9.3.22)对 $v_{i,j}$ 进行更新。扫描过程采用 Gauss-Seidel 方法从以下 4 个方向进行:①从左上到右下,即 $i=1:m,j=1:n$;②从左下到右上,即 $i=m:1,j=1:n$;③从右下到左上,即 $i=m:1,j=n:1$;④从右上到左下,即 $i=1:m,j=n:1$。当 $v_{i,j}^{k+1}<v_{i,j}^{k}$ 时,更新 $v_{i,j}^{\text{new}}<v_{i,j}^{k+1}$。

(3) 迭代停止准则:当 $\|v^{k+1}-v^{k}\|_1\leqslant\varepsilon=10^{-5}$,停止迭代;否则返回步骤(2)。

9.3.4 基于 Blinn-Phong 反射模型

前述方法由于 Ward 反射模型的复杂性,使用不动点迭代扫描法很难找到最优的人工粘性因子,导致计算过程中收敛速度较慢。为此可采用 Blinn-Phong 反射模型[Tozza 2016]建立方程。

基于 **Blinn-Phong 反射模型**表征景物表面的混合反射特性得到的**图像亮度约束方程**为

[王 2021b]

$$I(u,v)=k_l\cos\theta_i+k_m\cos^a\gamma \tag{9.3.23}$$

其中，$I(u,v)$为图像在(u,v)处的灰度值；k_l、k_m 分别为景物表面漫反射、镜面反射成分的加权因子，且有 $k_l+k_m\leqslant 1$；镜面反射指数 $a>0$；θ_i 为光线入射角，即(u,v)对应的景物表面上某点 $P(x,y,z)$处的法向量 $\boldsymbol{N}(u,v)$与光源光线 $\boldsymbol{L}(u,v)$之间的夹角；γ 的定义参见式(9.3.1)。考虑点光源近似位于投影中心的情况，则

$$\boldsymbol{L}(u,v)=\boldsymbol{V}(u,v)=\boldsymbol{H}(u,v)\Rightarrow\delta=\theta_i \tag{9.3.24}$$

式(9.3.23)变为

$$I(u,v)=k_l\cos\theta_i+k_m\cos^a\theta_i \tag{9.3.25}$$

另外，根据针孔透视投影的成像原理，有

$$\frac{u}{x}=\frac{v}{y}=\frac{-\lambda}{z} \tag{9.3.26}$$

所以，混合表面上的点 $P(x,y,z)$可表示为

$$P(x,y,z)=\frac{\check{z}(u,v)}{\lambda}(u,v,-\lambda)\quad (u,v)\in Q \tag{9.3.27}$$

其中，$\check{z}(u,v)>0$，Q 为摄像机采集的图像区域。

借助式(9.3.27)，可计算得到点 P 处的法向量为

$$\boldsymbol{N}(u,v)=\left[\lambda\frac{\partial\check{z}}{\partial u},\lambda\frac{\partial\check{z}}{\partial v},\check{z}(u,v)+u\frac{\partial\check{z}}{\partial u}+v\frac{\partial\check{z}}{\partial v}\right]^{\mathrm{T}} \tag{9.3.28}$$

经过点 P 处的光源光线方向向量为

$$\boldsymbol{L}(u,v)=\frac{1}{\sqrt{u^2+v^2+\lambda^2}}[-u,-v,\lambda]^{\mathrm{T}} \tag{9.3.29}$$

因为 θ_i 为 $\boldsymbol{N}(u,v)$与 $\boldsymbol{L}(u,v)$之间的夹角，所以有

$$\cos\theta_i=\frac{Q(u,v)\check{z}(u,v)}{\sqrt{\left(\lambda\frac{\partial\check{z}}{\partial u}\right)^2+\left(\lambda\frac{\partial\check{z}}{\partial v}\right)^2+\left(u\frac{\partial\check{z}}{\partial u}+v\frac{\partial\check{z}}{\partial v}+\check{z}\right)^2}} \tag{9.3.30}$$

其中，$Q(u,v)=\lambda/(u^2+v^2+\lambda^2)^{1/2}>0$。设 $Z=\ln[\check{z}(u,v)]$，并将式(9.3.30)代入式(9.3.25)，可得透视投影下混合表面的图像亮度约束方程：

$$I(u,v)=k_l\frac{Q(u,v)}{U(u,v,\boldsymbol{g})}+k_m\frac{Q^a(u,v)}{U^a(u,v,\boldsymbol{g})} \tag{9.3.31}$$

其中，$\boldsymbol{g}$ 代表∇Z，而

$$U(u,v,\boldsymbol{g})=\sqrt{\left(\lambda\frac{\partial Z}{\partial u}\right)^2+\left(\lambda\frac{\partial Z}{\partial v}\right)^2+\left(u\frac{\partial Z}{\partial u}+v\frac{\partial Z}{\partial v}+1\right)^2}>0 \tag{9.3.32}$$

9.3.5 新图像亮度约束方程求解

式(9.3.31)为一阶非线性偏微分方程，当镜面反射指数 $a\neq 1$ 时，方程很难求解。下面先利用牛顿-拉弗森法迭代逼近式(9.3.31)中关于 $U(u,v,\boldsymbol{g})$的解，再进一步计算图像亮度约束方程的粘性解[Wang 2009b]。

将式(9.3.31)看作关于 $T=Q(u,v)/U(u,v,\boldsymbol{g})>0$ 的方程，整理可得

$$F(T)=k_lT^a+k_mT-I(u,v)=0 \tag{9.3.33}$$

$F(T)$的一阶导数 $F'(T)$为

$$F'(T) = ak_1 T^{a-1} + k_m > 0 \tag{9.3.34}$$

因为 $F(T)$ 具有单调性，所以，给定初始值 $T^0=1$，利用牛顿-拉弗森法的迭代公式经过 k 步迭代，即可准确获得式(9.3.33)的解 T^k：

$$T^k = T^{k-1} - \frac{F(T^{k-1})}{F'(T^{k-1})} \tag{9.3.35}$$

得到

$$U(u,v,\boldsymbol{g}) = \frac{Q(u,v)}{T^k} \tag{9.3.36}$$

将式(9.3.36)代入式(9.3.32)，得到新的图像亮度约束方程：

$$T^k\sqrt{\left(\lambda\frac{\partial Z}{\partial u}\right)^2 + \left(\lambda\frac{\partial Z}{\partial v}\right)^2 + \left(u\frac{\partial Z}{\partial u} + v\frac{\partial Z}{\partial v} + 1\right)^2} - Q(u,v) = 0 \tag{9.3.37}$$

可见，式(9.3.37)是一个哈密顿-雅可比类型的偏微分方程。一般情况下它不存在通常意义上的解，所以需计算粘性意义上的解。先给出式(9.3.37)的哈密顿函数：

$$H(u,v,\boldsymbol{g}) = -Q(u,v) + T^k\sqrt{\lambda^2\|\boldsymbol{g}\|^2 + [(u,v)\cdot\boldsymbol{g}+1]^2} \tag{9.3.38}$$

利用勒让德变换获得式(9.3.38)对应的控制形式：

$$H(u,v,\boldsymbol{g}) = -Q(u,v) + \sup_{a\in B_2(0,1)}\{-l_c(u,v,\boldsymbol{h}) - f_c(u,v,\boldsymbol{h})\cdot\boldsymbol{g}\} \tag{9.3.39}$$

其中，$l_c(u,v,\boldsymbol{h}) = -T^kQ(u,v)\sqrt{1-\|\boldsymbol{h}\|^2} - T^k\boldsymbol{R}^{\mathrm{T}}(u,v)\boldsymbol{v}(u,v)\cdot\boldsymbol{h} + Q(u,v)$；$f_c(u,v,\boldsymbol{h}) = -T^k\boldsymbol{R}^{\mathrm{T}}(u,v)\times\boldsymbol{D}(u,v)\boldsymbol{R}(u,v)\boldsymbol{h}$；$B_2(0,1)$ 为定义在 $\mathbb{R}^2$ 上的单位圆面。$\boldsymbol{R}(u,v)$、$\boldsymbol{v}(u,v)$ 和 $\boldsymbol{D}(u,v)$ 分别满足：

$$\boldsymbol{R}(u,v) = \begin{cases} \begin{bmatrix} u/\sqrt{u^2+v^2} & v/\sqrt{u^2+v^2} \\ -v/\sqrt{u^2+v^2} & u/\sqrt{u^2+v^2} \end{bmatrix} & u^2+v^2 \neq 0 \\ \begin{bmatrix} 1 & 0 \\ 0 & 1 \end{bmatrix} & u^2+v^2 = 0 \end{cases} \tag{9.3.40}$$

$$\boldsymbol{v}(u,v) = \begin{bmatrix} \sqrt{(u^2+v^2)}/\sqrt{(u^2+v^2+\lambda^2)} \\ 0 \end{bmatrix} \tag{9.3.41}$$

$$\boldsymbol{D}(u,v) = \begin{bmatrix} \sqrt{(u^2+v^2+\lambda^2)} & 0 \\ 0 & \lambda \end{bmatrix} \tag{9.3.42}$$

为逼近式(9.3.39)中的 $H(u,v,\boldsymbol{g})$，取

$$H(u,v,\boldsymbol{g}) \approx -Q(u,v) + \sup_{a\in B_2(0,1)}\{-l_c(u,v,\boldsymbol{h}) + \min[-f_1(u,v,\boldsymbol{h}),0]g_1^+ + \max[-f_1(u,v,\boldsymbol{h}),0]g_1^- + \min[-f_2(u,v,\boldsymbol{h}),0]g_2^+ + \max[-f_2(u,v,\boldsymbol{h}),0]g_2^-\} \tag{9.3.43}$$

其中，f_m 为 $\boldsymbol{f}_c$ 的第 $m(m=1,2)$ 个分量，g_m^+ 和 g_m^- 分别为第 m 个分量的前向差分和后向差分。这是一个最优问题计算(可参见[Wang 2009b])。

最后，定义 $Z^k \equiv Z(u,v,k\Delta t)$，在时域利用前向欧拉公式展开，得到 Z 的数值求解式：

$$Z^k = Z^{k-1} - \Delta t H(u,v,\boldsymbol{g}) \tag{9.3.44}$$

其中，Δt 为时间增量。利用**迭代快速行进**策略[Wang 2009c]，经过几步迭代即可精确逼近 Z 的粘性解，此粘性解的指数函数 $\exp(Z)$ 即为混合反射表面的高度值。

9.4 纹理与表面朝向

对图像中纹理的表达、描述、分割和分类等已在中册第10章进行了介绍，这里讨论**从纹理恢复形状**或**由纹理恢复形状**的问题。

纹理在恢复表面朝向方面的作用早在1950年就有研究阐述[Gibson 1950]。当人们观察有纹理图案的表面时，只用一只眼就可观察到表面的倾斜程度，因为表面的纹理会因倾斜而看起来失真。下面将介绍根据观察到的纹理失真估计表面朝向的方法。

9.4.1 单目成像和畸变

根据2.3.1小节中关于透视投影成像的讨论可知：景物距离观察点或采集器越远，所成的像越小，反之越大。这可看作一种尺寸的**畸变**，畸变中包含了3-D景物的空间和结构信息。需要指出，除非认为景物的X或Y已知，否则由2-D图像不能直接得到采集器与景物之间的绝对距离（得到的只是相对距离信息）。

可将景物的几何轮廓看作由直线段连接组成。下面考虑3-D空间的直线透射投影到2-D像平面上出现的畸变情况。参照2.3.1小节中的摄像机模型，点的投影仍是点。一条直线是由两个端点及中间点组成的，所以一条直线的投影可根据这些点的投影确定。设有空间两个点（直线两端点）$\boldsymbol{W}_1=[X_1, Y_1, Z_1]^{\mathrm{T}}$，$\boldsymbol{W}_2=[X_2, Y_2, Z_2]^{\mathrm{T}}$，其中间点可表示为$(0<s<1)$

$$s\boldsymbol{W}_1+(1-s)\boldsymbol{W}_2=s\begin{bmatrix}X_1\\Y_1\\Z_1\end{bmatrix}+(1-s)\begin{bmatrix}X_2\\Y_2\\Z_2\end{bmatrix} \tag{9.4.1}$$

上述两个端点投影后借助齐次坐标（2.2.1小节）可表示为$\boldsymbol{PW}_1=[kX_1 \quad kY_1 \quad kZ_1 \quad q_1]^{\mathrm{T}}$，$\boldsymbol{PW}_2=[kX_2 \quad kY_2 \quad kZ_2 \quad q_2]^{\mathrm{T}}$，其中$q_1=k(\lambda-Z_1)/\lambda$，$q_2=k(\lambda-Z_2)/\lambda$。原来处于直线$\boldsymbol{W}_1\boldsymbol{W}_2$上的点经投影后可表示为$(0<s<1)$

$$\boldsymbol{P}[s\boldsymbol{W}_1+(1-s)\boldsymbol{W}_2]=s\begin{bmatrix}kX_1\\kY_1\\kZ_1\\q_1\end{bmatrix}+(1-s)\begin{bmatrix}kX_2\\kY_2\\kZ_2\\q_2\end{bmatrix} \tag{9.4.2}$$

换句话说，此条空间直线上所有点的像平面坐标都可通过用齐次坐标的第4项去除前3项得到，即可表示为$(0\leqslant s\leqslant 1)$

$$\boldsymbol{w}=[x \quad y]^{\mathrm{T}}=\begin{bmatrix}\dfrac{sX_1+(1-s)X_2}{sq_1+(1-s)q_2} & \dfrac{sY_1+(1-s)Y_2}{sq_1+(1-s)q_2}\end{bmatrix}^{\mathrm{T}} \tag{9.4.3}$$

以上是用s表示空间点的投影变换结果。另一方面在像平面上有$\boldsymbol{w}_1=[\lambda X_1/(\lambda-Z_1), \lambda Y_1/(\lambda-Z_1)]^{\mathrm{T}}$，$\boldsymbol{w}_2=[\lambda X_2/(\lambda-Z_2), \lambda Y_2/(\lambda-Z_2)]^{\mathrm{T}}$，其连线上的点可表示为$(0<t<1)$

$$t\boldsymbol{w}_1+(1-t)\boldsymbol{w}_2=t\begin{bmatrix}\dfrac{\lambda X_1}{\lambda-Z_1}\\[2ex]\dfrac{\lambda Y_1}{\lambda-Z_1}\end{bmatrix}+(1-t)\begin{bmatrix}\dfrac{\lambda X_2}{\lambda-Z_2}\\[2ex]\dfrac{\lambda Y_2}{\lambda-Z_2}\end{bmatrix} \tag{9.4.4}$$

所以$\boldsymbol{w}_1$和$\boldsymbol{w}_2$及其连线上的点在像平面上的坐标（用t表示）为$(0\leqslant t\leqslant 1)$

$$\boldsymbol{w}=[x \quad y]^{\mathrm{T}}=\left[t\frac{\lambda X_1}{\lambda-Z_1}+(1-t)\frac{\lambda X_2}{\lambda-Z_2} \quad t\frac{\lambda Y_1}{\lambda-Z_1}+(1-t)\frac{\lambda Y_2}{\lambda-Z_2}\right]^{\mathrm{T}} \tag{9.4.5}$$

若用 s 表示的投影结果是用 t 表示的像点坐标，则式(9.4.3)与式(9.4.5)相等，可解得

$$s=\frac{tq_2}{tq_2+(1-t)q_1} \tag{9.4.6}$$

$$t=\frac{sq_1}{sq_1+(1-s)q_2} \tag{9.4.7}$$

由以上两式可见，s 与 t 是单值关系。在 3-D 空间中，用 s 表示的点在 2-D 像平面中对应一个且只有一个用 t 表示的点。所有用 s 表示的空间点和所有用 t 表示的像点都各连成一条直线。可见 3-D 空间的一条直线投影到 2-D 像平面上后，只要不是垂直投影，其结果仍是一条直线(长度可有变化)。如果是垂直投影，则投影结果只是一个点(这是一种特殊情况)。其逆命题也成立，即 2-D 像平面上的直线必由 3-D 空间中的一条直线投影产生(特殊情况下也可由一个平面投影产生)。

接下来考虑平行线的畸变，因为平行是直线系统中很有特点的一种线间关系。在 3-D 空间中，一条直线上的点(X,Y,Z)可表示为

$$\begin{bmatrix}X\\Y\\Z\end{bmatrix}=\begin{bmatrix}X_0\\Y_0\\Z_0\end{bmatrix}+k\begin{bmatrix}a\\b\\c\end{bmatrix} \tag{9.4.8}$$

其中，(X_0,Y_0,Z_0)为直线的起点，(a,b,c)为直线的方向余弦，k 为任意系数。

对于一组平行线来说，其(a,b,c)都相同，只是(X_0,Y_0,Z_0)不同。各平行线间的距离由其(X_0,Y_0,Z_0)的差别决定。将式(9.4.8)代入式(2.2.27)和式(2.2.28)，可得

$$x=\lambda\frac{(X_0+ka-D_x)\cos\gamma+(Y_0+kb-D_y)\sin\gamma}{-(X_0+ka-D_x)\sin\alpha\sin\gamma+(Y_0+kb-D_y)\sin\alpha\cos\gamma-(Z_0+kc-D_z)\cos\alpha+\lambda} \tag{9.4.9}$$

$$y=\lambda\frac{-(X_0+ka-D_x)\sin\gamma\cos\alpha+(Y_0+kb-D_y)\cos\alpha\cos\gamma+(Z_0+kc-D_z)\sin\alpha}{-(X_0+ka-D_x)\sin\alpha\sin\gamma+(Y_0+kb-D_y)\sin\alpha\cos\gamma-(Z_0+kc-D_z)\cos\alpha+\lambda} \tag{9.4.10}$$

当直线向两端无限延伸时，$k\to\pm\infty$，以上两式分别简化为

$$x_\infty=\lambda\frac{a\cos\gamma+b\sin\gamma}{-a\sin\alpha\sin\gamma+b\sin\alpha\cos\gamma-c\cos\alpha} \tag{9.4.11}$$

$$y_\infty=\lambda\frac{-a\sin\gamma\cos\alpha+b\cos\alpha\cos\gamma+c\sin\alpha}{-a\sin\alpha\sin\gamma+b\sin\alpha\cos\gamma-c\cos\alpha} \tag{9.4.12}$$

可见平行线的投影轨迹只与(a,b,c)有关，而与(X_0,Y_0,Z_0)无关。换句话说，具有相同(a,b,c)的平行线无限延伸后将交于一点。该点可能在像平面中，也可能在像平面外，所以也称**消失点/消隐点**或**虚点**。对消失点的计算将在 9.4.3 小节介绍。

9.4.2 由纹理变化恢复朝向

景物表面上的纹理有助于确定表面的取向，进而恢复表面的形状。这里对纹理的描述主要采用结构法(见中册 10.3 节)的思想：复杂的纹理由一些简单的纹理基元(**纹理元**)以某种有规律的形式重复排列组合而成。换句话说，可将纹理元看作一个区域中带有重复性和不变性的视觉基元。重复性是指这些基元在不同位置和方向反复出现，当然重复出现要具有一定的分辨率(给定视觉范围内纹理元的数目)才可能实现；不变性是指组成同一基元的像素具有

一些基本相同的特性，这些特性可能只与灰度有关，也可能还依赖于其形状等特性。

1. 3 种典型方法

利用景物表面的纹理确定其朝向要考虑成像过程的影响，具体与景物纹理和图像纹理之间的联系有关。在获取图像的过程中，原始景物上的纹理结构可能在图像上发生变化(产生既有大小又有方向的梯度变化)，这种变化随纹理所在表面朝向的不同而可能不同，因而带有景物表面取向的3-D信息。注意，并不是表面纹理本身带有3-D信息，而是纹理在成像过程中产生的变化带有3-D信息。纹理的变化主要分为3类(假设纹理局限在一个水平表面上)，如图9.4.1所示。常用的信息恢复方法也可对应分为以下3类。

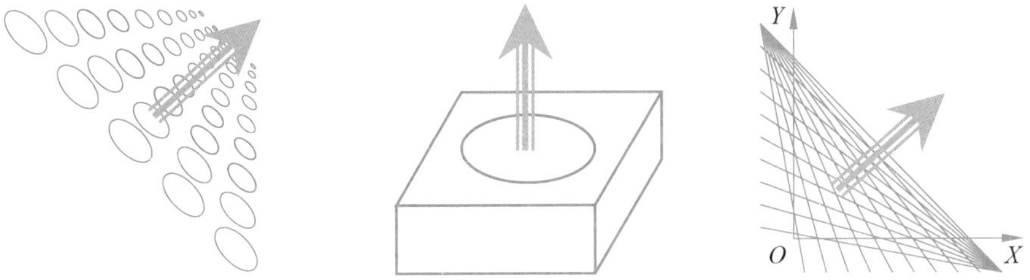

(a) (b) (c)

图 9.4.1 纹理变化与表面朝向

(1) 利用纹理元尺寸的变化

透视投影中存在近大远小的规律，所以位置不同的纹理元投影后尺寸会产生不同的变化。这在沿着铺了地板或地砖的方向观看时很明显。根据纹理元投影尺寸变化率的极大值可确定纹理元所在平面的取向，参见图9.4.1(a)，极大值的方向就是纹理梯度的方向。设图像平面与纸面重合，视线从纸内向外，则纹理梯度的方向取决于纹理元绕**摄像机轴线**旋转的角度，而纹理梯度的数值给出纹理元相对于视线倾斜的程度。所以，借助摄像机安放的几何信息就可确定纹理元及所在平面的朝向。

3-D景物表面规则的纹理在2-D图像中会产生纹理梯度，但反过来2-D图像中的纹理梯度并不一定来自3-D景物表面规则的纹理。

例 9.4.1 纹理元尺寸变化给出景物深度

图9.4.2给出两幅图片，图9.4.2(a)的前部(近景)有许多花瓣(相当于纹理元)，花瓣尺寸由前向后(由近及远)逐步缩小。这种纹理元尺寸的变化给人以场景深度的感觉。图9.4.2(b)的建筑物上有许多立柱和窗户(相当于规则的纹理元)，其大小的变化同样给人以场景深度的感觉，并容易帮助观察者做出建筑物折角处距离最远的判断。

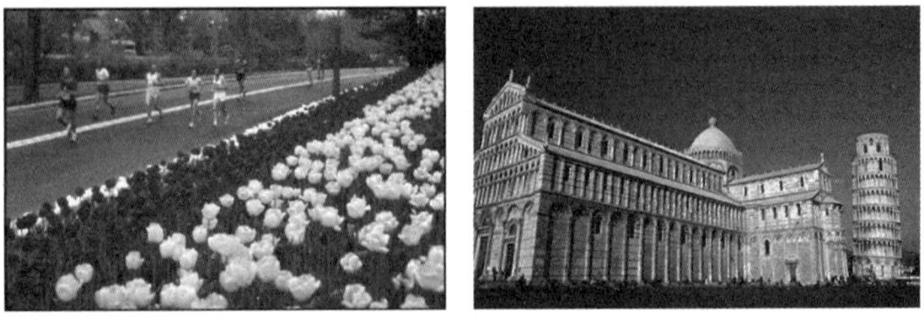

(a) (b)

图 9.4.2 纹理元尺寸变化给出景物深度 □

(2) 利用纹理元形状的变化

景物表面纹理元的形状在**透视投影**和**正交投影**成像后可能发生一定的变化，如果已知纹理元的原始形状，也可根据纹理元形状的变化结果推算表面的朝向。平面的朝向由两个角度（相对于摄像机轴线旋转的角度和相对于视线倾斜的角度）决定，对于给定的原始纹理元，根据其成像后的变化结果可确定这两个角度。例如，平面上圆环组成的纹理在倾斜的平面上会变为椭圆[如图 9.4.1(b)所示]，这时椭圆主轴的取向确定了相对于摄像机轴线旋转的角度，而长短轴长度的比值反映了相对视线倾斜的角度，该比值也称**外观比例**。下面介绍其计算过程。设圆形纹理基元所在平面的方程为

$$ax + by + cz + d = 0 \tag{9.4.13}$$

可将构成纹理的圆形看作平面与球面的交线（平面与球面的交线总为圆形，但当视线与平面不垂直时，形变导致看到的交线为椭圆形），设球面方程为

$$x^2 + y^2 + z^2 = r^2 \tag{9.4.14}$$

联立以上两式可得（相当于将球面投影到平面上）

$$\frac{a^2 + c^2}{c^2}x^2 + \frac{b^2 + c^2}{c^2}y^2 + \frac{2adx + 2bdy + 2abxy}{c^2} = r^2 - \frac{d^2}{c^2} \tag{9.4.15}$$

这是一个椭圆方程，可进一步变换为

$$\left[(a^2 + c^2)x + \frac{ad}{a^2 + c^2}\right]^2 + \left[(b^2 + c^2)y + \frac{bd}{b^2 + c^2}\right]^2 + 2abxy = c^2r^2 - \left[\frac{a^2d^2 + b^2d^2}{a^2 + c^2}\right]^2 \tag{9.4.16}$$

由上式可得到椭圆中心点的坐标并确定椭圆的长半轴与短半轴，从而得出旋转角和倾斜角。

另一种判断圆形纹理变形的方法是分别计算不同椭圆的长半轴与短半轴。参见图 9.4.3（世界坐标与摄像机坐标重合），圆形纹理基元所在的平面与 Y 轴的夹角为 α（也是纹理平面与图像平面的夹角）。此时所成像中，不仅圆形纹理基元成为椭圆，上部基元的密度也大于中部，形成了密度梯度。另外，各椭圆的外观比例，即短半轴与长半轴的长度比也不是常数，形成外观比例梯度。此时，既有纹理元尺寸的变化，也有纹理元形状的变化。

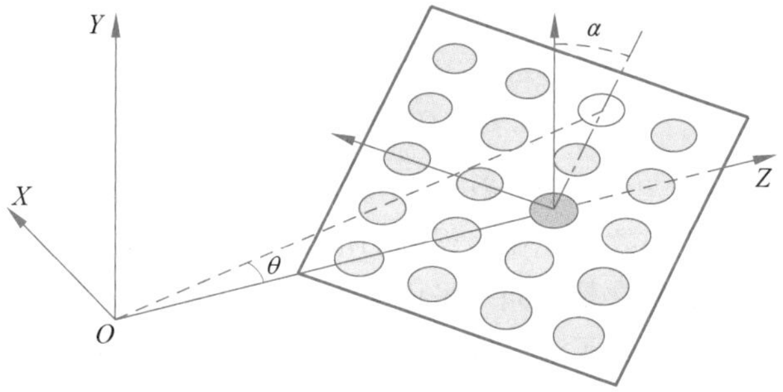

图 9.4.3 圆形纹理基元平面在坐标系中的位置

如果设原来圆形纹理基元的直径为 D，对于处于景物中心的圆形，其成像中根据透视投影关系可求得椭圆的长轴为

$$D_{\text{major}}(0,0) = \lambda \frac{D}{Z} \tag{9.4.17}$$

其中，λ 为摄像机焦距，Z 为物距。此时的外观比例为倾斜角的余弦，即

$$D_{\text{minor}}(0,0) = \lambda \frac{D}{Z}\cos\alpha \tag{9.4.18}$$

现在考虑景物上不在摄像机光轴上的基元（如图 9.4.3 中的浅色椭圆），若基元的 Y 坐标为 y，与原点的连线和 Z 轴的夹角为 θ，则可得到[Jain 1995]

$$D_{\text{major}}(0,y)=\lambda \frac{D}{Z}(1-\tan\theta\tan\alpha) \tag{9.4.19}$$

$$D_{\text{minor}}(0,y)=\lambda \frac{D}{Z}\cos\alpha(1-\tan\theta\tan\alpha)^2 \tag{9.4.20}$$

此时的外观比例为 $\cos\alpha(1-\tan\theta\tan\alpha)$，它随 θ 的增加而减少，形成外观比例梯度。

顺便指出，上面利用纹理元形状变化确定纹理元所在平面朝向的思路也可以扩展，但常需考虑更多因素。如借助图像中 2-D 区域边界的形状，也能推断 3-D 景物的形状。例如，对于图像中的椭圆形，直接的解释常是源于场景中的圆盘或圆球。此时如果椭圆内的明暗变化和纹理模式是均匀的，那么圆盘的解释更合理；但如果明暗变化和纹理模式都有朝向边界的放射状变化，则圆球的解释更合理。

(3) 利用纹理元之间空间关系的变化

如果纹理由有规律的**纹理元栅格**组成，则可通过计算其**消失点/消隐点**恢复表面朝向信息（见 9.4.3 小节）。消失点是相交线段集合中各线段的共同交点。对于一个透射图，其平面上的消失点是无穷远处纹理元以一定方向投影到图像平面形成的，或者说是平行线在无穷远处的汇聚点[参见式(9.4.2)]。

例 **9.4.2** 纹理元栅格和消失点

图 9.4.4(a)给出了一个各表面均有平行网格线的长方体透视图，图 9.4.4(b)是其各表面纹理消失点的示意图。

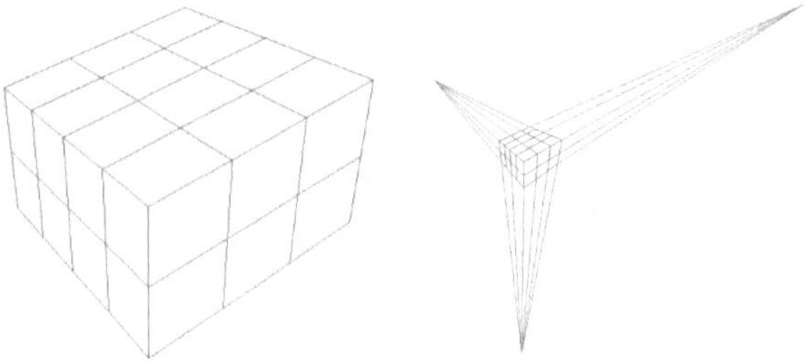

(a) (b)

图 **9.4.4** 纹理元栅格和消失点 □

如果沿目标表面向其消失点望去，就可看出纹理元之间空间关系的变化，即纹理元分布密度的增加。利用从同一个表面纹理元栅格得到的两个消失点可确定表面的取向。这两个点所在的直线也称**消失线/消隐线**，它是由同一平面上不同方向平行线的消失点构成的（例如，地面上不同方向平行线的消失点构成了地平线）。消失线的方向指示纹理元相对于摄像机轴线旋转的角度，而消失线与 $x=0$ 的交点指示纹理元相对于视线的倾斜角度，如图 9.4.1(c)所示。上述情况很容易借助透视投影的模型解释。

上面 3 种利用纹理元变化确定景物表面朝向的方法可归纳为表 9.4.1。

表 **9.4.1** 3 种利用纹理元变化确定景物表面朝向的方法

方　法	围绕视线旋转角	相对视线倾斜角
利用纹理元尺寸变化	纹理梯度方向	纹理梯度数值
利用纹理元形状变化	纹理元主轴方向	纹理元长短轴之比
利用纹理元空间关系变化	两消失点间连线的方向	两消失点间连线与 $x=0$ 的交点

2. 由纹理获取形状

由纹理确定表面取向并恢复表面形状的具体效果与表面本身的梯度、观察点和表面之间的距离，以及视线与图像之间的夹角等因素有关。表 9.4.2 给出了典型方法的概况，还列出了由纹理获取形状的各种术语[Tomita 1990]。现已提出的各种由纹理确定表面的方法多基于对它们的不同组合。

表 9.4.2 由纹理获取形状的典型方法概况

表面线索	表面种类	原始纹理	投影类型	分析方法	分析单元	单元属性
纹理梯度	平面	未知	透视	统计	波	波长
纹理梯度	平面	未知	透视	结构	区域	面积
纹理梯度	平面	均匀密度	透视	统计/结构	边缘/区域	密度
会聚线	平面	平行线	透视	统计	边缘	方向
会聚线	平面	平行线	透视	统计	边缘	方向
归一化纹理特性图	平面	已知	正交	结构	线	长度
归一化纹理特性图	曲面	已知	球面	结构	区域	轴
形状失真	平面	各向同姓	正交	统计	边缘	方向
形状失真	平面	未知	正交	结构	区域	形状

表 9.4.2 中，不同方法之间的区别主要采用了不同的表面线索，分别为纹理梯度(指表面上纹理粗糙度最大变化的速率和方向)、会聚线(可限制水平表面的朝向，假设这些线在 3-D 空间是平行的，会聚线能确定图像的消失点)、归一化纹理特性图(该图类似于由影调获取形状中的反射图)和形状失真(如果已知表面上一个模式的原始形状，则对于表面的各种朝向都可在图像上确定所能观察到的形状)。多数情况下表面是平面，也可以是曲面；分析方法既可以采用结构方法，也可以采用统计方法。

表 9.4.2 中，投影类型多使用透视投影，也可使用正交投影或球面投影。球面投影中观察者位于球心，图像形成于球面上，视线与球面垂直。由纹理恢复表面朝向时，要根据投影后原始纹理元形状的畸变重构 3-D 立体。形状畸变主要与两个因素有关：①观察者与景物之间的距离，可影响纹理元畸变后的大小；②景物表面的法线与视线之间的夹角(也称表面倾角)，可影响纹理元畸变后的形状。在正交投影中，第①个因素不起作用，仅第②个因素起作用。在透射投影中，第①个因素起作用，而第②个因素仅在景物表面为曲面时才起作用(如果景物表面为平面，并不会产生影响形状的畸变)。能使上述两个因素共同对景物形状产生作用的投影形式是球形透射投影。这时观察者与景物之间距离的变化会引起纹理元尺寸的变化，而景物表面倾角的变化会引起投影后景物形状的变化。

由纹理恢复表面朝向的过程中，常需对纹理模式进行一定的假设，两个典型的假设如下。

(1) 各向同性假设。**各向同性假设**认为对各向同性的纹理，在纹理平面发现一个纹理基元的概率与该纹理基元的朝向无关。换句话说，对各向同性纹理的概率模型无须考虑纹理平面上坐标系统的朝向[Forsyth 2003]。

(2) 均匀性假设。图像中纹理的均匀性是指无论在图像的任何位置选取一个窗口的纹理，都与在其他位置选取窗口的纹理一致。更严格地说，一个像素值的概率分布只取决于该像素邻域的性质，而与像素自身的空间坐标无关[Forsyth 2003]。根据**均匀性假设**，如果采集图像中一个窗口的纹理作为样本，则可根据该样本的性质为窗口外的纹理建立模型。

在使用正交投影获得的图像中，即便假设纹理是均匀的，也无法恢复纹理平面的朝向，因为，均匀纹理经过视角变换仍然是均匀纹理。但如果考虑透射投影获得的图像，则可能恢复纹理平面的朝向。

这个问题可解释如下：根据均匀性假设，认为纹理由点的均匀模式组成，此时如果对该纹理平面用等间隔的网格进行采样，那么每个网格获得的纹理点数目应该是相同或接近的。但如果将这个用等间隔网格覆盖的纹理平面进行透射投影，一些网格就会被映射为较大的四边形,而另一些网格会被映射为较小的四边形。也就是说,在图像平面上的纹理不再均匀。由于网格被映射为不同的大小,其中包含的(原来均匀的)纹理模式的数量不再一致。根据这一性质,可借助不同窗口所含纹理模式数量的比例关系确定成像平面与纹理平面的相对朝向。

3. 纹理立体技术

将纹理方法与立体视觉方法结合称为**纹理立体技术**。通过同时获取场景的两幅图像估计景物表面的方向,可避免复杂的对应点匹配问题。这种方法所用的两个成像系统是靠旋转变换相联系的。

图 9.4.5 中与纹理梯度方向正交且与景物表面平行的直线称为特征线,此线上没有纹理结构的变化。特征线与 X 轴之间的夹角称为特征角,可通过比较纹理区域的傅里叶能量谱计算得到。根据从两幅图像得到的特征线和特征角可确定表面法向量 $\mathbf{N}=[N_x \quad N_y \quad N_z]^{\mathrm{T}}$:

$$N_x=\sin\theta_1(a_{13}\cos\theta_2+a_{23}\sin\theta_2) \tag{9.4.21}$$

$$N_y=-\cos\theta_1(a_{13}\cos\theta_2+a_{23}\sin\theta_2) \tag{9.4.22}$$

$$N_z=\cos\theta_1(a_{21}\cos\theta_2+a_{22}\sin\theta_2)-\sin\theta_1(a_{11}\cos\theta_2+a_{21}\sin\theta_2) \tag{9.4.23}$$

其中,θ_1 和 θ_2 分别为两幅图像中特征线与 X 轴逆时针方向所成的夹角;系数 a_{ij} 为两个成像系统中对应坐标轴之间的方向余弦。

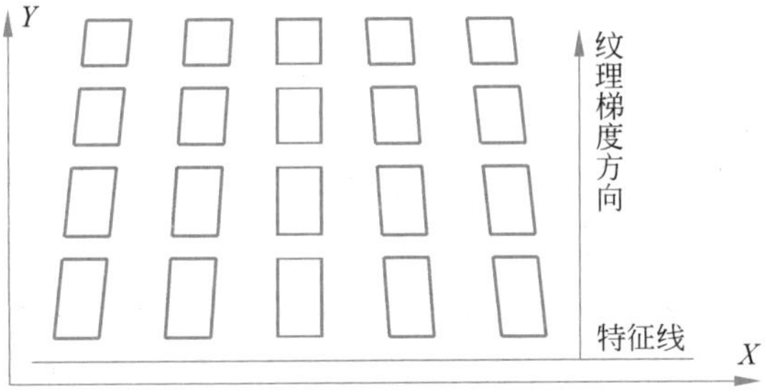

图 9.4.5 纹理表面的特征线

9.4.3 检测线段纹理消失点

如果纹理模式由直线线段构成,则可借助图 9.4.6 介绍检测其消失点的方法。理论上说,可分两步进行(每步需要用一次哈夫变换,见中册 4.2 节)[Davies 2005]:①确定图像中所有的直线(可直接借助哈夫变换进行);②找到那些通过共同点的直线并确定消失点(借助哈夫变换在参数空间检测点累积的峰)。

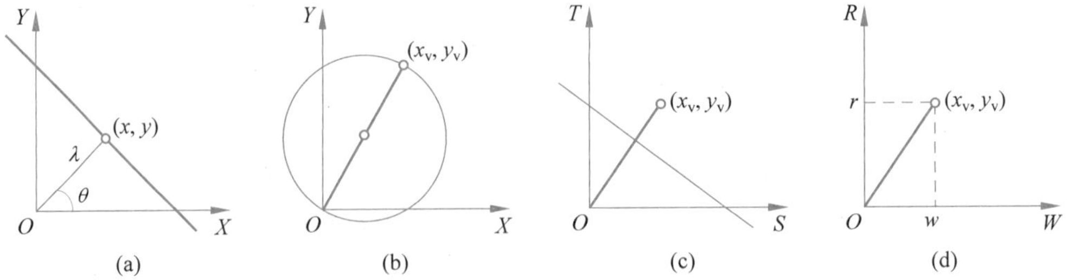

图 9.4.6 确定线段纹理消失点

根据哈夫变换,对于图像空间中的直线,可通过在参数空间检测参数确定。由图 9.4.6(a)可知,在极坐标系统中,直线可表示为

$$\lambda=x\cos\theta+y\sin\theta \tag{9.4.24}$$

若用符号"⇒"表示从一个集合到另一个集合的变换,则变换$\{x,y\}\Rightarrow\{\lambda,\theta\}$将图像空间

XY 中的一条直线映射为参数空间 $\Lambda\Theta$ 中的一个点，而图像空间 XY 中具有相同消失点(x_v, y_v)的直线集合被投影到参数空间 $\Lambda\Theta$ 中的一个圆上。为说明这一点，可将 $\lambda=\sqrt{x^2+y^2}$ 和 $\theta=\arctan\{y/x\}$代入下式：

$$\lambda = x_v \cos\theta + y_v \sin\theta \tag{9.4.25}$$

再将结果转到直角坐标系中，可得

$$\left(x-\frac{x_v}{2}\right)^2+\left(y-\frac{y_v}{2}\right)^2=\left(\frac{x_v}{2}\right)^2+\left(\frac{y_v}{2}\right)^2 \tag{9.4.26}$$

上式代表了一个圆心为$(x_v/2, y_v/2)$、半径为 $\lambda=\sqrt{(x_v/2)^2+(y_v/2)^2}$ 的圆，如图 9.4.6(b)所示。这个圆是所有以(x_v, y_v)为消失点的线段集合投影到 $\Lambda\Theta$ 空间中的轨迹。换句话说，可用变换$\{x, y\}\Rightarrow\{\lambda, \theta\}$将线段集合从 XY 空间映射到 $\Lambda\Theta$ 空间，对消失点进行检测。

上述确定消失点的方法有两个缺点：一是对圆的检测比对直线的检测困难，计算量也大；二是当 $x_v\rightarrow\infty$或 $y_v\rightarrow\infty$时，有 $\lambda\rightarrow\infty$（符号"→"表示趋向）。为克服这些缺点，可改用变换$\{x, y\}\Rightarrow\{k/\lambda, \theta\}$，其中 k 为常数（与哈夫变换空间的取值范围有关）。此时式(9.4.25)变为

$$k/\lambda = x_v \cos\theta + y_v \sin\theta \tag{9.4.27}$$

将式(9.4.27)转到直角坐标系中（令 $s=\lambda\cos\theta, t=\lambda\sin\theta$），得到

$$k = x_v s + y_v t \tag{9.4.28}$$

这是一个直线方程。如此转换后，无穷远的消失点就可投影到原点，而且具有相同消失点(x_v, y_v)的线段对应的点在 ST 空间的轨迹成为一条直线，如图 9.4.6(c)所示。由式(9.4.28)可知这条线的斜率为$-y_v/x_v$，所以其与原点到消失点(x_v, y_v)的矢量正交，并与原点的距离为 $k/\sqrt{x_v^2+y_v^2}$。对这条直线可再用一次哈夫变换检测，即可将直线所在空间 ST 作为原空间，而对其在（新的）哈夫变换空间 RW 中进行检测。这样空间 ST 中的直线在空间 RW 中为一个点，如图 9.4.6(d)所示，其位置为

$$r = \frac{k}{\sqrt{x_v^2+y_v^2}} \tag{9.4.29}$$

$$w = \arctan\left(\frac{y_v}{x_v}\right) \tag{9.4.30}$$

由以上两式解得消失点的坐标为

$$x_v = \frac{k^2}{r^2\sqrt{1+\tan^2 w}} \tag{9.4.31}$$

$$y_v = \frac{k^2 \tan w}{r^2\sqrt{1+\tan^2 w}} \tag{9.4.32}$$

在智能交通中，对道路的检测也可基于对消失点的检测进行。一种适用于非结构化道路的检测方法主要包括如下步骤[曹 2021]。

(1) 采用包括 3 个尺度、18 个方向的盖伯滤波器计算每个像素点的局部纹理方向。

(2) 根据纹理方向的置信区间筛选有效的投票点。

(3) 借助基于距离加权的局部软投票方法对有效投票点进行投票，选取图像中累计票值最大的像素点作为消失点。

9.4.4 确定图像外消失点

上述方法适合检测处于原始图像范围之中的消失点。但实际中，消失点常常处于图像范

围之外（如图9.4.7所示），甚至在无穷远处，此时会遇到问题。对于远距离的消失点，参数空间的峰会分布在较大范围内，这样检测敏感度会较差，定位准确度也会较低。

图9.4.7 消失点在图像范围之外的示例

针对此问题的一种改进方法是围绕摄像机的投影中心构建一个高斯球 G，并将 G（而不是使用扩展图像平面）当作参数空间。如图9.4.8所示，不管消失点出现在有限距离处，还是无穷远处，它都与高斯球（其中心为 C）上的点有一对一关系（V 和 V'）。实际应用中存在许多不相关的点，为消除其影响，需要考虑成对的线（3-D空间中的线与投影到高斯球上的线）。设有 N 条线，则线对的总数为 $N(N-1)/2$，即量级为 $O(N^2)$。

考虑当地面铺满地板砖，使摄像机倾斜于地面并沿地板砖铺设方向观测的情况。可得如图9.4.9所示的构型（VL代表消失线），其中 C 为摄像机中心，O、H_1、H_2 在地面上，O、V_1、V_2、V_3 在成像面上，a 和 b（砖的长和宽）已知。由点 O、V_1、V_2、V_3 得到的交叉比（见中册16.2节）与由点 O、H_1、H_2 及水平方向无穷远点得到的交叉比相等得到：

$$\frac{y_1(y_3-y_2)}{y_2(y_3-y_1)}=\frac{x_1}{x_2}=\frac{a}{a+b} \tag{9.4.33}$$

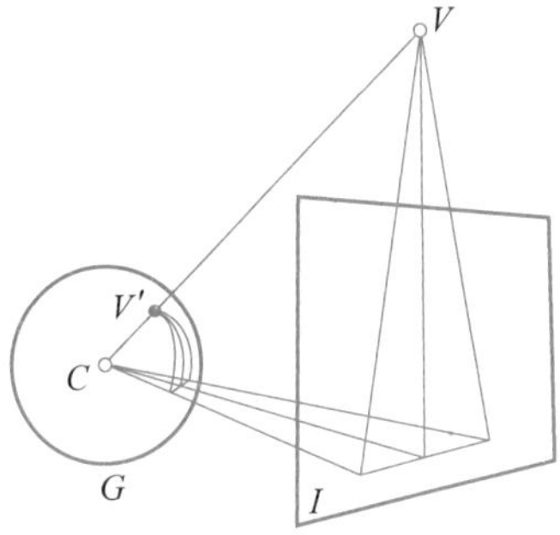

图9.4.8 使用高斯球确定消失点

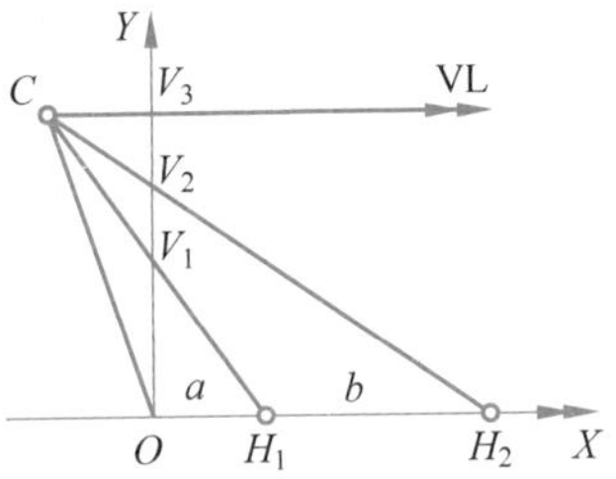

图9.4.9 已知间隔借助交叉比确定消失点

由式(9.4.33)可算出 y_3：

$$y_3=\frac{by_1y_2}{ay_1+by_1-ay_2} \tag{9.4.34}$$

实际应用中，常可调整摄像机相对于地面的位置和角度，使 $a=b$，可得

$$y_3=\frac{y_1y_2}{2y_1-y_2} \tag{9.4.35}$$

这个简单的公式表明，a 和 b 的绝对数值并不重要，只要知道其比值就可计算。进一步，上述计算并没有假设点 V_1、V_2、V_3 在点 O 的垂直上方，也没有假设点 O、H_1、H_2 在水平线上，只要求它们位于共面的两条直线上，且 C 也在这个平面中。

在透视投影条件下，椭圆投影为椭圆，但其中心会出现一点偏移，因为透视投影并不保持长度比（中点不再是中点）。假设可从图像中确定平面消失点的位置，则利用前面的方法就可方便地计算中心的偏移量。先考虑椭圆的特例——圆，圆投影后为椭圆。参见图9.4.10，设 b 为投影后椭圆的短半轴，d 为投影后椭圆与消失线之间的距离，e 为圆的中心投影后的偏移量，点 P 为投影中

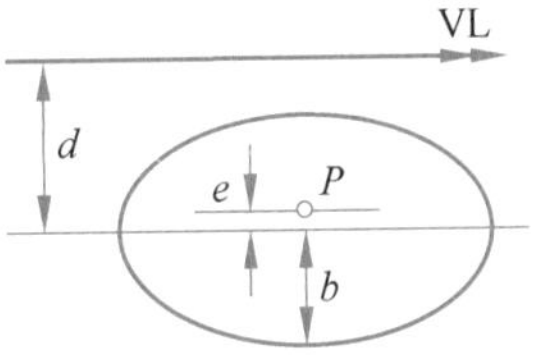

图9.4.10 计算圆的中心的偏移量

心。将 $b+e$ 取为 y_1、$2b$ 取为 y_2、$b+d$ 取为 y_3，则由式(9.4.35)得到

$$e=\frac{b^2}{d} \tag{9.4.36}$$

与前面方法不同的是，设 y_3 为已知的，并用其计算 y_1，进而计算 e。如果消失线未知，但已知椭圆所在平面的朝向和图像平面的朝向，也可推出消失线，进而如上计算。

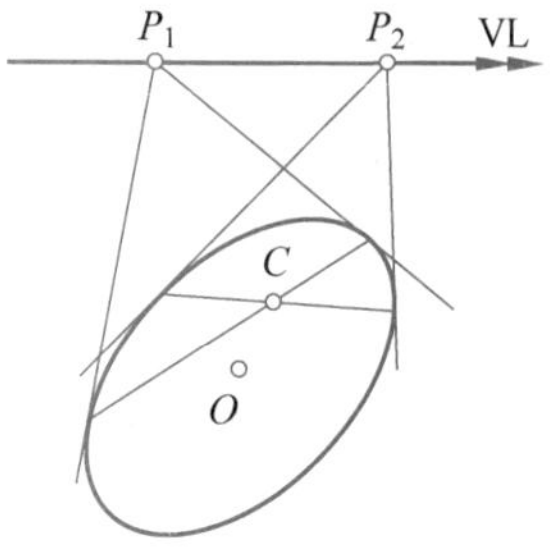

图 9.4.11　计算椭圆中心的偏移量

如果原始目标是椭圆，则问题更复杂，因为不仅椭圆中心的纵向位置未知，其横向位置也未知。此时要考虑椭圆两对平行的切线，投影成像后，一对交于 P_1，另一对交于 P_2，两个交点均位于消失线上，如图 9.4.11 所示。因为对于每对切线，连接切点的弦通过原始椭圆的中心 O(该特性不随投影变化)，所以投影中心应该在弦上。与两对切线对应的两条弦的交点就是投影中心 C。

9.5　由焦距确定深度

在使用光学系统对景物成像时，实际使用的透镜只能对一定距离范围内的景物清晰成像。或者说，当光学系统聚焦在某个距离时，只能保证此距离附近一定范围内景物成像的清晰度。此距离范围称为透镜的**景深**。景深由满足清晰度的最远点和最近点确定，或者说由最远平面和最近平面确定。

可以想象，如果能控制景深，在景深很小的情况下，景物上满足清晰度的最远点和最近点非常接近，就可确定景物的深度。也称**从焦距恢复形状**或**由焦距恢复形状**。从原理上讲，从逐步逼近最清晰位置的过程中获得深度可称**从聚焦中获取深度**(DFF)；与此对应，从逐步离开最清晰位置的过程中获得深度可称**从散焦中获取深度**(DFD)。

图 9.5.1 给出了薄透镜景深的示意图。当将透镜聚焦在景物平面上一点时(景物与透镜距离为 d_o)，其所成像在图像平面上(图像与透镜距离为 d_i)。如果将景物与镜头的距离减小为 d_{o1}，则成像在距离透镜 d_{i1} 处，而在原图像平面上的点图像会扩散为一个直径为 D 的模糊圆盘。如果将景物与镜头的距离增加至 d_{o2}，则成像在距离透镜 d_{i2} 处，而在原图像平面上的点图像也会扩散为一个直径为 D 的模糊圆盘。如果 D 是清晰度可接受的最大直径，则 d_{o1} 与 d_{o2} 的差就是景深。

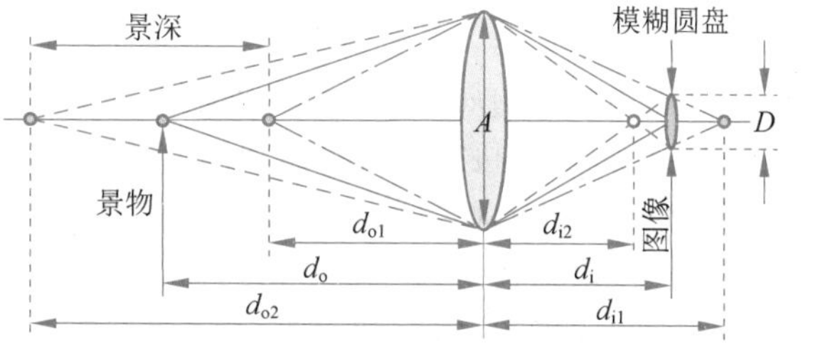

图 9.5.1　薄透镜景深示意图

模糊圆盘的直径与摄像机分辨率和景深都有关。摄像机的分辨率取决于摄像机成像单元的数量、尺寸和排列方式。在常见的正方形网格排列方式下，如果有 $N \times N$ 个单元，则在每个方向都可分辨出 $N/2$ 条线，即相邻两条线间有一个单元的间隔。一般的光栅是黑白线条等距离相间的，即能分辨出 $N/2$ 对线条。摄像机的分辨能力也可用**分辨力**表示，如果成像单元的间距为Δ，单位为 mm，则摄像机的分辨力为 $0.5/\Delta$，单位为 line/mm。例如，一台 CCD 摄像机

的成像单元阵列的边长为 8mm，共有 512×512 个单元，则其分辨力为 0.5×512/8＝32line/mm。

假设透镜的焦距为 λ，则根据薄透镜成像公式有

$$\frac{1}{\lambda}=\frac{1}{d_{\mathrm{o}}}+\frac{1}{d_{\mathrm{i}}} \tag{9.5.1}$$

现设镜头孔径为 A，则当景物位于最近点时，图像与镜头的距离 d_{i1} 为

$$d_{\mathrm{i1}}=\frac{A}{A-D}d_{\mathrm{i}} \tag{9.5.2}$$

根据式(9.5.1)，景物最近点距离为

$$d_{\mathrm{o1}}=\frac{\lambda d_{\mathrm{i1}}}{d_{\mathrm{i1}}-\lambda} \tag{9.5.3}$$

将式(9.5.2)代入式(9.5.3)，得

$$d_{\mathrm{o1}}=\frac{\lambda\dfrac{A}{A-D}d_{\mathrm{i}}}{\dfrac{A}{A-D}d_{\mathrm{i}}-\lambda}=\frac{\lambda A d_{\mathrm{o}}}{\lambda A+D(d_{\mathrm{o}}-\lambda)} \tag{9.5.4}$$

类似地，可得到景物最远点距离为

$$d_{\mathrm{o2}}=\frac{\lambda\dfrac{A}{A+D}d_{\mathrm{i}}}{\dfrac{A}{A+D}d_{\mathrm{i}}-\lambda}=\frac{\lambda A d_{\mathrm{o}}}{\lambda A-D(d_{\mathrm{o}}-\lambda)} \tag{9.5.5}$$

由式(9.5.5)右边分母可知，当

$$d_{\mathrm{o}}=\frac{A+D}{D}\lambda=H \tag{9.5.6}$$

时，d_{o2} 为无穷，景深也为无穷，称 H 为**超焦距**，当 $d_{\mathrm{o2}}\geqslant H$ 时，景深都为无穷。而当 $d_{\mathrm{o2}}<H$ 时，景深为

$$\Delta d_{\mathrm{o}}=d_{\mathrm{o2}}-d_{\mathrm{o1}}=\frac{2\lambda A D d_{\mathrm{o}}(d_{\mathrm{o}}-\lambda)}{(A\lambda)^2-D^2(d_{\mathrm{o}}-\lambda)^2} \tag{9.5.7}$$

由式(9.5.7)可见，景深随 D 的增加而增加。如果允许/容忍更大的模糊圆盘，则景深也更大。另外，式(9.5.7)表明，景深随 λ 的增加而减少，即短焦距的透镜会给出较大的景深。

由于使用焦距较长的镜头时获得的景深较小（最近点和最远点较接近），所以有可能根据对焦距的测定确定景物的距离。实际上，人类视觉系统也是如此。人在观察景物时，为了更清晰，会通过调节睫状体压力控制晶状体的屈光能力，将深度信息与睫状体压力建立联系，并根据压力调节情况判断景物的距离。摄像机的自动聚焦功能也是基于该原理实现的。如果设摄像机的焦距在某个范围内变化比较平稳，则可对在每个焦距值获得的图像进行边缘检测。对图像中的每个像素，确定使其产生清晰边缘的焦距值，并利用该焦距值确定该像素对应的 3-D 景物表面点与摄像机镜头的距离（深度）。实际应用中，对于一个给定的景物点，调节焦距使摄像机对其成像清晰，此时的焦距值就指示了摄像机与其的距离；而对于一幅以一定焦距拍摄的图像，也可计算其上清晰像素点对应景物点的深度。

9.6 根据三点透视估计位姿

根据图像点的位置直接估计其 3-D 景物对应点是一个病态问题，图像中的一个点可以是

3-D空间中一条线或线上任一点的投影结果(参见2.2.1小节)。为从2-D图像出发恢复3-D景物表面的位置,需要一些附加的约束条件。下面介绍一种在3-D景物模型和摄像机焦距已知的条件下,利用3个图像点的坐标计算3-D景物的几何形状和**位姿/姿态**的方法[Shapiro 2001],此时3个景物点之间的两两距离是已知的。

1. 三点透视问题

用2-D图像特征计算3-D景物特征的透视变换是一种**逆透视**。因使用了3个点,所以称为**三点透视**(P3P)问题。此时图像、摄像机和景物的坐标关系如图9.6.1所示。

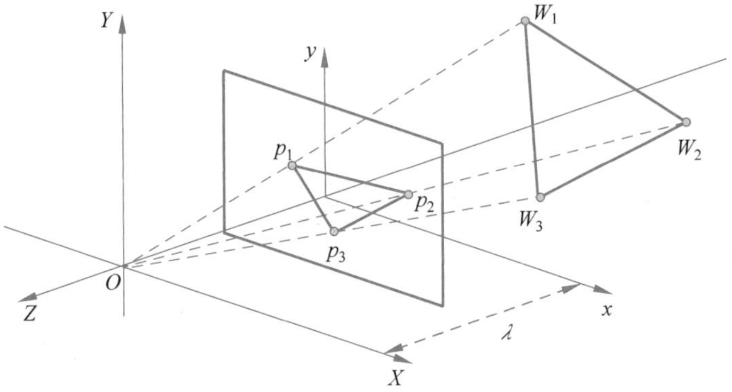

图9.6.1　三点透视的坐标关系

已知3-D景物上的3点W_i在图像平面xy上的对应点为p_i,现在根据p_i计算W_i的坐标($\boldsymbol{W}_i$)。因为从原点到p_i的连线也经过W_i,所以设$\boldsymbol{v}_i$为相应连线上的单位矢量(由原点指向p_i),则W_i的坐标可由下式获得:

$$\boldsymbol{W}_i = k_i \boldsymbol{v}_i \quad i = 1,2,3 \tag{9.6.1}$$

上面3个景物点间的(已知)距离为($m \neq n$)

$$d_{mn} = | \boldsymbol{W}_m - \boldsymbol{W}_n | \tag{9.6.2}$$

将式(9.6.1)代入式(9.6.2),得

$$d_{mn}^2 = \| k_m \boldsymbol{v}_m - k_n \boldsymbol{v}_n \|^2 = k_m^2 - 2k_m k_n (\boldsymbol{v}_m \cdot \boldsymbol{v}_n) + k_n^2 \tag{9.6.3}$$

2. 迭代求解

现在得到了关于k_i的3个二次方程,其中3个d_{mn}^2根据3-D景物模型已经知道,3个点积$\boldsymbol{v}_m \cdot \boldsymbol{v}_n$根据图像点坐标也可算出,这样计算3个点$W_i$坐标的P3P问题变为求解有3个未知量的3个二次方程的问题。理论上,方程(9.6.3)的解有8个,即8组(k_1, k_2, k_3),但由图9.6.1可看出,由于对称性,如果(k_1, k_2, k_3)是一组解,则($-k_1, -k_2, -k_3$)必然也是一组解。因为目标只可能在摄像机的一侧,所以最多有4组实数解。另外已证明[Shapiro 2001],尽管在特定情况下可能有4组解,但一般只有2组解。

现在解下列3个函数/方程中的k_i:

$$\begin{cases} f(k_1, k_2, k_3) = k_1^2 - 2k_1 k_2 (\boldsymbol{v}_1 \cdot \boldsymbol{v}_2) + k_2^2 - d_{12}^2 \\ g(k_1, k_2, k_3) = k_1^2 - 2k_2 k_3 (\boldsymbol{v}_2 \cdot \boldsymbol{v}_3) + k_3^2 - d_{23}^2 \\ h(k_1, k_2, k_3) = k_3^2 - 2k_3 k_1 (\boldsymbol{v}_3 \cdot \boldsymbol{v}_1) + k_1^2 - d_{31}^2 \end{cases} \tag{9.6.4}$$

假设初始值在[k_1, k_2, k_3]的附近,但$f(k_1, k_2, k_3) \neq 0$。现需要一个增量($\Delta_1, \Delta_2, \Delta_3$),使$f(k_1+\Delta_1, k_2+\Delta_2, k_3+\Delta_3)$趋向于0。将$f(k_1+\Delta_1, k_2+\Delta_2, k_3+\Delta_3)$在($k_1, k_2, k_3$)的邻域展开并略去高阶项,得到

$$f(k_1+\Delta_1,k_2+\Delta_2,k_3+\Delta_3)=f(k_1,k_2,k_3)+\begin{bmatrix}\dfrac{\partial f}{\partial k_1} & \dfrac{\partial f}{\partial k_2} & \dfrac{\partial f}{\partial k_3}\end{bmatrix}\begin{bmatrix}k_1\\k_2\\k_3\end{bmatrix} \tag{9.6.5}$$

使上式左边等于0，得到一个包含(k_1,k_2,k_3)的（偏微分）线性方程。同样可将式（9.6.4）中的函数g和h转化为线性方程。联合起来得到

$$\begin{bmatrix}0\\0\\0\end{bmatrix}=\begin{bmatrix}f(k_1,k_2,k_3)\\g(k_1,k_2,k_3)\\h(k_1,k_2,k_3)\end{bmatrix}+\begin{bmatrix}\dfrac{\partial f}{\partial k_1} & \dfrac{\partial f}{\partial k_2} & \dfrac{\partial f}{\partial k_3}\\ \dfrac{\partial g}{\partial k_1} & \dfrac{\partial g}{\partial k_2} & \dfrac{\partial g}{\partial k_3}\\ \dfrac{\partial h}{\partial k_1} & \dfrac{\partial h}{\partial k_2} & \dfrac{\partial h}{\partial k_3}\end{bmatrix}\begin{bmatrix}k_1\\k_2\\k_3\end{bmatrix} \tag{9.6.6}$$

上述偏微分矩阵就是雅可比矩阵$\boldsymbol{J}$。一个函数组$\boldsymbol{f}(k_1,k_2,k_3)$的雅可比矩阵$\boldsymbol{J}$具有下列形式（其中$\boldsymbol{v}_{mn}=\boldsymbol{v}_m\cdot\boldsymbol{v}_n$）：

$$\boldsymbol{J}(k_1,k_2,k_3)=\begin{bmatrix}J_{11} & J_{12} & J_{13}\\J_{21} & J_{22} & J_{23}\\J_{31} & J_{32} & J_{33}\end{bmatrix}=\begin{bmatrix}(2k_1-2v_{12}k_2) & (2k_2-2v_{12}k_1) & 0\\0 & (2k_2-2v_{23}k_3) & (2k_3-2v_{23}k_2)\\(2k_1-2v_{31}k_3) & 0 & (2k_3-2v_{31}k_1)\end{bmatrix} \tag{9.6.7}$$

如果雅可比矩阵$\boldsymbol{J}$在点(k_1,k_2,k_3)处是可逆的，则得到参数增量：

$$\begin{bmatrix}k_1\\k_2\\k_3\end{bmatrix}=-\boldsymbol{J}^{-1}(k_1,k_2,k_3)\begin{bmatrix}f(k_1,k_2,k_3)\\g(k_1,k_2,k_3)\\h(k_1,k_2,k_3)\end{bmatrix} \tag{9.6.8}$$

将上述增量与上一步的参数值相加，用$\boldsymbol{K}^l$表示参数的第l步迭代值，得到（牛顿法表示形式）

$$\boldsymbol{K}^{l+1}=\boldsymbol{K}^l-\boldsymbol{J}^{-1}(\boldsymbol{K}^l)f(\boldsymbol{K}^l) \tag{9.6.9}$$

上述迭代算法可总结如下。

输入：3组对应点对(W_i,p_i)，摄像机焦距λ和距离允许误差Δ。

输出：$\boldsymbol{W}_i$（3-D点在摄像机坐标系统中的坐标）。

步骤1：初始化

根据式（9.6.3）计算d_{mn}^2，根据p_i计算$\boldsymbol{v}_i$和$2\boldsymbol{v}_m\cdot\boldsymbol{v}_n$，选择初始参数矢量$\boldsymbol{K}^l=(k_1,k_2,k_3)$。

步骤2：迭代，直到$f(\boldsymbol{K}^l)\approx 0$

根据式（9.6.9）计算$\boldsymbol{K}^{l+1}$，如果$|f(\boldsymbol{K}^{l+1})|\leqslant\pm\Delta$或达到迭代次数，则停止。

步骤3：计算位姿

根据式（9.6.1）用$\boldsymbol{K}^{l+1}$计算$\boldsymbol{W}_i$。

总结和复习　　　　随堂测试

第3单元

场景解释

本单元包括3章，分别为

第10章　知识表达和推理

第11章　广义匹配

第12章　场景分析和语义解释

图像理解是一项复杂的工作，常需分层次进行。对客观景物的重建恢复是图像理解的第1个层次。在此基础上，还需对图像高层的含义给出明确的解释，这是图像理解的第2个层次。在这个层次，需要通过学习、推理、与模型的匹配等解释场景的内容、特性、变化、态势或趋向等。上个单元主要涉及第1个层次，本单元主要聚焦第2个层次。

场景解释是一个非常复杂的过程，困难主要来源于两方面：一是有大量的多方面数据要处理，二是缺乏从已知的低层像素矩阵到所需高层结果（对反映场景信息的图像内容细节的把握到更抽象的解释）的基本工具。由于还没有对非结构化图像进行理解的通用工具，所以需要在两者之间进行折中，即一方面需要对问题的一般性进行限制，另一方面需要将人类的知识引入理解过程。对问题的一般性进行限制是比较直接的，人们可以限制问题中的未知条件、期望结果的范围或精度，而知识的引入比较困难，值得认真研究。本单元将介绍相关的基础内容。

第10章讨论对知识的表达和推理。知识是先前人类对客观世界的认识成果和经验总结，可指导当前对客观世界新变化的认识和理解，对场景的解释需要根据已有的知识并借助推理进行。该章分别对两种重要的知识类型，即场景知识和过程知识进行讨论，还具体分析了典型的知识表达方法，包括逻辑系统、语义网和产生式系统，并举例介绍了基于定理证明进行推理的方法。

第11章讨论广义匹配（对图像匹配的扩展和推广）的方法。对场景的解释是一个不断认知的过程，需要将从图像中获得的信息与已有的解释场景模型进行匹配。也可以说，感知是将视觉输入与事前已有表达结合的过程，而认知也需要建立或发现各种内部表达式之间的联系。广义匹配是结合各种表达和知识，建立这些联系，从而解释场景的技术或过程。广义匹配可在像素层进行，也可在目标层进行，还可在更抽象的层次进行。该章的讨论主要是在目标层及更高的概念符号层进行的。

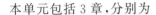

第 12 章概括介绍典型的场景分析和语义解释技术。对场景的高层次解释建立在对场景分析和语义描述的基础上。这包括利用模糊集和模糊运算概念进行模糊推理的方法；利用遗传算法对图像进行语义分解和分割，进而实现语义推理判断的方法；借助离散标记和概率标记技术对场景目标进行有语义含义标记的方法；以及基于词袋模型/特征包模型、pLSA 模型和 LDA 模型对场景进行分类的方法。另外，对遥感图像的判读是一种典型的场景分析和语义解释应用。

第10章

知识表达和推理

教学视频

知识是人类对客观世界的认识成果和经验总结，在整个视觉过程的各个阶段都起着重要作用。例如，第 9 章利用单幅图像进行景物恢复需要各种经验知识，而在对场景进行分析推理并做出正确解释时知识还需发挥更大作用。因为实际应用中，环境信息并非时时刻刻都是完整的，先验知识的参与是重要的补充。借助对知识的利用可有效提高图像理解的可靠性和效率。要有效地利用知识，就要研究哪些知识可以利用，知识有哪些基本作用、类别和表达方法，从而正确地管理和使用知识。

根据上述讨论，本章各节将安排如下。

10.1 节对知识概念给予概括介绍，并引出其后各节的内容。

10.2 节讨论一种重要的知识类型——场景知识，重点是关于知识建模的问题。

10.3 节讨论另一种重要的知识类型——过程知识，主要介绍这种知识分类的框架和 4 种重要的控制过程。

10.4 节进一步讨论知识表达的基础内容和方法，介绍一种人工智能中的三重知识表达方案，并结合图像理解介绍相关的知识模块。

10.5 节介绍一种典型的知识表达方法，即基于形式逻辑的谓词逻辑，并讨论利用定理证明推理的方法。

10.6 节介绍另一种典型的知识表达方法，即具有层次结构的语义网。

10.7 节介绍另一种典型的知识表达方法，即基于规则的产生式系统，它是一种模块化的知识表达系统。

10.1 知识概述

知识是人类对世界认知与理解时积累的经验总和。有效利用知识，就要分析知识的作用，了解知识的类别及表达、管理知识的方式。

1. 知识的作用

人类在理解世界时用到许多经验和知识，以提高工作的可靠性和效率。知识在整个图像工程的各个阶段都起到重要作用。以中册第 1 单元介绍的图像分割为例，图像分割是将图像分为各具特性的区域并提取感兴趣区域(目标)的过程。何为感兴趣区域、其有何特性，都与人们对场景和应用的先验知识有关。研究表明，图像分割中有关图像先验知识的数量、种类及其被利用的情况对分割算法的性能都有较大影响。

把握场景的含义常需进行推理，知识也是推理的基础。例如，自动推理定义为以世界知识的表达为输入，以基于知识的结论为输出的计算。

2. 知识的分类

将知识融入图像理解，首先需要确定知识的类型。对常见知识可有多种分类方案。例如，可将知识分为 3 类：①**场景知识**，包括景物的几何模型及其间的空间关系等；②**图像知识**，包括图像中有关特征的类型和关系，如线、轮廓、区域等；③场景与图像之间的**映射知识**，包括成像系统的属性，如焦距、投影方向、光谱特性等。

知识也可分为程序知识、视觉知识和世界知识3类。**程序知识**与选择算法、设置算法参数等操作有关。**视觉知识**与图像形成模型有关，如当3-D景物受到倾斜的照明时就可能产生影子。**世界知识**指问题领域的整体知识，如图像中目标间的联系，以及景物与环境间的联系（例如，晚上下雨将增加路面反射）。一般认为，视觉知识比世界知识的层次低，反映了场景中的中低层内容，比世界知识更具体、更特殊，主要用于对场景的预处理，为世界知识提供支持；世界知识的层次比视觉知识高，反映了场景中的高层内容，比视觉知识更抽象、更全面，主要用于对场景的高层解释，是图像理解的基础。

常用知识也可分为两类：一类是有关场景，特别是场景中目标的知识，主要包括有关研究对象的一些客观事实；另一类是关于什么场合可以运用、需要运用和如何运用的知识，即运用知识的知识。前一类知识基本包括了前述视觉知识和世界知识。后一类知识也称**过程知识**，过程知识与选择算法、设置算法参数等操作有关（与前述的程序知识对应）。本章将参照这种分类方法进行介绍。

3. 知识的表达

将人类知识融入图像理解，还需确定以什么形式表达知识，即**知识表达**。图像理解除需要恢复场景的特性，还需要有帮助进行图像和场景解释相关工作的表达。第1章介绍的马尔理论将表达作为一个不同视觉任务的共同核心概念，认为视觉工作的最终目标是根据视觉刺激进行3-D重建以恢复场景，并融入统一的表达以达到内部构建视觉世界的目的。

表达可针对不同的图像层次进行，或者说可在不同层次进行表达。需要注意，用原始图像表达景物常具有不确定性，因为对景物的成像结果与照明方式和观察方向等有关。低层次工作的结果常是某种表达，如双眼视觉系统接收同一场景的两幅不同图像并产生一个明确表示深度信息的表达。在高层次工作中，对表达的选择很不明确，至今为止的研究都表明，并不能从一个景物的表观简单地恢复其几何性质并用作其表达。

尽管知识的种类不同，但对于图像理解系统来说，对知识表达最重要的一个要求是该表达应尽可能与应用无关，所以需要避免将知识嵌入机器码或硬件。因此基本的理解算法应基于领域无关的知识，而有关特殊应用的知识可包含在系统知识库中，并与前述算法尽可能独立。

知识的表达方法有多种，如**守护程序**、**黑板系统**、**图像函数库**、图像处理语言、**框架**、**单元**及剧本等。本章除了对其进行概况介绍外，还将对以下3种典型的知识表达方法进行详细讨论：①基于**谓词逻辑**的方法；②基于**语义网**的方法；③基于**产生式系统**的方法。

10.2 场景知识

有关场景的知识主要包括客观世界中景物自身的事实特性。这类知识一般局限于某些确定的场景中，也称场景的先验知识，平常所说的知识都是指这一类。

10.2.1 模型

场景知识与模型密切相关。一方面，知识常用**模型**表示，因而有时直接被称为模型。另一方面，实际应用中常利用知识建立模型，达到恢复场景和解释图像的目的。例如，可建立景物模型，借助景物及其表面描述3-D世界；可建立照明模型，以描述光源强度、颜色、位置及作用范围等；可建立传感模型，以描述成像器件的光学及几何学性质。

模型一词反映了任何自然现象都只能在一定程度(精确度或准确度)上进行描述的事实[Jähne 1997]。在自然科学寻求最简单、最通用又能对观察事实进行最小偏差的描述研究中,借助模型是一个基本而有效的原则。但是,使用模型时必须非常小心,即使在数据看起来与模型假设非常吻合的情况下,也不能保证模型假设总是正确的。这是由于基于不同的模型假设可能获得相同的数据。

一般来说,构建模型时要注意两种问题。一种是**过限定逆问题**,即一个模型仅由较少的参数描述,但用很多数据验证。常见的例子是通过大量的数据点拟合一条直线。在这种情况下,可能无法确定通过所有数据点直线的精确解,但可以确定能最小化与所有数据点之间总距离的直线。很多时候会遇到相反的情况,即可获得的数据太少,不足以构建完整的模型。一个典型的例子是计算图像序列的密集运动矢量,另一个例子是从一对立体图像中计算深度图。从数学上讲,均属于**欠限定问题**,需要增加限定条件解决问题。

在图像理解中,模型可分为2-D和3-D的。2-D模型表示图像的特性,优点是可直接用于图像或图像特性的匹配,缺点是不易全面表达3-D空间中景物的几何特点及景物之间的关系。它们一般只用于视线或目标取向给定的情况。3-D模型包含有关场景中3-D目标位置和形状的特性及其之间的联系,所以可用于多种场合。这种灵活性和通用性带来的问题是建立模型和场景描述之间的匹配联系比较困难。另外,构建这些模型所需的计算量也往往较大。

常用的2-D模型可进一步分为图像模型和目标模型两类。图像模型将整个图像的描述与场景的模型匹配。一般适用于较简单的场景或图像,当图像中有多个相互关系不确定的目标时,此模型就不太适用了。因为2-D模型是投影的结果,并不完全代表实际3-D空间的几何关系。目标模型只将局部图像的描述与模型匹配,也就是每个目标都要预备一个模型,并将其与局部图像描述进行匹配以识别目标。

场景知识对图像理解很重要,很多情况下有助于给出对场景的唯一解释,因为根据模型可限定问题的条件和变化的种类。

例 10.2.1 借助几何约束求解景物朝向

如图10.2.1(a)所示,给定3-D空间一个平面S上的两条平行线。通过透视投影将其投影到图像I上,仍然为两条平行线,分别记为l_1和l_2,其有相同的消失点P(参见9.4.3小节)。因为每个消失点都对应平面S上无穷远处的点,因而所有通过该点的视线都与S平行。设摄像机焦距为λ,则视线方向可用$(x, y, -\lambda)$表示。设平面S的法线方向为$(p, q, 1)$,而p、q与S的梯度图对应。因为视线方向矢量与S的法线方向矢量是正交的,所以其内积为零,即$xp+yq=\lambda$,也可看作关于p和q的直线方程。

现在考虑图10.2.1(b),设两条平行线确定了一个消失点P_1,如已知S上另有两条平行线,则又可得到另一个消失点P_2。通过联解两个直线方程可确定p和q,从而最终确定法线朝向。

可进一步证明,S上任意平行线的p和q相同,所以其消失点都在上述两点的连线上。因为已知图像上的两条线由场景中的平行线而来(场景知识),所以可约束景物表面的朝向。场景知识起到了限定变化种类的作用。

10.2.2 属性超图

为理解图像,需要将输入图像与场景知识联系起来。对场景知识的表达与对3-D景物的表达密切相关。**属性超图**是3-D景物属性的一种表达方法。在这种表达中,景物通过属性对的形式表达。一个属性对是一个有序对,可记为(A_i, a_i),其中A_i为属性名,a_i为属性值。

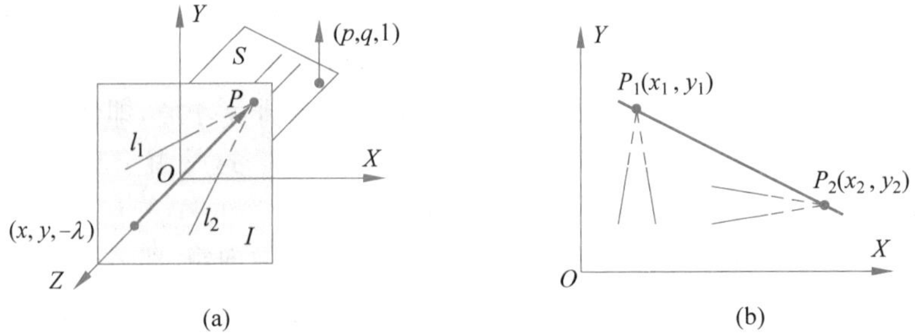

图 10.2.1 借助几何约束求解景物表面朝向 □

属性集可表示为$\{(A_1,a_1),(A_2,a_2),\cdots,(A_n,a_n)\}$。整个属性图表示为$G=[V,A]$，其中$V$为超结点集合，$A$为超弧集合，每个超结点和超弧都有一个属性集与之对应。

例 10.2.2 属性超图示例

图 10.2.2 给出了一个四面体及其属性超图。图 10.2.2(a)中 5 条可见棱线分别用数字 1～5 表示，两个可见表面 S_1 和 S_2 分别用加圆圈的 6 和 7 表示（也代表了表面的朝向）。在图 10.2.2(b)的属性超图中，结点对应棱线和表面，弧对应其之间的联系，符号的下标对应各棱线和表面的编号。

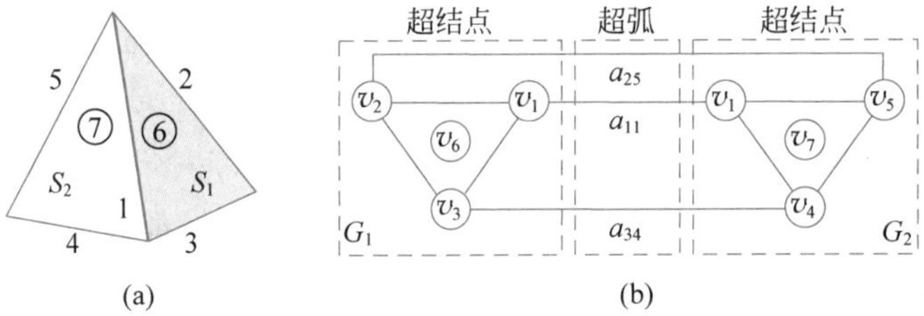

图 10.2.2 四面体及其属性超图

表面 S_1 可用属性图表示为

$G_1=[V_1,A_1]$

$v_1=\{(\text{type},\text{line}),(\text{length},10)\}$

$v_2=\{(\text{type},\text{line}),(\text{length},10)\}$

$v_3=\{(\text{type},\text{line}),(\text{length},9)\}$

$v_6=\{(\text{type},\text{circle}),(\text{radius},1)\}$

$a_{12}=\{(\text{type},\text{connection}),(\text{line1},v_1),(\text{line2},v_2),(\text{angle},54^\circ)\}$

$a_{13}=\{(\text{type},\text{connection}),(\text{line1},v_1),(\text{line2},v_3),(\text{angle},63^\circ)\}$

$a_{23}=\{(\text{type},\text{connection}),(\text{line1},v_2),(\text{line2},v_3),(\text{angle},63^\circ)\}$

表面 S_2 可用属性图表示为

$G_2=[V_2,A_2]$

$v_1=\{(\text{type},\text{line}),(\text{length},10)\}$

$v_4=\{(\text{type},\text{line}),(\text{length},8)\}$

$v_5=\{(\text{type},\text{line}),(\text{length},12)\}$

$v_7=\{(\text{type},\text{circle}),(\text{radius},1)\}$

$a_{14}=\{(\text{type},\text{connection}),(\text{line1},v_1),(\text{line2},v_4),(\text{angle},41^\circ)\}$

$a_{15}=\{(\text{type},\text{connection}),(\text{line1},v_1),(\text{line2},v_5),(\text{angle},82^\circ)\}$

$$a_{45}=\{(\text{type},\text{connection}),(\text{line1},v_4),(\text{line2},v_5),(\text{angle},57°)\}$$

属性图 G_1 和 G_2 都是基本属性图，分别描述表面 S_1 和 S_2，将其组合构成对景物的完整描述，可使用属性超图。在属性超图中，每个超结点对应一个基本属性图，每个超弧连接对应两个超结点的基本属性图。上述属性图 G_1 和 G_2 的超弧为

$$a_{11}=\{(\text{type},\text{connection}),(\text{line1},v_1)\}$$

$$a_{25}=\{(\text{type},\text{connection}),(\text{line1},v_2),(\text{line2},v_5),(\text{angle},85°)\}$$

$$a_{34}=\{(\text{type},\text{connection}),(\text{line1},v_3),(\text{line2},v_4),(\text{angle},56°)\}$$

得到的属性超图如图 10.2.2(b)所示，其中超结点集 $V=\{G_1,G_2\}$，超弧集 $A=\{a_{11},a_{25},a_{34}\}$。 □

对于具有多个景物的场景，可先对每个景物构造属性超图，再将其作为更上一层超图的超结点，进一步构造属性超图。如此迭代，即可构造复杂场景的属性超图。

属性超图的匹配可借助图同构方法进行(参见 11.5 节)。

10.2.3 基于知识的建模

从已有的 3-D 世界知识出发，可针对 3-D 场景和目标建立模型，并作为上层知识存储在计算机中。通过将这些模型与通过低层图像处理和分析得到的 3-D 场景和目标的描述进行比较和匹配，实现对 3-D 目标的识别，甚至对 3-D 场景的理解。

另外，模型的建立也可根据对目标获得的图像数据逐步建立。这样的建模过程本质上是一种学习的过程，而且这个过程与人的认知过程较为一致，因为人如果多次看到某一景物，就会抽象出该景物的各种特征，从而得到对景物的描述，并存储于大脑中，以备日后使用。这里值得指出，学习意味着目的性，没有目的的学习只能算作训练。学习中，目的是学习者的目的；而训练中，目的是老师的目的[Witten 2005]。

在有些具体应用中，特别是在目标识别的应用中，并不需要建立完整的 3-D 模型，只需模型能描述需识别目标的显著特征并识别出目标。但在一般场景解释的通用情况下，建模是一个复杂的问题，困难主要体现在两方面。

(1) 模型应包含场景的全部信息，然而获得完整的信息较为困难，例如对于复杂的景物，很难获得其所有信息，特别是当景物的一部分被遮挡时，被遮挡部分的信息常需通过其他途径获取。另外，人对景物的描述和表达常根据具体情况采用抽象程度不同的多层次方法，建立这些层次并获取相应的信息常需要特殊的方法。

(2) 模型的复杂度也较难确定，对复杂的景物常需建立复杂的模型。但如果模型过于复杂，即便获得了足够的信息，建立的模型也可能不实用。

在建模中，与应用领域有关的模型知识或场景知识的使用非常重要。在许多实际应用中，充分利用先验知识是解决图像理解问题的重要保证。例如在许多工业设计中，目标的模型是在设计过程中建立的，这些结构化知识可大大简化信息处理。近年来，基于**计算机辅助设计**(CAD)模型的系统得到了较大的发展，其主要采用**几何模型**法(参见 5.5.1 小节)。

采用几何模型法建立景物模型时，应考虑以下问题。

(1) 客观世界是由景物组成的，每个景物又可分解为处于不同层次的各种几何元素，如曲面和交线(采用边界表达系统)或基本体单元(采用结构刚体几何表达系统)。模型的数据结构应能反映这些层次。

(2) 任何几何元素的表达都要使用一定的坐标系，为方便表达，各层次的坐标系可以不同，这样模型各层次之间应包含坐标转换所需的信息。

(3) 模型的同一层次最好使用相同的数据结构。

(4) 模型对特征的表达可分为显式和隐式两种。例如，对曲面的显式表达直接给出曲面上各点应满足的条件方程。根据各曲面的方程可计算出其交线，所以可认为对曲面的显式表达也是对(曲面)交线的隐式表达。不过实际中为减少在线计算，建模时常将隐含特征计算好并存储在模型中。

例 10.2.3　多层次模型示例

图 10.2.3 给出了多层次模型的示例，基本上分为 3 层：

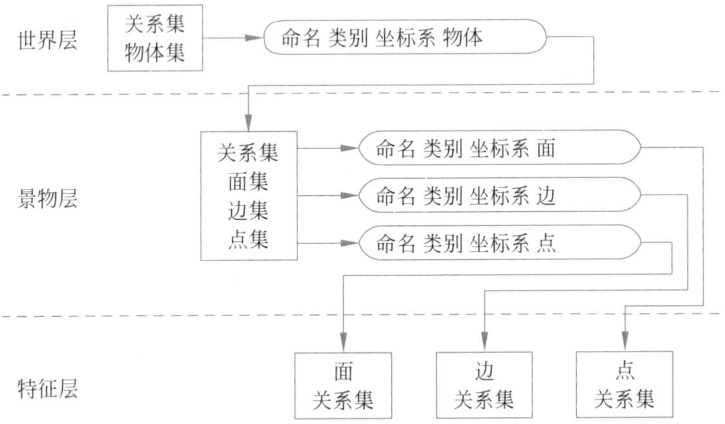

图 10.2.3　多层次模型示例

(1) 世界层为最高层，对应整个 3-D 环境或场景。

(2) 景物层为中间层，对应组成 3-D 环境或场景的各个独立目标。

(3) 特征层为最低层，对应组成景物的各类基本元素。从几何角度看，基本元素可分为面、边、点。面可以是平面或曲面；边可以是曲线或直线段；点可以是顶点或拐点等。对于各类基本元素，根据需要还可进一步分解，建立更基本的层次。

以上每层都可采用自身的数据结构，表示对应的名称、类别、特点、坐标系等。 □

10.3 过程知识

对视觉信息的加工一般包括一系列连续的过程，为有效利用有限的计算机资源，在每个加工阶段确定下一步做什么和采用什么方法非常重要。这里需要利用运用知识的知识以制定下一步加工决策。

借助运用知识的知识进行决策也常称**控制**，所以**过程知识**也称控制知识。控制的策略和机理依赖于图像理解的目的和已掌握的有关场景知识，实现方法可以是并行或串行的。

根据控制顺序和控制程度的不同，可将常用控制方法和过程分为多种，如图 10.3.1 所示。首先可分为分层控制(其中各项子工作或子任务可划分到不同层次，并按一定次序进行)和无分层控制(其中各项子工作/子任务既合作又竞争，进行次序不确定)，接下来可进一步分为如下 4 类。

1. 由底向上控制

其特点是整个过程基本上完全依赖于输入图像数据(也称**数据驱动**，或基于数据的控制)，如图 10.3.2(a)所示。有关目标的知识(模型)只在匹配场景的描述时使用。在这种控制中，原始数据经过一系列加工过程(其中前一个可为后一个提供可靠和精确的表达)逐步转化为更

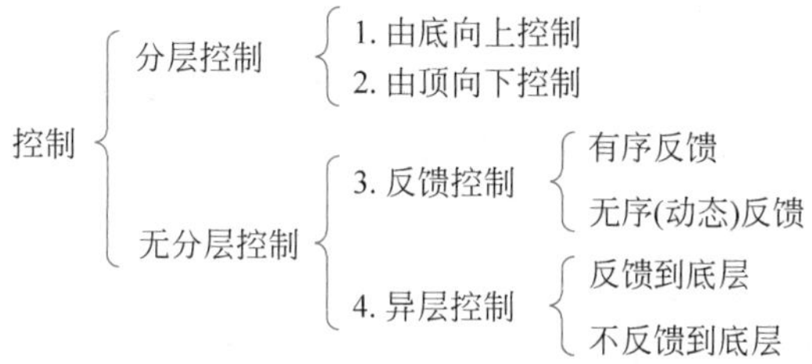

图 10.3.1　控制分类

有组织和用途的信息，而数据量则随过程的进行而逐步减少。这种控制当存在与图像数据无关的加工手段时比较有限，其优点是只要改变目标的模型，就可处理不同的目标。但因低层加工与领域无关，所以低层加工方法并不一定非常适合特定的场景，因而也不一定非常有效。此外，如果在某个加工过程出现了不希望的结果，系统并不一定能发现，下一个步骤会继承错误，进而导致最终结果出现许多问题。

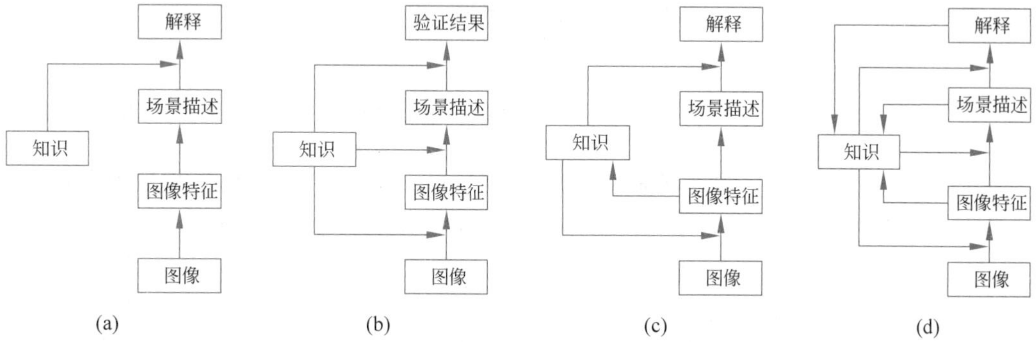

图 10.3.2　各种控制流程

2. 由顶向下控制

其特点是整个过程都由(基于知识的)模型控制(所以也称**模型驱动**或基于模型的控制)，如图 10.3.2(b)所示。它需要利用场景知识建立内部模型并进行验证，即进行面向最终目标的处理加工。一般来说，这种控制适用于检验结果，即对目标进行假设预测并进行测试以验证假设。因为有关场景的知识用于多个处理过程，且这些过程只处理对其必要的工作，所以这种控制的整体效率较高。大部分实用的系统都采用这种控制。需要注意的是，这种控制不太适用于假设较多的场合，否则验证工作会变得过于耗时。

由底向上的控制与由顶向下的控制在处理操作上可以相似，区别主要在于处理操作的顺序。两者结合可构成混合控制。

3. 反馈控制

其特点是将部分加工结果从较高层反馈到较低层以增进其性能。图 10.3.2(c)给出了一个将特征提取的结果反馈到特征提取过程的例子。有关特征的先验知识是必要的，因为提取的特征要用这些知识检验，而且特征提取的过程也靠此改进。其他层的结果也可反馈，如对场景描述的结果可反馈到特征提取过程中，对场景解释的结果也可反馈到解释过程中。这里要注意，只有在反馈结果中含有能导引后续处理的重要信息时，反馈控制框架才能有效工作，否则可能造成浪费。

反馈控制根据是否有固定的反馈次序可分为有序反馈(预先确定反馈次序)和无序(动态)反馈(动态确定反馈次序)，如图 10.3.1 所示。

4. 异层控制

由底向上控制和由顶向下控制都是分层控制，在分层控制中，各加工过程有固定的次序。与此对应的是**异层控制**，其加工过程没有事先确定的次序（也称非分层控制）。如图 10.3.2(d)所示，在异层控制中，每个阶段的部分加工结果都将反映在其后的加工过程中。从这点来看，异层控制本质上是反馈控制。其基本思想是任何时刻都选择最有效的手段进行加工。是否最有效根据经验并借助预先掌握的信息和加工过程中动态获得的信息而确定。异层控制最适合分析复杂的图像。在具体应用中，对一个输入图的加工次序并不是预定的。次序既与输入图有关，也由如何最有效地进行加工决定。

根据知识是否反馈到最底层的加工阶段，异层控制又可分为两类（如图 10.3.1 所示）。一类反馈到最底层。一般来说，原始数据的处理需要大量计算，如果能利用反馈信息减少计算量，反馈就有意义。但是，如果过早地开始高层操作，结果并不一定更好，因为，如果反馈知识本身不充分，就不会对低层的加工有帮助。另一类不反馈到最底层，即在没有利用场景知识的情况下先将输入图加工到一定程度，再开始利用知识。

10.4 知识表达

对知识的表达需要使对知识的描述成为可能的句法和语法规则。表达句法确定可使用的符号及符号排列的方法，而表达语法确定如何将含义嵌入符号[Sonka 2008]。

10.4.1 知识表达要求

为有效利用知识，对知识表达有一定的要求。知识表达是数据结构和解释过程的有机结合。用于表达某一领域内结构复杂知识的良好方法应具有以下 4 个性质。

(1) 充分表达：即方法通用，有能力表达有关领域中所需的各种知识。

(2) 充分推理：指有能力管理知识表达结构，并通过从旧知识中推理得到的新知识导出新的表达结构。

(3) 有效推理：利用所有可获得的信息进行有用的推理，有能力将附加的信息结合到表达结构中，利用这些附加的信息可将推理机能的重点放到最有希望的方向上。

(4) 有效获取知识：有能力方便地获取新的知识。

知识可以存放在知识库中。知识库是一种有用的对客观世界的抽象表达。知识库需要知识表达管理系统进行管理。知识表达管理系统应实现下列功能。

(1) 管理和处理各种知识。

(2) 有效地存储知识。

(3) 提供有效的入口以快速直接地进入需要的知识(库)，并得到所需的知识。

(4) 通过增删及修改部分知识更新知识库。

(5) 容易被用户理解和掌握。

上述要求中有些是互相矛盾或相互制约的。例如，为了满足要求(4)，最好能将知识存储为互相独立的小块。但这样每当需要使用知识时，就要进行广泛搜索，如此要求(3)就不易满足了。

10.4.2 知识表达类型

常用的知识表达方式可分为以下两类。

1. 过程表达型

在**过程表达型**方式中，一组知识被表示为如何应用这些知识的过程(控制知识)。这种方式的优点是容易表达关于如何做某件事的知识和如何有效做某件事的启发式知识，还容易表达简单说明表达型方式不易表达的知识。最简单的过程表达方式是将知识用计算机程序表示，因为与领域有关的知识是以显式的形式按照过程写入程序合适位置的，所以人们可以有效地利用知识。然而要区分表示知识的程序段很困难，所以建立和更新知识库不容易。另外，程序中分布在不同位置的知识也不易被其他程序利用。

2. 说明表达型

在**说明表达型**方式中，大多数知识可被表达为一个稳定的状态事实集合及一小组控制这些事实的通用过程(模型知识)。说明表达描述的是有关目标及其之间联系的**静态知识**，如要利用这些表达进行模式识别，则需要进行匹配。该方法的优点之一是它可用于不同的目的，每个事实只需存储一次，且与不同方法应用这些事实的次数无关；另一个优点是其比过程表达型的模块性强，所以易于更新，即容易将新的事实加入现有集合，而且既不会改变其他事实，也不会改变整个过程。但是，对于每项工作，系统必须从知识库中挑选最适用的知识块，所以这种表达方式的效率不是太高。

说明型表达包括两种模型：**像元模型**和**线图模型**。

(1) 像元模型是保持特征的简化图。建立像元模型只需用到目标的图像，基本上只考虑目标的形态，不考虑其灰度。它可直接与输入图匹配，所以处理简单。当图像的数量较少时像元模型比较有效，但在通常的3-D场景中这点并不易满足。

(2) 线图模型表示2-D图像或3-D场景中目标比较抽象的性质。先考虑2-D图像中的线图模型，这时模型中的结点代表图像中的基本元素，连线代表其间的联系。参见图10.4.1(a)的示例，可将一个圆柱的可见表面看作由一个圆形平面和一个柱体表面组成。其线图模型如图10.4.1(b)所示，其基本元素是区域，结点反映了区域的特性，如形状和尺寸；连线反映了区域间的关系，如包含关系或相对位置关系。2-D图像中的线图模型受照明条件、景物位置和取向微小变化的影响较小。然而用线图模型表达从不同方向观察景物得到的图像比较困难，因为无法表达其差别。在3-D场景中线图模型不存在这个问题，因为这时景物的性质与观察方向无关，或者说独立于视线方向。如图10.4.1(c)所示，一个圆柱的外表面总是由顶圆、底圆和圆柱周边组成。但此时模型无法直接与图像特征匹配，因为特征随视线变化而变化。利用此模型的一种方法是从一个要与模型匹配的输入图中获取场景描述；另一种方法是预测景物的图像，此时先根据景物取向进行假设，再与景物图像匹配。

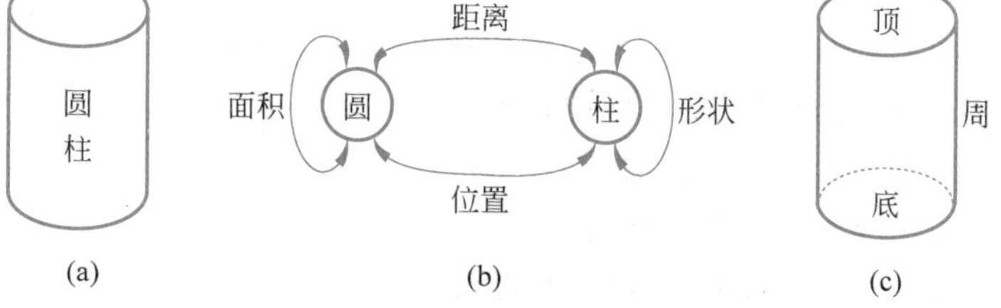

图10.4.1 2-D和3-D线图模型

10.4.3 基本知识表达方案

知识表达方案有多种，每种都可用于一定类型的图像理解工作。后面三节中将详细介绍逻辑系统、语义网和产生式系统，以下先简单概述另外几种。

1. 守护程序

守护程序是一种特殊的程序，适用于无分层控制，其特点是不在名字被调用时启动，而是当某一关键情况发生时启动。守护程序提供了一种模块化的知识表达，既可表达场景知识，也可表达控制知识。它监控着图像理解的进程，当满足一定的条件时就自发地运行。

2. 黑板系统

在人工智能中，**黑板**是指整体上能被访问的数据库这一特殊类。它是一种表达信息处理状态的数据结构，也适用于无分层控制。其知识来源包括特征提取、区域分类和目标识别的结果。黑板与守护程序的调用有相关的机理，黑板内存储了确定守护程序中哪个专用子系统可能为当前任务需要的规则以提高效率。与产生式系统相比，可将**黑板系统**中的知识源看作产生式规则，但一般知识源包含的知识量比产生式规则多得多。

例如，在基于分割算法评价的优化系统中，为增进优化系统的效率，需要在优化系统中引入启发性知识和基于高层目标分析的反馈知识，作为评价知识的补充。这样系统中就包含了多种知识源，也需要多种控制和反馈机制。为此可设计基于公共数据黑板的控制系统结构，将控制知识划分为知识源的形式，各知识源通过公共数据黑板交换信息并协调运行（见中册5.7.2小节）。

3. 图像函数库

结构化图像系统建立的第一步是将图像函数组成库[Crevier 1997]。现已研究开发出许多**图像函数库**，从一般用途的库到利用特定硬件完成特定工作的库。库提供的功能包括I/O操作（如读取、存储、数字化）、基于单像素的操作（如直方图）、邻域操作（如卷积）、图像运算（如算术和逻辑）、变换（如傅里叶、哈夫）、纹理分析、图像分割、特征提取、模式识别分类，以及绘图、显示等辅助操作。

第二步是开发高级图像操作命令，以激发库中合适的功能函数。这些命令可用解释形式运行以增强交互性，不过操作员仍需知道哪些函数可调用及其参数的情况。

第三步是构建菜单或图标系统，这样只使用鼠标即可操作命令。不过仅给定一幅原始图像并指定需从中抽取的信息，系统本身并不能确定以哪些操作组成序列以完成工作。

4. 图像处理语言

另一种基于函数库的方法是设计图像处理语言[Crevier 1997]，其本质上是自动调用函数和选取函数的程序系统。有的利用前后文无关语法，有的采用图像代数（参见中册和第15章）将算法描述为一系列等式。如有的语言基于3种基本的图像处理操作：①组合操作；②控制像素的操作；③指定最优参数的操作。

5. 图像理解代理和基于代理的表达

随着分布计算的发展，产生式系统逐渐模块化并演变为黑板系统。将基于目标的表达和**框架**引入表达体系，自然导致了**图像理解代理**的引入。原始的代理概念指一个简单的过程，如将其与其他代理结合能产生复杂的现象，现在一般指一种知识结构。

在图像理解中应用分布表达的优势如下。

(1) 构造、管理和维护容易，因为设置和修理一组几乎独立的模块比一个大系统容易。

(2) 能从并行结构中得到益处，长远来说，快速处理要靠多处理的并行操作实现。

(3) 可提高聚焦能力，并不是每项工作都需要所有的知识，模块化可提供将系统资源集中于最能产出的方式或状态的能力。

(4) 可综合解决问题，不同的方法适合于解决不同的对应问题，完成复杂的任务需要结合不同的方法模块。

(5) 有可信度或可依赖性，即使一个代理提供了错误的响应，其他多数代理也能提供正确的反应/响应。

在图像理解中，代理可对应目标模型或图像处理操作[Watanabe 1990]。集成的多代理模型提供了集成各种视觉加工(如神经网、符号、数字)及识别和描述图像内容表达式的统一框架[Bouzouane 1995]。代理中存在两种控制，一种是应用于相同表达层次处理的局部控制，另一种是指引跨越不同层次处理的联合控制。包括 3 种表达层次：①像素值；②中间层的符号表达；③3-D 表达。已模型化为代理的独立处理模块可允许跨越表达层次。

10.4.4 人工智能中的知识表达

[Pan 2020]提出了人工智能中的三重知识表达方案，主要内容归纳于表 10.4.1 中。

表 10.4.1 人工智能中的三重知识表达方案

表达类别	主要特点	示例	内容	宜用于	对应人类
言语	使用符号数据，结构清晰，语义可理解，知识可推理	语义网络，知识图谱	语义的记忆内容	字符检索与推理	长期记忆
形象	适用于图形、动画等形状、空间、运动数据；知识结构清晰，语义可解释，知识可推演	视觉知识	情景的记忆内容	时空推演与显示	长期记忆
深度神经网络	适用于图像、音频等非结构化数据的分类与识别，但语义解释困难	CNN，DNN	感觉的记忆内容	对原始数据逐层抽象的分类	短期记忆

10.4.5 图像理解系统中的知识模块

图像理解系统的一个重要任务是从图像中辨别场景景物并建立各景物之间或观察者与景物之间的 3-D 联系。从这个角度出发，图像理解系统既要面对与应用无关的通用知识(关于物理世界的一般知识)，也要获取和使用特定应用领域的具体知识。下面列出图像理解系统常包含的知识模块[Crevier 1997]。

1. 软件系统解决问题所需的知识模块

图像理解系统作为一种软件系统需要包含一些通用知识，这种知识模块具有控制软件系统的能力，主要包含以下几方面知识。

(1) 将解决整个问题的目标分解为一系列子目标，每个子目标是一个独立的逻辑单元。

(2) 将各个子目标进一步分解为对应一组基本方法的步骤，这些步骤对应软件包的子程序。

(3) 对相似的问题采用相近的解决方法以提高效率。

(4) 允许迭代地进行控制。

(5) 当工作结果不成功时允许逐级返回。

2. 一般图像处理知识模块

其主要功能体现在以下几方面。

(1) 规划各层次的处理操作。

(2) 控制处理流程，包括自下而上或自上而下、并行或串行、中心控制或分布控制等。

(3) 将数学分析结果映射为符号量。

(4) 表达和使用与领域无关的图像知识，如基于识别的分割。

(5) 实现对图像处理质量的评价机制。

（6）通过与模型匹配识别目标。

3. 用户界面知识模块

用户界面包含如何与用户打交道的知识，所以可将其看作一个模块。用户界面具有两个主要功能：①允许用户指定系统通过加工图像要达到的目的；②允许用户输入特定领域的知识。

大多数图像理解系统都是根据特定目标构造的，但这些目标在程序结构中多是隐含表示的。对于一个涉及许多目标的系统来说，尚无通用的方法指定系统寻找某类目标或从中抽取某类信息。在这些情况下，一个交互的用户界面是必要的，因为对系统的指令总会包含一些容易混淆的问题，需要通过反复试验确定。另外，需要先验证系统的能力以对实际图像应用进行特定的处理。

用户界面可分为多种层次。例如，对于新用户，专家系统通过询问帮助其确定应用；对于较有能力的用户，可使用菜单；而对于专业用户，可直接通过翻译器输入命令。用户界面在获取与解决问题相关的知识方面也非常重要，但现在可提供这种功能的系统不多。

4. 自动学习模块

使系统自动学习比手工输入知识更容易，自动学习模块还允许获取知识并将其用于其他模块。这方面的研究大部分集中在自动获取目标模型或其他参数模型上[Bhanu 1994]。此外，研究用于目标描述的自动学习和识别分析策略也很重要。可用于学习的知识源主要包括以下方面。

（1）用某些形式语言对软件系统的详细描述。

（2）与其有关的自然语言文字。

（3）使用软件系统的实验。

（4）对系统使用后的观察结果。

10.5 逻辑系统

谓词逻辑也称一阶逻辑，已有上百年的历史，是一种组织得较好并得到广泛应用的知识类型。这类知识在表达命题和借助事实知识库推出新事实方面作用较大，其中最强有力的元素之一是**谓词演算**。大多数情况下，逻辑系统基于一阶谓词演算，几乎可以表达任何事情。一阶谓词演算是一种符号形式语言（符号逻辑），可用于表达广泛的数字公式或各种自然语言中的语句，也可表示从简单事实到复杂表达式的语句。借助它能将数学中的逻辑论证符号化，将知识用逻辑规则表示，并用这些规则证明逻辑表达式成立与否。这是一种自然的具有公式形式的知识表达方法。其特点是可以准确、灵活（指知识表达方法可独立于推理的方法）地表达知识。

10.5.1 谓词演算规则

谓词演算的基本元素包括以下4种。

（1）谓词符号：一般用大写字符串（包括字母和数字）表示。

（2）函数符号：一般用小写字符串表示函数（符号）。

（3）变量符号：一般用小写字符表示变量（符号）。

（4）常量符号：也称常数符号，一般用大写字符串表示。

一个谓词符号表示所讨论领域内的关系。例如，命题"1小于2"可表示为LESSTHAN(1,2)，

LESSTHAN 为谓词符号，1 和 2 都是常数符号。

例 10.5.1 谓词演算基本元素示例

表 10.5.1 给出了一些谓词演算基本元素示例。在这些例子中，谓词包括谓词符号及其一个或多个自变量，这些自变量可以是常数，也可以是其他自变量函数。

表 10.5.1 谓词演算基本元素示例

语　句	谓　词
图像 I 是数字图像	DIGITAL(I)
图像 J 是扫描图像	SCAN(J)
组合数字图像 I 和扫描图像 J	COMBINE [DIGITAL(I),SCAN(J)]
图像 I 中有个像素 p	INSIDE(p,I)
目标 x 位于目标 y 后面	BEHIND(x,y)

□

谓词也称原子，将原子用逻辑连词结合得到子句。常用逻辑连词有"∧"(与,AND)、"∨"(或,OR)、"～"(非,NOT)、"⇒"(隐含,IMPLIES)。另外，还有两种表示数量的量词："∀"称为**全称量词**，$\forall x$ 代表对所有的 x；"∃"称为**存在量词**，$\exists x$ 代表存在一个 x。对于逻辑表达式来说，通过用∧或∨连接其他表达式而得到的表达式分别称为**合取**表达式或**析取**表达式。**合法的**谓词演算表达式称为**合适公式**(WFFs)[Gonzalez 1992]。

例 10.5.2 用逻辑连词结合原子得到子句

表 10.5.2 给出了用逻辑连词结合原子得到的子句示例，其中前 4 个例子与常数符号有关，最后 2 个例子包括变量符号。

表 10.5.2 用逻辑连词结合原子得到的子句示例

语　句	子　句
图像 I 是数字图像和扫描图像	DIGITAL(I) ∧ SCAN(I)
图像 I 是数字图像或模拟图像	DIGITAL(I) ∨ ANALOGUE(I)
图像 I 不是数字图像	～DIGITAL(I)
如果图像 I 是扫描图像，则图像 I 是数字图像	SCAN(I)⇒DIGITAL(I)
一幅图像或是数字图像或是模拟图像	($\forall x$) DIGITAL(x) ∨ ANALOGUE(x)
有个目标在图像中	($\exists x$) INSIDE(x,I)

□

逻辑表达式可分为两类。如果一个逻辑表达式为$(\forall x_1\ x_2 \cdots x_k)\ [A_1 \wedge A_2 \wedge \cdots \wedge A_n \Rightarrow B_1 \vee B_2 \vee \cdots \vee B_m]$的形式，其中 A 和 B 为原子，则称其遵循**子句形式句法**。一个子句的左部和右部分别称为子句的条件(condition)和结论(conclusion)。如果一个逻辑表达式包括原子、逻辑连词、存在量词和全称量词，则称其遵循**非子句形式句法**。

现在考虑命题：对于每个 x，如果 x 代表图像或数字，那么 x 或是黑白的或是彩色的。在子句形式句法中，可将此命题写为如下表达式：

$$(\forall x)[\mathrm{IMAGE}(x) \wedge \mathrm{DIGITAL}(x) \Rightarrow \mathrm{GRAY}(x) \vee \mathrm{COLOR}(x)]$$

在非子句形式句法中，可将此命题写为如下表达式：

$$(\forall x)[\mathrm{IMAGE}(x) \wedge \mathrm{DIGITAL}(x) \vee \mathrm{GRAY}(x) \vee \mathrm{COLOR}(x)]$$

容易验证以上两个表达式是等价的，或者说以上两个表达式具有相同的表达能力(可借助如表 10.5.3 所示的逻辑连接符的真值表证明)。事实上，由子句形式转换为非子句形式，或反向转换，总是可能的。

表 10.5.3 逻辑连接符的真值表

A	B	$\sim A$	$A \wedge B$	$A \vee B$	$A \Rightarrow B$
T	T	F	T	T	T
T	F	F	F	T	F
F	T	T	F	T	T
F	F	T	F	F	T

表 10.5.3 给出了前述各逻辑连接符之间的关系，其中前 5 列为逻辑基本操作，第 6 列则属于隐含操作。对于隐含（操作）来说，其左边部分称为**前提**，右边部分称为**结果**。如果前提为空，表达式“$\Rightarrow P$”可看作 P；反过来，如果结果为空，表达式“$P\Rightarrow$”代表 P 的非，即“$\sim P$”。表 10.5.3 表明，如果结果为 T（此时不管前提）或前提为 F（此时不管结果），那么隐含的值为 T；否则，隐含的值为 F。在以上定义中，对于一个隐含操作来说，只要前提为 F，隐含的值就为 T。这个定义常产生混淆并导致奇异的命题。例如，考虑一个无意义的句子“如果图像是圆的，那么所有目标都是绿色的”。因为前提为 F，则句子的谓语演算表达结果将为 T，然而很明显并不为真。不过实际中考虑到在自然语言中逻辑隐含操作并不总是有意义，所以上述问题并不总是会产生。

例 10.5.3 逻辑表达式示例

下列逻辑表达式示例有助于解释前面讨论中的概念。

（1）如果图像是数字的，那么其具有离散的像素：

$$\text{DIGITAL}(\text{image}) \Rightarrow \text{DISCRETE}(x)$$

（2）所有数字图像都具有离散的像素：

$$(\forall x)\{[\text{IMAGE}(x) \wedge \text{DIGITAL}(x)] \Rightarrow (\exists y)[\text{PIXEL\_IN}(y,x) \wedge \text{DISCRETE}(y)]\}$$

上述表达读作：对于所有 x，x 是图像且是数字的，那么总是存在 y，y 是 x 中的像素，且是离散的。

（3）并不是所有图像都是数字的：

$$(\forall x)[\text{IMAGE}(x)] \Rightarrow (\exists y)[\text{IMAGE}(y) \wedge \sim \text{DIGITAL}(y)]$$

上述表达读作：对于所有 x，如果 x 是图像，那么存在 y，y 是图像，但不是数字的。

（4）彩色数字图像比单色数字图像携带的信息多：

$$(\forall x)(\forall y)\{[\text{IMAGE}(x) \wedge \text{DIGITAL}(x) \wedge \text{COLOR}(x)] \wedge [\text{IMAGE}(y) \wedge \text{DIGITAL}(y) \wedge \text{MONOCHROME}(y)] \Rightarrow \text{MOREINFO}(x,y)\}$$

上述表达读作：对于所有 x 和所有 y，如果 x 是彩色数字图像，而 y 是单色数字图像，那么 x 携带的信息比 y 携带的信息多。 □

表 10.5.4 给出了重要的等价关系示例（$\Leftrightarrow$代表等价），可用于实现子句形式与非子句形式之间的转换。这些等价关系的合理性可借助表 10.5.3 中逻辑连接符的真值表验证。

表 10.5.4 重要的等价关系示例

关　系	定　义
基本逻辑	$\sim(\sim A) \Leftrightarrow A$ $A \vee B \Leftrightarrow \sim A \Rightarrow B$ $A \Rightarrow B \Leftrightarrow \sim B \Rightarrow \sim A$
德摩根定律	$\sim(A \wedge B) \Leftrightarrow \sim A \vee \sim B$ $\sim(A \vee B) \Leftrightarrow \sim A \wedge \sim B$

续表

关　系	定　义
分配律	$A\wedge(B\vee C)\Leftrightarrow(A\wedge B)\vee(A\wedge C)$ $A\vee(B\wedge C)\Leftrightarrow(A\vee B)\wedge(A\vee C)$
交换律	$A\wedge B\Leftrightarrow B\wedge A$ $A\vee B\Leftrightarrow B\vee A$
结合律	$(A\wedge B)\wedge C\Leftrightarrow A\wedge(B\wedge C)$ $(A\vee B)\vee C\Leftrightarrow A\vee(B\vee C)$
其他	$\sim(\forall x)\ P(x)\Leftrightarrow(\exists x)\ [\sim P(x)]$ $\sim(\exists x)\ P(x)\Leftrightarrow(\forall x)\ [\sim P(x)]$

10.5.2　利用定理证明推理

在谓词逻辑中，推理的规则可用于某些 WFF*s* 或 WFF*s* 的集合以产生新的 WFF*s*。表 10.5.5 给出了推理规则的示例(W 代表 WFF*s*)[Gonzalez 1992]。表中 c 为常数符号，通用语句“从 F 推论出 G”代表 $F\Rightarrow G$ 总为真，这样在逻辑表达式中可用 G 代替 F。

表 10.5.5　推理规则示例

推理规则	定　义
取式(modus ponens)	由 $W_1\wedge(W_1\Rightarrow W_2)$推论出 W_2
拒式(modus tollens)	由$\sim W_2\wedge(\sim W_1\Rightarrow W_2)$推论出 W_1
投影	由 $W_1\wedge W_2$ 推论出 W_1
全称规定化	由 $(\forall x)\ W(x)$推论出 $W(c)$

利用推理规则可从“给定的 WFF*s*”生成“推导出的 WFF*s*”。在谓词演算中，“推导出的 WFF*s*”称为定理，而在推导中顺序地应用推理规则构成了定理的证明。许多图像理解的工作可通过谓词演算表示为定理证明的形式。这样可利用一组已知事实(及知识)和一些推理规则，得到新的事实或证明假设的合理性(正确性)。

在谓词演算中，为证明逻辑表达式的正确性可使用两种基本方法：第一种是使用与证明数学表达式类似的过程直接对非子句形式进行操作，第二种是匹配表达式中子句形式的项。

例 10.5.4　证明逻辑表达式的正确性

假设已知如下事实：①图像 I 中有一个像素 p；②图像 I 是数字图像。另设下述“物理”定律成立：③如果图像是数字的，那么其像素是离散的。前述事实①和②随应用问题而异，但条件③则是与应用无关的知识。

上述两个事实可写为 INSIDE(p,I)和 DIGITAL(I)。根据对问题的描述可知，上述两个事实是用逻辑连词 ∧ 连接的，即 INSIDE(p,I) ∧ DIGITAL(I)。用子句表示的“物理”定律(条件③)是：($\forall x,y$)[INSIDE(x,y) ∧ DIGITAL(y)⇒DISCRETE(x)]。

现在用子句表达证明像素 p 确实是离散的。证明的思路是先证明子句的非与事实不符，就可表明所需证明的子句成立。根据前面的定义，可将有关此问题的知识用下列子句形式表示。

(1) ⇒INSIDE(p,I)。

(2) ⇒DIGITAL(I)。

(3) ($\forall x,y$)[DIGITAL(y)⇒DISCRETE(x)]。

(4) DISCRETE(p)⇒。

注意谓词 DISCRETE(p)的非可表示为 DISCRETE(p)⇒。

在将问题的基本元素表达为子句形式后，就可通过匹配各个隐含式的左边和右边以达到空子句，从而利用产生的矛盾取得证明。匹配过程依靠变量替换以使原子相等。匹配（替换）后，可以得到称为**预解**的子句，它包含不相匹配的左右两边。如果用 I 替换 y、用 p 替换 x，则(3)的左边与(2)的右边匹配，所以预解是：

(5) ⇒DISCRETE(p)。

不过，因为(4)的左边与(5)的右边全等，所以(4)和(5)的解是个空子句。这个结果是矛盾的，它表明 DISCRETE(p)⇒不能成立，这就证明了 DISCRETE(p)的正确性。

现在用非子句表达证明像素 p 确实是离散的。首先，根据表 10.5.4 中介绍的关系 $\sim A \Rightarrow B \Leftrightarrow A \vee B$，将条件(3)转换为非子句形式，即($\forall x,y$)[$\sim$INSIDE(x,y) $\wedge$ $\sim$DIGITAL(y) $\vee$ DISCRETE(x)]。

下面用合取形式表示关于本问题的知识。

(1) ($\forall x,y$)[INSIDE(x,y) $\wedge$ DIGITAL(y)] $\wedge$ [$\sim$INSIDE(x,y) $\wedge$ $\sim$DIGITAL(y) $\vee$ DISCRETE(x)]；

用 I 替换 y，用 p 替换 x，得到：

(2) [INSIDE(p,I) $\wedge$ DIGITAL(I)] $\wedge$ [$\sim$INSIDE(p,I) $\wedge$ $\sim$DIGITAL(I) $\vee$ DISCRETE(p)]；

利用投影规则，可推出：

(3) INSIDE(p,I) $\wedge$ [$\sim$INSIDE(p,I) $\vee$ DISCRETE(p)]；

再利用分配定律得到 $A \wedge (\sim A \vee B) = (A \wedge B)$。这样可得到简化的表达式：

(4) INSIDE(p,I) $\wedge$ DISCRETE(p)；

再次利用投影规则，得到：

(5) DISCRETE(p)。

这就证明了(1)中的原始表达式完全等价于(5)中的表达式。换句话说，根据给定的信息推理或演绎出了像素 p 是离散的结论。

谓词演算的一个基本结论是所有的定理都可在有限时间内得到证明。人们早已提出了一个称为**析解**或**消解**的推理规则以证明该结论[Robison 1965]。这个析解规则的基本步骤是先将问题的基本元素表达为子句形式，然后寻求可匹配的隐含表达式的前提和结果，再通过替换变量使原子相等，进行匹配，匹配后得到的(称为**解决方案**的)子句包括不相匹配的左右两侧。定理证明现在转化成要解出子句以产生空子句，而空子句给出矛盾的结果。从所有正确定理都可证明的角度看，这个析解规则是完备的；从所有错误定理都不可能证明的角度看，这个析解规则是正确的。

例 10.5.5　基于知识库求解解释图像

假设一个航空图像解释系统中的知识库包括如下信息：①所有民用机场图像中都有跑道；②所有民用机场图像中都有飞机；③所有民用机场图像中都有建筑；④一个民用机场中至少有一个建筑是登机楼；⑤由飞机围绕并由飞机指向的建筑是登机楼。可将这些信息以子句形式存入民用机场的“模型”：

($\forall x$)[CONTAINS(x,runways) $\wedge$ CONTAINS(x,airplanes) $\wedge$ CONTAINS(x,buildings) $\wedge$ POINT-TO(airplanes,buildings)]⇒COM-AIRPORT(x)

注意，④中的信息没有直接用于模型，但其含义隐含在模型中存在建筑和飞机指向建筑两个条件中了；条件⑤则明确指出什么建筑是登机楼。

设有一幅航空图像及一个识别引擎能辨别航空图像中的不同景物。从图像解释的角度出发，可提出两个问题：

(1) 这是一幅什么图像？

(2) 这是一幅民用机场的图像吗？

一般情况下并不能借助当前技术回答第一个问题。第二个问题一般也比较难回答，但如果缩小讨论范围问题将变得简单。具体来说，如前所示的模型驱动方法有明显的优点，可用于导引识别引擎的工作。本例中识别引擎应能识别三类目标，即跑道、飞机和建筑。如果像常见的那样，已知采集图像的高度，则可进一步简化发现目标的工作，因为目标的相对尺度可用于导引识别过程。

根据上述模型工作的识别器会输出下列形式：CONTAINS(image，runway)，CONTAINS(image，airplanes)，CONTAINS(image，buildings)。在目标识别的基础上，可进一步断定子句POINT-TO(airplanes，buildings)的真假。如果子句为假，过程停止；如果子句为真，过程将继续通过对子句COM-AIRPORT(image)正确性的判决确定所给图像是否为民用机场的图像。

如果利用析解证明定理的方法解决上述问题，则可根据由图像得到的以下4条信息进行证明工作：①⇒CONTAINS(image，runway)；②⇒CONTAINS(image，airplanes)；③⇒CONTAINS(image，buildings)；④⇒POINT-TO(airplanes，buildings)。这里要证明子句的非是：⑤COM-AIRPORT(image)⇒。首先注意到，如果用image替换 x，模型左边的子句之一将与①的右边匹配。预解为

$$[\text{CONTAINS(image, airplanes)} \wedge \text{CONTAINS(image, buildings)} \wedge \text{POINT-TO(airplanes, buildings)}] \Rightarrow \text{COM-AIRPORT(image)}$$

类似地，上述预解左边的子句之一将与②的右边匹配，新的预解为

$$[\text{CONTAINS(image, buildings)} \wedge \text{POINT-TO(airplanes, buildings)}] \Rightarrow \text{COM-AIRPORT(image)}$$

接下来由③和④得到的预解为⇒COM-AIRPORT(image)。

最后，这个结果的预解和⑤给出空子句，从而产生矛盾。这就证明了COM-AIRPORT(image)的正确性，即表明所给图像确实是一幅民用机场的图像(与民用机场的模型匹配)。 □

10.5.3 推理方法分类

根据知识进行推理应用领域广泛。例如，结合**态势感知**(SA)，[王 2022a]提出了一个对多模态数据及知识的统一知识表示模型，并以表示学习为基础，提出了一个基于态势感知知识图谱的知识推理框架。推理是基于已知的事实或知识推断未知的隐藏事实或知识的过程。面向知识图谱的知识推理分类方法很多。按照推理模式的维度可分为演绎推理、归纳推理和溯因推理；按照知识表达方法可分为基于符号表示的推理和基于矢量表示的推理；按照推理方式可分为基于规则的推理、基于表示学习的推理、基于神经网络的推理和混合推理，如表10.5.6所示。

表 10.5.6 推理方法分类

类别	主要思想	典型方法示例	优缺点
基于规则	通过定义或学习知识中存在的规则进行推理	基于硬逻辑规则、基于软逻辑规则	在大型知识图谱上的效率受限于其离散性
基于表示学习	使用表示学习的方法实现推理，常用知识图谱的图嵌入学习	基于随机游走、基于翻译距离、基于语义匹配、引入额外信息	效率较高

续表

类　别	主要思想	典型方法示例	优缺点
基于神经网络	依赖神经网络的表征能力直接建模知识图谱事实元组,得到矢量表示用于推理	CNN、RNN、胶囊网络、**图卷积网络**(GCN)、**图注意力网络**(GAT)	表达能力丰富,推理能力强,但复杂度高,可解释性弱
混合	通过结合不同推理方法,实现优势互补	混合规则与分布式表示混合神经网络与分布式表示	可融合多模态知识进行联合决策,能增强推理能力和可解释性

针对医学领域,[董 2022]也对知识推理方法进行了分类(与表 10.5.6 类似)和综述。

10.6 语义网

语义网是关系数据结构的一种特殊变形,由目标、目标描述及对目标间联系的描述组成。语义网具有层次结构,复杂的表达可由较简单的表达构成,而较简单的表达由更基本的表达构成。在语义网数据结构中,结点表示目标,弧(连线)表示目标间的联系。例如,人脸模型及其简单语义网示例如图 10.6.1 所示。其中,人脸是人体上的一个圆形部分,包括两只眼睛,一个鼻子,一张嘴;鼻子位于左右两只眼睛的中下部;嘴位于鼻子的下部;眼睛基本是圆形的;鼻子是上下/垂直细长的,嘴是水平细长的。

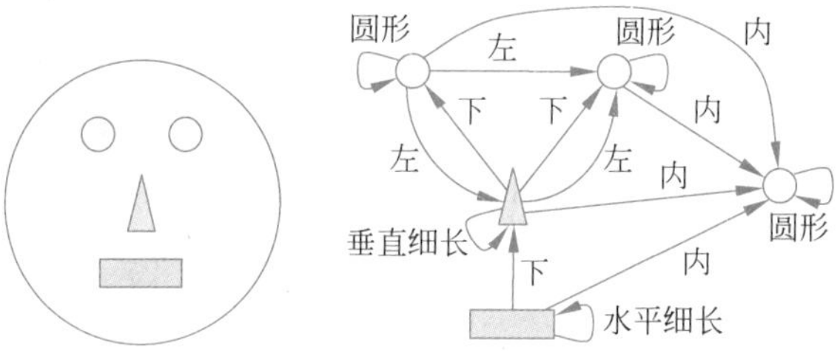

图 10.6.1　人脸模型及其简单语义网示例

语义网给出图像中各元素间联系的直观表示,可在视觉上有效地表达知识[Gonzalez 1992]。语义网的一个重要特性是可用一小组基元构造大量复杂的关系。另外,由于语义网的基本表达是**图**,因而可用图匹配和图编号技术对所给问题领域的元素进行操作。语义网可被用作一种方便存取景物知识表达(可表示景物的物理和几何特征)及命题逻辑知识表达(说明有关事物或其模型是真或假的陈述)的数据结构。语义网也是一种非常有效的图像理解工具。

下面介绍用于表达和处理以子句形式描述知识的**语义网**。图 10.6.2 给出对以下事实的语义网表达(有些类似于例 10.5.4,但有区别),包括:①数字图像 I 中有一个像素 p;②图像 J 为扫描图像。另设下述"物理"定律成立:③如果像素位于数字图像中,那么它是离散的。需证明像素 p 是离散的。

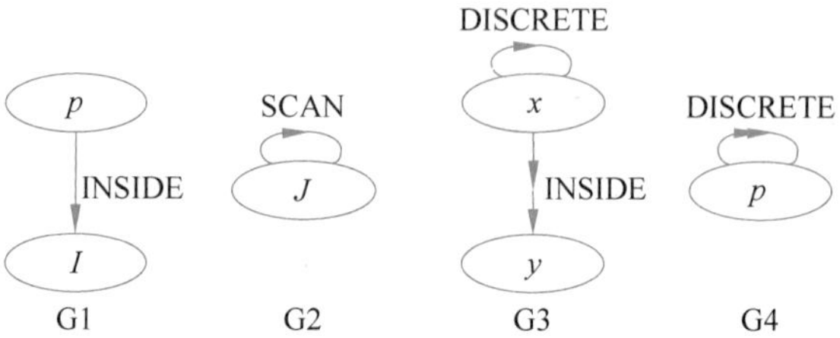

图 10.6.2　类例 10.5.4 问题的语义网表达

用子句形式可表示如下[其中用 DISCRETE(p)⇒表达子句“像素 p 是离散的”的非]：

(1) ⇒INSIDE(p,I)。

(2) ⇒SCAN(J)。

(3) (∀x,y)[INSIDE(x,y)⇒DISCRETE(x)]。

(4) DISCRETE(p)⇒。

用子句表达构建语义网是相当直接的，基本思路是将每个子句表示为语义网的一个部件(将不同的子句表示为分离的子网)。网中的结点包含变量和常量(主要是目标)，编了号的有向弧表示结点间的二元联系。如果一个弧代表子句右边的结论就画上单箭头，如果代表子句左边的条件就画上双箭头。在图 10.6.2 中，G1 表示像素 p 位于数字图像 I 中；G2 表示图像 J 为扫描图像；G3 表示数字图像 y 中的像素 x 是离散的；G4 表示像素 p 确实是离散的。

利用图 10.6.2 所示的语义网进行推理比较简单。通过匹配变量和常量合并图时，可利用双箭头的弧消去单箭头的弧。推理的目标是得到一个空子网，其中包括建立推理过程开始时的子句的非。在图 10.6.3 中，先合并图 10.6.2 中的子图 G1 和 G3，得到 G13，再合并 G13 和 G4，得到空图，表明像素 p 是离散的。注意以上推理中未使用 G2。

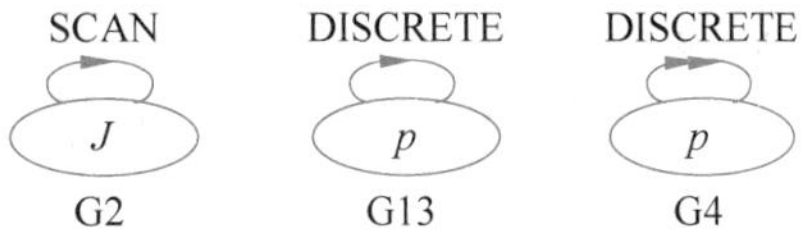

图 10.6.3 通过合并子图进行推理

例 10.6.1 语义网推理示例

回到例 10.5.5 中的机场问题。图 10.6.4(a)将关于民用机场的模型表示为一个语义网。用两个结点代表飞机，也可只用一个结点，但要从这个结点引一条标有 POINT-TO 的弧去建筑物结点，并从 x 引一条标有 CONTAINS 的弧到这个结点。可见用两个结点代表飞机能简化管理操作。

图 10.6.4(b)给出从图 10.6.4(a)中抽取的各个事实，其中的单箭头弧分别与例 10.5.5 的子句表达(1)～(2)对应。图 10.6.4(c)给出希望证明事实的非。图 10.6.4(d)给出替换图像数据并进行恰当合并得到的模型。最后图 10.6.4(e)给出将图 10.6.4(c)和图 10.6.4(d)中子图合并得到的空图结果，证明所给图像确实是一幅民用机场的图像。

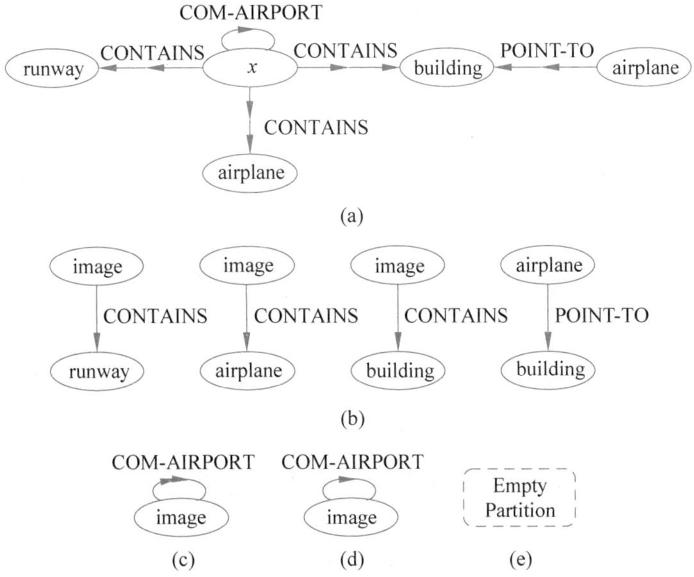

图 10.6.4 用语义网解决民用机场问题

□

为提高语义网的应用能力，避免大量不确定性关联数据带来的问题，[高 2022]通过建立模糊贝叶斯网络模型，将联结树信念传播算法作为模糊概率推理算法，实现了对所构建语义网本体模型内不确定性数据的推理。

语义网与其他人工智能中应用的知识表达方式有密切联系。人工智能中常用的一种知识表达方式是**框架**，可看作一种复杂结构的语义网。框架也可看作一种数据结构，将知识以通用的形式存储起来。框架中新的信息可用从过去的知识中得到的概念分析。人工智能常用的另一种知识表达方式是**单元**，可将其看作一种试图用谓词逻辑解释框架表示法的方法。

例 10.6.2　用不同表达方法表达同一事件

同一事件可用不同的表达方法表达。如事件“计算机 A 输送给计算机 B 一幅图像”，可用不同方式表达。

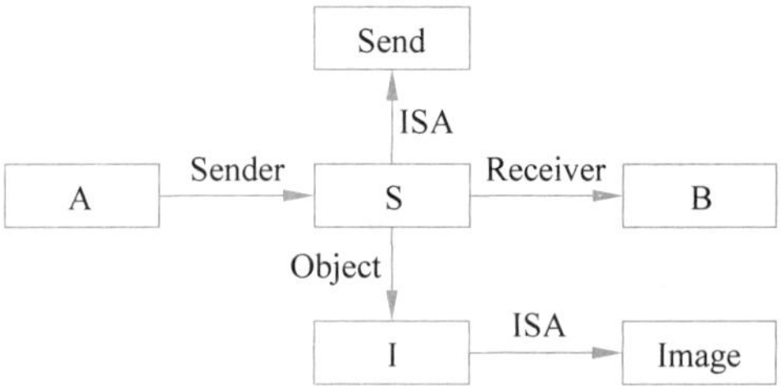

图 10.6.5　用语义网表达一个事件

(1) 如用谓词逻辑表达，可以是 Send(A，B，Image)。

(2) 如用语义网表达，如图 10.6.5 所示，其中 S 和 I 分别表示 Send 和 Image 的一个特例。

(3) 如用框架表达，可以是 Sender：A、Receiver：B、Object：Image。

(4) 如用单元表达，可以是 ISA(S，SENDING EVENT)、SENDER(S，A)、RECEIVER(S，B)、OBJECT(S，IMAGE)。 □

10.7　产生式系统

产生式系统也称基于规则的系统或**专家系统**，是一种模块化的知识表达系统。它在图像理解应用中受到广泛关注，已有许多开发这类系统的工具，人类知识可以直观、直觉和渐进地用于这些系统。特别值得指出的是，限定在某一特殊工作领域的专家系统可解决相当广泛的图像理解问题。

产生式系统将知识表达成被称为产生式规则的**守护程序**的集合，产生式规则采用**条件-动作对**的形式。产生式系统适合管理(高层抽象)符号，但对(底层)信号处理不太有效，所以研究它们之间的接口对在图像理解和计算机视觉中运用产生式系统具有重要意义。

产生式系统的典型应用是专家系统，专家系统是具有解决特定问题能力(专家知识)的人-机系统。专家系统是基于受过专门训练的专家的知识而工作的，已成功应用于从图像处理和工业检测到医学诊断和过程控制的多领域中。中册 5.6.2 小节介绍的基于评价的图像分割算法优选系统也是利用了产生式系统工作原理的一个特殊专家系统。

图 10.7.1 给出了专家系统基本构成单元的示意图。语言处理器是用户与系统间的通信接口，用户通过一种面向问题的语言与专家系统交互。这种语言常是受限英语的形式，还可用图形交互补充语言通信。语言处理器解释用户提供的输入，格式化系统提供的信息。证明器将系统的动作解释给用户。例如，它可以回答为什么得到了结论或为什么一种替换方案未被采用之类的问题。证明器在专家系统的初期设计和跟踪纠错中也起到重要作用[Gonzalez 1992]。

黑板用于记录有关特定问题的当前数据、工作假设、中间决策等项目，也常称临时存储器或短时存储器。知识库包括过程、视觉和世界知识，还包括系统为解决问题所需的规则。控制器提供通用的问题解决知识和冲突-解决策略机理。通用的问题解决知识有时也称推理引擎，

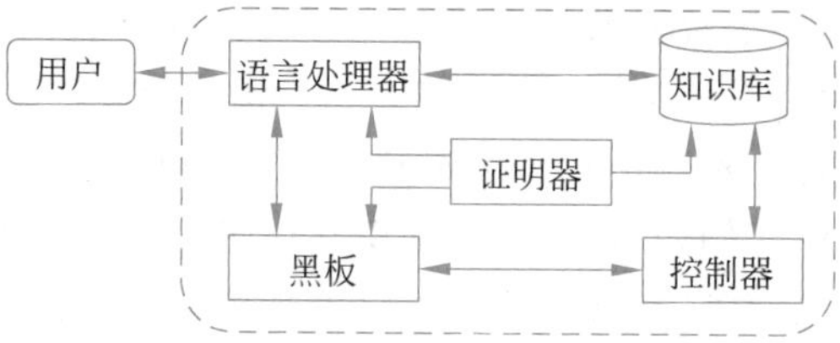

图 10.7.1 专家系统基本构成单元示意图

包括匹配规则、知识、算法及对一项工作当前所知的事实等，所以控制-解决策略机理要选择一个问题解决工具并执行。当两条或多条规则同时激发时，冲突-解决策略就开始工作。如何解决冲突由应用而定，其中对规则排序并选出最高优先权的规则，或按时间排序并选择最近使用的规则，都是通用的方法。专家系统中的规则一般具有如下典型形式：

$$\text{if (conditions) then (actions)} \tag{10.7.1}$$

其中条件和动作都表示为合取子句。换句话说，可将上述规则读作：如果条件 1、条件 2……条件 m 为真，那么执行动作 1、动作 2……动作 n。

例 10.7.1 产生式规则示例

下面是可用于合并两个图像区域的一条规则(包括三个条件和一个动作)：

如果 两区域邻接，尺寸都小，且其灰度方差接近
那么 将两个区域合并

注意"区域邻接"、"尺寸小"和"灰度方差接近"都需要提前定义并存储在知识库中。 □

若一条规则中的所有条件同时满足，则称该规则被触发(trigger)。若与该规则相关联的动作都执行了，则称这条规则被点燃(fire)了。注意，一条规则被触发的事实并不意味着该规则会被自动点燃。一组特定的条件可触发不止一条规则，此时，系统需进入冲突-解决状态以确定首先点燃哪条规则，一次只能点燃一条规则。

上述专家系统规则与 10.5.2 小节中讨论的子句表达式之间有相似性。事实上，专家系统规则一般较易确定和读取。例 10.5.4 中的物理定理可表达为以下规则形式：

如果 像素 p 在图像 I 中，图像 I 是数字图像
那么 像素 p 是离散的

当给定了特定的事实，专家系统试图将这些事实与规则库中的条件匹配。如果一条规则中的所有条件都匹配，则该规则被触发。如果没有冲突，则与该规则相关联的动作被激活(activate)，并点燃该规则。动作本身可以只是一个声明语句，如上述规则中的"像素 p 是离散的"。专家系统将像素与 p 对应、图像与 I 对应，从而触发规则。语句以何种程度被受限英语(或其他自然语言)形式接受取决于专家系统的复杂程度。因为专家系统变得对用户越来越友好，所以与其交互比与基于谓词演算或语义网的系统交互要容易得多。

例 10.7.2 专家系统应用示例

若用专家系统解决例 10.5.5 中的机场解释问题，可将模型描述为如下规则形式：

if x is an image and
 x contains runway(s) and
 x contains airplane(s) and
 x contains building(s) and
 (some) airplanes point to building(s),
then x is an image of a commercial airport

实际中，用这样的特定系统解释航空图像的过程可由如下查询开始：这是一幅机场图像吗？在这种情况下，查询返回系统第一个事实：x 是一幅图像。接下来控制器试图匹配以 if x is an image 开始的规则条件。本例中只需确定其他 3 个条件是否满足。控制器利用图像中所有资源寻找满足规则的条件。例如，控制器启动识别程序发现图中的跑道，这些程序需要利用分割和描述算法以提取可能为跑道的区域。一旦发现跑道，系统将开始寻找建筑物，以此类推。如果所有条件都满足，规则将被触发。如果只有一条规则被触发，则无须执行冲突-解决方案，系统将使用规则并得出结论“这幅图像是一幅民用机场的图像”。 □

上述例子表明一个典型的专家系统是如何确定其规则是否满足基本机理的。复杂的基于规则的系统中可有上千条不同的规则，所以主要问题是寻找试图匹配的规则、跟踪正被处理的规则、管理可用于处理图像的资源并在需要时执行冲突-解决方案。

总结和复习　　随堂测试

第11章

教学视频

广义匹配

理解图像和理解场景是一项复杂的工作,包括感觉/观察、场景恢复、匹配认知、场景解释等过程。其中匹配认知试图通过匹配将未知与已知联系起来,进而用已知解释未知。例如,景像匹配技术是一种利用景像基准图的数据进行自主式导航定位的技术,利用飞行器装载的图像传感器在飞行过程中采集实时景像图,与预先制备的基准景像图进行实时匹配,获得精确的导航定位信息。

复杂的图像理解系统内部常同时存在多种图像输入和其他知识共存的表达形式。**匹配**借助存储在系统中的已有表达和模型感知图像输入的信息,并最终与外部世界建立对应关系,实现对场景的解释。为此匹配可理解为结合各种表达和知识以解释场景的技术或过程。

常用的与图像相关的匹配方式和技术可归为两类:一类比较具体,多对应图像低层像素或像素的集合,统称为**图像匹配**;另一类则比较抽象,主要与图像目标、目标的性质、目标的联系甚至场景的描述和解释有关,统称为**广义匹配**。一些图像匹配技术已在第6章和第7章进行了介绍,本章侧重介绍广义匹配的方式和技术。

根据上述讨论,本章各节将安排如下。

11.1节介绍通用匹配的策略和分类方法,并讨论匹配与配准的联系与区别。

11.2节讨论一般目标匹配的原理和度量方式,并介绍几种基本的目标匹配技术。

11.3节介绍一种动态模式匹配技术,其特点为需匹配的模式表达在匹配过程中是动态建立的。

11.4节介绍对目标间各种相互关系的匹配,关系可表达目标集合的不同属性,还可表达比较抽象的概念等,所以关系匹配的应用比较广泛。

11.5节先介绍图论的基本定义和概念,再讨论利用图同构进行匹配的方法。

11.6节介绍表达3-D景物各表面相互关系的线条图标记方法,借助这种标记也可对3-D景物和相应的模型进行匹配。

11.7节介绍一种基于深度学习构建交叉模式匹配网络进行特征匹配的方法及利用空间关系进行推理以实现图像配准的方法。

11.8节分别对基于区域和基于特征的多模态图像匹配技术进行概述和分类。

11.1 匹配概述

在对图像的理解中,匹配技术起着重要作用。从视觉的角度看,"视"应该是有目的的"视",即根据一定的知识(包括对目标的描述和对场景的解释)借助图像去场景中寻找符合要求的景物;"觉"应该是带认知的"觉",即从输入图像中抽取景物的特性,再与已有的景物模型进行匹配,从而达到理解场景含义的目的。匹配与知识有着内在联系,匹配与解释也是密不可分的。

11.1.1 匹配策略和类别

匹配可在不同(抽象)层次上进行，由于知识具有不同的层次，也可在不同的相应层次运用。对于每个具体的匹配，都可看作寻找两个表达之间的对应性。如果两个表达的类型是可比的，匹配可在相似的意义上进行。例如，如果两个表达都是图像结构，则称为图像匹配；如果两个表达都代表图像中的目标，则称为目标匹配；如果两个表达都代表场景的描述，则称为场景匹配；如果两个表达都是关系结构，则称为关系匹配；如果两个表达的类型不同(如一个是图像结构，另一个是关系结构)，也可在扩展意义上进行匹配，或称**拟合**。

匹配要建立两者间的联系，需要通过映射进行。在重建场景时，图像匹配策略根据所用映射函数的不同可分为两种情况，如图 11.1.1 所示[Kropatsch 2001]。

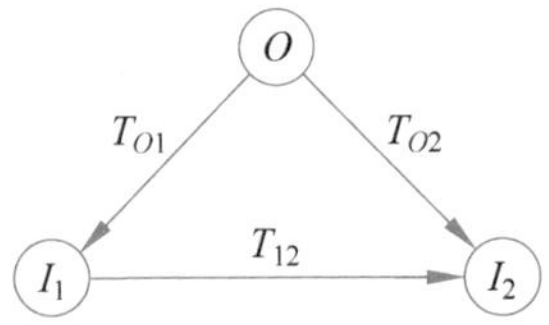

图 11.1.1 匹配和映射

1. 目标空间的匹配

在这种情况下，目标 O 直接通过对透视变换 T_{O1} 和 T_{O2} 的求逆进行重建。对于目标 O 的一个显式表达模型，需要在图像特征和目标模型特征之间建立对应关系解决问题。目标空间匹配技术的优点是其与物理世界吻合度较高，所以如果使用比较复杂的模型，甚至可以处理有遮挡的情况。

2. 图像空间的匹配

图像空间的匹配直接用映射函数 T_{12} 将图像 I_1 和 I_2 联系起来。在这种情况下，目标模型隐含地包含在 T_{12} 的建立过程中。该过程一般相当复杂，但如果目标表面比较光滑，则可用仿射变换进行局部近似，此时计算复杂度可降到与目标空间的匹配相比拟。在有遮挡的情况下，光滑假设将受到影响，使图像匹配算法遇到困难。

图像匹配算法可进一步根据其所用的图像表达模型分类。

(1) 基于光栅的匹配。

基于光栅的匹配使用图像的光栅化表达，即试图通过直接比较灰度或灰度函数找到图像区域之间的映射函数。该方法准确度较高，但对遮挡很敏感。

(2) 基于特征的匹配。

在基于特征的匹配中，对图像的符号描述先通过特征提取算子从图像中提取的显著特征进行分解，再根据对需描述目标局部几何性质的假设搜索不同图像的对应特征，并进行几何映射。相对基于光栅匹配的方法这些方法更适合表面不连续和数据近似的情况。

(3) 基于关系的匹配。

关系匹配也称结构匹配，其技术基于特征间拓扑关系的相似性(拓扑性质在透视变换下不发生变化)，这些相似性存在于**特征邻接图**中而不是灰度或点分布相似方面。对关系描述的匹配可在多场合应用，但可能产生相当复杂的搜索树，所以其计算复杂度有可能变大。

基于 6.2.1 小节的**模板匹配**理论认为，认知某幅图像的内容，必须在过去的经验中有其“记忆痕迹”或基本模型，这个模型又叫“模板”。如果当前刺激与大脑中的模板符合，就能判断出这个刺激是什么。不过对于模板匹配理论中的匹配，外界刺激必须与模板完全符合。实际上，人们在现实生活中不仅能认知与基本模式一致的图像，也能认知与基本模式不完全符合的图像。

格式塔心理学家提出了**原型匹配**理论。该理论认为，对于当前观察到的一个字母“A”的图像，不管它是什么形状，也不管把它放到什么地方，它都与过去已知觉的“A”有相似之处。人类在长时记忆中并不是存储无数个不同形状的模板，而是以从各类图像中抽象出来的相似物为原型,并以此检验所要认知的图像。如果能从所要认知的图像中找到一个原型的相似物,就实现了对该图像的认知。从神经学和记忆搜索的过程来看,这种图像认知模型比模板匹配更适宜,还能表明对一些不规则但某些方面与原型相似图像的认知过程。根据这种模型可形成一个理想化的字母“A”的原型,它概括了与此原型类似的各种图像的共同特点,在此基础上借助匹配认知与原型不一致、仅相似的其他“A”成为可能。

尽管原型匹配理论能更合理地解释图像认知中的一些现象,但并没有说明人类如何对相似的刺激进行辨别和加工。原型匹配理论并没有给出一个明确的图像认知的模型或机制,在计算机程序中实现也有一定困难。

11.1.2 匹配和配准

匹配和配准是两个密切相关的概念,技术上也存在许多相通之处(11.7 节还有更多讨论)。不过仔细分析,两者还是有一定差别的。**配准**的含义一般比较窄,主要指建立不同时间或空间获得的图像间的对应,特别是几何方面的对应(几何校正,有时也称对齐),最终获得的效果常常体现在像素层次方面。**匹配**既可考虑图像的几何性质,也可考虑图像的灰度性质,甚至图像的其他抽象性质和属性。从这点来看,可将配准看作对较低层表达的匹配,属于广义的匹配。图像配准和立体匹配的主要区别在于:前者既要建立点对之间的关系,还要由这些对应关系计算出两幅图像之间的坐标变换参数;而后者仅需建立点对之间的对应关系,再对每一对点分别计算视差。

从具体实现技术来讲,配准常借助上册 2.1 节介绍的坐标变换和上册 7.1 节介绍的仿射变换实现。大部分配准算法包含 3 个步骤:①特征选择;②特征匹配;③计算变换函数。配准技术的性能常由以下 4 个因素决定[Lohmann 1998]。

(1) 进行配准所使用特征的特征空间。

(2) 使搜索过程可能有解的搜索空间。

(3) 对搜索空间进行扫描的搜索策略。

(4) 确定配准对应性是否成立的相似测度。

针对图像空域的配准技术可类似立体匹配技术分为两类(如 6.2 节和 6.3 节)。而针对频域的配准技术主要通过频域的相关计算进行,需先将图像通过傅里叶变换转换到频域中,再在频域中利用频谱的相位信息或幅度信息建立图像之间的对应关系以实现配准,分别称为相位相关法和幅度相关法。

下面以图像之间有平移时的配准为例,介绍相位相关法的计算(旋转和尺度变化时的计算可参见上册 15.3.3 小节中的思路)。两幅图像之间的相位相关计算可借助互功率谱的相位估计进行。设 $f_1(x,y)$、$f_2(x,y)$两幅图像在空间域中具有如下简单的平移关系:

$$f_1(x,y)=f_2(x-x_0,y-y_0) \tag{11.1.1}$$

则根据傅里叶变换的平移定理(见上册 4.2.2 小节),有

$$F_1(u,v)=F_2(u,v)\exp[-\mathrm{j}2\pi(ux_0+vy_0)] \tag{11.1.2}$$

如果用 $f_1(x,y)$、$f_2(x,y)$两幅图像的傅里叶变换 $F_1(u,v)$、$F_2(u,v)$的归一化互功率谱表示,其间的相位相关度计算公式如下:

$$\exp[-\mathrm{j}2\pi(ux_0+vy_0)]=\frac{F_1(u,v)F_2^*(u,v)}{|F_1(u,v)F_2^*(u,v)|} \tag{11.1.3}$$

其中,$\exp[-\mathrm{j}2\pi(ux_0+vy_0)]$的傅里叶反变换为$\delta(x-x_0,y-y_0)$。由此可见,两幅图像在空间的相对平移量为$(x_0,y_0)$。该平移量可通过在图中搜索最大值(由脉冲造成)的位置确定。

下面将基于傅里叶变换的相位相关算法的步骤总结如下。

(1) 计算需配准的两幅图像 $f_1(x,y)$、$f_2(x,y)$的傅里叶变换 $F_1(u,v)$、$F_2(u,v)$。

(2) 滤除频谱中的直流分量和高频噪声，并计算频谱分量的乘积。

(3) 使用式(11.1.3)计算归一化的互功率谱。

(4) 对归一化的互功率谱进行傅里叶反变换。

(5) 在图中搜索峰值点坐标，给出其相对平移量。

上述配准方法的计算量只与图像尺寸的大小有关，而与图像之间的相对位置或是否重叠无关。该方法只利用了互功率谱中的相位信息，计算简便，对图像间的亮度变化不敏感，能有效克服光照变化带来的影响。由于获得的相关峰比较尖锐突出，所以可获得较高的配准精度。

11.1.3 匹配评价

常用的图像匹配评价准则包括准确性、可靠性、鲁棒性和计算复杂度[Goshtasby 2005]。

准确性是指真实值与估计值之间的差。差越小，得到的估计越准确。在图像配准中，准确性是指参考图像点和配准图像点(重采样到参考图像空间后)之间距离的均值、中值、最大值或均方根值。在对应性确定的情况下，可通过合成图像或仿真图像测量准确性；另外，可将基准标记置于场景中，并使用基准标记的位置评价配准的准确性。准确性的单位可以是像素或体素。

可靠性是指算法在进行的所有测试中取得满意结果的次数。如果测试了 N 对图像，其中 M 次测试得到了满意的结果，当 N 足够大且 N 对图像有代表性时，M/N 就代表了可靠性。M/N 越接近 1，就越可靠。算法的可靠性常是可以预测的。

鲁棒性是指准确性的稳定程度或算法在其参数不同变化条件下的可靠性。鲁棒性可根据图像之间的噪声、密度、几何差别或不相似区域的百分比等进行测量。一个算法的鲁棒性可通过确定算法准确性的稳定程度或输入参数变化时的可靠性得到(如利用方差，方差越小，算法越鲁棒)。如果有多个输入参数，每个都影响算法的准确性或可靠性，那么算法的鲁棒性可相对各个参数定义。例如，一个算法可能对噪声鲁棒，但对几何失真不鲁棒。算法鲁棒一般是指该算法的性能不会随相关参数的变化而产生明显变化。

计算复杂度决定了算法的速度，指示其在具体应用中的实用性。例如，在图像导引的神经外科手术中，需要使用于规划手术的图像与反映特定时间手术状况的图像在几秒钟内完成配准。而要匹配航空器获取的航拍图像常需在毫秒量级内完成。计算复杂度可用图像尺寸的函数表示(考虑每个单元所需的加法或乘法运算量)，一般希望匹配算法的计算复杂度是图像尺寸的线性函数。

11.2 目标匹配

图像匹配以像素为单位，计算量一般较大，匹配效率较低。实践中，常常先检测和提取感兴趣的目标，再对目标进行匹配。如果使用简洁的目标表达方式，可大大减少匹配工作量。由于目标可用不同的方法表达，所以对目标的匹配也可采用多种方法。

11.2.1 对应点匹配

两个目标(或一个模型与一个目标)之间的匹配有特定的地标点(参见中册 6.1.6 小节)或特征点(参见 6.3 节)时，可借助其间的对应关系进行。如果这些地标点或特征点彼此不同(具有不同的属性)，则有两对点就可进行匹配。如果这些地标点或特征点彼此相同(具有相同的属性)，则至少需要在两个目标上各确定 3 个不共线的对应点(3 个点一定要共面)。

在 3-D 空间中，如果使用透视投影，因为任意一组 3 个点可与另一组 3 个点匹配，所以此时无法确定两组点之间的对应性。而如果使用弱透视投影，匹配的歧义性要小得多。

考虑一种简单的情况。假设目标上的一组 3 个点 P_1、P_2、P_3 在同一圆周上，如图 11.2.1(a)所示。设三角形的重心为 C，连接 C 与 P_1、P_2、P_3 的直线分别与圆周交在 Q_1、Q_2、Q_3 点。在弱透视投影条件下，投影后距离比 $P_iC : CQ_i$ 保持不变，圆周会变为椭圆(但直线投影后仍为直线，且距离比不变)，如图 11.2.1(b)所示。当在图像中观测到 P'_1、P'_2、P'_3 时，就可计算出 C'，进而确定 Q'_1、Q'_2、Q'_3 点的位置。这样就可通过 6 个点确定椭圆的位置和参数(实际上至少需要 5 个点)。一旦确定了椭圆，匹配就变为椭圆匹配(可见 11.2.3 小节)。

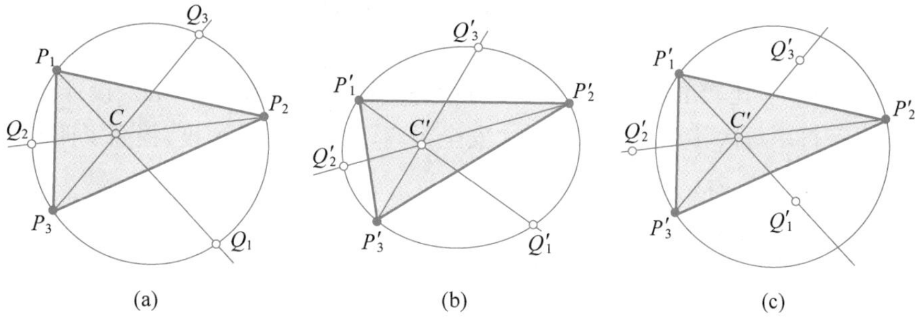

图 11.2.1　弱透视投影下的 3 点匹配

如果距离比计算有误，则 Q_i 不落在圆周上，如图 11.2.1(c)所示。投影后就无法得到通过 P'_1、P'_2、P'_3 和 Q'_1、Q'_2、Q'_3 的椭圆，上述计算就无法实现了。

更一般的歧义情况可参见表 11.2.1，其中给出了各种情况下利用图像中的对应点对目标进行匹配时得到的解的个数。表 11.2.1 中分别考虑了共面点和非共面点两种情况，还对透视投影和弱透视投影进行了对比。若解的个数≥2，表明有歧义出现。所有的 2 都在共面时发生，对应透视反转。任意非共面的点(总数超过 3 个点时)都提供了足够的信息以消除歧义。

表 11.2.1　利用对应点匹配时的歧义性

点的分布	共面					不共面				
对应点对数	≤2	3	4	5	≥6	≤2	3	4	5	≥6
透视投影时的对应点对数	∞	4	1	1	1	∞	4	2	1	1
弱透视投影时的对应点对数	∞	2	2	2	2	∞	2	1	1	1

11.2.2　字符串匹配

字符串匹配可用于匹配两个目标区域的轮廓(也可匹配两个特征点序列，见 15.3.1 小节)，且容易推广至其他结构或关系。设已将两个区域轮廓 A 和 B 分别编码为字符串 $a_1a_2\cdots a_n$ 和 $b_1b_2\cdots b_m$(可参见中册 6.1 节中关于多种边界的表达方法和中册 7.3.3 小节中关于字符串描述符的讨论)。从 a_1 和 b_1 开始，如果在第 k 个位置有 $a_k=b_k$，则称两个轮廓有一次匹配。若用 M 表示两个字符串之间已匹配的总次数，则未匹配符号的个数为

$$Q=\max(\|A\|,\|B\|)-M \tag{11.2.1}$$

其中，$\|\text{arg}\|$ 代表字符串 arg 的表达长度(符号个数)。可证明当且仅当 A 与 B 全等时，$Q=0$。

A 与 B 之间一个简单的相似性量度为

$$R=\frac{M}{Q}=\frac{M}{\max(\|A\|,\|B\|)-M} \tag{11.2.2}$$

由式(11.2.2)可见，较大的 R 值表示有较好的匹配。当 A 与 B 完全匹配时，R 为无穷大；而当 A 与 B 中没有符号匹配($M=0$)时，R 为零。

因为字符串匹配是逐符号进行的，所以起点位置的确定对于减少计算量很重要。如果从任意一点开始计算，每次移动一个符号的位置再计算，则根据式(11.2.2)，整个计算将耗时较长(正比于 $\|A\|\times\|B\|$)，所以实际中常需要先对字符串表达进行归一化。

两个字符串之间的相似度也可用莱文斯坦(Levenshtein)距离(也称编辑距离)描述。该距离定义为将一个字符串转化为另一个字符串所需要的(最少)操作次数，操作主要包括对字符串的编辑，如删除、插入、替换等。对于这些操作，还可以定义权重，从而更精细地衡量两个字符串之间的相似度。

为减少匹配时字符比较的次数，并增大字符串每次移动的距离，[焦 2022]设计了一种字符串匹配模型，确保字符串每次移动的距离为最大安全距离，加快了计算速度，提高了匹配效率。

11.2.3 惯量等效椭圆匹配

目标之间的匹配也可借助其惯量等效椭圆进行，这在序列图像 3-D 目标重建的配准工作中已得到应用[Zhang 1991a]。与基于目标轮廓的匹配不同，基于惯量等效椭圆的匹配是基于整个目标区域进行的。任一个目标区域对应的惯量椭圆可按中册 10.3.1 小节中的方法求得。借助目标对应的惯量椭圆可进一步对每个目标算出一个等效椭圆。从目标匹配的角度来看，由于需匹配图像对中每个目标都可用其等效椭圆表示，所以对目标的匹配问题就可转化为对其等效椭圆的匹配，示意图如图 11.2.2 所示。

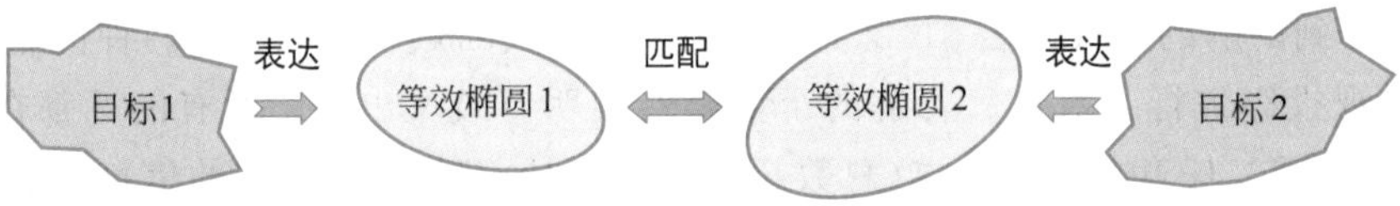

图 11.2.2 利用等效椭圆匹配

在一般的目标匹配中，主要需要考虑平移、旋转和尺度变换造成的偏差，需要获得对应的几何变换参数。为此可通过等效椭圆的中心坐标、朝向角(定义为椭圆长主轴与 X 轴正向的夹角)和长主轴长度分别计算平移、旋转和尺度变换所需的参数。

首先考虑等效椭圆的中心坐标(x_c, y_c)，即目标的重心坐标。设目标区域共包含 N 个像素，则

$$x_c=\frac{1}{N}\sum_{i=1}^{N}x_i \tag{11.2.3}$$

$$y_c=\frac{1}{N}\sum_{i=1}^{N}y_i \tag{11.2.4}$$

平移参数可根据两个等效椭圆的中心坐标差求得。另外，等效椭圆的朝向角 ϕ 可借助对应惯量椭圆两主轴的斜率 k 和 l 求得(设 A 为目标绕 X 轴旋转的转动惯量，B 为目标绕 Y 轴旋转的转动惯量)：

$$\phi=\begin{cases}\arctan(k) & A<B\\ \arctan(l) & A>B\end{cases} \tag{11.2.5}$$

旋转参数可根据两个椭圆的朝向角度差求得。最后，等效椭圆的两个半主轴长(a 和 b)反映了目标尺寸的信息。如果目标本身为椭圆，则与其等效椭圆完全相同。一般情况下，目标的等效椭圆是目标在转动惯量和面积两方面的近似(但并不同时相等)，可借助目标面积 M 对轴长进行归一化。归一化后，当 $A<B$ 时，等效椭圆半长主轴的长度 a 可由下式计算(设 H 代表惯性积)：

$$a=\sqrt{\frac{2\left[(A+B)-\sqrt{(A-B)^2+4H^2}\right]}{M}} \tag{11.2.6}$$

尺度变换参数可根据两个椭圆长轴的长度比例求得。以上两个目标匹配所需几何校正的 3 种变换参数可独立计算，所以等效椭圆匹配中各变换可顺序进行[章 1997c]。

11.2.4　形状矩阵匹配

两幅图像中需匹配的目标区域常存在平移、旋转和尺度差别。考虑到图像的局部特性，如果图像不代表变形的场景，则图像之间局部的非线性几何差别可以忽略。为确定两幅图像中需要匹配目标之间的对应性，需要寻求目标之间不依赖于平移、旋转和尺度差别的相似性。**形状矩阵**是对目标形状用极坐标量化的一种表示[Goshtasby 2005]。如图 11.2.3(a)所示，将坐标原点置于目标重心处，重新对目标沿径向和圆周采样，采样数据与目标的位置和朝向都是独立的。设径向增量是最大半径的函数，即总将最大半径量化为相同数量的间隔，这样得到的表达称为形状矩阵，如图 11.2.3(b)所示(其中元素值 0 或 1 对应采样的有或无)。形状矩阵与尺度无关。

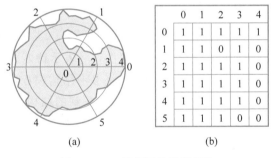

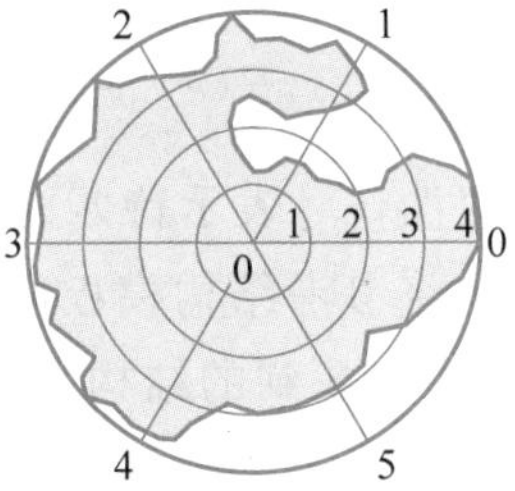

(a)

	0	1	2	3	4
0	1	1	1	1	1
1	1	1	0	1	0
2	1	1	1	1	0
3	1	1	1	1	0
4	1	1	1	1	0
5	1	1	1	0	0

(b)

图 11.2.3　目标及其形状矩阵

形状矩阵同时包含目标边界和内部信息，所以也可表达含有空洞的目标(而不仅是外轮廓)。形状矩阵对目标的投影、朝向和尺度都可进行标准化表达。给定两个尺寸为 $m\times n$ 的形状矩阵 $\boldsymbol{M}_1$ 和 $\boldsymbol{M}_2$，其相似性为(注意矩阵为二值矩阵)

$$S=\sum_{i=0}^{m-1}\sum_{j=0}^{n-1}\frac{1}{mn}\{[\boldsymbol{M}_1(i,j)\wedge\boldsymbol{M}_2(i,j)]\vee[\overline{\boldsymbol{M}}_1(i,j)\wedge\overline{\boldsymbol{M}}_2(i,j)]\} \tag{11.2.7}$$

其中，上横线代表逻辑 NOT 操作。$S=1$ 表示两个目标完全相同，随着 S 的逐渐减小并趋于 0，两个目标越来越不相似。如果构建形状矩阵时采样足够密，则可由形状矩阵重建原目标区域。

如果构建形状矩阵时沿径向以对数尺度采样，则两个目标间的尺度差别将转化为对数坐标系统中沿水平轴位置的差别。在对区域圆周量化时，如果是从目标区域中的任意点开始(而不是从最大半径开始)，将得到对数坐标系统中沿垂直轴方向的数值。对数极坐标映射可将两个区域之间的旋转差和尺度差都转化为平移差，从而简化目标匹配工作。

11.2.5 结构匹配和量度

目标常可分解为其各组成部件。不同的目标可包含相同的部件，但具有不同的结构。对结构匹配来说，大多数匹配量度可用所谓的“模板与弹簧”的物理类比模型解释[Ballard 1982]。考虑结构匹配是参考结构与待匹配结构之间的匹配，如果将参考结构看作描绘在透明胶片上的一个模板，则可将匹配看作在待匹配结构上移动这张透明胶片，同时使其形变以得到两个结构的拟合。

匹配常常涉及可定量描述的相似性。匹配不是单纯的对应，而是按照某种优度指标定量描述的对应，此优度对应匹配量度。例如，两个结构拟合的优度既取决于两个结构中各部件之间的匹配程度，也取决于使透明胶片变形所需的工作量。

实际中，要实现变形是将模型看作一组用弹簧连接的刚性模板，例如人脸的模板与弹簧模型如图 11.2.4 所示。这里模板靠弹簧连接，而弹簧函数描述了各模板之间的关系。模板间的关系一般有一定的约束限制，如在脸部图像上，两眼一般位于同一水平线上，且间距总在一定的范围内。匹配的质量是模板局部拟合的优度和使参考结构拟合待匹配结构而拉长弹簧所需能量的函数。

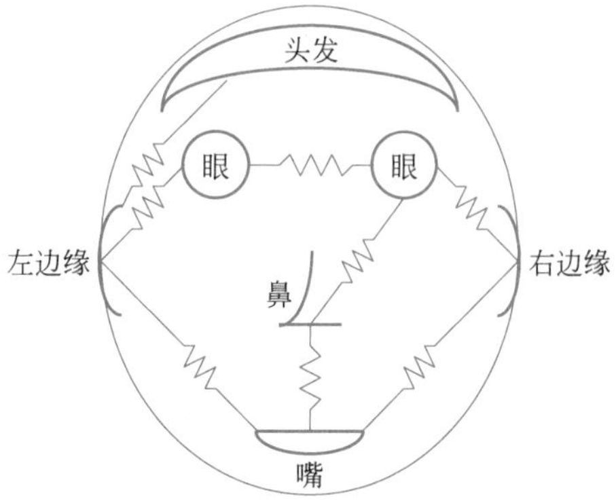

图 11.2.4 人脸的模板与弹簧模型

模板与弹簧的匹配量度的一般形式可表示如下：

$$C=\sum_{d\in Y}C_{\mathrm{T}}[d,F(d)]+\sum_{(d,e)\in(Y\times E)}C_{\mathrm{S}}[F(d),F(e)]+\sum_{c\in(N\cup M)}C_{\mathrm{M}}(c) \quad (11.2.8)$$

其中，C_{T} 表示模板 d 与待匹配结构之间的不相似性，C_{S} 表示待匹配结构与目标部件 e 之间的不相似性，C_{M} 表示对遗漏部件的惩罚，$F(\cdot)$是将参考结构模板变换为待匹配结构部件的映射。F 将参考结构划分为两类：可在待匹配结构中找到的结构（属于集合 Y），无法在待匹配结构中找到的结构（属于集合 N）。类似地，部件也可分为待匹配结构中存在（属于集合 E）的和待匹配结构中不存在（属于集合 M）的两类。

在结构式匹配量度中需要考虑归一化问题，因为被匹配部件的数量可能影响最后匹配量度的值。例如，如果“弹簧”总是具有有限的代价，这样被匹配的元素越多，总能量越大，但并不表明匹配的部件多反而比匹配的部件少更差。反之，待匹配结构的一部分与特定参考结构的精巧匹配常会使余下部分无法匹配，此时这种“子匹配”的效果不如使大部分待匹配部件都接近匹配的效果好。在式(11.2.8)中，通过对遗漏部件的惩罚避免这种情况。

11.3 动态模式匹配

前面对各种匹配的讨论中，需要匹配的表达都已预先建立。实际上，有时需匹配的表达是在匹配过程中动态建立的，或者说在匹配过程中需要根据待匹配数据建立不同的表达，用于匹配。下面结合实际应用介绍一种方法，称为**动态模式匹配**[Zhang 1990]。

1. 匹配流程

在由序列医学切片图像重建 3-D 细胞的过程中，判定同一细胞在相邻切片中各剖面的对应性是关键的一步（这是 5.4 节轮廓内插的基础）。由于切片过程复杂、切片较薄、产生变形等原因,相邻切片上细胞剖面的个数可能不同,其分布排列也可能不同。为了重建 3-D 细胞,需要对每个细胞确定其各剖面间的对应关系,即寻找同一细胞在各切片上的对应剖面。整体流程框图如图 11.3.1 所示。将两个需匹配的切片分别称为已匹配片和待匹配片。已匹配片是参考片,将待匹配片上的各个剖面与已匹配片上相应的已匹配剖面配准,则待匹配片就成为一个已匹配片,并可作为下一个待匹配片的参考片。如此继续,就可将序列切片上的所有剖面全部配准(图 11.3.1 仅以一个剖面为例)。这种顺序策略也可用于其他广义匹配。

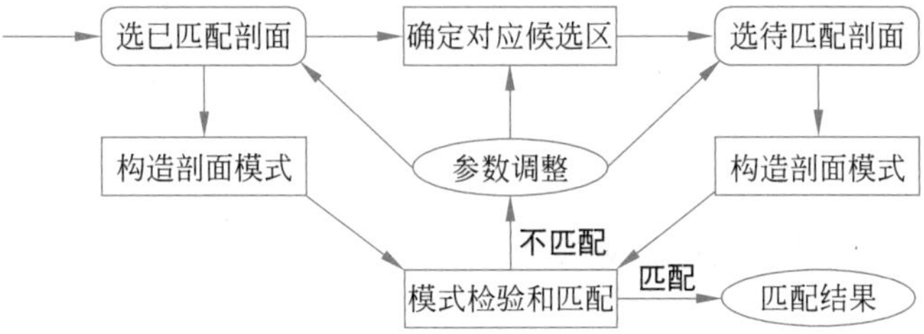

图 11.3.1 动态模式匹配流程框图

参见图 11.3.1 的流程框图,可知动态模式匹配主要包括 6 个步骤。

(1) 从已匹配片上选取一个已匹配剖面。

(2) 构造所选已匹配剖面的模式表达。

(3) 在待匹配片上确定候选区(可借助先验知识,减少计算量和歧义性)。

(4) 在候选区内选出待匹配剖面。

(5) 构造各所选待匹配剖面的模式表达。

(6) 利用剖面模式之间的相似性进行检验以确定剖面之间的对应性。

2. 绝对模式和相对模式

由于细胞剖面在切片上的分布不均匀,为完成以上匹配步骤需要对每个剖面动态建立一个可用于匹配的模式表达。可考虑利用各剖面与其若干邻近剖面的相对位置关系,构造该剖面的特有模式。该模式可用模式矢量表示。设所用关系是每个剖面与其相邻剖面之间连线的长度和朝向(或连线间的夹角),则两个相邻切片上需进行匹配的两个剖面模式 $\boldsymbol{P}_\mathrm{l}$ 和 $\boldsymbol{P}_\mathrm{r}$(均用矢量表示)分别写为

$$\boldsymbol{P}_\mathrm{l} = [x_{\mathrm{l}0} \quad y_{\mathrm{l}0} \quad d_{\mathrm{l}1} \quad \theta_{\mathrm{l}1} \quad \cdots \quad d_{\mathrm{l}m} \quad \theta_{\mathrm{l}m}]^\mathrm{T} \tag{11.3.1}$$

$$\boldsymbol{P}_\mathrm{r} = [x_{\mathrm{r}0} \quad y_{\mathrm{r}0} \quad d_{\mathrm{r}1} \quad \theta_{\mathrm{r}1} \quad \cdots \quad d_{\mathrm{r}n} \quad \theta_{\mathrm{r}n}]^\mathrm{T} \tag{11.3.2}$$

其中,$x_{\mathrm{l}0}$、$y_{\mathrm{l}0}$ 及 $x_{\mathrm{r}0}$、$y_{\mathrm{r}0}$ 分别为两剖面的中心坐标;各个 d 代表同一切片上其他剖面与匹配剖面间连线的长度;各个 θ 代表同一切片上匹配剖面与周围两个相邻剖面连线间的夹角。注意,m 与 n 可能不同。当 m 与 n 不同时,也可选择其中的一部分点构造模式进行匹配。另外,m 和 n 的选择应是计算量和模式唯一性平衡的结果,具体数值可通过确定模式半径[最大的 d,如图 11.3.2(a)中的 d_2]调整。整个模式可看作包含在一个有确定作用半径的圆中。

为进行剖面间的匹配,需要平移旋转对应的模式。以上构造的模式可称**绝对模式**,因为其包含中心剖面的绝对坐标。图 11.3.2(a)给出了一个 $\boldsymbol{P}_\mathrm{l}$ 的例子。绝对模式具有对原点(中心剖面)的旋转不变性,即整个模式旋转后,d 和 θ 不变;但由图 11.3.2(b)可知,绝对模式不具备平移不变性,因为整个模式平移后,x_0 和 y_0 均发生了变化。

为获得平移不变性,可去除绝对模式中的中心点坐标,构造**相对模式**如下:

$$\boldsymbol{Q}_\mathrm{l} = [d_{\mathrm{l}1} \quad \theta_{\mathrm{l}1} \quad \cdots \quad d_{\mathrm{l}m} \quad \theta_{\mathrm{l}m}]^\mathrm{T} \tag{11.3.3}$$

$$\boldsymbol{Q}_\mathrm{r} = [d_{\mathrm{r}1} \quad \theta_{\mathrm{r}1} \quad \cdots \quad d_{\mathrm{r}n} \quad \theta_{\mathrm{r}n}]^\mathrm{T} \tag{11.3.4}$$

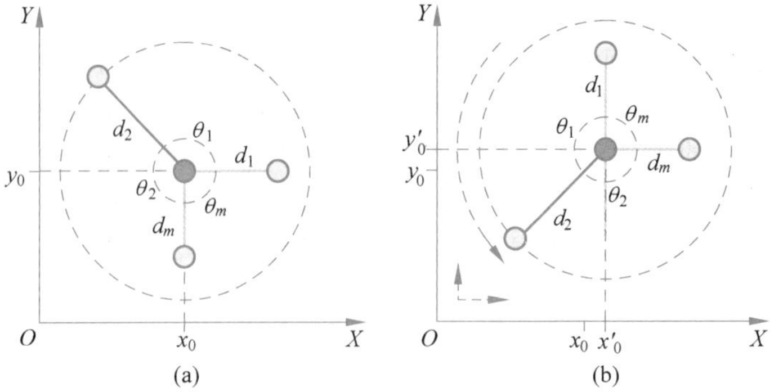

图 11.3.2　绝对模式

与图 11.3.2(a)中绝对模式对应的相对模式如图 11.3.3(a)所示。

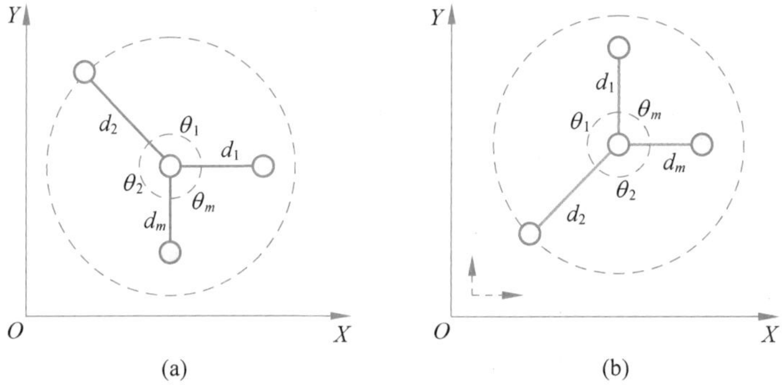

图 11.3.3　相对模式

由图 11.3.3(b)可知，相对模式不仅具有旋转不变性，也具有平移不变性。可通过旋转和平移对两个相对模式表达进行匹配，计算其相似度，从而达到匹配剖面的目的。

从对动态模式匹配的分析可见，其主要特点是：模式是动态建立的，匹配是完全自动的。这种方法比较通用灵活，其基本思想适用于多种应用[Zhang 1991a]。

11.4　关系匹配

客观场景可分解为多个景物，而每个景物又可分解为多个组成元件/部件，它们之间存在不同的关系（一些 3-D 实体各部分之间的关系可参见 5.5 节）。客观场景可借助景物之间各种相互关系的集合表达，所以关系匹配是场景理解的重要步骤。类似地，场景图像中的目标可借助目标各元件间的相互关系集合表达，利用关系匹配也可对目标进行识别。关系匹配中待匹配的两个表达都是关系，一般常将其中之一称为待匹配对象，另一个称为模型。

下面介绍关系匹配的主要步骤。设给定待匹配对象，求与其匹配的模型。设有两个关系集 X_l 和 X_r，其中 X_l 属于待匹配对象，X_r 属于模型，分别表示为

$$X_l = \{R_{l1}, R_{l2}, \cdots, R_{lm}\} \tag{11.4.1}$$

$$X_r = \{R_{r1}, R_{r2}, \cdots, R_{rn}\} \tag{11.4.2}$$

其中，$R_{l1}, R_{l2}, \cdots, R_{lm}$ 和 $R_{r1}, R_{r2}, \cdots, R_{rn}$ 分别代表待匹配对象和模型中各部件间不同关系的表达。

例 11.4.1　目标及其关系表达

图 11.4.1(a)给出一个图像中目标的示意图（可看作一个桌子的正视图）。它包含 3 个元

件，可表示为 $Q_1=\{A, B, C\}$，这些元件之间的关系集可表示为 $X_1=\{R_1, R_2, R_3\}$。其中，R_1 代表连接关系，$R_1=\{(A,B),(A,C)\}$；R_2 代表上下关系，$R_2=\{(A,B),(A,C)\}$；R_3 代表左右关系，$R_3=\{(B,C)\}$。图 11.4.1(b)给出了另一个目标的示意图(可看作一个有中间抽屉的桌子的正视图)，它包含 4 个元件，可表示为 $Q_r=\{1,2,3,4\}$，各元件间的关系集可表示为 $X_r=(R_1, R_2, R_3)$。其中，R_1 代表连接关系，$R_1=\{(1,2),(1,3),(1,4),(2,4),(3,4)\}$；$R_2$ 代表上下关系，$R_2=\{(1,2),(1,3),(1,4)\}$；$R_3$ 代表左右关系，$R_3=\{(2,3),(2,4),(4,3)\}$。

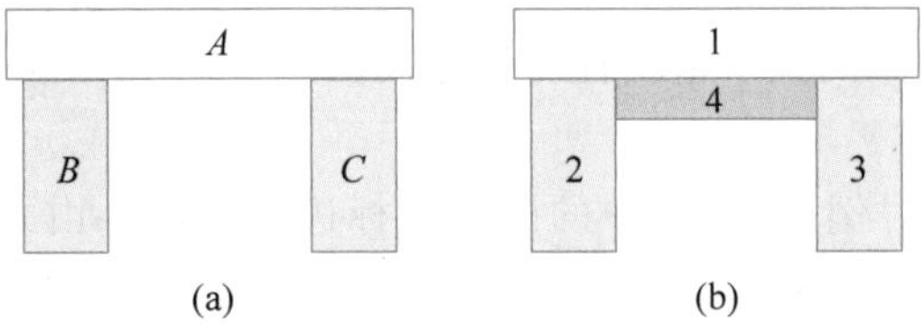

图 11.4.1 目标及其关系表达示意图 □

下面考虑 X_1 与 X_r 之间的距离，记为 $\text{dis}(X_1, X_r)$。$\text{dis}(X_1, X_r)$由 X_1 和 X_r 中各对相应关系表达的对应项的差异，即各个 $\text{dis}(R_1, R_r)$组成。X_1 与 X_r 的匹配是两个集合中各对相应关系的匹配。以下先考虑其中某一关系，并用 R_1、R_r 分别代表相应的关系表达：

$$R_1 \subseteq S^M = S(1) \times S(2) \times \cdots \times S(M) \tag{11.4.3}$$

$$R_r \subseteq T^N = T(1) \times T(2) \times \cdots \times T(N) \tag{11.4.4}$$

定义 p 为 S 对 T 的对应变换(映射)，p^{-1} 为 T 对 S 的对应变换(反映射)。进一步定义运算符号$\oplus$代表**复合运算**，$R_1 \oplus p$ 表示用变换 p 变换 R_1，即把 S^M 映射为 T^N，$R_r \oplus p^{-1}$ 表示用反变换 p^{-1} 变换 R_r，即把 T^N 映射为 S^M：

$$R_1 \oplus p = f[T(1), T(2), \cdots, T(N)] \in T^N \tag{11.4.5}$$

$$R_r \oplus p^{-1} = g[S(1), S(2), \cdots, S(M)] \in S^M \tag{11.4.6}$$

f、g 分别代表某种关系表达的组合函数。

现在考虑 $\text{dis}(R_1, R_r)$。如果这两个关系表达中的对应项不等，则对任一对应关系 p，可能存在下列 4 种误差：

$$\begin{aligned} E_1 &= \{R_1 \oplus p - (R_1 \oplus p) \cap R_r\} \\ E_2 &= \{R_r - (R_1 \oplus p) \cap R_r\} \\ E_3 &= \{R_r \oplus p^{-1} - (R_r \oplus p^{-1}) \cap R_1\} \\ E_4 &= \{R_1 - (R_r \oplus p^{-1}) \cap R_1\} \end{aligned} \tag{11.4.7}$$

两个关系表达 R_1、R_r 之间的距离是式(11.4.7)中各项误差的加权和(对各项误差的影响进行加权，权值为 W)：

$$\text{dis}(R_1, R_r) = \sum_i W_i E_i \tag{11.4.8}$$

若两个关系表达中的对应项相等，则总能找到一个对应的映射 p，根据复合运算有 $R_r = R_1 \oplus p$ 和 $R_r \oplus p^{-1} = R_1$ 成立，即由式(11.4.8)算得的距离为零。此时可以说 R_1 与 R_r 是完全匹配的。

实际上，可用 $C(E)$表示 E 中以项计的误差，并将式(11.4.8)改写为

$$\text{dis}^C(R_1, R_r) = \sum_i W_i C(E_i) \tag{11.4.9}$$

由前面的分析可知，要匹配 R_1 与 R_r，应设法找到一个对应的映射，使 R_1、R_r 之间的误差(以

项计的距离)最小。注意到 E 是 p 的函数,所以需要寻求的对应映射 p 应满足

$$\mathrm{dis}^C(R_1,R_r)=\inf_p\left\{\sum_i W_i C[E_i(p)]\right\} \tag{11.4.10}$$

进一步回到式(11.4.1)和式(11.4.2),要匹配两个关系集 X_l 与 X_r,则应找到一系列对应映射 p_j,使得

$$\mathrm{dis}^C(X_1,X_r)=\inf_p\left\{\sum_j^m V_j \sum_i W_{ij} C[E_{ij}(p_j)]\right\} \tag{11.4.11}$$

设 $n>m$,而 V_j 为对各种不同关系重视程度的加权。

例 11.4.2 连接关系匹配示例

现仅考虑连接关系,对例 11.4.1 中的两个目标进行匹配。由式(11.4.3)和式(11.4.4)可知:

$R_1=\{(A,B),(A,C)\}=S(1)\times S(2)\subseteq S^M$

$R_r=\{(1,2),(1,3),(1,4),(2,4),(3,4)\}=T(1)\times T(2)\times T(3)\times T(4)\times T(5)\subseteq T^N$

当 Q_r 中没有元件 4 时,$R_r=[(1,2),(1,3)]$,得到 $p=\{(A,1),(B,2),(C,3)\}$,$p^{-1}=\{(1,A),(2,B),(3,C)\}$,$R_1\oplus p=\{(1,2),(1,3)\}$,$R_r\oplus p^{-1}=\{(A,B),(A,C)\}$。此时式(11.4.7)中的 4 种误差分别为

$E_1=\{R_1\oplus p-(R_1\oplus p)\cap R_r\}=\{(1,2),(1,3)\}-\{(1,2),(1,3)\}=0$

$E_2=\{R_r-(R_1\oplus p)\cap R_r\}=\{(1,2),(1,3)\}-\{(1,2),(1,3)\}=0$

$E_3=\{R_r\oplus p^{-1}-(R_r\oplus p^{-1})\cap R_1\}=\{(A,B),(A,C)\}-\{(A,B),(A,C)\}=0$

$E_4=\{R_1-(R_r\oplus p^{-1})\cap R_1\}=\{(A,B),(A,C)\}-\{(A,B),(A,C)\}=0$

于是有 $\mathrm{dis}(R_1,R_r)=0$。

如果 Q_r 中有元件 4,$R_r=[(1,2),(1,3),(1,4),(2,4),(3,4)]$,则 $p=\{(A,4),(B,2),(C,3)\}$,$p^{-1}=\{(4,A),(2,B),(3,C)\}$,$R_1\oplus p=\{(4,2),(4,3)\}$,$R_r\oplus p^{-1}=\{(B,A),(C,A)\}$。此时式(11.4.7)中的 4 种误差分别为

$E_1=\{(4,2),(4,3)\}-\{(4,2),(4,3)\}=0$

$E_2=\{(1,2),(1,3),(1,4),(2,4),(3,4)\}-\{(2,4),(3,4)\}=\{(1,2),(1,3),(1,4)\}$

$E_3=\{(B,A),(C,A)\}-\{(A,B),(A,C)\}=0$

$E_4=\{(A,B),(A,C)\}-\{(A,B),(A,C)\}=0$

如果仅考虑连接关系,可以交换各元件次序。由上述结果可知,$\mathrm{dis}(R_1,R_r)=\{(1,2),(1,3),(1,4)\}$。用误差项表示为 $C(E_1)=0$,$C(E_2)=3$,$C(E_3)=0$,$C(E_4)=0$,所以 $\mathrm{dis}^C(R_1,R_r)=3$。 □

匹配是用存储在计算机中的模型识别待匹配对象中的未知模式,所以找到一系列对应映射 p_j 后需确定其对应的模型。设由式(11.4.1)定义的待识别对象 X 对多个模型 $Y_1,Y_2,\cdots,Y_L$ 中的每一个[均可用式(11.4.2)表示]都可以找到一个符合式(11.4.11)的对应关系,并设其分别为 $p_1,p_2,\cdots,p_L$,也就是说,可求得 X 与多个模型以各自对应关系进行匹配后的距离 $\mathrm{dis}^C(X,Y_q)$。对于模型 Y_q 来说,若其与 X 的距离满足

$$\mathrm{dis}^C(X,Y_q)=\min\{\mathrm{dis}^C(X,Y_i)\}\quad i=1,2,\cdots,L \tag{11.4.12}$$

则对于 $q\leqslant L$,有 $X\in Y_q$ 成立,也就是认为待匹配对象 X 与模型 Y_q 匹配。

总结上述讨论,可知匹配的过程可归纳为以下 4 步。

(1) 确定相同关系(元件间关系),即对于 X_1 中给定的一个关系,确定 X_r 中与其相同的一个关系。需要进行 $m\times n$ 次比较:

$$X_1=\begin{bmatrix}R_{l1}\\R_{l2}\\\vdots\\R_{lm}\end{bmatrix}\begin{matrix}\longrightarrow\\\searrow\\ \\ \end{matrix}\begin{bmatrix}R_{r1}\\R_{r2}\\\vdots\\R_{rn}\end{bmatrix}=X_r \tag{11.4.13}$$

(2) 确定匹配关系的对应映射(关系表达对应)，即确定能使式(11.4.10)满足的 p。设 p 有 K 种可能的形式，则要在 K 种变换中找出使误差加权和最小的 p：

$$R_1\left\{\begin{array}{c}\xrightarrow{p_1:\quad \text{dis}^C(R_1,R_r)}\\\xrightarrow{p_2:\quad \text{dis}^C(R_1,R_r)}\\\vdots\\\xrightarrow{p_K:\quad \text{dis}^C(R_1,R_r)}\end{array}\right\}R_r \tag{11.4.14}$$

(3) 确定匹配关系集的对应映射系列，即对 K 个 dis 值再次求加权：

$$\text{dis}^C(X_1,X_r)\Leftarrow\left\{\begin{array}{l}\text{dis}^C(R_{l1},R_{r1})\\\text{dis}^C(R_{l2},R_{r2})\\\qquad\vdots\\\text{dis}^C(R_{lm},R_{rn})\end{array}\right. \tag{11.4.15}$$

注意，上式中设 $m\leqslant n$，即只有 m 对关系可以寻找到对应，而 $n-m$ 个关系只存在于关系集 X_r 中。

(4) 确定所属模型[在 L 个 $\text{dis}^C(X_1,X_r)$ 中求极小值]：

$$X\left\{\begin{array}{l}\xrightarrow{p_1}Y_1\rightarrow\text{dis}^C(X,Y_1)\\\xrightarrow{p_2}Y_2\rightarrow\text{dis}^C(X,Y_2)\\\qquad\vdots\\\xrightarrow{p_L}Y_L\rightarrow\text{dis}^C(X,Y_L)\end{array}\right. \tag{11.4.16}$$

11.5 图同构匹配

寻求对应关系是关系匹配中的关键。因为对应关系可有多种组合，所以搜索方法不当，会使工作量太大而无法进行。图同构是解决此问题的一种方法。

11.5.1 图论简介

下面先介绍图论的基本定义和概念。

1. 基本定义

在图论中，一个**图** G 由有限非空**顶点集合** $V(G)$及有限**边线集合** $E(G)$组成，记为

$$G=[V(G),E(G)]=[V,E] \tag{11.5.1}$$

其中，$E(G)$的每个元素对应 $V(G)$中顶点的无序对，称为 G 的边。图也是一种关系数据结构。

下面将集合 V 中的元素用大写字母表示，而将集合 E 中的元素用小写字母表示。一般将由顶点 A 和 B 的无序对构成的边 e 记为 $e\leftrightarrow AB$ 或 $e\leftrightarrow BA$，并称 A 和 B 为 e 的端点(end)，称

边 e **连接** A 和 B。这种情况下,顶点 A 和 B 与边 e **相关联**,边 e 与顶点 A 和 B 相关联。两个与同一条边相关联的顶点是**相邻**的,同样两条有共同顶点的边也是相邻的。如果两条边有相同的两个端点,就称其为**重边**或**平行边**。如果一条边的两个端点相同,就称其为**环**,否则称为**棱**。

在图的定义中,每个无序对的两个元素(两个顶点)可以相同,也可以不同,而且任意两个无序对(两条边)可以相同,也可以不同。不同的元素可用不同颜色的顶点表示,称为顶点的色性(指顶点用不同的颜色标注)。元素间不同的关系可用不同颜色的边表示,称为边的色性(指边用不同的颜色标注)。所以一个推广的有色图 G 可表示为

$$G=[(V,C),(E,S)] \tag{11.5.2}$$

其中,V 为顶点集,C 为顶点色性集;E 为边线集,S 为边线色性集。它们分别为

$$V=\{V_1,V_2,\cdots,V_N\} \tag{11.5.3}$$

$$C=\{C_{V_1},C_{V_2},\cdots,C_{V_N}\} \tag{11.5.4}$$

$$E=\{e_{V_iV_j} \mid V_i,V_j \in V\} \tag{11.5.5}$$

$$S=\{s_{V_iV_j} \mid V_i,V_j \in V\} \tag{11.5.6}$$

其中,每个顶点可有一种色,每条边也可有一种色。

2. 图的几何表达

将图的顶点用圆点表示,将边线用连接顶点的直线或曲线表示,就可得到图的**几何表达**或**几何实现**。边数≥1 的图都可有无穷多个几何表达。

例 11.5.1 图的几何表达

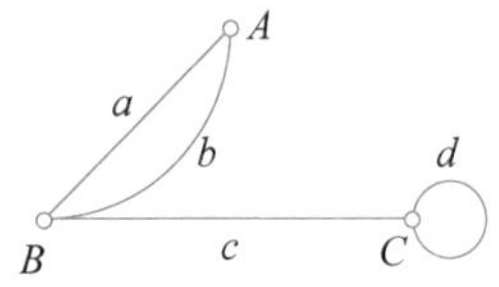

图 11.5.1 图的几何表达

设有 $V(G)=\{A,B,C\}$,$E(G)=\{a,b,c,d\}$,其中 $a\leftrightarrow AB$,$b\leftrightarrow AB$,$c\leftrightarrow BC$,$d\leftrightarrow CC$,则图 G 可用图 11.5.1 给出的图表示。

在图 11.5.1 中,边 a、b、c 彼此相邻,边 c、d 彼此相邻,但边 a、b 与边 d 不相邻。同样,顶点 A、B 相邻,顶点 B、C 相邻,但顶点 A、C 不相邻。从边的类型看,边 a、b 为重边,边 d 为环,边 a、b、c 均为棱。 □

例 11.5.2 有色图表达示例

例 11.4.1 中两个目标可用图 11.5.2 所示的两个有色图表达,其中顶点色性用顶点形状区别,连线色性用连线线型区别。有色图反映的信息更全面和直观。

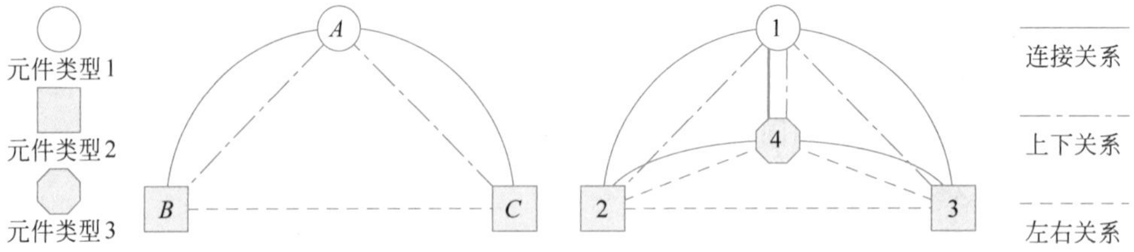

图 11.5.2 目标的有色图表达

□

3. 子图

对于两个图 G 和 H,若 $V(H)\subseteq V(G)$,$E(H)\subseteq E(G)$,则称图 H 为图 G 的**子图**,记为 $H\subseteq G$。反过来称图 G 为图 H 的**母图**。若图 H 为图 G 的子图,但 $H\neq G$,则称图 H 为图 G 的**真子图**,而称图 G 为图 H 的**真母图**[孙 2004]。

若 $H\subseteq G$ 且 $V(H)=V(G)$,则称图 H 为图 G 的**生成子图**,而称图 G 为图 H 的**生成母图**。例如图 11.5.3 中,图 11.5.3(a)给出图 G,而图 11.5.3(b)、图 11.5.3(c)和图 11.5.3(d)

分别给出图 G 的不同生成子图(它们都是图 G 的生成子图,但互相不同)。

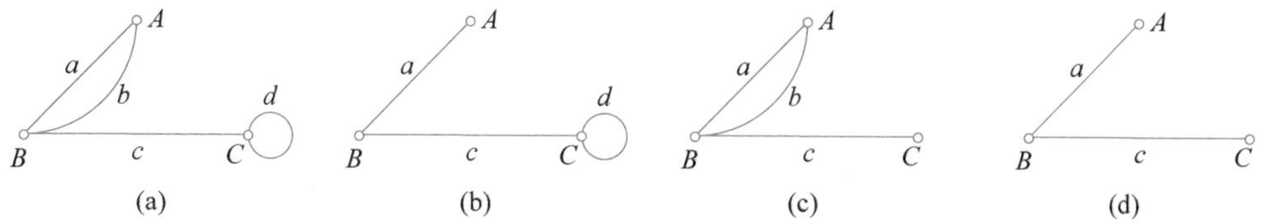

图 11.5.3　图与生成子图示例

如果将图 G 中所有的重边和环都去掉,得到的简单生成子图称为图 G 的**基础简单图**。图 11.5.3(b)、图 11.5.3(c)和图 11.5.3(d)给出的 3 个生成子图中只有一个基础简单图,即图 11.5.3(d)。下面借助图 11.5.4(a)给出的图 G 介绍获得基础简单图的 4 种运算。

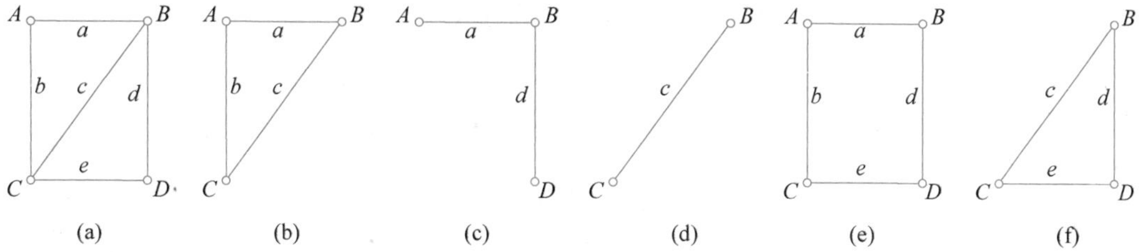

图 11.5.4　获得子图的几种运算

(1) 对于图 G 的非空顶点子集 $V'(G)\subseteq V(G)$,如果有一个图 G 的子图以 $V'(G)$ 为顶点集,以图 G 中两个端点都在 $V'(G)$ 中的所有边为边集,则称该子图为图 G 的**导出子图**,记为 $G[V'(G)]$ 或 $G[V']$。图 11.5.4(b)给出了 $G[A,B,C]=G[a,b,c]$ 的图。

(2) 类似地,对于图 G 的非空边子集 $E'(G)\subseteq E(G)$,如果有一个图 G 的子图以 $E'(G)$ 为边集,以该边集中所有边的端点为顶点集,则称该子图为图 G 的**边导出子图**,记为 $G[E'(G)]$ 或 $G[E']$。图 11.5.4(c)给出了 $G[a,d]=G[A,B,D]$ 的图。

(3) 对于图 G 的非空顶点真子集 $V'(G)\subseteq V(G)$,如果有一个图 G 的子图以去掉 $V'(G)\subset V(G)$ 之后的顶点为顶点集,以图 G 里去掉与 $V'(G)$ 关联的所有边之后的边为边集,则该子图为图 G 的剩余子图,记为 $G-V'$。并有 $G-V'=G[V\setminus V']$。图 11.5.4(d)给出了 $G-\{A,D\}=G[B,C]=G[\{A,B,C,D\}-\{A,D\}]$ 的图。

(4) 对于图 G 的非空边真子集 $E'(G)\subseteq E(G)$,如果有一个图 G 的子图以去掉 $E'(G)\subset E(G)$ 后的边为边集,则该子图为图 G 的生成子图,记为 $G-E'$。注意 $G-E'$ 与 $G[E\setminus E']$ 有相同的边集,但两者并不一定恒等。其中,前者总是生成子图,而后者并不一定。图 11.5.4(e)给出了前者的一个示例,$G-\{c\}=G[a,b,d,e]$。图 11.5.4(f)给出了后者的一个示例,$G[\{a,b,c,d,e\}-\{a,b\}]=G-A\neq G-[\{a,b\}]$。

11.5.2　图同构和匹配

对图的匹配是借助图同构实现的。

1. 图的恒等和同构

根据图的定义,对于两个图 G 和 H,当且仅当 $V(G)=V(H)$,$E(G)=E(H)$ 时,称图 G 与 H **恒等**,且两个图可用相同的几何表达表示。例如图 11.5.5 中的图 G 与 H 是恒等的。不过如果两个图可用相同的几何表达表示,它们并不一定是恒等的。例如,图 11.5.5 中的图 G 与 I 就不是恒等的(各顶点与各条边的标号均不同),虽然它们可用形状相同的两个几何表达表示。

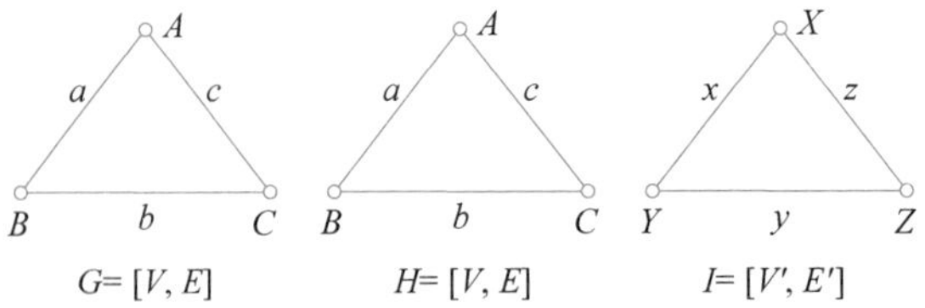

图 11.5.5　图的恒等

对于具有相同几何表达但不恒等的两个图来说，只要对其中一个图的顶点和边的标号适当改名，就可得到与另一个图恒等的图，称这两个图为**同构**。换句话说，两图同构表明两图的顶点与边线之间存在一对一关系。两个图 G 和 H 同构可记为$G \cong H$，其充要条件为在 $V(G)$ 和 $V(H)$、$E(G)$ 和 $E(H)$之间存在如下映射：

$$P: V(G) \rightarrow V(H) \tag{11.5.7}$$

$$Q: E(G) \rightarrow E(H) \tag{11.5.8}$$

且映射 P 与 Q 保持关联关系，即 $Q(e)=P(A)P(B)$，$\forall e \leftrightarrow AB \in E(G)$，如图 11.5.6 所示。

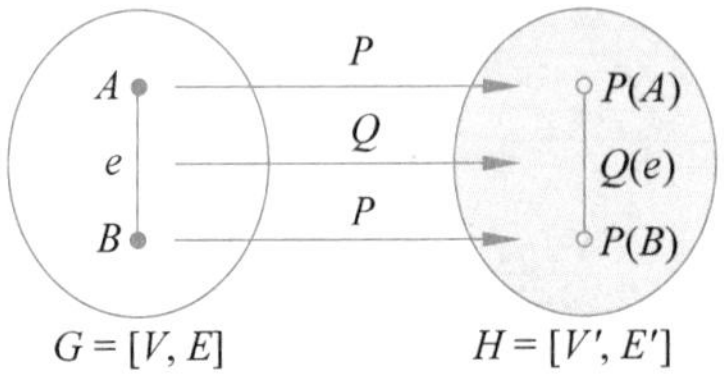

图 11.5.6　图的同构

2. 同构的判定

由同构的定义可知，同构的图具有相同的结构，区别可能只在于顶点或边线的标号不完全相同。图同构侧重于描述相互关系，所以图同构可以没有几何方面的要求，即比较抽象(也可以有几何方面的要求，即比较具体)。图同构匹配本质上是树搜索问题，其中不同的分路(分支)代表对不同对应关系组合的试探。

现在考虑图与图之间同构的几种情况。为简便起见，对所有图的顶点和边线都不作标号，即认为所有顶点都有相同色性，且所有边线也都有相同色性。为清楚起见，考虑用单色线图(G 的一个特例)说明。

$$B=[(V),(E)]=[V,E] \tag{11.5.9}$$

式(11.5.9)中的 V 和 E 仍分别由式(11.5.3)和式(11.5.5)给出，只是每个集合中的元素都是相同的。换句话说，顶点和边线各只有一种。参见图 11.5.7，设给定两个图 $B_1=[V_1, E_1]$和 $B_2=[V_2, E_2]$，它们之间的同构可分为以下几种类型[Ballard 1982]。

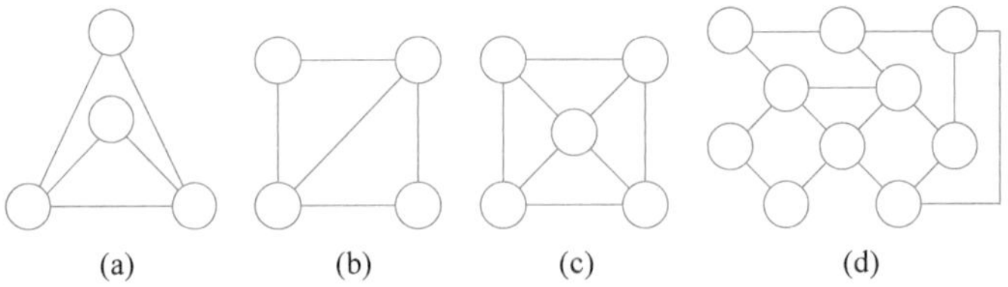

图 11.5.7　图同构的几种类型

(1) 全图同构

全图同构：B_1 与 B_2 之间一对一的映射。例如，图 11.5.7(a)和图 11.5.7(b)之间是全图同构。一般来说，如以 f 表示映射，则对于 $e_1 \in E_1$ 和 $e_2 \in E_2$，必有 $f(e_1)=e_2$ 存在，并且对于 E_1 中每条连接任意一对顶点 e_1 和 $e'_1(e_1, e'_1 \in E_1)$的连线，E_2 中必有一条连接 $f(e_1)$和 $f(e'_1)$的连线。在对目标进行识别时，需要使表达目标的图与目标模型的图建立全图同构关系。

(2) 子图同构

子图同构：B_1 的一部分(子图)与 B_2 全图之间的同构。例如，图 11.5.7(c)中的多个子图与图 11.5.7(a)是同构的。在对场景中的目标进行检测时，需要用目标模型在场景图中搜索同构子图。

(3) 双子图同构

双子图同构：B_1 的各子图与 B_2 的各子图之间的所有同构。例如在图 11.5.7(a)与图 11.5.7(d)中有若干双子图是同构的。当需要在两个场景中找到共同目标时，任务可转换为双子图同构问题。

求图同构的算法可有多种。例如可将待判定的每个图都转换为某一类标准形式，即可方便地确定同构。另外，也可对线图中对应顶点之间可能匹配的树进行穷举搜索，不过这种方法在线图中顶点数量较大时计算量也较大。

一种比同构方法限制少且收敛快的方法是**关联图**匹配[Snyder 2004]。在关联图匹配中，图定义为 $G=[V,P,R]$，其中 V 表示结点集合，P 表示用于结点的单元谓词集合，R 表示结点间二值关系的集合。这里谓词指只取 TRUE 或 FALSE 两值之一的语句，二值关系描述一对结点具有的属性。给定两个图，就可构建一个关联图。关联图匹配是指对于两个图中的结点和结点，二值关系与二值关系之间的匹配。

11.6 线条图标记和解释

观察 3-D 景物时看到的是其(可见)表面，将 3-D 景物投影到 2-D 图像，各表面会分别形成区域。各表面的边界在 2-D 图像中会显示为轮廓，用这些轮廓表达目标就构成目标的线条图。对于比较简单的景物，可用**线条图标记**，即用带轮廓标记的 2-D 图像表示 3-D 景物各表面的相互关系[Shapiro 2001]。借助这种标记也可对 3-D 景物和相应的模型进行匹配，以解释场景。

11.6.1 轮廓标记

轮廓标记是指标识各种轮廓基元。下面先给出一些轮廓标记中名词的定义。

(1) **刃边**

如果 3-D 景物中一个连续的表面(称为遮挡表面)遮挡住另一个表面(称为被遮挡表面)的一部分，则沿着前一个表面的轮廓前进时，表面法线方向的变化是光滑连续的，此时称该轮廓线为刃边(2-D 图像的刃边为光滑曲线)。可在轮廓线上加一个箭头“←”或“→”表示刃边，一般约定箭头方向指示沿箭头方向前进时遮挡表面在刃边的右侧。在刃边两侧，遮挡表面的方向和被遮挡表面的方向可以无关。

(2) **翼边**

如果 3-D 景物中一个连续的表面不仅遮挡住另一表面的一部分，也遮挡住自身的其他部分，即**自遮挡**，其表面法线方向的变化是光滑连续的并与视线方向垂直，此时的轮廓线称为翼边(一般常在从侧面观察光滑的 3-D 表面时形成)。可在曲线上加两个相反的箭头“↔”表示翼边。沿翼边行进时，3-D 表面的方向并不变化；而沿着不平行翼边的方向行进时，3-D 表面的方向会连续地变化。

刃边是 3-D 景物的真正(物理)边缘，而翼边只是(表观上)的边缘。当刃边或翼边越过遮挡目标表面和被遮挡背景表面之间的边界或轮廓时，会产生深度不连续的**跳跃边缘**。

(3) **折痕**

如果 3-D 可视表面的朝向突然变化或两个 3-D 表面成一定角度交接，就形成折痕。在折痕两边，表面上的点是连续的，但表面法线方向不连续。如果折痕处表面是外凸的，一般用“+”表示；如果折痕处表面是内凹的，一般用“−”表示。

(4) **痕迹**

如果 3-D 表面的局部具有不同的反射率，就会形成痕迹（mark）。痕迹不是 3-D 表面形状造成的。可用“M”标记痕迹。

(5) **阴影**

如果 3-D 景物中一个连续的表面没有从视点角度将另一表面的一部分遮挡，但遮挡了光源对这一部分的光照，就会在另一表面的该部分形成阴影（shade）。表面上的阴影并不是表面自身形状造成的，是其他部分对光照影响的结果。可以用“S”标记阴影。阴影边界处有光照的突变，称为光照边界。

例 11.6.1　轮廓标记示例

图 11.6.1 给出上面一些轮廓标记的示例。图中一个空心圆柱体放在一个平台上，圆柱体上有一个痕迹 M，圆柱体在平台上形成阴影 S。圆柱体侧面有两条翼边↔，上顶面轮廓由两条翼边分为两部分，上轮廓边遮挡了背景（平台），下轮廓边遮挡了柱体内部。平台的轮廓由刃边构成，其上各处的折痕均为外凸的，而平台与圆柱体间的折痕是内凹的。□

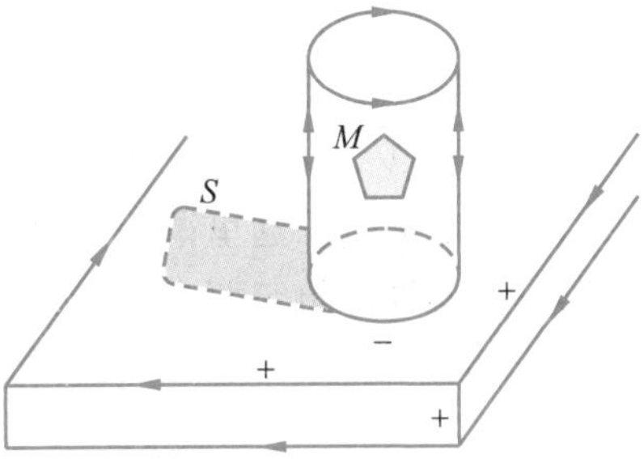

图 11.6.1　轮廓标记示例

11.6.2　结构推理

下面考虑借助 2-D 图像中的轮廓结构对 3-D 目标的结构进行推理分析。假设目标的表面均为平面，所有相交后的角点均由 3 个面相交形成，则称为**三面角点**目标，如图 11.6.2 中两个线条图表示的目标。此时视点的微小变化不会引起线条图的拓扑结构的变化，即不会导致面、边、连接的消失，目标在这种情况下称为**处于常规位置**。

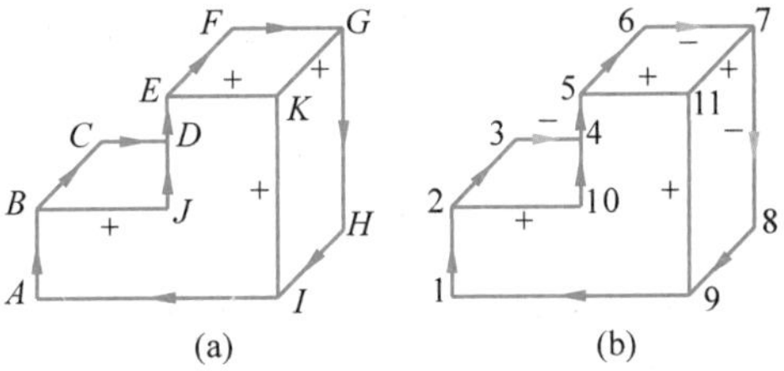

图 11.6.2　两个线条图表示的目标

图 11.6.2 中的两个线条图在几何结构上是相同的，但对其可有两种不同的 3-D 解释。其差别在于图 11.6.2(b)多标记了 3 个内凹的折痕，这样图 11.6.2(a)的目标看起来漂浮在空中，而图 11.6.2(b)的目标看起来贴在后面的墙上。

在只用{+，−，→}标记的图中，“+”表示不闭合的凸线，“−”表示不闭合的凹线，“→”表示闭合的线。此时边线连接的（拓扑）组合类型共有 4 类 16 种：6 种 L 连接，4 种 T 连接，3 种箭头连接和 3 种叉连接（Y 连接），如图 11.6.3 所示。

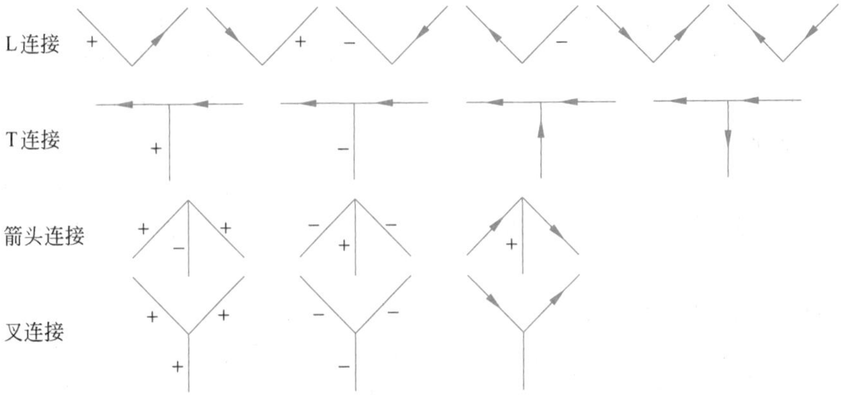

图 11.6.3　三面角点目标的 16 种连接类型

如果考虑所有 3 个面相交形成顶点的情况，应该有 64 种连接方法，但是只有上述 16 种连接方法是合理的。换句话说，只有用图 11.6.3 所示的 16 种连接类型可以标记的线条图，才是物理上能够存在的。当一个线条图可以标记时，对它的标记可提供对图的定性解释。

11.6.3 回溯标记

自动标记线条图可使用不同的算法。下面介绍一种**回溯标记**方法[Shapiro 2001]。把要解决的问题表述为：已知 2-D 线条图中的一组边，要赋给每条边一个标记(其中使用的连接种类要满足图 11.6.3)，以解释 3-D 的情况。回溯标记法将边排成序列(尽可能将对标记约束最多的边排在前面)，以深度优先的方式生成通路，依次对每条边进行所有可能的标记，并检验新标记与其他边标记的一致性。如果用新标记产生的连接出现矛盾或不符合图 11.6.3 的情况，则返回重新考虑另一条通路，否则继续标记下一条边。如果依次赋给所有边的标记都满足一致性，则得到一种标记结果(得到一条到达树叶的完全通路)。一般由一个线条图常常得到不止一种标记结果，需要利用一些附加信息或先验知识，得到最后唯一的判断结果。

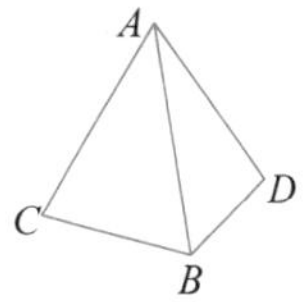

图 11.6.4 棱锥

例 11.6.2 回溯标记法标记示例

考虑图 11.6.4 所示的棱锥，运用回溯标记法进行标记得到的解释树(包含各个步骤和最后结果)如表 11.6.1 所示。

表 11.6.1 对棱锥线条图的解释树

<table>
<tr><th></th><th>A</th><th>B</th><th>C</th><th>D</th><th>结果和解释</th></tr>
<tr><td rowspan="7">解释树</td><td rowspan="3"></td><td>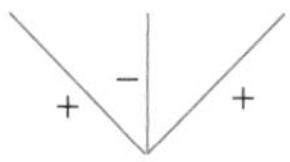</td><td>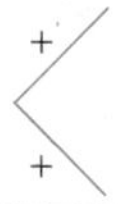</td><td>—</td><td>C 不属于合理的 L 连接</td></tr>
<tr><td>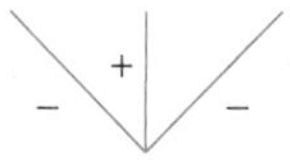</td><td>—</td><td>—</td><td rowspan="2">对边 AB 的解释出现矛盾</td></tr>
<tr><td>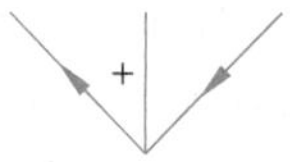</td><td>—</td><td>—</td></tr>
<tr><td rowspan="3">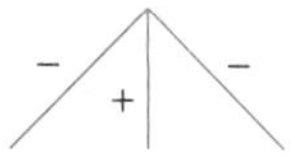</td><td>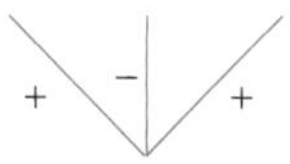</td><td>—</td><td>—</td><td>对边 AB 的解释出现矛盾</td></tr>
<tr><td>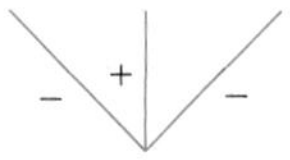</td><td></td><td>—</td><td>C 不属于合理的 L 连接</td></tr>
<tr><td>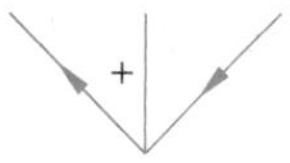</td><td></td><td></td><td>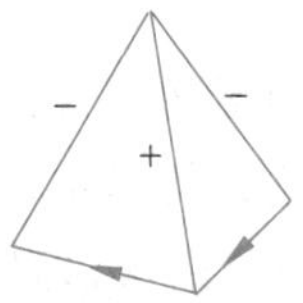 粘在墙壁上</td></tr>
<tr><td>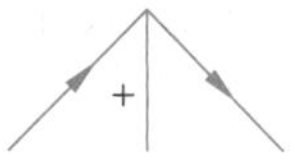</td><td>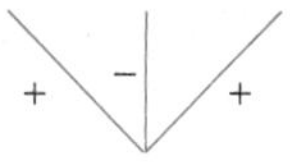</td><td>—</td><td>—</td><td>对边 AB 的解释出现矛盾</td></tr>
</table>

续表

	A	*B*	*C*	*D*	结果和解释
解释树	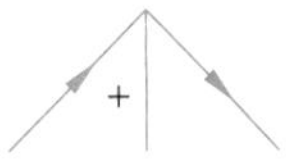	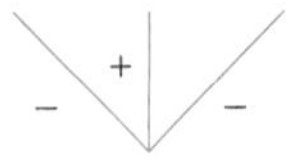			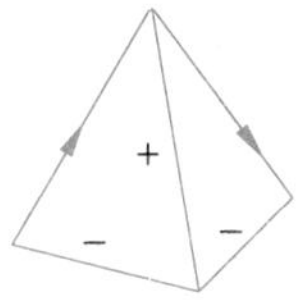 放在桌面上
		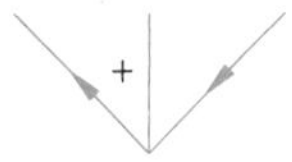			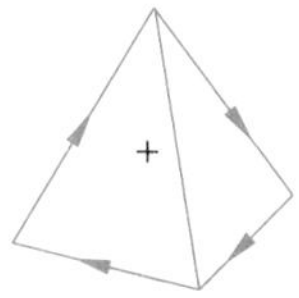 飘浮在空中

由解释树可见，共有 3 条完全的通路（一直标记到树叶），它们给出同一线条图的 3 种不同解释。整个解释树的搜索空间相当小，表明三面角点目标具有相当强的约束机制。□

11.7 借助匹配实现配准

图像配准与图像匹配密切相关。借助各种匹配技术可完成多种图像配准任务。例如，通过获取图像中的 SIFT 特征点（见 6.3.2 小节），[吴 2021a]借助特征点匹配对高光谱图像进行了配准。下面介绍两种借助匹配实现配准的方式。

11.7.1 基于特征匹配的异构遥感图像配准

在异构图像的配准任务中，不同成像模式、分辨率交叉模式、时间相位等往往会带来困难。为解决这些问题，[蓝 2021]提出了一种基于深度学习的特征匹配方法（交叉模式匹配网络）。

这种匹配方法的流程图如图 11.7.1 所示，包括特征提取和匹配两个阶段。在特征提取阶段，首先使用**卷积神经网络**（CNN）提取一对异质遥感图像的高维特征图。其次，根据信道最大值和局部最大值两个条件选择特征图上的关键点。最后，提取对应位置上的 512-D 描述符。在匹配阶段，首先使用快速最近邻搜索进行特征匹配。其次，使用基于动态自适应欧氏距离计算和**随机样本共识/一致性**（RANSAC）的提纯算法消除失配点并保持图像对之间的正确匹配点。

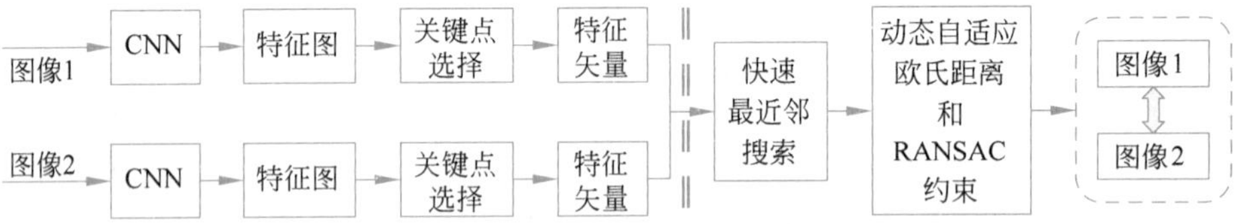

图 11.7.1　CNN 特征匹配方法流程图

为实现异构遥感图像的鲁棒性特征匹配，需要找到一种不变特征的表示方法，以减少异构图像中辐射和几何差异的影响。主要考虑 3 方面。

(1) 因为高级抽象语义信息比低级梯度信息更能适应辐射和几何的变化，因此，选择来自 CNN 的较深层的特征图，并适当扩展与提取特征对应的原始输入图像范围（感受野）。

(2) CNN 网络使用与照明和拍摄角度有较大差异的配对数据进行训练，使 CNN 特征提取器可以学习变化图像的不变特征，如照明和几何。

(3) 采用“以多求可靠”的策略，先提取大量候选特征，再通过改进匹配过程的筛选机制进行有效限制，从而获得更可靠、更均匀的匹配对。

基于用于匹配的特征矢量，可执行快速最近邻搜索以找到大量（大于阈值的）匹配点对。这些匹配点中最近欧氏距离（第一匹配点）与第二近欧氏距离（第二匹配点）的比值最大。通常第一匹配点的距离值越小，匹配质量越好。此外，计算所有匹配点的平均值，并从每个最近的欧氏距离中减去平均值。如果结果是否定的，则保持这对匹配点，并执行 RANSAC 以最终选择实际匹配点对。

11.7.2　基于空间关系推理的图像匹配

场景图像通常包含许多景物。图像空间关系表达并描述了欧氏空间中图像目标间的几何关系。由于现实世界的复杂性和场景拍摄的随机性，同一景物在不同成像中可能发生显著变化。仅通过简单的依赖图像的整体表达计算图像相似度，难以精确地匹配图像。另一方面，虽然同一景物在不同成像中的形态会发生显著变化，但其与相邻景物的空间关系通常保持稳定（可参见 11.3 节）。为利用这一事实，[李 2021a]提出了一种通过推理分析图像中目标的空间接近度解决图像匹配问题（并进而实现目标配准）的方法。

图 11.7.2 所示为算法的流程图。对于场景中的图像对，首先，检测目标块并提取深度特征进行匹配，以确定目标的空间接近度并构建场景中景物的空间邻近图。其次，基于构建的空间邻近图，分析图像中目标的空间邻近性（构建场景景物的空间邻近并在空间邻近图中确定目标块所属结点），并定量计算图像对的接近度。最后，找到相应的匹配图像。

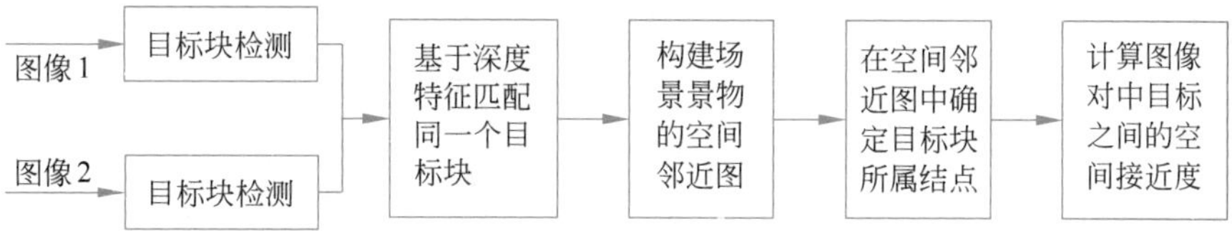

图 11.7.2　空间关系推理算法流程图

进一步的细节信息如下。

(1) 为提取目标块的深层特征，构建基于对比机制的目标块特征提取网络。网络包含两个具有共享权重的完全相同的信道。每个信道是一个深度卷积网络，包含 7 个卷积层和 2 个完全连接层。基于深度特征，可以匹配两幅图像中的相同目标块。

(2) 为构建场景中景物的空间邻近图，根据每个目标在先验图像上的分布推理和分析场景中不同目标的空间接近度关系。构造过程是一个迭代搜索过程，包含初始化步骤和更新步骤。构建的空间邻近图囊括场景中的所有目标，并定量表示不同目标之间的接近度，其中不同图像中的相同目标块聚集于同一结点中。

(3) 为确定匹配图像对，在空间邻近图中搜索图像中目标的结点，并根据结点之间的连接权重确定图像中目标之间的邻近关系。每幅测试图像可包括能在结点集中搜索其所属结点的多个目标块。

(4) 为计算图像对的空间接近度，检测图像中包含的目标块，并确定每个目标块所属的结点以形成一组结点。所属结点之间的连接权重表示图像中目标块之间的接近度。两幅图像之间的空间关系可通过图像中目标块的接近度表示，并通过定量计算图像的空间接近度实现图像空间关系的匹配。

11.8 多模态图像匹配

广义图像匹配旨在从两幅或多幅图像中识别并建立相同或相似关系/结构/内容的对应性。可将**多模态图像匹配**(MMIM)看作一种特殊情况。通常待匹配的图像和/或目标具有显著的非线性外观差异，可能由不同的成像传感器导致，也可能由不同的成像条件(如昼夜、天气变化或跨季节)及输入数据类型(如图像-绘图-素描和图像-文字)导致。

多模态图像匹配问题可表述为：给定不同模态的参考图像 I_R 和匹配图像 I_M，根据其间的相似性找到它们(或其中目标)的对应关系。目标可由它们占据的区域或具有的特征表示。因此，匹配技术可分为基于区域的技术和基于特征的技术。

11.8.1 基于区域的技术

基于区域的技术考虑目标的强度信息，可分为两组：具有手工框架的传统组和具有学习框架的近期组。

传统的基于区域技术的流程图如图 11.8.1 所示，包括 3 个重要模块：度量指标、变换模型和优化方法[Jiang 2021]。

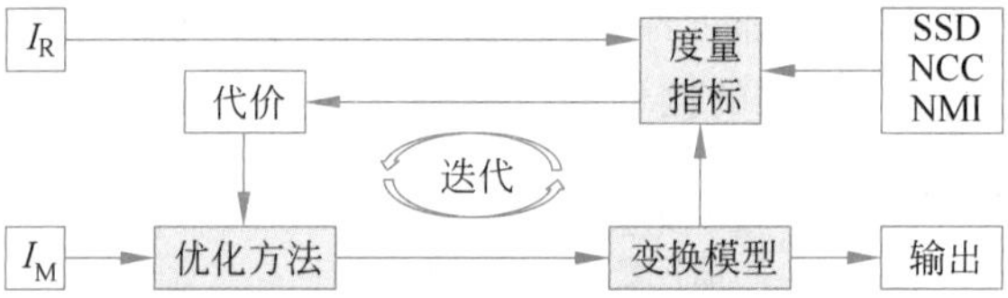

图 11.8.1 传统的基于区域技术的流程图

1. 度量指标

匹配的准确度结果取决于度量指标(匹配标准)。可根据关于两幅图像之间强度关系的假设设计不同的度量指标。常用的手动度量指标可简单分为基于相关和基于信息论的方法。

2. 变换模型

变换模型通常解释图像对之间的几何关系，其参数需要准确估计以指导图像操作进行匹配。现有的变换模型可简单分为线性模型和非线性模型。后者又可进一步分为物理模型(来源于物理现象，用偏微分方程表示)和插值模型(来源于插值或近似理论)。

3. 优化方法

优化方法用于根据给定的度量指标搜索最佳变换，以实现所需的匹配精度和效率。考虑到优化方法推断的变量的性质，可简单地分为连续方法和离散方法。连续优化假设变量为需要目标函数的可微的实数值。离散优化将解空间假设为离散集。

各模块中的方法类别和典型技术如表 11.8.1 所示。

表 11.8.1 各模块中的方法类别和典型技术

模　块	方法类别	典型技术	参考文献
度量指标	基于相关	互相关	[Avants 2008]
		归一化相关系数(NCC)	[Luo 2010]
	基于信息论	互信息(MI)	[Viola 1997]
		归一化互信息(NMI)	[Studholme 1999]
		条件互信息(cMI)	[Loeckx 2009]

续表

模　块	方法类别	典型技术	参考文献
变换模型	线性模型	刚体、仿射、投影变换	[Zhang 2017b]
	非线性物理模型	微分同胚 大变形微分同胚度量映射	[Trouve 1998] [Marsland 2004]
	非线性插值模型	径向基函数(RBF) 薄板样条(TPS) 自由变形(FFDs)	[Zagorchev 2006] [Bookstein 1989] [Sederberg 1986]
优化方法	连续方法	梯度下降 共轭梯度	[Zhang 2021] [Zhang 2021]
	离散方法	基于图论 消息传递 线性规划	[Ford 2015] [Pearl 2014] [Komodakis 2007]

近年来,深度学习技术被逐渐用于驱动迭代优化过程或以端到端的方式直接估计几何变换参数。第一类方法称为**深度迭代学习方法**,第二类方法称为**深度变换估计方法**。根据训练策略的不同,后者还可分为两类:有监督方法和无监督方法。表 11.8.2 列出了 3 个类别中的典型技术及基本原理。

表 11.8.2　基于区域的深度学习方法中的典型技术及基本原理

方法类别	典型技术及基本原理	参考文献
深度迭代学习方法	使用堆叠式自动编码器训练优秀的度量指标 将深度相似性度量和手工制作的度量结合作为一种增强的度量 使用强化学习(RL)范式迭代估计变换参数	[Cheng 2018] [Blendowski 2019] [Liao 2016]
有监督变换估计方法	应用统计外观模型,确保生成的数据能更好地模拟真实数据,这些数据可用作地面真实数据,以定义监督估计中的损失函数 利用 U-Net 的全卷积(FC)层表示高维参数空间,输出可变形场或位移矢量场以定义损失函数 使用生成对抗网络(GAN)学习估计变换,以迫使预测的变换真实或接近真值	[Uzunova 2017] [Hering 2019] [Yan 2018]
无监督变换估计方法	利用空间变换网络(STN)以端到端的方式预测几何变换的能力,仅使用传统的相似性度量,以及约束变换模型复杂性或平滑度的正则化项以构建损失函数 先执行图像二值化,再计算参考图像和匹配图像之间的投票分数,以处理多模态图像对	[Sun 2018] [Kori 2019]

11.8.2　基于特征的技术

基于特征的技术通常包括 3 个步骤:特征检测、特征描述和特征匹配。在特征检测和描述步骤中,抑制了模态差异,因此使用一般的方法即可完成匹配步骤。根据局部图像描述符的使用与否,匹配步骤可间接或直接进行。基于特征的技术流程图如图 11.8.2 所示[Jiang 2021]。

1. 特征检测

检测到的特征通常代表图像或现实世界中的特定语义结构。常用的特征可分为角点特征(通常位于纹理区域或边缘的两条不平行直线的交点)、团块(blob)特征(局部闭合区域,其中像素具有相似性,并与周围邻域不同)、线/边和形态区域特征。特征检测的核心思想是构造响应函数以区分不同的特征,以及平坦和非独特的图像区域。常用的函数还可进一步分为梯度、

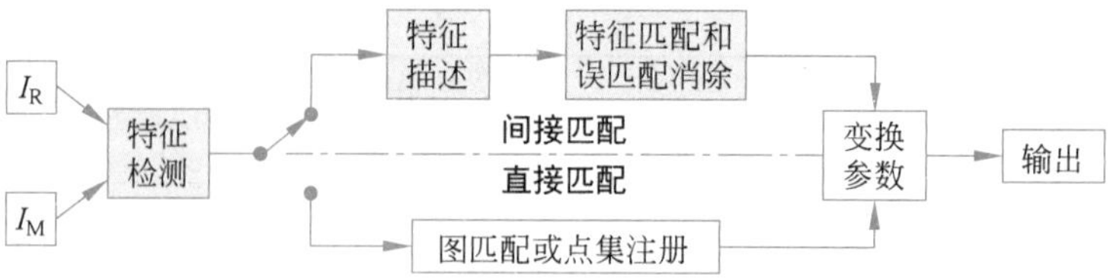

图 11.8.2　基于特征的技术流程图

强度、二阶导数、轮廓曲率、区域分割和基于学习的函数。

深度学习在关键点检测方面显示出巨大的潜力，尤其是在两幅具有显著外观差异的图像中，这通常发生在跨模态图像匹配中。常用的 3 组基于卷积神经网络(CNN)的检测器为监督型[Zhang 2017b]、自监督型[De Tone 2018]和无监督型[Laguna 2019]。

2. 特征描述

特征描述是指将特征点周围的局部强度映射为一种稳定、有区别的矢量形式，使检测到的特征能快速、方便地匹配。根据使用的图像线索（如梯度、强度）和描述符生成的形式（如比较、统计和学习），现有描述符可分为浮点描述符、二进制描述符及可学习描述符。浮点描述符通常由基于梯度或强度线索的统计方法生成。基于梯度统计的描述符的核心思想是计算梯度的方向以形成用于特征描述的浮点矢量。二进制描述符通常基于局部强度的比较策略。可学习描述符是在 CNN 中提取的具有高阶图像线索或语义信息的深层描述符。这些描述符还可进一步分为基于梯度统计、局部强度比较、局部强度顺序统计和基于学习的描述符[Ma 2020]。

3. 特征匹配

特征匹配的目的是从提取的两个特征集中建立正确的特征对应关系。

直接方法是通过直接使用空间几何关系和优化方法建立两个集合的对应关系，包括两种代表性策略：图匹配和点集配准。间接方法则将特征匹配视为一个两阶段问题。在第一阶段，基于局部特征描述符的相似性构造推定的匹配集。在第二阶段，通过施加额外的局部和/或全局几何约束剔除错误的匹配。

随机样本共识/一致性(RANSAC)是一种经典的基于重采样的失配消除和参数估计方法。受经典 RANSAC 启发，[Kluger 2020]提出了一种通过训练深度回归器消除异常值和/或估计模型参数的学习技术以估计变换模型。除了使用多层感知器(MLP)进行学习外，还可使用**图卷积网络**(GCN)[Sarlin 2020]。

总结和复习　　随堂测试

第12章

教学视频

场景分析和语义解释

对图像的理解实际上是实现对场景的理解。对视觉场景的理解可表述为在视觉感知场景环境数据基础上，结合各种图像技术，从计算统计、行为认知及语义等不同角度挖掘视觉数据中的特征与模式，从而实现对场景的有效分析和理解。从某种观点看，场景理解以对场景的分析为基础，达到解释场景语义的目的。这类技术在视觉信息认知方面具有广泛的研究和应用。

对场景的分析要结合高层语义进行，对场景标记和分类都是面向语义解释的场景分析手段。另外，要解释场景语义，需要根据对图像数据的分析结果进一步推理。推理是通过采集信息进行学习，根据逻辑做出决策的过程。类似地，还有许多数学理论和方法可用于场景理解，将对视觉信息的感知上升到对视觉信息的认知。

根据上述讨论，本章各节将安排如下。

12.1 节介绍场景理解的概况。

12.2 节介绍模糊推理，在介绍模糊集和模糊运算概念的基础上，讨论基本的模糊推理方法。

12.3 节介绍一种利用遗传算法对图像进行语义分解和分割，进而实现语义推理判断的方法。

12.4 节讨论场景目标标记问题，对场景目标进行标记是将分析结果提升到抽象概念层次的重要手段，常用的方法包括离散标记和概率标记。

12.5 节围绕场景分类介绍相关模型的定义、概念和构建方法，主要包括词袋模型/特征包模型、pLSA 模型和 LDA 模型。

12.6 节讨论对一大类图像——遥感图像的判读（解释）应用，主要介绍判读方法的分类和地理知识图谱的构建。

12.7 节介绍一种融合机器感知、人类认知和计算机操作的混合增强视觉认知体系结构。

12.1 场景理解概述

场景分析和语义解释是场景理解的重要内容，但研究相对不太成熟，许多问题还在探讨之中。

1. 场景分析

场景分析的目的是借助对图像的分析技术，获取场景中景物的信息，为进一步的场景解释打下基础。

目标识别是场景分析的重要步骤和基础。对单个目标进行识别时，一般认为该目标的图像区域可分解为有限个子区域（常对应目标的部件），子区域存在较固定的几何关系，一起构成该目标的外观。但在对自然场景进行分析时，其中常包含众多景物，其间的相互关系比较复杂且难以预测，所以场景分析除考虑目标本身的内部关系外，还要关注目标间的相对分布和相互作用。

在场景分析中，一个重要的问题是场景的视觉内容（景物及分布）具有较大的不确定性。

（1）不同的光照条件会导致景物检测和跟踪困难。

（2）不同的景物外在表观（有时尽管结构元素类似）会给景物的识别带来歧义。

（3）不同的观察尺度常会影响对景物特性的辨识和描述。

（4）不同的景物位置、朝向及互相遮挡因素会增加对景物认知的复杂性。

从认知的角度看，场景分析更关注人对场景的感知和理解。大量有关场景分析的生物学、生理学和心理学试验表明，对场景的全局特性分析往往发生在视觉注意的前期。如何在生物学、生理学和心理学研究成果的基础上引入相应的约束机制，建立合理的计算模型，是需要研究探讨的问题。

2. 场景感知层次

对场景的分析和语义解释可以分层次进行。类似于在基于内容的编码中（上册 12.6.2 小节），模型基编码可在 3 个层次上进行：①最低层的物体基或目标基编码；②中间层的知识基编码；③最高层的语义基编码。对场景的分析和语义解释也可分 3 个层次进行。

（1）局部层：该层主要强调对场景的局部或单个景物进行分析、识别或对图像区域进行标记。

（2）全局层：该层考虑整个场景的全局，关注具有相似外形和类似功能的景物间的相互关系。

（3）抽象层：该层对应场景的概念含义，最终给出对场景抽象的描述和解释。

如果以对教室内上课的场景进行分析判断为例，对应上面 3 个层次可考虑如下情况。第 1 层，主要考虑提取图像中的目标，如教师、学生、桌椅、屏幕、投影仪等。第 2 层，既要确定各景物的位置和相互关系，如教师在教室前方站立、学生面向屏幕，投影仪将画面投向屏幕等；也要判断环境和功能，如室内或室外、什么类型的室内（教室或会场）。第 3 层，描述教室内的活动内容（如正在上课或课间休息）和气氛（如轻松或严肃，平静或有活力）等。

人类具有较强的场景感知能力，对于一个新的场景（特别是概念化的场景），只要人扫一眼一般即可对场景含义给出解释。例如，操场上正在开运动会，人观察到草地和跑道的颜色（低层特征）、跑道上的运动员及其奔跑状态（中层目标），再加上根据经验和知识的推理（高层概念），马上即可判断。其中，对中层的感知具有一定的优先级，因为研究表明，人类对中层的大部分目标（如运动场）具有较快和较强的辨识能力，对其识别、命名比对低层和高层都要快。有假设认为，对中层的感知更优先是因为能同时最大化类内的相似度（有运动员或无运动员的操场）和最大化类间的差异（即便是课间的教室，也与操场不同）。从场景本身的视觉特性看，同在中层的景物常有相似的空间结构，并被赋予相似的行为。

为获得对场景的语义解释，需要建立高层概念与低层视觉特征和中层目标特性间的联系，并识别景物及其间的相对关系。为完成这项工作，可考虑两类方法。

（1）低层场景建模。**低层场景建模**的方法直接对景物的低层属性（颜色、纹理等）进行表达和描述，在此基础上借助分类进行识别，再对场景的高层信息进行推理。例如，操场常有大片的草地（浅色）、跑道（暗红）；教室常有许多桌椅（规则几何体，水平或垂直边缘）。其中，还可进一步分为全局方法和分块方法。①全局方法：借助对整幅图像的信息统计（如颜色直方图）描述场景。典型的例子是将图像分为室内图像和室外图像，室外图像又可分为自然风景图像和人工建筑物图像，而人工建筑物图像又可分为大楼图像、运动场图像等；②分块方法：将图像划分为多块（可规则或不太规则），对每块采用局部方法，再整合做出判断。

（2）中层语义建模。**中层语义建模**的方法借助对目标的识别，提高对低层特征分类判别的性能，解决高层概念与低层属性之间的语义鸿沟问题。目前研究较多的方法是借助视觉词汇建模(见 12.5.1 小节)并根据目标的语义和分布将场景划分到特定的语义类别。例如，根据桌椅、投影仪/投影幕等可从室内场景中确定出教室。需要注意，场景的语义可以不唯一，也确实常常不唯一(如有投影仪的可能是教室，也可能是会议室)。特别是室外场景，情况更复杂，因为景物可以有任意大小、形状、位置、朝向、光照、阴影、遮挡等，同一类景物的不同个体也可能看起来不同。

3. 场景语义解释

场景语义解释涉及多方面、正在研究和发展的技术。

(1) 视频计算技术。

(2) 视觉算法动态控制策略。

(3) 对场景信息的自学习。

(4) 快速或实时的计算技术。

(5) 多种类型传感器的融合协同。

(6) 视觉注意机制(类似人类)。

(7) 结合认知理论的场景解释。

(8) 系统的集成与优化。

12.2 模糊推理

模糊是一个常与清晰或精确、明晰(crisp)对立的概念。日常生活中经常会遇到许多模糊的事物，没有分明的数量或定量界限，需要使用模糊的词句进行形容和描述。利用模糊概念可表达各种不确定、不严格、不精确的知识和信息(例如，模糊数学以不确定性的事物为研究对象)，甚至可以表达从互相矛盾的来源获得的知识。可使用与人类语言中相似的限定词或修饰词，如高灰度、中灰度、低灰度等构成模糊集，表达和描述相关的图像知识。基于对知识的表达，可进一步进行推理。模糊推理需要借助模糊逻辑和模糊运算进行。

12.2.1 模糊集合和模糊运算

模糊空间 X 中的一个**模糊集合** S 是一个有序对的集合：

$$S=\{[x,M_S(x)]\mid x\in X\} \tag{12.2.1}$$

其中**隶属度函数** $M_S(x)$ 代表样本 x 在 S 中的隶属程度。

隶属度函数的值总是取非负实数，一般常限定在[0,1]中。模糊集合常可用其隶属度函数唯一地描述。图 12.2.1 给出分别用精确集(传统集/普通集)和模糊集表达灰度为“暗”的几个示例，其中横轴对应图像灰度 x，对于模糊集即为其隶属度函数 $M_S(x)$ 的定义域。图 12.2.1(a)用精确集描述，给出的结果是二值的(小于 127 为完全“暗”，大于 127 为完全“不暗”)。图 12.2.1(b)是一个典型的模糊集隶属度函数，沿横轴从 0 到 255，其隶属度沿着竖轴从 1(对应灰度为 0，完全隶属“暗”模糊集)到 0(对应灰度为 255，完全隶属“不暗”模糊集)。中间的逐步过渡表明它们之间的 x 部分隶属“暗”，部分隶属“不暗”。图 12.2.1(c)给出一个非线性隶属度函数的示例，像图 12.2.1(a)与图 12.2.1(b)的结合，但仍然代表一个模糊集。

对模糊集合的运算可借助模糊逻辑运算进行。**模糊逻辑**是建立在多值逻辑基础上，借助模糊集合研究模糊性思维、语言形式及其规律的科学。模糊逻辑运算是名称类似但定义不同于一般逻辑运算的运算。设 $M_A(x)$ 和 $M_B(y)$ 分别代表与模糊集 A 和 B 对应的隶属度函数，

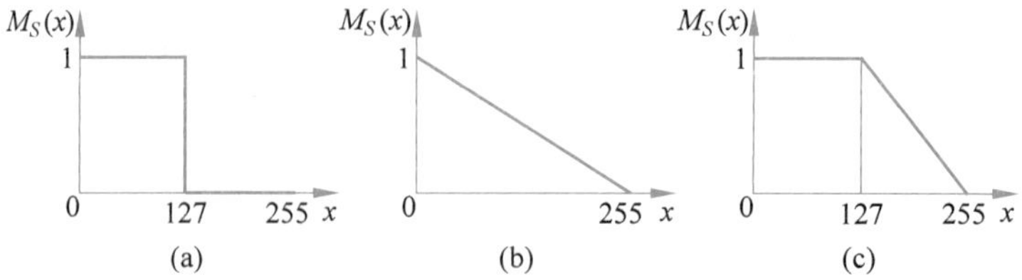

图 12.2.1 精确集和模糊集表达示意

其域分别为 X 和 Y。可逐点定义模糊交运算、模糊并运算和模糊补运算如下：

$$\begin{aligned}&\text{Intersection } A\cap B: M_{A\cap B}(x,y)=\min[M_A(x),M_B(y)]\\&\text{Union } A\cup B: M_{A\cup B}(x,y)=\max[M_A(x),M_B(y)]\\&\text{Complement } A^c: M_{A^c}(x)=1-M_A(x)\end{aligned} \tag{12.2.2}$$

对模糊集合的运算还可借助一般代数运算，通过逐点改变模糊隶属度函数的形状进行。假设图 12.2.1(b)中的隶属度函数代表一个模糊集 D(dark)，则加强模糊集 VD(very dark)的隶属度函数为[如图 12.2.2(a)所示]

$$M_{\text{VD}}(x)=M_D(x)\cdot M_D(x)=M_D^2(x) \tag{12.2.3}$$

此类运算可重复进行，例如模糊集 VVD(very very dark)的隶属度函数为[如图 12.2.2(b)所示]

$$M_{\text{VVD}}(x)=M_D^2(x)\cdot M_D^2(x)=M_D^4(x) \tag{12.2.4}$$

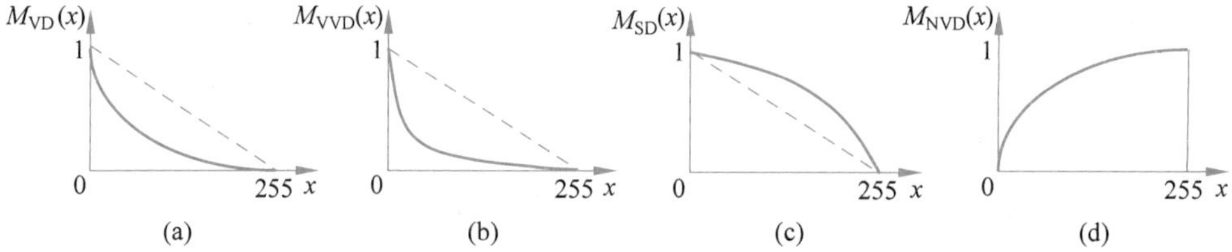

图 12.2.2 对图 12.2.1(b)的原始模糊集 D 的一些运算结果

另一方面，也可定义减弱的模糊集 SD(somewhat dark)，其隶属度函数为[如图 12.2.2(c)所示]

$$M_{\text{SD}}(x)=\sqrt{M_D(x)} \tag{12.2.5}$$

逻辑运算和代数运算也可进行结合。例如加强模糊集 VD 的非，即模糊集 NVD(not very dark)的隶属度函数为[如图 12.2.2(d)所示]

$$M_{\text{NVD}}(x)=1-M_D^2(x) \tag{12.2.6}$$

NVD 可看作 $N[V(D)]$，即 $M_D(x)$ 对应 D，$M_D^2(x)$ 对应 $V(D)$，而 $1-M_D^2(x)$ 对应 $N[V(D)]$。

12.2.2 模糊推理方法

在模糊推理中，要将各模糊集中的信息以一定的规则结合以做出决策[Sonka 2008]。

1. 基本模型

模糊推理的基本模型和主要步骤如图 12.2.3 所示。由**模糊规则**出发，确定相关隶属度函数中隶属度的基本关系称为结合，采用**模糊结合**的结果是一个**模糊解空间**。为了基于解空间做出决策，需要有一个**去模糊化**过程。

图 12.2.3 模糊推理模型和步骤

模糊规则是指一系列无条件和有条件的命题。无条件模糊规则的形式为

$$x \text{ is } A \tag{12.2.7}$$

有条件模糊规则的形式为

$$\text{if } x \text{ is } A \text{ then } y \text{ is } B \tag{12.2.8}$$

其中,A 和 B 为模糊集,x 和 y 代表其对应域中的标量。

与无条件模糊规则对应的隶属度函数是 $M_A(x)$。无条件模糊规则用于限制解空间或定义一个缺省解空间。由于这些规则是无条件的,可借助模糊集的操作直接作用于解空间。

现在考虑有条件模糊规则。在现有各种决策实现方法中,最简单的是**单调模糊推理**,它可直接得到解,而不使用下面介绍的模糊结合和去模糊化。举例来说,设 x 代表外界的照度值,y 代表图像的灰度值,则表示图像灰度高低(high-low)程度的模糊规则是:if x is DARK then y is LOW。

图 12.2.4 给出单调模糊推理的原理示意。假设根据所确定的外界照度值($x=0.3$),可得到隶属度值 $M_D(0.3)=0.4$。如果使用此值表示隶属度值 $M_L(y)=M_D(x)$,就可得到对图像灰度高低的期望 $y=110$(范围为 0～255),属于偏低的范围。

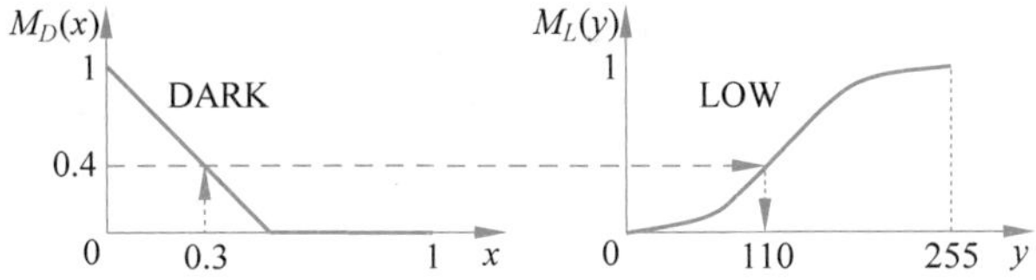

图 12.2.4 基于单个模糊规则的单调模糊推理

2. 模糊结合

与制定决策过程相关的知识常包含在不止一条模糊规则中。但并不是每条模糊规则都对制定决策有相同的贡献。在不同的结合中可使用不同的规则,最常用的是**最小-最大规则**。

在基于最小-最大规则的结合中,要经过一系列最小化和最大化过程。参见图 12.2.5,先用预测真值的最小值,也称**最小相关** $M_A(x)$,限定模糊结果的隶属度函数 $M_B(y)$。再逐点更新模糊结果的隶属度函数,就得到模糊隶属度函数

$$M(y)=\min\{M_A(x),M_B(y)\} \tag{12.2.9}$$

如果有 N 条规则,对每条规则都如此进行(图中以两条规则为例)。最后,对最小化的模糊集逐点求最大值,即得到解的模糊隶属度函数:

$$M_S(y)=\max_n\{M_n(y)\} \tag{12.2.10}$$

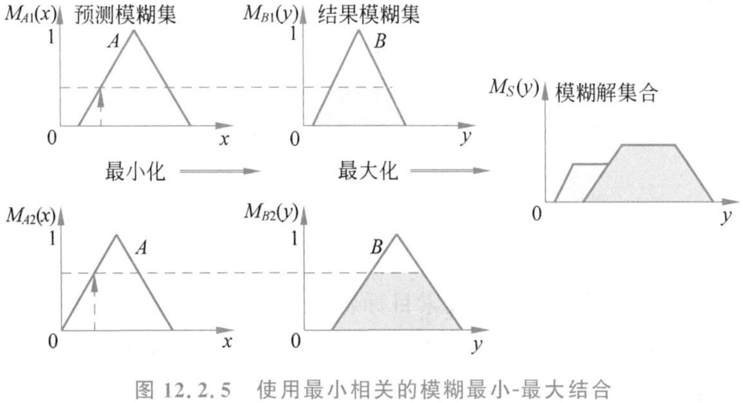

图 12.2.5 使用最小相关的模糊最小-最大结合

另一种技术称为**相关积**,它对原始的结果模糊隶属度函数进行放缩而不是截去。相比之下,最小相关计算简单、去模糊化简便,而相关积可以保持原始模糊集的形状(如图 12.2.6 所示)。

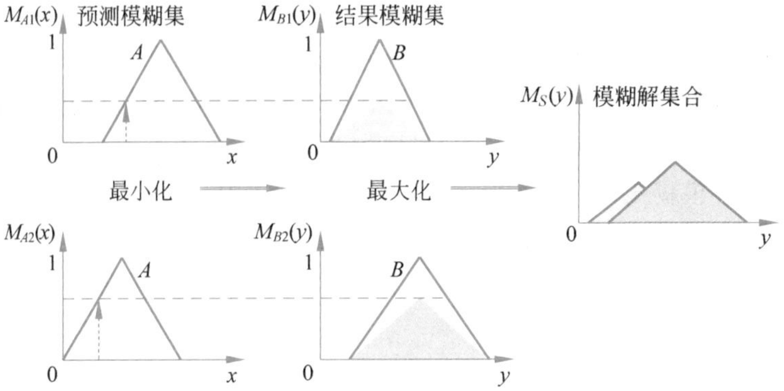

图 12.2.6　使用相关积的模糊最小-最大结合

3. 去模糊化

模糊结合对每个解变量给出单个解的模糊隶属度函数。为确定用于决策的精确解，需要确定一个能最有效表达模糊解集合中信息的包含多个标量（每个标量对应一个解变量）的矢量。这个过程称为**去模糊化**，每个解变量需要独立地进行。两种常用的去模糊化方法是**结合矩**法和**最大结合**法。

结合矩法先确定模糊解隶属度函数的重心 c，并将模糊解转化为一个清晰解 c，如图 12.2.7(a)所示。最大结合法在模糊解的隶属度函数中确定具有最大隶属度值的域点，如果最大值在一个平台上，则平台中心给出一个清晰解 d，如图 12.2.7(b)所示。结合矩法的结果对所有规则都敏感（取了加权平均），而最大结合法的结果取决于具有最高预测真值的单个规则。结合矩法常用于控制应用，而最大结合法常用于识别应用。

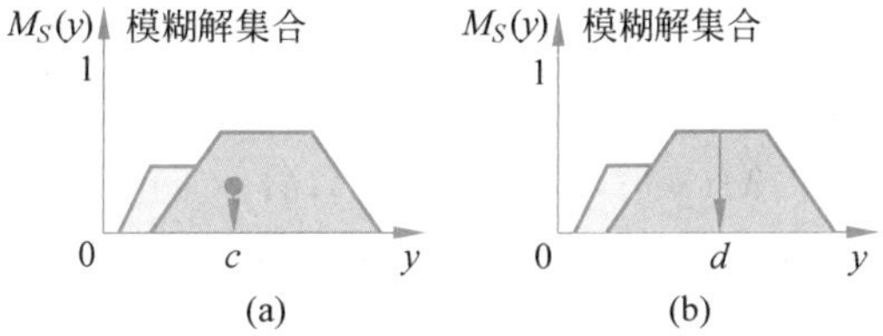

图 12.2.7　去模糊化的两种方法

12.3　遗传算法图像解释

先简单介绍遗传算法的基本思路和操作，再讨论用遗传算法进行图像的语义分割和内容解释。

12.3.1　遗传算法原理

遗传算法（GA）使用自然进化机制搜索目标函数的极值。遗传算法并不能保证发现全局最优，但实际中它总能找到接近全局最优的解。遗传算法与其他优化技术相比具有下列特点。

(1) 遗传算法使用参数集合的编码，而不是参数集合本身。遗传算法要求将优化问题的自然参数集合编码为一个有限长度的码串（有限个字符），这表明任何优化问题的表达都必须转化为一个码串表达（实际中常使用二值码串，即只有字符 0 和 1）。

(2) 遗传算法的每个步骤同时从大量群体样本点中进行搜索，发现全局最优的机会较大。

(3) 遗传算法直接使用目标函数，而不是由其导出的或辅助的知识。对更优新解的搜索只依赖于进化函数本身。进化函数描述了特定码串的优度，进化函数的值称为遗传算法的**适应度**。

(4) 遗传算法使用概率转换规则，而不是确定性规则。从当前码串群体到更好的新码串群体的转换规则依赖于自然理念，即用高的适应度支持好的码串，而消除仅有低适应度的差的码串。这也是遗传算法的基本思想，表达最优结果的最好码串在进化过程中具有最高的存活概率。

遗传算法的基本运算包括复制、交叉和变异。使用这3个基本操作可以控制并实现好码串的存活和差码串的死亡。

(1) **复制**

复制算子负责根据概率使好的码串存活而使其他码串死亡。复制机制将具有高适应度的码串复制到下一代，其中的选择过程是概率化的，即将一个码串复制到新样本的概率由其在当前群体中的相对适应度决定。一个码串的适应度越高，其存活概率越大；一个码串的适应度越低，其存活概率越小。这个过程的结果是具有高适应度的码串比具有低适应度的码串能以更高的概率被复制到下一代群体。由于一般要使群体中的码串个数保持稳定，所以新群体的平均适应度将高于原来的群体。

(2) **交叉**

交叉(也称**杂交**)要生成新的码串。虽然具体可有许多方式，基本思路是先将刚产生的码串随机配对，再对每一对码串随机确定一个截断(边界)位置，最后对换该对码串的头(截断位置前)的部分(如图12.3.1所示)，或对换该对码串的尾(截断位置后)的部分。

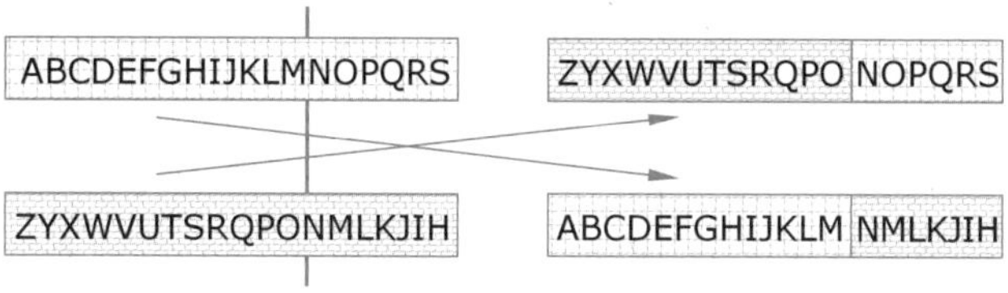

图12.3.1　码串交叉示意

并不是所有新产生的码串都要进行交叉。一般用概率参数控制需要交叉的码串的数量。还有一种方法是使最好的复制码串保持其原来的形式。

(3) **变异**

变异操作的原理是通过频繁、随机地改变某些码串中的某个码(如从一代到下一代的进化中，每一千个码改变一个)，以保持各种局部结构，避免丢失一些优化解的特性。

算法的收敛性值得重视，它在控制进化是否停止中起重要作用。实践中，在若干进化过程中如果群体中最大的适应度没有明显增加，就可以停止。

利用上面介绍的3个基本操作，遗传算法可描述为如下步骤。

① 生成初始群体的编码字符串，给出目标函数值(适应度)。

② 在新群体中概率化地复制高适应度的码串，消除低适应度的码串。

③ 通过交叉组合根据旧群体复制的编码字符串构建新的码串。

④ 不时地随机选择码串中的某个码进行变异。

⑤ 根据当前群体中的码串适应度进行排序。

⑥ 如果最大适应度码串的适应度值在若干进化过程中都没有明显增加，则停止；否则返回步骤②，继续计算。

12.3.2 语义分割和解释

遗传算法的一个重要特性是在单个处理步骤中考虑所有群体中的样本,保留高适应度的样本而使其他样本消亡。此特性适合对图像进行**语义分割**。这里语义分割是指将图像根据语义信息划分为对应的区域并借助上下文等高层信息进行优化(参见中册 2.7 节)。

1. 目标函数

可基于**假设和验证**的原理使用遗传算法对图像进行解释,其中(用遗传算法)优化的目标函数可评价图像语义分割和解释的质量。算法先从一个过分割的图像(称为初始分割)开始,此图像中的起始区域称为初始区域。算法进行中不断将初始区域迭代合并为当前区域,即持续构建可行的区域划分和解释假设的新样本。

对于初始区域,可用初始区域邻接图描述。将各初始区域邻接图结合,即可得到当前区域邻接图。当前区域邻接图可表达将具有相同解释的所有邻接区域合并而构成的区域。每个可行的图像语义分割都对应唯一的当前区域邻接图。当前区域邻接图可用于评价语义分割的目标函数。

设计一个优化目标函数(遗传算法中的适应度函数)对于语义分割的结果很关键。这个函数必须基于图像区域的性质和区域间的联系,其中需要利用关于期望分割的先验知识。对目标函数的优化包括 3 部分工作。

(1) 根据区域本身性质 X_i 得到对区域 R_i 解释 k_i 的置信度(与相应的概率成比例):

$$C(k_i \mid X_i) \propto P(k_i \mid X_i) \tag{12.3.1}$$

(2) 根据对其邻近区域 R_j 的解释 k_j 得到对区域 R_i 解释 k_i 的置信度:

$$C(k_i) = \frac{C(k_i \mid X_i)}{N_A} \sum_{j=1}^{N_A} [V(k_i, k_j) C(k_j \mid X_j)] \tag{12.3.2}$$

其中,$V(k_i, k_j)$代表两个具有标记 L_i 和 L_j 的邻接目标 R_i 和 R_j 的兼容性函数的值,N_A 是区域 R_i 的相邻区域数。

(3) 对整幅图像解释置信度的评价:

$$C_{\text{image}} = \frac{1}{N_R} \sum_{i=1}^{N_R} C(k_i) \tag{12.3.3}$$

或

$$C'_{\text{image}} = \sum_{i=1}^{N_R} \left[\frac{C(k_i)}{N_R} \right]^2 \tag{12.3.4}$$

其中,$C(k_i)$可根据式(12.3.2)计算,N_R 是在对应的当前区域邻接图中的区域数。

遗传算法试图最优化代表当前分割和解释假设的目标函数 C_{image}。

分割优化函数基于假设区域的一元性质及这些区域与其解释之间的二元关系。在评价局部区域置信度 $C(k_i | X_i)$时使用了考虑图像特性的相关先验知识。

2. 具体步骤和示例

根据上述目标函数利用遗传算法进行语义分割和解释的步骤如下。

(1) 初始化图像为一组初始区域,定义各区域与对其的标记在遗传算法生成的码串中相对位置的对应关系。

(2) 构建初始区域邻接图。

(3) 随机选取码串的起始群体。尽可能使用能帮助确定起始群体的先验知识。

(4) 遗传优化,对于当前群体的各个码串,借助当前区域邻接图计算优化分割函数的值。

(5) 如果优化准则的最大值在若干接续的步骤中没有明显变化,则转到步骤(7)。

(6) 用遗传算法生成一个分割和解释假设的新的群体,转到步骤(4)。

(7) 具有最大置信度的码串(最优分割假设)代表最终的语义分割和解释。

例 12.3.1 语义分割示例

考虑如图 12.3.2(a)所示的"球在草地上"合成场景及其图示[Sonka 2008]。初步的语义分割将其分为 5 个不同的初始区域 R_i,$i=1\sim5$,在图中简记为 1～5。图 12.3.2(b)给出了图 12.3.2(a)的区域邻接图(其中结点代表区域,弧连接邻接区域的结点),而图 12.3.2(c)给出了图 12.3.2(b)的对偶图(其中结点对应不同区域轮廓的交点,弧对应轮廓段)。

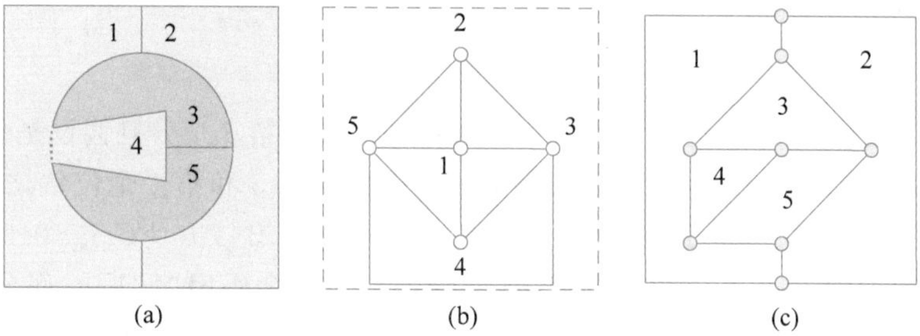

图 12.3.2 "球在草地上"合成场景及其图示

若以 B 表示对球的标记,以 L 表示对草地的标记。所用的高层知识为:图像中有个圆形的球,它在绿色草地区域内。

先定义一元条件:设一个区域为球的置信度依赖于其紧凑性 C,即

$$C(k_i=B \mid X_i)=\text{compactness}(R_i) \tag{12.3.5}$$

设一个区域为草地的置信度依赖于其绿色性 G,即

$$C(k_i=L \mid X_i)=\text{greenness}(R_i) \tag{12.3.6}$$

设由理想的球构成区域和由理想的草地构成区域的置信度都等于 1,即

$$C(B \mid \text{circular})=1 \quad C(L \mid \text{green})=1 \tag{12.3.7}$$

再定义二元条件:设一个区域位于另一区域内的置信度由下列兼容性函数给出:

$$V(k_i=B,k_j=L)=V(B \mid \text{is inside } L)=1 \tag{12.3.8}$$

而其他位置组合的置信度均为零。

一元条件表明一个区域越紧凑,就越圆,而将其解释为一个球的置信度越高;一个区域越绿,将其解释为一块草地的置信度越高。二元条件则表明一个球只能完全被一块草地包围。

现在用码串代表根据区域编号次序排列的区域标记,即区域编号与区域标记在码串中的位置相对应。设开始对区域随机标记得到的码串为 $BLBLB$ 和 $LLLBL$,代表如图 12.3.3 中的两组分割假设(每组左为初始解释,右上为对应的码串,右下为对应的区域邻接图)。

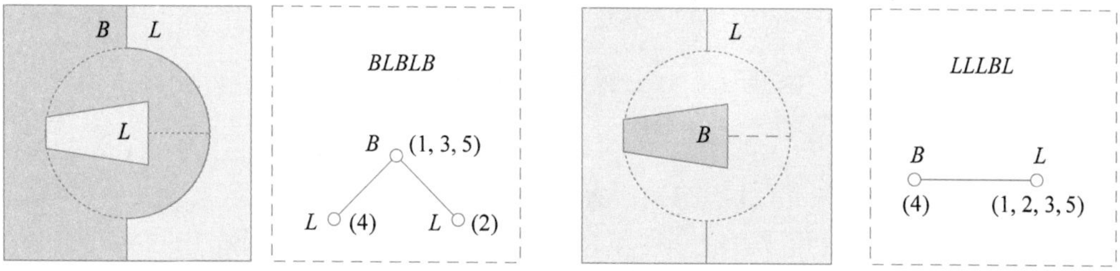

图 12.3.3 初始解释、码串和区域邻接图

设在第 2 和第 3 个位置之间（用“|”表示）进行一次**随机交叉**，根据式（12.3.3）可得代表标记为球区域的紧凑性和球在草地区域中位置的置信度如下：$BL|BLB \Rightarrow C_{\text{image}}=0.0$，$LL|LBL \Rightarrow C_{\text{image}}=0.12$，$LLBLB \Rightarrow C_{\text{image}}=0.2$，$BLLBL \Rightarrow C_{\text{image}}=0.0$（后两个码串由前两个码串“|”之前的部分对调得到，如图 12.3.4 所示）。

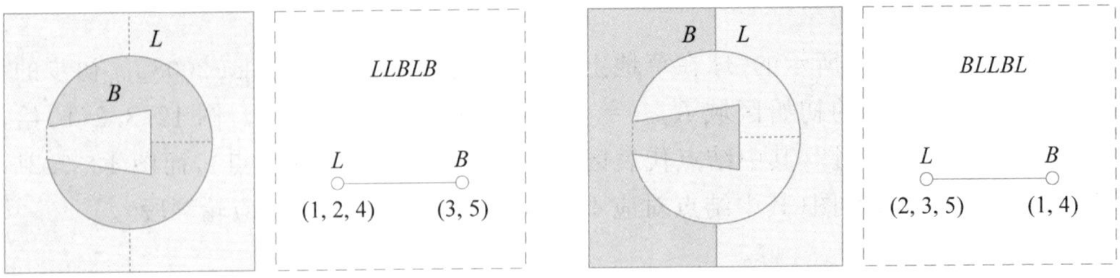

图 12.3.4　一次随机变异后的解释、码串和区域邻接图

由上述置信度值可知，对应第 2 和第 3 个码串的第 2 和第 3 个分割假设是相对较好的，所以可将第 1 和第 4 个码串消去，而对第 2 和第 3 个码串在第 3 和第 4 个位置之间进行另一次随机交叉。新的置信度如下：$LLL|BL \Rightarrow C_{\text{image}}=0.12$，$LLB|LB \Rightarrow C_{\text{image}}=0.2$，$LLLLB \Rightarrow C_{\text{image}}=0.14$，$LLBBL \Rightarrow C_{\text{image}}=0.18$（后两个码串由前两个码串“|”后的部分对调得到，如图 12.3.5 所示）。

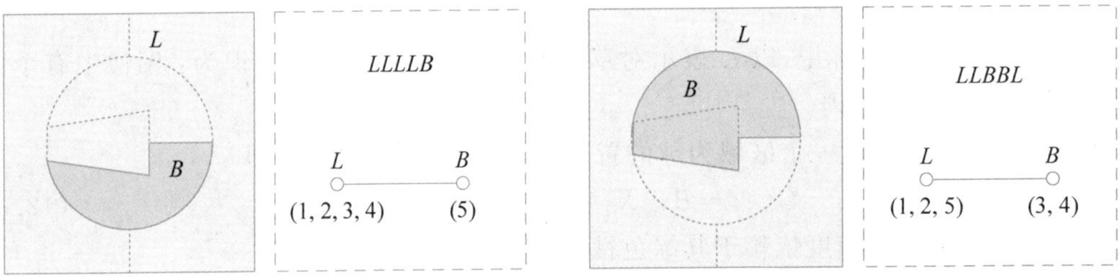

图 12.3.5　二次随机变异后的解释、码串和区域邻接图

接下来，选取上述第 2 和第 4 个码串在第 4 和第 5 个位置之间再进行一次随机交叉。新的置信度如下：$LLBL|B \Rightarrow C_{\text{image}}=0.2$，$LLBB|L \Rightarrow C_{\text{image}}=0.18$，$LLBLL \Rightarrow C_{\text{image}}=0.1$，$LLBBB \Rightarrow C_{\text{image}}=1.0$（后两个码串由前两个码串“|”后的部分对调得到）。因为此时码串 $LLBBB$ 具有最高（可获得的分割假设中最高）的置信度，所以遗传算法停止。换句话说，如果继续产生假设，并不会得到更高的置信度了，得到的最优分割如图 12.3.6 所示。

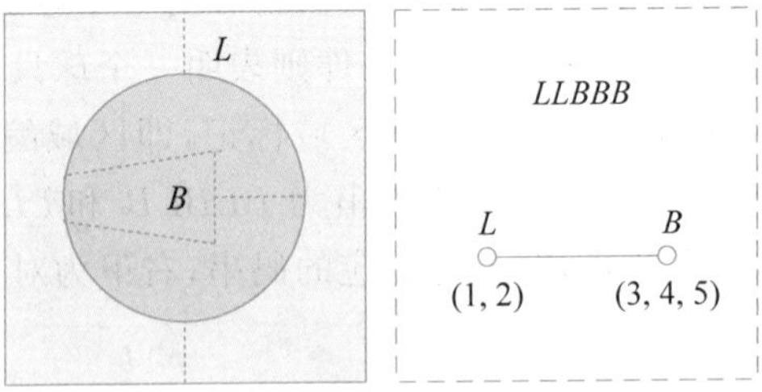

图 12.3.6　最优的解释、码串和区域邻接图

□

12.4　场景目标标记

场景目标标记是指对图像中目标区域的**语义标记**，即赋予目标以语义符号。假设已检测到场景图像中对应目标的区域，且目标与其间的联系已借助区域邻接图（中册 7.3.4 小节）或

语义网(10.6 节)进行了描述。目标本身的性质可用一元关系描述,而目标间的联系需用二元或多元关系描述。场景目标标记的目的是赋予每个场景图像中的目标一个标记(有语义含义)以获得对场景图像的恰当解释。如此获得的解释应与场景知识吻合。标记需要有一致性(指图像中任意两个目标都处于合理的结构或关系中),且在有多种可能性时更趋向最有可能的解释。

1. 标记方法和要素

场景目标的标记主要有两种方法[Sonka 2008]。

(1) **离散标记**:对每个目标只赋予单个标记,主要考虑对图像各目标标记的一致性。

(2) **概率标记**:允许对联合存在的目标集合赋予多个标记。这些标记是用概率加权的,每个标记都有一个标记信任度。

两种方法的差别主要体现在对场景解释的鲁棒性上。离散标记的结果可能有两种情况,一种是获得了一致性标记,另一种是检测出要赋予场景一致性标记的不可能性。由于分割结果不完善,离散标记常出现不能给出一致性解释的结果(甚至在只检测到很少局部不一致的情况下)。概率标记总能给出标记结果及对应的信任度。尽管可能局部不一致,但给出的结果常比离散标记给出的一致但不可能的解释更好。在极端情况下可将离散标记看作概率标记中标记概率为 1 而其他标记概率为 0 的特殊情况。

场景标记的方法包括以下要素。

(1) 一组目标 R_i,$i=1,2,\cdots,N$。

(2) 对于每个目标 R_i,有一个有限的标记集合 Q_i(同一个集合可适用于所有目标)。

(3) 一个有限的目标之间关系的集合。

(4) 相关目标之间存在的兼容性函数(反映了对目标间关系的约束)。

如果考虑通过图像中所有目标之间的直接联系解决标记问题,计算量非常大,所以一般采用**约束传播**的方法,即先用局部约束获得局部一致性(局部最优),再用迭代方法将局部一致性调整为对整个图像的全局一致性(全局最优)。

2. 离散松弛标记

如图 12.4.1(a)所示的场景中有 5 个目标(包括背景)[Sonka 2008],分别为 B(background,背景)、W(window,窗户)、T(table,桌子)、D(drawer,抽屉)和 P(phone,电话)。关于目标解释的一元性质为:①窗户是正方形的;②桌子是长方形的;③抽屉是长方形的。二元(关系)约束为:①窗户位于桌子上方;②电话放在桌子上;③抽屉在桌子内部;④背景与图像边缘相连。在这些约束条件下,如图 12.4.1(b)所示的标记结果对有些目标不满足一致性(如抽屉成为正方形且跑到了电话上方,窗户成为长方形并反而位于电话内部,桌子不是长方形且放到了电话上,电话放在了桌子下面且其中包含窗户)。

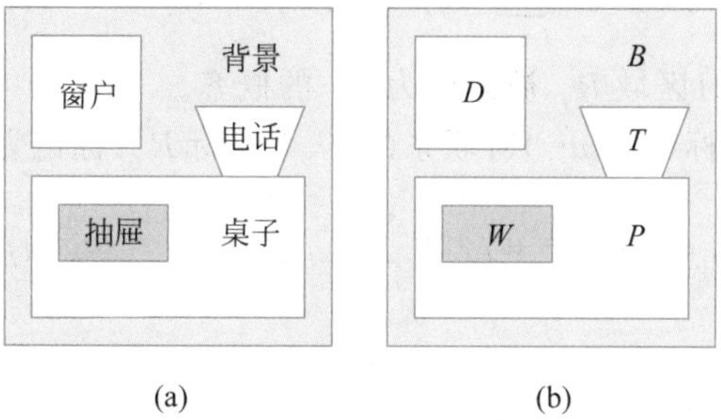

图 12.4.1　场景标记示例

离散松弛标记过程的示例如图 12.4.2 所示，先将所有存在的标记赋给每个目标，如图 12.4.2(a)所示，再迭代地对每个目标进行一致性检验除去那些可能不满足约束的标记。例如，先考虑背景与图像边缘相连，可确定背景，那么其他目标就不能标记为背景，将局部不一致性标记移除后得到图 12.4.2(b)。接着考虑窗户、桌子和抽屉都是矩形的，所以可确定电话，如图 12.4.2(c)所示；再考虑抽屉在桌子内部，则可确定抽屉和桌子；如此继续进行，最后得到一致性标记结果，如图 12.4.2(d)所示。

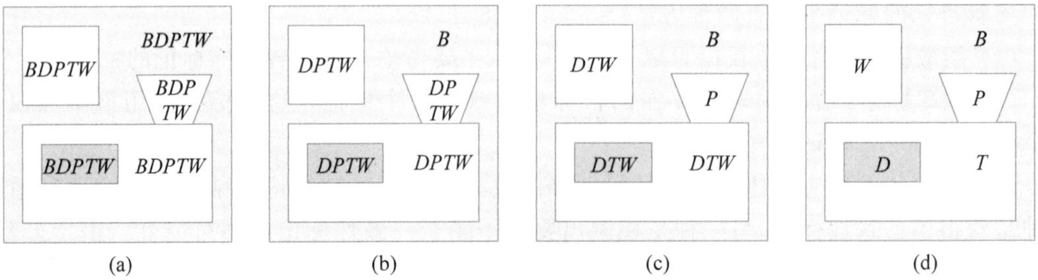

图 12.4.2　离散松弛标记过程和结果

3. 概率松弛标记

作为一种由底向上的解释方法，离散松弛标记在目标分割不完全或不正确时会遇到困难。**概率松弛标记**的方法可能克服分割中目标丢失或目标多出带来的问题，但也可能给出有歧义的不一致解释。

考虑图 12.4.3(a)所示的局部结构(其**区域邻接图**如图 12.4.3(b)所示)，目标 R_j 被标记为 q_j，$q_j \in Q$，$Q=\{w_1, w_2, \cdots, w_T\}$。

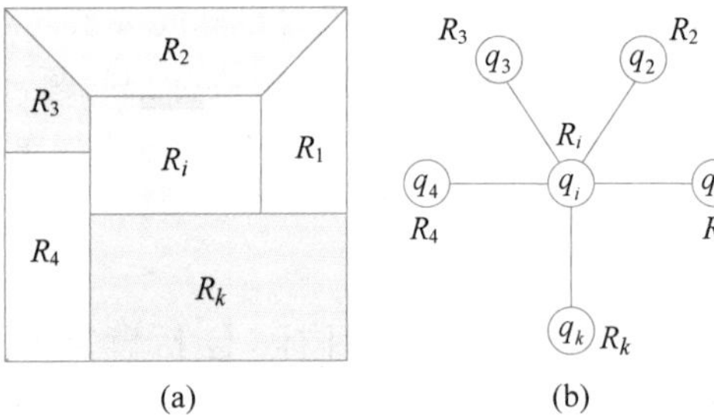

图 12.4.3　局部结构和区域邻接图

设两个具有标记 q_i 和 q_j 的目标 R_i 和 R_j 的兼容性函数为 $r(q_i=w_k, q_j=w_l)$。算法迭代地搜索在整幅图中的局部最一致性。假设在迭代过程的第 b 步，根据目标 R_i 和 R_j 的二值联系可得到标记 q_i，则其支撑(对 q_i 为 w_k)可表示为

$$s_j^{(b)}(q_i=w_k)=\sum_{l=1}^{T} r(q_i=w_k, q_j=w_l) P^{(b)}(q_j=w_l) \tag{12.4.1}$$

其中，$P^{(b)}(q_j=w_l)$ 为此时区域 R_j 被标记为 w_l 的概率。

考虑所有与目标 R_j(标记为 w_j)有联系的 N 个目标 R_i(标记为 w_i)，得到的支撑为

$$S^{(b)}(q_i=w_k)=\sum_{j=1}^{N} c_{ij} s_j^{(b)}(q_i=w_k)=\sum_{j=1}^{N} c_{ij} \sum_{l=1}^{T} r(q_i=w_k, q_j=w_l) P^{(b)}(q_j=w_l) \tag{12.4.2}$$

其中，c_{ij} 为正的权重，满足 $\sum_{j=1}^{N} c_{ij}=1$，代表目标 R_i 和 R_j 之间的二值联系强度。

迭代更新规则为

$$P^{(b+1)}(q_i = w_k) = \frac{1}{K} P^{(b)}(q_i = w_k) S^{(b)}(q_i = w_k) \tag{12.4.3}$$

其中，K 为归一化常数：

$$K = \sum_{l=1}^{T} P^{(b)}(q_i = w_l) S^{(b)}(q_i = w_l) \tag{12.4.4}$$

这是一个非线性松弛问题。将式(12.4.2)代入式(12.4.3)，得到全局优化函数：

$$F = \sum_{k=1}^{T} \sum_{i=1}^{N} P(q_i = w_k) \sum_{j=1}^{N} c_{ij} \sum_{i=1}^{T} r(q_i = w_k, q_j = w_l) P(q_j = w_l) \tag{12.4.5}$$

对其解的约束为

$$\sum_{k=1}^{T} P(q_i = w_k) = 1 \quad \forall i \quad P(q_i = w_k) \geqslant 0 \quad \forall i, k \tag{12.4.6}$$

实际使用概率松弛标记方法时，先为所有目标确定一个标记的（初始）条件概率，再不断迭代下面两个步骤：①计算式(12.4.5)的表示场景标记质量的目标函数；②更新标记的概率以增加目标函数的值（提高场景标记的质量），直到目标函数值最大化，即可获得最优标记。

12.5 场景分类

场景分类需根据视觉感知组织原理，确定图像中存在的各种特定区域（包括位置、相互关系、属性/性质等），并给出场景的语义和概念性解释。其具体手段和目标是根据给定的一组语义类别对图像进行自动分类标注，为目标识别和解释场景内容提供有效的上下文信息。

场景分类与目标识别有联系又有区别。一方面，场景中常包含多类目标，要实现场景分类常需对其中的目标进行识别（但一般不必对所有目标进行识别）。另一方面，许多情况下只需对目标有一定的认识，即可进行分类（有些情况下仅使用底层信息，如颜色、纹理等便可实现分类）。参照人类的视觉认知过程，初步的目标辨识常可满足对场景的特定分类要求，这时要建立底层特征与高层认知之间的联系，确定和解释场景的语义类别。

分类的场景对目标的识别具有一定的指导作用。在自然界中，多数目标仅在特定的场景中出现，对全局场景的正确判断能为图像的局部分析（包括目标识别）提供合理的上下文约束机制。

12.5.1 词袋/特征包模型

词袋模型源于对自然语言的处理，引入图像领域后也常称为**特征包模型**。特征包模型因类别特征（feature）归属于同类目标集中形成包（bag）而得名[Sivic 2003]，模型通常采用有向图结构形式（无向图结点之间是概率约束关系，有向图结点之间是因果关系，无向图是一种特殊的有向图——对称有向图）。特征包模型中图像与视觉词汇之间的条件独立性是模型的理论基础，但模型中没有严格的关于目标成分的几何信息。

原始的词袋模型仅考虑了词汇对应的特征之间的共生关系和**主题**逻辑关系，忽略了特征之间的空间关系。但在图像领域，不仅图像特征本身，图像特征的空间分布也很重要。近年许多特征描述符（如 SIFT，见 6.3.2 小节）有较高的维数，可较全面且显式地表达图像中关键点及其周围小区域的特殊性质（与仅表达位置信息而隐含表达本身性质的角点不同），并与其他关键点及其周围小区域有明显区别。而且，这些特征描述符在图像空间可以互相重叠覆盖，从而较好地保全相互关系性质。特征描述符的使用提高了对图像特征空间分布的描述能力。

用特征包模型表达和描述场景需要从场景中抽取局部区域描述特征，称为**视觉词汇**。场景都包括基本的组成部分，所以可对场景进行分解。套用文档的概念，一本书是由许多单字或单词组成的。返回图像领域，可认为场景的图像是由许多视觉单词组成的。从认知的角度看，每个视觉单词对应图像中的一个特征（更确切地说，是描述景物局部特性的特征），是反映图像内容或场景含义的基本单元。构建视觉词汇集合（词典）可包括如下方面：①提取特征；②学习视觉词汇；③获取视觉词汇的量化特征；④利用视觉词汇的频率表达图像。

具体示例如图 12.5.1 所示，首先对图像进行区域（关键点的邻域）检测并划分和提取不同类别的区域[图 12.5.1(a)，其中为简便区域使用了小方块]，其次对每个区域计算其特征矢量以代表区域[图 12.5.1(b)]，再次将特征矢量量化为视觉单词并构建码本[图 12.5.1(c)]，最后对每幅图像统计特定单词的出现频率[利用直方图的示例如图 12.5.1(d)、图 12.5.1(e)和图 12.5.1(f)所示]，将其结合就得到对整幅图像的表达。

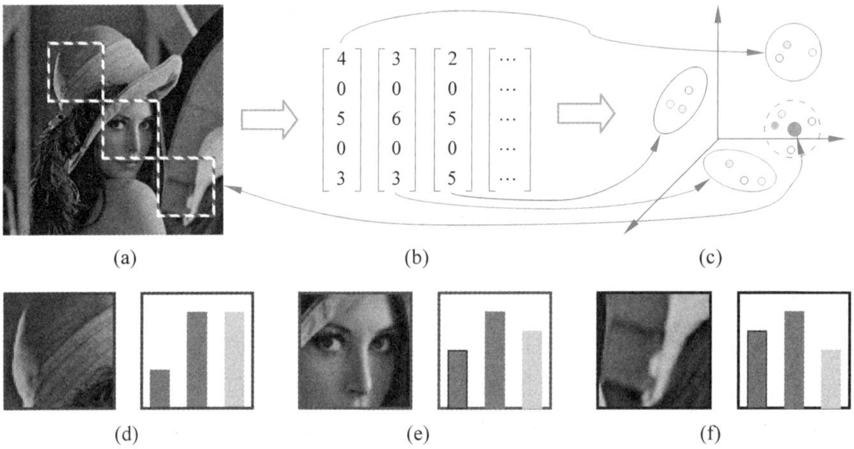

图 12.5.1　图像中局部区域描述特征的获取过程

将图像划分为多个子区域后，可赋予每个子区域一个语义概念，即将每个子区域作为一个视觉单元，使其具有独特的语义含义。由于同类的场景应具有相似的概念集合和分布，那么根据语义概念的区域分布即可将场景划分为特定的语义类别。如果能将语义概念与视觉词汇联系起来，对场景的分类就可借助词汇的表达描述模型进行。

利用视觉词汇可直接表达目标，也可只表达关键点邻域中的中层概念。前者需要检测或分割场景中的目标，通过对目标的分类进一步对场景分类。例如检测到天空，则图像应是室外的。后者无须直接分割目标，而是用训练得到的局部描述符确定场景的标记。一般包括 3 个步骤。

(1) 特征点检测：常采用的方法包括图像栅格法和高斯差分法。前者将图像根据网格进行划分，通过网格中心位置确定特征点。后者利用**高斯差**(DoG)算子（见 6.3.2 小节）检测局部的感兴趣特征点，如角点等。

(2) 特征表达描述：利用特征点本身性质和邻域性质进行。近年来常使用**尺度不变特征变换**(SIFT)算子（见 6.3.2 小节），实际上将特征点检测和特征表达描述进行了结合。

(3) 词典构建：对局部描述结果进行聚类（如利用 K 均值聚类法），取聚类中心构建词典。

例 12.5.1　视觉词汇词典

实际应用中，局部区域的选择可借助 SIFT 局部描述符进行，选出的局部区域是以关键点为中心的圆形区域且具有一些不变特性，如图 12.5.2(a)所示。构建的视觉词汇词典如图 12.5.2(b)所示，其中每个子图像代表一个基本的可视化单词（一个关键点特征聚类），且可用一个矢量表达，如图 12.5.2(c)所示。利用视觉词汇词典可将原图像用视觉词汇的组合表达，各种视觉词汇的使用频率反映了图像特性。

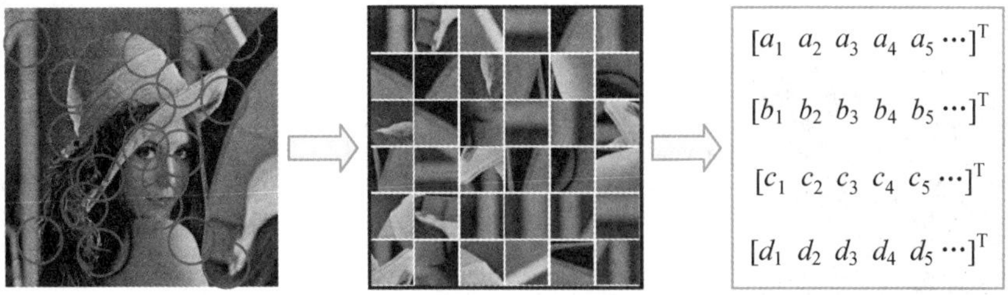

(a)　(b)　(c)

图 12.5.2　借助 SIFT 局部描述符获取视觉词汇

在实际应用过程中，首先通过特征检测算子和特征描述符获得视觉词汇并用于表述图像，再构成视觉词汇词典模型的参数估计和概率推理，得到参数迭代公式和概率分析结果，最后对训练得到的模型进行分析解释。

建模最常用的是贝叶斯相关模型，典型的如**概率隐语义分析**（pLSA）模型和**隐狄利克雷分配**（LDA）模型。根据特征包模型的框架，若将图像看作文本，将图像中发现的主题看作目标类（如教室、运动场），那么一个包含多目标的场景就可看作由一组主题混合构建的概率模型组成，对场景主题分布进行分析，即可划分其语义类别。

12.5.2　pLSA 模型

概率隐语义分析（pLSA）模型源于**概率隐语义索引**（pLSI），是为解决目标和场景分类而建立的一种图模型[Sivic 2005]。pLSA 模型源于对自然语言和文本的学习，其原始名词定义均利用了文本中的概念，也容易推广至图像领域（特别是借助特征包模型的框架）。

1. 模型描述

设有图像集合 $T=\{t_i\}(i=1,2,\cdots,N,N$ 为图像总数），T 包含的视觉单词来自单词集合——词典（视觉词汇表）$S=\{s_j\}(j=1,2,\cdots,M,M$ 为单词总数），可通过一个尺寸为 $N\times M$ 的统计共生矩阵 $\boldsymbol{P}$ 描述该图像集合的性质，矩阵中每个元素 $p_{ij}=p(t_i,s_j)$ 表示图像 t_i 中单词 s_j 出现的频率。该矩阵实际应用中为一个稀疏矩阵。

pLSA 模型利用隐变量模型描述共生矩阵中的数据。它将每个观察值（单词 s_j 出现在图像 t_i 中）与一个隐变量（称为主题变量）$z\in Z=\{z_k\}(k=1,2,\cdots,K)$ 相关联。用 $p(t_i)$ 表示单词在图像 t_i 中出现的概率，$p(z_k|t_i)$ 表示主题 z_k 在图像 t_i 中出现的概率（主题空间中的图像概率分布），$p(s_j|z_k)$ 表示单词 s_j 在特定主题 z_k 下出现的概率（词典中的主题概率分布），则通过选择概率为 $p(t_i)$ 的图像 t_i 和概率为 $p(z_k|t_i)$ 的主题，生成概率为 $p(s_j|z_k)$ 的单词 s_j。这样基于主题与单词共生矩阵的条件概率模型可定义为

$$p(s_j\mid t_i)=\sum_{k=1}^{K}p(s_j\mid z_k)p(z_k\mid t_i) \tag{12.5.1}$$

即每幅图像中的单词可由 K 个隐主题变量 $p(s_j|z_k)$ 按照系数 $p(z_k|t_i)$ 混合而成，则共生矩阵 $\boldsymbol{P}$ 的元素为

$$p(t_i,s_j)=p(t_i)p(s_j\mid t_i) \tag{12.5.2}$$

pLSA 模型的图表达如图 12.5.3 所示，其中方框表示集合（大方框表示图像集合，小方框表示在图像中重复选取主题和单词）；箭头表示结点间的依赖性；结点为随机变量，左观测结点 t（有阴影）对应图像，右观测结点 s（有阴影）对应描述符描述的视觉词汇，中间的结点 z 为（未观察到的）隐结点，表示图像像素对应的目标类别，即主题。该模型通过训练建立主题 z

与图像 t 及视觉词汇 s 之间的概率映射关系，并选取最大后验概率对应的类别作为最终分类判决的结果。

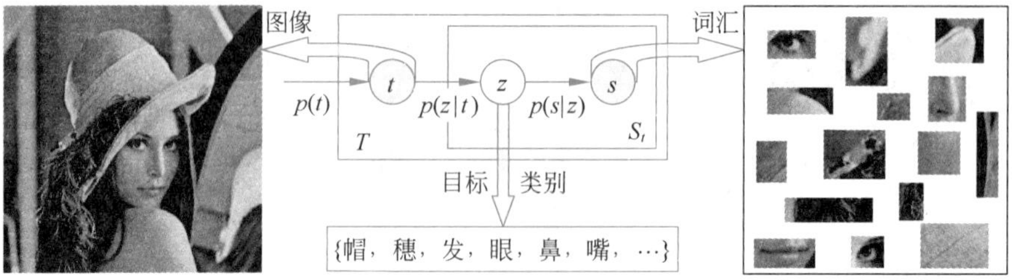

图 12.5.3　pLSA 模型的图表达

pLSA 模型的目标是搜索特定主题 z_k 下的词汇分布概率 $p(s_j|z_k)$ 及相对应的特定图像中的混合比例 $p(z_k|t_i)$，从而获得特定图像中的词汇分布 $p(s_j|t_i)$。式(12.5.1)将每幅图像表示为 K 个主题矢量的凸组合，可用矩阵的分解图示，如图 12.5.4 所示。其中，左边矩阵中每列代表给定图像中的视觉词汇，中间矩阵中每列代表给定主题中的视觉词汇，右边矩阵中每列代表给定图像中的主题(目标类别)。

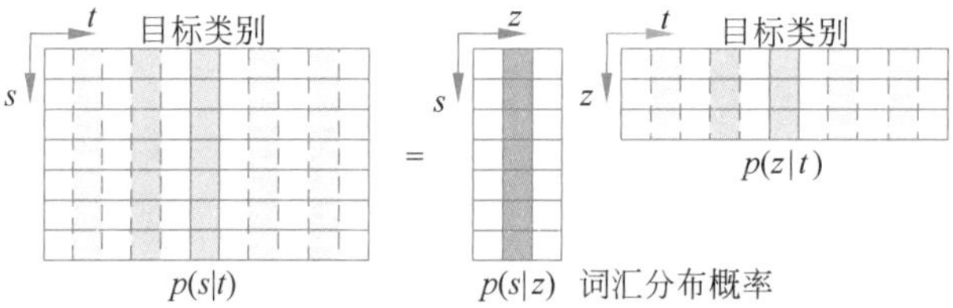

图 12.5.4　共生矩阵的分解

2. 模型计算

需要确定对所有图像公共的主题矢量和对每幅图像特殊的混合比例系数，其目的是对图像中出现的单词给以高概率的模型，从而选取最大后验概率对应的类别作为最终的目标类别。可通过对下列目标函数的优化得到对参数的最大似然估计：

$$L = \prod_{j=1}^{M} \prod_{i=1}^{N} p(s_j \mid t_i)^{p(s_j, t_i)} \tag{12.5.3}$$

对隐变量模型的最大似然估计可采用**最大期望**或**期望最大化**(EM)算法计算。**EM 算法**是统计计算中在概率模型(依赖无法观测的隐藏变量)中寻找参数最大似然估计或最大后验估计的一种算法。它是在已知部分相关变量的情况下，估计未知变量的一种迭代技术。该算法包括两个交替迭代的计算步骤：①计算期望(E 步骤)，即利用对隐藏变量的现有估计值，计算其最大似然估计值；②最大化(M 步骤)，即在 E 步骤求得的最大似然值基础上估计所需参数的值，得到的参数估计值又被用于下一个 E 步骤。

E 步骤要在对已知参数估计的基础上计算隐变量的后验概率，可表示为(由贝叶斯公式)：

$$p(z_k \mid t_i, s_j) = \frac{p(s_j \mid z_k) p(z_k \mid t_i)}{\sum_{l=1}^{K} p(s_j \mid z_l) p(z_l \mid t_i)} \tag{12.5.4}$$

M 步骤要对从 E 步骤获得的后验概率中的完全期望数据的似然进行最大化，其迭代公式为

$$p(s_j \mid z_k) = \frac{\sum_{i=1}^{N} p(s_j \mid z_k) p(z_k \mid t_i)}{\sum_{l=1}^{K} p(s_j \mid z_l) p(z_l \mid t_i)} \tag{12.5.5}$$

利用 E 步骤和 M 步骤的公式进行交替运算，直到满足终止条件。最后借助下式对类别进行判决：

$$z^{*}=\underset{z}{\arg\max}\{p(z \mid t)\} \tag{12.5.6}$$

3. 模型应用示例

考虑基于情感语义的图像分类问题[Li 2010b]。图像中不仅包含直观的场景信息，还包含各种情感语义信息，除可以表达客观世界的景物、状态和环境外，还能给人们带来强烈的情感反应。不同的情感类别一般可用形容词表述，有一种情感分类框架将所有情感分为 10 种类别，包含 5 种正面（欢乐、敬畏、满意、兴奋和无倾向性正面）的和 5 种负面（生气、反感、惊恐、悲伤和无倾向性负面）的。国际上已建立了一个**国际情感图片系统**（IAPS）数据库[Lang 1997]，其中共包含 1182 张彩色图片，景物类别丰富，其中属于上述 10 种情感类别的图片如图 12.5.5 所示，图 12.5.5(a)～图 12.5.5(e)对应 5 种正面情感，图 12.5.5(f)～图 12.5.5(j)对应 5 种负面情感。

(a) 欢乐　(f) 生气
(b) 满意　(g) 悲伤
(c) 兴奋　(h) 反感
(d) 敬畏　(i) 惊恐
(e) 无倾向正面　(j) 无倾向负面

图 12.5.5　国际情感图片系统数据库中 10 种情感类别图片示例

在基于情感语义的图像分类中，图像即为库中图片，单词选自情感类别词汇，而主题为**隐情感语义因子**（代表底层图像特征与高层情感类别之间的一个中间语义层概念）。先用 K 均值算法将由 SIFT 算子获得的底层图像特征聚类为情感词典。再利用 pLSA 模型学习隐情感语义因子，从而得到每个隐情感语义因子在情感单词上的概率分布 $p(s_j \mid z_k)$ 和每张图片在隐情感语义因子上的概率分布 $p(z_k \mid t_i)$。最后利用**支持向量机**（SVM）方法训练情感图像分类器，并将其用于对不同的情感类别进行分类。

例 12.5.2　分类试验结果

利用上述方法进行分类的试验结果示例如表 12.5.1 所示，其中将每个情感类别中 70%的图片作为训练集，剩余 30%的图片作为测试集。训练和测试过程重复进行 10 次，表中所示为 10 个类别的平均正确分类率(%)。情感单词 s 的取值为 200～800(间隔 100)，隐情感语义

因子 z 的取值为 10～70(间隔 10)。

表 12.5.1　分类的试验结果示例

z	s						
	200	300	400	500	600	700	800
10	24.3	29.0	33.3	41.7	35.4	36.1	25.5
20	38.9	45.0	52.1	69.5	62.4	58.4	45.8
30	34.0	36.8	43.8	58.4	55.4	49.1	35.7
40	28.4	30.7	37.5	48.7	41.3	40.9	29.8
50	26.5	30.8	40.7	48.9	39.5	37.1	30.8
60	23.5	27.2	31.5	42.0	37.7	38.3	26.7
70	20.9	22.6	29.8	35.8	32.1	23.1	21.9

由表 12.5.1 可见不同数量的隐情感语义因子和情感词汇对图像分类效果的影响。当固定隐情感语义因子的值时，随着情感词汇数量的增加，分类性能先逐渐提高后逐渐下降，当 s 的值为 500 时达到最优。类似地，当固定情感词汇数量时，随着隐情感语义因子的增加，分类性能先逐渐提高后逐渐下降，当 z 的值为 20 时达到最优。所以，取 $s=500$，$z=20$，能获得利用上述方法得到最佳分类效果。□

12.5.3　LDA 模型

LDA 模型即**隐狄利克雷分配**模型，是一个集合概率模型。可将其看作在 pLSA 模型基础上加上超参层，并建立隐变量 z 的概率分布而得到的[Blei 2003]。

1. 基本 LDA 模型

基本的 LDA 模型可用图 12.5.6(a)表示，其中方框表示重复/集合(大方框表示图像集合，M 表示其中的图像数；小方框表示在图像中重复选取主题和单词，N 表示一幅图像中的单词数，一般认为 N 与 q 和 z 都相互独立)。最左边的隐结点 a 对应每幅图像中主题分布的狄利克雷先验参数；左边第 2 个隐结点 q 表示图像中的主题分布(q_i 为图像 i 中的主题分布)，q 也称混合概率参数；左边第 3 个隐结点 z 为主题结点，z_{ij} 表示图像 i 中单词 j 的主题；左边第 4 个结点 s 是唯一的观测结点(有阴影)，s 为观察变量，s_{ij} 表示图像 i 中第 j 个单词。右上方的结点 b 为主题-单词层的多项式分布参数，即每个主题中单词分布的狄利克雷先验参数。

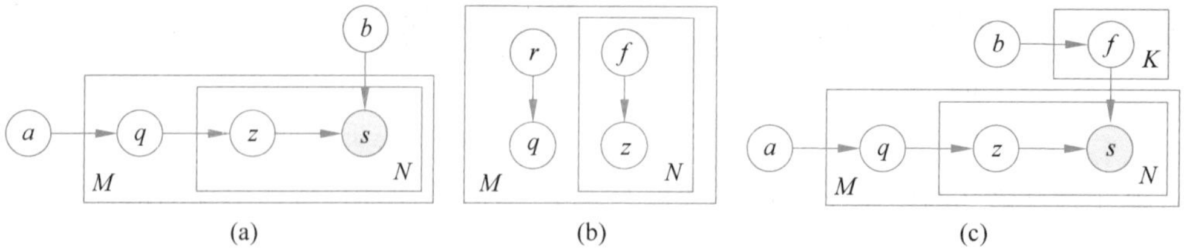

图 12.5.6　LDA 模型示意

由图 12.5.6(a)可见，基本的 LDA 模型是一个 3 层贝叶斯模型。其中，a 和 b 是图像集合层的超参数，q 属于图像层，z 和 s 属于视觉词汇层。

LDA 模型包含 K 个隐主题 $z=\{z_1,z_2,\cdots,z_K\}$，图像中的每个单词均由其对应的某个主题产生。每幅图像由 K 个主题按照特定的概率 q 混合而成。模型参数 N 服从泊松分布，q 服从狄利克雷分布，即 $q\sim\text{Dirichlet}(a)$，a 为狄利克雷分布先验(图像的主题分布符合狄利克雷分布)。每个单词是词典(视觉词汇表)中的一项，并可用一个只包含一个 1，其余全为 0 的 K 维矢量表示。单词 s_j 从词典中被选出的概率为 $p(s_j|q,b)$。

LDA 模型的求解包括近似的**变分推理**（也可使用 Gibbs 采样，见[Griffiths 2004]）和参数学习两个过程。变分推理指在给定超参数 a、b 及观测变量 s 时，确定图像的主题混合概率 q 及每个单词由主题 z 生成的概率，即

$$p(q,z \mid s,a,b)=\frac{p(q,z,s \mid a,b)}{p(s \mid a,b)}=\frac{p(q \mid a)\left[\prod_{i=1}^{N} p(z_i \mid q)p(s_i \mid z_i,b)\right]}{\int p(q \mid a)\left[\prod_{i=1}^{N}\sum_{z_i} p(z_i \mid q)p(s_i \mid z_i,b)\right]\mathrm{d}q} \tag{12.5.7}$$

其中，分母 $p(s|a,b)$ 为单词的似然函数。

由于 q 和 b 之间存在耦合关系，所以无法直接计算 $p(s|a,b)$。由 LDA 模型图可知，这种耦合关系由 q、z 和 s 之间的条件关系导致。因此通过删除图中 q 和 z 之间的连线及观测结点 s，可得到简化后的模型，如图 12.5.6(b)所示，并可通过下式获得 $p(q,z|s,a,b)$ 的近似分布 $p'(q,z|r,f)$：

$$p'(q,z \mid r,f)=p(q \mid r)\prod_{i=1}^{N} p(z_i \mid f_i) \tag{12.5.8}$$

其中，参数 r 为 q 的狄利克雷分布参数，f 为 z 的多项式分布参数。

进一步对 $p(s|a,b)$ 取对数：

$$\log p(s \mid a,b)=L(r,f;\ a,b)+\mathrm{KL}[p'(q,z \mid r,f) \parallel p(q,z \mid s,a,b)] \tag{12.5.9}$$

上式右边第 2 项表示近似分布模型 p' 与 LDA 模型 p 之间的 KL 散度。KL 散度越小，p' 越逼近 p，可通过最大化似然函数的下界 $L(r,f;\ a,b)$ 实现最小化 KL 散度，从而求解模型参数 r 和 f。确定 r 和 f 后，可通过采样求解 q 和 z。

参数学习过程是在给定观测变量集合 $S=\{s_1,s_2,\cdots,s_M\}$ 的条件下确定超参数 a 和 b 的过程，可通过变分 EM 迭代实现。其中，E 步骤利用前面的变分推理算法计算每幅图像的变分参数 r 和 f；M 步骤收集所有图像的变分参数，对超参数 a 和 b 求偏导，并最大化似然函数下界 $L(r,f;\ a,b)$，实现对超参数的估计。

实际应用中，一般总将基本的 LDA 模型扩展为平滑的 LDA 模型以获得更好的效果（以克服大数据集的稀疏问题）。平滑 LDA 模型的图示如图 12.5.6(c)所示，其中 K 代表模型中的主题数，而 f 对应一个 $K \times V$ 的马尔可夫矩阵（V 为单词矢量的维数），其中每行代表主题中的单词分布。

将图像表示为隐主题的随机混合，其中每个主题由单词的分布刻画。对于图像集合中的每幅图像 i，LDA 的生成过程如下。

(1) 选取 q_i 满足狄利克雷分布 $q_i \sim \text{Dirichlet}(a)$，其中 $i \in \{1,2,\cdots,M\}$，$\text{Dirichlet}(a)$ 是参数 a 的狄利克雷分布。

(2) 选取 f_k 满足狄利克雷分布 $f_k \sim \text{Dirichlet}(b)$，其中 $k \in \{1,2,\cdots,K\}$，$\text{Dirichlet}(b)$ 是参数 b 的狄利克雷分布。

(3) 对于每个单词 s_{ij}，其中 $j \in \{1,2,\cdots,N_i\}$，选取一个主题 $z_{ij} \sim \text{Multinomial}(q_i)$ 并选取一个单词 $s_{ij} \sim \text{Multinomial}(f_{z_{ij}})$，其中 Multinomial 代表多项式分布。

2. SLDA 模型

为进一步提高 LDA 模型的分类性能，可设法在其中引入类别信息，得到**有监督 LDA (SLDA)** 模型[Wang 2009a]，其图模型如图 12.5.7(a)所示，上部各结点的含义与图 12.5.6(a)相同，下部增加了一个与主题 z 相关的类别标记结点 l。可通过 Softmax 分类器中的参数 h 预测主题 $z \in Z=\{z_k\}(k=1,2,\cdots,K)$ 对应的标记 l。SLDA 模型中对主题 z 的推理受类别

标记 l 的影响，从而使学习到的单词-主题分布超参数 d 更适用于分类任务(也可用于标注)。

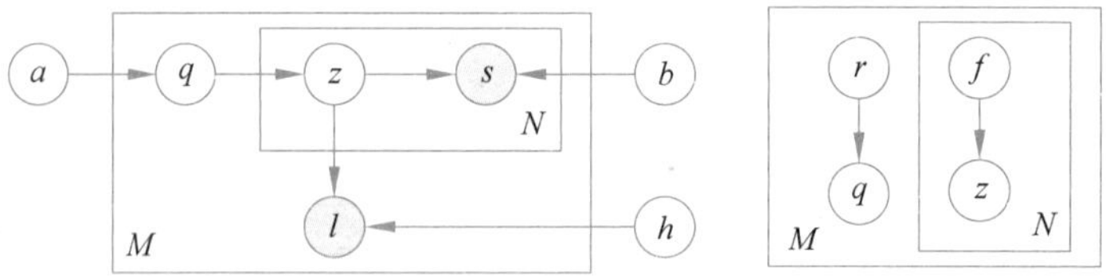

(a) (b)

图 12.5.7 SLDA 模型示意

SLDA 模型中图像的似然函数为

$$p(s,l \mid a,b,h)=\int p(q \mid a)\sum_{z_i}\left[\prod_{i=1}^{N}p(z_i \mid q)p(s_i \mid z_i,b)\right]p(l \mid z_{1:N},h)\mathrm{d}q \tag{12.5.10}$$

其中，h 为类别标记 l 的控制参数。参数的学习过程是在给定观测变量集合 $S=\{s_1,s_2,\cdots,s_M\}$和类别信息 $l=\{l_1,l_2,\cdots,l_M\}$的条件下确定超参数 a、b 及 h 的过程，可通过变分 EM 算法实现。SLDA 的变分推理是指在给定超参数 a、b、h 及观测变量 s 的条件下确定图像的主题混合概率 q、每个单词的主题概率 z 及图像类别标记 l 的过程。相比 LDA、SLDA 的变分，EM 算法及变分推理方法更为复杂[Wang 2009a]。

简化后的 SLDA 模型如图 12.5.7(b)所示，与图 12.5.6(b)的简化 LDA 模型相同。

12.6 遥感图像判读

遥感图像应用是近年来图像工程技术最大的应用领域[Zhang 2018b]、[章 2023]。目前，遥感图像多指高分辨率光学遥感图像，具有空间分辨率高、地物几何结构明显、纹理信息清晰、数据量大等特点。遥感图像判读(解释)是一个语义分类和推理的过程，也是遥感图像应用的核心和关键。

12.6.1 遥感图像判读方法分类

多年来，**遥感图像判读**(解释遥感图像内容)已从传统的有监督和无监督分类器发展到集成学习和深度学习，并提出了许多新方法。对遥感图像判读方法的分类如表 12.6.1 所示[张 2021]。

表 12.6.1 遥感图像判读方法分类

方法	技术示例	特点
无监督	K 均值、模糊 C 均值、均值移位、迭代自组织数据分析方法(ISODATA)	不适用于高分辨率图像
有监督	最大似然、支持向量机、决策树	根据应用目的和领域，可以充分利用先验知识选择性地确定分类类别；可以通过重复测试训练样本提高分类精度；然而分类系统的确定和训练样本的选择是高度主观和劳动密集的，时间成本高
集成学习	自助聚合：如随机森林 增强方法：自适应增强、梯度增强迭代决策树(GBDT)、极限梯度增强(XGBOOST) 堆叠方法、模型混合方法	通过组合多个分类器，可获得更好、更全面的分类模型，以弥补单个分类器的缺点

续表

方　法	技术示例	特　点
深度学习	目标识别：使用 AlexNet、VGGNet 基于目标的分类：将目标作为 CNN 的输入，并识别每个目标的类别 基于语义分割的分类：使用完全 CNN（FCN）、深度卷积网络（DeepLab）	只能实现遥感切片的识别，即每个切片对应一个标签，不能实现图像的像素级分类 分类效果取决于图像分割的精度，步骤烦琐 推广原始的 CNN 结构，支持不完全连接层的密集预测

近年来，深度学习技术因其海量数据学习能力和高特征提取能力，在遥感图像分类中显示出显著优势。其中，目标识别方法的基本思想是使用 AlexNet 和 VGGNet 等深度卷积神经网络训练标注的数据集以获得训练模型，然后使用该模型测试具有未知标签的图像。深度卷积神经网络最后一层的输出矢量表示输入图像属于每个类别的概率。目标分类方法的基本思想是使用图像分割方法分割遥感图像或直接使用每个像素的周围像素生成目标，将目标作为 CNN 的输入，识别每个目标的类别，并获得其对应标签。基于语义分割的网络分类方法的基本思想是利用全卷积神经网络（FCN）、深度卷积网络（DeepLab）等对遥感图像进行语义分割，获得与原始图像大小相同的分类图。这些方法拓展了原始卷积神经网络的结构，构成了真正端到端的网络，能够在没有完全连接层的情况下进行密集预测。

目前语义分割网络正向弱监督、轻量级和语义推理的方向发展。骨干网络从 LeNet、ResNet、DenseNet、VGGNet 发展到 MobileNet、NasNet、EfficientNet 等。损失函数包括 Lovász Softmax 损失、Hausdorff 距离（HD）损失、**灵敏度特异性**（SS）损失、颜色感知损失等。池化结构引入了最大池化、平均池化、随机池化、混合池化等。

12.6.2　遥感图像判读知识图谱

知识图谱于 2012 年正式命名，当时谷歌提出了谷歌知识图谱。其前身包括 20 世纪 50 年代末和 60 年代初提出的语义网、70 年代出现的“专家系统”、70 年代中后期在哲学领域使用本体论创建的计算机模型，以及万维网提出的“语义网”和“链接数据”。

知识图谱以结构化的形式描述了客观世界中的概念、实体及其关系，将互联网信息表达为更接近人类认知世界的形式，并提供了组织、管理和理解海量互联网信息容量的更好方式[王 2019a]。

知识图谱本质上是一个语义网络，表达了各种实体、概念及其间的语义关系，具有以下优点。

（1）实体/概念覆盖率高，语义关系多样，结构友好，质量高。

（2）富含实体、概念、属性、关系等信息，被认为是认知智能的基石，使机器能充分再现人类的理解和解释过程。

（3）结合知识增强下的学习模型，可减少机器学习模型对大样本的依赖性，提高先验知识的学习能力和利用率。

知识图谱按一般用途或特殊用途可分为一般知识图谱、领域知识图谱和企业知识图谱。根据知识图谱的构造方法，可分为全自动、半自动和基于人工的知识图谱；根据知识类型，可分为概念图谱、百科全书图谱、常识图谱、词汇图谱。

在遥感图像的智能判读中，知识图谱可起到知识库的作用。借助相关知识的有机整合，通过知识图谱实现深入的知识推理，可大大提高准确地、精细地分析和理解遥感图像的能力。

目前，**地理知识图谱**的构建在遥感图像判读中得到了广泛关注。地理知识图谱的构建基于地理知识本体的表达，并为地理知识服务。地理知识图谱的构建如图 12.6.1 所示。整个过程主要包括 4 个步骤：数据采集、信息提取、知识融合、知识处理。从最原始的数据开始，使用一系列自动或半自动技术手段从原始数据库和第三方数据库中提取地理知识再将事实存储在地理知识库的数据层和模型层，最后形成地理知识图谱。

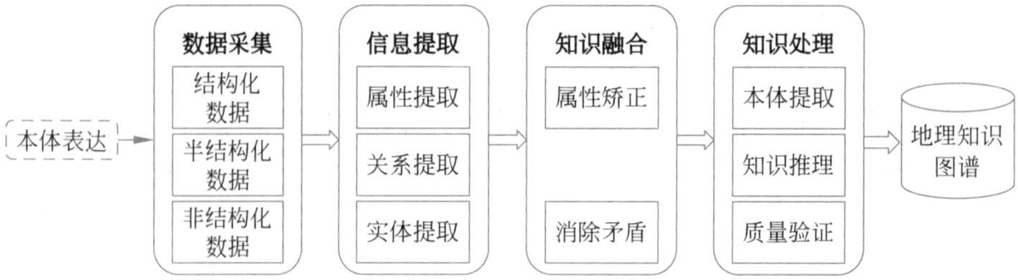

图 12.6.1　地理知识图谱的构建过程

构建地理知识图谱后，可进一步参与“编码-特征增强-解码”的网络结构模型。最后，结合深度学习模型，实现遥感图像的语义分类，完成遥感图像的判读。

12.7　混合增强视觉认知

随着研究的深入和技术的发展，计算智能系统在某些方面已经超越人类，感知智能系统在某些方面也可与人类媲美。然而认知智能的发展仍存在许多不足，如沟通能力差、理解能力弱和学习成本高。典型的挑战之一是对视觉信息的理解和推理。

为解决上述问题，已开展了许多研究。在此背景下，[王 2021d]提出了一种融合机器感知、人类认知和计算机操作的混合增强视觉认知体系结构，对场景进行解释。

首先介绍涉及的几个基本概念。

(1) **视觉感知**：是一个从图像中找出目标是什么、理解和预测目标运动变化的过程[Shi 2017]。

(2) **视觉认知**：是对人类执行视觉任务（如理解和识别形状）的心理机制的抽象描述，其过程依赖感知、记忆、想象和逻辑判断[Liu 2016b]。

(3) **智能视觉感知**：是指以计算机操作为核心，参考光学传感器信息，借鉴生物视觉感知机制，整合计算机视觉处理方法和相关智能算法，进行图像信息感知、理解和预测的技术和过程。

(4) **计算机视觉认知**：是指视觉感知计算机系统获取的基本环境信息，并通过推理、决策和学习等程序操作进一步表达内部知识，为改变环境状态提供支持，这也是未来状态/情景认知的关键[Ma 2015]。

12.7.1　从计算机视觉感知到计算机视觉认知

混合增强视觉认知的概念是基于计算机处理大规模数据的感知优势与人类推理决策的认知优势的融合而提出的，试图完成以计算机操作为核心的复杂视觉认知任务。混合增强视觉认知一方面通过以计算机操作为中心的智能视觉感知增强人们对复杂数据的理解和认知，另一方面利用人类推理和辅助决策支持增强计算机的认知学习能力，从而执行对图像信息的检测、理解、推理，以及以深度人机交互为核心的预测、决策和学习。

可将此过程看作从计算机视觉感知到计算机视觉认知的深化过程，如图 12.7.1 所示[王 2021d]。人类视觉系统可以完成从视觉感知到视觉认知的自然过渡。计算机系统目前仍然难以完全实现人类视觉系统功能，并完成从计算机视觉感知到计算机视觉认知的进化。在以“人机交互”为核心的计算机视觉感知阶段，主要依靠人完成对图像信息的理解和解读等高级操作，计算机只作为辅助工具。在以“计算机操作”为中心的智能视觉感知阶段，具有一定智能度的算法可有效感知大规模视觉信息，但受认知计算水平的限制，仍难以对复杂信息中包含的知识进行推理和决策。混合增强视觉认知以“深度人机融合”为核心，以人类认知为辅助要素，促进计算机的学习和进化，最终达到以“计算机认知计算”为核心的计算机视觉认知水平。

基于人机协作以增强智能，视觉感知智能将与更深层次的混合增强视觉认知智能进行集

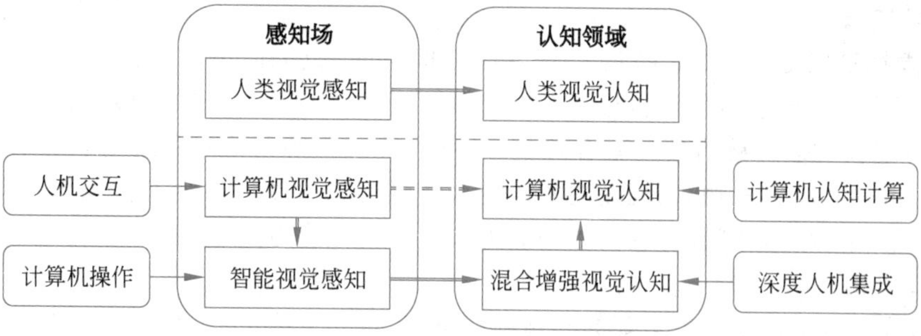

图 12.7.1 从计算机视觉感知到计算机视觉认知的过程

成和发展，并在逻辑判断的基础上继续开发认知推理、情感互动和辅助决策的视觉认知应用。图 12.7.2 给出了通过人在回路中的混合增强视觉认知的框架[王 2021d]。首先，视觉传感器收集场景目标和环境数据。其次，利用基于计算机的图像处理算法完成低级视觉元素感知，基于智能算法完成中级视觉分析，再通过视觉共享机制形成联合态势，完成大规模复杂数据的智能视觉感知。再次，基于可视化技术，将特征信息与人脑的信息处理路径连接，并将人脑与计算机关联，以执行情景预测和辅助决策，完成复杂数据的高级混合，增强视觉认知。最后，将人机协作过程存储于数据库中，并分配交互权重以完成视觉认知策略的学习。

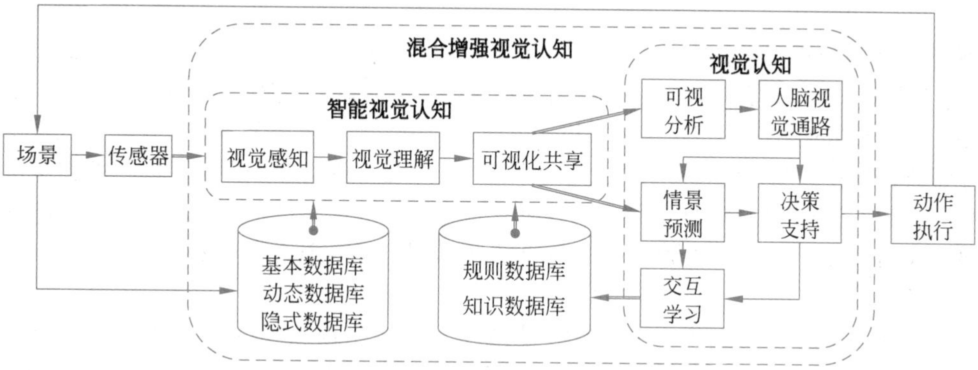

图 12.7.2 混合增强视觉认知的基本框架

12.7.2 混合增强视觉认知相关技术

与混合增强视觉认知架构相关的技术主要包括视觉分析、视觉增强、视觉注意力、视觉理解、视觉推理、交互式学习和认知评估等，如图 12.7.3 所示[王 2021d]。

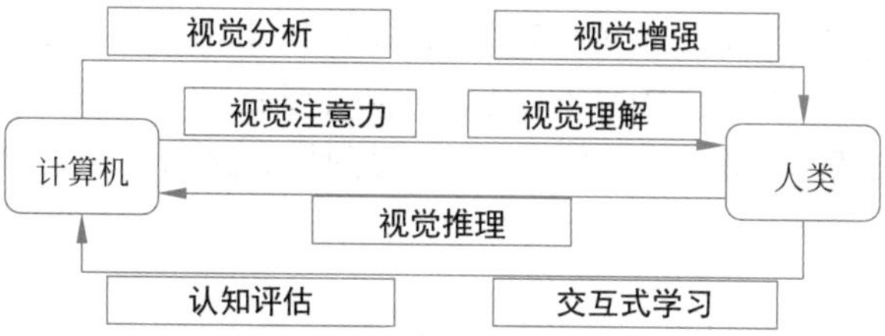

图 12.7.3 与混合增强视觉认知相关的技术

以下是对图 12.7.3 中 7 种技术的简要描述和解释。

1. 视觉分析

人类无法用肉眼从高维复杂数据中直接提取有用信息。为直接开展人与数据之间的对话，并帮助人们从不同角度分析数据的不确定性，有必要对复杂数据进行可视化分析[Kovalerchuk 2017]。目前的研究主要集中在高维数据的无损可视化和自适应可视化方面。

2. 视觉增强

首先，**虚拟现实**（VR）技术增强了人类对虚拟空间的感知[Wu 2018]。其次，**增强现实**（AR）技术可将合成传感器信息转化为人类对真实环境的感知。最后，**混合现实**（MR）利用实时视频、3-D建模和多传感器信息融合等技术，可将真实世界与虚拟信息有机结合，使人们同时体验虚拟世界和真实景物，实现超现实的混合增强视觉认知。对现有视觉增强系统的研究还需克服功能相对单一的问题，提高处理能力和人机交互能力。

3. 视觉注意力

注意力或注意机制是人类重要的心理调节机制，也是人类异常突出的数据筛选能力的基础。视觉注意力可帮助人类快速选择最重要、最有用和最相关的视觉信息。视觉注意力机制基于对图像的快速和粗略分析，根据视觉注意力模型[王 2019b]、[Zibafar 2019]提取具有代表性的信息标签，作为后续工作的基础[Shi 2019a]。

4. 视觉理解

理解更多地属于神经科学和认知理论领域，其中思维是基于一般人类经验的。如果想要理解和解释视觉中的复杂活动，就要滤除一般活动的图像数据，以获得更重要和更深入的信息。在混合增强视觉认知中，人类与场景元素交互的方式、顺序和效果是视觉理解必需的。近年来，视觉理解的注意力逐渐转移至高级视觉任务的行为分析方面[章 2013b]、[章 2023]。

5. 视觉推理

视觉推理是分析视觉信息并解决其主要矛盾的过程[Daw 2020]。人类具有强大的推理能力，基于视觉、常识和背景知识，能够正确理解模棱两可的信息，并根据自身的经验推断最可能的结果。由此形成的专家知识系统是可视化推理过程中数据理解的关键。混合增强视觉认知中的视觉推理需要使认知系统帮助人类处理多种解释，并在人机交互条件下生成与人类基本相同的解释。例如，基于格式塔心理学原理的视觉推理引擎[Feest 2021]可模拟有经验的人类决策，当出现歧义时，可通过交互选择最合理的解释，使视觉认知系统具有类似人类推理的能力。

6. 交互式学习

现有的交互式学习模型集成了机器学习、知识库和人类决策，以从训练数据或少量样本中学习和预测新数据。当预测置信度较低时，可增加人工辅助判断。这有助于解决以下问题：纯机器学习过于依赖规则，系统的可移植性和可扩展性较差，因此只能在具有严格约束和有限目标的环境中工作，无法处理动态、不完整和非结构化信息。将主动学习和交互式学习能力加入现有的视觉系统，不仅是对系统认知的挑战，也是对自主适应环境变化和持续智能挖掘的实际要求。混合增强视觉认知可使计算机使用基于模仿的交互式学习获取各种经验数据[Hou 2019]。

7. 认知评估

图像数据具有不确定性、复杂性和时间限制，这些因素都会影响视觉认知系统，导致认知偏差，无法做出最优决策。在这种情况下，混合增强视觉认知系统可使用启发式方法，借助经验规则评估信息价值。目前，视觉认知主要通过两种模式进行评估：自动计算预测和主观人类判断[Fan 2018]。

总结和复习　　　　随堂测试

第4单元

研究示例

本单元包括 4 章，分别为

第 13 章　同时定位和制图

第 14 章　多传感器图像信息融合

第 15 章　基于内容的图像和视频检索

第 16 章　时空行为理解

图像理解的研究相对于图像处理和图像分析发展还不成熟，研究成果也较少。结合对图像工程文献的综述统计，近年来有些图像理解的应用研究领域得到了较多关注，本单元选取其中 4 个给予特别介绍，分别对应当前图像理解大类中文献数量最多的 4 个小类。从这些应用领域提炼出的需求可进一步促进图像理解研究的发展。

第 13 章介绍同时定位和制图(SLAM)，这是一种主要由移动机器人使用的视觉技术，主要目的是实现移动机器人的自主定位和导航。同时定位和制图可基于激光扫描仪或摄像机工作，并结合了图像匹配、双目立体视觉、场景分析、场景恢复和语义解释技术，以及(中册介绍的)目标检测、跟踪和识别技术。对常用激光 SLAM 和视觉 SLAM 算法进行了分析，还对其与深度学习的结合及群体 SLAM 进行了介绍。

第 14 章介绍多传感器图像信息融合。随着传感器技术的进步，现已有许多获取不同特性图像的装置和方式。使用多传感器系统和多信息融合技术可提高容错功能(当某些传感器发生故障时，其他传感器仍可获取环境信息，维持正常工作)，提高测量精度(使用多种描述同一特征的信息，降低测量不准确引起的不确定性)，提高信息加工速度(多个传感器可分工并行工作)，提高信息的利用效率，并降低信息获取成本。该章结合图像融合的 3 个层次——像素层、特征层和决策层——进行讨论，分别介绍像素层的典型技术和应用，以及特征层和决策层所用典型方法的原理。另外，还对多源遥感图像融合技术和数据库进行了介绍。

第 15 章介绍基于内容的图像和视频检索。在进入信息化社会、各种类型的视觉信息在全球得到广泛采集、传输和应用背景下，这是信息技术的一个新的重要研究领域。虽然许多技术借助了对视觉特征的底层加工，但基于内容的图像和视频检索本质上是把握高层语义内容，属于图像理解的范畴。该章先概述介绍基于内容的图像和视频检索的基本原理、流程及主要功能模块，分析了相关的语义层次，并从低到高进行介绍。先从视觉感知层开始，介绍了基于颜色、纹理、形状和运动信息的一些基本方法，在此基础上讨论如何对各种视频节目进行结构化组织，从而有效索引和利用视频内容，最后介绍了对图像进行高层抽象语义分类及基于深度学习的跨模态检索内容。

第16章介绍时空行为理解。图像理解需要借助图像全面把握场景信息，分析场景含义，解释场景动态。为此需要对场景中各种目标在时间和空间上进行全面检测和跟踪，并在充分掌握时空信息的基础上借助知识进行推理、判断举止、解释场景。这都需要使用有效的面向时空行为理解的时空技术，目前这还是一个相对较新的研究领域，研究工作正在分层次展开。该章由浅入深分别介绍了时空兴趣点的检测、基于时空兴趣点的动态轨迹和活动路径的特性、基于关节点的动作分类和识别、动作和活动（包括事件和行为）的建模、对动作和活动进行联合建模和识别的技术、使用多种神经网络的行为识别及对异常事件检测的内容等。

第13章

同时定位和制图

教学视频

同时定位和制图(SLAM)也称即时定位与地图构建,指搭载传感器的主体在没有环境先验信息的情况下,同时估计自身运动并建立环境的模型。它是一种主要由移动机器人使用的视觉技术,允许机器人在探索未知环境时逐步构建并更新几何模型,同时根据构建的部分模型,机器人可以确定其相对于模型的位置(自定位)。也可理解为机器人在未知环境中从一个未知位置开始移动,在移动过程中既根据已有地图(知识)和对位置的估计进行自身定位,也在自身定位的基础上进行增量式地图绘制,从而实现机器人的自主定位和导航[Cornejo-Lupa 2021]。

根据上述讨论,本章各节将安排如下。

13.1 节对 SLAM 进行概括介绍,主要包括 SLAM 执行的 3 个操作,激光 SLAM 和视觉 SLAM 的构成、流程和模块,及其对比和融合,以及与其他技术的结合。

13.2 节具体介绍激光 SLAM 的 3 种典型算法: Gmapping 算法、Cartographer 算法和 LOAM 算法。

13.3 节具体介绍视觉 SLAM 中的 ORB-SLAM 系列算法,针对单目、双目和全向的 LSD-SLAM 算法,以及 SVO 算法。

13.4 节讨论群体机器人的特性和群体 SLAM 面临的技术问题。

13.5 节介绍 SLAM 的新进展,主要是 SLAM 与深度学习的结合及与多智能体的结合。

13.1 SLAM 概况

SLAM 作为一个系统,主要执行 3 个操作,或者说完成 3 项任务。

(1) **感知**:通过传感器获得周围环境的信息。

(2) **定位**:借助传感器获得的(当前和历史)信息,推测自身的位置和姿态。

(3) **制图**:也称建图,根据传感器获得的信息和自身位姿,对自身所处环境进行描绘。

上述 3 者的关系可借助图 13.1.1 表示。感知是 SLAM 的必要条件,只有感知到周围环境的信息,才能进行可靠的定位和制图。定位和制图互相依赖:定位依赖于已知的地图信息,制图依赖于可靠的定位信息,两者都依赖于感知的信息。

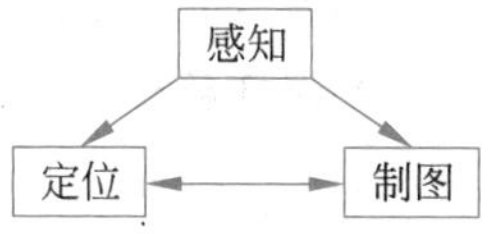

图 13.1.1 SLAM 的 3 个操作之间的关系

SLAM 系统所用的传感器主要包括**惯性测量单元**(IMU)、激光雷达和摄像机。使用激光雷达作为传感器的称为激光 SLAM,使用摄像机作为传感器的称为视觉 SLAM。

13.1.1 激光 SLAM

激光 SLAM 根据逐帧连续运动的点云数据,推断激光雷达自身的运动及周围环境的情况。激光 SLAM 无须预先布置场景,就能准确测量环境中目标点的角度与距离,并能在光线较差的环境中工作以生成便于导航的环境地图。

激光 SLAM 主要解决 3 个问题：①从环境中提取有用的信息，即特征提取问题；②建立不同时刻观测到的环境信息间的联系，即数据关联问题；③对环境进行描述，即地图表示问题。

激光 SLAM 的流程框架图如图 13.1.2 所示，主要包括 5 个模块。

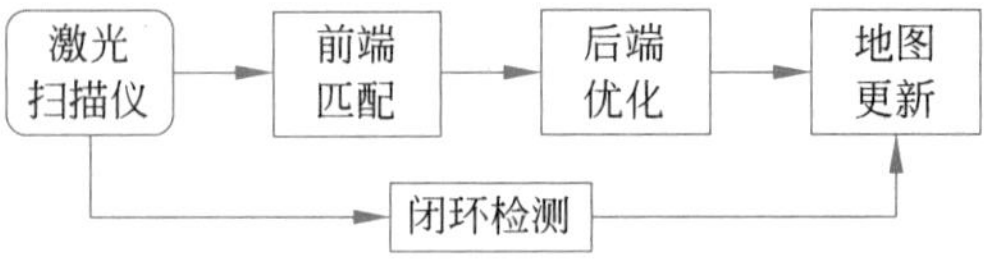

图 13.1.2　激光 SLAM 的流程框架图

(1) 激光扫描仪：接收发射激光从周围环境返回的距离和角度信息，构成点云数据。

(2) **前端匹配**：也称为**点云配准**，目的是寻找前后两帧点云数据之间的对应关系。常用的匹配方法如下[Shen 2022]。

① 基于点的匹配：直接对点云进行匹配，如**迭代最近点**(ICP)法及其变形——**点-线迭代最近点**(PL-ICP)法[Andrea 2008]等。

② 基于特征的匹配：从点云中提取各种特征（如点、线、面等）进行匹配，如圆锥曲线特征[Zhao 2019]、隐函数特征[Zhao 2020]等。

③ 基于数学特征的匹配：借助各种数学特性描述帧与帧之间的位姿变化，如正态分布变换(NDT)法，它将当前帧图像离散为栅格，根据其上点的分布计算栅格的概率密度函数，再通过牛顿优化方法求解概率密度之和最大的变换参数，从而达到最优匹配结果[Biber 2003]。

④ 基于相关性的匹配：基于位姿之间的相关度进行匹配。

⑤ 基于优化的匹配：将匹配问题转换为非线性最小二乘问题，通过梯度下降的方式求解。近期将梯度优化与相关性结合的方法得到了较多关注。

(3) **后端优化**：也称后端非线性优化，借助前端匹配后存在误差的数据，通过优化推断传感器位姿和环境地图。这是一个状态估计问题。常用的优化方法如下[Shen 2022]。

① 基于贝叶斯滤波器的优化：采用马尔可夫假设（当前状态只与上一时刻的状态及当前时刻的测量值有关），根据后验概率表达方式的不同，还可分为利用卡尔曼滤波和利用粒子滤波的两种方法。

② 基于图的优化：不考虑马尔可夫假设，认为当前状态与之前所有时刻的测量值有关。它将位姿表示为图中结点，位姿之间的联系用结点间的弧表示，构成位姿图。通过调整位姿图中的结点最大限度满足空间约束关系，从而获得位姿信息和地图。

(4) **闭环检测**：也称回环检测，目标是根据相似性检测识别激光雷达经过和到达的场景（是否返回了之前的位置），给出除相邻帧之外的时间间隔更长的约束，为位姿估计提供更多数据，并消除累积误差，改善制图效果。常用的闭环检测方法如下[Shen 2022]。

① **扫描帧到扫描帧**(scan-to-scan)匹配：通过相关计算，将两个激光帧通过相对平移和旋转进行配准。

② **扫描帧到地图**(scan-to-map)匹配：将当前帧的激光数据与一段时间内连续的激光帧构成的地图进行配准。

③ **地图到地图**(map-to-map)匹配：将当前连续时间内的激光数据帧构建为地图，并与之前生成的地图进行配准。

④ 特殊匹配：例如，将当前激光数据帧与多分辨率地图进行匹配[Olson 2015]；基于李

生神经网络与 K-D 树的匹配[Yin 2017]。

基于激光 **LiDAR**(见 4.3.4 小节)的闭环检测方法也可分为基于直方图的方法和基于点云分割的方法[Arshad 2021]。基于直方图的方法提取点的特征值,并使用全局特征或选定的关键点将其编码为描述符。一种常用的直方图是**正态分布变换**(NDT)直方图[Magnusson 2007],它将点云图紧凑地表示为一组正态分布。基于点云分割的方法需要对目标进行识别,但分割图能提供更好的场景表达,且与人类环境感知的方式更相关。分割方法有多种,如用于密集数据分割的地面分割、全集群、底座、带地面底座方法,以及用于稀疏数据的高斯过程增量样本一致性、基于网格的方法[Douillard 2011]。上述两类方法的特点如表 13.1.1 所示[Arshad 2021]。

表 13.1.1 基于激光 LiDAR 的闭环检测方法的特点

方　法	优　点	缺　点
基于直方图的方法	视点大变动时具有旋转不变性 可减少空间描述符受目标与 LiDAR 相对距离的影响	无法保留场景内部结构的独特信息
基于点云分割的方法	可将大点云地图压缩为一组独有的特征 减少了匹配时间	需要有关目标位置的先验知识

(5) 地图更新:将得到的各帧点云数据及对应位姿拼接为全局地图,完成地图更新。地图类型包括尺度地图、拓扑地图和语义地图。在 2-D 激光 SLAM 中,主要使用尺度地图中的栅格地图和特征地图[Shen 2022]。

① 栅格地图:将环境空间划分为一个个大小相等的栅格单元,其属性为栅格被景物占据的概率。如果栅格被占用,则概率值接近 1。当栅格中不含景物时,则概率值接近于 0。若不确定栅格中是否有景物,则概率值等于 0.5。栅格地图具有高准确性且能充分反映环境的结构特征,因此栅格地图可直接用于移动机器人的自主导航与定位。

② 特征地图:也称几何地图,由环境信息中提取的点、线或圆弧等几何特征构成。因其占用资源较少且有一定的制图精度,适合构建小场景地图。

13.1.2 视觉 SLAM

视觉 SLAM(vSLAM)一般通过连续的摄像机帧追踪设置的关键点,以三角法定位其空间位置,同时使用该位置信息推测自身的位姿[Ning 2020]。

视觉 SLAM 使用的摄像机主要分为单目摄像机、双目摄像机、深度摄像机(RGB-D)三大类,其他如全景、鱼眼等特殊摄像机也有使用。

单目摄像机的优点是成本低、不受环境尺寸影响,既可用于室内,也可用于室外;缺点是无法获得绝对深度,只能估计相对深度。双目摄像机可直接获得深度信息,但受基线长度制约(本身尺寸需较大),获得深度数据的计算量较大,配置和标定也较复杂。深度摄像机可直接测量多点的深度,但主要用于室内,室外应用受到光线干扰,具有一定局限。

视觉 SLAM 的流程框架图如图 13.1.3 所示,主要包括 5 个模块。

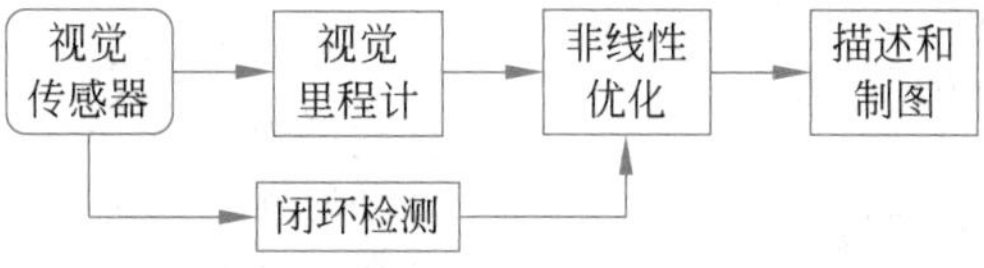

图 13.1.3 视觉 SLAM 的流程框架图

(1) **视觉传感器**:读取图像信息,并进行数据预处理(特征提取和匹配)。

(2) **视觉里程计**(VO)：也称(视觉 SLAM 的)前端，能够借助相邻图像帧估计摄像机运动，并恢复场景的空间结构。之所以被称为视觉里程计，是因为它只计算相邻时刻的运动，而与之前的过往信息无关联。一方面，相邻时刻的运动串联起来，构成摄像机的运动轨迹，解决定位问题；另一方面，根据各时刻摄像机的位置可计算像素对应空间点的位置，得到地图。

(3) **非线性优化**：也称后端非线性优化。它在前端提供数据的基础上进行整体优化，得到全局一致的轨迹和地图。

(4) **闭环检测**：也称回环检测，根据相似性检测识别摄像机经过和到达的场景，如果检测到回环，就将信息提供给后端进行处理。视觉 SLAM 的摄像机包含可用于闭环检测的丰富视觉信息。常用的闭环检测方法可分为 3 类[Arshad 2021]。

① **图像到图像**(image-to-image)匹配：利用视觉特征之间的相关性进行匹配检测闭环。词汇包是一种常用的模型，其中词汇可以是离线的，也可以是在线的。

② **图像到地图**(image-to-map)匹配：使用当前摄像机图像的视觉特征与特征图之间的对应关系检测闭环。其匹配目标是基于外观特征及其结构信息确定相对于地图中点特征的摄像机位姿。

③ **地图到地图**(map-to-map)匹配：通过使用视觉特征及两个(子)地图共有特征之间的相对距离执行地图到地图的特征匹配以检测闭环。

上述 3 种方法的优缺点如表 13.1.2 所示[Arshad 2021]。

表 13.1.2　视觉 SLAM 中闭环检测方法的优缺点

方法		优点	缺点
图像到图像	离线词汇	不需要特征的度量信息(使用拓扑信息) 依赖于外观特征及其在词典中的存储 适用于平面摄影机运动的循环检测	不适用于动态机器人环境 内存消耗与词汇量成正比 如果在不同的数据集上测试，性能会降低
	在线词汇	允许实时学习功能	内存消耗与词汇量成正比 不使用几何信息
图像到地图		当调整为 100%精度时性能较高 允许针对真实环境进行在线地图特征训练	内存效率低
地图到地图		当地图中存在共同特征时能检测到真正的循环	不适用于稀疏地图 对复杂密集地图无法实现高性能

(5) 描述和制图：根据估计的轨迹，建立对环境的描述和对应的地图(包括 2-D 栅格地图、2-D 拓扑地图、3-D 点云地图和 3-D 网格地图)。

13.1.3　对比和结合

激光 SLAM 和视觉 SLAM 各有特点，两者的比较如表 13.1.3 所示。

表 13.1.3　激光 SLAM 和视觉 SLAM 的比较

	激光 SLAM	视觉 SLAM
应用场景	主要用于室内，安装部署位置不能有遮挡，雨天、雾天等环境下易失效	比较丰富(室内外均可，但对光依赖程度高，在暗处或无纹理处无法工作) 但 RGB-D 摄像机在室外场景中使用困难
地图精度	精度较高，构建地图的精度可达 2cm	深度摄像机测距范围为 3～12m 时，构建地图的精度可达 3cm
数据信息	信息量大，但稳定性和精度较差	信息量小，但稳定性强

续表

	激光 SLAM	视觉 SLAM
应用特点	能直接获取环境中的点云数据，并测算出距离，扫描范围广，方便定位导航 但在环境剧烈变化时重定位能力差，稳定性欠佳，受限于点云质量无法获得高效的结果	基于单目或双目摄像机时无法直接获取环境中的点云数据，只能得到强度图像，还需不断移动自身位置，提取和匹配特征点，进一步利用三角法测出距离 立体视觉范围小
系统成本	较高	较低

由于应用场景的复杂性，激光 SLAM 和视觉 SLAM 单独使用都具有一定的局限性。为发挥不同传感器的优势，可将两者结合，对两类信息进行融合[Wang 2020a]。

(1) 基于扩展卡尔曼滤波器。**扩展卡尔曼滤波器**(EKF)本身是一种在线 SLAM 系统的滤波方法。也可用于将激光 SLAM 与视觉 SLAM 结合[Xu 2018b]。当摄像机匹配失败时，使用激光装置对摄像机的 3-D 点云数据进行补充并生成地图。不过，这种方法本质上只是在两种传感器工作模式之间采用了切换机制，没有真正地融合两种传感器的数据。

(2) 用激光 SLAM 辅助视觉 SLAM。单一使用视觉 SLAM，可能无法有效提取特征点的深度信息。激光 SLAM 的效果较好，所以可先用激光 SLAM 测量场景深度，再将点云投影到视频帧上[Graeter 2018]。

(3) 用视觉 SLAM 辅助激光 SLAM。单一使用激光 SLAM，提取目标区域特征存在一定困难。使用视觉 SLAM 提取朝向 FAST 和旋转 BRIEF(ORB)特征(见 13.3.1 小节)并进行闭环检测，可提升激光 SLAM 在此方面的性能[Liang 2016]。

(4) 同时使用激光 SLAM 和视觉 SLAM。为使激光 SLAM 和视觉 SLAM 耦合更紧密，可同时使用激光 SLAM 和视觉 SLAM 并使用两种模式的测量残差进行后端优化[Seo 2019]。此外，也可设计**视觉 LiDAR 里程计和实时映射**(VLOAM)[Zhang 2015]，其中结合了低频激光雷达里程计和高频视觉里程计，可快速改善运动估计的准确性并抑制漂移。

13.2　激光 SLAM 算法

人们已开发了许多基于不同技术和具有不同特点的激光 SLAM 算法，主要可分为滤波法和优化法两大类。

以下假设激光装置与其载体(可以是车、机器人或无人机等)使用相同的坐标系，并用激光装置指代激光装置及其载体的联合装置。设 $\boldsymbol{x}_k$ 代表激光装置的位姿，$\boldsymbol{m}_i$ 代表环境(地图)中的标记点，$\boldsymbol{z}_{k-1,i+1}$ 代表激光装置在位姿 $\boldsymbol{x}_{k-1}$ 处观察到标记特征 $\boldsymbol{m}_{i+1}$。另外，设 $\boldsymbol{u}_k$ 代表运动轨迹上相邻两个位姿间的运动位移量。

13.2.1　Gmapping 算法

Gmapping 算法是一种基于 **Rao-Blackwellized 粒子滤波**(RBPF)研究构建栅格地图的 SLAM 算法[Grisetti 2007]。

1. RBPF 原理

RBPF 的基本思想是将 SLAM 中的定位和制图问题分开处理。即先利用 $P(\boldsymbol{x}_{1:t}|\boldsymbol{z}_{1:t},\boldsymbol{u}_{1:t-1})$估计激光装置的轨迹 $\boldsymbol{x}_{1:t}$，再借助 $\boldsymbol{x}_{1:t}$ 继续估计地图 $\boldsymbol{m}$：

$$P(\boldsymbol{x}_{1:t},\boldsymbol{m} \mid \boldsymbol{z}_{1:t},\boldsymbol{u}_{1:t-1}) = P(\boldsymbol{m} \mid \boldsymbol{x}_{1:t},\boldsymbol{z}_{1:t}) \cdot P(\boldsymbol{x}_{1:t} \mid \boldsymbol{z}_{1:t},\boldsymbol{u}_{1:t-1}) \qquad (13.2.1)$$

在给定激光装置位姿的情况下，利用 $P(\boldsymbol{m}|\boldsymbol{x}_{1:t},\boldsymbol{z}_{1:t})$制图很简单。下面仅讨论 $P(\boldsymbol{x}_{1:t}|\boldsymbol{z}_{1:t},\boldsymbol{u}_{1:t-1})$代表的定位问题。这里使用称为**采样重要性重采样**(SIR)滤波器的粒子滤波算法。该算法主要包括 4 个步骤。

(1) 采样。将激光装置的概率运动模型作为建议分布 D，则当前时刻的新粒子点集$\{\boldsymbol{x}_t^{(i)}\}$是由上个时刻的粒子点集$\{\boldsymbol{x}_{t-1}^{(i)}\}$在建议分布 D 中采样得到的。所以，新粒子点集$\{\boldsymbol{x}_t^{(i)}\}$的生成过程可表示为 $\boldsymbol{x}_t^{(i)}\sim P(\boldsymbol{x}_t|\boldsymbol{x}_{t-1}^{(i)},\boldsymbol{u}_{t-1})$。

(2) 重要性权重计算。考虑整个运动过程，激光装置每条可能的轨迹都可用一个粒子点 $\boldsymbol{x}_{1:t}^{(i)}$ 表示，而每条轨迹对应粒子点 $\boldsymbol{x}_{1:t}^{(i)}$ 的重要性权重可定义为下式：

$$\boldsymbol{w}_t^{(i)}=\frac{P(\boldsymbol{w}_{1:t}^{(i)}\mid \boldsymbol{z}_{1:t},\boldsymbol{u}_{1:t-1})}{D(\boldsymbol{w}_{1:t}^{(i)}\mid \boldsymbol{z}_{1:t},\boldsymbol{u}_{1:t-1})} \tag{13.2.2}$$

(3) 重采样。重采样是指用重要性权重替换新生成的粒子点。由于粒子点总量保持不变，当权重较小的粒子点被删除后，权重大的粒子点需要进行复制以保持粒子点总量不变。经过重采样后，粒子点的权重都变成一样，接着进行下一轮采样和重采样。

(4) 地图估计。在每条轨迹都对应粒子点 $\boldsymbol{x}_{1:t}^{(i)}$ 的条件下，可用 $P(\boldsymbol{m}^{(i)}|\boldsymbol{x}_{1:t}^{(i)},\boldsymbol{z}_{1-t})$计算出一幅地图 $\boldsymbol{m}^{(i)}$，再整合每个轨迹计算出的地图，即可得到最终的地图 $\boldsymbol{m}$。

2. 对 RBPF 的改进

Gmapping 算法从两方面对 RBPF 进行了改进，即建议分布和重采样策略。

先讨论建议分布 D。由式(13.2.2)可看出，每次计算都需要计算整个轨迹对应的权重。随着时间的推移，轨迹将变长，计算量会越来越大。改进方法是基于式(13.2.2)推导出对权重的递归计算方式：

$$\begin{aligned}
\boldsymbol{w}_t^{(i)} &=\frac{P(\boldsymbol{w}_{1:t}^{(i)}\mid \boldsymbol{z}_{1:t},\boldsymbol{u}_{1:t-1})}{D(\boldsymbol{w}_{1:t}^{(i)}\mid \boldsymbol{z}_{1:t},\boldsymbol{u}_{1:t-1})}\\
&=\frac{P(\boldsymbol{z}_t\mid \boldsymbol{x}_{1:t}^{(i)},\boldsymbol{z}_{1:t-1})P(\boldsymbol{x}_{1:t}^{(i)}\mid \boldsymbol{z}_{1:t},\boldsymbol{u}_{1:t-1})/P(\boldsymbol{z}_t\mid \boldsymbol{z}_{1:t-1},\boldsymbol{u}_{1:t-1})}{D(\boldsymbol{x}_t^{(i)}\mid \boldsymbol{x}_{1:t-1}^{(i)},\boldsymbol{z}_{1:t},\boldsymbol{u}_{1:t-1})D(\boldsymbol{x}_{1:t-1}^{(i)}\mid \boldsymbol{z}_{1:t-1},\boldsymbol{u}_{1:t-2})}\\
&=\frac{P(\boldsymbol{z}_t\mid \boldsymbol{x}_{1:t}^{(i)},\boldsymbol{z}_{1:t-1})P(\boldsymbol{x}_t^{(i)}\mid \boldsymbol{x}_{t-1}^{(i)},\boldsymbol{u}_{t-1})P(\boldsymbol{x}_{1:t-1}^{(i)}\mid \boldsymbol{z}_{1:t-1},\boldsymbol{u}_{t-2})/P(\boldsymbol{z}_t\mid \boldsymbol{z}_{1:t-1},\boldsymbol{u}_{1:t-1})}{D(\boldsymbol{x}_t^{(i)}\mid \boldsymbol{x}_{1:t-1}^{(i)},\boldsymbol{z}_{1:t},\boldsymbol{u}_{1:t-1})D(\boldsymbol{x}_{1:t-1}^{(i)}\mid \boldsymbol{z}_{1:t-1},\boldsymbol{u}_{1:t-2})}\\
&\propto\frac{P(\boldsymbol{z}_t\mid \boldsymbol{m}_{t-1}^{(i)},\boldsymbol{x}_t^{(i)})P(\boldsymbol{x}_t^{(i)}\mid \boldsymbol{x}_{t-1}^{(i)},\boldsymbol{u}_{t-1})}{D(\boldsymbol{x}_t^{(i)}\mid \boldsymbol{x}_{1:t-1}^{(i)},\boldsymbol{z}_{1:t},\boldsymbol{u}_{1:t-1})}\boldsymbol{w}_{t-1}^{(i)}
\end{aligned} \tag{13.2.3}$$

若使用运动模型 $\boldsymbol{x}_t^{(i)}\sim P(\boldsymbol{x}_i|\boldsymbol{x}_{t-1}^{(i)},\boldsymbol{u}_{t-1})$计算建议分布 D，则当前时刻粒子点集$\{\boldsymbol{x}_t^{(i)}\}$的生成及对应的权重计算如下所示：

$$\begin{aligned}
&\boldsymbol{x}_t^{(i)}\sim P(\boldsymbol{x}_i\mid \boldsymbol{x}_{t-1}^{(i)},\boldsymbol{u}_{t-1})\\
&w_t^{(i)}\propto\frac{P(\boldsymbol{z}_t\mid \boldsymbol{m}_{t-1}^{(i)},\boldsymbol{x}_t^{(i)})P(\boldsymbol{x}_t^{(i)}\mid \boldsymbol{x}_{t-1}^{(i)},\boldsymbol{u}_{t-1})}{\pi(\boldsymbol{x}_t^{(i)}\mid \boldsymbol{x}_{1:t-1}^{(i)},\boldsymbol{z}_{1:t},\boldsymbol{u}_{1:t-1})}\boldsymbol{w}_{t-1}^{(i)}\\
&\quad=P(\boldsymbol{z}_t\mid \boldsymbol{m}_{t-1}^{(i)},\boldsymbol{x}_t^{(i)})\boldsymbol{w}_{t-1}^{(i)}
\end{aligned} \tag{13.2.4}$$

但是，直接使用运动模型作为建议分布会产生一个问题，即当观测数据可靠性较高时，利用运动模型采样生成的新粒子落在观测分布区间的数量较少，导致观测更新的精度较低。为此，可将观测更新过程分为两种情况：当观测可靠性低时，使用式(13.2.3)的默认运动模型生成新粒子点集$\{\boldsymbol{x}_t^{(i)}\}$及对应权重；当观测可靠性高时，直接从观测分布的区间采样，并将采样点集$\{\boldsymbol{x}_k\}$的分布近似为高斯分布，利用点集$\{\boldsymbol{x}_k\}$计算该高斯分布的参数$\boldsymbol{\mu}_t^{(i)}$ 和$\boldsymbol{\Sigma}_t^{(i)}$，最后用

该高斯分布 $\boldsymbol{x}_t^{(i)} \sim N(\boldsymbol{\mu}_t^{(i)},\boldsymbol{\Sigma}_t^{(i)})$ 采样生成新粒子点集 $\{\boldsymbol{x}_t^{(i)}\}$ 及对应权重。

生成新粒子点集 $\{\boldsymbol{x}_t^{(i)}\}$ 及对应的权重后，即可考虑重采样策略。如果每更新一次粒子点集 $\{\boldsymbol{x}_t^{(i)}\}$，都要利用权重进行重采样，则当粒子点权重更新过程中变化不是特别大时，或由于噪声影响使某些坏粒子点比好粒子点的权重大时，执行重采样会导致好粒子点丢失。所以执行重采样前需要确保其有效性。为此改进的重采样策略借助下式所示参数衡量有效性：

$$N_{\text{eff}}=1/\sum_{i=1}^{N}(\tilde{w}^{(i)})^2 \tag{13.2.5}$$

其中，$\tilde{w}$ 代表粒子的归一化权重。当建议分布与目标分布之间的近似度较高时，各粒子点的权重比较接近；当建议分布与目标分布之间的近似度较低时，各粒子点的权重差异较大。可设定一个阈值判断参数 N_{eff} 的有效性，当 N_{eff} 小于阈值时执行重采样，否则跳过重采样。

13.2.2　Cartographer 算法

Cartographer 算法是一种基于优化的 SLAM 算法，同时兼具(多传感器融合)制图和重定位功能[Hess 2016]。

基于优化方法的 SLAM 系统通常采用前端局部制图、闭环检测和后端全局优化制图的框架，如图 13.2.1 所示。

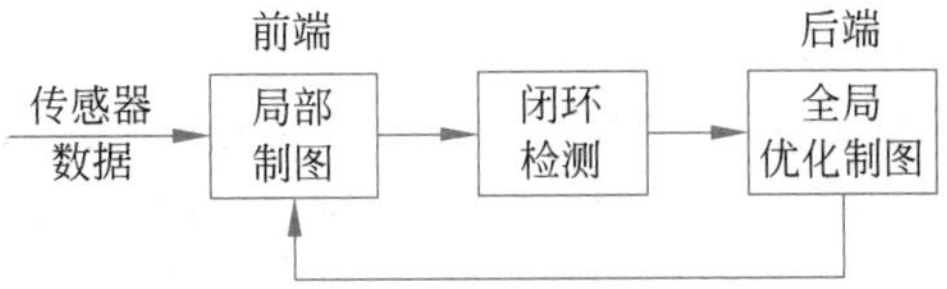

图 13.2.1　基于优化方法的 SLAM 流程框架

1. 局部制图

局部制图是利用传感器扫描数据，构建局部地图的过程。

先介绍 Cartographer 地图(map)的结构。Cartographer 地图由多个局部子图(sub-map)联合构成，每个局部子图包含若干扫描帧(scan)，如图 13.2.2 所示。其中，地图、局部子图、扫描帧之间通过位姿关系关联。扫描帧与子图之间通过局部位姿 q_{ij} 关联，子图与地图之间通过全局位姿 q_i^m 关联，扫描帧与地图之间通过全局位姿 q_j^s 关联。

位姿坐标可表示为 $\boldsymbol{q}=(q_x,q_y,q_\theta)$。假设初始位姿为 $q_1=(0,0,0)$，该处扫描帧为 Scan(1)，用 Scan(1) 初始化 Submap(1)。用**扫描帧到地图**匹配的更新方法计算 Scan(2)相应的位姿 q_2，并基于位姿 q_2 将 Scan(2) 加入 Submap(1)。不断执行扫描到地图匹配的方法以添加新得到的扫描帧，直到新扫描帧完全包含在 Submap(1)中，即新扫描帧观察不到 Submap(1)以外的新信息时即可结束 Submap(1)的创建。重复上面的步骤，构建新的局部子图 Submap(2)。所有局部子图 {Submap(m)} 构成最终的全局地图。在图 13.2.2 中，假设 Submap(1)由 Scan(1)和 Scan(2)构建而成；Submap(2)由 Scan(3)、Scan(4)和 Scan(5)构建而成。

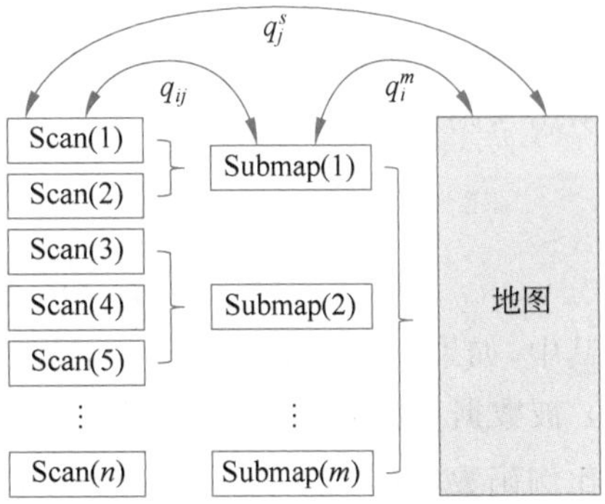

图 13.2.2　Cartographer 地图的结构

由图 13.2.2 可看出，每个扫描帧对应全局地图坐标系下的一个全局坐标，同时对应局部地图坐标系下的一个局部坐标(因为扫描帧也包含在对应的局部子图中)。每个局部子图以第一个插入的扫描帧为起始，该起始扫描帧的全局坐标就是该局部子图的全局坐标。所以，所有扫描帧对应的全局位姿 $\boldsymbol{Q}^s=\{q_j^s\}(j=1,2,\cdots,n)$ 及所有局部子图对应的全局位姿 $\boldsymbol{Q}^m=\{q_i^m\}(j=1,2,\cdots,m)$ 通过扫描帧到地图匹配产生的局部位姿 q_{ij} 进行关联，这些约束构成了位姿图（将在后面的全局制图中得到应用）。

局部子图的构建涉及多个坐标系的变换。首先，激光装置扫描一周得到的距离点 $\{\boldsymbol{d}_k\}(k=1,2,\cdots,K)$ 以激光装置旋转中心为坐标系进行取值。在局部子图中，以第一个扫描帧的位姿为参考，后加入的扫描帧位姿可用相对转移矩阵 $\boldsymbol{T}_q=(\boldsymbol{R}_q,\boldsymbol{t}_q)$ 表示。扫描帧中的数据点可用下式转换到局部子图坐标系中：

$$\boldsymbol{T}_q\cdot\boldsymbol{d}_k=\underbrace{\begin{bmatrix}\cos q_\theta & -\sin q_\theta\\ \sin q_\theta & \cos q_\theta\end{bmatrix}}_{\boldsymbol{R}_q}\boldsymbol{d}_k+\underbrace{\begin{bmatrix}q_x\\ q_y\end{bmatrix}}_{\boldsymbol{t}_q}\tag{13.2.6}$$

换句话说，扫描帧中的数据点 $\boldsymbol{d}_k$ 已转换到局部子图坐标系中了。

Cartographer 中的子图采用了概率栅格地图的形式，即将连续 2-D 空间分为一个个离散的栅格，栅格的边长（常取 5cm）表示地图的分辨率。将扫描到的景物点以该景物点占据的栅格表示，用概率描述栅格中是否有景物，概率值越大表示存在景物的可能性越大。

下面分析将扫描数据加入子图的过程。如果按式(13.2.6)将数据转换到子图坐标系，这些数据就会覆盖子图的一些栅格 $\{M_{\text{old}}\}$。子图中的栅格有 3 种状态：占据（hit）、非占据（miss）和未知。扫描点覆盖的栅格应为占据状态。扫描光束起点与终点之间的区域应没有景物（光能通过），所以对应的栅格应为非占据状态。因扫描分辨率和量程的限制，未被扫描点覆盖的栅格应为未知状态。因为子图中的栅格可能不只被一个扫描帧覆盖，所以需要分两种情况对栅格状态进行迭代更新。

（1）在当前帧数据点覆盖的栅格 $\{M_{\text{old}}\}$ 中，若该栅格之前从未被数据点覆盖过（未知状态），则用下式进行初始更新：

$$M_{\text{new}}(x)=\begin{cases}P_{\text{hit}} & \text{state}(x)=\text{hit}\\ P_{\text{miss}} & \text{state}(x)=\text{miss}\end{cases}\tag{13.2.7}$$

其中，如果栅格 x 被数据点标记为占据状态，就用占据概率 P_{hit} 为该栅格赋初值；如果栅格 x 被数据点标记为非占据状态，就用非占据概率 P_{miss} 为该栅格赋初值。

（2）在当前帧数据点覆盖的栅格 $\{M_{\text{old}}\}$ 中，若该栅格之前被数据点覆盖过（已有取值 M_{old}），则用下式进行迭代更新：

$$M_{\text{new}}(x)=\begin{cases}\text{clip}(\text{inv}^{-1}(\text{inv}(M_{\text{old}}(x))\text{inv}(P_{\text{hit}}))) & \text{state}(x)=\text{hit}\\ \text{clip}(\text{inv}^{-1}(\text{inv}(M_{\text{old}}(x))\text{inv}(P_{\text{miss}}))) & \text{state}(x)=\text{miss}\end{cases}\tag{13.2.8}$$

其中，如果栅格 x 被数据点标记为占据状态，就用占据概率 P_{hit} 对 M_{old} 进行更新；如果栅格 x 被数据点标记为非占据状态，就用非占据概率 P_{miss} 对 M_{old} 进行更新。其中，inv 是一个反比例函数：$\text{inv}(p)=p/(1-p)$，inv^{-1} 为 inv 的反函数。clip 是一个区间限定函数，当函数值高于设定区间的最大值时取最大值，当函数值低于设定区间的最小值时取最小值。

Cartographer 算法采用上面的迭代更新机制可有效降低环境中动态景物的干扰。因为动态景物会使栅格状态在占据与非占据之间转换，每次状态转换都会使栅格的概率取值变小，也就降低了动态景物的干扰。

因为用运动模型预测得到的位姿可能存在较大误差，需先用观测数据对预测位姿进行校正，再将其加入地图。仍采用扫描到地图匹配的方法，在预测出的位姿邻域进行搜索匹配，对位姿进行局部优化：

$$\underset{q}{\operatorname{argmin}}\sum_{k=1}^{K}(1-M_{\text{smooth}}(\boldsymbol{T}_q\cdot\boldsymbol{d}_k))^2 \tag{13.2.9}$$

其中，M_{smooth} 是一个双立方插值平滑函数，用于确定变换后的数据点与子图之间的匹配度（取值范围为[0,1]）。

2. 闭环检测

式(13.2.9)对位姿的局部优化可减少局部制图中的累积误差，但当制图的规模较大时，总的累积误差会导致地图出现重影现象。其实是运动轨迹又回到了先前已到达的位置。需要使用闭环检测，将闭环约束加入整个制图约束，并对全局位姿进行全局优化。在闭环检测中，需要计算效率和精度更高的搜索匹配算法。

闭环检测可用下式表示（W 代表搜索窗口）：

$$q^*=\underset{q\in W}{\operatorname{argmax}}\sum_{k=1}^{K}M_{\text{nearest}}(\boldsymbol{T}_q\cdot\boldsymbol{d}_k) \tag{13.2.10}$$

其中，M_{nearest} 函数值是 $\boldsymbol{T}_q\cdot\boldsymbol{d}_k$ 覆盖栅格的概率值。当搜索结果为当前真实位姿时，匹配度较高，即每个 M_{nearest} 函数值都较大，整个求和结果也最大。

如果用穷举搜索计算式(13.2.10)，则计算量太大而无法实时完成。为此采用**分支定界**方法以提高效率。分支定界是先以低分辨率地图进行匹配，再逐步提高分辨率匹配，直到最高分辨率。Cartographer 采用深度优先的策略进行搜索。

3. 全局优化制图

Cartographer 采用稀疏位姿图进行全局优化，稀疏位姿图的约束关系可根据图 13.2.2 构建。所有扫描帧对应的全局位姿 $\boldsymbol{Q}^s=\{q_j^s\}(j=1,2,\cdots,n)$ 及所有局部子图对应的全局位姿 $\boldsymbol{Q}^m=\{q_i^m\}(i=1,2,\cdots,m)$ 通过扫描到地图匹配产生的局部位姿 q_{ij} 进行关联：

$$\underset{q^m,q^s}{\operatorname{argmin}}\frac{1}{2}\sum_{ij}L[E^2(q_i^m,q_j^s;\Sigma_{ij},q_{ij})] \tag{13.2.11}$$

其中，

$$E^2(q_i^m,q_j^s;\Sigma_{ij},q_{ij})=e(q_i^m,q_j^s;q_{ij})^{\mathrm{T}}\Sigma_{ij}^{-1}e(q_i^m,q_j^s;q_{ij})$$

$$e(q_i^m,q_j^s;q_{ij})=q_{ij}-\begin{bmatrix}\boldsymbol{R}_{q_i^m}^{-1}\cdot(\boldsymbol{t}_{q_i^m}-\boldsymbol{t}_{q_j^s})\\ q_{i;\theta}^m-q_{j;\theta}^s\end{bmatrix} \tag{13.2.12}$$

以上两式中，i 为子图的序号，j 为扫描帧的序号，q_{ij} 表示序号为 j 的扫描帧在序号为 i 的局部子图中的局部位姿。损失函数 L 用于惩罚过大的误差项，可使用 Huber 函数。

式(13.2.11)实际上是一个非线性最小二乘问题。当检测到闭环时，对整个位姿图中的所有位姿量进行全局优化，则 $\boldsymbol{Q}^s$ 和 $\boldsymbol{Q}^m$ 中的所有位姿量都会得到修正，每个位姿对应的地图点也得到相应修正，这就是全局优化制图。

13.2.3 LOAM 算法

LOAM 算法是一种适用于室外环境的 SLAM 算法，使用多线激光装置，构建 3-D 点云地图[Zhang 2014]。其流程框架如图 13.2.3 所示，主要包括 4 个模块。

1. 点云配准模块

点云配准模块的功能是从点云数据中提取特征点。它计算当前帧点云数据中每个点的平

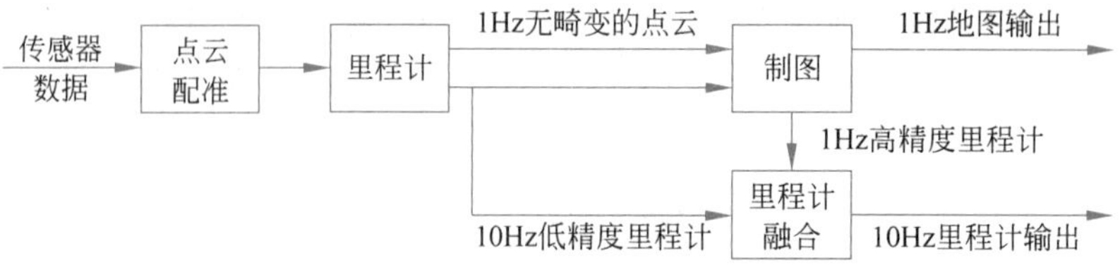

图 13.2.3 LOAM 算法流程框架

滑度,将平滑度小于给定阈值的点判定为角点(corner),将平滑度大于给定阈值的点判定为表面点(surface)。将所有角点放入角点的点云集合,将所有表面点放入表面点的点云集合。

2. LiDAR 里程计模块

LiDAR 里程计模块的功能是定位。它利用**扫描帧到扫描帧**的方法对相邻两帧点云数据中的特征点进行帧间配准,以获取其位姿转移关系。在低速运动的场景中,直接利用帧间特征的配准就能得到低精度的里程计(10Hz 里程计),并利用该里程计校正运动中的畸变。但在高速运动的场景中,还需用到后面的里程计融合模块。

3. 制图模块

制图模块利用**扫描帧到地图**的方法进行高精度定位。以前面的低精度里程计为位姿的初始值,将校正后的特征点云与地图进行匹配,能得到较高精度的里程计(1Hz 里程计),基于高精度里程计提供的位姿可将校正后的特征点云加入已有的地图。

4. 里程计融合模块

虽然用于定位的 LiDAR 里程计精度较低,但其更新速度较高;而虽然制图模块输出的里程计精度较高,但其更新速度较低。如果将两者融合,就可获得速度和精度都较高的里程计。融合是借助插值实现的。如果以 1Hz 的高精度里程计为基准,利用 10Hz 的低精度里程计对其插值,那么 1Hz 的高精度里程计就能以 10Hz 的速度输出了(相当于 10Hz 里程计)。

需要指出,如果激光装置本身的频率足够高,或者配备可通过测量物体加速度和角速度的变化推算物体在 3-D 空间中位置和姿态的**惯性测量单元**(IMU),可利用车载摄像机采集的图像信息恢复车体本身的六自由度运动的**视觉里程计**(VO)、轮式里程计等提供外部信息,加快帧间特征配准的速度,以响应位姿的变化并校正运动中的畸变,就不需要融合了。

LOAM 算法具有两个特点:一是解决了运动畸变;二是提高了制图效率。运动畸变源自数据获取中的干扰,低成本的激光装置由于扫描频率和转速较低,运动畸变问题更突出。LOAM 算法利用帧间配准得到的里程计校正运动畸变,就可应用低成本的激光装置。制图效率问题在处理大量 3-D 点云数据时比较突出,LOAM 算法利用低精度里程计和高精度里程计将同时定位与制图分解为独立的定位和独立的制图,从而可以分别处理,减少计算量,使低算力的计算机设备也可应用。

13.3 视觉 SLAM 算法

视觉 SLAM 算法根据对图像数据处理方式的不同,可分为特征点法和直接法,以及将两者结合的半直接法。

特征点法先对图像提取特征和进行特征匹配,再使用得到的数据关联信息计算摄像机的运动(实现前端视觉里程计的目标),最后进行后端优化和全局制图(参见图 13.1.3)。

直接法直接利用图像灰度信息进行数据关联,并计算摄像机运动。直接法中的前端 VO 直接在图像像素上进行,不需要进行特征提取和匹配。其后的后端优化和全局制图与特征点法类似。

半直接法结合特征点法利用特征提取和匹配获得的鲁棒性优势及直接法不需要特征提取和匹配获得的计算快速性优势,常具有更稳定、更快速的性能。

13.3.1 ORB-SLAM 系列算法

ORB-SLAM 系列算法包括 ORB-SLAM 算法[Mur-Artal 2015]、ORB-SLAM2 算法[Mur-Artal 2017]和 ORB-SLAM3 算法[Campos 2021]。ORB-SLAM 算法只考虑了单目摄像机,ORB-SLAM2 算法还考虑了双目摄像机和 RGB-D 摄像机,ORB-SLAM3 算法还考虑了针孔和鱼眼摄像机及惯性导航单元。对 ORB-SLAM3 算法借助深度学习提取的特征进行的改进可见[张 2022b]。

1. ORB-SLAM 算法

ORB-SLAM 算法采用优化方法求解,使用了 3 个线程:前端(追踪)、后端(制图)和闭环,其流程框图如图 13.3.1 所示。前端将特征提取、特征匹配、视觉里程计等与定位相关的逻辑结合在单独的线程中实现(不受相对运行较慢的后端线程的拖累,以保证定位的实时性),从图像中提取**朝向 FAST** 和**旋转 BRIEF**(ORB)特征点[Rublee 2011]。后端将全局优化和局部优化等与制图相关的逻辑结合在单独的线程中实现,先进行局部优化制图,而当闭环检测成功后触发全局优化(全局优化过程在摄像机位姿图上进行,不考虑地图特征点以加快优化速度)。另外,该算法使用了关键帧(图像输入中具有代表性的帧)。一般将由摄像机直接输入系统追踪线程的图像帧称为普通帧,仅用于定位追踪。普通帧数量非常多,帧与帧之间冗余也大。如果仅从中选出一些特征点较多、属性较丰富、前后帧差别较大、与周围帧共视关系较多的帧作为关键帧,则在生成地图点时计算量更小、鲁棒性更高。ORB-SLAM 算法在运行中维护关键帧序列,前端可在定位丢失时借助关键帧信息快速重定位,后端可在关键帧序列进行优化,避免将大量冗余输入帧纳入优化过程,浪费计算资源。

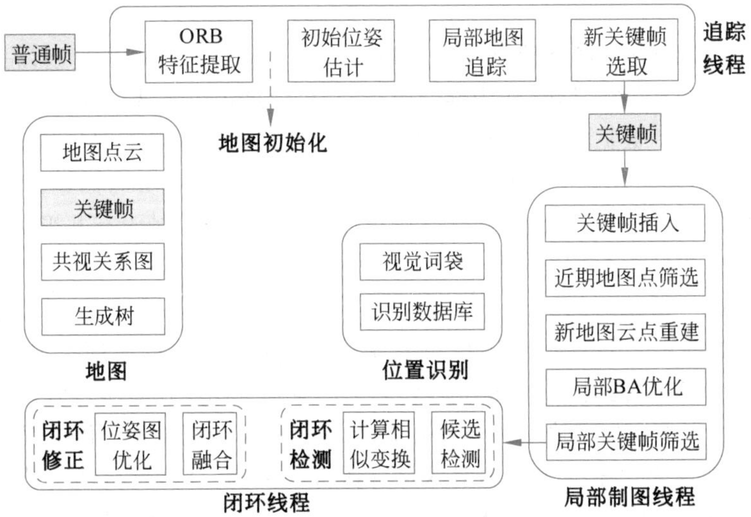

图 13.3.1　ORB-SLAM 算法流程框图

图 13.3.1 主要包括 6 个模块,下面分别予以简单介绍。

1) 地图模块

地图模块对应 SLAM 系统的数据结构,ORB-SLAM 算法的地图模块包括地图点(map points)、关键帧(key frame)、共视关系图(co-visibility graph)和生成树(spanning tree)。算法的运行过程是动态地维护该地图，其中部分机制负责增加和删减关键帧中的数据，部分机制负责增加和删减地图点云中的数据，以维护地图的高效和鲁棒性。

2）地图初始化

SLAM 系统制图需要在先有地图初始点云的基础上通过增量操作进行。可通过计算选取的两帧图像之间的摄像机位姿变换关系，并使用三角化方法，构建地图初始点云。

3）位置识别

如果 SLAM 系统制图过程中追踪线程出现跟丢情况，则需启动重定位以找回跟丢的信息；当 SLAM 系统构建了较大的地图后，就要进行闭环检测以判断当前位置之前是否到达过。实现重定位和闭环检测，都要使用位置识别技术。在大环境下，位置识别常采用**图像到图像**匹配方法。还常采用**词袋**（BoW）模型构建**视觉词汇**的识别数据库进行匹配。

4）追踪线程

首先，追踪线程由摄像机获取输入图像，并完成地图初始化，提取 ORB 特征。其次，初始位姿估计对应粗定位，而局部地图追踪对应精定位。精定位在粗定位的基础上，利用当前帧与局部地图上的多个关键帧建立共视关系，并利用共视地图点云与当前帧的投影关系，对摄像机的位姿进行更精确的求解。最后，选出一些新的备选关键帧。

5）局部制图线程

局部制图线程首先借助词袋模型对追踪线程选取的备选关键帧计算特征矢量，将该关键帧加入词袋模型的数据库。其次，将地图中有共视关系但未与该关键帧建立映射的云点（点云中的点）建立关联（这些云点称为近期地图点），并将关键帧插入地图结构。接下来，对于近期地图中一些质量较差的云点进行删除。对于新插入的关键帧，可借助共视关系图与邻近的关键帧进行匹配，借助三角化方法重建新的地图云点。再次，对当前帧附近的关键帧及地图云点进行局部**聚束调整**（BA）优化。最后，对局部地图中的关键帧进行筛选，剔除冗余的关键帧，以保证鲁棒性。

6）闭环线程

闭环线程分为两部分：闭环检测和闭环修正。闭环检测利用词袋模型，先将数据库中与当前关键帧相似度较高的帧选出，作为候选闭环帧，再计算每个候选闭环帧与当前帧的相似变换关系。如果足够多的数据能计算出相似变换，且该变换可保证足够多的共视点，则闭环检测成功。接下来，利用该变换修正当前关键帧与邻近帧的累积误差，并将因累积误差而不一致的地图云点融合到一起。最后，借助全局优化修正那些与当前关键帧没有共视关系的帧，将全局地图上的关键帧位姿量作为优化变量进行，所以也称位姿图优化。

2. ORB-SLAM2 算法

ORB-SLAM2 算法是对仅适用于单目系统的 ORB-SLAM 算法的扩充，其流程框图如图 13.3.2 所示。该流程框图与 ORB-SLAM 算法的流程框图相比基本一致，主要存在两点不同：一是在追踪线程中增加了输入预处理模块，二是增加了全局 BA 优化线程。

增加输入预处理模块是为了增加对双目摄像机和 RGB-D 摄像机的支持，两种摄像机的输入预处理流程框图如图 13.3.3(a)和图 13.3.3(b)所示。经过预处理之后，只需使用从原始输入图像中提取的特征，无须考虑输入图像，即系统后续处理与摄像机的种类是独立的。

增加全局 BA 优化线程是为了在位姿图优化后进一步计算最优结构和运动解。全局 BA 优化可能代价昂贵，因此，将其放入单独的线程执行，以便使系统继续创建地图并检测循环。

3. ORB-SLAM3 算法

ORB-SLAM3 算法对 ORB-SLAM2 算法进行了扩展。主要增加了地图集（Atlas）机制和

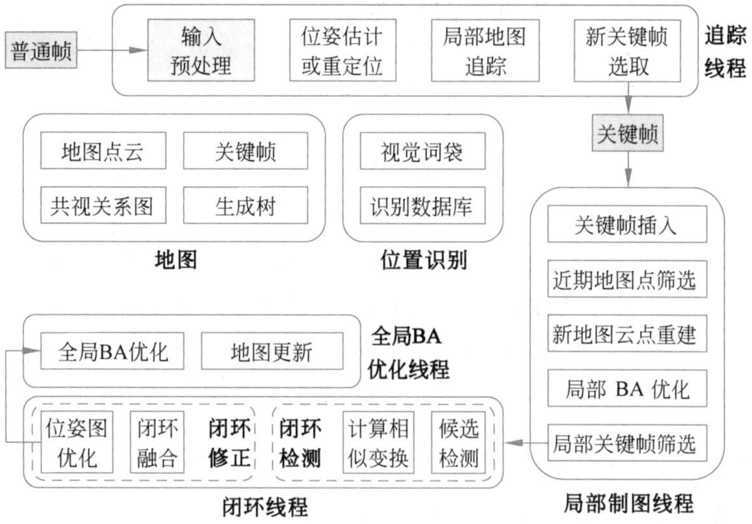

图 13.3.2 ORB-SLAM2 算法流程框图

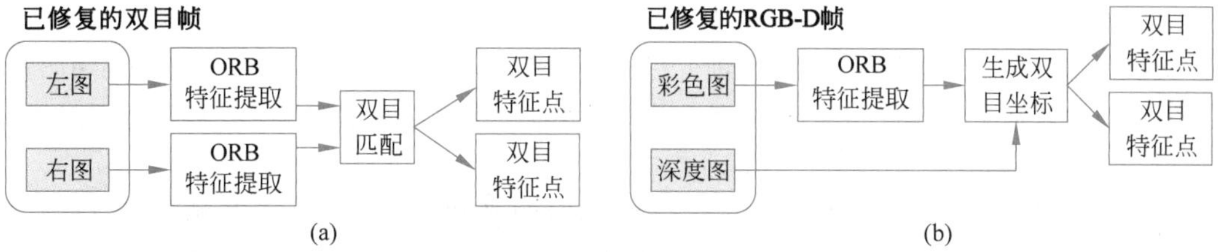

图 13.3.3 ORB-SLAM2 算法中的输入预处理流程框图

对**惯性测量单元**(IMU)的支持,整个流程框图如图 13.3.4 所示。

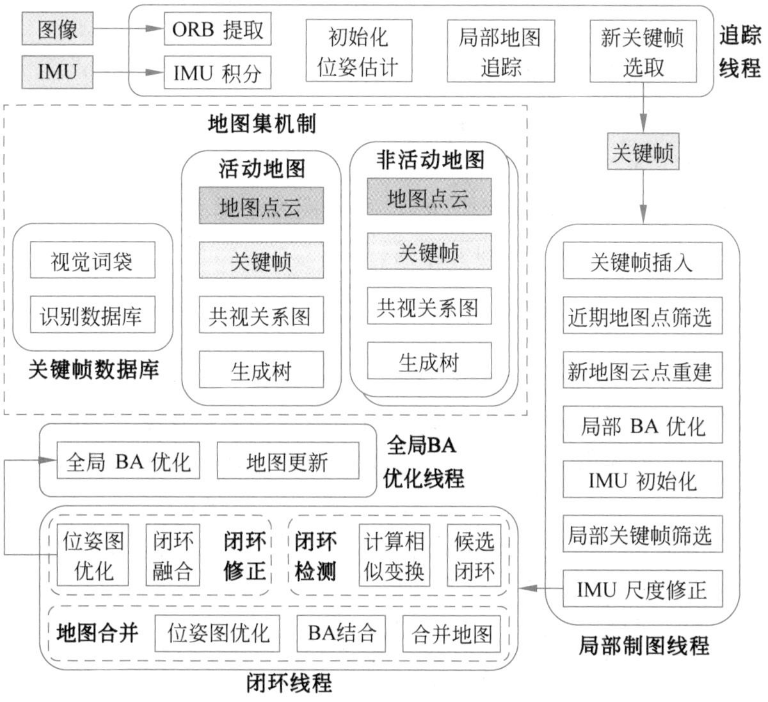

图 13.3.4 ORB-SLAM3 算法流程框图

系统运行时,若有错误帧进入地图或闭环优化时出现较大偏差,则得到的地图质量较差。

针对这一问题，ORB-SLAM3 算法增加了**地图集**机制，实际上是维护一个全局地图结构，包含所有的关键帧、地图点及相应的约束关系。其中，用关键帧和地图点构成的在线子地图称为活动地图，而用关键帧和地图点构成的离线保存的子地图称为非活动地图。此机制可提升制图的鲁棒性，减少错误的影响和偏差的累积。

另外，若有 IMU 数据输入，则追踪线程会同时读取图像帧和 IMU 数据，且初始位姿估计中运动模型的速度值会改用 IMU 提供。当追踪出现丢失而需要重定位时，可在活动地图和非活动地图中进行搜索。若在活动地图搜索范围内重定位成功，则追踪继续；若在非活动地图搜索范围内重定位成功，则将该非活动地图变为活动地图并使追踪继续。若重定位失败，则初始化地图并重新构建活动地图。若新构建的活动地图在闭环检测中与先前离线保存的非活动地图匹配成功，则说明重定位成功，追踪可继续，系统能持续鲁棒性地制图。

13.3.2 LSD-SLAM 算法

LSD-SLAM 算法是一种典型的直接法，适合使用单目摄像机[Engel 2014]、双目摄像机[Engel 2015]和全向/全景摄像机[Caruso 2015]的多种 SLAM 系统。

1. 直接法原理

直接法即直接视觉里程计法，无须进行特征提取和匹配(减少了计算时间)，直接利用图像像素的属性建立数据关联，通过最小化光度误差构建相应的模型以求解摄像机位姿和地图点云。

1) 重投影误差

重投影误差对应像素位置差。与双目立体匹配类似，若考虑前后两帧图像 $I_1(\boldsymbol{p})=I_1(x,y)$和 $I_2(\boldsymbol{p})=I_2(x,y)$，其坐标系分别为 O_1XY(简写为 O_1)和 O_2XY(简写为 O_2)。设空间点 $\boldsymbol{P}$ 投影到两幅图像上分别得到两个像素点 $I_1(\boldsymbol{p}_1)$和 $I_2(\boldsymbol{p}_2)$。设 $\boldsymbol{P}$ 在坐标系 O_1 中的点为 $\boldsymbol{P}_1$，$\boldsymbol{P}$ 在坐标系 O_2 中的点为 $\boldsymbol{P}_2$，那么空间点 $\boldsymbol{P}_1$ 与像素点 $\boldsymbol{p}_1$ 的投影关系为

$$\boldsymbol{p}_1=D(\boldsymbol{P}_1) \tag{13.3.1}$$

反过来，像素点 $\boldsymbol{p}_1$ 到空间点 $\boldsymbol{P}_1$ 的反投影关系为

$$\boldsymbol{P}_1=D^{-1}(\boldsymbol{p}_1) \tag{13.3.2}$$

两式中的 D 代表分布。

坐标系 O_1 中的点 $\boldsymbol{P}_1$ 通过坐标变换$(\boldsymbol{R},\boldsymbol{t})$可变换为坐标系 O_2 中的点 $\boldsymbol{P}_2$，而将点 $\boldsymbol{P}_2$ 重投影回图像 I_2，会得到像素点 $\boldsymbol{p}_2'$，即如下两式：

$$\boldsymbol{P}_2=\boldsymbol{T}\boldsymbol{P}_1=\begin{bmatrix}\boldsymbol{R} & \boldsymbol{t}\\ 0 & 1\end{bmatrix}\boldsymbol{P}_1 \tag{13.3.3}$$

$$\boldsymbol{p}_2'=D(\boldsymbol{P}_2) \tag{13.3.4}$$

在理想情况下，重投影得到的像素点 $\boldsymbol{p}_2'$应与实际观察到的像素点 $\boldsymbol{p}_2$ 重合。但在实际情况下，投影受噪声干扰、变换误差等因素导致其并不重合。两者之间的差称为重投影误差：

$$\boldsymbol{r}=\boldsymbol{p}_2-\boldsymbol{p}_2' \tag{13.3.5}$$

式(13.3.5)给出了一个点的重投影误差，考虑所有特征点的重投影误差后就可通过最小化重投影误差优化摄像机位姿变换和地图点云：

$$\min_{\boldsymbol{T},\boldsymbol{P}}\sum_i\|\boldsymbol{r}_i\|^2=\min_{\boldsymbol{T},\boldsymbol{P}}\sum_i\|\boldsymbol{p}_2'-D(\boldsymbol{T}\cdot\boldsymbol{P}_1')\|^2 \tag{13.3.6}$$

2) 光度误差

光度误差(光度残差)对应像素灰度值之差。假设一个空间点投影到不同摄像机坐标系得到的像素点的灰度值相同(光度不变，实际中很难严格满足)，那么在理想情况下，将空间点 $\boldsymbol{P}$

投影到摄像机坐标系 O_1 得到像素点 $\boldsymbol{p}_1$ 的灰度值 $I_1(\boldsymbol{p}_1)$ 与投影到摄像机坐标系 O_2 得到像素点 $\boldsymbol{p}_2$ 的灰度值 $I_2(\boldsymbol{p}_2)$ 应该是相同的。但在实际情况下，投影受噪声干扰、变换误差等因素导致其并不相等，即 $I_1(\boldsymbol{p}_1)$ 与 $I_2(\boldsymbol{p}_2)$ 不同，这就是光度误差：

$$e = I_1(\boldsymbol{p}_1) - I_2(\boldsymbol{p}'_2) \tag{13.3.7}$$

式(13.3.7)给出了一个点的光度误差，考虑所有像素点的光度误差后就可通过最小化重投影误差优化摄像机位姿变换和地图点云：

$$\min_{\boldsymbol{T},\boldsymbol{P}} \sum_i (e_i)^2 = \min_{\boldsymbol{T},\boldsymbol{P}} \sum_k \{I_1(\boldsymbol{p}'_1) - I_2[D(\boldsymbol{T} \cdot \boldsymbol{p}'_1)]\}^2 \tag{13.3.8}$$

比较重投影误差和光度误差，可以看出，计算重投影误差需借助特征提取和特征匹配，算出的误差对应像素点之间的距离；计算光度误差无须特征提取和匹配，算出的误差是一幅图像中像素点灰度值与重投影到另一幅图像中像素点灰度值的差值。两者的差别也解释了特征点法与直接法各自的优缺点。

2. 单目 LSD-SLAM 算法

先讨论支持单目摄像机的 **LSD-SLAM 算法**[Engel 2014]，其流程框图如图 13.3.5 所示，主要包括 3 部分：追踪模块、深度估计模块和地图优化模块。

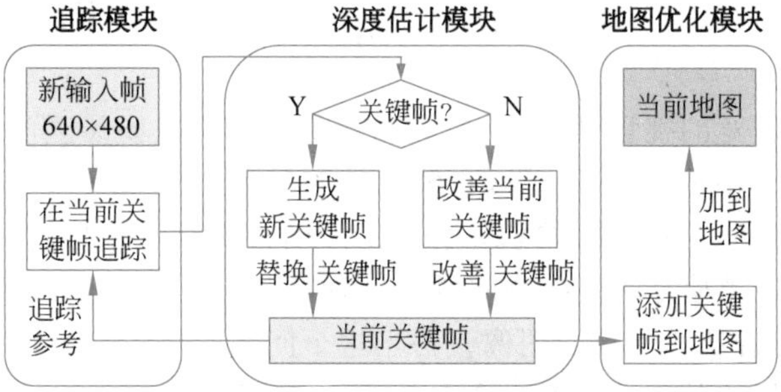

图 13.3.5　单目 LSD-SLAM 算法流程框图

1) 追踪模块

追踪模块利用新输入帧与当前关键帧计算新输入帧的位姿变换，通过计算其间的最小化误差(光度误差)实现：

$$E_p(\boldsymbol{q}_{ji}) = \sum_{p \in Q_{D_i}} \left\| \frac{e_p^2(\boldsymbol{p}, \boldsymbol{q}_{ji})}{\sigma^2_{e_p(\boldsymbol{p}, \boldsymbol{q}_{ji})}} \right\|_\delta \tag{13.3.9}$$

其中，$\boldsymbol{q}_{ji}$ 为李代数上的相似变换(用以描述位姿转移)；$\|\cdot\|_\delta$ 为 Huber 范数；$e_p(\boldsymbol{p}, \boldsymbol{q}_{ji})$ 为光度误差：

$$e_p(\boldsymbol{p}, \boldsymbol{q}_{ji}) = I_i[\boldsymbol{p}] - I_j[w(\boldsymbol{p}, D_i(\boldsymbol{p}), \boldsymbol{q}_{ji})] \tag{13.3.10}$$

其中，$w(\boldsymbol{p}, d, \boldsymbol{q})$ 为重投影函数(d 代表深度)：

$$w(\boldsymbol{p}, d, \boldsymbol{q}) = \begin{bmatrix} x'/z' \\ y'/z' \\ 1/z' \end{bmatrix}, \quad \begin{bmatrix} x' \\ y' \\ z' \\ 1 \end{bmatrix} = \exp(\boldsymbol{q}) \begin{bmatrix} \boldsymbol{p}_x/d \\ \boldsymbol{p}_y/d \\ 1/d \\ 1 \end{bmatrix} \tag{13.3.11}$$

而 $\sigma^2_{e_p(\boldsymbol{p}, \boldsymbol{q}_{ji})}$ 为光度误差的方差：

$$\sigma^2_{e_p(\boldsymbol{p}, \boldsymbol{q}_{ji})} = 2\sigma_I^2 \left(\frac{\partial e_p(\boldsymbol{p}, \boldsymbol{q}_{ji})}{\partial D_i(\boldsymbol{p})} \right)^2 V_i(\boldsymbol{p}) \tag{13.3.12}$$

其中，D_i 为逆深度图(inverse depth map)，V_i 为图像逆深度的协方差。

2）深度估计模块

深度估计模块接收追踪模块对每个新输入帧和当前关键帧计算出的光度误差，并判断是用新输入帧替换，还是改善当前关键帧。如果光度误差足够大，就将当前关键帧添加到地图，然后将新输入帧作为当前关键帧。具体来说，先计算新输入帧与当前关键帧之间的相似变换，再将当前关键帧的深度信息通过相似变换投影到新输入帧并算出其深度估计值。如果光度误差较小，就用新输入帧对当前关键帧的深度估计值进行滤波更新。

3）地图优化模块

地图优化模块接收从深度估计模块来的新关键帧，在将其添加到地图中之前，先计算其与地图中其他关键帧的相似变换。要同时最小化图像的光度误差和深度误差：

$$E_p(\boldsymbol{q}_{ji}) = \sum_{\boldsymbol{p} \in \boldsymbol{Q}_{D_i}} \left\| \frac{e_p^2(\boldsymbol{p}, \boldsymbol{q}_{ji})}{\sigma^2_{e_p(\boldsymbol{p},\boldsymbol{q}_{ji})}} + \frac{r_d^2(\boldsymbol{p}, \boldsymbol{q}_{ji})}{\sigma^2_{r_d(\boldsymbol{p},\boldsymbol{q}_{ji})}} \right\|_\delta \tag{13.3.13}$$

其中，$r_d(\boldsymbol{p}, \boldsymbol{q}_{ji})$和$\sigma^2_{r_d(\boldsymbol{p},\boldsymbol{q}_{ji})}$分别为深度误差值和深度误差的方差（$w_s$代表相似变换函数）：

$$r_d(\boldsymbol{p}, \boldsymbol{q}_{ji}) = [\boldsymbol{p}']_3 - D_i([\boldsymbol{p}']_{1,2}), \quad \boldsymbol{p}' = w_s[\boldsymbol{p}, D_i(\boldsymbol{p}), \boldsymbol{q}_{ji}] \tag{13.3.14}$$

$$\sigma^2_{r_d(\boldsymbol{p},\boldsymbol{q}_{ji})} = V_i([\boldsymbol{p}']_{1,2})\left(\frac{\partial r_d(\boldsymbol{p}, \boldsymbol{q}_{ji})}{\partial D_i([\boldsymbol{p}']_{1,2})}\right)^2 + V_i(\boldsymbol{p})\left(\frac{\partial r_d(\boldsymbol{p}, \boldsymbol{q}_{ji})}{\partial D_i(\boldsymbol{p})}\right)^2 \tag{13.3.15}$$

3. 全向 LSD-SLAM 算法

全向摄像机具有较宽的**视场**(FOV)，有些鱼眼摄像机的视场甚至可超过 180°。此特性比较适合 SLAM 应用[Caruso 2015]。但是，较宽的视场不可避免地带来了图像畸变的问题。实用的全向摄像机仍然是单目摄像机，所以要将单目 LSD-SLAM 算法扩展为全向 **LSD-SLAM 算法**遇到的主要挑战是解决畸变问题。一种有效的方法是利用矫正技术，或者说建立映射模型，将畸变图像转换为非畸变图像。一旦这个问题解决了，单目 LSD-SLAM 算法就可在不改变基本流程框架的基础上扩展为全向 LSD-SLAM 算法。

为描述这个问题，先假设$\boldsymbol{u} = [u \quad v]^{\mathrm{T}} \in \mathbb{I} \subset \mathbb{R}^2$代表像素坐标，其中$\mathbb{I}$表示图像域；$\boldsymbol{x} = [x \quad y \quad z]^{\mathrm{T}} \in \mathbb{R}^3$代表空间 3-D 点的坐标。在最一般的情况下，摄像机模型是一个函数 M：$\mathbb{R}^3 \to \mathbb{I}$，定义了空间 3-D 点 $\boldsymbol{x}$ 与图像中像素点 $\boldsymbol{u}$ 之间的映射。对于直径可忽略不计的镜头，一个常见的假设是单视点假设，即所有光线都通过空间中的一个点——摄像机坐标原点 C。因此，点 $\boldsymbol{x}$ 的投影位置仅取决于 $\boldsymbol{x}$ 的方向。使用 M^{-1}：$\mathbb{I} \times \mathbb{R}^+ \to \mathbb{R}^3$ 作为将像素映射回 3-D 的函数，并使用倒距离 $d = \|\boldsymbol{x}\|^{-1}$。

全向 LSD-SLAM 算法使用了一个用于中央反射折射系统的模型[Geyer 2000]，该模型已扩展到鱼眼摄像机等更广泛的物理设备[Ying 2004]、[Barreto 2006]。该模型背后的基本思想是连接两个接续的投影，如图 13.3.6 所示。其中，第一个将空间点投影到以摄像机为中心的单位球体上。第二个是普通的针孔投影，其中摄像机中心沿 z 轴偏移$-q$ 到达 C_s（s 代表偏移）。这个模型一共由 5 个参数描述，f_x、f_y、c_x、c_y 和q，其中 f_x 和 f_y 指示焦距，c_x 和c_y 指示主点。对一个点的投影可通过下式计算：

$$M_u(\boldsymbol{x}) = \begin{bmatrix} f_x \dfrac{x}{z + q\|\boldsymbol{x}\|} \\ f_y \dfrac{y}{z + q\|\boldsymbol{x}\|} \end{bmatrix} + \begin{bmatrix} c_x \\ c_y \end{bmatrix} \tag{13.3.16}$$

其中，$\|\boldsymbol{x}\|$ 为 $\boldsymbol{x}$ 的 2 范数。对应的反投影函数具有解析的形式（当 $q=0$ 时，为针孔模型）：

$$M_u^{-1}(\boldsymbol{u}, d) = \frac{1}{d}\left(\frac{q + \sqrt{1 + (1-q^2)(\hat{u}^2 + \hat{v}^2)}}{\hat{u}^2 + \hat{v}^2 + 1}\begin{bmatrix} \hat{u} \\ \hat{v} \\ 1 \end{bmatrix} - \begin{bmatrix} 0 \\ 0 \\ q \end{bmatrix}\right) \tag{13.3.17}$$

其中

$$\begin{bmatrix}\hat{u}\\ \hat{v}\end{bmatrix}=\begin{bmatrix}(u-c_x)/f_x\\ (v-c_y)/f_y\end{bmatrix}\tag{13.3.18}$$

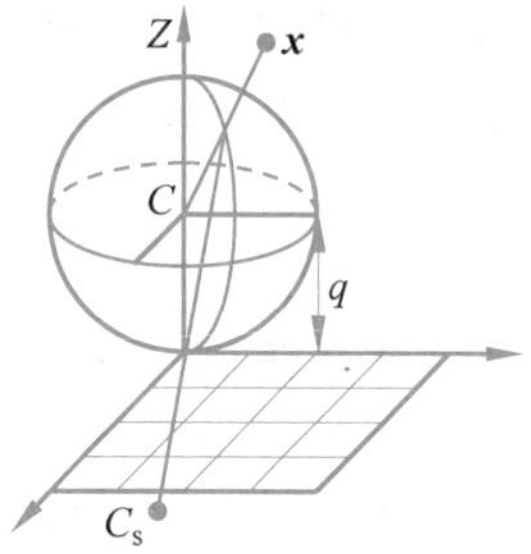

图 13.3.6　两个接续的投影模型

该模型的一个主要特点是投影函数、反投影函数及其导数都比较容易计算。

4. 双目 LSD-SLAM 算法

双目 **LSD-SLAM 算法**是对单目 LSD-SLAM 算法的扩展，使其可应用于双目摄像机/立体摄像机[Engel 2015]。使用双目摄像机可获取景物深度信息，从而克服原单目摄像机尺度的不确定性。双目 LSD-SLAM 算法的流程框图如图 13.3.7 所示，类似于单目 LSD-SLAM 算法，也包括对应的 3 个模块，但模块的组成有所不同。其中，原来单幅图像改为了一对图像，此处用符号简化表示，关键帧用粗线表示，当前帧用细线表示。

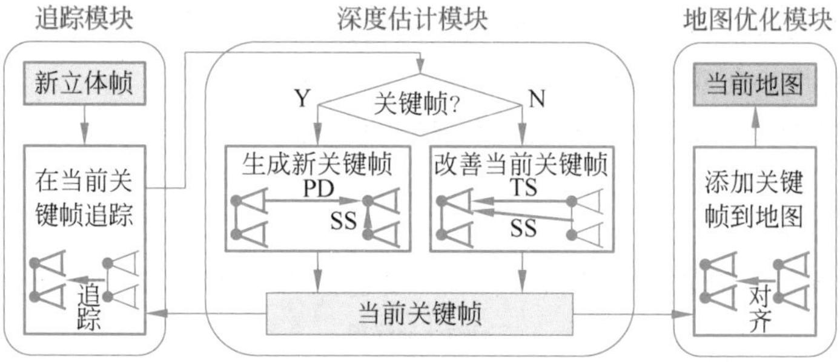

图 13.3.7　双目 LSD-SLAM 算法流程框图

1）追踪模块

追踪模块利用新输入（立体）帧与当前关键（立体）帧计算新输入帧的位姿变换，仍然通过计算其间的最小化误差（光度误差）实现。

2）深度估计模块

对场景几何形状的估计是在关键帧中进行的。每个关键帧在像素子集的逆深度上保持高斯概率分布。该子集包含具有高图像梯度幅度的像素，因为这些像素提供了丰富的结构信息及比无纹理区域中像素更稳健的视差估计。

对深度的估计结合了原来单目 LSD-SLAM 的**时间立体**（TS）与来自固定基线立体摄像机获得的**静态立体**（SS）。对于每个像素，双目 LSD-SLAM 算法根据可用性将静态立体和时间立体线索集成到深度估计中，将来自运动的单目结构的特性与单一 SLAM 方法中的固定基线立体深度估计结合起来。静态立体有效去除了作为自由参数的尺度，而时间立体线索有助于从立体摄像机小基线之外的基线估计深度。

在双目 LSD-SLAM 算法中，关键帧的深度可直接通过静态立体估计（如图 13.3.7 所示）。这种仅依赖时间或仅依赖静态立体的方法有许多优点。静态立体允许估计世界的绝对比例并独立于摄像机移动。但是，静态立体受限于恒定基线（在许多情况下具有固定方向）而将性能限制在特定范围内。而时间立体不会将性能限制在特定范围内。同一个传感器可用于尺度非常小和非常大的环境，并在两者之间无缝过渡。

如果生成了（被初始化了）一个新的关键帧，就可借助静态立体更新和修剪**传播深度**（PD）图。

3）地图优化模块

两幅图像之间的摄像机运动可借助直接图像对齐确定。这种方法可以跟踪摄像机朝向参考关键帧的运动。还可用于估计关键帧之间的相对位姿约束以进行位姿图优化。当然还需要补偿仿射光照的变化。

13.3.3 SVO算法

SVO算法是一种典型的半直接法[Forsterl 2014]。

1. 半直接法原理

半直接法结合了特征点法和直接法的部分线程或模块,可参照图13.3.8介绍其联系。

由图13.3.8可见,特征点法先通过特征提取和特征匹配建立图像之间的关联,再通过最小化重投影误差求解摄像机位姿和地图点云;而直接法直接利用图像像素的属性建立图像之间的关联,再通过最小化光度误差求解摄像机位姿和地图点云。半直接法将特征点法的特征提取模块与直接法的直接关联模块相结合。因为特征点比像素点更具鲁棒性,而直接关联比特征匹配后再最小化重投影误差的效率高,所以半直接法通过结合两种方法的优点,既能保证鲁棒性,也能提高效率。

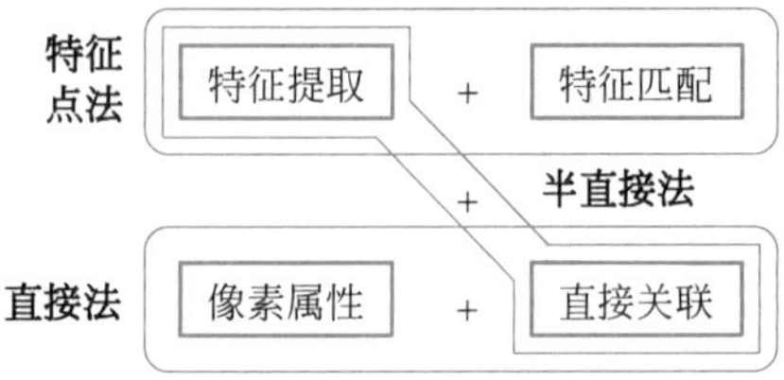

图13.3.8 半直接法结合了特征点法和直接法

2. SVO算法原理

SVO算法的流程框图如图13.3.9所示,主要包括两个线程:运动估计和制图。

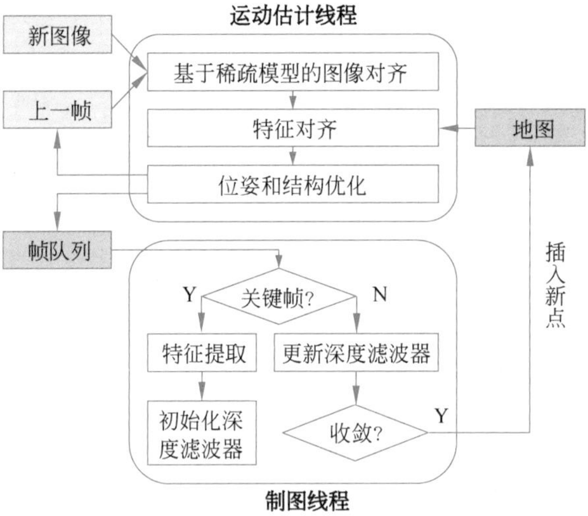

图13.3.9 SVO算法流程框图

运动估计线程主要包括3个模块:图像对齐、特征对齐、位姿和结构优化。

(1) 图像对齐模块。采用稀疏模型,将输入的新图像与前一帧图像对齐。对齐是将提取的特征点(FAST角点)重投影到新图像,并根据最小化光度误差计算摄像机位姿变换而实现的。相当于将直接法中的像素点换成了(稀疏的)特征点。

(2) 特征对齐模块。利用前面计算出的(粗略的)摄像机位姿变换,可将地图中已有的关键帧与新图像共视的特征点重投影回来(从地图到新图像)。考虑到重投影回来的特征点位置可能与图像中真实的特征点位置不重合,需要利用最小化光度误差进行修正。为对齐特征点,可使用仿射变换。

需要指出,虽然两个对齐模块都要确定摄像机位姿的6个参数,但如果只用第1个模块,位姿漂移的可能性很大；而如果只用第 2 个模块，计算量很大。所以，同时使用了两个模块。

(3) 位姿和结构优化模块。基于第(1)步获得的摄像机粗略位姿和第(2)步获得的修正后的特征点，可通过最小化地图点云重投影到新图像的误差对摄像机位姿和地图点云进行优化。注意，第(1)步和第(2)步都采用了直接法的思想，都是最小化光度误差。而这里采用特征点法的思想，最小化重投影误差。如果仅对摄像机位姿进行优化，使用的是仅考虑运动的 BA；如果仅对地图点云进行优化，使用的则是仅考虑结构的 BA。

制图线程根据给定的图像及其位姿估计 3-D 点的深度，主要包括 3 个模块：特征提取、初始化深度滤波器、更新深度滤波器。它们在两个判断的导引下工作。

(1) 是否关键帧。特征提取只有在选择关键帧初始化新的 3-D 点时才需进行。其后要为每个需估计相应 3-D 点的 2-D 特征初始化概率深度滤波器(特征的深度估计是用概率分布建模的，每个深度滤波器都与参考关键帧关联)。这种初始化在每次选择新关键帧时都要进行。初始化时深度具有高度不确定性，所以在随后的每一帧，深度估计都要以递归贝叶斯方式进行更新。

(2) 是否收敛。通过不断更新，深度滤波器的不确定性逐渐变小。当不确定性变得足够小时(收敛了)，可将深度估计转换为一个新的 3-D 点，该点将被插入地图，并立即用于运动估计。

13.4　群体机器人和群体 SLAM

群体机器人是一个分散的系统，可集体完成单个机器人无法完成的任务。由于定位感知和通信、自组织和冗余技术等的发展，群体机器人的特性(如可扩展性、灵活性和容错性)都得到了极大提升，这些特性使群体机器人成为执行许多任务的理想候选者。在大型未知环境中，群体机器人可通过使用自组织探索方案在危险的动态环境中导航自主执行同时定位和制图(SLAM)。

13.4.1　群体机器人的特性

群体机器人具有区别于集中式多机器人系统的特性[Kegeleirs 2021]。

1. 可扩展性

群体机器人仅与亲密的同伴和邻近环境交互。与大多数集中式多机器人系统相反，其不需要全局知识或监督即可操作。因此，修改群体的大小不需要重新编程单个机器人，也不会对定性的集体行为产生重大影响。这使群体机器人能够实现可扩展性——随着更多代理加入系统而保持性能——因为它们可在相当大的范围内应对任何规模的环境。当然，一种仅适用于非常昂贵机器人的方法在实际应用中可能无法扩展，因为经济上的限制可能阻止获取大量机器人。因此，群体 SLAM 方法的设计应考虑单个机器人的成本。

2. 灵活性

由于群体是分散和自组织的，单个机器人可以动态地将自身分配给不同的任务，从而满足特定环境和操作条件的要求，即使这些条件在操作时发生变化。这种适应能力增强了群体 SLAM 的灵活性。灵活性体现在群体 SLAM 不仅适用于专业的硬件配置，也可使用已存在的基础设施或全局信息源，并获得良好的结果。

3. 容错性

群体机器人由大量机器人组成，具有高冗余度，加上没有集中控制，可防止群体机器人出现单点故障。因此，群体 SLAM 方法可实现容错，因为其可应对某些机器人的缺失或故障(及因测量而产生的噪声）。同样，容错具有经济意义，缺失机器人不应对任务的成本或其成功产生重大影响。

综合考虑以上特性可知，群体 SLAM 应有与多机器人 SLAM 不同的应用：群体机器人最适合在主要约束为时间（或成本）而不是高精度的情况下应用。因此，更适合生成粗略的抽象图，如拓扑图或简单的语义图，而不是精确的度量图。事实上，当需要精确的地图时，通常有足够的时间构建，而当时间（或成本）为主要约束时，通常可接受生成近似但信息丰富的地图。群体 SLAM 的方法也适合绘制危险的动态环境。当环境随着时间的推移而演变时，单个或一小群机器人需要时间更新地图，而足够大的群体可较快完成。

13.4.2 群体 SLAM 要解决的问题

为实现可扩展、灵活和容错的**群体 SLAM**，需要解决一系列问题[Dimidov 2016]。

1. 探索环境

探索是 SLAM 的重要功能。在群体机器人技术中通常使用较简单的探索方案，特别是随机游走[Dimidov 2016]、[Kegeleirs 2019]。更好的选择是利用群体特有的行为，如分散和聚集。另外，在使用群体机器人时，需要考虑如何设计单个机器人的控制软件。研究表明，通过简单的原子行为构建控制软件，群体机器人的自动离线设计胜过手动设计[Birattari 2019]、[Birattari 2020]。最近自动设计方面的一项研究表明，探索能力可能来自原子行为之间的交互，而不仅来自嵌入原子行为的探索方案[Spacy 2020]。因此，使用简单、特定于群体的探索方案有利于设计过程并提升群体 SLAM 方法的效率。

2. 分享信息

多机器人 SLAM 中分享信息常用的方法是将原始数据与处理后的数据共享[Saeedi 2016]。但对于群体机器人，两者似乎都不是最优的。共享来自传感器的原始数据很简单，但其扩展性可能很差，因为大量数据可能无法足够快速地传输。共享处理过的数据可通过减少共享的数据量解决这个问题，但现有方法大多是集中式的，并依赖外部基础设施（如 GPS 或远程计算机）组装不同的数据子集。在映射动态环境时，实现完全分散的群体 SLAM 的有效方案包括分布式映射[Fox 2006]、[Ghosh 2020]、[Lajoie 2020]和基于图的映射[Kummerle 2011]，后者比较适合构建拓扑图或语义图。

3. 检索信息和制图

在信息不集中的情况下，检索地图是群体 SLAM 中的一个开放问题。事实上，最直观的方法是地图合并，需要将多个地图收集到一个系统中以合并。一种可能的解决方案是合并所有机器人中的每个地图，然后从其中任何一个机器人出发检索全部地图，但是，如果不使用外部基础设施，这是不现实的。不过，如果在映射动态环境时只需数据较少的抽象地图，则此方案还是有一定的竞争力。

最后，考虑不需要检索地图的情况。由于大多数 SLAM 方法的目的是构建供另一方使用的地图，因此可仅考虑对构建其机器人有用的地图。在群体机器人技术中，构建地图可帮助机器人进行探索并提高其性能。该地图无须人工操作员访问，因此只需在机器人之间共享。

13.5 SLAM 的新动向

近年来 SLAM 的发展除与仿生学结合外[Li 2021]，与深度学习和多智能体也有很多结合。

13.5.1　SLAM 与深度学习的结合

借助深度学习可改善里程计和闭环检测性能，加强 SLAM 系统对环境语义的理解。例如，称为 DeepVO 的视觉里程计方法对原始图像序列使用卷积神经网络(CNN)进行特征学习，并使用循环神经网络(RNN)学习图像之间的动力学联系[Wang 2017]。这种基于双卷积神经网络的结构能高效提取相邻帧之间的有效信息，同时具有较好的泛化能力。又如，在闭环检测方面，使用 ConvNet 计算路标区域的特征，并比较路标区域的相似性，以此判断整幅图像之间的相似性，并提高有局部遮挡时和剧烈变化场景下检测的鲁棒性[Sunderhauf 2015]。事实上，基于**深度学习**的闭环检测方法对不断变化的环境条件、季节变化及因动态目标存在而产生的遮挡更加鲁棒。

近期用于闭环检测的深度学习算法的概况如表 13.5.1 所示。

表 13.5.1　用于闭环检测的深度学习算法的概况

学习算法	深度网络	传感器	主要特征	适合场景
[Chen 2019]	AlexNet	摄像机	CNN 特征	室内/室外
[Merrill 2018]	Autoencoder	摄像机	梯度直方图	室内/室外
[Dube 2018]	CNN	LiDAR	分割图	室内/室外
[Dube 2019]	CNN	LiDAR	分割图	室内/室外
[Hu 2019b]	Faster R-CNN	摄像机	SIFT、SURF、ORB	室内
[Liu 2019b]	Hybrid	摄像机	语义特征	室外
[Xia 2016]	PCANet	摄像机	SIFT、SURF、ORB	室内/室外
[Zaganidis 2019]	PointNet++	LiDAR	语义 NDT	室外
[Chen 2020b]	RangeNet++	LiDAR	语义类	室外
[Wang 2020b]	ResNet18	摄像机	CNN 特征	室内/室外
[Facil 2019]	ResNet50	摄像机	CNN 多视角描述符	室外
[Yin 2018]	孪生网络	LiDAR	半手工	室外
[Olid 2018]	VGG16	摄像机	CNN 特征	室外
[Zywanowski 2020]	VGG16	LiDAR/摄像机	CNN 特征	室外
[Wang 2018]	Yolo	摄像机	ORB	室内/室外

在表 13.5.1 列出的特征中，SIFT 和 SURF 分别参见 6.3.2 小节和 6.3.3 小节，NDT 和 ORB 可参见 13.3.1 小节。

13.5.2　SLAM 与多智能体的结合

多智能体系统中的各智能体可以相互通信，相互协调，并行求解问题，提高 SLAM 的求解效率；而且各智能体相对独立，具有良好的容错性和抗干扰能力，有助于 SLAM 解决大尺度环境下的问题。例如，多智能分布架构[Cieslewski 2018]使用**逐次超松弛**(SOR)和**雅可比超松弛**(JOR)求解正规方程，可有效节省数据带宽。

使用**惯性测量单元**(IMU)辅助的视觉 SLAM 系统通常被称为视觉惯性导航系统。多智能体的协同视觉 SLAM 系统常具有搭载一个或多个视觉传感器的运动主体，通过对环境信息的感知估计自身位姿的变化并重建未知环境的 3-D 地图。

已有多智能体视觉 SLAM 系统方案的概况如表 13.5.2 所示[王 2020a]。

表 13.5.2 多智能体视觉 SLAM 系统方案的概况

SLAM	智能体数	前端特点	后端特点	地图类型
PTAMM	2	估计姿态	三角化、重定位、光束平差法	全局地图
CoSLAM	12	检测图像信息	摄像机内/间估计姿态、地图构建、光束平差法	全局地图
CSfM	2	视觉里程计	位置识别、地图融合、姿态优化、光束平差法	局部地图
C2TAM	2	估计姿态	三角化、重定位、光束平差法	局部地图
MOARSLAM	3	视觉-惯性里程计	位置识别	具有相对位姿关系的地图
CCM-SLAM	3	视觉里程计	位置识别、地图融合、删除冗余关键帧	局部地图

在表 13.5.2 中,CCM-SLAM 是一种融合了 IMU 的多智能体视觉 SLAM 框架[Schmuck 2019],每个智能体只运行具有有限关键帧数的视觉里程计,智能体将检测到的关键帧信息发送到服务器(降低了单个智能体的成本与通信负担),服务器根据这些信息对局部地图进行构建,并通过位置识别的方法对局部地图信息进行融合。在服务器中,姿态估计和光束平差法被应用于对地图的细化。

总结和复习　　随堂测试

第14章 多传感器图像信息融合

教学视频

多传感器信息融合是将来自多个传感器的信息数据进行综合加工，获得比使用单个传感器信息数据更全面、准确、可靠的结果的信息技术和过程。**融合**可定义如下：对由不同传感器获取的数据进行综合处理和分析，并进行协调、优化、整合，从中提取更多的信息或获得更有效的信息，从而提高决策能力的技术和过程。融合可扩展对空间和时间信息检测的覆盖范围，提高和改善检测能力，降低信息的模糊性，提升决策的可信度和系统的可靠性。

图像信息融合是一种特殊的多传感器融合，以图像为加工对象。有人将多分辨率图像（见上册第 16 章）的结合也归于融合，本章主要讨论多传感器图像信息融合。

根据上述讨论，本章各节将安排如下。

14.1 节对信息融合予以概括介绍，包括多传感器信息的类别，融合的层次和分级，以及主动视觉和主动融合的概念。

14.2 节介绍图像融合的主要步骤、3 个融合层次（像素级、特征级和决策级）及对融合效果的主客观评价方法。

14.3 节介绍像素级融合的基本方法及将不同方法结合的技术，简单介绍了基于压缩感知的图像融合过程，还结合实例介绍了像素级融合的应用。

14.4 节介绍双能（高能和低能）X 射线透射图像的融合，以及进一步与康普顿背散射图像的融合。

14.5 节介绍为实现高光谱图像融合进行的特征提取，既包括传统高光谱特征提取方法，也包括基于深度学习的特征提取方法。

14.6 节讨论 3 种在特征级和决策级融合中使用的方法的技术原理，包括贝叶斯法、证据推理法和粗糙集理论法。

14.7 节介绍多源遥感图像的融合，并介绍多个遥感数据库的情况，分析相关融合文献，概括讨论全色、多光谱、高光谱图像融合及基于深度循环残差网络的图像融合思路。

14.1 信息融合概述

人类对客观世界的感知是大脑与多个感官综合作用的结果，不仅包括视觉信息，也包括多种非视觉信息。例如，目前人们正在研究的智能型机器人可具有视觉、听觉、嗅觉、味觉、触觉（痛觉）、热觉（温觉）、力觉、滑动觉、接近觉等传感器[罗 2002]。它们感知的是同一环境下景物不同侧面的信息，这些信息之间必然是相关的。为此需要采用与之相应的信息综合加工技术，协调各传感器数据，这就涉及多传感器融合的理论和方法。

1. 多传感器信息融合

多传感器信息融合是人类的一种基本能力。一般单个传感器提供的信息常是不完整、不精确、模糊甚至互相矛盾的，即具有一定的不确定性。人类本能地具有将身体各种功能器官探测到的信息与先验知识进行综合，并对环境及其中的事件做出估计、解释和判断的能力。用计算机和电子器件实现多传感器信息融合，可将其看作对人脑综合处理复杂问题的一种功能模拟。

多传感器信息融合中，对传感器获取的信息进行综合处理，对于解决探测、跟踪和目标识别等问题具有如下优势。

（1）通过使用多个传感器探测不同区域可增强系统的空间覆盖范围。

（2）通过使用多个传感器探测同一区域可提高观测的空间分辨率。

（3）通过使用多个传感器探测同一区域可增强系统的可靠性和可信度。

（4）通过使用多种类型的传感器探测同一目标可增加信息量并降低模糊度。

与多传感器信息融合的形式相对应，可将由外部采集的信息分为如下 3 类。

（1）冗余信息：指由多个独立传感器（常为同质）提供的关于环境信息中同一特征的信息，也可指某一传感器在一段时间内多次测量得到的信息。冗余信息可用于提高容错能力及可靠性。对冗余信息的融合可减少测量噪声导致的不确定性，提高系统精度。

（2）互补信息：指由多个独立传感器（常为异质）提供的关于环境信息中不同特征的信息。将这些信息综合起来可构成完整的环境描述。互补信息的融合减少了因缺少某些环境特征而导致的对环境理解的歧义，可提高环境描述的完整性和准确性，增强正确决策能力。

（3）协同信息：指在多传感器系统中为获取某个传感器的信息而必须依赖的其他传感器信息，即多传感器协同需要的信息。协同信息的融合常与各传感器使用的时间顺序有关。

2. 信息融合层次

信息融合是一个广义的概念，可分为不同的层次。将信息融合划分为不同层次有多种方法。例如，根据信息抽象的层次可将信息融合分为五级（主要结合国防应用，以战场的战略预警为背景，考虑军事 C^3I 系统——指挥、控制、通信和情报）[何 2000]。

（1）检测级融合。指直接在多传感器信号检测级进行的融合，即先对单个传感器检测到的信号进行预处理，再将其传输至中心处理器。

（2）位置级融合。指在各单个传感器输出信号上融合。既包括时间融合，又包括空间融合，通过时间融合获得观察目标的状态，通过空间融合获得目标的运动轨迹。

（3）目标识别级融合。指根据目标识别分类的目的将检测到的目标属性进行融合。采取的方法又可分成 3 种。①数据融合：将各单个传感器给出的原始数据直接进行融合，然后基于融合结果进行特征提取和目标估计；②特征融合：将各单个传感器给出的目标特征描述矢量进行融合，利用联合矢量进行估计；③决策融合：将各单个传感器给出的对目标属性的估计分类进行融合以获得一致的估计。

（4）态势评估级融合。指在目标识别基础上对整个场景进行分析评估，需要将各种目标、事件的属性和行为结合起来，以描述场景中的活动。

（5）威胁估计级融合。态势强调的是状态，而威胁强调趋势。威胁估计级融合不仅要考虑状态信息，还要结合先验知识，从而获取状态变化的趋势和可能的事件后果。

3. 主动视觉和主动融合

为解决仅使用单幅静止图像理解场景这一病态问题，1988—1989 年人们提出了一个新的框架，称为**主动感知**或**主动视觉**，并扩展为“**主动、定性、有目的视觉**”[Andreu 2001]。其基本思路是使一个主动的观察者对场景采集多幅图像并综合利用它们，将病态问题转化为明确定义的和容易解决的问题。

如果一个主动视觉系统获取了一个场景的不止一幅图像，或者更一般地在场景中有运动的观察者和目标且系统装备了多个传感器的情况下，要解决的基本问题是如何将从多个传感器或多个时间获取的信息集成起来。具体就是要实现：①从不同的信息源选择信息；②在空间和时间上对信息进行配准；③将不同的信息融合为新的状态；④集成不同抽象层次（像素、特征、符号）的信息。

借助主动视觉中主动的含义，人们提出了主动融合的概念。图 14.1.1 给出了一个以主动融合为核心的图像理解的表达和控制框架[Andreu 2001]。图中上半部对应真实世界的情况，下半部反映将其映射到计算机的情况。图中矩形实线框指示处理框，虚线框指示表达框，实线箭头表示控制流，虚线箭头表示数据流。图中用黑体字和粗箭头强调了融合在此框架中的作用。融合过程在结合信息时主动选择需要分析的信息源并控制对数据的处理，所以称为**主动融合**。融合可在孤立的层次进行（如融合多幅输入图像以产生一幅输出图像），也可结合不同表达层次的信息（如根据地图、数字高程模型和图像信息产生一幅热分布图）。在所有层次的处理都可根据需要进行并得到控制（如选择输入图像、选择分类算法、细化所选区域的结果）。

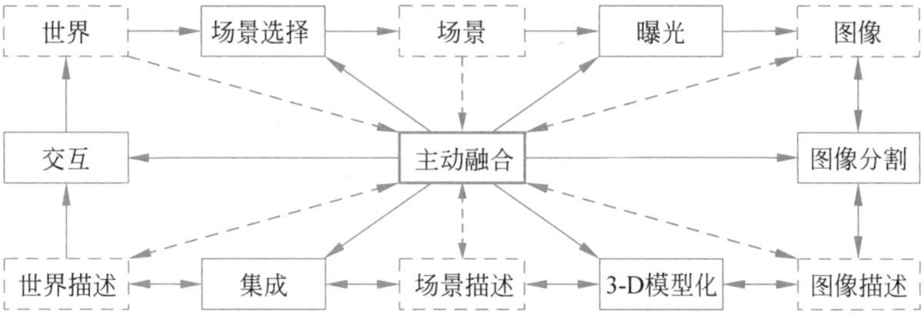

图 14.1.1　以主动融合为核心的图像理解的表达和控制框架

14.2　图像融合

从本节开始主要考虑图像与视频信息的融合，或者说视觉信息的融合。

目前成像的模式有多种，使用了多种可采集不同类型图像/视频的传感器，如可见光传感器（CCD、CMOS）、红外传感器、深度传感器、层析成像（CT）、磁共振成像（MRI）、合成孔径雷达（SAR）及毫米波雷达传感器（MMWR）等。

14.2.1　图像融合的主要步骤

为实现**图像融合**，需要使用多种图像技术，完成 3 个步骤的工作。

1. 图像预处理

图像预处理常包括图像归一化（灰度均衡、重采样、灰度插值）、图像滤波、增强图像的色彩和图像的边缘等（典型技术可参见上册）。图像融合常在不同尺寸、不同分辨率和不同灰度/彩色动态范围的图像之间进行。图像归一化要对这些参数进行归一化，除进行几何校正外，还可能要对各幅图像进行重采样，使其具有相同的分辨率。图像滤波是对高分辨率的图像进行高通滤波，获得高分辨率图像的高频纹理信息，使其与低分辨率图像进行融合时能保持高分辨率图像的高频纹理信息。图像色彩增强是要对低分辨率图像进行色彩增强，增加其色彩反差，在不改变低分辨率图像原有光谱信息的基础上使图像色彩明亮，从而将低分辨率图像的光谱信息充分反映到融合图像中。图像边缘增强是对高分辨率图像进行的，既要降低噪声，又要使图像边界清晰、层次分明，将高分辨率图像的空间纹理信息有效融合到低分辨率图像中。

2. 图像配准

图像配准是对各幅需要融合的图像进行空间配准（参见 11.1.2 小节）。图像融合对配准精度有较高的要求，如果空间误差超过一个像素，则融合结果会出现重影，严重影响融合图像的质量。

图像配准可分为相对配准和绝对配准。相对配准是指从同一类多幅图像中选择某一（波段）图像作为参考图像，再将其他（波段）的图像与参考图像进行配准。绝对配准则是指以同一空间坐标系为参考系，将需要融合的多幅图像与此参考系进行配准。

图像配准从技术上可分为基于区域的配准和基于特征的配准，分别参考 6.2 节和 6.3 节。**控制点**是基于特征的配准中常用的一种典型特征。许多基于控制点的图像配准算法需要先确定对应的匹配点对，再利用最小二乘法等方法计算出配准参数，从而实现图像的配准。为同时得到配准点对和配准参数，可使用广义哈夫变换（见中册 4.2 节）。可将广义哈夫变换看作一种投票机制，当正确的对应点对超过总控制点数的一半时，就能得到较好的配准结果。但因为要对尺度、旋转参数和可能控制点对进行全局搜索，所以广义哈夫变换的计算复杂度相当大。为降低广义哈夫变换的计算复杂度，可使用迭代方法，将哈夫变换的参数分离，逐步得到最佳变换参数，即可大大降低计算复杂度。

然而迭代哈夫变换易受初始变换参数及其取值范围的影响，经常会收敛到局部极大。为此可结合广义哈夫变换的鲁棒性和迭代哈夫变换的高效性，使用多尺度哈夫变换算法，其整体框架如图 14.2.1 所示[Li 2005a]。

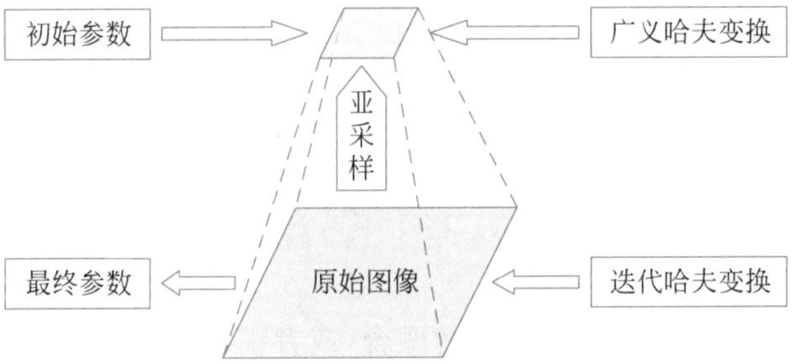

图 14.2.1　基于控制点的多尺度哈夫变换图像配准算法整体框架

基于多尺度哈夫变换的图像配准算法结合了广义哈夫变换和迭代哈夫变换的优点。在低分辨率层时仅使用较少数量的控制点、利用较大参数精度间隔的广义哈夫变换得到变换参数的初始值。由于只需要少数控制点，所以能降低广义哈夫变换的计算复杂度。在高分辨率层采用计算速度较快的迭代哈夫变换，用更多的控制点并结合使用广义哈夫变换得到的初始配准参数，获得精度更高的变换参数。

3. 图像融合

经过预处理和配准，可对得到的图像进行信息方面的融合。定量信息融合是将一组同类数据融合后给出一致的数据，是从数据到数据的转换；而定性信息融合可将多个单一传感器决策融合为集体一致的决策，是多种不确定性表达与相对一致表达间的转换。定量信息融合主要处理数值型信息，而定性信息融合主要处理非数值型信息，具体技术可见下面几节。

14.2.2　图像融合的三个层次

一般将多传感器图像的融合方式从层次上由低到高分为三级，即**像素级融合**、**特征级融合**和**决策级融合**（[Polhl 1998]）。这种划分与借助图像融合完成的整体工作步骤有关。如图 14.2.2 所示的多传感器图像融合三级流程框图中，从采集场景图像到做出判断决策共有 3 个步骤，即特征提取、目标识别和判断决策。图像融合的 3 个层次正好对应 3 个步骤。像素级融合在特征提取之前进行，特征级融合在目标识别（属性说明）之前进行，而决策级融合在（根据各传感器数据的独立属性)判断决策之前进行,下面分别讨论。

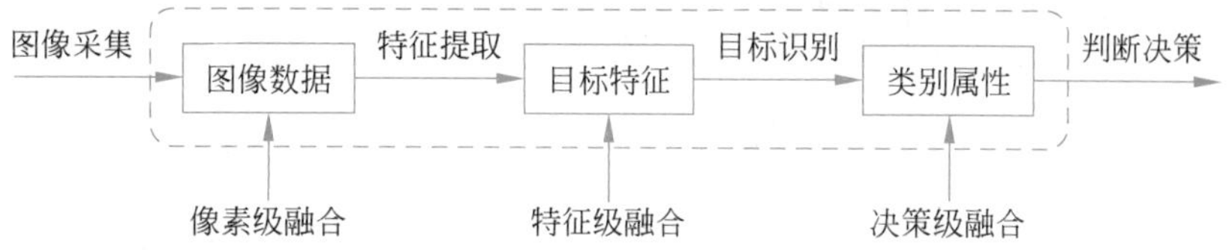

图 14.2.2　多传感器图像融合三级流程框图

1. 像素级融合

像素级融合是在底层数据层进行的融合,指对图像传感器原始采集的物理信号数据(两幅或多幅图像)进行处理和分析,生成目标特征而获得单一融合图像。像素级融合是一种基本的融合方式,也是高层融合的基础。像素级融合的优点是可以保留尽可能多的原始信息,所以比另外两级融合的精度高。像素级融合的主要缺点是处理信息的数量大、实时性差、计算成本高(对数据传输带宽及配准精度要求也较高),并且要求融合数据由同类或差异不大的传感器获取。

2. 特征级融合

特征级融合是一种在中间层次进行的融合,需要提取原始图像的特征,获得景物信息(如目标的边缘、轮廓、形状、表面朝向和相互间距离等)并进行综合,以得到置信度更高的判断结果。特征级融合既可保留重要信息,又可对数据量进行压缩,适用于异类或差别较大的传感器。特征级融合的优点是涉及的数据量少于像素级融合,有利于实时处理,且提供的特征直接与决策分析相关。特征级融合的缺点是精度比像素级融合差。

3. 决策级融合

决策级融合是在最高层次上进行的融合,能根据一定的准则及每个决策的可信度直接做出最优决策。在决策级融合之前,与各个传感器对应的处理部件已完成目标分类或识别工作。决策级融合常借助符号运算进行,其优点是具有较强的容错性、较好的开放性和较高的实时性。决策级融合的缺点是融合时信息可能已有较大的损失,所以空间和时间上的精度常较低。

上述 3 种融合方式的主要特点总结在表 14.2.1 中[贾 2000b]。

表 14.2.1　3 种融合方式的主要特点

融合方式	融合层次	信息损失	容错性	抗干扰能力	精度	实时性	计算量
像素级	低	小	差	差	高	差	大
特征级	中	中	中	中	中	中	中
决策级	高	大	优	优	低	好	小

对于不同融合方式采用的技术方法常有区别,但有些技术可用于不同融合方式(级)的融合。上述 3 种融合方式中常用的融合技术方法总结在表 14.2.2 中[贾 2000b]、[罗 2002]。不同的融合方式从抽象角度看处在不同的层次,融合的发展趋势有从像素到区域(目标)的趋向[Piella 2003]。对其中若干典型技术方法(加阴影)的介绍见 14.6 节。

表 14.2.2　3 种融合方式中常用的融合技术方法

像素级融合方式	特征级融合方式	决策级融合方式
加权平均法	加权平均法	基于知识的融合法
金字塔融合法	贝叶斯法	贝叶斯法
HSI 变换法	证据推理法(D-S 理论)	证据推理法(D-S 理论)
PCA 变换法	神经网络法	神经网络法
小波变换法	聚类分析法	模糊集理论法

续表

像素级融合方式	特征级融合方式	决策级融合方式
高通滤波法	熵法	可靠性理论
Kalman 滤波法	表决法	逻辑模块法
回归模型法		产生式规则法
参数估计法		粗糙集理论法

14.2.3 图像融合效果评价

对图像融合效果的评价是融合研究中的重要内容。对不同层次融合效果的评价常采用不同的方法和指标。对低层的融合更多地从视觉效果角度分析比较，而对高层的融合更强调融合对完成任务的帮助作用。虽然图像融合的方法多种多样，融合技术千差万别，但是融合图像信息量的丰富和图像质量的改善始终是图像融合的根本目的，也是衡量各种融合方法效果的基本准则。理想的融合过程既应有对新信息的挖掘引入，也应有对原来有用信息的保留，融合效果评价应包括创新性和继承性。

对图像融合效果的评价与对编码图像和解码图像的失真评价有所不同。图像编码评价考虑输入和输出图像之间的区别，区别越小（失真越小）越好。图像融合中的输入至少有两幅图像，融合效果并不完全由其与输出图像的差别决定。目前对融合效果进行系统和全面评价的方法还在不断研究中。

对图像融合效果的评价包括主观评价和客观评价。前者依靠观察者的主观感觉，不仅会随观察者本身的不同而不同，也会随观察者的兴趣及应用领域和场合要求的不同而不同。客观评价常根据某些可计算的指标判断，与主观视觉效果有一定的相关性，但又不等价。在下面介绍的基本评价指标中，$f(x,y)$表示原始图像，$g(x,y)$表示融合后的图像，其尺寸均为 $N\times N$。讨论中 $f(x,y)$和 $g(x,y)$都以灰度图像为例，但得到的评价指标很容易推广至其他类图像。

1. 主观评价

主观评价常通过目视或目测进行，具体评价中常对以下内容进行判断。

(1) 判断图像配准的精度，如果配准不好，融合图像就会出现重影。

(2) 判断融合图像的整体色彩分布，如果其与天然色彩保持一致，融合图像的色彩就真实。

(3) 判断融合图像的整体亮度和色彩反差，如果整体亮度和色彩反差不合适，就会出现蒙雾或斑块等现象。

(4) 判断融合图像的纹理及彩色信息是否丰富，如果光谱与空间信息在融合过程中有丢失，融合图像就会显得比较平淡。

(5) 判断融合图像的清晰度，如果图像的清晰度降低，目标影像的边缘就会变得模糊。

主观评价方法对明显的图像信息进行评价时比较直观、快捷、方便，但一般仅为比较定性的分析说明，且主观性较强。

2. 基于统计特性的客观评价

1) 灰度均值

一幅图像的灰度平均值反映为人眼感觉到的平均亮度，对图像的视觉效果有较大影响。一幅融合图像的灰度均值为

$$\mu=\frac{1}{N\times N}\sum_{x=0}^{N-1}\sum_{y=0}^{N-1}g(x,y) \tag{14.2.1}$$

如果一幅图像的灰度均值大小适中，则图像的主观视觉效果较好。

2）灰度标准差

一幅图像的灰度标准差反映各灰度相对于灰度均值的离散情况，可用于评价图像反差的大小。一幅融合图像灰度标准差的计算公式为

$$\sigma=\frac{1}{N\times N}\sqrt{\sum_{x=0}^{N-1}\sum_{y=0}^{N-1}[g(x,y)-\mu]^2} \tag{14.2.2}$$

如果一幅图像的灰度标准差较小，则表明图像的反差较小（相邻像素间的对比度较小），图像整体色调均匀单一，可观察到的信息较少。如果灰度标准差较大，则情况相反。

3）平均灰度梯度

一幅图像的平均灰度梯度与灰度标准差类似，也反映图像中的反差情况。由于梯度的计算常围绕局部区域进行，所以平均梯度更多地反映了图像局部的微小细节变化和纹理特征。一种计算融合图像平均灰度梯度的公式为

$$A=\frac{1}{N\times N}\sum_{x=0}^{N-1}\sum_{y=0}^{N-1}\sqrt{G_X^2(x,y)+G_Y^2(x,y)} \tag{14.2.3}$$

其中，$G_X(x,y)$和$G_Y(x,y)$分别为$g(x,y)$沿X、Y方向的梯度（差分）。一幅图像的平均灰度梯度较小，表示图像层次较少；反之平均梯度较大，图像会比较清晰。

4）灰度偏差

融合图像与原始图像之间的灰度偏差反映了其在光谱信息上的差异情况（也称光谱扭曲），其计算公式为

$$D=\frac{1}{N\times N}\sum_{x=0}^{N-1}\sum_{y=0}^{N-1}\frac{|g(x,y)-f(x,y)|}{f(x,y)} \tag{14.2.4}$$

若灰度偏差较小，则表明融合后的图像较好地保留了原始图像的灰度信息。

5）均方差

在理想图像（融合的期望结果或真值）已知的情况下，可利用理想图像与融合图像之间的均方差对融合结果进行评价。若理想图像用$i(x,y)$表示，则其间的均方差为

$$E_{\mathrm{rms}}=\left\{\frac{1}{N\times N}\sum_{x=0}^{N-1}\sum_{y=0}^{N-1}[g(x,y)-i(x,y)]^2\right\}^{1/2} \tag{14.2.5}$$

3. 基于信息量的客观评价

1）熵

图像的**熵**是衡量该图像中信息量丰富程度的指标。参见上册式（10.2.2），一幅图像的熵可根据该图像的直方图计算。设图像的直方图为$h(l)$，$l=1,2,\cdots,L$，则熵为

$$H=-\sum_{l=0}^{L}h(l)\log[h(l)] \tag{14.2.6}$$

如果融合图像的熵大于原始图像的熵，说明融合图像的信息量比原始图像的信息量有所增加。

2）交叉熵

融合图像与原始图像之间的**交叉熵**（也称有向散度）直接反映两幅图像所含信息量的相对差异。对称形式的交叉熵称为对称交叉熵。如果融合图像与原始图像的直方图分别为$h_g(l)$和$h_f(l)$，$l=1,2,\cdots,L$，则其间对称交叉熵的计算公式为

$$K(f:g)=-\sum_{l=0}^{L}h_g(l)\log\left[\frac{h_g(l)}{h_f(l)}\right]-\sum_{l=0}^{L}h_f(l)\log\left[\frac{h_f(l)}{h_g(l)}\right] \tag{14.2.7}$$

交叉熵越小，说明融合图像从原始图像中得到的信息量越大。

3）相关熵

融合图像与原始图像之间的**相关熵**（也称联合熵）也是反映两幅图像相关性的量度。两幅图像之间的相关熵可用下式计算：

$$C(f:g) = -\sum_{l_2=0}^{L}\sum_{l_1=0}^{L} P_{fg}(l_1,l_2)\log P_{fg}(l_1,l_2) \tag{14.2.8}$$

其中，$P_{fg}(l_1,l_2)$表示两幅图像同一位置像素在原始图像中灰度值为 l_1，而在融合图像中灰度值为 l_2 的联合概率。一般来说，融合图像与原始图像之间的相关熵越大，融合效果越好。

4）互信息

两幅图像间的**互信息**反映其间的信息联系（参见上册式(10.2.11)），可利用图像直方图的概率含义计算。借助上面定义的 $h_f(l)$、$h_g(l)$和 $P_{fg}(l_1,l_2)$，两幅图像间的互信息为

$$H(f,g) = -\sum_{l_2=0}^{L}\sum_{l_1=0}^{L} P_{fg}(l_1,l_2)\log\frac{P_{fg}(l_1,l_2)}{h_f(l_1)h_g(l_2)} \tag{14.2.9}$$

若融合图像 $g(x,y)$ 是由两幅原始图像 $f_1(x,y)$ 和 $f_2(x,y)$ 得到的，则 $g(x,y)$ 与 $f_1(x,y)$、$f_2(x,y)$ 的互信息为［若 f_1 和 g 的互信息与 f_2 和 g 的互信息有关，则需减去相关部分 $H(f_1,f_2)$］

$$H(f_1,f_2,g) = H(f_1,g) + H(f_2,g) - H(f_1,f_2) \tag{14.2.10}$$

其反映了最终融合图像中包含的原始图像信息量。可将上式推广使用至更多图像的融合。

4. 依据融合目的评价

融合评价指标的选取常根据融合的目的进行，下面给出几个例子。

（1）若融合的目的是去除图像中的噪声，则可采用基于信噪比的评价指标。

（2）若融合的目的是提高图像分辨率，则可采用基于统计特性及光谱信息的评价指标。

（3）若融合的目的是提高图像信息量，则可采用基于信息量的评价指标。

（4）若融合的目的是提高图像清晰度，则可采用基于平均灰度梯度的评价指标。

一般图像清晰度的提高有助于丰富细节信息和改善视觉效果，所以要从局部和主观方面反映融合效果，常借助基于统计特性的指标进行融合效果评价。一般图像信息量的提高有助于图像特征提取和目标识别，所以要从整体和客观方面反映融合效果，可借助基于信息量的指标进行融合效果评价。

14.3 像素级融合方法

在**像素级融合**中，拟融合的原始图像常具有不同但互补的特性，所以融合方法的选择也要考虑其不同特性。

14.3.1 基本融合方法

下面以 Landsat 地球资源卫星所获得的 **TM** 多光谱图像和 **SPOT** 遥感卫星所获得的 SPOT 全色图像融合为例，介绍几种比较基本、典型的像素级融合方法［边 2005］、［Li 2005b］。目前 TM 多光谱图像覆盖从蓝色到热红外谱段（波长为 0.45～12.5μm）的 7 个波段，而 SPOT 全色图像覆盖可见光和近红外谱段（波长 0.5～1.75μm）的 5 个波段。SPOT 图像的空间分辨率比 TM 图像高，但 TM 图像的光谱波段比 SPOT 图像多。图 14.3.1(a)和图 14.3.1(b)分别给出了对同一场景获取的（波长为 1.55～1.75μm）TM 图像 $f_t(x,y)$ 和（波长为 0.5～

$0.73\mu m$)SPOT 全色图像 $f_s(x,y)$。融合实验结果图像可见 14.3.2 小节。

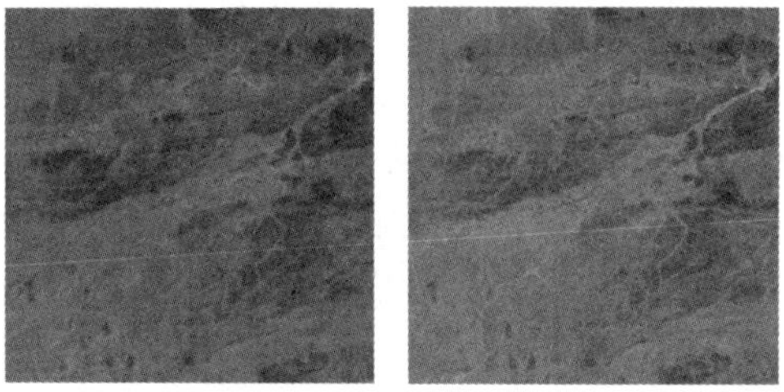

(a) (b)

图 14.3.1 TM 图像和 SPOT 全色图像示例

1. 加权平均融合法

加权平均融合法是一种简单直观的方法，其具体步骤如下。

(1) 在 $f_t(x,y)$中选择感兴趣的区域。

(2) 对该区域的各波段图像通过重采样扩展为高分辨率的图像。

(3) 选择对应同一区域的 $f_s(x,y)$，与 $f_t(x,y)$配准。

(4) 按下式进行代数运算，得到加权平均的融合图像。

$$g(x,y)=w_s f_s(x,y)+w_t f_t(x,y) \tag{14.3.1}$$

其中，w_s、w_t 分别代表对 $f_s(x,y)$、$f_t(x,y)$的加权值。

2. 金字塔融合法

金字塔是一种在空间上表达图像的数据结构(参见上册 16.1 节和中册 6.2.4 小节)。**金字塔融合法**利用图像多尺度分解得到的金字塔结构对图像进行融合，其具体步骤如下。

(1) 在 $f_t(x,y)$中选择感兴趣的区域。

(2) 对该区域的各波段图像通过重采样扩展为高分辨率的图像。

(3) 对每幅参加融合的图像 $f_t(x,y)$和 $f_s(x,y)$都做金字塔分解。

(4) 在金字塔各层将对应的 $f_t(x,y)$分解结果与 $f_s(x,y)$分解结果逐层融合，得到融合的金字塔。

(5) 利用金字塔生成的逆过程，由融合的金字塔重构融合图像。

3. 小波变换融合法

小波变换(参见上册 11.4 节)可将图像分解为对应不同结构的低频子图像和高频细节子图像。**小波变换融合法**利用小波分解得到的各种子图像进行融合，其具体步骤如下。

(1) 对 $f_t(x,y)$和 $f_s(x,y)$分别进行小波变换，获取各自的低频子图像和高频细节子图像。

(2) 用 $f_t(x,y)$的低频子图像替换 $f_s(x,y)$的低频子图像。

(3) 将替换后的 $f_s(x,y)$低频子图像与 $f_s(x,y)$高频细节子图像进行小波反变换，得到融合图像。

上述小波变换融合结果有效保留了表示光谱信息的 $f_t(x,y)$的低频部分，并加入了 $f_s(x,y)$中包含细节信息的高频部分，因而融合结果图像在视觉效果和统计结果上都有提高。实践中，小波分解的阶数对融合的结果影响较大，将在 14.3.3 小节进一步讨论。

4. HSI 变换融合法

HSI 变换是指从 RGB 彩色空间到 HSI 彩色空间的变换(参见上册 14.2.2 小节)。**HSI 变换融合法**是借助 HSI 变换进行融合操作的方法，其具体步骤如下。

(1) 选择 $f_t(x,y)$中的 3 个波段图像分别作为 RGB 图像，将其变换到 HSI 空间中。

(2) 用 $f_s(x,y)$替换 HSI 变换后得到的 I 分量(该分量主要决定图像的细节)。

(3) 进行 HSI 反变换,获得新的 RGB 图像并作为融合图像。

5. PCA 变换融合法

PCA 变换融合法的基础是**主分量分析**(PCA [Kirby 1990]),其具体步骤如下。

(1) 选择 $f_t(x,y)$中的 3 个或更多个波段的图像进行 PCA 变换。

(2) 将 $f_s(x,y)$与上述 PCA 变换后得到的第一主分量图像进行直方图匹配,使其灰度均值与方差一致。

(3) 用如上匹配后的 $f_s(x,y)$替代 $f_t(x,y)$进行 PCA 变换后得到的第一主分量图像,再进行 PCA 反变换,得到融合图像。

14.3.2 融合方法的结合

以上介绍的(单一型)融合方法各有优缺点。为克服各种融合方法单独使用而产生的问题,常将它们结合使用,取长补短。

1. 单一融合方法的问题

加权平均融合法最简单,运算量最少,但抗干扰能力较差,融合图像质量不够理想。一个典型的问题是平均的平滑效果常导致融合图像清晰度降低。

金字塔融合法简便易行,融合图像清晰度较高。但金字塔不同级之间的数据具有相关性,或者说不同尺度的图像之间具有冗余性,导致处理的数据量较大。另外,金字塔的重构存在不稳定因素,特别当两幅图像存在明显差异时。

小波变换将图像分解为高频细节部分和低频近似部分,分别对应图像中的不同结构,因此容易提取图像的结构信息和细节信息。小波变换具有完善的重构能力,可避免分解过程中产生信息损失或冗余信息。小波变换融合法对表示光谱信息的多光谱图像的低频部分进行了有效保留,并加入了全色图像包含细节信息的高频部分,因而融合结果图像在视觉效果和统计结果上都占优。但标准小波变换存在两个问题:①由于标准小波变换相当于执行高通和低通滤波,用 TM 图像的低频部分替代 SPOT 低频图像进行小波反变换,必然引起一些图像中原有信息的丢失;②由于 TM 与 SPOT 图像之间的灰度值明显不同,融合后 TM 图像中的光谱信息会发生改变,甚至出现噪声。

HSI 变换融合法在融合 TM 多光谱图像和 SPOT 全色图像时,可使融合后的图像具有原始高分辨率全色图像的空间分辨率,增强了图像的空间细节信息。但如果采用 SPOT 全色图像完全代替 TM 多光谱图像的 I 分量,则会导致光谱信息大量丢失,光谱失真较大。

主分量变换融合法能使融合后图像同时包含原始图像中的高空间分辨率和高光谱分辨率特征,融合图像中目标的细部特征会更加清晰。但如前融合时仅用 SPOT 图像简单替换 TM 图像的第一主分量,会使 TM 图像第一主分量中的反映光谱特性的有用信息损失,进而使融合结果图像的光谱分辨率受到影响。

2. HSI 变换与小波变换相结合的融合

HSI 变换融合图像的特点是高频信息丰富,但光谱信息损失较大。小波变换融合图像较好地保留了多光谱图像的光谱信息,但因舍弃了高空间分辨率图像的低频部分而出现方块效应,使视觉效果受到影响。一种将 HSI 变换与小波变换相结合的融合方法的具体步骤如下。

(1) 选择 $f_t(x,y)$中的 3 个波段(如 TM3,TM4,TM5)图像(可将$\{f_t(x,y)\}$看作矢量图像),进行 RGB 空间到 HSI 空间的变换。

(2) 对得到的 I 分量和 $f_s(x,y)$分别进行小波变换分解。

(3) 用 $f_s(x,y)$小波分解得到的高频系数替代 I 分量小波分解得到的高频系数。

(4) 将替代后得到的全部小波分解系数通过小波反变换获得新的亮度分量 I'。

(5) 用 H、S 和 I'分量进行 HSI 空间到 RGB 空间的变换，获得融合后的图像。

图 14.3.2(a)和图 14.3.2(b)给出了对图 14.3.1(a)和图 14.3.1(b)的原始图像分别进行 HSI 变换融合与小波变换相结合的融合图像[边 2005]。图 14.3.2(c)则给出了利用 HSI 变换与小波变换融合得到的融合图像。由这些图可见，因为相结合得到的融合图像既保留了 SPOT 全色图像的高频信息，又保留了 TM 多光谱图像中的纹理信息，所以细节比较清晰，相比单独 HSI 变换融合或小波变换融合，视觉效果有所改善。

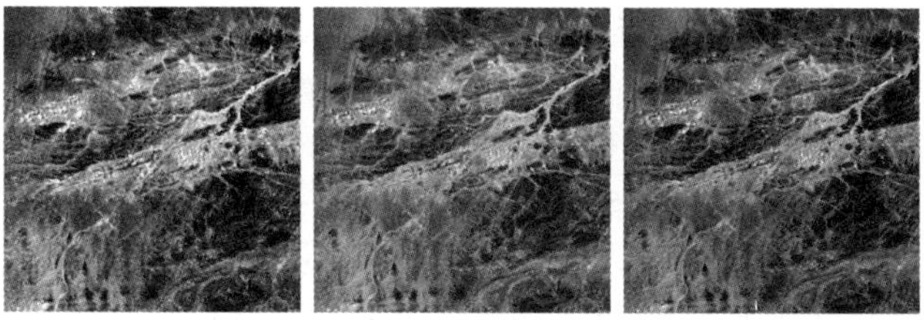

(a)　(b)　(c)

图 14.3.2　HSI 变换与小波变换相结合的融合图像

3. PCA 变换与小波变换相结合的融合

14.3.1 小节介绍的 PCA 变换法直接用 $f_s(x,y)$替代 TM 图像的第一主分量，其优点是适用于多光谱图像的所有波段，融合图像上目标的细部特征更加清晰，但不足之处是损失了 TM 图像第一主分量中反映光谱特性的光谱信息(TM 图像第一主分量中的光谱特性与 SPOT 图像的光谱特性并不完全一致)，因而使融合结果图像的光谱分辨率受到较大影响，并造成一定的光谱失真。将小波变换与 PCA 变换相结合，即可改进效果(既融入 SPOT 图像的细节信息，又保留 TM 图像第一主分量中的光谱信息)，其具体步骤如下。

(1) 对 $f_t(x,y)$的所有波段进行 PCA 变换。

(2) 将变换得到的第一分量图像与 $f_s(x,y)$进行直方图匹配(使其灰度均值与方差一致)。

(3) 对匹配后的两幅图像进行小波变换分解。

(4) 用 $f_s(x,y)$小波分解得到的高频系数替代 $f_t(x,y)$第一主分量小波分解得到的高频系数。

(5) 将替代后得到的全部小波分解系数通过小波反变换获得新的 $f_t(x,y)$第一主分量。

(6) 将新的 $f_t(x,y)$第一主分量与原来的各分量联合进行 PCA 反变换。

图 14.3.3(a)和图 14.3.3(b)给出了图 14.3.1(a)和图 14.3.1(b)的原始图像分别进行 PCA 变换融合与小波变换融合得到的融合图像[边 2005]。图 14.3.3(c)则给出了利用 PCA 变换与小波变换相结合得到的融合图像。因为融合结果增强了图像中的纹理特征，光谱信息更丰富，目标细节更精细，目标轮廓清晰可辨，所以相比单独使用 PCA 变换融合或小波变换融合得到的图像，融合图像的目视效果得到了改善。

4. 结合型融合的性能

上述两种结合型融合的效果与单一型融合的效果可利用 14.2.3 小节的评价指标进行比较。图 14.3.4(a)、图 14.3.4(b)、图 14.3.4(c)分别给出了用灰度标准差、平均灰度梯度和熵 3 个指标对 3 种单一型融合方法和 2 种结合型融合方法进行比较而得到的归一化结果。对于每种融合方法，考虑 3 个波段融合结果得到的平均值。

由图 14.3.4 可见，HSI 变换与小波变换相结合的融合结果与单一 HSI 变换的融合结果

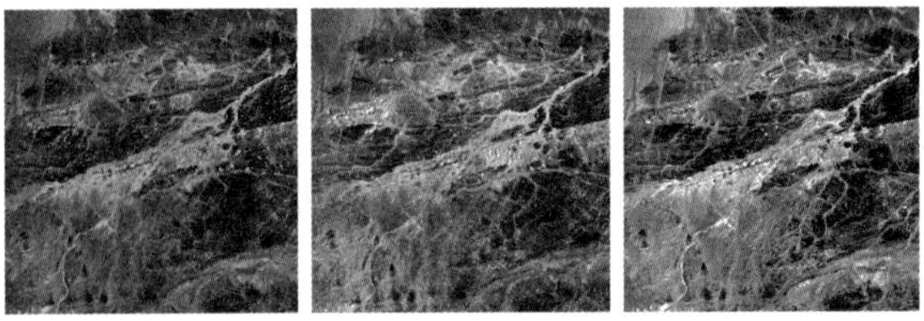

(a) (b) (c)

图 14.3.3 PCA 变换与小波变换相结合的融合图像

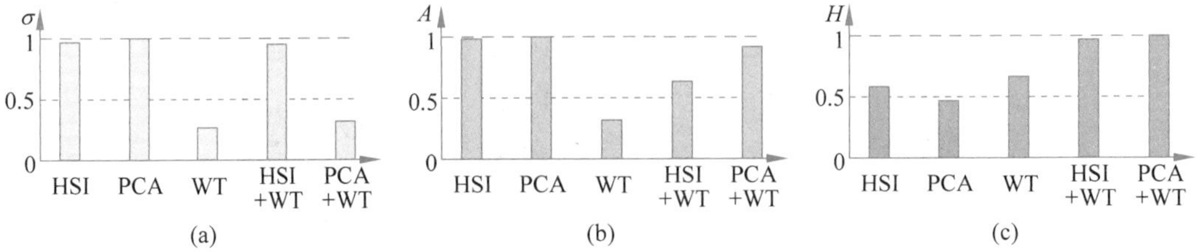

图 14.3.4 5 种融合方法所得结果的比较

相比，灰度标准差基本相当，平均灰度梯度略有减小，但熵有所增加，表明图像包含的信息更丰富了。另外，HSI 变换与小波变换相结合的融合结果与单一小波变换融合结果相比，灰度标准差、平均灰度梯度和熵的数值都有增加，表明这样融合的效果比小波变换融合方法的效果好。

从图 14.3.4 还可见，PCA 变换与小波变换相结合的融合结果与单一 PCA 变换的融合结果相比，灰度标准差相对减小，平均灰度梯度基本相当（但在各个波段间比较一致），且熵大幅增加，也表明图像包含的信息更丰富了。另外，PCA 变换与小波变换相结合的融合结果与单一小波变换融合的结果相比，灰度标准差略有提升，但平均灰度梯度明显增加，表明细节清晰度得到较大提高，熵也有所增加，表明这种融合效果比小波变换融合方法的效果好。

14.3.3 小波融合时的最佳分解层数

在利用小波变换进行融合时，如果小波分解的层数选得较少，则融合后图像的空间细节表现能力较差，但光谱特性保持较好；如果小波分解的层数选得较多，则融合后图像的空间细节表现能力较好，但光谱特性保持较差。这是由于当小波分解的层数选得较少时，全色图像分解后，其低频部分仍包含大量细节信息，这些信息却在融合过程中被忽略了，导致融合图像的空间细节表现能力较差；而多光谱图像分解后，其高频部分包含的光谱信息并不多，所以融合图像的光谱特性保持较好。当小波分解的层数选得较多时，结果相反。如果从计算代价的角度分析，分解层数选得过多时计算复杂度的快速提升远远超过融合效果的改善，增加分解层数将得不偿失。所以实际应用中应选取合适的小波分解层数值，使融合后的图像在空间细节信息的增强、多光谱信息的保持及计算复杂度方面实现平衡。

利用小波变换法进行多尺度融合时选择最佳分解层数的分析可见[Li 2005b]，其中推导了有理想参考图像时的情况，并通过实验进行了验证。先将聚焦不同的图像结合，构成实验图像，再将其逐步分解并逐层进行融合。通过比较相邻两层的融合结果，根据其接近程度直接估计最优分解层数。下面仅介绍其具体实验结果。

实验中共使用了 10 幅测试图像，如表 14.3.1 所示。对于每幅图像，分别用 7×7 高斯滤波器对图像中心和周围部分进行模糊（对应不同焦点的效果），得到两幅用于图像融合的原始图像。其中高斯滤波器的标准方差分别取值 0.5、1 和 5，所以由每幅测试图像可得到 3 对用于图像融合的原始图像。

表 14.3.1　真实最佳层数与理论计算出的最佳层数的比较

分解方法	LPT			DWT			DWF			DT-CWT		
模糊标准差	0.5	1	5	0.5	1	5	0.5	1	5	0.5	1	5
Airplane	1↔1	1↔1	2↔2	1↔1	3↔3	4↔4	1↔1	2↔2	4↔4	1↔1	2≠1	3↔3
Baboon	1↔1	1↔1	2↔2	2≠1	3↔3	4↔4	1↔1	2↔2	3↔3	1↔1	2↔2	3↔3
Boat	1↔1	1↔1	2↔2	1↔1	3≠2	4↔4	1↔1	2↔2	3↔3	1↔1	2↔2	3↔3
Bridge	1↔1	1↔1	2↔2	1↔1	3↔3	4↔4	1↔1	2↔2	4↔4	1↔1	2↔2	3≠4
Cameraman	1↔1	2≠1	2↔2	2≠1	3↔3	4≠5	1↔1	3≠2	4↔4	1↔1	2≠3	3≠4
Facial	1↔1	1↔1	2↔2	1↔1	2↔2	3≠4	1↔1	2≠1	3↔3	1↔1	1↔1	3≠4
Lena	1↔1	1↔1	2≠1	1↔1	2↔2	3≠4	1↔1	2≠1	3↔3	1↔1	2≠1	3↔3
Light	1↔1	2≠1	2↔2	2≠1	3↔3	4↔4	1↔1	3≠2	3≠4	1↔1	2↔2	3↔3
Peppers	1↔1	1↔1	2≠1	1↔1	2↔2	3≠4	1↔1	2≠1	3↔3	1↔1	1↔1	3↔3
Rice	1↔1	1↔1	2↔2	1↔1	1≠2	4↔4	1↔1	2≠1	4↔4	1↔1	1↔1	4↔4

实验比较了4种常用的多尺度分解方法，分别为拉普拉斯金字塔(LPT)、离散小波变换(DWT)、离散小波帧(DWF)及双树复小波(DT-CWT)法。表14.3.1同时给出了利用穷举法得到的最佳分解层数 S 及通过比较相邻两层结果而估计的最佳分解层数 T。如两者相同，则标为 $S \leftrightarrow T$，如两者不同，则标为 $S \neq T$ 并加阴影。由表可见，多数情况下两者是一致的(接近80%)，不一致时差值也仅为1，这表明可用自动估计代替手工穷举确定最佳分解层数。另外，由表14.3.1可见，对同一种方法，最佳分解层数随着模糊的增加而增加，因为此时需要更细的分解以利用更多的细节分量。

14.3.4　压缩感知图像融合

借助第3章介绍的压缩感知理论也可实现有效的图像融合，主要步骤如下。

(1) 对输入图像 $f_s(x,y)$ 和 $f_t(x,y)$ 进行稀疏变换：

$$\begin{cases} \boldsymbol{X}_s = T[f_s(x,y)] \\ \boldsymbol{X}_t = T[f_t(x,y)] \end{cases} \tag{14.3.2}$$

其中，稀疏变换 $T(\cdot)$ 可以是任意变换，如傅里叶变换、余弦变换及小波变换等；$\boldsymbol{X}_s$ 和 $\boldsymbol{X}_t$ 是稀疏变换后的系数矩阵。

(2) 对变换后的系数进行欠采样：

$$\begin{cases} \boldsymbol{Y}_s = \boldsymbol{\Phi} \cdot \boldsymbol{X}_s \\ \boldsymbol{Y}_t = \boldsymbol{\Phi} \cdot \boldsymbol{X}_t \end{cases} \tag{14.3.3}$$

其中，$\boldsymbol{\Phi}$ 为欠采样矩阵，$\cdot$ 为矩阵的点乘运算。

根据 $\boldsymbol{X}_s$ 和 $\boldsymbol{X}_t$ 中系数分布的特点(如傅里叶变换的系数中，低频系数在图中间，高频系数在周围，离中心越远，频率越高；余弦变换和小波变换的系数中，低频系数在图的左上角，其余部分为高频系数，越向右下方，频率越高)，常用的欠采样模式有星形、双星形、星圆形、单放射形，如图14.3.5(a)、图14.3.5(b)、图14.3.5(c)、图14.3.5(d)所示。

(3) 使用融合规则对采样后的系数进行融合，即

$$\boldsymbol{Y}_F = \mathcal{F}(\boldsymbol{Y}_s, \boldsymbol{Y}_t) \tag{14.3.4}$$

其中，融合规则 $\mathcal{F}(\cdot)$ 可使用加权平均法，也可使用其他方法(如绝对值最大法等)。

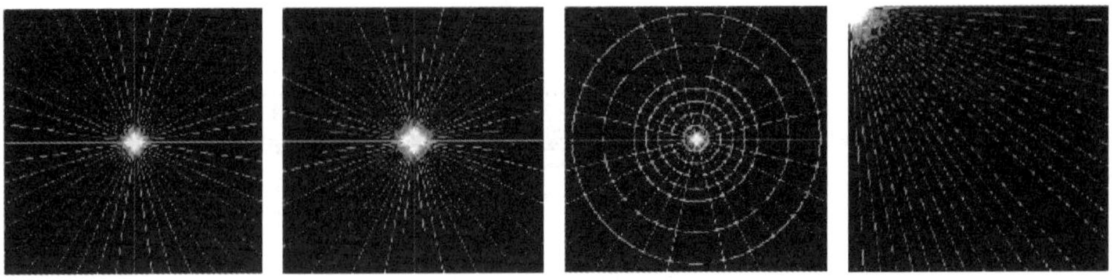

(a) (b) (c) (d)

图 14.3.5 4 种欠采样模式示例

（4）根据融合后的采样值 $\boldsymbol{Y}_F$ 和欠采样矩阵 $\boldsymbol{\Phi}$ 对融合后的图像 $\boldsymbol{X}_F$ 进行压缩感知重构。重构问题是一个约束优化问题，常见的有以下几种：

$$\min\|T(\boldsymbol{X}_F)\|_{L_0} \quad \text{s.t.} \quad \boldsymbol{\Phi}\cdot T(\boldsymbol{X}_F)=\boldsymbol{Y}_F \tag{14.3.5}$$

$$\min\|T(\boldsymbol{X}_F)\|_{L_1} \quad \text{s.t.} \quad \boldsymbol{\Phi}\cdot T(\boldsymbol{X}_F)=\boldsymbol{Y}_F \tag{14.3.6}$$

$$\min\text{TV}(\boldsymbol{X}_F) \quad \text{s.t.} \quad \boldsymbol{\Phi}\cdot T(\boldsymbol{X}_F)=\boldsymbol{Y}_F \tag{14.3.7}$$

其中，$\|x\|_{L_0}$、$\|x\|_{L_1}$ 和 TV(x)分别表示 x 的 L_0 范数、L_1 范数和全变差（total variation）范数。

14.3.5 像素级融合示例

像素级融合的结果和效果容易通过图像反映，下面介绍几个应用示例和融合效果。

1. 遥感图像融合

不同波段或不同类型遥感图像的融合是图像融合的典型应用，图 14.3.6 给出了一组示例。其中的原始图像由航空可见光/红外成像光谱仪（AVIRIS，见 http://aviris.jpl.nasa.gov）获得。AVIRIS 可同时采集 400nm（可见光）到 2500nm（红外）之间 224 个波段的光谱信息。图 14.3.6(a)和图 14.3.6(b)分别给出来自波段 30 和波段 100 的两幅图像，其融合结果如图 14.3.6(c)所示。由图可见，融合图像同时包含两幅原始图像的信息，更全面地反映了被拍摄区域的地表情况。

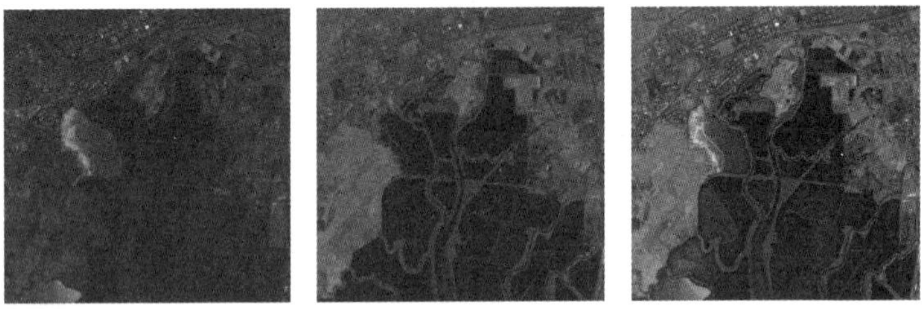

(a) (b) (c)

图 14.3.6 遥感图像融合示例

2. 可见光与红外图像融合

图 14.3.7 给出了一组可见光图像与红外图像融合的示例。其中图 14.3.7(a)和图 14.3.7(b)分别为同时对同一个大火燃烧场景获得的可见光图像（反映了浓烟的分布）和红外图像（反映了不同温度景物的情况），图 14.3.7(c)为它们的融合图像，从中可以清晰地看到人在浓烟里的位置。

3. 可见光与毫米波雷达图像融合

图 14.3.8 给出了一组可见光图像与毫米波雷达图像融合的示例。其中，图 14.3.8(a)和

(a) (b) (c)

图 14.3.7 可见光图像与红外图像融合示例

图 14.3.8(b)为同时对同一组人拍摄得到的可见光图像和毫米波雷达图像。可见光图像对人的成像比较自然清晰，而毫米波雷达对金属具有敏感性，使毫米波雷达图像能检测出武器(图中高亮处)。图 14.3.8(c)是两图融合后的图像，既显示了武器，又显示了携带者及位置，达到了检测隐藏武器的效果。

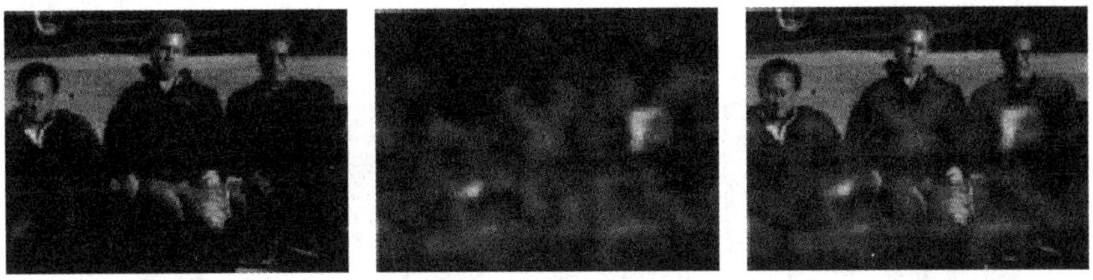

(a) (b) (c)

图 14.3.8 可见光图像与毫米波雷达图像融合示例

4. CT 与 PET 图像融合

不同类型图像的融合在医学检查中具有广泛用途。例如，CT 图像与 PET 图像(参见上册 9.1 节)能分别反映成像物体的不同特性。对人体进行检查时，前者主要给出人体内部器官和组织的解剖和结构信息，而后者主要给出人体内部器官和组织的生理和成分信息。图 14.3.9 给出了一组 CT 图像与 PET 图像融合的示例。其中，图 14.3.9(a)和图 14.3.9(b)为同时对某患者拍摄的腹部断层 CT 图像和 PET 图像，图 14.3.9(c)是其融合后的结果图像，既显示了肿瘤，又显示了肿瘤相对器官的位置，有助于进行有效诊断。

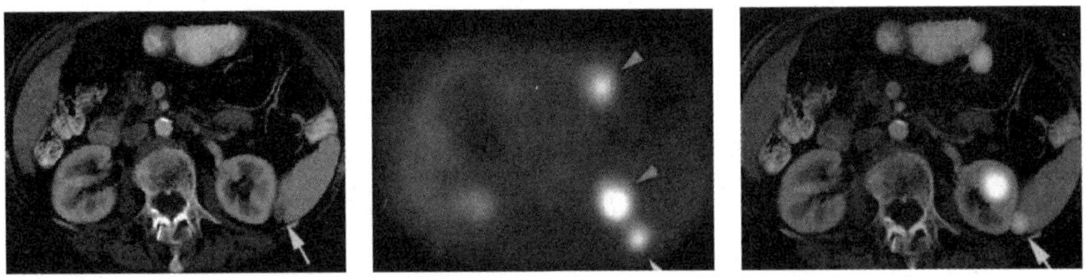

(a) (b) (c)

图 14.3.9 CT 图像与 PET 图像融合示例

5. 不同曝光图像融合

同类型图像的融合也有广泛的用途。例如，高对比度的场景受感光器件动态范围的限制，常常难以得到对所有景物都正常曝光的图像。图 14.3.10(a)和图 14.3.10(b)分别给出了对同一场景中不同景物正常曝光的图像，其中图 14.3.10(a)为对前景建筑物正常曝光的图像，此时后景建筑物严重曝光过度；图 14.3.10(b)为对后景建筑物正常曝光的图像，此时前景建筑物严重曝光不足。图 14.3.10(c)为两幅图像融合后的结果，此时原来明亮程度相差较大的前后景显示效果得到改善。

彩图

(a) (b) (c)

图 14.3.10 不同曝光图像融合示例

6. 不同焦点图像融合

另一个同类型图像融合的示例如图 14.3.11 所示。图 14.3.11(a)和图 14.3.11(b)分别为对场景中前后放置的两个钟成像的结果，图 14.3.11(a)聚焦于左前方的小钟，而图 14.3.11(b)聚集于右后方的大钟。在图 14.3.11(a)中，右后方大钟比较模糊；在图 14.3.11(b)中，左前方小钟比较模糊。两幅图像融合得到的图 14.3.11(c)中，两个钟都相当清晰。

(a) (b) (c)

图 14.3.11 不同焦点图像融合示例

14.4 双能透射和康普顿背散射融合

在安检领域，需要检测的物质种类较多，仅利用单种射线成像技术常无法满足需要。实践中，可采用多种射线成像，以判别各种物质材料。下面介绍先将双能（高能和低能）X 射线透射图像融合，再将康普顿背散射图像与其融合的一种方法[王 2011d]。

14.4.1 成像技术的互补性分析

将 X 射线照射到物体上后，射线会被分为几部分：一部分穿透物体继续前行而透射，一部分与物质中的原子发生碰撞而散射，其余部分在与物质经历的复杂物理过程中被衰减吸收。在安检图像涉及的能级范围内，主要包括两种类型的作用：光电效应和康普顿散射效应。

1. 双能透射

不同的物质具有不同的原子序数 Z。具有同样 Z 的物质对不同能量的射线有不同的吸收程度。在行李安检的透射成像中，占主导作用的是光电效应，其衰减系数与 Z^3 成比例。为获得被检物的有效原子序数(Z_{eff})需要采用两种能量不同的 X 射线：高能 E_{H} 和低能 E_{L}。设高、低能初始射线强度分别为 E_{Hi} 和 E_{Li}，穿透厚度为 T 的被检物后的射线强度为 E_{Ho} 和 E_{Lo}，则双能比值 R 为

$$R=\frac{\ln(E_{\mathrm{Lo}}/E_{\mathrm{Li}})}{\ln(E_{\mathrm{Ho}}/E_{\mathrm{Hi}})} \tag{14.4.1}$$

由双能比值 R 可计算出对应的 Z_{eff} 值。根据 Z_{eff} 值，可将物质分为 3 类：$1<Z_{\mathrm{eff}}\leqslant 10$ 为有机

物，$10 < Z_{eff} \leq 20$ 为混合物，$Z_{eff} > 20$ 为无机物。

利用双能透射图像，可将有机物从无机物中分离，特别能有效检测出金属等高 Z 且不易被射线穿透的物质，但对低 Z 有机物（如食品、塑料、织物等）和违禁有机物（如 TNT、C4、海洛因、可卡因等）的区分仍有困难。另外，R 值与被检物厚度 T 密切相关，同一物质不同厚度被检物的 R 值可能有较大变化，且随着 Z_{eff} 的增大，R 值的偏差也会增大，导致物质识别精度的下降。

2. 康普顿背散射

为检测和区别不同的有机物，可考虑使用 X 射线的**康普顿背散射**（CBS）成像。它利用入射电子与被检测物质的电子发生碰撞而散射回来的康普顿散射光子成像。CBS 对物质原子序数 Z 的依赖性较小，而与物质密度 ρ 成正比，可以间接对物质的质量密度成像。由于高 Z 物质对光子吸纳能力强，散射效应差；而低 Z 物质对光子有较强的散射效应，所以 CBS 成像效果较好。图 14.4.1 所示为不同物质的 CBS 成像灰度对比示意图，随着被测物 Z_{eff} 的增加，CBS 成像灰度由亮到暗。不过，由于康普顿背散射的光子能量较低，穿透能力较弱，所以仅使用 CBS 光子，只能获得被检测物体表层的信息。

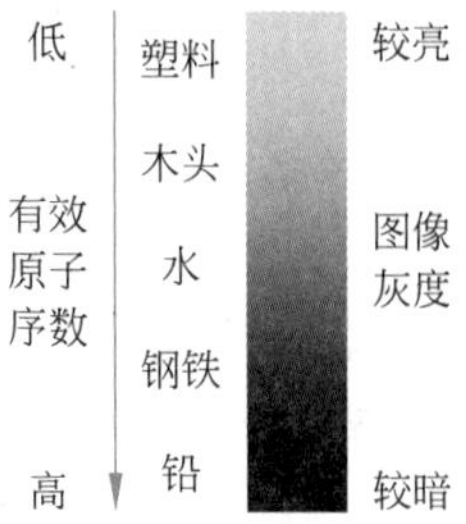

图 14.4.1 不同物质的 CBS 成像灰度对比示意图

CBS 的穿透能力虽然不如 X 射线透射的能力，但其对低原子序数的有机物灵敏，尤其是对有较低 Z_{eff} 和较高 ρ 的塑性炸药等效果较好。因此，CBS 图像成为透射图像的重要补充，可提高检测设备对有机违禁品的探测率。

14.4.2 互补融合

双能透射图像的优势体现在高 Z 物质检测方面，而康普顿背散射图像的优势体现在低 Z 物质检测方面，将两种图像融合，使其信息互补，就可能获得高、低 Z_{eff} 的物质均清晰的融合图像。为提供更直观的结果，可将物质的材料属性以伪彩色的形式表示。一般将有机物标为橙色，混合物标为绿色，无机物标为蓝色。

1. 融合方案

双能透射技术和康普顿背散射技术各有所长，前者穿透能力强，图像清晰，包含的信息较为丰富，能有效检测高 Z 物质，但对低 Z 物质分辨力较差；后者穿透能力弱，图像较为模糊，包含信息有限，但其对被检物表面的低 Z、高 ρ 材料有较好的探测效能。另一方面，图像融合后，原透射图像的清晰度不能降低，且融合区域透射图像的信息不能被覆盖或遮挡，所以要根据被检物在透射图像与 CBS 图像中表现出的冗余性或互补性，分区域区别对待。

一种基于互补信息特征的图像融合方案如图 14.4.2 所示[王 2012]。整个融合过程主要包括以下步骤。

(1) 从 X 射线高能与低能透射图像获取物质的有效原子序数并进行伪彩色融合。

(2) 基于透射图像与 CBS 图像中被检物外轮廓的相似性对 CBS 图像进行配准。

(3) 对配准后的 CBS 图像进行多目标分割，并确定各目标的围盒，将其映射到透射图像中，对透射图像进行分割，得到其中对应目标围盒（见中册 6.2.5 小节）的区域。

(4) 对透射与 CBS 图像的每个目标围盒进行相似性评测，相对透射图像，将 CBS 图像中分割出的区域划分为信息互补区域和信息冗余区域。

(5) 以双能透射图像为基础，根据区域特点将融合策略划分为 3 种：①对于 CBS 中的信息互补性区域，将该区域彩色增强后以加权平均的方式融合到双能透射图像中；②对于 CBS

中的信息冗余性区域，输出一幅双能透射伪彩图，并彩色增强其中的冗余区域，以表现其低原子序数高密度强散射体的特征；③如果 CBS 图像中未分割出有意义的区域，则输出一幅双能透射伪彩色图。

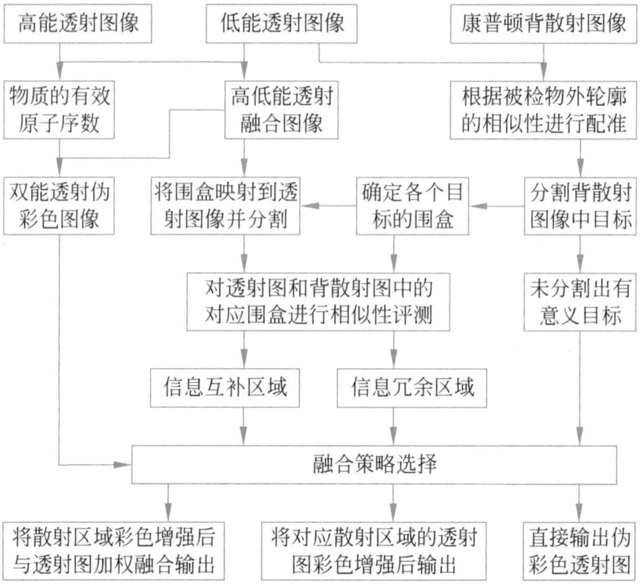

图 14.4.2　基于互补信息特征的图像融合方案流程图

2. 信息互补的实验效果

一个验证上述图像融合效果的实验得出的结果如图 14.4.3 所示。实验物为一个行李箱，其中装有电路板、钢板、塑料仿真手枪、圆形爆炸模拟物、方形薄片炸药模拟物等物品。首先借助高能透射和低能透射图像获取物品的有效原子序数(Z_{eff})，包括高 Z_{eff} 无机物质（钢板）和中 Z_{eff} 物质（电路板）。一方面，将高能透射和低能透射图像融合并伪彩色化，得到双能透射伪彩图，其中钢板显示为深蓝色，而电路板显示为绿色。另一方面，在背散射图像中可看到透射图像中不可见（或部分可见）的塑料仿真手枪、圆形爆炸模拟物、方形薄片炸药模拟物，将其分割并加亮显示。将 3 个物体所在的区域与透射图像相应区域对比判断，确定为信息互补区域，于是将这些区域以紫色半透明的方式融合到双能透射伪彩图的相应位置，得到最终融合结果。对未从背散射图像中分割出物体的区域不做融合处理，在这些区域仅显示相应位置的双

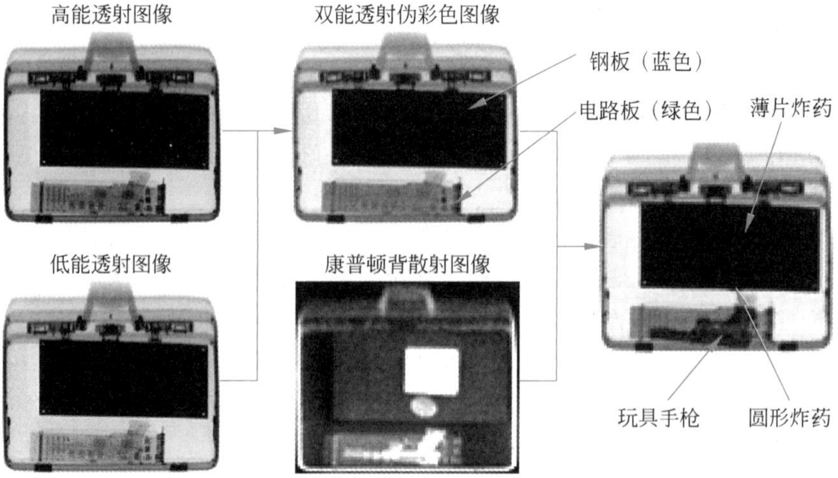

图 14.4.3　图像融合后信息互补的实验效果

能透射伪彩图内容。最终融合后的图像整体兼具透射和背散射图像的综合信息，其中来自背散射图像中的强散射体用紫色警示，表明其为低 Z_{eff} 高 ρ 的可疑违禁物质。

14.5　高光谱图像空间光谱特征提取

高光谱图像（HSI）包含丰富的光谱、空间和辐射信息。一方面具有光谱几乎连续、图像和光谱相结合的特点，能够较好地反映场景信息。另一方面具有数据量大、频带多、频带间相关性强等特点，给其在分类识别中的应用带来了诸多挑战。

高光谱图像中可能存在具有相同光谱的不同物质，即两个不同的地面目标可能在某一频带内显示相同的谱线特性。另外，同一目标也可能存在光谱不同的现象，即同一地面目标由于周围环境的影响而呈现不同的谱线特征。为准确对其进行分类，可考虑将相邻位置的空间信息集成到光谱特征提取方法中（充分挖掘高光谱图像数据的空间光谱特征）。

高光谱图像的空间光谱特征提取策略有多种。初始阶段主要采用传统的提取方法。近年来，基于深度学习的提取方法应用广泛[叶 2021]。

14.5.1　传统高光谱特征提取方法

传统的高光谱图像空间光谱特征提取方法主要从 3 方面着手：空间纹理和形态特征提取、空间邻域信息获取及空间信息后处理。

1. 空间纹理和形态特征提取

通过提取空间纹理和形态学特征预处理像素的空间信息，即先借助一定的结构和规则提取待分类像素的空间特征，再将获得的特征发送至分类器进行分类。空间特征主要包括纹理特征和形状特征，例如**盖伯特征**[Clausi 2000]、**局部二值模式**（LBP）特征[Ojala 2002]和**形态轮廓**或**形态侧影**（MP）特征[Pesaresi 2001]等。

2. 空间邻域信息获取

将待分类的像素和空间邻域中像素之间的关系直接组合到分类器中。通过构建分类模型或改进分类器，直接应用待分类像素及其邻域像素的空间光谱信息，从而实现特征提取，并同步进行分类。此类型的空间光谱特征提取方法通过数学表达式直接构建并反映分类模型中的空间信息。典型的代表如**稀疏表达分类**（SRC）模型[Wright 2009]、**协作表达分类**（CRC）模型[Zhang 2011]、基于**最近邻**（NN）的分类器和基于**支持向量机**（SVM）的分类器[Camps-Valls 2006]等。

3. 空间信息后处理

在后处理阶段使用空间信息校正获得的分类结果，以进一步提高分类精度。主要包括基于**马尔可夫随机场**（MRF）的技术[Tarabalka 2010]、基于**双边滤波器**（BF）的方法[Peng 2009]、基于**二值分区树**（BPT）[Valero 2011]的技术。

表 14.5.1 为传统空间光谱特征提取方法的概况。

表 14.5.1　传统空间光谱特征提取方法的概况

方法类别	特征模型	典型技术思路
空间纹理和形态特征提取	盖伯特征	将盖伯特征结合到主成分提取子空间中
	局部二值模式（LBP）特征	使用面向 HSI 局部空间信息的旋转不变纹理结构并应用 LBP
	形态侧影	通过形态学开启和闭合操作分割图像的明暗空间结构，并使用形态学变换构建 MP

续表

方法类别	特征模型	典型技术思路
空间邻域信息获取	稀疏表达分类模型	在 SRC 中，将为其标记样本提供具有最小近似误差的类标签确定为测试像素的类标签
	协作表达分类模型	每个像素都有平等的表达参与机会，所有像素都可相互协作，进一步提高分类精度
	基于最近邻(NN)的分类器	非参数分类器不需要关于数据密度分布的任何先验知识
	基于支持向量机的分类器	使用复合核(CK)结合 SVM 的频谱和上下文特征
空间信息后处理	马尔可夫随机场	将 SVM 与 MRF 相结合，利用 MRF 对 SVM 粗分类结果进行校正
	双边滤波器	使用光谱距离和多变量高斯函数，同时考虑光谱和空间信息，以保持空间细节并去除噪声
	二值分区树	基于 BPT 构造和修剪策略，使用区域的局部解混合，搜索达到全局最小重建误差的分区

14.5.2 基于深度学习的空间光谱特征提取方法

基于深度学习的算法通过构建深度网络框架，直接从高光谱图像数据中学习两层或多层具有代表性和可辨别性的深度特征（深度空间光谱特征）。按照时间顺序，相继出现了三大类方法，分别基于卷积神经网络、多源数据跨场景模型和图卷积网络。

1. 卷积神经网络

首先得到应用的深度网络框架是**卷积神经网络**(CNN)，其可输入光谱信息或空间光谱信息。其变形包括 **3-D 卷积神经网络**(3D-CNN)、**深度卷积神经网络**（深度 CNN、DCNN）[Hu 2015]、**循环神经网络**(RNN)和**卷积循环神经网络**(CRNN)[吴 2017]等。

2. 多源数据跨场景模型

由于**光探测和测距**(LiDAR)数据（也称激光雷达图像）可提供被测区域的高程信息，并可在一天中的任意时刻和恶劣天气条件下获取，因此通常将其与高光谱图像融合，进行特征提取，以更好地实现场景描绘。典型的方法包括**从多源数据中提取和分类联合特征**、**无监督协同分类**、**半监督图融合**(SSGF)、**集成分类器系统**、**高光谱图像分割**等。

3. 图卷积网络

图卷积网络(GCN)可通过对样本之间的关系进行建模，有效处理具有图结构的数据。此时，数据之间的潜在关系可用图结构表示。图像中的每个像素都被视为图中的结点，其邻域由滤波器大小（可变邻域大小）决定，以适应具有各种对象分布和几何外观的局部区域。高光谱图像中的长远空间关系可用 GCN 自然建模。不过，GCN 作为一种转换学习方法，需要所有结点参与训练过程以获得结点嵌入，从而导致内存占用率过高问题；同时，GCN 需要构造一个邻接矩阵，且计算成本随层数的增加而成倍增加。

近年来，已提出许多图卷积网络，如**边缘条件图卷积网络**（边缘条件 GCN）[Sha 2019]、**基于高光谱特征的图卷积网络**（高光谱 GCN）[Qin 2019]、**非局部图卷积网络**[Mou 2020]等。表 14.5.2 为基于深度学习的高光谱特征提取方法的概况。

表 14.5.2 基于深度学习的高光谱特征提取方法概况

类别	方法	典型技术思路
卷积神经网络	深度卷积神经网络	包括输入层、卷积层、最大池化层、全连接层和输出层，利用光谱信息对高光谱图像进行分类

续表

类别	方法	典型技术思路
卷积神经网络	循环神经网络	将高光谱数据作为光谱序列处理,使用循环神经网络对不同光谱带之间的相关性进行建模,并从高光谱数据中提取上下文信息
	卷积循环神经网络	从卷积层生成的特征中提取光谱背景信息,用于高光谱数据分类
多源数据跨场景模型	多源数据联合特征提取与分类	用一个 CNN 从高光谱数据中学习光谱空间特征,用另一个 CNN 从 LiDAR 数据中获取高程信息,最后将两个卷积层通过参数共享策略耦合在一起
	无监督协作分类	设计逐片卷积神经网络(PToPCNN)隐藏层,以集成 HSI 和 LiDAR 数据的多尺度特征
	半监督图融合	将光谱特征、高程特征和空间特征投影到较低的子空间上以获得新特征,这最大化了分类能力并保留了局部邻域结构
	集成分类器系统	将光谱带、高光谱形态特征和 LiDAR 特征分割为若干不相交的子集,并将从每个子集中提取的特征串接到随机森林分类器中进行分类
	高光谱图像分割	使用 CNN 和条件随机场相结合的框架,综合考虑光谱和空间信息,使用光谱立方体学习深度特征,并使用基于 CNN 的势函数构建深度条件随机场
图卷积网络	边缘条件 GCN	构建高光谱图模型以组合高光谱信息,利用 GCN 从输入数据中提取特征,并学习其与边缘标签的拓扑关系
	基于高光谱特征的 GCN	一种多光谱空间半监督图学习框架,可解决标注样本量不足问题并提高 HSI 分类精度
	非局部图卷积网络	一种半监督网络,可获取整幅图像(包括标注和未标注的数据)以平衡有限样本的高维属性

14.6 特征级和决策级融合方法

由表 14.2.2 可见,特征级融合和决策级融合时采用的技术有些是相同的。考虑到其中有些技术在其他地方已介绍,下面仅对其中(加阴影)3 种方法进行讨论。

14.6.1 贝叶斯法

贝叶斯法基于**贝叶斯条件概率**公式。设将样本空间 S 划分为 $A_1, A_2, \cdots, A_n$,满足:

(1) $A_i \cap A_j = \varnothing$;

(2) $A_1 \cup A_2 \cup \cdots \cup A_n = S$;

(3) $P(A_i) > 0, i = 1, 2, \cdots, n$。

则对于任一事件 B,$P(B) > 0$,有

$$P(A_i \mid B) = \frac{P(A, B)}{P(B)} = \frac{P(B \mid A_i)P(A_i)}{\sum_{j=1}^{n} P(B \mid A_i)P(A_i)} \tag{14.6.1}$$

将多传感器融合时的决策看作对样本空间的划分,就可使用贝叶斯条件概率公式解决多传感器系统的决策问题。

先考虑有两个传感器的系统。设第 1 个传感器的观察结果为 B_1,第 2 个传感器的观察结果为 B_2,系统可能的决策为 $A_1, A_2, \cdots, A_n$。假设 A_i 与 B_1、B_2 是互相独立的,则利用对系统的先验知识和传感器的特性,可将贝叶斯条件概率公式写为

$$P(A_i \mid B_1 \wedge B_2) = \frac{P(B_1 \mid A_i)P(B_2 \mid A_i)P(A_i)}{\sum_{j=1}^{n} P(B_1 \mid A_j)P(B_2 \mid A_j)P(A_j)} \tag{14.6.2}$$

上述结果可推广至多个传感器的情况。设有 m 个传感器，观察结果分别为 $B_1, B_2, \cdots, B_m$，如果各传感器互相独立且与观察对象条件独立，则系统有 m 个传感器时各决策的总后验概率为

$$P(A_i \mid B_1 \wedge B_2 \wedge \cdots \wedge B_m) = \frac{\prod_{k=1}^{m} P(B_k \mid A_i)P(A_i)}{\sum_{j=1}^{n}\prod_{k=1}^{m} P(B_k \mid A_j)P(A_j)} \quad i = 1, 2, \cdots, n \tag{14.6.3}$$

可选使系统具有最大后验概率的决策作为最终决策。

例 **14.6.1** 利用融合进行目标分类

设有 4 类目标($i=1,2,3,4$)，其出现概率分别为 $P(A_1)$、$P(A_2)$、$P(A_3)$、$P(A_4)$。两种传感器($j=1,2$)的测量值 B_j 满足高斯分布 $N(\mu_{ji}, \sigma_{ji})$，即各测量值的先验概率密度为

$$P(B_j \mid A_i) = \frac{1}{\sqrt{2\pi}\sigma_{ji}} \exp\left(\frac{-(b_j - \mu_{ji})^2}{2\sigma_{ji}^2}\right) \quad i = 1,2,3,4 \quad j = 1,2$$

上述各条件概率可用如下方法得到：设观察值发生在先验概率分布均值上的概率为 1，则实际观察值的概率是以均值为中心的两侧概率之和，即

$$P(B_1 \mid A_1) = 2\int_{B_1}^{\infty} p(b_1 \mid A_1)\mathrm{d}b_1 \quad P(B_2 \mid A_1) = 2\int_{B_2}^{\infty} p(b_2 \mid A_1)\mathrm{d}b_2$$

$$P(B_1 \mid A_2) = 2\int_{-\infty}^{B_1} p(b_1 \mid A_2)\mathrm{d}b_1 \quad P(B_2 \mid A_2) = 2\int_{B_2}^{\infty} p(b_2 \mid A_2)\mathrm{d}b_2$$

$$P(B_1 \mid A_3) = 2\int_{-\infty}^{B_1} p(b_1 \mid A_3)\mathrm{d}b_1 \quad P(B_2 \mid A_3) = 2\int_{-\infty}^{B_2} p(b_2 \mid A_3)\mathrm{d}b_2$$

$$P(B_1 \mid A_4) = 2\int_{-\infty}^{B_1} p(b_1 \mid A_4)\mathrm{d}b_1 \quad P(B_2 \mid A_4) = 2\int_{-\infty}^{B_2} p(b_2 \mid A_4)\mathrm{d}b_2$$

最终融合结果可表示为

$$P(A_i \mid B_1 \wedge B_2) = \frac{P(B_1 \mid A_i)P(B_2 \mid A_i)P(A_i)}{\sum_{j=1}^{4} P(B_1 \mid A_j)P(B_2 \mid A_j)P(A_j)} \quad i = 1,2,3,4$$

□

14.6.2 证据推理法

贝叶斯多信息融合法基于概率理论，且遵循概率的可加性原则。但当两个相反命题的可信度都较小（根据目前证据无法判断）时，贝叶斯法就不太适用。**证据推理法**（由 Dempster 提出，由 Shafer 完善，也称 **D-S 理论**）舍弃了可加性原则，而由一种称为半可加性的原则代替。

D-S 理论用识别框架 F 表示感兴趣的命题集，它定义了一个集函数 $C: 2^F \to [0,1]$，满足：

(1) $C(\varnothing) = 0$，即对空集不产生任何可信度；

(2) $\sum_{A \subset F} C(A) = 1$，即虽可赋予一个命题 A 任意可信度值，但赋予所有命题可信度值的和为 1。

称 C 为识别框架 F 上的基本可信度分配。$\forall A \subset F$，$C(A)$ 称 A 的**基本可信数**，反映了对

A 本身可信度的大小。

对于任意命题集，D-S 理论还定义了一个可信度函数：

$$B(A)=\sum_{E\subset A}C(E)\quad \forall A\subset F \tag{14.6.4}$$

即 A 的可信度函数值为 A 中每个子集可信数的和。由可信度函数定义可得

$$B(\varnothing)=0\quad B(\varnothing)=1 \tag{14.6.5}$$

对于一个命题 A 的信任仅用可信度函数描述是不全面的，因为 $B(A)$不能反映对 A 的怀疑程度，即相信 A 的非为真的程度。为此还可定义对 A 的怀疑度为

$$D(A)=B(\bar{A})\quad P(A)=1-B(\bar{A}) \tag{14.6.6}$$

其中，D 为怀疑度函数，P 为似真度函数，$D(A)$称为 A 的怀疑度，$P(A)$称为 A 的似真度。

根据式(14.6.6)，可用与 B 对应的 C 重新表示 P：

$$P(A)=1-B(\bar{A})=\sum_{E\subset F}C(E)-\sum_{E\subset\bar{A}}C(E)=\sum_{E\cap A\neq\varnothing}C(E) \tag{14.6.7}$$

若 $A\cap E\neq\varnothing$，则称 A 与 E 相容。式(14.6.7)表明，$P(A)$包含所有与 A 相容的命题集合的基本可信数。

由于 $A\cap\bar{A}=\varnothing$，$A\cup\bar{A}\subset F$，因此有

$$B(A)+B(\bar{A})\leqslant\sum_{E\subset F}C(E) \tag{14.6.8}$$

$$B(A)\leqslant 1-B(\bar{A})=P(A) \tag{14.6.9}$$

$[B(A),P(A)]$表示对 A 的不确定区间，分别称为概率的上下限。$[0,B(A)]$是完全可信的区间，表示对命题“A 为真”的支持程度。$[0,P(A)]$是对命题“A 为真”的不怀疑区间，表示证据不能否认对“A 为真”的支持程度。上述区间可参见图 14.6.1，显然$[B(A),P(A)]$区间越大，未知程度越高。

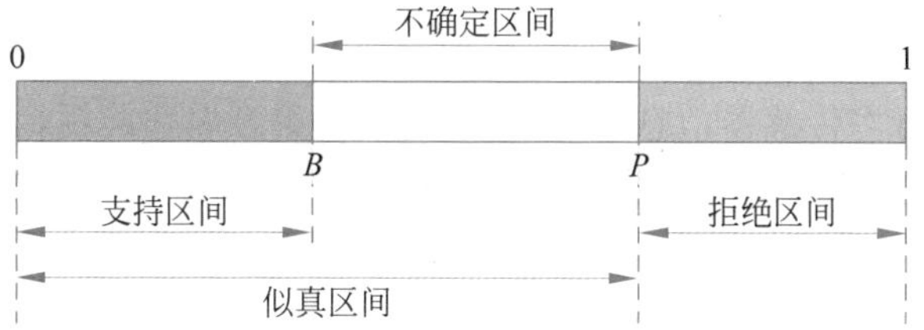

图 14.6.1　各信息区间的划分

如果将命题看作识别框架 F 上的元素，对于 $\forall C(A)>0$，称 A 为可信度函数 B 的焦元(focal element)。如果同一识别框架 F 上有两个可信度函数 B_1 和 B_2，令 C_1、C_2 分别为其对应的基本可信度分配，则对可信度值的合成如图 14.6.2 所示。图 14.6.2 中，竖条表示 C_1 分配到其焦元 $A_1,A_2,\cdots,A_K$ 上的可信度，横条表示 C_2 分配到其焦元 $E_1,E_2,\cdots,E_L$ 上的可信度，阴影为横竖条的交，其测度为 $C_1(A_i)C_2(E_j)$，可见 B_1、B_2 的联合作用是将 $C_1(A_i)C_2(E_j)$ 确切地分配到 $A_i\cap E_j$ 上。

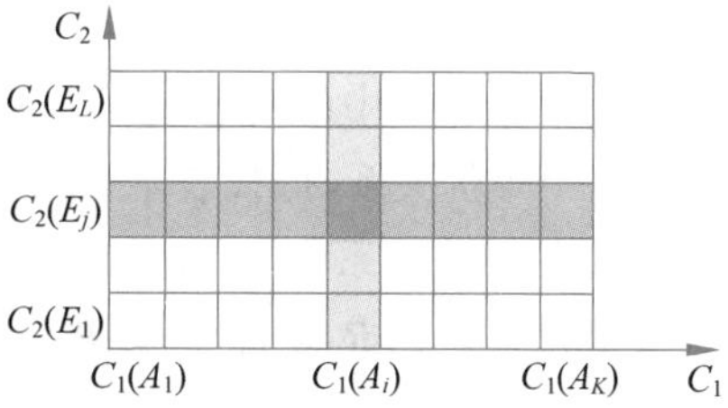

图 14.6.2　可信度值的合成

给定 $A\subset F$，如果 $A_i\cap E_j=A$，那么 $C_1(A_i)C_2(E_j)$ 为分配到 A 上的部分可信度，而分配到 A 上的总可信度为 $\sum\limits_{A_i\cap E_j=A}C_1(A_i)C_2(E_j)$。但当 $A=\varnothing$ 时，将有部分可信度

$\sum_{A_i \cap E_j = \varnothing} C_1(A_i)C_2(E_j)$ 分配到空集上，这显然不合理。为此，可将每个可信度乘以系数 $\left[1 - \sum_{A_i \cap E_j = \varnothing} C_1(A_i)C_2(E_j)\right]^{-1}$，使总可信度满足等于1的要求。对两个可信度值进行合成的法则如下（用 $\oplus$ 表示合成操作）：

$$C(A) = C_1(A) \oplus C_2(A) = \frac{\sum_{A_i \cap E_j = A} C_1(A_i)C_2(E_j)}{1 - \sum_{A_i \cap E_j = \varnothing} C_1(A_i)C_2(E_j)} \tag{14.6.10}$$

对上面的过程进行推广，多个可信度值合成（多信息的融合）时，如果令 $C_1, C_2, \cdots, C_n$ 分别表示 n 个信息的可信度分配，当它们由独立的信息推得时，融合后的可信度值 $C = C_1 \oplus C_2 \oplus \cdots \oplus C_n$ 可表示为

$$C(A) = \frac{\sum_{A_i \cap E_j = A} \prod_{i=1} C_i(A_i)}{1 - \sum_{A_i \cap E_j = \varnothing} \prod_{i=1} C_i(A_i)} \tag{14.6.11}$$

实际使用时，将各传感器采集的信息作为证据，每个传感器提供一组命题，并建立相应的可信度函数。多传感器信息融合就成为在同一识别框架下，将不同证据合并为一个新证据的过程。主要步骤如下。

（1）分别计算各传感器的基本可信数、可信度函数和似真函数。

（2）利用式（14.6.11）的合并规则，求得所有传感器联合作用下的基本可信数、可信度函数和似真函数。

（3）在一定决策规则下，选择具有最大支持度的目标。

14.6.3 粗糙集理论法

用证据推理法进行多传感器信息融合时，可能出现组合爆炸问题，为此需要研究如何对传感器的互补信息进行分析，压缩冗余信息，并根据数据间的内在关系得到融合算法。**粗糙集理论**为解决这一问题提供了一种手段。与能表达模糊概念但不能具体计算模糊元素数目的模糊集理论不同，粗糙集理论可用确切的数学公式计算模糊元素的数目。

1. 粗糙集定义

设 $L \neq \varnothing$ 为感兴趣对象组成的有限集合，称为论域。对于 L 中的任意子集 X，称其为 L 中的一个概念。L 中的概念集合称为关于 L 的知识（常表示为属性的形式）。设 R 为定义在 L 上的一个等价关系（可代表事物的属性），则一个知识库就是一个关系系统 $K = \{L, \boldsymbol{R}\}$，其中 $\boldsymbol{R}$ 为 L 上的等价关系集合[张 2001]。若 $\boldsymbol{R}$ 为 X 上的等价关系，则 $\boldsymbol{R}$ 为自反的、对称的、传递的。一个元素 a 的 $\boldsymbol{R}$ 等价类 $[a]\boldsymbol{R} = \{x \mid x \in \boldsymbol{R}, a \in X\}$，即 a 的等价类是所有与 a 可组成序偶的元素 x 的集合。

对于 L 中的任意子集 X，如果其可用 R 定义，则称为 **$\boldsymbol{R}$ 精确集**；如果其不可用 R 定义，则称为 **$\boldsymbol{R}$ 粗糙集**。粗糙集可用**上近似集**和**下近似集**两个精确集（近似地）描述：

$$R^*(X) = \{X \in L : R(X) \cap X \neq \varnothing\} \tag{14.6.12}$$

$$R_*(X) = \{X \in L : R(X) \subseteq X\} \tag{14.6.13}$$

其中，$R(X)$ 为包含 X 的等价类。X 的 R 边界定义为 X 的 R 上近似集与 R 下近似集的差集，即

$$B_R(X)=R^*(X)-R_*(X) \tag{14.6.14}$$

例 14.6.2　粗糙集示例

设给定一个知识库 $K=(L,\boldsymbol{R})$，其中 $L=\{x_1,x_2,\cdots,x_8\}$，$\boldsymbol{R}$ 为一个等价集合，其中包括等价类 $E_1=\{x_1,x_4,x_8\}$，$E_2=\{x_2,x_5,x_7\}$，$E_3=\{x_3\}$，$E_4=\{x_6\}$。如果考虑集合 $X=\{x_3,x_5\}$，则有 $R_*(X)=\{X\in L:R(X)\subseteq X\}=E_3=\{x_3\}$，$R^*(X)=\{X\in L:R(X)\cap X\neq\varnothing\}=E_2\cup E_3=\{x_2,x_3,x_5,x_7\}$，$B_R(X)=R^*(X)-R_*(X)=\{x_2,x_5,x_7\}$。　□

$R^*(X)$是知识 R、L 中可能归入 X 的元素的集合；$R_*(X)$是知识 R、L 中所有一定能归入 X 的元素的集合；$B_R(X)$是知识 R、L 中既不能确切归入 X，也不能确切归入 $\overline{X}$（X 的补集）的元素的集合。可将 $R_*(X)$称为 X 的 R 正域，将 $L-R^*(X)$称为 X 的 R 负域，将 $B_R(X)$称为 X 的边界域。按照以上定义，正域是指根据知识 R 能完全确定地归入集合 X 的元素的集合，负域是指根据知识 R 明显不属于集合 X 的元素的集合（属于 X 的补集）。边界域是在某种意义上的不确定域。对于知识 R，属于边界域的元素不能被确切地归入 X 或 $\overline{X}$。由上可见，$R^*(X)$由根据知识 R 不能排除其属于 X 的可能性的元素组成。换句话说，上近似集是正域与边界域的并集。

上述讨论的 2-D 图示可见图 14.6.3。图中所示的空间由划分为基本区域的矩形构成，每个基本区域代表 R 的一个等价类。处于 $R^*(X)$、$R_*(X)$之间的区域代表 X 的 R 边界，是 X 的不确定区域。粗糙集的图示与中册 3.3.2 小节介绍的过渡区的图示有相似之处，也可参照其讨论进一步理解粗糙集的含义。

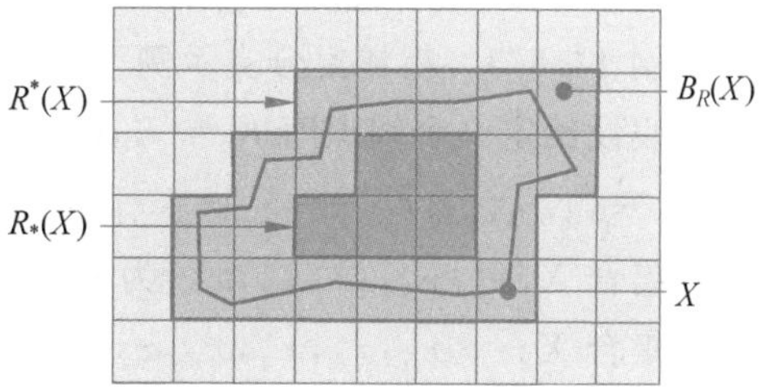

图 14.6.3　粗糙集示意图

由上可知，当且仅当 $R^*(X)=R_*(X)$时，X 为 R 可定义集；当且仅当 $R^*(X)\neq R_*(X)$时，X 为 R 粗糙集。换句话说，可将 $R_*(X)$描述为 X 中的最大可定义集，将 $R^*(X)$描述为含有 X 的最小可定义集。

2. 粗糙集描述

边界域是指因掌握的知识不全而存在的不能确定的区域，即 $B_R(X)$上的元素是不确定的。所以，L 中子集 X 关于 L 的不确定关系是粗糙的，$B_R(X)\neq\varnothing$。一个集合 X 的边界域越大，该集合所含的不确定元素越多，其精确性就越小。为准确表达这一点，引入精度的概念如下：

$$d_R(X)=\frac{\text{card}[R_*(X)]}{\text{card}[R^*(X)]} \tag{14.6.15}$$

其中，card(·)表示集合的基数，且 $X\neq\varnothing$。

精度 $d_R(X)$反映了对集合 X 的了解程度。在例 14.6.2 中，$d_R(X)=\text{card}[R_*(X)]/\text{card}[R^*(X)]=1/4$。对于任意一个 R 和 $X\subseteq L$，有 $0\leqslant d_R(X)\leqslant 1$。当 $d_R(X)=1$ 时，X 的 R 边界域为空，集合 X 为 R 可定义。当 $d_R(X)<1$ 时，集合 X 有非空边界域，集合 X 为 R 不可定义。

与精度对应的概念是粗糙度

$$h_R(X)=1-d_R(X) \tag{14.6.16}$$

它反映了对集合 X 了解的不完全程度。

由上可见，与概率论和模糊集合论不同，不精确性的数值不是预先假定的，而是通过表达知识不精确性的概念近似计算得到的，表示的是有限知识（对象分类能力）的结果，所以不需要用精确的数值表达不精确的知识，而采用量化的概念(分类)处理。

借助上下近似集还可表达粗糙集的拓扑特性。下面定义 4 种重要的粗糙集(可参考图 14.6.3 分析其几何意义)：

(1) 若 $R_*(X)\neq\varnothing$，且 $R^*(X)\neq L$，则称 X 为 R 粗糙可定义集。此时可确定 L 中任一元素属于 X 或 $\overline{X}$。即图 14.6.3 中的情况，$R_*(X)$之内和 $R^*(X)$之外都属于 $\overline{X}$。

(2) 若 $R_*(X)=\varnothing$，且 $R^*(X)\neq L$，则称 X 为 R 内不可定义集。此时可确定 L 中某些元素是否属于 $\overline{X}$，但不能确定 L 中任一元素是否属于 X。相当于将图 14.6.3 中的 $R_*(X)$缩为空集，此时 $R^*(X)$之外的元素都属于 $\overline{X}$，但 $R^*(X)$之内的元素不能确定是否属于 X。

(3) 若 $R_*(X)\neq\varnothing$，且 $R^*(X)=L$，则称 X 为 R 外不可定义集。此时可确定 L 中某些元素是否属于 X，但不能确定 L 中任一元素是否属于 $\overline{X}$。相当于将图 14.6.3 中的 $R^*(X)$扩展到整个 L，此时 $R_*(X)$之内的元素都不属于 X，但不能确定 $R_*(X)$之外的元素是否属于 $\overline{X}$。

(4) 若 $R_*(X)=\varnothing$，且 $R^*(X)=L$，则称 X 为 R 全不可定义集。此时不能确定 L 中任一元素是否属于 X 或 $\overline{X}$。相当于上述两种情况同时发生，不可定义集是上述两种情况中不可定义集的并集，或者说从 $R_*(X)=\varnothing$ 到 $R^*(X)=L$ 都不可定义。

例 14.6.3 粗糙集分类示例

假设给定一个知识库 $K=(L,\boldsymbol{R})$，其中 $L=\{x_0,x_1,\cdots,x_{10}\}$，$\boldsymbol{R}$ 为一个等价集，且有等价类 $E_1=\{x_0,x_1\}$，$E_2=\{x_2,x_6,x_9\}$，$E_3=\{x_3,x_5\}$，$E_4=\{x_4,x_8\}$，$E_5=\{x_7,x_{10}\}$。

集合 $X_1=\{x_0,x_1,x_4,x_8\}$为 R 可定义集，因为 $R^*(X_1)=R_*(X_1)=E_1\cup E_4$。

集合 $X_2=\{x_0,x_3,x_4,x_5,x_8,x_{10}\}$为 R 粗糙可定义集，此时 $R_*(X_2)=E_3\cup E_4=\{x_3,x_4,x_5,x_8\}$，$R^*(X_2)=E_1\cup E_3\cup E_4\cup E_5=\{x_0,x_1,x_3,x_4,x_5,x_7,x_8,x_{10}\}$，$B_R(X_2)=E_1\cup E_5=\{x_0,x_1,x_7,x_{10}\}$，$d_R(X_2)=1/2$。

集合 $X_3=\{x_0,x_2,x_3\}$为 R 内不可定义集，因为 $R_*(X_3)=\varnothing$，$R^*(X_3)=E_1\cup E_2\cup E_3=\{x_0,x_1,x_2,x_3,x_5,x_6,x_9\}\neq L$。

集合 $X_4=\{x_0,x_1,x_2,x_3,x_4,x_7\}$为 R 外不可定义集，此时 $R_*(X_4)=E_1=\{x_0,x_1\}$，$R^*(X_4)=L$，$B_R(X_4)=E_2\cup E_3\cup E_4\cup E_5=\{x_2,x_3,x_4,x_5,x_6,x_7,x_8,x_9,x_{10}\}$，$d_R(X_4)=2/11$。

集合 $X_5=\{x_0,x_2,x_3,x_4,x_7\}$为 R 全不可定义集，因为 $R_*(X_5)=\varnothing$，$R^*(X_5)=L$。

□

3. 基于粗糙集的融合

为将粗糙集理论用于多传感器信息融合，可借助粗糙集的核和**约简**概念。令 $\boldsymbol{R}$ 为一个等价关系集合，且 $R\in\boldsymbol{R}$，若 $I(\boldsymbol{R})=I(\boldsymbol{R}-\{R\})$，则称 R 为 $\boldsymbol{R}$ 中可省略的(不必要的)，否则为不可省略的(必要的)。上面的 $I(\cdot)$表示不能确定的关系。若对于任一个 $R\in\boldsymbol{R}$，都有 $\boldsymbol{R}$ 中不可省略，则集合 $\boldsymbol{R}$ 为独立的。

若 $\boldsymbol{R}$ 为独立的，且 $\boldsymbol{P}\subseteq\boldsymbol{R}$，则 $\boldsymbol{P}$ 也是独立的。若 $I(\boldsymbol{P})=I(\boldsymbol{R})$，则 $\boldsymbol{P}$ 为 $\boldsymbol{R}$ 的一个约简。$\boldsymbol{R}$ 中所有不可省略的关系集合称为 $\boldsymbol{P}$ 的核，记作 $C(\boldsymbol{P})$。核与约简的关系为

$$C(\boldsymbol{P})=\bigcap J(\boldsymbol{R}) \tag{14.6.17}$$

其中，$J(\boldsymbol{R})$代表 $\boldsymbol{R}$ 的所有约简集合。

由上可见，核包含在所有约简之中，可直接通过约简的交集计算。当知识约简时，核是不能消除的知识特征的集合。

令 S 和 T 为 L 中的等价关系，T 的 S 正域（L 中可准确划分到 T 中的等价类的集合）为

$$P_S(T)=\bigcup_{X\in T} S_*(X) \tag{14.6.18}$$

S 和 T 的依赖关系为

$$Q_S(T)=\frac{\text{card}[P_S(T)]}{\text{card}(L)} \tag{14.6.19}$$

由上可见，$0\leqslant Q_S(T)\leqslant 1$。利用 S 和 T 的依赖关系 $Q_S(T)$ 可判定 S 和 T 两等价类的相容性。当 $Q_S(T)=1$ 时，表示 S 和 T 是相容的；而 $Q_S(T)\neq 1$ 时，表示 S 和 T 是不相容的。将粗糙集理论用于多传感器信息融合，就是利用 S 和 T 的依赖关系 $Q_S(T)$，通过对大量数据进行分析，找出其中内在的本质关系，剔除相容信息，从而确定大量数据中的最小不变核，并根据最有用的决策信息，得到最快的融合方法。

14.7 多源遥感图像融合

近年来图像技术应用最广泛的领域是遥感领域[章 2023]，其中图像融合是一种得到广泛研究和应用的图像技术。下面介绍多源遥感图像融合研究方面的情况。

14.7.1 9 种多源遥感数据源

遥感数据有多种来源。由不同来源获得的遥感图像的成像原理不同，图像的空间分辨率、观测尺度和目标特征也不同。常用 9 种遥感数据来源如下[李 2021b]。

（1）**高光谱图像**

高光谱图像具有宽广的光谱范围和丰富的频带信息（可以有几十、几百甚至数千个光谱带），可捕捉地面目标的精细光谱信息，通常用于地面目标的精细分类和识别。然而较高的光谱分辨率意味着较低的空间分辨率，将限制图像质量和空间分辨率。在实际应用中，高光谱图像通常与多光谱、全色和合成孔径雷达图像进行融合，以获得具有更高空间分辨率的高光谱图像。

（2）**全色图像**

全色图像只有一个波段，波段范围基本为 0.50～0.75μm。全色图像显示为灰度图像，具有高空间分辨率并包含许多地面目标细节。由于信息丰富，其可提供地面目标的精细几何和纹理特征。然而全色图像缺乏光谱信息。

（3）**多光谱图像**

多光谱图像具有多波段光谱信息，其空间分辨率和光谱分辨率介于光学成像获得的全色图像和高光谱图像之间。因此，通过融合，多光谱图像可为全色图像提供光谱信息，为高光谱图像提供空间信息。

（4）**热红外遥感图像**

热红外遥感图像反映了地面目标的温度分布。红外（IR）在电磁光谱中介于可见光和无线电波之间。红外成像系统接收到场景目标的红外辐射后，可通过处理将其转换为红外热成像图像。因为自然界中所有温度高于绝对零度的物体都会辐射红外线，所以其具有广泛的应用。

（5）**合成孔径雷达图像**

合成孔径雷达（SAR）成像利用多普勒频移原理和雷达相干性原理，是一种主动成像方法。SAR 系统有一个天线阵列，天线阵列元件相互干涉形成窄波束。当星载或机载雷达沿其轨道运行时，SAR 系统会发射微波。由于地面目标和雷达之间相对运动，雷达将接收的回波

信号叠加并转换为电信号，将其记录为数字像素，从而形成 SAR 图像。合成孔径雷达记录的回波信号是地面目标的后向散射能量，可反映地面目标的表面特性和介电特性。

（6）**光探测和测距图像**

光探测和测距（LiDAR）也是一种主动成像方法，其成像原理与 SAR 相似。LiDAR 工作于红外线到紫外线的光学频段。LiDAR 具有良好的单色性、方向性和相干性，激光能量集中，探测灵敏度和分辨率高，能准确跟踪和识别目标的运动状态和位置。与 SAR 相比，激光雷达的激光束更窄，因此被拦截的概率更低，隐蔽性更强。

（7）**夜光遥感图像**

夜间光（NTL）遥感图像可捕捉夜间地面的微弱光辐射，具有大规模地球观测的巨大优势。

（8）**立体遥感图像**

立体遥感图像通常通过空间立体效应获得 3-D 深度信息。人眼是一种典型的立体仪器。立体遥感成像利用人类的双目视觉感知功能，通过多角度获取遥感图像获得场景的 3-D 深度信息。目前常用的空间立体成像方案主要是在卫星载体上安装多个不同观测角度的光学相机，或者在灵活的平台上改变卫星的姿态，以获得不同角度的地面目标图像，进而估计场景的 3-D 信息。

（9）**视频遥感图像**

视频遥感图像是近年来遥感领域中一种新型的地球观测数据。与传统卫星数据相比，视频遥感图像的最大优势是可以“凝视”同一区域。与静止图像相比，视频可显示目标或场景的动态变化信息，特别适合对目标的连续观察和跟踪。

目前，多光谱和全色成像是最成熟的遥感成像手段。合成孔径雷达成像具有全时段和全天候的优点，在军事上得到广泛应用。获得激光、立体和红外图像的方法目前相对较少。

14.7.2 多源遥感图像融合文献

多源遥感图像融合可充分利用多源数据的丰富性和可靠性，获得更全面的信息。近年来，各种遥感数据融合技术发展迅速，但不同来源的遥感图像融合技术发展并不均衡。对于来自上述 9 种数据源的多源遥感数据，[李 2021b]对成对源之间融合技术发表的文献进行了统计分析。

该研究基于两个文献数据库：**科学网**（WOS）数据库和**中国国家知识基础设施**（CNKI，中国知网）全文数据库。在 WOS 数据库的检索中，文献标题包含两个遥感数据源和“融合”一词，文献主题包含“遥感”一词。在 CNKI 数据库的检索中，文献标题包含两个遥感数据源，文献主题包含“融合”和“遥感”两个词。从 WOS 数据库中共检索到 385 篇相关文献，从 CNKI 数据库检索到 194 篇相关文献，相关文献总数为 579 篇。两个数据库在各种遥感数据源对的分布上相似（$C_9^2=36$ 对）。如果将相应的数据组合起来进行统计分析，首先可以获得 3 个结果。

（1）共融合了 218 幅多光谱图像和全色图像，占总数的 37.65%。

（2）共融合了 110 幅多光谱和高光谱图像，占总数的 19.00%。

（3）共融合了 108 幅高光谱图像和激光雷达图像，占总数的 18.65%。

将 3 个结果加在一起，占总文献的 3/4 以上。相对来说，关于夜光遥感图像、立体遥感图像和视频遥感图像融合的文献较少。原因在于其为近年来才开始使用的新成像方法，因此相关研究还较少。

14.7.3 遥感图像的空间-光谱融合

遥感图像的空间分辨率和光谱分辨率是相互制约的。使用单一成像方法无法同时获得高空间和高光谱分辨率的遥感图像。具有不同空间分辨率和光谱分辨率的两幅（或多幅）图像的融合是获得高空间分辨率和高光谱分辨率图像的有效手段。此类型的图像融合技术也称**遥感图像的空间-光谱融合**[李 2021b]。

空间-光谱融合主要包括全色图像与多光谱图像融合(也称全色锐化),全色图像与高光谱图像融合,多光谱图像与高光谱图像融合。全色图像与多光谱图像融合方法的概况如表 14.7.1 所示。

表 14.7.1　全色图像与多光谱图像融合方法的概况

类　别	原　理	优点和缺点
空间信息注入	通过空间变换和多尺度分析提取高空间分辨率全色图像的空间信息,并将提取的空间信息尽可能无损地注入低空间分辨率多光谱图像	优点:可以更好地保留光谱信息 缺点:提取出的空间信息仅包含特定光谱范围内的空间结构,这与低空间分辨率图像的空间结构不完全匹配,所以易产生空间结构失真
光谱信息注入	通过线性或非线性图像变换,将高光谱分辨率图像变换到新的投影空间,分解为光谱分量和空间分量,并将空间分量替换为全色图像,然后通过逆变换获得融合图像	优点:可以更好地保留空间信息 缺点:光谱信息可能产生一定的失真
空间-光谱采样建模	通过建立源图像与融合结果之间的联系模型,将融合问题视为逆重建问题,通过优化得到融合结果	优点:模型更为严格,可以更好地维护图像的空间和光谱信息,还可以在融合过程中引入概率统计和先验约束,进一步优化融合效果 缺点:模型的求解更加复杂

全色图像和高光谱图像的融合基本上采用全色图像与多光谱图像融合技术,但由于高光谱图像空间分辨率较低,像素之间会产生混淆,因此,通常采用模型优化的方法。多光谱图像与高光谱图像融合方法的概况如表 14.7.2 所示。

表 14.7.2　多光谱图像与高光谱图像融合方法的概况

类　别	描　述	考虑因素
基于全色锐化	将多光谱和全色融合方法扩展到多光谱和高光谱图像的融合	在扩展全色锐化融合方法的应用时,需要考虑波段的对应性
基于成像模型	基于混合像素分解:利用光谱分解原理,在传感器特性的约束或先验条件下,分别从高光谱图像和多光谱图像中获得最终元素信息和高分辨率丰度矩阵,以重建融合图像	对光谱基的维数和矩阵系数进行估计
	基于张量分解:通过将高光谱图像表示为 3-D 张量,使用光谱字典和张量核逼近高空间和光谱分辨率的融合结果	光谱字典的构造和张量核的估计
基于深度网络	将低分辨率图像作为深度网络的输入,并通过学习低分辨率和高分辨率图像之间的端到端映射输出高分辨率图像	构造更合理的损失函数以处理图像残差,并使用更深入的框架提高融合性能

14.7.4　基于深度循环残差网络的融合

借助深度学习方法也可实现遥感图像的空间-光谱融合。下面介绍一种通过深度循环残差网络将具有丰富光谱信息但空间分辨率较低的**多光谱图像**与具有丰富空间细节但仅有灰度信息的**全色图像**进行融合的方法[王 2021a]。

设计端到端**深度循环残差网络**(DRRN)模型如图 14.7.1 所示。其中,主要考虑 3 点。

(1) 为解决梯度消失和梯度爆炸问题,在网络从输入到输出的恒等分支中使用全局残差,并在残差分支中构造循环块结构,将循环学习引入残差学习。残差网络模型的最终输出是残差分支和恒等分支的总和。

（2）为解决深度网络需要大量网络参数和较大存储空间，导致模型运行缓慢和困难的问题，设计了一种具有参数共享的循环神经网络，该网络可减少网络参数，减少过度拟合。同时，可加深网络层数，以充分学习图像的深层特征，并在不造成大量内存消耗的情况下提高图像融合效果。

（3）为解决深层网络中，图像细节可能在许多层之后丢失，从而导致性能下降的问题，设计了一种使用多通道模式局部残差学习的局部残差单元。在循环块中，使用堆叠的局部残差单元学习更深、更丰富的图像特征。

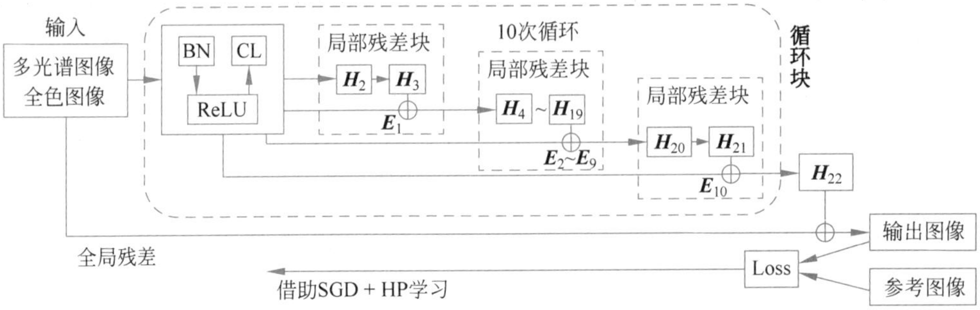

图 14.7.1　深度循环残差网络模型

在图 14.7.1 中，网络的输入 $\boldsymbol{H}_0$ 是多光谱(MS)图像和全色(PAN)图像。在每个卷积层(CL)之前执行批归一化(BN)和激活函数 ReLU(校正线性单元)，得到

$$\boldsymbol{B}_0 = \mathrm{BN}(\boldsymbol{H}_0) \tag{14.7.1}$$

$$\boldsymbol{R}_0 = \mathrm{ReLU}(\boldsymbol{B}_0) \tag{14.7.2}$$

$$\boldsymbol{H}_1 = \boldsymbol{W}_1 \otimes \boldsymbol{R}_0 + b_1 \tag{14.7.3}$$

其中，$\boldsymbol{W}$ 和 b 分别为网络的权重项和偏差项，需要通过网络训练获得。

循环块中堆叠 10 个局部残差单元。将 $\boldsymbol{H}_1$ 输入第一个局部残差网络单元，在两次卷积之后，将结果与 $\boldsymbol{H}_1$ 相加，作为下一个局部残差单元的输入。无论 BN 和 ReLU 如何，整个循环块中的局部残差单元的学习过程都可表示为(i 表示局部残差块的循环数，当 $i=1$ 时，$\boldsymbol{E}_0=\boldsymbol{H}_1$)：

$$\boldsymbol{H}_{2i} = \boldsymbol{W}_{2i} \otimes \boldsymbol{E}_{i-1} + b_{2i} \quad i=1,2,\cdots,10 \tag{14.7.4}$$

$$\boldsymbol{H}_{2i+1} = \boldsymbol{W}_{2i+1} \otimes \boldsymbol{H}_{2i} + b_{2i+1} \quad i=1,2,\cdots,10 \tag{14.7.5}$$

$$\boldsymbol{E}_i = \boldsymbol{H}_{2i+1} + \boldsymbol{H}_1 \quad i=1,2,\cdots,10 \tag{14.7.6}$$

在 10 次循环之后可获得 $\boldsymbol{E}_{10}$，并可在一次卷积运算之后获得输出 $\boldsymbol{H}_{22}$。最终的网络输出图像 $\boldsymbol{H}_{\text{out}}$ 通过将 $\boldsymbol{H}_{22}$ 添加到网络输入数据，再进行卷积获得。$\boldsymbol{H}_{\text{out}}$ 可将地面真实值 $\boldsymbol{G}_t$ 作为参考图像进行比较，并通过约束损失函数优化。优化过程可使用**随机梯度下降**(SGD)和**反向传播**(BP)学习$\{\boldsymbol{W},b\}$。损失函数可表示为

$$\mathrm{Loss} = \frac{1}{2}\|\boldsymbol{H}_{\text{out}} - \boldsymbol{G}_t\|^2 \tag{14.7.7}$$

总结和复习　　**随堂测试**

第15章

基于内容的图像和视频检索

教学视频

基于内容的图像和视频检索是随着科学技术的进步发展和推广应用，在数据快速增长、信息急剧膨胀情况下为满足人们快速提取有用视觉信息的需求而逐步得到重视的。经过20多年的研究，基于内容的图像和视频检索已取得长足的进步，在各方向都产生了许多研究成果[章 2003b]、[Zhang 2007]、[Zhang 2008a]、[Zhang 2009a]、[Zhang 2009c]、[Zhang 2009d]、[Zhang 2015d]、[Zhang 2015e]，并促进了图像分割等技术的发展[Zhang 2005]、[Zhang 2006a]、[Zhang 2009e]。本章将选择一些典型的方法和进展给予概况介绍、描述和讨论。

根据上述讨论，本章各节将安排如下。

15.1节介绍基于内容的图像和视频检索的原理及其基本流程和主要功能模块，并讨论相关研究的语义层次和抽象层次。

15.2节介绍基于颜色、纹理和形状特征的图像检索中的匹配技术和准则，并介绍利用综合特征(包括CNN特征)的检索示例。

15.3节分析基于运动特征(包括全局运动特征和局部运动特征)的视频检索技术。

15.4节介绍基于分层匹配追踪的图像检索，包括结合单层图像特征、多层图像特征及结合颜色直方图的检索。

15.5节针对3类视频节目(新闻视频、体育比赛视频和家庭录像视频)，根据其各自特点进行有针对性分析索引的方法。

15.6节介绍高层语义检索中的两项工作，借助目标语义描述的图像分类和借助抽象气氛语义的图像分类。

15.7节讨论基于深度学习的跨模态检索，先对跨模态检索技术进行分类，再集中讨论实现从图像模态到文本模态跨模态转换的图像标题生成方法。

15.8节专门讨论检索中哈希算法的应用，既包括有监督的哈希，也包括非对称监督的哈希，并介绍用哈希方法解决跨模态图像检索的问题。

15.1 图像和视频检索原理

图像和视频检索都是对视觉信息的检索。**视觉信息检索**(VIR)的目的是从视觉数据库(集合)中快速提取与查询相关的图像集合或图像序列。视觉信息的特点是信息量较大，视觉信息数据量也较大，但抽象程度较低。随着成像方式和设备的快速发展，视觉信息快速膨胀，给快速有效地获取有用信息带来了许多问题。

从信息加工的角度看，为解决上述信息膨胀问题，不仅需要大量存储和快速传输各种媒体和信息的技术，还需要能对媒体信息进行自动查询和选择的技术，才能使人类只接受或快速获取需要的信息而不致淹没于多媒体的汪洋大海中。借助计算机对视觉信息进行有效的管理，并进一步对其进行识别和理解，最终实现自动查询检索，是应对信息膨胀的有效方法。

1. 基于内容的检索

传统的视觉信息检索方案常使用文字标识符，例如对图像的查询借助为图像编号或加标签进行。为实现检索，先为图像加一个描述性的文字或数字标签，再在索引时对标签进行检索，对图像的查询变成了基于标签的查询。这种方法虽然简单，但存在几个根本的问题，影响视觉信息的有效使用。

首先，由于丰富的图像内容难以完全用文字标签表达，所以标签方法在查询图像中常出现错误。其次，文字描述是一种特定的抽象，如果描述的标准改变，则标签也要重新制作，才能满足查询要求。换句话说，特定的标签只适合特定的查询要求。最后，目前文字标签是人工选择添加的，因此受主观因素影响较大，不同的人或同一人在不同条件下对同一幅图像可能给出不同的描述，因而不够客观，没有统一标准，甚至会自相矛盾。

为解决上述问题，需要全面地、一般性地和客观地提取图像内容。实际上人们利用图像并不是仅根据其视觉质量，更重要的是根据其视觉内容，所以只有根据内容进行检索，才可能有效、准确地获得所需的视觉信息，也只有在掌握视觉内容的基础上，才可能有效地管理和使用数据库中的信息。所以对视觉信息的检索需要根据图像表达的内容进行。**基于内容的视觉信息检索**（CBVIR）方法应是获取和利用视觉信息的有效手段[章 2003b]。相关研究从 20 世纪 90 年代逐步展开，进入 21 世纪时已取得许多成果，主要包括**基于内容的图像检索**（CBIR）和**基于内容的视频检索**（CBVR）。国际上为此还制定了专门的标准，即**多媒体内容描述界面**（MPEG-7）[章 1999b]。

2. 归档和检索流程图

最常用的基于内容的检索借助视觉特征进行。特征可以是图像的画面特征，也可以是图像的主题对象特征；从视觉角度看可以是场景或景物呈现的颜色、表面的纹理、特定目标的几何形状、几个景物在空间的相互位置关系等。图 15.1.1 给出了一个基于特征对图像进行归档、查询和检索的原理框图[章 1997d]，主要包括图像归档和图像检索两大部分。图像内容提取可在建立图像数据库时进行。在图像归档时，先对输入图像进行一定的分析，提取图像或目标的视觉特征（常用特征包括颜色、纹理、形状、空间关系和运动等，具体讨论见 15.2 节）。将输入图像存入图像库，同时将其相应的特征表达存入与图像数据库相联系的特征库。图像查询检索时一般采用范例查询的方式，对于给定的查询图，也先进行相应的分析并提取其特征。通过将该特征表达与特征库中的特征表达进行匹配（以确定图像内容的一致性和相似性）并根据匹配结果到图像库中进行搜索，就可提取需要的图像。用户还可进一步浏览输出的检索结果，选择所需的图像，或根据初步结果反馈，提出意见修改查询（条件），进行新一轮查询。

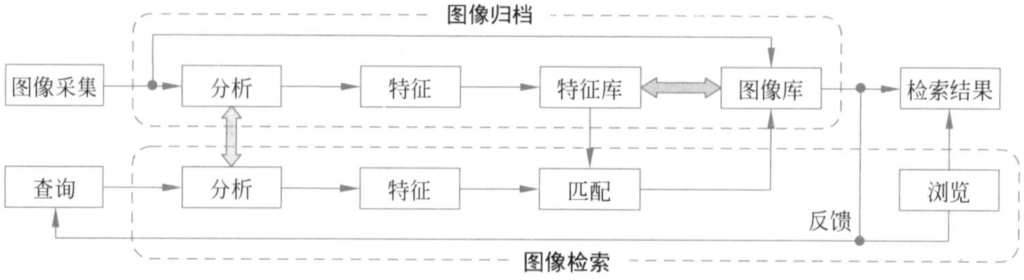

图 15.1.1　图像归档、查询与检索的原理框图

由图 15.1.1 可知，基于特征的图像检索包括 3 个关键点：一是要选取恰当的图像特征，二是要采用有效的特征提取方法，三是要选择准确的特征匹配算法。当图像内容以其他形式（见后面几节）表达时，基本流程也是类似的。

一个基于内容的图像检索系统将信息用户与图像数据库联系起来，需要5个功能模块，如图15.1.2所示。查询模块要为用户提供多样的查询手段，以支持用户根据不同应用执行各种类型的查询，如何指定一个查询很重要。用户要进行查询，先要提出查询条件，查询条件主要基于对图像内容的描述。描述模块将用户的查询要求转化为对图像内容较为抽象的内部表达和描述。其关键是如何抓取图像内容。为此需要借助对图像的分析，从而以一定的便于计算机表达的数据结构建立图像内容描述。事实上，图像数据库建库时也要用此模块对每幅图像进行表达描述。对被查询图像和图像数据库中的图像建立表达描述后，即可在图像库中借助搜索引擎搜索所需的图像内容。将对查询图的描述与对图像数据库中被查询图的描述进行内容匹配和比较，即可确定其内容的一致性和相似性。匹配结果将传给提取模块。提取模块根据匹配结果在图像数据库中对感兴趣的图像进行定位，并在内容匹配的基础上自动提取图像数据库中所有满足给定查询条件的图像，供用户选择使用。如果事先为图像数据库建立了索引，提取效率就可提高。最后，验证模块使用户判断提取的图像是否满足要求。根据目前的技术水平和设备条件，在自动查询和提取的基础上用户还需要验证检索结果的手段。如果验证检索结果不满意，可通过修改查询条件重新开始新一轮查询。对于查询模块和验证反馈模块，如何设计用户接口也是一项重要工作。

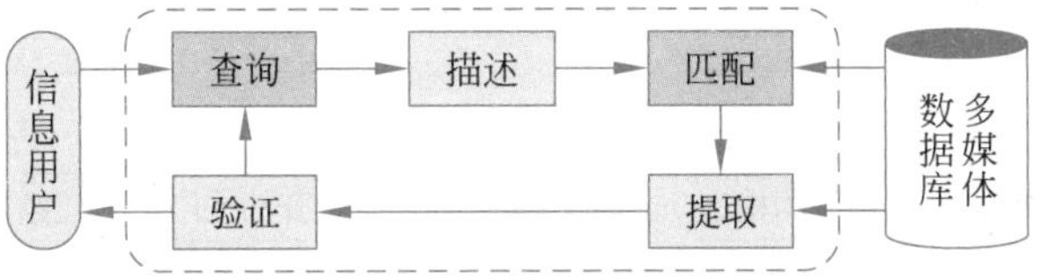

图15.1.2　图像检索系统的5个功能模块

3. 多层次内容表达

基于特征的图像检索是基于内容图像检索的初级阶段。这里的特征主要为视觉特征，如颜色、纹理、形状、空间关系、运动信息等。这些特征可较直观地感知，利用计算机也较容易提取，得到了广泛应用。

从语义层次讲，视觉特征是较低层或低级的。建立在低级特征基础上的传统图像描述模型，对图像的描述一般以统计数据的形式出现。实际上，统计数据与人对图像的内容理解存在较大差异。人类对图像内容进行描述时，常使用语义层次的概念和术语，如目标的概念和场景的概念[Zhang 2004a]。这些概念和术语都比视觉特征的语义层次更高，如图15.1.3所示。从人的认知角度看，人对图像的描述和理解主要是在语义层次进行的。如何描述图像内容，使其尽可能与人对图像内容的理解一致，是图像检索的关键，也是其难点[Zhang 2015d]。

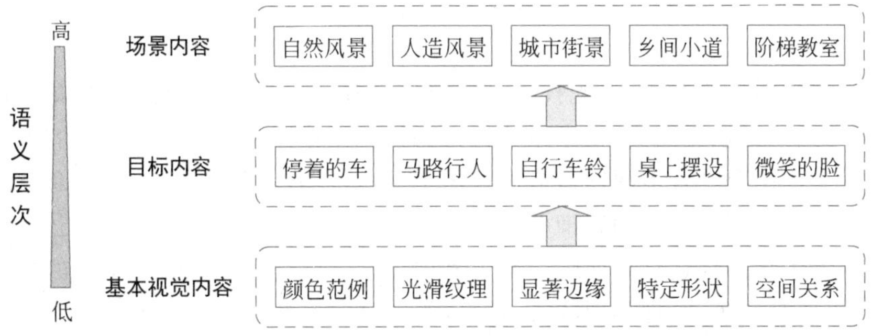

图15.1.3　不同内容的层次关系

图像内容是用一些基本视觉特征的集合表达的。可由基本视觉特征表达的内容称为基本视觉内容。在此基础上，还可定义更高层的图像内容：目标内容和场景内容。目标内容和场景内容与人类关于场景语义描述的知识联系密切[章 2004b]。目标内容是一组基于目标模型的基本视觉内容的语义描述。场景内容是一组基于场景模型的景物内容的语义描述。目标内容描述了场景中局部感兴趣的内容，而场景内容给出了图像的全局描述。有些人还在两者之间增加了目标关系一层，描述目标之间的联系。如"灯下的人""桌上的书""天上的太阳""前排的凳子""楼前的树"等。

语义内容是在对景物进行识别的基础上提取的，是对客观世界认知的结果。语义除可描述客观事物（如图像、摄像机等）外，还可描述主观感受（如漂亮、清晰等）及更抽象的概念（如广泛、富有等）。所以从抽象的角度看，在认知的基础上，还可定义一个情感层次。在情感层次，可认为检索的目标未被严格定义（或者说定义得比较宽泛）。实际应用中，用户的主观性有时在检索中起着重要作用，且主观性与用户的情绪（emotion）状态或情感（affection）及环境气氛等直接联系[Xu 2005]、[Li 2010b]、[Li 2011]。换句话说，用户的情感决定了检索结果是否满足要求（如喜欢或不喜欢、感兴趣或不感兴趣）。可给出一个比图像检索更一般化的 3 层抽象模型，如图 15.1.4 所示。

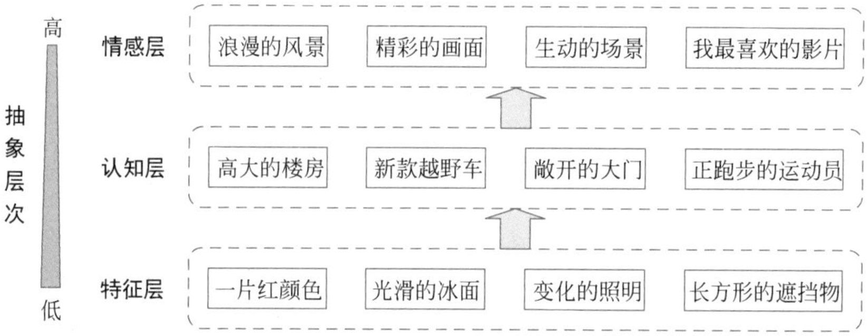

图 15.1.4 图像检索的 3 层抽象模型

顺便指出，也有人将语义特征称为逻辑特征，并将其进一步分为客观特征和主观特征[Djeraba 2002]。客观特征与图像中目标的辨识及视频中目标的运动有关，在基于目标鉴别的语义检索中已得到广泛应用。主观特征与目标及场景的属性有关，表达了目标或场景的含义和用途。主观特征可进一步分解为事件、活动、情感含义、信仰等类型，用户可针对这些更抽象的类型进行查询。因此，图 15.1.4 中认知层的特征主要对应客观特征，而情感层的特征主要对应主观特征。

15.2 视觉特征的匹配和检索

在基于内容的图像检索中，匹配技术发挥着重要作用。典型的图像库查询方式是按**范例查询**，即用户给出一幅示例图像，要求系统检索和提取图像库中（所有）相似的图像。这种方式的一种变形是允许用户结合多幅图像或**画草图**得到示例图像[章 2003b]。查询中的重要环节是确定用什么方法将用作参考的查询图像与图像库中的大量图像进行匹配，也就是将查询描述与库中被查询信息的描述进行匹配以确定其内容的一致性和相似性。基本的方法是对图像的视觉特征（主要是颜色、纹理和形状等）进行（组合）匹配[章 2001c]、[章 2003b]。

下面分别简单概括利用颜色、纹理和形状特征的匹配。另外，还可利用目标位置之间的空间联系[徐 2005]和景物自身的结构信息[章 2003b]等特征，实际应用中常结合使用各种特征。

15.2.1 颜色特征匹配

颜色是描述图像内容的一个重要特征(参见上册第 14 章),人们已提出了许多种借助颜色特征对图像进行检索的方法,如[刘 1999a]、[刘 2000]、[Niblack 1998]。常用的颜色空间主要有 RGB 和 HSI 空间。颜色信息可借助颜色的统计直方图表达,不同图像间的颜色特征匹配可借助计算直方图间的距离进行。以下介绍 4 种简单基本的方法。

1. 直方图相交法

设 $H_Q(k)$ 和 $H_D(k)$ 分别为查询图像 Q 和数据库图像 D 的特征统计直方图($k=0,1,\cdots,L-1$),则两幅图像之间的匹配值可根据如下**直方图相交**计算[Swain 1991]:

$$P(Q,D)=\sum_{k=0}^{L-1}\min[H_Q(k),H_D(k)]\Big/\sum_{k=0}^{L-1}H_Q(k) \tag{15.2.1}$$

2. 距离法

为减少计算量,可利用直方图的均值粗略表达颜色信息,对于图像的 R、G、B 3 个分量(其他彩色空间分量也类似),其组合成的特征矢量为

$$\boldsymbol{f}=[\mu_R \quad \mu_G \quad \mu_B]^{\mathrm{T}} \tag{15.2.2}$$

此时查询图像 Q 和数据库图像 D 之间的匹配值为

$$P(Q,D)=\sqrt{(\boldsymbol{f}_Q-\boldsymbol{f}_D)^2}=\sqrt{\sum_{R,G,B}(\mu_Q-\mu_D)^2} \tag{15.2.3}$$

3. 中心矩法

对于直方图来说,均值是其零阶矩,为描述更准确,还可使用更高阶的矩。设 M_{QR}^i、M_{QG}^i、M_{QB}^i 分别表示查询图像 Q 的 R、G、B 3 个分量直方图的 $i(i\leqslant 3)$阶中心矩;设 M_{DR}^i、M_{DG}^i、M_{DB}^i 分别表示数据库图像 D 的 R、G、B 3 个分量直方图的 $i(i\leqslant 3)$阶中心矩,则其间的匹配值为

$$P(Q,D)=\sqrt{W_R\sum_{i=1}^{3}(M_{QR}^i-M_{DR}^i)^2+W_G\sum_{i=1}^{3}(M_{QG}^i-M_{DG}^i)^2+W_B\sum_{i=1}^{3}(M_{QB}^i-M_{DB}^i)^2} \tag{15.2.4}$$

其中,W_R、W_G、W_B 为加权系数。

4. 参考颜色表法

距离法太粗糙,直方图相交法计算量太大,一种折中的方法是将图像颜色用一组参考色表示,这组参考色应能覆盖视觉可感受到的各种颜色[Mehtre 1995]。参考色的数量应少于原图,从而得到简化的直方图,此时要匹配的特征矢量为

$$\boldsymbol{f}=[p_1 \quad p_2 \quad \cdots \quad p_N]^{\mathrm{T}} \tag{15.2.5}$$

其中,p_i 为第 i 种颜色出现的频率,N 为参考颜色表的尺寸。此时加权后的查询图像 Q 和数据库图像 D 之间的匹配值为

$$P(Q,D)=W\sqrt{(\boldsymbol{f}_Q-\boldsymbol{f}_D)^2}=\sqrt{\sum_{i=1}^{N}W_i(p_{iQ}-p_{iD})^2} \tag{15.2.6}$$

其中

$$W_i=\begin{cases}p_{iQ} & p_{iQ}>0 \text{ 且 } p_{iD}>0\\ 1 & p_{iQ}=0 \text{ 或 } p_{iD}=0\end{cases} \tag{15.2.7}$$

前面 4 种方法中,后 3 种主要是从减少计算量的角度对第 1 种进行简化,但直方图相交法还存在另一个问题。当图像中的特征并不能取遍所有可取值时,统计直方图中会出现一些零

值。零值的出现会对直方图的相交带来影响，从而使由式(15.2.1)算得的匹配值无法正确反映两图间的颜色差别。为解决这一问题，可使用累积直方图(见上册2.4.1小节)。累积直方图大大减少了原统计直方图中出现零值带来的问题。进一步的改进还可利用局部累加累积直方图[Zhang 1998]。

15.2.2 纹理特征计算

纹理也是描述图像内容的一个重要特征(参见中册第10章)，利用纹理特征对JPEG图像检索的一种方法见[Huang 2003]。国际标准MPEG-7[章 2000e]中也规定了多个纹理描述符[Xu 2006b]。纹理特征提取的一种有效方法以灰度级空间相关矩阵(共生矩阵)为基础[Furht 1995]，因为图像中相距$(\Delta x, \Delta y)$的两个灰度像素同时出现的联合频率分布可用灰度共生矩阵表示(见中册10.2.1小节)。若图像的灰度级为N级，则共生矩阵为$N \times N$矩阵，可记为$\boldsymbol{M}_{(\Delta x, \Delta y)}(h, k)$，其中位于$(h, k)$的元素值$m_{hk}$表示一个灰度为$h$和一个灰度为$k$的两个相距为$(\Delta x, \Delta y)$的像素(对)出现的次数。对灰度共生矩阵的各种统计量可作为纹理特性的度量(见中册10.2.2小节)。

下面介绍一种利用纹理特征匹配进行图像检索的具体方法[刘 1999b]。先将图像的亮度分量分为64个灰度级，并构造4个方向的共生矩阵$\boldsymbol{M}_{(1,0)}$、$\boldsymbol{M}_{(0,1)}$、$\boldsymbol{M}_{(1,1)}$、$\boldsymbol{M}_{(1,-1)}$，再借助4个共生矩阵分别计算下述4个纹理参数。

(1) 反差(或称主对角线的惯性矩)

$$G = \sum_h \sum_k (h-k)^2 m_{hk} \tag{15.2.8}$$

对于粗纹理，由于m_{hk}的数值集中于主对角线附近，此时$(h-k)$的值较小，所以相应的G值也较小；相反，对于细纹理，相应的G值则较大。

(2) 能量(或称角二阶矩)

$$J = \sum_h \sum_k (m_{hk})^2 \tag{15.2.9}$$

这是对图像灰度分布均匀性的一种度量。当m_{hk}的数值分布集中于主对角线附近时，相应的J值较大；反之，J值较小。

(3) 熵

$$S = -\sum_h \sum_k m_{hk} \log m_{hk} \tag{15.2.10}$$

当灰度共生矩阵中各m_{hk}数值相差不大且较分散时，S值较大；反之，当m_{hk}的数值较集中时，S值较小。

(4) 相关

$$C = \frac{\sum_h \sum_k hk m_{hk} - \mu_h \mu_k}{\sigma_h \sigma_k} \tag{15.2.11}$$

其中，μ_h、μ_k、σ_h、σ_k分别为m_h、m_k的均值和标准差，$m_h = \sum_k m_{hk}$为矩阵$\boldsymbol{M}$中每行元素之和；$m_k = \sum_h m_{hk}$为矩阵$\boldsymbol{M}$中每列元素之和。相关量用于描述矩阵中行或列元素之间灰度的相似程度。

在算出图像的4个纹理参数后，可将其均值和标准差(μ_G、σ_G、μ_J、σ_J、μ_S、σ_S、μ_C、σ_C)作为纹理特征矢量中的各个分量。由于以上8个分量物理意义和取值范围不同，需对其进行内部归一化(考虑特征矢量内部各分量)。计算相似距离时,可使各分量具有相同权重。

高斯归一化方法是一种有效的归一化方法,其特点是少量超大或超小的元素值对整个归一化后元素值的分布影响较小[Ortega 1997]。一个 N 维的特征矢量可记为 $\boldsymbol{F}=[f_1 \quad f_2 \quad \cdots \quad f_N]^{\mathrm{T}}$。如用 $I_1, I_2, \cdots, I_M$ 代表图像库中的图像,则对于其中任一幅图像 I_i,其相应的特征矢量为 $\boldsymbol{F}_i=[f_{i,1} \quad f_{i,2} \quad \cdots \quad f_{i,N}]^{\mathrm{T}}$。假设特征分量值系列 $[f_{1,j} \quad f_{2,j} \quad \cdots \quad f_{i,j} \quad \cdots \quad f_{M,j}]$ 符合高斯分布,可计算出其均值 m_j 和标准差 σ_j,再利用下式将 $f_{i,j}$ 归一化至[−1,1]区间:

$$f_{i,j}^{(N)}=\frac{f_{i,j}-m_j}{\sigma_j} \tag{15.2.12}$$

根据式(15.2.12)归一化后,各个 $f_{i,j}$ 均转变为具有 $N(0,1)$ 分布的 $f_{i,j}^{(N)}$。如果利用 $3\sigma_j$ 进行归一化,则 $f_{i,j}^{(N)}$ 的值落在[−1,1]区间的概率可达99%。实际应用中,可将[−1,1]区间外的 $f_{i,j}$ 值设为−1或1,以保证 $f_{i,j}$ 的所有值均落入[−1,1]区间。

15.2.3　多尺度形状特征

形状是描述图像内容的一个重要特征(参见中册第11章)。利用形状进行检索存在3个问题。首先,形状常与目标联系在一起,所以可将形状特征看作比颜色或纹理更高层的特征。获得有关目标的形状参数,常需要对图像进行分割,所以形状特征会受图像分割效果的影响。其次,目标形状的描述是一个复杂的问题,事实上,至今尚未明确形状确切的数学定义,使之与人的感觉完全一致。人对形状的感觉不仅是视网膜生理反应的结果,也是视网膜感受与人关于现实世界的知识之间综合的结果。最后,从不同视角获取的图像中目标形状可能存在较大差别,为准确进行形状匹配,需要解决平移、尺度、旋转变换不变性问题。

目标的形状常用轮廓表示,而轮廓是由一系列边界点组成的。一般认为较大尺度下能可靠地消除误检并检测到真正的边界点,但大尺度下对边界的定位不够准确。而较小尺度下对真正边界点的定位比较准确,但小尺度下误检的比例会提高。所以可先在较大尺度下检测出真正边界点的范围,再在较小尺度下对真正边界点进行较精确的定位。小波变换和分析作为一种多尺度多通道分析工具,比较适合对图像进行多尺度边界检测。下面介绍一种先采用**小波变换模极大值**方法提取图像多尺度目标边缘信息,再将多尺度不变矩作为特征度量图像中目标形状相似性的方法[姚 2000]。

1. 小波变换模极大值

一般通过规则抽样进行离散小波变换时,获得的小波系数缺乏平移不变性,而小波变换模极大值是在对多尺度小波变换进行不规则抽样的基础上得到的,可克服上述问题[Mallat 1992]。小波变换模极大值可用于描述信号的奇异性,对于图像来说,小波变换模极大值可用于描述图像中目标的多尺度(不同层)边界。

例 15.2.1　图像小波变换模极大值实例

图15.2.1给出了图像小波变换模极大值的一组实例,第一排的单幅图像为原始图像;第二排为7个尺度的模图像,尺度从左向右逐次增加;第三排为模局部极大值点的位置。由图可见,小波变换模极大值给出了不同层次的目标轮廓边界。

2. 不变矩

直接在小波变换域中难以度量两个图像的相似性,考虑到所期望的平移、尺度、旋转不变性,可借助对区域表达的7个不变矩(见中册7.2.3小节)表示小波变换后的多尺度边界图像

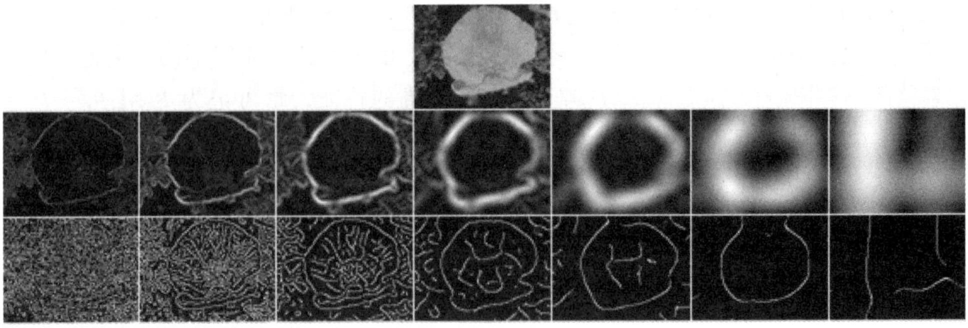

图 15.2.1　图像小波变换模极大值点示例

特征。借助不变矩组成的特征矢量，即可进行检索（细节可见[姚 2000]、[章 2003b]）。

15.2.4　综合特征检索

不同的特征描述图像中不同的内容属性，所以在检索中各有侧重。另一方面，基于某种特征的检索方法只能表达图像的部分属性，由于对图像内容的描述比较片面，缺少足够的区分信息，对于尺度或方向等出现较大变化的图像，通常难以取得理想的检索效果。

事实上，不同的特征各有其特点。例如，以颜色特征和纹理特征为例，颜色特征可对图像整体信息进行描述，而纹理特征更偏重于局部信息的描述；颜色特征与形状特征比较，颜色特征多具有平移、旋转和尺度不变性，而不少形状特征（如边缘方向）只具有平移不变性；纹理特征与形状特征比较，一般纹理特征比较易获得，而形状特征的计算比较复杂。

为此人们研究了综合利用颜色、纹理、形状及其他特征，全面描述图像内容的检索方法，可称之为**综合特征检索**。特征的结合既可以实现不同特征优势互补的效果，也可提高检索的灵活性和系统性能，满足实际应用的需求。在综合特征检索中，不同特征对应的特征矢量含义不同，其数值取值范围也不同，所以常需要进行特征矢量外部归一化（对不同类型的特征矢量进行归一化），使综合特征的各特征矢量在相似距离计算中的地位相同。

例 15.2.2　颜色与纹理特征结合的检索

图 15.2.2 至图 15.2.4 给出了 1 组利用 400 多幅彩色花卉的图像库进行颜色与纹理特征结合实验得到的结果。图 15.2.2 是仅用颜色特征检索得到的结果，左起第 1 幅图为查询图，其余为对该图的检索结果，从左向右，相关匹配值依次减小。由于仅利用了颜色进行查询，检索出的各图虽然从颜色角度看与查询图比较接近，但总体视觉效果与人的感觉并不完全吻合。例如，左起第 2 幅图的颜色虽然与查询图大体相似，但图案有较大差别（查询图为一朵大花，而左起第 2 幅图为许多小花）。也可以说，两图的颜色分布差别较大。如果根据人的视觉感受排列，将左起第 4、6、8 幅图（都是一朵黄色大花）提到前面比较合理。图 15.2.3 给出了仅用纹理特征对同一幅查询图进行检索得到的结果（对纹理特征的计算仅使用了亮度信息，即非彩色纹理）。从花图案的角度看，效果优于图 15.2.2（均为大花），但检索结果中出现了一些颜色完全不同的图（如左起第 6～9 图）。最后图 15.2.4 给出了利用综合特征方法对同一查询图进行检索得到的结果，其中所用颜色特征与纹理特征在检索中的权重比为 3∶2。

图 15.2.2　仅用颜色特征检索的结果

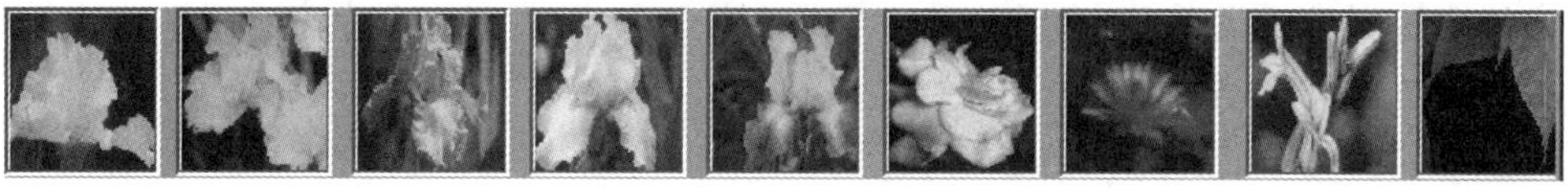

图 15.2.3　仅用纹理特征检索的结果

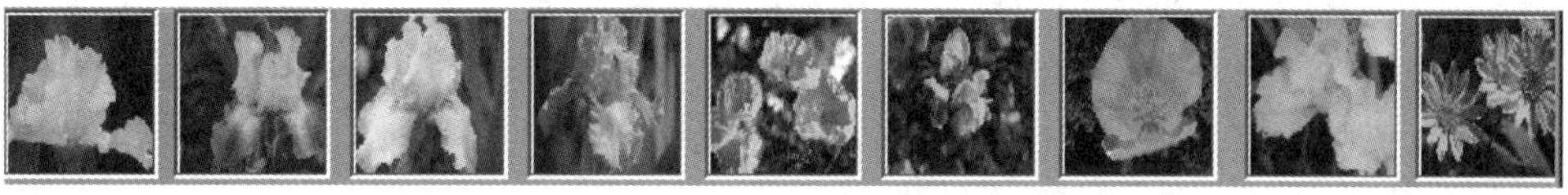

彩图

图 15.2.4　颜色与纹理特征结合检索的结果

由图 15.2.2 至图 15.2.4 可明显看出，颜色与纹理特征结合进行检索得到的结果比单一利用颜色或纹理特征的检索结果更符合人的视觉要求。 □

下面是另一个融合不同特征进行检索的结果[Fang 2016]。其中，除了利用 HSV 空间的颜色直方图特征(参见上册 14.2 节)外，还结合了 SIFT 特征和 CNN 特征。

SIFT 特征基于 6.3.2 小节介绍的**尺度不变特征变换**(SIFT)，用 SIFT 描述矢量表示。为进行特征匹配，可采用**词袋模型**(参见 12.5.1 小节)将图像中所有的 SIFT 矢量进行量化和编码，以方便匹配。

CNN 特征基于**卷积神经网络**(CNN)，借助局部卷积使局部提取的信息之间产生相互联系，并在**深度卷积神经网络**(DCNN)中逐层进行提取，最终将像素级别的特征通过神经网络转化为较高层次的特征。

检索中，可结合 HSV 特征、SIFT 特征和 CNN 特征进行。融合不同特征的方法与仅使用单一特征的方法进行检索实验对比的结果如表 15.2.1 所示。其中，所用数据库包括 Holidays [Jegou 2010]、Oxford5k [Philbin 2007]、Paris [Philbin 2008]和 Flickr100k(从 Flickr 网站获取，包含 10 万幅图像)；评价指标采用多个查询图像对应结果的**平均精确度**(AP)的平均值(mAP)。由表 15.2.1 可见，使用综合特征取得的效果优于使用任一单独特征的效果。

表 15.2.1　使用综合特征结果与使用单一特征结果对比

数据库	Holidays	Oxford	Paris	Flickr100k
HSV	61.95			53.38
SIFT	80.74	76.66	75.98	72.06
CNN	71.67	43.28	63.64	62.26
综合特征	**93.79**	**79.19**	**93.08**	**91.09**

15.3　基于运动特征的视频检索

运动信息表达了视频内容沿时间轴的发展变化，对于理解视频内容具有重要作用。值得指出的是，颜色、纹理和形状特征是图像和视频共有的特征，而运动特征则是视频数据独有的特征。

对运动特征的匹配建立在对视频中运动信息和特征的提取(见上册第 15 章和中册第 12 章)之上。视频序列由一系列在时间上前后相关的图像帧构成，图像帧之间的差异反映了视频序列中包含的运动信息。视频序列中的运动信息可分为全局运动信息和局部运动信息两类。

15.3.1　全局运动特征

全局运动对应**背景运动**，是由进行拍摄的摄像机自身运动造成的帧图像内所有点的整体移动(所以也称**摄像机运动**)。全局运动一般具有整体性强、比较规律的特点,常可用全图统一的特征或模型表达。一般用 2-D 运动矢量表示,求 2-D 运动矢量可采用无需太多先验知识的低层算法,如块匹配法、基于梯度的光流算法等。

要准确提取运动信息,需考虑相邻帧之间的图像变化,称为短时运动分析,一般涉及的时间间隔较小(几十毫秒)。但人们对于一个运动的整体理解常需要一定的持续时间(常为 1s 或更长)。为得到有意义的运动内容,需要按时间顺序将各个短时运动分析的结果结合。

为结合短时运动分析的结果,可引入特征点序列的概念[俞 2001],将经过特征抽取后从每对相邻图像帧中提取的运动信息用运动特征空间中的一个点表示,而将较长时间的运动表示为运动特征空间中的点序列,视频序列中的运动信息就由一组特征点表示。特征点序列既包含每对相邻帧之间的运动信息,又包含前后帧的时间顺序关系,完整地概括了视频序列的运动内容。借助特征点序列的匹配可理解较长持续时间内的运动行为。

进行特征点序列相似性度量可借用**字符串匹配**(11.2.2 小节)方法。设有两个视频序列 L_1 和 L_2,其特征点序列长度分别为 N_1 和 N_2,则两个特征点序列可表示为$\{f_1(i), i=1, 2, \cdots, N_1\}$和$\{f_2(j), j=1,2,\cdots,N_2\}$。如果 $N_1=N_2=N$,那么可定义视频序列之间的相似度等于其对应特征点的相似度之和,即

$$S(L_1, L_2)=\sum_{i=1}^{N} S_f[f_1(i), f_2(i)] \tag{15.3.1}$$

其中,$S_f[f_1(i), f_2(i)]$为计算两个特征点之间相似度的函数,可使用各种距离函数。

如果两个序列的长度不同,设 $N_1<N_2$,那么还须考虑如何选取匹配时间起点的问题。具体如下:在 L_2 中以不同的时间起点 t 开始截取与 L_1 长度相同的序列 $L_2'(t)$,由于 L_1 与 $L_2'(t)$长度相同,其间的距离可由式(15.3.1)计算。通过移动时间起点 t,还可计算对应所有可能时间起点 t 的子序列的相似度。而两个序列 L_1 和 L_2 的相似度可选其中的最大值,即

$$S(L_1, L_2)=\max_{0 \leqslant t \leqslant N_2-N_1} \sum_{i=1}^{N} S_f[f_1(i), f_2(i+t)] \tag{15.3.2}$$

由上式不仅能获得两个不同长度序列之间的相似度,还能得出短序列与长序列中运动最相似片段匹配的位置。

特征点相似度的计算取决于每个特征点的表达。以上册 15.3.2 小节介绍的双线性运动模型为例,每个相邻帧的全局运动用 8 个模型参数表示。由于全局运动参数模型反映了摄像机运动造成的视频图像中所有像素的整体运动,对应两幅图像的两个运动模型参数之间的相似度应为两个运动模型在整个视频图像范围内包含的所有运动矢量的相似度。因此,可定义两个全局运动模型 M_1、M_2 之间的距离为其各点运动矢量之间距离的平方和,即

$$D(M_1, M_2)=\sum_{x,y}[U_{M_1}(x,y)-U_{M_2}(x,y)]^2+[V_{M_1}(x,y)-V_{M_2}(x,y)]^2 \tag{15.3.3}$$

其中,(U_{M_1}, V_{M_1})、(U_{M_2}, V_{M_2})分别为从 M_1、M_2 得到的全局运动矢量。一旦获得了表达全局运动的模型参数,即可进行匹配并算出两帧图像中全局运动的相似度[Yu 2001b]。

15.3.2 局部运动特征

局部运动对应**前景运动**,是由场景中目标的自身运动造成的。因此局部运动仅体现在场景中对应运动目标的位置。由于场景中可能有多个目标,且各目标可能做不同的运动,所以局部运动常表现得比较复杂,不太规律,一幅图中的局部运动常需多个特征或模型表达。

要提取视频序列中的局部运动信息，先要寻找和确定视频中目标上各点在不同图像帧中的空间位置，还要将具有相同或相近运动情况的同一目标或目标中同一部件的运动联系起来，以得到该目标或部件的运动表达和描述。

对目标或部件的运动表达和描述常使用局部运动矢量场[Yu 2001a]，给出局部运动的大小和方向，其中运动方向对分辨不同的运动很重要。可将**运动矢量方向直方图**(MDH)作为特征描述局部运动(见上册 15.2 节)。另外，在求得局部运动矢量场的基础上，还可对局部运动矢量场进行分割，提取具有不同参数模型的运动区域。通过对运动模型分类还可获得**运动区域类型直方图**(MRTH)(见上册 15.2 节)。由于运动区域的参数模型表示是对视频中局部运动信息的进一步概括，所以从中获得的运动区域类型直方图比运动矢量方向直方图常具有更高层的含义和更全面的描述能力。对以上两种直方图特征的匹配可采用前面的直方图相交法等方法。

例 15.3.1　两种直方图特征匹配实例

利用上述两种直方图特征进行匹配的一个实例选用了取自国际标准 MPEG-7 测试数据集的一段 9min 篮球比赛录像[俞 2002]。图 15.3.1 给出了用于查询的罚球投篮动作片段中的第 1 帧。

图 15.3.1　查询片段中的第 1 帧

图 15.3.2(a)至图 15.3.2(d)给出了将运动矢量方向直方图作为特征进行匹配检索，从该测试数据集中检索到的 4 个具有类似内容的片段的第 1 帧。由图中结果看，虽然各图中运动员图像的大小和所占位置不同，但动作都是在罚篮[图 15.3.2(a)中的运动员与图 15.3.1 中的运动员相同，但对应两次不同的罚篮]。图 15.3.2(e)给出了将运动区域类型直方图作为特征进行匹配检索又多得到的 1 个片段的第 1 帧(该测试数据集中所有满足条件的 5 个片段均已检出)。

(a)　(b)　(c)　(d)　(e)

图 15.3.2　利用运动矢量方向直方图和运动区域类型直方图检索得到的结果

由上可见，将局部运动区域类型直方图作为特征描述局部运动的效果要优(匹配结果更多)于将局部运动矢量方向直方图作为特征的描述。□

15.4　基于分层匹配追踪的检索

匹配追踪(MP)是一种常用的信号稀疏分解方法(参见第 3 章)。MP 算法是一种贪婪算法，通过不断迭代求取待分析信号的稀疏表示。根据待分析信号的结构特性构建过完备原子库，其中原子尺度与待分析信号长度一致。迭代开始时，先寻找最能匹配待分析信号结构特征的原子，将信号投影在其上。再将投影后的剩余分量投影到下一个匹配原子上，使剩余分量的能量最小化。如此循环，直到剩余分量的能量足够小，迭代停止。此时信号被分解为各次投影与(高阶)剩余分量的和。已证明在信号长度有限的情况下，随着迭代次数的增加，剩余分量的能量逐步接近零，用较少的原子即可表达原始信号的主要成分。

15.4.1　检索框图

分层匹配追踪(HMP)是分层次进行匹配追踪的方法，通过精确地表达和提取图像特征，并进一步度量特征之间的相似度，实现对图像的检索[Bu 2014]。

基于分层匹配追踪的检索（HMP-IR）算法主要包括以下步骤：（分层）特征提取、（全局）特征汇总、倒排表（生成）和相似度量。算法的整体框图如图 15.4.1 所示（类似图 15.1.1 的通用图像检索框图），可分为两部分：准备阶段和查询阶段。在准备阶段，先对图像库中的图像分层分块提取特征，并进行特征汇总以反映图像的全局信息。在查询阶段，采用倒排表的存储结构对图像进行索引，减少用于匹配的图像数目，并选择余弦距离作为相似性度量，按相似度给出检索结果。

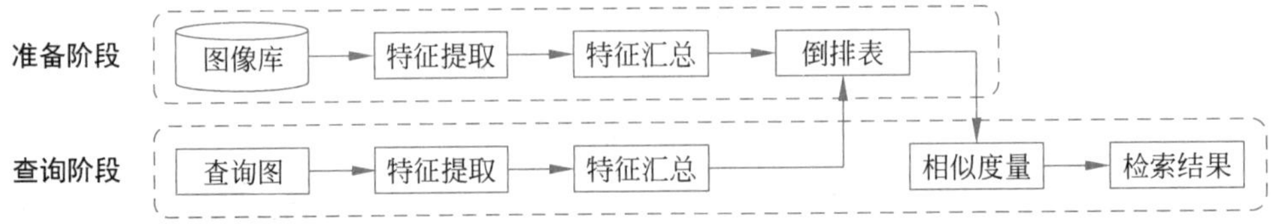

图 15.4.1　基于分层匹配追踪的检索算法的整体框图

15.4.2　单层图像特征提取

分层匹配追踪中需要提取多层特征，而多层特征的提取依赖于各单层的特征提取，对图像单层特征的提取包括如下 4 个步骤。

1. 图像分块

借助匹配追踪提取特征需要进行图像分块，分别提取各图像块的特征，并对这些特征进行汇总，得到全局图像特征。图像分块可从粗到细分为 3 个层次，分别得到大块、中块和小块，如图 15.4.2 所示。

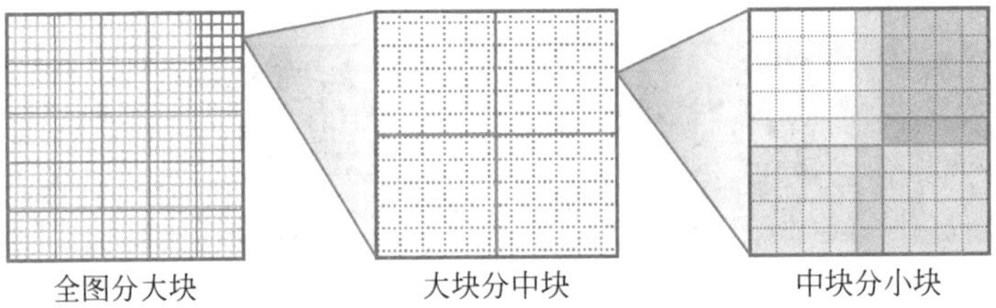

图 15.4.2　图像分块的 3 个层次

(1) 大块：在最粗的层次，输入图像被划分为多个大块，且大块之间没有重叠，如图 15.4.2 左图所示。分别对各大块进行编码，再将结果结合起来，得到图像最终的特征编码，即特征表达。大块的典型尺寸为 36×36，即高和宽分别为 36 个像素。

(2) 中块：在中等层次，大块被进一步划分为中块，即获得大块稀疏编码的单元。中块之间也没有重叠，如图 15.4.2 中图所示。一个尺寸为 36×36 的大块可细分为 4×4 个中块，每个中块的尺寸为 9×9 个像素。对每个中块的特征编码进行汇总可得到整个大块的特征编码。

(3) 小块：在最细的层次，中块继续被划分为多个小块，其为稀疏编码的直接处理对象。小块之间有一定的重叠（重叠的像素个数可以调整）。如图 15.4.2 右图所示，一个尺寸为 9×9 的中块被分为有重叠的 2×2 个小块（相邻小块之间重叠一行或一列），每个小块的高与宽分别为 5 个像素。

2. 稀疏编码

稀疏编码对不同大小的图像块按照由低到高的层次依次进行。对于最低层的小块，先将其灰度值按列重组为一个列矢量 $\boldsymbol{y}$（$\boldsymbol{y} \in \mathbb{R}^D$），列矢量的元素为块中的像素。如果是彩色图像，则将小块中的像素按列重组后提取 R、G、B 3 个通道的值，得到 3 个列矢量，再将 3 个列矢量连接为一个长的列矢量 $\boldsymbol{y}$。基于已训练好的过完备词典 $\boldsymbol{C}(\boldsymbol{C}\in\mathbb{R}^{D\times K})$，采用正交匹配追踪的方法对列矢量 $\boldsymbol{y}$ 进行如下计算以获得稀疏编码 $\boldsymbol{x}$(L 为稀疏度)：

$$\min_{\boldsymbol{x}}\|\boldsymbol{y}-\boldsymbol{C}\boldsymbol{x}\|^2 \quad \text{s.t.} \quad \|\boldsymbol{x}\|_0 \leqslant L \tag{15.4.1}$$

3. 特征汇总

将从小块获得的稀疏编码记为 $\boldsymbol{x}_j$，$j=1,2,\cdots$。设一个中块中有 N 个小块，则属于同一个中块的稀疏编码集合为$\{\boldsymbol{x}_j\}$，$j=1,2,\cdots,N$。对特定中块 $\boldsymbol{C}_i$ 的特征汇总采用空间最大化方式进行：

$$\boldsymbol{F}(\boldsymbol{C}_i)=\max_{j\in\boldsymbol{C}_i}[\max(x_{j1},0),\cdots,\max(x_{jM},0),\max(-x_{j1},0),\cdots,\max(-x_{jM},0)] \tag{15.4.2}$$

其中，x_{jm} 为第 j 个小块编码中的第 m 个元素(共 M 个元素)，$\boldsymbol{F}(C_i)$为中块 $\boldsymbol{C}_i$ 的特征编码。编码时将符号为正的元素和符号为负的元素分开，以便在其他层编码中赋予其不同的权重，进行分别处理。

进一步对属于同一大块的所有中块的稀疏编码 $\boldsymbol{F}(C_{ik})$，$k=1,2,\cdots,K$ 进行连接，即得到大块 B 的稀疏编码 $\boldsymbol{F}_B$：

$$\boldsymbol{F}_B=[\boldsymbol{F}(C_{i1}),\boldsymbol{F}(C_{i2}),\cdots,\boldsymbol{F}(C_{iK})] \tag{15.4.3}$$

由于不同图像是在不同光照、反射条件下采集的，所以图像之间存在一定偏差。对于从大块得到的稀疏编码，可借助 L_2 范数进行归一化，以平衡图像之间的差异，提高相似性度量的准确性。对所有的稀疏编码进行最大化汇总，即得到一幅图像的稀疏表示。

15.4.3 多层特征提取和图像检索

为充分利用图像的细节信息进行针对图像局部特征的检索，要对图像进行多层稀疏编码，以提高图像细节丰富程度，提升检索性能。对多层图像第一层的特征提取过程与单层图像特征的提取过程相同，但对其后各层图像特征的提取则有区别。下面以对三层图像特征的提取为例进行介绍。

1. 三层图像特征提取

三层图像特征提取要在三个递进的层上依次对图像进行稀疏编码。

(1) 对第一层的编码流程与单层图像特征的提取算法相同，即在图像分块后，从小块开始采用之前训练好的词典 $\boldsymbol{C}_1$ 进行编码，对编码进行汇总得到大块的编码，再连接大块的编码，得到 $\boldsymbol{F}_{B1}$，$\boldsymbol{F}_{B1}$ 经归一化处理后输入第二层。

(2) 将第一层输出的归一化后的编码 $\boldsymbol{F}_{B1}$ 用第二层训练好的词典 $\boldsymbol{C}_2$ 进行进一步编码，再进行汇总、连接和归一化，得到第二层相应的稀疏编码 $\boldsymbol{F}_{B2}$。

(3) 将第二层输出的归一化后的编码 $\boldsymbol{F}_{B2}$ 用第三层训练好的词典 $\boldsymbol{C}_3$ 进行进一步编码，再进行汇总、连接和归一化，得到第三层相应的稀疏编码 $\boldsymbol{F}_{B3}$。更多层可以此类推。

2. 三层图像检索

基于三层图像特征的检索算法流程图如图 15.4.3 所示。在准备阶段，借助图像库中的图像获得三层的分层匹配追踪编码后，可构建倒排表。在查询阶段，根据查询图像查找倒排表，筛选待匹配的图像，进行相似性度量，并根据度量结果按照相似度由大到小的顺序输出检索结果。

3. 全局特征汇总

对图像分块后得到的特征都是局部特征，不能体现图像中的几何关系，无法反映图像的全局信息。为此需要对得到的局部特征进行汇总，以更好地利用空间信息。可采用**空间金字塔**

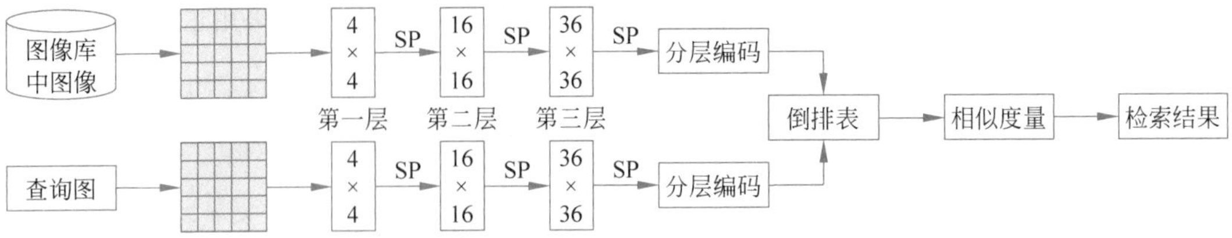

图 15.4.3 基于三层图像特征的检索算法流程图

(SP)方式对局部特征进行汇总。先将图像划分为几个相等的区块，分别对各区块的特征进行汇总，再将所有区块的特征连接为一个长矢量，作为最终的图像编码。

空间金字塔要对图像进行分层汇总，即根据对图像全局信息统计的细化程度，从不同层次对图像特征进行统计汇总。为汇总不同层次的信息，可采取从粗到细的金字塔汇总模式，如1×1、2×2 和 3×3 的模式，以对应提取粗略特征、中间特征和细致特征，其对应不同的编码长度，可实现不同精细程度信息的综合运用。

4. 倒排表

在实际检索中，图像库中的图像数量往往十分庞大。如果查询时对所有图像都进行一一匹配，则需要大量计算，产生巨大的时间消耗，直接影响检索的速度。为此需要对数据库中的图像进行组织和索引，对特征进行结构化存储以适应图像检索的要求。

基于分层匹配追踪获得的编码为稀疏编码，特征矢量中非零的视觉单词所占比重较小，如果用单词建立索引，可极大提升检索效率。例如，可采用与词袋模型类似的倒排表对图像进行索引。倒排表以特征矢量中的视觉单词为索引建立对应条目，倒排表中的每个条目对应相应的视觉单词，记录数据库中出现该视觉单词的图像编号及相应频率。在此基础上采用余弦距离进行相似性度量。此时只需比对同一编码位置上非零视觉单词之间的相似性，忽略零值单词对最终度量的影响，可极大缩小用于匹配的图像数目，降低算法复杂度。而且对矢量进行归一化之后，余弦距离度量只涉及简单的乘积与求和运算，计算简洁快速，可提升检索速度。

5. 影响性能的 3 个因素

为提高性能，需要考虑 3 个因素，或者说需要选择 3 个参数。

(1) 分层层数：基于两层和基于三层的算法比基于一层的算法性能更优。因为通过在不同层级之间传递编码结果，更多的图像信息得以运用，因而检索效果得以提升。尤其是当检索图像主要反映查询图像的局部细节时，使用多层编码方法可更充分地利用图像的局部和细节信息，效果提升更加明显。

(2) 词典维数：采用较高的词典维数，可在编码时加入更多信息，因而图像的内部特征挖掘得更为充分，检索性能也更优。但维数过高也会增加计算复杂度，降低检索效率。

(3) 汇总模式：汇总模式的尺寸与全局特征的尺度有关，模式尺寸变小，特征汇总的范围增大，有利于提高含大尺度景物图像的检索性能。如果采用不同的模式汇总，并将结果矢量拼接为一个长矢量，则效果更好。

15.4.4 结合颜色直方图

分层匹配追踪提取的特征主要反映纹理和结构信息，对颜色信息的挖掘并不充分。为此可将颜色直方图特征与其结合，构成**彩色分层匹配追踪**(C-HMP)特征，并仍按图 15.4.3 的流程图进行检索。

1. 特征提取

首先，提取与分层匹配追踪中提取的局部特征互补的全局彩色信息。在 HSI 模型(见上册 14.2.2 小节)中,I 分量只表达亮度信息,对于图像的颜色表达影响不大,所以只提取图像的 H 和 S 分量并用 HS 颜色直方图表达全局彩色信息。其次,为减少统计工作量,可对 H、S 分量分别进行量化以降低统计复杂度,提高运算速度。例如,可将 H 分量均匀量化为 40 个间隔,S 分量均匀量化为 25 个间隔。最后,对 H、S 两个分量进行联合分布直方图的统计,得到 40×25 的 2-D 直方图,再将其按列进行排列,转换为 1000-D 的矢量。

提取分层匹配追踪特征的方法如前,即对图像进行分块后逐层提取稀疏编码并进行汇总,将前一层的编码作为后一层的输入,逐层进行,直至得到最终层的稀疏编码。仍采用空间金字塔汇总模式对编码进行全局汇总,从而得到最终的分层匹配追踪特征编码。

2. 特征融合

上述两种特征的取值范围存在较大不同,HS 直方图的取值为 $0 \sim 3\times10^5$,而 HMP 特征的取值为 0～1。为此需将其取值范围归一化,以保证两特征的可比性,从而保证最终相似性度量中综合考虑不同信息的影响。具体可采用 2 范数归一化,将所得的 HMP 特征和 HS 直方图特征均归一化至 0～1 范围内。

对两种特征分别归一化后,再对其进行加权融合,得到一个特征级的融合结果。设 $\boldsymbol{F}_{\mathrm{HMP}}$ 和 $\boldsymbol{F}_{HS}$ 分别表示归一化后的 HMP 特征和 HS 直方图特征,W_{HMP} 和 W_{HS} 分别表示 HMP 特征和 HS 直方图特征的权重系数,则新的融合特征为

$$\boldsymbol{F}_M = [W_{\mathrm{HMP}}\boldsymbol{F}_{\mathrm{HMP}}, W_{HS}\boldsymbol{F}_{HS}]^{\mathrm{T}} \tag{15.4.4}$$

即加权连接两种不同类型的特征。

HS 直方图特征之间的相似性度量可采用式(15.2.1)的直方图相交法进行。

C-HMP 特征的生成流程图如图 15.4.4 所示。

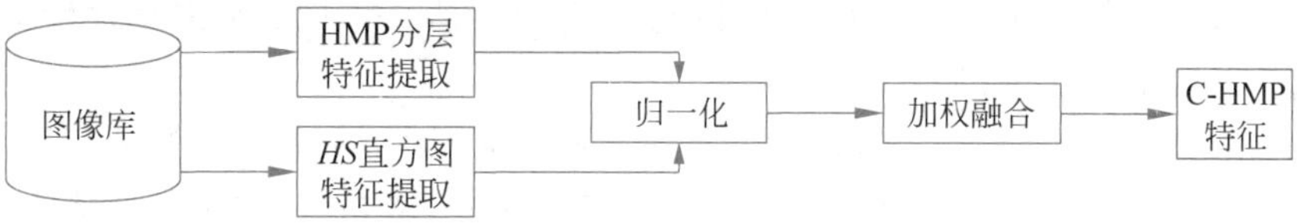

图 15.4.4　C-HMP 特征的生成流程图

15.5　视频节目分析和索引

视频的种类很多,如新闻节目、体育比赛、电影、动画、广告等,还有家庭录像等非专业视频。视频分析的目的是建立/恢复视频中的(语义)结构[章 2000d],并根据此结构建立索引进行查询检索,如[Zhang 2002b]、[Chen 2008]。下面对几种特殊视频进行分析。

15.5.1　新闻视频结构化

新闻视频是一类应用广泛的视频节目。在对新闻视频的分析中,检测播音员镜头对节目结构化起着重要作用。下面是对一个相关研究的介绍[姜 2003a]。

1. 新闻视频的特点

新闻视频的结构特征比较明显,而且各种类型的**新闻节目**具有良好的一致性,其主体内容均由一系列新闻故事单元组成。每个新闻故事单元即一个**新闻条目**,讲述一个内容相对独立的事件,具有明确的语义。它可用作视频分析、索引和查询的基本单元。

新闻视频较固定的层次化结构提供了多种有助于理解视频内容、建立索引结构和基于内容进行查询的信息线索。信息线索可能存在于不同的结构层次,能提供相对独立的视频特征。

例如，许多新闻节目中有反复出现的主持人在演播室内播报解说的画面（播音员镜头），可作为新闻条目开始的标志，也是新闻条目分段的基础。

从策略上讲，播音员镜头检测的主要思路包括直接检测和逐步排除两种。由于不同的新闻节目风格不同，加之新闻节目中还有许多其他类似的“说话人镜头”（具体如下），所以通过单一检测方法难以直接准确地检测播音员镜头，可能产生许多误检和虚警。

下面介绍一种三步检测法[Jiang 2005a]，通过分步的方式，由粗到精逐渐细化，在不同检测尺度范围中采用不同的技术。该方法的第一步是通过分析图像帧之间的变化，检测出所有**“重要说话人镜头**（MSC）”，结果中包含真正的播音员镜头，也包含误检的类似镜头；第二步，通过无监督聚类方法将所有“重要说话人镜头”分为若干人物组，即建立重要说话人物列表，并利用新闻标题检测的结果进行后处理；第三步，通过镜头出现的时间分布统计规律，从重要说话人物列表中提取出真正的播音员镜头组。

2. 重要说话人镜头检测

在新闻视频中，重要说话人镜头是新闻视频中特有的内容，也常是观众感兴趣的，因而可作为视频内容的重要注释和视频查询的重要线索（虽然也会对播音员镜头的检测产生干扰）。所以检测出新闻片段中所有的“重要说话人镜头”并利用其对视频内容进行辅助分析值得重视。

新闻视频中的重要说话人镜头是指一般新闻节目中经常出现的一种特殊镜头：在新闻画面中出现的单个人物说话头像的近镜头，这种视频画面中主要对象为人物头像，而不是背景活动。实际例子包括现场记者报道镜头、被采访者镜头、演讲者镜头等。与人脸检测不同，在检测重要说话人镜头时，主要关心视频中一个占主导的人物头部（而不是其他景物）是否出现在画面的特定位置。人物脸部的细节特征并非一定要提取，所以可构建运动统计模型，利用人物头部运动模板匹配的办法检测。

重要说话人镜头包括时间、空间和运动的视觉特征，下面是可利用的两个特征。

(1) 对于一般的新闻视频来讲，重要说话人镜头[图 15.5.1(a)]中画面的整体运动变化比一般镜头[图 15.5.1(b)]小很多，但比近乎静止画面的镜头[图 15.5.1(c)]大。

(a) (b) (c)

图 15.5.1 各种镜头变化情况的对比

(2) 重要说话人镜头的画面运动主要集中于固定说话人的头部，且头部的位置在新闻视频中集中于固定的 3 个位置：中部、左侧和右侧。

根据以上两个特征，可对镜头画面的变化进行分析。既要考虑图像帧之间的变化强弱（前一个特征），又要体现变化值在空间的分布情况（后一个特征）。为此可使用**镜头中平均运动图**（MAMS）[Jiang 2005a]。对于第 n 个镜头，镜头中平均运动图的计算公式如下：

$$M_n(x,y)=\frac{1}{L}\sum_{i=1}^{L-v}\mid f_i(x,y)-f_{i+v}(x,y)\mid \quad L=\frac{N}{v} \tag{15.5.1}$$

其中，N 为第 n 个镜头的总帧数；i 为帧的序号；v 为度量帧之间差异时的间隔数。

镜头中平均运动图是一个 2-D 分布的运动累计平均图，其保留了运动的空间分布信息。

由于重要说话人镜头变化强弱的量值处于一般镜头和静止镜头之间，所以可通过镜头中平均运动图除以图的面积反映变化强弱量。只有满足以下条件的镜头才被认为是可能的重要说话人镜头(进入下一步处理)：

$$T_s < \frac{M_n(x,y)}{N_x \times N_y} < T_a \tag{15.5.2}$$

其中，T_s 与 T_a 分别为静止镜头和一般镜头画面变化强弱的统计平均值。注意，两个值与度量帧之间差异的间隔数 v 成正比。

3. 重要说话人镜头聚类

如前所述，重要说话人镜头是新闻视频内容的重要注释和视频查询的重要线索。但是，如果仅将检测出的不同时间(还可能多次重复)出现的重要说话人镜头一一罗列并不能保证效果。另外，在无组织的重要说话人镜头中进一步找出播音员镜头也比较困难。因此，需要对这些镜头进行组织，最直接的方法是按照人物进行聚类：根据这些人物各自的外在特征在同一段新闻内容中的一致性(同一人物在同一段新闻节目中多次出现，其衣着和肤色等视觉特征一般具有较强的相似性)，可以提取不同时间可能出现的相同人物的重要说话人镜头，形成人物的镜头分组。利用分组列表，便可对相关人物进行方便的查询和检索。

可先提取每个检测出的重要说话人镜头的颜色特征，再采用彩色直方图相交(参见 15.2.1 小节)计算镜头的相似度。由于重要说话人镜头可按头部位置分为左、中、右 3 种情况，那么可构建 3 种位置模型，如图 15.5.2 所示。3 种模型中的身体区域面积相同，仅上部对应人物头部区域的水平位置存在差别。利用位置模型可更准确地计算相似度，再采用无监督聚类的方法对所有重要说话人镜头进行聚类。

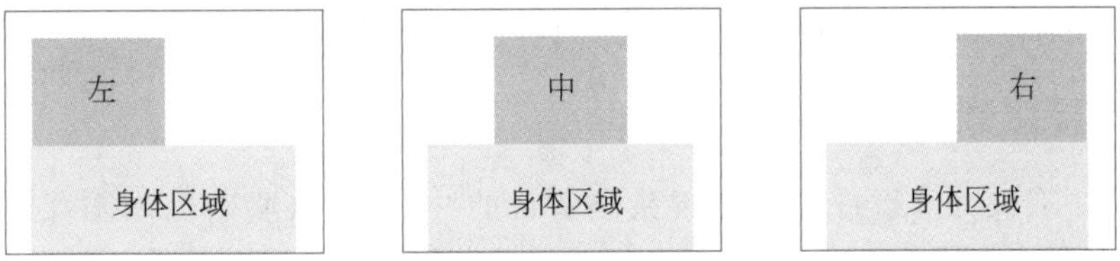

图 15.5.2　3 种位置模型

获得了重要说话人镜头聚类后，可以检测描述新闻事件发生的时间、地点或者中心人物等的新闻标题条[姜 2003b]，以去除非重要人物(误检)的镜头类。在新闻节目视频中，对于每个新出现的重要说话人物，一般会有新闻标题条出现作为人物注释，否则此人物就算不上新闻节目的"重要人物"。所以，在前面得到的人物镜头聚类结果中，可去除不含新闻标题条的镜头类。

4. 播音员镜头提取

为实现有效的新闻视频结构化，需要检测新闻播音员镜头出现的位置，作为每个新闻条目的开始点。一个对选自 MPEG-7 测试数据集的约 6 小时的新闻视频中镜头的时间长度、镜头数目、间隔和时间覆盖范围 4 个特征进行统计得到的结果如表 15.5.1 所示[Jiang 2005a]。

表 15.5.1　播音员镜头和其他重要说话人镜头的时间分布特性统计

	镜头时间长度(s)	每 20min 镜头数目	镜头间隔(镜头数)	覆盖范围(镜头数)
播音员镜头类	15.72	≈ 9	≈ 12	> 60
其他镜头类	10.38	≈ 2	≈ 5	< 10

由表 15.5.1 可见，镜头数目、间隔和时间覆盖范围对播音员镜头和其他镜头具有良好的区分能力。相对于其他镜头类，播音员镜头类出现的重复次数更多，出现时间更分散，且时间

覆盖范围更广。根据这些特点，可使用如下条件对重要说话人镜头聚类的结果进一步筛选，进而实现播音员镜头检测。

（1）该类镜头的总数大于一个阈值。

（2）该类相邻镜头出现的平均时间间隔大于一个阈值。

（3）该类镜头中出现最早的镜头和出现最晚的镜头之间的间隔（镜头数），即该类镜头的时间覆盖范围大于一个阈值。

根据镜头的时间分布特征可将重要说话人镜头分为两种情况：一种是播音员镜头类（用A1、A2……表示），另一种是其他人物说话镜头类（用P1、P2……表示）。对于每个新闻条目，从新闻播音员镜头出现的位置开始，其后连接有关报道镜头和人物说话镜头，即可获得新闻视频结构化的结果。为给用户一个时间上的概念，可采用以镜头为单位的流式结构，如图15.5.3所示。利用视频结构化的表达方式，用户可定位和重放任意新闻条目及任意感兴趣的新闻重要人物镜头，从而进一步实现高层次的非线性浏览和查询［章2003b］。

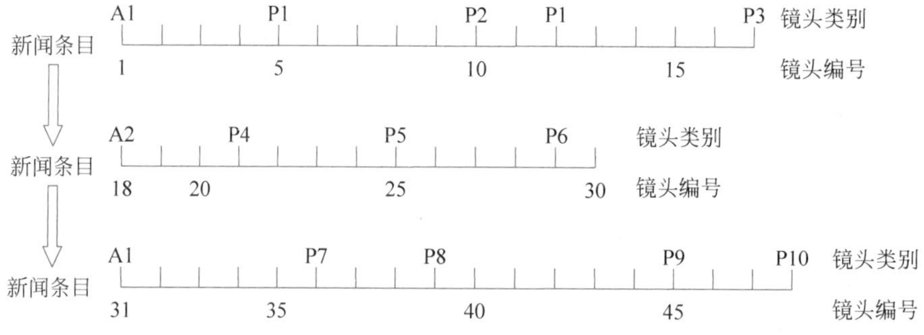

图15.5.3　新闻条目-镜头流式结构

15.5.2　体育比赛视频排序

体育比赛中有关特殊事件的**精彩镜头**是节目的一大看点（所以也称体育节目为事件视频）。根据精彩程度对镜头排序，有利于进行新闻报道和优先选择观看感兴趣镜头。

1. 体育比赛视频的特点

体育比赛的相关节目一般有较强的结构性，如足球比赛分为上下两个半场，NBA篮球比赛将每个半场分为两节。这些特点为体育视频分析提供了时间线索和限制。另外，体育比赛总有一些高潮事件，如足球比赛的射门、篮球比赛的扣篮和妙传等。因此还要动态地围绕事件进行视频镜头的组织。体育比赛的环境多是特定的，但比赛中有许多不定因素，事件的发生时间位置不能事先确定，所以比赛中无法控制视频生成过程。体育比赛的拍摄手法也有许多特点，如篮球比赛的扣篮，有空中拍摄的，也有从篮下向上拍摄的。

体育事件的特殊性是使用特定分析技术从比赛中提取感兴趣片段的基础，或者说从多个不同角度观看同一动作的可能性。在体育比赛中，某一特定场景往往具有固定的颜色、运动目标和空间对象分布特征。由于比赛场地一般只有几台固定的摄像机，所以某一事件的发生往往对应特定的场景变化。可根据对这些特征的提取和识别判断特定的事件。例如对于有运动员出现的序列，可提取运动员的轮廓、运动服的颜色、运动员的运动轨迹等作为索引；对于观众序列，可提取观众的动作姿态等作为索引；对于重要片段序列，比如篮球运动，可提取球篮位置、篮球的运动轨迹；田径赛中的投掷项目，可提取出手角度、落地位置等作为索引。

现有的体育比赛精彩镜头分析系统大多针对特定体育比赛类型使用先验知识对精彩事件进行定义，并通过检测体育比赛中的特定精彩事件完成对精彩镜头的检测。不同体育比赛精彩镜头的含义、内容和视频表现方式均不同。如足球比赛中的射门无疑是大家关注的，又如篮球比赛中的扣篮、妙传、快攻总是很吸引人。从查询的角度看，既可根据精彩镜头进行查询，又可根据构成精彩镜头的要素，如足球、球门、篮球、篮板等进行查询。另外，还可根据这些镜头的不同特点，对点球、任意球、罚球、三分球等进行查询。

有人将体育比赛节目中的特征分为3个级别[Duan 2003]，分别对应底层、中层和高层语义特征。底层语义特征包括运动矢量、颜色分布等可直接从图像中提取的特征；中层语义特征包括摄像机运动及导致的视场变化，拍摄对象的运动及姿态转换等，这些特征可由底层语义特征分析得出，比如由运动矢量直方图估计摄像机运动；高层语义特征则对应某一事件，一般通过先验知识事先定义高层语义特征与中(底)层语义特征的联系。

2. 乒乓球比赛节目的结构

与足球比赛等有固定时间的比赛不同，乒乓球比赛基于比分，具有相对明确的结构，一场比赛由相对固定、具有典型结构、不断重复的场景组成。乒乓球比赛节目主要包括发球、比赛(进程)、场间休息、观众场面和重放等场景。每个场景都有其相对明确的特征。比如发球场景中多出现运动员或球拍的特写镜头，而比赛场景中摄像机拍摄范围将覆盖包括球台、双方运动员及部分场地的全局镜头。对于一场乒乓球比赛来说，一般由3～7构成，每一局又由多个回合构成。乒乓球比赛由这些不断重复的结构单元组成，其中各事件的发生具有相对明确的时间顺序关系。比如发球场景之后紧跟着是比赛场景，而回放场景则紧跟在精彩比赛场景之后。图15.5.4给出了乒乓球比赛节目结构示意图。

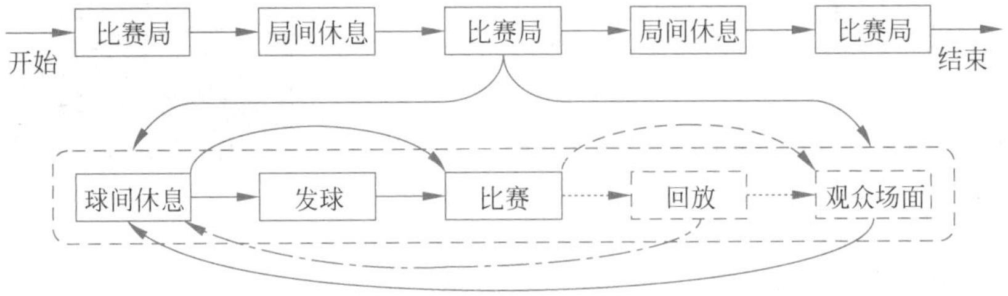

图15.5.4 乒乓球比赛节目结构示意图

根据上述结构，可根据场景对节目中的镜头进行非监督聚类，图15.5.5给出了通过聚类得到的**关键帧**结果，其中每一列对应聚在同一类中的几个镜头。

图15.5.5 通过非监督聚类得到的关键帧结果

3. 目标检测和跟踪

在乒乓球比赛中，精彩的镜头往往与特定的击球动作相联系。为确定乒乓球比赛事件的精彩度，需要对比赛中每回合包含的技术动作类型进行识别，对每回合比赛发生的技术动作进行统计和分析，再确定出与人的主观感觉最符合的精彩度。判断乒乓球比赛的精彩程度，主要通过两类方法：一是基于一些客观的指标，如比赛持续时间或对攻回合数；二是通过其他相关信息和事件进行辅助，如掌声检测和画面重放。

为统计客观指标，需要先对场景中的目标进行检测，包括运动员、球台和球检测。在此基础上还需对场景中的运动目标进行跟踪，包括运动员和乒乓球跟踪。通过跟踪获得运动员的运动轨迹和球的运动轨迹，即可进一步对镜头进行**精彩度排序**。主要流程如图 15.5.6 所示[Chen 2006]。

对运动员进行检测和跟踪的具体结果示例如图 15.5.7 所示，其中两个白线框分别给出两个运动员的外接盒(见中册 6.2.5 小节)。

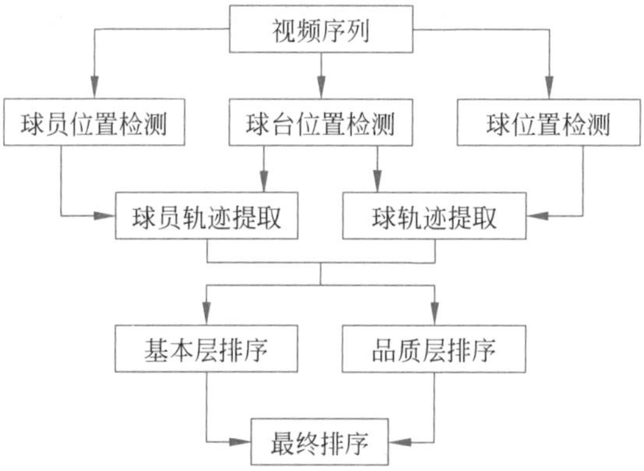

图 15.5.6　目标检测、跟踪和镜头精彩度排序的流程

图 15.5.7　运动员检测和跟踪示例

对乒乓球跟踪的示例如图 15.5.8 所示，其中图 15.5.8(a)至图 15.5.8(d)为一个序列中等间隔的 4 帧图像，图 15.5.8(e)为依次跟踪得到的一段乒乓球运动轨迹(叠加在最后一帧图像上)。

(a)　(b)　(c)　(d)　(e)

图 15.5.8　乒乓球跟踪示例

4. 精彩度排序

对视频片段的精彩度进行排序并尽可能符合人的感觉和观看习惯，可借助观看比赛的人评价比赛精彩程度所用的准则和观点。可将相关内容分为 3 个层次：①基本层，如一个球来回打了几拍、球运动的轨迹和速度等；②品质层，如各种击球方式、运动员移动的速度等；③感觉层，如裁判对大量比赛进行判断评价而得到的感觉。最后一层主观性较强，下面讨论前两层的排序。

1) 基本层的排序

主要考虑如何借助从视频中直接检测出的特征对片段的精彩度进行排序。一种排序指标定义如下[Chen 2006]：

$$R = N(w_v h_v + w_b h_b + w_p h_p) \tag{15.5.3}$$

其中，N 为比赛中 1 个回合（得 1 分）中双方的击球次数之和；w_v、w_b、w_p 为权重。精彩度的内容由 3 部分决定，首先是球运动的平均速度：

$$h_v = f\left(\frac{1}{N}\sum_{i=1}^{N} |v(i)|\right) \tag{15.5.4}$$

其中，$v(i)$ 为第 i 次击球的速度。

其次是连续两次击球之间球运动的平均距离：

$$h_b = f\left[\frac{1}{N_1}\sum_{i=1}^{N_1} |b_1(i+1) - b_1(i)| + \frac{1}{N_2}\sum_{i=1}^{N_2} |b_2(i+1) - b_2(i)|\right] \tag{15.5.5}$$

其中，N_1 和 N_2 分别为第 1 个运动员和第 2 个运动员各自的击球总次数；b_1 和 b_2 分别为第 1 个运动员和第 2 个运动员进行第 i 次击球时球的位置。

最后是运动员连续两次击球之间运动的平均距离：

$$h_p = f\left[\frac{1}{N_1}\sum_{i=1}^{N_1} |p_1(i+1) - p_1(i)| + \frac{1}{N_2}\sum_{i=1}^{N_2} |p_2(i+1) - p_2(i)|\right] \tag{15.5.6}$$

其中，p_1 和 p_2 分别为第 1 个运动员和第 2 个运动员进行第 i 次击球时的位置。

上述三式中的 $f(\cdot)$ 为 sigmoid 函数：

$$f(x) = \frac{1}{1 + \exp[-(x - \bar{x})]} \tag{15.5.7}$$

用于将各变量值转换为精彩度。

2）品质层的排序

对品质层进行排序要借助一些高层概念，如击球前的移动、击球动作、球的轨迹和速度、两次相邻击球之间的相似性和一致性等。这些概念都以一次击球为时间单位，且适合用模糊集描述。例如，运动员移动的激烈程度可用下式表示：

$$m(i) = w_p f[|p(i) - p(i-2)|] + w_s f[|s(i) - s(i-2)|] \tag{15.5.8}$$

其中，$p(i)$ 和 $s(i)$ 分别为击球运动员第 i 次击球时的位置和形状（用图 15.5.7 中的外接盒表达）；w_p 和 w_s 分别为对应的权重。

球轨迹的品质可用下式表示：

$$t(i) = w_l f[l(i)] + w_v f[v(i)] \tag{15.5.9}$$

其中，$l(i)$ 和 $v(i)$ 分别为球第 i 次和第 $i-1$ 次击球之间的运动轨迹长度和运动速度；w_l 和 w_v 分别为对应的权重。

击球的变化可用下式表示：

$$u(i) = w_l f[l(i) - l(1-i)] + w_v f[v(i) - v(1-i)] + w_d f[d(i) - d(1-i)] \tag{15.5.10}$$

其中，$l(i)$、$v(i)$ 和 $d(i)$ 分别为球在第 i 次和第 $i-1$ 次击球之间的运动轨迹长度、运动速度和运动方向，w_l、w_v 和 w_d 分别为对应的权重。

根据先验知识可对上述各品质变量设计相应的模糊隶属度函数，最后的品质层排序是对各次击球品质排序的总和。根据品质排序可选出不同精彩度的视频片段。

15.5.3 家庭录像视频组织

与其他视频类型相比，由于**家庭录像**拍摄者和拍摄对象的特殊性，具有突出的自身特点[Lienhart 1997]。例如，家庭录像主要记录人们的生活，而不是讲述人工编排的故事，所以其中各个镜头常常同等重要。这与讲故事的电影节目不同，电影具有一定的设计规则，在一条故事主线的基础上常有多条副线，有些镜头或场景可能比另一些更重要。又如，家庭录像主要由未编辑过的原始视频镜头组成，是按时间顺序标记的数据，而广播视频都是由专业人员编辑过的，镜头顺序并不一定对应拍摄的顺序。所以，一般家庭录像较少出现场景的反复跳跃。这个先验知识可为针对家庭录像视频的结构化研究提供方向和依据，具体来说，在实现镜头分割的基础上，可根据镜头的相似性聚集时间连续的镜头（而不考虑不相邻镜头），提取场景结构。

家庭录像视频的观看对象不是广大观众（如广播视频那样），而是朋友、客人和家人。所以分析时应尽量体现拍摄者的拍摄手法和意图。例如，在对镜头特征的提取方法上，可将视频信息给人的主观感受分解为运动关注区域和环境两方面：前者强调吸引观看者特别注意力的部分；而后者代表对环境的总体印象。同时，还应考虑摄像机运动类型对特征结合方式的影响。不同的摄像机运动可能导致主观关注重点的变化，比如**镜头放大**将使观察者注意力更集中于活动区域，而镜头的**水平扫视**、**垂直倾斜**可能更强调对环境的总体印象。可根据检测得到的摄像机运动的不同类型，分别对环境和活动区域的特征进行加权处理，从而更好地反映主观视觉感受（见下）。

1. 运动关注区域检测

实现视频结构化需要对运动关注区域进行检测，但不完全等同于对视频目标的提取和识别。后者在一些典型的应用（如视频监控中的目标识别、基于对象的视频编码）中，需要准确确定目标的边界并跟踪其变化；而前者为了强调人们观看视频时获得的主观感受，除了与画面全局有关外，更易受到局部目标的影响。所以，在实现视频结构化时，主要考虑如何描述全局和局部视频内容对主观感受的不同影响，而不是单纯追求准确的目标分割边界。

视觉心理学的理论和实验表明，人在观看某个场景时，多数情况下注意力分为两方面。一方面，注意力集中在与画面整体运动不同（即有明显的相对运动）的区域中，这些区域称为运动关注区域；另一方面，其他相对静止的区域使人形成环境的概念，表达了视频内容带给人的总体印象。可借助图 15.5.9 解释，其中图 15.5.9(a)是家庭录像视频中的某一帧，该帧的画面可分为两部分，即草地上奔跑的小孩［图 15.5.9(b)］及草地和树木［图 15.5.9(c)］。草地代表该镜头拍摄的环境；而草地上的小孩相对于整体画面运动（也就是摄像机运动），自身也在运动，即奔跑，所以它属于运动关注区域，带给观众的印象不同于环境，而成为一个关注目标，吸引特别的注意力。

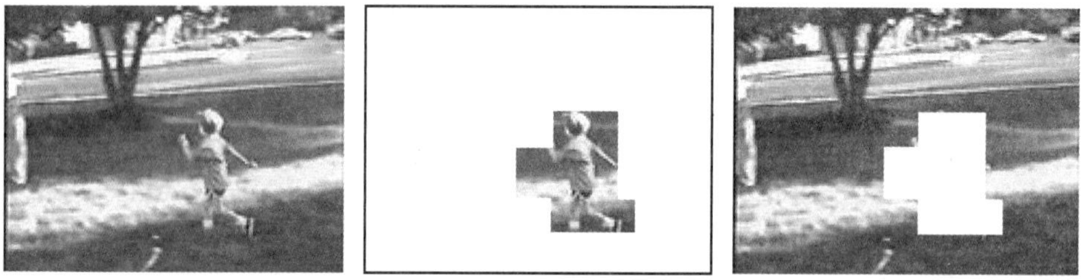

(a) (b) (c)

图 15.5.9 视频画面的空间分割

运动关注区域检测并不需要较高的精确度，或者说不需要提取准确的运动景物边缘。实际上，运动关注区域可仅由视频压缩域上的宏块构成，所以其检测可在 MPEG 压缩域中直接实现。主要利用的压缩域信息包括以下两部分［Jiang 2005b］。

(1) 块的 DCT 系数：即每个块经过 DCT 变换后得到的直流分量，它实际是 8×8 像素块的平均值的 8 倍。DC 系数可反映图像中粗略的亮度和颜色信息。

(2) 宏块的运动矢量：对应稀疏、粗略的运动光流场，反映了大致的运动信息。因此，对于每个视频镜头，可采用简单的4参数运动模型[取上册式(15.3.7)中的 $k_3=k_1, k_4=k_0$]估计摄像机运动，包括变焦、旋转、扫视(水平摇镜头)和倾斜(垂直摇镜头)。

通过对摄像机镜头运动的估计，可得到对镜头整体运动估计的参数，与其误差较大的宏块即运动异常块。提取运动异常块中最大的连通区域，即可得到如图15.5.9(b)所示的运动关注区域。另一些运动关注区域检测的结果如图15.5.10所示，它们都由异常于镜头整体运动的宏块区域组成，但并不一定都对应视频中完整的真实对象。它们可以是完整对象的一部分[图15.5.10(a)中小孩的腿]，或者是多个(语义)对象构成的整体[图15.5.10(b)中的老师和小孩，图15.5.10(c)中的小孩和乘坐的小车]。

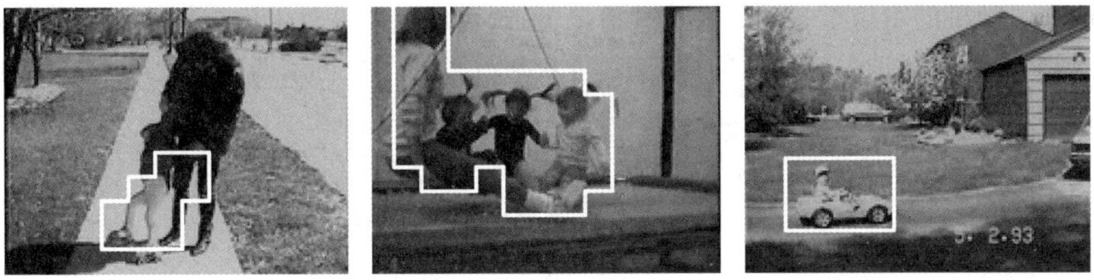

(a) (b) (c)

图 15.5.10 运动关注区域检测的结果

2. 基于摄像机运动的时间加权模型

运动关注区域的检测将视频内容分为运动关注区域和环境区域两部分。相应地，可用两方面特征表征镜头内容：一方面是运动关注区域的特征，强调吸引观众特别注意力的部分；另一方面是其他部分的特征，代表对环境的总体印象。

根据MPEG视频压缩编码的特点，通过少量解码即可获得视频内容的大致颜色信息(DC系数)，在此基础上可获得DC直方图作为描述特征。虽然其精确度不高，往往缺乏细节描述，却近似表现了视频内容给人的总体视觉印象，同时具有较强的抗噪声能力，计算和分析又具有快速、简单的优点。这样可对组成运动关注区域和环境区域的宏块分别提取DC直方图，用两种直方图表征一个视频帧的特性。

整个镜头的直方图可通过为不同时间帧的直方图设定不同的权重而累计得到。一个基本的观察假设是，摄像机镜头类似观察者的眼睛，而不同类型的摄像机运动表达对拍摄内容的不同关注程度。例如，镜头变焦能使关注程度在变焦过程中逐渐提升，变焦速度越快，关注程度提升越快。其中，放大镜头强调画面局部细节，而缩小镜头强调整体环境。摇镜头反映环境的转移和变化，对应关注程度降低，且扫视速度越快，关注程度降低幅度越大。基于以上假设可定义基于摄像机运动的视觉关注程度参数。通过对摄像机运动方式的检测和判断，分析视觉关注程度随时间的变化，从而提取与关注程度相关的镜头颜色特征。

前面利用4参数运动模型获得的镜头运动参数与摄像机平移、缩放和旋转角度等参数有如下关系[Tan 2000]：

$$\begin{cases} S=k_0+1 \\ r=k_1/(k_0+1) \\ L=\sqrt{(a\lambda)^2+(\lambda b)^2}=\sqrt{k_2^2+k_3^2}/(k_0+1) \\ \theta=\arctan[(b\lambda)/(a\lambda)]=-\arctan(k_3/k_2) \end{cases} \tag{15.5.11}$$

其中，λ 表示镜头焦距；绕 X、Y 和 Z 轴的旋转角度分别为 a、b 和 r；S 表示帧间的镜头缩放参数（$S>1$ 表示放大，$S<1$ 表示缩小）；$a\lambda$ 和 $b\lambda$ 则分别表示镜头左右摇和上下摇的参数；L 表示摇镜头的幅度（综合了左右和上下方向）；θ 表示摇镜头的角度。

进一步，可将求得的摄像机运动参数映射到视觉关注程度，建立基于摄像机运动的时间加权模型。建模的主要假设如下：①镜头缩放的作用是强调，镜头放大用于强调画面局部细节，镜头缩小用于强调画面整体。缩放速度越快，说明强调的程度越高。②摇镜头的情况需要分为目标跟踪（对应存在运动关注区域的情况）和环境转换（对应不存在运动关注区域的情况）两种类型。前一种情况表示镜头移动以跟踪运动目标，所以对运动区域的关注程度大于对环境的关注程度；而后一种情况由于不存在运动关注区域，所以镜头移动表达的是环境的变化和转移，对画面的关注程度降低。③在水平或垂直摇镜头的运动变化十分频繁且运动幅度较小时，被认为是随机的不稳定抖动。在这种情况下，画面的重要性仅由镜头缩放参数决定。

在画面中存在运动关注区域的情况下，观众对视频的印象可用两个权重表示，即**环境权重** W_{BG} 和**关注区域权重** W_{AR}：

$$W_{\mathrm{BG}}=1/W_{\mathrm{AR}} \tag{15.5.12}$$

$$W_{\mathrm{AR}}=\begin{cases}S & L<L_0\\ S(1+L/R_L) & L\geqslant L_0\end{cases} \tag{15.5.13}$$

其中，W_{AR} 与镜头缩放参数 S 成正比，且随摇镜头速度而增强；L_0 为能产生影响的摇镜头速度最小值，速度小于 L_0 的摇镜头运动被认为是随机抖动；R_L 为控制摇镜头速度对关注权重影响程度的因子。在时间加权模型中，大于 1 的权值表示强调，而小于 1 的值表示忽略。因此，可将关注区域和环境部分两个权值的乘积规定为 1。

在画面中不存在运动关注区域的情况下，只需计算环境的权重值，计算公式如下：

$$W_{\mathrm{BG}}=\begin{cases}S & L<L_0\\ S/[1+f(\theta)L/R_L] & L\geqslant L_0,\theta<\pi/4\\ S[1+f(\theta)L/R_L] & L\geqslant L_0,\theta\geqslant\pi/4\end{cases} \tag{15.5.14}$$

在水平摇镜头占主导（$\theta<\pi/4$）时环境的权重增加，垂直摇镜头占主导（$\theta>\pi/4$）时环境的权重减小。$f(\theta)$ 为表达摇镜头角度与关注程度权重变化之间关系的函数，其值在 $[0,\pi/4]$ 区间线性减小，在 $[\pi/4,\pi/2]$ 区间线性增加。$f(\theta)$ 的值在摇镜头角度接近 $\pi/4$ 时最小，因为沿对角方向的摇镜头对关注程度不会产生确定性影响。

图 15.5.11 是一组基于摄像机运动时间加权模型的示例，其中图 15.5.11(a)、图 15.5.11(b) 和图 15.5.11(c) 是从同一个视频镜头（取自一段小孩在草地上玩耍的家庭录像）不同时刻提取的 3 帧画面。虽然 3 帧画面都具有相似的环境部分，但其权重 W_{BG} 因镜头运动的不同而产生了差别。图 15.5.11(a) 中镜头未发生平移，且未检测到运动区域，因此环境的权重仅由少量的镜头缩放运动确定（接近 1）；图 15.5.11(b) 是镜头向左移动跟踪一个在草地上奔跑的小孩（存在运动关注区域），所以具有较低的环境权重和较高的运动区域权重；图 15.5.11(c) 也是一种目标跟踪情况，但其镜头移动速度比图 15.5.11(b) 更快，所以环境权重更低，运动区域权重更高。

3. 镜头组织策略

可利用求得的各种镜头特征矢量（特征及其权重）建立镜头特征的二元相似度，并通过直方图相交的方法分别计算两个镜头在环境特征和运动区域特征方面的相似性，从而实现两级镜头聚类组织策略。第一级镜头层次对应场景的变换，即运动区域和环境特征同时发生较大变化的位置，代表情节和地点的转移。而第二级镜头层次对应场景内部运动区域或环境特征

图 15.5.11 基于摄像机运动时间加权模型示例

之一发生变化(不包括同时变化)的情况,代表同一镜头内关注焦点的变化(不同的运动目标,相同的环境)或关注目标位置的转移(相同的运动目标,不同的环境)。此层次的变化可称亚场景变化[Jiang 2005b]。换句话说,第一级镜头层次区分出高层的场景语义,第二级镜头层次检测同一场景内较弱的语义边界。从而使视频镜头的内容组织更灵活,并更接近对视频内容的高层语义理解。

两级镜头聚类的例子如图 15.5.12 所示。图中 5 个画面分别是从连续的 5 个镜头中提取的,白色的框标出了检测到的运动关注区域。第一级镜头聚类将 5 个镜头分为 3 个场景单元:小孩学习轮滑、小孩在户外开小车和舞台表演场景(后 3 个画面)。3 个场景的运动关注区域和环境特征有很大区别。进一步分析舞台表演场景发现,第 3 和第 4 画面一起作为第二级镜头聚类,因为它们具有相似的运动关注区域(实际上是同一舞台上表演的演员),与最后一个画面中一群女孩的集体表演存在明显区别。由这个典型的例子可以看出,第一级镜头聚类将组成同一**语义事件**的镜头聚在一起,而第二级镜头聚类从同一事件中区分出不同的活动目标。多级镜头聚类对视频内容的解释能力更强,比单级的结构更丰富[Zhang 2008a]。

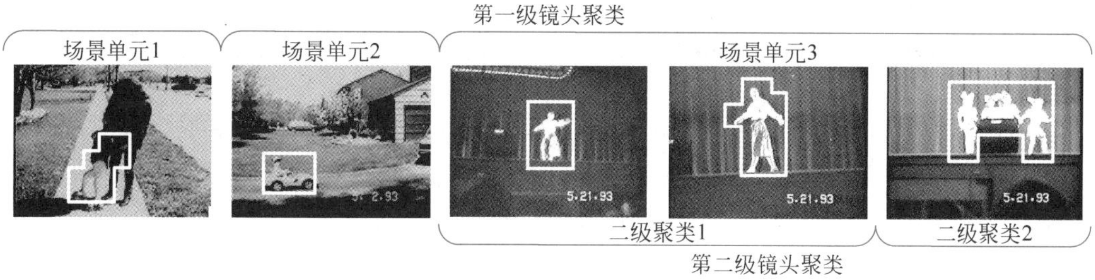

图 15.5.12 两级镜头聚类

15.6 语义分类检索

基于内容的检索越来越多地关注基于语义特征的检索[章 2004b]、[Zhang 2007]。与颜色、纹理、形状和运动等低级的视觉特征不同,语义特征也称逻辑特征,是一种高层特征,可进一步分为客观特征和主观特征[Djeraba 2002]。客观特征与图像中目标的辨识及视频中目标的运动有关,在基于目标鉴别的语义检索中得到广泛应用,可见[高 2001]、[高 2003]、[Zhang 2004a]、[Zhang 2007]。主观特征与目标及场景的属性有关,表达了目标或场景的含义和用途。主观特征可进一步分解为事件、活动类型、情感含义、信仰等类型,用户可针对这些更抽象的类别进行查询。

15.6.1 基于视觉关键词的图像分类

随着图像数据库的增大和网络应用的扩展,图像检索的对象常达几十万甚至几百万数量级。在如此大的空间中搜索非常耗时，性能也会受到影响而下降。为解决这一问题，可在正式检索前对图像进行分类，将大空间划分为小空间，使搜索更具针对性。

图像分类可根据不同准则和要求进行，如将图像与图形分开[戴 2002]，将含有不同目标的图像分开[李 2002]、[Li 2002]、[Zhang 2006b]，将具有不同景物（室内/室外、海滩/山脉……）的图像分开[Mitko 2009]等。以下主要讨论根据景物进行的分类。其中，结合对图像中特定区域的检测获取图像的语义描述是一种常见思路。下面举例介绍[Xu 2007a]、[Xu 2007b]。

1. 特征选择

在描述图像内容方面，局部的**显著特征**往往能提供比全局特征更确切的信息。使用局部显著特征需要首先检测具有显著特征的局部区域（显著片），可借助 6.3.2 小节介绍的 SIFT 算子进行，结果参见例 6.3.1。

特征选择是确定图像类中包含信息最多和最具判别力的特征。根据信息论，可通过计算特征与相关类之间的互信息进行判定和选择[Xu 2006a]。若将每个显著片的描述符看作一个视觉关键词，则可通过聚类构成一个关键词集合，以表示整幅图像的主要内容。

考虑图像中有 N 个目标，可用一组矢量 $\boldsymbol{V}=\{\boldsymbol{v}_1,\boldsymbol{v}_2,\cdots,\boldsymbol{v}_N\}$ 表达和描述。需要对各聚类中每个目标的密度进行计算。根据整个目标集合的密度，可用 Parzen 估计算法[边 2000]进一步计算各个聚类。假设对聚类 $C_j, j=1,2,\cdots,J$ 中目标 $\boldsymbol{v}_i$ 的密度函数为 $D(\boldsymbol{v}_i|C_j)$，则目标函数为

$$D(\boldsymbol{v}_i \mid C_j)=\max_{l}[D(\boldsymbol{v}_i \mid C_l)] \tag{15.6.1}$$

Parzen 估计算法包括以下 3 个步骤。

(1) 先初始化聚类。

(2) 计算目标 $\boldsymbol{v}_i$ 在每个聚类中的条件密度，再根据式(15.6.1)标记 $\boldsymbol{v}_i$。

(3) 如果对目标 $\boldsymbol{v}_i$ 的标记有变化，则返回步骤(2)。

根据以上步骤可根据密度分布对目标进行聚类，密度越高，聚类越紧凑。对显著片的聚类相当于给出视觉关键词的组合。视觉关键词和聚类之间的互信息用于衡量该视觉关键词对特定聚类的影响和贡献，互信息量越大，影响和贡献也越大。

视觉关键词和聚类之间的互信息反映了视觉关键词在图像类别中的代表性，对于每个图像类别，可选择其中互信息量大的显著片作为该图像类别的特征。实际应用中可将显著片根据其互信息量由大到小排队，选取前 M 个显著片构成特征矢量。M 是综合考虑计算复杂度和描述能力而事先确定的，过多的显著片会导致过大的计算量，而过少的显著片又无法有效描述图像内容。

图 15.6.1 是对图 6.3.6 进行进一步特征选择得到的结果。由图 15.6.1 可见，有代表性的显著片多被保留了下来。对于船舶图像，大部分保留的显著片处于船身和接近船底有波浪的海水上；对于海滩图像，大部分保留的显著片位于天空、大海和沙滩上，这正是表现船舶和海滩的主要元素。另外，图 15.6.1 中的显著片数量远比图 6.3.6 少，所以其后的计算量也大大降低。

图 15.6.1 特征选择结果示例

2. 图像分类

一旦选定特征描述符,图像分类问题就可简化为**多类有监督学习**问题。在训练阶段,使用标注的图像训练多个分类器以区分多种类型,可使用 SVM(参见中册 16.4.2 小节)。

利用上述图像分类方法对 Corel 图像库进行的一个实验如下:选取库中的 25 类图像(多数具有较突出的目标),每类图像 100 幅,进行 5 次测试,每次将其中的 80 幅用于训练,剩下的 20 幅用于测试。图 15.6.2 给出对 25 类图像分类的精确度结果[Xu 2006a]。

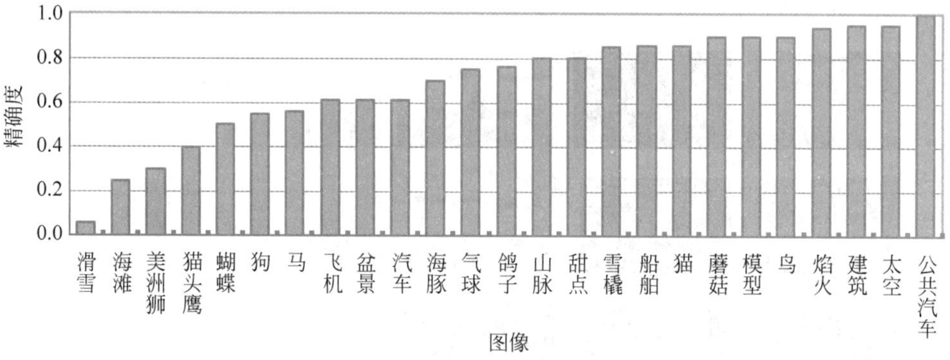

图 15.6.2　对 25 类图像分类的精确度结果

由上述分类结果可见,具有明确目标和一致背景的图像易进行较精确的分类。

15.6.2　高层语义与气氛

从人的认知角度看,人对图像的描述和理解主要是在语义层次进行的。语义可描述客观事物(如图像、摄像机等),还可描述主观感受(如漂亮、清晰等)及更抽象的概念(如广泛、富有等)。换句话说,除包括具有**认知水平**的目标语义、场景语义等,还包括主观性更强的**抽象属性**语义(如气氛、情感等)。

例如,在电影拍摄中气氛起着重要作用,可传递情景故事以外的信息。气氛提供的语义信息一般是比较抽象的,尽管气氛本身可借助环境照明条件和目标照明条件定义[Aner-Wolf 2004]。下面介绍借助气氛语义对图像分类的一项研究[Xu 2005]。

1. 5 种气氛语义

光照强度(体现为图像的亮度)和色彩是表达图像中气氛语义的两种主要手段。一般光照强度可分为两组:充分照明的场景传递快乐气氛,黯淡的场景则带给人沮丧、压抑或传递某些神秘感。另外,光照的对比度也能传递一些激励信息(大对比度给人以冲击,小对比度则较平和)。色彩是另一种表达图像气氛的因素。在面向视觉感知的颜色模型 HSI(参见上册 14.2.2 小节)中,亮度分量与色度分量互相独立。色度分量包括色调 H 和饱和度 S,其中色调与气氛语义有密切联系。一般色调也可分为两类:暖色调场景反映活力和成功,而冷色调场景给人平和或荒凉的感觉。

根据人的经验和视觉心理学的理论,利用全局照度(包括强度和分布)和主要色调两个特征的不同组合可定义 5 种典型气氛,如表 15.6.1 所示[Xu 2005]。

表 15.6.1　5 种气氛的照度和色调特点

编　号	气　氛	照度(对比度)	色　调
1	有活力和强劲(vigor and strength)	照度大,对比度大	鲜艳
2	神秘或恐怖(mystery or ghastfulness)	对比度大	黯淡/幽深
3	兴奋和明亮(victory and brightness)	照度大,对比度小	暖色调

续表

编　号	气　氛	照度(对比度)	色　调
4	平静或凄惨(peace or desolation)	对比度小	冷色调
5	不协调(lack unity)和离析(disjoint)	分布零乱	—

图 15.6.3 给出了一组不同气氛图像的示例，第 1 行(按表 15.6.1 中 5 种气氛的编号顺序)分别给出具有 5 种典型气氛的图像各一幅，第 2 行给出对应的照度分量图，第 3 行给出对应的色调分量图。

彩图

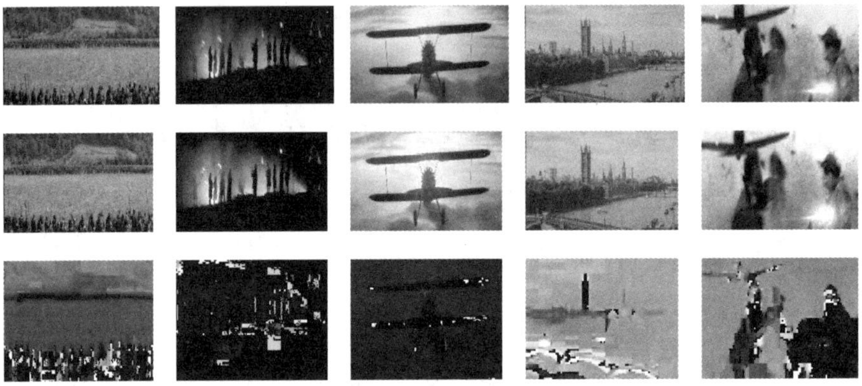

图 15.6.3　不同气氛图像示例

2. 分级分类

根据表 15.6.1，可借助分层的 SVM(参见中册 16.4.2 小节)对不同气氛的图像进行分类，其流程如图 15.6.4 所示。第 1 步先区分照度分布零乱的情况与其他情况。此时仅利用照度的标准方差矩阵值(没有用色调)进行，大的值表示照度分量分布零乱。第 2 步区分高照度对比度与低照度对比度，图像区域的照度对比度可用该区域的最高亮度与最低亮度的比值表示。第 3 步用两个 SVM，对于高照度对比度的情况，根据图像块中的平均照度强度是否大于给定阈值分为高强度和低强度两种；对于低照度对比度的情况，根据图像块中的平均色调是否大于给定阈值分为暖色调和冷色调两种。

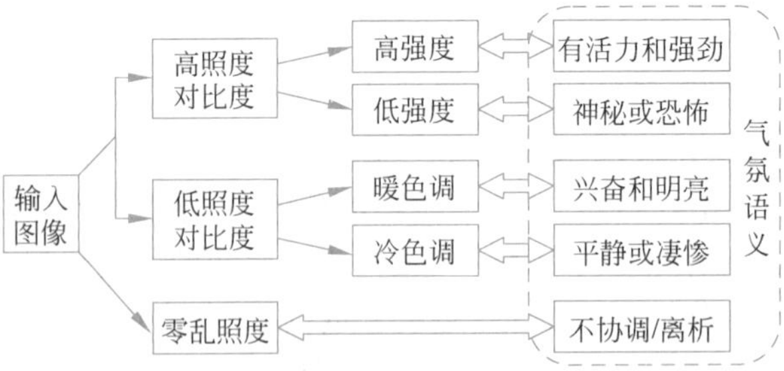

图 15.6.4　不同气氛的图像分级分类流程图

根据气氛对各种图像分类后，可借助文字进行标注。例如，将图像中的气氛语义描述文字与利用 XML 表示的对应特征结合起来(借助 MPEG-7 中的 XML 进行文字标记)，就可用于对各种气氛图像进行检索和索引。

15.7　基于深度学习的跨模态检索

基于内容的**跨模态检索**的目的是将一种模态的数据用作查询输入，以检索和输出其他模态的相关数据。为此,跨模态检索技术需要构建跨模态关系模型,以便用户通过提交其拥有的模态数据检索其期望的模态数据。其中的关键是如何测量不同模态数据之间的内容相似性。

用深度学习建模跨模态相似性需要多模态公共表达学习。基于多模态公共表达,可有效测量跨模态相似性。一般的常用表达包括**实值表达**(将学习到的不同模态表示为实值,通常为矢量形式)和**二值表达**(将学习到的各种模态表达为由－1和1组成的代码)。基于后者的方法也称**跨模态哈希**。

15.7.1　跨模态检索技术分类

根据学习公共表达时提供的跨模态数据信息,深度跨模态检索可分为3类[尹2021]:①基于跨模态数据之间的一一对应性;②基于跨模态数据之间的相似性;③基于跨模态数据的语义标注。另一方面,不同的学习技术也可用于处理不同的跨模态数据信息。主要包括7个类别,即**典型相关分析**(CCA)、一对一对应性维护、度量学习、似然分析、学习排序、语义预测和对抗学习。这些技术的划分主要体现在实现公共表达学习时优化目标方面的差异。

不是所有技术都适合处理所有类型的检索。目前可行的深度跨模态检索类型与技术组合如表15.7.1[尹2021]所示。

表15.7.1　深度跨模态检索类型与技术组合

	基于跨模态数据之间的一一对应性	基于跨模态数据之间的相似性	基于跨模态数据的语义标注
典型相关分析	√		√
一对一对应性维护	√		
度量学习		√	√
似然分析	√	√	√
学习排序	√		√
语义预测			√
对抗学习	√	√	√

下面是跨模态数据检索的更多描述。

(1) 基于跨模态数据之间的一一对应性:同一数据样本的不同模态的描述共存并一一对应,即某个样本一个模态的表达与另一个模态的表达相同。换句话说,样本的表达之间存在对应关系。在多模态表达学习中,仅使用跨模态数据之间的一一对应关系。

(2) 基于跨模态数据之间的相似性:跨模态数据间存在相似性(或不相似性)关系,即可确定两个样本之间的相似性(或不一致性)。通常跨模态数据之间的相似性信息覆盖跨模态数据之间的一一对应信息。

(3) 基于跨模态数据的语义标注:跨模态数据具有样本的单标签或多标签语义标注,即对于数据库中的任意样本,可确定其是否存在某种类型的语义。通常在提供数据语义信息的同时,还提供跨模态数据之间的一一对应信息,并可推断或计算跨模态数据之间的相似度信息。

关于学习技术的更多描述如下。

(1) 典型相关分析:通过线性投影将两个模态数据投影到低维空间,通过最大化模态之间的相关性学习上述投影。深度神经网络的引入取代了上述线性投影,有利于最大化目标函数的优化。

(2) 一一对应性维护:在公共表达层中构建跨模态数据之间的一一对应关系,从而最小化相应跨模态数据之间的距离。这种技术建模具有通用性，广泛用于无监督跨模态检索。

(3) 度量学习：引入度量函数或深度神经网络，使相似样本在公共表达空间中具有较小距离，而不同样本具有较大距离。这种技术建模具有一定的通用性。

(4) 似然分析：生成模型通过最大似然优化目标函数对观测数据进行生成建模。在跨模态数据中，观测数据可以是多模态特征、数据之间的对应性及数据之间的相似性。这种技术可通过使用跨模态公共表达生成数据特征、相似性等观察结果，并基于训练数据集执行公共表达的有效学习。

(5) 学习排序：构建排序模型可在公共表达空间中维护数据之间的排序关系。在跨模态数据中，排序信息通常通过模态内或模态间的相似关系以三元组的形式构建。由于相似性可提供比排序更准确的数据之间的关系（相似度计算结果常是连续的，而排序结果常是离散的），因此如果考虑数据之间的相似性信息，就不一定使用基于学习排序的技术。

(6) 语义预测：借助分类任务模型，维护模态内数据的相似结构，即在相同的语义标注下，存在相似的公共表达。据此间接实现了跨模态数据关系的构建，其中跨模态公共表达在相同的语义下是一致的。由于需要提供跨模态数据的语义标注，这种技术仅提供语义标注信息时使用。

(7) 对抗学习：引入生成对抗网络的概念，对抗任务通过学习多模态公共表达构建。建模过程使相似的跨模态数据具有公共表达，从而实现模态之间的相似性计算。这种技术可容易地通过构造公共表达学习和鉴别、相似性生成和鉴别，以及模态原始数据生成和鉴别实现公共表达的统计不可分割性。

最后指出，多模态数据包括多种类型，如 3-D 模型、音频、图像、文本、视频等。现有技术大多仅考虑结合两种模态的检索。在现有文献的 70 多种技术中[尹 2021]，除了一种同时处理 3-D 模型、音频、图像、文本、视频 5 种模态的技术外，其余技术均只考虑两种模态（双模态）。其中，最多的是图像-文本，统计数据如表 15.7.2 所示（其中∅表示空集）。

表 15.7.2 现有技术处理的双模态检索

	3-D 模型	音 频	图 像	文 本	视 频
3-D 模型		∅	∅	∅	∅
音频	—		2	1	∅
图像	—	—		70	∅
文本	—	—	—		2
视频	—	—	—	—	

15.7.2 图像标题自动生成

图像标题生成的目的是通过模型实现从图像模态到文本/语言模态的跨模态转换，即从图像生成（描述）标题。

1. 方法分类

已有标题生成方法可分为 3 类[耿 2022]。

1) 基于模板（template-based）的方法

该类方法依赖人工设计的语言模板（按照语法规范人工设定句型模板及<对象，动作，场景>三元组）和目标检测技术（检测图像中的目标、目标属性、目标之间的相互关系等信息）生成图像标题。使用目标检测获得的信息将句型模板填充完整，即得到图像标题[Farhadi 2010]。

该类方法的优点是生成的标题符合语法规范，但需要人工设计句法模板，依赖于硬解码的视觉概念，受到图像检测质量、句法模板数量等条件限制，且该方法生成的标题、语法形式单一，多样性不足。

2）基于检索（retrieval-based）的方法

该类方法依赖大型图像数据库和检索方法生成图像标题。先检索数据库中与给定图像相似度高的图像，将其作为候选图像集，并从候选图像集中选取相似的几幅图像；再利用所选图像的标题（人工合成短语），组合为给定图像的标题[Kuznetsova 2012]。

该类方法对输入图像与数据库图像的相似度有较强的依赖性，且图像标题的形式也受数据库中标题形式的限制，不会产生数据库以外的单词，所以标题生成的局限性较大。

3）基于编码-解码（encoding-decoding-based）的方法

该类方法借助深度学习技术生成图像标题。使用两组神经网络作为编码器和解码器。编码过程是使用编码器提取图像的特征，解码过程是对图像的特征进行解码，并按照时间顺序生成单词，最终组合为图像标题[Vinyals 2015]。

该类方法生成的标题不受模板和数据库容量的限制，具有高灵活性、高质量和高扩展性。

2. 基于编码-解码方法的步骤

基于编码-解码的图像标题生成方法主要包括两个步骤：图像理解和标题生成。

1）图像理解

通过对成对图像内容的理解，提取可转换为图像标题的特征信息。近期研究主要集中在两方面：引入注意力机制，克服直接使用图像的全局特征指导解码器而未关注图像重点区域的问题；获取语义信息，克服对图像中目标位置和相互关系感知能力较差的问题。

2）标题生成

将从编码器提取的图像特征和语义信息传给解码器，通过解码生成对应单词并组合为标题语句。

所生成的标题可分为3种类型：传统标题、密集标题和个性化标题。其中，传统标题最常见，多为陈述性语句；**密集标题**可针对所有检测到的目标生成相应描述；**个性化标题**带有一定的感情色彩（如浪漫、幽默等）。标题分类概况如表15.7.3所示。

表15.7.3　标题分类概况

类　别	生成方法特点	研究重点
传统标题	一般按照主、谓、宾的经典结构进行组织，另进行适当的修饰和限定，多以陈述性语句简洁直观地描述图像的核心内容	改进目标检测技术，优化解码器局限性，提高标题的流畅性、逻辑性、长时依赖性等
密集标题	检测图像中的目标，通过分析获取其各自的属性及相互之间的关系，从而针对所有检测到的目标生成多条有一定相关性的语句，以更详细地描述图像内容	提高对图像中目标的精准定位，获取更多目标信息，如位置、属性和相对关系等
个性化标题	除了获取和描述图像的客观内容，还借助一定的程式使输出语句具有特定的语言风格	结合使用不同风格的语料库和配对方式，生成不同特点的标题

15.8　图像检索中的哈希

随着图像数据的快速增长，优化查询和搜索的成本越来越高。在大数据应用中，**近似最近邻**（ANN）搜索被广泛应用，其中哈希算法（简称哈希或散列）因其快速的查询和低廉的存储成本而成为最流行、最有效的技术之一。在哈希算法的帮助下，图像数据可从原始的高维空间转换至紧凑的汉明空间，同时保持数据的相似性。不仅可显著降低存储成本，在信息搜索中实现恒定或亚线性的时间复杂度，还可保留原始空间存在的语义结构。

15.8.1 有监督哈希

现有的哈希方法大致可分为两类：数据无关的哈希和数据相关的哈希。作为最典型的数据无关哈希方法，**局部敏感哈希**（LSH）及其扩展通过随机投影获得哈希函数。然而，其需要较长的二进制代码以实现高精度。

依赖于数据的哈希方法从可用的训练数据中学习二进制代码，也称**学习哈希**。现有的依赖数据的哈希方法根据是否使用监督信息进行学习，可进一步分为无监督哈希方法和有监督哈希方法。无监督哈希只使用数据结构学习紧凑的二进制代码以提高性能，而有监督哈希使用有监督的信息学习哈希函数。

具体地说，给定一个包含 N 幅图像的训练集：$\boldsymbol{X}=\{x_i\}_{i=1}^N \in \mathbb{R}^{D\times N}$，其中 D 是样本的维数。哈希学习的目的是学习一组 K 位二进制代码 $\boldsymbol{B}\in\{-1,1\}^{k\times N}$，其中第 i 列 $b_i\in\{-1,1\}^N$ 表示第i 个样本 x_i 的K 位二进制码。通常 $b_i=h(x_i)=[h_1(x_i),h_2(x_i),\cdots,h_C(x_i)]$，其中 $h(x_i)$表示要学习的哈希函数。将基于监督信息的公共监督哈希作为成对标签，其中，标签信息表示 $\boldsymbol{Y}=\{y_i\}_{i=1}^N\in\mathbb{R}^{C\times N}$，$y_i\in\{0,1\}^N$ 对应于样本 x_i，C 是数据集类别的数量。

成对的图像与相似性标签 $s_{i,j}$ 相关联。用 $S=\{s_{i,j}\}$，$s_{i,j}\in\{0,1\}$表示两幅图像之间的相似性：$s_{i,j}=1$ 表示 x_i 与 x_j 相似，$s_{i,j}=0$ 表示 x_i 与 x_j 不相似。在有监督哈希中学习的哈希函数可将数据点从原始空间映射到二进制代码空间，并保持二进制代码空间中 S 的语义相似性。对于两个二进制码 b_i 和 b_j，其间的汉明距离定义为 $\mathrm{dis}(b_i,b_j)=(K-\langle b_i,b_j\rangle)/2$。因此，可使用内积测量哈希码的相似性。为保持数据点之间的相似性，当数据点 x_i 与 x_j 相似（$s_{i,j}=1$）时，二进制码 b_i 与 b_j 之间的汉明距离应相对较小。相反，当数据点 x_i 与 x_j 不相似时（$s_{i,j}=0$），二进制码 b_i 与 b_j 之间的汉明距离应相对较大。

15.8.2 非对称监督深度离散哈希

近年来，提出了一些基于深度学习的哈希方法，同时学习图像表达和哈希编码。然而，现有的监督深度哈希方法主要使用成对监督哈希学习，语义信息未得到充分利用，而这些信息有助于提高哈希码的语义识别能力。此外，对于大多数数据集，每项都带有多标签信息。因此，不仅要确保多个不同项对之间的高度相关性，还要在框架中维护多标签语义，生成高质量的哈希码。

以下介绍一种**非对称监督深度离散哈希**（ASDDH）方法[顾 2021]。该方法利用多标签二进制码映射，使哈希码具有多标签语义信息，从而生成能完全保留所有项目的多标签语义的哈希码。在优化过程中，为减少量化误差，采用离散循环坐标下降法对目标函数进行优化，以保持哈希码的离散性。

该方法的流程图如图 15.8.1 所示，包括两个主要模块：特征学习和损失函数。将两个模块集成到同一个端到端的框架中。在训练期间，每个模块都可向另一模块提供反馈。采用 AlexNet 网络作为骨干网络，包含 5 个卷积层和 3 个完全连接的层，前 7 个层使用 ReLU 作为激活函数。为得到最终的二进制代码，最后一层使用完全连接的哈希层（激活函数为 tanh），可将前 7 层的输出投射到$\mathbb{R}^K$ 空间。使用的二进制代码为 $b_i=\mathrm{sign}(h_i)$，最终输出为 $\boldsymbol{H}=$

$\{h_i\}_{i=1}^{N} \in \mathbb{R}^{K\times N}$。

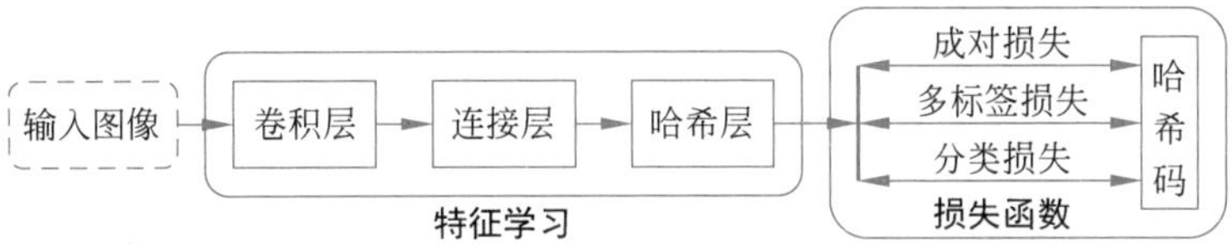

图 15.8.1 非对称监督深度离散哈希方法流程图

15.8.3 跨模态图像检索中的哈希

在跨模态检索中，哈希方法可先将不同高维模态数据映射到统一的汉明空间，再测量不同模态数据之间的相似性，从而解决异构间隙问题。基于深度学习的深度哈希方法通过卷积神经网络将不同模态的数据映射为统一的哈希码，并通过汉明空间中的汉明距离度量相似度。然而具有不同模态的数据在特征或特征维度的表达上可能区别较大。如果将这些具有不同模态的数据直接映射到汉明空间，则很难获得一致的哈希码，从而影响检索精度。此外，许多方法结合类别标签信息提高哈希码的识别能力，但当类别标签信息缺失或错误时，检索的鲁棒性会受到影响。

解决这两个问题的一种方法是使用带有耦合投影的**结构保持哈希**[闵 2021]。以图像和文本双模态为例，其检索问题可描述如下。假设有 N 个训练样本$\{\boldsymbol{x}_1,\boldsymbol{x}_2,\cdots,\boldsymbol{x}_N\}$，每个样本点 $\boldsymbol{x}_i$ 由一对语义相同的图像和文本组成，即 $\boldsymbol{x}_i=(\boldsymbol{v}_i,\boldsymbol{t}_i)$，其中$\boldsymbol{v}_i\in\mathbb{R}^{1\times M_v}$ 表示图像的特征矢量，$\boldsymbol{t}_i\in\mathbb{R}^{1\times M_t}$ 表示文本的特征矢量，M_v 和 M_t 分别为图像特征维度和文本特征维度。将样本的类标签重新定义为 $\boldsymbol{y}_i\in\mathbb{R}^{1\times C}$，其中 C 表示样本类的数量。当采样点 $\boldsymbol{x}_i$ 属于第 k 类时，$\boldsymbol{y}_i$ 中对应的列 $y_{ik}=1$，否则 $y_{ik}=0$。此外，假设输入图像样本为 $\boldsymbol{V}$，则 $\boldsymbol{V}=\{\boldsymbol{v}_i\}_{i=1}^{N}\in\mathbb{R}^{N\times M_v}$；假设输入文本样本为 $\boldsymbol{T}$，则 $\boldsymbol{T}=\{\boldsymbol{t}_i\}_{i=1}^{N}\in\mathbb{R}^{N\times M_t}$。

该方法的流程图如图 15.8.2 所示。首先，使用投影矩阵 $\boldsymbol{P}_{v-M}$ 和 $\boldsymbol{P}_{t-M}$ 将输入图像和输入文本投影到各自的子空间 $\boldsymbol{M}_v$ 和 $\boldsymbol{M}_t$，以缩小两个模态数据之间的差异。可表示为

$$\boldsymbol{P}_{v-M}^{\mathrm{T}}\boldsymbol{V}\rightarrow\boldsymbol{M}_v \quad \boldsymbol{P}_{t-M}^{\mathrm{T}}\boldsymbol{T}\rightarrow\boldsymbol{M}_t \tag{15.8.1}$$

其中，$\boldsymbol{M}_v\in\mathbb{R}^{N\times D_v}$，$\boldsymbol{M}_t\in\mathbb{R}^{N\times D_t}$，$D_v$ 和 D_t 分别表示图像嵌入空间维度和文本嵌入空间维度。

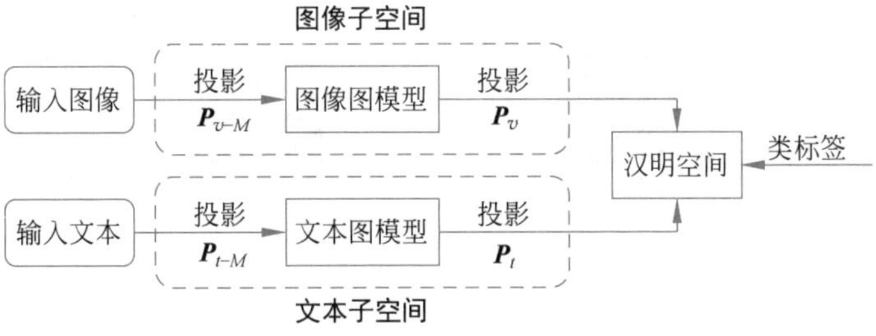

图 15.8.2 耦合投影的结构保持哈希方法流程图

为保持图像和文本数据在各自子空间中的原始结构信息，在每个图像和文本子空间中都引入了图模型。将权重矩阵 $\boldsymbol{W}$ 定义为

$$\boldsymbol{W}_{ij}=\begin{cases}1/N_C, & y_i=y_j\in C\\ 0, & \text{其他}\end{cases} \tag{15.8.2}$$

其中，N_C 为 C 类样本的数量，y_i 和 y_j 分别为图像和文本的标签。

为保持图像和文本两个子空间中数据的结构信息，两个图模型分别设计为

$$\min \frac{1}{2}\sum_{i,j}\boldsymbol{W}_{ij}(\boldsymbol{P}_{v-M}^{\mathrm{T}}\boldsymbol{v}_i-\boldsymbol{P}_{v-M}^{\mathrm{T}}\boldsymbol{v}_j)^2=\operatorname{tr}(\boldsymbol{P}_{v-M}^{\mathrm{T}}\boldsymbol{V}\boldsymbol{L}_v\boldsymbol{V}^{\mathrm{T}}\boldsymbol{P}_{v-M}) \tag{15.8.3}$$

$$\min \frac{1}{2}\sum_{i,j}\boldsymbol{W}_{ij}(\boldsymbol{P}_{t-M}^{\mathrm{T}}\boldsymbol{t}_i-\boldsymbol{P}_{t-M}^{\mathrm{T}}\boldsymbol{t}_j)^2=\operatorname{tr}(\boldsymbol{P}_{t-M}^{\mathrm{T}}\boldsymbol{T}\boldsymbol{L}_t\boldsymbol{T}^{\mathrm{T}}\boldsymbol{P}_{t-M}) \tag{15.8.4}$$

接下来，借助投影矩阵 $\boldsymbol{P}_v$ 和 $\boldsymbol{P}_t$，将子空间中的数据重新投影到汉明空间 $\boldsymbol{H}$，可表示为

$$\boldsymbol{P}_v^{\mathrm{T}}\boldsymbol{M}_v \to \boldsymbol{H} \quad \boldsymbol{P}_t^{\mathrm{T}}\boldsymbol{M}_t \to \boldsymbol{H} \tag{15.8.5}$$

最后，为提高哈希码的鉴别能力，引入类标签动态学习分类器 $\boldsymbol{W}$，即要使通过改进的哈希码学习到的类与原始数据的类一致：

$$\boldsymbol{W}^{\mathrm{T}}\boldsymbol{H}_i \to \boldsymbol{y}_i \tag{15.8.6}$$

综上所述，整个方法的目标函数包括 8 项：

$$\begin{aligned}\min_{\substack{W,H,M_v,M_t\\P_{v-M},P_{t-M},P_v,P_t}} & \|\boldsymbol{Y}-\boldsymbol{W}^{\mathrm{T}}\boldsymbol{H}\|_{\mathrm{F}}^2+a_v\|\boldsymbol{M}_v-\boldsymbol{P}_{v-M}^{\mathrm{T}}\boldsymbol{V}\|_{\mathrm{F}}^2+a_t\|\boldsymbol{M}_t-\boldsymbol{P}_{t-M}^{\mathrm{T}}\boldsymbol{T}\|_{\mathrm{F}}^2+\\ & b_v\|\boldsymbol{H}-\boldsymbol{P}_v^{\mathrm{T}}\boldsymbol{M}_v\|_{\mathrm{F}}^2+b_t\|\boldsymbol{H}-\boldsymbol{P}_t^{\mathrm{T}}\boldsymbol{M}_t\|_{\mathrm{F}}^2+c_v(\boldsymbol{P}_{v-M}^{\mathrm{T}}\boldsymbol{V}\boldsymbol{L}_v\boldsymbol{V}^{\mathrm{T}}\boldsymbol{P}_{v-M})+c_t(\boldsymbol{P}_{t-M}^{\mathrm{T}}\boldsymbol{T}\boldsymbol{L}_t\boldsymbol{T}^{\mathrm{T}}\boldsymbol{P}_{t-M})+\\ & d(\|\boldsymbol{W}\|_{\mathrm{F}}^2+\|\boldsymbol{P}_{v-M}\|_{\mathrm{F}}^2+\|\boldsymbol{P}_{t-M}\|_{\mathrm{F}}^2+\|\boldsymbol{P}_v\|_{\mathrm{F}}^2+\|\boldsymbol{P}_t\|_{\mathrm{F}}^2)\\ \text{s.t.}\ & \boldsymbol{h}_i\in\{-1,1\},\boldsymbol{P}_{v-M}^{\mathrm{T}}\boldsymbol{P}_{v-M}=\boldsymbol{I},\boldsymbol{P}_{t-M}^{\mathrm{T}}\boldsymbol{P}_{t-M}=\boldsymbol{I}\end{aligned} \tag{15.8.7}$$

其中，a_v、a_t、b_v、b_t、c_v、c_t 为惩罚参数，d 为正则参数，$\|\cdot\|_{\mathrm{F}}^2$ 表示 F 范数，优化后即可获得投影矩阵 $\boldsymbol{P}_{v-M}$、$\boldsymbol{P}_{t-M}$、$\boldsymbol{P}_v$、$\boldsymbol{P}_t$，统一哈希码矩阵 $\boldsymbol{H}$，嵌入空间 $\boldsymbol{M}_v$ 和 $\boldsymbol{M}_t$ 及线性分类器 $\boldsymbol{W}$。

式(15.8.7)的目标函数中的项具有不同的功能：第一项引入标签信息，提高了哈希码的鉴别能力；第二项和第三项将原始模态数据投影到其相应的子空间，以避免将异构数据直接映射到公共汉明空间；第四项和第五项将嵌入空间重新映射到汉明空间，学习到的哈希码不仅可为具有异构特征的不同模态数据建立公共桥梁，还可通过汉明距离测量数据之间的相似性。第六项和第七项分别为图像子空间和文本子空间的图模型。它们维护各子空间中数据之间的结构信息；第八项用于抑制更新投影矩阵时可能出现的过拟合问题。

总结和复习　　随堂测试

第16章

时空行为理解

教学视频

图像理解的一项重要工作是通过对场景获得的图像进行加工，从而解释场景、指导行动。为此，需要判断场景中有哪些景物、如何随时间改变其在空间的位置、姿态、速度、关系等。简言之，要在时空中把握景物的活动、确定其动作目的，进而理解其传递的语义信息。

基于图像/视频的自动目标行为理解是一个具有挑战性的研究问题。包括获取客观的信息(采集图像序列)、对相关视觉信息进行加工、分析(表达和描述)提取信息内容、在此基础上对图像/视频的信息进行解释以实现学习和识别行为。

上述工作跨度较大，其中动作检测和识别近期得到较多关注和研究，也取得明显进展。相对来说，高抽象层次的行为识别与描述(与语义和智能相关)研究尚开展不久，许多概念的定义还不明确，许多技术还在不停发展更新中。

根据上述讨论，本章各节将安排如下。

16.1 节对图像理解中时空技术的定义、发展和分层研究情况给予概况介绍。

16.2 节对反映时空中运动信息集中和变化的关键点(时空兴趣点)的检测进行介绍。

16.3 节讨论兴趣点连接而形成的动态轨迹和活动路径，对其进行学习和分析有助于把握场景的状态，进一步刻画场景的特性。

16.4 节概况介绍动作分类和识别的技术类别和特点，其还在不断研究发展中。

16.5 节具体介绍一种结合姿态和上下文的动作分类方法。

16.6 节介绍对动作和活动进行建模和识别的技术分类情况及各类技术中的典型示例。

16.7 节进一步介绍对动作和活动进行联合建模和识别的技术，包括单标签主体-动作识别、多标签主体-动作识别和主体-动作语义分割。

16.8 节讨论基于关节点的行为识别，包括使用 CNN、RNN、GCN 作为主干网络的方法。

16.9 节介绍对异常事件的检测，包括对不同技术的分类，以及基于卷积自编码器和单类神经网络的具体方法。

16.1 时空技术

时空技术是面向**时空行为理解**的技术，是一个相对较新的研究领域，目前的研究正在不同层次展开，下面是一些概况。

1. 新的领域

第 1 章提到的图像工程综述系列从 1995 年的文献统计开始至今已进行了 28 年[章 2023]。在图像工程综述系列进入第二个 10 年时(从 2005 年的文献统计开始)，随着图像工程研究和应用新热点的出现，图像理解大类中增加了 1 个新的小类——C5：时空技术(3-D 运动分析，姿态检测，对象跟踪，行为判断和理解)[章 2006]，强调综合利用图像/视频中具有的各种信息，对场景及其中目标的动态情况做出相应的判断和解释。

过去 18 年中，综述系列收集的 C5 小类文献共 314 篇，各年度的分布情况如图 16.1.1 中直方条所示。图中还给出了用 3 阶多项式对各年文献数量进行拟合得到的变化趋势。总的来说,开始时由于内容相对较新,每年研究成果数量起伏较大;中期关注度有所增加,每年研究成果数量比较稳定;近年来研究全面开展,尤其是近 4 年研究成果数量明显增加。

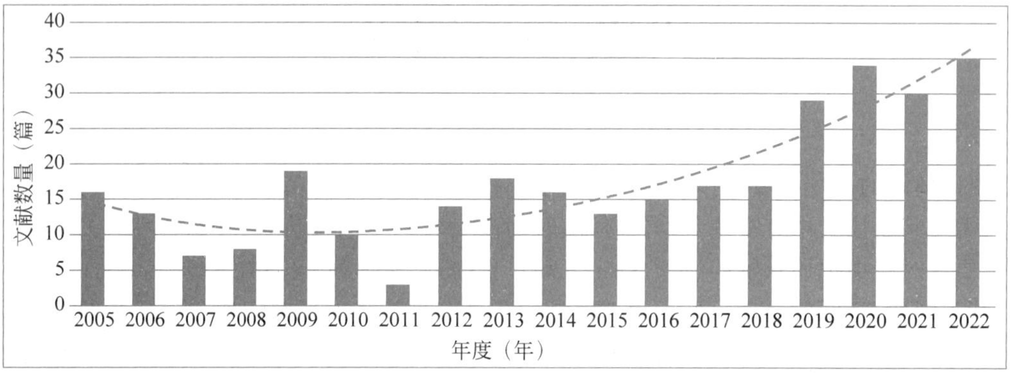

图 16.1.1 各年时空技术文献数量及变化

2. 多个层次

目前时空技术研究的主要对象是运动着的人或物,以及场景中景物(特别是人)的活动和变化。根据其表达和描述的抽象程度从下到上可分为多个层次[Zhang 2018d]。

(1) **动作基元**:指用于构建动作的原子单元,一般对应场景中短暂具体的运动信息。

(2) **动作**:由主体/发起者的一系列动作基元构成的有实际意义的集合体(有序组合)。一般情况下,动作常代表一个人进行的简单运动模式,且一般仅持续秒级。人体动作的结果常导致人体姿态的变化。

(3) **活动**:为完成某项工作或实现某个目标而由主体/发起者执行的一系列动作的组合(主要强调逻辑组合)。活动是相对大尺度、长时间的运动,一般既依赖于主体,也与环境相关。活动还常常代表多人进行的序列(可能交互)的复杂动作,且常持续较长的时间。

(4) **事件**:指在特定时间段和特定空间位置发生的某种(非规则)活动。通常其中的动作常由多个主体/发起者执行(群体活动)。对特定事件的检测常与异常的活动相关。

(5) **行为**:主体/发起者主要指人或动物,强调主体/发起者受思想支配而在特定环境/上下境中改变动作、持续活动和描述事件等,相比活动处于更抽象的层次。

下面以乒乓球运动为例,各层次的典型示例如图 16.1.2 所示。运动员的移步、挥拍等都可看作典型的动作基元。运动员完成的发球(包括抛球,挥臂、抖腕、击球等基元)或回球(包括移步、伸臂、翻腕、抽球等基元)动作都是典型动作,但一个运动员走到挡板边将球拣回,或申请暂停,去场边与教练交流,则常被看作一个活动。另外,两个运动员来回击球以赢得分数也是典型的活动场面。运动队之间的比赛等一般看作一个事件,比赛后颁奖也属于典型事件。运动员赢球后握拳自我激励虽可看作一个动作,但更多的时候被看作运动员的一种行为表现。当运动员打出漂亮的对攻后,观众的鼓掌、呐喊、欢呼等也归于观众的行为。

图 16.1.2 乒乓球比赛中画面的各层次示例

需要指出,许多研究工作中未严格区分使用上述后 3 个层次的概念。例如,将活动称为事件,此时一般指异常的活动(如两人发生争执、老人走路跌倒等);将活动称为行为,此时更强调活动的含义(举止)、性质(如行窃的动作或翻墙入室的活动,称为偷盗行为)。另外,事件常由活动引起,称为事件更强调活动的结果性质;行为通过活动体现,称为行为则更抽象、精练。在下列讨论中,除特别强调外,一般用(广义的)活动统一代表后 3 个层次,或 3 者混用而不严格地区分。

16.2　时空兴趣点

场景的变化源于景物的运动,特别是加速(变速)运动。视频图像局部结构的加速运动对应场景中加速运动的景物,其处于图像中有非常规运动数值的位置,可期望这些位置(图像点)包含物理世界中导致景物运动和改变景物结构的力的信息,有助于理解场景。

在时空场景中,对**兴趣点**(POI)的检测存在从空间向时空扩展的趋势[Laptev 2005]。

1. 空间兴趣点的检测

在图像空间中,可使用**线性尺度空间表达**(可参见上册第 16 章),即 $L^{sp}: \mathbb{R}^2 \times \mathbb{R}_+ \rightarrow \mathbb{R}$ 对图像建模,$f^{sp}: \mathbb{R}^2 \rightarrow \mathbb{R}$。例如,

$$L^{sp}(x,y;\sigma_z^2) = g^{sp}(x,y;\sigma_z^2) \otimes f^{sp}(x,y) \tag{16.2.1}$$

即将 f^{sp} 与具有方差 σ_z^2 的高斯核卷积:

$$g^{sp}(x,y;\sigma_z^2) = \frac{1}{2\pi\sigma_z^2}\exp[-(x^2+y^2)/2\sigma_z^2] \tag{16.2.2}$$

接下来,使用**哈里斯兴趣点检测器**(见中册 3.1.3 小节)检测兴趣点。检测思路是确定 f^{sp} 在水平和垂直两个方向均有明显变化的空间位置。对于给定的观察尺度 σ_z^2,这些点可借助在方差为 σ_z^2 的高斯窗中求和得到的二阶矩的矩阵计算:

$$\begin{aligned}\mu^{sp}(\cdot;\sigma_z^2,\sigma_i^2) &= g^{sp}(\cdot;\sigma_i^2) \otimes \{[\nabla L(\cdot;\sigma_z^2)][\nabla L(\cdot;\sigma_z^2)]^{\mathrm{T}}\} \\ &= g^{sp}(\cdot;\sigma_i^2) \otimes \begin{bmatrix}(L_x^{sp})^2 & L_x^{sp}L_y^{sp} \\ L_x^{sp}L_y^{sp} & (L_y^{sp})^2\end{bmatrix}\end{aligned} \tag{16.2.3}$$

其中,L_x^{sp} 和 L_y^{sp} 是在局部尺度 σ_z^2 根据 $L_x^{sp} = \partial_x[g^{sp}(\cdot;\sigma_z^2) \otimes f^{sp}(\cdot)]$ 和 $L_y^{sp} = \partial_y[g^{sp}(\cdot;\sigma_z^2) \otimes f^{sp}(\cdot)]$ 求得的高斯微分。

可将式(16.2.3)中的二阶矩描述符看作一幅 2-D 图像在一个点局部邻域的朝向分布协方差矩阵。所以 μ^{sp} 的本征值 λ_1 和 λ_2($\lambda_1 \leqslant \lambda_2$)构成 f^{sp} 沿两个图像方向变化的描述符。如果 λ_1 和 λ_2 的值都较大,则表明存在一个感兴趣点。为检测这种点,可检测角点函数的正极大值

$$H^{sp} = \det(\mu^{sp}) - k \cdot \mathrm{trace}^2(\mu^{sp}) = \lambda_1\lambda_2 - k(\lambda_1+\lambda_2)^2 \tag{16.2.4}$$

对于感兴趣点,本征值的比 $a = \lambda_2/\lambda_1$ 应该较大。根据式(16.2.4)对 H^{sp} 的正局部极值,a 应该满足 $k \leqslant a/(1+a)^2$。所以,设 $k=0.25$,H 的正最大值将对应理想的各向同性兴趣点(此时 $a=1$,即 $\lambda_1=\lambda_2$)。较小的 k 值适合对更尖锐的兴趣点进行检测(对应较大的 a 值)。文献中常用 $k=0.04$,对应检测 $a<23$ 的兴趣点。

2. 时空兴趣点的检测

将空间兴趣点检测扩展到时空中,即检测局部时空体中时间和空间都有图像值显著变化的位置。具有这种性质的点对应时间上具有特定位置的空间兴趣点,其处于具有非常数值运

动的时空邻域内。检测时空兴趣点是一种提取底层运动特征的方法,不需要背景建模。可先将给定的视频与一个 3-D 高斯核在不同时空尺度进行卷积。再在尺度空间表达的每一层计算时空梯度,将其在各点的邻域相结合,得到对时空二阶矩矩阵的稳定性估计。从矩阵中即可提取局部特征。

例 16.2.1 时空兴趣点示例

图 16.2.1 给出乒乓球比赛中运动员挥拍击球的片段,从中检测出若干时空兴趣点。时空兴趣点沿时间轴的疏密程度与动作的频率相关,而时空兴趣点在空间的位置对应球拍的运动轨迹和动作幅度。 □

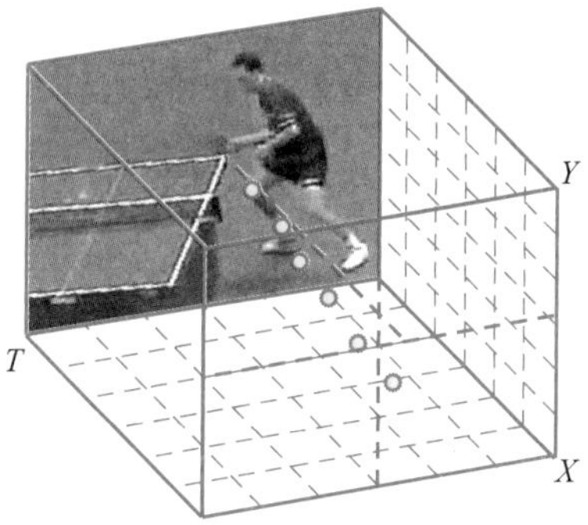

图 16.2.1 时空兴趣点示例

为对时空图像序列建模,可使用函数 $f: \mathbb{R}^2 \times \mathbb{R} \to \mathbb{R}$ 并将 f 与各向非同性高斯核(不相关的空间方差 σ_z^2 和时间方差 τ_z^2)卷积,构建其线性尺度空间表达 $L: \mathbb{R}^2 \times \mathbb{R} \times \mathbb{R}_+^2 \to \mathbb{R}$:

$$L(\cdot;\sigma_z^2,\tau_z^2) = g(\cdot;\sigma_z^2,\tau_z^2) \otimes f(\cdot) \tag{16.2.5}$$

其中,时空分离的高斯核为

$$g(x,y,t;\sigma_z^2,\tau_z^2) = \frac{1}{\sqrt{(2\pi)^3\sigma_z^4\tau_z^2}}\exp\left[-\frac{x^2+y^2}{2\sigma_z^2} - \frac{t^2}{2\tau_z^2}\right] \tag{16.2.6}$$

对时间域使用一个分离的尺度参数是非常关键的,因为时间范围的事件与空间范围的事件一般具有独立性。另外,使用兴趣点算子检测出的事件同时依赖于空间和时间的观察尺度,所以尺度参数 σ_z^2 和 τ_z^2 需要分别对待。

类似于在空间域中,考虑一个时-空域二阶矩的矩阵,它是一个 3×3 的矩阵,包括用高斯权函数 $g(\cdot;\sigma_i^2,\tau_i^2)$ 卷积的一阶空间和一阶时间微分:

$$\mu = g(\cdot;\sigma_i^2,\tau_i^2) \otimes \begin{bmatrix} L_x^2 & L_xL_y & L_xL_t \\ L_xL_y & L_y^2 & L_yL_t \\ L_xL_t & L_yL_t & L_t^2 \end{bmatrix} \tag{16.2.7}$$

其中,将积分尺度 σ_i^2 和 τ_i^2 与局部尺度 σ_z^2 和 τ_z^2 根据 $\sigma_i^2 = s\sigma_z^2$ 和 $\tau_i^2 = s\tau_z^2$ 联系起来。一阶微分定义为

$$\begin{aligned} L_x(\cdot;\sigma_z^2,\tau_z^2) &= \partial_x(g \otimes f) \\ L_y(\cdot;\sigma_z^2,\tau_z^2) &= \partial_y(g \otimes f) \\ L_t(\cdot;\sigma_z^2,\tau_z^2) &= \partial_t(g \otimes f) \end{aligned} \tag{16.2.8}$$

为检测感兴趣点,在 f 中搜索具有 μ 的显著本征值 λ_1、λ_2、λ_3 的区域。可将定义在空间中的哈里斯角点检测函数,即式(16.2.4)通过结合 μ 的行列式和秩,扩展到时空域:

$$H = \det(\mu) - k \cdot \mathrm{trace}^3(\mu) = \lambda_1\lambda_2\lambda_3 - k(\lambda_1+\lambda_2+\lambda_3)^3 \tag{16.2.9}$$

为证明 H 的正局部极值对应具有大 λ_1、λ_2 和 $\lambda_3(\lambda_1 \leqslant \lambda_2 \leqslant \lambda_3)$ 值的点,定义比率 $a=\lambda_2/\lambda_1$ 和 $b=\lambda_3/\lambda_1$,并将 H 重写为

$$H = \lambda_1^3[ab - k(1+a+b)^3] \tag{16.2.10}$$

因为 $H \geqslant 0$,所以有 $k \leqslant ab/(1+a+b)^3$,且 k 在 $a=b=1$ 时取得其最大可能值 $k=1/27$。对明显较大的 k 值,H 的正局部极值对应沿时间和空间图像值都有大变化的点。设 a 和 b(类似空间域)最大值为 23,则式(16.2.9)中 $k \approx 0.005$。所以 f 中的时空兴趣点可通过检测 H 中

的正局部时空极大值获得。

16.3　动态轨迹学习和分析

动态轨迹学习和分析[Morris 2008]试图通过对场景中各运动目标行为的理解和刻画提供对监控场景状态的把握。图 16.3.1 所示为对视频进行动态轨迹学习和分析的流程框图，首先对目标进行检测(如在车上对行人进行检测，见[贾 2007])并跟踪，其次用获得的轨迹自动构建场景模型，最后用该模型描述监控的状况并提供对活动的标注。

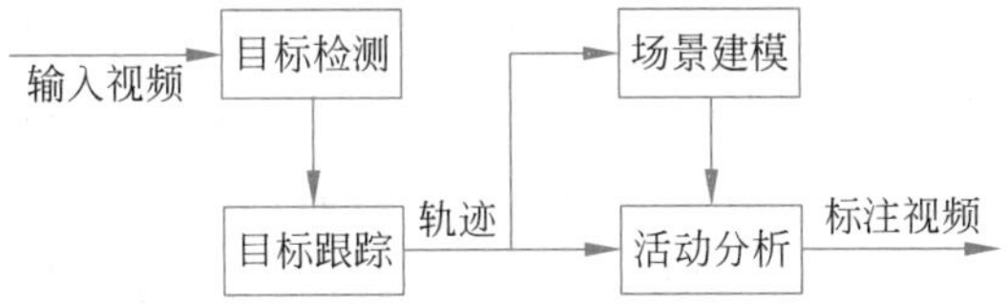

图 16.3.1　对视频进行动态轨迹学习和分析的流程框图

在场景建模中，先将有事件发生的图像区域定义为**兴趣点**(POI)，在接下来的学习步骤中再定义**活动路径**(AP)，该路径刻画目标是如何在感兴趣点之间运动/游历的。构建的模型称为 POI/AP 模型。

POI/AP 学习中的主要工作如下。

(1) **活动学习**：对活动的学习可通过比较**轨迹**进行，轨迹长度可能不同，关键是要保持对相似性的直观认识。

(2) **适应**：研究管理 POI/AP 模型的技术。使技术能在线适应如何增加新发生的活动、删除不再继续的活动，并验证模型。

(3) **特征选择**：确定对特定任务正确的动力学表达层次。例如，仅使用空间信息就可确定汽车行驶的路线，但检测事故还需要速度信息。

16.3.1　自动场景建模

借助动态轨迹对场景的自动建模包括以下 3 个要点[Makris 2005]。

1. 目标跟踪

对目标的**跟踪**(参见中册 12.4 节)需要在每一帧中对可观察到的各目标进行身份维护。例如，在 T 帧视频中被跟踪的目标会生成一系列可推断的跟踪状态：

$$S_T = \{s_1, s_2, \cdots, s_T\} \tag{16.3.1}$$

其中，各 s_T 可描述位置、速度、外观、形状等目标特性。以这些特性为基础的轨迹信息构成了进一步分析的基石。认真分析这些信息，即可识别和理解活动。

2. 兴趣点检测

场景建模的首要任务是找出图像中的感兴趣区域。在指示跟踪目标的地图中，这些区域对应图中的结点。常考虑的两种结点为入/出区域和停止区域。以教授去教室授课为例，前者对应教室门，后者对应讲台。

入/出区域是目标进入或离开**视场**(FOV)，或被跟踪目标出现或消失的位置。这些区域常借助 2-D **高斯混合模型**(GMM)建模，$Z \sim \sum_{i=1}^{W} w_i N(\mu_i, \sigma_i)$，其中包括 W 个分量。可用 EM 算法(参见 12.5.2 小节)求解。进入的点数据包括第 1 个跟踪状态确定的位置，而离去的点数据包括最后 1 个跟踪状态确定的位置。可用密度准则进行区分，在状态 i 的混合密度定

义为

$$d_i = \frac{w_i}{\pi\sqrt{|\sigma_i|}} > T_d \tag{16.3.2}$$

用于测量高斯混合的紧凑程度。其中，阈值

$$T_d = \frac{w}{\pi\sqrt{|\boldsymbol{C}|}} \tag{16.3.3}$$

指示信号聚类的平均密度。$0<w<1$ 是用户定义的权重，$\boldsymbol{C}$ 是在区域数据集中所有点的协方差矩阵。紧凑的混合指示正确的区域，宽松的混合指示因跟踪中断而导致的跟踪噪声。

停止区域源于场景地标点，即目标在一段时期内趋于固定的位置。停止区域可用两种不同的方法确定：①在该区域被跟踪点的速度低于某个事先确定的较低的阈值；②所有被跟踪点至少在某个时间段内保持在一个有限的距离环中。通过定义半径和时间常数，第 2 种方法可保证目标保持在特定范围，而第 1 种方法仍可能包括运动较慢的目标。对活动进行分析时，除了确定位置，也要把握每个停止区域花费的时间。

3. 活动路径学习

理解行为，需要确定**活动路径**。可使用 POI 从训练集中滤除虚警或跟踪中断的噪声，只保留进入活动区域后开始并在活动终止区域前结束的轨迹。经过活动区域的跟踪轨迹分为进入活动区域和离开活动区域的两段，一个活动要定义在目标开始动作和结束动作两个感兴趣点之间。

为区分随时间变化的动作目标（如沿人行道走或跑的行人），需要在路径学习中加入时间动态信息。图 16.3.2 给出了活动路径学习算法的 3 种基本结构，其主要区别包括输入种类、运动矢量、轨迹（或视频片段），以及运动抽象的方式。在图 16.3.2(a)中，输入是时刻 t 的单个轨迹，路径中的各点隐含进行了时间排序。在图 16.3.2(b)中，一个完整的轨迹被用作学习算法的输入以直接建立输出的路径。图 16.3.2(c)中是路径按视频时序的分解。视频片段(VC)被分解为一组动作单词以描述活动，或者说视频片段根据动作单词的出现而被赋予某种活动的标签。

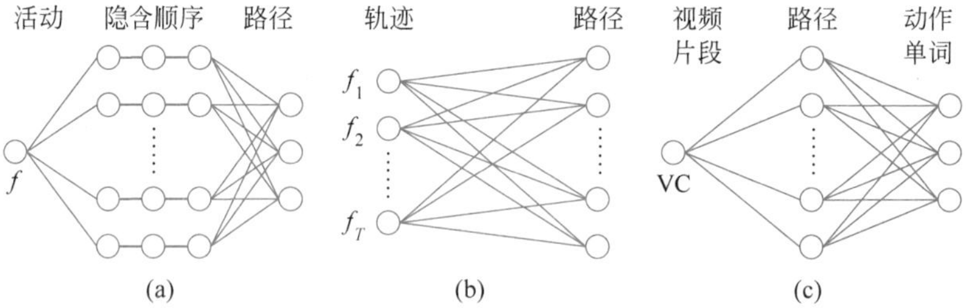

图 16.3.2　活动路径学习算法的 3 种基本结构

16.3.2　学习路径

由于路径刻画了目标运动的情况，原始的轨迹可表示为动态测量的序列。例如，常用的轨迹表达就是一个运动序列

$$G_T = \{\boldsymbol{g}_1, \boldsymbol{g}_2, \cdots, \boldsymbol{g}_T\} \tag{16.3.4}$$

其中，运动矢量

$$\boldsymbol{g}_t = [x^t, y^t, v_x^t, v_y^t, a_x^t, a_y^t]^{\mathrm{T}} \tag{16.3.5}$$

表示从跟踪中获得的目标在时刻 t 的动态参数，包括位置$[x, y]^{\mathrm{T}}$、速度$[v_x, v_y]^{\mathrm{T}}$ 和加速度$[a_x, a_y]^{\mathrm{T}}$。

仅使用轨迹，可能以无监督的方式学习 AP，其步骤如图 16.3.3 所示。预处理步骤要建立用于聚类的轨迹，聚类步骤可提供全局和紧凑的路径模型表达。尽管图中有 3 个分离的顺序步骤，也常结合在一起。下面对 3 个步骤分别给予详细解释。

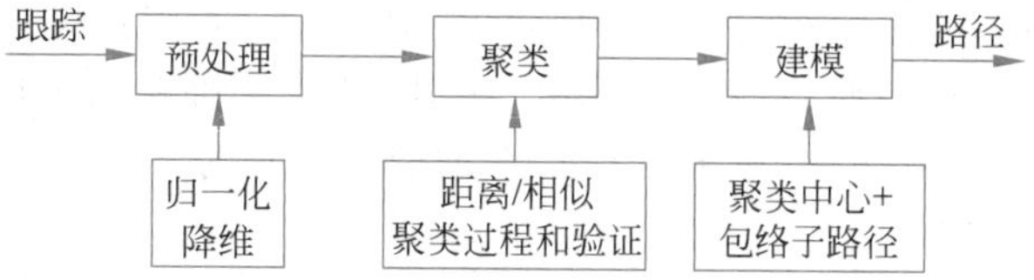

图 16.3.3 轨迹学习步骤

1. 轨迹预处理

路径学习研究中的大部分工作都要获得适合聚类的轨迹。当进行跟踪时主要困难来源于时间变化的特性，导致轨迹长度不一致。此时需要采取步骤，保障不同尺寸的输入之间可进行有意义的比较。另外，轨迹表达在聚类中应直观地保持原始轨迹的相似性。

轨迹预处理主要包括两方面内容。

(1) 归一化：目的是保证所有轨迹具有相同的长度 L_t。两种简单的技术是填零和扩展。填零是在较短轨迹后面增加一些零项。扩展是将原轨迹最后时刻的部分延伸扩展至需要的长度。两者都可能将轨迹空间扩展得非常大。除了检查训练集确定轨迹的长度 L_t 外，也可利用先验知识进行重采样和平滑。重采样结合插值可保证所有轨迹具有相同的长度 L_t。平滑可用于消除噪声，平滑后的轨迹也可插值和采样到固定长度。

(2) 降维：降维将轨迹映射到新的低维空间，从而可使用更鲁棒的聚类方法。可通过假设一个轨迹模型并确定能最有效地描述该模型的参数实现。常用技术包括矢量量化、多项式拟合、多分辨率分解、隐马尔可夫模型、子空间方法、频谱方法及核方法等。

矢量量化通过限制唯一轨迹的数量来实现。如果忽略轨迹动力学并仅基于空间坐标，则可将轨迹看作简单的 2-D 曲线，并可用阶为 m 的最小均方多项式近似（各 w 为权系数）：

$$x(t)=\sum_{k=0}^{m} w_k t^k \tag{16.3.6}$$

在频谱方法中，可对训练集构建相似矩阵 $\boldsymbol{S}$，其中元素 s_{ij} 表示轨迹 i 和 j 之间的相似性。还可构建拉普拉斯矩阵 $\boldsymbol{L}$：

$$\boldsymbol{L}=\boldsymbol{D}^{-1/2}\boldsymbol{S}\boldsymbol{D}^{-1/2} \tag{16.3.7}$$

其中，$\boldsymbol{D}$ 为对角矩阵，其第 i 个对角元素为 $\boldsymbol{S}$ 中第 i 行元素的和。

通过分解 $\boldsymbol{L}$ 可确定其最大的 K 个本征值。将对应的本征矢量放入一个新矩阵，其行对应在频谱空间变换后的轨迹，而频谱轨迹可用 K 均值方法获得。

多数研究者将轨迹归一化与降维相结合以处理原始轨迹，保证其可使用标准的聚类技术。

2. 轨迹聚类

聚类是在没有标记的数据中确定结构的常用机器学习技术。在观察场景时收集运动轨迹并将其归入类似的类别。为产生有意义的聚类，**轨迹聚类**过程要考虑 3 个问题：①定义一个距离（对应相似性）测度；②确定聚类更新的策略；③对聚类进行验证。

(1) 距离/相似测量：聚类技术依赖于距离（相似）测度的定义。前面说过，轨迹聚类的一个主要问题是：相同活动产生的轨迹长度可能不同。为解决这个问题，既可采用预处理方法，也可定义一个与尺寸独立的距离测度（如果两个轨迹 G_i 和 G_j 长度相同）：

$$d_{\mathrm{E}}(G_i,G_j)=\sqrt{(G_i-G_j)^{\mathrm{T}}(G_i-G_j)} \tag{16.3.8}$$

若两个轨迹 G_i 和 G_j 长度不同，则对欧氏距离不随尺寸变化的改进是比较两个长度分别

为 m 和 $n(m>n)$ 的轨迹矢量，并使用最后的点 $\boldsymbol{g}_{j,n}$ 累积失真：

$$d_{ij}^{(c)}=\frac{1}{m}\left\{\sum_{k=1}^{n}d_{\mathrm{E}}(\boldsymbol{g}_{i,k},\boldsymbol{g}_{j,k})+\sum_{k=1}^{m-n}d_{\mathrm{E}}(\boldsymbol{g}_{i,n+k},\boldsymbol{g}_{j,n})\right\} \tag{16.3.9}$$

欧氏距离比较简单，但在存在时间偏移的情况下效果不佳，因为仅可匹配对准的序列。还可使用豪斯道夫距离（参见中册 A.2.2 小节）。另外，还有一种距离测度不依赖完整轨迹（不考虑野点）。假设轨迹 $G_i=\{\boldsymbol{g}_{i,k}\}$ 和 $\boldsymbol{G}_j=\{\boldsymbol{g}_{j,l}\}$ 的长度分别为 T_i 和 T_j，则

$$D_{\mathrm{o}}(G_i,G_j)=\frac{1}{T_i}\sum_{k=1}^{T_i}d_{\mathrm{o}}(\boldsymbol{g}_{i,k},G_j) \tag{16.3.10}$$

其中

$$d_{\mathrm{o}}(\boldsymbol{g}_{i,k},G_j)=\min_{l}\left[\frac{d_{\mathrm{E}}(g_{i,k},g_{j,l})}{Z_l}\right]\quad l\in\{\lfloor(1-\delta)k\rfloor,\cdots,\lceil(1+\delta)k\rceil\} \tag{16.3.11}$$

其中，Z_l 是归一化常数，也是点 l 处的方差。

$D_{\mathrm{o}}(G_i,G_j)$ 用于比较轨迹与存在的聚类。比较两个轨迹，可使用 $Z_l=1$。这样定义的距离测度是从任意点到其最佳匹配之间的平均归一化距离，此时最佳匹配处于中心在点 l、宽度为 2δ 的滑动时间窗口中。

(2) 聚类过程和验证：预处理后的轨迹可用非监督的学习技术进行组合，将轨迹空间分解为感知上相似的聚类（如道路）。对聚类的学习方法有多种：①迭代优化；②在线自适应；③分层方法；④神经网络；⑤共生分解。

借助聚类算法学习的路径需要进一步验证，因为真实的类别数未知。多数聚类算法需要给定期望的类别数 K 一个初始值，但这常常不正确。为此可对不同的 K 分别进行聚类，取最好结果对应的 K 作为真正的聚类数。判断准则可使用**紧密和分离准则**（TSC），比较不同聚类中相应轨迹之间的距离。若给定训练集 $D_T=\{G_1,G_2,\cdots,G_M\}$，则有

$$\mathrm{TSC}(K)=\frac{1}{M}\frac{\sum_{j=1}^{K}\sum_{i=1}^{M}f_{ij}^2 d_{\mathrm{E}}^2(G_i,c_j)}{\min_{ij} d_{\mathrm{E}}^2(c_i,c_j)} \tag{16.3.12}$$

其中，f_{ij} 是轨迹 G_i 对聚类 C_j（其中的样本用 c_j 表示）的模糊隶属度。

3. 路径建模

轨迹聚类后，可根据得到的路径建立（**图**）模型，进行有效的推理。路径模型是对聚类的紧凑表达。可使用两种方式对**路径建模**。第 1 种方式考虑完整的路径，端点到端点的路径不仅有平均的中心线，两边还有包络指示路径范围，沿着路径还可能有一些中间状态给出测量顺序［如图 16.3.4(a)所示］；第 2 种方式将路径分解为子路径，或者说将路径表示为包含子路径的树，预测路径的概率从当前结点指向叶结点［如图 16.3.4(b)所示］。

图 16.3.4　两种路径建模方式

16.3.3　自动活动分析

一旦建立了场景模型，就可对目标的活动和行为进行分析了。监控视频的一个基本功能

是对感兴趣的事件进行验证。一般来说，只有在特定环境下才容易定义是否感兴趣。例如，停车管理系统关注是否还有空车位，而智能会议室系统关心的是人员之间的交流。除了识别特定的行为外，还需检查所有非典型的事件。通过对场景进行长时间观察，系统可进行一系列活动分析，从而学习哪些是感兴趣的事件。

典型的活动分析如下。

(1) **虚拟篱笆**：任何监控系统都有监控范围，在该范围的边界上设立哨兵，即可对范围内发生的事件进行预警。相当于在监控范围的边界建立了虚拟篱笆，一旦有入侵就触发分析，如控制高分辨率的**云台摄像机**(PTZ)获取入侵处的细节，开始对入侵数量进行统计等。

(2) **速度分析**：虚拟篱笆只利用了位置信息，借助跟踪技术还可获得动态信息，实现基于速度的预警，如车辆超速或路面堵塞。

(3) **路径分类**：速度分析只利用当前跟踪的数据，实际应用中还可利用历史运动模式获得的活动路径(AP)。新出现目标的行为可借助最大后验(MAP)路径描述：

$$L^* = \arg\max_k p(l_k \mid G) = \arg\max_k p(G, l_k) p(l_k) \tag{16.3.13}$$

有助于确定哪个活动路径能最充分地解释新的数据。因为先验路径分布 $p(l_k)$ 可用训练集估计，所以问题就简化为用 HMM 进行最大似然估计。

(4) **异常检测**：异常事件的检测常是监控系统的重要任务。因为活动路径能指示典型的活动，所以如果新的轨迹与已有轨迹不符，就能发现异常。异常模式可借助智能阈值化检测：

$$p(l^* \mid G) < L_l \tag{16.3.14}$$

其中，与新轨迹 G 最相像的活动路径 l^* 的值仍小于阈值 L_l。

(5) **在线活动分析**：能够在线分析、识别、评价活动比使用整个轨迹描述运动更重要。一个实时系统应能根据尚不完整的数据对正在发生的行为进行快速推理(常基于图模型)。包括两种情况：①路径预测：可利用已有的跟踪数据预测未来的行为，并在收集到更多数据时细化预测。利用非完整的轨迹对活动进行预测，可表示为

$$\hat{L} = \arg\max_j p(l_j \mid W_t G_{t+k}) \tag{16.3.15}$$

其中，W_t 代表窗函数，G_{t+k} 是直到当前时间 t 的轨迹及 k 个预测的未来跟踪状态。②跟踪异常：除将整个轨迹划归异常外，还需在非正常事件发生时就检测到，可用 $W_t G_{t+k}$ 代替式(16.3.14)中的 G 实现。窗函数 W_t 并不必须与预测中相同，且阈值可能需要根据数据量调整。

(6) **目标交互刻画**：更高层次的分析期望进一步描述目标之间的交互。与异常事件类似，严格地定义目标交互也较困难。在不同的环境下，不同目标间存在不同类型的交互。以汽车碰撞为例，每辆汽车有其空间尺寸，可将其看作个人空间。汽车行驶时，个人空间要在汽车周围增加一个最小安全距离(最小安全区)，所以时空个人空间会随运动而改变，速度越快，最小安全距离增加越多(尤其是在行驶方向上)，示意图如图 16.3.5 所示，其中个人空间用圆表示，而安全区域随速度(包括大小和方向)改变而改变。如果两辆车的安全区域有交汇，则可能发生碰撞，可借此帮助规划行车路线。

最后需要指出，对于简单的活动，仅依靠目标位置和速度就能进行分析，但对于复杂的活动，则可能需要更多的测量，如加入剖面的弯曲度以判别古怪的运动轨迹。为提供对活动和行为更全面的覆盖，常需要使用多摄像机网络。活动轨迹还可来源于互相连接的部件构成的目标(如人体)，此时活动需要相对于一组轨迹定义。

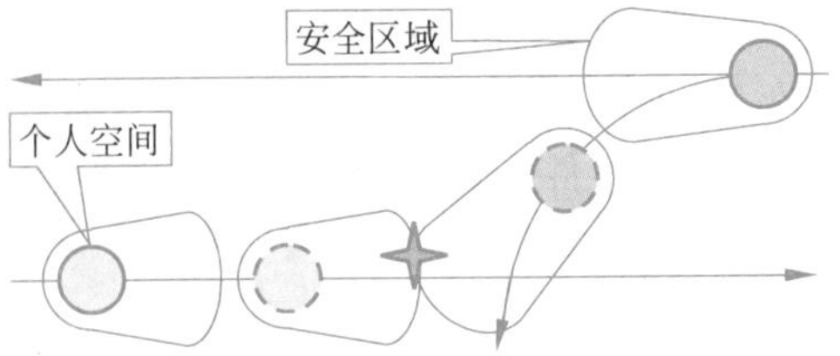

图 16.3.5 利用路径进行汽车碰撞评估示意图

16.4 动作分类和识别

基于视觉的人体动作识别是对图像序列(视频)用动作(类)标号进行标记的过程。在对观察到的图像或视频获得表达的基础上,可将人体动作识别转化为分类问题。

16.4.1 动作分类

对动作的分类可采用多种形式的技术[Poppe 2010]。

1. 直接分类

在直接分类方法中,并不对时间域加以特别关注,将观察序列中所有帧的信息加到单个表达中,或对各帧分别进行动作的识别和分类。

在很多情况下,图像的表达是高维的,导致匹配计算量非常大。另外,表达中也可能包括噪声等特征。所以,实现分类需要在低维空间获得紧凑、鲁棒的特征表达。降维技术既可采用线性方法,也可采用非线性方法。例如,PCA 是一种典型的线性方法,而**局部线性嵌入**(LLE)是一种典型的非线性方法。

直接分类所用的分类器可以不同。鉴别型分类器关注如何区分不同的类别,而不是模型化各类别,典型的如 SVM。在自举框架下,用一系列弱分类器(每个常常仅使用 1-D 表达)构建一个强分类器。除 AdaBoost(见中册 16.3.3 小节)外,LPBoost 可获得稀疏的系数且能较快收敛。

2. 时间状态模型

时间状态模型对状态之间、状态与观测之间的概率进行建模。每个状态都总结了某个时刻的动作表现,观察对应于在给定时间的图像表示。时间状态模型要么是生成性的,要么是判别性的。

生成模型学习所观察动作之间的联合分布,对每个动作类建模(考虑所有变化)。鉴别模型学习观察条件下动作类别的概率,其并不对类别建模,但关注不同类别之间的差别。

生成模型中最典型的是隐马尔可夫模型(HMM),其中的隐状态对应动作进行的各个步骤。隐状态对状态转移概率和观察概率进行建模,基于两个独立的假设。一是状态转移仅依赖于上一个状态,二是观察仅依赖于当前状态。HMM 的变形包括**最大熵马尔可夫模型**(MEMM)、**状态分解的分层隐马尔可夫模型**(FS-HHMM)和**分层可变过渡隐马尔可夫模型**(HVT-HMM)。

另一方面,鉴别模型对给定观察后的条件分布进行建模,结合多个观察以区别不同的动作类别。这种模型对区分相关的动作比较有利。**条件随机场**(CRF)是一种典型的鉴别模型,其改进包括**分解条件随机场**(FCRF)、**推广条件随机场**等。

3. 动作检测

基于动作检测的方法并不显式地对图像中目标表达建模,也不对动作建模。它将观察序列与编号的视频序列联系,以直接检测(已定义的)动作。例如,可将视频片段描述为不同时间尺度上编码的词袋，每个词对应一个局部片(patch)的梯度朝向。具有缓慢时间变化的局部片可忽略，使表达主要集中于运动区域。

当运动具有周期性时(如人行走或跑步)，动作是循环的，即**循环动作**。可借助分析自相似矩阵进行时域分割。可进一步为运动者加上标记，通过跟踪标记并使用仿射距离函数构建自相似矩阵。对自相似矩阵进行频率变换，则频谱中的峰对应运动的频率(如区别行走的人或跑步的人，可计算步态的周期)。对矩阵结构进行分析，即可确定动作的种类。

对人体动作表达和描述的主要方法可分为两类：①基于表观的方法：直接利用对图像的前景、背景、轮廓、光流及变化等的描述；②基于人体模型的方法：利用人体模型表达行为人的结构特征，如用人体关节点序列描述动作。不管采用哪种方法，实现对人体的检测及对人体重要部分(如头部、手、脚等)的检测和跟踪都发挥着重要作用。

例 16.4.1　动作识别数据库示例

图 16.4.1 给出了 Weizmann 动作识别数据库中 10 种动作的示例图片[Blank 2005]，从上到下左边一列依次为头顶击掌(jack)、侧向移动(side)、弯腰(bend)、行走(walk)、跑(run)，右边一列依次为挥单手(wave1)、挥双手(wave2)、单脚前跳(skip)、双脚前跳(jump)、双脚原地跳(pjump)。

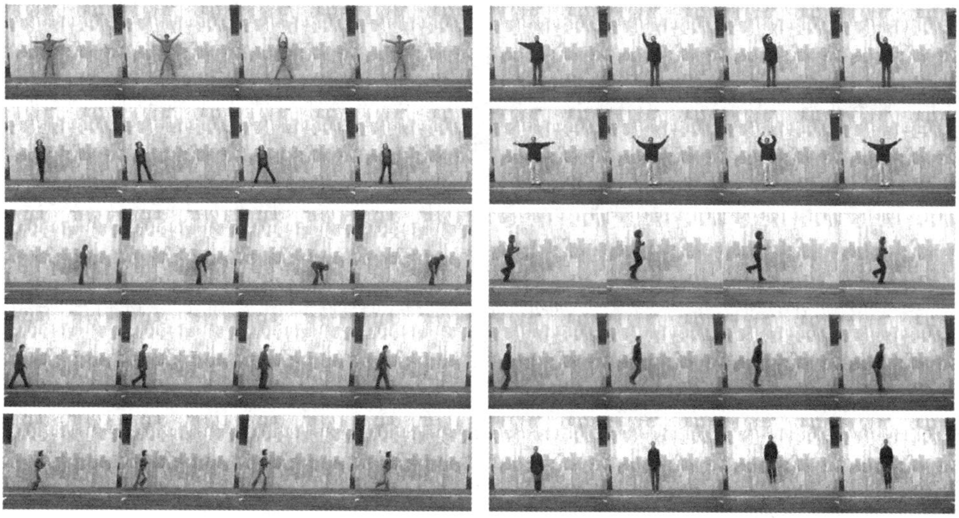

图 16.4.1　Weizmann 动作识别数据库中 10 种动作的示例图片

□

16.4.2　动作识别

动作及活动的表达和识别是得到一定发展但仍不太成熟的领域[Moeslund 2006]。采用的方法多依赖于研究者的目的。在场景解释中，表达可独立于活动产生的目标(如人或车)；而在监控应用中，一般关注人的活动及相互交互。在整体(holistic)方法中，全局信息要优于部件信息，例如在确定人的性别时。而对于简单的动作，如走或跑，也可考虑使用局部方法，其中更关注细节动作或动作基元。

1. 整体识别

整体识别强调对整个人体目标或单个人体各部位进行识别。例如，可基于整个身体结构和整个身体的动态信息识别人的行走、行走的步态等。绝大多数方法基于人体的剪影或轮廓而不区分身体的各部位。例如，一种基于人体的身份识别技术使用人的剪影并对其轮廓进行均匀采样，再对分解的轮廓进行 PCA 处理。为计算时-空相关性，可在本征空间中比较各轨迹。另一方面，利用动态信息可辨识身份，也可确定人在做什么工作。基于身体部位的识别则通过身体部位的位置和动态信息对动作进行识别。

2. 姿态建模

对人体动作的识别与对人体姿态的估计密切相连。人体姿态可分为动作姿态和体位姿态，前者对应人在某一时刻的动作行为，后者对应人体在 3-D 空间的朝向。

对人体姿态的表达和计算方法主要分为 3 种。

(1) 基于表观的方法：不对人的物理结构进行直接建模，而是采用颜色、纹理、轮廓等信息对人体姿态进行分析。由于仅利用了 2-D 图像中的表观信息，所以难以估计人体位姿。

(2) 基于人体模型的方法：先使用线图模型、2-D 或 3-D 模型对人体进行建模，再通过分析参数化的人体模型估计人体姿态。该类方法常对图像分辨率和目标检测的精度要求较高。

(3) 基于 3-D 重构的方法：先将多摄像头在不同位置获得的 2-D 运动目标通过对应点匹配重构为 3-D 运动目标，再利用摄像头参数和成像公式估计 3-D 空间中的人体位姿。

可基于时空兴趣点（参见 16.2 节）对姿态进行建模。如果仅使用时空**哈里斯兴趣点检测器**（见中册 3.1.3 小节），则得到的时空兴趣点多处于运动突变的区域。这种点数量较少，属于稀疏型，容易丢失视频中重要的运动信息，导致检测失效。为克服这一问题，还可借助运动强度提取稠密型的时空兴趣点，充分捕获运动产生的变化。可通过图像与空域高斯滤波器和时域盖伯滤波器（见中册 10.4.2 小节）卷积计算运动强度。提取时空兴趣点后，先对每个点建立描述符，再对每个姿态建模。一种具体方法是首先提取训练样本库中姿态的时空特征点作为底层特征，使一个姿态对应一个时空特征点集合。其次采用非监督分类方法对姿态样本归类，以获得典型姿态的聚类结果。最后采用基于 EM 的高斯混合模型对每个典型姿态类别实现建模。

近期自然场景中姿态估计方面的一个趋势是为克服无结构场景中用单视图进行跟踪产生的问题，多在单帧图中进行姿态检测。例如，基于鲁棒的部件检测并对部件进行概率组合，已能在复杂的电影视频中获得对 2-D 姿态的良好估计。

3. 活动重建

动作导致姿态改变，如果将人体的每个静止姿态定义为一种状态，那么借助状态空间法（也称概率网络法），通过转移概率切换多种状态，则可通过在对应姿态的状态之间进行一次遍历而构建一个活动序列。

基于对姿态的估计，由视频自动重建人体活动方面也取得了明显进展。原始的基于模型的分析-合成方案借助多视角视频采集对姿态空间进行有效搜索。当前许多方法更注重获取身体整体运动而不强调精确地构建细节。

单视图人体活动重建借助**统计采样技术**取得了较大进展。目前关注度较高的是利用学习得到的模型约束基于活动的重建。研究表明，使用强有力的先验模型有助于单视图中特定活动的跟踪。

4. 交互活动

交互活动是比较复杂的活动，可分为两类：①人与环境的交互，如人开车，拿一本书。②人际交互，常指两人（或多人）的交流活动或联系行为，是将单人（原子）的活动结合起来得到的。单人活动可借助概率图模型描述。概率图模型是连续动态特征序列建模的有力工具，理论基础较成熟。其缺点是模型的拓扑结构依赖于活动本身的结构信息，所以复杂的交互活动需要大量训练数据以学习图模型的拓扑结构。将单人活动结合可使用**统计关系学习**（SRL）的方法。SRL 是一种综合关系/逻辑表示、概率推理、机器学习和数据挖掘等以获取关系数据似然模型的机器学习方法。

5. 群体活动

量变引起质变，参与活动的目标数量大幅增加，会带来新的问题和新的研究。例如，群体目标运动分析主要以人流、交通流及自然界的密集生物群体为对象，研究群体目标运动的表达与描述方法，分析群体目标的运动特征及边界约束对群体目标运动的影响。此时，对特殊个体独特行为的把握有所减弱，更关注将个体抽象而对整个集合活动进行描述。例如，有的研究借鉴宏观运动学理论，探索粒子流的运动规律，建立粒子流的运动理论。在此基础上，对群体目标活动中的聚合、消散、分化、合并等动态演变现象进行语义分析，以解释整个场景的动向和态势。

在群体活动分析中，参与活动的个体数量是一项基本数据。例如，许多公共场合（如广场、体育场出入口等）都需要对人流量进行统计。图 16.4.2 给出了一个监控场景中对人数统计的画面[贾 2009]。虽然场景中有许多人，且动作形态各异，但此时只关注特定范围（用框围住的区域）内人的数量。

图 16.4.2　监控场景中对人数统计的画面

例 16.4.2　监控中摄像机的安置

考虑监控中对人流量统计的基本几何关系。将摄像机如图 16.4.3 所示安置在行人的斜上方（高度为 H_c），可看到行人脚处于地面的位置。设摄像机光轴沿水平方向，焦距为 λ，观测人脚的角度为 α。设坐标系统垂直向下方向为 Y 轴，X 轴从纸内指向外。

在图 16.4.3 中，水平方向的纵深 Z 为

$$Z=\lambda H_c/y \tag{16.4.1}$$

行人上部成像的高度：

$$y_t=\lambda Y_t/Z=yY_t/H_c \tag{16.4.2}$$

行人自身高度的估计：

$$H_t=H_c-Y_t=H_c(1-y_t/y) \tag{16.4.3}$$

实际应用中，摄像机光轴一般稍向下倾斜以增加观测范围（特别是观察接近摄像机下方的目标），如图 16.4.4 所示。

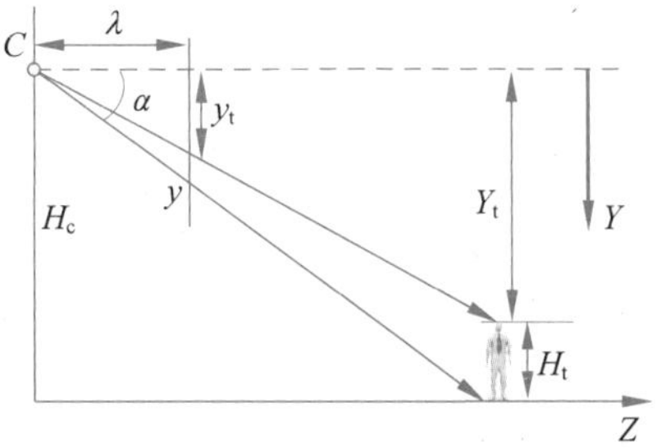

图 16.4.3　摄像机光轴水平时的监控几何关系

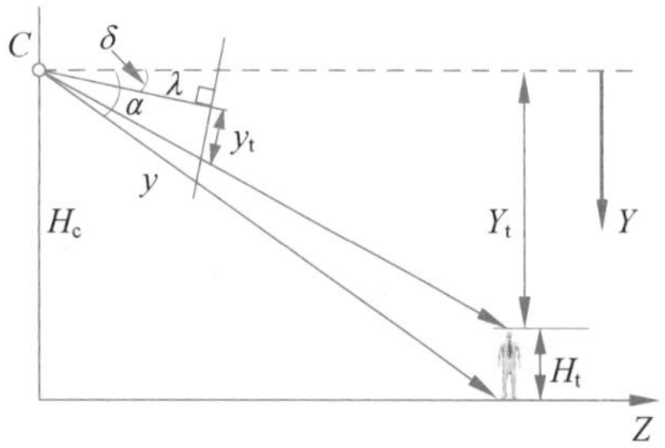

图 16.4.4　摄像机光轴向下倾斜时的监控几何关系

此时计算公式较复杂，首先由图 16.4.4 可知

$$\tan\alpha=H_c/Z \tag{16.4.4}$$

$$\tan(\alpha-\delta)=y/\lambda \tag{16.4.5}$$

其中，δ 为摄像机的向下倾斜角。从以上两式中消去 α，得到作为 y 函数的 Z：

$$Z=H_c\frac{(\lambda-y\tan\delta)}{(y+f\tan\delta)} \tag{16.4.6}$$

为估计行人的高度，用 Y_t 和 y_t 分别替换上式中的 H_c 和 y，得到

$$Z = Y_t \frac{(\lambda - y_t \tan\delta)}{(y_t + \lambda \tan\delta)} \tag{16.4.7}$$

从以上两式中消去 Z，得到

$$Y_t = H_c \frac{(\lambda - y\tan\delta)(y_t + \lambda\tan\delta)}{(y + \lambda\tan\delta)(\lambda - y_t\tan\delta)} \tag{16.4.8}$$

下面考虑最优向下倾斜角 δ。参见图 16.4.5，摄像机的视角为 2γ，包括最近点 Z_n 和最远点 Z_f，分别对应 α_n 和 α_f。

对于最近点和最远点分别写出

$$H_c/Z_n = \tan\alpha_n = \tan(\delta + \gamma) \tag{16.4.9}$$

$$H_c/Z_f = \tan\alpha_f = \tan(\delta - \gamma) \tag{16.4.10}$$

取两式的比值，得到

$$\eta = \frac{Z_n}{Z_f} = \frac{\tan(\delta - \gamma)}{\tan(\delta + \gamma)} \tag{16.4.11}$$

如果取 $Z_f = \infty$，则 $\delta = \gamma$，$Z_n = H_c \cot^2\gamma$。极限情况为 $Z_f = \infty$，$Z_n = 0$，即 $\delta = \gamma = 45°$时，覆盖了地面上的所有点。实际应用中 γ 较小，此时 Z_n 和 Z_f 由 δ 决定。例如，$\gamma = 30°$时，最优的 η 为零，此时 $\delta = 30°$或 $\delta = 60°$；最差的 η 为 0.072，此时 $\delta = 45°$。

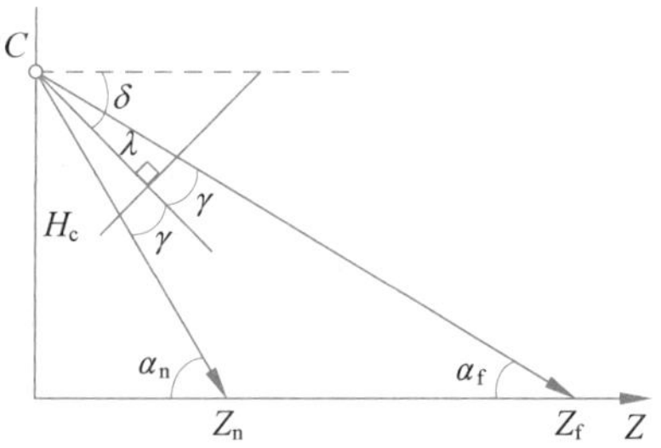

图 16.4.5　摄像机光轴向下倾斜最优倾斜角的监控几何关系

最后，考虑确保行人不互相遮挡的最近行人间距 Z_s。根据式(16.4.4)，分别使 $\tan\alpha = H_t/Z_s$，$\tan\alpha = H_c/Z$，可解出

$$Z_s = H_t Z / H_c \tag{16.4.12}$$

可见，该间距与行人高度成正比。□

6. 场景解释

不同于场景中目标的识别，**场景解释**主要考虑整幅图像而不验证特定的目标或人。实际使用的许多方法仅考虑摄像机拍摄的结果，从中观察目标运动，而不一定确定目标身份，进行学习和识别活动。这种策略在目标足够小，可表示为 2-D 空间中一个点时比较有效。

例如，一个用于检测非正常（异常）情况的系统包括如下步骤。首先提取目标 2-D 位置、速度、尺寸和二值剪影，用矢量量化生成范例码本。为考虑互相间的时间关系，可使用共生的统计。迭代定义两个码本中范例之间的概率函数并确定二值树结构，其中叶结点对应共生统计矩阵中的概率分布，而更高层的结点对应简单的场景活动（如行人或车的运动），将其进一步结合可给出场景解释。

16.5　结合姿态和上下文的动作分类

一般对动作的识别常需使用视频或序列图像，因为不同的动作可能具有共同或类似的姿态，仅根据单个姿态并不一定能区分动作。下面介绍一种在静止图像中结合姿态和上下文信息的动作分类方法[Zheng 2012]。

该方法的流程如图 16.5.1 所示。系统首先将**姿态模型激活矢量**(PAV)作为特征，学习基于姿态模型的动作分类器，PAV 包含各动作的姿态信息。借助稀疏编码，分别对前景和背

景构建视觉词典。将两个词典的**特征包**(BoF)表达拼接以获得上下文信息。再使用上下文信息获得基于上下文的动作分类器。给定一幅测试图像,将各动作两个分类器的概率输出加起来,作为该图像在此动作类别的可信度,将具有最高可信度的图像作为预测的动作模型。

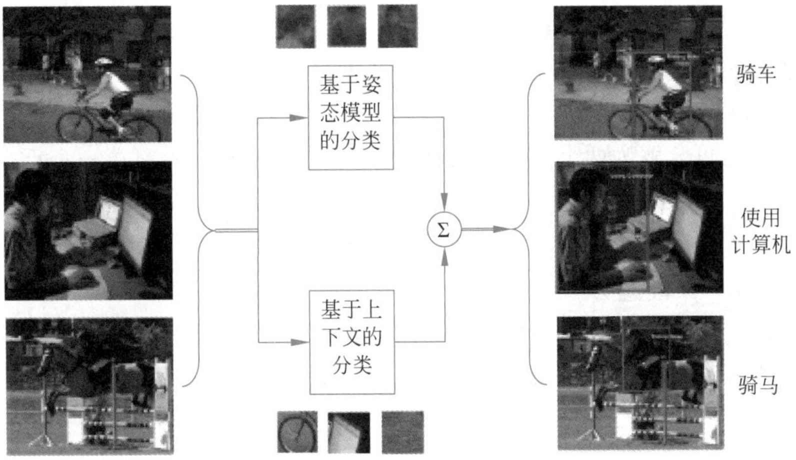

图 16.5.1　在静止图像中结合姿态和上下文的动作分类方法流程

16.5.1　基于姿态模型的动作分类器

基于姿态模型的动作分类器主要关注前景,可解决比例和视点变化的问题。下面先介绍姿态模型和特定动作的姿态模型,再描述基于姿态模型激活矢量的动作分类器。

(1) 姿态模型和特定动作的姿态模型。**姿态模型**(ASP)是指部位/部件模型,反映某种姿态下的人体部位。为训练一个 ASP,需要首先对训练集进行标注,并定义距离测度以收集结构空间中与种子片相似的片(结构基元)。其次,从收集的片和随机的负样本片中提取梯度直方图特征。最后,将这些特征作为 ASP 训练 SVM 分类器,并利用贪婪方法根据收敛能力选出一组 ASP。每个 ASP 描述人体的一个显著部位。对于 ASP 的检测不仅要考虑结构空间的相似性,还要考虑表观的相似性。尽管 ASP 可用于人体检测,但在识别图像动作时鉴别力不够强,所以需使用特定动作的 ASP。这些 ASP 可通过限定属于相同动作类别的正训练样本获得。

(2) 动作特征和 SVM 分类器。PAV 是对前景部分姿态模型的响应分布。对于每个特定动作的姿态模型 p_i,采用一个滑动窗口检测对应的样本片,并仅收集其与真值具有大于 20% 交的检测结果。将属于相同姿态模型的检测结果相加作为 PAV 第 i 个分量的值。再利用 SVM 分类器,即可进行将 PAV 作为特征的基于姿态模型的动作分类。

16.5.2　基于上下文的动作分类器

在动作识别中,上下文信息定义为动作与环境的共生性。上下文提供了识别图像中动作的有用信息。例如,当人使用计算机时,环境一般为室内,且图像中常有显示器和/或桌子。下面讨论如何构建基于上下文的动作分类器。先介绍用于词典学习的稀疏编码(参见 3.5 节),再基于词典学习基于上下文的动作分类器。

1. 用于词典学习的稀疏编码

先从不同尺度的训练集中提取密集的 SIFT 描述子。再借助稀疏编码学习一个视觉词典。使用稀疏编码是因其在构建原始特征和确定模式方面较有效。具体来说,设 $\boldsymbol{X}\in\mathbb{R}^{D\times N}$ 为输入的密集 SIFT 特征矩阵,其中 D 和 N 分别是特征的维数和个数。设 $\boldsymbol{B}\in\mathbb{R}^{D\times N}$ 和 $\boldsymbol{S}\in\mathbb{R}^{N\times D}$ 分别为基矩阵和对应的系数矩阵,其中 K 为基的尺寸。稀疏编码算法要求解下面的最优问题：

$$\min_{\boldsymbol{B},\boldsymbol{S}}[f(\boldsymbol{B},\boldsymbol{S})]=\|\boldsymbol{X}-\boldsymbol{BS}\|_F^2+2\alpha\|\boldsymbol{S}\|_1 \quad \text{s.t.} \quad \|\boldsymbol{B}_{\cdot i}\|^2=1, \quad \forall i=1,2,\cdots,K \tag{16.5.1}$$

其中，$\boldsymbol{B}_{\cdot n}$ 和 $\boldsymbol{B}_{k\cdot}$ 分别表示矩阵 $\boldsymbol{B}$ 的第 n 列和第 k 行。使用 1 范数的正则项是为了加强 S 的稀疏性，α 是控制拟合效果和平衡稀疏性的正则化系数。

尽管优化问题(16.5.1)不是对 $\boldsymbol{B}$ 和 $\boldsymbol{S}$ 都凸（单调），但其分别对 $\boldsymbol{B}$（固定 $\boldsymbol{S}$ 时）或 $\boldsymbol{S}$ 凸（固定 $\boldsymbol{B}$ 时）。所以，其可分解为两个优化子问题，通过交替最小化求解。第一个正则化最小二乘问题为

$$\min_{\boldsymbol{S}}[f(\boldsymbol{S})]=\|\boldsymbol{X}-\boldsymbol{BS}\|_F^2+2\alpha\|\boldsymbol{S}\|_1 \tag{16.5.2}$$

第二个正则化最小二乘问题为

$$\min_{\boldsymbol{B}}[f(\boldsymbol{B})]=\|\boldsymbol{X}-\boldsymbol{BS}\|_F^2 \quad \text{s.t.} \quad \|\boldsymbol{B}_{\cdot i}\|^2=1, \quad \forall i=1,2,\cdots,K \tag{16.5.3}$$

式(16.5.2)相对于单行（下标・）的最小化有一个闭式解：

$$\begin{aligned}\boldsymbol{S}_{k\cdot}&=\operatorname*{argmin}_{\boldsymbol{S}_{k\cdot}}\{\|\boldsymbol{X}-\boldsymbol{BS}\|_F^2+2\alpha\|\boldsymbol{S}\|_1\}\\&=\max\{[\boldsymbol{B}_{\cdot k}]^T\boldsymbol{X}-[\boldsymbol{B}_{\cdot k}]^T\boldsymbol{BS}^k,\alpha\}+\min\{[\boldsymbol{B}_{\cdot k}]^T\boldsymbol{X}-[\boldsymbol{B}_{\cdot k}]^T\boldsymbol{BS}^k,-\alpha\}\end{aligned} \tag{16.5.4}$$

其中

$$\boldsymbol{S}_{p\cdot}^k=\begin{cases}\boldsymbol{S}_{p\cdot}, & p\neq k\\ 0, & p=k\end{cases} \tag{16.5.5}$$

式(16.5.3)相对于单列的最小化有一个闭式解：

$$\boldsymbol{S}_{k\cdot}=\operatorname*{argmin}_{\boldsymbol{S}_{k\cdot}}\|\boldsymbol{X}-\boldsymbol{BS}\|_F^2=\frac{\boldsymbol{X}[\boldsymbol{S}_{k\cdot}]^T-\boldsymbol{B}^k\boldsymbol{S}[\boldsymbol{S}_{k\cdot}]^T}{\|\boldsymbol{X}[\boldsymbol{S}_{k\cdot}]^T-\boldsymbol{B}^k\boldsymbol{S}[\boldsymbol{S}_{k\cdot}]^T\|_2} \tag{16.5.6}$$

其中

$$\boldsymbol{B}_{\cdot p}^k=\begin{cases}\boldsymbol{B}_{\cdot p}, & p\neq k\\ 0, & p=k\end{cases} \tag{16.5.7}$$

2. 上下文表达和分类器

假设 $\boldsymbol{Y}_{fg}\in\mathbb{R}^{D\times M_1}$ 和 $\boldsymbol{Y}_{bg}\in\mathbb{R}^{D\times M_2}$ 是从一幅图像中提取的两个稠密 SIFT 描述子，$\boldsymbol{B}_{fg}\in\mathbb{R}^{D\times K_1}$、$\boldsymbol{B}_{bg}\in\mathbb{R}^{D\times K_2}$ 是借助稀疏编码从训练集学到的词典，其中 D 为特征的维数，M_1 和 M_2 分别为前景和背景中的片数，K_1 和 K_2 分别为前景词典和背景词典中的基个数。设 f_B 为对词典 B 的编码算子，则 $\boldsymbol{B}_{fg}$ 和 $\boldsymbol{B}_{bg}$ 上 $\boldsymbol{Y}_{fg}$ 和 $\boldsymbol{Y}_{bg}$ 的表达 $\boldsymbol{S}_{fg}\in\mathbb{R}^{K_1\times M_1}$ 和 $\boldsymbol{S}_{bg}\in\mathbb{R}^{K_2\times M_2}$ 可通过下式得到：

$$\begin{aligned}\boldsymbol{S}_{fg}&=f_{B_{fg}}(\boldsymbol{Y}_{fg})\\\boldsymbol{S}_{bg}&=f_{B_{bg}}(\boldsymbol{Y}_{bg})\end{aligned} \tag{16.5.8}$$

其中，$\boldsymbol{S}_{fg}$ 和 $\boldsymbol{S}_{bg}$ 的列是词典的重建系数。

设 $p:\mathbb{R}^{K\times N}\to\mathbb{R}^K$ 为汇总算子，则

$$\begin{aligned}\boldsymbol{z}_{fg}&=p(\boldsymbol{S}_{fg})\\\boldsymbol{z}_{bg}&=p(\boldsymbol{S}_{bg})\end{aligned} \tag{16.5.9}$$

其中，$\boldsymbol{z}_{fg}\in\mathbb{R}^{K_1}$ 和 $\boldsymbol{z}_{bg}\in\mathbb{R}^{K_2}$ 表示图像前景和背景的表达。

接下来拼接 z_{fg} 和 z_{bg}，得到图像的上下文表达 $z \in \mathbb{R}^{K_1+K_2}$ 为

$$z = [z_{fg}^{\mathrm{T}}, z_{bg}^{\mathrm{T}}]^{\mathrm{T}} \tag{16.5.10}$$

最后，基于上下文的动作分类器就可通过对训练集的上下文表达学习得到。

构建基于姿态模型的动作分类器和基于上下文的动作分类器后，即可按照图 16.5.1 所示的流程对动作进行分类判断。

16.6　活动和行为建模

一个通用的动作/活动识别系统包括从图像序列到高层解释的若干步骤[Turaga 2008]。

(1) 获取输入视频或序列图像。

(2) 提取精练的底层图像特征。

(3) 基于底层特征获得中层动作描述。

(4) 从基本的动作出发进行高层语义解释。

一般实际应用中的活动识别系统是分层的。底层包括前景-背景分割模块、跟踪模块和目标检测模块等。中层主要为动作识别模块。高层最重要的是推理引擎，将活动的语义根据较低层的动作基元进行编码，并根据学习的模型进行整体理解。

如 16.1 节中指出的，从抽象程度看，活动的层次高于动作。如果从技术角度看，对动作和活动的建模与识别常采用不同的技术，且具有从简单到复杂的特点。许多常用动作和活动的建模与识别技术可按如图 16.6.1 所示进行分类[Turaga 2008]。

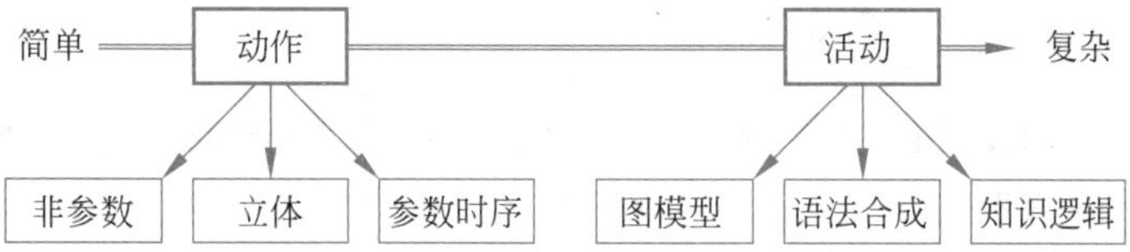

图 16.6.1　动作和活动建模与识别技术的分类

16.6.1　动作建模

对动作建模的方法主要分为 3 类(图 16.6.1)：**非参数建模**，**立体建模**和**参数时序建模**。非参数方法从视频的每帧中提取一组特征，并将特征与先前存储的模板匹配。立体方法并不逐帧地提取特征，而是将视频看作像素强度的 3-D 立体并将标准的图像特征(如尺度空间极值、空域滤波器响应)扩展到 3-D。参数时序方法对运动的时间动态建模，从训练集中估计一组动作的特定参数。

1. 非参数建模方法

常见的非参数建模方法包括如下几种。

1) 2-D 模板

包括如下步骤：先进行运动检测，再在场景中跟踪目标。跟踪后建立包含目标的裁剪序列。尺度的改变可借助归一化目标尺寸补偿。对于给定的动作计算周期性指标(index)，如果周期性较强，就进行动作识别。为进行识别，利用对周期的估计将周期序列分割为独立的周期。将平均周期分解为若干时间片段并对各片段中每个空间点计算基于流的特征。将每个片段中的流特征平均到单个帧中。活动周期中的平均流帧构成每个动作组的模板。

一种典型的方法是构建**时域模板**作为动作的模型。先提取背景，再将从一个序列中提取

的背景块结合进一幅静止图像。包括两种结合方式:一种是赋予序列中所有帧相同的权重,得到的表达可称**运动能量图**(MEI);另一种是赋予序列中不同帧不同的权重,一般赋予新的帧较大的权重,赋予原有的帧较小的权重,得到的表达可称**运动历史图**(MHI)。对于给定的动作,利用结合得到的图像构成模板。对模板计算其区域不变矩(见中册7.2.3小节)并进行识别。

2) 3-D目标模型

3-D目标模型是对时空目标建立的模型,典型的如广义圆柱体模型(见5.5.2小节)、2-D轮廓叠加模型等。2-D轮廓叠加模型中包含目标的形状和运动信息,据此可从中提取目标表面的几何特征,如峰、坑、谷、脊等(见5.1.2小节)。如果将2-D轮廓替换为背景中的团块(blob),就可得到**二值时空体**。

3) 流形学习方法

很多动作识别都涉及高维空间的数据。由于特征空间会随维数变得按指数形式稀疏,所以构建有效的模型需要大量的样本。可利用学习数据所在的流形确定数据的固有维数,该固有维数的自由度较小,有利于在低维空间设计有效的模型。降低维数最简单的方法是**主分量分析**(PCA),其假设数据处于线性子空间中。实际应用中除了非常特殊的情况,数据并不处在线性子空间中,所以需要从大量样本中学习流形本征几何的方法。非线性降维技术允许对数据点根据其在非线性流形中的互相接近程度进行表达,典型方法包括**局部线性嵌入**(LLE)、**拉普拉斯本征图**。

2. 立体建模方法

常见的立体建模方法包括如下几种。

1) 时空滤波

时空滤波是对空间滤波的推广,采用一组时空滤波器对**视频体**的数据进行滤波。根据滤波器组的响应进一步获取特定的特征。有假设认为,视觉皮层中细胞的时空性质可用时空滤波器结构(如**朝向高斯核及其微分**和**朝向盖伯滤波器组**)描述。例如,可将视频片段考虑为定义在XYT中的时空体,对于每个体素(x,y,t)使用盖伯滤波器组(见中册10.4.2小节)计算不同朝向、空间尺度及单个时间尺度的局部表观模型。利用一帧图中各像素的平均空间概率识别动作。因为是在单个时间尺度对动作进行分析,该方法无法应用于帧率有变化的情况。为此可在若干时间尺度上提取局部归一化的时空梯度直方图,再使用直方图之间的χ^2及对输入视频和存储的样例进行匹配。还可用高斯核在空域进行滤波,用高斯微分在时域进行滤波,对响应取阈值后将其结合进直方图,这种方法能为远场(非近景镜头)视频提供简单有效的特征。

滤波方法借助有效的卷积可简单快速地实现。但在多数应用中,滤波器的带宽事先未知,需使用多个时域和空域尺度的大滤波器组,有效地获取动作。由于每个滤波器输出的响应与输入数据应维数相同,所以使用多个时域和空域尺度的大滤波器组也受到一定限制。

2) 基于部件的方法

可将一个视频(立)体看作许多局部部件的集合体,各部件有其特殊的运动模式。一种典型的方法是使用16.2节的时空兴趣点表达。除了使用**哈里斯兴趣点检测器**(见中册3.1.3小节)外,也可对从训练集中提取的时空梯度进行聚类。另外,还可使用词袋模型(12.5.1小节)表示动作,其中词袋模型可通过提取时空兴趣点并对特征进行聚类得到。

因为**兴趣点**本质上是局部的,所以忽略了长时间的相关性。为解决这一问题,可借助**相关图**。将视频看作由一系列集合构成,每个集合包括一个小时段内滑动窗口中的部件。这种方法并没有直接对局部部件进行全局几何建模，而是将其看作一个特征包。不同的动作可包含相似的时空部件，但可有不同的几何关系。如果将全局几何信息结合进基于部件的视频表达，就构成一个**星座**的部件。当部件较多时，模型会比较复杂。也可将星座模型和词袋模型结合进一个分层结构，高层的星座模型中只有较少数量的部件，而每个部件又包含在底层特征包中。这样就结合了两个模型的优点。

在大多数基于部件的方法中，对部件的检测常基于线性操作，如滤波、时空梯度等，所以描述符对表观变化、噪声、遮挡等比较敏感。但由于本质上的局部性，这些方法对非稳态背景比较鲁棒。

3）子体匹配

子体匹配是指视频和模板中子体之间的匹配。例如，可借助时空运动相关的角度对动作与模板进行匹配。这种方法与基于部件方法的主要区别在于，其并不需要从尺度空间的极值点提取动作描述符，而是检查两个局部时空块（patch）之间的相似度（比较两个块之间的运动）。不过对整个视频体进行相关计算很耗时。解决此问题的方法之一是将目标检测中成功的快速哈尔特征（盒特征）推广到3-D。3-D的哈尔特征是3-D滤波器组的输出，滤波器的系数为1和−1。将这些滤波器的输出与自举方法（见中册16.3.3小节）相结合，可得到鲁棒的性能。另一种方法是将视频体看作任意形状子体的集合，每个子体是空间上一致的立体区域，可通过对表观和空间上接近的像素进行聚类得到。再将给定视频过分割为多个子体或**超体素**。动作模板通过在子体中搜索能最大化子体集合与模板重叠率的最小区域集合进行匹配。

子体匹配的优点是对噪声和遮挡比较鲁棒，如果结合光流特征，则对表观变化也比较鲁棒。子体匹配的缺点是易受背景改变的影响。

4）基于张量的方法

张量是对2-D矩阵在多维空间的推广。一个3-D时空体可自然地看作一个有3个独立维的张量。例如，人的动作、人的身份和关节轨迹可看作一个张量的3个独立维。将总的数据张量分解为主导模式（类似PCA的推广），就可提取对应人的动作和身份（执行动作的人）的**标志**。当然，也可直接将张量的3-D取为时空域的3-D，即(x, y, t)。

基于张量的方法提供了一种整体匹配视频的直接方法，无须考虑前几种方法所用的中层表达。另外，其他种类的特征（如光流、时空滤波器响应等）也容易通过增加张量维数结合进来。

3. 参数时序建模方法

前面两种建模方法适合较简单的动作，下面介绍的建模方法适合跨越时域的复杂动作，如芭蕾舞视频中复杂的舞步、乐器演奏家特殊的手势等。

1）隐马尔可夫模型

隐马尔可夫模型（HMM）是状态空间的一种典型模型，对时间序列数据的建模比较有效，具有良好的推广性和鉴别性，适用于需要递推估计概率的工作。在构建离散隐马尔可夫模型的过程中，将状态空间看作一些离散点的有限集合。它们随时间的演化可以模型化为一系列从一个状态转换到另一个状态的概率步骤。隐马尔可夫模型的3个重点问题是**推理**、**解码**和**学习**。隐马尔可夫模型最早用于的识别动作是网球击打（shot）动作，如正手击球、正手截击、反手击球、反手截击、扣杀等。其中，将一系列减除背景的图像模型化为对应特定类别的隐马尔可夫模型。隐马尔可夫模型也可用于对随时间变化的动作（如步态）的建模。

使用单个隐马尔可夫模型可对单人动作进行建模。对于多人动作或交互动作，可用一对隐马尔可夫模型表达交替的动作。另外，还可将领域知识结合进隐马尔可夫模型的构建过程，或可将隐马尔可夫模型与目标检测结合，以利用动作与（动作）对象之间的联系。例如，可将对状态延续时间的先验知识结合到隐马尔可夫模型的框架，得到的模型称为**半隐马尔可夫模型**（semi-HMM）。如果在状态空间加一个对高层行为建模的离散标号，则构成混合状态的隐马尔可夫模型，可用于对非平稳行为建模。

2）线性动态系统

线性动态系统（LDS）比隐马尔可夫模型更一般化，其并不限制状态空间是有限符号的集合，也可以是$\mathbb{R}^k$空间中的连续值，其中k为状态空间的维数。最简单的线性动态系统是一阶时不变高斯-马尔可夫过程，可表示为

$$\boldsymbol{x}(t)=\boldsymbol{A}\boldsymbol{x}(t-1)+\boldsymbol{w}(t) \quad \boldsymbol{w}\sim N(0,\boldsymbol{P}) \tag{16.6.1}$$

$$\boldsymbol{y}(t)=C\boldsymbol{x}(t)+\boldsymbol{v}(t) \quad \boldsymbol{v}\sim N(0,\boldsymbol{Q}) \tag{16.6.2}$$

其中，$\boldsymbol{x}\in\mathbb{R}^d$为$d$-D状态空间，$\boldsymbol{y}\in\mathbb{R}^n$为$n$-D观察矢量，$d\ll n$，$\boldsymbol{w}$和$\boldsymbol{v}$分别为过程和观察噪声，它们都是高斯分布的，均值为零，协方差矩阵分别为$\boldsymbol{P}$和$\boldsymbol{Q}$。线性动态系统可看作对（具有高斯观察模型的）隐马尔可夫模型的连续状态空间推广，更适合处理高维时间序列数据，但仍不太适合用于非稳态的动作。

3）非线性动态系统

考虑下面一系列动作：一个人先弯腰捡起一个物品，再走向一个桌子并将物品放在桌上，最后坐在一把椅子上。这包含一系列短步骤，每个步骤都可用LDS建模。整个过程可看作在不同LDS之间的转换。最一般的时变LDS形式为

$$\boldsymbol{x}(t)=A(t)\boldsymbol{x}(t-1)+\boldsymbol{w}(t) \quad \boldsymbol{w}\sim N(0,\boldsymbol{P}) \tag{16.6.3}$$

$$\boldsymbol{y}(t)=C(t)\boldsymbol{x}(t)+\boldsymbol{v}(t) \quad \boldsymbol{v}\sim N(0,\boldsymbol{Q}) \tag{16.6.4}$$

与前面的式(16.6.1)和式(16.6.2)相比，上两式的A和C都可随时间变化。为解决这种复杂的动态问题，常用的方法是使用**切换线性动态系统**（SLDS）或**跳跃线性系统**（JLS）。切换线性动态系统包括一组线性动态系统和一个切换函数，切换函数通过在模型之间切换改变模型参数。为识别复杂的运动，可采用包含多个抽象层次的多层方法，最低层是一系列输入图像，向上一层包括运动状态一致的区域，称为团块（blob），再向上一层为基于时间的团块轨迹的组合，最高层包括一个表达复杂行为的隐马尔可夫模型。

尽管切换线性动态系统比隐马尔可夫模型和线性动态系统的建模和描述能力强，但在切换线性动态系统中进行学习和推理更为复杂，所以一般使用近似方法。实际应用中，确定切换状态的合适数量比较难，常需要大量的训练数据或繁杂的手工调整。

16.6.2 活动建模和识别

相比动作，活动不仅持续时间长，且人们关注的大多数活动应用（如监控和基于内容的索引）都包括多个动作人。其活动不仅互相作用，也与**上下文实体**互相影响。对复杂的场景建模，需对复杂行为的本征结构和语义进行高层次的表达和推理。参见图16.6.1讨论如下。

1. 图模型

常见的图模型包括如下几种。

1）信念网络

贝叶斯网络是一种简单的**信念网络**。先将一组随机变量编码为**局部条件概率密度**（LCPD），再对其间的复杂条件依赖性进行编码。**动态信念网络**（DBN，也称动态贝叶斯网络）是对简单贝叶斯网络通过结合随机变量之间的时间依赖性而得到的一种推广。相比只能编码一个隐变量的传统HMM，DBN可对若干随机变量之间的复杂条件依赖关系进行编码。

对于两个人之间的交互(如指点、挤压、推让,拥抱等动作),需要包含两个步骤的过程进行建模。先通过贝叶斯网络进行姿态估计,再对姿态的时间演化用 DBN 建模。基于场景中其他目标推导出的场景上下文信息可对动作进行识别,而用贝叶斯网络可对人-人之间或人-物之间的交互进行解释。

如果考虑多个随机变量之间的依赖性,DBN 比 HMM 更通用。但在 DBN 中,时间模型如同在 HMM 中也是马尔可夫模型,所以用基本的 DBN 模型只能处理序列的行为。用于学习和推理的图模型的发展使其可对结构化的行为建模。但是,要对大的网络学习局部 CPD 常需要大量的训练数据或专家繁杂的手工调整,限制了大尺度环境中 DBN 的使用。

2) 佩特里网

佩特里网是一种描述条件与事件之间联系的数学工具。特别适合模型化和可视化(如**排序**、**并发**、**同步和资源共享**等)行为。佩特里网是一种包含两种结点——位置和过渡——的双边图,其中位置指实体的状态,过渡指实体状态的改变。用概率佩特里网表示从车库取车(a car pickup)活动的示例如图 16.6.2 所示。图中的位置标记为 p_1、p_2、p_3、p_4、p_5,过渡标记为 t_1、t_2、t_3、t_4、t_5、t_6。在这个佩特里网中,p_1 和 p_3 为起始结点,p_5 为终结结点。一辆车进入场景,将一个令牌(token)放在位置 p_1 处。过渡 t_1 此时可以启用,但还要等与此相关的条件(车要停在附近的停车位)满足后才能正式启动。此时移除 p_1 处的令牌并放到 p_2 处。类似地,当一个人进入停车位,将令牌放在 p_3 处,而过渡 t_5 在该人离开已停的车后启动。接下来该令牌从 p_3 处移除并放到 p_4 处。

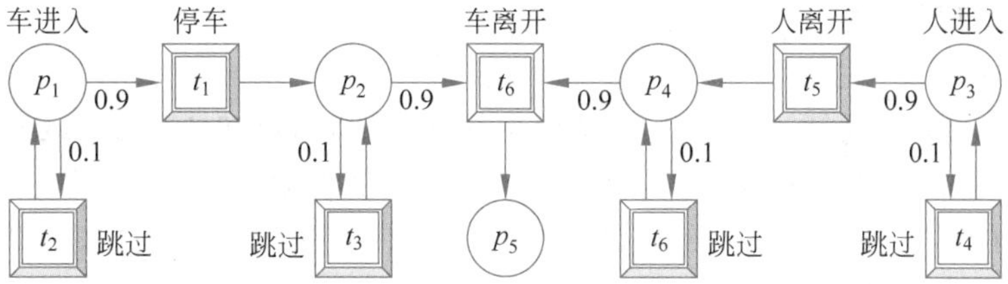

图 16.6.2　用概率佩特里网表示从车库取车活动的示例

现在,在过渡 t_6 的各个允许位置都放了一个令牌,当相关条件(汽车离开停车位)满足时就可以点火(fire)了。一旦车离开,t_6 点火,令牌都移除,将一个令牌放到最终位置 p_5 处。在这个例子中,排序、并发和同步都发生了。

佩特里网曾用于开发对图像序列进行高层解释的系统。其中,佩特里网的结构需事先确定,这对于表达复杂活动的大网络是一项繁杂的工作。通过自动将一小组逻辑、空间和时间操作映射到图结构可将上述工作半自动化。借助这种思路,可开发将用户查询要求映射到佩特里网的用于查询视频监控的交互工具。不过该方法基于确定性佩特里网,所以无法应对低层模块(跟踪器和目标检测器等)中的不确定性。

而真实的人类活动与严格的模型并不完全一致,模型允许与期望的序列存在差别并对显著的差别给予惩罚。为此提出了**概率佩特里网**(PPN)的概念。在 PPN 中,过渡与权重相关联,而权重记录了过渡启动的概率。利用跳跃式过渡并予以其低概率作为惩罚,就可取得输入流中漏掉观察时的鲁棒性。另外,辨识目标的不确定性或展开(unfolding)活动的不确定性都可有效结合到佩特里网的令牌中。

尽管佩特里网是描述复杂活动比较直观的工具,但其缺点是需要手动描绘模型结构,也未正式涉及训练数据学习结构的问题。

3) 其他图模型

针对 DBN 的缺点,特别是对序列活动描述的限制,也提出了一些其他图模型。在 DBN 框架下,构建了一些用于对复杂时间联系(如序列性、时段、并行性、同步等)建模的图模型。典型的如**过去-现在-未来**(PNF)结构，可用于对复杂时间排序情况建模。另外，可用传播网表示使用部分排序时间间隔的活动。其中活动受时间、逻辑次序和活动间隔长度的约束。基于传播网的方法将一个时间扩展性活动看作一系列事件标签。借助上下文和与活动相关的特定约束，可发现序列标签具有某种内含的部分排序性质。例如，需要先打开邮箱，才能查看邮件。利用这些约束，可将活动模型看作一组子序列，其表示不同长度的部分排序约束。

2. 合成方法

合成方法主要借助语法概念和规则实现。

1）语法

语法利用一组产生式规则描述处理的结构。类似于语言模型中的语法，产生式规则指出如何由词（活动基元）构建句子（活动），以及如何识别句子（视频）满足给定语法（活动模型）的规则。早期对视觉活动进行识别的语法用于识别目标拆解工作，此时语法中还没有概率模型。其后得到应用的是**上下文自由语法**(CFG)，用于对人体运动和多人交互进行建模和识别。这里使用了一个分层流程，低层是 HMM 和 BN 的结合，高层的交互是用 CFG 建模的。上下文自由语法的方法具有较强的理论基础，可对结构化的过程建模。在合成方法中，只需枚举需要检测的**基元事件**并定义高层活动的产生式规则。一旦构建出 CFG 的规则，就可利用已有的解析算法。

因为确定性的语法期望在低层的准确度较高，所以并不适合低层因跟踪误差和漏掉观察而导致错误的场合。在复杂的包含多个需要时间连接的情景中（如并行、覆盖、同步等），常常难以通过手工构建语法规则。从训练数据中学习语法的规则是一种有前景的替代方法，但在通用情况下已被证明非常困难。

2）随机语法

用于检测低层基元的算法本质上常是概率算法。所以，**随机上下文自由语法**(SCFG)对上下文自由语法进行了概率扩展，更适合用于结合实际的视觉模型。SCFG 可用于对活动（其结构假设已知）的语义进行建模。在低层基元的检测中使用 HMM。语法的产生式规则得到概率的补充，并引入一个跳跃(skip)过渡。可提高输入流中插入误差的鲁棒性，也可提高低层模块的鲁棒性。SCFG 还用于对多任务的活动（包含多个独立执行线程，断断续续相关交互的活动等）进行建模。

很多情况下常需将一些附加属性或特征与事件基元关联。例如，事件基元发生的准确位置可能对描述事件很重要，但可能未事先记录在事件基元的集合中。在这种情况下，属性语法比传统语法具有更强的描述能力。概率属性语法已用于监控中处理多代理的活动。

例 16.6.1 属性语法示例

如图 16.6.3 所示，产生式规则及事件基元如“出现”(appear)、“离去”(disappear)、“移近”(moveclose)和“移远”(moveaway)等被用于描述活动。事件基元还进一步与事件出现和消失的位置(loc)、对一组目标(class)进行分类、辨识相关实体(idr)等属性相关联。

$S \rightarrow \text{BOARDING}_\text{N}$

$\text{BOARDING} \rightarrow \text{appear}_0\ \text{CHECK}_1\ \text{disappear}_1$

(isPerson (appear, class) $\wedge$ isInside (appear.loc, Gate) $\wedge$ isInside (disappear.loc, Plane))

$\text{CHECK} \rightarrow \text{moveclose}_0\ \text{CHECK}_1$

$\text{CHECK} \rightarrow \text{moveaway}_0\ \text{CHECK}_1$

$\text{CHECK} \rightarrow \text{moveclose}_0\ \text{moveaway}_1\ \text{CHECK}_1$

(isPerson (moveclose, class) $\wedge$ moveclose.idr = moveaway.idr

图 16.6.3 乘客登机属性的语法示例 □

虽然 SCFG 比 CFG 对输入流中的误差和漏检更加鲁棒，但其与 CFG 一样在时间联系建模方面受限。

3. 基于知识和逻辑的方法

知识和逻辑有密切联系。

1）基于逻辑的方法

基于逻辑的方法依靠严格的逻辑规则描述一般意义上的领域知识以描述活动。逻辑规则可用于描述用户输入的领域知识或使用直观且用户可读的形式表示高层推理结果。**声明式模型**用场景结构、事件等描述所有期望的活动。活动模型包括场景中目标之间的交互。可用分层的结构识别一个代理进行的一系列动作。动作的符号描述符可通过中间层次从低层特征中提取。接下来，使用一种基于规则的方法通过匹配代理的性质与期望的分布（用均值和方差表示）逼近一个特殊活动产生的概率。这种方法考虑一个活动由若干动作线程构成，每个动作线程又可模型化为一个有限随机状态的自动机。不同线程之间的约束在一个时间逻辑网络中传播。基于逻辑规划的系统在表达和识别高层活动时，先用低层模块检测事件基元，再用基于Prolog的高层推理机识别事件基元间以逻辑规则表示的活动。这些方法没有直接处理观察输入流中的不确定性问题。为处理这些问题，可将逻辑模型和概率模型结合，其中逻辑规则用一阶逻辑谓词表达。每个规则还关联一个指示规则准确性的权重。进一步的推理可借助马尔可夫逻辑网进行。

虽然基于逻辑的方法提供了一个结合领域知识的自然方法，其常包含耗时的对约束条件是否满足的审核。另外，尚不明确需要结合多少领域知识。可以期望，结合较多的知识会使模型更严格，但不易推广至其他情况。最后，逻辑规则需要领域专家对每种配置对进行耗时的遍历。

2）本体论的方法

在使用前述方法的大多数实际配置中，符号活动的定义都是以经验方式构建的。如语法的规则或一组逻辑的规则都是人工指定的。尽管经验构建的设计速度较快且多数情况下效果较好，但推广性较差，仅限于设计的特定情况。所以，还需要活动定义的集中表达或独立于算法的活动本体。本体可标准化对活动的定义，允许对特定的配准进行移植，增强不同系统的互操作性，以及方便地复制和比较系统性能。典型的实际例子包括对护理室中的社会交往进行分析、对会议视频进行分类、对银行交互行动进行设置等。

国际上从2003年开始举办**视频事件竞赛工作会议**以整合各种能力，构建一个基于通用知识的领域本体。会议已定义了6个视频监控的领域：①周边和内部的安全；②铁路交叉口的监控；③可视银行监控；④可视地铁监控；⑤仓库安全；⑥机场停机坪安全。会议还指导了两种形式语言的制定，一种是**视频事件表达语言**（VERL），用于完成基于简单的子事件而实现复杂事件的本体表达；另一种是**视频事件标记语言**（VEML），用于对视频中的事件进行标注。

例 16.6.2　本体示例

图16.6.4给出了利用本体概念描述汽车巡游（cruising）活动的示例。该本体记录了汽车在停车场中道路上转圈而没有停车的次数。若次数超出一个阈值，就检测到一个巡游活动。

```
PROCESS (cruise-parking-lot (vehicle v, parking-lot lot),
Sequence (enter (v, lot),
        Set-to-zero (i),
        Repeat-Until (
                AND (inside (v, lot), move-in-circuit (v), increment (i)),
                Equal (i, n) ),
        Exit (v, lot) ))
```

图 16.6.4　利用本体概念描述汽车巡游活动的示例

□

尽管本体提供了简洁的高层活动定义，但其并不能保证提供正确的“硬件”以“解析”用于识别任务的本体。

16.7 主体与动作联合建模

随着研究的深入，**时空行为理解**需考虑的主体类别和动作类别都在增加。为此需将主体与动作联合建模[Xu 2015]。事实上，在图像中联合检测若干目标的集合比分别检测单个目标更加鲁棒。所以，多个不同类别的主体进行多个不同类别的动作时，联合建模很有必要。

将视频看作 3-D 图像 $f(x,y,t)$，并利用图结构 $G=(N,A)$ 表达视频。其中，结点集合 $N=(n_1,n_2,\cdots,n_M)$ 代表 M 个体素（或 M 个超体素），弧集合 $A(n)$ 代表 N 中在某个 n 的邻域中的体素集合。假设主体标记集合用 X 表示，动作标记集合用 Y 表示。

考虑一组代表主体的随机变量 $\{x\}$ 和一组代表动作的随机变量 $\{y\}$。可将主体-动作理解问题看作最大后验问题：

$$(x^*,y^*)=\underset{x,y}{\operatorname{argmax}}P(x,y \mid M) \tag{16.7.1}$$

一般的主体-动作理解问题包括 3 种情况：单标签主体-动作识别、多标签主体-动作识别和主体-动作语义分割，分别对应粒度逐次细化的 3 个阶段。

16.7.1 单标签主体-动作识别

单标签主体-动作识别是最粗粒度的情况，对应一般的动作识别问题。x 和 y 都是标量，式(16.7.1)表示给定视频中由单个主体 x 发起单个动作 y 的情况，此时可利用的模型有 3 种（可参见 16.7.3 小节）。

(1) **朴素贝叶斯模型**

假设主体和动作是互相独立的，即任意一个主体可发起任一动作。此时动作空间中需要训练一组分类器，以对不同动作进行分类。这是一种最简单的方法，但没有强调主体-动作元组的存在性，即某些主体可能无法发起所有动作，或者说有些主体只能发起某些动作。因此，当存在许多不同的主体和不同的动作时，利用朴素贝叶斯模型可能出现不合理的组合（如人会飞、鸟会游泳等）。

(2) **联合乘积空间模型**

利用主体空间 X 和动作空间 Y 生成一个新的标记空间 Z，利用乘积关系 $Z=X\times Y$。在联合乘积空间中，可直接对每个主体-动作元组学习出一个分类器。很明显，这种方法强调主体-动作元组的存在性，可消除不合理组合；而且可能使用更多的跨主体-动作特征学习出鉴别力更强的分类器。但是，这种方法可能无法较好地利用跨越不同主体或不同动作的共性，例如，成人和儿童行走都要迈步和挥臂。

(3) **三层次模型**

三层次模型统一了朴素贝叶斯模型和联合乘积空间模型。在主体空间 X、动作空间 Y 和联合主体-动作空间 Z 中同时学习分类器。推理时，分别推断贝叶斯术语和联合乘积空间术语，再将其线性组合起来以得到最终结果。它不仅对主体-动作进行交叉建模，也对同一主体发起不同动作和不同主体发起同一动作进行建模。

16.7.2 多标签主体-动作识别

实际应用中，很多视频存在多个主体和/或发起了多个动作，即多标签的情况。此时 $\boldsymbol{x}$ 和

y 都是维度为$|X|$和$|Y|$的二值矢量。如果视频中存在第 i 个主体类型，则 $\boldsymbol{x}_i$ 的值为 1，否则为 0。类似地，如果视频中存在第 j 个动作类型，则 $\boldsymbol{y}_j$ 的值为 1，否则为 0。这种一般化定义并没有将 **x** 中的特定元素与 **y** 中的特定元素限定在一起。有助于主体和动作的多标签性能与主体-动作元组的多标签性能进行独立比较。

例如，为研究多个主体发起多个动作的情况，构建了相应的视频数据库——**主体-动作数据库**(A2D)[Xu 2015]。其中共考虑了 7 个主体类别：成年人、婴儿、猫、狗、鸟、汽车、球；9 个动作类别：步行、跑步、跳跃、滚动、攀爬、爬行、飞行、吃饭，以及无动作(非前 8 个类别)。主体既包括关节式的，如成年人、婴儿、猫、狗、鸟；也包括刚体式的，如汽车、球。许多主体可发起同一个动作，但没有一个主体可发起所有动作。所以，虽然共有 63 种组合，但其中有些是不合理的(或者几乎不会发生)，最后合理的主体-动作元组共 43 个。用 43 个主体-动作元组的文字在 YouTube 中收集了 3782 段视频，长度为 24～332 帧(每段平均为 136 帧)。各主体-动作元组对应的视频段数量如表 16.7.1 所示，表中空格对应不合理的主体-动作元组，未收集到视频。由表 16.7.1 可见，各主体-动作元组对应的视频段数量均为百段左右。

表 16.7.1　数据库中各主体-动作元组对应的视频段数量

	步行	跑步	跳跃	滚动	攀爬	爬行	飞行	吃饭	无动作
成年人	282	175	174	105	101	105		105	761
婴儿	113			107	104	106			36
猫	113	99	105	103	106			110	53
狗	176	110	104	104		109		107	46
鸟	112		107	107	99		106	105	26
汽车		120	107	104			102		99
球			105	117			109		87

3782 段视频中，包含不同数量(1～5)主体的视频段数量、不同数量(1～5)动作的视频段数量，以及不同数量主体-动作的视频段数量，如表 16.7.2 所示。由表 16.7.2 可见，超过 1/3 的视频段中，主体或动作的数量大于 1(表中最下一行的最后 4 列，包括 1 个主体发起了 2 个以上的动作或 2 个以上的主体发起了 1 个动作)。

表 16.7.2　数据库中主体、动作、主体-动作标签对应的视频段数量

	1	2	3	4	5
主体	2794	936	49	3	0
动作	2639	1037	99	6	1
主体-动作	2503	1051	194	31	3

对**多标签主体-动作识别**的情况，可类似单标签主体-动作识别考虑 3 种分类器：利用朴素贝叶斯的多标签主体-动作分类器，在联合乘积空间的多标签主体-动作分类器，以及将前两个分类器结合的三层次模式基础上的主体-动作分类器。

多标签主体-动作识别可看作一个检索问题。前面介绍的数据库实验(3036 段作为训练集，746 段作为测试集，各种组合的比例基本相似)表明，联合乘积空间的多标签主体-动作分类器的效果优于朴素贝叶斯的多标签主体-动作分类器的效果，而三层次模式基础上的主体-动作分类器效果还能有所改善[Xu 2015]。

16.7.3　主体-动作语义分割

主体-动作语义分割是动作行为理解中最细粒度的情况，也包含其他较粗粒度的问题，如检测和定位。主要任务是在整个视频中为每个体素的主体-动作寻找标签。仍然定义两组随

机变量$\{x\}$和$\{y\}$,其维度由体素或超体素的数量确定,且$x_i \in X$和$y_j \in Y$。式(16.7.1)的目标函数不变,但实现$P(x, y|M)$图模型的方式需要对主体和动作变量之间的关系给出截然不同的假设。

下面具体讨论这种关系。首先介绍基于朴素贝叶斯模型的方法,分别处理两个类的标签。再介绍基于联合乘积空间模型的方法,利用元组$[x, y]$联合考虑主体和动作。接下来介绍一个双层次模型,考虑主体和动作变量的联系。最后介绍一个三层次模型,同时考虑类别内部的联系及类别之间的联系。

1. 朴素贝叶斯模型

类似于单标签主体-动作识别中的情况,朴素贝叶斯模型可表示为

$$\begin{aligned}P(x, y \mid M) = P(x \mid M)P(y \mid M) &= \prod_{i \in M} P(x_i)P(y_i) \prod_{i \in M} \prod_{j \in A(i)} P(x_i, x_j)P(y_i, y_j) \\ &\propto \prod_{i \in M} q_i(x_i) r_i(y_i) \prod_{i \in M} \prod_{j \in A(i)} q_{ij}(x_i, x_j) r_{ij}(y_i, y_j)\end{aligned} \tag{16.7.2}$$

其中,q_i和r_i分别对定义在主体和动作模型中的势函数进行编码,q_{ij}和r_{ij}分别对主体结点集合和动作结点集合中的势函数进行编码。

现在对主体训练分类器$\{f_c | c \in X\}$,并对动作集合使用特征训练分类器$\{g_c | c \in Y\}$。成对的边势函数具有如下对比度敏感的Potts模型的形式:

$$q_{ij} = \begin{cases} 1 & x_i = x_j \\ \exp[-k/(1+\chi_{ij}^2)] & \text{其他} \end{cases} \tag{16.7.3}$$

$$r_{ij} = \begin{cases} 1 & x_i = x_j \\ \exp[-k/(1+\chi_{ij}^2)] & \text{其他} \end{cases} \tag{16.7.4}$$

其中,χ_{ij}^2是结点i和j的特征直方图之间的χ^2距离,k是要从训练数据学习的参数。主体-动作语义分割可通过独立求解这两个平坦条件随机场获得。

2. 联合乘积空间

考虑一组新的随机变量$\boldsymbol{z} = \{z_1, z_2, \cdots, z_M\}$,同样定义在一个视频中所有的超体素之上,并从主体和动作乘积空间$Z = X \times Y$中选取标签。这种方式联合获取主体-动作元组作为唯一元素,但不能模型化不同元组中主体和动作的共同因子(下面介绍的模型可解决这个问题)。于是得到一个单层的图模型:

$$\begin{aligned}P(x, y \mid M) = P(z \mid M) &= \prod_{i \in M} P(z_i) \prod_{i \in M} \prod_{j \in A(i)} P(z_i, z_j) \propto \prod_{i \in M} s_i(z_i) \prod_{i \in M} \prod_{j \in A(i)} s_{ij}(z_i, z_j) \\ &= \prod_{i \in M} s_i([x_i, y_i]) \prod_{i \in M} \prod_{j \in A(i)} s_{ij}([x_i, y_i], [x_j, y_j])\end{aligned} \tag{16.7.5}$$

其中,s_i是联合主体-动作乘积空间标签的势函数,s_{ij}是对应元组$[x, y]$两个结点之间的结点内势函数。具体来说,s_i包含通过训练得到的主体-动作分类器$\{h_c | c \in Z\}$对结点i得到的分类分数,而s_{ij}的形式与式(16.7.3)或与式(16.7.4)相同。作为示意,可参见图16.7.1(a)和图16.7.1(b)。

3. 双层次模型

给定主体结点x和动作结点y,**双层次模型**用对元组的势函数进行编码的边将各随机变量对$\{(x_i, y_i)_{i=1}^{M}\}$连接,直接获取跨越主体和动作标签的协方差。

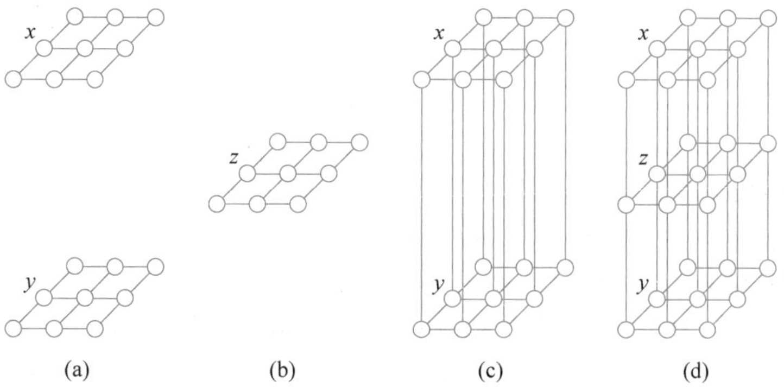

图 16.7.1　不同图模型示意

$$P(x,y \mid M)=\prod_{i \in M} P(x_i,y_i) \prod_{i \in M} \prod_{j \in A(i)} P(x_i,x_j) P(y_i,y_j)$$

$$\propto \prod_{i \in M} q_i(x_i) r_i(y_i) t_i(x_i,y_i) \prod_{i \in M} \prod_{j \in A(i)} q_{ij}(x_i,x_j) r_{ij}(y_i,y_j) \quad (16.7.6)$$

其中，$t_i(x_i,y_i)$是对整个乘积空间的标签学习到的势函数，可像图 16.7.1(a)和图 16.7.1(b)中的 s_i 那样获得，如图 16.7.1(c)所示，只增加了跨层次的连接边。

4. 三层次模型

式(16.7.2)所示的朴素贝叶斯模型未考虑主体变量 x 与动作变量 y 之间的联系。式(16.7.5)的联合乘积空间模型结合了跨主体和动作的特征及主体-动作结点的邻域结点内的交互特征。式(16.7.6)的双层模型增加了分离的主体结点与动作结点之间的主体-动作交互，但未考虑交互的时空变化情况。

下面给出一种**三层次模型**，可以显式地对图 16.6.1(d)的时空变化情况建模，将联合乘积空间的结点与主体结点和动作结点全部结合起来：

$$P(x,y,z \mid M)=P(x \mid M) P(y \mid M) P(z \mid M) \prod_{i \in M} P(x_i,z_i) P(y_i,z_i)$$

$$\propto \prod_{i \in M} q_i(x_i) r_i(y_i) s_i(z_i) u_i(x_i,z_i) v_i(y_i,z_i)$$

$$\prod_{i \in M} \prod_{j \in A(i)} q_{ij}(x_i,x_j) r_{ij}(y_i,y_j) s_{ij}(z_i,z_j) \quad (16.7.7)$$

其中

$$u_i(x_i,z_i)=\begin{cases} w(y_i' \mid x_i), & \text{对 } z_i=[x_i',y_i'] \text{ 有 } x_i=x_i' \\ 0, & \text{其他} \end{cases} \quad (16.7.8)$$

$$v_i(y_i,z_i)=\begin{cases} w(x_i' \mid y_i), & \text{对 } z_i=[x_i',y_i'] \text{ 有 } y_i=y_i' \\ 0, & \text{其他} \end{cases} \quad (16.7.9)$$

其中，$w(y_i'|x_i)$和 $w(x_i'|y_i)$是专门为三层次模型训练的条件分类器的分类分数。

这些条件分类器是导致性能改善的主要原因：基于主体类型条件的、针对动作的、分离的分类器可利用主体-动作元组特有的特性。例如，当给定主体成年人并对动作“吃东西”训练条件分类器时，可将主体成年人的其他动作都看作负的训练样本。这样三层次模型考虑了在各主体空间和各动作空间及联合乘积空间中的所有联系。换句话说，先前 3 个基本的模型都是三层次模型的特例。可以证明，最大化式(16.6.7)的(x^*,y^*,z^*)也可最大化式(16.7.1)[Xu 2015]。

16.8 基于关节点的行为识别

行为识别基于动作识别和活动识别，是一种高层次的识别。与RGB数据和深度数据相比，骨架关节点数据对应人体的高级特征，不易受人体外观影响。此外，可更好地避免背景遮挡、照明变化和视角变化造成的影响。同时，在计算和存储方面也很有效。

关节点数据通常表示为一系列点（时-空空间中的4-D点）的坐标矢量。也就是说，**关节点**可由5-D函数$J(l,x,y,z,t)$表示，其中l为标签，(x,y,z)表示空间坐标，t表示时间坐标。在不同的深度学习网络和算法中，关节点数据往往以不同的形式（如伪图像、矢量序列和拓扑图）表示。

需要指出，仅将骨架关节点表达为一系列点的坐标矢量常不能全面反映关节点之间联系的全部信息。为反映动作进行过程中关节和骨骼具有分区域运动的规律，需将关节点进行相应组合，并考虑其间的依赖关系。为此可将左右手、肘和肩分别结合为组，并将左右脚、膝和髋分别结合为组，将组内关节之间的角度变化与坐标变化作为数据流，用作时空图卷积网络的输入[李2022c]。

基于深度学习方法的相关研究主要涉及3方面：数据处理方法、网络结构和数据融合方法。目前常用的网络结构主要包括：**卷积神经网络**（CNN）、**循环神经网络**（RNN）和**图卷积网络**（GCN）。与其对应的关节点数据的表示方法分别为伪图像、矢量序列和拓扑图[刘2021]。

16.8.1 使用CNN作为主干

卷积神经网络（CNN）是一种提取人类行为特征的有效网络结构，可通过局部卷积滤波器或从数据中学习的核来识别。基于CNN的行为识别方法将关节的时间和空间位置坐标分别编码为行和列，再将数据提供给CNN进行识别。通常为便于使用基于CNN的网络进行特征提取，关节点数据先被转置并映射为图像格式，其中行表示不同的关节l，列表示不同的时间t，且3-D空间坐标(x,y,z)被视为图像的3个通道，再进行卷积运算。

表16.8.1简要描述了使用CNN的技术示例。

表16.8.1 使用CNN的技术示例

技术文献	特点和描述	优缺点
[姬2019]	设计RGB信息和关节点信息的双流融合以提高精度。在RGB视频信息被发送到CNN之前提取关键帧，以减少训练时间	训练时间快
[Yan 2019]	使用基于姿势的模式进行行为识别。CNN框架包括3个语义模块：空间姿势CNN、时间姿势CNN和动作CNN。可用作补充RGB流和光流的另一个语义流	网络结构简单，但精度一般
[Caetano 2019a]	使用骨架图像进行基于树结构和参考关节的3-D行为识别	训练效率不高
[Caetano 2019b]	通过计算骨架关节的运动幅度和方向值对时间进行动态编码。使用不同的时间尺度计算关节的运动值以过滤噪声	可有效过滤数据中的运动噪声
[Li 2019d]	利用集合代数对骨架关节信息进行重新编码	速度快，但精度低

16.8.2 使用RNN作为主干

循环神经网络（RNN）可处理长度可变的序列数据。基于RNN的行为识别方法先将关节点数据表示为包含时间（状态）序列中所有关节点位置信息的矢量序列；再将矢量序列发送到以RNN为骨干的行为识别网络中。长短期记忆（LSTM）模型是RNN的一种变型。因为其单元状态可确定哪些时间状态应被保留，哪些应被遗忘，所以其在处理关节点视频之类的定时数据方面具有更大的优势。

表 16.8.2 简要描述了使用 LSTM 的技术示例。

表 16.8.2 使用 LSTM 的技术示例

技术文献	特点和描述	优缺点
[Liu 2017a]	将多模态特征融合策略添加到时空 LSTM 的信任门中	提高了识别精度，但降低了训练效率
[Liu 2017b]	LSTM组成的全局上下文感知注意力 LSTM 网络(GCA-LSTM)主要包括两层：第一层生成全局背景信息，第二层添加注意力机制以更好地关注每个帧的关键关节点	可更好地聚焦每个帧内的关键关节点
[Liu 2018b]	扩展了 GCA-LSTM，添加粗粒度和细粒度注意力机制	提高了识别精度，但降低了训练效率
[Zheng 2019]	提出了一种双流注意循环 LSTM 网络。循环关系网络学习单个骨架中的空间特征，而多层 LSTM 学习骨架序列中的时间特征	充分利用关节点信息提高识别精度

16.8.3 使用 GCN 作为主干

可将人类骨架关节的集合看作一个拓扑图。拓扑图是一种具有非欧氏结构的数据，其中每个节点相邻顶点的数量可能不同，因此很难用大小固定的卷积核计算卷积，所以不可能直接用 CNN 处理。图卷积网络(GCN)可直接处理拓扑图。只需将关节点数据表示为拓扑图，其中空间域中的顶点通过空间边缘线连接，时域中相邻帧之间的对应关节通过时间边缘线连接，并将空间坐标矢量作为每个关节点的属性特征。

表 16.8.3 简要描述了使用 GCN 的技术示例。

表 16.8.3 使用 GCN 的技术示例

技术文献	特点和描述	优缺点
[Li 2019a]	设计了一种编码器-解码器方法，以捕获隐式关节相关性，并使用邻接矩阵的高阶多项式获得关节之间的物理结构链接	模型复杂度高
[Peng 2019]	使用神经结构搜索构建图卷积网络，其中交叉熵进化策略与重要性混合方法相结合，以提高采样效率和存储效率	采样和存储效率高
[Wu 2019]	在时空图卷积网络中引入空间残差层和密集连接块增强，以提高时空信息的处理效率	很容易与主流时空图卷积方法相结合
[Shi 2019a]	基于自然人体关节和骨架之间的运动相关性，将骨架数据表示为有向非循环图，改进双流自适应图卷积网络	识别精度高
[Li 2019b]	提出了一种新的共生图卷积网络，不仅包括行为识别功能模块，还包括动作预测模块	两个模块在提高行为识别和动作预测的准确性方面相互促进
[Yang 2020]	使用具有时间和信道注意力机制的伪图卷积网络，不仅可以提取关键帧，还可以筛选包含更多特征的输入帧	可以提取关键帧，但一些关键信息被省略

16.8.4 使用混合网络作为主干

基于关节点的行为识别研究还可使用混合网络。混合网络可充分利用 CNN 和 GCN 在空间域中的特征提取能力及 RNN 在时间序列分类中的优势。在这种情况下，应根据不同混合网络的需要，以相应的数据格式表示原始关节点数据。

表 16.8.4 简要描述了使用混合网络的技术示例。

表 16.8.4　使用混合网络的技术示例

技术文献	特点和描述	相对优点
CNN＋LSTM［Zhang 2019b］	设计包括两个视图自适应神经网络的视图自适应方案：视图自适应循环网络由主 LSTM 网络和视图自适应子网络组成，并将新观察视点下的关节点表达发送至主 LSTM 网络以确定对行为的识别；视图自适应卷积网络由主 CNN 和视图自适应子网络组成，并将新观察视点下的关节点表达发送至主 CNN 以确定行为类别。融合网络两部分的分类分数	组合了 CNN 在空间域中提取行为特征和 RNN 在时间域中提取行为特性的优势。不同视角对识别结果的影响较小
CNN＋GCN［Hu 2019a］	将 CNN 和 GCN 结合，不仅考虑空间和时间域中行为特征的提取，还利用残差频率注意力方法学习频率模式	增加了频率学习
GCN＋LSTM［Si 2019］	使用注意力增强图卷积 LSTM 网络（AGC-LSTM），提取空间和时间域的行为特征，并通过增加时间感受野增加顶部 AGC-LSSM 层的时间，以增强学习高级特征的能力，从而降低计算成本	增强了学习高级功能的能力，降低了计算成本
GCN＋LSTM［Gao 2019］	使用双向注意力 GCN 从具有聚焦和扩散机制的人类关节点数据中学习时空上下文信息	识别精度高
GCN＋CNN［Zhang 2020］	关节的语义（帧索引和关节类型）作为网络输入的一部分与关节的位置和速度一起被馈送至语义感知图卷积层和语义感知卷积层	降低了模型复杂性，提高了识别精度

16.9　异常事件检测

在动作和活动的检测和识别基础上，可对活动进行自动分析，并建立对场景的解释和判断。自动活动分析是一个广义的概念，其中对异常事件的检测是一项重要任务。

16.9.1　异常事件检测方法分类

直观地说，异常是相对正常来说的。但正常的定义也可以或可能随时间、环境、目的、条件等而变化。特别的是，正常和异常都是比较主观的概念，所以客观、定量的异常事件常不能精确定义。

对异常事件的检测多借助视频进行，如［Wang 2020d］、［Wang 2021a］、［Wang 2021b］，所以常称**视频异常检测**（VAD），也称**视频异常检测和定位**（VADL），强调不仅要检测视频中出现的异常事件，还要确定其在视频中发生的（时空）位置。

视频异常事件检测主要包括两方面工作：视频特征提取和异常事件检测模型的建立。常用的视频特征主要分为手工设计的特征和深度模型提取的特征。视频异常事件检测模型可分为基于传统概率推理的模型和基于深度学习的模型。对异常事件检测方法的分类有多种方式。下面考虑将其分为基于传统机器学习的方法与基于深度学习的方法；以及借助有监督学习的方法、借助无监督学习的方法与借助半无监督学习的方法。

1. 传统机器学习与深度学习

从异常事件检测方法的发展看，早年多使用基于传统机器学习的方法，近期多使用基于深度学习的方法（如［张 2022c］），还有将两者结合的方法（称为混合学习），对这些方法的一个分类结果如表 16.9.1 所示［王 2020b］。

表 16.9.1 从发展角度看异常事件检测方法的分类

方法类别	输入模型	判别准则
传统机器学习	点模型	聚类判别
		共发判别
		重构判别
		其他判别
	序列模型	生成概率判别
	图模型	图推断判别
		图结构判别
	复合模型	
深度学习	点模型	聚类判别
		重构判别
		联合判别
	序列模型	预测误差判别
	复合模型	
混合学习	点模型	聚类判别
		重构判别
		其他判别

在表 16.9.1 中，对于每类检测方法，还可进一步按输入模型将其分为 4 类：①点模型，其基本单元是单个视频时空块；②序列模型，其基本单元是一个连续的时空块序列；③图模型，其基本单元是一组相互连接的时空块；④复合模型，其基本单元可以是前 3 种单元的组合。

对于表 16.9.1 中的每种模型，用于判别异常的准则也各不相同。

1）点模型

目前主要包括 5 种异常判别准则：①聚类判别（根据特征点在特征空间的分布情况，将远离聚类中心的点、属于小聚类的点或分布概率密度较低的点判断为异常）；②共发判别（根据特征点与正常样本共同出现的概率，将与正常样本共同出现的概率较低的特征点判断为异常）；③重构判别（将低维子空间/流形作为特征点在特征空间中分布的描述，再根据重构误差度量特征点到正常样本子空间/流形的距离判断异常）；④联合判别（模型联合使用以上 3 种判别）；⑤其他判别（包括假设检验判别、语义分析判别等）。

2）序列模型

目前主要包括 2 种异常判别准则：①生成概率判别（模型根据输入的序列输出一个概率值，该值描述输入序列服从正常特征转移规律的程度，将输出概率低的样本判断为异常）；②预测误差判别（模型根据输入的序列预测下一时刻的特征值，根据预测误差判断输入序列服从正常转移规律的程度，将预测误差大的样本判断为异常）。

3）图模型

目前主要包括 2 种异常判别准则：①图推断判别（模型根据图上特征点之间的推断关系，将不符合正常推断关系的特征点判断为异常）；②图结构判别（模型根据图的拓扑结构，将不常见的拓扑结构判断为异常）。

2. 有监督、无监督与半监督学习

从异常事件检测技术角度来看，如果对正常事件和异常事件有明确的界限，并有相应的样本，则可借助**有监督学习**技术进行分类；如果缺乏对正常事件和异常事件的先验知识，仅考虑各事件样本的聚类分布情况，则需借助**无监督学习**技术；如果将异常事件定义为除正常事件以外的所有事件，仅使用正常事件的先验知识进行训练，并借助正常样本以学习正常事件的模式，再将所有不服从正常模式的样本判断为异常，这就是**半监督学习**技术。当然这些技术也可在不同层次上进行结合，一般称为集成技术。据此得到的分类结果如表 16.9.2 所示[王 2022c]。

表 16.9.2　从技术角度看异常事件检测方法的分类

方法类别	具体技术		主要特点
有监督学习	二分类		支持向量机
	多示例学习		多种网络
无监督学习	假设检验法		二分类器
	暴露法(unmask)		二分类器
半监督学习	传统机器学习	距离法	一分类法
			KNN 法
		概率法	分布概率
			贝叶斯概率
		重构误差法	稀疏编码
	深度学习	深度距离法	深度单分类法
			深度 KNN 法
		深度概率法	自回归网络
			变分自编码器
			生成对抗网络
		深度生成误差法	深度生成网络
集成学习	加权和法		多个检测器
	排序法		多个检测器
	级联法		高斯分类器

在表 16.9.2 中，对半监督学习技术的划分较细，事实上，对半监督学习技术的研究也较多。在实际应用中，一方面正常样本比异常样本容易获得，所以半监督学习技术比有监督学习技术更易使用；另一方面由于使用了正常事件的先验知识，所以半监督学习技术比无监督学习技术性能更好。因此，研究者对半监督学习技术的关注度更高，研究也更多。

16.9.2　基于卷积自编码器块学习的检测

对于视频事件的完整表达和描述，常需多种特征。多种特征的融合比单一特征具有更强的表达能力。在基于**卷积自编码器**和**块学习**的方法中[李 2021c]，结合使用了外观特征和运动特征。

使用卷积自编码器进行视频异常事件检测的流程图如图 16.9.1 所示。视频帧先被划分为不重叠的小块。再提取表示运动状态的**运动特征**（如**光流**）和表示目标存在的**外观特征**（如**梯度直方图**，HOG）。

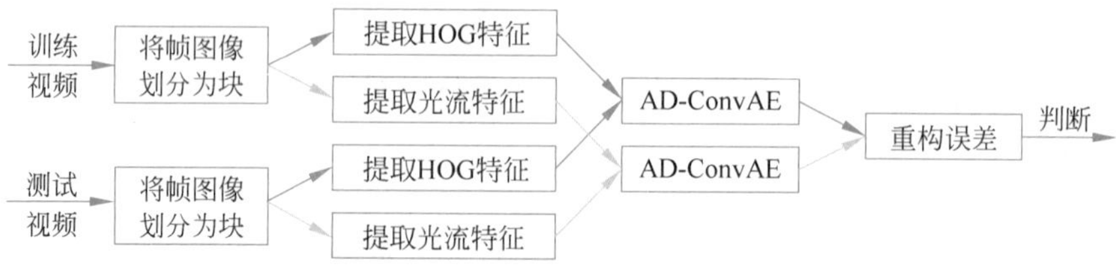

图 16.9.1　使用卷积自编码器进行视频异常事件检测的流程图

对于某个块的每个光流特征和 HOG 特征，分别设置一个**异常检测卷积自编码器**（AD-ConvAE）进行训练和测试。各视频帧中块区域的 AD-ConvAE 只关注视频帧中该位置区域的运动，使用块学习方法可更有效地学习局部特征。在训练过程中，视频只包含正常样本，AD-ConvAE 通过视频帧中块的光流和 HOG 特征学习到某个区域的正常运动模式。测试过程中，将测试视频帧中块的光流和 HOG 特征放入 AD-ConvAE 进行重构，根据光流重构误差和 HOG 重构误差计算加权重构误差。如果重构误差足够大，则说明块中存在异常事件。除检测到异常事件外，还完成了异常事件的定位。

AD-ConvAE 的网络结构包括编码和解码两部分。在编码部分，使用多对卷积层和池化层获得深度特征。在解码部分，使用多对卷积操作和上采样操作重构特征的深度表示，最后输出与输入图像大小相同的图像。

16.9.3 基于单类神经网络的检测

单类神经网络(ONN)是深度学习框架下单类分类器的扩展，也称一类神经网络。**单类支持向量机**(OC-SVM)是一种应用广泛的无监督异常检测方法。实际上，它是一种特殊形式的 SVM，可以学习一个超平面，将核希尔伯特空间中的所有数据点与原点分离，并最大化超平面到原点的距离。在 OC-SVM 模型中，将原点外的所有数据标记为正样本，将原点标记为负样本。

可将 ONN 看作利用 OC-SVM 的等效损失函数设计的神经网络结构。在 ONN 中，隐藏层中的数据表达由 ONN 直接驱动，因此可针对异常检测任务进行设计，结合特征提取和异常检测两个阶段进行联合优化。ONN 结合了自编码器的逐层数据表示能力和单类分类能力，可区分所有正常样本和异常样本。

使用 ONN 的视频异常事件检测方法[蒋 2021]在相同大小的视频帧和光流图的局部区域块上分别训练 ONN，检测外观异常和运动异常，并将两者融合确定最终检测结果。使用 ONN 进行视频异常事件检测的流程图如图 16.9.2 所示。在训练阶段，分别借助训练样本的 RGB 图像和光流图像学习两个自编码网络，将预训练自编码器的编码器层与 ONN 网络联合，优化参数并学习异常检测模型；在测试阶段，将给定测试区域的 RGB 图像和光流图像分别输入外观异常检测模型和运动异常检测模型，融合输出分数，并设置检测阈值，判断该区域是否异常。

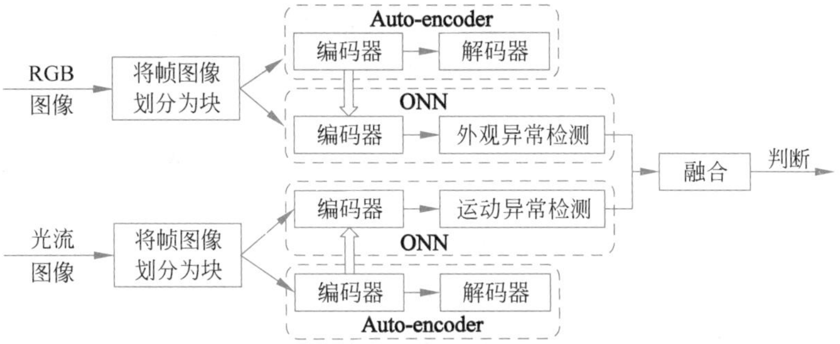

图 16.9.2 使用 ONN 的视频异常事件检测流程图

总结和复习　　随堂测试

附录A

视觉和视知觉

可将图像理解看作利用计算机实现人类的视觉认知功能，以达到对客观世界中时空场景的感知、识别和解释。另外，如第1章中提到的，图像理解和计算机视觉的重要研究目标之一是将该研究作为探索人脑视觉工作机理的手段，以进一步深入掌握和理解人脑视觉机能。反过来，对人脑视觉的充分理解也促进了图像理解和计算机视觉的深入研究。

视觉包括视感觉和视知觉，图像理解基于视感觉，但与视知觉有更多的相关之处。视知觉又可分为亮度知觉、彩色知觉、形状知觉、空间知觉和运动知觉等。

根据上述讨论，本附录各节将安排如下。

A.1节对视知觉给予概括介绍，讨论其与视感觉的联系，并分析视觉显著性和视知觉的复杂性。

A.2节介绍基本视觉特性，包括视觉的空间特性、时间特性和亮度特性。

A.3节介绍形状知觉，涉及轮廓、图形（前景、目标）和背景等概念及几何图形错觉。

A.4节介绍空间知觉，主要讨论各种深度线索，包括非视觉性、双眼和单眼深度线索。

A.5节介绍运动知觉，包括运动感知的条件及与真实运动和表观运动相关的问题。

A.6节讨论生物视觉与双目立体视觉的联系，以及双眼单视导致的立体视觉。

A.1 视知觉概述

视觉是人类了解世界的一种重要功能。视觉包括"视"和"觉"，所以也可进一步分为视感觉和视知觉。很多情况下，常将视感觉称为视觉，但实际上视知觉更重要，也更复杂。

1. 视感觉和视知觉

人们不仅需要从外界获得信息，还需要对信息进行加工，才能做出判断和决策。所以，人的视觉、听觉、嗅觉、味觉、触觉、热觉等功能都可分为感觉和知觉两个层次。感觉是较低层次的，主要接收外部刺激。知觉则处于较高层次，将外部刺激转化为有意义的内容。一般感觉对外部刺激基本上不加区别地完全接收，而知觉则要确定外部刺激的哪些部分组合为关心的"目标"，或对外部刺激源的性质进行分析并做出判断。

人类**视感觉**主要从分子的观点理解人们对光（可见辐射）反应的基本性质（如亮度、颜色），主要涉及物理、化学等。视感觉主要研究的内容如下：①光的物理特性，如光量子、光波、光谱等；②光刺激视觉感受器官的程度，如光度学、眼睛构造、视觉适应、视觉的强度和灵敏度、视觉的时空特性等；③光作用于视网膜后经视觉系统加工而产生的感觉，如明亮程度、色调等[郝 1983]。

视知觉主要论述人从客观世界接受视觉刺激后如何反应，以及反应采用的方式和获得的结果。它研究如何通过视觉形成人们关于外在世界空间的表象，所以兼有心理因素[郭 2005]。视知觉是在神经中枢进行的一组活动，组织视野中分散的刺激，构成具有一定形状和结构的整体，并据此认识世界。早在两千多年前，亚里士多德就将视知觉的任务定义为确定

“什么东西在什么地方”(What is where)[Finkel 1994]。近年来,其内涵和外延都有所扩展。

人们利用视觉知觉的客观事物具有多种特性,对于其光刺激,人类的视觉系统会产生不同形式的反应,所以视知觉又可分为亮(明)度知觉、颜色知觉、形状知觉、空间知觉、运动知觉等。需要注意,在各种知觉中有些是依照刺激物理量的变化而变化的,如亮度依赖于光的强度,颜色依赖于光的波长;但也有些知觉(如空间、时间和运动知觉)与刺激物理量之间没有明确的对应关系。具有对应关系的知觉容易分析,没有确切对应关系的知觉则要结合其他知识综合考虑。

2. 视觉显著性

视觉显著性描述视觉对象对人眼产生刺激的性质,反映吸引关注的程度(可参见中册第8章)。心理学研究表明,图像中可令人的眼睛产生更多刺激或新奇刺激的视觉对象,或人们较为期待的视觉对象,比较容易引起人们的注意,具有较高的显著性。显著性可分为自显著性和互显著性。自显著性描述视觉对象因自身具备某些特征优势,可单独对人眼产生刺激的性质;而互显著性描述视觉对象中需要与周围背景进行对比,才能对人眼产生刺激的因素。图像中影响显著性的因素如下。

(1) 亮度对比:视觉对象的明暗变化或亮度差异越大,显著性越高。

(2) 饱和度对比:视觉对象颜色饱和度的高低差异越大,显著性越高。

(3) 亮度与饱和度优势:高亮度和高饱和度更易吸引人眼注意,即显著性更高。

(4) 色调对比:图像中不同色调在色调环上的角度差异越大(最大为180°),显著性越高。

(5) 暖色优势:色调环中的暖色(如红、黄和橙色等,角度小于45°)较其他颜色显著性更高。

(6) 纹理性:图像中视觉对象表面的纹理特性越强,显著性越高。

(7) 方向性:图像中视觉对象呈现的方向性(朝向性)越强,显著性越高。

3. 视知觉的复杂性

2.1节中对视觉过程的3个子过程(光学过程、化学过程和神经处理过程)进行了介绍。其中视网膜上形成的视觉图案称为视网膜图像,视网膜图像是通过眼睛中晶状体和瞳孔组成的系统接收到的光学投影。随后这个纯光学图像由视网膜上的化学系统转化为完全不同的形式/类型。注意,视网膜图像只是视觉系统对光进行加工过程的一个中间结果,可将其看作视感觉与视知觉的分界。与其他场合使用的“图像”不同,人们并不能看到自己的视网膜图像,只有使用特殊装置的眼科专家可以看到这种“图像”。视网膜光学图像与人工图像最明显的区别之一是视网膜图像仅聚焦在中心,而人工图像(用于表现一个移动眼睛的视域)则均匀聚焦。

视知觉是一个复杂的过程,很多情况下,只依靠光投射到视网膜上形成的视网膜图像和人们已知的眼睛或神经系统的机制,难以将全部(知觉)过程完全解释清楚。以下通过两个有关感知的例子说明这个问题[Aumont 1994]。

1) 视觉边缘的感知

视觉边缘是指从一个视点观察到的两个不同亮度的表面之间的边界,亮度的不同可能有许多原因,如光照的不同、反射性质的不同等。当从一个视点观察到视觉边缘后,改变视点再观察,则视觉边缘可能改变位置,对被观察景物的认知可能随观察位置的不同而不同。在对视觉边缘的感知中,既有客观因素的作用,也有主观因素的作用。

2) 亮度对比的感知

视觉系统感觉的主要是亮度的变化,而不是亮度本身,一个景物表面的心理亮度基本上由它与周围环境亮度(特别是背景)的关系决定。如果两个景物与其各自的背景有类似的亮度比例,则其看起来会亮度相近,这与其自身的绝对亮度无关。反过来,同一景物如果放在较暗的背景中将显得比放在较亮的背景中更亮（见 A.2.3 小节）。更多例子可见[钱 2006]。

视觉系统也能将对亮度的感知与对视觉边缘的感知联系起来。两个可视表面的亮度仅在其被看作处于同一视觉平面上时可利用感知进行比较。如果将两个表面看作与眼睛距离不同，要比较其相对亮度就很困难。类似地，当一个视觉边缘被看作在同一表面上因照明而产生的（边缘两边分别为有光照射和阴影区域），那么边缘两边的亮度差将自动显得更大。

A.2 视觉特性

日常生活中，视知觉不仅是对孤立刺激的简单反应，而是一个综合、组织的过程。如何组织观察得到的东西呢？要回答这个问题，需要借助空间、时间和强度的语言描述。为此需要了解视觉的空间、时间和亮度特性，它们也是最重要的视觉特性。

A.2.1 视觉的空间特性

视觉首先且主要是一种空间的感受，所以视觉的空间特性对视觉效果影响较大。

1. 空间累积效应

视觉在空间上具有累积效应。人眼感受光刺激强度的范围可达 13 个数量级（如表 2.2.1 所示）。如果用照度描述，最低绝对刺激阈值为 10^{-6} lx（勒[克斯]），而最高几乎可达 10^{8} lx（可见 2.4.2 小节）。在最好的条件下，视网膜边缘区域的每个光量子都会被一个柱细胞吸收，此时只需几个光量子，即可引起视觉响应。这被认为发生了完全的空间累积作用，并可用光强度和面积的反比定律描述。该定律可写为

$$E_c = kAL \tag{A.2.1}$$

其中，E_c 为视觉的绝对阈值，为 50%觉察概率所需的临界光能量（多次试验中，每两次中有一次观察到光刺激时的光能量）；A 为累积面积；L 为光亮度；k 为常数，它与 E_c、A、L 所用的单位有关。注意，能使上述定律满足的面积存在临界值 A_c（对应直径约 0.3rad 的圆立体角），当 $A < A_c$ 时，上述定律成立，否则上述定律不成立。

由此可见，空间累积效应可这样理解：当小而弱的光点单独呈现时可能看不见（不能引起视觉响应），但是当多个类似的光点连在一起作为一个大光点同时呈现时便能看见。其机能意义在于，较大的景物在较暗的环境中即使轮廓模糊也可能被看见。

2. 视敏度/视锐度

视敏度/视锐度又称视力，通常定义为一定条件下能够分辨的最小细节对应的视角值的倒数，视角越小，视敏度越大。如果用 V 表示视敏度，则 $V=1/$视角。它代表人眼正确分辨景物细节和轮廓的能力。视敏度为 1 表示对应视角为 1°时标准距离的分辨能力。人眼的实际分辨视角是 30″～60″（与约 0.004mm 的锥细胞直径基本吻合），即视力最佳可达 2.0。

视敏度受到许多因素影响，具体如下。

(1) 距离：当观察者与景物之间的距离增加时，人眼的视敏度也下降，这种现象在 10m 左右最明显，超过一定的距离限度，再也无法识别景物的细节。

(2) 亮度：增加景物亮度（或增大瞳孔）会提高视敏度。视敏度与亮度 I 的关系为

$$V = a\log I + b \tag{A.2.2}$$

其中，a、b 为常数。视敏度随亮度增加而增加，两者为对数关系。如果亮度继续增加到一定程度，视敏度便接近饱和，不再增加。

(3) 景物与背景的对比度：对比度增大，则视敏度提高；对比度减小，则视敏度下降。

(4) 视网膜部位：视网膜上不同部位的视敏度不同。**中央凹**附近感受细胞密度最大，视敏度也最大；离中央凹越远的部位，视敏度越低。

人观察景物时，最好的视敏度是在景物位于眼睛前 0.25m、照度为 500lux（相当于将一个 60W 的白炽灯放在 0.4m 处）时得到的。此时，人眼可以区分的两点间的距离约为 0.000 16m。

视敏度可用不同方式借助不同的测试物或图案进行测试，图 A.2.1 给出了 4 种类型的视敏度测试图案[赫 1983]。

图 A.2.1　4 种类型的视敏度测试图案

(1) 觉察：观察者检测视野中某个给定景物（如图 A.2.1 中的黑点和黑线）是否存在。相应的视敏度称为**觉察视敏度**（也称**探测视敏度**）。

(2) 定位：观察者对两景物的相对位置进行精确辨别的能力。例如，可根据图 A.2.1 中上下两条线的相对位置分辨其左右关系。一般人眼刚刚能分辨的偏差为 0.000 56rad。这类两眼视像之间的位移是立体深度辨别的基础。相应的视敏度称为**定位视敏度**（也称**游标视敏度**）。

(3) 解像：解像力是对一个视觉形状各组成部分之间距离的辨别能力。可用的测试图案包括图 A.2.2 中的 4 种：双点目标、平行条、栅格和棋盘。其中，栅格图形使用最多[施 2014]。状态最好的眼睛在最优情况下也只能分辨由对应视角 0.0097～0.011rad 的线条组成的栅格。相应的视敏度称为**分辨视敏度**（对应觉察图案中离散单元之间间隔的能力）。

图 A.2.2　4 种类型的分辨视敏度测试图案

(4) 认知：认知是一种综合的能力或方法，标准视力表就采用了这种方法。认知字母 E 的任务不仅包括明度辨别，而且包括一定的解像力及定位能力。相应的视敏度称为**识别视敏度**（对应识别景物或字母的能力）。

例 A.2.1　标准 C 形视标

实践中，常通过观察“视标”确定视敏度。一种国际通用的视标是“C”形视标，即 C 视力表，也称**蓝道环**视标，如图 A.2.3 所示。其横向和纵向均由 5 个细节单位组成，黑线条宽度为直径的 1/5，环的开口也是直径的 1/5。当视标的直径为 7.5mm 时，环的开口为 1.5mm。进行视力检查时，将该视标放在距受试者 5m 处（照明光线接近 150lx），让受试者指出缺口的方向（此时缺口在视网膜上形成的映像大小为 0.005mm），如果能正确指出，便认为视力正常，定为 1.0。

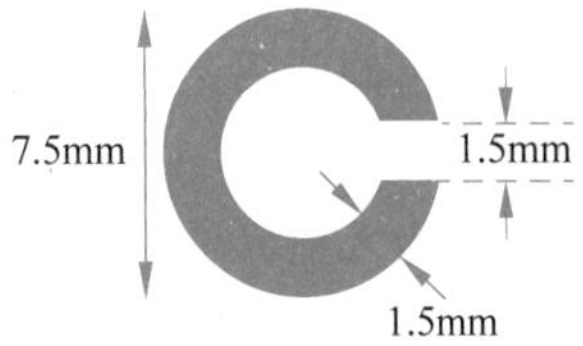

图 A.2.3　标准 C 形视标　□

A.2.2　视觉的时间特性

视觉感知中时间因素也非常重要。可从 3 方面解释。

(1) 大多数视觉刺激是随时间变化的，或是顺序产生的。

(2) 眼睛一般是在不停运动的,因此大脑获取的信息是不断变化的。

(3) 感知本身并不是瞬间的过程,因为信息处理总是需要时间的。

另外,在视觉感知中一个接一个快速到来的光刺激可能互相影响。例如,后一个光刺激可能减小对前一个光刺激感知的敏感度。这种现象常称**视觉屏蔽**,它使感知到的反差减小,从而减小感知的视敏度(见 A.2.1 小节)。

1. 随时间变化的视觉现象

一些视觉现象是随时间变化的,下面给出两个比较明显的例子[Aumont 1994]。

1) 亮度适应

人眼对外界亮度敏感的范围较大,从暗视觉门限到眩目极限为 $10^{-6} \sim 10^{7}\,\mathrm{cd/m^2}$(坎[德拉]每平方米)。不过人眼并不能同时在这么大的范围内工作,靠改变其具体敏感度范围实现亮度适应,参见图 A.2.4。在一定条件下,人眼当前的敏感度称为亮度适应级。人眼在某一时刻能感受到的亮度范围(主观亮度范围)是以此适应级为中心的一个小区段。

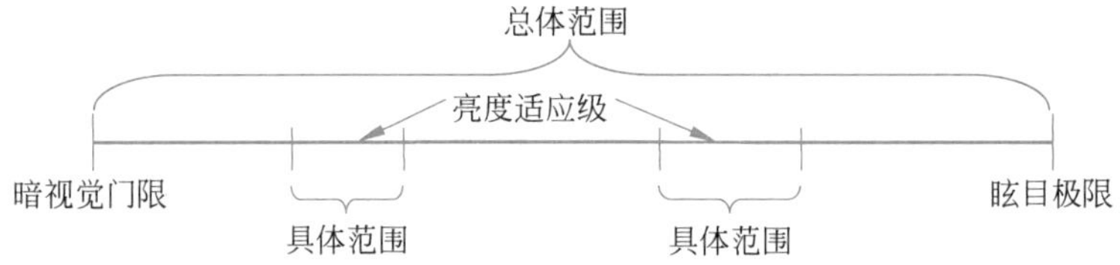

图 A.2.4 人眼敏感的亮度范围

实际中,在任何时刻,人眼感受到的最大亮度和最小亮度之比很少超过 100。最小亮度和最大亮度在光亮的房间中为 $1 \sim 100\,\mathrm{cd/m^2}$,在室外为 $10 \sim 1000\,\mathrm{cd/m^2}$,而在晚上(无照明)为 $0.01 \sim 1\,\mathrm{cd/m^2}$。需要注意,当眼睛遍历图像时,平均背景的变化会导致各适应级上不同增量的变化,其结果是眼睛有能力区分数量多许多的总亮度级。

当眼睛遇到亮度的突然变化时,眼睛会暂时看不见以尽快适应新的亮度。对亮光的适应比对暗光的适应快。例如,当离开电影院进入阳光下时正常的视觉能较快恢复,但从阳光下进入电影院时则需要较长的时间,才能将所有东西都看清楚。相对来说,对亮光的适应只需要若干秒钟,而对暗光的适应则需要几十分钟(其中使锥细胞达到最大敏感度约需 10min,而使柱细胞达到最大敏感度约需 30min)。

2) 眼睛的时间分辨率

大量实验表明,眼睛能感知两种不同步的亮度现象,只要能在时间上将其分开。其中,一般需要 $60 \sim 80\,\mu\mathrm{s}$,才有把握地区分它们,还需要 $20 \sim 40\,\mu\mathrm{s}$ 以确定哪个亮度现象先出现。从绝对时间上讲,此间隔不长,但如果与其他感知过程相比还是相当长的,例如听觉系统的时间分辨率只有几微秒。

另外,当入射光的强度变化频率不高时,视觉系统能感知到入射光强的变化,其效果相当于人看到了间断的"闪烁"(flicker)。而当光的频率增加且超过一个临界(critical)频率(其值依赖于光的强度)后,这种效果消失,人们好像观察到连续平稳的光。对于中等强度的光,上述临界频率约为 10Hz,但对于强光,该频率可达 1000Hz。

2. 时间累积效应

一个重要的视觉时间特性是视觉在时间上有累积效应。当对一般亮度(光刺激不太大)的景物进行观察时,接收光的总能量 E 与景物可见面积 A、表面亮度 L 和时距(观察时间长度)T 都成正比,设 E_c 为以 50%概率觉察到所需的临界光能量,则有

$$E_c = ALT \tag{A.2.3}$$

式(A.2.3)成立的条件是 $T<T_c$，T_c 为临界时距。式(A.2.3)表明，在小于 T_c 时间内眼睛受刺激的程度与刺激的时距成正比。若时距超过 T_c，则不再产生时间累积效应。

A.2.3 视觉的亮度特性

与亮度密切相关的一个心理学名词是**主观亮度**[鲁 1991]。主观亮度是指由人的眼睛根据视网膜感受光刺激的强弱而判断出的被观察景物的亮度。

1. 同时对比度

从景物表面感受到的主观亮度受该表面与周围环境亮度之间相对关系的影响，所以可看作与背景相关的函数。对于两个本身亮度不同的景物，如果与其背景有类似的相对关系(比值)，则它们看起来有相同的亮度。此时，人们感知的主观亮度与景物亮度的绝对值无关。反过来，对于同样的景物(反射相同亮度)，如果放在较暗的背景中，就会显得较亮，而放在较亮的背景中，就会显得较暗。这种现象称为**同时对比度**，也称**条件对比度**。

例 A.2.2 同时对比度示例

图 A.2.5 中所有位于中心的小正方形亮度完全相同。但是，当其处于暗背景中时看起来会亮些，而处于亮背景中时看起来会暗些。所以，从左向右感觉小正方形逐渐变暗。

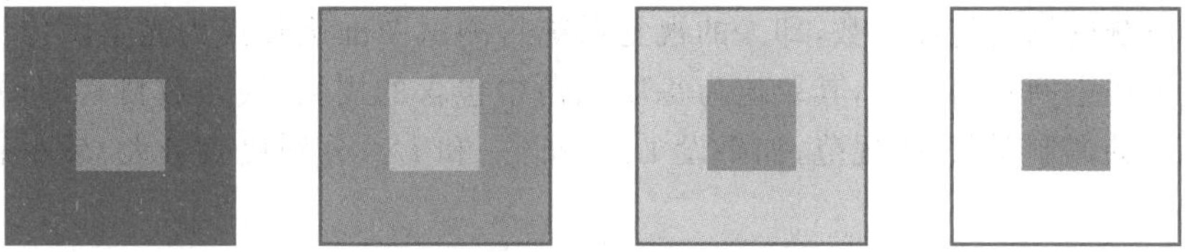

图 A.2.5 同时对比度示例

□

2. 马赫带效应

人类视觉系统存在趋于过高或过低估计不同亮度区域边界值的现象。所以从一个景物表面感受到的主观亮度并不是景物所受照度的简单比例函数。**马赫带效应**(由马赫发现)是反映这种现象的一种典型例子。

可借助图 A.2.6 介绍马赫带及其产生机制[荆 1987]。图 A.2.6(a)是一个**马赫带**图形，包括 3 部分：左侧是均匀的低亮度区，右侧是均匀的高亮度区，中间是从低亮度向高亮度逐渐过渡的区域。图 A.2.6(b)给出了对应的亮度分布。注视图 A.2.6(a)可发现，在左侧区和中间区的交界处有一条比左侧区更暗的暗带，在中间区和右侧区的交界处有一条比右侧区更亮的亮带。暗带和亮带在客观刺激上并不存在，只是主观亮度影响的结果，如图 A.2.6(c)所示。

观测马赫带图形产生的错觉可借助视网膜上邻近神经细胞之间的**侧抑制**解释。侧抑制是指一个细胞对周围邻近细胞的抑制作用，这种作用与该细胞受到的光刺激强度成正比，即对一个细胞的刺激越强，其对邻近细胞的抑制作用越大。参见图 A.2.6(d)和图 A.2.6(e)，细胞 3 对细胞 2 有抑制作用，而细胞 4 对细胞 3 有抑制作用。因为细胞 4 受到的刺激比细胞 3 强，所以细胞 3 受到的抑制作用大于细胞 2 受到的抑制作用，因而比细胞 2 更暗。同理，细胞 5 对细胞 6 有抑制作用，而细胞 6 对细胞 7 有抑制作用。因为细胞 6 受到的抑制作用小于细胞 7 受到的抑制作用，因而比细胞 7 更亮。

图形的亮度会影响马赫带的宽度，随着图形亮度的降低，暗带的宽度增加，但亮带的宽度受亮度变化的影响不大。在照度非常大或非常小时马赫带完全消失。当均匀暗区和均匀亮区之间的亮度差增大，即中间区亮度分布的梯度增加时，马赫带更明显。

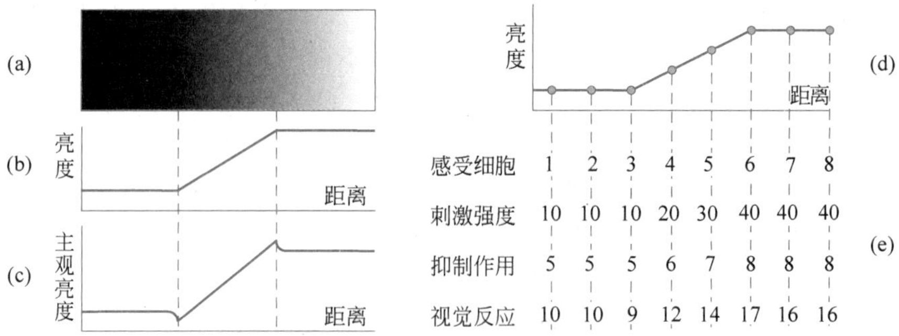

图 A.2.6 马赫带及其产生机制

3. 对比敏感度

对比敏感度(也称**对比感受性**)反映人眼区分亮度差别的能力。它也与观察目标的大小和呈现时间有关。如果用粗细不同和对比度不同的线条组成的栅格进行测试,眼睛觉察到的栅格亮暗线之间的对比度与原测试栅格亮暗线之间的对比度越接近,就认为对比敏感度越大。在理想条件下,视力好的人能够分辨 0.01 的亮度对比,也就是对比感受性最大可达 100。

如果用横坐标代表测试栅格亮暗线条的粗细程度,用纵坐标代表对比敏感度,则实测结果会给出视觉系统的调制传递函数,即人的视觉系统将测试图准确转换为光学图像的能力。栅格粗细程度可用空间频率表示,其单位为每度视角中包含的周数(线条数目),即周/度。对比敏感度可用光的调制系数 M 规范,如果设 $L_{\max}$、$L_{\min}$ 和 L_{av} 分别代表最大、最小和平均亮度值,则有

$$M=\frac{L_{\max}-L_{\min}}{L_{\text{av}}} \tag{A.2.4}$$

A.3 形状知觉

中册 11.1 节结合对形状的分析介绍了形状的定义和对形状的描述,这里主要讨论对形状的感知,即形状知觉。形状知觉有助于解决视觉认知问题。[张 2022d]对形状知觉在近似数量系统和计算流畅性关系中的作用进行了研究。**近似数量系统**(ANS)是指不依赖语言和计数的数量信息加工能力依赖的认知系统。**计算流畅性**是指快速、准确地解决简单符号化算术问题的数学能力。针对基础的数量加工能力与计算流畅性的关系,人们提出了“视觉形状知觉假设”,即认为视觉形状知觉是近似数量系统与计算流畅性的潜在认知机制,其中主要起作用的是对形状的快速知觉能力。

要理解形状知觉先要了解图形(目标)和背景,轮廓和主观轮廓等概念。

A.3.1 图形和背景

当人们观察一个场景时,常将希望观察或关注的景物称为图形(前景、目标),而将其他部分划归背景。形状感知的第一步是从背景中分离和提取出目标(可参见中册第 1 单元)。

1. 图形和背景的区别

区分图形和背景是理解形状知觉的基础,图形和背景具有以下区别(见[赫 1983]和[Zakia 1997])。

(1) 图形有一定的形状,背景相对来说没有形状;图形具有景物的特征,背景则像是未成形的原料;图形看起来有轮廓,而背景看起来没有。

(2) 尽管图形和背景处于同一个物理平面，但图形看起来更接近观察者。另一种说法是图形经常显现在前面，而背景显现在后面；背景看起来像是位于图形背后、连续伸展而不中断的。

(3) 图形一般占据的区域面积比背景小，但与背景相比图形常更动人，更吸引人，更倾向于具有一定的含义和意义。

(4) 不能同时看到图形和背景，但可顺序看到(例如经过一定的努力，可观察到一个具有圆孔的白色正方形)。

2. 形状构造的规律

形成图形和背景的因素与形状构造的规律相关。心理学中格式塔学派认为，对刺激的感知是有自组织倾向的，形状(目标形状)在将基元(如边缘点)组织成有一定意义的块(连通组元)或区域时会遵循一定的规律(law)。常用的规律包括以下 4 种。

(1) 接近规律：也称**接近性**或**邻近性**，即空间中相接近的元素比相分离的元素更易被感知为属于共同的形状。

(2) 相似规律：也称**相似性**，即类似形状或尺寸的元素更易被感知为属于相似的集合(collective)形状；与此密切相关的是**共同性**，即以相同方向运动的元素会被感知为一组。

(3) 连续规律：也称**连续性**，即如果一个形状不完整，有一种自然的趋势将其连接、填充、延伸为完整的。

(4) 封闭规律：也称**闭合性**，即移动一个形状时，与其同时移动的元素将被看作属于同一个整体形状。

上述各种特性常共同发挥作用。例如，北斗七星是主要基于连续性和闭合性原理的组合。

另外，在格式塔学派后，也有人提出了一些形状构造的新规律。如**均质连结性**，即当元素看起来实际相连时，会被感知为一个单元[施 2014]。参见图 A. 3. 1，其中用垂直线或斜线连接起来的成对空心圆圈和实心圆圈会被视为同一组，优先于元素相似性和邻近性产生的组合效果。

3. 视野中的距离

视野中两个元素越接近，则将其结合看作一个图形的概率越大。例如，空间位置相对接近的离散点较易结合在一起，构成图形。在图 A. 3. 2 中，两个图案均由有规律的点构成，左边的图案易看作一行行水平点，右边的图案易看作一列列垂直点。另外，对于大小不同的封闭图形，其面积较小的更倾向于被看作图形，这也是与接近性密切关联的。

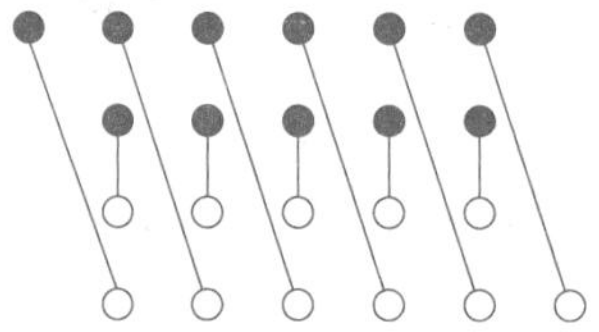

图 A. 3. 1 均质连结性形成的组合

图 A. 3. 2 视野接近形成图形

例 A. 3. 1 图形-背景形成示例

观察图 A. 3. 3 左边的图案，得到的第一印象可能是一组黑线放在白色的背景上，那么黑线是图形目标。但如果继续观察一会儿，也可能观察到 4 条白色的窄条带。那么这些条带则成为图形目标，其余部分为背景。但为什么会将 4 条白色的条带看作目标呢？一个简单直观的回答是这些条带容易看到。而一个更合理的回答是构成窄条带的两条线比较接近，所以观察者将其结合为某种目标的倾向较大。如果将图案中的窄条带用笔涂黑，如图 A. 3. 3 右侧，则上述图形-背景关系将更明显。

进一步考察图 A.3.3 左侧的图案，还可发现：几乎不可能同时看到 4 条窄条带和 3 条宽条带，但实际上不可能仅有图形没有背景，或仅有背景没有图形。 □

4. 相同或相似

亮度或颜色相同或相似的元素倾向于合成一组并构成一个图形。例如图 A.3.4 中，各相邻点间的行距和列距都相同，但左边的图案易看成一行行水平点，右边的图案易看成一列列垂直点。

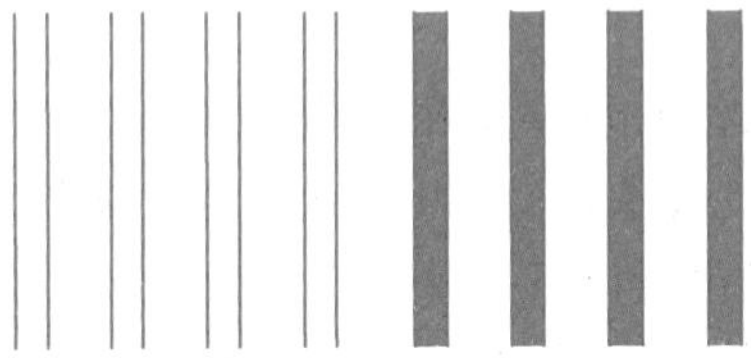

图 A.3.3 图形-背景形成示例

图 A.3.4 亮度相同形成图形

5. 良好图形

视野中被看作图形的部分一般都代表一定的含义/意义。它常为同一刺激可能显示的各种组合中最有意义的图形，又称**良好图形原则**。组成良好图形的具体因素包括两类：主要与刺激物本身特性有关的刺激性因素、依赖观察者主观条件而改变的非刺激性因素。

刺激性因素的特点是虽受主观影响，但个体间差异不大，常见的有以下几种。

(1) 封闭性：有封闭轮廓的区域比不完全(封闭)的轮廓围成的区域更易构成图形。如图 A.3.5 中，上面一行图案易看作八边形，而下面一行图案则易看作烛台形。

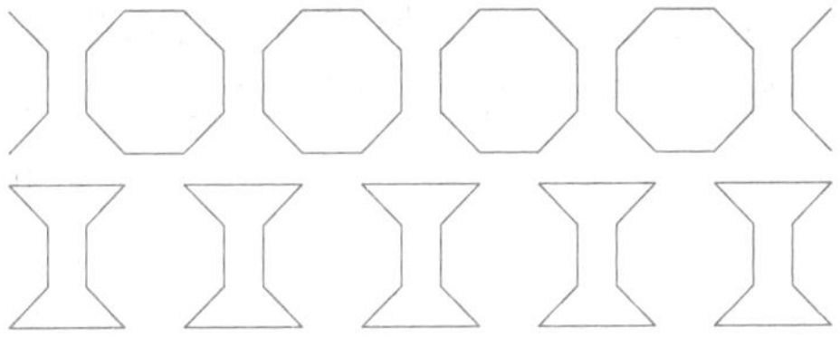

图 A.3.5 封闭性有助于构成图形

(2) 连续性：曲线的走向也有助于构成图形。参见图 A.3.6，人们一般将该图形看作一条水平线和一个周期波形线的重叠，两条曲线虽然有多处相交，但可被方便地分开而不致混淆。

(3) 平行性：不相交的直线或曲线常被结合起来考虑。如图 A.3.7 中相互平行的曲线会被看作一组，类似于例 A.3.1。

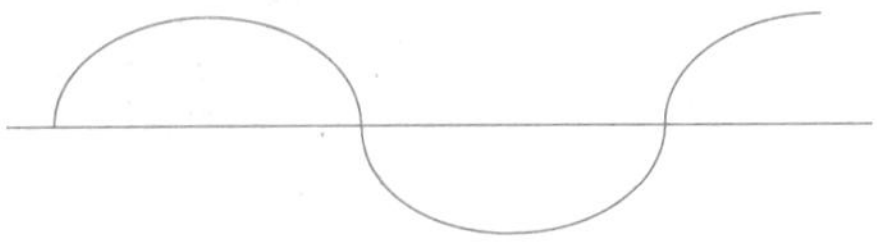

图 A.3.6 连续性有助于构成图形

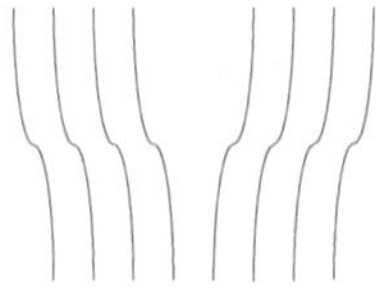

图 A.3.7 平行性有助于构成图形

(4) **对称性**：区域的对称性越强，越易被看作图形。对称性本质上是一种规则性，参见图 A.3.8，当看到图 A.3.8(a)的图形时，一般均将其拆分为如图 A.3.8(b)所示两图形的重叠，而不会拆分为如图 A.3.8(c)或图 A.3.8(d)所示的两个不完整图形。在军事伪装中常用不同颜色和不同形状破坏景物原有的图案，例如迷彩服就是这一规则的应用。

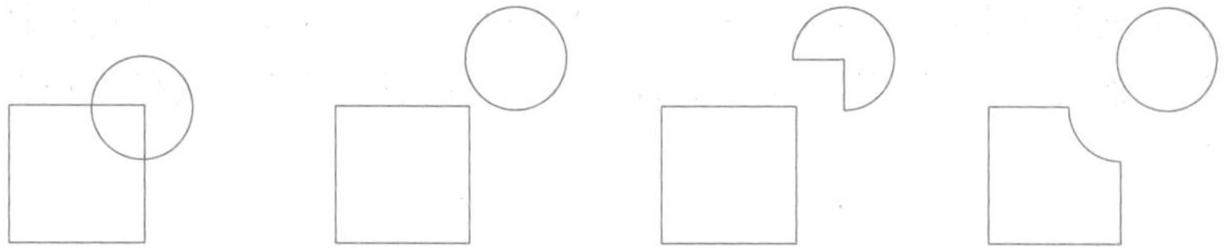

(a)　(b)　(c)　(d)

图 A.3.8　对称性(有规则)构成图形

非刺激性因素中的主观成分更多，且依赖观察者的主观条件而发生改变。常见的两种因素如下。

(1) 定势(心向)。定势是指在已有活动影响下形成的对当前心理活动的倾向性或准备状态(源于德文 Einstellung，意为态度、观点等，这里指对某一特定知觉活动的直接准备性)。定势可分为主观定势和客观定势。前者由个人内心倾向性决定；后者指知觉到的图形，由图形客观组织特征决定。定势对双关图形的理解很关键[赫 1983]。如果将图 A.3.5 中的水平线除去，则对形状的感知主要依赖于如何组织图形-背景关系，即依赖于观察者倾向于看到八边形还是烛台形。

(2) 先验知识。人的先验知识(过去经验)对于知觉对象的分组或分解有很大影响。例如，阅读无标点的文章(古汉文)，人可根据意义进行分组，所以断句是检验理解程度的有效指标。实验表明，对图形-背景的感知受到对观察区域的形状是否熟悉(对单个目标的认知信息会影响识别[Davis 2001])或其是否属于有意义目标影响[Peterson 1994]。有时同一个图形可对应不同的图形-背景组织。考虑图 A.3.9(a)中由线条构成的图形，根据对其中线条的不同组合方式，可被看作由不同形状的部件结合而成：两个并排的沙漏，如图 A.3.9(b)所示；一正一反两个重叠的三角形，如图 A.3.9(c)所示；两个重叠的平行四边形，如图 A.3.9(d)所示。至于哪个组合方式占优势，则取决于观察者的过去经验。另外，上述事实也表明，一个特殊的图形-背景组织常不足以定义一个图形。

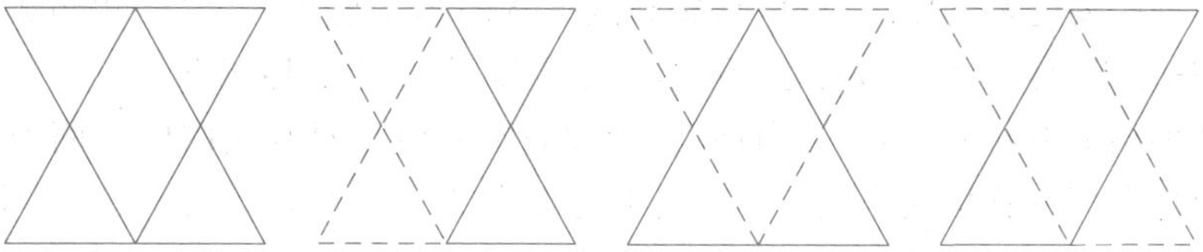

(a)　(b)　(c)　(d)

图 A.3.9　同一图形可对应不同的图形-背景组织

如何对图形的“良好性”进行客观的测量呢？可从以下两方面讨论。

(1) 图形的“良好性”可借助信息论进行判定。信息论以两个因数为依据进行量化说明：从不知变为有知的变化程度；由于知识增长而使选择判断减少的次数。信息论中最重要的概念之一是多余性(冗余性)，指任何情况下过剩信息的数量。例如，一个组织较好的或有意义的图形比一个任意或无意义图形的多余性更大，或者说不确定性更小。因为这些图形常可由其部分推出全体。

(2) 图形的“良好性”也可由其能变换出的图形数量定量地说明。一个图形在组织结构不变的情况下，通过改变其呈现方向(上下倒置或左右翻转)可得到的变换图形数量是图形“良好性”的一个判定因素。图形的“良好性”与其可能得到的变换图形的数量成反比。

例 A.3.2　图形“良好性”示例

将 5 个点排在一个 3×3 的矩阵中，共可组成 126 种不同的图形，但每种图形通过改变其呈现方向可得到的变换图形数量不同。如图 A.3.10 中，图 A.3.10(a)的良好性最强（没有变形），图 A.3.10(b)次之（有 3 种变形），而图 A.3.10(c)的良好性最弱（有 7 种变形）。其规则性是逐步降低的。

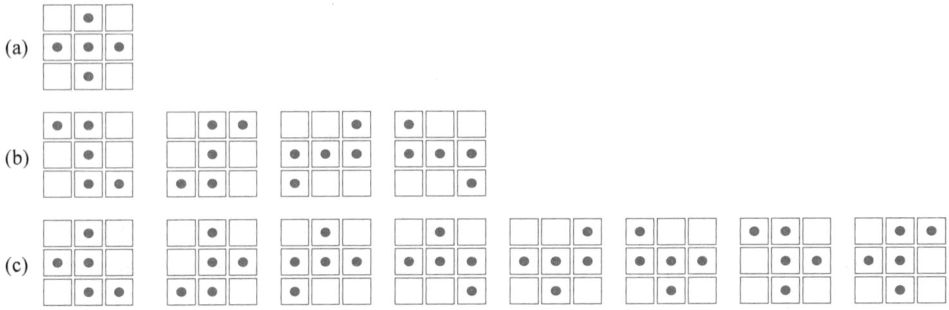

图 A.3.10 变换图形示例

□

A.3.2 轮廓和主观轮廓

轮廓（封闭的边界）是形状知觉中最基本的概念。人在知觉形状前总是先看到轮廓，事实上人看出一个景物的形状，是因为先看出了将该景物与视野中其他部分区分开的轮廓。直观地说，对形状的知觉要求在亮度不同的可见区域间有一个线条分明的轮廓。

对于轮廓的构成，如果用数学语言描述就是轮廓对应亮度的二阶导数。换句话说，仅有亮度的（线性）变化并不产生轮廓，必须有亮度的加速变化，才可能产生轮廓。另外，当亮度变化的加速度低于知觉轮廓的阈值时，虽然眼睛注视景物，但并不能看出其形状。

轮廓与形状又有区别，轮廓不等于形状。当视野的两部分被轮廓分开时，尽管其具有相同的轮廓线，但可被看作具有不同的形状。轮廓与形状的区别也可解释为：当人注意景物的形状时，倾向于固定地观看某些区域部分（一般是由经验得出的关键部分）；而当人注意轮廓时，则将轮廓看作一条要追踪的路线，所以从轮廓到形状的知觉包含一个“形状构成”的过程。可以说，轮廓只是边界，是一个局部概念；而形状是全体，是一个总体概念。

轮廓在帮助构成形状时具有“方向性”。轮廓通常倾向于对其包围的空间产生影响，即轮廓一般是向内部发挥形状构成作用。当视野被轮廓分为目标和背景时，轮廓通常只帮助目标构成形状，而背景似乎没有形状。例如，从一幅大图中挖出一个小块，两者具有相同的轮廓，但很少有人能看出它们构成了相同的形状。这可解释在**拼图游戏**中，有具体图案的部分比大片蓝天或海水的部分好拼。因为前一种情况可借助对画面的理解，而后一种情况仅有图板的轮廓起作用。

在形状知觉中，对轮廓的知觉常因心理等因素而与实际情况不同。除前面的**马赫带效应**外，还有一种有趣的现象，称为主观轮廓。在没有亮度差别的情况下，由于某种原因也可看到一定的轮廓或形状。在没有直接刺激作用下产生的轮廓知觉称为**主观轮廓**或错觉轮廓。

例 A.3.3 主观轮廓示例

可在图 A.3.11(a)的 3 个扇形圆盘之间看到一个弱的主观轮廓（实际中并没有封闭的边界）。由主观轮廓包围起来的正三角形（尖向下）看起来比实际亮度相等的背景更亮，给人感觉像是一个白色的三角形平面位于另一个被遮掩的三角形和观察者之间。图 A.3.11(b)和图 A.3.11(c)给出另外两个示例，其中图 A.3.11(b)不如图 A.3.11(c)生动[Finkel 1994]。主观轮廓表明，对形状的感知依赖于对边缘的提取。在图 A.3.11 中，尽管只有部分边缘和线，人们还是能看到有形状的景物。

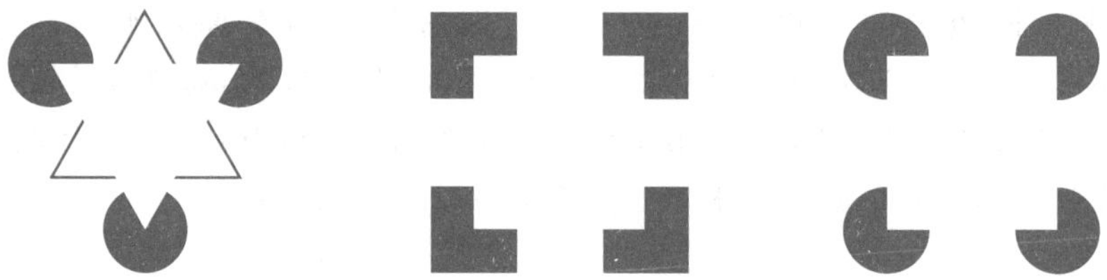

(a) (b) (c)

图 A.3.11 主观轮廓示例

对于主观轮廓存在一种认知性解释：主观轮廓的形成是在特定感觉信息的基础上进行知觉假设的结果。主观轮廓产生的一个必要条件是视野中出现某些不完整的因素。如果将其补充完整就有一种将原图案转变为简单和稳定正规图案的倾向，这会诱使人们做出某种假设，从而产生主观轮廓的知觉。以图 A.3.11(a)为例，图中 3 个扇形圆盘和 3 个角在某种意义上都不完整，大多数人会将其看作一个在中央的白色三角形和被其压在下面的 3 个黑圆盘及 1 个有黑边的三角形。显然这种知觉的组织在简单、稳定和正规性方面都占优势。而为使这种组织合乎现实，中央的白三角形必须被看作盖在 3 个黑圆盘及另 1 个黑边三角形上方的不透明三角形；又由于三角形一定有边界，视觉系统依据推论的结果就提供了必要的三角形"轮廓"。

对于主观轮廓存在一种格式塔认知解释：主观轮廓形成的表面形状与背景之间的亮度差别形成了格式塔知觉，其基础是图形通常比等反射比的背景更亮。参见图 A.3.12 的主观轮廓奈克立方体图，这是图 1.3.2 中**奈克立方体**的主观轮廓版本。观察得到的第一个感知结果是一个 3-D 立方体，其每个顶点出现在一个深色圆盘的前面，而连接两两顶点的长方条(长方块)处于圆盘的中间，虽然其(本身)是虚幻的(主观轮廓)。

图 A.3.12 主观轮廓奈克立方体

如果考虑另一种知觉组织形式，主观轮廓就没有这么明显。可假定这 8 个圆盘是 8 个洞，处在一个位于中间距离的白色平面上。如此立方体看起来像处于该白色平面后的黑暗背景中，其每个顶点都可通过 1 个洞被看到，而立方体的其他部分都被该白色平面遮挡。此种情况下，连接圆盘中心的主动轮廓就不再出现了。

A.3.3 几何图形错觉

错觉是人们的感官对客观事物不正确感觉和错误知觉的反映。各种感知觉中都存在错觉现象，一般以视错觉表现最为明显。视错觉中研究最多的是几何图形错觉。当观察线条图形而将注意力只集中于其某一特征(如长度、面积或方向)时，由于各种主客观因素影响，有时感知的结果与实际刺激模式不对应。这些特殊情况即为**几何图形错觉**，也称视觉变形，指图形通过视觉产生感觉上的变形。变形发生于正常人的视觉，且即时发生，一般并不受外来因素影响。

常见的几何图形错觉可根据引起错误的倾向性分为以下两类。

(1) 尺寸上的错觉，包括大小、长短等测度方面引起的错觉。

例 A.3.4 尺寸错觉示例

图 A.3.13 给出了一些图形尺寸因素造成错觉的例子。各图中粗线表示的图形大小或长度相同。然而由于错觉的原因，人们感到图 A.3.13(a)中的垂直线比水平线长，称为横-纵向错觉(horizontal-vertical illusion)；图 A.3.13(b)中上面两箭头之间的连线比下面两箭头之间的连线短，称为缪勒-莱尔错觉(Müller-Lyer illusion)；图 A.3.13(c)中左边平行四边形的对角线比右边平行四边形的对角线长,这个平行四边形称为桑德尔平行四边形(Sander parallelogram);图 A.3.13(d)中上面的矩形比下面的矩形大,称为庞邹错觉(Pangzou illusion);图 A.3.13(e)中左边被 6 个较大的圆包围的圆比右边被 6 个较小的圆包围的圆小,称为对比错觉(contrast illusion),也称埃宾豪斯错觉(Ebbinghaus illusion)。

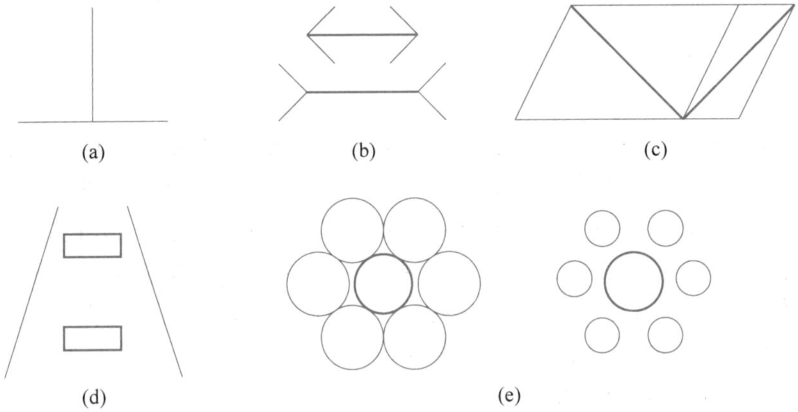

图 A.3.13 尺寸错觉示例 □

(2) 方向上的错觉,指直线或曲线在方向上变化引起的错觉。

例 A.3.5 方向错觉示例

图 A.3.14 给出了一些图形方向因素造成错觉的例子。由于错觉的原因,人们会感到图 A.3.14(a)中本来平行的各水平线不平行了(放射线干扰了对水平度的感知),分别称为冯特错觉(Wundt illusion)和亨宁错觉(Hering illusion);图 A.3.14(b)中的正方形各边线不直(同心圆干扰了对水平直线和垂直直线的感知);图 A.3.14(c)中的粗线圆变成了椭圆/梨形(放射线影响了对粗线圆左半部和右半部圆度的感知,导致左右两半部不同变形)。图 A.3.14(b)和图 A.3.14(c)都属于对比错觉。

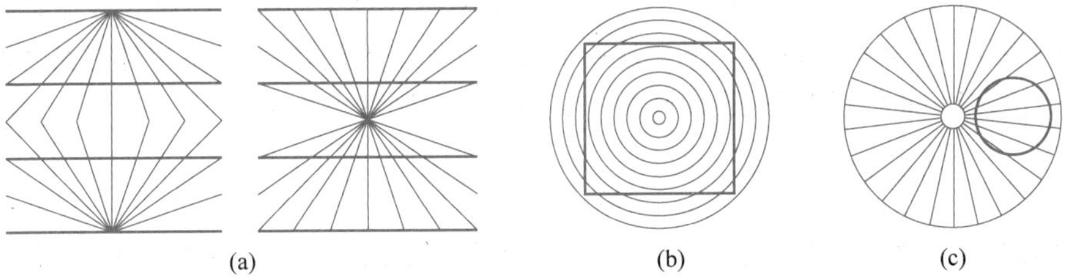

图 A.3.14 方向错觉示例 □

近 100 多年来,心理学家和生理学家提出了许多种假说试图解释错觉,但始终未给出统一的解释理论。与几何图形错觉相关的几种主要假说如下[赫 1983]。

1. 眼球运动假说

眼球运动假说包括几种形式。一种形式认为,关于景物长度的印象是以眼睛对该景物从一端到另一端进行扫描为基础的。由于眼球做垂直运动比横向运动费力,所以产生垂直距离比相同的水平距离更长的错误印象。这种形式常用于解释图 A.3.13(a)。另一种形式认为,图形中的特征会使眼睛注视点发生错误,从而产生错觉。例如在图 A.3.13(b)中,由于箭头方向的影响,眼睛的扫描线超出或未达到箭头的端点,因而对线条长度的知觉产生了错误。不过如果用光学方法将视网膜的像固定下来,这种知觉错误还会产生;或如果用闪光灯闪亮图形,再观察闪光结束后的像,错觉仍然存在。以上均表明产生错觉的原因不在于眼睛的运动。

2. 透视假说

透视假说也称**常性误用假说**。透视假说的核心概念是：引起错觉的图形通过透视暗示了深度，而深度暗示会导致对图形大小知觉的变化。变化的一般规则是：引起错觉的图形中表现较远景物的部分被扩大，而表现较近景物的部分被缩小。例如图 A.3.13(d)中的图形类似伸向远方的铁轨，使人产生深度印象(这本身就是一种错觉)。因为人在评定景物大小时会将距离考虑进去，上面的矩形显得较远，所以被认为较大。

3. 混淆假说

混淆假说也称**错误比较假说**，是指观察者在为确定观察物尺寸而进行比较时没有正确地选择应比较的对象，或者说，将需比较的图形与其他图形混淆了。一个典型的例子如图 A.3.15 所示，圆 A 右侧到圆 B 左侧的距离与圆 B 左侧到圆 C 右侧距离相等，但前者看起来明显长一些。原因是混淆了要比较的距离与圆之间的距离。利用混淆假说，还可解释图 A.3.13(b)、图 A.3.13(c)和图 A.3.13(e)。

4. 对比假说

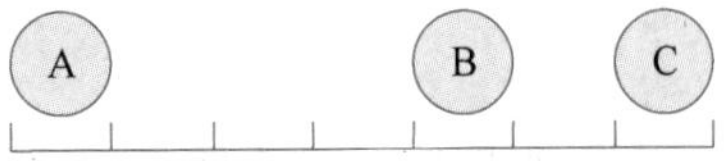

图 A.3.15 错误比较示例

对比假说认为，对立的形状景物会因对比而互相转化。例如，两个大小相同的圆由于位于一圈小圆或一圈大圆的不同包围中而显得大小不同，就是因对比的影响而向对立面发生了转化。这也可解释图 A.3.13(e)产生的错觉。

5. 同化假说

同化假说可解释图 A.3.13(c)和图 A.3.13(e)产生的错觉。当将平行四边形分为大小不同的两部分时，小四边形越小，其对角线看起来越短，因为知觉时将刺激中的某一成分同化在其背景或参照系中了。

6. 神经位移假说

神经位移假说是一种基于生理学的假说，强调错觉是因生理机制受到扰乱而产生的。例如，有些图形特征可能扰乱大小知觉和方向知觉。

神经位移假说认为，神经中一定位置的活动能抑制其邻近区域的活动。包括 3 种情况。

(1) 如果将同一块灰色纸片放在黑白两种背景下，看起来会有明显差别(亮白会产生强抑制，黑暗会产生弱抑制)，即同时对比度现象(见 A.2.3 小节)。

(2) 人们发现，锐角倾向于被看得较大些，而钝角倾向于被看得较小些。因此，图 A.3.16(a)中本来处于同一直线上的两段斜线看起来不在同一直线上，形成方向错觉现象，称为波根多夫错觉(Poggendorff illusion)，也称佐尔那(Zöllner)错觉。需要注意，该图的第一种变形图[图 A.3.16(b)]中没有锐角，但同样产生上述错觉；而该图的第二种变形图[图 A.3.16(c)]中有锐角，但会产生相反的错觉(下方小斜线的延长线好像要从上方小斜线的上面通过)。

(3) 当两直线相切割时，产生使人倾向于沿与其垂直方向看的效果，可用于解释图 A.3.16(a)中的错觉现象。

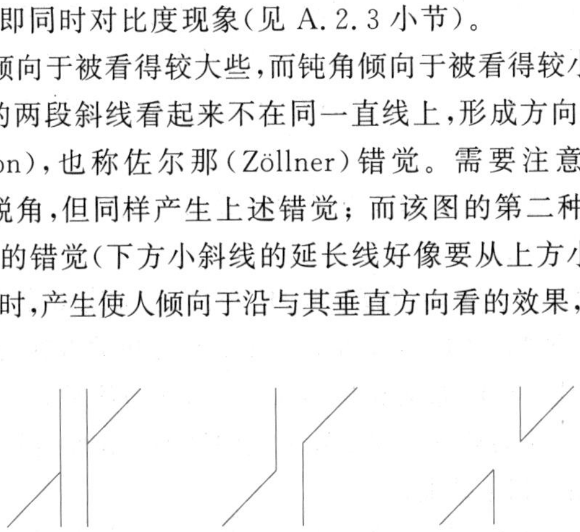

(a) (b) (c)

图 A.3.16 神经位移说解释错觉示例

上述假说与其可解释的错觉类型总结在表 A.3.1 中。需要指出，以上各种假说虽然每种都可解释一些错觉类型,但尚未发现某种假说可对所有几何图形错觉给出合理解释。例如对比假说对图 A.3.13(b)、图 A.3.13(c),神经位移说对图 A.3.13(b)、图 A.3.13(c)、图 A.3.13(e)、图 A.3.16(b)、图 A.3.16(c)都无法解释。这方面的研究还有待继续深入。

表 A.3.1 假说与其可解释的错觉类型

序号	假说	可解释的错觉类型
1	眼球运动假说	图 A.3.13(a)、图 A.3.13(b)
2	透视假说或常性误用假说	图 A.3.13(b)、图 A.3.13(d)
3	混淆假说或错误比较假说	图 A.3.13(b)、图 A.3.13(c)、图 A.3.13(e)、图 A.3.15
4	对比假说	图 A.3.13(d)、图 A.3.13(e)、图 A.3.14(a)
5	同化假说	图 A.3.13(c)、图 A.3.13(e)
6	神经位移假说	图 A.3.14(a)、图 A.3.14(b)、图 A.3.14(c)、图 A.3.16(a)

A.4 空间知觉

人眼视网膜是一个曲面,从成像的角度看,仅相当于 2-D 空间中一个只有高和宽的平面,但人却能从其形成的视像感知 3-D 空间,即还可获得深度距离信息。这种能力就是所谓的**空间知觉**。空间知觉本质上是一个深度感知问题,因为对另两维的观察常更直接和确定(歧义少)。

A.4.1 两种空间知觉观

关于空间知觉,认知科学内有两种哲学阐释最具代表性[张 2015],即以表征、计算与模式识别为关键词的**表征知觉观**和以具身、生成与涌现为主要特征的**生成知觉观**(直译为具体的执行方法)。

(1)"表征"与"计算"是表征观贯穿始终的核心理念。

传统认知主义主要传承了笛卡儿的心物二元论,即认知是通过表征再现预存的"外在彼处"(out there)的独立世界。

在马尔(Marr)看来,对知觉的最恰当理解是将其视为心智中的表征(表达)结构及在这种结构上运行的计算程序,集中体现在其"视觉计算理论"(见 1.3.1 小节)中:视觉的任务是在信息输入的基础上构造 3-D 视觉场景的内部模型,对客体的精确表达是空间知觉得以实现的充要条件。

对于表征主义者而言,理解知觉的起点是知觉者如何(借助各种命题符号)反映外部世界,而情境、身体和行动则退居幕后。

(2)生成观的核心理念包括自治、涌现、具身、经验、意义建构等。

生成观将行动设为理解知觉的起点,知觉是行动着的知觉者在与赖以生存的环境打交道过程中主动进行的、富有选择性的意义建构(sense-making)活动。知觉者的行动和感觉运动模式决定了其主观世界,行动又最终改变了知觉到的世界。在此过程中,个体与世界耦合在一起,身体与知觉耦合在一起,相生共涌。

基于以上哲学分析,空间知觉是知觉者的具身结构、空间特性与知觉环境三要素相互作用的生成结果。概言之,生成取向倡导以下思路:主动的行动(而非被动的反映)、动态的建构(而非静态的表征)是打开知觉之门的钥匙。

生成观与表征观并非尖锐对立或水火不容,甚至在某些方面体现出融合的趋势。有理由期待一种综合性的理论模式出现。

2-D 视网膜像可提供许多线索，有助于人感知和解释 3-D 场景。人类并没有直接或专门感知距离的器官，对空间的感知不仅依靠视力进行。人在空间视觉中借助一些称为**深度线索**的外部客观条件（参见第 2 单元）及自身机体的内部条件，判断景物的空间位置。这些条件包括非视觉性深度线索、双目深度线索和单目深度线索。

A.4.2 非视觉性深度线索

非视觉性深度线索有其生理基础（近年来机器人视觉中也会利用其原理），常见的包括以下两种。

（1）眼睛聚焦调节。

在观看远近不同的景物时，眼睛通过眼肌调节其水晶体（相当于照相机中的透镜），在视网膜上获得清晰的视像。这种调节活动传递给大脑的信号提供了景物距离的相关信息，大脑据此给出对景物距离的估计。

（2）双眼视轴的辐合。

在观看远近不同的景物时，两眼会自行调节，将各自的**中央凹**对准景物，以将景物映射到视网膜中感受性最强的区域。为将两眼对准景物，两眼视轴必须完成一定的辐合运动，看近要趋于集中，看远要趋于分散。控制视轴辐合的眼肌运动也能为大脑提供关于景物距离的信息。

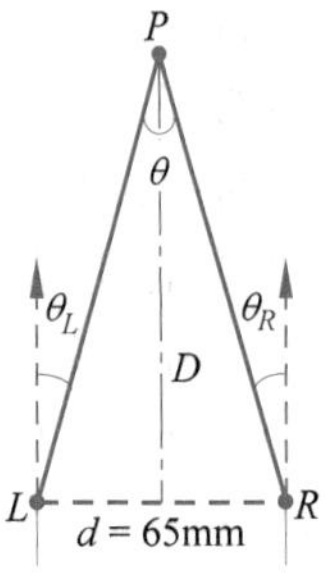

图 A.4.1 双眼视轴的辐合

例 A.4.1 双眼视轴辐合与物距

参见图 A.4.1，设景物在 P 点，L、R 代表左、右眼的位置，d 为 L、R 间的距离，即目距（一般为 65mm）。当原来平行的视轴（如虚线箭头所示）向 P 点辐合时左眼向内侧转动的角度为 θ_L，右眼向内侧转动的角度为 θ_R，且有 $\theta=\theta_L+\theta_R$。可见，已知转角 θ，即可求出物距 D。另外，已知物距 D，也可求出 θ 角。 □

A.4.3 双目深度线索

人对空间场景的深度感知主要依靠**双目视觉**实现（见第 6 章）。在双目视觉中，每只眼睛从不同角度观察，在各自视网膜上形成不同的独立视像。具体来说，左眼看到景物的左边多些，右眼看到景物的右边多些。换句话说，注视中心的景物像会落在两眼视网膜的相应点上，而其他点落在非相应部位，这就是双眼视差，可提供一种主要的**双目深度线索**。

双眼视差是产生立体知觉或深度知觉的重要原因。借助双眼视差比借助眼睛调节、视轴辐合等生理条件能更精确地知觉相对距离。不过，当两个景物位于不同距离时，这个距离必须超过一定限度观察者才能辨别两者之间的距离差别。这种辨别能力称为**深度视锐**。测定深度视锐即确定双眼视差的最小辨别阈限。深度视锐也可用像差角量度，一般人的双眼深度视锐的最低限度为 0.0014～0.0028rad。

人处于正常身体姿势时，两眼的视差沿水平方向，称为**横向像差**。人的深度知觉主要由横向像差产生。沿视网膜上下方向的视差称为纵向像差，生活中很少出现，人们对其也不敏感。

达·芬奇早就发现了双目视觉中的基本问题：从固定焦距观察同一景物而得到的两幅视网膜图像是不同的，那么人如何感知这是同一景物呢？需用到**对应点**的概念，可用几何证明，双眼视场中有许多（比较接近的）点可被感知为一个点。这些点的几何轨迹称为**双眼单视**，点的左右视网膜图像组成对应点对。上述感知过程是在大脑皮层中进行的，两幅视网膜图像在传送至大脑皮层后相结合，产生一个单一的具有深度感的视像。

实际应用中，当观察者将双眼的视力聚焦到一个较近的目标上时，两眼视线轴间成一定的角度，且均不是垂直向前的。但双眼在看景物时会通过辐合朝向一个共同的视觉方向，且得到的映像是单一的，好像是一只眼看到的。如果从主观感觉的角度看，可将两只眼睛看作单一的器官，可用理论上假想的处于两眼正中的单一眼睛代表这个器官，称为**中央眼**。

例 A.4.2　中央眼

两眼视网膜上的每一对相应点都有共同的视觉方向。如图 A.4.2 所示，当目标位于正前方 C 处时，分别作用于左、右眼各自的中央凹 C_L 和 C_R 上。当 C_L 和 C_R 被假想重叠后，C 点目标定位在中央眼的中央凹 F_C 上，方向为中央眼的正中，即主观视觉方向为正前方。当目标位于 S 处时，分别作用于左右眼的 S_L 和 S_R 处。对于中央眼，目标定位在 F_S 处。

处理空间知觉时中央眼是非常有用的概念，当人对景物进行空间定向时，将自己作为视觉空间的中心，将中央眼的中央凹朝向前方的方向作为视觉的正前方向，确定景物的方位。由于目标在主观上是沿单个方向看到的，所以此方向称为主观方向，它将目标与上述想象中的中央眼联系。所有落在两个视觉方向（两个光轴）的目标都感知为位于同一主观方向上。看起来就像对应两个视网膜的两个点具有相同的方向值。

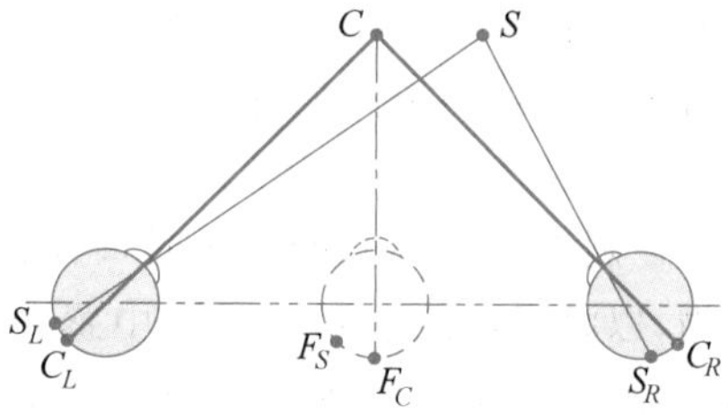

图 A.4.2　中央眼　□

主观视觉方向与作用在视网膜上任意一对相应点处刺激物的实际位置可能不一致。换句话说，客观视觉空间和主观视觉空间可能存在差别。视网膜上相应点是指两个视网膜上感受刺激时产生同一视觉方向的单元，也就是说，两个视网膜上具有共同视觉方向的视网膜单元叫作视网膜相应点。实际上，两眼的中央凹就是两眼视网膜上的相应点，中央凹的视觉方向就是主要视觉方向，人们依靠中央眼的主要视觉方向确定景物在空间的方位。

A.4.4　单目深度线索

人对空间场景的深度感知有时可依靠**单目视觉**实现（只需要一只眼）。在单目视觉中，通过观察者的经验和学习刺激物本身的一些物理条件，在一定条件下也可成为知觉深度和距离的线索。主要**单目深度线索**包括以下几种。

1. 大小和距离

根据视角测量的原理，如果保持视网膜上的视像尺寸，则景物大小与景物距离的比值不变，称为欧几里得定律，用公式表示为

$$s = S/D \tag{A.4.1}$$

其中，S 为景物大小；D 为物距；s 为视网膜上的视像大小（眼球大小为常数，取为 1）。

景物在视网膜上的尺寸与景物距离成反比的现象称为**透视缩放**。据此可知，已知景物的实际大小，通过视觉观察就可推算出物距。当观察两个尺寸相近的景物时，在视网膜上产生的视像大，距离就显得近。对于同一个景物，与景物轴成锐角观察比成直角观察得到的视网膜视像要小，也称为**透视缩短**现象。

2. 照明变化

照明变化包括[Aumont 1994] 3 方面。①光亮与阴影的分布：一般明亮的景物显得近，而灰暗或阴影中的景物显得远。②颜色分布：在人们的经验中，远方的景物一般呈蓝色，近的

景物呈黄色或红色。据此人们常认为黄色或红色的景物较近，而蓝色的景物较远。③大气透视：由于观察者和景物之间存在较多相关的大气因素（如雾等），所以人们观察到的较远景物轮廓不如较近景物的轮廓清晰，这些因素提供了关于深度的重要线索。

3. 线性透视

根据几何光学的定律，通过瞳孔中心的光线一般给出中心投影的真实图像。粗略地说，可将投影变换描述为由一个点向一个平面的投影，称为**线性透视**。由于线性透视的存在，较近的景物对应的视角大，看起来尺寸较大；较远的景物对应的视角小，看起来尺寸较小。

4. 纹理梯度

场景中目标的表面总有纹理。例如，砖墙有双重纹理，砖之间的模式包含**宏纹理**，而每块砖自身表面有**微纹理**。当人观察有某种纹理且与视线不垂直的表面时，纹理被投影到视网膜并在视像中给出对应**纹理梯度**的渐进变化，这种近处稀疏、远处密集的结构密度级差给出了距离的线索（参见 9.4 节）。

5. 景物遮挡

景物之间的相互遮挡是判断景物前后关系的重要条件。用其判断景物的前后关系完全取决于物理因素。当观察者或被观察物处于运动状态时，遮挡的改变使人们更易判断景物的前后关系。当一个景物遮挡另一景物时就出现**穿插**现象，可知遮挡景物到观察者的距离比被遮挡景物到观察者的距离近，不过仅依靠遮挡判断景物之间的绝对距离比较困难。

6. 运动视差

当观察者在固定环境中运动时，景物的距离不同导致视角变化速度产生差异（较近景物视角变化快，较远景物视角变化慢），从而引起相对运动的知觉。如图 A.4.3 所示，当观察者以速度 v 由左向右运动并观察景物 A 和 B 时，在 f_1 处得到的视像分别为 A_1 和 B_1，在 f_2 处得到的视像分别为 A_2 和 B_2。观察者感觉到景物 A 的视像尺寸比景物 B 的视像尺寸变化快，（静止）景物 A 和 B 彼此间逐渐远离（好像运动着一般）。

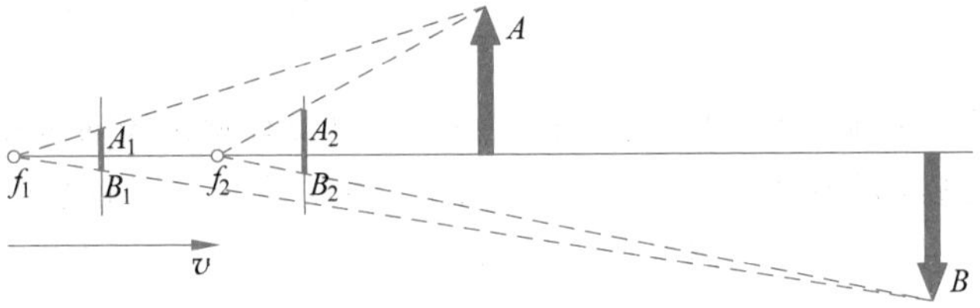

图 A.4.3 距离运动视差的几何解释

上述运动情况与观察者的注视点有关，实际感觉到的运动是绕注视点转动。如图 A.4.4 所示，当观察者以速度 v 由上向下运动时，如果注视点为 P，则可观察到较近的点 A 与观察者反向运动，较远的点 B 与观察者同向运动。这是借助大脑皮层感知而导致的深度线索。

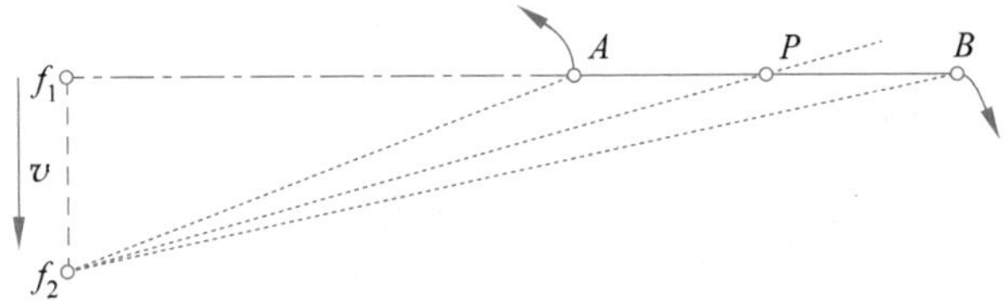

图 A.4.4 方向运动视差的几何解释

需要指出，尽管运动视差是由观察者运动引起的，但如果观察者静止而景物或环境运动，也会取得类似的效果。另外，由于透视投影的原理相同，运动视差与透视缩放、透视缩短是相关的。

下面进一步讨论景物尺寸(大小)与距离在观察时的感觉关系。场景中景物的实际尺寸(物理尺寸)与视网膜上的视像尺寸(按视角计算的尺寸)常不同,而视像尺寸与人最终知觉的尺寸也常不同。对三者之间关系的研究称为尺寸或大小知觉恒常性的研究。**知觉恒常性**是指实际中人能正确地知觉不同距离外景物的物理尺寸,不完全因视角尺寸的变化而变化。但在实际中,知觉尺寸并不总是与景物的物理尺寸完全一致。一般情况下知觉尺寸处于视角尺寸与知觉恒常性规律指示的物理尺寸之间,且偏于后者。因为人一般是在较熟悉的环境中知觉某一景物的,场景中其他熟悉的景物对该景物的距离及实际尺寸起到提示作用。

例 A.4.3　知觉尺寸、视角尺寸与恒常性尺寸示例

将一个 4m 长的景物(物理尺寸)从眼前 1m 处移到 4m 处,根据视角计算它应变为 1m,但实际中观察者感觉其长度仍有 3m 多。□

尺寸或大小知觉的恒常性程度可用数量表示。方法是用比率计算知觉尺寸与偏离视角尺寸的数值,常用的比率有以下两种(见[赫 1983]第 10 章)。

(1) R_B,因提出者 Brunswik 得名。常在尺寸知觉中使用,其定义为

$$R_B = \frac{R - S}{C - S} \tag{A.4.2}$$

其中,R 为知觉尺寸；S 为按视角计算的尺寸；C 为物理尺寸。当 $R_B = 0$ 时,知觉尺寸与按视角计算的尺寸相等,没有恒常性。当 $R_B = 1$ 时,知觉尺寸与物理尺寸相等,呈完全恒常性。

(2) R_T,因提出者 Thouless 得名。常在亮度知觉中使用,其定义为(物理亮度与知觉亮度成对数关系)

$$R_T = \frac{\log R - \log S}{\log C - \log S} \tag{A.4.3}$$

A.5　运动知觉

对运动的知觉也是视觉系统的重要功能之一。如果说视觉是光通过视觉器官引起的感觉**模态**的总称,那么检测视野中景物的运动是其中的一种亚模态。下面给出有关运动和运动视觉关系的一些表述,并讨论对运动感知的一些特点。

1. 视觉运动感知的条件

目前广为接受的视觉运动感知理论包括两个关键点。

(1) 视觉系统中存在运动检测单元,其包括两个检测通道。一个是静态通道,检测空间频率信息,在时间频率上具有低通滤波特性；另一个是动态通道,在时间频率上具有带通特性。当且仅当两个通道同时具有响应时,人眼才能感知到运动并检测出运动的速度,如图 A.5.1 所示。

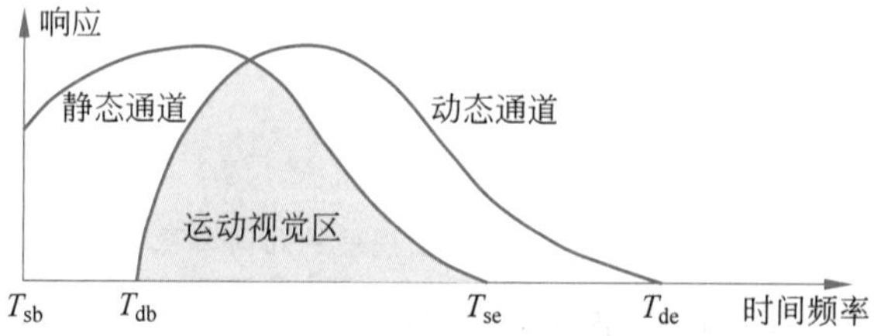

图 A.5.1　静态通道和动态通道共同决定运动视觉

这一运动检测器模型正确解释了视觉对时间频率和运动速度的选择性。显然获得良好运动视觉的条件是：当且仅当两个通道均具有响应时，才能感知运动速度，这样的区域只能是两条响应曲线的重叠部分，即图中的阴影区。

当目标变化的时间频率低于 T_{db} 点时，只能引起静态通道响应，而动态通道响应为零。其结果是运动检测器输出为零，即视觉感知不到目标的变化。反映在速度上，会将目标感知为静止，如时针的走动、日月的运动等。如果运动变化的时间频率高于 T_{se} 而低于 T_{de}，只能引起动态通道的响应，而静态通道响应为零。此时视觉虽能感知到目标的运动，却无法计算其速度，也不能分辨目标的结构细节，如奔驰的列车窗外高速掠过的树木、高速转动的电扇叶片等。速度更高的运动，即时间频率高于 T_{de} 时，动态通道与静态通道均无响应，说明视觉既不能计算速度，也不能感知目标的运动，甚至无法觉察目标的存在，如一颗出膛子弹的运动等。所以，只有当时间频率处于 T_{db} 与 T_{se} 之间的运动视觉区时，才能同时引起动态通道和静态通道的良好响应，视觉也才能有效感知目标的运动，并计算其运动速度。因此，人眼对运动速度的选择性取决于视觉系统内部运动检测器对时间频率的响应。

由上可见，运动感知与运动速度密切相关。运动速度的上下限受多因素影响：①景物的尺寸，大尺寸的景物需要运动幅度大些，才能被看作是运动的。②亮度和反差，亮度和反差越大运动感知越明显。③环境，运动的感知有一定的相对性，如果有固定的参考点，则运动易被感知。

(2) 对人类自身运动的知识，避免了将人体或人眼的运动归于景物的运动。人眼的运动包括多种：急速运动、跟踪运动、补偿运动和漂移运动。这些运动均会使视网膜感知到相对于环境的运动，相当于视觉观察的噪声源，需要消除。

2. 深度运动检测

人不仅能从相当于 2-D 的视网膜获得深度距离信息，还能获得深度运动信息。这说明存在单眼性深度运动检测机制，可借助图 A.5.2 解释。在计算机屏幕上产生一个矩形图案，并使其各边按图中箭头的方向在水平面内运动。观看左图和中图，观察者感觉到矩形分别在水平和垂直方向拉伸，但两种情况都不存在深度运动。但若将两者组合，如右图使矩形的左右边与上下边同时在水平和垂直方向按箭头指向运动，即使观察者以单眼观察，也能感知到明显的深度运动：矩形由远而近向屏幕前运动。

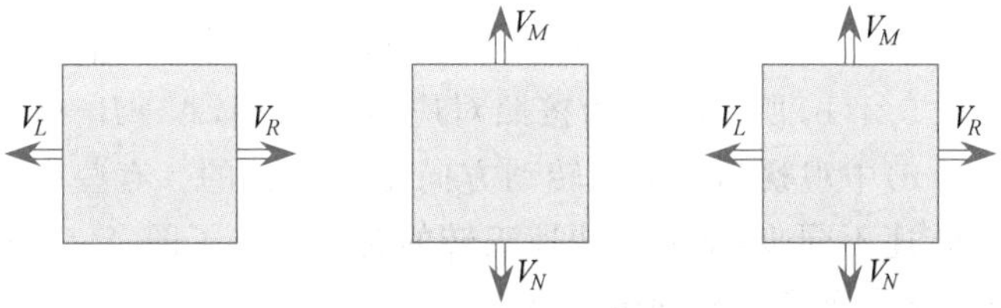

图 A.5.2 单眼性深度运动检测

3. 真实运动和表观运动

在一定条件下，场景中没有景物运动时也可能感知到运动，称为**表观运动**。例如，观察者观察空间上两个比较接近的点，将其在不同的时间分别用两个闪光灯打亮。如果两个闪光之间的时间差较小，它们会同时被感知。如果两个闪光之间的时间差很大，它们会先后被感知。只有当两个闪光之间的时间差为 30～200μm 时，才会感知到表观运动(感觉到有一个光点运动到另一个位置)。表观运动可分为若干类，并用希腊字母标记。例如，α 运动表示扩张或收缩(两个闪光点的尺寸不同)的动作；β 运动表示从一个点向另一个点的运动。如果有些现象不同但相关，则称**ϕ 效果**[Aumont 1994]。

4. 表观运动的对应匹配

相继呈现的两幅图案中能**对应匹配**的部分会影响表观运动的效果。由于视觉刺激涉及许多因素，所以对应匹配的种类也较多。对表观运动对应匹配的实验表明，常见因素可如下排序：①空间位置的邻近性；②形状结构的相似性；③平面相对立体的优先性。

先考虑空间位置的邻近性。设先用计算机生成图 A.5.3 左图中的线段 L，显示 100ms 后消去，再生成线段 M 和 N，显示 100ms 后消去。如此循环，可觉察到线段在屏幕上来回运动。那么人眼感知到的运动方向是从 $L\rightarrow M$ 还是 $L\rightarrow N$ 呢？实验表明，这种运动匹配主要取决于后继线段 M、N 与起始线段 L 的距离，据此得出对应匹配法则：两幅相继呈现的图案中空间位置最邻近的像素对应匹配（如图中双向箭头所示）。

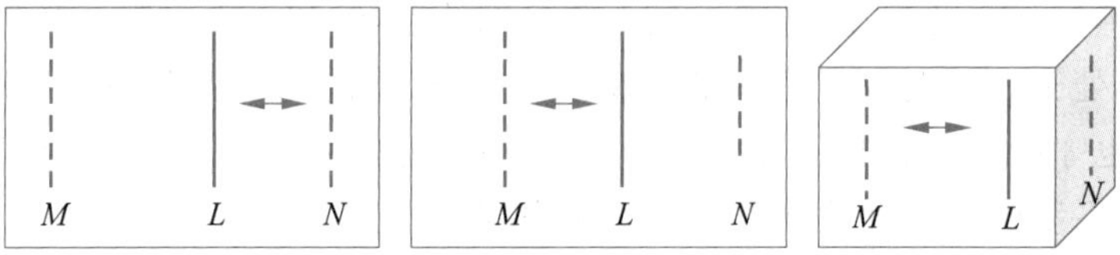

图 A.5.3　空间位置邻近性和形状相似性

图 A.5.3 的中图缩短了线段 N，这时感知到的运动总是在 L 与 M 之间来回进行。据此得出对应匹配法则：两幅相继呈现的图案中形状结构最相似的像素对应匹配。

图 A.5.3 的右图不缩短线段 N，但引入一个立方体结构，使 L 和 M 看起来在同一平面上，而 N 在另一平面上。此时觉察到线段 N 在原处闪现，而另一线段在 L 和 M 之间来回运动。据此得出对应匹配法则：在存在 3-D 结构与运动暗示的条件下，平面运动的像素优先对应匹配。

以上讨论的都是最基本的对应匹配法则，违反了其中任何一条，都会导致运动错觉。利用对应匹配法则可容易地解释电影中车轮倒转的现象。在图 A.5.4 中，相继呈现的两种十字形辐条分别以实线和虚线表示。当两个邻近辐条成 45°角如图 A.5.4(a)时，观察到的辐条运动状态一会儿顺转，一会儿逆转。这种现象用上述第一条对应匹配法则很容易解释。此时虚线表示的辐条，既可由实线表示的辐条顺时针转 45°而成，也可由逆时针转 45°而成。由于两种辐条的形状完全相同，所以顺转、逆转都有可能。现通过计算机改变辐条显示的空间间隔，并采用不同的显示顺序依次呈现 A（粗线表示）、B（细线表示）和 C（细虚线表示）的 3 种十字形辐条，辐条运动方向将是确定的。如呈现次序为 $A\rightarrow B\rightarrow C$，则感知辐条顺时针转动，且转动方向是唯一的，如图 A.5.4(b)所示。因为按照对应匹配法则，$A\rightarrow B\rightarrow C$ 的次序空间上最邻近。同理，从图 A.5.4(c)中观察到的辐条转动方向是逆时针的。有些电影中的辐条倒转，是由于拍摄帧频与车轮转速不同步，结果将快速正转的轮子拍成了图 A.5.4(c)的显示序列。按照上述对应匹配法则，便形成了车轮倒转的错觉。

彩图

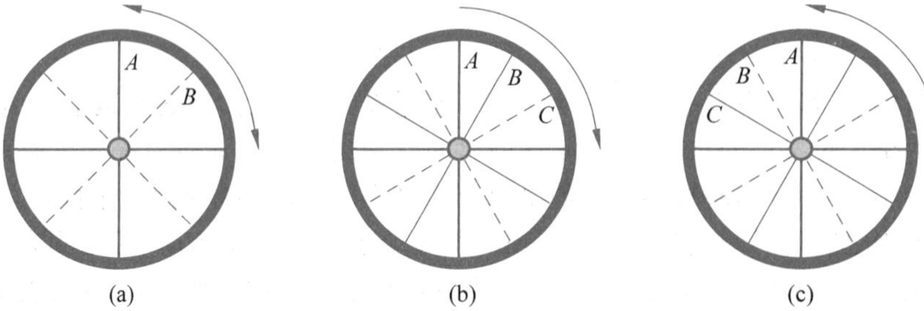

图 A.5.4　不同呈现次序引起辐条旋转的运动知觉

5. 孔径问题

孔径问题是运动检测中一个重要的问题(参见中册 12.3.3 小节)。**孔径问题**可表述为:当通过一个圆形小孔观察某一目标(如线段组)的运动时,人眼感知到的运动方向都垂直于线段。原因是将小孔中线段的局部运动看成了整体运动。以图 A.5.5(a)为例,无论线段是朝左还是朝上运动,通过小孔只能看到线段沿箭头所指的方向(朝左上)运动,这是一种主观的表观运动。

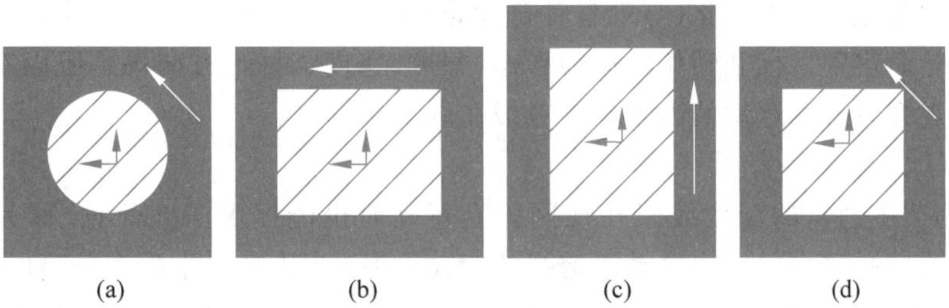

图 A.5.5 不同小孔情况下的表观运动方向

上述现象也可由表观运动的对应匹配法则解释。由图可知,每个线段与小孔均有两个交点。根据匹配法则,当前线段的两个交点将分别与下一时刻最近线段的两个交点匹配。虽然观察到的交点的运动方向都沿着圆周,但视觉系统总倾向于将每个线段视作一个整体,因而感知到的线段运动方向将是其两交点运动方向的合成方向,即垂直于线段的方向。因此,孔径问题的严格表述应该是:感知到的线段运动方向是其两交点运动方向的合成方向。

由此推论,当小孔的形状发生改变时,线段的表观运动方向将分别变为向左,如图 A.5.5(b)所示;向上,如图 A.5.5(c)所示;沿对角线方向,如图 A.5.5(d)所示。用图 A.5.5(c)能较好地解释理发馆招牌的运动错觉。就观察者视网膜投影得到的影像而言,理发馆招牌的圆柱框相当于一个长方形的小孔。当圆柱转动时,彩条的运动方向由两交点确定。而根据对应匹配法则,彩条左右两排交点的运动方向均向上,由此合成方向也向上(如果反转,则向下)。

另一方面,也可借助“孔径问题”说明人脑是怎样检测运动的。如图 A.5.6(a)和图 A.5.6(b)所示,当观察者通过一个小圆孔观察一个较大的斜纹形光栅图案的运动时,不管图案是向下方运动、向右方运动,还是向右下方运动,观察到的运动方向似乎都是相同的,即向右下方运动。这一现象表明运动检测中一种基本的不确定性。解决这个问题的一种方法是同时通过两个小圆孔观察,如图 A.5.6(c)所示,分别检测出图案两个边缘运动的情况,获得两个运动分量,从而对运动方向做出正确的判断。

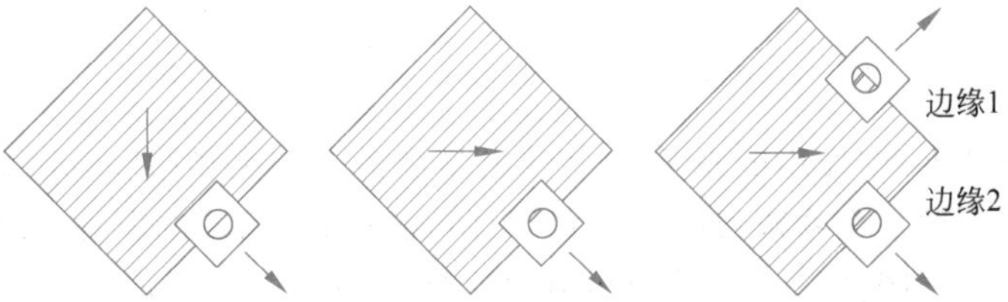

图 A.5.6 解决孔径问题的一种方法

由此看来,对运动信息的检测可分为两个层次,第一个层次检测运动分量,而第二个层次整合运动分量,检测出更复杂的运动。

6. 观察者自身也运动时的运动知觉

前述讨论认为,目标在运动而观察者是静止的。事实上,如果观察者自身也在运动,产生的运动知觉将更复杂。此时的运动知觉还要考虑观察者自身的运动情况。换句话说,运动知觉包括对客体的运动知觉,也包括对主体自身的运动知觉[宫 2019]。对客体运动情况的知觉主要通过视觉分析器、听觉分析器、前庭分析器等获得,是对外部目标运动特点的反映。对主体自身的运动知觉则主要通过运动分析器获得的机体内部骨骼和肌肉活动而引起的肌肉运动觉、平衡觉等本体感觉,并综合视觉、触觉、听觉等外部感觉获得,是对机体自身运动特点的反映。

事实上,当观察者自身也在运动时,由于外界环境与自身相对时空的变化,观察者的视觉、触觉、本体感觉等也会发生变化(与观察者自身静止时不同)。通过将各种感觉相互协调而形成运动知觉,从而辨别目标和动作的运动形态、幅度、速度、时间、方向等。所以对于完整的运动知觉来说,观察者自身运动的因素也要考虑在内。

7. 动态深度线索

A.4.3 小节中列出的深度线索在视网膜有运动时也能提供深度信息,称为**动态深度线索**。例如,线性透视常在感知中以动态透视的形式出现:当人在车中随车前进时,视场的连续变化在视网膜上产生一种流动(flux,一种连续的梯度变化)。流动的速度与距离成反比,所以提供了距离信息。

还有一些其他信息与运动有关,如**运动视差**,这是当人向左右两边运动(横向运动)时导致的图像与视网膜相对运动产生的信息。旋转和径向运动(当景物移向眼睛或离开眼睛)也可提供关于空间及其中景物的信息。需要注意:

(1) 这些线索既是几何的,也是动态的,其主要由大脑皮层感知,而不是视网膜实现。

(2) 这些线索在平面图像中完全没有。如当人在美术馆中的画像前移动时,人既感知不到视差运动,也感知不到画像中的动态透视。画像被看作单个景物,像刚体一样移动。

对于运动图像也存在这样的情况,需要区分对动态线索的表达(如运动着的摄像机拍摄的画面)和观察者自身运动造成的动态线索。如果观察者在摄像机前面运动,就不存在自身运动造成的动态透视或视差。如果一个景物在拍摄的画面中被另一个景物遮挡,那么观察者必须依靠摄像机的运动才能看到该景物,而观察者自身如何努力也没用。

A.6 生物视觉与立体视觉

双目视觉能够实现**人类立体视觉**,即基于左右视网膜之间图像位置的差异感知深度,因为每只眼睛观察景物的角度略有不同(产生了双目视差)。为充分利用人类视觉的这种能力,从自然界获取图像时要考虑人类视觉的特性,将这些图像展示给人时也要考虑人类视觉的特性。

A.6.1 生物视觉和双目视觉

头盔显示器(HMD)中使用的视觉显示器主要包括 3 种类型[Posselt 2021]:**单目**(使用一只眼睛观看一幅图像)、**生物双目**(使用两只眼睛观看两幅相同的图像)和**双目立体**(使用两只眼睛观看两幅不同的图像)。3 种类型的联系和区别如图 A.6.1 所示。

目前,显示方面存在从单目到双目的趋势。最初的显示是单目的,当前的显示是生物双目的,但有两个独立的光学路径,因此可能使用不同的图像显示信息,以创建双目立体模式下的立体深度(显示立体或 3-D 图像)。

为拟合出生物感知特性的 3-D 视频运动感知模型,[路 2022]设计了使被试人感知立体视频序列中运动景物的主观实验,以探究人眼感知立体深度运动的典型特征。该实验结合双目融合和大脑神经机制分析特征并深入挖掘生物视觉的工作机制,为研究运动感知模型提供贴

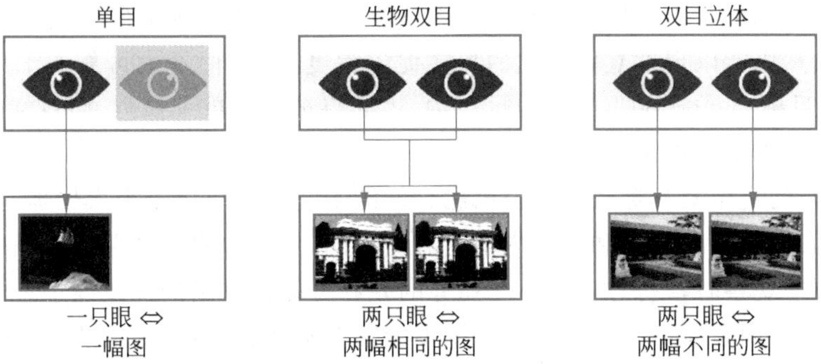

图 A.6.1 比较 HMD 中使用的 3 种视觉显示类型

近人感知能力的对比标准。具体是根据单目线索(大小、隐现)和双目线索(视差)设计立体运动视觉刺激视频,通过分析视频中景物的运动速度、运动方向、与参考景物的相对位置关系等因素对感知状况的影响,探究人类感知运动的显著特征。

3-D 视频运动感知模型框架如图 A.6.2 所示,包括 3 个模块。左边为时间感知模块,借助光流计算估计目标运动信息。右边为空间感知模块,借助视差计算估计目标位置信息。中间为时空整合模块,结合光流变化和视差,在 3-D 空间中确定目标的位置和运动的方向。

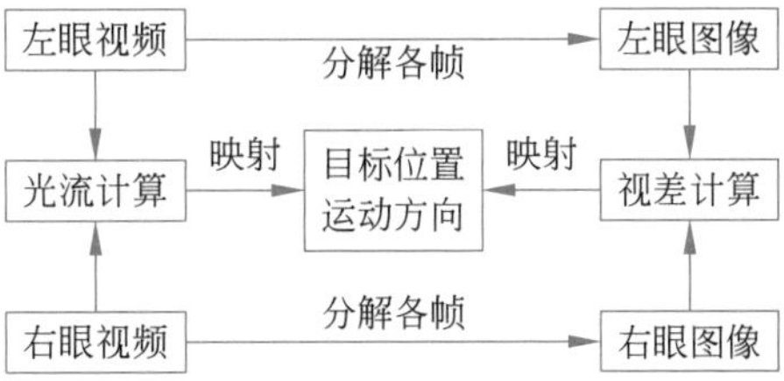

图 A.6.2 3-D 视频运动感知模型框架

通过实验发现以下两点。

(1) 运动目标与参考景物之间的相对位置关系会影响被试人感知的正确性,因为当目标深度位置发生偏移时,人对刺激目标的敏感度会下降。

(2) 人对不同运动方位的感知不对称。深度方向的运动引起的感知比横向运动更明显;同时,深度方向感知错误引起的感知偏差往往更大。感知方面的差异与人大脑皮层的方向选择特性是吻合的。

A.6.2 从单目到双目立体

在现实世界中,当人将目光聚焦在一个景物上时,两只眼睛将进行会聚,景物就会同时落在两个视网膜的中心凹上,几乎没有视差,如图 A.6.3 所示。

在图 A.6.3 中,目标 F 是聚焦的对象,通过该固定点的弧称为**同视线**(包含空间中所有落在两只眼睛视网膜对应像点的线)。相当于设置了一条基线,可根据该基线判断相对深度。在同视线的两侧都有一个图像可被融合的区域,在此区域可感知到与焦点景物处于不同深度的单个景物。此空间区域被称为**帕努姆融合区**或**双眼单视**

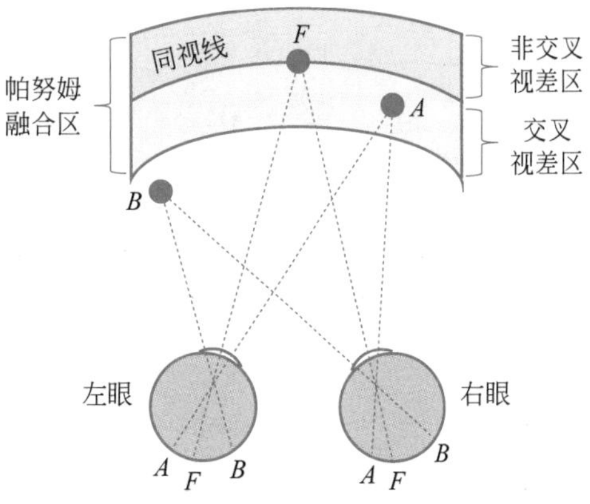

图 A.6.3 同视线和帕努姆融合区

清晰区(ZCSBV)。落在帕努姆融合区前方(交叉视差区)或后方(非交叉视差区)的景物将呈现**双眼复视**,虽然仍能以定性立体视觉的形式促进深度感知,但不太可靠或不太准确。例如,图 A.6.3 中的目标 A 位于帕努姆融合区以内,因此将被视为单个像点,而目标 B 位于帕努姆融合区之外,因此将出现重影。

同视线的空间定位及其导致的帕努姆融合区的不断变化取决于个人聚焦的位置和眼睛接近的位置。其大小在个体之间和个体内部会有所不同,具体取决于疲劳、亮度和瞳孔大小等因素,但在中央凹处观察时,距焦点 10～15 弧分的差异可提供清晰的深度线索。然而一般认为,可提供舒适的双眼观察而无不良症状的范围位于帕努姆融合区中间,只占其 1/3(大约 0.5 交叉和非交叉屈光度)。

主题索引

（页码后加 E 表示索引词在该页链接的电子文件中）

K

L

Q

R

S

Z

部分思考题和练习题解答

参 考 文 献